(德) 于尔根 H. 格罗斯 著
Jürgen H. Gross

王昊阳 李 博 等译

基础质谱学

Mass Spectrometry
A Textbook

原著第 ❸ 版

化学工业出版社
·北京·

Springer

内容简介

本书原著是质谱学经典著作,作者为国际知名质谱学家,德国海德堡大学教授。全面介绍了质谱基本原理、离子化过程、离子化方式、质谱仪器,内容系统深入,针对每一种质谱技术进行了细致讲解,适合作为研究生教材和系统学习质谱学的入门级教程,对于从事质谱工作的科研人员也有很好的参考价值。

Mass Spectrometry: A Textbook, 3rd edition/by Jürgen H. Gross
ISBN: 978-3-319-54398-7
Copyright© 2017 by Springer International Publishing AG. All rights reserved.
Authorized translation from the English language edition published by Springer.

本书中文简体字版由 Springer 授权化学工业出版社独家出版发行。

本书仅限在中国内地(大陆)销售,不得销往中国香港、澳门和台湾地区。

未经许可,不得以任何方式复制或抄袭本书的任何部分,违者必究。

北京市版权局著作权合同登记号:01-2023-0429

图书在版编目(CIP)数据

基础质谱学 /(德)于尔根 H. 格罗斯(Jürgen H. Gross)著;王昊阳等译. —北京:化学工业出版社,2024.10(2025.1 重印)
书名原文:Mass Spectrometry: A Textbook
ISBN 978-7-122-45123-1

Ⅰ.①基… Ⅱ.①于… ②王… Ⅲ.①质谱学 Ⅳ.①O433

中国国家版本馆 CIP 数据核字(2024)第 041474 号

责任编辑:李晓红　　　　　文字编辑:任雅航
责任校对:李　爽　　　　　装帧设计:刘丽华

出版发行:化学工业出版社
　　　　　(北京市东城区青年湖南街 13 号　邮政编码 100011)
印　　装:北京建宏印刷有限公司
710mm×1000mm　1/16　印张 55　字数 1068 千字
2025 年 1 月北京第 1 版第 2 次印刷

购书咨询:010-64518888　　　售后服务:010-64518899
网　　址:http://www.cip.com.cn
凡购买本书,如有缺损质量问题,本社销售中心负责调换。

定　　价:398.00 元　　　　　　　　版权所有　违者必究

中文版序

质谱学是化学、生物化学、药学、医学和许多相关科学领域不可或缺的研究技术。目前在小分子化合物和聚合物的快速结构分析、环境和法医分析、药物与食品的质量控制的研究中，很大程度上都依赖于质谱分析技术和质谱数据库。相关学科的学生、研究人员或从业者需要质谱方面的大量知识，目前质谱学有较多涉及专业领域与研究方向的优秀专著，但理想的教科书似乎较少，尤其是紧跟发展趋势的中文质谱学教材更是缺乏。

Mass Spectrometry: A Textbook 是一本精心编撰的基础质谱学专著，也是一本优秀的科研与教学参考书，现在已经是第三版了。该书系统阐述了质谱学的基础理论、质谱仪器构造、质谱解析的规则和质谱学一系列应用；尤其是对本领域的新技术、新方法和未来发展趋势作了专业论述，体现了学术性、前沿性和实用性；较全面地反映了质谱学领域的研究成果和学术前沿，具有国际先进水平，是一本较优秀的科研与教学参考书，对从事与质谱学相关领域研究的科研人员具有很好的参考价值。

对于质谱学的初学者，由于英文熟练度和专业术语掌握有限，在阅读这样一本全英文质谱教材时候可能会遇到困难。王昊阳和李博两位年轻的科研工作者，长期从事质谱分析和药物分析质量控制研究及相关教学工作，主动致力于翻译这本基础质谱学教材，这个工作有重要意义和价值。*Mass Spectrometry: A Textbook* 中文译本的出版，将为从事质谱学及相关领域的学生、研究人员以及教学工作者提供一本规范、系统和具有较高学术水平的质谱学中文译著。

郭寅龙
2024 年 8 月 20 日

译者前言

收到化学工业出版社的邀请翻译"*Mass Spectrometry: A Textbook*"第三版时，内心非常激动。因为这本书一直在办公室案头，常常翻阅，也是我们在质谱教学中重要的参考书。于是，两个人心怀敬意着手开始翻译的工作。真正开始后才恍然发现，阅读和落笔翻译是迥然不同的两个层面，同时我们也深感自己对质谱及其应用的认识还非常有限。现在回想起来，当时我们就像两个初次见到大海的毛头小伙，怀着激动的心情，驾着小舢板就一头冲进了质谱学这一片大海。

幸运的是，在翻译过程中，得到了多位相关领域的专家与学者的指导和帮助。中国科学院上海有机化学研究所的参与人员有：张倩、韦武智、梁辰龙、宋玮、石亚猛等；中国药科大学的参与人员有：葛雨、张月、刘文静、龚万紫、李明爽、朱昌龙等。非常感谢化学工业出版社的大力支持，以及为这本书辛勤付出的出版社的编辑老师们。同时，感谢家人的理解和支持。就这样，我们的小舢板一路跌跌撞撞，幸运地走了下来。还要感谢我们两人的完美结合，如此大的工作量，没有精诚合作、鼓励和督促，是无法完成的。

在此特别感谢我的导师——中国科学院上海有机化学研究所郭寅龙研究员，带领我（王昊阳）进入质谱学的大门。感谢中国药科大学刘文英教授，引领我们从一个懵懂的本科生，接触和熟悉科研工作，并开启了质谱学的应用研究工作。还要特别感谢中国药科大学狄斌教授、郑枫教授的协助。感谢、缅怀中国药科大学盛龙生教授，盛老师精彩的质谱课总是让我们回味无穷，盛老师传授的一些质谱知识让我们至今仍然受益。

出于对译文严谨性和合规性的考虑，我们还参考了大量现行的标准，参考了这些标准中对专业术语的表述方法。感谢诸多质谱仪器公司的专家给予的支持：Thermo Fisher 的过林、田京东和李向军先生（静电场轨道阱质谱和傅里叶变换离子回旋共振质谱的相关资料），Shimadzu 的吴国华博士（高分辨质谱技术的相关资料），JEOL 的奥田晃史先生（场电离和场解吸的相关资料），Waters 公司质谱技术团队（离子淌度质谱技术的相关资料），禾信仪器股份有限公司质谱技术团队（飞行时间质谱及相关技术资料），Agilent 公司质谱技术团队（质谱联用及相关技术资料）。

　　本书历经约一年半时间的翻译和多次校对，最终完成并提交了初稿。在翻译工作的尾声，我们一致感觉到，该书的翻译工作，不仅是语言的转换，更是一种传承，把国内外诸多质谱学家的先进知识与优秀思想以中文的方式进行传承，让纷繁复杂的英文专业术语不再成为初学者的障碍，在最大程度上给予质谱初学者以切实的帮助。这本译著将作为我们今后质谱教学工作的重要参考书。基于本书的风格，我们将本书的中文译名定为《基础质谱学》，为在突出"合抱之木，生于毫末；九层之台，起于累土"之意。

　　由于译者水平所限，书中难免有一些不当之处，请各位读者海涵，也欢迎各位给我们反馈，便于对本书进一步完善。

两位译者的共同心声

2024 年 8 月 20 日

前言

当非质谱学工作者谈论质谱分析时，经常听起来就像是在讲爱伦·坡的《神秘及幻想故事集》(*Tales of Mystery and Imagination*)中的故事。实际上，质谱法似乎被视为一种"神秘"的方法，刚好足以提供一些分子量信息。不幸的是，这种关于质谱分析方法阴暗面的谣言可能会在学生第一次接触质谱之前就传到了他们那里。可能其中一些谣言是从早期的质谱学家那传承下来的，他们曾经庆祝从早期的巨型机器中获得的每一张质谱图。当然也有一些研究人员，他们从20世纪50年代开始热情地将质谱从物理学领域发展为化学领域的新型分析工具。从约瑟夫·约翰·汤姆逊（J. J. Thomson）开创性的工作到现在的一百多年里，质谱学已经发生了很多变化，现在有很多东西需要了解和学习。

一切的起点

早在20世纪80年代末期，达姆施塔特工业大学（Technical University of Darmstadt）的 J. J. Veith 质谱实验室明亮干净，也没有难闻的气味，因此与有机合成实验室形成了鲜明的对比。数不清的不锈钢法兰和电子机柜引人一探究竟，让我对质谱产生了浓厚的兴趣。在 Veith 课题组的经历使我成为一名质谱工作者。鼓舞人心的书籍，如《有机质谱的基础方面》(*Fundamental Aspects of Organic Mass Spectrometry*)或《亚稳态离子》(*Metastable Ions*)，即使在那些日子里也缺货，但在我的蜕变成长过程中确实对我有很大帮助。我的博士论文是关于气相中被分离出的亚胺正离子的裂解途径，完成论文后就开始了职业生涯。从1994年起，我担任海德堡大学化学系质谱实验室的负责人，讲授质谱的入门课程和相关的讲座。

被学生们问及质谱学应该读什么书的时候，我虽然感到有各种优秀的专著，但似乎仍缺乏理想的教科书。因此，为时两年的写作开始了。

第三版

现在，《基础质谱学》（*Mass Spectrometry: A Textbook*）已经是第三版了。对我（作者）而言，准备第三版意味着有义务更新和进一步改进这本书的内容。虽然从第一版、第二版到如今这一版，本书总体覆盖的范围和整体的组织架构没有调整，但增加了很多小节，以充分展示质谱学的新进展。没有哪一章是原封不动的，15 章中每一章都仔细地重新编写并有数百个增补和更正。

有什么新内容？

自本书第二版出版以来，新技术变得越来越重要，新仪器也得到了广泛的关注，并取得了相当大的商业成就。为了跟上新近的发展，第 4 章现在纳入了折叠飞行路径的 TOF、动态调谐的 FT-ICR、更多关于融合式质谱和离子淌度质谱的内容。高分辨和准确质量测定越来越重要，这在第 3 章中有大量的介绍。专门论述软电离方法（CI、APCI、APPI、FAB、LSIMS、FI、FD、LIFDI、ESI、LDI、MALDI）和关于直接解吸电离方法（DESI、DART、REIMS 等）与串联质谱法的五个章节进行了大幅的更新和升级。第 14 章增加了更多的色谱技术（GC、LC）和它们与质谱分析的联用方法。

在过去的十年，我们使用书籍和文献的方式已经发生了巨大的变化。在 2001 年开始准备这本书的第一版时，我总是需要预留时间，定期访问附近几个机构的图书馆并收集大量文献。而今天几乎所有的期刊文章可以在几秒钟内获得电子版，甚至电子版本的教科书都在广泛使用。这也对本书的编排以及出版过程产生了一些促进作用。

鉴于质谱学中越来越多的方法、仪器、工具和规则，如何在思想上掌握一个复杂的分析科学领域，同样值得重视。因此，我工作的重点是在表述方式完善性、使用便利性和易学性方面进行改进。显然，一本 900 页左右的教科书可能会让新手望而却步，因此我主要采用循序善诱的启发和教学的方式。尽管实际页数又有明显增加，但你会发现这本书更容易上手，同时在将理论应用到实际操作时更有帮助，例如图谱的解析和方法的选择。

总的来说，《基础质谱学》第三版提供了很多循序善诱的启发和教学上的改进：

- 在保持简明扼要的情况下，许多段落被重写和进一步完善。不仅解释事物是怎样的（how），而且解释事物为什么是这样的（why）。
- 图例明显增加。更多的照片和示意图意味着复杂内容更容易理解，通常为仪器和相应程序的实际应用方面提供有价值的见解。
- 引入了流程图来描述质谱图解析或辅助决策的程序和方法。

- 当一个主题有大量的特征、参数、假设或属性时，就会采用项目符号枚举的方式，以确保清晰陈述。
- 给出了更多的实例，特别是方法和应用方面，一些操作方法的段落提供了切实可行的指导。
- 示例和注释现在带有一个简短的副标题，可以立即表明具体的部分是关于什么的内容。
- 所有章节的结尾都有一个简洁的总结。该总结被细分为几个紧凑的部分，分别强调与主题相关的基本概念、优势特点、典型应用及其当前在 MS 中的作用。第 4 章（质谱仪器）提供了所有类型质量分析器的总结。
- 参考文献列表中包含了数字对象唯一标识符（DOI），以方便电子书用户检索参考文献。
- 这本书（英文版）的网站已经更新，提供了新的练习和补充材料。

诚挚的谢意

谨向前几版《基础质谱学》的所有读者，表达我最深切的谢意。如果没有他们有兴趣通过使用本书来更多地了解质谱，那么编写它的所有努力都只是浪费时间，而且，如果没有他们对更新的需求，就不会有新版出现。还要感谢世界各地的老师们，他们在自己的质谱课程中采用并推荐了这本书。

作为本书的作者，意味着需要检索、收集、汇编、分类和权衡他人的知识，发现和发明。这里所写的大部分内容都依赖于数百名研究人员的智慧、技能，以及他们的正直和奉献精神，他们以各自的方式为质谱学做出了贡献。

我在编撰和修订本书的过程中，得到了许多人的支持。感谢 Kenzo Hiraoka、Yasuhide Naito、Takemichi Nakamura 和 Hiroaki Sato，他们将细致且广博的知识倾注于第一版的日语译作。来自世界各地的读者，特别是书籍评论人的宝贵且友善的点评，指出了一些缺点，这些问题现在已经得到充分解决。

对于第二版，有几位非常专业、知名的同行专家通过仔细检查其专业领域的相关内容为本书做出了贡献。特别要感谢基尔大学（University of Kiel）的 Jürgen Grotemeyer 对第 2 章（电离和离子解离的原理）的核对；赛默飞世尔科技（Thermo Fisher Scientific，不来梅）的 Alexander Makarov（第 4 章，质谱仪器）；柏林自由大学（Freie Universität Berlin）的 Christoph A. Schalley（第 9 章，串联质谱法）；德国癌症研究中心（German Cancer Research Center，海德堡）的 Bela Paizs（第 11 章，基质辅助激光解吸电离）；吉森大学（Universität Gießen）的 Zoltán Takáts（第 13 章，直接解吸电离）；苏黎世联邦理工学院（ETH Zürich）的 Detlef Günther（第 15 章，无机质谱法)。

关于第一版,我要感谢海德堡施普林格出版社(Springer-Verlag Heidelberg)的 P. Enders(概论);基尔大学(University of Kiel)的 J. Grotemeyer(气相离子的化学);拜耳工业服务公司(Bayer Industry Service,勒沃库森)的 S. Giesa(同位素);不来梅布鲁克公司(Bruker Daltonik)的 J. Franzen Daltonik(仪器);奥尔登堡大学(University of Oldenburg)的 J. O. Metzger(电子电离和有机离子的裂解及 EI 质谱图的解析);拜耳工业服务公司(Bayer Industry Service,勒沃库森)的 J. R. Wesener(化学电离);达姆施塔特工业大学(Technical University of Darmstadt)的 J. J. Veith(场解吸);范德比尔特大学(Vanderbilt University, Nashville)的 R. M. Caprioli(快速原子轰击);法兰克福大学(University of Frankfurt)的 M. Karas(基质辅助激光解吸电离);欧洲分子生物学实验室(European Molecular Biology Laboratory, Heidelberg)的 M. Wilm(电喷雾电离);和柏林洪堡大学(Humboldt University, Berlin)的 M. W. Linscheid(联用技术)。

再次,感谢许多质谱仪器制造商和质谱供应商慷慨提供方案和照片。还要向那些允许使用他们的研究材料作为实例的科学家表达谢意,他们许多来自海德堡大学。感谢出版商授权使用他们出版物中的大量图片。还要感谢国家标准与技术研究所(National Institute of Standards and Technology)(S. Stein, G. Mallard, J. Sauerwein)同意使用 NIST/EPA/NIH 质谱数据库的大量电子电离质谱图。

诚挚地感谢海德堡大学有机化学研究所的前负责人 Oliver Trapp 和化学与地球科学学院的前院长 Heinfried Schöler,允许在我的正式专业职责之外编写本书第三版。非常感谢我研究团队的 Doris Lang、Iris Mitsch 和 Norbert Nieth,在我们的质谱设备上顺利完成了大量的常规分析。Theodor C. H. Cole 再一次出色完成了英语润色工作。最后,再次感谢我的家人。

预祝大家学得开心,学有所成,享受质谱学的世界!

       Jürgen H. Gross
       有机化学研究所(Institute of Organic Chemistry,OCI)
       海德堡大学(Heidelberg University)
       Im Neuenheimer Feld 270
       69120 Heidelberg, Germany
       Email:author@ms-textbook.com

目录

第1章 概论 1
1.1 质谱学：用途广泛且不可或缺 1
1.2 历史回顾 2
1.2.1 第一批质谱图 2
1.2.2 汤姆逊的抛物线摄谱仪 3
1.2.3 质谱学的里程碑 4
1.3 本书的目标和范围 4
1.3.1 质谱学面面观 6
1.4 什么是质谱学？ 6
1.4.1 质谱学的基本原理 7
1.4.2 质谱仪 8
1.4.3 质量标度 8
1.4.4 质谱图 10
1.4.5 质谱图的统计学性质 11
1.4.6 棒状图、轮廓图和数据列表 12
1.5 离子色谱图 12
1.6 质谱仪的性能 15
1.6.1 灵敏度 15
1.6.2 检出限 15
1.6.3 信噪比 15
1.7 公认的术语 16

	1.8 单位、物理量和物理常数	18
	1.9 拓展阅读	18
	1.10 质谱学精髓	19
参考文献		19

第 2 章 电离和离子解离的原理 ………………… 26

2.1	高能电子引起的气相电离	26
	2.1.1 离子的形成	27
	2.1.2 伴随电子电离的过程	28
	2.1.3 彭宁电离产生的离子	29
	2.1.4 电离能	30
	2.1.5 电离能和电荷局域化	30
2.2	垂直跃迁	32
2.3	电离效率和电离截面	34
2.4	离子的内能及其进一步的命运	35
	2.4.1 自由度	35
	2.4.2 出现能	36
	2.4.3 键解离能和生成热	37
	2.4.4 能量的随机化	40
2.5	准平衡理论	41
	2.5.1 准平衡理论的基本前提	41
	2.5.2 基本准平衡理论	42
	2.5.3 速率常数及其意义	43
	2.5.4 $k_{(E)}$ 函数——典型示例	43
	2.5.5 由 $k_{(E)}$ 函数描述的反应离子	44
	2.5.6 直接裂解和重排裂解	44
2.6	质谱中事件的时间尺度	45
	2.6.1 稳定离子、亚稳离子和不稳定离子	46
	2.6.2 离子存储设备的时间尺度	47
2.7	内能的实际影响	48
2.8	逆反应——活化能和动能释放	49
	2.8.1 逆反应的活化能	49

2.8.2　动能释放 ·· 50
　　2.8.3　能量分配 ·· 51
2.9　同位素效应 ·· 52
　　2.9.1　一级动力学同位素效应 ·· 52
　　2.9.2　同位素效应的测定 ··· 54
　　2.9.3　二级动力学同位素效应 ·· 55
2.10　电离能的测定 ··· 56
　　2.10.1　电离能的传统测定方法 ··· 56
　　2.10.2　通过数据后处理提高电离能的准确度 ···························· 56
　　2.10.3　电离能准确度的实验改进 ·· 57
　　2.10.4　光电离过程 ·· 57
　　2.10.5　光电子能谱及其衍生方法 ·· 58
　　2.10.6　质量分析阈值电离技术 ··· 59
2.11　测定出现能 ·· 61
　　2.11.1　动力学位移 ·· 61
　　2.11.2　分解图 ·· 62
2.12　气相碱度和质子亲和能 ··· 63
2.13　离子-分子反应 ·· 64
　　2.13.1　反应级数 ·· 65
　　2.13.2　溶液相与气相反应的对比 ·· 66
2.14　气相离子化学小结 ··· 68
参考文献 ·· 68

第3章　同位素组成和准确质量 ··· 75

3.1　元素的同位素分类 ·· 75
　　3.1.1　单同位素元素 ·· 76
　　3.1.2　双同位素元素 ·· 76
　　3.1.3　多同位素元素 ·· 77
　　3.1.4　同位素丰度的表示 ··· 77
　　3.1.5　原子、分子和离子质量的计算 ·· 79
　　3.1.6　相对原子质量的自然变化 ··· 82
3.2　同位素分布的计算 ·· 84

  3.2.1 碳：一种 X+1 元素 ·· 84
  3.2.2 与同位素组成相关的术语 ·· 86
  3.2.3 二项式方法 ·· 86
  3.2.4 卤素 ·· 87
  3.2.5 碳和卤素的组合 ·· 89
  3.2.6 多项式方法 ·· 90
  3.2.7 氧、硫和硅 ·· 91
  3.2.8 多同位素元素 ··· 93
  3.2.9 同位素模式的实际应用方面 ······································ 94
  3.2.10 质谱图中同位素模式的精确记录和分析 ····················· 94
  3.2.11 从复杂同位素模式中获取的信息 ······························ 95
  3.2.12 解读同位素模式的系统方法 ····································· 96
3.3 同位素富集与同位素标记 ·· 97
  3.3.1 同位素富集 ·· 97
  3.3.2 同位素标记 ·· 98
3.4 分辨率和分辨力 ··· 98
  3.4.1 定义 ·· 98
  3.4.2 分辨率及其实验测定 ··· 100
  3.4.3 分辨力及其对相对峰强度的影响 ······························ 101
3.5 准确质量 ·· 101
  3.5.1 精确质量和分子式 ·· 102
  3.5.2 相对论中的质量亏损 ··· 103
  3.5.3 质量亏损在质谱分析中的作用 ·································· 103
  3.5.4 质量准确度 ··· 104
  3.5.5 准确度和精密度 ··· 105
  3.5.6 质量准确度和分子式的确定 ····································· 106
  3.5.7 极端质量准确度：特殊考虑 ····································· 107
3.6 高分辨质谱分析的应用 ·· 107
  3.6.1 质量校准 ··· 108
  3.6.2 外标法质量校准 ··· 108
  3.6.3 内标法质量校准 ··· 112
  3.6.4 质量准确度的规范 ·· 112
  3.6.5 根据质谱数据确定分子式 ·· 114

- 3.7 分辨率与同位素模式的相互作用 …… 116
  - 3.7.1 超高分辨率下的多重同位素组成 …… 116
  - 3.7.2 同位素组成异构体和准确质量 …… 117
  - 3.7.3 大分子——在足够分辨率下的同位素模式 …… 121
  - 3.7.4 大分子的同位素模式与分辨率的关系 …… 122
- 3.8 电荷状态与同位素模式的相互作用 …… 123
- 3.9 可视化复杂高分辨质谱数据集的方法 …… 124
  - 3.9.1 质量差 …… 124
  - 3.9.2 Kendrick 质量标度 …… 125
  - 3.9.3 Van Krevelen 图 …… 126
- 3.10 同位素和质量世界中的制高点 …… 127
- 参考文献 …… 128

第 4 章 质谱仪器 …… 133

- 4.1 如何产生离子束 …… 136
- 4.2 飞行时间仪器 …… 137
  - 4.2.1 飞行时间仪器的基本原理 …… 137
  - 4.2.2 TOF 仪器：离子的速度和飞行时间 …… 138
  - 4.2.3 线形飞行时间分析器 …… 140
  - 4.2.4 较好的真空度可以提高分辨力 …… 141
  - 4.2.5 激光解吸离子的能量扩散 …… 142
  - 4.2.6 反射式飞行时间分析器 …… 143
  - 4.2.7 延迟引出以提高分辨力 …… 145
  - 4.2.8 正交加速 TOF 分析器 …… 146
  - 4.2.9 oaTOF 分析器的运行 …… 148
  - 4.2.10 占空比 …… 149
  - 4.2.11 具有折叠"8"字形飞行轨迹的 TOF 分析器 …… 149
  - 4.2.12 多重反射 TOF …… 153
  - 4.2.13 TOF 仪器的要点 …… 154
- 4.3 扇形磁场仪器 …… 155
  - 4.3.1 扇形磁场仪器的演变 …… 155
  - 4.3.2 扇形磁场仪器的原理 …… 156

- 4.3.3 磁场的聚焦作用 ·········· 157
- 4.3.4 双聚焦扇形场仪器 ·········· 158
- 4.3.5 双聚焦扇形场仪器的几何形状 ·········· 160
- 4.3.6 调整扇形场质谱仪的分辨力 ·········· 162
- 4.3.7 扇形场仪器的优化 ·········· 163
- 4.3.8 扇形磁场质谱仪的要点 ·········· 165

4.4 线形四极杆仪器 ·········· 165
- 4.4.1 简介 ·········· 165
- 4.4.2 线形四极杆分析器的构造及工作原理 ·········· 166
- 4.4.3 线形四极杆的分辨力 ·········· 169
- 4.4.4 仅射频四极杆、六极杆和八极杆 ·········· 172

4.5 线形四极离子阱 ·········· 175
- 4.5.1 线形仅射频多极离子阱 ·········· 175
- 4.5.2 带有轴向逐出的质量分析线形四极离子阱 ·········· 177
- 4.5.3 具有径向逐出的质量分析线形离子阱 ·········· 180
- 4.5.4 根据LIT构建质谱仪器 ·········· 181

4.6 三维四极场离子阱 ·········· 183
- 4.6.1 简介 ·········· 183
- 4.6.2 四极离子阱的原理 ·········· 183
- 4.6.3 离子阱中离子运动的可视化 ·········· 186
- 4.6.4 质量选择稳定性模式 ·········· 187
- 4.6.5 质量选择不稳定模式 ·········· 187
- 4.6.6 共振逐出 ·········· 187
- 4.6.7 离子数量的轴向调制和控制 ·········· 188
- 4.6.8 非线性共振 ·········· 189
- 4.6.9 离子阱的小型化与简化 ·········· 190
- 4.6.10 数字波形四极离子阱 ·········· 192
- 4.6.11 四极离子阱的外部离子源 ·········· 192
- 4.6.12 离子阱的维护 ·········· 193
- 4.6.13 射频四极杆设备概述 ·········· 194

4.7 傅里叶变换离子回旋共振质谱仪 ·········· 194
- 4.7.1 从离子回旋共振到质谱法 ·········· 194
- 4.7.2 离子回旋运动的基础知识 ·········· 195

- 4.7.3 回旋运动的激发和检测 ··················· 196
- 4.7.4 回旋频率带宽和能量-时间的不确定性 ··················· 198
- 4.7.5 傅里叶变换的基本性质 ··················· 200
- 4.7.6 Nyquist 准则 ··················· 202
- 4.7.7 FT-ICR-MS 中的激发模式 ··················· 203
- 4.7.8 轴向捕集 ··················· 204
- 4.7.9 磁控运动和回旋频率的降低 ··················· 204
- 4.7.10 FT-ICR-MS 的检测和质量准确度 ··················· 205
- 4.7.11 ICR 检测池的设计 ··················· 207
- 4.7.12 FT-ICR 质谱仪 ··················· 209
- 4.7.13 FT-ICR 仪器概述 ··················· 211
- 4.8 静电场轨道阱分析器 ··················· 212
  - 4.8.1 静电场轨道阱的工作原理 ··················· 212
  - 4.8.2 静电场轨道阱的离子检测和分辨力 ··················· 214
  - 4.8.3 静电场轨道阱的离子注入 ··················· 216
  - 4.8.4 与线形四极离子阱进行融合 ··················· 216
  - 4.8.5 静电场轨道阱小结 ··················· 218
- 4.9 融合型仪器 ··················· 218
- 4.10 离子淌度-质谱系统 ··················· 222
  - 4.10.1 离子淌度分离 ··················· 222
  - 4.10.2 叠环离子导向器 ··················· 224
  - 4.10.3 用于离子淌度的行波离子导向器 ··················· 226
  - 4.10.4 带有离子淌度的融合型仪器 ··················· 227
  - 4.10.5 包括离子淌度-质谱在内的融合型仪器概述 ··················· 227
- 4.11 离子的检测 ··················· 228
  - 4.11.1 模数转换器 ··················· 228
  - 4.11.2 数字化速率 ··················· 229
  - 4.11.3 时间-数字转换器 ··················· 229
  - 4.11.4 离散打拿极电子倍增器 ··················· 230
  - 4.11.5 通道电子倍增器 ··················· 231
  - 4.11.6 微通道板 ··················· 232
  - 4.11.7 后加速和转换打拿极 ··················· 233
  - 4.11.8 焦平面检测器 ··················· 233

4.12 真空技术 ··· 234
    4.12.1 基本质谱仪的真空系统 ································· 234
    4.12.2 高真空泵 ··· 235
4.13 购买一台质谱仪器的参考 ··································· 236
参考文献 ··· 237

第5章 电子电离的实用方面 ······································ 255

5.1 EI 离子源 ·· 255
    5.1.1 EI 离子源的布局 ······································· 255
    5.1.2 初级电子的产生 ······································· 257
    5.1.3 EI 离子源的总体效率和灵敏度 ····················· 258
    5.1.4 离子束几何形状的优化 ······························ 258
    5.1.5 安装离子源 ··· 259
5.2 样品的导入 ·· 260
    5.2.1 储罐/参考物进样器系统 ······························ 261
    5.2.2 直接进样杆 ··· 262
    5.2.3 与直接进样杆一起使用的样品管 ·················· 264
    5.2.4 如何使用直接进样杆进行质谱测试 ··············· 265
    5.2.5 自动式直接进样杆 ···································· 265
    5.2.6 使用直接进样杆时的分馏效应 ····················· 266
    5.2.7 直接暴露进样杆 ······································· 268
5.3 热裂解质谱法 ··· 270
5.4 EI 与气相色谱仪联用 ··· 270
5.5 EI 与液相色谱仪联用 ··· 270
5.6 低能量 EI 质谱法 ·· 271
5.7 适合 EI 的分析物 ·· 272
5.8 用于 EI 的质量分析器 ·· 273
5.9 EI 质谱数据库 ·· 273
    5.9.1 NIST/EPA/NIH 质谱数据库 ·························· 273
    5.9.2 Wiley Registry 质谱数据库 ·························· 275
    5.9.3 质谱数据库：概述 ···································· 275
5.10 EI 小结 ··· 276

参考文献 ·· 277

第6章 有机离子的裂解和EI质谱图的解析 ·················· 282

6.1 σ键的裂解 ··· 283
6.1.1 分子离子的书写规范 ·· 283
6.1.2 无官能团小分子的σ键裂解 ··· 284
6.1.3 偶电子规则 ·· 285
6.1.4 含官能团小分子中的σ键裂解 ·· 287

6.2 α-裂解 ··· 288
6.2.1 丙酮分子离子的α-裂解 ·· 288
6.2.2 Stevenson规则 ··· 289
6.2.3 不对称烷基酮的α-裂解 ·· 291
6.2.4 酰基正离子和碳正离子 ·· 293
6.2.5 含杂原子烷基链的α-裂解 ·· 294
6.2.6 烷基胺的α-裂解 ·· 295
6.2.7 氮规则 ·· 297
6.2.8 烷基醚和烷基醇的α-裂解 ·· 298
6.2.9 电荷保留在杂原子上 ·· 300
6.2.10 硫醚的α-裂解 ·· 300
6.2.11 卤代烃的α-裂解 ·· 301
6.2.12 串联α-裂解 ·· 303
6.2.13 串联α-裂解用于鉴定位置异构体 ··· 303

6.3 荷基异位离子 ·· 304
6.3.1 荷基异位离子的定义 ·· 304
6.3.2 荷基异位离子的形成和性质 ·· 305
6.3.3 荷基异位离子作为中间体 ·· 306

6.4 苄基裂解 ·· 306
6.4.1 烷基苯中苄基裂解 ·· 306
6.4.2 $[C_6H_5]^+$和$[C_7H_7]^+$进一步的命运 ·· 308
6.4.3 $[C_7H_8]^{+\cdot}$和$[C_8H_8]^{+\cdot}$的异构化 ·· 309
6.4.4 环加双键数 ·· 311

6.5 烯丙基裂解 ·· 312

  6.5.1 脂肪族烯烃中烯丙基键的裂解 ·················· 312

  6.5.2 定位双键的方法 ························· 314

6.6 非活化键的裂解 ····························· 314

  6.6.1 饱和烃类 ··························· 314

  6.6.2 碳正离子 ··························· 316

  6.6.3 分子量非常大的烃类 ······················ 318

6.7 分子离子峰的识别 ··························· 319

  6.7.1 分子离子峰识别的规则 ····················· 319

  6.7.2 常见的中性丢失 ························ 320

6.8 McL 重排 ······························· 321

  6.8.1 醛和酮的 McL 重排 ······················ 321

  6.8.2 羧酸及其衍生物的裂解 ····················· 324

  6.8.3 烷基苯的 McL 重排 ······················ 327

  6.8.4 双氢转移的 McL 重排 ····················· 328

  6.8.5 苄基与苯甲酰基的区别 ····················· 330

  6.8.6 无处不在的增塑剂 ······················· 330

6.9 逆 Diels-Alder 反应 ·························· 331

  6.9.1 逆 Diels-Alder 反应的机理 ··················· 331

  6.9.2 逆 Diels-Alder 反应的广泛存在 ················· 333

  6.9.3 天然产物中的逆 Diels-Alder 反应 ················ 333

6.10 CO 的消除 ······························ 334

  6.10.1 酚类化合物的 CO 丢失 ···················· 335

  6.10.2 醌的 CO 和 C_2H_2 丢失 ·················· 337

  6.10.3 芳基烷基醚的裂解 ······················ 338

  6.10.4 过渡金属羰基配合物的 CO 丢失 ················ 341

  6.10.5 羰基化合物的 CO 丢失 ···················· 341

  6.10.6 区分 CO、N_2 和 C_2H_4 的丢失 ·············· 342

6.11 热降解与离子裂解的区别 ······················· 342

  6.11.1 脱羰和脱羧 ························· 343

  6.11.2 RDA 反应 ························· 343

  6.11.3 烷基醇的脱水 ························ 343

  6.11.4 有机盐的 EI 质谱图 ····················· 345

6.12 鎓离子中丢失烯烃 ·························· 345

    6.12.1 鎓离子的 McL 重排 ⋯⋯⋯⋯⋯⋯⋯⋯⋯⋯⋯⋯⋯⋯⋯⋯⋯⋯⋯⋯⋯⋯ 346
    6.12.2 鎓反应 ⋯⋯⋯⋯⋯⋯⋯⋯⋯⋯⋯⋯⋯⋯⋯⋯⋯⋯⋯⋯⋯⋯⋯⋯⋯⋯⋯ 349
  6.13 离子-中性复合物 ⋯⋯⋯⋯⋯⋯⋯⋯⋯⋯⋯⋯⋯⋯⋯⋯⋯⋯⋯⋯⋯⋯⋯⋯⋯ 351
    6.13.1 离子-中性复合物存在的证据 ⋯⋯⋯⋯⋯⋯⋯⋯⋯⋯⋯⋯⋯⋯⋯⋯⋯ 352
    6.13.2 离子-中性复合物中的引力 ⋯⋯⋯⋯⋯⋯⋯⋯⋯⋯⋯⋯⋯⋯⋯⋯⋯⋯ 353
    6.13.3 离子-中性复合物的标准 ⋯⋯⋯⋯⋯⋯⋯⋯⋯⋯⋯⋯⋯⋯⋯⋯⋯⋯⋯ 353
    6.13.4 自由基正离子的离子-中性复合物 ⋯⋯⋯⋯⋯⋯⋯⋯⋯⋯⋯⋯⋯⋯⋯ 354
  6.14 邻位消除 ⋯⋯⋯⋯⋯⋯⋯⋯⋯⋯⋯⋯⋯⋯⋯⋯⋯⋯⋯⋯⋯⋯⋯⋯⋯⋯⋯⋯⋯ 355
    6.14.1 分子离子的邻位消除 ⋯⋯⋯⋯⋯⋯⋯⋯⋯⋯⋯⋯⋯⋯⋯⋯⋯⋯⋯⋯ 356
    6.14.2 偶电子离子的邻位消除 ⋯⋯⋯⋯⋯⋯⋯⋯⋯⋯⋯⋯⋯⋯⋯⋯⋯⋯⋯ 357
    6.14.3 硝基芳烃裂解中的邻位消除 ⋯⋯⋯⋯⋯⋯⋯⋯⋯⋯⋯⋯⋯⋯⋯⋯⋯ 359
  6.15 杂环化合物 ⋯⋯⋯⋯⋯⋯⋯⋯⋯⋯⋯⋯⋯⋯⋯⋯⋯⋯⋯⋯⋯⋯⋯⋯⋯⋯⋯ 361
    6.15.1 饱和杂环化合物 ⋯⋯⋯⋯⋯⋯⋯⋯⋯⋯⋯⋯⋯⋯⋯⋯⋯⋯⋯⋯⋯⋯ 361
    6.15.2 芳香杂环化合物 ⋯⋯⋯⋯⋯⋯⋯⋯⋯⋯⋯⋯⋯⋯⋯⋯⋯⋯⋯⋯⋯⋯ 364
  6.16 质谱解析指南 ⋯⋯⋯⋯⋯⋯⋯⋯⋯⋯⋯⋯⋯⋯⋯⋯⋯⋯⋯⋯⋯⋯⋯⋯⋯⋯ 368
    6.16.1 规则总结 ⋯⋯⋯⋯⋯⋯⋯⋯⋯⋯⋯⋯⋯⋯⋯⋯⋯⋯⋯⋯⋯⋯⋯⋯⋯ 368
    6.16.2 解析质谱图的系统方法 ⋯⋯⋯⋯⋯⋯⋯⋯⋯⋯⋯⋯⋯⋯⋯⋯⋯⋯⋯ 369
  参考文献 ⋯⋯⋯⋯⋯⋯⋯⋯⋯⋯⋯⋯⋯⋯⋯⋯⋯⋯⋯⋯⋯⋯⋯⋯⋯⋯⋯⋯⋯⋯⋯⋯ 370

第 7 章 化学电离 ⋯⋯⋯⋯⋯⋯⋯⋯⋯⋯⋯⋯⋯⋯⋯⋯⋯⋯⋯⋯⋯⋯⋯⋯⋯⋯⋯⋯⋯ 382

  7.1 化学电离的基本原理 ⋯⋯⋯⋯⋯⋯⋯⋯⋯⋯⋯⋯⋯⋯⋯⋯⋯⋯⋯⋯⋯⋯⋯ 382
    7.1.1 正离子化学电离中离子的形成 ⋯⋯⋯⋯⋯⋯⋯⋯⋯⋯⋯⋯⋯⋯⋯⋯ 382
    7.1.2 CI 离子源 ⋯⋯⋯⋯⋯⋯⋯⋯⋯⋯⋯⋯⋯⋯⋯⋯⋯⋯⋯⋯⋯⋯⋯⋯⋯ 384
    7.1.3 化学电离技术及其术语 ⋯⋯⋯⋯⋯⋯⋯⋯⋯⋯⋯⋯⋯⋯⋯⋯⋯⋯⋯ 385
    7.1.4 化学电离的灵敏度 ⋯⋯⋯⋯⋯⋯⋯⋯⋯⋯⋯⋯⋯⋯⋯⋯⋯⋯⋯⋯⋯ 385
  7.2 化学电离中的质子化 ⋯⋯⋯⋯⋯⋯⋯⋯⋯⋯⋯⋯⋯⋯⋯⋯⋯⋯⋯⋯⋯⋯⋯ 385
    7.2.1 质子的来源 ⋯⋯⋯⋯⋯⋯⋯⋯⋯⋯⋯⋯⋯⋯⋯⋯⋯⋯⋯⋯⋯⋯⋯⋯ 385
    7.2.2 甲烷试剂气形成的等离子体 ⋯⋯⋯⋯⋯⋯⋯⋯⋯⋯⋯⋯⋯⋯⋯⋯⋯ 386
    7.2.3 CH_5^+ 及其相关离子 ⋯⋯⋯⋯⋯⋯⋯⋯⋯⋯⋯⋯⋯⋯⋯⋯⋯⋯⋯⋯ 388
    7.2.4 质子化的能量学 ⋯⋯⋯⋯⋯⋯⋯⋯⋯⋯⋯⋯⋯⋯⋯⋯⋯⋯⋯⋯⋯⋯ 388
    7.2.5 比试剂气 PA 更高的杂质 ⋯⋯⋯⋯⋯⋯⋯⋯⋯⋯⋯⋯⋯⋯⋯⋯⋯⋯ 389
    7.2.6 以甲烷为试剂气的 PICI 图谱 ⋯⋯⋯⋯⋯⋯⋯⋯⋯⋯⋯⋯⋯⋯⋯⋯⋯ 389

	7.2.7	使用其他试剂气的 PICI ·································	391
7.3	质子转移反应-质谱法 ··		394
	7.3.1	PTR-MS 中试剂离子的形成 ·······················	394
	7.3.2	PTR-MS 中分析物离子的形成 ·······················	394
7.4	电荷转移化学电离 ··		396
	7.4.1	CT 的能量学 ·······································	396
	7.4.2	CTCI 中的试剂气 ····································	397
	7.4.3	化合物类别——选择性的 CTCI ·················	399
	7.4.4	CTCI 的区域选择性和立体选择性 ·············	399
7.5	负离子化学电离 ··		400
7.6	电子捕获负离子化 ··		402
	7.6.1	通过电子捕获形成离子 ·····························	402
	7.6.2	电子捕获的能量学 ···································	402
	7.6.3	产生热电子 ···	404
	7.6.4	ECNI 图谱的外观 ····································	405
	7.6.5	ECNI 的应用 ···	406
7.7	解吸化学电离 ··		406
7.8	大气压化学电离 ··		408
	7.8.1	大气压电离 ···	408
	7.8.2	大气压化学电离 ····································	409
	7.8.3	APCI 中正离子的形成 ······························	410
	7.8.4	APCI 中负离子的形成 ······························	412
	7.8.5	APCI 图谱 ···	413
7.9	大气压光电离 ··		415
	7.9.1	APPI 中的离子形成 ·································	416
	7.9.2	APPI 图谱 ···	418
7.10	CI、APCI 和 APPI 小结 ···		421
参考文献 ···			422

第 8 章 场电离和场解吸 ·································· 432

| 8.1 | 场电离和场解吸的演变 ··· | 432 |
| 8.2 | 场电离过程 ·· | 433 |

8.3 场电离和场解吸的离子源 ······ 434
8.4 场发射极 ······ 435
8.4.1 空白金属丝作为发射极 ······ 435
8.4.2 活化过的发射极 ······ 436
8.4.3 发射极温度 ······ 436
8.4.4 活化发射极的操作 ······ 437
8.5 场电离质谱法 ······ 438
8.5.1 FI-MS 中[M+H]$^+$的来源 ······ 439
8.5.2 FI-MS 中的多电荷离子 ······ 439
8.5.3 场诱导解离 ······ 440
8.5.4 FI 的准确质量图谱 ······ 440
8.5.5 气相色谱-场电离质谱联用 ······ 441
8.6 场解吸图谱 ······ 442
8.6.1 通过场电离在 FD-MS 中形成离子 ······ 443
8.6.2 在 FD-MS 中预先形成离子的解吸 ······ 444
8.6.3 在 FD-MS 中团簇离子的形成 ······ 446
8.6.4 离子型分析物的 FD-MS ······ 447
8.6.5 FD 图谱采集的时间演变 ······ 449
8.6.6 最佳阳极温度和热分解 ······ 449
8.6.7 聚合物的 FD-MS ······ 451
8.6.8 负离子场解吸——一种罕见的例外 ······ 451
8.6.9 FD-MS 中的离子类型 ······ 452
8.7 液体注射场解吸电离 ······ 453
8.7.1 LIFDI 概述 ······ 453
8.7.2 毛细管的定位 ······ 454
8.8 FI-MS 和 FD-MS 的一般性质 ······ 456
8.8.1 FI-MS 和 FD-MS 的灵敏度 ······ 456
8.8.2 FI、FD 和 LIFDI 的分析物及实际考虑因素 ······ 458
8.8.3 FI 和 FD 的质量分析器 ······ 458
8.9 FI、FD、LIFDI 小结 ······ 459
参考文献 ······ 461

第 9 章　串联质谱法 ·· 469

9.1　串联质谱法的概念 ·· 469
9.1.1　空间串联和时间串联 ·· 470
9.1.2　串联质谱的象形图示 ·· 472
9.1.3　串联质谱法的术语 ·· 472

9.2　亚稳态离子的解离 ·· 473

9.3　碰撞诱导解离 ·· 474
9.3.1　在质谱仪中实现碰撞 ·· 474
9.3.2　碰撞期间的能量转移 ·· 475
9.3.3　CID 中的单次和多次碰撞 ·· 477
9.3.4　离子活化过程的时间尺度 ·· 478

9.4　表面诱导解离 ·· 479

9.5　TOF 仪器上的串联质谱 ·· 482
9.5.1　利用 ReTOF 技术的串联质谱 ·· 482
9.5.2　曲线场反射器 ·· 484
9.5.3　真串联 TOF 仪器上的串联质谱 ·· 485

9.6　带有扇形磁场仪器的串联质谱 ·· 486
9.6.1　扇形磁场之前 FFR 中的解离 ·· 486
9.6.2　质量分析离子动能谱 ·· 487
9.6.3　动能释放的测定 ·· 487
9.6.4　"B/E = 常数"的联动扫描 ·· 489
9.6.5　其他的联动扫描功能 ·· 489
9.6.6　多扇区仪器 ·· 490

9.7　拥有线形四极杆分析器的串联质谱 ·· 491
9.7.1　三重四极杆质谱仪 ·· 491
9.7.2　三重四极杆串联质谱的扫描模式 ·· 493
9.7.3　五级四极杆仪器 ·· 493

9.8　四极离子阱串联质谱仪 ·· 494

9.9　线形四极离子阱的串联质谱 ·· 497
9.9.1　QqLIT 的串联质谱 ·· 497
9.9.2　带径向抛射的线形离子阱串联质谱 ·· 498

9.10　静电场轨道阱质谱仪的串联质谱 ·· 499

  9.10.1 高能 C 形阱解离 499
  9.10.2 扩展型 LIT-静电场轨道阱融合式质谱仪 500
9.11 FT-ICR 质谱仪的串联质谱——第一部分 502
9.12 红外多光子解离 504
9.13 电子捕获解离 506
  9.13.1 电子捕获解离的原理 506
  9.13.2 多肽离子的 ECD 裂解 507
9.14 FT-ICR 质谱仪的串联质谱——第二部分 508
  9.14.1 FT-ICR-MS 中的 IRMPD 508
  9.14.2 红外光解离光谱法 509
  9.14.3 黑体红外辐射解离 510
  9.14.4 串联 FT-ICR-MS 的 ECD 511
9.15 电子转移解离 512
9.16 电子分离解离 514
9.17 串联质谱的特殊应用 515
  9.17.1 催化研究中的离子-分子反应 515
  9.17.2 气相氢-氘交换 516
  9.17.3 气相碱度和质子亲和能的测定 516
  9.17.4 中和-再电离质谱法 518
9.18 串联质谱小结 519
参考文献 521

第 10 章　快速原子轰击 534

10.1 历史概览 534
10.2 分子束固体分析 535
10.3 FAB 和 LSIMS 的离子源 538
  10.3.1 FAB 离子源 538
  10.3.2 LSIMS 离子源 539
  10.3.3 FAB 进样杆 540
  10.3.4 FAB 和 LSIMS 的样品制备 540
10.4 FAB 和 LSIMS 中离子的形成 540
  10.4.1 无机样品中离子的形成 540

  10.4.2 有机样品中离子的形成 ·· 542
10.5 FAB 和 LSIMS 的液体基质 ·· 543
  10.5.1 液体基质的作用 ·· 543
  10.5.2 FAB 基质质谱图的一般特性 ·· 544
  10.5.3 FAB-MS 中的副反应 ·· 545
10.6 FAB-MS 的应用 ·· 546
  10.6.1 中低极性物质的 FAB-MS 分析 ···································· 546
  10.6.2 离子分析物的 FAB-MS 分析 ······································· 546
  10.6.3 高质量数分析物的 FAB-MS 分析 ································· 548
  10.6.4 FAB 模式下的准确质量测定 ······································· 549
  10.6.5 低温 FAB ·· 551
  10.6.6 FAB-MS 与多肽测序 ·· 552
10.7 FAB 和 LSIMS 的共同特征 ··· 553
  10.7.1 FAB-MS 的灵敏度 ·· 553
  10.7.2 FAB-MS 中的离子类型 ·· 553
  10.7.3 FAB-MS 的分析物 ·· 553
  10.7.4 FAB-MS 的质量分析器 ·· 554
  10.7.5 FAB 和 LSIMS 的展望 ··· 554
10.8 离子簇碰撞理论 ··· 555
10.9 锎-252 等离子体解吸 ··· 555
10.10 粒子撞击电离小结 ··· 557
参考文献 ··· 558

第 11 章 基质辅助激光解吸电离 ·· 567

11.1 LDI 和 MALDI 离子源 ··· 568
11.2 离子的形成 ·· 570
  11.2.1 离子产率和激光通量 ·· 570
  11.2.2 激光辐照对表面的影响 ··· 571
  11.2.3 激光解吸羽流的时间演化 ·· 573
  11.2.4 MALDI 中的离子形成过程 ··· 574
  11.2.5 离子形成的"幸存者"模型 ··· 575
11.3 MALDI 的基质 ·· 577

- 11.3.1 固体基质的作用 ······ 577
- 11.3.2 UV-MALDI 中的基质 ······ 577
- 11.3.3 MALDI 基质图谱的特征 ······ 579
- 11.4 样品制备 ······ 580
  - 11.4.1 MALDI 靶板 ······ 580
  - 11.4.2 标准样品的制备 ······ 582
  - 11.4.3 正离子化 ······ 583
  - 11.4.4 正离子交换和正离子去除的必要性 ······ 584
  - 11.4.5 负离子加合物 ······ 586
  - 11.4.6 无溶剂样品制备 ······ 587
  - 11.4.7 其他上样方法 ······ 588
- 11.5 LDI 的应用 ······ 588
- 11.6 MALDI 的应用 ······ 590
  - 11.6.1 一般蛋白质的 MALDI-MS 分析 ······ 590
  - 11.6.2 蛋白质指纹图谱和 MALDI 生物分型 ······ 590
  - 11.6.3 多肽测序与蛋白质组学 ······ 593
  - 11.6.4 糖类的 MALDI-MS 分析 ······ 597
  - 11.6.5 寡核苷酸的 MALDI-MS 分析 ······ 600
  - 11.6.6 合成聚合物的 MALDI-MS 分析 ······ 601
- 11.7 模拟基质效应的特殊表面 ······ 604
  - 11.7.1 多孔硅表面上的解吸电离 ······ 604
  - 11.7.2 纳米结构辅助的激光解吸电离 ······ 604
  - 11.7.3 MALDI 的进一步变化 ······ 606
- 11.8 MALDI 质谱成像 ······ 606
  - 11.8.1 MALDI 成像的方法论 ······ 606
  - 11.8.2 MALDI-MSI 的仪器配置 ······ 608
  - 11.8.3 MALDI-MSI 的应用 ······ 609
- 11.9 大气压 MALDI ······ 612
- 11.10 MALDI 小结 ······ 614
- 参考文献 ······ 615

第 12 章 电喷雾电离 ·· 631

12.1 电喷雾电离的产生历程 ·· 632
12.1.1 大气压电离及相关方法 ··· 633
12.1.2 热喷雾 ·· 633
12.1.3 电流体动力学电离 ··· 634
12.1.4 电喷雾电离的发展 ··· 634

12.2 电喷雾电离接口 ··· 635
12.2.1 基本设计的考虑因素 ·· 635
12.2.2 ESI 对不同流速的适应 ··· 637
12.2.3 改进的电喷雾配置 ··· 638
12.2.4 先进的大气压接口设计 ··· 640
12.2.5 喷嘴-截取锥解离 ··· 642

12.3 纳升电喷雾 ··· 644
12.3.1 nanoESI 的实际考虑 ·· 645
12.3.2 nanoESI 的喷雾模式 ·· 645
12.3.3 基于芯片的 nanoESI ·· 646

12.4 ESI 中的离子形成 ·· 647
12.4.1 电喷雾羽流的形成 ··· 647
12.4.2 带电液滴的崩解 ·· 649
12.4.3 带电液滴形成气相离子 ·· 650

12.5 多电荷离子和电荷脱卷积 ·· 653
12.5.1 多电荷离子的处理 ··· 653
12.5.2 数学计算电荷脱卷积 ·· 655
12.5.3 计算机辅助电荷脱卷积 ··· 656
12.5.4 硬件辅助电荷脱卷积 ·· 659
12.5.5 ESI 中可控的电荷缩减 ··· 660

12.6 ESI-MS 的应用 ·· 661
12.6.1 小分子的 ESI-MS ·· 661
12.6.2 金属配合物的 ESI ··· 662
12.6.3 表面活性剂的 ESI ··· 663
12.6.4 寡核苷酸、DNA 和 RNA ·· 664
12.6.5 寡糖的 ESI-MS ··· 665

- 12.6.6 观察超分子化学发挥的效用 ... 667
- 12.6.7 高质量蛋白质和蛋白质复合物 ... 668
- 12.7 电喷雾小结 ... 670
- 参考文献 ... 671

第 13 章 直接解吸电离 ... 683

- 13.1 直接解吸电离的概念 ... 683
- 13.2 解吸电喷雾电离 ... 685
  - 13.2.1 DESI 的实验装置 ... 685
  - 13.2.2 DESI 实验操作的参数 ... 687
  - 13.2.3 DESI 中离子形成的机理 ... 689
  - 13.2.4 DESI 的分析特性 ... 690
- 13.3 表面解吸大气压化学电离 ... 693
- 13.4 解吸大气压光电离 ... 695
- 13.5 与 DESI 相关的其他方法 ... 696
  - 13.5.1 声波喷雾解吸电离 ... 696
  - 13.5.2 电喷雾萃取电离 ... 697
  - 13.5.3 电喷雾辅助激光解吸电离 ... 698
  - 13.5.4 激光烧蚀电喷雾电离 ... 700
- 13.6 快速蒸发电离质谱法 ... 701
  - 13.6.1 REIMS 的装置 ... 701
  - 13.6.2 REIMS 的图谱 ... 702
  - 13.6.3 手术室中的 REIMS ... 703
- 13.7 大气压固体分析探针 ... 705
  - 13.7.1 大气压固体分析探针的装置 ... 706
  - 13.7.2 大气压固体分析探针的实际应用 ... 707
- 13.8 实时直接分析 ... 708
  - 13.8.1 DART 离子源 ... 708
  - 13.8.2 DART 中正离子的形成 ... 709
  - 13.8.3 DART 中负离子的形成 ... 711
  - 13.8.4 与 DART 相关的 ADI 方法 ... 711
  - 13.8.5 DART 的多种配置构造 ... 713

13.8.6　DART 在分析方面的应用 ⋯⋯⋯⋯⋯⋯⋯⋯⋯⋯⋯⋯⋯⋯⋯⋯⋯⋯⋯⋯ 715
　13.9　直接质谱法小结 ⋯⋯⋯⋯⋯⋯⋯⋯⋯⋯⋯⋯⋯⋯⋯⋯⋯⋯⋯⋯⋯⋯⋯⋯⋯⋯⋯ 718
　参考文献 ⋯⋯⋯⋯⋯⋯⋯⋯⋯⋯⋯⋯⋯⋯⋯⋯⋯⋯⋯⋯⋯⋯⋯⋯⋯⋯⋯⋯⋯⋯⋯⋯⋯ 720

第 14 章　联用技术 ⋯⋯⋯⋯⋯⋯⋯⋯⋯⋯⋯⋯⋯⋯⋯⋯⋯⋯⋯⋯⋯⋯⋯⋯⋯⋯⋯⋯⋯ 729

　14.1　色谱分析法 ⋯⋯⋯⋯⋯⋯⋯⋯⋯⋯⋯⋯⋯⋯⋯⋯⋯⋯⋯⋯⋯⋯⋯⋯⋯⋯⋯⋯⋯ 730
　　14.1.1　色谱柱 ⋯⋯⋯⋯⋯⋯⋯⋯⋯⋯⋯⋯⋯⋯⋯⋯⋯⋯⋯⋯⋯⋯⋯⋯⋯⋯⋯⋯ 730
　　14.1.2　吸附和解吸附平衡 ⋯⋯⋯⋯⋯⋯⋯⋯⋯⋯⋯⋯⋯⋯⋯⋯⋯⋯⋯⋯⋯⋯ 730
　　14.1.3　死时间和死体积 ⋯⋯⋯⋯⋯⋯⋯⋯⋯⋯⋯⋯⋯⋯⋯⋯⋯⋯⋯⋯⋯⋯⋯ 731
　　14.1.4　保留时间 ⋯⋯⋯⋯⋯⋯⋯⋯⋯⋯⋯⋯⋯⋯⋯⋯⋯⋯⋯⋯⋯⋯⋯⋯⋯⋯ 731
　　14.1.5　洗脱和洗出液 ⋯⋯⋯⋯⋯⋯⋯⋯⋯⋯⋯⋯⋯⋯⋯⋯⋯⋯⋯⋯⋯⋯⋯⋯ 731
　　14.1.6　分离和色谱分辨率 ⋯⋯⋯⋯⋯⋯⋯⋯⋯⋯⋯⋯⋯⋯⋯⋯⋯⋯⋯⋯⋯⋯ 732
　　14.1.7　检测器 ⋯⋯⋯⋯⋯⋯⋯⋯⋯⋯⋯⋯⋯⋯⋯⋯⋯⋯⋯⋯⋯⋯⋯⋯⋯⋯⋯ 733
　　14.1.8　色谱图 ⋯⋯⋯⋯⋯⋯⋯⋯⋯⋯⋯⋯⋯⋯⋯⋯⋯⋯⋯⋯⋯⋯⋯⋯⋯⋯⋯ 733
　　14.1.9　气相色谱法的实际考虑因素 ⋯⋯⋯⋯⋯⋯⋯⋯⋯⋯⋯⋯⋯⋯⋯⋯⋯⋯ 734
　　14.1.10　二维气相色谱法 ⋯⋯⋯⋯⋯⋯⋯⋯⋯⋯⋯⋯⋯⋯⋯⋯⋯⋯⋯⋯⋯⋯⋯ 735
　　14.1.11　高效液相色谱法 ⋯⋯⋯⋯⋯⋯⋯⋯⋯⋯⋯⋯⋯⋯⋯⋯⋯⋯⋯⋯⋯⋯⋯ 737
　14.2　色谱-质谱联用的概念 ⋯⋯⋯⋯⋯⋯⋯⋯⋯⋯⋯⋯⋯⋯⋯⋯⋯⋯⋯⋯⋯⋯⋯⋯ 740
　　14.2.1　离子流色谱图 ⋯⋯⋯⋯⋯⋯⋯⋯⋯⋯⋯⋯⋯⋯⋯⋯⋯⋯⋯⋯⋯⋯⋯⋯ 740
　　14.2.2　洗脱期质谱的重复采集 ⋯⋯⋯⋯⋯⋯⋯⋯⋯⋯⋯⋯⋯⋯⋯⋯⋯⋯⋯⋯ 743
　　14.2.3　选择离子监测和靶向分析 ⋯⋯⋯⋯⋯⋯⋯⋯⋯⋯⋯⋯⋯⋯⋯⋯⋯⋯⋯ 745
　　14.2.4　回顾性分析和非靶向分析 ⋯⋯⋯⋯⋯⋯⋯⋯⋯⋯⋯⋯⋯⋯⋯⋯⋯⋯⋯ 746
　　14.2.5　选择反应监测 ⋯⋯⋯⋯⋯⋯⋯⋯⋯⋯⋯⋯⋯⋯⋯⋯⋯⋯⋯⋯⋯⋯⋯⋯ 748
　14.3　定量分析 ⋯⋯⋯⋯⋯⋯⋯⋯⋯⋯⋯⋯⋯⋯⋯⋯⋯⋯⋯⋯⋯⋯⋯⋯⋯⋯⋯⋯⋯⋯ 750
　　14.3.1　外标法定量 ⋯⋯⋯⋯⋯⋯⋯⋯⋯⋯⋯⋯⋯⋯⋯⋯⋯⋯⋯⋯⋯⋯⋯⋯⋯ 750
　　14.3.2　内标法定量 ⋯⋯⋯⋯⋯⋯⋯⋯⋯⋯⋯⋯⋯⋯⋯⋯⋯⋯⋯⋯⋯⋯⋯⋯⋯ 751
　　14.3.3　同位素稀释法定量 ⋯⋯⋯⋯⋯⋯⋯⋯⋯⋯⋯⋯⋯⋯⋯⋯⋯⋯⋯⋯⋯⋯ 751
　　14.3.4　同位素组成异构体化合物的保留时间 ⋯⋯⋯⋯⋯⋯⋯⋯⋯⋯⋯⋯⋯⋯ 753
　14.4　气相色谱-质谱联用 ⋯⋯⋯⋯⋯⋯⋯⋯⋯⋯⋯⋯⋯⋯⋯⋯⋯⋯⋯⋯⋯⋯⋯⋯⋯ 753
　　14.4.1　GC-MS 接口 ⋯⋯⋯⋯⋯⋯⋯⋯⋯⋯⋯⋯⋯⋯⋯⋯⋯⋯⋯⋯⋯⋯⋯⋯⋯ 753
　　14.4.2　挥发性和衍生化 ⋯⋯⋯⋯⋯⋯⋯⋯⋯⋯⋯⋯⋯⋯⋯⋯⋯⋯⋯⋯⋯⋯⋯ 754
　　14.4.3　柱流失 ⋯⋯⋯⋯⋯⋯⋯⋯⋯⋯⋯⋯⋯⋯⋯⋯⋯⋯⋯⋯⋯⋯⋯⋯⋯⋯⋯ 755

14.4.4　快速 GC-MS ·················· 756
　　14.4.5　多路复用增加通量 ··········· 757
　　14.4.6　复杂的 GC-MS 联用 ········ 758
14.5　液相色谱-质谱联用技术 ··············· 759
14.6　离子淌度质谱法 ························· 763
14.7　串联质谱作为 LC-MS 的补充 ······ 766
14.8　超高分辨质谱 ···························· 768
14.9　联用技术小结 ···························· 770
参考文献 ·· 771

第 15 章　无机质谱法 ················ 779

15.1　无机质谱的概念和技术 ··············· 779
15.2　热电离质谱法 ···························· 783
15.3　火花源质谱法 ···························· 785
15.4　辉光放电质谱法 ························· 787
15.5　电感耦合等离子体质谱法 ············ 790
15.6　二次离子质谱法 ························· 794
　　15.6.1　原子的 SIMS ···················· 795
　　15.6.2　原子 SIMS 的仪器 ············· 795
　　15.6.3　分子的 SIMS ···················· 797
　　15.6.4　多原子初级离子束 ············ 798
15.7　加速器质谱法 ···························· 800
　　15.7.1　加速器质谱法的实验装置 ··· 800
　　15.7.2　加速器质谱法的设备 ········· 801
　　15.7.3　加速器质谱法的应用 ········· 802
15.8　无机质谱法小结 ························· 803
参考文献 ·· 804

附录 ·· 813

　A.1　单位、物理量和物理常数 ············ 813
　A.2　元素的同位素组成 ····················· 814

- A.3 碳的同位素模式 822
- A.4 氯和溴的同位素模式 823
- A.5 硅和硫的同位素模式 824
- A.6 读取同位素模式 824
- A.7 同位素组成异构体和准确质量 825
- A.8 特征离子和特征中性丢失 826
- A.9 常见的杂质 827
- A.10 分子离子峰的识别 828
- A.11 解析质谱图的规则 828
- A.12 分析质谱图的系统方法 829
- A.13 选择电离方法的指南 830
- A.14 如何识别正离子化 830
- A.15 氨基酸 832
- A.16 质谱学领域所获得的诺贝尔奖 833
- A.17 一百个常用缩略语 833

索引 837

概论

第 **1** 章

学习目标
- 质谱学的重要意义
- 质谱学的基本概念
- 质谱图的展示和交流方式
- 质谱仪的性能特征
- 质谱数据展示中的基本术语和规范
- 本教材的目标、范围和总体架构

1.1 质谱学：用途广泛且不可或缺

质谱学（MS）是化学、生物化学、药学、医学和许多相关科学领域不可或缺的分析工具。这些学科的学生、研究人员或从业者如果没有质谱学方面的大量知识，就很难真正掌握学科的要义。

未知物的结构解析、环境和法医分析，药物、食品和聚合物的质量控制，在很大程度上都有赖于质谱法[1-7]。目前质谱技术被用于分析组合化合物库[8]、进行生物分子测序[9]以及探索单细胞中的代谢[10,11]。如今，"质谱学与生物学已经交织在一起，以至于蛋白质组学研究的一些基本问题都在质谱学杂志上讨论[12]。"原油及其衍生产品和其他高度复杂的混合物，如可溶性有机物（DOM），均可采用超高分辨质谱进行分析[13-15]。小型化的质谱仪[16]有助于人们的安全，也可以用于太空任务[17,18]。质谱分析甚至在家庭和园艺中也有一些潜在的用途[19]。

无论分析的目的是什么，质谱法旨在通过其分子组成或原子的质量来鉴别化合物。仅通过质量所提供的信息就足以鉴定元素组成并确定分析物的分子式。同位素组成异构体（isotopologs）的相对丰度有助于确定哪些元素对分子式有贡献，并估算有贡献元素的原子数量。在一定的质谱实验条件下，离子的裂解可以提供离子结构的信息。因此，质谱法阐明了小分子中原子间的连接，鉴别了官能团，确定了构成大分子组分的（平均）数量和最终的序列，在某些情况下甚至还揭示了其三维结构（表 1.1）。

表 1.1 质谱学的应用领域

重点应用	应用领域	说明
元素和同位素分析	物理 放射化学 地球化学	用于物理学和放射化学（核废料）、地球化学以及生命科学领域中短寿命和稳定元素的鉴定和同位素丰度测定
有机和生物有机分析	有机化学 高分子化学 生物化学和医学	为化学、生理过程或聚合物化学提供的从小分子到很大分子的鉴定和结构表征
结构解析	有机化学 高分子化学 生物化学和医学	质谱实验可以连续进行，以运用串联质谱技术（MS/MS 或 MS^2）来研究所选中的离子。最终的产物离子还可以进行第三级的质谱研究（MS^3）或甚至到第 n 级（MS^n）
离子物种和化学反应的表征	物理化学 热化学	串联质谱为研究气相离子的单分子或双分子反应以及离子能量的测定提供了一种简练的方法
与分离技术联用	质量控制 环境分析 复杂混合物分析 物证与法庭科学 石油化学 食品化学	质谱可与气相色谱（GC）和液相色谱（LC）等分离方法结合使用。在"联用"中，即作为 GC-MS 或 LC-MS，质谱为复杂基质中痕量化合物的分析或复杂混合物的解卷积提供了高选择性和低检出限
质谱成像	生物医学研究 药物开发 材料科学	可以从微米大小的表面区域获得一系列质谱图，将表面（微电子元器件、组织切片）上化合物的横向分布转化为图像，进而可以与光学图像相关联
小型化	现场便携式质谱 太空任务 军事应用	质谱仪可以非常小。便携式仪器可用于环境现场分析、爆炸物和化学战剂的检测系统，包括但不限于太空任务

1.2 历史回顾

1.2.1 第一批质谱图

第一台通过质荷比分离离子的仪器是由汤姆逊（Joseph John Thomson）（因发现电子而获得 1906 年诺贝尔物理学奖）建造的，他试图解析气体中的放电并分析其中所涉及的带电气相物种。他的工作[20-23]促成了原子、同位素的发现，从而被公认为质谱学之父（图 1.1）。虽然汤姆逊 1913 年的原著很难找到，但美国质谱学会（ASMS）的再版图书却可以便捷地得到。

1.2 历史回顾

图1.1 汤姆逊奖章

该奖章是国际质谱学基金会(IMSS)颁发给质谱学领域杰出科学家的，
以纪念被公认为质谱学之父的 Joseph John Thomson

特别是由于阿斯顿（Francis William Aston）在接下来十年里的工作，这项新的革命性技术很快为很多元素[24-28]的原子表征提供了手段，阿斯顿因此在1922年获得了诺贝尔化学奖[29,30]。与质谱学有关的更多诺贝尔奖列在附录中。

1.2.2 汤姆逊的抛物线摄谱仪

汤姆逊的抛物线摄谱仪利用平行磁场和电场实现离子的偏转，偏转情况取决于离子的电性、电荷和质量。从离子源发射出来的离子通过准直器产生大致平行的离子束，然后送入分析器（图1.2）[23,31]。平面电容器的电场使离子垂直或向上

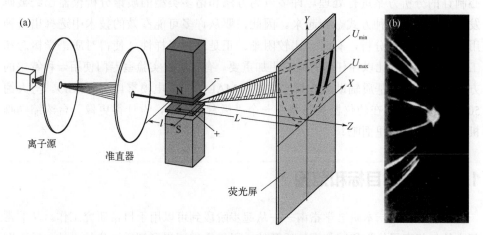

图1.2 汤姆逊构建的抛物线摄谱仪

（a）原理图；（b）使用该仪器所获得的荧光屏发光照片（照片相对原理图旋转了90°）

（经 Curt Brunnée 许可改编自参考文献[31]）

（图中是正离子）或向下偏转（负离子），具体取决于离子的电荷符号。由于快离子比慢离子偏转的角度更小，在 y 轴偏转的角度是离子动能的度量，磁场根据离子的质荷比（m/z）和电荷符号对离子束实现水平弯曲。较重的离子更靠近轴，而较轻的离子被推到更远的地方。总的来说，这导致在荧光屏上沿着抛物线分支发光，每个离子物种有一个分支，并可以从 x 轴读取离子动量，从 y 轴读取动能。因此，这个看似简单的装置同时提供了大量信息（关于磁场和电场如何影响离子分离的细节将在第 4.3 节中讨论）。

1.2.3 质谱学的里程碑

汤姆逊和阿斯顿的研究只是标志着一个开端，质谱学在一个多世纪里迎来了令人振奋的发展，本书对其中的重大里程碑事件进行了汇编[32]。从 20 世纪 50 年代到现在，质谱技术已经取得了很大的进步，如今依然在以很快的速度不断创新[29,30,33,34]。

质谱学先驱使用的是自制仪器，而不是商用仪器。这些仪器中主要是利用电子电离的扇形磁场质谱，如果设备处理得当，每天可提供若干张质谱图。对这种仪器的深入了解和对电子电离（EI）质谱图的解析技巧，将为质谱学家提供前所未有的对结构细节的深入了解[35-40]。特别是生命科学，为质谱学新的发展提供了巨大的动力，使质量分析范围扩大到了更高的分子量并可以分析越来越不稳定的分子。环境和药物研究一直是达到更低检出限的驱动力。目前的研究主要集中在离子的采集方法、离子的生成以及后续离子传输到质谱分析器的方法上，以获得更好的性能。

如今，质谱图的产出达到了前所未有的水平。高度自动化的系统每天产生成千上万张谱图，当运行一个常规应用程序时，同一类型的样本将通过专家事先精心制订的分析方案进行处理。许多电离方法和诸多类型的质谱分析仪器已经被研发出来，并以各种方式融合起来。因此，要从许多可能奏效的技术中选择出一种用于特定的样本分析，有时会比较困难。正是这种多样性，使得对质谱学概念和工具的基本理解比以往任何时候都更加重要。有些质谱实验室专门使用一种特定的方法——尤其是基质辅助激光解吸电离（MALDI）或电喷雾电离（ESI）。与大约 50 年前相比，现在的仪器被隐藏在一个"黑盒子"里，设计得更像一台浓缩咖啡机。那么来看看里面吧！

1.3 本书的目标和范围

本书可作为一本质谱学指南——从起步阶段到可以用于日常研究工作。从非常基本的气相离子化学和同位素性质开始，引导人们逐步了解质谱仪的设计、质谱图的解析到电离方法的应用。本书以色谱-质谱联用和一个无机质谱法章节结束，总共由 15 个章节组成，可以相互独立阅读。但对于新手，建议从头到尾系统学习，可偶尔跳过一些高阶部分（表 1.2）。本书将在化学、生物化学和其他自然科学领域指导从本科生到研究生的学习，并旨在整个职业生涯中作为一本手边的参考书不断发挥其价值。

表 1.2　本书章节：方向概述

序号	章节标题	备注
1	概论	准备，开始
2	电离和离子解离的原理	业内工具，理解后续章节所需的基础知识
3	同位素组成和准确质量	
4	仪器	
5	电子电离的实际应用	电子电离：有机质谱学的经典钥匙和每门入门课程不可缺少的部分
6	有机离子的裂解和 EI 质谱图的解析	
7	化学电离	传统的，但仍然非常重要的软电离方法
8	场电离和场解吸	
9	串联质谱法	按质量选定离子的完全受控解离，用于许多有趣的研究目的
10	快速原子轰击	更多的软电离方法。后两者代表了当今质谱学中最关键的技术
11	基质辅助激光解吸电离	
12	电喷雾电离	
13	直接解吸电离	基于大气压电离方法发展的新领域
14	联用技术	分离技术和质谱技术的联用
15	无机质谱法	还有更多除有机和生物医学质谱学之外的应用

通过本书，可以逐步了解质谱的工作原理，以及如何进一步地操作及使用，使其成为基础研究强有力的分析手段。通过书中改进的布局和高质量的图片，将更容易和更快地获取新知识。此外，书中添加了许多表格和流程图，是基于实情的列表汇总分析以及概念主题的比较分析。在书中适当位置列出了知识点的相互关系。科学内容的正确性已经被权威专家检验过了。每个章节以一套学习目标开始，紧随着是一个简短的总结，然后是详细的参考文献列表，包罗了重点教程、综述文章、书籍章节和各领域的专著。所有文献都包含标题，以帮助读者评估有用的信息以便进一步阅读[41]，并添加了数字对象标识符（digital object identifiers，DOIs），以方便文章的检索。关于质谱学拓展阅读的常见参考文献汇编在本概论的最后。

本书的覆盖范围基本上仅限于广义上的所谓"有机质谱"学。它包括目前使用的电离方法和质量分析器；除了典型的有机化合物，还涵盖了在生物有机样品上的应用，如肽和寡核苷酸。当然，也讨论了在过渡金属配合物、合成聚合物和富勒烯以及环境或法医中的应用。无机质谱的经典应用领域——元素分析被加入，以领略超越分子物种的质谱技术。

> **练习**
>
> 本书中包含了许多详细的例子，因而传统的"问题和解答"部分被省略了。补充的每一章的练习可以在本书英文版的专门网站上免费获得。

1.3.1 质谱学面面观

在广泛的质谱分析领域中，没有单一的"黄金法则"。在任何情况下，都有必要了解样品导入、离子生成、质量分析、离子检测的方法，以及质谱的数据记录和表示，更重要的是质谱图解析的技艺。所有这些方面都以多种方式相互关联，它们整体的贡献被称为质谱学（图 1.3）。质谱分析是多方面的，而不应该只从单一角度看待。就像一个地球仪不能显示地球的全部表面，质谱学需要从不同的视角进行探索[42]。

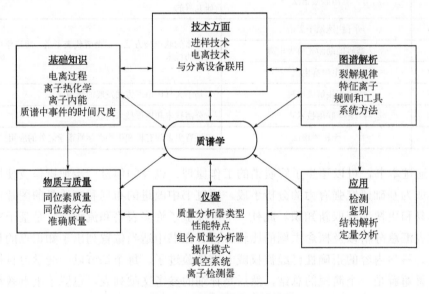

图 1.3 质谱学的各个方面

每个方面都以不同的方式与其他方面密切相关，这些方面的组合反映了质谱的不同维度

1.4 什么是质谱学？

什么是质谱学？质谱学在很多方面都很特别。首先，大多数质谱学家（mass spectrometrists）并不认为自己是质量光谱学家（mass spectroscopists）。

> **质谱学零号定律**
>
> "首先,永远不要把质谱法错误地称为'质量光谱法(mass spectroscopy)'。光谱学涉及对电磁辐射的吸收,质谱学是不同的。如果把这个问题搞混了,质谱学家有时会深感伤神"[43]。

实际上,几乎没有一本书使用质量光谱这个术语,所有的科学期刊都以质谱(mass spectrometry)作为标题。你会发现这些突出的规则、提示、注释和定义贯穿全书。可以称之为"质谱学零号定律"的规则是从一本标准的有机化学教科书中摘录的。这位作者在完成关于质谱的那一章时得出了这样的结论:"尽管偶尔会有一些神秘之处,质谱技术仍然非常有用[43]"。

> **历史回顾**
>
> 质谱这个术语的另一种解释源于仪器的历史发展[29]。汤姆逊用于第一次质量分离实验的设备是一种能在荧光屏上显示斑驳信号的分光仪[44]。Dempster 制造了一个仪器,它的磁场呈 180°角[29]。为了检测不同的质量,它可以配备一个照相底片——所谓的质量光谱仪——或者它可以有一个可变的磁场,通过将不同质量的物质依次聚焦到一个电点检测器上来检测不同的质量[45]。后来,质谱仪(mass spectrometer)这个词被用来指代后一种使用扫描磁场的仪器[46]。

1.4.1 质谱学的基本原理

"质谱学(MS)的基本原理是通过任意合适的方法从无机或有机化合物中产生离子,按照它们的质荷比(m/z)分离这些离子,并通过它们各自的 m/z 和丰度对其进行定性和定量检测。分析物可能被热电离,或通过电场或通过高能电子、离子或光子的撞击来电离。离子可以是单个被电离的原子、团簇离子、分子离子或它们的碎片离子或离子缔合物。离子的分离受到静态/动态电场或磁场的影响。"虽然质谱学(mass spectrometry)的这个定义可以追溯到 1968 年,当时有机质谱学还处于起步阶段[47],但它仍然有效。此外,还需要做一些补充。首先,样品的电离不仅可以由电子实现,还可以由(原子的)离子或光子、高能中性原子、电子激发态原子、大质量簇离子,甚至是带静电的微液滴来实现。其次,正如飞行时间分析器所证明的那样,如果离子在飞行路径的入口处具有明确的动能,则按 m/z 的离子分离也可以在无场区域中实现。

各种各样的电离技术及其关键应用可以根据其相对软/硬程度和合适分析物(分子)的质量来大致分类(图 1.4)。

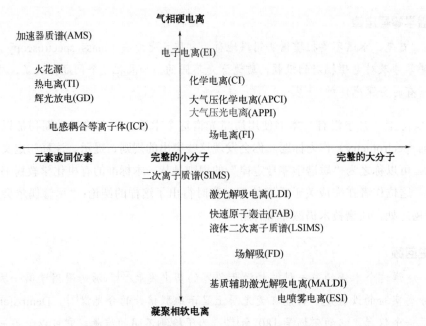

图1.4 根据主要应用领域排列的不同需求的质谱技术，并估算了电离技术的相对软/硬程度
（经许可转载自参考文献[42]。© Wiley-VCH，Weinheim，2009）

1.4.2 质谱仪

显然，几乎任何一种旨在能够实现电离、气相离子的分离和检测的技术都可以应用于质谱分析，而且实际上已经应用于质谱分析了。所有质谱仪都遵循一个简单的基本方案：一台质谱仪由一个离子源、一个质量分析器和一个在高真空条件下工作的检测器组成。如果仔细观察这种装置的前端，可能会将样品的导入、蒸发和连续电离或解吸电离步骤分开，但要把这些步骤清楚地区分开来并不总是那么简单。自20世纪90年代以来，质谱仪在全数据系统控制下运行。后者对于数据采集、图谱设定和深度数据分析也非常重要（图1.5）。

质谱仪中分析物的消耗是值得注意的一个方面：其他的谱学方法，如核磁共振（NMR）、红外（IR）或拉曼光谱允许样品回收，而质谱法是破坏性的，是消耗分析物的。这从质谱分析的电离过程以及穿过质量分析器到检测器的离子平移运动过程中可以明显看出。虽然一些样品被消耗了，但是它仍然可以被认为是实际上无损的，因为所需要的分析物的量在微克范围内，甚至更低。反过来，当大多数其他分析技术因为无法从纳克级样品中获得分析信息时，质谱法的极低样品消耗使其成为首选方法。

1.4.3 质量标度

在每电荷质量（kg/C）的物理尺度上绘制质谱图将非常不方便。因此，质谱学

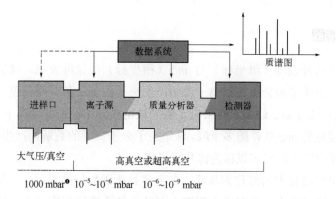

图 1.5 质谱仪的总体布局

多种不同类型的进样口可以接入离子源腔体。通过使用真空锁（第 5.2 节）或其他类型的接口（第 12.2 节），可以将样品从大气压条件转移到高真空的离子源和质量分析器中

家采用了原子质量除以基本电荷数的尺度，称之为质荷比（m/z）[48]，质谱图中只有一种正确的书写规范：峰在横坐标上的位置应该报告为"在 m/z x 处"。

质荷比 m/z 是一个人为构造单位，相反 m/z 根据定义是无量纲的。它可以理解为是在原子质量标度上离子质量的数值与各自离子的基本电荷数的比值。基本电荷的数量通常等于 1 时，但不一定都等于 1。当只观察到单电荷离子（$z = 1$），m/z 就直接反映原子质量。然而，根据所采用的电离方法，也可能存在从分析物中产生双电荷、三电荷甚至高电荷离子的情况。

> **Thomson 和 m/z**
>
> 一些质谱学家使用单位 Thomson [Th]（以纪念 J. J. Thomson）代替无量纲的 m/z。虽然 Thomson 是可以接受的（或可以包容的），但它不是国际单位制（SI）单位。Thomson 等价于 m/z，因为二者之间没有转换因子。

在质量轴上自较高 m/z 离子到产生较低 m/z 的碎片离子峰间的距离具有中性丢失（可以 u 为单位，u 为统一原子质量单位，$1\ u = m(^{12}C)/12 = 1.66 \times 10^{27}\ kg$）的意义。需要注意的是，中性丢失仅反映在对应 m/z 值之间的差异，即 $\Delta(m/z)$。这是因为质谱仪只能检测到带电物种，即一个离子解离后保留电荷的部分。

> **Dalton（道尔顿）和 u**
>
> 在生物医学领域工作的质谱学家倾向于使用道尔顿（Da）作为单位（向 J. Dalton 致敬），而不是统一原子质量单位 u。道尔顿也不是国际单位制单位。道尔顿等价于统一原子质量，因为在二者之间没有转换因子。

---

❶ bar，atm 等压力单位为非法定计量单位，其与法定计量单位 Pa 的换算关系如下：1 bar = 10^3 mbar = 10^5 Pa；1 atm = 101325 Pa。全书同——编者注

1.4.4 质谱图

质谱图是信号强度（纵坐标）与 m/z（横坐标）的二维表示。峰的位置，通常被称为信号，反映了被分析物在离子源中产生离子的 m/z 值。峰强度与离子丰度相关。但有时不一定，m/z 最高的峰来自完整的被电离分子——分子离子 $M^{+\bullet}$。分子离子峰通常在较低的 m/z 处伴随多个峰，这是由于分子离子的裂解而产生了碎片离子。因此，质谱图中其他的峰可以称为碎片离子峰。

质谱图中强度最大的峰称为基峰。在大多数质谱数据的表示中，基峰的强度归一化为 100%相对强度。这在很大程度上有助于使质谱图更容易进行比较。由于相对强度基本上与检测器记录的绝对离子丰度无关，所以可以进行归一化处理。

第一张质谱图 在某一烃类化合物的电子电离质谱图中，m/z 16 处的分子离子峰和基峰恰好对应相同的离子物种（图 1.6）。碎片离子峰位于 m/z 12～15 处，间距为 $\Delta(m/z) = 1$。很明显，分子离子 $M^{+\bullet}$ 丢失 $H^{\bullet}$ 的裂解，是唯一可能解释 m/z 15 处峰的原因，因为中性质量的损失为 1 u。因此，在较低的 m/z 处的峰可能是丢失 H_2（2 u）等原因造成的。很明显，这个图谱对应于 CH_4，在 m/z 16 处显示其分子离子峰。因为碳的原子质量是 12 u，氢的原子质量是 1 u，因此 12 u + 4×1 u = 16 u，从一个 16 u 的中性物种中除去一个电子，产生一个单电荷的自由基离子，被质谱仪在 m/z 16 处检测到。当然，大多数质谱图并不那么简单，但这就是它的工作原理。

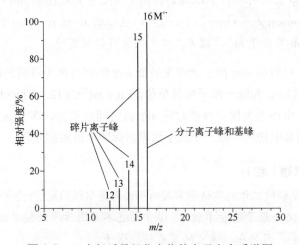

图 1.6 一个低质量烃化合物的电子电离质谱图

（经许可改编，© National Institute of Standards and Technology, NIST, 2002）

1.4.5 质谱图的统计学性质

重要的是要知道一个分子只能产生一个 m/z 值的离子。这个离子既可以反映完整的分子,也可以反映其碎片离子。为了产生一张有用的质谱图,需要对数千个离子的形成和裂解进行统计,以显示不同 m/z 的信号,其中每个离子有相应的相对强度。为了理解这一点,简单地想象一个甲烷分子被电离并被检测为分子离子:这将导致图谱在 m/z 16 处显示为一条单线,其强度除了"是"和"否"之外没有任何意义[图 1.7(a)]。另外,分子离子可能裂解生成一个单个的 CH_3^+ 离子 m/z 15,同样图谱也只显示一条线。实际上,这样的图谱并不能表明这个峰是由分子离子还是碎片离子引起的。八个离子可以形成一张图谱,每个离子对应 33.3%的相对强度[如图 1.7(c)所示],尽管其他分布也是可能的。11 个离子能按 20%的步长调整强度,而 23 个离子可以按 10%为步长产生图谱。显然,强度水平准确到 0.1%的图谱必须基于数千个离子[如图 1.7(f)]。

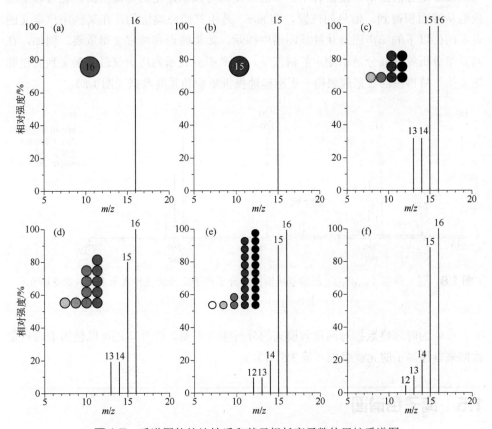

图 1.7 质谱图的统计性质和基于极低离子数的甲烷质谱图

(a)和(b)1 个离子;(c)8 个离子;(d)11 个离子;(e)23 个离子;(f)上千个离子。相对强度在 m/z 17 处 1.1%的同位素峰值仅在(f)情况下可见且有意义

阿摩尔灵敏度? 有时,仪器的广告上说它具有阿摩尔(Attomole)灵敏度。这有可能吗? 1 amol = 10^{-18} mol 的量仍然相当于 $6.022 \times 10^{23} \times 10^{-18} = 6.022 \times 10^5$ 个分子。假设 10%的样品可以被电离,10%的这部分将被检测到,产生的图谱仍然是基于 1%的样品分子,即 6000 个离子。显然,阿摩尔灵敏度触及了提供一张有用质谱图所需的极限。

> **避免过载**
>
> 离子源内单位体积的离子和中性物种的数量也有一个上限,从这个上限开始,由于离子分子反应,质谱图面貌将发生显著变化(第 7.2 节)。

1.4.6 棒状图、轮廓图和数据列表

上述质谱图用棒状图或直方图表示。这种数据简化在质谱分析中很常见,只要峰能很好地分辨出来,就很有用。峰的强度既可以从测定的峰高得到,也可以更准确地从峰面积得到。信号的位置,即 m/z,是由其质心确定的。在某些用户定义的显示阈值以下的噪声通常从柱状图谱中扣除。如果峰形和峰宽变得重要,例如,在高质量分析物或高分辨率测定的情况下,质谱图应表示为质谱仪最初采集的轮廓图数据。质谱图的数据列表用于更准确地报告质量和强度数据(图 1.8)。

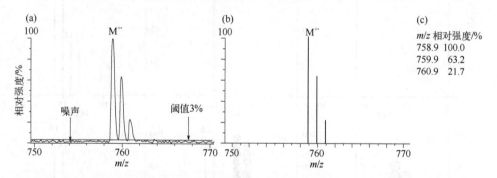

图 1.8 五十四烷($C_{54}H_{110}$)场解吸质谱图中分子离子信号的三种表示方式(第 8.6 节)
(a)轮廓图;(b)棒状图;(c)数据列表

准确的峰强度数据对同位素模式的分析非常重要。此外,还可以使用准确质量数据来推导离子的元素组成(第 3.5 节)。

1.5 离子色谱图

气相色谱(GC)和液相色谱(LC)使得混合物中的组分在各自的保留时间(retention times)从色谱柱中分离并随后洗脱。当质谱仪被用作色谱检测器(GC-MS

1.5 离子色谱图

和 LC-MS，第 5.4 节和第 5.5 节；第 14 章）时，其输出必须以某种方式代表原本可以用"经典"色谱检测器（FID，TCD，UV）获得的色谱图。质谱仪产生的色谱图由一套连续获得的大量质谱图组成，每张质谱图都提供了洗脱物的质谱数据。因此，这些组分可以通过它们各自的质谱来逐一鉴定。由于质谱色谱图表示的离子丰度是保留时间的函数，因此被称为离子色谱图（ion chromatograms）。

总离子流（total ion current，TIC）可以在质谱分析前由一个硬件 TIC 监测仪测定（nA～μA 范围），其等效值也可以在质谱分析后被重构或被提取[49]。被重构和被提取这两个形容词，都用来说明色谱图是在采集后通过计算过程从一组图谱中获取的，该过程选择用户定义的信号来构建迹线。

> **真正的 TIC**
>
> 现代仪器不再支持硬件 TIC 测定，但直到 20 世纪 70 年代，在电子面板上曾经有一个硬件 TIC 监测器。TIC 是通过测量撞击离子源出口板的离子所产生的离子电流来获得的，而不是通过测量通过其狭缝的离子。

因此，TIC 分别表示离子产生或质谱输出的总强度随时间变化的测量值。通过数据简化[50]获得 TIC，即通过将分析过程中连续获得的每个质谱图中峰强度求和，称为总离子色谱图（total ion chromatogram，TIC）。为此，将属于每个质谱图中所有离子强度的总和分别绘制为时间或扫描次数的函数。

术语总离子流色谱图（total ion current chromatogram，TICC）是指通过绘制在一系列质谱图中检测到的总离子流而获得的色谱图，这些质谱图作为混合物中被色谱所分离组分的保留时间的函数记录下来（本质上与 TIC 密切相关）。有时也会发现一些组合应用，如重构总离子流（reconstructed total ion current，RTIC）或重构总离子流色谱图（reconstructed total ion current chromatogram，RTICC，表 1.3）。

表 1.3 各种离子色谱图

缩写	全称	解释
TIC	总离子色谱图	每张图谱的所有信号强度之和与保留时间的函数关系。建议使用 TIC
TICC	总离子流色谱图	
RTIC	重构总离子色谱图	
RTICC	重构总离子流色谱图	
RIC	重构离子色谱图	表示选定 m/z 处的信号强度与保留时间的函数关系。两者都在使用中
EIC	提取离子色谱图	
BPC	基峰色谱图	表示基峰强度与保留时间的函数关系

术语重构离子色谱图（reconstructed ion chromatogram，RIC）一直被许多人用来描述给定的 m/z 或 m/z 范围的强度，被绘制成与时间或扫描次数的函数。提取离

子色谱图（extracted ion chromatogram，EIC）这一术语被用于描述在一系列质谱中，选择一个或一组特定的 m/z 值所观察到的信号强度而绘制的色谱图，这些记录的质谱图为保留时间的函数。从复杂的 GC-MS 或 LC-MS 数据中识别已知 m/z 的目标化合物时，绘制 RICs 或 EICs 尤为有用。换句话说，RIC 允许追溯目标化合物的保留时间。RICs 还可以用来揭示某些 m/z 值与从单个（不纯）样品测定中获得的不同质谱图的关系。因此，RICs（EICs）通常会显示主要产物中伴随的杂质的有价值信息，如残留溶剂、增塑剂、真空润滑脂或合成副产物（第 5.2 节和附录 A.9）。

最后，基峰色谱图（base peak chromatogram，BPC）是通过绘制作为保留时间函数记录的一系列质谱图中每个检测到的基峰的强度而得到的色谱图。BPCs 可用于增强复杂色谱中化合物峰的可见性，特别是当使用软电离方法导致大部分离子流出现在一种离子物种中时。

离子色谱图 多环麝香和硝基麝香是化妆品中的常用香料。气质联用法的鉴定与定量分析采用了对吐纳麝香（tonalide，AHTN）（$C_{18}H_{26}O^{+\bullet}$，m/z 258）和二甲苯麝香（MX）（$C_{12}H_{15}N_3O_6^{+\bullet}$，$m/z$ 297）的特征 RICs（EICs）[51]。虽然同时洗脱（图 1.9 中的峰 3），但 EICs 允许通过分别选择特征分子离子或主要碎片离子 m/z 值来分离两种组分。进样溶液浓度为每组分 1 μg/mL。

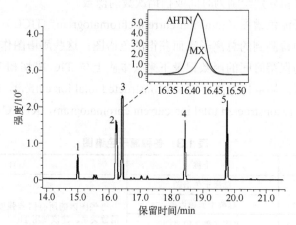

图 1.9 合成麝香及部分标准品的典型气相色谱-质谱图，即 TIC（TICC）全扫描模式
两种组分的洗脱几乎同时发生，并导致峰的重叠。插图显示了吐纳麝香（AHTN）（$C_{18}H_{26}O^{+\bullet}$，m/z 258）和二甲苯麝香（MX）（$C_{12}H_{15}N_3O_6^{+\bullet}$，$m/z$ 297）的特征 RICs（EICs）（经许可转载自参考文献[51]。
© The Japan Society for Analytical Chemistry，2009）

在用直接进样杆（DIP）蒸发混合物的过程中也可以观察到一定程度的分离，尽管这种分离目前还不能与色谱分离相比。即便如此，绘制 TIC 或 RIC 可以得到使用 DIP 进行测量的组分质谱图的时间分布概况（第 5.2 节）。

1.6 质谱仪的性能

1.6.1 灵敏度

灵敏度一词指定了在明确规定的条件下操作时，任何分析系统对特定分析物的总体响应。灵敏度定义为分析物量与信号强度之间的曲线斜率。在质谱分析中，灵敏度是指单位质量的所用分析物达到检测器的特定离子物种的电荷量。固体的灵敏度单位为 C/μg；对于气体分析物，灵敏度可以指定为离子电流与分析物分压的比值，单位为 A/Pa。

根据上述定义，灵敏度并不仅取决于 EI 的电离效率或任何其他电离方法的电离效率。从离子源中引出离子、实验中采集的质量范围以及质量分析器的传输也很重要。因此，灵敏度数据必须说明完整的实验条件。

计算灵敏度　在 70 eV EI 模式，R = 1000 条件下，硬脂酸甲酯分子离子（m/z 298）的扇形磁场质谱的灵敏度规定为 $4×10^{-7}$ C/μg。1 μg 硬脂酸甲酯相当于 $3.4×10^{-9}$ mol 或 $2.0×10^{15}$ 个分子。电荷量 $4×10^{-7}$ C 对应每 $1.6×10^{-19}$ C 有 $2.5×10^{12}$ 的电子电荷。反之亦然，用每微克的分子数除以检测器的电荷数，可以得出这样的结论：800 个分子中只有一个最终被探测到。

1.6.2 检出限

检出限（LOD），也称为检测限，几乎是不言自明的，但它经常与灵敏度混淆。检出限定义了获得可从背景噪声中辨别出的信号所必需的分析物最小流量或最低量。按照特定的分析方案处理后，检出限对特定的分析物有效[49,50,52]。

当然，仪器设备的灵敏度对于低检出限是至关重要的；然而，检出限是一个明显不同的量。检出限值可以表示为痕量分析中的相对测量值，如废油样品中 1 μg/kg 二噁英，也可以表示为绝对测量值，如 MALDI-MS 分析中 1 fmol 神经肽 P 物质。

1.6.3 信噪比

信噪比（signal-to-noise，S/N）描述了强度测量的不确定度，并通过量化信号强度与噪声的比率来定量衡量信号的质量。

噪声来自仪器的电子器件，因此噪声不仅存在于信号之间，也存在于信号本身。因此，强度测量受到噪声的影响。各种来源的真实信号及众多背景信号，例如用于 FAB 或 MALDI 中使用的基质化合物、气相色谱（GC）的柱流失和其他杂质，可能看起来像电子噪声，即所谓的"化学"噪声。在严格意义上，这应该与电子噪声不同，应该被称为信背比（signal-to-background，S/B）。在实践中，这可能很难做到。

电子噪声本质上是统计性的，因此可以通过延长数据采集和随后分别对图谱求和或平均来降低。因此，在同一图谱内，强峰的信噪比较弱峰的信噪比更好。

噪声的减少与采集时间或单张图谱平均次数的平方根成正比[53]，例如，通过平均 10 张图谱的噪声降低至原来的 31.6%，平均 100 张图谱的噪声降低至原来的 10%。

噪声是多少？ 当 S/N≥10 时，信号被认为是清晰可见的，这一值经常在检出限的上下文中提到。状态良好的质谱仪器可以得到 S/N > 10^4，这意味着在没有背景信号干扰的情况下，即使相对强度较低的同位素峰也能够可靠地测定出来。在图 1.10 所示甲苯分子离子信号中，第一个同位素峰由[$^{13}C^{12}C_6H_8$]$^{+•}$在 m/z 93 处产生，S/N 仍有 250，而第二个同位素峰[$^{13}C_2^{12}C_5H_8$]$^{+•}$在 m/z 94 处产生，S/N 只有 10。m/z 92，93，94 处峰的理论强度比为 100：7.7：0.3，即强度比直接反映了信噪比。考虑到这一点，可以预计对应于[$^{12}C_7H_8$]$^{+•}$的 m/z 92 峰处，其 S/N 为 3250。实际上，S/N≥1000 意味着噪声在图谱中基本上是看不到的。

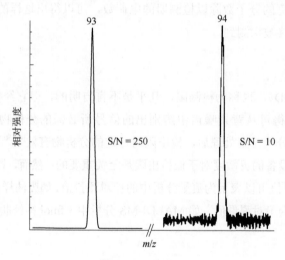

图1.10 信噪比

在甲苯分子离子的信号中，第一个同位素峰 m/z 93 的 S/N = 250，第二个同位素峰 m/z 94 的 S/N = 10

1.7 公认的术语

对于术语、缩略语和符号的普遍共识对于质谱学领域内的充分沟通至关重要。目前公认的术语主要由下列出版物来规范：

1.7 公认的术语

- 1991 年：在美国质谱学会（ASMS）的指导下，由 Price 汇编[54]。
- 1995 年：由 Todd 编写，代表国际纯粹与应用化学联合会（International Union of Pure and Applied Chemistry，IUPAC）的官方建议[55]。
- 2006 年：Sparkman 的术语参考书[52]。
- 2013 年：IUPAC 术语和定义的更新[56]；这是一个始于 2005 年的项目[57]，经历了几个阶段的评价和建议[58-60]。

然而，质谱学术语并不完全统一。例如，IUPAC 在其 1995 年的版本中，在谈论"质谱（MS）"时用"mass spectroscopy"与绝大多数从业者、期刊和书籍持相反意见，而 Price 和 Sparkman 都在使用"mass spectrometry"。IUPAC 接受"子离子"（daughter ion）和"母离子"（parent ion）等术语分别相当于"产物离子"和"前体离子"。Sparkman 不鼓励使用子离子和母离子，因为这些是过时的和具有性别特征的术语。这些集合中没有一个是全面的。然而，这些指南对质谱学术语有大约 95% 的一致性，总体覆盖范围被认为是非常充分的，使得这些术语中任何一个的应用都有利于口头和书面交流。

不幸的是，在文献中充斥着误导性和冗余的术语，因此，即使不主动使用它们，至少也需要理解它们的意图。本书中避免使用过时或模糊的术语，并在可能产生歧义的地方给出了特别说明以进行澄清。

> **大量的缩略语**
>
> 质谱学家喜欢使用无数由首字母组成的缩略语来交流他们的工作[61,62]。所有的缩略语在每章中第一次使用时都有解释，并包括在主题索引中。为方便起见，附录中提供了 100 个常用的质谱学缩略语。

当描述质谱图时，人们应该知道一些基本的但经常被误解的术语。

① MS 可以指任何类型的质谱图（mass spectrum），例如 EI 质谱图（EI mass spectrum）。但是，由于 MS 指的是一种质谱（mass spectrometry）方法，所以 MS 谱图（MS spectrum）这个术语显然是不正确的。

② 多级质谱（MS/MS 等于 MS^2）是指串联质谱。与①类似，应该说串联质谱图（tandem mass spectra），而不是 MS/MS 谱图或质谱/质谱图（MS/MS spectra）。

③ 离子在一定的 m/z 值被检测到。例如，正确的说法是"在 m/z 16 的分子离子"或"$M^{+\cdot}$，m/z 16"或"$CH_4^{+\cdot}$，m/z 16"。

④ 质谱图或质谱仪操作中设置的范围以"m/z 10～100"或"m/z 10～m/z 100"的形式表示。

⑤ 质谱仪通过质荷比 m/z 来分离离子。质谱图的横坐标只标注为"m/z"。任何其他标签，如"质量（mass）""m/z [Da]"，或更糟的"m/z [a.m.u]"，都是错误的。

⑥ 离子与质谱图中的峰相关，而与中性物种无关。将峰归属成离子已经是一种解析行为。

⑦ 中性丢失［很少被称为暗物质（dark matter）[52]］仅从峰之间的距离来识别，用质量差异 $\Delta(m/z)$ 表示。相应中性物质的质量以"u"为单位给出。

⑧ 信号或质谱峰只是质谱仪检测器输出的图形表示。这些信号只能被观察到，而不能以任何方式自行发挥作用。

⑨ 离子具有反应活性。通常离子会裂解、解离、重排、发生反应、异构化。

⑩ 建议使用表 1.4 中常用的符号，特别是加号应在自由基前，如"$^{+\cdot}$"或"$\overset{\cdot}{-}$"。

表 1.4 符号

符号	含义	符号	含义
·	自由基中的不成对电子	⌢	电子对转移箭头
+	偶电子正离子	⌢	用于单电子转移的鱼钩箭头
−	偶电子负离子	⌇	指示键裂解的位置
+·	自由基正离子	→	裂解或反应
−·	自由基负离子	—o→	偶尔用于重排裂解

1.8 单位、物理量和物理常数

物理量单位的一致使用是科学的先决条件，其简化了诸如温度、压力或物理尺寸等物理量的比较。因此，通篇使用国际单位制（International System of Units，SI）。该系统基于七个单位，可以组合成任何其他需要的单位。然而，质谱仪的使用寿命通常很长，20 年之久的仪器以英寸为刻度，压力读数以 Torr（1 Torr = 133.322 Pa）或 psi（1 psi = 6895 Pa）为单位，可能仍在使用中。本书附录中部分提供了一系列表格，其中有 SI 单位的集合以及经常需要的转换因子、物理常数和物理量的集合。

1.9 拓展阅读

本书在每一章的末尾提供了大量的参考文献。然而，将最重要的质谱书籍汇编在一个列表中可能是有用的。

首先，有一些经典的质谱书籍值得关注[31,63-73]。然后，还将提到其他一些入门级质谱书籍[74-78]。最后，在专门的章节涵盖了各种可供选择的质谱专著。这些都是按时间顺序列出的[30,79-136]。

1.10 质谱学精髓

（1）基本原理

质谱法（MS）按质荷比分离气相中孤立的离子，这是通过电场和磁场或它们的组合来实现的。根据质量分析器的类型，这些场在时间上可以是恒定的、可变的或交替的。因此，任何样品都需要转化为孤立的气相离子状态。几乎对任何样品都有各种各样的电离技术来实现这种转变。仪器的响应依赖于对气相中离子的检测，这一事实为质谱法出色的低样品消耗提供了基础，通常每个样品的消耗在纳克到微克范围内。由于质谱法中的样品消耗很少，因此其潜在的应用多种多样。

（2）历史发展

质谱技术大约是在一个世纪前发展起来的。质谱法最初用于元素及其同位素组成的表征，在20世纪40年代离开了物理学领域，被应用于烃类的分析。从那时起，MS成为有机化学中化合物表征的工具，然后扩展到生物医学和无数其他自然科学领域。

（3）质谱技术的应用

质谱法（MS）可以用于分析所有类别的化合物、元素或分子，高纯化合物或复杂的混合物。因此，MS不仅广泛地应用于化学和生命科学，而且在药理学、地质学、物理学等科学中发挥着重要的作用。质谱学本身及其不同应用领域显然是跨学科的。质谱法的独特优势在于能够从极少量的样品中获取分析信息。

（4）重要术语和概念

这种方法被称为质谱法（mass spectrometry），整个仪器被称为质谱仪（mass spectrometer）。质谱仪由样品导入系统、离子源、质量分析器、检测器和数据系统组成。质谱图（mass spectra）是质谱仪输出的表现形式。质谱图是以相对信号强度为纵坐标，以无量纲的质荷比（m/z）为横坐标绘制的图谱。另外，质谱数据也可以用表格形式提供。

参考文献

[1] He F, Hendrickson CL, Marshall AG (2001) Baseline Mass Resolution of Peptide Isobars: A Record for Molecular Mass Resolution. Anal Chem 73: 647–650. doi:10.1021/ac000973h

[2] Cooper HJ, Marshall AG (2001) Electrospray Ionization Fourier Transform Mass Spectrometric Analysis of Wine. J Agric Food Chem 49: 5710–5718. doi:10.1021/jf0108516

[3] Hughey CA, Rodgers RP, Marshall AG (2002) Resolution of 11,000 Compositionally Distinct Components in a Single Electrospray Ionization FT-ICR Mass Spectrum of Crude Oil. Anal Chem 74: 4145–4149. doi:10.1021/ac020146b

[4] Mühlberger F, Wieser J, Ulrich A, Zimmermann R (2002) Single Photon Ionization (SPI) via Incoherent VUV-Excimer Light: Robust and Compact Time-of-Flight Mass Spectrometer for On-Line, Real-Time Process Gas Analysis. Anal Chem 74: 3790–3801. doi:10.1021/ac0200825

[5] Glish GL, Vachet RW (2003) The Basics of Mass Spectrometry in the Twenty-First Century. Nat Rev Drug Discovery 2: 140–150. doi:10.1038/nrd1011

[6] Zuccato E, Chiabrando C, Castiglioni S, Calamari D, Bagnati R, Schiarea S, Fanelli R (2005) Cocaine in Surface Waters: A New Evidence-Based Tool to Monitor Community Drug Abuse. Environ Health 4: online journal. doi: 10.1186/1476-069X-4-14

[7] Harris WA, Reilly PTA, Whitten WB (2007) Detection of Chemical Warfare-Related Species on Complex Aerosol Particles Deposited on Surfaces Using an Ion Trap-Based Aerosol Mass Spectrometer. Anal Chem 79: 2354–2358. doi:10.1021/ac0620664

[8] Enjalbal C, Maux D, Combarieu R, Martinez J, Aubagnac J-L (2003) Imaging Combinatorial Libraries by Mass Spectrometry: From Peptide to Organic-Supported Syntheses. J Comb Chem 5: 102–109. doi:10.1021/cc0200484

[9] Maux D, Enjalbal C, Martinez J, Aubagnac J-L, Combarieu R (2001) Static Secondary Ion Mass Spectrometry to Monitor Solid-Phase Peptide Synthesis. J Am Soc Mass Spectrom 12: 1099–1105. doi:10.1016/S1044-0305(01)00296-3

[10] Amantonico A, Urban PL, Zenobi R (2010) Analytical Techniques for Single-Cell Metabolomics: State of the Art and Trends. Anal Bioanal Chem 398: 2493–2504. doi:10.1007/s00216-010-3850-1

[11] Zhang L, Vertes A (2015) Energy Charge, Redox State, and Metabolite Turnover in Single Human Hepatocytes Revealed by Capillary Microsampling Mass Spectrometry. Anal Chem 87: 10397–10405. doi:10.1021/acs.analchem.5b02502

[12] Aebersold R (2003) A Mass Spectrometric Journey into Protein and Proteome Research. J Am Soc Mass Spectrom 14: 685–695. doi:10.1016/S1044-0305(03)00289-7

[13] Koch BP, Witt M, Engbrodt R, Dittmar T, Kattner G (2005) Molecular Formulae of Marine and Terrigenous Dissolved Organic Matter Detected by Electrospray Ionization Fourier Transform Ion Cyclotron Resonance Mass Spectrometry. Geochim Cosmochim Acta 69: 3299–3308. doi:10.1016/j.gca.2005.02.027

[14] Klitzke CF, Corilo YE, Siek K, Binkley J, Patrick J, Eberlin MN (2012) Petroleomics by Ultrahigh-Resolution Time-of-Flight Mass Spectrometry. Energy & Fuels 26: 5787–5794. doi:10.1021/ef300961c

[15] Marshall AG, Chen T (2015) 40 Years of Fourier Transform Ion Cyclotron Resonance Mass Spectrometry. Int J Mass Spectrom 377: 410–420. doi:10.1016/j.ijms.2014.06.034

[16] Snyder DT, Pulliam CJ, Ouyang Z, Cooks RG (2015) Miniature and Fieldable Mass Spectrometers: Recent Advances. Anal Chem 88: 2–29. doi:10.1021/acs.analchem.5b03070

[17] Fenselau C, Caprioli R (2003) Mass Spectrometry in the Exploration of Mars. J Mass Spectrom 38: 1–10. doi:10.1002/jms.396

[18] Goesmann F, Rosenbauer H, Bredehoeft JH, Cabane M, Ehrenfreund P, Gautier T, Giri C, Krueger H, Le Roy L, MacDermott AJ, McKenna-Lawlor S, Meierhenrich UJ, Caro GMM, Raulin F, Roll R, Steele A, Steininger H, Sternberg R, Szopa C, Thiemann W, Ulamec S (2015) Organic Compounds on Comet 67P/Churyumov-Gerasimenko Revealed by COSAC Mass Spectrometry. Science 349: 497–499. doi:10.1126/science.aab0689

[19] Pulliam CJ, Bain RM, Wiley JS, Ouyang Z, Cooks RG (2015) Mass Spectrometry in the Home and Garden. J Am Soc Mass Spectrom 26: 224–230. doi:10.1007/s13361-014-1056-z

[20] Thomson JJ (1909) Positive Rays. Phil Mag 16: 657–691. doi:10.1080/14786441008636543

[21] Thomson JJ (1911) Rays of Positive Electricity. Phil Mag 20: 752–767. doi:10.1080/14786441008636962

[22] Thomson JJ (1912) Further Experiments on Positive Rays. Phil Mag 24: 209–253. doi:10.1080/14786440808637325

[23] Thomson JJ (1913) Rays of Positive Electricity and Their Application to Chemical Analysis. Longmans, Green and Co., London

[24] Aston FW (1919) The Constitution of the Elements. Nature 104: 393. doi:10.1038/104393b0
[25] Aston FW (1919) A Positive-Ray Spectrograph. Phil Mag 38: 707–715. doi:10.1080/14786441208636004
[26] Aston FW (1919) Neon Nature 104: 334. doi:10.1038/104334d0
[27] Aston FW (1920) The Mass-Spectra of Chemical Elements. Phil Mag 39: 611–625. doi:10.1080/14786440508636074
[28] Aston FW (1922) List of Elements and Their Isotopes. Proc Phys Soc 34: 197
[29] Grayson MA (ed) (2002) Measuring Mass – From Positive Rays to Proteins. ASMS and CHF, Santa Fe and Philadelphia
[30] Jennings KR (ed) (2012) A History of European Mass Spectrometry. IM Publications, Charlton Mill
[31] Brunnée C, Voshage H (1964) Massenspektrometrie. Karl Thiemig Verlag KG, München
[32] Doerr A, Finkelstein J, Jarchum I, Goodman C, Dekker B (2015) Nature Milestones: Mass Spectrometry. Nature Meth 12: 1–21. doi:www.nature.com/milestones/mass-spec
[33] Busch KL (2000) Synergistic Developments in Mass Spectrometry. A 50-Year Journey From "Art" to Science. Spectroscopy 15: 30–39
[34] Muenzenberg G (2013) Development of Mass Spectrometers from Thomson and Aston to Present. Int J Mass Spectrom 349–350: 9–18
[35] Meyerson S (1986) Reminiscences of the Early Days of Mass Spectrometry in the Petroleum Industry. Org Mass Spectrom 21: 197–208. doi:10.1002/oms.1210210406
[36] Quayle A (1987) Recollections of Mass Spectrometry of the Fifties in a UK Petroleum Laboratory. Org Mass Spectrom 22: 569–585. doi:10.1002/oms.1210220902
[37] Maccoll A (1993) Organic Mass Spectrometry – the Origins. Org Mass Spectrom 28: 1371–1372. doi:10.1002/oms.1210281203
[38] Meyerson S (1993) Mass Spectrometry in the News, 1949. Org Mass Spectrom 28: 1373–1374. doi:10.1002/oms.1210281204
[39] Meyerson S (1994) From Black Magic to Chemistry. The Metamorphosis of Organic Mass Spectrometry. Anal Chem 66: 960A–964A. doi:10.1021/ac00091a001
[40] Nibbering NMM (2006) Four Decades of Joy in Mass Spectrometry. Mas Spectrom Rev 25: 962–1017. doi:10.1002/mas.20099
[41] Gross ML, Sparkman OD (1998) The Importance of Titles in References. J Am Soc Mass Spectrom 9: 451. doi:10.1016/S1044-0305(98)00002-6
[42] Gross JH (2009) Mass Spectrometry. In: Andrews DL (ed) Encyclopedia of Applied Spectroscopy. Wiley-VCH, Weinheim
[43] Jones M Jr (2000) Mass Spectrometry. In: Organic Chemistry. W. W. Norton & Company, New York
[44] Griffiths IW (1997) J. J. Thomson – the Centenary of His Discovery of the Electron and of His Invention of Mass Spectrometry. Rapid Commun Mass Spectrom 11: 2–16. doi:10.1002/(SICI)1097-0231(19970115)11:1<2::AID-RCM768>3.0.CO;2-V
[45] Dempster AJ (1918) A New Method of Positive Ray Analysis. Phys Rev 11: 316–325. doi:10.1103/PhysRev.11.316
[46] Nier AO (1990) Some Reflections on the Early Days of Mass Spectrometry at the University of Minnesota. Int J Mass Spectrom Ion Proc 100: 1–13. doi:10.1016/0168-1176(90)85063-8
[47] Kienitz H (1968) Einführung. In: Kienitz H (ed) Massenspektrometrie. Weinheim, Verlag Chemie
[48] Busch KL (2001) Units in Mass Spectrometry. Spectroscopy 16: 28–31
[49] Price P (1991) Standard Definitions of Terms Relating to Mass Spectrometry. A Report From the Committee on

Measurements and Standards of the Amercian Society for Mass Spectrometry. J Am Soc Mass Spectrom 2: 336–348. doi:10.1016/1044-0305(91)80025-3

[50] Todd JFJ (1995) Recommendations for Nomenclature and Symbolism for Mass Spectroscopy Including an Appendix of Terms Used in Vacuum Technology. Int J Mass Spectrom Ion Proc 142: 211–240

[51] Lv Y, Yuan T, Hu J, Wang W (2009) Simultaneous Determination of Trace Polycyclic and Nitro Musks in Water Samples Using Optimized Solid-Phase Extraction by Gas Chromatography and Mass Spectrometry. Anal Sci 25: 1125–1130. doi:10.2116/analsci.25.1125

[52] Sparkman OD (2006) Mass Spectrometry Desk Reference. Global View Publishing, Pittsburgh

[53] Kilburn KD, Lewis PH, Underwood JG, Evans S, Holmes J, Dean M (1979) Quality of Mass and Intensity Measurements from a High Performance Mass Spectrometer. Anal Chem 51: 1420–1425. doi:10.1021/ac50045a017

[54] Price P (1991) Standard Definitions of Terms Relating to Mass Spectrometry. A Report From the Committee on Measurements and Standards of the Amercian Society for Mass Spectrometry. J Am Soc Mass Spectrom 2: 336–348. doi:10.1016/1044-0305(91)80025-3

[55] Todd JFJ (1995) Recommendations for Nomenclature and Symbolism for Mass Spectroscopy Including an Appendix of Terms Used in Vacuum Technology. Int J Mass Spectrom Ion Proc 142: 211–240. doi:10.1016/0168-1176(95)93811-F

[56] Murray KK, Boyd RK, Eberlin MN, Langley GJ, Li L, Naito Y (2013) Definitions of Terms Relating to Mass Spectrometry (IUPAC Recommendations 2013). Pure Appl Chem 85: 1515–1609. doi:10.1351/PAC-REC-06-04-06

[57] Murray KK, Boyd RK, Eberlin MN, Langley GJ, Li L, Naito Y, Tabet JC (2005) IUPAC Standard Definitions of Terms Relating to Mass Spectrometry. Abstracts of Papers, 229th ACS National Meeting, San Diego, CA, United States, March 13–17, 2005, ANYL-212

[58] Murray KK (2007) Web Glossaries the Wiki Way. Chem Int 29: 23–25

[59] Naito Y (2007) Commentary on Terms and Definitions Relating to Mass Spectrometry. J Mass Spectrom Soc Jpn 55: 149–156. doi:10.5702/massspec.55.149

[60] Murray KK, Boyd RK, Eberlin MN, Langley GJ, Li L, Naito Y (2009) Standard Definitions of Terms Relating to Mass Spectrometry (IUPAC Recommendations). Pure Appl Chem provisional recommendations in state of review

[61] Busch KL (2002) SAMS: Speaking with Acronyms in Mass Spectrometry. Spectroscopy 17: 54–62

[62] Busch KL (2002) A Glossary for Mass Spectrometry. Spectroscopy 17: S26–S34

[63] Field FH, Franklin JL (1957) Electron Impact Phenomena and the Properties of Gaseous Ions. Academic Press, New York

[64] Beynon JH (1960) Mass Spectrometry and its Applications to Organic Chemistry. Elsevier, Amsterdam

[65] Biemann K (1962) Mass Spectrometry. McGraw-Hill, New York

[66] Biemann K (1962) Mass Spectrometry – Organic Chemical Applications. McGraw-Hill, New York

[67] Biemann K, Dibeler VH, Grubb HM, Harrison AG, Hood A, Knewstubb PF, Krauss M, McLafferty FW, Melton CE, Meyerson S, Reed RI, Rosenstock HM, Ryhage R, Saunders RA, Stenhagen E, Williams AE, McLafferty FW (eds) (1963) Mass Spectrometry of Organic Ions. Academic Press, London

[68] Kiser RW (1965) Introduction to Mass Spectrometry and its Applications. Prentice-Hall, Englewood Cliffs

[69] Budzikiewicz H, Djerassi C, Williams DH (1967) Mass Spectrometry of Organic Compounds. Holden-Day, San Francisco

[70] Aulinger F, Kienitz H, Franke G, Habfast K, Spiteller G, Kienitz H (eds) (1968) Massenspektrometrie. Weinheim,

Verlag Chemie
[71] Cooks RG, Beynon JH, Caprioli RM (1973) Metastable Ions. Elsevier, Amsterdam
[72] Levsen K (1978) Fundamental Aspects of Organic Mass Spectrometry. Weinheim, Verlag Chemie
[73] Howe I, Williams DH, Bowen RD (1981) Mass Spectrometry: Principles and Applications. McGraw-Hill, New York
[74] Chapman JR (1993) Practical Organic Mass Spectrometry: A Guide for Chemical and Biochemical Analysis. Wiley, Chichester
[75] McLafferty FW, Turecek F (1993) Interpretation of Mass Spectra. University Science Books, Mill Valley
[76] De Hoffmann E, Stroobant V (2007) Mass Spectrometry – Principles and Applications. Wiley, Chichester
[77] Watson JT, Sparkman OD (2007) Introduction to Mass Spectrometry. Wiley, Chichester
[78] Ekman R, Silberring J, Westman-Brinkmalm AM, Kraj A (2009) Mass Spectrometry: Instrumentation, Interpretation, and Applications. Wiley, Hoboken
[79] Porter QN, Baldas J (1971) Mass Spectrometry of Heterocyclic Compounds. Wiley Interscience, New York
[80] Dawson PH (1976) Quadrupole Mass Spectrometry and Its Applications. Elsevier, New York
[81] Beckey HD (1977) Principles of Field Desorption and Field Ionization Mass Spectrometry. Pergamon Press, Oxford
[82] McLafferty FW (ed) (1983) Tandem Mass Spectrometry. Wiley, New York
[83] Castleman AW Jr, Futrell JH, Lindinger W, Märk TD, Morrison JD, Shirts RB, Smith DL, Wahrhaftig AL, Futrell JH (eds) (1986) Gaseous Ion Chemistry and Mass Spectrometry. Wiley, New York
[84] Benninghoven A, Werner HW, Rudenauer FG, Benninghoven A (eds) (1987) Secondary Ion Mass Spectrometry: Basic Concepts, Instrumental Aspects, Applications and Trends. Wiley Interscience, New York
[85] Busch KL, Glish GL, McLuckey SA (1988) Mass Spectrometry/Mass Spectrometry. Wiley VCH, New York
[86] Briggs D, Brown A, Vickerman JC (1989) Handbook of Static Secondary Ion Mass Spectrometry. Wiley, Chichester
[87] March RE, Hughes RJ (1989) Quadrupole Storage Mass Spectrometry. Wiley, Chichester
[88] Wilson RG, Stevie FA, Magee CW (1989) Secondary Ion Mass Spectrometry: A Practical Handbook for Depth Profiling and Bulk Impurity Analysis. Wiley, Chichester
[89] Caprioli RM (ed) (1990) Continuous-Flow Fast Atom Bombardment Mass Spectrometry. Wiley, Chichester
[90] Prókai L (1990) Field Desorption Mass Spectrometry. Marcel Dekker, New York
[91] Assamoto B (ed) (1991) Analytical Applications of Fourier Transform Ion Cyclotron Resonance Mass Spectrometry. Weinheim, VCH
[92] Harrison AG (1992) Chemical Ionization Mass Spectrometry. CRC Press, Boca Raton
[93] Splitter JS, Turecek F (eds) (1994) Applications of Mass Spectrometry to Organic Stereochemistry. Weinheim, Verlag Chemie
[94] Yinon J (ed) (1994) Forensic Applications of Mass Spectrometry. CRC Press, Boca Raton
[95] Schlag EW (ed) (1994) Time of Flight Mass Spectrometry and its Applications. Elsevier, Amsterdam
[96] Lehmann WD (1996) Massenspektrometrie in Der Biochemie. Spektrum Akademischer Verlag, Heidelberg
[97] Dole RB (ed) (1997) Electrospray Ionization Mass Spectrometry – Fundamentals, Instrumentation and Applications. Wiley, Chichester
[98] Cotter RJ (1997) Time-of-Flight Mass Spectrometry: Instrumentation and Applications in Biological Research. American Chemical Society, Washington, DC
[99] Platzner IT, Habfast K, Walder AJ, Goetz A, Platzner IT (eds) (1997) Modern Isotope Ratio Mass Spectrometry. Wiley, Chichester

[100] Niessen WMA, Voyksner RD (eds) (1998) Current Practice of Liquid Chromatography-Mass Spectrometry. Elsevier, Amsterdam
[101] Tuniz C, Bird JR, Fink D, Herzog GF (1998) Accelerator Mass Spectrometry – Ultrasensitive Analysis for Global Science. CRC Press, Boca Raton
[102] Roboz J (1999) Mass Spectrometry in Cancer Research. CRC Press, Boca Raton
[103] Chapman JR (ed) (2000) Mass Spectrometry of Proteins and Peptides. Humana Press, Totowa
[104] Kinter M, Sherman NE (2000) Protein Sequencing and Identification Using Tandem Mass Spectrometry. Wiley, Chichester
[105] Snyder AP (2000) Interpreting Protein Mass Spectra. Oxford University Press, New York
[106] Taylor HE (2000) Inductively Coupled Plasma Mass Spectroscopy. Academic Press, London
[107] Montaudo G, Lattimer RP (eds) (2001) Mass Spectrometry of Polymers. CRC Press, Boca Raton
[108] Budde WL (2001) Analytical Mass Spectrometry. ACS and Oxford University Press, Washington, DC and Oxford
[109] de Laeter JR (2001) Applications of Inorganic Mass Spectrometry. Wiley, New York
[110] Rossi DT, Sinz MW (eds) (2002) Mass Spectrometry in Drug Discovery. Marcel Dekker, New York
[111] Pramanik BN, Ganguly AK, Gross ML (eds) (2002) Applied Electrospray Mass Spectrometry. Marcel Dekker, New York
[112] Ardrey RE (2003) Liquid Chromatography-Mass Spectrometry – An Introduction. Wiley, Chichester
[113] Pasch H, Schrepp W (2003) MALDI-TOF Mass Spectrometry of Synthetic Polymers. Springer, Heidelberg
[114] Henderson W, McIndoe SJ (2005) Mass Spectrometry of Inorganic and Organometallic Compounds. Wiley, Chichester
[115] Kaltashov IA, Eyles SJ (2005) Mass Spectrometry in Biophysics: Conformation and Dynamics of Biomolecules. Wiley, Hoboken
[116] March RE, Todd JFJ (2005) Quadrupole Ion Trap Mass Spectrometry. Wiley, Hoboken
[117] Siuzdak G (2006) The Expanding Role of Mass Spectrometry in Biotechnology. MCC Press, San Diego
[118] Becker JS (2008) Inorganic Mass Spectrometry: Principles and Applications. Wiley, Chichester
[119] Boyd RK, Basic C, Bethem RA (2008) Trace Quantitative Analysis by Mass Spectrometry. Wiley, Chichester
[120] Le Gac S, van den Berg A (eds) (2009) Miniaturization and Mass Spectrometry. The Royal Society of Chemistry, Cambridge
[121] Ramanathan R (ed) (2009) Mass Spectrometry in Drug Metabolism and Pharmacokinetics. Wiley, Hoboken
[122] Schalley CA, Springer A (2009) Mass Spectrometry and Gas-Phase Chemistry of Non-Covalent Complexes. Wiley, Hoboken
[123] Santos LS (ed) (2009) Reactive Intermediates: MS Investigations in Solution. Wiley-VCH, Weinheim
[124] Cole RB (ed) (2010) Electrospray and MALDI Mass Spectrometry: Fundamentals, Instrumentation, Practicalities, and Biological Applications. Wiley, Hoboken
[125] Li L (ed) (2010) MALDI Mass Spectrometry for Synthetic Polymer Analysis. Wiley, Hoboken
[126] Lehmann WD (2010) Protein Phosphorylation Analysis by Electrospray Mass Spectrometry: A Guide to Concepts and Practice. Royal Society of Chemistry, Cambridge
[127] Barner-Kowollik C, Gruendling T, Falkenhagen J, Weidner S (eds) (2012) Mass Spectrometry in Polymer Chemistry. Wiley-VCH, Weinheim
[128] Hiraoka K (ed) (2013) Fundamentals of Mass Spectrometry. Springer, New York
[129] Hillenkamp F, Peter-Katalinic J (eds) (2013) MALDI MS: A Practical Guide to Instrumentation, Methods and Applications. Wiley-VCH, Weinheim

[130] Eiceman GA, Karpas Z, Hill HH Jr (2014) Ion Mobility Spectrometry. CRC Press, Boca Raton
[131] Ellis AM, Mayhew CA (2014) Proton Transfer Reaction Mass Spectrometry: Principles and Applications. Wiley-Blackwell, Chichester
[132] Prohaska T, Irrgeher J, Zitek A, Jakubowski N (eds) (2015) Sector Field Mass Spectrometry for Elemental and Isotopic Analysis. Royal Society of Chemistry, Cambridge, UK
[133] Fujii T (ed) (2015) Ion/Molecule Attachment Reactions: Mass Spectrometry. Springer, New York. doi:10.1007/978-1-4899-7588-1
[134] Domin M, Cody R (eds) (2015) Ambient Ionization Mass Spectrometry. Royal Society of Chemistry, Cambridge, UK
[135] Hübschmann HJ (2015) Handbook of GC-MS – Fundamentals and Applications. Wiley-VCH, Weinheim
[136] Cramer R (ed) (2016) Advances in MALDI and Laser-Induced Soft Ionization Mass Spectrometry. Springer, Cham. doi:10.1007/978-3-319-04819-2

第 2 章 电离和离子解离的原理

学习目标
- 电子电离过程和电离能
- 离子的内能和内能分布
- 支配激发态离子裂解的能量考虑因素
- 准平衡理论和单分子解离的速率
- 质谱分析的时间尺度
- 气相离子化学的首选工具
- 离子-分子反应

质谱仪可以被看作是一种专门设计用于研究气相中离子的化学实验室[1,2]。除了通常为了分析目的来获得质谱图外,质谱还可以用于研究所选离子的裂解途径以及离子-中性分子的反应等。理解这些基本原理是正确应用质谱学的所有可用技术的先决条件,也是成功解析质谱图的前提,因为"分析化学是物理化学在现实世界中的应用"[3]。

首先,本章讨论了气相离子化学的基本知识,即电离、激发、离子热化学、离子寿命和离子解离的反应速率。高阶部分致力于气相离子化学更实用的方面,如电离能和出现能的测定,或气相碱度和质子亲和能的测定。最后,简要讨论了离子-分子反应[4]。

本章一些主题的基本内容也可以在物理化学教科书中找到;然而,专业文献中给出了更好的介绍[4-12]。详细的化合物特异性裂解机理、离子-分子复合物等将在后面讨论(第6章)。

2.1 高能电子引起的气相电离

质谱仪的设计目的是从中性物种中产生离子,以便能够加速并促使它们进行方向受控的运动，最终实现对这些离子的 m/z 分析。任何质谱仪的质量分析器都只能处理带电物种，即由原子或分子产生的离子，有时也会由自由基、两性离子或团簇产生。离子源的任务就是完成这一关键步骤，并且有各种各样的电离方法可用于各种分析物来实现这一目标。中性粒子无法被研究，因为它们的平动运动既不受电场也不受磁场影响。然而，一些中性粒子可能会偶然击中检测器，从而对信号产生噪声干扰。

经典的电离过程涉及向气相中的中性物种发射高能电子，这被称为电子电离（electron ionization，EI）。电子电离以前被称为电子轰击电离（electron impact ionization）或简称为电子轰击（electron impact，EI）。对于 EI，中性物种必须先被转移到高度稀释的气相中，这可以通过任何适于相应化合物蒸发的进样系统来实现。在实践中，当粒子的平均自由程变得足够长，以至于在相关粒子的寿命内几乎不可能发生双分子间的相互作用时，该气相环境可被认为是高度稀释的。这很容易在通常是 10^{-4} Pa 压力范围内的电子电离源中实现。在这里，对 EI 的描述仅限于对理解电离过程本身所必需的内容[13,14]，以及对新产生的离子命运所产生的影响。

2.1.1 离子的形成

当一个中性粒子被一个携带几十电子伏特（eV）动能的高能电子击中时，该电子的一些能量被转移到中性粒子上。在能量转移方面，如果电子非常有效地与中性粒子碰撞，那么转移的能量可以超过中性粒子的电离能（ionization energy，IE）。这时，从质谱的角度来看，最理想的过程是：通过射出一个电子而发生电离产生一个分子离子（molecular ion），即自由基正离子（positive radical ion）：

$$M + e^- \longrightarrow M^{+\bullet} + 2e^- \qquad (2.1)$$

根据分析物和初级电子的能量，也可以观察到双电荷离子甚至三电荷离子：

$$M + e^- \longrightarrow M^{2+} + 3e^- \qquad (2.2)$$

$$M + e^- \longrightarrow M^{3+\bullet} + 4e^- \qquad (2.3)$$

而双电荷离子 M^{2+} 是一个偶电子离子（even-electron ion），三电荷离子 $M^{3+\bullet}$ 又是一个奇电子离子（odd-electron ion）。此外，电子-中性分子相互作用还可能发生其他几种情况，例如，不太有效的相互作用将使中性分子进入电子激发态而不使其电离。

分子的电离 EI 主要从中性前体分子产生单电荷离子。如果中性物种像大多数情况下一样是一个分子，开始时有偶数个电子，即它是一个偶电子（closed-shell，闭壳）分子。所形成的分子离子一定是一个自由基正离子或奇电子（open-shell，开壳）

离子。对于甲烷，可以得到：

$$CH_4 + e^- \longrightarrow CH_4^{+\bullet} + 2e^- \tag{2.4}$$

自由基的电离　在极少数情况下，中性物种是自由基，电子电离产生的是偶电子离子，例如，对于一氧化氮：

$$NO^{\bullet} + e^- \longrightarrow NO^+ + 2e^- \tag{2.5}$$

多环芳烃的电离　菲并苊衍生物的 EI 质谱图显示了一系列相对强度比较强的双电荷离子，其中 m/z 178 处的离子是双电荷分子离子，其他的则是双电荷碎片离子（图 2.1）[15]。中等丰度的双电荷离子在多环芳烃（PAHs）的质谱图中很常见。关于 EI 质谱图中多电荷离子的另一个例子，参见第 3.8 节，关于该化合物的 LDI 质谱图，参见第 11.5 节。

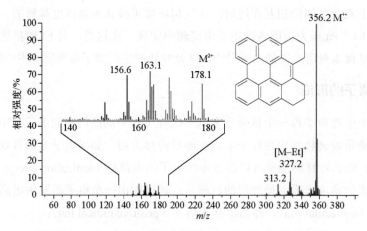

图 2.1　1,2,3,4,5,6-六氢菲[1,10,9,8-*opqra*]苊的 EI 质谱图
尺寸放大的插图中的所有信号都对应于双电荷离子（经允许改编自参考文献[15]。© Elsevier Science，2002）

2.1.2　伴随电子电离的过程

除了产生期望的分子离子，电子-中性分子相互作用也可能导致其他一些情况（图 2.2）。中性分子与电子之间"软"碰撞的效率较低。这种相互作用只是将中性分子转化为电子激发态，而不会使其电离。随着初级电子能量的增加，被电离物种的丰度和种类也将增加，即电子电离可能通过不同的途径发生，每种途径都产生特征的电离产物和中性产物。这包括产生以下类型的离子：分子离子、碎片离子、多电荷离子、亚稳态离子、重排离子和离子对[13]。

原则上，电子也可能被中性粒子捕获，形成自由基负离子。然而，70 eV 的电子不太可能发生电子捕获（electron capture，EC），因为电子捕获是一个共振过程，没有产生电子来带走过剩能量[16]。因此，EC 只对能量很低的电子有效，更青睐热电子（第 7.6 节）。含有强电负性元素的分子可能形成负离子，然而，这个过程的电离效率非常低。

> **例外情况**
>
> 在常规 EI 条件下，曾研究过 WF_6 产生负离子的过程。在较高的电子能量下，检测到了 $WF_6^{-\cdot}$、WF_5^- 和 F^-[17]。多氟取代的有机分析物，例如全氟煤油（C_nF_{n+2}）等也会产生负离子，但灵敏度比正离子 EI 低几个数量级。

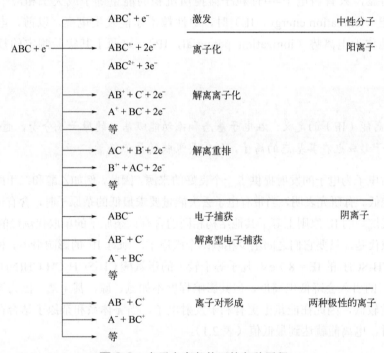

图 2.2　电子电离条件下的各种历程

在一定条件下，彭宁电离也可以发挥作用（经允许改编自参考文献[18]）。
© Springer-Verlag Heidelberg, 1991）

2.1.3　彭宁电离产生的离子

不发生电离的电子-中性粒子相互作用会产生电子激发态的中性粒子。当电子激发态的中性粒子（如稀有气体原子 A^*）与基态分子 M 碰撞时，发生的电离反应可以分为两类[19]：一是彭宁电离［Penning ionization，式（2.6）］[20]；二是缔合电离（associative ionization），也称为霍恩贝克-莫尔纳尔历程［Hornbeck-Molnar process，式（2.7）］[21]。

$$A^* + M \longrightarrow A + M^{+\bullet} + e^- \qquad (2.6)$$
$$A^* + M \longrightarrow AM^{+\bullet} + e^- \qquad (2.7)$$

当（痕量）气态 M 的电离能低于被激发态（稀有气体）原子 A^* 的亚稳态能量时，会发生彭宁电离。上述电离过程也曾被用于构建离子源[19,22]，但在出现实时直接分析技术（DART，第 13.8 节）和辉光放电质谱法（GD-MS，第 15.4 节）之前，彭宁电离源在质谱分析中并未得到广泛应用。

2.1.4 电离能

很明显，只有当电子-中性粒子碰撞所沉积的能量等于或大于相应中性粒子的电离能（ionization energy，IE）时，中性粒子才能发生电离。以前，电离能曾被错误地称为电离势（ionization potential，IP），这源于其实验测定的技术（第 2.10 节）。

> **定义**
>
> 电离能（IE）的定义：在电子基态和振动能级基态的原子或分子，通过射出一个电子形成也在其基态的离子，所需要吸收的最低能量。

孤对电子为电子的发射提供了一个良好的来源。因此，例如乙醇和二甲醚的电离能比乙烷低。有研究表明，当带有电子丢失能量要求最低的杂原子时，含有该杂原子的多取代烷烃的 IE 原则上等于其他结构相同的含有该杂原子的单取代烷烃的 IE[23]。另一个取代基，只要它们之间至少相隔两个碳原子，则对 IE 的影响很小。例如，二甲硫醚 CH_3SCH_3 的 IE = 8.7 eV，几乎等于较大的蛋氨酸 $CH_3SCH_2CH_2CH(NH_2)COOH$ 的 IE。氧的引入会降低电离能，但其影响程度不如氮、硫，甚至硒，因为这些元素的电负性较低，因此在能量上更有利于发射电子。当 π 体系和杂原子结合在同一个分子中时，电离能就达到最低值（表 2.1）。

> **电离能的范围**
>
> 大多数分子的电离能（IE）都在 7~15 eV 的范围内。

2.1.5 电离能和电荷局域化

从分子中移除一个电子，可以从形式上认为是发生在 σ 键、π 键或孤对电子上，其中 σ 键是最不利的位置，而孤对电子是分子内电荷局域化最有利的位置，这一假设直接反映在电离能中（表 2.1）。稀有气体确实以具有闭合电子壳层的原子形式存在，因此表现出最高的 IE 值。其次是双原子分子，其上限为氟气、氮气和氢气。甲烷的 IE 值低于分子氢，但仍高于乙烷等，直到长链烷烃的 IE 值接近下限[24]。分子中包含的原子越多，就越容易找到稳定电荷的方法，例如通过离域或超共轭。具有 π 键的分子比没有 π 键的分子具有更低的 IE 值，导致乙烯的 IE 值低于乙烷的。同样，烯烃的 IE 值随着烯烃分子尺寸的增加而进一步降低。芳烃可以更好地稳定单电荷，扩展的 π 体系也有助于使电离更容易。

表 2.1 部分化合物（包含单质）的电离能[①]

物质	电离能[②]/eV	物质	电离能[②]/eV
氢气，H_2	15.4	氦，He	24.6
甲烷，CH_4	12.6	氖，Ne	21.6
乙烷，C_2H_6	11.5	氩，Ar	15.8
丙烷，$n\text{-}C_3H_8$	10.9	氪，Kr	14.0
丁烷，$n\text{-}C_4H_{10}$	10.5	氙，Xe	12.1
戊烷，$n\text{-}C_5H_{12}$	10.3	氮气，N_2	15.6
己烷，$n\text{-}C_6H_{14}$	10.1	氧气，O_2	12.1
癸烷，$n\text{-}C_{10}H_{22}$	9.7	一氧化碳，CO	14.0
乙烯，C_2H_4	10.5	二氧化碳，CO_2	13.8
丙烯，C_3H_6	9.7	氟气，F_2	15.7
(E)-2-丁烯，C_4H_8	9.1	氯气，Cl_2	11.5
苯，C_6H_6	9.2	溴气，Br_2	10.5
甲苯，C_7H_8	8.8	碘气，I_2	9.3
邻二甲苯，$o\text{-}C_8H_{10}$	8.6	水，H_2O	12.6
茚，C_9H_8	8.6	乙醇，C_2H_6O	10.5
萘，$C_{10}H_8$	8.1	二甲醚，C_2H_6O	10.0
联苯，$C_{12}H_{10}$	8.2	乙硫醇，C_2H_6S	9.3
蒽，$C_{14}H_{10}$	7.4	二甲基硫醚，C_2H_6S	8.7
晕苯，$C_{24}H_{12}$	7.3	氨，NH_3	10.1
苯胺，C_6H_7N	7.7	二甲胺，C_2H_7N	8.2
三苯胺，$C_{18}H_{15}N$	6.8	三乙胺，$C_6H_{15}N$	7.5

① IE 数据经允许取自参考文献[25]，© NIST 2016。
② 所有值都已四舍五入到小数点后一位。

一旦分子离子形成，电子电荷就不会真正地局限在单个轨道中，尽管这样的假设通常是质谱解析中一个很好的工作假设[26,27]。然而，电荷局域化的概念与电负性相矛盾，电负性规定离子的正电荷中心不应位于电负性更强的原子上[28]。在吡咯分子离子中，只有 5%的正电荷位于氮上，而邻近的两个碳各占约 20%，五个氢原子几乎以相同的贡献率（各贡献约 10%）补偿了剩余的部分[28]。无论是什么物种，事实证明电荷是以某种方式在整个分子离子中离域化，分子中的每个原子都以在某种程度参与其中[29-31]。

电荷离域　对甲苯基正离子只有约 36%的电子电荷位于对位碳原子上（图 2.3）[32]。此外，离子的几何结构失去了相应中性分子的对称性。

(a) 结构式　　　　(b) 计算得到的几何结构　　　(c) 计算得到的形式电荷分布

图 2.3　对甲苯基正离子$[C_7H_7]^+$

（经允许转载自参考文献[32]。© The American Chemical Society，1977）

2.2　垂直跃迁

电子电离发生得非常快。一个 70 eV 的电子穿过一个分子行进 1 nm，所需的时间大约只有 2×10^{-16} s，这个距离大致对应于 6 个键长，即使对于更大的分子，飞秒的时间范围内也可以穿过。被电子击中的分子可以被认为处于静止状态，因为几百米每秒的分子热速度与飞驰而过的电子的速度相比微不足道。振动运动至少慢两个数量级，例如，即使是快速的 C—H 伸缩振动每个周期也需要 1.1×10^{-14} s，这可以从其在 3000 cm^{-1} 附近的红外吸收率计算得出。

根据玻恩-奥本海默近似（Born-Oppenheimer approximation），由于原子核和电子之间的巨大质量差异，电子运动和原子核运动可以分开考虑[33-35]。此外，弗兰克-康登原理（Franck-Condon principle）指出，电子跃迁发生的时间尺度比原子核移动到新的平衡位置的时间要快得多[35-37]。应用于高能电子与气态分子的相互作用，这意味着原子的位置和键长在电离过程中保持不变。在图 2.4 中，纵坐标为能量，横坐标为键长，将这种跃迁表示为垂直跃迁。

从基态中性分子跃迁到离子某一振动能级的特定概率用其弗兰克-康登因子表示。弗兰克-康登因子源于这样一个事实，即当基态和激发态的电子波函数有最大重叠时，跃迁的概率最高。而对于基态，这发生在平衡位置，较高振动状态的波函数在运动的转折点处达到最大值。

2.2 垂直跃迁

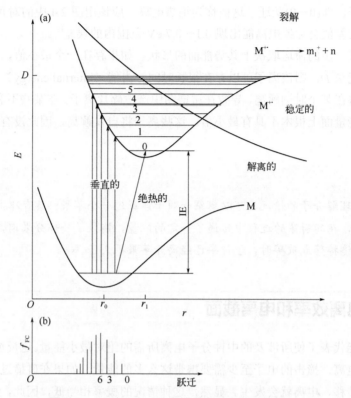

图 2.4 双原子分子从中性到离子态转变的图示

（a）中，电子电离可以用一条垂直线来表示。因此，如果离子态 r_1 的核间距比基态 r_0 长，则离子在振动激发态形成。内能低于解离能 D 的离子保持稳定，而高于解离能 D 的离子则会发生裂解。在少数情况下，离子是不稳定的，即它们的势能曲线上没有最小值。（b）示意性地显示了各种跃迁的弗兰克-康登因子 f_{FC} 的分布

无论电子在形式上从哪里被取走，相比于前体中性物种，电离往往会削弱离子内的键合。键合作用减弱意味着平均键长变长，这导致键更容易解离。

就势能面而言，最简单的方法是只关注分子中的一个键，或者简单地讨论双原子分子。双原子分子只有一种振动运动——键伸缩振动，因此它的势能可以用势能曲线而不是势能面来表示。假定处于振动基态的中性分子的势能曲线的最小值位于比处于基态的自由基离子的键长最小值 r_1 更短的键长 r_0 处（图 2.4）。因此，电离伴随着振动激发，因为跃迁是垂直的，也就是说，在这短暂的时间内原子的位置实际上是固定的。

弗兰克-康登因子（f_{FC}）的分布，描述了受到激发的离子振动状态的分布[38]。与 r_0 相比，r_1 越大，就越有可能产生甚至远高于解离能的离子激发态。光电子能谱法可以测定绝热电离能和弗兰克-康登因子（第 2.10.4 节）。

垂直电离的对立过程是中性分子在振动基态的电离会产生同样处于振动基态的

自由基离子，即(0←0)跃迁。这被称为绝热电离，应该用图2.4中的对角线来表示。IE_{vert}-IE_{ad}的差值会导致电离能出现0.1~0.7 eV范围内的误差[8]。

离子进一步的命运取决于其势能面的形状。如果存在一个最小值，且激发能级低于解离能垒 D，则该离子可以存在很长时间。内能（internal energy）高于解离能级的离子将在某个时刻解离，导致在质谱图中产生碎片离子。在某些不利的情况下，离子在其能量面上根本不具有最小值。这些离子将自发解离，因此没有机会观察到分子离子。

比喻说明

为了理解分子的情况，可以想象一颗子弹穿过一个苹果：具有冲击力的子弹穿过苹果，在其射穿的过程中传递了一定的能量，撕裂了一部分果肉，当被穿孔的苹果最终掉落或破碎时，子弹早已经离开苹果很久了。

2.3 电离效率和电离截面

电离能代表了使所涉及的中性分子电离所需的绝对最小能量。这反过来意味着，为了实现电离，撞击的电子至少需要携带这么多的能量。如果在碰撞过程中这个能量被定量转移，电离就会发生。显然，这种情况的概率相当低，因此，当电子只携带相关中性分子的 IE 的能量时，电离效率（ionization efficiency）接近于零。然而，电子能量的微小增加会导致电离效率的稳定增加。

严格地说，每种分子都有自己的电离效率曲线，这取决于特定分子的电离截面大小。在甲烷中，这个问题被反复研究过（图2.5）[13]。电离截面描述了电子为有效地与中性粒子相互作用而必须穿过的区域，电离截面的单位是 m^2。

幸运的是，电离截面与电子能量的曲线都是同一类型的，在电子能量约为70 eV时呈现出最大值（图2.5）。这解释了为什么 EI 质谱图几乎总是在 70 eV 条件下获得的。

在 70 eV 条件下测量 EI 质谱图的原因

● 所有的原子或分子都可以在 70 eV 下电离，而在 15 eV 时，He、Ne、Ar、H_2 和 N_2 等气体就不能电离。

● 电离效率曲线在大约 70 eV 的平台意味着电子能量的很小变化可以忽略不计；实际上，60~80 eV 的 EI 也同样有效。

● 有更好的图谱再现性，允许从不同质谱仪或质谱数据库中获得的图谱进行比较（参考第5.9节）。

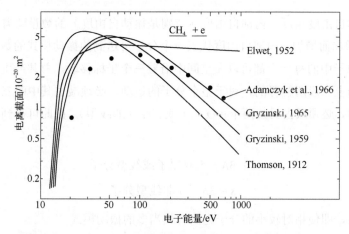

图 2.5 几个研究小组获得的电子电离时甲烷的电离截面面积
（经允许转载自参考文献[13]。© Elsevier Science，1982）

2.4 离子的内能及其进一步的命运

当分析物通过任意类型的样品引入系统将进入离子源中时，它与该进样装置处于热平衡的状态。因此，进入的分子能量由其热能代表。这是控制温度的最后一个机会，是宏观性质。之后，气相稀释将阻止任何进一步碰撞的发生，因此也阻止了任何分子间能量转移，正是分子间能量转移为达到热平衡、控制凝聚相和常压气相的玻尔兹曼分布的有效性提供了基础。因此，电离极大地改变了这种情况，因为新形成的离子需要在内部"处理"相对大量的能量。尽管这部分能量将有助于整个分子的平移或转动能量，但大部分必须储存在内部模式中。在内部模式中，旋转激发不能存储大量的能量，而振动激发，特别是电子态激发，每次能吸收几个电子伏特的能量[39,40]。

2.4.1 自由度

气相中的任何原子或分子都具有外部自由度（external degrees of freedom），因为原子和分子可以作为一个整体在空间中的所有三个维度上（沿 x、y 和 z 方向）移动，这就产生了三种平动自由度。根据气体动力学理论，平均的平动能量可以很容易地估算为 $3/2kT$，在 300 K 时为 0.04 eV，在 1000 K 时为 0.13 eV。

对于双原子和其他线型分子，有两种旋转（围绕 x 轴和 y 轴）；对于所有其他分子，有三种旋转（围绕 x 轴、y 轴和 z 轴）。因此，还有两到三个自由度，分别贡献了另外的 kT 或 $3/2kT$ 的能量，后者在室温下的总和是 0.08 eV，在 1000 K 时为 0.26 eV。这与分子的原子数或原子质量无关。

与外部自由度相反，内部自由度（特别是振动自由度）的数量随着分子内原子数量 N 的增加而增加。内部自由度代表一个分子可达到的振动模式的数量。换句话说，N 个原子中的每一个都可以在空间中沿着三个坐标移动，总共产生 $3N$ 个自由度。但是如上一段所解释的，对于整个分子的运动，必须减去其中的三个，对于整个旋转运动，必须减去另外两个（线型）或三个（非线型）。由此可得到振动模式的数量。

$$s = 3N - 5 \text{ 双原子或线型分子} \tag{2.8}$$

$$s = 3N - 6 \text{ 非线型分子} \tag{2.9}$$

很明显，即使相对较小的分子也拥有相当多的振动模式。

分子的热能 分别计算了 75℃和 200℃下 1,2-二苯乙烷（$C_{14}H_{14}$，$s = 3×28 - 6 = 78$）的热能分布曲线[41]。得到它们的最大值分别为约 0.3 eV 和约 0.6 eV，几乎没有分子超过最大概率能量的两倍。在 200℃时，最可能的能量大约相当于每个振动自由度 0.008 eV，这与结合能相比非常小。

这表明在室温下的振动激发态几乎完全未被占据，只有能量低得多的内部旋转在这些条件下是有效的。在电子电离时，情况发生了巨大的变化，可以从弗兰克-康登原则得出结论，因此，在高激发振动模式中的能量存储对于质谱仪中离子的进一步命运变得至关重要。如果茚分子具有 45 种振动模式，存储 10 eV 意味着每个振动态大约 0.2 eV，即大约是热能值的 20 倍，前提是能量在键之间完全随机化。

2.4.2 出现能

正如由弗兰克-康登图所阐述的那样，几乎不会生成处于振动基态的分子离子产生。相反，EI 产生的离子大多数是振动激发态的，其中许多离子的能量远高于解离能级水平，这种能量的来源是 70 eV 的电子。$M^{+\cdot}$的解离，或质谱学中通常所说的裂解，导致一个碎片离子 m_1^+ 和一个中性粒子的形成。这两个过程通常可以概括为：

$$M^{+\cdot} \longrightarrow m_1^+ + n^{\cdot} \tag{2.10}$$

$$M^{+\cdot} \longrightarrow m_1^{+\cdot} + n \tag{2.11}$$

式（2.10）描述了自由基的丢失，而式（2.11）对应于中性分子的丢失，从而保留了碎片离子中分子离子的自由基正离子性质。断键是一个吸热过程，因此碎片离子的势能通常位于较高的能级（图 2.6）。

2.4 离子的内能及其进一步的命运

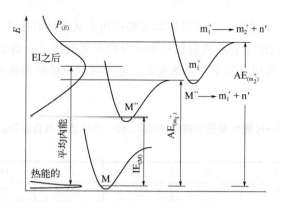

图2.6 出现能的定义和重要物种在电子电离中和后续裂解中内能分布变化 $P_{(E)}$ 的图示（离子的能量尺度被压缩）

> **定义**
> 为了检测碎片离子 m_1^+ 而需要转移到中性分子 M 的能量被称为该碎片离子的出现能（appearance energy，AE）。术语出现势（appearance potential，AP）是过时的，也是不正确的，但仍然存在于文献中。

实际上，碎片离子不是将一个特定的内能施加给所有离子而产生的，而是通过广泛的能量分布 $P_{(E)}$。然而，这样的分布仅对大量离子有效，因为每个离子具有确定的内能，范围从略高于 IE 到某些离子远超 IE 有 10 eV。那些来自 $P_{(E)}$ 曲线尾部的高激发态离子的裂解产生的碎片离子仍然有足够的能量进行第二次解离步骤，$m_1^+ \rightarrow m_2^+ + n'$，甚至第三次。原则上，后续的每个步骤也可以通过出现能值来表征。

2.4.3 键解离能和生成热

为了获得准确和可靠的离子热化学数据，曾经付出过巨大的努力。一旦有了这些数据，就可以利用它们来阐明裂解机理。此外，它还有助于获得质谱中能量维度的一些背景信息。

中性分子的生成热 $\Delta H_{f(RH)}$ 可以从燃烧数据中高度准确地获得。键解离能可以用于推导均裂的键解离（homolytic bond dissociation）或异裂的键解离（heterolytic bond dissociation）

$$R—H \longrightarrow R^{\cdot} + H^{\cdot}, \Delta H_{Dhom} \quad (2.12)$$

$$R—H \longrightarrow R^+ + H^-, \Delta H_{Dhet} \quad (2.13)$$

均裂的键解离焓给出了中性分子中键均裂所需的能量，中性分子在气相中处于振动和电子基态，以获得一对同样不处于激发态的自由基。均裂的键解离焓在

3~5 eV 范围内（表 2.2）。异裂的键解离能适用于从中性前体产生基态的正离子和负离子的情况，这意味着这些值包括电荷分离所需的能量，数量级为 10~13 eV（表 2.3）。由于键合情况发生了显著变化，分子离子中键的裂解明显比中性分子的要求低。

表 2.2 一些 R—H 键均裂的解离焓 ΔH_{Dhom} 和一些所选键与自由基的生成热 $\Delta H_{f(X\cdot)}$ [1]

单位：kJ/mol

自由基	X·	H·	CH$_3$·	Cl·	OH·	NH$_2$·
	$\Delta H_{f(X\cdot)}$	218.0	143.9	121.3	37.7	197.5
R·	$\Delta H_{f(R\cdot)}$					
H·	218.0	436.0	435.1	431.4	497.9	460.2
CH$_3$·	143.9	435.1	373.2	349.8	381.2	362.8
C$_2$H$_5$·	107.5	410.0	354.8	338.1	380.3	352.7
i-C$_3$H$_7$·	74.5	397.5	352.3	336.4	384.5	355.6
t-C$_4$H$_9$·	31.4	384.9	342.3	335.6	381.6	349.8
C$_6$H$_5$·	325.1	460.1	417.1	395.4	459.0	435.6
C$_6$H$_5$CH$_2$·	187.9	355.6	300.4	290.4	325.9	300.8
C$_6$H$_5$CO·	109.2	363.5	338.1	336.8	440.2	396.6

[1] 数据来源于参考文献[42]。

表 2.3 一些 R—H 键异裂的解离焓 ΔH_{Dhet} 以及一些分子和离子的生成热[1]

单位：kJ/mol

离子	ΔH_{Dhet}	$\Delta H_{f(R+)}$	$\Delta H_{f(RH)}$
质子，H$^+$	1674	1528	0.0
甲基，CH$_3^+$	1309	1093	−74.9
乙基，C$_2$H$_5^+$	1129	903	−84.5
正丙基，CH$_3$CH$_2$CH$_2^+$	1117	866	−103.8
异丙基，CH$_3$CH$^+$CH$_3$	1050	802	−103.8
正丁基，CH$_3$CH$_2$CH$_2$CH$_2^+$	1109	837	−127.2
仲丁基，CH$_3$CH$_2$CH$^+$CH$_3$	1038	766	−127.2
异丁基，(CH$_3$)$_2$CHCH$_2^+$	1109	828	−135.6
叔丁基，(CH$_3$)$_3$C$^+$	975	699	−135.6
苯基，C$_6$H$_5^+$	1201	1138	82.8

[1] 数据来源于参考文献[9, 43-45]。

CH$_4^{+\cdot}$丢失 H·的能量 由甲烷分子离子形成 CH$_3^+$和氢自由基所需的最小能量可以从该过程的反应热ΔH_r进行估算。根据图 2.6，$\Delta H_r = AE_{(CH_3^+)} - IE_{(CH_4)}$。为了计算

2.4 离子的内能及其进一步的命运

缺失的 $AE_{(CH_3^+)}$,我们使用了表格中的值 $\Delta H_{f(H^·)} = 218.0$ kJ/mol、$\Delta H_{f(CH_3^·)} = 1093$ kJ/mol、$\Delta H_{f(CH_4)} = -74.9$ kJ/mol,和 $IE_{(CH_4)} = 12.6$ eV = 1216 kJ/mol。首先,甲烷分子离子的生成热是基于 $IE_{(CH_4)}$ 的实验值确定的:

$$\Delta H_{f(CH_4^{+·})} = \Delta H_{f(CH_4)} + IE_{(CH_4)} \tag{2.14}$$

$$\Delta H_{f(CH_4^{+·})} = -74.9 \text{ kJ/mol} + 1216 \text{ kJ/mol} = 1141.1 \text{ kJ/mol}$$

然后,根据以下公式计算产物的生成热:

$$\Delta H_{f(prod)} = \Delta H_{f(CH_3^+)} + \Delta H_{f(H^·)} \tag{2.15}$$

$$\Delta H_{f(prod)} = 1093 \text{ kJ/mol} + 218 \text{ kJ/mol} = 1311 \text{ kJ/mol}$$

最后,反应热由以下差值获得:

$$\Delta H_r = \Delta H_{f(prod)} - \Delta H_{f(CH_4^{+·})} \tag{2.16}$$

$$\Delta H_r = 1311 \text{ kJ/mol} - 1141.1 \text{ kJ/mol} = 169.9 \text{ kJ/mol}$$

169.9 kJ/mol(1.75 eV)的值对应 $AE_{(CH_3^+)} = 14.35$ eV,这与已发表的约 14.3 eV 的值一致(图 2.7)[25,46]。需要注意的是,169.9 kJ/mol 的值仅为中性甲烷分子的碳氢键均裂的解离焓的 40%,这表明分子离子中的键合较弱。仅基于质谱技术,就可以测定的 $IE_{(CH_4)}$ 和 $AE_{(CH_3^+)}$ 来分别确定 $\Delta H_{f(CH_4^{+·})}$ 和 $\Delta H_{f(CH_3^+ + H^·)}$。

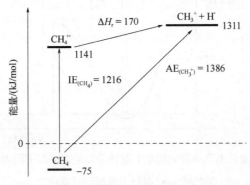

图 2.7 参与电离和分子离子丢失 H·所涉及相关物种的相对能级图

(能量数值四舍五入为整数)

有机自由基和正离子的生成热随其尺寸的增加而降低,更重要的是,随其在自由基或离子位点的支化度而降低。较低的生成热相当于相应离子或自由基较高的热力学稳定性。表 2.2 和表 2.3 中给出的值清晰地反映了相应的趋势。这就导致分子离子的裂解途径通过形成仲自由基或叔自由基和/或离子,比那些分别生成更小和/或伯自由基和碎片离子的途径占优势(第 6.2 节)。

C₄H₉⁺的异构体离子 一个令人印象深刻的例子显示了异构化对热稳定性影响，即丁基正离子 $C_4H_9^+$。这个碳正离子可以存在四种异构体，其生成热范围从正丁基的 837 kJ/mol 到异丁基的 828 kJ/mol（也是主要的），再到仲丁基的 766 kJ/mol，最后是叔丁基的 699 kJ/mol，意味着热力学稳定性整体增加了 138 kJ/mol（第 6.6 节）[43]。

2.4.4 能量的随机化

EI 质谱图本身提供了分子离子在任何裂解之前，内能在所有振动模式随机化的最佳证据。如果没有随机化，任何因丢失电子而受到影响的键都会立即发生裂解。因此，质谱图显示分子离子中几乎所有统计意义上的键裂解。相反，质谱图揭示了分子离子在选择裂解途径时有很大的倾向性。这意味着分子离子探索了许多通向各自过渡态的途径，并且更倾向于热力学上（正如我们将看到的，也是动力学上的）更有利的途径。碎片离子也是如此。

从纯热力学的角度来看，可以通过考虑一个假设的分子离子来阐明这种情况，该分子离子具有一定的内能并"面临着"选择一种裂解途径（图 2.8）。

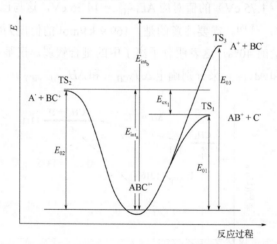

图 2.8 裂解途径的竞争很大程度上取决于发生裂解离子的内能和过渡态的活化能 E_0，即各个反应的"能垒"

离子不是独立的，是吗？

有时人们提到离子，好像它们能够以独立的个体方式作出决定性行动一样。然而，必须记住，离子裂解是由内能在可及的内部自由度中的统计分布引起的。然而，从最终结果的角度来看，离子似乎"选择"通过特定途径解离。

---

① 分子离子 $ABC^{+\bullet}$ 的内能 E_{int_a} 略高于跨越过渡态 TS_2 形成 $A^\bullet$ 和 BC^+ 所需的活化能 E_{02}，但绝对超过解离成 AB^+ 和 $C^\bullet$ 所需的能量。E_{int_a} 和 E_{01} 所含能量的差值被称为

过渡态 TS_1 的过剩能量（excess energy，E_{ex}），$E_{ex} = E_{int} - E_0$。在这种情况下，可以观察到这两个途径中的任一种离子产物，但无法发生第三种途径。

② 分子离子 ABC^{+*} 的内能 E_{int} 明显高于三种活化能中的任何一种。这样，所有可能的产物都应该形成。

然而，简单地比较活化能并不能分别预测离子 AB^+ 和 BC^+ 或 AB^+、BC^+ 和 A^+ 的相对强度。实际上，从这个模型中，人们会预期所有可获得的碎片离子的丰度相似甚至相等。实际质谱图中显示了由竞争性裂解途径所产生的信号强度差异很大，这也揭示了前面段落的过度简化。

> **不仅仅是能量**
>
> 仅仅依靠生成热和活化能等热力学数据不足以充分描述激发态离子的单分子裂解。

2.5 准平衡理论

质谱的准平衡理论（quasi-equilibrium theory，QET）是描述离子的单分子解离及其质谱图的理论方法[47-49]。QET 是赖斯-拉姆斯珀格-马库斯-卡塞尔（RRKM）理论的延伸，旨在适应质谱的条件，是质谱理论的一个里程碑[12]。在质谱仪中，几乎所有的过程都发生在高真空下，即在高度稀释的气相中进行——人们需要意识到这与通常在实验室中进行的凝聚相化学反应有所不同[50,51]。本质上，双分子反应很少在质谱仪的真空环境中发生。只要离子是在这些条件下形成并发生反应，就是在研究气相中孤立离子的化学反应。孤立的离子并不像 RRKM 理论假设的那样与其周围环境处于热平衡。实际上，离子在气相中处于孤立状态意味着它只能在分子内重新分配内能，并且只能经历单分子反应，例如异构化或解离。这就是为什么单分子反应理论在质谱分析中具有至关重要的意义。

QET 不是该领域唯一的理论，实际上，有几种明显有竞争力的统计学理论来描述单分子反应的速率常数[11,49]。然而，这些理论中没有一个能够定量地描述给定离子的所有反应。QET 已经建立起来，甚至在其简化形式下，也能充分洞察孤立离子的行为。因此，从 QET 的基本假设开始，沿着这个方案，将从中性分子到离子，从过渡态和反应速率到裂解产物，从而了解气相离子化学的基本概念和定义。

2.5.1 准平衡理论的基本前提

根据 QET，单分子反应的速率常数 k 基本上是过渡态中反应物的过剩能量 E_{ex} 的函数，$k_{(E)}$ 在很大程度上取决于任何特定离子的内能分布。因此，QET 基于以下基本前提[47,52]：

① 初始电离是"垂直跃迁"，即在电离发生时，原子核的位置或动能没有变化。对于通常的电子能量，任何价层电子都可以被移除。

② 分子离子将具有低对称性的并具有奇数个电子。它将具有尽可能多的低能量电子激发态，以形成基本上是连续的电子态。然后，无辐射跃迁将导致电子能量以与核振动周期相当的时间尺度转化为振动能量。

③ 这些低能量电子激发态通常不会相互排斥，因此，分子离子不会立即解离，而是保持在一起有足够长的时间，这段时间足以使过剩的电子能量作为振动能量随机分布在离子上。

④ 分子离子的解离速率取决于随机分布在离子上的能量以特定方式聚集的概率，以产生几个活化的复合物构型从而实现解离。

⑤ 离子的重排也可以按类似方式发生。

⑥ 如果初始分子离子具有足够的能量，则碎片离子也会将具有足够的能量发生进一步的分解。

第 2.2 节中描述的电离过程的特征证明了 QET 的第一个假设。此外，很明显，电子态激发与振动态激发同时发生，因此满足 QET 的第二个假设。

2.5.2 基本准平衡理论

QET 侧重离子裂解的动力学方面。它描述了孤立离子解离的速率常数作为内能 E_{int} 和反应活化能 E_0 的函数。这样做弥补了上述仅从热力学角度处理的不足。

QET 给出了单分子速率常数 $k_{(E)}$ 的以下表达式：

$$k_{(E)} = \int_0^{E-E_0} \frac{1}{h} \times \frac{\rho^*_{(E_{int}, E_0, E_t)}}{\rho_{(E)}} dE_t \tag{2.17}$$

式中，$\rho_{(E)}$ 是具有总能量 E_{int} 的系统的能级密度；$\rho^*_{(E_{int}, E_0, E_t)}$ 是活化复合物，即过渡态的能级密度，在反应坐标中具有活化能 E_0 和平动能 E_t。反应坐标代表实际上正在断裂的键。通过将系统近似为与振动自由度一样多的简谐振子，该表达式被略微简化为：

$$k_{(E)} = \left(\frac{E_{int} - E_0}{E_{int}}\right)^{s-1} \frac{\prod_{j=1}^{s} v_j}{\prod_{i=1}^{s-1} v_i^*} \tag{2.18}$$

然后，指数由自由度数 s 减去实际断裂的键数 1 得出。如果要通过 QET 对发生裂解的离子进行严格处理，就需要知道所有可能发生反应的活化能以及描述能级密度的概率函数。

2.5 准平衡理论

在最简化的形式中，速率常数 $k_{(E)}$ 可以表示为：

$$k_{(E)} = v \times \left(\frac{E_{int} - E_0}{E_{int}}\right)^{s-1} \quad (2.19)$$

式中，v 是由振动状态的数目和密度决定的频率因子。因此，频率因子取代了概率函数的复杂表达式。很明显，反应速率随着 E_{ex} 的增长而显著增加。

$$k_{(E)} = v \times \left(\frac{E_{ex}}{E_{int}}\right)^{s-1} \quad (2.20)$$

遗憾的是，与所有过于简化的理论一样，后一个方程对接近解离阈值的离子的应用存在局限性。在这些情况下，必须将自由度的数目替换为通过使用任意校准因子获得的振子的有效数目[8]。然而，只要所处理离子的内能远高于解离阈值，即 $(E-E_0)/E \approx 1$，这种关系就是有效的，甚至可以简化为下列准指数表达式。

$$k_{(E)} = v \times e^{-(s-1)E_0/E} \quad (2.21)$$

计算 $k_{(E)}$ 对于 $v = 10^{15}$ s^{-1}、$s = 15$、$E_{int} = 2$ eV 和 $E_0 = 1.9$ eV，速率常数计算为 6.1×10^{-4} s^{-1}。对于 $E_{int} = 4$ eV，而其它相参数相同时，得到 $k = 12.1 \times 10^{10}$ s^{-1}，这是 2.0×10^{14} 倍的增长。这意味着，在小的过剩能量下，反应极其缓慢，而一旦有足够的过剩能量，反应就会变得非常快。

2.5.3 速率常数及其意义

单分子反应的速率常数的量纲是 s^{-1}。这意味着这个过程每秒可以发生 x 次，例如，$k = 6.3 \times 10^{10}$ s^{-1} 相当于平均每次裂解的时间为 1.6×10^{-11} s。请注意对"平均"的强调，因为速率常数本质上是宏观的和统计意义上的，其只有在考虑大量反应粒子的情况下才有意义。在这种情况下，单个离子的平均寿命为 1.6×10^{-11} s。然而，考虑到一个特定的分子也可能迟早会裂解，实际的裂解是以振动运动的速率发生的。s^{-1} 的量纲也意味着不像二级或更高阶反应那样依赖于浓度。这是因为离子在气相中是孤立的，在其整个生命周期中都是如此，唯一发生改变的机会是通过单分子反应。

2.5.4 $k_{(E)}$函数——典型示例

尽管任何 $k_{(E)}$ 函数的一般形状都类似于最大值左侧的电离效率曲线，但不能混淆这些曲线。在过剩能量接近于零时，速率常数也接近于零，但是当过剩能量略微增加时，速率常数就会急剧上升。然而，解离速率有一个上限，由要裂解的键的振动频率定义。碎片离子不能以高于其振动运动所决定的速度飞离（图 2.9）。

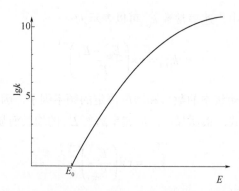

图 2.9 由简化 QET 确定的 lg$k$-E 图的一般形状

在 $E = E_0$ 时,反应非常缓慢。能量的微小增加会导致 k 急剧上升

2.5.5 由 $k_{(E)}$ 函数描述的反应离子

根据对速率常数的了解,图 2.8 现在需要一种不同的解释。在内能 E_{int_a} 状态下,分子离子 ABC$^{+\cdot}$ 可以很容易地越过过渡态 TS$_1$ 形成 AB$^+$ 和 C$^\cdot$。原则上可以形成第二个反应的产物,尽管在 TS$_2$ 的过剩能量很小,以至于产物离子 BC$^+$ 几乎可以忽略不计。第三条途径依然无法发生。在内能 E_{int_b} 状态下,过剩的能量肯定足够高,并允许通过三条路径中的任何一条以现实速度观察到产物。然而,由于速率常数对 E_{ex} 的高度依赖性,越过 TS$_3$ 的反应将是最不重要的。

2.5.6 直接裂解和重排裂解

激发态离子的反应并不总是像预期的那样简单。当然,对于一个由几十个原子组成的离子来说,多种裂解途径的存在会带来不同类型的反应,所有这些反应将导致不同的 $k_{(E)}$ 函数[53]。

两个相同类型的反应从不同的活化能开始其 $k_{(E)}$ 函数相比似乎是"平行的"[图 2.10(a)],而不同类型的反应将在中等过剩能量处显示其 $k_{(E)}$ 函数的交叉 [图 2.10(b)]。

例如,图 2.10(a)描述了两个竞争性的键的均裂。键的均裂是分子离子的简单裂解,产生一个偶电子离子和一个自由基。由于待裂解的键之间的差异,一种裂解可能需要比另一种更高的活化能($E_{02} > E_{01}$),但是一旦具有足够的过剩能量,它们的速率将急剧上升。越多的能量被注入离子,键的裂解速度就越快。只有当速率接近由要裂解的键的振动频率所定义的上限时,过剩能量的进一步增加才变得无效。

图 2.10(b)比较了重排裂解(反应 1)和键的均裂(反应 2)。在重排裂解过程中,前体离子以能量上有利的方式发生重排并释放出一个中性碎片,该碎片是一个完整的分子。重排反应在低过剩能量下开始,但随后速率相对较快地接近极限;而键的均裂开始较晚,然后在较高过剩能量下超越重排裂解。这些差异可以通过两

种反应的不同过渡态来解释。键的均裂具有松散的过渡态[41]，即在键的均裂时，不需要分子的某些部分占据特定位置。键的均裂只需要在相应的键中提供足够的能量，以便能够克服键的结合力。一旦键被拉伸得很远，碎片就会分开。重排裂解需要较少的过剩能量就可以进行，因为一侧键裂解所需的能量会被在接受位置形成新键时获得的能量补偿。与简单的均裂相比，这种过渡态通常被称为紧密过渡态（第 6.12 节）。然后，第二步是丢失中性分子。这种反应显然依赖于合适的构象，以便在向待裂解的键提供足够能量的同时进行重排。此外，必须遵循第二步才能得到产物离子。总的来说，在离子达到所需的构象之前，仅具有足够多的能量是没有用的。因此，在考虑了两种基本类型的裂解反应之后，QET 的第五种假设是合理的，因为没有理由不将重排视为 QET 的一部分。

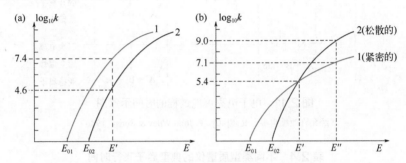

图 2.10 用 $k_{(E)}$ 函数比较不同类型的反应

同一类型的反应显示出"平行"的 $k_{(E)}$ 函数（a）；而不同类型的 $k_{(E)}$ 函数往往在中等过剩能量处交叉（b）
在（a）中反应 1 在内能 E' 下的进行速度比反应 2 快 $10^{2.8}$（630）倍；在（b）中内能为 E' 时，
两个反应的速率常数相同，$k = 10^{5.4}$ s^{-1}，而在 E'' 时，反应 2 的速度快了 $10^{1.9}$（80）倍

2.6 质谱中事件的时间尺度

刚刚了解到，电离发生在低于飞秒时间尺度上，直接的键裂解需要几皮秒到几十纳秒的时间，而重排裂解通常在不到 1 μs 的时间内进行（图 2.11）。所有这些化学反应都是严格的单分子反应，因为反应离子是在高度稀释的气相中产生的，这使得离子在离子源中驻留期间不会发生双分子反应。离子的驻留时间由加速和聚焦离子以形成离子束的引出电压以及离子源的尺寸决定。在标准电子电离源中，离子在加速电压的作用下被射出之前，大约需要 1 μs 的时间[54]。

因此，反应需要在一定的时间内进行，以使产物在质谱图中可被检测到，为此，在过渡态需要一些过剩的能量。

最后，在激发态物种离开离子源后甚至可能形成一些碎片离子，即在所谓的"余辉"中，引起亚稳态离子的离解。当离子以大约 10^4 m/s 的速度移动时，它们在 10～50 μs 内通过质谱仪（图 2.12）[10]。尽管这种特殊情况适用于双聚焦扇形磁场质谱仪、m/z 100 的离子和 8 kV 的加速电压，但其他束流类型仪器（四极杆、飞行时间）在典型操作条件下，其有效时间尺度非常相似（表 2.4）。

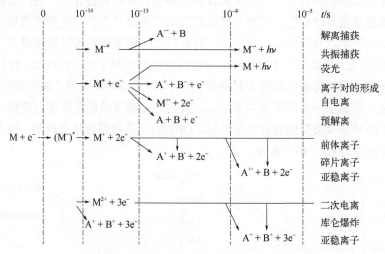

图 2.11　电子电离可能过程的时间示意图
（经允许改编自参考文献[40]。© John Wiley & Sons，1986）

表 2.4　不同类型质谱仪的典型离子飞行时间

质量分析器	飞行路径/m	加速电压/V	典型的 m/z	飞行时间/μs
四极杆	0.2	10	500	57
磁质谱	2.0	5000	500	45
飞行时间	2.0	20000	2000	45

2.6.1　稳定离子、亚稳离子和不稳定离子

离子术语的产生是在经典质谱时间尺度的直接结果。不分解的分子离子和解离速度低于 10^5 s^{-1} 的分子离子到达检测器时不会裂解，因此被称为稳定离子（stable ions）。而解离速度高于 10^6 s^{-1} 的离子无法到达检测器。相反，它们的碎片离子将会被检测到，因此被称为不稳定离子（unstable ions）。然而，一小部分解离速度在 10^5~10^6 s^{-1} 的离子在通过质量分析器时会裂解，这些离子被称为亚稳离子（metastable ions）（图 2.11~图 2.13）[5,6,10]。

> **定义**
>
> 稳定离子，$k < 10^5$ s^{-1}
> 亚稳离子，10^5 $s^{-1} < k < 10^6$ s^{-1}
> 不稳定离子，$k > 10^6$ s^{-1}

2.6 质谱中事件的时间尺度

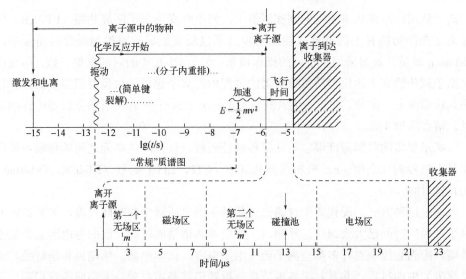

图 2.12 质谱的时间尺度及其与经典仪器框架的相关性

注意离子源的对数时间尺度跨越了九个数量级（经允许转载自参考文献[10]。© John Wiley & Sons, Ltd., 1985）

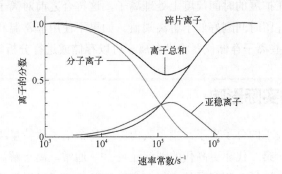

图 2.13 离子解离速率常数和质谱中使用的离子稳定性术语之间的相关性

（经允许改编自参考文献[55]。© The American Institute of Physics, 1959）

在质谱仪之外对离子稳定性进行这种分类是不合理的，因为在质谱仪内部条件下产生的几乎所有离子都会在大气或溶剂中自发反应。然而，这种分类对于气相中孤立的离子是有用的，并且与质量分析器的类型或所采用的电离方法无关。

2.6.2 离子存储设备的时间尺度

许多现代质谱仪器都以某种方式利用了离子存储。线形射频多极杆可在轴向上分段或在其末端配备捕获板，以产生可切换的电势墙，从而根据需要积累、存储和射出离子包。其中最突出的是线形（四极）离子阱 [linear (quadrupole) ion trap, LIT]。另一种类型，即所谓的三维四极离子阱（quadrupole ion trap, QIT）存储离子云，使其为质量分析做好准备，具体方法是将它们从稳定的离子轨迹逐渐引导到不稳定的离子轨迹，最终从阱中喷射到探测器上。傅里叶变换离子回旋共振（FT-ICR）依靠离子在圆形路径上的存储来检测同步离子包反复经过一对检测板时的角频率。Orbitrap 质量分析器采用了不同的操作概念，但与 FT-ICR 的时间框架一致。即使在从离子源传输到上述仪器质量分析器的过程中，离子也经常被反复积累、储存并传递到仪器的另一部分，并最终进入隔离室进行 m/z 分析。（有关质量分析器的详细信息，请参阅第 4 章。）

离子积累的时间跨度很容易从毫秒延长到秒，仪器功能单元之间的传输可能需要几十微秒到几毫秒，m/z 分析需要从毫秒（QIT，LIT）到秒（FT-ICR，Orbitrap）的存储时间。

通过这种方式，现代质谱仪器已经超越了经典质谱学的时间尺度，尤其是离开离子源后的时间已大大延长。然而，了解经典质谱学的时间尺度的考虑因素仍然很重要，因为它控制着许多类型离子源（电子电离、化学电离、场电离和场解吸、激光解吸）中的过程，并且对各种质量分析器仍然基本有效。人们应该意识到，在涉及离子存储的情况下，时间尺度会扩大 $10^3 \sim 10^6$ 倍。此外，只有在离子稳定，即不分解时，才能在扩展的时间尺度上处理离子，这符合之前对离子稳定性的定义，即离子在仪器中驻留时间刚好低于解离阈值。如果不使用非常温和的电离技术（如电喷雾电离），这些离子存储仪器将没有离子可以存储或进行分析。

2.7 内能的实际影响

即使是相对较小的分子离子，由于其内能在几个电子伏特量级上，也可能表现出大量的第一代、第二代和更高代的裂解途径[53]。通常，离子解离是吸热的，因此每个裂解步骤都会消耗一些离子的内能。高度激发的离子可以携带足够的内能来进行多次连续裂解，而其他离子可能只经历一次甚至一次也没有（第 2.4.2 节）。后者作为仍然完整的分子离子到达检测器。同代裂解途径之间相互竞争，它们的产物离子是下一代裂解过程的潜在前体离子。

分支途径 想象一下假设的分子离子 ABYZ$^{+\bullet}$ 经历了三个相互竞争的第一代裂解反应，其中两个是重排反应，一个是键的均裂（图 2.14）。接下来，三个第一代的碎片离子都有各自的选择，因此第二代碎片离子 Y$^{+\bullet}$ 和 YZ$^+$ 都是在两条不同的途径上形成的。通过两种或多种不同途径形成相同的更高代碎片离子甚至更为常见。例如，有两种途径可以产生组成为 Y 的离子。仔细观察会发现，其中一个组成为 Y 的离子以 Y$^{+\bullet}$ 的形式出现，另一种以 Y$^+$ 的形式出现。重要的是理解 Y$^{+\bullet}$ 和 Y$^+$ 是不同的物种，尽管具有相同的经验分子式，但 Y$^{+\bullet}$ 是奇电子离子，而 Y$^+$ 是偶电子离子。尽管如此，它们都会在 ABYZ 的质谱图中在相同标称 m/z 处贡献一个共同的峰（第 3.1.4 节）。

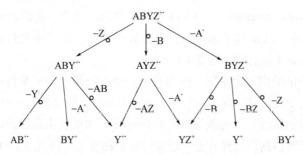

图 2.14 假设的分子离子 ABYZ$^{+\cdot}$ 可能的裂解途径，具有 EI 特有的内能
简单的键均裂导致自由基丢失，而重排裂解（带圆圈的箭头）通常导致完整中性分子的丢失。
一个分子的丢失会保留离子的电子态和电荷态

在 ABYZ 的 EI 质谱图中，所有的离子物种都会被检测到，这些离子物种是由大量的竞争和连续反应形成的，但是没有任何简单的规则来确定哪些物种会产生高丰度的峰，哪些物种几乎不会被观测到。

显然，第一代碎片离子应该比第二代甚至第三代碎片离子与 ABYZ 的初始结构之间的关联更为密切。并且这些更高代生成（因此是低质量）的碎片离子也可以揭示有关分析物组成的重要信息，特别是，它们可以提供有关官能团存在的可靠信息（第 6 章）。

类似于图 2.14 所示的裂解关系树图可以从任何 EI 质谱图来构建，为 QET 的第六个假设提供成千上万的例子，即碎片离子可能再次经历解离，只要它们有足够的内能。

准平衡理论是切合实际的

QET 的假设已经转变为控制气相中孤立离子行为的基本规律，因此在质谱学中也起着重要作用。

2.8 逆反应——活化能和动能释放

2.8.1 逆反应的活化能

仅通过考虑热力学和动力学模型，或许就能理解离子是如何形成的，以及哪些参数能有效地决定离子在质谱仪中进一步的命运。然而，在这种情况下所考虑的势能面只达到了过渡态（图 2.6）。虽然没有明确提及，但可以假设势能面曲线在过渡态和离子解离产物之间保持相同的能量水平，即产物的生成热之和将等于过渡态的能量。对于分子离子中键的均裂，这种假设几乎是正确的，因为离子与自由基的重组过程所需的活化能几乎可以忽略不计[5,6]。换言之，逆反应的活化能（activation energy of the reverse reaction，E_{0r}）（或通常简称为逆反应活化能，reverse activation energy）接近于零。这解释了为什么简单估算甲烷分子离子中氢自由基丢失的活化能的结果可能是切实可行的（第 2.4.3 节）。

重排裂解的情况则完全不同，因为其中一个产物是一个完整的中性分子，具有相对较高的热力学稳定性，即 ΔH_f 为负值或至少较低（表 2.5）。一旦越过了过渡态，反应就通过形成能量远低于过渡态的产物而进行。如果发生逆反应，需要将一些甚至大量的活化能转移到产物碎片上，以允许它们的重组，因此 $E_{0r} > 0$（图 2.15）。

表 2.5　一些经常被消除的分子的气相生成热 ΔH_f[①]

分子	ΔH_f/(kJ/mol)[②]	分子	ΔH_f/(kJ/mol)[②]
CO_2	−393.5	HCl	−92.3
HF	−272.5	NH_3	−45.9
H_2O	−241.8	HBr	−36.4
CH_3OH	−201.1	C_3H_6（丙烯）	20.4
H_2CO	−115.9	C_2H_4	52.5
CO	−110.5	HCN	135.1

① IE 数据经允许取自参考文献[25]，© NIST 2002。
② 所有值都已四舍五入到小数点后一位。

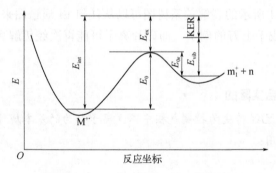

图 2.15　E_{0r} 的定义和 KER 的起源

相对于离子和中性产物的生成热之和，过渡态中发生裂解的离子的过剩能量被分配为产物的振动激发加上 KER

2.8.2 动能释放

前体离子相对于基态产物生成热的总过剩能量 E_{extot}，为过渡态的过剩能量 E_{ex} 加上逆反应的活化能 E_{0r}：

$$E_{extot} = E_{ex} + E_{0r} \tag{2.22}$$

尽管大多数离子裂解是吸热的，但仍有大量能量要在反应产物之间重新分配。大部分 E_{extot} 作为振动能 E_{vib} 在内部模式中被重新分配，从而为碎片离子的连续裂解提供能量。然而，一些能量被转化为碎片离子相对于其重心的平移运动。这部分 E_{extot} 在被裂解的键的方向上释放，换句话说，就是彼此分离，这被称为动能释放（kinetic energy release，KER）（图 2.15）[5,6,10,56,57]。

$E_{ex} + E_{0r}$ 之和越大，预期的动能释放就越大。特别是当逆反应活化能较大时，结合过渡态中的排斥电子杰，将导致较大的动能释放，已观察到的 KER 高达 1.64 eV[58-61]。在罕见的放热裂解的情况下，也测量到了较大的动能释放[62]。然而，键的均裂和离子中性复合物介导的反应往往以非常小的动能释放在 1~50 meV 范围内进行（图 2.16）。

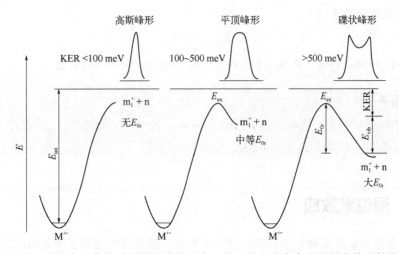

图 2.16 逆反应活化能对动能释放的影响，从而对亚稳态离子分解中峰形的影响
（合适的实验装置是先决条件）
从左至右：无或小的逆向能垒得到高斯峰形状，而中等 E_{0r} 会产生平顶峰，大 E_{0r} 会产生碟状峰

> **动能释放使我们能看得更远**
> KER 测量的重要性在于过渡态和反应产物之间的势能面可以被重构[56]。因此，在确定过渡态的能量时，KER 和 AE 数据是互补的。

2.8.3 能量分配

观察到的动能释放由两部分组成，一部分来自 E_{ex}，一部分来自 E_{0r}。这种分裂是显而易见的，因为即使没有 E_{0r}，也总是观察到一个小的动能释放，从而证明了 E_{ex} 在 E_{vib} 和 E_{trans*}（KER）之间的分配：

$$E_{ex} = E_{vib} + E_{trans*} \tag{2.23}$$

双原子分子离子解离代表了唯一具有明确能量分配的情况，因为分解的所有过剩能量都必须转化为产物的平动能量（$E_{ex} = E_{trans^*}$）。对于多原子离子，过剩能量的分配可以通过 E_{ex} 和自由度数 s 之间的简单经验关系来描述[7,63]：

$$E_{trans^*} = \frac{E_{ex}}{\alpha \times s} \quad (2.24)$$

其中经验校正因子 $\alpha = 0.44$[63]。根据式（2.24），当发生裂解离子的尺寸增加时，E_{trans^*}/E_{ex} 值减小。这种影响被称为自由度效应（degrees of freedom effect，DOF）[64-66]。

因此，对于较大的 s 值，E_{trans^*} 变得相当小，例如 0.3 eV/(0.44×30) = 0.023 eV。因此，任何观察到的超过 E_{trans^*} 的 KER 都必须来自 E_{0r}，它是唯一的替代来源[62]。E_{0r} 的类似分配描述如下：

$$E_{trans^*} = \beta E_{0r} \quad (2.25)$$

其中 $\beta = 0.2 \sim 0.4$，而且 1/3 在许多情况下是一个很好的近似值。

> **分配因子**
>
> 实际上，大多数观察到的 KER（<50 meV 除外）可归因于 E_{trans^*} 来自 E_{0r}[62]，根据经验，可以假设 $E_{trans^*} \approx 0.33 E_{0r}$ 作为分配因子。

2.9 同位素效应

大多数元素由多种天然存在的同位素组成，即具有相同原子序数的原子核但由于中子数不同而质量数（mass numbers）不同[67]。同位素的质量数以元素符号前的上标给出，例如 ^{1}H 和 ^{2}H（D）或 ^{12}C 和 ^{13}C（参考第 3.1 节）。

显然，质谱法非常适合区分同位素物种，因此同位素标记可以用于机理研究和分析方面的应用（第 3.3 节）。然而，同位素取代不仅会影响离子质量，而且"同位素取代可能会同时产生多种影响，这种复杂性有时会产生乍一看很奇怪的结果。"[68]

引入同位素所产生的任何影响都被称为同位素效应（isotope effects）。同位素效应可以是分子间的，例如 $CD_4^{+\bullet}$ 丢失 $D^\bullet$ 和 $CH_4^{+\bullet}$ 丢失 $H^\bullet$ 相比，也可以是分子内的，例如 $CH_2D_2^{+\bullet}$ 丢失 $H^\bullet$ 和丢失 $D^\bullet$ 相比。

2.9.1 一级动力学同位素效应

动力学同位素效应（kinetic isotope effects）代表了一种特殊的同位素效应。当从相同的同位素标记（例如氘代）分子离子的等效位置中考虑丢失 $H^\bullet$ 和 $D^\bullet$ 的势能图时，这种效应最为明显（图 2.17）[5,6,69]。该图基本上是对称的，唯一的差异来自零点能（zero-point energy，ZPE）项。由于 $H^\bullet$ 和 $D^\bullet$ 是从同一个分子离子中失去的，因

2.9 同位素效应

此该物种定义了从其开始的单一 ZPE。导致 H·和 D·丢失的过渡态具有与发生解离离子几乎所有自由度相关的 ZPE 项，除了与特定反应相关的自由度。因此，对应于 H·丢失的过渡态必须具有较低的 ZPE，因为它包含不参与实际裂解的 C—D 键。这对应于比 D·丢失而 C—H 键保留的过渡态所提供的 ZPE 更低。因此，当具有内能 E_{int} 的离子即将消除 H·时，会比消除 D·具有更大的过剩能量 E_{exH}。因此丢失 H·的活化能降低，使其比丢失 D·进行得更快（$k_H/k_D > 1$）。

D 保留物种的 ZPE 较低的原因在于，与 H 相比，D 的质量是 H 的两倍，因此在几乎相同的结合力下振动频率较低。根据经典力学，振动频率 ν_D 应按其质量的平方根的反比降低，即 $\nu_D/\nu_H \approx 1/1.41 \approx 0.71$[70]。

如果该效应作用于反应过程中涉及同位素本身的键上，则使用术语一级动力学同位素效应（primary kinetic isotope effect）。似乎很明显，反应的动力学同位素效应没有明确的单一值（图 2.17），并且很大程度上取决于发生分解离子的内能。在极少数情况下，当 E_{int} 刚好高于 H·丢失的活化能，但仍低于 D·丢失的活化能时，同位素效应将是无限的。由于质谱仪中的离子通常表现出相对较宽的 E_{int} 分布，这种情况出现的概率极低。然而，在亚稳态离子发生分解的情况下，动力学同位素效应可能很大（$k_H/k_D \approx 2\sim4$），因为这些离子只具有很小的过剩能量。在这种情况下，它们对 E_{exD} 和 E_{exH} 之间的差异很敏感。另一方面，在离子源中发生分解的离子通常具有较高的内能，因此观察到的同位素效应较小（$k_H/k_D \approx 1\sim1.5$）。

虽然 H 的质量与 D 的质量（2 u/1 u = 2）显著不同，但对于 C（13 u/12 u ≈ 1.08）[71] 或 N（15 u/14 u ≈ 1.07）等较重元素，质量的相对增加要低得多。因此，这些元素的动力学同位素效应特别小，必须特别注意才能正确测定。

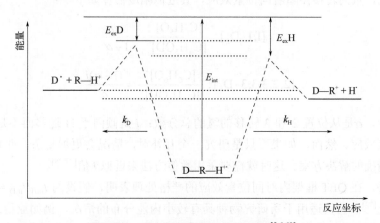

图 2.17 动力学同位素效应的起源[5,6,69]
振动频率的变化以及能态密度变化，导致了氘代化学键反应的活化能略微升高，
因此降低了反应的过剩能量，从而降低了 k_D

揭示决速步骤 同位素标记不仅可以揭示重排原子的原始位置，还可以通过其对反应速率的显著影响确定多步反应的决速步骤。因此，对 H/D 和 $^{12}C/^{13}C$ 同位素效应的研究可得出的结论是：脂肪酮的麦氏重排（第 6.8 节）是分步进行的，而不是协同进行的[71]。

同位素效应的相关事实

- 质谱中涉及的同位素效应通常是由于键断裂和键形成的速率常数不同所引起的，动力学同位素效应，分别涉及不含较重同位素的情况（k_H）或含较重同位素的情况（k_D）。
- 单分子反应涉及分子内动力学同位素效应，即存在两个竞争性裂解方式，它们仅在产物的同位素组成上有所不同，表现出不同的速率常数 k_H 和 k_D[72]。
- 如果 $k_H/k_D > 1$，则称为正常动力学同位素效应；如果 $k_H/k_D < 1$，则称为反常动力学同位素效应。反常动力学同位素效应很少观察到。
- 在 KER 上也可以观察到同位素效应[61,73]，例如，在不同位置进行 D 标记时，伴随从亚甲基亚胺正离子丢失 H_2 的 KER 在 0.61～0.80 eV 之间变化[61]。

2.9.2 同位素效应的测定

质谱法通过测量离子的丰度与其质荷比（m/z）的关系，通常是使用 $I_{mH}/I_{mD} = k_H/k_D$ 的比率进行同位素效应的直接测定。根据强度比确定同位素效应的典型程序是求解一组联立方程[74-77]。

丢失丙烯的同位素效应 在从部分标记的苯丙醚中丢失丙烯的过程中，与氢的转移相比，氘的转移伴随着同位素效应，其近似幅度估算如下[77]：

$$[1,1\text{-}D_2]: \frac{[C_6H_5O]^+}{[C_6H_5OD]^+} = \frac{\alpha i}{1-\alpha} \quad (2.26)$$

$$[2,2,3,3,3\text{-}D_5]: \frac{[C_6H_6O]^+}{[C_6H_5OD]^+} = \frac{(1-\alpha)i}{\alpha} \quad (2.27)$$

式中，α 是从位置 2 和 3 转移的氢的总分数；i 是倾向于 H 迁移而不是 D 迁移的同位素效应。然而，如果不只是研究一个互补对，情况会更加复杂，并且很难找到一个精确的解决方案。这时就需要采用数值方法来近似 i 值[77,78]。

此外，在 QET 框架内对同位素效应的严格处理表明，假设的 $I_{mH}/I_{mD} = k_H/k_D$ 是一种简化[72]。它仅适用于所研究物种具有较小内能分布的情况，例如亚稳态离子；而宽的内能分布，例如 70 eV 电子电离后在离子源中裂解的离子，可能导致错误的结果。这是因为同位素反应的 $k_{(E)}$ 函数并不是真正平行的[79]，但它们确实在很小的内能范围内满足了这一要求（图 2.17 和图 2.18）。

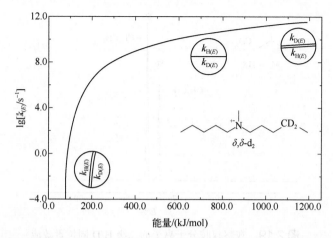

图 2.18 氘代胺分子离子α-裂解计算所得的 $k_{H(E)}$ 和 $k_{D(E)}$ 曲线

在很小的内能范围内，这些曲线可以看作是平行的，但严格意义上它们不是平行的。它们甚至可能交叉，在高激发态离子区域产生反常同位素效应（经允许转载自参考文献[79]）.© John Wiley & Sons, 1991）

2.9.3 二级动力学同位素效应

如果同位素标记位于反应过程中正在断键或成键的相邻或远端位置，则观察到二级动力学同位素效应（secondary kinetic isotope effects）。同样，这些效应取决于发生分解离子的内能。二级动力学同位素效应（i_{sec}）通常比其类似的一级动力学同位素效应小得多。

同位素效应取决于内能　异丙苯分子离子苄基裂解（第 6.4 节），在 70 eV EI 离子源内裂解时得到的 $[M-CH_3]^+/[M-CD_3]^+$ 比率为 1.02，在第一级 FFR 中的亚稳离子为 1.28，在第二级 FFR 中为 1.56。这清楚地表明了二级动力学同位素效应对离子内能的依赖性[80]。

由于可能存在多个较重的同位素 n_D[69,79]，因此规定每个较重同位素的归一化值 $i_{sec\,norm}$ 很方便：

$$i_{sec\,norm} = \sqrt[n_D]{i_{sec}} \tag{2.28}$$

竞争性的 α-裂解　对于叔胺分子离子 α-裂解的二级动力学同位素效应，在 D 标记相邻或远离键裂解的地方都会发生（第 6.2 节）。在亚稳态离子分解的情况下，每个 D 标记将裂解速率降低至未标记的分子链的 76.9%~92.6%（图 2.19），但是对于离子源中发生的类似过程，同位素效应消失了[81]。短寿命离子（10^{-11}~10^{-10} s）的这些动力学同位素效应的逆转可以通过场电离动力学测量来证明，即 D 标记物种的分解速度略快于其未标记的同位素组成异构体离子[69,79]。

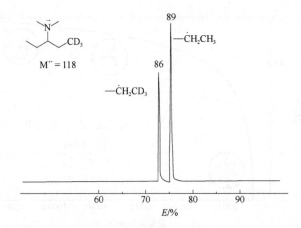

图 2.19 观察叔胺分子离子的二级 H/D 同位素效应

为方便起见，在 MIKE 图谱的原始能量标度上添加了 m/z 标签（经允许改编自参考文献[81]。© The American Chemical Society，1988）

2.10 电离能的测定

2.10.1 电离能的传统测定方法

电离能[82]可以相对容易地测定——只需在分子离子信号消失时读取电子能量的下限。然而，这样做只会得到分子真实电离能的粗略近似值。通过这个简单程序获得的 IE 数据的准确度约为±1 eV。其中一个相关的问题是测定电子能量本身。电子从高温金属灯丝（1600~2000℃）上热发射，因此，它们的总动能不仅由加速它们的电势决定，还取决于它们的热能分布[24]。另外，电子电离倾向于产生振动激发的离子（第 2.1 节），因为电离是一个阈值过程，即它不仅会在达到完成该过程所需的能量时发生，而且也会在所有更高的能量下发生[83]。这会导致系统误差，因为获得的垂直跃迁 IE 高于想要测定的绝热跃迁 IE。此外它还有以下缺点：

① 由于电离腔体内不均匀的电场，实际电子能量也取决于电离发生的位置；
② 7~15 V 的低电子加速电压必须叠加在几千伏的离子加速电压上，这导致商品化的扇形磁场质谱仪的电压设置精度较低；
③ 中性粒子的额外热能，由进样系统和离子源的温度大致决定。

2.10.2 通过数据后处理提高电离能的准确度

电子的能量略微扩散效应导致电离效率曲线接近电离阈值时不以直线方式趋近于零；它们倾向于在接近电离阈值处弯曲并以指数方式逼近零。即使仪器的电子能量标尺已经根据既定标准的电离能（IE）值进行了适当校准，直接读取获得的 IE 数据的准确度也仅为± 0.3 eV［图 2.20（a）］。

2.10 电离能的测定

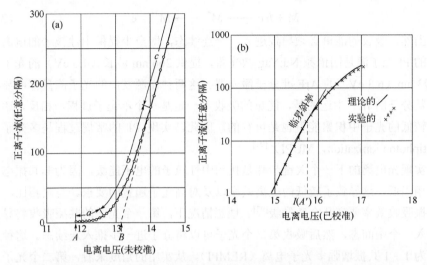

图 2.20 氩气的电离效率曲线以线性比例（a）和对数比例（b）绘制

（a）的线性部分的外推会得到错误的 IEs，而半对数图的经验临界斜率的切线的 x 位置给出的 IEs 准确度为 ± 0.05 eV
（经允许转载自参考文献[24]。© The American Chemical Society，1948）

为了克服实际电离发生时的不可预测性，人们开发了临界斜率方法[24,84]以及其他几种方法[85]。它利用了这样一个事实：根据理论，在电离效率曲线的半对数图上，当曲线的半对数图的斜率为如下的临界值时，预计会得到 IE 的实际值。

$$\frac{d}{dV}(\ln N_i) = \frac{n}{n+1} \times \frac{1}{kT} \tag{2.29}$$

式中，N_i 为在电子加速电压 V 下产生的离子总数，n 的经验值为 2 [图 2.20（b）]。

2.10.3 电离能准确度的实验改进

如果需要可靠的热化学数据[25,86]，则必须大幅减少上述干扰效应[82]。其中一种方法是使用电子单色器（electron monochromator）（准确度高达 ± 0.1 eV）[87,88]。电子单色器是一种从电子束中选择近乎单能态电子的装置[89]。或者，可以采用光（致）电离（photoionization，PI）来代替 EI。光电离产生的结果比电子单色器更准确（± 0.05 eV）[90]。无论哪种情况，电子或光子能量分布的半峰宽都变得足够小，以检测电离效率曲线的精细结构特征，例如电子跃迁。这两种技术都已被广泛用于获取电离能（IE）数据（表 2.1）。

2.10.4 光电离过程

中性粒子吸收紫外光后产生电子激发态，这些电子激发态可以通过发射光或电子而发生弛豫。

因此，光电离中的光子与电子电离中的高能电子具有相同的作用：

$$M + h\nu \longrightarrow M^* \longrightarrow M^{+\cdot} + e^- \qquad (2.30)$$

当然，吸收的能量必须导致进入一个连续态，即至少提供中性粒子的电离能。典型的 PI 光子源是四倍频 Nd:Yag 激光器，提供 266 nm 波长（4.6 eV）的光子和发射 193 nm（6.3 eV）的 ArF 准分子激光器。这两种光源发出的光子能量都明显低于大多数分子的 IE。幸运的是，能量的吸收不一定是一个单光子过程。相反，逐步从能量较低的光子中积累能量也是可行的。因此，实现 PI 的常规过程是多光子电离（multiphoton ionization，MUPI）[91]。

实现光电离的下一个关键步骤是找到中性粒子的电子能级，因为非共振电离的截面相当低，这导致了较低的电离效率以及对高光子通量的要求。与之相比，光子的共振吸收效率要高几个数量级[92]。理想情况下，第一个光子的共振吸收将导致分子进入一个中间态，然后吸收第二个光子可以将分子进一步推入连续态。这种技术被称为 1 + 1 共振增强多光子电离（REMPI）。从实用的角度来看，第二个光子应该是相同的波长，但不一定必须如此（图 2.21）[93]。正确选择激光波长可以在极低检出限下实现化合物的选择性分析[91,92,94,95]。

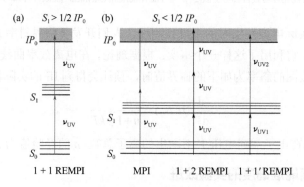

图 2.21　光电离方案

（a）共振 1 + 1 REMPI；（b）非共振 MPI，共振 1 + 2 REMPI，以及使用两种不同波长的共振 1+1′REMPI（经允许改编自参考文献[93]）。© The Vacuum Society of Japan，2007）

超短激光脉冲的工作范围在皮秒级而非传统的纳秒级，这是为了避免分子在分子离子形成之前发生不必要的弛豫或裂解。例如，仅在采用亚皮秒激光电离时，二苯基汞的 REMPI 质谱图才会显示分子离子峰[96]。

2.10.5　光电子能谱及其衍生方法

光电子能谱（photoelectron spectroscopy，PES，一种非质谱技术）[97]已被证明在提供 IEs 方面非常有用，同时也能揭示原子和分子的电子和振动结构。PES 报道的能量分辨率在 10～15 meV 范围内。PES 的低分辨率仍然阻碍了对旋转跃迁的观测[83]，为了克服这些局限性，PES 得到了进一步的改进。简而言之，零动能光电子能谱（zero kinetic energy photoelectron spectroscopy，ZEKE-PES 或仅 ZEKE，也是一种非质谱技术）[98-100]的原理是基于区分激发态离子和基态离子。

首先，想象一个中性粒子与携带的能量略高于其电离能（IE）的光子相互作用。这个中性粒子会由于这种轻微的过剩能量 E_{kinel}（定义如下）而逐出一个具有动能的电子，并使其远离。

$$E_{kinel} = h\nu - IE \qquad (2.31)$$

接下来，考虑 $h\nu$ = IE 的情况。在这里，电子只能被释放出来，但它无法远离新形成的离子。经过短暂的时间（1 μs），就可以将零动能电子（zero kinetic energy electrons）与其他电子在空间中分开。沿着给定的漂移方向施加引出电压，将会为已经具有动能的电子增加不同的动能（因为这些电子已经飞得更远），与那些刚好在阈值处被射出的电子相比，即它们的速度不同。因此，测量电子的飞行时间为每组电子产生的一个信号。（关于这个概念的另一个应用，参见第 4.2.5 节。）

O_2 的光电子能谱 光电子能谱已完美地解析了氧气分子离子的电子和振动态（图 2.22），因此可以直接读出弗兰克-康登因子，并确定对应于绝热电离的（0←0）跃迁[101]。

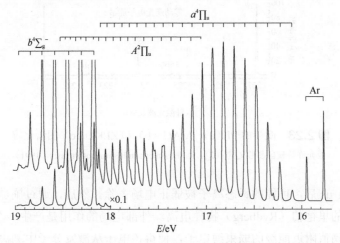

图 2.22 O_2 的高分辨光电子能谱

显示了从跃迁到离子的不同电子态的叠加振动进程。未显示电离能范围。右侧的两个峰来自用于能量标尺校准的氩气（经允许转载自参考文献[101]）。© Royal Swedish Academy of Sciences，1970）

2.10.6 质量分析阈值电离技术

PES 和 ZEKE 实验的主要缺点在于对电子的检测使测量对杂质很敏感，因为电子可能来自这些杂质而不是样品本身。这可以通过检测产生的离子来避免——相应的技术被称为质量分析阈值电离（mass-analyzed threshold ionization，MATI）[102]。在 MATI 实验中，中性粒子在无场环境中被非常接近电离阈值的可调光源（通常是多光子激光过程）激发。通常情况下，采用双光子方案，通过适当调整波长，第一个光子被用来达到中性分子的电子激发态（图 2.20）。保持第一个光子的波长恒定，然后扫描第二个光子的波长，以刚好将这种激发态物种电离（图 2.23 所示的图谱只涉及第二个光子的波长）。

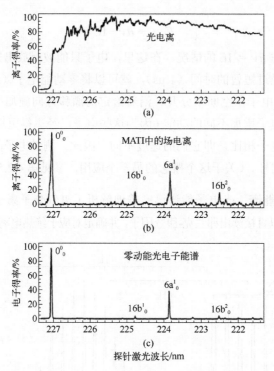

图 2.23 吡嗪的 PI（a）、MATI（b）和 ZEKE（c）图谱比较
（经允许转载自参考文献[102]。© The American Institute of Physics，1991）

大约 0.1 μs 后，可能的瞬态离子被弱正电场去除。然后，通过施加负电场脉冲将接近阈值的里德伯（Rydberg）物种电离。外部电场的作用是产生一个电势梯度，以影响电离阈值附近能级的弱束缚电子，使得该电子从激发分子中剥离，实现其电离（参见场电离过程，第 8.2 节）。此外，电场加速这些离子进入飞行时间质量分析器[102-104]。因此，终于回到了一个真正的质谱技术。与 ZEKE 相比，MATI 的质量选择性不仅可以研究分子[102,104]，而且可以考虑解离复合物和团簇[83,105,106]。

PI、MATI 和 ZEKE-PES 的比较　由 PI、MATI 和 ZEKE-PES 获得的吡嗪 $C_4H_4N_2$ 的第一电离阈值的电离图谱看起来明显不同（图 2.23）[102]。PI 图谱是离子电流与探测激光波长绘制成的曲线图。PI 图谱显示曲线在 IE 处的简单上升，而 MATI 和 ZEKE 在电离阈值处产生一个尖峰，并且还有来自较低振动电离阈值的额外信号。

使用关系$\Delta E = h\nu$并且代入$\nu = c/\lambda$可以计算吸收的第二个光子的能量。在吡嗪案例中，电子激发态0_0^0情况下的波长是$\lambda = 227$ nm。因此，使用$h = 4.14 \times 10^{-15}$ eV·s（$= 6.63 \times 10^{-34}$ J·s）得出第二步的$\Delta E = 4.14 \times 10^{-15}$ eV·s $\times \dfrac{2.99 \times 10^8 \text{ m/s}}{2.27 \times 10^{-7} \text{ m}} = 5.45$ eV。吡嗪的绝热电离能可以通过加上第一个光子的能量来获得。总的来说，这得出了$\text{IE}_{\text{py}} = 9.29$ eV[107]。

2.11 测定出现能

用于测定出现能的技术与上述测定 IEs 的技术基本相同。然而，即使使用最准确定义的电子或光子能量，在测定 AEs 时也必须非常小心，因为动力学位移会出现高估的风险。只要该反应没有逆反应活化能，则 AE 值还可以给出解离产物的生成热之和。如果观察到大量的 KER，则仍可以使用于 AE 来确定该过程的活化能。

2.11.1 动力学位移

通过任何质谱仪观察到的碎片离子丰度都强烈依赖于离子源内的离子寿命和离子内能分布，即动力学因素对质谱图的外观发挥着重要作用。根据 QET 的解释，离子解离的速率常数是相应反应过渡态中过剩能量的函数，并且需要相当大的过剩能量才能使速率常数超过在离子源内停留时间内所需的临界值 10^6 s^{-1}，以实现解离。因此，出现能和活化能总是超过真实值以上的量。这种现象被称为动力学位移（图 2.24）[41, 55]。通常，动力学位移几乎可以忽略不计（0.01～0.1 eV），但它们也可能高达 2 eV[41]，例如，对于 $C_3H_6^{+\cdot} \rightarrow C_3H_5^+ + H^\cdot$ 的活化能为 2.07 eV，伴随着

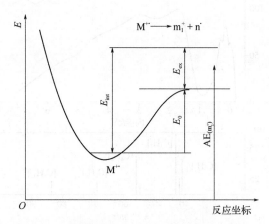

图 2.24 动力学位移

过渡态中的过剩能量会影响 AE 的测量，由于过渡态中需要一些过剩能量，因此它总是导致实验值被高估

0.19 eV 的动力学位移[82]。由于 $k_{(E)}$ 函数在不同的反应之间，特别是在键的均裂和重排裂解之间有很大不同，所以通过减去 E_{ex} 来校准实验 AEs 值并非易事。通过增加在离子源停留时间或通过增加仪器的检测灵敏度，可以将动能位移的影响降至最低。

动力学位移

动力学位移指的是由于过渡态中过剩能量的贡献而导致 AEs 被高估，这些过剩能量在过渡态中是必要的，以产生大于 $10^6\,\text{s}^{-1}$ 的速率常数。由于电子电离或光子电离不涉及动力学，动力学位移不会对 IEs 的测定产生负面影响。

2.11.2 分解图

通过使用上述技术，可以构建所谓的分解图（breakdown graph），并以内能为函数来研究分子离子的解离。这涉及绘制感兴趣离子的强度，即特定 m/z 离子的强度，

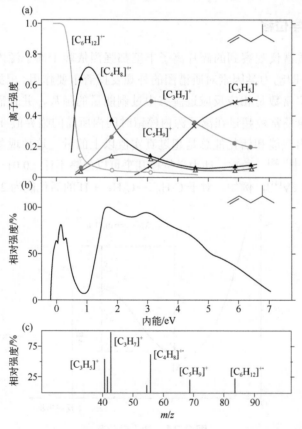

图 2.25 4-甲基-1-戊烯的分解图（a）、来自 PES 的内能分布（b）和质谱图（c）的关系

（经许可改编自参考文献[110]。© John Wiley & Sons，1982）

与电子能量或离子内能（如果在之前已扣除了 IE）之间的关系图[108]。通常情况下，只要有 1～3 eV 的内能，分子离子就可以通过大量的分解途径进行裂解。分解图可以用来比较这些不同裂解途径的能量需求。此外，分解图有助于将从光电子能谱[109]等其他方法获得的离子内能分布与质谱数据进行关联。

4-甲基-1-戊烯的分解图　对于 4-甲基-1-戊烯，将其分解图、来自光电子能谱的内能分布和 70 eV EI 质谱图进行了比较（图 2.25）[110]。从裂解阈值到大约 2 eV 的内能范围，分解图由离子$[C_4H_8]^{+\bullet}$（m/z 56）主导。在 2～4.5 eV 范围内，$[C_3H_7]^+$（m/z 43）变得最突出。然而，这时$[C_4H_8]^{+\bullet}$只有$[C_3H_7]^+$强度的 60%。从图 2.25 中可以明显看出，0.5～1 eV 的内能区间，$[C_4H_8]^{+\bullet}$是主导的碎片离子，对应于内能分布中离子数量较少的区域。这解释了为什么$[C_3H_7]^+$构成了质谱图上的基峰。超过 5 eV 的内能后，$[C_3H_5]^+$（m/z 41）成为最突出的碎片离子。

2.12　气相碱度和质子亲和能

并非所有的电离方法都像 EI 那样严格依赖于单分子条件。例如，化学电离（CI，第 7 章），利用了从反应气中产生的离子与中性分析物之间的反应性碰撞，通过一些双分子过程如质子转移来实现其电离。可以从气相碱度（gas phase basicity，GB）或质子亲和能（proton affinity，PA）数据中得出哪种反应性离子可以质子化给定的分析物的答案。质子转移以及反应物的相对质子亲和能，在许多离子-中性复合物介导的反应中也起着重要的作用（参考 6.13 节）。在过去的十年中，质子转移反应（proton transfer reaction，PTR）质谱已经成为分析空气中挥发性有机化合物（volatile organic compounds，VOCs）的工具（参考 7.3 节）[111,112]。因此，PTR-MS 是环境问题和职业健康安全方面分析工作的关注焦点。

这里，把质子亲和能和气相碱度作为热力学量来处理。考虑以下（碱性）分子 B 的气相反应：

$$B_g + H_g^+ \longrightarrow [BH]_g^+ \tag{2.32}$$

然后，B 接受质子的倾向可以通过以下方式定量描述：

$$-\Delta G_r^0 = GB_{(B)}, \quad -\Delta H_r^0 = PA_{(B)} \tag{2.33}$$

即气相碱度 $GB_{(B)}$ 定义为质子转移的负自由能变化（$-G_r^0$），而质子亲和能 $PA_{(B)}$ 是相同反应的负焓变（$-\Delta H_r^0$）[113,114]。从关系来看：

$$\Delta G^0 = \Delta H^0 - T\Delta S^0 \tag{2.34}$$

得到表达式：

$$PA_{(B)} = GB_{(B)} - T\Delta S^0 \tag{2.35}$$

在平衡的情况下，熵项 $T\Delta S^0$ 通常相对较小（25～40 kJ/mol）。此外，在平衡状态下，

$$[AH]^+ + B \rightleftharpoons A + [BH]^+ \tag{2.36}$$

关于平衡常数 K_{eq} 的关系式为：

$$K_{eq} = \frac{[BH^+]}{[AH^+]} \times \frac{[A]}{[B]} \tag{2.37}$$

气相碱度与平衡常数 K_{eq} 有关，其关系式为[115,116]：

$$GB_{(B)} = -\Delta G^0 = RT\ln K_{eq} \tag{2.38}$$

要进行 GBs 和 PAs 的实验测定，请参见第 9.17 节。表 2.6 中汇总了部分代表值。

表 2.6 一些代表性的质子亲和能和气相碱度[25,113,117]

分子	PA$_{(B)}$/(kJ/mol)	GB$_{(B)}$/(kJ/mol)
H$_2$	424	396
CH$_4$	552	527
C$_2$H$_6$	601	558
H$_2$O	697	665
H$_2$C=O	718	685
CH$_3$CH=CH$_2$	751	718
C$_6$H$_6$ (苯)	758	731
(CH$_3$)$_2$C=CH$_2$	820	784
(CH$_3$)$_2$C=O	823	790
C$_{14}$H$_{10}$ (菲)	831	802
C$_4$H$_8$O (四氢呋喃)	831	801
C$_2$H$_5$OC$_2$H$_5$	838	805
NH$_3$	854	818
CH$_3$NH$_2$	896	861
C$_5$H$_5$N (吡啶)	924	892
(CH$_3$)$_3$N	942	909

2.13 离子-分子反应

到目前为止，我们所涉及的大部分气相离子化学内容都是指孤立离子的性质和单分子反应（unimolecular reactions）。虽然这些条件通常适用于通过电子电离形成的离子以及离子在质量分析器中的传输时的一般情况，但在离子源或质谱仪的一些其他（专属）部分中仍可能发生分子间反应。分子间反应需要反应物之间发生多次软碰撞——这种条件通常在真空度降到 0.01^{-1} mbar（1 mbar = 100 Pa）时才能实现。库仑排斥

2.13 离子–分子反应

阻止了带有相同电荷符号离子之间的反应；然而，一个离子可能与一个中性分子发生反应。在最简单的情况下，这些中性分子属于当前正在进行离子化的相同分子物种。因此，分子离子可以与其对应的中性分子发生反应，例如：

$$CH_4^{+\bullet} + CH_4 \longrightarrow CH_5^+ + CH_3^{\bullet} \tag{2.39}$$

$$H_2O^{+\bullet} + H_2O \longrightarrow H_3O^+ + OH^{\bullet} \tag{2.40}$$

实际上，这里展示的两个反应都非常重要。甲烷的反应［反应式（2.39）］很早就通过质谱法被发现[118]，并导致了化学电离质谱法的产生（CI，第 7 章）[119]。水发生的类似反应［反应式（2.40）］是大气压化学电离（APCI）和实时直接分析（direct analysis in real time，DART，参考 13.8 节）中分析物分子发生质子化的关键步骤。

2.13.1 反应级数

孤立的离子只会进行单分子反应，如异构化［反应式（2.41）］，或离子解离［反应式（2.42）］：

$$ABC^+ \longrightarrow CAB^+ \tag{2.41}$$

$$ABC^+ \longrightarrow AB^+ + C \tag{2.42}$$

这种类型的反应被称为一级反应。一级反应的速率，即前体离子（ABC^+）的浓度随时间的变化，仅由该前体离子的浓度及其内能决定。这就是为什么一级反应的速率常数 k 具有 s^{-1} 的量纲（或 Hz，类似频率）。这样就有了以下关系式：

$$-d[ABC^+]/dt = k[ABC^+] \tag{2.43}$$

如前文所述［反应式（2.39）和式（2.40）］，甲烷的分子离子和水的分子离子与其相应的中性分子的反应速率取决于各自分子离子和中性分子的浓度。广义上，双分子反应可以写成：

$$AB^+ + C \longrightarrow ABC^+ \tag{2.44}$$

因此，其速率现在由以下因素决定：

$$-d[AB^+]/dt = k[AB^+][C] \tag{2.45}$$

在气相中可能发生的最后一种反应需要第三个分子 N 作为惰性碰撞伙伴。N 的作用是带走一部分反应热，从而通过稍微冷却来稳定产物。一个三分子反应（或三元反应）表示为：

$$AB^+ + C + N \longrightarrow ABC^+ + N^* \tag{2.46}$$

现在，这个反应速率受到三个反应物浓度的影响：

$$-d[AB^+]/dt = k[AB^+][C][N] \tag{2.47}$$

一个三分子反应的例子是氮气分子离子在过量氮气中二聚形成短寿命的 $N_4^{+\bullet}$：

$$N_2^{+\bullet} + N_2 + N_2 \longrightarrow N_4^{+\bullet} + N_2^* \tag{2.48}$$

在这种特殊情况下，氮气分子既充当反应物，又是惰性碰撞伙伴。因此，反应速率可以表示为：

$$-d[N_2^{+\bullet}]/dt = k[N_2^{+\bullet}][N_2]^2 \tag{2.49}$$

同样，在大气压化学电离（APCI，第 7.8 节）和实时直接分析（DART，第 13.8 节）中，这个反应对分析物离子的形成是至关重要的。实际上，它是通过电荷转移到中性水分子形成 $H_2O^{+\bullet}$ 之前的一个步骤。

2.13.2　溶液相与气相反应的对比

气相离子-分子反应（ion-molecule reactions）的热化学性质与溶液相中常见的情况非常不同[2,51,67]（这方面的相关信息可参考文献[120]中第 3.3 节和文献[4]中第 7 章）。在溶液相中离子被溶剂分子包围，在极性溶剂中溶剂分子会朝向离子排列，通过溶剂化来抵偿其部分电荷。为了与底物分子相互作用，离子需要克服溶剂化的能垒，这反过来又需要一定的活化能。

从水合的 OH^- 到孤立的 OH^-　　在 OH^- 离子不同程度的水合作用下，研究了 OH^- 与 CH_3Br 之间发生亲核取代生成 CH_3OH 和 Br^- 的反应。在 H_2O/H_2 流动等离子体中产生 $[(H_2O)_nOH]^-$（$n = 0$、1、2、3、n），然后与 CH_3Br 发生反应[50]。从非水合到三水合 OH^-，S_N2 反应的速率常数降低了四个数量级。半定量的反应坐标图揭示了一个典型的转变从具有 96 kJ/mol（23 kcal/mol）的较大活化能的溶液相反应，到孤立离子的气相反应坐标图中产生两处极小值，该反应坐标轴显示出偶遇络合物（又称遭遇络合物）$[OH^-\cdots CH_3Br]$ 的形成是放热（图 2.26）。

显然，孤立的气相离子不存在需要克服的去溶剂化能垒。任何接近的中性分子都会被离子-偶极相互作用（ion-dipole interactions）所吸引。换句话说，初始的孤立离子倾向于在气相中形成某种溶剂化球体。只要离子与分子发生轻微碰撞，即以或略高于热能（0.1~2 eV）的能量，吸引力就会将反应物捕获到离子-中性复合物（ion-neutral complex）中（也称离子-分子复合物，ion-molecule complex）。离子-中性复合物可能以这种形式持续存在，也可表现为正在进行离子-分子反应的反应物的偶遇络合物。形成这种第一中间体是放热反应（图 2.27）[2,51,67]，参见文献[120]中第 3.3 节和文献[4]中第 7 章。如果生成某些产物的活化能低于逆反应所需的能量，即解离回到底物的能量，则可以形成产物复合物。产物复合物的过剩能量将导致该第二个离子-分子复合物解离，释放出产物离子和中性产物[51]。总的来说，这种过程是放热的并且非常快速。

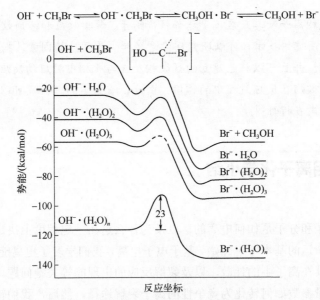

图 2.26 在 OH^- 离子不同程度的水合作用下,OH^- 和 CH_3Br 之间亲核取代反应,可能的半定量反应坐标图

在水合 OH^- 离子情况下,活化能(底部)随着溶剂化作用的消除而急剧降低,并最终放热形成偶遇络合物(顶部)(经允许改编自参考文献[50])。© American Chemical Society, 1981)

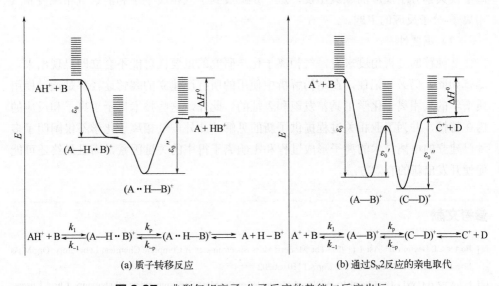

(a) 质子转移反应　　　　　　　　　(b) 通过 S_N2 反应的亲电取代

图 2.27 典型气相离子-分子反应的势能与反应坐标

请注意,这两种反应都可以在不活化底物的情况下进行,并且都是放热反应

(经允许转载自参考文献[51]。© Elsevier Science,1991)

> **丰富的信息**
>
> 孤立的气相离子及其反应不受诸如抗衡离子、聚集效应和溶剂效应等因素的影响。通过使用质谱技术，可以研究反应途径和影响反应的因素，揭示酸度和碱度的基本特征；并且可以将已建立的凝聚相反应与气相中对应的反应进行比较，从而揭示溶剂效应在反应过程中的作用。因此，质谱学的工具箱可以揭示"裸"离子和反应的内在特性[2]。

2.14 气相离子化学小结

（1）思路

本章从原子和分子是如何电离的，以及为什么这在一定程度上决定了初始离子物种的进一步命运的基本考虑开始。基于电子电离，我们学习了电离能、电离截面、离子的内能及其在离子中的耗散，以及裂解反应的出现能等关键问题。准平衡理论解释了这些能量参数如何转化为竞争性的离子裂解途径。然后，我们转向了质谱法的时间尺度以及稳定、亚稳和不稳定离子的概念，并从经典仪器转向了一些最新类型的离子阱质量分析器。接着，重点讨论了一些专题，如动力学同位素效应，从动能释放中估算逆反应的活化能，以及通过几种先进技术测定电离能。最后，从孤立离子及其单分子反应的领域出发，进一步扩展到了气相质子亲和能、气相碱度和气相离子-分子反应的主题。

（2）重要性

从纯粹的分析角度来看，气相离子化学研究的重要性可能不会立即显现出来。尽管如此，仍必须记住，在结构解析中使用的所有已建立的裂解途径都是通过使用质谱学的气相离子化学工具箱发现和表征的。此外，这些技术揭示了离子和反应的内在特性，并为工业相关过程提供了新的见解。此外，气相离子化学不仅阐明了多种已建立的电离技术的离子形成过程和影响离子得率的关键因素，而且最终还可能促使开发出新的有效方法。

参考文献

[1] Porter CJ, Beynon JH, Ast T (1981) The Modern Mass Spectrometer. A Complete Chemical Laboratory. Org Mass Spectrom 16: 101–114. doi:10.1002/oms.1210160302

[2] Schwarz H (1991) The Chemistry of Naked Molecules or the Mass Spectrometer as a Laboratory. Chem Unserer Zeit 25: 268–278. doi:10.1002/ciuz.19910250507

[3] Kazakevich Y (1996) Citation used by permission. hplc.chem.shu.edu; Seton Hall University, South Orange, NJ

[4] Hiraoka K (ed) (2013) Fundamentals of Mass Spectrometry. Springer, New York

[5] Cooks RG, Beynon JH, Caprioli RM (1973) Metastable Ions. Elsevier, Amsterdam
[6] Levsen K (1978) Fundamental Aspects of Organic Mass Spectrometry. Weinheim, Verlag Chemie
[7] Franklin JL (1979) Energy distributions in the unimolecular decomposition of ions. In: Bowers MT (ed) Gas Phase Ion Chemistry. Academic Press, New York
[8] Beynon JH, Gilbert JR (1979) Energetics and mechanisms of unimolecular reactions of positive ions: mass spectrometric methods. In: Bowers MT (ed) Gas Phase Ion Chemistry. Academic Press, New York
[9] Vogel P (1985) The study of carbocations in the gas phase. In: Carbocation Chemistry. Elsevier, Amsterdam
[10] Holmes JL (1985) Assigning Structures to Ions in the Gas Phase. Org Mass Spectrom 20: 169–183. doi:10.1002/oms.1210200302
[11] Lorquet JC (1981) Basic Questions in Mass Spectrometry. Org Mass Spectrom 16: 469–481. doi:10.1002/oms.1210161102
[12] Lorquet JC (2000) Landmarks in the Theory of Mass Spectra. Int J Mass Spectrom 200: 43–56. doi:10.1016/S1387-3806(00)00303-1
[13] Märk TD (1982) Fundamental Aspects of Electron Impact Ionization. Int J Mass Spectrom Ion Phys 45: 125–145. doi:10.1016/0020-7381(82)85046-8
[14] Märk TD (1986) Electron impact ionization. In: Futrell JH (ed) Gaseous Ion Chemistry and Mass Spectrometry. Wiley, New York
[15] Wolkenstein K, Gross JH, Oeser T, Schöler HF (2002) Spectroscopic Characterization and Crystal Structure of the 1,2,3,4,5,6-Hexahydrophenanthro[1,10,9,8-opqra]Perylene. Tetrahedron Lett 43: 1653–1655. doi:10.1016/S0040-4039(02)00085-0
[16] Harrison AG (1992) Fundamentals of gas phase ion chemistry. In: Chemical Ionization Mass Spectrometry. CRC Press, Boca Raton
[17] De Wall R, Neuert H (1977) The Formation of Negative Ions from Electron Impact with Tungsten Hexafluoride. Z Naturforsch A 32: 968–971. doi:10.1515/zna-1977-0910
[18] Schröder E (1991) Massenspektrometrie – Begriffe und Definitionen. Springer, Heidelberg
[19] Jones EG, Harrison AG (1970) Study of Penning Ionization Reactions Using a Single-Source Mass Spectrometer. Int J Mass Spectrom Ion Phys 5: 137–156. doi:10.1016/0020-7381(70)87012-7
[20] Penning FM (1927) Über Ionisation durch metastabile Atome. Naturwissenschaften 15: 818. doi:10.1007/BF01505431
[21] Hornbeck JA, Molnar JP (1951) Mass-Spectrometric Studies of Molecular Ions in the Noble Gases. Phys Rev 84: 621–625. doi:10.1103/PhysRev.84.621
[22] Faubert D, Paul GJC, Giroux J, Betrand MJ (1993) Selective Fragmentation and Ionization of Organic Compounds Using an Energy-Tunable Rare-Gas Metastable Beam Source. Int J Mass Spectrom Ion Proc 124: 69–77. doi:10.1016/0168-1176(93)85021-5
[23] Svec HJ, Junk GA (1967) Electron-Impact Studies of Substituted Alkanes. J Am Chem Soc 89: 790–796. doi:10.1021/ja00980a010
[24] Honig RE (1948) Ionization Potentials of Some Hydrocarbon Series. J Chem Phys 16: 105–112. doi:10.1063/1.1746786
[25] http://webbook.nist.gov/
[26] Baldwin M, Kirkien-Konasiewicz A, Loudon AG, Maccoll A, Smith D (1966) Localized or Delocalized Charges in Molecule-Ions? Chem Commun: 574. doi:10.1039/C1966000057
[27] McLafferty FW (1966) Generalized Mechanism for Mass Spectral Reactions. Chem Commun: 78–80. doi:10.1039/C19660000078

[28] Wellington CA, Khowaiter SH (1978) Charge Distributions in Molecules and Ions: MINDO3 Calculations. An Alternative of the Charge Localization Concept in Mass Spectrometry. Tetrahedron 34: 2183–2190. doi:10.1016/0040-4020(78)89024-3

[29] Baldwin MA, Welham KJ (1987) Charge Localization by Molecular Orbital Calculations. I. Urea and Thiourea. Rapid Commun Mass Spectrom 1: 13–15. doi:10.1002/rcm.1290010110

[30] Baldwin MA, Welham KJ (1988) Charge Localization by Molecular Orbital Calculations. II. Formamide, Thioformamide and N-Methylated Analogs. Org Mass Spectrom 23: 425–428.doi:10.1002/oms.1210230522

[31] Weinkauf R, Lehrer F, Schlag EW, Metsala A (2000) Investigation of Charge Localization and Charge Delocalization in Model Molecules by Multiphoton Ionization Photoelectron Spectroscopy and DFT Calculations. Faraday Discuss 115: 363–381. doi:10.1039/B001092H

[32] Cone C, Dewar MJS, Landman D (1977) Gaseous Ions. 1. MINDO/3 Study of the Rearrange-ment of Benzyl Cation to Tropylium. J Am Chem Soc 99: 372–376. doi:10.1021/ja00444a011

[33] Born M, Oppenheimer JR (1927) Zur Quantentheorie der Molekeln. Ann Phys 84: 457–484. doi:10.1002/andp.19273892002

[34] Seiler R (1969) A Remark on the Born-Oppenheimer Approximation. Int J Quantum Chem 3: 25–32. doi:10.1002/qua.560030106

[35] Lipson RH (2009) Ultraviolet and Visible Absorption Spectroscopy. In: Andrews DL (ed) Encyclopedia of Applied Spectroscopy. Wiley-VCH, Weinheim

[36] Franck J (1925) Elementary Processes of Photochemical Reactions. Trans Faraday Soc 21: 536–542. doi:10.1039/TF9262100536

[37] Condon EU (1926) Theory of Intensity Distribution in Band Systems. Phys Rev 28: 1182–1201. doi:10.1103/PhysRev.28.1182

[38] Dunn GH (1966) Franck-Condon Factors for the Ionization of H_2 and D_2. J Chem Phys 44: 2592–2594. doi:10.1063/1.1727097

[39] Märk TD (1982) Fundamental Aspects of Electron Impact Ionization. Int J Mass Spectrom Ion Phys 45: 125–145. doi:10.1016/0020-7381(82)80103-4

[40] Märk TD (1986) Electron impact ionization. In: Futrell JH (ed) Gaseous Ion Chemistry and Mass Spectrometry. John Wiley and Sons, New York

[41] McLafferty FW, Wachs T, Lifshitz C, Innorta G, Irving P (1970) Substituent Effects in Unimolecular Ion Decompositions. XV. Mechanistic Interpretations and the Quasi-Equilibrium Theory. J Am Chem Soc 92: 6867–6880. doi:10.1021/ja00726a025

[42] Egger KW, Cocks AT (1973) Homopolar- and Heteropolar Bond Dissociation Energies and Heats of Formation of Radicals and Ions in the Gas Phase. I. Data on Organic Molecules. Helv Chim Acta 56: 1516–1536. doi:10.1002/hlca.19730560509

[43] Lossing FP, Semeluk GP (1970) Free Radicals by Mass Spectrometry. XLII. Ionization Potentials and Ionic Heats of Formation for C_1–C_4 Alkyl Radicals. Can J Chem 48: 955–965. doi:10.1139/v70-157

[44] Lossing FP, Holmes JL (1984) Stabilization Energy and Ion Size in Carbocations in the Gas Phase. J Am Chem Soc 106: 6917–6920. doi:10.1021/ja00335a008

[45] Cox JD, Pilcher G (1970) Thermochemistry of Organic and Organometallic Compounds. Academic Press, London

[46] Chatham H, Hils D, Robertson R, Gallagher A (1984) Total and Partial Electron Collisional Ionization Cross Sections for Methane, Ethane, Silane, and Disilane. J Chem Phys 81: 1770–1777. doi:10.1063/1.447848

[47] Wahrhaftig AL (1959) Ion dissociations in the mass spectrometer. In: Waldron JD (ed) Advances in Mass

Spectrometry. Pergamon Press, Oxford

[48] Wahrhaftig AL (1986) Unimolecular dissociations of gaseous ions. In: Futrell JH (ed) Gaseous Ion Chemistry and Mass Spectrometry. Wiley, New York

[49] Rosenstock HM, Krauss M (1963) Quasi-equilibrium theory of mass spectra. In: McLafferty FW (ed) Mass Spectrometry of Organic Ions. Academic Press, London

[50] Bohme DK, Mackay GI (1981) Bridging the Gap Between the Gas Phase and Solution: Transition in the Kinetics of Nucleophilic Displacement Reactions. J Am Chem Soc 103: 978–979. doi:10.1021/ja00394a062

[51] Speranza M (1992) Gas Phase Ion Chemistry Versus Solution Chemistry. Int J Mass Spectrom Ion Proc 118(119): 395–447. doi:10.1016/0168-1176(92)85071-7

[52] Rosenstock HM, Wallenstein MB, Wahrhaftig AL, Eyring H (1952) Absolute Rate Theory for Isolated Systems and the Mass Spectra of Polyatomic Molecules. Proc Natl Acad Sci USA 38: 667–678. doi:10.1073/pnas.38.8.667

[53] McAdoo DJ, Bente PFI, Gross ML, McLafferty FW (1974) Metastable Ion Characteristics. XXIII. Internal Energy of Product Ions Formed in Mass Spectral Reactions. Org Mass Spectrom 9: 525–535. doi:10.1002/oms.1210090510

[54] Meier K, Seibl J (1974) Measurement of Ion Residence Times in a Commercial Electron Impact Ion Source. Int J Mass Spectrom Ion Phys 14: 99–106. doi:10.1016/0020-7381(74)80065-3

[55] Chupka WA (1959) Effect of Unimolecular Decay Kinetics on the Interpretation of Appear- ance Potentials. J Chem Phys 30: 191–211. doi:10.1063/1.1729875

[56] Holmes JL, Terlouw JK (1980) The Scope of Metastable Peak Shape Observations. Org Mass Spectrom 15: 383–396. doi:10.1002/oms.1210150802

[57] Williams DH (1977) A Transition State Probe. Acc Chem Res 10: 280–286. doi:10.1021/ar50116a002

[58] Williams DH, Hvistendahl G (1974) Kinetic Energy Release in Relation to Symmetry- Forbidden Reactions. J Am Chem Soc 96: 6753–6755. doi:10.1021/ja00828a034

[59] Williams DH, Hvistendahl G (1974) Kinetic Energy Release as a Mechanistic Probe. The Role of Orbital Symmetry. J Am Chem Soc 96: 6755–6757. doi:10.1021/ja00828a035

[60] Hvistendahl G, Williams DH (1975) Partitioning of Reverse Activation Energy Between Kinetic and Internal Energy in Reactions of Simple Organic Ions. J Chem Soc Perkin Trans 2: 881–885. doi:10.1039/P29750000881

[61] Hvistendahl G, Uggerud E (1985) Secondary Isotope Effect on Kinetic Energy Release and Reaction Symmetry. Org Mass Spectrom 20: 541–542. doi:10.1002/oms.1210200902

[62] Kim KC, Beynon JH, Cooks RG (1974) Energy Partitioning by Mass Spectrometry. Chloroalkanes and Chloroalkenes. J Chem Phys 61: 1305–1314. doi:10.1063/1.1682054

[63] Haney MA, Franklin JL (1968) Correlation of Excess Energies of Electron Impact Dissociations with the Translational Energies of the Products. J Chem Phys 48: 4093–4097. doi:10.1063/1.1669743

[64] Cooks RG, Williams DH (1968) The Relative Rates of Fragmentation of Benzoyl Ions Generated upon Electron Impact From Different Precursors. Chem Commun: 627–629. doi:10.1039/C19680000627

[65] Lin YN, Rabinovitch BS (1970) Degrees of Freedom Effect and Internal Energy Partitioning Upon Ion Decomposition. J Phys Chem 74: 1769–1775. doi:10.1021/j100703a019

[66] Bente PF Ⅲ, McLafferty FW, McAdoo DJ, Lifshitz C (1975) Internal Energy of Product Ions Formed in Mass Spectral Reactions. The Degrees of Freedom Effect. J Phys Chem 79: 713–721. doi:10.1021/j100574a011

[67] Todd JFJ (1995) Recommendations for Nomenclature and Symbolism for Mass Spectroscopy Including an Appendix of Terms Used in Vacuum Technology. Int J Mass Spectrom Ion Proc 142: 211–240. doi:10.1016/0168-1176(95)93811-F

[68] Robinson PJ, Holbrook KA (1972) Unimolecular Reactions. In: Unimolecular Reactions. Wiley, London

[69] Ingemann S, Hammerum S, Derrick PJ, Fokkens RH, Nibbering NMM (1989) Energy- Dependent Reversal of Secondary Isotope Effects on Simple Cleavage Reactions: Tertiary Amine Radical Cations with Deuterium at Remote Positions. Org Mass Spectrom 24: 885–889. doi:10.1002/oms.1210241006

[70] Lowry TH, Schueller-Richardson K (1976) Isotope Effects. In: Mechanism and Theory in Organic Chemistry. Harper and Row, New York

[71] Stringer MB, Underwood DJ, Bowie JH, Allison CE, Donchi KF, Derrick PJ (1992) Is the McLafferty Rearrangement of Ketones Concerted or Stepwise? The Application of Kinetic Isotope Effects. Org Mass Spectrom 27: 270–276. doi:10.1002/oms.1210270319

[72] Derrick PJ (1983) Isotope Effects in Fragmentation. Mass Spectrom Rev 2: 285–298. doi:10.1002/mas.1280020204

[73] Hvistendahl G, Uggerud E (1986) Deuterium Isotope Effects and Mechanism of the Gas-Phase Reaction $[C_3H_7]^+$ -> $[C_3H_5]^+ + H_2$. Org Mass Spectrom 21: 347–350. doi:10.1002/oms.1210210609

[74] Howe I, McLafferty FW (1971) Unimolecular Decomposition of Toluene and Cycloheptatriene Molecular Ions. Variation of the Degree of Scrambling and Isotope Effect with Internal Energy. J Am Chem Soc 93: 99–105. doi:10.1021/ja00730a019

[75] Bertrand M, Beynon JH, Cooks RG (1973) Isotope Effects Upon Hydrogen Atom Loss from Molecular Ions. Org Mass Spectrom 7: 193–201. doi:10.1002/oms.1210070209

[76] Lau AYK, Solka BH, Harrison AG (1974) Isotope Effects and H/D Scrambling in the Fragmentation of Labeled Propenes. Org Mass Spectrom 9: 555–557. doi:10.1002/oms.1210090602

[77] Benoit FM, Harrison AG (1976) Hydrogen Migrations in Mass Spectrometry. I. The Loss of Olefin From Phenyl-*n*-Propyl Ether Following Electron Impact Ionization and Chemical Ionization. Org Mass Spectrom 11: 599–608. doi:10.1002/oms.1210110606

[78] Veith HJ, Gross JH (1991) Alkene Loss From Metastable Methyleneimmonium Ions: Unusual Inverse Secondary Isotope Effect in Ion-Neutral Complex Intermediate Fragmentations. Org Mass Spectrom 26: 1097–1105. doi:10.1002/oms.1210261214

[79] Ingemann S, Kluft E, Nibbering NMM, Allison CE, Derrick PJ, Hammerum S (1991) Time-Dependence of the Isotope Effects in the Unimolecular Dissociation of Tertiary Amine Molecular Ions. Org Mass Spectrom 26: 875–881. doi:10.1002/oms.1210261013

[80] Nacson S, Harrison AG (1985) Dependence of Secondary Hydrogen/Deuterium Isotope Effects on Internal Energy. Org Mass Spectrom 20: 429–430

[81] Ingemann S, Hammerum S, Derrick PJ (1988) Secondary Hydrogen Isotope Effects on Simple Cleavage Reactions in the Gas Phase: The α-Cleavage of Tertiary Amine Cation Radicals. J Am Chem Soc 110: 3869–3873. doi:10.1021/ja00220a024

[82] Rosenstock HM (1976) The Measurement of Ionization and Appearance Potentials. Int J Mass Spectrom Ion Phys 20: 139–190. doi:10.1016/0020-7381(76)80149-0

[83] Urban B, Bondybey VE (2001) Multiphoton Photoelectron Spectroscopy: Watching Molecules Dissociate. Phys Chem Chem Phys 3: 1942–1944. doi:10.1039/b102772g

[84] Barfield AF, Wahrhaftig AL (1964) Determination of Appearance Potentials by the Critical Slope Method. J Chem Phys 41: 2947–2948. doi:10.1063/1.1726381

[85] Nicholson AJC (1958) Measurement of Ionization Potentials by Electron Impact. J Chem Phys 29: 1312–1318. doi:10.1063/1.1744714

[86] Levin RD, Lias SG (1982) Ionization Potential and Appearance Potential Measurements, 1971–1981. National

Standard Reference Data Series 71: 634 pp

[87] Harris FM, Beynon JH (1985) Photodissociation in beams: organic ions. In: Bowers MT (ed) Gas Phase Ion Chemistry – Ions and Light. Academic Press, New York

[88] Dunbar RC (1979) Ion photodissociation. In: Bowers MT (ed) Gas Phase Ion Chemistry. Academic Press, New York

[89] Maeda K, Semeluk GP, Lossing FP (1968) A Two-Stage Double-Hemispherical Electron Energy Selector. Int J Mass Spectrom Ion Phys 1: 395–407. doi:10.1016/0020-7381(68)85015-6

[90] Traeger JC, McLoughlin RG (1978) A Photoionization Study of the Energetics of the $C_7H_7^+$ Ion Formed from C_7H_8 Precursors. Int J Mass Spectrom Ion Phys 27: 319–333. doi:10.1016/0020-7381(78)80040-0

[91] Boesl U (2000) Laser Mass Spectrometry for Environmental and Industrial Chemical Trace Analysis. J Mass Spectrom 35: 289–304. doi:10.1002/(SICI)1096-9888(200003)35: 3<289::AID-JMS960>3.0.CO;2-Y

[92] Wendt KDA (2002) The New Generation of Resonant Laser Ionization Mass Spectrometers: Becoming Competitive for Selective Atomic Ultra-Trace Determination Eur J Mass Spectrom 8: 273–285. doi:10.1255/ejms.501

[93] Matsumoto J, Misawa K, Ishiuchi SI, Suzuki T, Hayashi SI, Fujii M (2007) On-Site and Real-Time Mass Spectrometer Utilizing the Resonance-Enhanced Multiphoton Ionization Tech-nique. Shinku 50: 241–245. doi:10.3131/jvsj.50.241

[94] Thanner R, Oser H, Grotheer HH (1998) Time-Resolved Monitoring of Aromatic Compounds in an Experimental Incinerator Using an Improved Jet-Resonance-Enhanced Multi-Photon Ionization System Jet-REMPI. Eur Mass Spectrom 4: 215–222. doi:10.1255/ejms.213

[95] Zenobi R, Zhan Q, Voumard P (1996) Multiphoton Ionization Spectroscopy in Surface Analysis and Laser Desorption Mass Spectrometry. Mikrochim Acta 124: 273–281. doi:10.1007/BF01242825

[96] Weickhardt C, Grun C, Grotemeyer J (1998) Fundamentals and Features of Analytical Laser Mass Spectrometry with Ultrashort Laser Pulses. Eur Mass Spectrom 4: 239–244. doi:10.1255/ejms.216

[97] Turner DW, Al Jobory MI (1962) Determination of Ionization Potentials by Photoelectron nergy Measurement. J Chem Phys 37: 3007–3008. doi:10.1063/1.1733134

[98] Müller-Dethlefs K, Sander M, Schlag EW (1984) Two-Color Photoionization Resonance Spectroscopy of Nitric Oxide: Complete Separation of Rotational Levels of Nitrosyl Ion at the Ionization Threshold. Chem Phys Lett 112: 291–294. doi:10.1016/0009-2614(84)85743-7

[99] Müller-Dethlefs K, Sander M, Schlag EW (1984) A Novel Method Capable of Resolving Rotational Ionic States by the Detection of Threshold Photoelectrons with a Resolution of 1.2 cm^{-1}. Z Naturforsch A 39: 1089–1091. doi:10.1515/zna-1984-1112

[100] Schlag EW (1998) ZEKE Spectroscopy. Cambridge University Press, Cambridge

[101] Edqvist O, Lindholm E, Selin LE, Åsbrink L (1970) Photoelectron Spectrum of Molecular Oxygen. Phys Scr 1: 25–30. doi:10.1088/0031-8949/1/1/004

[102] Zhu L, Johnson P (1991) Mass Analyzed Threshold Ionization Spectroscopy. J Chem Phys 94: 5769–5771. doi:10.1063/1.460460

[103] Weickhardt C, Moritz F, Grotemeyer J (1997) Time-of-Flight Mass Spectrometry: State-of- the-Art in Chemical Analysis and Molecular Science. Mass Spectrom Rev 15: 139–162. doi:10.1002/(SICI)1098-2787(1996)15: 3<139::AID-MAS1>3.0.CO;2-J

[104] Gunzer F, Grotemeyer J (2002) New Features in the Mass Analyzed Threshold Ionization (MATI) Spectra of Alkyl Benzenes. Phys Chem Chem Phys 4: 5966–5972. doi:10.1039/B208283G

[105] Peng X, Kong W (2002) Zero Energy Kinetic Electron and Mass-Analyzed Threshold Ionization Spectroscopy

of Na×(NH$_3$)$_n$ (n=1, 2, and 4) Complexes. J Chem Phys 117: 9306–9315. doi:10.1063/1.1516796

[106] Haines SR, Dessent CEH, Müller-Dethlefs K (1999) Mass Analyzed Threshold Ionization of Phenol CO: Intermolecular Binding Energies of a Hydrogen-Bonded Complex. J Chem Phys 111: 1947–1954. doi:10.1063/1.479463

[107] Gleiter R, Heilbronner E, Hornung V (1972) Applications of Photoelectron Spectroscopy. 28. Photoelectron Spectra of Azabenzenes and Azanaphthalenes. I. Pyridine, Diazines, S-Triazine, and S-Tetrazine. Helv Chim Acta 55: 255–274. doi:10.1002/hlca.19720550130

[108] Lavanchy A, Houriet R, Gäumann T (1978) The Mass Spectrometric Fragmentation of N-Heptane. Org Mass Spectrom 13: 410–416. doi:10.1002/oms.1210130709

[109] Meisels GG, Chen CT, Giessner BG, Emmel RH (1972) Energy-Deposition Functions in Mass Spectrometry. J Chem Phys 56: 793–800. doi:10.1063/1.1677233

[110] Herman JA, Li YH, Harrison AG (1982) Energy Dependence of the Fragmentation of Some Isomeric $C_6H_{12}^{+\bullet}$ Ions. Org Mass Spectrom 17: 143–150. doi:10.1002/oms.1210170309

[111] Lindinger W, Jordan A (1998) Proton-Transfer-Reaction Mass Spectrometry (PTR-MS): On-line Monitoring of Volatile Organic Compounds at pptv Levels. Chem Soc Rev 27: 347–354. doi:10.1039/a827347z

[112] Blake RS, Monks PS, Ellis AM (2009) Proton-Transfer Reaction Mass Spectrometry. Chem Rev 109: 861–896. doi:10.1021/cr800364q

[113] Lias SG, Liebman JF, Levin RD (1984) Evaluated Gas Phase Basicities and Proton Affinities of Molecules; Heats of Formation of Protonated Molecules. J Phys Chem Ref Data 13: 695–808. doi:10.1063/1.555719

[114] Harrison AG (1997) The Gas-Phase Basicities and Proton Affinities of Amino Acids and Peptides. Mass Spectrom Rev 16: 201–217. doi:10.1002/(SICI)1098-2787(1997)16:4<201::AID-MAS3>3.0.CO;2-L

[115] Kukol A, Strehle F, Thielking G, Grützmacher HF (1993) Methyl Group Effect on the Proton Affinity of Methylated Acetophenones Studied by Two Mass Spectrometric Techniques. Org Mass Spectrom 28: 1107–1110. doi:10.1002/oms.1210281021

[116] McMahon TB (2000) Thermochemical Ladders: Scaling the Ramparts of Gaseous Ion Energetics. Int J Mass Spectrom 200: 187–199. doi:10.1016/S1387-3806(00)00308-0

[117] Lias SG, Bartmess JE, Liebman JF, Holmes JL, Levin RD, Mallard WG (1988) Gas-Phase Ion and Neutral Thermochemistry. J Phys Chem Ref Data 17(Suppl 1): 861pp

[118] Talrose VL, Ljubimova AK (1998) Secondary Processes in the Ion Source of a Mass Spectrometer (Presented by Academician NN Semenov 27 Ⅷ 1952) – Reprinted from Report of the Soviet Academy of Sciences, Vol LXXXVI, -N5 (1952). J Mass Spectrom 33: 502–504

[119] Munson MSB (2000) Development of Chemical Ionization Mass Spectrometry. Int J Mass Spectrom 200: 243–251. doi:10.1016/S1387-3806(00)00301-8

[120] Schalley CA, Springer A (2009) Mass Spectrometry and Gas-Phase Chemistry of Non-Covalent Complexes. Wiley, Hoboken

同位素组成和准确质量 第**3**章

学习目标
- 元素的同位素组成及其对质谱图的影响
- 同位素丰度在质谱图中的表现
- 从同位素模式中获取分析信息
- 分子和离子的标称质量与准确质量
- 质量分辨率及其对同位素模式和质量准确性的影响
- 准确质量作为一种确定分子式的工具
- 超高分辨率相关内容及应用
- 这些主题对所有类型质谱分析的重要性

在普通化学的语境中，很少注意在一个反应中所涉及的各个元素的各种不一样的同位素。例如，三溴甲烷（$CHBr_3$），根据元素周期表中的原子量，其分子质量通常计算为 252.73 g/mol。然而，在质谱学中，需要更准确地考虑各个同位素，因为质谱法是基于质荷比 m/z 来分辨离子的[1-3]。因此，在三溴甲烷的质谱图中，实际上并不存在 m/z 252.73 处的分子离子峰。相反，主要峰出现在 m/z 250、252、254 和 256 处，并伴有一些较小的其他峰。

为了成功地解析质谱图，需要理解同位素质量及其与原子量、同位素丰度以及由此产生的同位素模式之间的关系，最后还需要了解高分辨率和准确质量测定。这些问题彼此密切相关，提供了丰富的分析信息，适用于任何类型的质谱仪和所采用的任何电离方法。因此，本章的内容对任何类型的质谱数据的解析都具有重要的意义。

3.1 元素的同位素分类

一种元素的种类由其原子核中的质子数决定，质子数等于各元素的原子序数 Z（atomic number），并决定了其在元素周期表中的位置。原子序数作为元素符号前的下标给出，例如在碳的情况下是 $_6C$。具有相同原子序数但中子数不同的原子核的原子被称为同位素（isotopes）。同一种元素的一种同位素与另一种同位素的区别在于它拥有不同的中子数 N（number of neutrons），即通过质量数 A（mass number）或核子数（nucleon number）来区分。同位素的质量数作为元素符号前的上标给出，例如 ^{12}C。质量数 A 是一个原子、分子或离子中质子数和中子数之和[4]。

$$A = Z + N \tag{3.1}$$

质量数和原子序数

质量数绝不能与元素的原子序数混淆。对于较重的原子，可以存在具有相同质量数但属于不同元素的同位素，例如：丰度最高同位素 $_{18}Ar$ 和 $_{20}Ca$ 的质量数都是 40。

3.1.1 单同位素元素

在 83 种天然存在的稳定元素中，有 20 种元素仅以一种天然存在的稳定同位素形式存在。因此，它们被称为单同位素元素（monoisotopic elements），即其所有的原子都具有相同的质量数 A。在有机质谱中，单同位素元素氟（^{19}F）、钠（^{23}Na）、磷（^{31}P）和碘（^{127}I）属于比较突出的例子。然而，还有许多其他元素，如铍（^{9}Be）、铝（^{27}Al）、锰（^{55}Mn）、钴（^{59}Co）、砷（^{75}As）、铌（^{93}Nb）、铑（^{103}Rh）、铯（^{133}Cs）和金（^{197}Au）。单同位素元素也被称为 A 或 X 元素[5,6]。如果将放射性同位素也考虑在内，就不会存在任何的单同位素元素了。

3.1.2 双同位素元素

有些元素天然存在两种同位素，在质谱学范畴内，将它们作为独立一类来处理是有用的。然而，"双同位素元素"（di-isotopic element）并不是正式的术语，不是 IUPAC 命名法的一部分。这些元素可以细分为：含有比最高丰度同位素重 1 u 的同位素元素和含有比最高丰度同位素重 2 u 的同位素元素。第一类为 A+1 或 X+1 元素，后一类为 A+2 或 X+2 元素[5,6]。如果不局限于在有机质谱中通常遇到的元素，则应该添加一类 X–1 元素，其中一个次要同位素比最高丰度同位素的质量低 1 u。

X+1 元素的典型例子包括氢（^{1}H、^{2}H = D）、碳（^{12}C、^{13}C）和氮（^{14}N、^{15}N）。氘（D）的相对丰度很低（0.0115%），因此，氢通常被视为单同位素元素或 X 元素，这是一个有效的近似，即使一个分子中含有上百个氢原子也是如此。

在 X+2 元素中，氯（^{35}Cl、^{37}Cl）和溴（^{79}Br、^{81}Br）较为常见，但铜（^{63}Cu、^{65}Cu）、镓（^{69}Ga、^{71}Ga）、银（^{107}Ag、^{109}Ag）、铟（^{113}In、^{115}In）、锑（^{121}Sb、^{123}Sb）也属于这一类。尽管存在于两种以上的同位素中，一些其他元素，如氧、硫和硅，由于实际原因可以作为 X+2 元素来处理。如果分子式中只有少量的氧，由于 ^{17}O 和 ^{18}O 的丰度很低，氧甚至可以被视为 X 元素。

3.1 元素的同位素分类

最后，锂（^{6}Li、^{7}Li）、硼（^{10}B、^{11}B）和钒（^{50}V、^{51}V）具有一个较轻且丰度较低的同位素，因此，它们可以归类为 X-1 元素。

原子序数、质量数和同位素 让我们将用式（3.1）中的符号应用于构成三溴甲烷分子的元素。这个分子由碳、氢和溴组成，溴在自然界中以两种几乎等同丰度的同位素形式存在。因此，这四个物种对 CHBr$_3$ 分子最重要（图 3.1）。据此，可以了解为什么三溴甲烷分子离子在质谱图中分裂成了几个峰。稍后会继续讨论这个话题。

$$^A_Z \quad ^1_1H \quad ^{12}_6C \quad ^{79}_{35}Br \quad ^{81}_{35}Br$$

图 3.1 对构成 CHBr$_3$ 有贡献的元素的原子序数和质量数

3.1.3 多同位素元素

大部分元素被归为多同位素元素（polyisotopic elements），因为它们由三种或更多同位素组成，显示出多种多样的同位素分布。

3.1.4 同位素丰度的表示

同位素丰度通常以它们的总和为 100%列出，或将丰度最高同位素的丰度归一化为 100%。第一个归一化显而易见，因为它反映了所有同位素对元素共同的贡献总和为 100%。第二种归一化（也在本书中使用）通常应用于质谱分析：质谱通常报告归一化到基峰或至少到感兴趣的 m/z 范围内丰度最强的峰（第 1 章）。下面列出了一些常见元素的同位素分类和同位素组成（isotopic compositions）（表 3.1）。

表 3.1 一些常见元素的同位素分类和同位素组成

分类	原子符号	原子序数 Z	质量数 A	同位素组成	同位素质量/u	相对原子质量/u
(X)[①]	H	1	1	100	1.007825	1.00795
			2	0.0115	2.014101	
X	F	9	19	100	18.998403	18.998403
X	Na	11	23	100	22.989769	22.989769
X	P	15	31	100	30.973762	30.973762
X	I	53	127	100	126.904468	126.904468
X+1	C	6	12	100	12.000000[②]	12.0108
			13	1.08	13.003355	
X+1	N	7	14	100	14.003074	14.00675
			15	0.369	15.000109	
(X+2)[①]	O	8	16	100	15.994915	15.9994
			17	0.038	16.999132	
			18	0.205	17.999161	

续表

分类	原子符号	原子序数 Z	质量数 A	同位素组成	同位素质量/u	相对原子质量/u
(X+2)[①]	Si	14	28	100	27.976927	28.0855
			29	5.0778	28.976495	
			30	3.3473	29.973770	
(X+2)[①]	S	16	32	100	31.972071	32.067
			33	0.8	32.971459	
			34	4.52	33.967867	
			36	0.02	35.967081	
X+2	Cl	17	35	100	34.968853	35.4528
			37	31.96	36.965903	
X+2	Br	35	79	100	78.918338	79.904
			81	97.28	80.916291	
X−1	Li	3	6	8.21	6.015122	6.941
			7	100	7.016004	
X−1	B	5	10	24.8	10.012937	10.812
			11	100	11.009306	
poly	Xe	54	124	0.33	123.905896	131.29
			126	0.33	125.904270	
			128	7.14	127.903530	
			129	98.33	128.904779	
			130	15.17	129.903508	
			131	78.77	130.905082	
			132	100	131.904154	
			134	38.82	133.905395	
			136	32.99	135.907221	

① 括号中的分类表示"非严格意义上的"。
② 原子质量标度的标准。
注：附录中提供了一个完整的表格，© IUPAC 2001[7,8]。

检查归一化模式

在比较不同来源的同位素丰度时必须小心谨慎，因为它们可能是用同一种或不同种归一化程序编制的。不要在计算中混合使用不同的归一化模式！

柱状图表示法比表格更适合于同位素组成的可视化表达，实际上，柱状图准确地展示了这种分布在质谱图中是如何呈现的（图3.2）。这种外观造就了术语同位素模式（isotopic pattern 或 isotope pattern）。

注意

有些作者使用同位素簇（isotopic cluster）这一术语是不正确的，因为簇（cluster）指的是同种的多原子、分子或离子的聚集体，有时与不同原子、分子或离子结合，例如 $[Ar_n]^{+\cdot}$、$[(H_2O)_nH]^+$ 和 $[I(CsI)_n]^-$ 是团簇离子。

3.1.5 原子、分子和离子质量的计算

3.1.5.1 标称质量

为了计算一个分子的大致质量，通常将其组成元素的整数质量相加，例如，对于二氧化碳，计算质量为 12 u + 2 × 16 u = 44 u。这种简单方法的结果不是特别精确，但为简单分子提供了可接受的值。这被称为标称质量（或名义质量，nominal mass）[6]。

更确切地说，一种元素的标称质量被定义为丰度最高的天然稳定同位素质量的整数值（integer mass）[6]。一种元素的标称质量通常等于该元素最低质量同位素的整数质量，例如 H、C、N、O、S、Si、P、F、Cl、Br、I（表 3.1）。离子的标称质量是其组成元素标称质量的总和。

三氟乙酸（CF₃COOH）的标称质量　是根据构成元素中丰度最高的同位素的质量数计算出来的。用 ^1H、^{12}C、^{16}O 和 ^{19}F，得到 1 u + 2 × 12 u + 2 × 16 u + 3 × 19 u = 114 u。

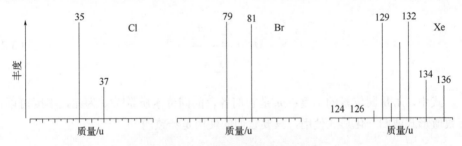

图 3.2　氯、溴和氙的同位素模式

同位素分布的柱状图表示与质谱图具有相同的视觉外观。应该将这些图形表示与表 3.1 中列出的组成进行比较。然后，可以自己决定哪种类型你认为更容易理解和比较

SnCl₂ 的标称质量　要计算 SnCl₂ 的标称质量，必须使用 ^{120}Sn 和 ^{35}Cl 的质量，即 120 u + 2 × 35 u = 190 u。^{35}Cl 同位素是氯的丰度最高也是质量最低的同位素，而 ^{120}Sn 是锡的丰度最高但不是质量最低的同位素，其质量最低的同位素是 ^{112}Sn。

质量与质量数

在处理标称质量时，质量数和标称质量有相同的数值。然而，质量数是无量纲的，不能与单位为 u 的标称质量混淆。

3.1.5.2 同位素质量

同位素质量（isotopic mass）是这种同位素的精确质量（exact mass）。它非常接近但不等于同位素的标称质量（表 3.1）。唯一的例外是同位素质量为 12.000000 u 的碳同位素 ^{12}C。

统一原子质量（unified atomic mass）（u）被定义为核素 ^{12}C 的一个原子质量的 1/12，该核素已被精确地赋值为 12 u，其中 1 u = 1.660538×10^{-27} kg[4,6,9,10]。该惯例可追溯到 1961 年[2]。

> **避免使用过时的质量单位**
>
> 统一原子质量（unified atomic mass，u）定义为核素 ^{12}C 的一个原子质量的 1/12，是原子质量的唯一有效单位。过时文献中的质量值可能具有歧义。在 1961 年之前，物理学家根据核素 ^{16}O 的一个原子质量的 1/16 来定义原子质量单位（atomic mass unit，amu）。化学家的定义是基于氧的原子量，由于天然氧中也存在核素 ^{17}O 和 ^{18}O，该值略高[2]。因此，基于氧的质量标度彼此不兼容，质量值也不等于基于 ^{12}C 的实际标度。因此，应该用 u，而不是 amu。

3.1.5.3 相对原子质量

相对原子质量（relative atomic mass）或原子量（atomic weight）是通过对天然存在的同位素进行加权平均计算得出的[6]。加权平均 M_r 的计算公式为：

$$M_r = \frac{\sum_{i=1}^{i} A_i m_i}{\sum_{i=1}^{i} A_i} \quad (3.2)$$

式中，A_i 是同位素的丰度；m_i 是它们各自的同位素质量[11]。为此，丰度可以任何数值形式或归一化形式使用，只要它们的使用是一致的。

氯的原子质量 氯的相对原子质量是 35.4528 u。然而，实际上并不存在这样一个具体的氯原子。相反，氯由 ^{35}Cl（34.968853 u）和 ^{37}Cl（36.965903 u）组成，前者占 75.78%，后者占 24.22%或分别具有 100%和 31.96%的相对丰度（表 3.1 和图 3.2）。根据式（3.2），将氯的相对原子质量计算为：

M_r = (100 × 34.968853 u + 31.96 × 36.965903 u)/(100 + 31.96) = 35.4528 u

3.1.5.4 单一同位素质量

元素中丰度最高同位素的精确质量被称为元素的单一同位素质量（monoisotopic mass）[6]。分子的单一同位素质量是其经验分子式（empirical formula）中元素的单一同位素质量的总和。如前所述，单一同位素质量不一定是天然存在的质量最低的同位素。然而，对于有机质谱中常见的元素，单一同位素质量是通过使用该元素质量最低同位素的质量来获得的，因为这也是相应元素丰度最高的同位素（第3.1.5.1 节）。

三氟乙酸的单一同位素质量 三氟乙酸（CF_3COOH）的单一同位素质量是根据组成元素中丰度最高同位素的质量计算的。使用 ^1H、^{12}C、^{16}O 和 ^{19}F，得到 1.007825 u + 2 × 12.000000 u + 2 × 15.994915 u + 3 × 18.998403 u = 113.992864 u。虽然结果非常接近标称质量 114 u，但仍与该值相差 0.007136 u。

3.1.5.5　相对分子质量

相对分子质量 M_r（relative molecular mass）或分子量（molecular weight）是根据经验分子式中元素的相对原子质量计算出来的[6]。除了一些比如说大于 10^3 u 的非常大的分子，相对分子质量在质谱分析中很少用到。

三溴甲烷的分子量 再一次以三溴甲烷为例。利用表 3.1 中氢、碳和溴的统一原子质量，计算出三氯甲烷的分子质量为 1.0079 u + 12.0108 u + 3 × 79.9040 u = 252.7307 u。

3.1.5.6　精确离子质量

从分子中除去一个或多个电子所形成的正离子的精确质量（exact mass）等于它的单一同位素质量减去电子的质量 m_e[4]。对于负离子，必须相应地加上电子质量（0.000548 u）。

$CO_2^{+•}$ 的精确质量 二氧化碳分子离子 $CO_2^{+•}$ 的精确质量计算为 12.000000 u + 2 × 15.994915 u − 0.000548 u = 43.989282 u。

3.1.5.7　电子质量在计算精确质量中的作用

仍然存在的问题是：电子的质量 m_e（5.48×10^{-4} u）是否确实需要考虑？若质谱仅限于几个 10^{-3} u 的质量准确度，这个问题几乎是纯粹的学术意义。如果考虑到 FT-ICR、Orbitrap，甚至 oaTOF 仪器所能提供的质量准确度小于 10^{-3} u，就应该在计算中常规地考虑包括电子质量[12,13]。这种情况下，忽略电子质量将导致在 m_e 范围内的系统误差，当质量测量的准确度达到小于 10^{-3} u 量级时是不可接受的。

3.1.5.8　计算精确质量时的小数点后位数

本书提供的同位素质量是精确到小数点后 6 位，对应的精度是 10^{-6} u（见表 3.1 和附录 A.2），比质谱分析中的典型质量误差（± 0.001 u）大约低三个数量级。

在质量计算中所保留的小数点后位数取决于它们的用途。在 m/z 500 u 范围内，保留小数点后四位的同位素质量可以提供足够的准确度。在此之上，至少需要保留小数点后五位，因为原子数量的增加会导致许多小质量误差的不可接受的倍增。这些计算结果可能会再次仅保留小数点后四位（0.0001 u）报告，因为这对于大多数应用来说已经足够了。

蜂毒素[M+H]$^+$的精确质量　蜂毒素是蜂蜜毒液中的主要活性成分。蜂毒素是由 26 个氨基酸组成的肽，分子式为 $C_{131}H_{229}N_{39}O_{31}$。计算[M+H]$^+$的精确质量，可以分别基于四舍五入得到保留小数点后三位和后四位的同位素质量，最后保留至小数点后六位（表 3.2）。基于小数点后四位得出的同位素质量已经偏离准确结果 0.0051 u，而基于小数点后三位得出的同位素质量的偏差达到了不可接受的 0.0405 u。

表 3.2　基于不同准确度水平计算多肽蜂毒素[M+H]$^+$的精确质量

元素	质量（小数点后三位）/u	质量（小数点后四位）/u	精确质量/u	原子数量
C	12.000	12.0000	12.000000	131
H	1.008	1.0078	1.007825	230
N	14.003	14.0031	14.003074	39
O	15.995	15.9949	15.994915	31
总质量减去电子质量 m_e	2845.802	2845.7563	2845.761453	

3.1.6　相对原子质量的自然变化

同位素的质量可以用比十亿分之一（parts per billion，10^{-9}）更高的精密度来测定，例如：$m_{40_{Ar}}$ = (39.9623831235 ± 0.000000005) u。然而同位素丰度比的测定却不太准，导致相对原子质量的误差为百万分之几（parts per million，10^{-6}）。然而，真正的限制因素来自天然样品同位素丰度的变化，例如铅（Pb）是铀放射性衰变的最终产物，铅的原子量根据铅矿中的铅/铀比率变化可达到 $500×10^{-6}$[11]。天然同位素分布的变化也是表 3.1 中统一原子质量出现小数点后位数变化的原因。对于有机质谱分析来说，碳的情况最为重要。碳在代谢过程中无处不在，$^{13}C/^{12}C$ 同位素比率变化的最突出例子是光合作用过程中不同的 CO_2 固定途径，导致 $^{13}C/^{12}C$ 比率在 0.01085～0.01115 之间变化。石油、煤炭和天然气的 $^{13}C/^{12}C$ 比值非常低，为 0.01068～0.01099，而碳酸盐矿物的上限约为 0.01125[11]。甚至不同来源的蛋白质（植物、鱼、哺乳动物）也可以通过它们的 $^{13}C/^{12}C$ 比率来区分[14,15]。

同位素比质谱法（isotope ratio mass spectrometry，IR-MS）利用这些事实来确定样品的来源或年代（第 15 章）。为方便起见，同位素比率的微小变化用 δ 符号表示，表示同位素比率与规定标准之间的偏差，以千分号（‰）表示[11,16]。例如碳的 δ 值，$\delta(^{13}C)$，由式（3.3）计算：

$$\delta(^{13}C)(‰) = [(^{13}C/^{12}C_{样品})/(^{13}C/^{12}C_{标准值}) - 1]×1000 \qquad (3.3)$$

国际公认的 $^{13}C/^{12}C$ 标准值为 0.0112372，即 PDB $\delta(^{13}C)$ = 0‰（PDB 标准）。PDB 是来自美国南卡罗来纳州 Pee Dee 地层的一个定义明确的箭石（belemnite）化石。例如，

对于 $^{13}C/^{12}C_{样品}$ = 0.0109800 的化合物，使用式（3.3）可以计算得到 $\delta(^{13}C)$ = [(0.0109800/0.0112372) − 1]×1000 = −22.88‰。

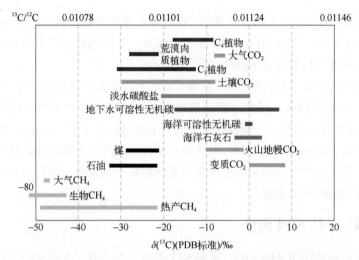

图 3.3 相对于 PDB 不同碳源的 $\delta(^{13}C)$ 值汇编

为了与更常见的标度进行比较，已给出了 $\delta(^{13}C)$ = −40‰、−20‰、0‰、20‰时的 $^{13}C/^{12}C$ 比率
（四舍五入到小数点后五位）（经北亚利桑那大学 James Wittke 许可改编）

大多数具有生物学意义的天然材料的稳定碳同位素比率从 $\delta(^{13}C)$ = −100‰ 到 $\delta(^{13}C)$ = 0‰（与 PDB 值相比）（图 3.3）。这些自然变化是物理、化学和生物过程中同位素分馏的结果。海水、淡水和碳酸盐中无机碳的 ^{13}C 比例相当高。另一方面，由于生物同位素分馏，有机碳通常是缺乏 ^{13}C 的，主要是由于光合作用过程中的动力学同位素效应[17]。因此，可以通过使用 $\delta(^{13}C)$ 测量来确定食物的来源，例如，划分水果/蔬菜的产地国家，或者酒精饮料中乙醇的来源是甘蔗、甜菜、谷物淀粉，还是通过合成过程获得的[14,16,18]。

羊毛来自爱尔兰西部或东部？ 在众多其他应用中，$^{34}S/^{32}S$ 同位素比率已被用来确定羊毛是来自生活在爱尔兰西海岸还是东海岸附近的绵羊[19]。爱尔兰农场绵羊饲养地点距离西海岸的距离与 $\delta(^{34}S)$ 值呈负相关，该值从西海岸羊毛的 15.8‰变化到东海岸羊毛的 5.3‰。在同位素比质谱分析中，$\delta(^{34}S)$ > 10‰的差异被认为是非常显著的。

常见做法

假设平均 ^{13}C 含量为 1.1%，即 $^{13}C/^{12}C$ 比率为 0.0111，已被证明在大多数质谱应用中都是非常有用的。

3.2 同位素分布的计算

只要处理在 10^3 u 以上的分子质量,就有可能分离出质量相差 1 u 的离子。离子分离的质量上限取决于所用仪器的分辨率。因此,分析物的同位素组成直接反映在质谱图中——可以被视为元素指纹信息。

即使分析物在化学上完全纯净,它也代表各种同位素组成的混合物,只要它不是仅由单同位素元素构成,因此,质谱图通常是所有相关同位素物种相叠加的质谱图[20]。表 3.1 列出了含有一个氯或溴原子的分子的同位素分布(isotopic distribution)或同位素模式(isotopic pattern)。但是含有两种或两种以上双同位素甚至多同位素元素的分子呢?虽然乍看起来似乎使质谱图的解析变得复杂,但同位素模式实际上是质谱分析信息的理想来源。

3.2.1 碳:一种 X+1 元素

在甲烷的质谱图中(图 1.6),在 m/z 17 处有一个小峰,在前文中没有提到。从表 3.1 中可以推断,这应该是由于天然碳中含有 ^{13}C 导致的,根据本书的分类,天然碳是一种 X+1 元素。

同位素模式是如何产生的? 想象一下,总共有 1000 个甲烷分子。由于含有 1.1% 的 ^{13}C,将有 11 个分子含 ^{13}C 而不是 ^{12}C,剩下的 989 个分子是 $^{12}CH_4$。因此,m/z 16 和 m/z 17 处峰的相对强度的比率由 989/11 或通常的归一化 100/1.1 来定义。

通常,碳由 ^{13}C 和 ^{12}C 组成,比率 r 可以写成 $r = c/(100-c)$,其中 c 是 ^{13}C 的丰度。那么,在由 w 个碳组成的分子离子 M 中只有 ^{12}C 的概率,即单一同位素离子的概率 P_M 为[21]:

$$P_M = \left(\frac{100-c}{100}\right)^w \quad (3.4)$$

因此,在一个有 w 个碳原子的离子中,恰好有一个 ^{13}C 原子的概率是:

$$P_{M+1} = w\left(\frac{c}{100-c}\right)\left(\frac{100-c}{100}\right)^w \quad (3.5)$$

比率 P_{M+1}/P_M 为:

$$\frac{P_{M+1}}{P_M} = w\left(\frac{c}{100-c}\right) \quad (3.6)$$

在只有碳的分子如巴克敏斯特富勒烯 C_{60} 的情况下,P_{M+1}/P_M 的比率变成 60 × 1.1/98.9 = 0.667。如果将 m/z 720 处由 $^{12}C_{60}$ 产生的单一同位素峰视为 100%,则由

$^{12}C_{59}{}^{13}C$ 引起的 M+1 峰将具有 66.7%的相对强度。

估算 ^{13}C 峰的强度

对于 $^{13}C/^{12}C$ 的比率，可以通过将碳原子数乘以 1.1%来简化估算 M+1 峰的强度百分比，且误差可忽略不计。例如，60 × 1.1% = 66%。

剩下的 59 个碳原子中，任何一个都有一定概率是 ^{13}C 而不是 ^{12}C。在将 Beynon 的方法[21]简化为仅用于一种原子后，包含两个 ^{13}C 原子的离子出现的概率可表示为：

$$\frac{P_{M+2}}{P_M} = \frac{w}{2} \times \left(\frac{c}{100-c}\right)(w-1)\left(\frac{c}{100-c}\right) = \frac{w(w-1)c^2}{2(100-c)^2} \tag{3.7}$$

对于 C_{60}，P_{M+2}/P_M 的比值变为 $(60 \times 59 \times 1.1^2)/(2 \times 98.9^2) = 0.219$，即 m/z 722 处由于 $^{12}C_{58}{}^{13}C_2$ 离子而产生的 M+2 峰将显示为 M 峰的 21.9%，这绝对不能忽略。通过这个原理的拓展，代表第三个同位素峰比例 P_{M+3}/P_M 的方程可以被导出，并可以依此类推。

正如刚刚对仅含碳的分子 C_{60} 所示的同位素模式的计算，可以类推应用于任何 X+1 元素。此外，该方案的应用不限于分子离子，还可以用于碎片离子（图 3.4）。然而，应注意确保假定的同位素峰不是部分或甚至完全由不同的碎片离子引起的，例如，比假定的 X+1 组成多一个氢的离子。

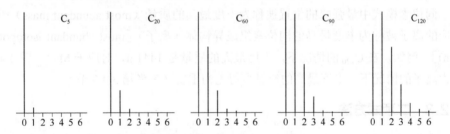

图 3.4 计算出的碳同位素模式

注意同位素模式的宽度稳定扩展为 X+2、X+3、X+4、……变得清晰可见。在大约 C_{90} 处，X+1 峰达到与 X 峰相同的强度。在较高的碳数下，X+1 峰成为同位素模式中的基峰

估算碳原子的数量

从一张质谱图中读出 P_{M+1}/P_M 比值来计算碳原子的大概数目是很有帮助的。假设不存在对 M+1 有贡献的其他元素，例如,15%的 M+1 强度表示存在 14 个碳。（由于自身质子化可能导致对碳原子数目的高估，参见第 7.2 节。）

有趣的是，随着 X+2、X+3、X+4 等可以被检测到，同位素模式的宽度是如何增加的。原理上，C_w 的同位素模式可以拓展到 X+w，因为即使是 $^{13}C_w$ 也是可能的。因此，w 个双同位素元素原子的同位素模式至少在理论上由 w+1 个峰组成。然而，极端组合的概率可以忽略不计，甚至一些更可能的组合只要它们低于 0.1%就不重要。

在实践中，碳同位素模式的解析受到相对强度实验误差的限制，而不是受到低强度峰检出限的制约。这种实验误差可能是由于较差的信噪比（参考第 1.6.3 节）、自身质子化（参考第 7.2 节）或其他峰的干扰造成的。在大约 C_{90} 处，X+1 峰达到与 X 峰相同的强度，在更高碳数 w 情况下，其成为图谱中的基峰，因为离子包含至少一个 ^{13}C 的概率变得比单一同位素离子的概率大。w 的进一步增加使得 X + 2 的信号强于 X 和 X + 1 峰，以此类推。附录中提供了具有代表性的碳同位素丰度表。

3.2.2 与同位素组成相关的术语

元素组成相同但同位素组成不同的分子和离子被称为同位素同系物（isotopic homologs），或简称为同位素组成异构体（isotopologs）。例如，$H_3C—CH_3$ 和 $H_3C—{}^{13}CH_3$ 是同位素组成异构体。同位素组成相同但同位素位置不同的分子和离子被称为同位素位置异构体（isotopomers）。例如 HDC═CHD 和 HDC═CHD 是同位素位置异构体。

同位素分子离子（isotopic molecular ion，如 M+1，M+2，…）是一种分子离子，它包含一个或多个构成分子结构的原子中天然丰度较低的同位素，这些同位素的丰度较低[4]。这个术语可以推广到任何非单一同位素的离子。因此，同位素离子（isotopic ions）是那些含有一种或多种组成离子的原子为天然丰度较低同位素的离子。

同位素模式中最强峰的位置被称为丰度最高的质量（most abundant mass）[6]，相应的离子被称为丰度最高的同位素组成异构体（离子）[most abundant isotopolog (ion)]。例如，在 C_{120} 的情况下，丰度最高的质量是 1441 u，对应于 M+1（图 3.4）。在大离子的情况下，丰度最高的质量显得尤为重要（参考第 3.4.3 节）。

3.2.3 二项式方法

上述对 X+1、X+2 和 X+3 峰的逐步处理的优点是更易于理解，但缺点是求解一个方程每个峰都需要。另外，可以从二项式表达式计算双同位素元素的同位素物种的相对丰度[5,22,23]。在项式 $(a + b)^n$ 中，两种同位素的同位素丰度分别表示为 a 和 b，n 是分子中该元素物种的数量。

$$(a+b)^n = a^n + na^{n-1}b + n(n-1)a^{n-2}b^2/(2!) \\ + n(n-1)(n-2)a^{n-3}b^3/(3!) + \cdots \quad (3.8)$$

对于 $n = 1$，同位素分布可以直接从同位素丰度表（表 3.1 和图 3.2）中获得，对于 $n = 2$、3 或 4，表达式可以通过简单的乘法容易地求解，例如

$$(a+b)^2 = a^2 + 2ab + b^2 \\ (a+b)^3 = a^3 + 3a^2b + 3ab^2 + b^3 \\ (a+b)^4 = a^4 + 4a^3b + 6a^2b^2 + 4ab^3 + b^4 \quad (3.9)$$

3.2 同位素分布的计算

同样，得到了 w 个原子同位素模式的 $w+1$ 项。二项式方法适用于任何双同位素元素，无论它是 X+1、X+2 还是 X−1 类型。然而，随着原子数量的增加，任何手工计算都会变得更加繁琐，更容易出错。

3.2.4 卤素

卤素氯和溴以双同位素形式存在，每种都有显著的丰度，而氟和碘是单同位素元素（表 3.1）。通常情况下，一个分子中只有几个 Cl 和/或 Br 原子，这注定了要采用二项式方法。

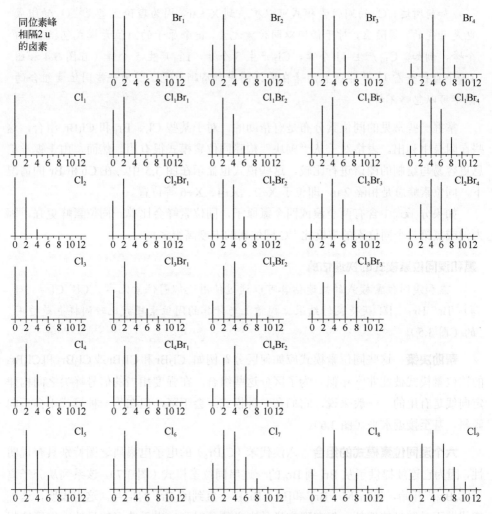

图 3.5 计算溴和氯组合的同位素模式

0 位置显示的峰对应于 m/z X 处的单一同位素离子。而同位素峰位于 m/z = X + n, n = 2,4,6,⋯。X 的数值由单一同位素组合的质量数给出，例如，Cl_2 为 70 u

两个氯化合物的同位素模式 Cl_2 的同位素模式通过式(3.9)计算。丰度 $a = 100$ 和 $b = 31.96$ 时为 $(100 + 31.96)^2 = 10000 + 6392 + 1019$。归一化后，获得的 $100 : 63.9 : 10.2$ 可作为三个峰的相对强度。同位素丰度的任何归一化都会得到相同的结果，例如 $a = 0.7578$、$b = 0.2422$。Cl_2 同位素模式的计算结果可以从以下实际考虑来理解：两个同位素 ^{35}Cl 和 ^{37}Cl 可以三种不同的方式结合：① $^{35}Cl_2$ 产生单一同位素组成；② $^{35}Cl^{37}Cl$ 产生第一个同位素峰，在这里是 X+2；③ $^{37}Cl_2$ 产生第二个同位素峰 X+4。因此，两个氯总共产生三个峰。与更多的氯原子的组合可以据此加以解析。

期望出现 $w + 1$ 个峰 如前所述，C_w 的同位素模式可以扩展到 $X + w$，因为理论上甚至 $^{13}C_w$ 的组成也是可能的。实际上，对于任何双同位素元素，w 个原子的同位素模式包括 $w + 1$ 个峰，例如，C_{10} 产生 11 个峰，Cl_2 产生 3 个峰，Br_4 产生 5 个峰（在图 3.4 和图 3.5 中自行查看）。并非所有的峰在质谱图中都清晰可见，因为一些同位素组合的概率可以忽略不计。

掌握一些常见的同位素分布是有帮助的。对于某些 Cl_x、Br_y 和 Cl_xBr_y 组合，这些在附录中列出。表格对于从"砌块"构建同位素模式很有用。然而，由于视觉信息更容易与绘制的图谱进行比较，这些模式也显示在图 3.5 中。在 Cl 和 Br 的情况下，同位素峰总是相隔 2 u，即位于 X+2、X+4、X+6 等位置。

如果分子式中含有两个溴或四个氯原子，同位素峰会比单一同位素峰更强，因为溴或氯第二个同位素的丰度比 ^{13}C 同位素的丰度高得多。

氯和溴同位素模式的快速估算 氯和溴同位素模式的快速估算可以通过使用近似同位素比率 $^{35}Cl/^{37}Cl = 3/1$ 和 $^{79}Br/^{81}Br = 1/1$ 获得良好结果。视觉上与计算的同位素模式比较同样也是适用的（图 3.5）。

帮助决策 这些同位素模式应如何区分？例如，Cl_2Br 和 Cl_3Br 或 Cl_2Br_3 和 Cl_3Br_3 的同位素模式彼此非常相似。为了区分这些组合，在强度相当的信号峰尖之间构建定向线是有用的。一般来说，它们在一种模式下会下降，但在另一种模式下会正向倾斜，甚至接近水平（图 3.6）。

六个溴同位素模式的组合 六溴代苯（C_6Br_6）的电子电离质谱图特别具有说明性，因为它连续提供了从 Br_1 到 Br_6 的一连串同位素模式（图 3.7）。该系列从分子离子 $[C_6Br_6]^{+\cdot}$ 开始，包括 $[M - Br]^+$ 和 $[M - Br_2]^{+\cdot}$ 一直到 $[C_6Br]^+$ 的信号。这也表明，这种模式并不是罕见的例外，但在现实样品中必须预料到。出于练习的目的，您可能想要比较图谱中的模式和图 3.5 中的模式。（关于这些离子是如何产生的解释，请参阅第 6 章。）

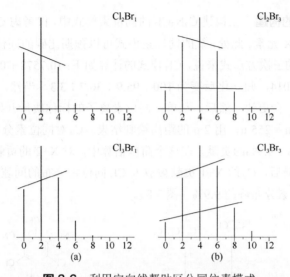

图 3.6 利用定向线帮助区分同位素模式

（a）具有四个峰的同位素模式；（b）具有六个峰的同位素模式

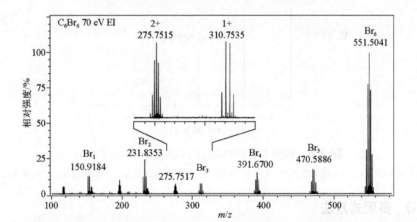

图 3.7 六溴苯在 m/z 100～580 范围内的 70 eV EI 质谱图

省略了较低的 m/z 范围，以便清晰地呈现溴的同位素模式。溴的数量是为了方便而标注的。插图中 m/z 标注了相应同位素模式中丰度最强信号的准确质量（参考第 3.5 节）。观察双电荷分子离子 M^{2+} 的同位素模式是如何以及在何处的 m/z 上显示的，其位置在 Br_3 单电荷离子同位素模式的旁边（见插图）

3.2.5 碳和卤素的组合

到目前为止，已经分别处理了 X + 1 和 X + 2 元素，但这是一种相当人为的方法。碳、氢、氮和氧与卤素氟、氯、溴和碘的结合覆盖了人们通常要处理的大多数分子。当把氢、氧和氮看作是 X 元素时（这是对不太大的分子的有效近似），同位素模式的构建可以方便地完成。通过使用本章或附录中提供的元素同位素丰度表或这些元素的高频次的组合表，可以将这些砌块组合在一起来获得更复杂的同位素模式。

同位素模式的构建 在构建 $C_9N_3Cl_3$ 的同位素模式中，仅考虑 C 和 Cl 的同位素贡献，将 N 作为 X 元素。此处，氯的同位素模式可以预期比碳的同位素模式占优势。首先从式（3.9）的三次方形式来说，Cl_3 模式的计算如下：$(0.7578 + 0.2422)^3 = 0.435 + 0.417 + 0.133 + 0.014$，归一化后变为 100：95.9：30.7：3.3。当然，使用 Cl_3 分布的列表丰度（附录）会更快。然后，从单一同位素离子的标称质量开始，即 $9 \times 12\,u + 3 \times 14\,u + 3 \times 35\,u = 255\,u$，用 $2\,u$ 的距离绘制结果。C_9 对同位素分布的贡献主要在 X+1，有 $9 \times 1.1\% = 9.9\%$ 的贡献，在这个简单估算中，对 X+2 的贡献（0.4%，附录）可以忽略不计。最后，C_9 的 X+1 贡献被放入 Cl_3 同位素分布的间隙中，其相对丰度是前一个 Cl 同位素分布峰的 9.9%（图 3.8）。

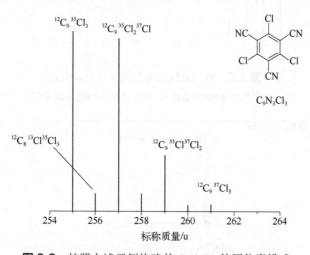

图 3.8 按照上述示例构建的 $C_9N_3Cl_3$ 的同位素模式

^{13}C 同位素峰位于主要 Cl_3 模式的 X+2、4 和 6 个峰之间。氮被视为 X 元素，为清晰起见，已从峰标记中省略

3.2.6 多项式方法

多项式方法是二项式方法的逻辑扩展。它可用于计算多同位素元素或由多种非单一同位素元素组成的分子式的同位素分布[22,23]。一般来说，分子的同位素分布可以用多项式的乘积来描述，其中 a_1、a_2、a_3 代表一种元素，b_1、b_2、b_3 等表示另一种元素，依此类推，直到包含所有元素。多项式的指数 m、n、o 等表示经验分子式中包含这些元素的原子数。

$$(a_1 + a_2 + a_3 + \cdots)^m (b_1 + b_2 + b_3 + \cdots)^n (c_1 + c_2 + c_3 + \cdots)^o + \cdots \quad (3.10)$$

计算完整的模式 硬脂酸三氯甲酯（$C_{19}H_{35}O_2Cl_3$）的完整同位素分布可根据多项表达式（3.10）获得，A_x 代表每种元素所含同位素的相对丰度。同位素模式计算的问题在于：对于较大分子，所得到的项数是巨大的。即使对于这个简单的例子，项数也是 $(2)^{19} \times (2)^{35} \times (3)^2 \times (2)^3 = 1.297 \times 10^{18}$。如果将描述同样同位素组成的项组

3.2 同位素分布的计算

合在一起，无论同位素在分子中的位置如何，项数会显著减少。然而，手动计算即便可行的话，也容易变得繁琐；计算机程序现在简化了这个过程[24,25]。

$$(A_C^{12}+A_C^{13})^{19}(A_H^1+A_H^2)^{35}(A_O^{16}+A_O^{17}+A_O^{18})^2(A_{Cl}^{35}+A_{Cl}^{37})^3$$

基于软件计算 $C_{19}H_{35}O_2Cl_3$ 同位素模式 可以应用 IsoPro3.1（一个免费软件程序）来计算硬脂酸三氯甲基酯（$C_{19}H_{35}O_2Cl_3$）的同位素模式。在输入化学组成后，只需点击鼠标即可获得同位素模式，可以选择将其显示为图形或质量列表（图 3.9）。显然，三个氯原子主导了同位素模式的外观，因此相对强度与 $C_9N_3Cl_3$ 的情况非常相似也就不足为奇了（图 3.8）。

> **了解所使用的软件**
>
> 质谱仪通常会配备计算同位素分布的软件。类似的程序也作为基于互联网或共享软件的解决方案提供[26,27]。虽然这种软件很容易获取，但作为充分解析质谱图的先决条件，仍然需要对同位素模式有透彻的理解。

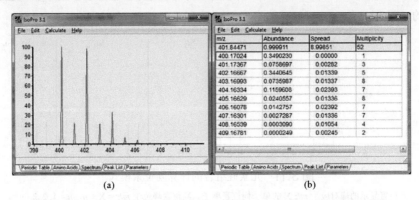

图 3.9 将分子式 $C_{19}H_{35}O_2Cl_3$ 输入 IsoPro3.1 同位素分布计算器[26]
该程序提供可定制的绘图（a）或质谱峰的列表（b）。请注意，列表中总丰度被归一化为 100%，m/z 值提供了准确质量（参考第 3.5 节）

3.2.7 氧、硫和硅

氧、硅和硫严格意义上是多同位素元素——氧包含 ^{16}O、^{17}O 和 ^{18}O，硫包含 ^{32}S、^{33}S、^{34}S 和 ^{36}S，硅包含 ^{28}Si、^{29}Si 和 ^{30}Si。S 和 Si 的同位素模式虽不如 Cl 和 Br 那样突出，但仍然很重要。

^{17}O（0.038%）和 ^{18}O（0.205%）相对丰度较低，以至于在常规质谱图中通常不能从同位素模式中检测到氧同位素峰的存在，因为相对强度的实验误差往往大于 ^{18}O 的贡献。因此，氧经常被视为一种 X 型元素，尽管 X+2 是一种更合适但实际上用处不大的分类。例如，在低聚糖中，大量的氧原子对 X+2 信号有贡献。

只要一个分子中只存在少量的硫原子,硫就可以归类为 X+2 元素。然而,^{33}S 对 X+1 贡献的 0.8%几乎与 ^{13}C(每个原子 1.1%)的情况相当。如果用 X+1 峰来估算存在的碳数,那么对于 ^{33}S 来说,这将导致每个硫原子大约高估一个碳原子的数量(图 3.10)。

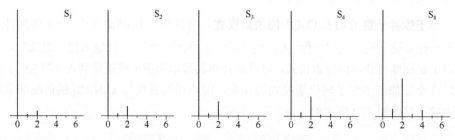

图 3.10 元素硫组合的计算同位素模式

0 位置显示的峰对应于 m/z X 的单一同位素离子。而同位素峰位于 m/z = X + n,n = 1, 2, 3, …

对于硅来说,^{30}Si 同位素对 X+2 信号的贡献"仅为" 3.4%,^{29}Si 甚至对 X + 1 的贡献甚至高达 5.1%。因此,忽略 ^{29}Si 会导致每个硅原子多估算 5 个碳原子,这是不可接受的(图 3.11)。

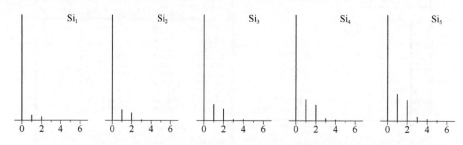

图 3.11 元素硅组合的计算同位素模式

0 位置显示的峰对应于 m/z X 的单一同位素离子。同位素峰位于 m/z = X + n,n = 1, 2, 3, …

识别硫和硅

质谱图中硫和硅的存在最好通过仔细检查 X+2 的强度来揭示:即使碳的数量是从 X+1 中获得的,而没有事先减去硫或硅的贡献,X+2 信号强度也太高以至于不仅仅只有 ^{13}C$_2$ 的贡献。

硫醚的同位素模式 乙基丙基硫醚($C_5H_{12}S$)的同位素模式计算如下,^{33}S 和 ^{13}C 对 M+1 的相对贡献以及 ^{34}S 和 ^{13}C$_2$ 对 M+2 信号的相对贡献如下所示(图 3.12 和第 6.13 节)。如果 M+1 峰仅由 ^{13}C 产生,表明存在 6 个碳原子,这反过来意味着 M+2 强度仅为 0.1%,而不是实际观察到的 4.6%。考虑到用硅来解释同位素模式仍然符合 M+2 的强度,但是准确度相对较低,而对于 M+1 来说,情况就大不相同了。由于 ^{29}Si 本身在 M+1 处的强度就有 5.1%,因此没有或最多只允许有一个碳来解释观察到的 M+1 强度。

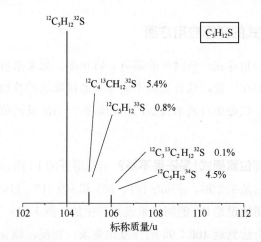

图 3.12 乙基丙基硫醚（$C_5H_{12}S$）分子离子的计算同位素模式，表明了 ^{33}S 和 ^{13}C 对 M+1 的贡献以及 ^{34}S 和 $^{13}C_2$ 对 M+2 信号的贡献

3.2.8 多同位素元素

就同位素模式的计算或构建而言，多同位素元素的处理不需要其他技术。然而，同位素模式可能与目前所认为的有很大不同，值得提及它们的特殊性。

多同位素元素锡 锡是一种多同位素元素，可以很容易地从其特征的同位素模式中检测出锡存在。对于四丁基锡（$C_{16}H_{36}Sn$），质量最低的同位素组成为 $^{12}C_{16}H_{36}{}^{112}Sn$（340 u）。考虑到其所含 16 个碳原子，$^{13}C$ 同位素丰度约为 17.5%。这叠加在元素锡的同位素模式上，在 345 u 和 347 u 处尤为明显（图 3.13）。仅用锡同位素标记的棒状峰基本是由 $^xSn^{12}C$ 物种构成的。锡既没有同位素 ^{121}Sn 也没有同位素 ^{123}Sn，因此 349 u 和 351 u 处的贡献必须分别来自 $^{120}Sn^{13}C$ 和 $^{122}Sn^{13}C$。

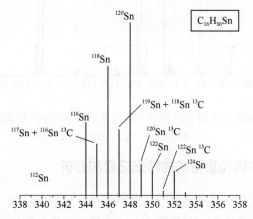

图 3.13 由四丁基锡（$C_{16}H_{36}Sn$）计算出的同位素模式和同位素组成对峰的主要贡献

3.2.9 同位素模式的实际应用方面

同位素模式的识别存在一些潜在的陷阱。特别是，如果来自相差两个或四个氢的化合物的信号叠加在一起，或者如果不能先验地排除这种叠加，则必须逐步仔细检查观察到的模式，以避免对质谱数据的错误解析。当涉及同位素标记化合物时，也需要同样的注意。

一目了然的溴同位素模式！是还是不是？ 布洛芬的 EI 图谱显示出一些"假的"同位素模式。假设它是未知的，在 m/z 161、163 和 m/z 117、119 的成对峰很容易被误解为由溴，更确切地说是 Br_1 的同位素模式产生的（图 3.14）。然而，仔细观察后发现，这两对都没有达到近 100：98 的强度比要求。相反，峰 m/z 163 的相对强度仅为 m/z 161 的 89%。在 m/z 117、119 的情况下，强度比甚至颠倒。此外，在 m/z 206 处的分子离子峰显示，根本没有溴同位素模式。

如果溴存在，它必然也会导致 $M^{+\cdot}$ 的同位素模式。m/z 163 的离子真正的产生原因是 $M^{+\cdot}$ 丢失了 $C_3H_7^{\cdot}$（43 u），而 m/z 161 的离子是由于丢失了 $COOH^{\cdot}$（45 u）。此外，m/z 79、81 的 Br^+ 和 m/z 80、82 的 $HBr^{+\cdot}$ 应该有一些峰，但是这些峰是不存在的。这个案例表明，许多表面上看起来清晰、直截了当的模式可能需要重新解析。需要将相对强度与列表数据进行比较，并且需要考虑图谱的所有信息。

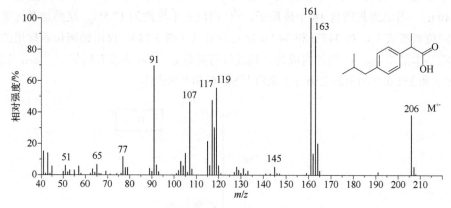

图 3.14 布洛芬的 EI 质谱图显示出可能被误解为溴同位素模式的信号
（经许可进行了改编，©NIST 2011）

3.2.10 质谱图中同位素模式的精确记录和分析

证明同位素模式的一致性需要与计算模式进行仔细的比较。质量差异必须与假定的中性丢失质量一致。为了保持真实，一个模式只能分配给等于或大于由所有贡献原子之和给出的质量的信号。

在计算不同同位素模式峰之间的质量差异时，强烈建议按照从一组信号的单一同位素峰到下一组信号的单一同位素峰的顺序。因此，所得的质量差也应归因于单一同位素碎片的丢失。否则，就有可能在分子式中错误地漏掉或添加氢。

三溴甲烷 三溴甲烷的 EI 质谱图以溴同位素分布为主（图 3.15）。首先，没有必要怀疑为什么三溴甲烷在 EI 中会产生那样的碎片离子（第 6.1 节）。可以先接受这种裂解模式，并把注意力集中在同位素模式上。参考图 3.5 可以识别 Br_3、Br_2 和 Br 的模式。实际上，分子离子必须包含全部数目的溴原子（m/z 250、252、254、256）。

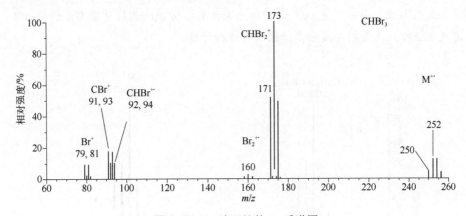

图 3.15 三溴甲烷的 EI 质谱图
（经许可进行了改编。© NIST 2011）

由于丢失 Br 的主要碎片离子将显示 Br_2 模式（m/z 171、173、175）。由于 ^{79}Br 的存在，m/z 250 和 m/z 171 之间的质量差为 79 u，因此将该过程确定为 Br˙ 的丢失。如果使用 ^{81}Br 进行计算，则从 m/z 252 处的 $CH^{79}Br_2^{81}Br$ 同位素离子开始，将产生相同的信息。此处使用 ^{79}Br，会错误地指示 H_2Br 的丢失。

随后 HBr 的消除导致在 m/z 91、93 处产生 CBr^+。或者，分子离子可以消除 Br_2 以形成 $CHBr^{+˙}$，m/z 92、94 与 m/z 91、93 双重峰叠加，或者它也可以失去 CHBr 以产生 $Br_2^{+˙}$，导致 m/z 158、160、162 处的峰。m/z 79、81 处的峰是由 Br^+ 引起的，而 m/z 80、82 处的峰是由分子离子中丢失 CBr_2 所形成的 $HBr^{+˙}$ 引起的。

3.2.11 从复杂同位素模式中获取的信息

如果同位素分布非常宽，或者遇到了最轻质量同位素峰的丰度很低的元素，那么单一同位素峰的识别将变得很不确定。然而，有一些方法可以应对这种情况。

找到锚定点　锡化合物的 ^{112}Sn 同位素峰很容易被忽略或很容易被背景信号叠加（图 3.13）。因此，在从逐个峰之间筛选出 Sn 同位素分布模式之前，应该先从其特征同位素模式中的独特位置识别出 ^{120}Sn 峰。对于各离子中所含的所有其他元素，仍将使用最轻质量同位素进行计算。

归属特征性同位素　钌具有宽泛的同位素分布，其中 ^{102}Ru 同位素可在归属质量差异时作为标志。此外，钌特征性很强的同位素分布指纹信息使其很容易从质谱图中识别出来，甚至弥补了中等质量准确度导致的信息缺乏（图 3.16）。

> **参考高丰度的同位素**
>
> 如果同位素分布广泛和/或遇到的元素具有非常低的最轻质量丰度的同位素，建议根据相应元素的丰度最高的同位素进行计算。

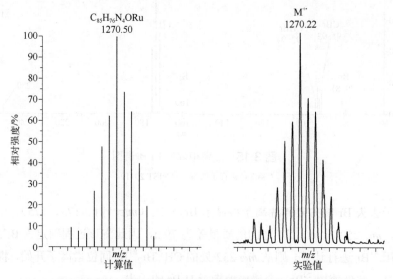

图 3.16　钌羰基卟啉络合物的计算和实验同位素模式（FD-MS，参见第 8.6 节）
同位素模式支持假定的分子组成。标记的峰对应于含 ^{102}Ru 的离子
（经许可改编自参考文献[28]，© IM Publications, 1997）

3.2.12　解读同位素模式的系统方法

大多数质谱图都显示出某种特定的同位素模式，尤其是那些有机分子，至少会包含 ^{13}C 的贡献。因此，仔细检查质谱图的同位素模式是一个很好的习惯，其中一些可能像 Br 和 Cl 那样明显，而另一些可能像硅、硫或锂一样不那么明显。当开始解析质谱图时，建议从仔细寻找同位素模式开始。下面提供了一个指南（图 3.17）。

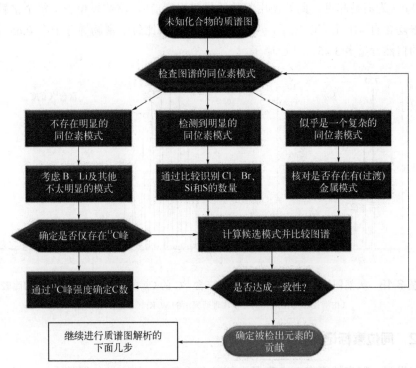

图 3.17 基于同位素分布模式分析来识别贡献元素的指南

3.3 同位素富集与同位素标记

3.3.1 同位素富集

如果在某一离子中某一特定核素的丰度高于天然水平，则同位素富集离子（isotopically enriched ion）一词用于描述同位素富集的任何离子[4]。同位素富集（isotopic enrichment）的程度最好通过质谱法来确定。

富含 ^{13}C 的富勒烯 同位素富集是核磁共振（NMR）中增强分析物响应的标准手段。这种测量在遇到极低溶解度与含大量碳时就变得很重要，就像[60]富勒烯化合物的情况[29]。具有天然同位素丰度的 C_{60} 和富含 ^{13}C 的分子离子信号 $M^{+\cdot}$ C_{60} 如图 3.18 所示；关于[60]富勒烯的 EI 质谱，参见参考文献[30-32]。从这些质谱图中，^{13}C 的富集可以通过使用式（3.2）来确定。对于 C_{60} 的天然同位素丰度，可以得到 $M_{rC_{60}}$ = 60 × 12.0108 u = 720.65 u。

应用式（3.2）同位素富集的化合物产生 $M_{r^{13}C-C_{60}}$ = (35 × 720 + 65 × 721 + 98 × 722 + 100 × 723 + 99 × 724 + 93 × 725 + ⋯) u/ (35 + 65 + 98 + 100 + 99 + 93 + ⋯) =

724.10 u（为清楚起见，此处使用整数质量和强度值）。该结果相当于每个富勒烯分子中平均含有 4.1 个 ^{13}C 原子，平均而言这意味着比每个富勒烯分子中 0.65 个 ^{13}C 原子的自然含量多 3.45 个 ^{13}C 原子。

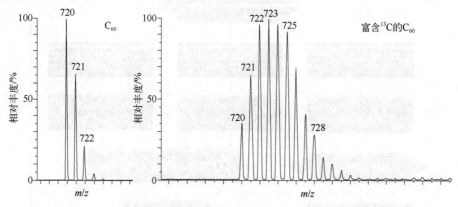

图 3.18 天然同位素丰度[60]富勒烯和富含 ^{13}C 的 C_{60} 的分子离子信号 $M^{+\cdot}$ 的比较
（由海德堡马克斯普朗克核物理研究所的 W. Krätschmer 提供）

3.3.2 同位素标记

如果某一特定核素在一个离子内的一个或多个（特定）位置的丰度高于天然水平，则同位素标记离子（isotopically labeled ion）一词用于描述这种离子。在其他应用中，同位素标记（isotopic labeling）用于跟踪代谢途径，作为定量分析的内标物，或阐明气相中离子的裂解机理。在质谱分析中，通常优先使用非放射性同位素 ^{2}H（氘，D）、^{13}C 和 ^{18}O，因此开发了一系列进行同位素标记的方法[33]。同位素标记更像是一种质谱学的研究工具[34]，而不是用来控制同位素标记质量效果的工具。因此，同位素标记应用于很多领域，本书中给出了很多例子。

3.4 分辨率和分辨力

3.4.1 定义

到目前为止，我们理所当然地认为质谱能够分离同位素模式；现在则想量化这种分离程度。在质谱图中观察到的分离被称为质量分辨率（mass resolution，R），或简称分辨率[35]。质量分辨率是指在给定的信号，即给定的 m/z 值下，可以分离的最小 m/z 差异，即 $\Delta(m/z)$：

$$R = \frac{m}{\Delta m} = \frac{m/z}{\Delta(m/z)} \tag{3.11}$$

3.4 分辨率和分辨力

因此分辨率是无量纲的。仪器分辨相邻峰的能力称为其质量分辨力（mass resolving power）或简称分辨力（resolving power）。该值从峰高的特定百分比处的峰宽获得，表示为质量的函数[4,35]。

当两个相邻峰之间峰谷的强度降低到它们峰高的 10%时，则认为这两个相邻峰已充分分离。因此，这被称为 10%峰谷定义为分辨率（$R_{10\%}$）。如果在 5%相对峰高处的峰宽等于对应离子的质量差，那么 10%峰谷的条件就得到了满足，因为那时每个峰在 m/z 轴上同一点的 5%贡献加起来就是 10%（图 3.19）。

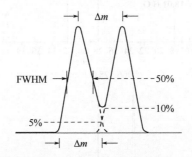

图 3.19 10%峰谷和半峰宽（FWHM）定义的分辨率（峰高未进行标度）

随着线形四极杆质量分析器的出现，半峰宽（full width at half maximum，FWHM）定义的分辨率被广泛使用，特别是在仪器制造商中。FWHM 也通常用于飞行时间和四极离子阱质量分析器。在高斯峰形下，$R_{FWHM}/R_{10\%} = 1.8$。不同 m/z 处的一对峰的分辨率及其实际意义如图 3.20 所示。

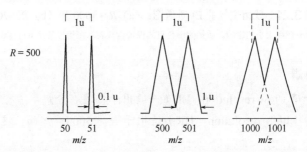

图 3.20 在 $R = 500$ 时，m/z 50、500 和 1000 获得的简化三角形模拟信号
在 m/z 1000 时，由于叠加峰，峰的极值向彼此移动；这与 $R_{FWHM} = 900$ 的结果也接近

分辨率对残余空气质谱图的影响 残余空气电子电离质谱的变化很好地显示了更高分辨率的效果（图 3.21）。将分辨率设置为 $R = 1000$、m/z 28 信号的峰宽为 0.028 u。分辨率增加到 $R = 7000$ 很好地将 m/z 27.995 的 CO^+ 的微小贡献与 m/z 28.006 的 $N_2^{+\bullet}$ 的主要贡献分开（CO^+ 更可能是来自 $CO_2^{+\bullet}$ 的裂解，而不是来自实验室空气中的 CO）。

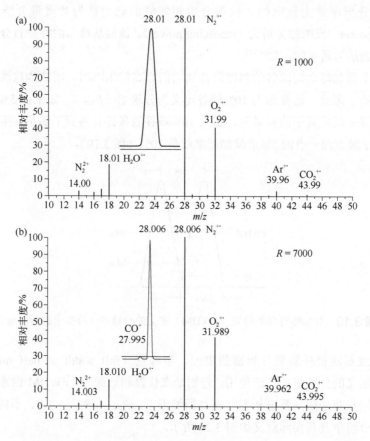

图 3.21 残留空气的 EI 质谱图：(a) $R = 1000$ 和 (b) $R = 7000$
相对强度不受分辨率大小的影响。质量的小数点的保留位数表示在相应条件下可达到的质量准确度

> **低分辨和高分辨**
>
> 定语低分辨 (low resolution, LR) 一般用于描述在分辨率 $R < 3000$ 时获得的图谱。高分辨 (high resolution, HR) 适用于 $R > 5000$。然而，这些术语没有确切的定义。

3.4.2 分辨率及其实验测定

原则上，分辨率总是由某一相对高度下某个信号的峰宽决定的，因此，任何峰都可以用于此目的。由于峰宽的精确测定并不总是容易实现，因此会使用某些已知 Δm 的特定双峰。

从 $N_2^{+\cdot}$ 中分离 CO^+ 的最低分辨率是 $28/0.011 \approx 2500$。吡啶分子离子 $C_5H_5N^{+\cdot}$ (m/z 79.0422) 和苯分子离子的第一个同位素峰 $^{13}CC_5H_6^+$ (m/z 79.0503)，这两个

3.5 准确质量

峰分离要求 $R = 9750$。最后，由来自二甲苯的第一个同位素离子$[M - CH_3]^{+\bullet}$（$^{13}CC_6H_7^+$，m/z 92.0581）和甲苯分子离子（$C_7H_8^{+\bullet}$，m/z 92.0626）组成的双重峰分离要求 $R = 20600$（图 3.22）。

> **四舍五入报告分辨率**
>
> 指明分辨率对应的离子无需使用比标称值更准确的 m/z 值，也无需如将适合 $CO^+/N_2^{+\bullet}$ 离子对分离的分辨率 $R = 2522.52$ 那样报道得如此精确。知道设置 $R = 3000$ 足以满足一项特定任务或 $R = 10000$ 适合另一项任务就足够了。

使用扇形磁场质谱仪，通常可以使用的分辨力 R 高达 10000，甚至 $R = 15000$。实际上，这些仪器很少被调整到分辨率超过 $R = 10000$。例如，只有当需要排除相同标称 m/z 的离子干扰时。如果仪器处于完美状态，有可能获得更高的分辨力；一般来说，仅指定要求提供 $R \approx 60000$（在响应强的峰处）的分辨率。

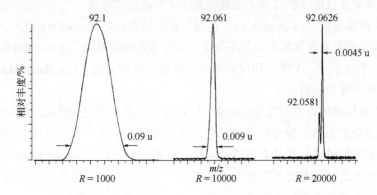

图 3.22 不同分辨力下二甲苯和甲苯混合物的 m/z 92 峰

在 $R = 10000$ 时，已经可以从峰的轻微不对称推测出较低质量离子的一些分离。需要 $R = 20600$ 才能将 $^{13}CC_6H_7^+$（m/z 92.0581）与 $C_7H_8^{+\bullet}$（m/z 92.0626）完全分离。所有信号的 m/z 标尺都是相同的

3.4.3 分辨力及其对相对峰强度的影响

提高分辨率不会影响峰的相对强度，即空气的质谱图中 m/z 28∶32∶40∶44 的强度比通常保持不变（图 3.21）。然而，分辨力的增加通常是以牺牲质量分析器的传输为代价实现的，从而降低了绝对信号强度。因此，同位素模式不受将分辨率提高到 $R \approx 10000$ 的影响；高于这个分辨率，由于相同标称质量的各同位素物种的分离，同位素模式可能发生变化（第 3.7 节）。

3.5 准确质量

在高分辨率（HR）的部分就已经在一定程度上预示了准确质量（accurate

mass）。实际上，HR 和准确质量测定密切相关且相互依赖，因为质量准确度往往会随着峰分辨率的提高而提高。然而，它们不应该被混淆，因为仅仅以高分辨率进行测量并不等同于测定准确质量。高分辨率分离相邻信号，准确质量可以提供分子式[36-38]。

直到 20 世纪 80 年代初，准确质量测定几乎仅限于电子电离，有一段时间，这项技术甚至似乎被放弃了。傅里叶变换离子回旋共振（FT-ICR）质谱仪提供了新选择，重新唤起了准确质量测定的价值。新研发的静电场轨道阱（orbitrap）和新一代正交飞行时间（oaTOF）质谱仪有助于满足日益增长的对准确质量数据的需求。如今，分子式的阐释可以使用任何电离方法[39]，其广泛的应用要求对它们的潜力和局限性有一个透彻的了解[37]。

3.5.1 精确质量和分子式

接下来简要总结一些与离子质量相关的重要定义和术语：
① 同位素质量（isotopic mass）是同位素的精确质量（exact mass）。
② 同位素质量非常接近，但不等于该同位素的标称质量（nominal mass）。
③ 一个分子或一个单一同位素离子的精确质量计算值（calculated exact mass）等于它的单一同位素质量。
④ 质量标度的定义意味着同位素 ^{12}C 代表了非整数同位素质量的唯一例外。

由于这些单独的非整数同位素质量，没有任何分子或离子分子式中不同的元素组合具有相同的精确质量计算值或通常简单所指的精确质量（exact mass）[40]。换而言之，任何元素组成都有其独特的精确质量。只要有无限的准确度，任何分子式都可以通过离子的准确质量来确定。

***m/z* 28 的等质量数离子**　氮气、一氧化碳和乙烯的分子离子 $N_2^{+\cdot}$、$CO^{+\cdot}$ 和 $C_2H_4^{+\cdot}$ 尽管分子式不同但具有相同的标称质量 28 u，即它们是所谓的等质量数离子（isobaric ions，指标称质量相同但精确质量不同的离子）。丰度最高的氢、碳、氮和氧同位素的同位素质量分别为 1.007825 u、12.000000 u、14.003074 u 和 15.994915 u。因此，$N_2^{+\cdot}$ 的离子质量计算值为 28.00559 u，$CO^{+\cdot}$ 为 27.99437 u，$C_2H_4^{+\cdot}$ 为 28.03075 u。这意味着它们的差值在 10^{-3} u 水平，这些等质量数离子的质量都不是精确的 28.00000 u（参考第 3.1.5 节和 6.10.6 节）。

> **关于"mmu"**
>
> 历史上，10^{-3} u 被称为 1 mmu（毫质量单位）。由于 mmu 在处理质量上的小差异时很方便，所以它在质谱中仍然有一些用途。但是，如果用 SI 单位前缀 m 表示毫，10^{-3} u 的正确写法是 1 mu 或 1 mDa（非 IUPAC 单位）。

3.5.2 相对论中的质量亏损

质能等价（mass-energy equivalence）是爱因斯坦相对论的一个关键假设，由他著名的方程 $E = mc^2$ 表示。它描述了成核过程中质量向能量的转化。每个核子的结合能沿着质量数从 ^{2}H 急剧增加到大约 ^{56}Fe 的最大值，然后再次下降，直到 ^{238}U（图 3.23）。将其转化为同位素质量揭示了这一点：对轻元素（^{1}H，^{4}He，^{7}Li，^{11}B，^{14}N）而言，同位素质量比标称质量高约 10^{-3} u，而对重元素而言，同位素质量比标称质量低至 10^{-3} u（^{19}F）以下，甚至接近 10^{-1} u（^{127}I）[38]。这也符合钍和铀的放射性同位素的同位素质量高于标称质量的事实，因此反映了它们相对不稳定的原子核（附录）。

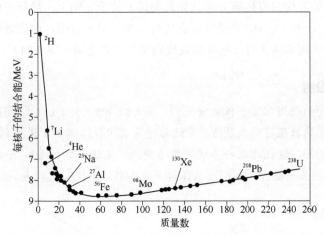

图 3.23 每个核子的结合能与质量数的关系图

（经允许转载自参考文献[1]。© John Wiley & Sons，1992）

3.5.3 质量亏损在质谱分析中的作用

"质量亏损"（m_{defect}）一词被定义为名义质量 $m_{nominal}$ 和精确质量 m_{exact} 之差[6]：

$$m_{defect} = m_{nominal} - m_{exact} \qquad (3.12)$$

应用这一概念会导致正/负质量亏损（positive and negative mass defects）。比如氢原子有负质量亏损，$m_{defectH} = -7.825 \times 10^{-3}$ u。此外，认为看似"有亏损"的东西与某些同位素质量有关的假设可能会产生误导。Aston 揭示了质量亏损，他已经发现了全部 287 种稳定同位素中的 212 种[2,3]。显然，精确质量与标称质量的偏差可以是偏高的，也可以是偏低的，这取决于遇到的同位素。虽然这个问题本身很容易理解，但目前的术语可能有些欺骗性。

质量缺损（mass deficiency）这个术语更好地描述了同位素或完整分子的精确质量低于相应标称质量的事实。以 ^{16}O 为例，同位素质量是 15.994915 u，与标称质量相比有 5.085×10^{-3} u 缺损（$m_{defectO} = 5.085 \times 10^{-3}$ u）。大多数同位素或多或少都有质量缺损，较重的同位素有质量亏损变大的趋势，如 M_{35Cl} = 34.96885 u（$-3.115×10^{-2}$ u）和 M_{127I} =129.90447 u（$-9.553×10^{-2}$ u）。

在质谱分析经常遇到的元素中，只有氢、氦、锂、铍、硼和氮的同位素质量大于它们的标称质量。在负质量亏损的同位素中，^{1}H 是最重要的，因为每个氢原子会增加 $7.825×10^{-3}$ u。因此，它对较大的烃分子的质量有重要贡献[41]。一般来说，氢在有机分子中的普遍存在导致它们中的大多数表现出相当大的负质量亏损，这种亏损又随着质量缺损的同位素（例如卤素、氧或金属）数量的增加而减少。

质量缺损作为第一指标 将不同低聚物与标称质量的偏差作为标称质量的函数进行绘图，人们发现只有纯碳分子（如富勒烯）位于 x 轴上。烃分子由于有大量的氢，每 1000 u 分子质量中大约有 1 u 负质量亏损。另一方面，卤化低聚物或多或少有些质量缺损，而那些含有一些氧的低聚物位于两者之间（图 3.24）。

> **标称质量的限制**
>
> 标称质量的使用仅限于低质量范围。在大约 400～500 u 以上，同位素质量的第一位小数上的数值可能大于 5，导致它被向上进位，例如，进位到 501 u 而不是预期值 500 u。这反过来将导致对质谱图的严重错误解析（第 6 章）。在书写 m/z 400 以上的 m/z 值时，至少应该保留一位小数，如 $[C_{34}H_{66}]^{+\cdot}$ 为 m/z 474.5。

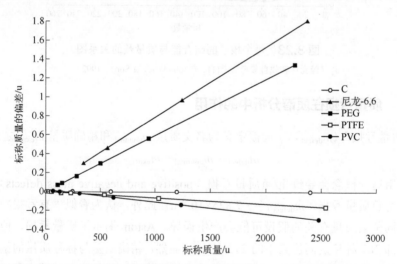

图 3.24 一些低聚物精确质量偏离标称质量的情况作为标称质量的函数

PEG—聚乙二醇；PTFE—聚四氟乙烯；PVC—聚氯乙烯

3.5.4 质量准确度

绝对质量准确度 $\Delta(m/z)$ 定义为测量的准确质量和计算的精确质量之差：

$$\Delta(m/z) = m/z_{测量} - m/z_{计算} \tag{3.13}$$

除了用单位 u 表示绝对质量准确度外，还可以用相对质量准确度 $\delta m/m$ 来表示，即绝对质量准确度除以测定离子的质量：

$$\delta m/m = \Delta(m/z)/(m/z) \tag{3.14}$$

相对质量准确度 [relative mass accuracy, $\delta m/m$] 通常以百万分之一（parts per million，ppm，10^{-6}）表示。由于质谱仪倾向于在相对较宽的范围内具有相似的绝对质量准确度，绝对质量准确度是比使用 ppm 更有意义的质量准确度表述方式。

> **ppm 和 ppb 的使用**❶
>
> 百万分之一（1 ppm = 10^{-6}）是一个简单的相对度量，如百分比（%）或千分之几（‰）。另外，十亿分之一（1 ppb = 10^{-9}）以及万亿分之一（1 ppt = 10^{-12}）也在使用。

准确度或只是印象 扇形磁场质谱仪在扫描模式下在大约 m/z 50～1500 的范围内允许 $\Delta(m/z)$ = 0.002～0.005 u 的绝对质量准确度。在 m/z 1200，$\Delta(m/z)$ = 0.003 u 的误差相当于不起眼的 $\delta m/m$ = 2.5×10^{-6}，而在 m/z 50，同样的误差对应 $\delta m/m$ = 60×10^{-6}，这似乎是高得不可接受。

3.5.5 准确度和精密度

准确度（accurary，A）和精密度（precision，P）的概念可以用一个标靶类比来较好地说明，这个标靶的中心代表某个物理量的真实值[42]。准确度（准确性）描述实验值与真实值的偏差，真实值通常是一个可接受的参考值，而不是严格意义上的"真实"值。如果多次测量的值接近参考值，则准确度很高（图 3.25 中的 A+）。准确度取决于实验的系统误差。精密度描述了一组测量值之间的偏差，如果几次测量值非常接近但不一定与参考值完全相同，则精密度较高（图 3.25 中的 P+）。精密度是随机误差的表现，例如由噪声、进样量或进样时间的变化所引入的误差。重复性（repeatability）和再现性（reproducibility）是准确性的两个方面。重复性与在相同的设备上在短时间内重复进行相同的测量有关，而可再现性与设备的长期稳定性以及平台间或操作员间的影响有关。对广泛分布的数据集进行适当统计评估可以在牺牲一定精密度的情况下来准确测定一个量（$P-A$？），例如均方根偏差（参考第 3.6.4 节）[43,44]。

---

❶ ppm、ppb、ppt 为非法定计量单位，已废除，但国际上还在使用。此处为尊重原著，故此保留。

——编者注

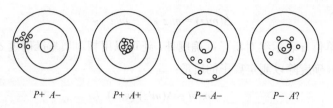

图 3.25 精密度（P）和准确度（A），以及对标靶的七次命中

3.5.6 质量准确度和分子式的确定

假设有无限的质量准确度，应该能够仅根据任何离子的精确质量来确定其分子式——重点是无限质量准确度（第 3.5.1 节）。实际上，根据仪器的类型和操作模式，处理的误差的级别在一到几个 ppm（10^{-6}）。

要考虑的分子式数量 基于在元素 C、H、N 和 O 中自由选择的可能的偶电子离子分子式的数量，将其作为相对质量误差的函数，其值在很大程度上取决于离子的 m/z 值。这里，针对不同的相对质量误差，对[(精氨酸)$_{1\sim5}$+H]$^+$团簇离子，m/z 175.1189、349.2309、523.3427、697.4548 和 871.5666 的测量信号提出的分子式进行了计数。最低质量的离子即便有高达 5×10^{-6} 的相对误差也能被毫无疑问地识别，而第二个离子只有在 2×10^{-6} 的相对误差范围内才能被明确识别出来（图 3.26）。若允许添加硫（$S_{0\sim2}$）将导致[(精氨酸)$_3$+H]$^+$（m/z 523.3427）在误差为 2×10^{-6} 时出现 18 个分子式匹配结果而不是 7 个。同样考虑奇电子离子，这一选择将贡献另外 15 种可能的分子式组成。在[(精氨酸)$_5$+H]$^+$的情况下，m/z 871.5666，在相对误差 1×10^{-6} 时，包括 C、H、N、O 的分子式命中数达到 26，在 10×10^{-6} 时甚至达到 232。

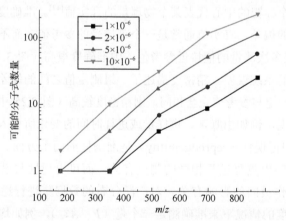

图 3.26 基于元素 C、H、N、O 自由选择的可能的偶电子离子分子式的数量，作为与 m/z 相对质量误差的函数

数据点对应于[(精氨酸)$_{1\sim5}$+H]$^+$团簇离子，m/z 175.1189、349.2309、523.3427、697.4548 和 871.5666。这些线条是作为视觉引导的

根据特定的限制条件，仅通过准确质量来确定分子式只能在上限约 m/z 500 的范围内有效[45]。显然对于 m/z 较大的离子，匹配数会迅速增加且超过合理的限度。即使在 1×10^{-6} 的高质量准确度下，对于特定的肽，元素组成也只能在上限约 800 u 的范围内明确识别[46-48]。在 m/z 1005.4433 的所有可能的天然肽组成中确定肽的分子式需要 $\delta m/m = 0.1\times10^{-6}$ [49]。

由于必须考虑更多元素和更少的数量限制，情况变得更加复杂。在实践中必须尝试将某些元素和某些同位素限制在最大和/或最小数量，以确保对分子式归属具有更高程度的信心。同位素模式提供了此类附加信息的主要来源。将来自准确质量数据和实验峰强度的信息与计算的同位素模式相结合，可以显著减少特定离子潜在元素组成的数量[50,51]。

3.5.7 极端质量准确度：特殊考虑

即使已经确定了分子式，也不能明确其分子的结构。根据质能等效（1 u = 931.5 MeV），如果考虑 m/z 100 的离子，质量准确度为 1×10^{-6}（$\delta m/m = 10^{-6}$）大致对应于 100 keV 的能量。1×10^{-9} 的质量准确度（$\delta m/m = 10^{-9}$）仍然对应于 100 eV 的能量，因此，需要 1×10^{-12}（$\delta m/m = 10^{-12}$）才能接近 0.1 eV 的能量差，即同分异构体之间的能量差。显然，同分异构体是（几乎）完美的等质量数体[52]。尽管如此，值得注意的是至少在单个原子物种的情况下，物理学家正在使质量准确度接近 10×10^{-12}（图 3.27）。

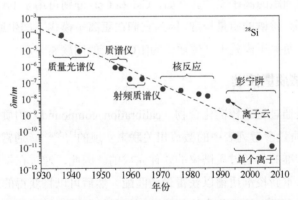

图 3.27 ^{28}Si 相对质量不确定度 $\delta m/m$ 随时间的变化

目前最准确的 ^{28}Si 质量是 $m(^{28}\text{Si}) = 27.876926534\ 96(62)$ u，对应的不确定度为 0.2×10^{-9}。虚线作为视觉引导，显示准确度每十年提高约一个数量级（由德国达姆施塔特的 GSI 亥姆霍兹重离子研究中心的 H.-J. Kluge 提供）

3.6 高分辨质谱分析的应用

一般来说，高分辨质谱（high-resolution mass spectrometry, HR-MS）旨在同时

实现高分辨率和高质量准确度。这些量的引入没有考虑到它们的测量方法。解决这个问题的关键是质量校准（mass calibration）。单靠分辨率可以分离 m/z 非常接近的离子，但它不会自动揭示各个信号在 m/z 轴上的位置。本节讨论建立准确质量数据及其分析评估方法的技术[36,37]。

3.6.1 质量校准

所有质谱仪在投入使用前都需要进行质量校准。然而，不同类型的质量分析器的适当的程序和所需校准点的数量可能会有很大差异。通常，稳健的质量校准需要在感兴趣的质量范围内均匀分布几个已知的 m/z 值的峰。这些峰值由已知的质量校准化合物（mass calibration compound）或质量参考化合物（mass reference compound）提供。

汇编制质量参考列表 一旦知道校准标准物的质谱图，就可以编制质量参考列表了。质量参考值列表中离子的元素组成可以通过独立的测量确定。为此，列出的参考质量应计算到小数点后六位。否则，就有可能获得错误的参考值，特别是在通过子单元的乘法计算离子系列的质量时。这可以使用传统的电子表格应用程序轻松完成。

团簇离子作为质量参考物 团簇离子经常用于质量校准，因为它们提供了一系列在 m/z 轴上等间距的离子[53-58]。例如，CsI 和 CsI_3 分别可用于 FAB（第 10 章）和 MALDI（第 11 章）质谱的质量校准，因为它们在正离子模式下产生通式为 $[Cs(CsI)_n]^+$ 的团簇离子，在负离子模式下产生通式为 $[I(CsI)_n]^-$ 的团簇离子。

3.6.2 外标法质量校准

质量校准是通过记录校准化合物（calibration compound）的质谱图以及随后将实验 m/z 值与质量参考列表中的数值相关联来实现的[37,59,60]。通常，这种将质量参考列表转换为校准的是通过质谱仪的软件完成的。因此，通过在指定的校准峰之间插入 m/z 标度来重新校准质谱以获得最佳匹配。然后可以将获得的质量校准存储在校准文件中，并在没有校准化合物的情况下用于随后的测量。该程序称为外标法质量校准（external mass calibration）。

如今众多电离方法和所使用的质量分析器需要大量校准化合物，以满足其特定需求。因此，质量校准将在电离方法章节的末尾以不同的方式进行阐述。

经典标准物 PFK 全氟煤油（PFK）是电子电离领域公认的质量校准标准物。它在很宽的质量范围内提供均匀间隔的 $C_xF_y^+$ 碎片离子（图 3.28 和图 3.29）。主要离子都是质量缺损的，CHF_2^+ m/z 51.0046 是唯一的例外。PFK 混合物有低沸点到高沸点等级，最高可使用到 m/z 700～1100。除了最高沸点等级外，PFK 还适合通过参考物进样口引入（第 5.2.1 节），这一特性使其也能较好地适用于内标法校准。

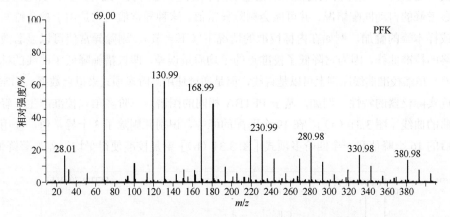

图 3.28 全氟煤油（PFK）部分的 70 eV EI 质谱图
质谱峰在很宽的 m/z 范围内均匀分布。此外，残余空气的峰出现在低 m/z 范围内

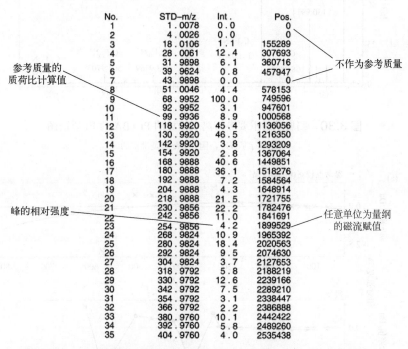

图 3.29 扇形磁场质谱的部分 PFK 校准表（m/z 1～305 范围）的复制
为了将 PFK 参考峰列表扩展到低 m/z 范围，包括了 ^1H 峰、^4He 峰和残余空气峰，但由于强度原因，在这种特殊情况下没有归属 ^1H、^4He 和 CO_2

用全氟三丁胺校准 全氟三丁胺（PFTBA，也称为 FC-43）是 EI-MS 中另一种常用的校准物。这种单一化合物产生的峰可达 m/z 614[44,60]。像 PFK 一样，PFTBA 通过参考物质进样口引入。PFTBA 的图谱显示出可用于质量校准的合理数量的峰数（图 3.30）。实际校准物使用的数量取决于质量参考列表。此外，操作员通常会检查参考峰的自动匹配情况，并可能会剔除异常值。这种异常值通常是由于参考峰与背景或样本峰的叠加，例如在内标校准的情况下（下一节）。剔除异常值可以显著改善最终的校准曲线，因为它降低了校准点的平均质量误差，即该措施降低了曲线的标准偏差。虽然校准曲线原则上可以是直线，但是通过使用高阶多项式来拟合数据，通常更接近实际仪器的特性。例如，基于 PFTBA 相同的图谱，三阶多项式校准产生了轻微弯曲的曲线［图 3.31（a）］。在 19 个匹配的峰中，识别并剔除了 3 个异常值。使用校正后的 16 个峰值和一个四阶多项式［图 3.31（b）］重复校准使得平均误差显著降低。

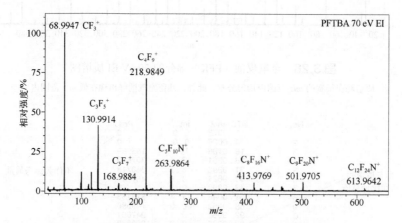

图 3.30 归属了最重要参考离子组成的 PFTBA 的 EI 质谱图

已经进行了校准，因此 m/z 值是准确的

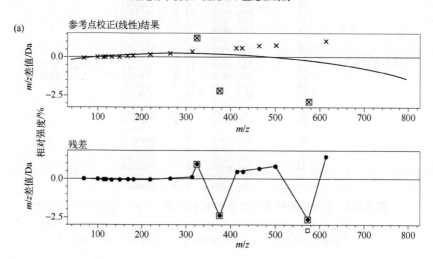

3.6 高分辨质谱分析的应用

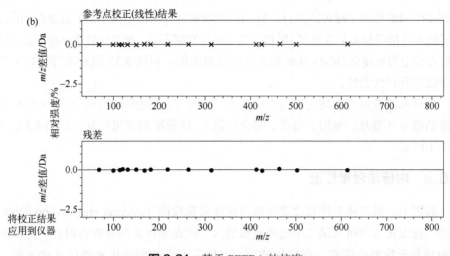

图 3.31 基于 PFTBA 的校准

（a）三阶多项式校准得到一条略微弯曲的曲线［发现并剔除了三个异常值（加方框标识）］；（b）使用校正后的一组峰值和一个四阶多项式重复校准。通过这些措施，相关系数从 10^{-5} 提高到 10^{-9}。

本图由 JEOL AccuTOF GCx 校准软件的屏幕截图生成

3.6.2.1 质量准确度取决于许多变量

质量准确度在很大程度上取决于各种参数，如分辨力、扫描速率、扫描方法、峰的信噪比、峰形状、相同标称质量下同位素峰的叠加、相邻参考峰之间的质量差、校准方法等。例如，离子性统计量对质量准确度有显著影响（图 3.32）。虽然基于离子数

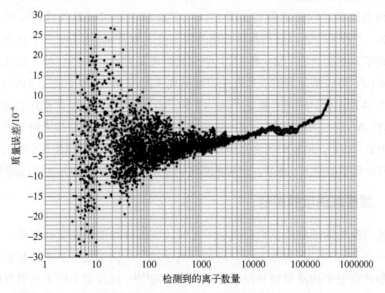

图 3.32 GC-Q-TOF 质谱仪测定质量准确度与离子统计量的相关性

（经 Agilent 科技公司 Bill Russ 许可复制）

量在 10^3~10^5 的离子峰可产生 (1~5)×10^{-6} 的准确度窗口,但由于离子数量在 10^5 以上离子的库仑排斥和离子数量在 10^3 以下离子统计数据不足,都会导致准确度下降。虽然是针对特定的安捷伦 GC-Q-TOF 质谱联用仪测定的,但图 3.32 的基本特征对大多数质谱仪都具有代表性。

用外标法校准无法规定质量准确度的一般水平。根据质量分析器的类型和重新校准的频率(每月、每周、每天、每个样品),质量准确度可以从一般的 0.5 u 到较好的 10^{-3} u。

3.6.3 内标法质量校准

原则上,最高质量准确度是通过内标法质量校准(internal mass calibration)实现的。校准化合物可从第二个进样系统引入,或在分析前与分析物混合。将校准化合物与分析物混合需要一些操作技巧,以便它不会改变分析物或自身被改变。因此,最好使用一个单独的进样口来引入标准化合物。这可以通过在电子电离中从参考物进样系统引入挥发性标准物质,在快速原子轰击中使用双靶进样,或者在电喷雾电离中使用第二个喷雾器来实现。内标法质量校准通常提供的相对质量准确度:傅里叶变换离子回旋共振(FT-ICR)质谱为 (0.1~0.5)×10^{-6},静电场轨道阱(orbitrap)质谱仪为 (0.5~1)×10^{-6},扇形磁场(magnetic sector)质谱为 (0.5~5)×10^{-6},飞行时间(time-of-flight)分析器为 (1~10)×10^{-6}。

PFK 和样品峰叠加 对于锆络合物来说,高分辨 EI 质谱图的分子离子范围内有特征性的锆和氯同位素模式(图 3.33)。^{90}Zr 代表丰度最高的锆同位素,伴随着 ^{91}Zr、^{92}Zr、^{94}Zr 和 ^{96}Zr,它们都具有相当的丰度。如果 m/z 414.9223 处的峰代表单一同位素离子,那么含有 ^{90}Zr 和 ^{35}Cl 的元素组成是唯一正确的解释。因此,分子式 $C_{16}H_{14}NCl_3Zr$ 可以从元素组成列表中识别出来(图 3.34)。接下来,可以分别识别出 X+2 和 X+4 的组分,应该主要是 $^{35}Cl_2^{37}Cl$ 和 $^{35}Cl^{37}Cl_2$。所有分子式都还必须有一个共同的 $C_{16}H_{14}N$ 部分。在本例中,R = 8000 是将 m/z 417 处的 PFK 参考峰与分析物峰分开的最小值。否则,质量归属将是错误的,因为 m/z 417 处的峰值将集中在其两个贡献者的加权质量平均值上。或者,这样的峰可以从质量参考列表和元素组成列表中剔除。

3.6.4 质量准确度的规范

当使用测量的准确质量来归属分子式时,应始终将准确质量的测量值与其质量准确度一并考虑[61]。理想情况下,这可以通过对同一离子进行多次重复测量,以标准差的形式给出平均质量值和相应的误差来实现[44]。这肯定不同于质谱仪软件通常提供的误差,在质谱仪软件中,误差是基于单对计算值和测量值的差异。平均质量误差的减少与测定次数的平方根成正比(第 3.5.4 节)[43]。

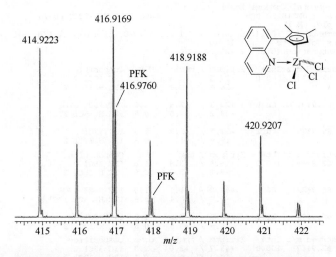

图 3.33 锆配合物分子离子区域的部分高分辨 EI 质谱图

在 $R = 8000$ 时，PFK 离子几乎无法与质量缺损的分析物离子分离（由海德堡大学的 M. Enders 提供）

```
Inlet : Direct                    Ion Mode : EI+
RT : 1.94 min                     Scan#: 5
Elements : C 40/0, H 40/0, N 2/0, Cl 3/0(35Cl 3/0, 37Cl 3/0), Zr 1/0
Mass Tolerance       : 5mmu
Unsaturation (U.S.) : 0.0 - 100.0

Observed m/z  Int%   Err[ppm / mmu]      U.S.   Composition
  414.9223    7.5     -0.4 /   -0.2      22.5   C 23 H 2  N 2  35Cl 37Cl 2
                  →   -3.9 /   -1.6      10.0   C 16 H 14 N  35Cl 3 Zr
                      -15.3 /  -6.3      15.0   C 19 H 11 N  35Cl 37Cl Zr
                      -0.8 /   -0.3      15.5   C 20 H 11 37Cl 2 Zr
  416.9169    8.9     -6.2 /   -2.6      22.5   C 23 H 2  N 2  37Cl 3
                      +3.1 /   +1.3      28.0   C 26 H N Zr
                      -9.7 /   -4.0      10.0   C 16 H 14 N 35Cl 2 37Cl Zr
                      +9.1 /   +3.8      15.5   C 18 H 9  N 2  37Cl 2 Zr
                      +4.8 /   +2.0      10.5   C 17 H 14 35Cl 37Cl 2 Zr
  418.9188    7.5     -8.2 /   -3.4      24.5   C 26 H 2  35Cl 3
                      +0.2 /   +0.1      27.5   C 25 H N 2  Zr
                      -4.2 /   -1.7      22.5   C 24 H 6  35Cl 3
                  →   +1.8 /   +0.8      10.5   C 16 H 14 N 35Cl 2 37Cl Zr
```

图 3.34 图 3.33 所示锆配合物的可能元素组成

每个可能组成的误差以 ppm 和 "mmu"（0.001 u）为单位列出。U.S.表示"不饱和度"，即环和/或双键数（第 6.4.4 节）。为简单起见，此处用箭头突出显示了正确的归属（由海德堡大学的 M. Enders 提供）

氯仿中[M−Cl]⁺的鉴定　$[M-Cl]^+$，即$[CHCl_2]^+$，代表了氯仿 EI 图谱中的基峰。同位素模式分布中主要峰的三次连续测定结果如图 3.35 所示。质谱仪数据系统典型的打印输出报告提供了准确质量的实验测量值和信号的相对强度，以及与一组建议分子式精确质量（计算值）的绝对质量误差和相对质量误差。准确质量（实验值）的均方根值为 (82.9442 ± 0.0006) u，对应的离子为$[^{12}CH^{35}Cl_2]^+$。相对较小的标准偏差 0.0006 u 对应于 7.5×10^{-6} 的相对误差。

```
[ Elemental Composition ]
Data      : JMS18120_009              Date : 14-May-2002 08:20
Sample: CHCl3
Elements : C 10/1(12C 10/0, 13C 1/0), H 10/0, Cl 4/0(35Cl 4/0, 37Cl 4/0)
Mass Tolerance         : 10mmu
Unsaturation (U.S.) : -200.0 - 200.0

Observed m/z   Int%    Err[ppm / mmu]    U.S.   Composition
  82.9433     100.0     +27.5 /  +2.3    1.0    13C 35Cl 2
                        -26.4 /  -2.2    0.5    12C H 35Cl 2

  84.9406      62.5     +29.5 /  +2.5    1.0    13C 35Cl 37Cl
                        -23.2 /  -2.0    0.5    12C H 35Cl 37Cl

  86.9379      10.1     +31.6 /  +2.7    1.0    13C 37Cl 2
                        -19.9 /  -1.7    0.5    12C H 37Cl 2

Observed m/z   Int%    Err[ppm / mmu]    U.S.   Composition
  82.9449     100.0     +45.8 /  +3.8    1.0    13C 35Cl 2
                         -8.1 /  -0.7    0.5    12C H 35Cl 2

  84.9422      66.0     +48.0 /  +4.1    1.0    13C 35Cl 37Cl
                         -4.7 /  -0.4    0.5    12C H 35Cl 37Cl

  86.9404      11.2     +60.3 /  +5.2    1.0    13C 37Cl 2
                         +8.9 /  +0.8    0.5    12C H 37Cl 2

Observed m/z   Int%    Err[ppm / mmu]    U.S.   Composition
  82.9447     100.0     +43.7 /  +3.6    1.0    13C 35Cl 2
                        -10.2 /  -0.8    0.5    12C H 35Cl 2

  84.9419      65.1     +44.6 /  +3.8    1.0    13C 35Cl 37Cl
                         -8.1 /  -0.7    0.5    12C H 35Cl 37Cl

  86.9391      10.8     +45.1 /  +3.9    1.0    13C 37Cl 2
                         -6.3 /  -0.6    0.5    12C H 37Cl 2
```

图 3.35 从三次连续测量中获得的氯仿 [M–Cl]$^+$ 元素组成的打印输出结果（70 eV EI，R = 8000）

相对误差以 ppm 和 "mmu"（这两个单位已废除）为单位列出。
U.S.（"不饱和度"）可表明环和/或双键数（第 6.4.4 节）

> **最佳效果的均衡设置**
>
> 分辨力、信号强度和质量准确度之间总是有一个权衡。如果分辨力设置过大，最终导致噪声峰产生，质量准确度甚至可能会受到影响。通常，在较低分辨力下，从平滑且对称形状的峰中可以更准确地测定质心。人们应该意识到这样一个事实，例如，0.1 u 宽度的峰值位置按其宽度的 1/50 被测定，才能获得 0.002 u 的质量准确度[36]。

3.6.5 根据质谱数据确定分子式

实验测得的离子准确质量应在合理的误差范围内，且这个范围与电离方法和使用的仪器无关[62]。正确的（预期的）元素组成不一定是误差最小的，而只是实验误差区间内的一个组成。应该检查如图 3.34 和图 3.35 中的例子，以验证正确的分子式比不合理的分子式有更大的质量误差。

通常，计算机生成的分子式列表包含从化学角度来看不合理或与质谱规则相矛盾的建议分子式。当寻找离子的正确分子式时，需要考虑一些基本规则：

① 当创建分子式列表时，所有必须考虑的元素应该有适当的数量。

3.6 高分辨质谱分析的应用

② 形成偶电子离子还是奇电子离子取决于电离方法。这个标准可以排除一些组成。

③ 此外，根据电离方法，分子可能形成 $M^{+\cdot}$、$[M+H]^+$、$[M+NH_4]^+$、$[M+$碱金属$]^+$ 等。因此，必须考虑合理的加合物离子。

④ 归属分子式必须保证实验观察到的同位素模式与假定组成计算的同位素模式一致。

⑤ 分子式必须遵循氮规则（第 6.2.7 节）。

⑥ 与以上其中一点相矛盾的分子式都是错误的。

从准确质量生成分子式的最新软件包倾向于通过提供选择来暗示这些规则，不仅提供误差区间、元素及其要考虑的数量的选择，而且还提供奇电子和/或偶电子物种、氢/碳比的范围与计算的同位素模式的相关性排序等[63]。此外，同一元素的同位素峰之间的 $\Delta(m/z)$ 应作为信息来源[64]（第 3.7.2.1 节）。无论这种软件工具的复杂程度如何，要获得正确的结果仍然需要有知识的操作员输入，并最终在与提供样本的人沟通后进行最终的完善。

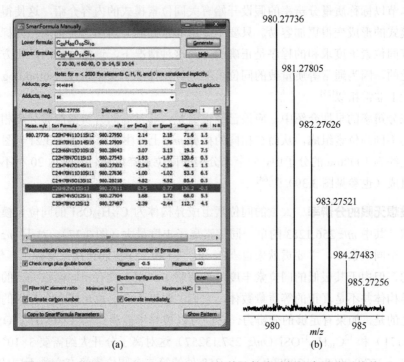

图 3.36 使用 Bruker Smart Formula 软件计算聚硅氧烷离子分子式的屏幕截图（a）和 DART-FT-ICR-MS 获得的相应信号（b）

分子式列表是在元素组成 $C_{20-30}H_{60-90}O_{10-14}Si_{10-14}$、相对质量误差为 $5×10^{-6}$ 和仅偶电子离子的限制范围内计算得到的。NH_4^+ 加合物离子的正确元素组成，m/z 980.27736，由深灰色条突出显示

聚硅氧烷的分子式计算 使用实时直接分析（DART）质谱法在傅里叶变换离子回旋共振（FT-ICR）质谱的正离子模式下，可以很容易地分析存在于硅油和硅橡胶中的硅氧烷低聚物[65,66]。在这些条件下，硅氧烷低聚物形成铵加合物离子，其中 O 原子数量等于 Si 原子数量。信号还表现出明显的 Si 同位素模式（图 3.11）。该示例显示了 13 个单元的聚硅氧烷离子的分子式计算屏幕截图，其中单一同位素离子为 m/z 980.27736（图 3.36）。分子式列表是在元素组成 $C_{20~30}H_{60~90}O_{10~14}Si_{10~14}$、相对质量误差为 $5×10^{-6}$ 以及仅适用于偶电子离子的限制范围内计算得到的。尽管如此，仍有十个候选结果可供选择；更严格的误差窗口会进一步减少候选结果数量（第 3.5.6 节）。在这种情况下，离子属于同系物的情况有助于归属分子式。正确的分子式为$[C_{26}H_{82}O_{13}Si_{13}]^+$，在图 3.36（a）中由深灰色条带突出显示[66]。

3.7 分辨率与同位素模式的相互作用

3.7.1 超高分辨率下的多重同位素组成

本节以标称质量分辨率的假设开始有关同位素模式的内容介绍，这使得理解同位素模式的形成变得更加容易。只要不使用非常高的分辨率，对构成相同标称质量的所有同位素丰度求和的程序是正确的。在这种情况下，遵循这样的简化方案是可以接受的，因为通常等质量数的同位素组成异构体离子（isobaric isotopolog ions）在质量上非常相似[25]。

在分辨率的早期介绍中，应该已经很清楚，非常高的分辨率能够分离相同标称质量的不同同位素组成，从而在相同的标称 m/z 上产生多个峰（图 3.21～图 3.32）。在质量约为 10000 u 的分子中，一个未分辨的同位素峰可能包含多达 20 种不同的同位素组成（也参见图 3.39）[67,68]。

设想无限的分辨率 大量的同位素组成异构体为 $C_{16}H_{20}OSi$ 的同位素模式做出了贡献。其中 m/z 256.1283 的单一同位素离子丰度最大（图 3.37）。对于 m/z 257 处的第一个同位素峰，主要贡献来自 ^{13}C，但 ^{29}Si 和 ^{17}O 也起作用。实际上，^2H 也应该考虑，但由于其极低的同位素丰度而被忽略了。由于具有相同标称 m/z 的同位素组成异构体并不是真正的等质量数体，它们的强度不会汇总形成一个共同的峰。取而代之的是，如果有足够的分辨力，它们可以被并排检测到。$^{13}C^{12}C_{15}H_{20}^{16}OSi$（$m/z$ 257.13171）和 $^{12}C_{16}H_{20}^{17}OSi$（$m/z$ 257.13257）这对离子分开大约需要 $3×10^5$ 的分辨率（R = 257/0.00086 = 299000）。m/z 258 处的第二个同位素峰有六种不同的组成，m/z 259 处的第三个同位素峰甚至有八种组成。同样，傅里叶变换质谱（FT-ICR-MS）的优点是，尽管这种所谓的超高分辨率在这些仪器上还不是完全常规操作（第 4.7 节），但可以获得 10^5 级别的分辨率。

3.7 分辨率与同位素模式的相互作用

m/z	组成	相对强度/%	
256.12836	$C_{16} \cdot H_{20} \cdot O \cdot Si$	100.00000	单一同位素峰
257.12790	$C_{16} \cdot H_{20} \cdot O \cdot {}^{29}Si$	5.10957	第一同位素峰
257.13171	$C_{15} \cdot {}^{13}C \cdot H_{20} \cdot O \cdot Si$	17.92663	
257.13257	$C_{16} \cdot H_{20} \cdot {}^{17}O \cdot Si$	0.03709	
258.12518	$C_{16} \cdot H_{20} \cdot O \cdot {}^{30}Si$	3.38468	第二同位素峰
258.13126	$C_{15} \cdot {}^{13}C \cdot H_{20} \cdot O \cdot {}^{29}Si$	0.91597	
258.13214	$C_{16} \cdot H_{20} \cdot {}^{17}O \cdot {}^{29}Si$	0.00190	
258.13260	$C_{16} \cdot H_{20} \cdot {}^{18}O \cdot Si$	0.20449	
258.13507	$C_{14} \cdot {}^{13}C_2 \cdot H_{20} \cdot O \cdot Si$	1.50639	
257.13593	$C_{15} \cdot {}^{13}C \cdot H_{20} \cdot {}^{17}O \cdot Si$	0.00665	
259.12854	$C_{15} \cdot {}^{13}C \cdot H_{20} \cdot O \cdot {}^{30}Si$	0.60676	第三同位素峰
259.12939	$C_{16} \cdot H_{20} \cdot {}^{17}O \cdot {}^{30}Si$	0.00126	
259.13214	$C_{16} \cdot H_{20} \cdot {}^{18}O \cdot {}^{29}Si$	0.01045	
259.13461	$C_{14} \cdot {}^{13}C_2 \cdot H_{20} \cdot O \cdot {}^{29}Si$	0.07697	
259.13550	$C_{15} \cdot {}^{13}C \cdot H_{20} \cdot {}^{17}O \cdot {}^{29}Si$	0.00034	
259.13596	$C_{15} \cdot {}^{13}C \cdot H_{20} \cdot {}^{18}O \cdot Si$	0.03666	
259.13843	$C_{13} \cdot {}^{13}C_3 \cdot H_{20} \cdot O \cdot Si$	0.07876	
259.13928	$C_{14} \cdot {}^{13}C_2 \cdot H_{20} \cdot {}^{17}O \cdot Si$	0.00056	
260.12943	$C_{16} \cdot H_{20} \cdot {}^{18}O \cdot {}^{30}Si$	0.00692	第四同位素峰
260.13190	$C_{14} \cdot {}^{13}C_2 \cdot H_{20} \cdot O \cdot {}^{30}Si$	0.05099	
260.13275	$C_{15} \cdot {}^{13}C \cdot H_{20} \cdot {}^{17}O \cdot {}^{30}Si$	0.00023	
260.13550	$C_{15} \cdot {}^{13}C \cdot H_{20} \cdot {}^{18}O \cdot {}^{29}Si$	0.00187	
260.13797	$C_{13} \cdot {}^{13}C_3 \cdot H_{20} \cdot O \cdot {}^{29}Si$	0.00402	
260.13885	$C_{14} \cdot {}^{13}C_2 \cdot H_{20} \cdot {}^{17}O \cdot {}^{29}Si$	0.00003	
260.13931	$C_{14} \cdot {}^{13}C_2 \cdot H_{20} \cdot {}^{18}O \cdot Si$	0.00308	
260.14175	$C_{12} \cdot {}^{13}C_4 \cdot H_{20} \cdot O \cdot Si$	0.00287	
260.14264	$C_{13} \cdot {}^{13}C_3 \cdot H_{20} \cdot {}^{17}O \cdot Si$	0.00003	

图 3.37 无限分辨率下 $C_{16}H_{20}OSi$ 理论同位素分布的质谱数据列表展示

不考虑 ^2H 的贡献，m/z 260 以上的同位素峰由于强度较小而被省略

区分 $^{13}C_2$ 和 ^{34}S 峰 肽通常含有来自半胱氨酸的硫。如果肽分子中至少有两个半胱氨酸，硫可以是巯基（SH，还原型）或二硫键（S—S，氧化型）的形式。通常，同一个样品中同时含有这两种形式。在超高分辨率下，这些成分对相同标称 m/z 的贡献是可以区分的。天然型和还原型的[D-Pen[2,5]]脑啡肽的超高分辨率 MALDI 傅里叶变换质谱图是这种分离的一个例子（图 3.38）。左侧放大图显示了天然型化合物的 ^{34}S 和 $^{13}C_2$ 的同位素组成异构体与还原型化合物全 ^{12}C 峰在 m/z 648 处的完全分辨。右侧放大图显示了 m/z 649 处的天然型化合物的 $^{13}C_1{}^{34}S$ 峰与还原型化合物的 $^{13}C_1$ 峰。这里，半峰宽分辨率 R_{FWHM} 超过 9×10^5。

3.7.2 同位素组成异构体和准确质量

已经指出的是：常规进行的准确质量测定的分辨率通常不够高，难以分离等质量数的同位素组成异构体（isobaric isotopologs）。遗憾的是，同一信号包含多种同位素组成往往会扭曲峰形（图 3.39）[68]。例如在许多过渡金属的案例中单一同位素峰太弱，元素组成必须通过这种多重同位素组成异构体峰确定时，这种效应就会引

起问题。一般来说，观察到的质量准确度的下降并不显著，并且在一定程度上被来自同位素模式的信息所弥补。然而，可以观察到，在这种未分辨的信号上，质量准确度降低了大约 50%。

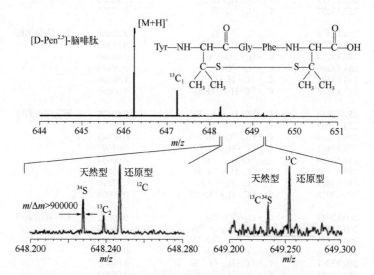

图 3.38 [D-Pen^{2,5}]-脑啡肽的天然型（S—S）和还原型（SH）的超高分辨率 MALDI 傅里叶变换质谱图

第二个和第三个同位素峰的放大 m/z 图显示了完全的质量分辨信号

（经许可转载自参考文献[69]。© The American Chemical Society，1997）

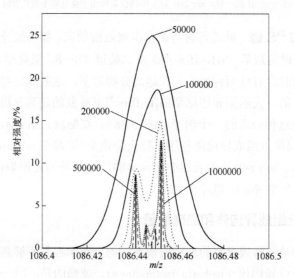

图 3.39 Arg^8 加压素-分辨率对 m/z 1086.4 处 M + 2 峰形的理论影响

五个指示分辨率值（FWHM）条件下[加压素+H]$^+$的理论质谱图的叠加，棒状质谱图对应于无限分辨率

（经许可改编自参考文献[68]。© John Wiley & Sons, 1997）

3.7.2.1 来自同位素之间准确质量差异的信息

如果同位素组成异构体离子被完全分辨，或者特定的同位素组成异构体离子没有干扰且提供了足够的质量准确度，则同位素峰之间的 $\Delta(m/z)$ 可以提供足够的分析信息[64]。正如同位素质量本身一样，同位素质量之间的差异是某些元素的特征。例如，硼在 ^{10}B 和 ^{11}B 之间只有 0.9964 u 的小质量差，而 ^{191}Ir 和 ^{193}Ir 这一对呈现出明显高于 2 u 的质量差，这仍然可以与氢化区别开来。因此，$\Delta(m/z)$ 值的测定有助于区分氢化和 X+2 元素同位素峰，可以确定硼的存在和 H˙ 的丢失等。表 3.3 列出了一些有用的值。显然，这种方法也有局限性，例如，当需要判定 M+2 是 ^{37}Cl 还是 ^{65}Cu 引起时，尤其是因为它们的同位素丰度也相似。

表 3.3　用于识别元素存在的特征质量差异

一对同位素或修饰	$\Delta m/u$	一对同位素或修饰	$\Delta m/u$
^6Li 对 ^7Li	1.0009	^{63}Cu 对 ^{65}Cu	1.9982
^{10}B 对 ^{11}B	0.9964	^{79}Br 对 ^{81}Br	1.9980
^{12}C 对 ^{13}C	1.0033	^{191}Ir 对 ^{193}Ir	2.0023
^{32}S 对 ^{34}S	1.9958	得到或失去 H	1.0078
^{35}Cl 对 ^{37}Cl	1.9970	得到或失去 H_2	2.0156
^{58}Ni 对 ^{60}Ni	1.9955		

分辨率 R = 4000000 时双质子化物质 P 的同位素模式　在图 3.39 中，Werlen 曾预计超高分辨率将揭示多个峰[68]。实际上 FT-ICR-MS 能够分辨这些峰[70,71]。对双质子化物质 P（一种组成为 $[C_{63}H_{100}O_{13}N_{18}S]^{2+}$ 的肽离子）的同位素模式有贡献的峰，已经在 R = 4000000 的条件下被逐一测定（为避免空间电荷效应并在最优离子数量条件下运行——这是傅里叶变换质谱固有的限制，终极的分辨力是通过测量孤立的同位素组成异构体离子来体现的）。

图 3.40 中四个图谱反映了从 [M+1]〔图 3.40（a）〕到 [M+4]〔图 3.40（d）〕同位素组成不断增加的复杂性。对 [M+4] 离子贡献最重要的是 $^{13}C^{15}N^{34}S$、$^{34}S^{18}O$、$^{13}C_2^{34}S$、$^{13}C^{15}N^{18}O$、$^{13}C_3^{15}N$、$^{13}C_3^{33}S$、$^{13}C_2^{18}O$，最后是 $^{13}C_4$。这些离子的质量分布在该组中最轻和最重的离子之间，只有 8.63 mu。请注意，当只涉及碳、氢、氮、氧和硫时（上面可能出现一些丰度非常低的峰），$^{13}C_X$ 同位素离子的 m/z 始终是各 [M+X] 离子中最高的。

仅靠超高分辨力只能分离 [M+1]～[M+4] 离子中各种同位素的贡献。归属这些组成的关键是了解某些成对的同位素组成异构体离子间准确质量的差异（表 3.3）。例如，$^{13}C_X$ 峰将位于 $m/z_{(单一同位素)}$ + 1.0033X〔注意双电荷离子情况下 $\Delta(m/z)$ 是质量差的一半，因为 z = 2，第 3.8 节〕。因此，同位素峰的归属是通过它们准确质量的差异来实现的。反之亦然，建议的分子式与测量的同位素精细结构越吻合，元素组成归属可靠性越高。现代数据分析软件包就利用了这一点。

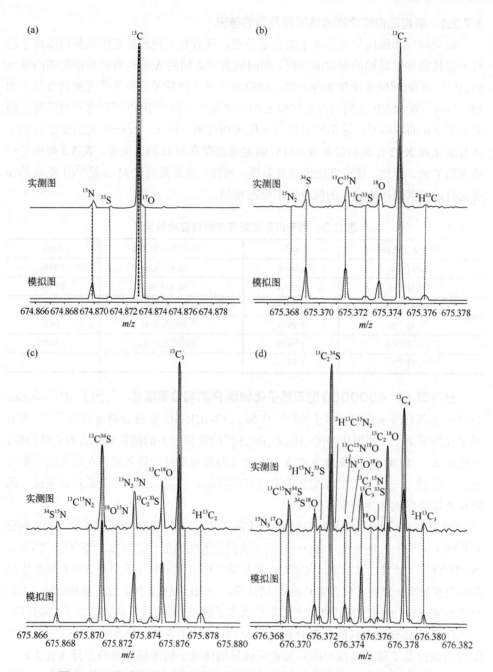

图3.40 通过 FT-ICR-MS 在 R = 4000000 下单独测量的双质子化物质 P（$[C_{63}H_{100}O_{13}N_{18}S]^{2+}$）的同位素峰的精细结构

(a) 第一个同位素峰，[M+1]；(b) 第二个同位素峰，[M+2]；(c) 第三个同位素峰，[M+3]；(d) 第四个同位素峰，[M+4]。最重要的贡献来自 ^{13}C、^{34}S 和 ^{18}O。[M+4]信号分成八个主峰和几个非常小的峰（经许可转载自参考文献[70]）。© The American Chemical Society，2012）

3.7.3 大分子——在足够分辨率下的同位素模式

随着用于分析高质量离子新技术的开发或改进,诸如大分子(large molecues)或高质量(high mass)所指代的质量范围也在不断变化[72]。这里,焦点是在 $10^3 \sim 10^4$ u 质量范围内的分子。

随着 m/z 的增加,同位素模式的中心,即平均分子质量,转移到高于单同位素质量的值。中心即平均质量,并不对应一个真实的峰,但它往往靠近丰度最大的峰(图 3.41)。单同位素质量仍然与真实信号有关,但它的强度可能很低,难以识别。最后,标称质量仅仅变成了一个数字,不再用于描述分子量[41,67]。

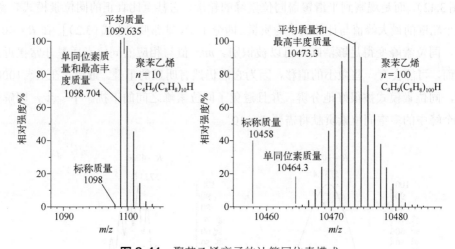

图 3.41 聚苯乙烯离子的计算同位素模式

(经许可改编自参考文献[70]。© The American Chemical Society,1983)

计算几千个质量数的分子同位素模式并不是一项简单的任务,因为同位素相对丰度的轻微变化会变得非常重要,并且可能将丰度最大质量和平均质量上下波动 1 u。以类似的方式,用于执行实际计算的算法和迭代次数也会影响最终结果[25]。

> **大分子的质量**
>
> 超过 2000 u 的有机分子的分子质量 M_r 的计算受到计算基础的显著影响。组成元素的原子量和同位素丰度的自然变化导致了基于单一同位素(monoisotopic)和基于相对原子质量(relative atomic mass-based)的 M_r 值之间的差异。此外,它们在生物分子的主要类别之间往往有特征性差异。这主要是因为碳含量(摩尔分数),例如多肽和核酸之间的质量差异在 $M_r = 25000$ u 时约为 4 u。仅考虑陆地来源,碳同位素丰度的变化导致约 $10 \times 10^{-6} \sim 25 \times 10^{-6}$ 的差异,这对于高达 10^3 u 的区域内的质量测量准确度的影响是非常显著的[41]。

3.7.4 大分子的同位素模式与分辨率的关系

当然，我们至少希望有足够的分辨率来解析同位素模式对其标称质量的贡献。然而，并不是每个质量分析器都能够对它可以通过的任何离子进行这样的分析。当使用四极杆、飞行时间或四极离子阱分析器分析几千 u 的离子时，经常会发生这种情况，因此了解图谱外观的变化及其对峰宽和检测质量的影响是很有用的[68]。

牛胰岛素的同位素模式　牛胰岛素[M+H]$^+$的同位素模式 [$C_{254}H_{378}N_{65}O_{75}S_6$]$^+$，按 $R_{10\%}$ =1000、4000 和 10000 的条件下进行了计算。在 R = 1000 时，同位素峰未被分开（图 3.42），而是观察到平滑覆盖同位素峰的轮廓，它甚至比真正的同位素模式略宽。这个轮廓的最大峰值与计算的平均质量，即分子量，非常吻合[式（3.2）]。在 R = 4000 时，同位素峰变得足够清晰，可以被识别。m/z 值与相应的同位素质量非常接近；然而，可能会有一些微小的偏移，因为它们仍然有明显的重叠。最后，在 R = 10000 时，同位素模式被很好地分辨，并且避免了同位素峰之间的干扰。下一步，即解析每个峰中的多重同位素贡献将需要 $R > 10^6$。

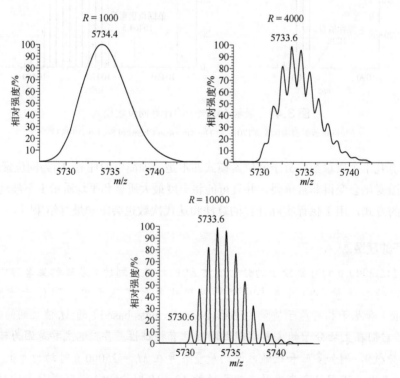

图 3.42　牛胰岛素在不同分辨率下[M+H]$^+$的计算同位素模式（$R_{10\%}$）
请注意 R = 1000 时的轮廓比真实同位素模式更宽

高 *m/z* 时分辨力的衰减　树枝状聚合物是一类可以合成为各种尺寸物质的合成大分子。因此，开发了一组特殊的单分散树枝状聚合物，用于 MALDI-MS 中的质量校准，特别是考虑到飞行时间（TOF）分析器[73]。根据实际的 MALDI-TOF 仪器，一些 *m/z* 更高的树枝状大分子处于或刚好超出分辨力的极限，即随着一系列峰的顺延移动，同位素分离逐渐消失。这种 SpheriCal 混合物（$C_{398}H_{468}O_{138}$、$C_{529}H_{620}O_{184}$、$C_{660}H_{772}O_{230}$、$C_{796}H_{934}O_{277}$）的正离子 MALDI-TOF 图谱举例说明了从 *m/z* 7600～15000 转变时的这种行为（图 3.43）[74]。

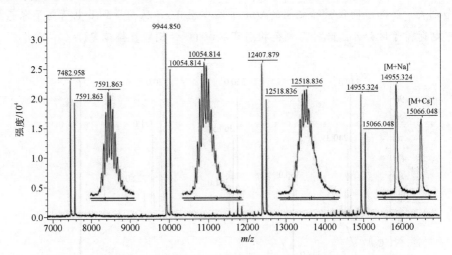

图 3.43　在钠离子和铯离子存在下获得的 SpheriCal 试剂盒（PFS-14）的正离子 MALDI-TOF 质谱图

四种树枝状分子都形成[M+Na]⁺和[M+Cs]⁺，共产生了八个参考峰。插图显示了各[M+Cs]⁺同位素模式的放大图。随着 *m/z* 增加，无法再实现同位素峰的分辨（经许可改编自参考文献[74]）。© Springer-Verlag, Heidelberg, 2016）

3.8　电荷状态与同位素模式的相互作用

尽管单电荷离子看似是质谱中的优势物种，但在许多应用中，双电荷和多电荷离子至关重要。在电喷雾电离中（第 12 章），甚至可以观察到极高的电荷状态。例如，对于分子量约为 60000 的蛋白质，电荷状态高达 60 倍。双电荷和三电荷离子在电子电离（第 5 和 6 章）和场解吸（第 8 章）中也很常见。

较高电荷态的影响值得考虑。随着 z 从 1 增加到 2、3 等，*m/z* 的数值减少了 50%、67%，即离子将以比相应的相同质量的单电荷离子更低的 *m/z* 被检测到。一般来说，如果 $z > 1$，整个 *m/z* 标度被压缩为原来的 $1/z$。

因此，同位素峰位于 $\Delta(m/z) = 1/z$ 处，反之亦然，电荷状态可由相邻峰之间距离的倒数获得，例如 $\Delta(m/z) = 1/3$ 处的峰对应于 $z = 3$，即三电荷离子。压缩 *m/z* 标度的原因将在后面讨论（第 4.2 节）。

$M^{+\bullet}$、M^{2+}、$M^{3+\bullet}$的同位素模式 C_{60}的EI质谱图还显示了一个丰度较高的双电荷分子离子C_{60}^{2+}（m/z 360），其同位素峰位于$\Delta(m/z) = 0.5$，$C_{60}^{3+\bullet}$信号位于m/z 240，强度非常低（图3.44）。同位素模式不受电荷状态的影响。作为压缩m/z标度的结果，在m/z 348处检测到双电荷的C_{58}^{2+}碎片离子。

> **同位素分布和电荷状态**
>
> 同位素分布不受离子电荷状态的影响，因此，同位素峰的相对强度与电荷状态无关。然而，同位素峰之间的$\Delta(m/z)$减少至$1/z$，从而得到多电荷离子容易与单电荷离子区分开。此外，电荷状态可以由$1/z$的倒数直接确定。

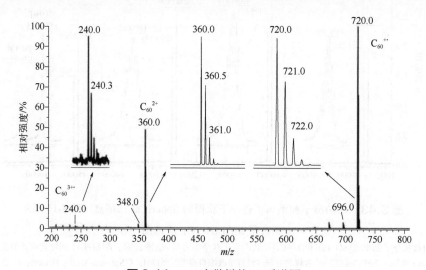

图3.44 [60]富勒烯的EI质谱图

插图显示了$M^{+\bullet}$、M^{2+}和$M^{3+\bullet}$的展宽信号。同位素模式信号的$\Delta(m/z) = 1$、0.5和0.33。强度标度已在插图中归一化，以便于同位素模式的比较（由海德堡马克斯·普朗克核物理研究所的W. Krätschmer提供）

3.9 可视化复杂高分辨质谱数据集的方法

3.9.1 质量差

质量差（deltamass）这个术语是为了定义小数点后的质量值而创造的[75]，巧妙地避开了与质量亏损相关的一些不当的术语。质量差概念仅在产生它的上下文中有效，即描述肽与平均值的质量偏差。除此之外，其严格应用还会产生歧义，因为①质量亏损的表示方法方法与负质量亏损的较大值相同。例如，在$^{127}I^+$和$C_{54}H_{110}^{+\bullet}$的情况下，质量差分别表示为0.9039 u和0.8608 u；②大于1 u的质量差将以与小于1 u的质量差相同的数值表示。

通过质量差判断肽的修饰　质量亏损的大小可以提供正在被分析的化合物类别的概念（第 3.5.2 节）。在足够复杂的程度上，质量亏损甚至可以揭示更多的细节[47]。肽由氨基酸组成，因此元素组成相当相似，与它们的大小或序列无关。这导致分子式和质量差值存在特征关系。磷酸化和更明显的糖基化导致较低的质量差，因为它们将质量缺损的原子（P、O）引入分子。另一方面，与脂质化相关的大量氢原子的引入，导致了高于正常水平的质量差。平均而言，例如，1968 u 的未修饰肽有 0.99 u 的质量差值，而相同标称质量的糖基化肽将具有 0.76 u 质量差值。因此，质量差值可用于获得蛋白质共价类型修饰信息[75]。

3.9.2　Kendrick 质量标度

Kendrick 质量标度（Kendrick mass scale）的目的是使数据简化，以便同系物可以通过它们相同的 Kendrick 质量亏损（Kendrick mass defect，KMD）来识别。由于现代仪器的分辨率和质量准确度稳步提高，这一问题对于质谱进行复杂混合物分析再次变得越来越重要。Kendrick 质量标度基于定义 $M_{(CH_2)}$ = 14.0000 u[76]。因此，从 IUPAC 质量标度 m_{IUPAC} 到 Kendrick 质量标度 $m_{Kendrick}$ 的换算系数为 14.000000/14.015650 = 0.9988834，即

$$m_{Kendrick} = 0.9988834 m_{IUPAC} \quad (3.15)$$

接下来，定义了 Kendrick 质量亏损 $m_{defectKendrick}$：

$$m_{defectKendrick} = m_{nomKendrick} - m_{Kendrick} = KMD \quad (3.16)$$

式中，$m_{nomKendrick}$ 是标称上的 Kendrick 质量，是与 Kendrick 质量最接近的整数。

[$C_{30}H_{49}O_3$]⁻ 的 Kendrick 质量　[$C_{30}H_{49}O_3$]⁻ 的 IUPAC 质量是 457.3687 u，这个离子的 Kendrick 质量计算为 457.3687 u×0.9988834 = 456.8580 u。由此得出 $m_{nomKendrick}$ = 457 u。该离子的 Kendrick 质量亏损因此为 $M_{defectKendrick}$ = 457 u − 456.8580 u = 0.1419 u。

为了将质谱数据转化为有用的 Kendrick 质量图（Kendrick mass plot, KMDs），高分辨质谱图被分成 1 u 的片段，这些片段在横坐标上对齐。然后，在纵坐标上绘出包含在相应段中的等质量数离子（isobaric ions）的 Kendrick 质量亏损。所得到的图不仅保留了"粗略"间距，例如奇数和偶数质量值之间约为 1 u，而且保留了"精细结构"，即每个片段上不同元素组成的不同 Kendrick 质量亏损（KMDs）。同系物现在很容易被识别为图 3.45 中的水平点组成的行[77]。

Kendrick 图变得越来越重要，因为越来越多的仪器能够提供复杂混合物的超高分辨图谱，因此，需要工具来从如此大的数据集中检索分析有用的信息[78-80]。Kendrick 图也被引入作为合成聚合物串联质谱数据的方便可视化工具，例如，通过参考单体砌块作为计算 Kendrick 质量亏损的基础单元来参考[81]。

原油和柴油 在 Kendrick 图中，可以方便地显示复杂系统的组成。石油原油[77]或柴油燃料[82]的超高分辨图谱中的几千种元素组成可以被解析。此类样品由许多化合物类别和/或烷基化系列组成，每个系列约有 30 个同系物，可通过视觉识别（图 3.45）。前面例子中使用的分子式在图中用箭头标出。

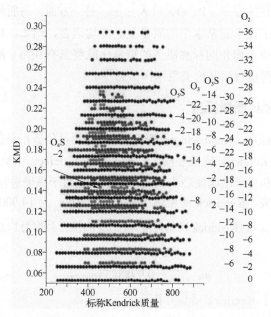

图 3.45 KMD 与奇数质量 $^{12}C_X$（[M–H]⁻）的标称 Kendrick 质量关系图

化合物类别（O、O_2、O_3 和 O_4S）和不同数量的环加双键（第 6.4.4 节）在垂直方向上被分隔开。在水平方向上这些点沿着同一个同系物系列被 CH_2 基团隔开[77]（感谢 A.G. Marshall, NHFL, Tallahassee 免费提供）

3.9.3 Van Krevelen 图

还有另一种显示复杂混合物组成特征的工具，van Krevelen 图（van Krevelen diagram）[83]，是 H/C 原子比与 O/C 原子比的图。该图使脱羧、脱水、脱氢或氧化等反应相关的产物沿直线显示。与 KMD 图一样，van Krevelen 是评估复杂有机混合物的主要工具，例如原油及其炼油产品或天然有机物质（NOM）的广泛领域，其代表地球上最大份额的生物质[84-88]。

可溶性有机物 从深海可溶性有机物（DOM）获得的 HR-MS 数据的 van Krevelen 图显示，一组具有低氢碳比（< 0.9）和低氧碳比（< 0.25）的分子彼此明显分离（图 3.46）。这个组的放大图显示，它包括 224 个不同的分子式，对应于包含多达 35 个环和/或双键的分子（$r + d$，第 6.4.4 节）。同系物系列可以沿直线识别。尽管如此，这并不能说明这些分子的完整结构，但它提供了对 DOM 组成的更深入的洞察，而不仅仅是纯粹的海量准确质量数据。

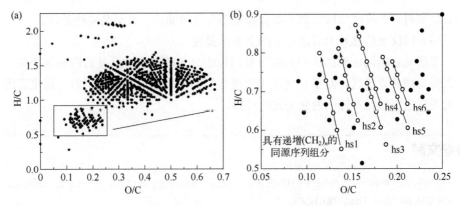

图 3.46 深海 DOM 的 van Krevelen 图

（a）呈现了在 3500 m 和 4600 m 水深的所有分子；（b）放大后的稠环芳烃区域，其中 $n \geqslant 4$ 的同系物序列组分$(CH_2)_n$ 显示为白色圆圈，并沿灰色线连接（经许可转载自参考文献[87]。© Elsevier Science Publishers, 2006）

3.10 同位素和质量世界中的制高点

（1）同位素

属于相同元素，但由于原子核里中子数量不同而质量不同的原子称为同位素。大多数元素在自然界中存在两种或三种同位素，还有单同位素元素，其他的情况是多同位素元素。

（2）同位素模式

质谱通过质量来解析物质，由于质量上的差异，质谱可以分离不一样同位素组成的原子和分子。因此，同位素分布在质谱图上表现为相邻 m/z 值的一组峰。

（3）分辨率

质谱峰的分离依赖于质谱仪通过其分辨力来解析对应于各个质量的信号的能力。更高的分辨率提供了额外的信息，因为 m/z 接近的物种可以在质谱图中实现分离。高分辨率还会产生更窄的质谱峰，这些峰可能会在 m/z 标度上更准确地被定位。

（4）准确质量

准确质量能够各个精确的同位素质量和给定元素组成的离子所产生的独特的质量来归属分子式。足够的分辨能力能给出尖锐的质谱峰，准确质量测定还需要细致的质量校准。质量校准可以在分析测量之前使用外标法进行，也可以同时引入分析物和参考物通过内标法进行。

（5）超高分辨力

在超高分辨力的条件下，同位素峰的精细结构得以解析，标称质量一样但同位素组成不同的离子，如同位素组成异构体离子（isotopolog ions）能被分离。此外，复杂混合物中存在的不同分子式的等质量数离子（isobaric ions）也能被分离。因此，超高分辨力对于质谱分析复杂的混合物是非常有帮助的，甚至是先决条件。

（6）同位素信息对于质谱技术的全局重要性

理解元素的同位素组成和它们引起同位素分布的方式，以及它们如何在质谱图中表现为同位素模式，对于任何使用质谱数据的情况都是绝对必要的。这也适用于准确质量测定和将其转化为分子式的过程。

参考文献

[1] de Laeter JR, De Bièvre P, Peiser HS (1992) Isotope Mass Spectrometry in Metrology. Mass Spectrom Rev 11: 193–245. doi:10.1002/mas.1280110303

[2] Audi G (2006) The History of Nuclidic Masses and of Their Evaluation. Int J Mass Spectrom 251: 85–94. doi:10.1016/j.ijms.2006.01.048

[3] Budzikiewicz H, Grigsby RD (2006) Mass Spectrometry and Isotopes: A Century of Research and Discussion. Mass Spectrom Rev 25: 146–157. doi:10.1002/mas.20061

[4] Todd JFJ (1995) Recommendations for Nomenclature and Symbolism for Mass Spectroscopy Including an Appendix of Terms Used in Vacuum Technology. Int J Mass Spectrom Ion Proc 142: 211–240. doi:10.1016/0168-1176(95)93811-F

[5] McLafferty FW, Turecek F (1993) Interpretation of Mass Spectra. University Science Books, Mill Valley

[6] Sparkman OD (2006) Mass Spectrometry Desk Reference. Global View Publishing, Pittsburgh

[7] IUPAC (1998) Isotopic Composition of the Elements 1997. Pure Appl Chem 70: 217–235

[8] IUPAC, Coplen TP (2001) Atomic Weights of the Elements 1999. Pure Appl Chem 73: 667–683

[9] Price P (1991) Standard Definitions of Terms Relating to Mass Spectrometry. A Report From the Committee on Measurements and Standards of the Amercian Society for Mass Spectrometry. J Am Soc Mass Spectrom 2: 336–348. doi:10.1016/1044-0305(91)80025-3

[10] Busch KL (2001) Units in Mass Spectrometry. Spectroscopy 16: 28–31

[11] Platzner IT (1997) Applications of isotope ratio mass spectrometry. In: Modern Isotope Ratio Mass Spectrometry. Wiley, Chichester

[12] Ferrer I, Thurman EM (2005) Measuring the Mass of an Electron by LC/TOF-MS: A Study of "Twin Ions". Anal Chem 77: 3394–3400. doi:10.1021/ac0485942

[13] Ferrer I, Thurman EM (2007) Importance of the Electron Mass in the Calculations of Exact Mass by Time-of-Flight Mass Spectrometry. Rapid Commun Mass Spectrom 21: 2538–2539. doi:10.1002/rcm.3102

[14] Schmidt HL (1986) Food Quality Control and Studies on Human Nutrition by Mass Spectrometric and Nuclear Magnetic Resonance Isotope Ratio Determination. Fresenius Z Anal Chem 324: 760–766. doi:10.1007/BF00468387

[15] Beavis RC (1993) Chemical Mass of Carbon in Proteins. Anal Chem 65: 496–497. doi:10.1021/ac00052a030

[16] Carle R (1991) Isotopen-Massenspektrometrie: Grundlagen und Anwendungsm€oglichkeiten. Pharm Unserer Zeit 20: 75–82. doi:10.1002/pauz.19910200208

[17] Ghosh P, Brand WA (2003) Stable Isotope Ratio Mass Spectrometry in Global Climate Change Research. Int J Mass Spectrom 228: 1–33. doi:10.1016/S1387-3806(03)00289-6

[18] F€orstel H (2007) The Natural Fingerprint of Stable Isotopes-Use of IRMS to Test Food Authenticity. Anal Bioanal Chem 388: 541–544. doi:10.1007/s00216-007-1241-z

[19] Zazzo A, Monahan FJ, Moloney AP, Green S, Schmidt O (2011) Sulphur Isotopes in Animal Hair Track Distance to Sea. Rapid Commun Mass Spectrom 25: 2371–2378. doi:10.1002/rcm.5131

[20] Busch KL (1997) Isotopes and Mass Spectrometry. Spectroscopy 12: 22–26

[21] Beynon JH (1960) The compilation of a table of mass and abundance values. In: Mass Spectrometry and Its Applications to Organic Chemistry. Elsevier, Amsterdam

[22] Margrave JL, Polansky RB (1962) Relative Abundance Calculations for Isotopic Molecular Species. J Chem Educ 39: 335–337. doi:10.1021/ed039p335

[23] Yergey JA (1983) A General Approach to Calculating Isotopic Distributions for Mass Spectrometry. Int J Mass Spectrom Ion Phys 52: 337–349. doi:10.1016/0020-7381(83)85053-0

[24] Hsu CS (1984) Diophantine Approach to Isotopic Abundance Calculations. Anal Chem 56: 1356–1361. doi:10.1021/ac00272a035

[25] Kubinyi H (1991) Calculation of Isotope Distributions in Mass Spectrometry. A Trivial Solution for a Non-Trivial Problem. Anal Chim Acta 247: 107–119. doi:10.1016/S0003-2670(00)83059-7

[26] https://sites.google.com/site/isoproms/home

[27] http://www.sisweb.com/mstools/isotope.htm

[28] Frauenkron M, Berkessel A, Gross JH (1997) Analysis of Ruthenium Carbonyl-Porphyrin Complexes: a Comparison of Matrix-Assisted Laser Desorption/Ionization Time-of-Flight, Fast-Atom Bombardment and Field Desorption Mass Spectrometry. Eur Mass Spectrom 3: 427–438. doi:10.1255/ejms.177

[29] Giesa S, Gross JH, Hull WE, Lebedkin S, Gromov A, Krätschmer W, Gleiter R (1999) $C_{120}OS$: the First Sulfur-Containing Dimeric [60]Fullerene Derivative. Chem Commun: 465–466. doi:10.1039/a809831j

[30] Luffer DR, Schram KH (1990) Electron Ionization Mass Spectrometry of Synthetic C_{60}. Rapid Commun Mass Spectrom 4: 552–556. doi:10.1002/rcm.1290041218

[31] Srivastava SK, Saunders W (1993) Ionization of C_{60} (Buckminsterfullerene) by Electron Impact. Rapid Commun Mass Spectrom 7: 610–613. doi:10.1002/rcm.1290070711

[32] Scheier P, Dünser B, Märk TD (1995) Production and Stability of Multiply-Charged C_{60}. Electrochem Soc Proc 95: 1378–1394

[33] Thomas AF (1971) Deuterium Labeling in Organic Chemistry. Appleton-Century-Crofts, New York

[34] Kaltashov IA, Eyles SJ (2005) Mass Spectrometry in Biophysics: Conformation and Dynamics of Biomolecules. Wiley, Hoboken

[35] Murray KK, Boyd RK, Eberlin MN, Langley GJ, Li L, Naito Y (2013) Definitions of Terms Relating to Mass Spectrometry (IUPAC Recommendations 2013). Pure Appl Chem 85: 1515–1609. doi:10.1351/PAC-REC-06-04-06

[36] Balogh MP (2004) Debating Resolution and Mass Accuracy in Mass Spectrometry. Spectroscopy 19: 34–38,40

[37] Bristow AWT (2006) Accurate Mass Measurement for the Determination of Elemental Formula – A Tutorial. Mass Spectrom Rev 25: 99–111. doi:10.1002/mas.20058

[38] Leslie AD, Volmer DA (2007) Dealing With the Masses: A Tutorial on Accurate Masses, Mass Uncertainties, and Mass Defects. Spectroscopy 22: 32,34–32,39

[39] Busch KL (2000) The Resurgence of Exact Mass Measurement With FTMS. Spectroscopy 15: 22–27

[40] Beynon JH (1954) Qualitative Analysis of Organic Compounds by Mass Spectrometry. Nature 174: 735–737. doi:10.1038/174735a0

[41] Pomerantz SC, McCloskey JA (1987) Fractional Mass Values of Large Molecules. Org Mass Spectrom 22: 251–253. doi:10.1002/oms.1210220505

[42] Boyd RK, Basic C, Bethem RA (2008) Trace Quantitative Analysis by Mass Spectrometry. Wiley, Chichester

[43] Kilburn KD, Lewis PH, Underwood JG, Evans S, Holmes J, Dean M (1979) Quality of Mass and Intensity Measurements from a High Performance Mass Spectrometer. Anal Chem 51: 1420–1425. doi:10.1021/ac50045a017

[44] Sack TM, Lapp RL, Gross ML, Kimble BJ (1984) A Method for the Statistical Evaluation of Accurate Mass Measurement Quality. Int J Mass Spectrom Ion Proc 61: 191–213. doi:10.1016/0168-1176(84)85129-0

[45] Kim S, Rodgers RP, Marshall AG (2006) Truly "Exact" Mass: Elemental Composition Can Be Determined Uniquely from Molecular Mass Measurement at Approximately 0.1 MDa Accuracy for Molecules Up to Approximately 500 Da. Int J Mass Spectrom 251: 260–265. doi:10.1016/j.ijms.2006.02.001

[46] Zubarev RA, Demirev PA, Håkansson P, Sundqvist BUR (1995) Approaches and Limits for Accurate Mass Characterization of Large Biomolecules. Anal Chem 67: 3793–3798. doi:10.1021/ac00116a028

[47] Zubarev RA, Håkansson P, Sundqvist B (1996) Accuracy Requirements for Peptide Characterization by Monoisotopic Molecular Mass Measurements. Anal Chem 68: 4060–4063. doi:10.1021/ac9604651

[48] Clauser KR, Baker P, Burlingame A (1999) Role of Accurate Mass Measurement (±10 ppm) in Protein Identification Strategies Employing MS or MS/MS and Database Searching. Anal Chem 71: 2871–2882. doi:10.1021/ac9810516

[49] Spengler B (2004) De Novo Sequencing, Peptide Composition Analysis, and Composition- Based Sequencing: A New Strategy Employing Accurate Mass Determination by Fourier Transform Ion Cyclotron Resonance Mass Spectrometry. J Am Soc Mass Spectrom 15: 703–714. doi:10.1016/j.jasms.2004.01.007

[50] Roussis SG, Proulx R (2003) Reduction of Chemical Formulas from the Isotopic Peak Distributions of High-Resolution Mass Spectra. Anal Chem 75: 1470–1482. doi:10.1021/ac020516w

[51] Stoll N, Schmidt E, Thurow K (2006) Isotope Pattern Evaluation for the Reduction of Elemental Compositions Assigned to High-Resolution Mass Spectral Data from Electrospray Ionization Fourier Transform Ion Cyclotron Resonance Mass Spectrometry. J Am Soc Mass Spectrom 17: 1692–1699. doi:10.1016/j.jasms.2006.07.022

[52] Marshall AG, Hendrickson CL, Shi SDH (2002) Scaling MS Plateaus with High-Resolution FT-ICR-MS. Anal Chem 74: 252A–259A. doi:10.1021/ac022010j

[53] Sim PG, Boyd RK (1991) Calibration and Mass Measurement in Negative-Ion Fast-Atom Bombardment Mass Spectrometry. Rapid Commun Mass Spectrom 5: 538–542. doi:10.1002/rcm.1290051111

[54] Anacleto JF, Pleasance S, Boyd RK (1992) Calibration of Ion Spray Mass Spectra Using Cluster Ions. Org Mass Spectrom 27: 660–666. doi:10.1002/oms.1210270603

[55] Hop CECA (1996) Generation of High Molecular Weight Cluster Ions by Electrospray Ionization; Implications for Mass Calibration. J Mass Spectrom 31: 1314–1316. doi:10.1002/(SICI)1096-9888(199611)31:11<1314::AID-JMS429>3.0.CO;2-N

[56] Moini M, Jones BL, Rogers RM, Jiang L (1998) Sodium Trifluoroacetate as a Tune/Calibra- tion Compound for Positive- and Negative-Ion Electrospray Ionization Mass Spectrometry in the Mass Range of 100–4000 Da. J Am Soc Mass Spectrom 9: 977–980. doi:10.1016/S1044-0305(98)00079-8

[57] Lou X, van Dongen JLJ, Meijer EW (2010) Generation of CsI Cluster Ions for Mass Calibration in Matrix-Assisted Laser Desorption/Ionization Mass Spectrometry. J Am Soc Mass Spectrom 21: 1223–1226. doi:10.1016/j.jasms.2010.02.029

[58] Gross JH (2014) High-Mass Cluster Ions of Ionic Liquids in Positive-Ion and Negative-Ion DART-MS and Their Application for Wide Range Mass Calibrations. Anal Bioanal Chem 406: 2853–2862. doi:10.1007/s00216-014-7720-0

[59] Busch KL (2004) Masses in Mass Spectrometry: Balancing the Analytical Scales. Spectroscopy 19: 32–34

[60] Busch KL (2005) Masses in Mass Spectrometry: Perfluors and More. Part II. Spectroscopy 20: 76–81

[61] Gross ML (1994) Accurate Masses for Structure Confirmation. J Am Soc Mass Spectrom 5: 57. doi:10.1016/1044-0305(94)85036-4

[62] Bristow AWT, Webb KS (2003) Intercomparison Study on Accurate Mass Measurement of Small Molecules in Mass Spectrometry. J Am Soc Mass Spectrom 14: 1086–1098. doi:10.1016/S1044-0305(03)00403-3

[63] Pluskal T, Uehara T, Yanagida M (2012) Highly Accurate Chemical Formula Prediction Tool Utilizing High-Resolution Mass Spectra, MS/MS Fragmentation, Heuristic Rules, and Isotope Pattern Matching. Anal Chem 84: 4396–4403. doi:10.1021/ac3000418

[64] Thurman EM, Ferrer I (2010) The Isotopic Mass Defect: a Tool for Limiting Molecular Formulas by Accurate Mass. Anal Bioanal Chem 397: 2807–2816. doi:10.1007/s00216-010-3562-6

[65] Gross JH (2013) Polydimethylsiloxane-Based Wide Range Mass Calibration for Direct Analysis in Real Time Mass Spectrometry. Anal Bioanal Chem 405: 8663–8668. doi:10.1007/s00216-013-7287-1

[66] Gross JH (2015) Polydimethylsiloxane Extraction from Silicone Rubber into Baked Goods Detected by Direct Analysis in Real Time Mass Spectrometry. Eur J Mass Spectrom 21: 313–319. doi:10.1255/ejms.1333

[67] Yergey J, Heller D, Hansen G, Cotter RJ, Fenselau C (1983) Isotopic Distributions in Mass Spectra of Large Molecules. Anal Chem 55: 353–356. doi:10.1021/ac00253a037

[68] Werlen RC (1994) Effect of Resolution on the Shape of Mass Spectra of Proteins: Some Theoretical Considerations. Rapid Commun Mass Spectrom 8: 976–980. doi:10.1002/rcm.1290081214

[69] Solouki T, Emmet MR, Guan S, Marshall AG (1997) Detection, Number, and Sequence Location of Sulfur-Containing Amino Acids and Disulfide Bridges in Peptides by Ultrahigh-Resolution MALDI-FTICR Mass Spectrometry. Anal Chem 69: 1163–1168. doi:10.1021/ac960885q

[70] Nikolaev EN, Jertz R, Grigoryev A, Baykut G (2012) Fine Structure in Isotopic Peak Distributions Measured Using a Dynamically Harmonized Fourier Transform Ion Cyclotron Resonance Cell at 7 T. Anal Chem 84: 2275–2283. doi:10.1021/ac202804f

[71] Popov IA, Nagornov K, Vladimirov GN, Kostyukevich YI, Nikolaev EN (2014) Twelve Million Resolving Power on 4.7 T Fourier Transform Ion Cyclotron Resonance Instrument With Dynamically Harmonized Cell-Observation of Fine Structure in Peptide Mass Spectra. J Am Soc Mass Spectrom 25: 790–799. doi:10.1007/s13361-014-0846-7

[72] Matsuo T, Sakurai T, Ito H, Wada Y (1991) High Masses. Int J Mass Spectrom Ion Proc 118 (119): 635–659. doi:10.1016/0168-1176(92)85079-F

[73] Grayson SM, Myers BK, Bengtsson J, Malkoch M (2014) Advantages of Monodisperse and Chemically Robust "SpheriCal" Polyester Dendrimers as a "Universal" MS Calibrant. J Am Soc Mass Spectrom 25: 303–309. doi:10.1007/s13361-013-0777-8

[74] Gross JH (2016) Improved Procedure for Dendrimer-Based Mass Calibration in Matrix-Assisted Laser Desorption/Ionization-Time-of-Flight–Mass Spectrometry. Anal Bioanal Chem 408: 5945–5951. doi:10.1007/s00216-016-9714-6

[75] Lehmann WD, Bohne A, von der Lieth CW (2000) The Information Encrypted in Accurate Peptide Masses – Improved Protein Identification and Assistance in Glycopeptide Identification and Characterization. J Mass Spectrom 35: 1335–1341. doi:10.1002/1096-9888(200011)35:11<1335::AID-JMS70>3.0.CO;2-0

[76] Kendrick E (1963) Mass Scale Based on CH_2 = 14.0000 for High-Resolution Mass Spectrometry of Organic Compounds. Anal Chem 35: 2146–2154. doi:10.1021/ac60206a048

[77] Hughey CA, Hendrickson CL, Rodgers RP, Marshall AG, Qian K (2001) Kendrick Mass Defect Spectrum: A Compact Visual Analysis for Ultrahigh-Resolution Broadband Mass Spectra. Anal Chem 73: 4676–4681. doi:10.1021/ac010560w

[78] Jobst KJ, Shen L, Reiner EJ, Taguchi VY, Helm PA, McCrindle R, Backus S (2013) The Use of Mass Defect Plots for the Identification of (Novel) Halogenated Contaminants in the Environment. Anal Bioanal Chem 405: 3289–3297. doi:10.1007/s00216-013-6735-2

[79] Myers AL, Jobst KJ, Mabury SA, Reiner EJ (2014) Using Mass Defect Plots As a Discovery Tool to Identify Novel Fluoropolymer Thermal Decomposition Products. J Mass Spectrom 49: 291–296. doi:10.1002/jms.3340

[80] Ibanez C, Simo C, Garcia-Canas V, Acunha T, Cifuentes A (2015) The Role of Direct High-Resolution Mass Spectrometry in Foodomics. Anal Bioanal Chem 407: 6275–6287. doi:10.1007/s00216-015-8812-1

[81] Fouquet T, Sato H (2016) Convenient Visualization of High-Resolution Tandem Mass Spectra of Synthetic Polymer Ions Using Kendrick Mass Defect Analysis – The Case of Polysiloxanes. Rapid Commun Mass Spectrom 30: 1361–1364. doi:10.1002/rcm.7560

[82] Hughey CA, Hendrickson CL, Rodgers RP, Marshall AG (2001) Elemental Composition Analysis of Processed and Unprocessed Diesel Fuel by Electrospray Ionization Fourier Transform Ion Cyclotron Resonance Mass Spectrometry. Energy & Fuels 15: 1186–1193. doi:10.1021/ef010028b

[83] van Krevelen DW (1950) Graphical-Statistical Method for the Study of Structure and Reaction Processes of Coal. Fuel 29: 269–284

[84] Wu Z, Rodgers RP, Marshall AG (2004) Two- and Three-Dimensional Van Krevelen Diagrams: A Graphical Analysis Complementary to the Kendrick Mass Plot for Sorting Elemental Compositions of Complex Organic Mixtures Based on Ultrahigh-Resolution Broad-band Fourier Transform Ion Cyclotron Resonance Mass Measurements. Anal Chem 76: 2511–2516. doi:10.1021/ac0355449

[85] Kim S, Kramer RW, Hatcher PG (2003) Graphical Method for Analysis of Ultrahigh- Resolution Broadband Mass Spectra of Natural Organic Matter, the Van Krevelen Diagram. Anal Chem 75: 5336–5344. doi:10.1021/ac034415p

[86] Hertkorn N, Benner R, Frommberger M, Schmitt-Kopplin P, Witt M, Kaiser K, Kettrup A, Hedges JI (2006) Characterization of a Major Refractory Component of Marine Dissolved Organic Matter. Geochim Cosmochim Acta 70: 2990–3010. doi:10.1016/j.gca.2006.03.021

[87] Dittmar T, Koch BP (2006) Thermogenic Organic Matter Dissolved in the Abyssal Ocean. Marine Chem 102: 208–217. doi:10.1016/j.marchem.2006.04.003

[88] Koch BP, Dittmar T (2005) From Mass to Structure: an Aromaticity Index for High-Resolution Mass Data of Natural Organic Matter. Rapid Commun Mass Spectrom 20: 926–932. doi:10.1002/rcm.2386

质谱仪器

第 **4** 章

学习目标
- 按 m/z 对离子进行分离的基本原理
- 根据基本原理设计的质量分析器
- 质量分析器的类型及其运行模式
- 沿路径引导、准直和聚焦离子
- 包括离子淌度-质谱在内的融合型仪器
- 用于离子质量分析的检测器
- 质谱分析中真空的产生
- 判断商业化仪器适用性的能力

"一台现代质谱仪由最先进的固态电子学、真空系统、磁体设计、精密加工以及电脑数据采集和处理技术构建而成"[1]。这段于 1979 年发表的声明,在质谱学领域中一直保持着无可争议的准确性,至今依然如此。

本章主要讨论不同类型的质量分析器,以便了解它们的基本工作原理、具体特性和性能特征。本章中的讨论顺序既不反映它们在质谱分析中不断变化的个体优势,也不遵循严格的历史时间线,而是试图遵循最容易理解的方式进行讨论。当然,这只是质谱仪器的一个方面。因此,诸如离子的检测和真空的产生等主题也将被简要地讨论。实际上,进样方式与特定电离方法之间的关系比与所采用的质量分析器类型之间的关系更为密切,因此,这个问题将在有关电离方法的相应章节中进行讨论。

从最初到现在,几乎所有的物理原理,从飞行时间到回旋运动,都已被应用于构建质谱分析设备(图 4.1)。有些在发明时就非常成功,而另一些则需要几十年才能充分认识到它们的潜力。表 4.1 总结了用于质谱分析的质量分析器的基本类型。

将 Brunnée 的漫画与表 4.1 进行比较,可以发现在他撰写该综述时,线形离子阱和静电场轨道阱尚未被发明。2014 年,在日内瓦举行的国际质谱会议(IMSC)上,Dimitris Papanastasiou 在 Brunnée 奖的颁奖论坛展示了 Brunnée 地图的"更新版本"(图 4.2)。

图 4.1 1987 年 C. Brunnée 绘制中呈现的质谱仪岛屿卡通插图

然而,如今的实际情况却大不相同:部分扇形磁场和四极杆质谱仪岛屿的大区域已经消失在海中,而其他岛屿则扩展了新的陆地,而且,静电场轨道阱质谱仪的岛屿已经在东南方诞生(经授权转载自参考文献[2]。© Elsevier Science,1987)

表 4.1 常见的质量分析器

类型	缩写	原理
飞行时间	TOF	脉冲离子束的时间扩散;根据飞行时间进行分离
磁扇	B	连续离子束的偏转;在磁场中由洛伦兹力根据动量进行分离
线形四极杆	Q	线形射频四极场中的连续离子束;由于离子轨迹的不稳定性而产生分离

续表

类型	缩写	原理
线形四极离子阱	LIT	连续离子束通过共振激发在线形射频四极场中输送离子用于俘获、储存，并最终实现分离
四极离子阱	QIT	俘获离子；通过共振激发在三维射频四极场中进行分离
傅里叶变换-离子回旋共振	FT-ICR	在磁场中由洛伦兹力俘获离子；通过回旋频率、像电流检测和对瞬态信号的傅里叶变换实现分离
静电场轨道阱	Orbitrap	在非均匀电场中的轴向振荡；通过对瞬态信号傅里叶变换后检测频率

图 4.2 质谱仪金银岛卡通插图

Brunnée 绘制地图的扩展，反映了质量分析器（如静电场轨道阱）、电离方法（如 ESI、MALDI 和基于放电的电离技术）和离子淌度仪器的最新进展，以及中压射频离子传输透镜的新兴作用。低压气体动力学（LPGD）为大气压接口设计提供了新的工具。这一张扩展的 Brunnée 地图由 Dimitris Papanastasiou 在 2014 年国际质谱学大会（IMSC）Brunnée 奖讲座上展示

LPGD—低压气体动力学；QMF—四极杆质量过滤器；TOF—飞行时间质谱仪；FTICR—傅里叶变换离子回旋共振质谱仪；ESI—电喷雾电离；CORONA—基于电晕放电的电离技术

　　理想的质量分析器的特性已经得到了很好的描述[2]，尽管已经取得了巨大的改进，仍然没有一种质量分析器是完美的。对于那些寻求更深入了解质谱仪发展的人来说，有大量的文章和书籍值得推荐[3-13]。随着质量分析器的不断发展，越来越多的人对使用微型质量分析器进行原位分析感兴趣[14,15]，例如在环境[16]和生化分析应

用[17]、用于过程监测、检测化学战剂以及执行太空任务[18,19]。此外，全新的静电场轨道阱质量分析器（Orbitrap）于 2005 年由 Makarov 推出[20]。

4.1 如何产生离子束

想象一个离子，被带入或产生于电容器两个带有相反电荷的极板之间的电场中，该离子将加速朝着带相反电荷的极板运动。如果吸引离子的极板上有一个（圆形）小孔或狭缝，那么这个简单的离子源就会产生离子束。假设离子动能的扩散与相对于总的离子动能来说很小，即 $\Delta E_{kin} \ll E_{kin}$，那么可以认为该离子束是单能的。一个离子的实际电荷可以是正的，也可以是负的，这取决于所采用的电离方法。改变极板的极性会导致从引出正离子到引出负离子的转换，反之亦然。出于实际原因，吸引电极通常接地，推斥极板被设置为高电压。这样做可以使整个质量分析器保持接地，从而在很大程度上有助于操作的安全性（图 4.3）。如果加速电压被分成两次或者多次连续阶段施加，而不是在单个阶段施加，并且离子光学透镜是离子加速组件的一部分，那么可以在很大程度上改善离子的引出和离子束的形状[21]。

> **保持质谱仪接地**
>
> 除了一些比较特殊的例外，所有质谱仪都是，而且一直是以一种确保大部分部件都接地的方式构建的。电压，特别是因为这通常意味着高电压，只应用在内部相对较小的部件上。这确保了操作的安全性。此外，低电容负载简化了快速的直流电压变化，使高射频频率成为可能，并可以快速进行极性切换。

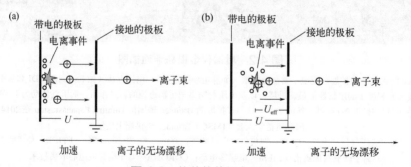

图 4.3 简单的单级离子源

（a）从表面或进样杆电离，其中电离事件发生于带电的极板上；实际上，必须考虑到在表面上方空间受限体积中的电离事件。（b）气相电离，其中有效的加速电压 U_{eff} 取决于离子在极板之间的实际位置。在中性粒子被电离后（在本图示例中是正电荷），产生的正离子会被对面的接地极板所吸引。那些穿过接地电极板上小孔的离子产生一束射向后面无场区的离子束。由这样一种原始离子源产生的离子束不是平行的，而是具有一定的角度扩散

4.2 飞行时间仪器

4.2.1 飞行时间仪器的基本原理

第一台飞行时间（TOF）分析器由 W. E. Stephens 于 1946 年构建并发布[22]。TOF 的原理很简单：不同 m/z 的离子在沿已知长度的无场漂移路径飞行过程中及时分散开。如果所有离子同时或至少在足够短的时间间隔内开始它们的旅程，较轻的离子将比较重的离子更早到达检测器。这要求它们从脉冲离子源中产生，这可以通过从连续离子束中以脉冲方式引出离子包来实现，或者通过采用真正的脉冲电离方法更方便地实现。

很快，其他小组开始研究 Stephens 的概念[23]，并且设计和制造了越来越有用的 TOF 仪器[21,24,25]，Bendix 在 20 世纪 50 年代中期首次将其商业化。这些第一代 TOF 仪器设计用于气相色谱-质谱（GC-MS）联用[26,27]。就分辨率而言，与现代 TOF 分析器相比，它们的性能较差，但 TOF 相对于扇形磁场质谱仪的具体优势是图谱的采集速率，即它们每秒提供的质谱图数量（图 4.4）。在 GC-MS 中，TOF 分析器很快被线形四极杆分析器所取代，直到 20 世纪 80 年代末，TOF 分析器的发展才迎来复兴[28,29]——脉冲电离方法的成功，尤其是 MALDI，使得 TOF 的发展成为可能（第 11 章）。因此，下面在讨论 TOF 分析器时将会反复提及 MALDI。

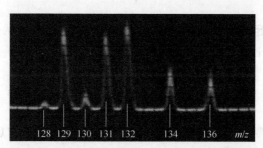

图 4.4 在 Bendix TOF-MS 上氙电子电离 TOF 图谱的示波器输出
深色水平线是示波器屏幕上的网格（关于 Xe 的同位素模式，参见图 3.2）
（经授权改编自参考文献[26]。© Pergamon Press，1959）

MALDI 引发了对适用于和自然脉冲型离子源配合使用的质量分析器的巨大需求，并且能够传输高达几个 10^5 u 的极高质量的离子[30]。由此，TOF 分析器的性能得以大幅提升[31,32]。TOF 分析器已经被改进来适用于其他电离方法，并与静电场轨道阱和 FT-ICR 分析器一起，在大多数应用中取代了传统的扇形磁场质谱仪[31,33]。

TOF 分析器的主要优点是：
- 理论上 TOF 分析器的 m/z 范围是无限的[34,35]。
- 获得短时间（纳秒）电离产生离子的完整质谱，例如来自 LDI 或 MALDI 的激光照射。
- TOF 分析器提供高离子传输，因此有助于提高灵敏度。
- TOF 的质谱图采集速率很高，基本上 $>10^3$ Hz。
- TOF 仪器的设计和构造相对简单。
- 现代 TOF 仪器可以进行准确质量测定和串联质谱实验[36]。

4.2.2 TOF 仪器：离子的速度和飞行时间

无论电离方法如何，质量为 m_i 的离子，其电荷 q 等于电子电荷 e 的整数 z 倍，即 $q = ez$。通过电压 U 获得的能量 E_{el} 由下式给出

$$E_{el} = qU = ezU \tag{4.1}$$

因此，带电粒子在电场中的原势能被转换成动能 E_{kin}，即转换成平动运动。

$$E_{el} = ezU = \frac{1}{2}m_i v^2 = E_{kin} \tag{4.2}$$

假设离子最初处于静止状态，这在一阶近似下成立，通过重新排列式（4.2）计算得到到达的速度（v），即 v 与质量的平方根成反比。

$$v = \sqrt{\frac{2ezU}{m_i}} \tag{4.3}$$

一颗飞驰的"足球" 在受到 19.5 kV 加速后，[60]富勒烯分子离子 $C_{60}^{+\bullet}$ 的速度可通过式（4.3）计算得到：

$$v = \sqrt{\frac{2 \times 1.6022 \times 10^{-19}\,\text{C} \times 19500\,\text{V}}{1.1956 \times 10^{-24}\,\text{kg}}} = 72294\,\text{m/s}$$

一个离子的速度为 72294 m/s 看起来相当高，但仅为光速的 0.0024%。加速电压和离子速度在飞行时间质谱中是最高的，尽管扇形磁场仪器也是用数千电子伏特的离子进行操作的（第 4.3 节）。其他类型的质量分析器要求离子以低得多的动能进入。

适用于任何质量分析器
式（4.3）描述了离子在电场中加速后的速度，因此它不仅适用于 TOF-MS，也适用于质谱仪中处理离子束的任何部分。

现在可以很容易地想象测量未知 m/z 的离子在被电压 U 加速后行进距离 s 的时间，行进距离 s 所需的速度 v 和时间 t 之间的关系是

$$t = \frac{s}{v} \tag{4.4}$$

当用式（4.3）代替 v 时变成

$$t = \frac{s}{\sqrt{\frac{2ezU}{m_i}}} \tag{4.5}$$

式（4.5）给出了离子在加速过程完成后，以恒定速度在无场环境中行进距离 s 所需的时间。式（4.5）的重新排列揭示了仪器参数 s 和 U、实验值 t 与比值 m_i/z 之间的关系

$$\frac{m_i}{z} = \frac{2eUt^2}{s^2} \tag{4.6}$$

从式（4.5）很明显看出漂移通过固定长度无场空间的时间与 m_i/z 的平方根成正比

$$t = \frac{s}{\sqrt{2eU}} \times \sqrt{\frac{m_i}{z}} \tag{4.7}$$

因此，不同 m/z 的离子到达时间之间的间隔 Δt 正比于 $s[(m_i/z_1)^{1/2} - (m_i/z_2)^{1/2}]$。

质量，而不是 *m/z*

这里，比值 m_i/z 表示每电子电荷数的离子质量（kg）。质量符号处的标记 i 用于避免与质荷比 m/z 混淆，质荷比 m/z 用于指定质谱图横坐标上峰的位置（第 1.4.3 节）。

飞行时间的微小差异 根据式（4.7），前一示例中处理的 $C_{60}^{+\cdot}$（m/z 720）将在 27.665 μs 内穿过 2.0 m 的无场飞行路径，而其同位素组成异构体 $^{13}C^{12}C_{59}^{+\cdot}$（$m/z$ 721）则需要稍长的时间。由与 m/z 的平方根成比例可得（使用 m_i/z 值会产生相同的结果，因为取消了量纲）：

$$\frac{t_{721}}{t_{720}} = \frac{\sqrt{721}}{\sqrt{720}} = 1.000694$$

因此，t_{721} = 27.684 μs。这相当于在此条件下飞行时间相差 19 ns（参见图 4.9）。

飞行时间与 m/z 平方根成正比，对于给定的 $\Delta(m/z)$ 来说，使得 Δt 随着 m/z 的增加而减小：在其他相同条件下，每 1 u 的 Δt 计算为，m/z 20 时为 114 ns，m/z 200 时为 36 ns，m/z 2000 时仅为 11 ns。因此，飞行时间质量分析器的实现取决于以足够的精度测量短时间间隔的能力[37-39]。在这一点上，很明显早期飞行时间分析器的性能受到了当时电子设备效率低以及其他原因的影响，直到 20 世纪 90 年代中期才克服了这一障碍[32]。

多电荷离子的"压缩"同位素模式　多电荷离子（$z > 1$）的飞行时间解释了由更高电荷态离子引起的信号的位置和外观上的变化（第 3.8 节）。当 z 增加到 2、3 等时，m/z 的数值会按照 2、3 等因子减少（如减少至 $z = 1$ 时的 1/2、1/3 倍等），即在低于相同质量的相应单电荷离子的 m/z 处检测到相应的多电荷离子。根据式（4.7），双电荷离子的飞行时间缩短至 70.7%（$1/\sqrt{2}$ 倍），这与其一半质量的单电荷离子的飞行时间相同。相应地，对于三电荷离子，飞行时间缩短至 57.7%（$1/\sqrt{3}$ 倍），对应于三分之一质量的单电荷离子，依此类推，对应于更高的电荷态。

> **推断电荷状态**
>
> 　　对于多电荷离子，m/z 标尺被压缩 z 倍，z 等于离子的电荷状态。就相对强度而言，同位素模式不受影响。由于同位素峰之间的 $\Delta(m/z)$ 与 z 成反比地减小，电荷状态可以容易地被归属。例如，双电荷离子在 $\Delta(m/z) = 0.5$ 处形成同位素峰，三电荷离子在 $\Delta(m/z) = 0.333$ 处形成同位素峰，依此类推。

4.2.3　线形飞行时间分析器

　　将其使用领域限制为激光解吸电离（LDI）和 MALDI（第 11 章），可以构建一台简单的 TOF 仪器（如图 4.5）：分析物以薄层的形式涂布在样品支架或靶板上，脉冲激光聚集其上。将加速度电压 U 施加在该靶板和接地对电极之间。在激光脉冲过程中形成和解吸的离子在从靶板进入气相时被连续引出和加速。当离开加速区域 s_0 时，离子应具有相等的动能。它们沿着 1～2 m 的无场飞行路径 s 漂移，最后击中检测器。通常，使用微通道板（MCP）检测器来补偿离子束的角度扩散（第 4.12 节）。一个快速模数转换器（8 位或 10 位 ADC）将检测器的模拟输出转换为计算机可以存储和处理的数据。这种离子从其产生点沿直线行进到检测器的仪器装置称为线形 TOF。

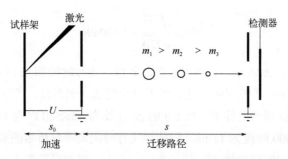

图 4.5　与激光解吸离子源联合使用的线形飞行时间仪器的示意图

当激光脉冲照在样品层上时，离子随即产生，并立即在电压 U 的作用下被持续加速。当沿着无场漂移路径 s 漂移时，它们在时间轴线上分散，较轻的离子首先到达检测器

理论上，任何其他电离方法都可以与 TOF 分析器结合使用，即使该电离方法本质上不是一种固有的脉冲技术，前提是有办法以脉冲方式从这种离子源中引出离子（第 4.2.6 节）。

通过式（4.7）计算的漂移时间 t_d 与总飞行时间不完全相同。显然，必须加上离子加速所需的时间 t_a。此外，激光脉冲宽度和解吸/电离过程的时间 t_0 较短，一般在几纳秒量级。因此，总飞行时间 t_{total} 由下式给出

$$t_{total} = t_0 + t_a + t_d \tag{4.8}$$

构建 TOF 分析器这类仪器需要严格的数学处理，这些数学处理中必须包括所有对总飞行时间的贡献各部分[32,36-38,40-42]。

线形 TOF 分析器的透射率接近 90%，因为离子损失仅由残余气体引起的碰撞散射或离子源的不良空间聚焦引起。当检测器足够大且表面距离离子源出口近时，绝大部分离子能够被检测器捕获。

即使在飞行过程中的亚稳分解也不会降低分子离子信号的强度，因为形成的碎片保持了发生裂解的离子的速度，因此与其完整的前体同时被检测。在这种情况下，离子和中性片段在检测器上引起响应。这些特性使线形 TOF 分析器成为分析容易裂解和/或高质量分析物的理想设备[43]。

> **中性粒子的检测**
>
> 在线形 TOF 分析器中，由亚稳态裂解形成的中性粒子也会产生信号。这是因为它们与离子裂解的产物离子并排沿着飞行管行进，然后击中检测器。结果，未裂解的完整前体离子加上前体离子亚稳态解离的离子和中性产物将同时撞击检测器。因此，线形 TOF 分析器最适合分析大的和不稳定的分子，例如寡核苷酸（参考 11.5 节）。在质谱分析中，中性粒子提供了有用的信号，这是一种罕见的情况。

第 4.2.2 节中的例子表明，在大约 m/z 1000 处，质量相差 1 u 的离子的飞行时间差异约为 10 ns。对于标准紫外激光器，解吸/电离过程中经历的时间为 10~50 ns，但在 IR 激光器的情况下可能会更长。因此，相同 m/z 值的离子的起始时间变化通常大于相邻 m/z 值的飞行时间差异，从而限制了 TOF 分析器的分辨率。

4.2.4　较好的真空度可以提高分辨力

TOF 分析器的质量分辨率与其总飞行路径长度成正比[44]。真空条件的改善使离子的平均自由程延长，从而降低了通过分析器的过程中发生碰撞的风险。TOF 分析器的分辨力显然取决于背景压力[45]。尽管可以将分辨率提高 2 倍（图 4.6），但是仅

仅增强泵系统并不能实现分辨率的突破。

> **只有四极离子阱使用缓冲气体**
>
> 四极离子阱（第4.5节）是唯一一种使用缓冲气体阻尼离子轨迹的质量分析器。所有其他质量分析器都需要尽可能高的真空度，以获得最佳性能。

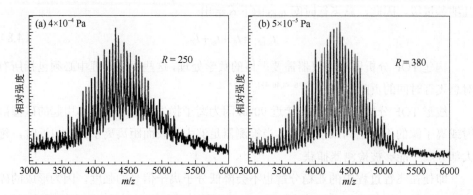

图4.6 分辨率对分析器气压的依赖性：聚乙二醇4000在压力为4×10^{-4} Pa（a）和5×10^{-5} Pa（b）下的线形MALDI-TOF记录所得的谱图

（经授权改编自参考文献[45]。© John Wiley & Sons，1994）

4.2.5 激光解吸离子的能量扩散

激光解吸产生的离子具有相对较大的起始动能，约为10 eV，这些动能叠加在加速电压提供的动能上，后者通常为10~30 kV量级。显然，更高的加速电压是有利的，因为它们减少了由电离过程引起的对能量分布的相对贡献。图4.7说明了偏离离子最初在等电位表面上是静止状态的假设时可能会产生的影响[39]。所有这些影响共同限制了连续引出型线形TOF分析器的分辨率在$R\approx500$的水平。

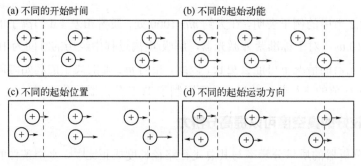

图4.7 起始时间、空间和动能分布对TOF质谱质量分辨率的影响

（经许可改编自参考文献[39]。© The American Chemical Society，1992）

> **令人困扰的能量扩散**
> 由热能和不均匀加速产生的离子动能的扩散是质量分析器构造中的一个普遍问题。因此，有许多方法来缩小离子的动能分布或补偿它们的影响。

4.2.6 反射式飞行时间分析器

反射器或反射式飞行时间分析器是由 Mamyrin 在 1994 年设计的[46]。在反射式飞行时间分析器（通常缩写为 ReTOF）中，反射器充当离子镜，能够按时聚焦不同动能的离子。通过使用两级甚至多重反射设计，可以提高其性能。

通常，反射式仪器还在反射器后面配备一个检测器，只需关闭反射器电压即可实现线形模式运行。文献[36-38,42]中对单级和两级反射器进行了完整的数学分析。本节仅限于对反射器进行定性解释。

一个简单的反射器由位于与离子源相对的无场漂移区后面的减速电场组成。实际上，反射器由一系列电位递增的环形电极组成。反射电压 U_r 设置为加速电压 U 的 1.05~1.10 倍，以确保所有离子都在设备电场的均匀部分内被反射（图 4.8）。离子进入反射器，直到它们达到零动能，然后以相反的方向从反射器中被推出。离去离子的动能保持不变，但它们的飞行路径根据动能的差别而变化。携带更多动能的离子将飞入减速场中更深的地方，从而比能量较低的离子在反射器内花费更多的时间。因此，反射器实现了飞行时间的修正，大大提高了 TOF 分析器的分辨力[32,37-39]。此外，反射器对于离开离子源并具有角度扩散的离子提供（并不完美的）聚焦，并纠正了它们的空间分布[37,46]。相对于从离子源出来的离子以小角度调整反射器，TOF 分析器可以将反射器-检测器放置在离子源附近（Mamyrin 设计）。此外，在同轴反射器中必须使用带有中心孔的检测器来传输离开离子源的离子（参见第 9.5 节）。

尽管反射器延长了飞行路径，因此也延长了飞行时间的分散，但这种效应的重要性低于其补偿起始能量扩散的能力。线形仪器中较长的飞行管也可以简单地延长飞行路径。然而，太长的飞行路径甚至可能降低飞行时间分析器的整体性能，这是由于离子束的角度扩散和离子在与残余气体碰撞后散射造成的离子损失。

尽管如此，TOF 分析器凭借其非常长的飞行路径显著提高了所能提供的分辨率，这促使了具有折叠离子路径和复杂离子光学器件的 TOF 分析器的发展（第 4.2.11 节）。

ReTOF 能够补偿离子起始能量扩散的能力，在很大程度上提高了 TOF 仪器的分辨力。虽然线形模式下的典型连续引出式 TOF 仪器无法分辨质荷比高于 m/z 500 分析物的同位素模式，但在反射式模式下操作时可以实现（图 4.9）。在更高的质荷比情况下，ReTOF 仍然无法分辨同位素模式，尽管 ReTOF 的分辨率仍然优于线形 TOF 分析器。

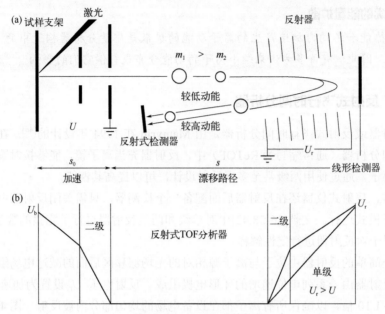

图 4.8 ReTOF 分析器

（a）运行原理；（b）沿仪器的电位。不同动能的离子进入反射器到不同深度，然后停止并被射向相反方向。较快的离子必须比较慢的离子行进更长路径，因此，在返回路径上的某个点实现时间聚焦。在那里，检测器在（大约）同一时间接收相同质量的离子。飞行路径轴线和反射器之间的小角度使得检测器可以被放置在离子源旁边

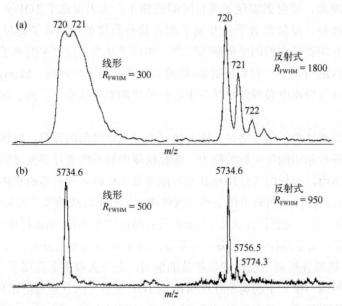

图 4.9 在线形模式（左）和反射模式（右）下在 TOF 仪器上获得的质谱信号

（a）C_{60} 分子离子在 m/z 720 的信号；（b）牛胰岛素的 [M+H]$^+$ 离子在 m/z 5734.6 的信号。所有其他实验参数保持不变

ReTOF 中的亚稳态离子

在亚稳态裂解的情况下，ReTOF 分析器的行为不同于线形 TOF 分析器。如果在离子源和反射器之间发生裂解，离子将由于其动能的变化而被反射器损失。由于反射器的能量耐受性，只有动能仍接近前体的碎片才会发生透射，例如多肽的$[M+H-NH_3]^+$约为 m/z 2000 情况下。然而该离子不能在正确的 m/z 处检测到，从而引起质谱峰的"拖尾"。从反射器到检测器传输过程中的亚稳离子裂解的方式与线形 TOF 中的相同。因此，ReTOF 分析器加长的飞行路径也为离子裂解提供了更多的时间。这可能会使反射模式下非常不稳定的分析物的检测变得复杂。

4.2.7 延迟引出以提高分辨力

在 MALDI-TOF-MS 中，产生的离子的能量分布幅度很大，这是由于 MALDI 过程造成的，此外该过程还会产生离子形成的时间分布。这种情况最成功的处理方法是在离子源的离子产生和离子引出/加速之间引入一段时间延迟。时间延迟聚焦（time-lag focusing）可以追溯到 1955 年[21]，并且自那时起，已经被多个团队根据 MALDI-TOF-MS 的需求进行了调整[47-50]。

脉冲加速的优点是能及时聚焦离子，从而降低起始位置和起始速度对分辨率的影响。此外，这种延迟允许激光照射产生的羽流在加速前仍处于无场区时分散。这避免了高能离子与起始密集羽流中的中性粒子发生碰撞，这种碰撞可能会扩大平动能分布，并由 CID（第 9.3 节）引发裂解。连续引出 MALDI 离子源必须在接近离子形成阈值的激光能量下运行，以免进一步牺牲有限的分辨率。使用脉冲加速时，这种影响会大大降低。

在数百纳秒的延迟期间，允许离子根据其不同的起始速度在空间中分离后，加速电压以快速脉冲打开。该过程还确保激光诱导的反应在离子加速开始之前终止。经验发现需要大约 200 ns 的延迟才能实现预期效果[36,42]。

更长的延迟允许在聚焦质量处实现非常高的分辨力，但是在优化的 m/z 范围之外，分辨率仍然有限。由 Bruker Daltonik 引入了所谓的全景脉冲离子引出（panoramic pulsed ion extraction，PAN），其利用时间调制引出脉冲在宽 m/z 范围内扩展最佳分辨率。

很多相似名称

然而，专利和商标导致了几乎相同事物的冗余名称，如：时间延迟聚焦（time-lag focusing，TLF，Micromass）；延迟引出（delayed extraction，DE，Applied Biosystems）；脉冲离子引出（pulsed ion extraction，PIE），以及全景式脉冲离子引出（panoramic pulsed ion extraction，PAN，Bruker Daltonik）。

使用两级加速离子源可以调节靶板（推斥极板）和引出板 P_1 之间的电场。加速电压的剩余部分在第二阶段施加。在引出开始时，具有高起始速度的离子比较慢的离子行进得更远，因此在靶板和引出板 P_1 之间仅经历引出电压 dV 的一小部分。第二阶段的电压对所有离子都是相同的。最快的离子从加速场中获得的能量比最慢的离子少。因此，这种离子源补偿了初始能量分布[50]。

延迟时间和脉冲电压与固定电压之比（V_1/V_2）的最佳设置取决于 m/z，对于较重的离子，倾向于更长的延迟和/或更大的 V_1/V_2 比。实际上，脉冲离子引出中电势随时间的变化可以如下处理（图 4.10）：靶板和引出板 P_1 在延迟时间内保持在相同的电势，从而产生无场区 d_1。延迟过后，P_1 以变量值 dV 从 V_1 切换到 V_2，引出离子。

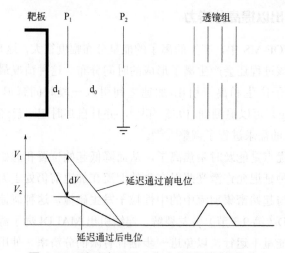

图 4.10 脉冲离子引出中电位随时间的变化

透镜组充当离子束角度聚焦装置（由 Bruker Daltonik Bremen，提供）

分辨率的显著提高 硬件制造商无论是谁，时间延迟对分辨率的影响都是相当显著。线形仪器的分辨力提高 3~4 倍，反射式仪器分辨力提高了 2~3 倍[50]。通过比较在连续引出模式下获得的和同一仪器在 PIE 升级后获得的低质量肽物质 P 的 MALDI-TOF 质谱图，其优势显而易见（图 4.11），现代中档级别的 MALDI-TOF 仪器可轻松提高两倍的分辨率。

4.2.8 正交加速 TOF 分析器

到目前为止，一提到 TOF 分析器人们就会想到与 MALDI-TOF 设备有关，这是因为 MALDI 作为一种脉冲电离方法能以理想的方式将离子输送到 TOF 分析器中。实际上，MALDI 推动了 TOF 的巨大改进。因此将这些小型但功能强大的分析器与其他本质上属于非脉冲电离的方法相结合变得很有吸引力。TOF 能够普适的重大突破主要来源于正交加速 TOF 分析器（orthogonal acceleration，oaTOF）的设计。oaTOF 分

4.2 飞行时间仪器

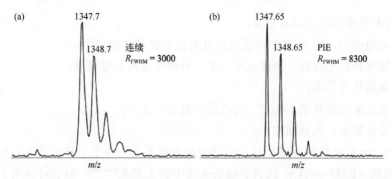

图 4.11 Bruker Biflex ReTOF 获得的物质 P（低质量肽）(a) 在连续引出反射模式下（1995 年）和（b）该仪器进行脉冲离子引出（PIE）升级后（2001 年）的 MALDI-TOF 质谱图

析器能够从连续离子束中正交引出离子脉冲（图 4.12）[51,52]。oaTOF 分析器可以是线形或 ReTOF 类型。虽然每种电离方法必须克服不同的问题，但 oaTOF 分析器理论上适用于其中任何一种方法[29,53-55]。

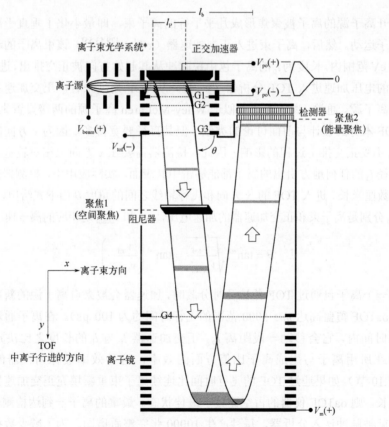

图 4.12 正交加速反射式 TOF 仪器

请参阅讨论文本（经授权转载自参考文献[55]）。© John Wiley & Sons，2000）

oaTOF 分析器的主要优点是：

① 灵敏度高，因为 TOF 分析器的良好占空比和高透射率；
② 即使在预平均后，图谱采集速率（每秒图谱数）也很高；
③ 高质量分辨率；
④ 质量准确度高达 1×10^{-6}，可以用于测定分子式；
⑤ 设计紧凑，占地面积小。

因此，oaTOF 仪器在多领域被广泛应用也就不足为奇了。具有准确质量能力的电喷雾电离（ESI）oaTOF 代表了这些系统中的大多数[56-58]，但也可以用于气相色谱-质谱（GC-MS）仪器。特别是对于快速气相色谱（fast GC）应用[59,60]和高分辨气相色谱-质谱联用（HR-GC-MS）[61]，oaTOF 系统具有优势。如今，大部分采用 oaTOF 的仪器是融合型的，主要是四极杆-oaTOF 类型。因此，将在融合型仪器一节中讨论它们。

4.2.9 oaTOF 分析器的运行

离开离子源的离子被聚焦形成几乎平行的离子束，即最小化了垂直于离子束轴向的离子运动。然后，离子束进入正交加速器（x 轴）[29,53,55]。该束离子的动能仅在 10～20 eV 范围内。长度为 l_p 的离子包由锐脉冲从其起始方向被正交推出，进而被 5～10 kV 的电压加速进入 TOF 分析器（y 轴）。从 TOF 角度来看，正交加速单元可以被视为离子源。通常，离子通过类似于 Wiley-McLaren 离子源的两级设置来加速[21]。

TOF 本身的设计与前面讨论的类似，但其直径要宽得多，因为 x 方向的离子速度 v_{beam} 不受正交推出过程的影响。因此，检测器需要在 x 方向上相对较宽，以使从整个路径 l_p 的任何地方引出的离子都能够击中其表面。实际应用中，检测器的宽度需要达到数厘米长。进入 TOF 的 x 方向和飞行轴线之间的角度 θ 由下式给出，其中 V_{tof} 和 V_{beam} 分别是离子束和正交加速器的加速电压，v_{tof} 和 v_{beam} 是相应的离子速度。

$$\theta = \tan^{-1}\sqrt{\frac{-V_{tof}}{V_{beam}}} = \tan^{-1}\left(\frac{v_{tof}}{v_{beam}}\right) \tag{4.9}$$

当一个离子包通过 TOF 并被及时分散时，加速器会被来自离子源的新离子重新填充（oaTOF 覆盖高达 m/z 5000 范围的飞行时间约为 100 μs）。在离子通过 oaTOF 的漂移时间内，它会移动一段距离 l_b。正交加速器 l_p 与 l_b 的长度之比决定了质量分析器在所用离子与生成离子比值方面的效率，这种效率被称为仪器的占空比（第 4.2.10 节）。如果通过 TOF 的飞行时间比连续离子束重新填充正交加速器所需的时间稍长，则 oaTOF 仪器的占空比处于最佳状态。最重的离子一到达检测器，下一离子包就被脉冲送入分析器，每秒产生 10000 张完整质谱图。为了减少数据量和提高信噪比，采集处理单元对几个单张质谱图求和，然后将质谱图传送到计算机进行数据存储和后处理。

4.2.10 占空比

在质谱学中，术语"占空比"指从离子源连续输送的一股离子流，其最终被用于质量分析的时间占比。扫描型仪器的占空比本质上很低，因为一次只有一个 m/z 值的离子击中检测器，而所有其他离子都被分析器丢弃，例如在 R=1000 时只有千分之一的 m/z 范围到达检测器，其对应占空比正好为 10^{-3}。另一方面，线形 TOF 和 ReTOF 能使用几乎所有由脉冲电离产生的离子，因而使占空比量级为 0.9。虽然 oaTOF 比扫描型设备好得多，但它必须批量处理离子脉冲。快速（低质量）离子比慢速（高质量）离子在更短时间跨度穿过正交加速器，从而引起低质量离子歧视效应。这种行为限制了可以同时脉冲进入 TOF 的质量范围。根据离子的轴向速度分布和待分析 m/z 范围，oaTOF 占空比在 3%～30%范围内。

占空比的测定　在 oaTOF 运行中，选择加速脉冲之间的频率，是为了避免由于沿 TOF 分析器行进的后续离子包的混合而引起质谱图叠加。速度最慢的离子到达检测器的时间由离子入口窗口的长度 l_p 与该窗口中点到检测器中点之间的距离 l_b 之比率决定。因此，m/z_{max} 处最重离子的占空比（Du）由 $Du = l_p / l_b$ 给出（图 4.12）[62]。此外，由于离子的速度正比于 $(m/z)^{-2}$ [式（4.3）]，m/z_{low} 低质量离子的占空比由下式给出。

$$Du = \frac{l_p}{l_b}\sqrt{\frac{m/z_{low}}{m/z_{max}}} \tag{4.10}$$

实际上，l_p/l_b 的比值约为 0.25，因此，对于 m/z_{low} = 100 和 m/z_{max} = 2000，得到低质量离子的 Du = 0.056。

尽管如此，仅靠占空比无法完全定义 oaTOF 分析器的传输效率。实际上，仪器的整体灵敏度还受到进入正交加速器过程中的离子损失、脉冲前离子的发散、飞行路径中可能剔蹭等因素的影响。

4.2.11 具有折叠"8"字形飞行轨迹的 TOF 分析器

很显然，如果没有库仑斥力和离子与残余气体碰撞时的散射造成的离子损失，延长飞行路径是提高 TOF 分辨力的一种有效手段。除了考虑这些因素之外，10 m 长的飞行管对任何商业化的仪器来说都不切实际。因此，接下来，将对一些特殊的 TOF 设计进行介绍（希望具有指导性），从而了解可以做些什么。

将飞行路径折叠成紧凑尺寸，是构建具有超长飞行路径 TOF 分析器的巧妙途径。M. Toyoda 的方法利用了四个扇形电场，实现了多匝和多通道离子路径的"8"

字形离子光学几何结构[44]。尽管扇形电场实现了弯曲的离子路径,但是它们仍然不能将离子束的角度聚焦到多次通过分析器所需的水平。因此,还加入了额外的离子光学元件,例如静电离子光学透镜和/或直流四极杆,从而形成了相当复杂的离子光学系统。此外,如果最终仪器打算投入实际使用,就必须将来自外部离子源的离子注入该"赛道"纳入设计中。

这种 TOF 结构的代表之一是 MULTUM Linear plus 仪器[44,63],它由 4 个圆柱形扇形电场和 28 个直流四极杆透镜组成。该 TOF 的设置如图 4.13 所示,通过计算机模拟可视化的相应离子轨迹如图 4.14 所示。离子以 1.5 keV 的中等动能注入,一个循环就是一个"完整'8'字形",相当于 1.284 m。因此该分析器可以装入手提箱式外壳中(60 cm × 70 cm × 20 cm)。

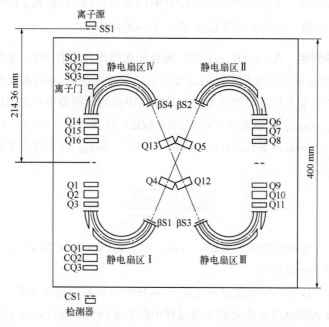

图 4.13 MULTUM Linear plus TOF 中复杂但紧凑的离子光学设计

"8"字形路径是由扇形电场和直流四极杆透镜(SQ、Q 和 CQ)实现

(经授权转载自参考文献[63]。© IM Publications,2010)

卓越的分辨力 MULTUM Linear plus 仪器的分辨力随重复循环次数增加而提高。这已在 m/z 28 处的 $CO^{+\cdot}$ 和 $N_2^{+\cdot}$ 的双峰上得到证明(图 4.15)。值得注意的是,到相邻峰的时间间隔增加,分别对应于 25.5、101.5、301.5 和 501.5 个周期或大约 33 m、130 m、387 m 和 644 m 长的路径,而谱图中的峰宽几乎保持恒定在 (8 ± 1) ns。在 501.5 次循环后,相当于 644 m 的飞行路径和 6.3 ms 的飞行时间之后,质量分辨率达到 R_{FWHM} = 350000。

4.2 飞行时间仪器

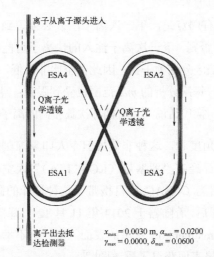

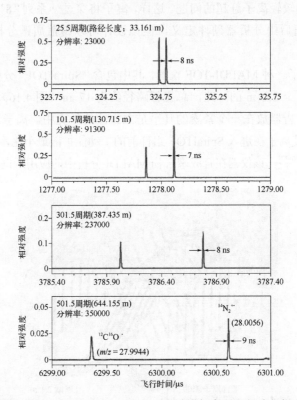

图 4.14 MULTUM Linear plus（参见图 4.13）中离子轨迹的模拟

箭头指示了离子运动的方向（经授权改编自参考文献[44]。© John Wiley & Sons，2003）

图 4.15 MULTUM Linear plus 通过增加离子飞行路径提升分辨率，如 $CO^{+\bullet}$ 和 $N_2^{+\bullet}$ 在 m/z 28 显示双峰

自上而下的图谱分别对应于 25.5、101.5、301.5 和 501.5 个周期，或大约 33 m、130 m、387 m 和 644 m 长的路径（经授权转载自参考文献[63]。© IM Publications，2010）

这种设计的一个固有弱点是,下一次离子注入必须等到前一个离子包完成其通过 TOF 分析器的旅程。否则,下一次离子注入的快离子可能会超过前一次较慢的离子。然而,这种设计无法区分这种干扰,因此占空比非常低,因为完成单次运行需要几毫秒。由于这种现象,每次分析的 m/z 范围也受到限制:经过一些循环后,较轻的离子会超过较重的离子。换句话说,只有循环次数相同的离子才能被可靠地分析。

太空任务 从商业角度看,这种非常规但令人印象深刻的设计仍具有一些原型机特征。尽管如此,它已经在"罗塞塔(ROSETTA)"太空任务中得到了应用。实际上,"菲莱"号着陆器为 COSAC 项目携带了这种设计的微型仪器[64,65]。经过 10 年大约 70 亿公里的旅程后,着陆器于 2014 年 11 月 12 日降落在 67P/楚留莫夫-格拉希门克(Churyumov-Gerasimenko)彗星的表面。在一次不幸的着陆导致了一些困难之后,它终于设法在彗星表面获得了质谱图[66]。

通过倾斜离子注入轴线,使其偏离 x、y 平面,引入 z 方向的平动,可以解决无法区分离子包和较轻离子赶超的问题。这样,离子将穿过一系列"8"字形路径移动。虽然循环次数随后由分析器硬件定义,但该设计可以覆盖质谱分析中所需的较大 m/z 范围[67-69]。

JEOL 开发了一种 MALDI-TOF 仪器,其中包含"SpiralTOF"分析器。SpiralTOF 几何形状包括 8 个 2.1 m 的环路,总飞行路径约为 17 m(图 4.16)。虽然并非真正平坦,但整个分析器放在一个紧凑的几乎是立方体的外壳中。离子源使用延迟引出(第 4.2.7 节),使离子在进入 SpiralTOF 组件前的平动能扩散最小化,该仪器可以提供 80000 的分辨力[70-72]。该仪器在合成聚合物 MALDI 分析中的应用示例见第 11.5 节。

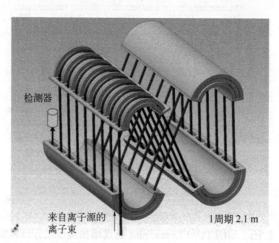

图 4.16 使用四组静电场分析器(浅灰色)阵列的螺旋式飞行时间(SpiralTOF)分析器
左上方 ESA 的外电极已被省略。离子的飞行路径被可视化为一条黑线(经许可转载自参考文献[71]。© The Mass Spectrometry Society of Japan, 2014)

4.2.12 多重反射 TOF

或者，可以通过离子的多重反射折叠飞行路径使 TOF 分析器紧凑。H. Wollnik[73,74] 探索了多通道和多重反射式 TOF 的概念。遵循从 MULTUM 到 SpiralTOF 的设计思路，采用反射器阵列和一些运动方向的倾斜来避免较轻离子的超越似乎是合乎逻辑的。这种具有确定周期数的多重反射器设计提供了要覆盖的 m/z 范围的自由选择，而不是使用同一对反射器尽可能多地来回振荡离子包。最终商业化的装置采用了多重反射器阵列，这些反射器以产生"之字形"或"锯齿状"离子路径的方式排列[75]。为了避免散射造成的离子损失，将一组静电透镜放置于相对反射器的中间位置。它需要仔细调整反射器级数和透镜的空间聚焦，使离子沿着这样的飞行路径保持在轨道上。

离开离子源的离子以一定角度注入第一个反射器，然后通过可切换的偏转电极。当偏转电极打开时，离子被送入第二级反射器，并在通过仅 2 m 的菱形飞行路径后从那里离开并击中检测器（图 4.17）。在这种模式下，仪器可以提供 $R = 1000$。当偏转器没有电位时，离子继续移动以开启"之字形"旅程，直到它们在阵列末端被反射，将它们送回通向检测器的路径。此模式提供 20 m 的飞行路径，可提供 $R = 25000$。通过使用偏转器将离子送回，离子将第二次通过质量分析器，以便在飞行 40 m 后使 $R = 50000$。后一种模式将 m/z 范围限制为 1 : 4 的比例，例如 m/z 200～800，因为第一代和第二代的离子同时在轨行进。

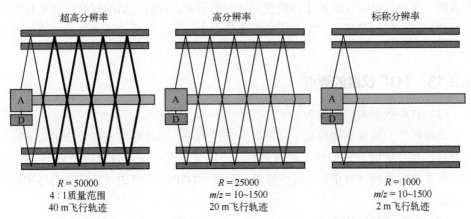

图 4.17 多反射 TOF 设备的工作模式示意图（A 为离子源，D 为检测器）

通过使用可切换偏转器，离子可以通过一次双反射达到 $R=1000$，通过五次双反射达到 $R = 25000$，或甚至可以进行第二次完全通过来实现 $R= 50000$（由德国的 LECO 提供）

图 4.18 可以更好地展示这种紧凑型分析器的尺寸和多重反射器的穿透深度。这种多重反射 TOF 分析器由 LECO 商业化为 Pegasus HRT 系列仪器[76,77]。

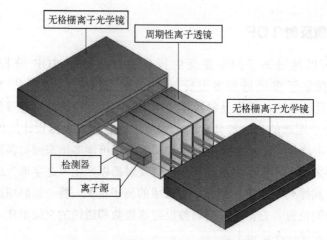

图 4.18 多重反射 TOF 分析器示意图

在大部分行程中，离子要么在反射镜内行进，要么穿过静电透镜（由德国的 LECO 提供）

在欧洲核子研究中心的多重反射 TOF 在欧洲核子研究中心（CERN），在线精密质谱仪 ISOLTRAP 的线形射频离子阱和两个彭宁（Penning）阱之间使用专用的多重反射 TOF 分析器，用于奇特原子核的精确质量测定[78]。MR-TOF 包括两个离子光学镜，在这两个镜之间，振荡离子根据其不同的质荷比被分离。通过多次反射，长度小于 1 m 的分析器实现了数百米的总离子飞行路径。该设备离线版本的测试提供了高达 R = 80000 的分辨力[79]。作为欧洲核子研究中心高度专业化的 ISOLTRAP 装置的一部分，MR-TOF 用于净化受污染的离子束。此外，MR-TOF 可以单独作为质谱仪运行，特别是用于寿命较短或产率低于 Penning 阱质谱法的核素的精确质量测定[78-80]。

4.2.13 TOF 仪器的要点

（1）TOF 仪器的运行原理

动能相等但质量不同的离子以不同的速度运动。当这些离子沿着给定长度的无场漂移路径行进时，它们的飞行时间取决于质量，更准确地说取决于 m/z 的平方根。测定飞行时间（TOF）可以计算离子质量。TOF 分析器的质量分辨力与其长度成正比。

（2）TOF 仪器的构造

TOF 分析器的最简单形式是线形 TOF，从离子源中连续引出离子。反射式 TOF（ReTOF）设计将分辨力提高了 2～4 倍，通过在离子产生和离子加速开始之间实施时间延迟，可以进一步提高分辨力。通常，这种 TOF 分析器（一般采用反射式设计），被同轴连接到具有某种脉冲离子引出功能的 MALDI 源上。

连续离子源可与正交加速（oaTOF）分析器结合使用。对于 oaTOF 中的 m/z 分析，离子从与其方向正交的离子束中偏转。通常，这些仪器的 TOF 分析器也是反射式设计。此外，oaTOF 非常适合与其它质量分析设备结合使用。

（3）性能特点

TOF 分析器在质量范围、分辨力和质量准确度方面的性能，根据仪器的设计（同轴 TOF 与 oaTOF）、运行模式（线形或反射模式）和预期用途（MALDI 与 ESI，APCI 与 EI，CI）而有很大差异。因此，TOF 可以覆盖高达 m/z 1000（GC-MS）、m/z 5000（ESI，APCI 源），甚至远远超过 m/z 100000（MALDI）的范围。TOF 可以提供 R = 1000（GC-MS，GC×GC-MS）至 R > 30000 的分辨力。因此，质量准确度范围从 0.2～0.001 u。

（4）实验室中的飞行时间分析器

TOF 广泛用于现代质谱仪器中。TOF 的成功基于分辨率、质量准确度、质量范围、速度和灵敏度等方面的性能与合理价格之间的平衡。在实验室占地面积小，功耗适中，也有助于其取得成功。同轴 TOF 和 oaTOF 构成了当今 TOF 仪器主流，而更复杂的折叠离子路径布局不太常见。

4.3 扇形磁场仪器

4.3.1 扇形磁场仪器的演变

扇形磁场仪器为有机质谱法铺平了道路。"虽然质谱法在 1940 年仍然是一门艺术而不是一门科学，但在战争年代，情况发生了巨大变化。真空和电子技术已经成熟。"[81]。直到 20 世纪 50 年代，扇形磁场仪器才实现商业化[7,8]。这些开创性的仪器相当笨重，不太容易使用[81-83]。然而，它们提供了化学家长期以来一直在追寻的分析信息。它们不断变得更快、更准，分辨力更高[3,5,9,84]。第一批仪器使用单个扇形磁场（符号 B）来实现离子的分离。后来，双聚焦仪器的引入，除了配备扇形电场或静电分析器（ESA，符号 E）之外，还定义了仍然有效的标准。除少数例外情况外，扇形磁场仪器是相对较大的设备，能够进行高分辨率和准确质量的测定，适用于各种电离方法。

仪器发展的趋势

二十年前，双聚焦扇形磁场仪器是常用的，适用于各种化学样品。然而，在过去十年里，人们越来越倾向于将扇形磁场仪器替换为 TOF、Orbitrap 或 FT-ICR 质谱仪，甚至用 APCI 或 ESI 取代传统的电离方法，如 EI、CI 或 FAB，只是为了将样品流重新定向到这些更现代化的质量分析器。然而，制造商"重新发现"了 EI 和 CI 的效用，并开始提供适合这些电离方法的 TOF 和 Orbitrap 分析器。这些仪器通常专用于气相色谱-质谱联用（GC-MS），但直接进样杆也正在复兴中（第 5.2 节）。

4.3.2 扇形磁场仪器的原理

洛伦兹力定律可用于描述带电粒子在进入恒定磁场时所受到的作用力。洛伦兹力 F_L 取决于速度 v、磁场 B 和离子的电荷 q。在最简单的形式中，洛伦兹力可以由无向量方程给出[3,4,85,86]

$$F_L = qvB \tag{4.11}$$

如果 v 和 B（都是向量）彼此垂直，则有效。否则，关系将变为

$$F_L = qvB(\sin\alpha) \tag{4.11a}$$

式中，α 是 v 和 B 之间的角度。图 4.19 演示了磁场方向、离子运动方向和由此产生的洛伦兹力方向之间的关系。它们中的每一个都与其他彼此垂直。质量为 m、电荷为 q 的离子在垂直于均匀磁场的方向上以速度 v 运动，将遵循半径为 r_m 的圆形路径，该路径满足 F_L 和向心力 F_c 的平衡条件

$$F_L = qvB = \frac{m_i v^2}{r_m} = F_c \tag{4.12}$$

重新排列后，得到了这个圆周运动的半径 r_m

$$r_m = \frac{m_i v}{qB} \tag{4.13}$$

这显示了扇形磁场的运行原理，其中半径 r_m 取决于离子的动量 mv，而动量 mv 本身取决于 m/z。

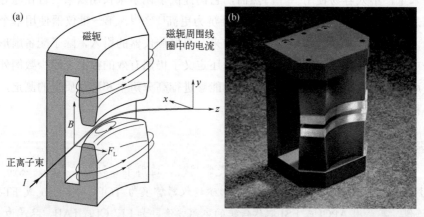

图 4.19 确定洛伦兹力方向的右手定则（a）（I—电流方向；B—让磁力线穿过掌心的方向；F_L 拇指指向洛伦兹力的方向），其中电流对应于正电荷移动的方向，即该图直接适用于正离子；一个没有线圈和飞行管的磁轭组件实物（b）

经 Thermo Electron (Bremen) GmbH（a）和 Waters 公司质谱技术部（b）授权复制

动量分析器

扇形磁场并不直接按质量分离离子。相反，它通过离子的动量实现离子的分离，并且该特征可以作为质量的度量标准，前提是所有离子都具有相同的动能。

最后，动量的分散导致 r_m 对质量平方根的依赖性，这一点通过从式（4.3）和 $q = ez$ 中替换 v 变得明显

$$r_m = \frac{m_i}{ezB}\sqrt{\frac{2ezU}{m_i}} = \frac{1}{B}\sqrt{\frac{2m_iU}{ez}} \tag{4.13a}$$

或者，可以通过重新排列方程式（4.13）来表示 m_i/q 的比值。

$$\frac{m_i}{q} = \frac{r_m B}{v} \tag{4.14}$$

当如上所述替换 v 时

$$\frac{m_i}{q} = \frac{r_m B}{\sqrt{\frac{2qU}{m_i}}} \Rightarrow \frac{m_i}{q} = \frac{r_m^2 B^2}{2U} \tag{4.14a}$$

对于单电荷离子（$z = 1$，$q = e$），更广泛的形式为

$$\frac{m_i}{e} = \frac{r_m^2 B^2}{2U} \tag{4.14b}$$

质谱学的基本方程

式（4.14b）被称为质谱学的基本方程。如今，使用的质量分析器种类越来越多，因此质谱法不能再使用单一的基本方程。

4.3.3 磁场的聚焦作用

均匀磁场对具有相同 m/z 和相同动能的离子束的聚焦作用，可以用 180°扇区来最好地说明（图 4.20）。如果离子束发散半角为 α，则收集器狭缝宽度必须为 $\alpha^2 r_m$，才能在偏转 180°后让所有离子通过。这是因为离子达到一阶，即不完美的焦点，它们都以相同的半径穿过磁场，但不是所有的离子都以直角进入磁场。不同 m/z 的离子以不同的半径飞行，例如，m/z_1 的较轻离子触壁，而 m/z_2 的离子穿过收集器狭缝。为了能够检测各种质量，这种分析器可以在焦平面上配备照相板，成为所谓的质量光谱法（mass spectrograph），或者它可以被设计为具有可变磁场，以检测同一点的不同质量，然后将它们带到收集器狭缝中。实际上，Dempster 使用过这种具有扫描磁场的 180° 几何形状[87]。后来，"质谱仪" 一词被创出来用于这种类型的仪器[83]。

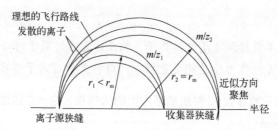

图 4.20　180°扇形磁场对具有相同 m/z 和相同动能的发散离子束的方向聚焦特性，以及对不同 m/z 离子的影响
在此图中，对于正离子，磁场 B 必须从纸面朝向读者方向

在其它复杂因素中，180°设计需要大而重的扇形磁场。使用较小角度的扇形磁场要简练得多（图 4.21）。根据其半径，仅优化的扇区就可以提供 $R = 2000 \sim 5000$ 的分辨力。这种限制源于这样一个事实，即从离子源出来的离子并不是真正单能的。这样，不同 m/z 的离子可以具有相等的动量，从而在检测器处引起相邻离子束的重叠。

能量扩散限制了分辨力　式（4.13a）描述了磁场半径 r_m 的计算方法。显然，只要 $m_i U = $ 常量，r_m 保持不变。如果仪器被设置为通过例如 m/z 500 和 3000 eV 动能的离子，它将同时允许具有 2994 eV 动能的 m/z 501 或具有 3006 eV 动能的 m/z 499 的离子通过。这就是为什么高分辨率要求窄的动能分布。

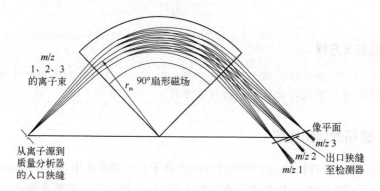

图 4.21　通过 90°扇形磁场在平面内进行离子的分离和方向聚焦
一个由 m/z 1、2、3 的离子组成发散离子束被分离成三束，并被聚焦到像平面上的一个点
（所示的发散被以夸张的形式展现）。只有 m/z 2 的离子通过出口狭缝并最终击中检测器
（经许可改编自参考文献[88]。© Wiley-VCH，1999—2014）

4.3.4　双聚焦扇形场仪器

扇形电场或静电分析器（ESA）在两个带相反电荷的板之间产生径向电场，延伸后形成 ESA 角 ϕ（图 4.22）。离子在圆形路径的途中通过 ESA，如果

4.3 扇形磁场仪器

$$F_e = qE = \frac{m_i v^2}{r_e} = F_c \tag{4.15}$$

式中，F_e 代表了电场力；E 代表电场强度；r_e 代表 ESA 半径。式（4.15）的重新排列结果［式（4.16）］表明 ESA 充当一个能量分散装置。

$$r_e = \frac{m_i v^2}{qE} = \frac{m_i v^2}{ezE} \tag{4.16}$$

> **能量滤器**
>
> ESA 影响能量分散。因此，可以减少离子束的动能分布。ESA 不考虑单能离子之间的质量分离。

用式（4.3）代替 v，得到简单关系来描述 ESA 的半径：

$$r_e = \frac{2U}{E} \tag{4.17}$$

与之前的扇形磁场一样，ESA 在一个平面上具有方向聚焦特性（图 4.22）。在中间和与场边界成直角进入 ESA 的离子在等电位路径上通过，而具有朝向其中一个电容板的速度分量的离子被聚焦在焦距 l_e 处。为了理解这一点，想象一个离子漂向具有与离子相同电荷符号的外板。当它接近板时，会被相反电场减速，最后反射到离子束中心。随着其径向分量 v 反转时，它在 l_e 处穿过理想路径。以类似的方式，接近内板的离子被吸引力加速。由此产生的较高速度导致向心力增加，从而在适当意义上影响飞行路径的修正。

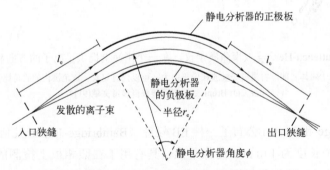

图 4.22　径向电场的方向聚焦

具有适当动能的离子在出口狭缝处被聚焦。发散的离子紧贴着静电器（ESA）的任一板通过。此处，电势被设置为传输正离子。像距 l_e 取决于 ESA 的角度

能量聚焦是通过结合扇形磁场和扇形电场来实现的，磁场的能量色散正好由电场的能量色散补偿。如果这些场的半径和角度及其相互对齐不会削弱每个场的聚焦特性，则可以获得额外的方向聚焦。然后，获得能够将离子聚焦到单个像点

上的离子光学系统,尽管这些离子以(略微)不同的方向和(略微)不同的动能从离子源中出现。这称为双聚焦。双聚焦可以将扇形磁场质谱仪的分辨力提高十倍以上。

4.3.5 双聚焦扇形场仪器的几何形状

以下段落介绍了特定的双聚焦扇形磁场质谱仪几何形状的示例,这些几何结构或者已经成为仪器设计的里程碑[3,5],或者仍然包含在现代质谱仪中。

Mattauch 和 Herzog 设计的 EB 将一个 31°50′ ESA 与一个 90°扇形磁场相结合,产生一个像平面,允许同时对相对较大的 m/z 范围进行摄影检测[89]。该质谱仪实现了整个像平面上的双聚焦,使分辨率 $R > 10000$。因此成为许多商业化仪器的基础(图 4.23)。直到今天,Mattauch-Herzog 的几何构造在火花源(SS)质谱和同位素比值(IR)质谱的专用仪器中仍然存在(第 15.2 节)[90]。

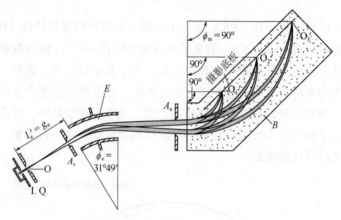

图 4.23 Mattauch-Herzog 双聚焦质谱仪,在一个平面上提供了离子的方向和动量聚焦[89] ESA 位于磁体之前。将摄影底板放在像平面上,可以同时记录一定范围内的质荷比(m/z)
(经 Curt Brunnée 的许可转载自参考文献[91])

Bainbridge 和 Jordan 公布了一种 EB 设计(Bainbridge-Jordan 几何构造),该设计实现了一个长度为 140 mm 的像平面,具有用于在照相板上检测的线性质量标度[92]。他们的论文特别值得推荐,因为该论文很好地说明了摄影底片在那个年代的用途。

第三种著名的 EB 排列被称为 Nier-Johnson 几何构造(图 4.24)[93]。该构造中,离子束首先通过静电分析器,在位于 ESA 焦点的中间狭缝的平面中产生能量分辨离子束,而不会发生质量色散。然后通过一个磁场分析器,以实现离子的质量色散。与 Mattauch-Herzog 质谱仪不同,Nier-Johnson 质谱仪被构建成与扫描磁体结合使用,

以将特定的 m/z 一个接一个地聚焦到检测器点上。这对使用紫外线记录仪或电子数据采集以及实现更好的离子光学系统来说是一个主要优势。

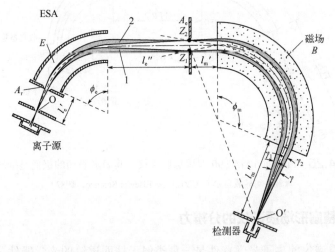

图 4.24 EB 几何构造的双聚焦质谱仪，基本上是一台 Nier-Johnson 类型的仪器
方向和速度聚焦被夸大显示。离子束从 ESA 出来后，通过一个宽的中间狭缝进入扇形磁场。大的孔径确保了良好的整体传输效率（经 Curt Brunnée 许可转载自参考文献[91]）

一些后来的 EB 仪器模型被构建为与（可选）阵列检测器结合使用，例如，JEOL HX-110（EB）、Thermo Finnigan MAT 900（EB）和 Micromass Autospec（EBE）仪器可以通过这种方式配备。阵列检测器位于磁体的聚焦平面上。

扫描

通常，在扇形磁场质谱仪上，通过改变磁场强度使不同 m/z 的离子连续通过来产生质谱图，这称为磁场扫描[94]。对于时间上线性的扫描，扫描速率以 $m/z\ s^{-1}$ 为单位，例如 500 $m/z\ s^{-1}$。对于时间呈指数级的扫描，扫描速率以 s/decade 为单位报告，例如，10 s/decade 意味着 10 s 中从 m/z 30 到 300 或从 m/z 100 到 1000。

逆向几何形状的成功构造，即代替正向 EB 设计,在 20 世纪 70 年代中期以 MAT 311 的形式出现，不久之后由 VG Analytical ZAB-2F 仪器[95]根据 Hintenberger 和 König 的提议推出[96]。

Thermo Finnigan MAT 90 和 95 系列（图 4.25）、JEOL JMS-700 以及 Micromass Autospec（尽管不是严格意义上的 EBE 几何构型[97]）都展示了最新的 BE 几何构型仪器。然而，21 世纪采用重新设计的 BE 几何构型的仪器是 2005 年推出的 Thermo Scientific DSF。与有机和生物医学质谱相比，双聚焦设计仍然在无机质谱中很重要（第 15 章）[90]。

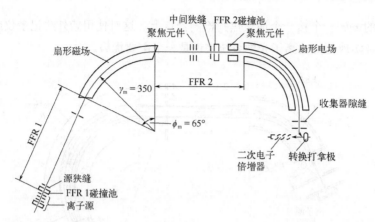

图 4.25 Finnigan MAT 90 双聚焦质谱仪，其扇形磁场的极面是翻转的
（经许可转载自参考文献[2]。© Elsevier Science，1987）

4.3.6 调整扇形场质谱仪的分辨力

扇形场质谱仪的离子光学器件是一种类似于柱面透镜的光学器件。因此，光圈的减小可用于获得更清晰的图像，即提高分辨能力（第 3.4 节）。使用狭缝代替圆形孔径，以符合离子光学系统的圆柱形特性。最重要的是物镜狭缝（源狭缝、入口狭缝）和图像狭缝（收集器狭缝、出口狭缝、检测器狭缝）的设置。另外可以使用中间狭缝。然而，关闭狭缝也意味着切断离子束，从而降低质量分析器的传输。在理想情况下，分辨率提高 10 倍的同时，传输率降低到 10%，但实际效果往往更差。

设置狭缝 在甲苯分子离子的第二个同位素峰 $^{13}C_2{}^{12}C_5H_8{}^{+\bullet}$（$m/z$ 94）（图 4.26）上证明了相对狭缝宽度对峰形和分辨率的影响。当入口狭缝在 50 μm，出口狭缝在 500 μm 时，峰为平顶的（左），因为来自入口的窄离子束扫过缝开放宽度较大的检测器狭缝，在扫描过程中保持强度不变，直到离子束通过狭缝的另一边缘。出口狭缝关闭至 100 μm 可将分辨率提高至 2000，而不影响峰高（中），但根据相同因子的分辨率提高，峰面积减少为原来的 1/4。出口狭缝宽度进一步减小到 30 μm，以峰高为代价提高了分辨率（右）。（所有扇形场仪器的表现必须类似，否则需要清洁或其他维护。）

> **按需进行运行**
>
> 当狭缝闭合到几微米的宽度时，扇形磁场质谱仪会达到终极分辨率。通常狭缝高度也会降低，例如从 5 mm 降低到 1 mm。在日常工作中，根据实际任务设置适宜的分辨率，例如，对于低分辨率工作，$R = 1000\sim2000$；如果需要在高速扫描下进行准确质量测定（GC-MS，第 14 章）或需要解析高质量数分析物的同位素模式时，则 $R = 3000\sim5000$；在慢速扫描准确质量测定，则 $R = 7000\sim15000$。

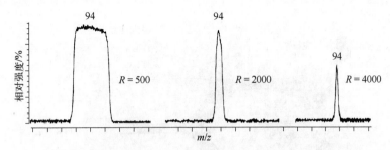

图 4.26 在扇形磁场质谱仪上,相对狭缝宽度设置对峰形和分辨率的影响

峰形从首先的平顶(左)变为高斯分布(中),到最终以牺牲峰高为代价提高了分辨率(右)

4.3.7 扇形场仪器的优化

为了提高扇形场仪器在扫描速度、分辨力、传输率和质量范围方面的性能,需要对结构,特别是磁体的结构进行一些额外的改进。

磁场的快速变化受到迟滞效应的影响,即磁通量不完全随线圈中电流的变化而实时变化,会因涡流感应而滞后。一方面,这会导致在时间上创建完全线性扫描时出现问题;另一方面,这妨碍了如 GC-MS 所需的高扫描速率。磁轭的层压显著减少了这些问题[98],并用于所有的现代扇形场仪器。

为了扩大质量范围,必须增加磁场强度或磁体的半径。然而,非超导磁体的场强在约 2.4 T 时存在局限性。磁体的磁极面可以被旋转,以通过减小焦距来保持紧凑的设计,而不是简单地扩大半径(图 4.27~图 4.29)[2]。

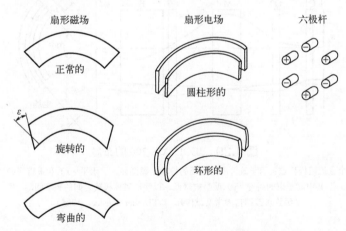

图 4.27 扇形场质谱仪设计中使用的离子光学元件的类型和形状

(由 Thermo Fisher Scientific,Bremen 提供)

另一个问题是由于边缘场。为了减少磁场入口和出口处的散焦效应,电磁铁磁轭的极片通常具有特殊形状的边缘。

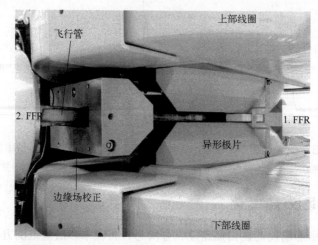

图 4.28 从 ESA 一侧看到的飞行管穿过 JEOL JMS-700 仪器的扇形磁场间隙

磁轭架的极片和管子周围的附加块的形状被设计旨在最小化边缘场。此外，极面被旋转以增加质量范围

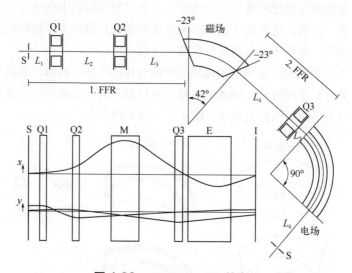

图 4.29 JEOL JMS-700 的布局

使用三个直流四极杆透镜用于改善扇形磁场的传输。插图显示了水平（x）和垂直（y）轨迹，其中离子束的高度（y）明显被降低，以穿过磁体极靴之间的狭窄间隙

（经许可改编自参考文献[99]。© Elsevier Science，1985）

此外，与使用某些直流四极杆（q）透镜或直流六极杆（h）透镜形成离子束的仪器设计相比，仅 EB 和 BE 设计在通过狭窄磁隙的透射率方面受到一定限制（图 4.29）[99,100]。然而，四极杆透镜和六极杆透镜不会改变有效的仪器几何构造，即这种分析器在任何运行模式下的行为都类似于仅 BE 分析器。

4.3.8 扇形磁场质谱仪的要点

（1）离子的分离

在洛伦兹力的作用下，垂直于磁场运动的离子被迫在圆形路径上运动。运动的半径由洛伦兹力和向心力的平衡决定。因此，动能相等但质量不同的离子在各自的半径上运动，动量分离就产生了。然后离子运动到达检测器的一个特定半径，通过该半径或磁场的强度可求出离子的 m/z 值。

（2）配置

扇形磁场仪器可以仅依靠磁场（B）分离来构建。这种单聚焦仪器的分辨力有限。当离子的动能扩散通过扇形电场（E）进行补偿或过滤时，分辨力至少提高一个数量级。采用 B 和 E 的设计称为双聚焦。E 和 B 可以用多种方式组合，从而产生 EB、BE、EBE、BEBE 和其他设计。

（3）性能特点

BE 或 EB 配置的双聚焦扇形磁场仪器，通常可以实现超过 $R = 60000$ 的分辨力。然而，这需要极其缓慢的扫描，并且以非常低的传输率为代价，因为狭缝需要关闭。大开狭缝时的高传输率导致分辨率为 $R = 1000 \sim 2000$，并允许更快的扫描速度。准确质量测定通常在中等扫描速率和 $R = 5000 \sim 10000$ 下进行，并且需要内标质量校准。

（4）实验室中的扇形磁场仪器

在有机和生物医学质谱中，扇形磁场仪器在 20 世纪 60 年代至 21 世纪初最为流行。最近，大部分已被 TOF、FT-ICR 或静电场轨道阱质量分析器取代。在无机质谱领域，特别是在同位素比值测定和火花源质谱中，扇形磁场仪器仍然很重要，因为它们可以处理较大的能量色散，并允许在磁体的像平面中进行多收集器设置。

4.4 线形四极杆仪器

4.4.1 简介

自从二维和三维电四极场的质量分析和离子捕获特性的发现获得诺贝尔奖[101,102]以及随之而来的四极杆（Q）质谱仪的构建[103,104]以来，这种类型的仪器越来越重要。四极杆仪器主要从需要快速扫描分析器的 GC-MS 开始，进入 MS 实验室[105-108]，尽管这些早期系统的分辨力差、质量范围低，例如 m/z 1~200。现代四极杆仪器覆盖率高达 m/z 2000 甚至更高，具有良好的分辨力，是 LC-MS 中的一种常规设备。

线形四极杆的优点：①提供高传输效率；②重量轻，结构非常紧凑，价格相对较低；③需要的离子加速电压低；④可以进行高速扫描，因为扫描仅通过扫描电压来实现。

> **术语**
>
> 线形四极杆是第一个被商业化的仪器。这些仪器被简称为四极杆质谱仪,而"线形"这一属性经常被省略。正如稍后将看到的(第 4.5 和 4.6 节),其他电极形状也是可能的,但形成了其他几何形状的电射频四极场。这些设计应该也可以在商业化质谱仪中找到。

4.4.2 线形四极杆分析器的构造及工作原理

线形四极杆质量分析器由四个沿 z 方向延伸的双曲线形或圆柱形杆状电极组成,并以方形配置安装(xy 平面,图 4.30 和图 4.31)。每对相对的极杆都保持相同的电势,该电势由直流和交流分量组成。

当离子沿 z 方向进入四极杆组件时,其中一个杆会对其施加吸引力,其电荷实际上与离子电荷相反。如果施加在极杆上的电压是周期性的,那么 x 和 y 方向上的引力和斥力会随着时间交替变化,因为电力的符号也会随着时间周期性地变化。如果施加的电压由直流电压 U 和频率为 ω 的射频(RF)电压 V 组成,则总电势 Φ_0 由下式给出

$$\Phi_0 = U + V\cos\omega t \tag{4.18}$$

因此,运动方程是

$$\frac{d^2 x}{dt^2} + \frac{ez}{m_i r_0^2}(U + V\cos\omega t)x = 0$$
$$\frac{d^2 y}{dt^2} - \frac{ez}{m_i r_0^2}(U + V\cos\omega t)y = 0 \tag{4.19}$$

式中,m_i 表示离子质量,kg;电荷 $q=ez$,其中 e 是电子电荷,C,z 是电荷数。在非均匀周期场如上述四极场的情况下,有一个小的平均力,它总是在较低场的方向上。沿着图 4.30 中的虚线,即在双曲电极的情况下沿着渐近线,电场为零。因此,如果离子围绕 z 轴的运动在 xy 平面内振幅有限的情况下是稳定的,则离子有可能穿过四极杆而不击中杆。这些条件可以从 Mathieu 方程的理论中推导出来。

> **Mathieu 方程**
>
> Mathieu 方程最初是由法国数学家 Émile Léonard Mathieu 在 1868 年推导出来的,用来描述椭圆形鼓面的振动。事实证明,该方程也有助于处理四极杆质量过滤器的相关问题和其他几种物理现象。

4.4 线形四极杆仪器

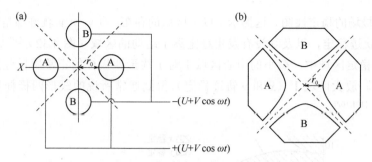

图 4.30 四极杆的横截面

（a）表示圆柱形近似；（b）表示杆的双曲线轮廓。沿着虚线，即沿着（b）中的渐近线，电场为零
[（a）由 Waters Corp., MS Technologies 提供，Manchester, UK]

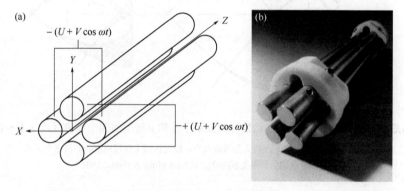

图 4.31 线形四极杆质量分析器的示意图（a）和照片（b）

（a）由东京 JEOL 提供；（b）由 Waters Corp., MS Technologies 提供，Manchester, UK

以无量纲形式表示方程式（4.19）得

$$\frac{d^2x}{d\tau^2} + (a_x + 2q_x \cos 2\tau)x = 0$$
$$\frac{d^2y}{d\tau^2} + (a_y + 2q_y \cos 2\tau)y = 0$$
（4.20）

参数 a 和 q 可以通过与方程式（4.19）进行比较来获得。

$$a_x = -a_y = \frac{4qU}{m_i r_0^2 \omega^2}, \quad q_x = -q_y = \frac{2qV}{m_i r_0^2 \omega^2}, \quad \tau = \frac{\omega t}{2}$$
（4.21）

对于给定的一组 U、V 和 ω，整个离子运动可以产生稳定的轨迹，导致某个 m/z 值或 m/z 范围的离子通过四极杆。在电极之间的距离 $2r_0$ 内振荡的离子将具有稳定的轨迹。这些信号通过四极杆传输，然后被检测到。特定离子的路径稳定性由射频电压 V 的大小和 U/V 的比值决定。

通过绘制参数 a（纵坐标，时不变场）与 q（横坐标，时变场）的关系，可以得到二维四极场的稳定性图。这揭示了以下区域的存在：①x 和 y 轨迹都是稳定的，②x 或 y 轨迹稳定，以及③没有发生稳定离子运动的区域（图 4.32）[107]。在第一类的四个稳定区域中，微小的中心区域 I 对于线形四极杆的正常质量分离操作特别有意义。放大区域 I（x 和 y 轨迹稳定）得到通常所说的线形四极杆稳定性图（图 4.33）[101,102]。

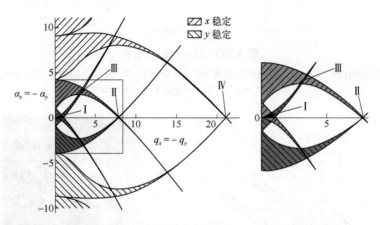

图 4.32 线形四极杆分析器的稳定性图显示了 x 和 y 运动的四个稳定区域（I～IV）

左图方框架内的部分在右图放大为双倍大小。稳定区域 I 仅覆盖中心的黑色小区域

（经许可改编自参考文献[107]。© John Wiley & Sons，1986）

如果选择比值 a/q 使 $2U/V = 0.237/0.706 = 0.336$，则 xy 稳定区域收缩到图表的一个点——顶点 [参见式 (4.21)，图 4.33]。通过在恒定 q 下减小 a，即相对于 V 减小 U，可以同时传输越来越宽的 m/z 范围。只要保持小 m/z 范围的稳定，就能获得足够的分辨率，例如单位分辨率下一个具体的 $m/z \pm 0.5$（第 4.4.3 节）。因此，稳定区域的宽度（Δq）决定了分辨力大小（图 4.34）。通过在恒定的 U/V 比下改变 U 和 V 的量级，获得了 $U/V =$ 常量的联动扫描，允许 m/z 越来越高的离子通过四极杆。

总的来说，四极杆分析器更像是一个质量过滤器，而不是动量（B 扇形磁场）或能量（ESA）分析器。因此，术语"四极杆质量过滤器"(简称四极滤质器)（quadrupole mass filter，QMF）被广泛使用。

扫描四极杆

扫描任何线形四极杆都意味着沿"扫描线"移动整个稳定区，因为每个 m/z 值都有自己的稳定区（图 4.33 和图 4.34）。用"扫描线"表示扫描只有在无限分辨力的情况下才是正确的，即连接各个顶点。实际的分辨力由横跨稳定区域的一条水平线表示，其中只有落在该线上方区域的离子才会被传输。

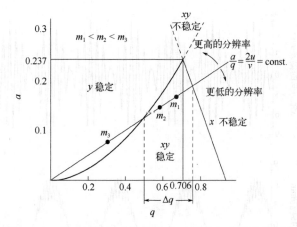

图4.33 线形四极杆分析器稳定区域 I 上半部分的细节
（经许可转载自参考文献[102]）。© World Scientific Publishing，1993）

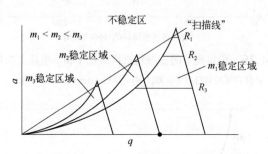

图4.34 线形四极杆的扫描意味着执行 U/V = 常量的联动扫描
分辨率通过 a/q 比的变化进行调整：较高的 a/q 比意味着较高的分辨率，并由较陡的"扫描线"来表示；$R_1 > R_2 > R_3$

离子轨迹模拟允许在穿过四极杆质量分析器时可视化离子运动（图 4.35）。此外，还可以确定达到一定性能水平的最佳振荡次数。结果表明，当大约 10 eV 动能的离子经历大约 100 次振荡时，可以获得最佳性能（图 4.36）[109]。

> **典型的四极杆**
>
> 标准四极杆分析器的杆直径为 10～20 mm，长度为 15～25 cm。射频频率为 1～4 MHz，直流电压和射频电压在 10^2～10^3 V 范围内。因此，大约 10 eV 动能的离子在通过过程中经历大约 100 次振荡。

4.4.3 线形四极杆的分辨力

四极杆分析器通常以所谓的单位分辨率运行，并将其使用范围限制在典型的低分辨率（LR）应用中[110,111]。在单位分辨率下，相邻峰在整个 m/z 范围内彼此分离，

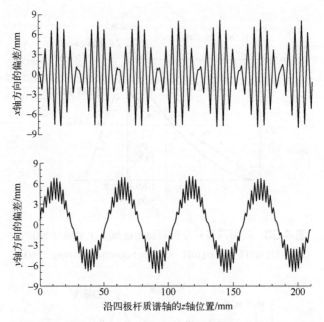

图 4.35 稳定离子的三维轨迹模拟在 x 和 y 坐标上的投影

(经许可转载自参考文献[109]。© Elsevier Science, 1998)

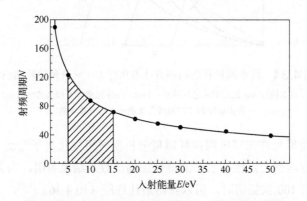

图 4.36 离子经历的射频周期与入射能量的关系

阴影区域标记优化性能的区域（经许可转载自参考文献[109]。© Elsevier Science, 1998)

即 m/z 20 处 $R = 20$，m/z 200 处 $R = 200$，m/z 2000 处 $R = 2000$。单位分辨率的示例见第 4.5.3 节。

由 U/V 比调节的分辨率不能任意增加，但最终会受到杆构造和支撑的机械精度的限制（±10 μm）[110]。高于每个四极杆组件的 m/z 值特性，任何分辨率的进一步提高都只能以显著降低透射率为代价来实现。尽管如此，仍可构建允许约 10 倍单位分辨率的高性能四极杆[111]。

从理论上讲，四极杆质量过滤器的电极应具有双曲线横截面，以优化所得四极

4.4 线形四极杆仪器

场的几何形状,从而优化性能(图 4.37)[101,102]。然而,为了便于制造,通常使用圆柱形杆代替。通过仔细调整杆的半径($r = 1.1468 \times r_0$),可得到近似双曲场[112]。然而,即使理想四极场因外部磁场的干扰或机械精度低或器件形状不足而导致轻微失真,也会导致传输率和分辨率的严重损失[113]。双曲杆[114]的预期优势已通过离子轨迹计算[109,115]得到证明:由于离子在极杆附近的停留时间增加,圆形极杆导致宏观运动频率降低(图4.38);这反过来意味着分辨率降低。

除了优化机械精度外,还可以通过创新的运行模式提高四极杆的分辨力。作为离子在两端具有反射的多通过系统的操作,延长了飞行路径,从而增加了射频周期数。同样的效果可以通过增加射频和减小离子通过装置的速度而获得[110]。或者,四极杆可以在第一或第四稳定区域以外的稳定区域运行,例如,在第二或第四区中[110,116];这样做需要大约 750 eV 的较高离子动能。

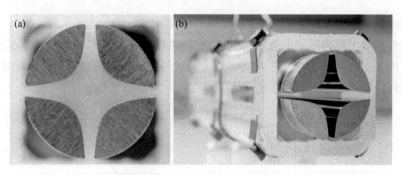

图 4.37 双曲杆线形四极杆

(a) 正面视图,显示杆的横截面,以及(b) 整个装置,部分显示了抛光的内表面。这些极杆安装在精密加工的石英框架中。这个特殊的四极杆曾经属于 Finnigan TSQ 700 仪器

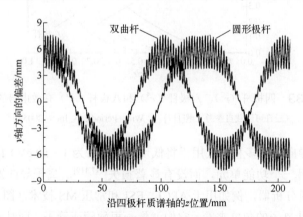

图 4.38 离子沿圆杆四极杆行进的 y 坐标运动与具有理想双曲场的四极杆中的离子的运动比较

在圆形极杆(非理想)表面附近导致宏观运动频率降低和停留时间延长

(经许可转载自参考文献[109]。© Elsevier Science,1998)

4.4.4 仅射频四极杆、六极杆和八极杆

将直流电压 U 设置为零会将四极杆转化为离子的宽带通。在稳定性图中，这种运行模式用相当于 q 轴的一条操作线表示（图 4.33 和图 4.34）。这种器件通常被称为仅射频的四极杆（q）。仅射频六极杆（h）和仅射频八极杆（o）的使用类似。一般来说，高阶射频 $2N$ 多极杆与四极杆不同，它们在传输中没有表现出明显的 m/z 截止效应，因为 x 和 y 运动是强耦合的，这导致离子稳定性的边界变得相当分散。对于低俘获电压，射频 $2N$ 多极杆中的离子轨迹由有效机械势 $U_{eff(r)}$ 近似表示，由下式[108,117]给出：

$$U_{eff(r)} = \frac{N^2}{4} \times \frac{(ze)^2}{m_i \Omega^2} \times \frac{V^2}{r_0^2} \times \left(\frac{r}{r_0}\right)^{2N-2} \quad (4.22)$$

式中，N 是多极杆的阶数。例如，对于六极杆 $N = 3$。根据式（4.22），更高阶的多极杆表现出越来越陡的势阱，提供更好的离子引导能力和更好的宽带通过特性，即更宽的 m/z 范围接受度（图 4.39）。这一特性导致了射频四极杆、射频六极杆和射频八极杆作为离子导向器和碰撞池的广泛应用[118]。

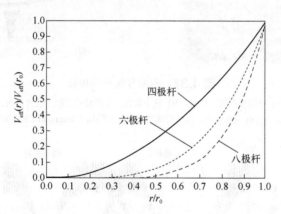

图 4.39 四极杆（r^2）、六极杆（r^4）和八极杆（r^6）有效电势的比较

（经许可转载自参考文献[117]。© Wiley Periodicals, Inc.，2005）

射频离子导向器以多种方式用于将低动能（通常为 1～50 eV）的离子从一个功能单元传输到另一个功能单元，而没有显著损失[117,119]。离子导向器用于使大气压离子源适应质量分析器，例如用于 APCI、ESI 和常压 MS 技术（图 4.40；第 7、8、12 和 13 章）。从离子的角度来看，它们就像一根软管或管子，同时对中性粒子具有完全的通过性。因此，射频离子导向器允许残余气体通过极杆之间的间隙流入真空泵，而离子被护送进入质量分析器。射频离子导向器的使用示例将在本章后面的仪器方案中给出。

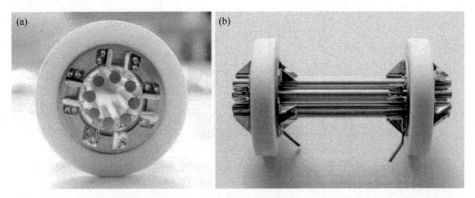

图 4.40 射频八极杆离子导向器，用于桥联 Finnigan LCQ 仪器中 ESI 接口的差分泵
（a）正面视图，显示八极杆对齐情况；（b）侧视图。指向下方的两个引脚中的每一个都连接起来，以交替向四个杆提供射频电压。圆杆直径约 3 mm，该装置的长度约为 7 cm

与基于与残余气体碰撞散射的预期相比，仅射频多极杆在 $10^{-3} \sim 10^{-2}$ mbar 范围内的中等真空条件下提供更高的透射率。这是由于离子动能的降低以及伴随的离子运动向设备中心轴的碰撞阻尼，即所谓的碰撞冷却[108,120-122]。研究表明，在 8×10^{-3} mbar 下，动能 25 eV 的离子在通过 15 cm 长的纯射频四极杆离子导管时减慢至 $0 \sim 2$ eV[120,123]。质量较高（不是 m/z 较高）的离子更容易产生这种效应，例如，发现约 200 u 的离子的透射率增加了 7 倍，而约 17000 u 的离子的透射率提高了 80 倍[120]。这种情况下，碰撞冷却导致离子束向四极杆的中心轴集中，这反过来又提高了通过出口孔径的传输效率。这种现象被称为碰撞聚焦（参见第 4.5.1 节中的图 4.43）[108,122,124]。

更有趣的是，冷却的离子云在仅射频多极杆内部形成同心圆柱层，这些层中的每一层都由相同 m/z 值的离子组成，较高 m/z 的离子聚集在更向外的径向层中。这种行为是由于对 m/z 较低的离子进行更有效的射频聚焦，从而将这些离子推向更靠近中心的位置。与具有相同 m/z 和电荷密度的单电荷离子云相比，多电荷离子在层内形成了更明显的径向边界（图 4.41）。层与层之间离子数量减少的间隙是由于空间电荷排斥造成的[121]。这种 m/z 分层结构的形成需要足够高的电荷密度和有效的碰撞阻尼。用于外部离子积累的仅射频碰撞多极杆和线形四极离子阱都满足这些条件。当线性离子密度增加时，最大离子云半径也会增加。多极杆容量的过量填充导致对高 m/z 离子的强烈歧视效应，因为离子云扩展到更大的半径，导致外层离子（高 m/z 离子）击中多极杆[121]。

热化的条件

从 Douglas[120] 的工作中，可以推导出判断热化是否发生的经验法则。这个 $p \times d$ 法则要求压力 p（单位为 Torr，1 Torr = 133.3 Pa）与路径长度 l（单位为 mm）的乘积大于 0.2 mTorr。例如，在 2×10^{-3} Torr 下，一个 100 mm 长的仅射频设备就足以进行有效的离子冷却，因为 2×10^{-3} Torr $\times$ 100 mm = 0.2 mTorr。

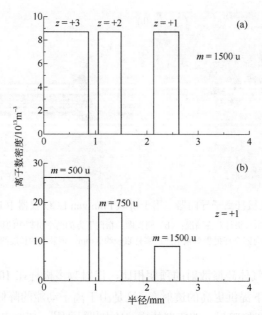

图 4.41 储存在碰撞冷却仅射频四极杆离子导向器中的离子的计算数密度分布

该导向器的内径为 4 mm，运行频率为 1 MHz。(a) 带有 1、2 和 3 个正电荷的 1500 u 离子的径向位置；(b) m/z 500、1000 和 1500 的单电荷离子云的径向位置（经许可转载自参考文献[121]）。

© John Wiley & Sons，2000）

仅射频六极杆、八极杆或八极杆碰撞池[117,125,126]是所谓的三重四极杆质谱仪的一部分，根据实际存在的仅射频碰撞池的类型，三重四极杆质谱仪本质上分别代表 QqQ、QhQ 或 QoQ 仪器，它们是串联质谱仪的有效工具（第 9 章）。

与具有准直高能离子束的扇形磁场质谱仪或 TOF 仪器不同，离子从四极杆的 xy 平面上的几乎任何方向离开。因此，在扇形磁场质谱仪或 TOF 仪器中使用的真实无场区域必须被离子导向碰撞池所取代，以允许 5～100 eV 动能的离子发生 CID。仅射频碰撞池不必是直的：从 Finnigan TSQ 700 开始引入弯曲几何形状，90°碰撞池或者 180°碰撞池是如今很常见的。除了减少仪器的占地面积之外，弯曲的几何形状还具有其他有益的效果，例如通过碰撞区域延长飞行路径，以提高裂解效率，并防止中性粒子或光子击中检测器，从而降低噪声水平。

离子甚至可以停止

慢离子的起始动能会在几次碰撞中损失。在 5×10^{-3} mbar（0.5 Pa）下，碎片离子动能降低到大约 1 eV[123]。离子甚至可以停止它们沿着碰撞池[121,124]的运动。在这种情况下，由于空间电荷效应，进入碰撞池的连续离子流是推动离子通过的唯一动力。由此产生的约 10 ms 的停留时间允许在约 5×10^{-2} mbar（5 Pa）的碰撞气体压力条件下，在八极杆碰撞池中发生多达约 5000 次（反应性）的碰撞[127]。

在过去十年中，还使用了具有正方形或至少矩形极杆横截面的射频四极杆离子导向器。大部分开发工作都是由仪器制造商完成的，很少有关于这个主题的出版物。然而，似乎这些方形极杆的四极杆提供了与圆形极杆更高阶射频离子导向器相同的性能水平，同时降低了制造成本。在下一节中，将在介绍线形四极离子阱的背景下讨论方形极杆。

关于射频四极杆装置的总结将在第 4.6.12 节中给出。正如将在接下来两节中看到的关于线形四极离子阱和具有三维四极场的离子阱，这些设备有很多共同点，建议稍后对它们一起进行总结和比较。

4.5 线形四极离子阱

4.5.1 线形仅射频多极离子阱

正如刚刚了解到的，碰撞冷却可能会使离子沿仅射频多极杆轴向的平动几乎停止，从而将这种仅射频多极杆离子导向器转变为离子存储设备[121]。为了防止多极杆内部的离子通过任一开口端逸出，可以通过将电位稍高的电极放置在多极杆的前端和后端附近来创建捕获势阱[128]。这种装置被称为线形（四极）离子阱（LIT）。

只有四极杆是质量选择性的

四极杆是唯一能够进行质量选择性操作的器件，而高阶射频离子导向器或高阶 LITs 只能引导、积累、存储并最终释放离子，用于后续 m/z 分析。

当 LIT 的入口板保持在低电位时，离子可以进入径向离子限制射频场。离子积累的时间跨度受到快速离子在背面势壁反射的限制，这意味着在待储存的最轻离子能够通过入口离开阱之前，入口门必须关闭（图 4.42）。在一些缓冲气体存在的情况下储存离子，例如氩或氮在 $10^{-3} \sim 10^{-2}$ mbar 下，则允许它们向 LIT 轴的热化和碰撞聚焦（图 4.43）。进入离子束的实际离子动能和热化程度都直接影响停止轴向运动所需的电势[122]。反之亦然，LIT 对更快离子的捕获效率随着压力的升高而提高（图 4.44）[129]。最后，离子可以在任何方便的时间点轴向逐出。或者，射频多极杆可以被分段，典型的是被分成较长的中间和两个较短的末端，它们在相同的射频驱动频率和振幅下运行，但是在直流补偿电压下操作，以产生类似于捕获板的可切换捕获势阱[130]。

LITs 呈现出一个迅速发展的仪器领域。它们被用来从外部收集离子然后将离子成批量地注入 FT-ICR[131]或 oaTOF 分析器[122,128]。LITs 能够通过离子的轴向或径向激发进行扫描，甚至能为 MS/MS 进行前体离子选择[129,130,132]，因此 LITs 已经用在了商业化质谱仪上[117,133-135]。可以构建 LITs 以储存 m/z 非常高的离子，例如 m/z 66000 的牛血清白蛋白的单电荷离子，甚至带电的颗粒物[136]。

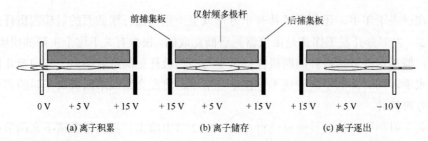

图 4.42 线形射频多极离子阱的操作,使用正离子的典型直流电位补偿进行说明

(a) 离子在背面电势垒升高的情况下累积;(b) 在两个捕获电位均上升时储存离子;(c) 使用有吸引力的出口板电位从捕集阱中轴向逐出离子。在这个例子中,捕获射频多极杆部分保持在+5 V 的恒定直流电压补偿

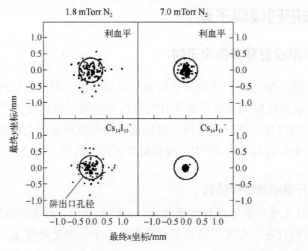

图 4.43 利血平和 $Cs_{14}I_{13}^+$ 团簇离子在 LIT 出口孔处 100 个离子轨迹的径向分布
(圆圈表示 0.7 mm 孔径)

当将 LIT 压力从 1.8 mTorr(0.24 Pa)增至 7.0 mTorr(0.93 Pa)时,碰撞聚焦得到了很好的改善
(经许可改编自参考文献[122]。© John Wiley & Sons,2001)

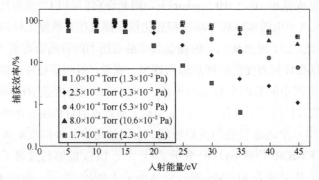

图 4.44 对于不同的 LIT 压力,LIT 的捕获效率与离子入射能量
(利血平$[M+H]^+$离子,m/z 609)的关系

(经许可改编自参考文献[129]。© John Wiley & Sons,2002)

4.5 线形四极离子阱

因此，LITs 是高度通用的设备：

① 可以在离子通过过程中使离子热化，以便在下一步离子操作之前提供狭窄的动能分布；

② 可以积累离子，直到达到适合下一步质量分析的离子数量；

③ 可以为批量模式下运行的质量分析器提供离子包；

④ LITs 本身能够进行质量选择操作和扫描，以独立作为质量分析器（第 4.5.2 节）；

⑤ 甚至能够通过与用于 MS/MS 实验的缓冲气体碰撞来选择前体离子和进行随后的离子裂解。

> **新的时间尺度**
>
> 对于射频多极杆，尤其是 LITs，可以肯定已经超越了经典质谱时间尺度的领域（第 2.6.2 节）。在离子捕获装置中，离子的存储时间是毫秒到秒，即比它们在束流仪器中的寿命长 $10^3 \sim 10^6$ 倍。

4.5.2 带有轴向逐出的质量分析线形四极离子阱

就捕获离子的数量而言，线形离子阱提供了高容量，因为离子云可以沿着整个器件扩展。因此，操作这样的 LIT 不仅可以满足离子热化和离子积累的需求，而且可以作为质量分析器。原理上，有两种可能的模式：一种是利用离子的激发来实现径向的质量选择性逐出（或引出）[137]；另一种是通过向 LIT 的杆施加辅助交流电场来实现质量选择性轴向逐出[129]。后一种模式利用了在 LIT 出口附近，径向离子运动（射频控制）和轴向离子运动（捕获电势控制）通过边缘场耦合。当离子径向振荡频率（由稳定性参数和驱动射频决定）与辅助交流电场的频率相匹配时，离子激发会以一种增强其轴向动能的方式进行，从而导致离子从 LIT 中被喷射出去（图 4.45[138] 和第 5 章[139]）。

Hager 公司开发了一种带有质量选择性轴向逐出的 LIT 仪器，用 LIT 取代了 QqQ 仪器中的仅射频碰撞四极杆或第二个质量分析四极杆。获得的配置分别是 Q-LIT-Q（图 4.46）和 QqLIT[129,134,135]。与 QqQ 前驱型号相比，QqLIT 具有更高的灵敏度，并提供了新的运行模式（见文献[134]和[141]中第 3 章）。QqLIT 已被 AB Sciex 商业化为 Q-Trap 系列仪器。

与之前的线形四极杆一样，LIT 的二维四极场中的电势 $\Phi_{(x,y,z,t)}$ 由直流电压 U、频率为 Ω 的射频驱动电压 V（见文献[129,138]和[139]中第 5 章）。

$$\Phi_{(x,y,z,t)} = (U - V \cos \Omega t)\frac{x^2 - y^2}{r_0^2} \tag{4.23}$$

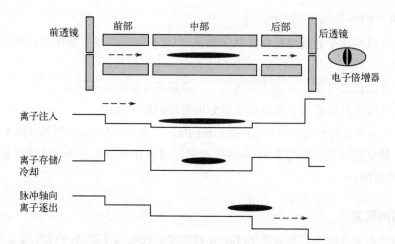

图 4.45 对分段线形离子阱的透镜和部分施加直流电压的序列，以实现质量选择性隔离和从质量分析器中捕获离子的轴向脉冲引出

LIT 分割原因在第 4.5.3 节和图 4.49 中进行了解释（经许可转载自参考文献[140]）。
© The American Chemical Society，2004）

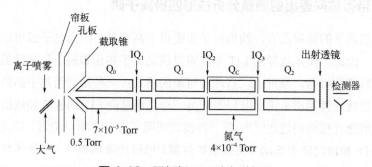

图 4.46 四极杆-LIT 融合型仪器

在这种方案中，仅射频碰撞四极杆已被 LIT 取代。另一种选择，用 LIT 替换 Q_2，该仪器已经投入商业化的使用（经许可可改编自参考文献[129]）。© John Wiley & Sons，2002）

从中可以推导出运动方程。假设单电荷离子，即 $q=e$，可得

$$\frac{d^2x}{dt^2} + \frac{e}{m_i r_0^2}(U - V\cos\Omega t)x = 0$$

$$\frac{d^2y}{dt^2} - \frac{e}{m_i r_0^2}(U - V\cos\Omega t)y = 0 \quad (4.24)$$

$$\frac{d^2z}{dt^2} = 0$$

式中，m_i 是离子的质量；r_0 是 LIT 中心轴和杆表面之间的距离。至少，只要离子离杆末端的边缘场足够远，这些关系就成立。

4.5 线形四极离子阱

实际上，不存在直流分量，因此，只需要 Mathieu 参数 q，它是通过求解上述方程获得的

$$q_x = \frac{4eV}{m_i r_0^2 \Omega^2} \tag{4.25}$$

电压 V 的值是射频驱动电压从零点到波峰（zero-to-peak）的幅度。对于四极场中的离子，基本共振频率 ω_n 可由下式获得

$$\omega_n = (2n+\beta)\left(\frac{\Omega}{2}\right) \tag{4.26}$$

将 $n=0$，方程式（4.26）简化为

$$\omega = \frac{\beta\Omega}{2} \tag{4.26a}$$

对于 $q_x < 0.4$，可以通过以下关系来近似

$$\omega \approx \frac{q_x}{\sqrt{8}}\Omega \tag{4.27}$$

LIT 的稳定区类似于线形四极杆的稳定区（图 4.32 和图 4.33）。虽然为了实现质量选择性轴向逐出而对 LIT 扫描的描述需要复杂的数学计算[138]，这已远超出本书的范围，但 LIT 的实际应用可以更容易理解。

这种仪器的扫描功能可以四个时间片段显示，包括：①离子注入，直到积累足够的离子；②捕捉和热化；③通过线性改变射频驱动和辅助交流电压进行质量扫描；④在下一个扫描周期之前复位 LIT 的短清除脉冲（图 4.47）。

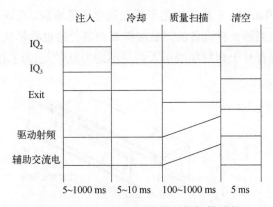

图 4.47 QqLIT 仪器中使用的扫描功能

IQ_2、IQ_3 和 Exit 属于捕集板和出射透镜。线的垂直位移表示相应电压的变化。请注意，时间片段不是按比例缩放的，离子积累和质量扫描的持续时间可能会有很大变化（经许可根据参考文献改编[129]。© John Wiley & Sons，2002）

两个分析器概念的融合

QqLIT 通过一个仅射频离子导向器将扫描线形四极杆和扫描线形四极离子阱两种不同类型的质量分析器结合到一个仪器。这种结合不同类型质量分析器的仪器称为融合式仪器（或混合型仪器，hybrid instruments）。大多数现代质谱仪是由不同的元件组装而成的，以达到最佳性能，即创造一种将两种分析器的优点结合在一起的仪器[133]。在本书分析器内容部分末尾给出了融合型仪器概述。

4.5.3 具有径向逐出的质量分析线形离子阱

扫描 LIT[130]也可以使用质量选择性径向逐出操作模式来实现。这种 LIT 既可以用作独立的质量分析器（Thermo Scientific LTQ™ 系列），也可以组合成融合型 LIT-FT-ICR 仪器（Thermo Scientific LTQ-FT™ 系列）。在 LTQ-FT 仪器中，LIT 保护 FT-ICR 的超高真空免受碰撞气体和分解产物的影响，以便在最佳条件下运行。更重要的是，从分析的角度来看，LIT 可以在 ICR 池仍在忙于前一个离子包时，在下一个 FT-ICR 循环前累积、质量选择和裂解选定的离子（FT-ICR 参见第 4.7 节）。同一家公司提供的 Thermo Scientific LTQ-Orbitrap™ 系列，通过使用 Orbitrap 分析器（第 4.8 节）代替 FT-ICR 池，作为其 LTQ-FT 的经济而强大的替代品。

该 LIT 由一个带有双曲杆的四极杆组成，它被分割成三段，两个阱的长度均为 12 mm，另一个离子储存室的长度为 37 mm（图 4.48）[130]。分段的设计避免了来自捕获板的边缘场，这在使用 SIMION 软件包的电场计算中是显而易见的（图 4.49）[142,143]。尽管对于前面讨论的轴向逐出扫描模式边缘场是必要的，但径向激发扫描要求捕获区没有边缘场。一对相对的储存室杆切割出宽度为 0.25 mm、长度为 30 mm 的狭缝，以允许离子径向逐出到转换打拿极上。转换打拿极的电压保持在 −15 kV（用于正离子操作），当离子撞击时，它将二次电子传送到电子倍增器。在该仪器的商业化版本中，使用了两个检测器来将设备的灵敏度提高一倍。通过将杆从其理论 x 位置稍微向外对齐，来平衡在杆上切割狭缝引入的场不均匀性[130]。为了作为 m/z 分析器工

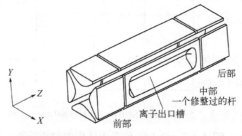

图 4.48 具有质量选择性径向逐出功能的分段线形四极离子阱

向前部和后部施加更高的电势会在中心部产生离子的轴向捕获电势。射频四极场再次提供径向捕获。离子通过四个杆之一中的槽引出。商业化的设计通过在相对的杆上使用两个检测器提供了双倍的灵敏度

（经许可改编自参考文献[130]。© Elsevier Science，2002）

4.5 线形四极离子阱

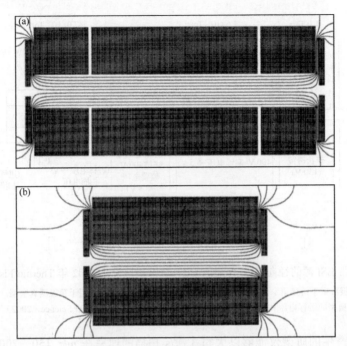

图 4.49 共振激发场的 SIMION 模拟比较了（a）三段离子阱和
（b）带有用于捕获的端板的单段装置

在（a）中，捕获区内的磁场不受边缘场的干扰（经许可后改编自参考文献[130]）。

© Elsevier Science，2002）

作，杆的组件需要：①直流电压源来产生轴向捕获场（z 坐标），②射频电压源（1 MHz，±5 kV 杆对地）以提供径向四极捕获场（x，y 平面），和③两相补充交流电压（5～500 kHz，±80 V）施加在 x 极杆上，用于离子分离、活化和质量选择性逐出。

4.5.4 根据 LIT 构建质谱仪器

想要组装出一台实用并在商业上成功的仪器，仅仅有一台运行良好的 m/z 分析器是不够的。因此，这一小节详细说明了一个对任何类型的质谱仪都很重要的例子。

为了构建一个有用的质谱仪，上述 LIT 使用仅射频离子导管连接到电喷雾电离源（ESI，第 12 章），以桥接从源孔到 LIT 入口的距离。当 ESI 过程在大气压下开始时，起始离子需要从质谱仪外部连续传输到 m/z 分析器的高真空中。这可以通过所谓的差分泵来实现（第 4.13 节）。差分泵利用了这样一个事实，即宏观流动仅在分子的平均自由程短于其必须通过的孔径或其所在容器的平均尺寸时才持续。实际上，一个强大的旋片泵（30 m³/h）在 0.4～0.5 mm 的孔后保持大约 1 mbar 的压力。差分泵系统的下一级通常由涡轮分子泵来抽送。在现代仪器中，一个分流涡轮分子泵通常用于两个端口。对于 LIT 仪器，中间桥接区域被抽空到大约 2×10⁻³ mbar，而 LIT 部分为 2.6×10⁻⁵ mbar（图 4.50）。

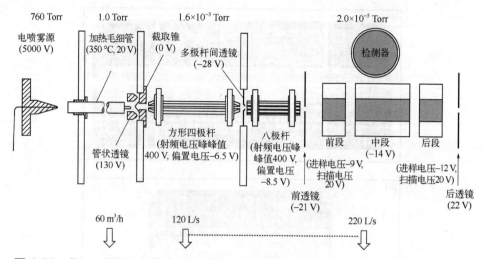

图 4.50 带 ESI 源的径向逐出 LIT 质谱仪，更准确地说是 2002 年 Thermo Fisher 的 LTQ
方形射频四极杆用于桥接第二级真空泵，而如图 4.40 所示的射频八极杆用于第三级真空泵。本图给出了典型的运行电压和压力（经许可转载参考文献[130]）。© Elsevier Science, 2002）

基于此产生的质谱仪能够以大约 3 次/s 扫描的速率在 m/z 150~2000 范围内提供单位分辨率（图 4.51），扫描速率更低时分辨率可进一步提高（文献[130,144]及文献[139]中的第 5 章）。

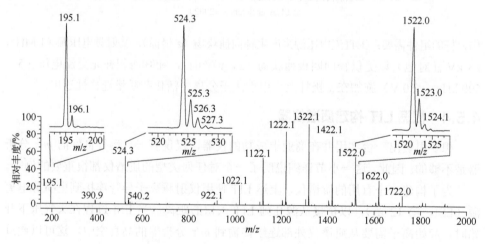

图 4.51 校准混合物的全扫描质谱图
该校准混合物包含咖啡因（[M+H]$^+$ m/z 195）、多肽 MRFA（[M+H]$^+$ m/z 524）和产生从 m/z 922 到 m/z 1722 的一系列离子的 Ultramark 1621。所选信号的扩展视图显示单位分辨率，即整个范围内的统一分辨率
（经许可改编自参考文献[130]。© Elsevier Science, 2002）

温馨提示： 正如线形四极杆部分末尾已经指出的，所有射频四极杆装置总结将在第 4.6.12 节中给出。

4.6 三维四极场离子阱

4.6.1 简介

与 LIT 的线性二维四极场相反，最初由 Wolfgang Paul 开发的四极离子阱（QIT）创建了一个旋转对称的三维射频四极场，以在定义的边界内存储离子。QIT 的发明可追溯到 1953 年[101-103]；然而，直到 20 世纪 80 年代中期才发掘出四极离子阱全部的分析潜力[139,145-149]。

> **命名**
>
> Wolfgang Paul 本人更愿意称这种装置为"Ionenkäfig"离子笼，因其不会主动从外部捕捉离子。源于四极杆离子存储器的缩写 QUISTOR 也曾使用过一段时间。准确地说，必须将其称为三维四极场离子阱，如本节标题所示。与其坚持这个冗长的术语，我们更愿意使用普遍接受的术语四极离子阱（QIT）。

第一种商业化的四极离子阱在 20 世纪 80 年代后期被纳入 GC-MS 台式仪器（Finnigan MAT ITD 和 ITMS）。通过让 GC 流出物和电子束直接进入离子阱的存储空间，可在阱内实现电子电离。后来，外部离子源可以使用，并且很快大量的电离方法可以用到 QIT 分析器上[150-152]。现代 QIT 快速扫描时，在高达约 m/z 3000 仍具有单位分辨率。此外，较小 m/z 范围的"变焦扫描"能够提供更高的分辨率；商业化的仪器的分辨率可达 5 倍单位分辨率。预计可使用 QIT 进行准确质量测定[148]，但到目前为止尚未实现。QITs 的时间串联能力可方便地进行 MS^n 实验[146,147]，其紧凑的尺寸非常适合现场应用[16]。

> **历史与教学**
>
> 从历史发展来看，线形四极杆分析器和四极离子阱都起源于 20 世纪 50 年代初（甚至来自同一发明者），而扫描线形离子阱是 20 世纪 90 年代设计的。四极离子阱发展的详细时间表可以在 March 和 Todd 的综合专著中找到[139,145]。然而，从教学的角度来看，按照这里给出的逻辑顺序排列解释似乎是明智的。一旦了解了四极离子阱的捕获和质量选择性释放的概念，从线形对称性到旋转对称性的过渡应该相对容易理解。

4.6.2 四极离子阱的原理

四极离子阱（QIT）由两个用作端盖的双曲电极和一个取代两个线形四极杆的环形电极组成，即理论上可以通过将带有双曲杆的线形四极杆的轴向横截面旋

360°来获得,该轴线穿过两个相对杆的顶点(图 4.52 和图 4.53)。因此,通过 QIT 的 rz 平面的截面与带有双曲杆的线形四极杆入口的截面非常相似(参见图 4.30 和图 4.37)[105,150]。然而,包围环形电极的渐近线之间的角度是 $70.5°[2 \times \arctan(1/\sqrt{2})]$ 而不是 90°。端盖是接电的,直流和射频电势被施加在它们和环形电极之间。QIT 的工作原理是基于为特定 m/z 或 m/z 范围的离子创建稳定的轨迹,同时让不想要的离子与阱壁碰撞或者由于它们的不稳定轨迹而从阱中轴向逐出以去除[139,145,149]。

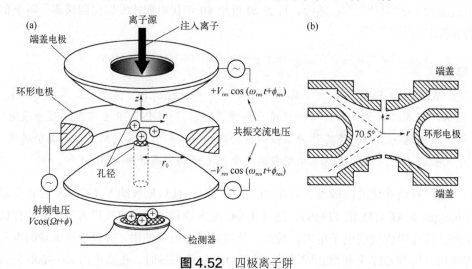

图 4.52 四极离子阱
(a)有外离子源的 QIT(图示沿 z 方向延伸);(b) rz 平面的截面(按比例)
[(a)图经许可转载自参考文献[153]。© John Wiley & Sons,2000]

图 4.53 Finnigan LCQ 四极离子阱分析器的电极
(a)环内壁具有对称双曲横截面的环形电极;(b)一对双曲端盖电极中的一个

对于 QIT,必须在三维上考虑电场。让电位 Φ_0 施加到环形电极上,同时双曲端盖接地。捕集阱的轴向坐标指定为 z 轴,z_0 定义为阱的物理尺寸(中心到盖),z 表示离子相对于 z 轴的实际位置。xy 平面被解析为离子检测池的半径 r_0,其中 r 类似地定

义了离子的实际径向位置。当一对端盖接地时，阱内的电势如下所示

$$\Phi_0 = U + V\cos\Omega t \qquad (4.28)$$

然后，可用表达式[145,150]在圆柱坐标中（使用标准变换 $x=r\cos\theta$，$y=r\sin\theta$ 和 $z=z$）描述该场

$$\Phi_{x,y,z} = \frac{\Phi_0}{r_0^2}(r^2\cos^2\theta + r^2\sin^2\theta - 2z^2) \qquad (4.29)$$

由于 $\cos^2\theta + \sin^2\theta = 1$，上式可化简成

$$\Phi_{r,z} = \frac{\Phi_0}{r_0^2}(r^2 - 2z^2) \qquad (4.30)$$

单电荷离子在这种场中的运动方程是

$$\begin{aligned}\frac{\mathrm{d}^2 z}{\mathrm{d}t^2} - \frac{4e}{m_i(r_0^2 + 2z_0^2)}(U - V\cos\Omega t)z &= 0 \\ \frac{\mathrm{d}^2 r}{\mathrm{d}t^2} + \frac{2e}{m_i(r_0^2 + 2z_0^2)}(U - V\cos\Omega t)r &= 0\end{aligned} \qquad (4.31)$$

求解这些微分方程，同样是 Mathieu 型的，最终得到参数 a_z 和 q_z

$$\begin{aligned}a_z = -2a_r &= -\frac{16eU}{m_i(r_0^2 + 2z_0^2)\Omega^2} \\ q_z = -2q_r &= \frac{8eV}{m_i(r_0^2 + 2z_0^2)\Omega^2}\end{aligned} \qquad (4.32)$$

式中，$\Omega = 2\pi f$ 和 f 是阱的基本射频频率（≈ 1 MHz）。为了保持储存在 QIT 中，离子必须同时在 r 和 z 方向保持稳定。稳定离子轨迹的出现由稳定性参数 β_r 和 β_z 决定，而 β_r 和 β_z 取决于参数 a 和 q。第一稳定区域的边界由 $0 < \beta_r$、$\beta_z < 1$ 定义[154]。

在最接近原点的稳定区域可以画出稳定性图（图 4.54），且该区域对 QIT 的运行至关重要。在给定的 U/V 比下，不同 m/z 的离子沿穿过稳定区的直线定位；较高 m/z 的离子比较轻的离子更接近原点。a/q 平面上绘制的稳定区域表示为特征形状的包络线。边界内 m/z 值的离子存储在 QIT 中。捕获 m/z 范围的低质量极限由 $q_z = 0.908$ 严格定义。

通过离子在 QIT 内停留期间的数十次软碰撞进行碰撞冷却（第 4.4.4 节），显著增强了其分辨力和灵敏度[155,156]。轻缓冲气体，通常是 0.1 Pa 的氦气，用于抑制离子向阱中心的运动，从而使它们远离电极表面和 QIT 的入口与出口孔引起的场不均匀性[157]。

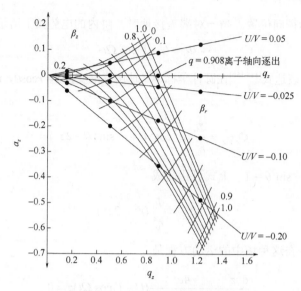

图 4.54 四极离子阱的稳定性图

在同一条线上收集的点标记了一组离子的 a/q 值。每一行都是由不同的 U/V 比设置产生的（经许可转载自参考文献[145]）。© John Wiley & Sons，1989）

4.6.3 离子阱中离子运动的可视化

三维四极场的作用是将离子保持在一定体积内，即在深度为几个电子伏特的势阱内，可以用一个机械模拟来说明：可以通过恰到好处地旋转鞍座来防止球从鞍座上滚动，使球在通过陡峭下降的一侧并离开表面之前将其带回中间[图 4.55（a）]。Paul 在他的诺贝尔演讲中展示了这种装置对多达三个钢球的动态稳定作用[101,102]。

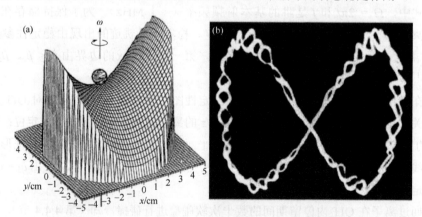

图 4.55 离子阱中离子运动的可视化（a）QIT 的机械模拟；（b）四极离子阱中带电铝粒子的离子轨迹照片

[（a）图经许可转载自参考文献[102]。© World Scientific Publishing，1993。
（b）图经许可转载自参考文献[158]。© American Institute of Physics，1959]

QIT 中低质量离子的轨迹与带电铝尘颗粒的轨迹相似[158-161]。Wuerker 将与射频驱动频率叠加的 Lissajous 轨迹记录为显微照片［图 4.55（b）］[158]。离子的复杂运动是 r 和 z 方向上两个叠加的长期振荡的结果。轨迹的计算得出相同的结果[162]。

4.6.4 质量选择稳定性模式

整个范围的离子在 QIT 内产生或被允许进入，但通过设置适当的 QIT 参数，一次只能捕获一个特定 m/z 的离子。然后，通过向其中一个端盖施加负脉冲，将存储的离子从存储腔中脉冲引出[163,164]，然后它们击中位于其中一个端盖中心开口后面的检测器。全扫描质谱由数百个单步骤叠加得到，每个单步骤对应标称 m/z 值。这就是 QIT 的所谓质量选择性稳定模式[165,166]。质量选择稳定模式现已不再使用，因为它太慢，并且由于大多数离子被浪费而导致灵敏度比较差。

4.6.5 质量选择不稳定模式

首先，整个感兴趣的 m/z 范围被困在 QIT 内。被捕获的离子可能在 QIT 内部产生，也可能在外部产生。然后，在端盖接地的情况下，对环形电极施加射频电压扫描（V），导致离子按其 m/z 值的顺序被连续逐出。这被称为质量选择不稳定（逐出）模式[155,167]。它可以在稳定性图中用从原点到 $q_z = 0.908$ 处轴向逐出点的水平线来表示，时序如图 4.56 所示。虽然容易理解，但该模式在 QIT 操作中也不再适用。

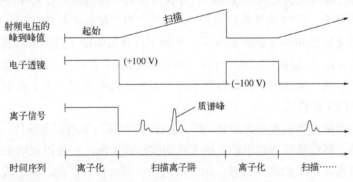

图 4.56 用于质量选择不稳定模式的时序（显示约 1.5 个周期）

使用外部离子源时，电离时间由离子注入脉冲代替（经许可转载自参考文献[155]。© Elsevier Science，1984）

4.6.6 共振逐出

运行 QITs 的另一种技术是利用共振逐出（resonant ejection）效应，从离子存储腔体中引出 m/z 值连续增加的离子，即实现扫描。在理想的 QIT 中，离子在径向和轴向的运动是相互独立的。它们的振荡可以用径向和轴向长期频率来描述，每个频率都是 Mathieu 捕获参数 a 和 q 的函数。如果向端盖施加与轴向长期频率相匹配的补充射频电压，则在 $q < 0.908$ 处发生离子共振逐出（图 4.54）[168]。当辅助射频信

号的频率与 z 方向上捕获离子的长期频率相匹配时，就会发生激发。轴向（ω_z）的长期频率分量由 $\omega_z = (n + \beta_z/2) \omega$ 给出，其中 ω 代表角频率，n 是整数，β_z 由稳定性图中离子的工作点决定[169]。在 $\beta_z = 1$ 和 $n = 0$ 的特殊情况下，基波长期频率正好是施加在环形电极和端盖之间的射频驱动频率的一半。

共振逐出扫描 为了实现 $\beta_z = 0.5$ 和 $n = 0$ 组的共振逐出，可使 $\omega_z = (0+0.5/2) = 0.25 \Omega$，即必须施加 1/4 的射频驱动频率来逐出 $\beta_z = 0.5$ 边界线处的离子。通过向上扫描射频驱动频率的电压，连续逐出 m/z 比增加的离子。

基于共振逐出的扫描可以正向进行，即从低质量到高质量，或者逆向进行。然而，扫描方向对可获得的分辨率有显著影响，逆向扫描的分辨率明显较差[170,171]。正向和逆向扫描的组合用来从阱中消除低于和高于某一 m/z 值的离子来选择性地存储该 m/z 值的离子。因此，它可以用于串联质谱实验中的前体离子选择[168,170]。由于与氦缓冲气体的碰撞，轴向激发也可用于引起离子的碰撞诱导解离（CID）[155,168]。质量范围的显著增加是通过降低调制电压的射频频率和 QIT 的物理尺寸来实现的[166,172,173]。

4.6.7 离子数量的轴向调制和控制

离子捕获装置对过载很敏感，因为库仑排斥对离子轨迹有不利影响。QIT 中可储存的最大离子数为 $10^6 \sim 10^7$，但如果在射频扫描中需要单位质量分辨率，则减少到 $10^3 \sim 10^4$。轴向调制是共振逐出的一种类型，它可以将储存在 QIT 中的离子数量增加一个数量级，同时保持单位质量分辨率[173,174]。在射频扫描期间，在端盖之间施加具有固定幅度和频率的调制电压。其频率选择为略低于基本射频频率的 1/2，因为对于 $\beta_z \leq 1$，例如 $\beta_z = 0.98$，有 $\omega_z = (0 + 0.98/2)\omega = 0.49\omega$。在稳定性边界处，离子运动与该调制电压共振，因此有利于离子逐出。轴向调制基本上改善了质量选择不稳定扫描的工作模式。

如果分辨率不是主要考虑因素，那么 QITs 的扫描速率可以非常快，这一特性可用于预扫描。然后从预扫描中确定进入阱的实际离子流，并使用该结果通过定时离子门来调节进入 QIT 的离子数量，用于随后的分析扫描。因此，离子数量以及 QIT 内部电荷密度被持续保持在最佳状态附近。这个控制 QIT 离子数量的工具由 Finnigan 引入，被称为自动增益控制（AGC）[146,175]。AGC 在低样品流量时提高了灵敏度，并避免了高样品流量时 QIT 过载。

> **阱中离子数量的重要性**
>
> 要注意控制离子的数量，例如由 AGC 来实现控制，不仅对 QITs 很重要，也对所有其他类型的离子阱都很重要。该技术在独立的 LITs 设备中使用，也在用于为 FT-ICR 或静电场轨道阱分析器进行离子选择和定量离子引入的 LITs 中使用（第 4.7、4.8 和 4.9 节）。

4.6 三维四极场离子阱

如果在保持分辨率的同时还可以获得足够高的扫描速率，则可以省略预扫描。相反，可以执行基于一组两个或三个先前分析扫描的趋势分析。这一过程避免了离子浪费，并进一步优化了 QIT 的填充水平。非线性共振现象的利用对于实现这种方法具有非常重要的作用。

QIT 的串联质量分析 四极离子阱中的串联质谱实验（详见第 9.8 节），通过结合共振逐出、正向和逆向扫描技术实现前体离子选择、活化和碎片离子扫描的最佳化（图 4.57）[168]。

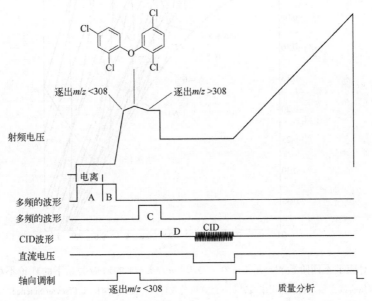

图 4.57 用于 2,4,3′,6′-四氯二苯醚串联质谱研究的复杂扫描功能

（经许可转载自参考文献[168]。© John Wiley & Sons, 1997）

4.6.8 非线性共振

在任何实际离子阱中，都会通过偏离理想电极结构来诱导更高的多极场，特别是八极场。然后，捕获电位可以表示为理想四极场和弱高阶场贡献的总和[154,176,177]。在端盖上施加激发电压还会感应偶极和六极场。QIT 中的高阶场可能具有有益的影响，例如在共振逐出模式下提高质量分辨率，但也可能导致非线性共振引起的离子损失[178]。非线性共振早已为人所知[179,180]，但有用的理论描述直到 20 世纪 90 年代末才发展出来[154,177,181,182]。通过稳定性参数 β_r、β_z 和 n_r、n_z 的整数倍，确定了不稳定性出现的条件与一定的频率有关。不稳定的位置像一张网一样在稳定性图上展开，并以惊人的精度得到了实验验证（图 4.58）[154]。由于突然转变为非线性稳定性，以合适的频率激发离子会导致它们从阱中被快速逐出。因此，非线性共振可以用来实

现非常快速的 QIT 扫描（26000 u/s），同时保持良好的分辨力[182]，例如 0.33 Ω 的照射放大六极共振，并在 β_z = 0.66 边界处引起突然逐出。

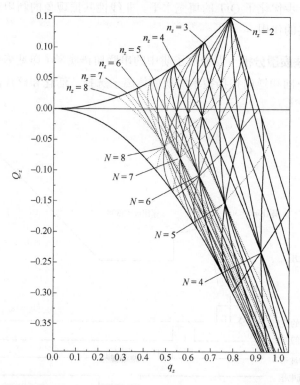

图 4.58 对应于不同阶数 $N = n_r + n_z$ 在 $n_r/2\beta_r + n_z/2\beta_z = 1$ 的对应关系下的理论不稳定性线图
强共振用实线表示，弱共振用虚线表示（经许可转载自参考文献[154]。© Elsevier Science，1996）

4.6.9 离子阱的小型化与简化

任何设计的四极杆质量分析器的制造都需要对电极进行高精度的加工与对准；双曲电极表面的生产尤其具有挑战性。虽然四极杆结构紧凑，但对于移动应用来说，希望更小、更便宜的分析器[15,183,184]。此外，可移动的仪器应降低真空要求，因为产生高真空需要相对较重且能耗高的泵。

事实证明，LIT 和 QIT 的电极几何形状可以在很大程度上简化，而不会牺牲太多性能。因此，可以构建具有扁平矩形电极的直线型离子阱（rectilinear ion trap，RIT），且一对电极（顶部和底部）小于另一对（带有用于离子逐出狭缝的侧壁，图 4.59）[185,186]。此外，Paul 阱的几何形状可以转换为一个简单的圆柱形离子阱（CIT），由两个平面端板和一个圆柱形环形电极组成。这种简化的电极形状也允许构建更紧凑的阱。更小尺寸导致更短离子路径，因此，更短的平均自由程（较差的真空）很容易被接受。反过来，这允许由单级段产生真空。

4.6 三维四极场离子阱

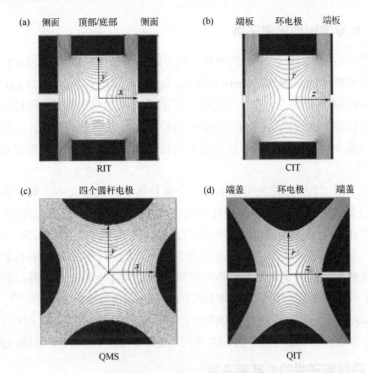

图 4.59 计算得到的捕获场

(a) 直线型离子阱;(b) 带有平面端板的圆柱形离子阱;(c) 带有圆形极杆的四极杆质量过滤器;(d) 具有双曲面电极的四极离子阱 (Paul 阱)。分析器视图 (a) 和 (c) 是端向的,(b) 和 (d) 是侧向的 (经许可改编自参考文献[185]。© The American Chemical Society,2004)

欧阳等人在一篇论文中生动地阐述了离子阱的发展以及将两个"前人的线路"的特点相结合从而构建了 RIT 的过程(图 4.60)[185]。

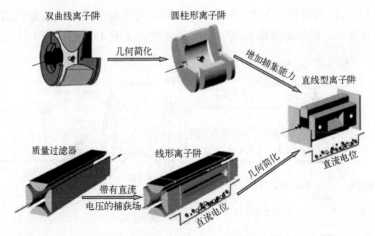

图 4.60 直线型离子阱的概念演变及其与其他类型离子阱的相互关系

(经许可转载自参考文献[185]。© The American Chemical Society,2004)

4.6.10 数字波形四极离子阱

在几乎所有的 QITs 中，m/z 范围都是通过降低射频驱动频率和/或在低 q 值下共振逐出离子来扩展的，例如，Thermo Fisher Scientific QITs 以 $q = 0.78\sim0.80$ 而不是传统的 $q = 0.908$ 逐出离子。作为恒定射频下驱动电压扫描的替代，可以应用恒定电压下的频率扫描来实现高达约 m/z 20000 的扩展 m/z 范围上的扫描。这需要一个与功率放大器耦合的波形发生器，且与过度功耗和难以获得的没有波形失真的高电压输出有关[171]。

数字离子阱（DIT）是利用数字波形来捕获离子。在本文中，数字离子阱和数字波形这两个术语描述了由施加到环形电极的简单矩形脉冲组成的波形[171,187]。在实践中，使用一个开关电路通过在离散的直流高压电水平之间（±250～±1000 V）的快速交替来生成脉冲波形。数字脉冲的生成模式提供了精确的时间控制。此外，连接在端盖电极两端的交流激发电压可以由相同的数字电路提供。有趣的是，在数字波形的影响下离子运动仍然可以用传统的 Mathieu 参数来表示[171,187,188]。

Shimadzu（岛津）一直致力于 DIT 的开发，并已达到了相当惊人的水平。他们开发出一种称为离子阱阵列（ITA）的 DIT 阵列，允许并行多个分离、活化或扫描步骤[189]。

4.6.11 四极离子阱的外部离子源

化学电离质谱首先是利用 QIT 的质量选择不稳定模式获得的[166,167,190]。试剂气体进入 QIT，电离，然后与分析物反应。

有了外部离子源，可以将任何电离方法连接到 QIT 质量分析器[191]。然而，商业化的 QIT 主要用于两个应用领域：①具有 EI 和 CI 的 GC-MS 系统，因为它们要么价格低廉，要么能够进行 MS/MS 以提高分析选择性（第 14 章）；②配备大气压电离（API）方法的仪器（第 12 章和第 13 章），可以提供更高的质量范围和大约五倍单位的分辨率，以解析多电荷离子的同位素模式（图 4.61）[161,175,192,193]。

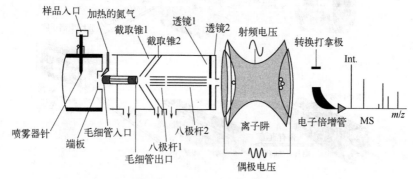

图 4.61 配备外部 ESI 离子源的四极离子阱仪器的布局

与图 4.50 所示的 ESI-LIT 配置的类似程度惊人（经许可转载自参考文献[193]）。© John Wiley & Sons，2000）

4.6.12 离子阱的维护

四极离子阱受限的体积及其工作模式会使得大部分离子击中电极，从而导致电极表面被污染。因此，四极杆和四极离子阱需要偶尔清洗，这意味着需要拆卸整个分析器，然后重新组装。图 4.62（a）显示了从仪器框架上拆下整个装置后 Finnigan LCQ 的分析器。离子将从右侧电喷雾电离源（未显示出）进入，并通过与仅射频八极杆相连的两级差分泵区域。在这里，第二个八极杆也作为一个线形离子阱，在自动增益控制（AGC）下将离子包注入 QIT。QIT 出口端盖下方左侧的抛光电极是检测器入口。

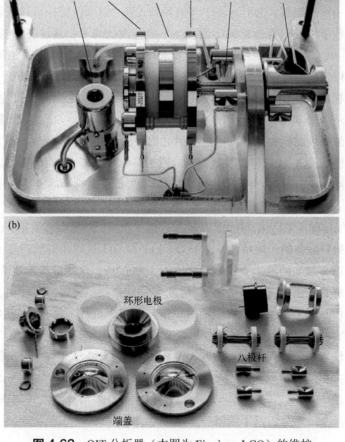

图 4.62 QIT 分析器（本图为 Finnigan LCQ）的维护
（a）完整 QIT 分析器安装在真空主管道的顶盖上；（b）将其拆开进行清洁后

图 4.62（b）显示了分析器组件铺在一张干净的无尘纸上。用细金属抛光剂（仅当有永久性黑斑时）、洗涤剂水、蒸馏水以及最后的甲醇或异丙醇等溶剂轻轻清洁后，让零件干燥。最后，将分析器重新组装，安装到真空主管道上，然后抽真空。大约

1 h 后，QIT 应准备好执行完整的调谐过程以实现性能的恢复。

> **脚踏实地**
>
> "离子阱也是大多数用户在不牺牲仪器性能的前提下可以拆卸和重新组装的唯一一种质谱仪。"[185]

4.6.13 射频四极杆设备概述

工作原理 在电射频（RF）四极场中，离子被迫在产生该场的四个电极之间的开放空间中振荡。如果提供合适的频率和振幅，这种运动可以是稳定的，离子永远不会击中其中一个电极，也不会从中间的间隙逃逸。射频四极杆可以进行质量选择，因为满足这些条件的只有选定 m/z 值或 m/z 值范围的离子。通过叠加射频和直流电压则可调整 m/z 范围。质量选择操作还要求待分析的离子经历足够的振荡或在该场中有足够的停留时间，从而将具有不稳定轨迹的离子逐出到稳定边界之外。

射频四极杆设备的类型 线形四极杆（Q）用作质量过滤器，而线形射频多极杆（q, h, o）用作离子导向器和碰撞池。在这两种情况下，离子束都通过器件，因此相互作用的持续时间由离子的速度和射频器件的长度（Q、q、o、h）决定。

线形四极离子阱（LIT）以及具有三维四极场的四极离子阱（QIT）以可以在内部存储离子为特性。它们更灵活，因为它们既可以用于积累离子，为其他分析器提供离子包，也可以对离子包进行质量分析。在离子储存期间，离子也可以通过与 LIT 或 QIT 内部的残余气体碰撞来活化。由此产生的碎片离子也可以被储存和质量分析（第 9 章）。

线形四极杆设备的一般特性 由于 Q、LIT 和 QIT 纯粹由射频和直流电压驱动，运行参数可以非常高的速率变化，通常大于 10000 u/s。这些分析器也非常紧凑（既不需要长飞行管，也不需要重磁体），因此非常适合在台式仪器中使用。Q、LIT 和 QIT 易于操作且对用户友好。它们通常以单位分辨率运行，但有时会启用变焦扫描来提高窄 m/z 窗口的分辨率。这些分析器都不足以进行准确质量测定。

在质谱仪器中的应用 大多数制造商提供各种 Q、LIT 和 QIT 仪器，用于不同类型的电离方法。大多数独立的 Q、LIT 和 QIT 仪器用于常规气相色谱（GC）-质谱和液相色谱（LC）-质谱应用。此外，Q、LIT 和 QIT 器件经常被集成到融合型仪器中，作为两个质量分析器中的第一个。

4.7 傅里叶变换离子回旋共振质谱仪

4.7.1 从离子回旋共振到质谱法

现代傅里叶变换离子回旋共振（FT-ICR）质谱仪的发展始于 1932 年，当时 E. O.

Lawrence 将横向交变电场正交地施加到磁场上以构建粒子加速器[194,195]。实验证明，在离子回旋共振（ICR）中，离子圆周运动的角频率与它们行进的圆周运动的半径无关。

后来，这一原理被用于构建 ICR 质谱仪[196,197]。Varian 在 20 世纪 60 年代中期将测量激发振荡所吸收功率的 ICR 质谱仪实现了商业化。从应用于气相离子化学开始[198]，ICR 仪器进入了分析质谱[199]。1974 年 FT-ICR 的引入是一项重大突破[200,201]。从那时起，FT-ICR 仪器的性能稳步提高[202,203]，在使用超导磁体时达到前所未有的分辨力和质量准确度[204-209]。动态协调 ICR 检测池的引入为该技术提供了新的推动力[210,211]。如今，在 FT-ICR-MS 问世 40 多年后[212]，该技术可以达到高达 1.2×10^7 的分辨率（1200 万），甚至已经为 FT-ICR-MS 构建了一个 21-Tesla 的超导磁体，以在高质谱图采集速率和出色的灵敏度下获得超高的分辨力[213]。

FT-ICR 分析器的运行方式与迄今为止所讨论的方式明显不同。FT-ICR-MS 依赖于通过在时域中记录回旋离子像电流的无损离子检测。傅里叶变换被用于提供可以转换为强度与 m/z 数据格式的频域数据。这可能看起来相当复杂——实际上也确实如此。所以让我们逐步来解决这个问题——FT-ICR-MS 值得付出额外的努力。

> **业界顶级的质谱**
>
> 当今的 FT-ICR 质谱仪具有超高的分辨力（$R = 10^5$ 到 $R > 10^6$）[214-217]和准确度（$\Delta m = 10^{-4} \sim 10^{-3}$ u，参见 3.5 和 3.6 节）[208,209]，attomol 的检出限（使用 nanoESI 或 MALDI 源），高质量范围和 MS^n 能力[218]。现代 FT-ICR 仪器实际上代表了某种具有线形四极杆或 LIT 前端的融合型仪器。

4.7.2 离子回旋运动的基础知识

从对扇形磁场的讨论中知道，速度为 v 的离子进入垂直于其方向的均匀磁场 B 时，在洛伦兹力的作用下（参见 4.3.2 节），将立即在圆形路径上移动。沿着磁场的方向观察路径，发现负离子顺时针循环，而正离子逆时针运动（图 4.19 和图 4.63）。

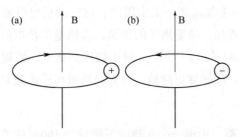

图 4.63 离子在磁场中的圆周运动

沿着磁场的方向观察，人们观察到（a）正离子的逆时针运动和（b）负离子的顺时针运动（经许可改编自参考文献[219]）。© Elsevier Science，2002）

离子圆周运动的半径 r_m 由式（4.13）确定：

$$r_m = \frac{m_i v}{qB} \tag{4.13}$$

用 $v = r_m \omega$ 替代并重新排列所得项后，可得回旋角频率 ω_c：

$$\omega_c = \frac{qB}{m_i} \tag{4.33}$$

并且通过将回旋频率（$f_c = \omega_c/2\pi$）代入式（4.33），可得：

$$f_c = \frac{qB}{2\pi m_i} \tag{4.34}$$

人们意识到回旋频率与离子的起始速度无关，但与其电荷和磁场成正比，与其质量成反比。在任何物理量中，都可以用最高精度来测量频率，因此，回旋频率测量似乎是构建功能强大 m/z 分析器的理想前提。

4.7.3 回旋运动的激发和检测

气相离子不是静止的，至少以它们的热速度任意移动。当这样的热离子包在磁场内产生或注入其中时，产生的小离子云包含的离子都以各自的回旋频率（圆周微运动）旋转，而离子云作为一个整体保持静止，前提是它在场边界内停止。因此，磁场不仅通过对离子施加回旋运动以 m/z 敏感的方式起作用，而且还在垂直于其场线的平面（xy 平面，参见 LIT 中四极场的作用）中进行离子捕获。

在激发时，圆形微运动与整个离子云的宏观回旋运动叠加，即射频激发场保持了由相同 m/z 值的离子组成的离子包的一致性。由于离子的起始动能与从射频场的能量吸收相比较小，因此离子的初始动能对实验来说不太重要[220]。尽管如此，如果需要准确的结果，整体运动的复杂性会影响频率-质量校准[221]。

实际上，质量选择性激发，即所谓的共振激发，是通过施加以回旋频率 f_c（$\omega_c = 2\pi f_c$）交替的横向电场来加速离子来实现的。这样的场可以通过放置在轨道相对两侧的一对射频电极来施加。随着离子的加速，其轨道半径增加，由此产生的整体运动是螺旋状的 [图 4.64（a）][195,203]。对于较轻的离子，螺旋以比较重离子更少的周期达到相同的半径，即螺旋更陡峭，因为低质量离子比高质量离子需要更少的能量来加速到一定速度。

ICR 中的离子动能 考虑一个在热能下质量为 100 u 的单电荷离子。假设温度为 300 K，其平均速度（玻尔兹曼分布）约为 230 m/s。在 3 T 磁场中，它将在磁场中以 $r_m \approx 0.08$ mm 回旋。要将半径增加到 1 cm，式（4.13）要求速度增加 125 倍，即达到 28750 m/s。重新排列式（4.3）给出 $eU = v^2 m_i/2$，因此，计算的动能约为 430 eV。毫无疑问，在 ICR 检测池中，离子的平动能足够高，以此来实现活化碰撞（图 4.65 和第 9 章）[220]。

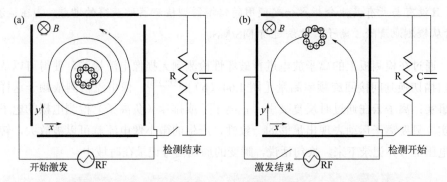

图 4.64 ICR-MS 中激发（a）和图像电流检测（b）的顺序

离子微运动由小圆圈离子表示。检测池沿磁场方向显示。(a) 示出了离子云的螺旋轨迹，该轨迹是由以回旋共振频率振荡的射频电场激发离子引起的。请注意，半径是离子速度的函数，但回旋频率 f_c 不是，并且在检测过程中半径保持恒定

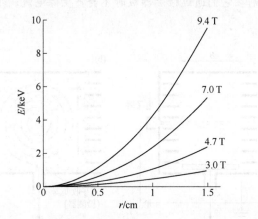

图 4.65 ICR 磁场强度为 3.0 T 到 9.4 T 时，检测池中 m/z 100 离子的动能与轨道半径的关系
（经许可改编自参考文献[220]。© John Wiley & Sons，1998）

回旋质谱仪 所谓的回旋质谱仪（omegatron）是早期基于 ICR 运动的质谱仪。回旋质谱仪中的离子由检测池内部气体样品的电子电离产生（图 4.66）。射频电场使满足共振条件的离子，即 $f_c = f_{RF}$ 的离子加速，从而增加其轨道半径。m/z 值是从离子在 $r = r_{cell}$[196,197]击中静电计板之前的半周数（与离子动能成比例）推导出来的。因此，回旋质谱仪本质上测量离子的动能。为了分析 m/z 范围，可以改变射频的频率（采用 f_{RF} 到 f_c）或磁场（变换 f_c 到 f_{RF}）。回旋质谱仪很小（$r_{cell} \approx 1$ cm），主要用作紧凑型残余气体分析器。

> **任务只完成了一半**
>
> 回旋质谱仪用作质量分析器的缺点显而易见：①质量准确度和分辨率受限于 $1/N_c$（半周期数 $= N_c$ 次）；②用于离子检测的电信号完全是由于离子的中和作用，并且没有与所有其他分析器一起使用的倍增器型检测器所获得的增益；③在检测时从检测池清除了离子，无法进行 MS/MS。

通过在检测板上的离子放电进行破坏性检测到无损像电流检测，使得可以从能量扫描切换到间接回旋频率测量 [图 4.64（b）] [222,223]。像电流检测依赖于这样一个事实：离子云在通过时反复吸引（正离子）或排斥（负离子）检测电极的电子的事实。只要离子运动表现出足够的一致性，产生的微小像电流就可以被放大，转换成电压信号并记录下来。换句话说，瞬变的周期信号记录在时域中。

> **观察"飞行中的鸟群"**
>
> 在 ICR 检测中，离子像单独的鸟群一样回旋，而不像土星环中的物质。如果相同 m/z 的离子以相同的频率和半径不一致地回旋，但占据了整个轨道而不是其中的一小部分，则在它们通过检测器板时不会产生像电流，即回旋离子运动的一致性至关重要。

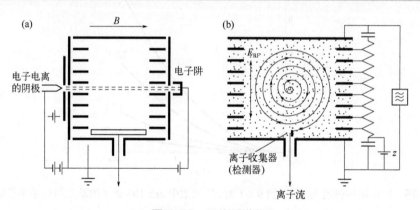

图 4.66 回旋质谱仪

（a）平行于 B（水平）和平行于用于通过检测池内部的 EI 产生离子的电子束（水平）的视图，加速电射频场垂直于 B；（b）B 轴方向视图显示了加速离子的螺旋运动，直到它们的轨道半径接近检测池的半径，在那里离子击中离子收集器进行检测（经 Curt Brunnée 的许可改编自参考文献[91]）

4.7.4 回旋频率带宽和能量–时间的不确定性

ICR 仪器要覆盖的频率带宽由要分析的 m/z 范围决定。假设一个 9.4 T 的超导磁体，目前代表"中上阶层"，可以使用式（4.34）来计算 m/z 50（$m_i = 8.30×10^{-26}$ kg）的单电荷离子的 $f_c = (1.66×10^{-19} \text{C} × 9.4 \text{T})/(2\pi×8.30×10^{-26} \text{kg}) = 3.00$ MHz。对于 m/z

500（8.30×10⁻²⁵ kg）的离子可以得到一个低了90%的值，f_c = 300 kHz，对于 m/z 5000（8.30×10⁻²⁴ kg）的离子可以得出 f_c = 30 kHz。为了处理 m/z 50～5000 范围内的离子，ICR 频带必须跨越 30 kHz～3.0 MHz。换句话说，ICR 仪器需要覆盖从几万赫兹到几兆赫的频率范围（图 4.67）。巨大的带宽对实现均匀激发和检测的工作模式以及在整个范围内提供所需性能水平的电子器件都有严重影响。

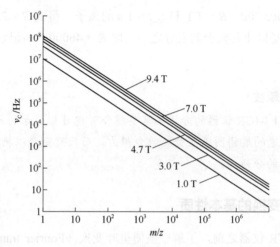

图 4.67　1.0～9.4 T 不同磁场强度下 ICR 频率与 m/z 的关系图
（经许可转载自参考文献[220]。© John Wiley & Sons，1998）

根据上述计算，在 m/z 500 处需要 3 Hz（300 kHz/100000）的频率分辨率才能下实现 R = 100000 的分辨力。能量-时间不确定性原理指出 $\Delta E \times \Delta t \approx h$。用 $\Delta E = h\Delta\nu$，可以推导出 $h\Delta\nu \times \Delta t \approx h$ 或者 $\Delta\nu \times \Delta t \approx 1$。因此，上述 0.3 MHz 频率分辨率为 3 Hz，对应于扫描范围每个数据点 0.33 s 的测量时间。ICR 仪器在连续波模式下操作，即频域扫描，想要达到高分辨力显然是不现实的。因此，获得高分辨率 ICR 质谱图唯一的实用方法是实现所有频率的宽带并进行检测。

尽管对离子检测不利，但能量-时间不确定性原理为离子激发开辟了新的前景。根据 $\Delta\nu \times \Delta t \approx 1$，持续时间为 1 ms 的矩形脉冲覆盖 1000 Hz 的频率带宽；甚至 1 μs 的脉冲也应对应于 1 MHz 的带宽（频率不确定性），即较短的脉冲覆盖的范围越来越宽。这已被用于所谓的脉冲激发。

"钟声"模型

通过机械上的类比有助于理解脉冲激发，例如，钟不需要在其共振频率下激发，相反，用锤子进行短击（脉冲激发）就足够了。钟在没有特定频率（包含所有潜在频率）的情况下吸收能量，并自动"找到"自己的频率并加上泛音来产生共振，从而发出声音。

根据上述考虑，理论上可以实现的分辨率 R 取决于可以分辨的最小 Δv，因此，增加了用于获取瞬变 t_{acq} 的 Δt。此外，它取决于离子的 m/z 和磁场 B。一个简单的数值方程可以用来计算理论最大值 $R^{[220,224]}$：

$$R = \frac{v}{\Delta v} = \frac{m}{\Delta m} = 1.274 \times 10^7 \frac{zBt_{acq}}{m} \tag{4.35}$$

例如，对于 m/z 400，B = 7 T 和 t_{acq} = 1 s 的离子，得到 R = 222950 ≈ 230000。因此，0.2 s 的瞬变将使其减少到五分之一，即 R = 46000，而记录 10 s 的瞬变可以提供 R = 2300000。

分辨率的相互依赖性

显然，任何 FT-ICR 仪器的分辨率需要综合考虑目标离子的 m/z、磁场及瞬变的采集间隔。高速的质谱图采集会牺牲分辨力，而长瞬变会以牺牲速度和占空比为代价产生超高的分辨力。

4.7.5 傅里叶变换的基本性质

在讨论 FT-ICR 仪器之前，了解一些傅里叶变换（Fourier transform，FT）的基本特性将会有所帮助[225]。傅里叶变换是一种数学运算，它将实变量的一个复值函数转换为另一个复值函数。原始函数的域通常是时间（如此处所示），因此被称为时域。FT 上生成的函数的域是频率。然后，傅里叶变换产生的是原始函数的频域表示。频域函数描述了原始函数中包含的频率。例如，FT 应用于由音符表示的几个基本频率（和泛音）组成的音乐和弦，将提供所有贡献频率及其振幅。傅里叶变换将波及其振幅转换为频率及其振幅［图 4.68（a）、（b）］。

瞬变信号的傅里叶变换，即在观察时间跨度结束时振幅消失为零的信号，在频域中传递的洛伦兹曲线［图 4.68（c）、（d）］。根据能量-时间不确定性原理，观察时间跨度越长，频域输出越清晰，因为瞬变中记录的周期越多，频率测定得越准确。

让-巴蒂斯特·约瑟夫·傅里叶（Jean-Baptiste Joseph Fourier）

傅里叶是法国数学家（1768—1830）。除了傅里叶变换，他有影响力的工作还涉及固体热传导的数学描述和无穷级数（傅里叶级数）的发展。他见证了法国大革命，并陪同拿破仑远征埃及。

在 FT-ICR 实验中，观测到时间跨度通常比将瞬变衰减到零所需的时间短。相反，当达到预设的瞬变长度时，检测突然结束。瞬变的持续时间通常由要记录的数据点的数量和这些数据点被采样的速率的乘积决定。最小采样速率又由观测的最高回旋频率决定。FT-ICR-MS 的典型值是在 250 kHz～1 MHz 采样频率下 512 k～2 M

($2×10^6$)数据点的 0.5～2 s 瞬变。因此,瞬变的任意截断使瞬变代表阶跃函数和完全阻尼信号的组合(图 4.69)。由于傅里叶变换从阶跃函数中产生 sinc(x),因此截断信号的 FT 输出是洛伦兹主峰,伴有边带,即所谓的摆动。

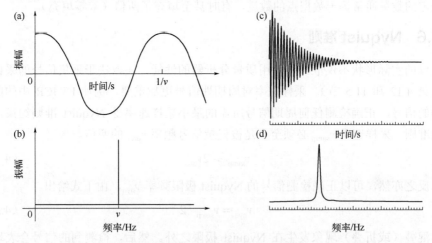

图 4.68 傅里叶变换原理示意图

(a)时间无限的时域波,被傅里叶变换以(b)揭示其频率,振幅守恒;(c)将瞬变时域信号变换成(d)洛伦兹形状的频域信号。如果时域信号中包含大量的频率和幅度,傅里叶变换同样适用

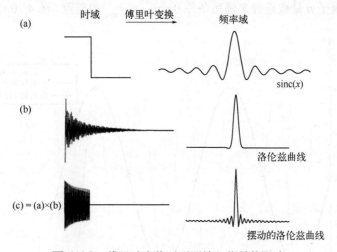

图 4.69 傅里叶变换对不同输入信号的影响

(a)阶跃函数被转换为 sinc(x);(b)仅包含一个频率的完全阻尼瞬变信号产生单个洛伦兹曲线;以及(c)截断的瞬变可被视为(a)和(b)的组合,并产生伴随"摆动"的洛伦兹曲线

为了减少截断的边带产生效应,瞬变通常在傅里叶变换之前进行变迹或者切趾(apodization)。变迹是指信号与一个数学函数相乘,使数值逐渐平滑至零。一些复杂的变迹方法被用来提供最终的分辨率,然而,简单的 sin(x)或 $sin^2(x)$ 函数效果很好。

傅里叶变换的另一个特点是从更大的数据集中产生分辨率更高的频谱，这些数据不一定需要包含真实数据。简单地在实验瞬变的末尾添加一行零是有益的，因为它通过增加每 m/z 间隔的数据点数量来平滑峰的形状。这个"技巧"被称为零填充。填充零的数量通常等于数据点的数量，有时甚至填充了两倍（双零填充）。

4.7.6 Nyquist 准则

峰的实际形状不仅取决于所用质量分析器的性能，还取决于采集信号的采样速率（第 4.12 和 11.5 节）。采样速率对周期性信号更加重要，例如 FT-ICR 中的回旋运动的信号。正确检测任何周期信号所需的最小采样速率受 Nyquist 准则约束，根据该准则，采样速率 v_{samp} 必须至少是被记录信号频率 v_{proc} 的两倍。

$$v_{samp} \geq 2v_{proc} \tag{4.36}$$

反之亦然，可以正确检测信号的 Nyquist 极限频率 v_{nyq}，由下式给出

$$v_{nyq} = v_{samp}/2 \tag{4.37}$$

混叠（或折叠）现象发生在 Nyquist 极限之外。然后，检测到的信号会表现出以混叠频率进行的假象，v_{fold} 描述为

$$v_{fold} = |nv_{samp} - v_{proc}| \tag{4.38}$$

式中，因子 n 是被选择来满足条件 $0 < v_{fold} \leq v_{nyq}$ 的整数。图 4.70 给出了折叠现象的示意图。

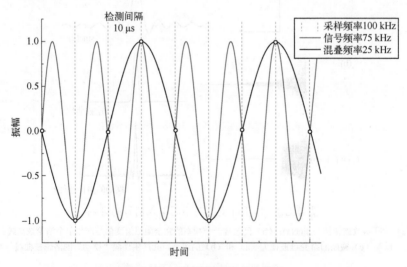

图 4.70 混叠现象造成的假象

检测点是垂直虚线与浅灰色信号曲线交叉之处（○）。该信号（75 kHz）的频率发生在 $v_{proc} = 0.75v_{samp}$（采样频率 100 kHz 或每个采样点间隔 10 μs）而不是 $v_{samp} \leq 0.5v_{samp}$。根据式（4.37），这导致在 $v_{fold} = 25$ kHz 输出了混叠信号（黑色曲线）。在这种特殊情况下，设置 $n = 1$ 就会产生 $v_{fold} = v_{nyq}/2$

4.7.7 FT-ICR-MS 中的激发模式

在 ICR 池中,回旋频率 f_c 和 m/z 值之间存在严格的相关性。为了简单起见,起初的 FT-ICR 实验是用一个固定 f_c 的激发脉冲进行的,该脉冲量身定制,以适应模型分析物甲烷分子离子[200]。然而,有用的测量需要同时激发池中的所有离子,这反过来又需要较大的射频带宽。

已经开发了几种激发方法来应对这项技术上重要的任务。从频域激发波形的形状可以很容易地判断这些方法之间的差异(图 4.71)[203,220]。最简单的方法是将单个频率(共振激发)照射一段时间,即作为矩形脉冲,但这只会选择性地激发单个质量的离子[200]。应用这种窄带激发作为短脉冲会使一些范围得到扩展。频率扫描或"线性调频"(chirp)激发的效果要好得多[201]。线性调频激发按顺序影响整个 m/z

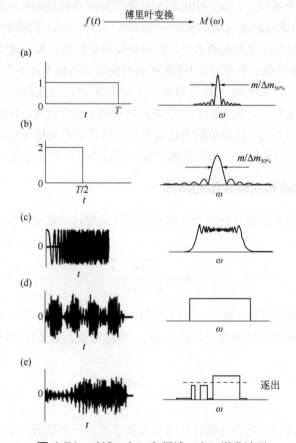

图 4.71 时域(左)和频域(右)激发波形
(a)、(b) 矩形脉冲产生不均匀且相当窄的激发窗口;(c) "线性调频"激发;(d)、(e) 储存波形逆傅里叶变换(SWIFT)激发;(e) 设计用于从检测池中逐出一定质量范围
(经许可转载自参考文献[220]。© John Wiley & Sons, 1998)

范围内的离子,尽管它从未提供特定的频率。相反,线性调频利用了快速跨频的宽频带特性。线性调频激励并不完全均匀,因为它会在接近范围边界的地方产生一些失真,尽管如此,它还是成功地应用于商业化的 FT-ICR 仪器中。

从储存波形逆傅里叶变换(SWIFT)激发中可以得到最佳的结果[226]。首先,理想的激发波形是根据预期实验的需要定制的,然后由射频发生器产生。SWIFT 激发还能够从 ICR 池中去除预定 m/z 范围的离子。这导致存储了一个较小的 m/z 范围,或者在宽带谱图中重复进行 SWIFT 脉冲后,存储单个标称质量的离子。这些离子随后可用于进行超高分辨率测量或作为串联质谱分析的前体离子。

4.7.8 轴向捕集

到目前为止,人们对 ICR 的基本考虑(第 4.7.3 节和图 4.64)仅限于池的 xy 平面。ICR 池的四个侧壁(x 轴)中的两个在激发期间连接到射频电源。然后,将检测器板(y 轴)中感应的像电流记录为一段时间(0.5~30 s)的瞬变信号。ICR 池内离子的激发必须停止在足够低的水平,以避免要测量的最轻离子撞壁[206,219,220]。

乍一看,ICR 池的 z 维度对于 FT-ICR 质谱仪的功能似乎并不重要。然而,在外部离子源的情况下,热能的 z 分量和离子注入 ICR 池的动能都将导致沿该轴的 xy 面捕获离子的快速损失,因为它们将以螺旋轨迹沿 z 轴穿过池。因此,在 z 方向建立捕获电位是很重要的。最简单的方法是在开口端放置直流捕获电极[197]。此外,对 ICR 池的最初处理也是基于一种隐含的理解,即这将是一个立方池。

4.7.9 磁控运动和回旋频率的降低

在势阱中捕获离子意味着离子在捕获板之间反射,引起沿 z 轴的振荡运动,频率 ω_z 由下式给出

$$\omega_z = \sqrt{\frac{2qV_{\text{trap}}\alpha}{ma^2}} \tag{4.39}$$

式中,a 为阱的物理 z 维;α 为取决于阱设计的形状参数[220]。靠近边界的弯曲电场也产生一个向外的径向力 F_r,$F_r = qE_{(r)}$,与洛伦兹力 F_L 的作用相反,F_r 由下式给出

$$F_r = qE_{(r)} = \frac{qV_{\text{trap}}\alpha}{a^2}r \tag{4.40}$$

磁场现在通过将径向力分量转化为捕获离子的另一个圆周运动来起作用。离子上的总作用力为

$$F_{\text{tot}} = F_L - F_r = m_i\omega^2 r = qB\omega r - \frac{qV_{\text{trap}}\alpha}{a^2}r \tag{4.41}$$

上式可以被重写,以揭示它在 ω 中的二次方程的特征

$$\omega^2 - \frac{qB\omega}{m_i} + \frac{qV_{\text{trap}}\alpha}{a^2} = 0 \tag{4.42}$$

这个二次方程有两个解,第一个解代表降低的回旋频率 ω_+

$$\omega_+ = \frac{\omega_c}{2} + \sqrt{\left(\frac{\omega_c}{2}\right)^2 - \frac{\omega_z^2}{2}} \tag{4.43}$$

第二个是磁控运动频率 ω_-

$$\omega_- = \frac{\omega_c}{2} - \sqrt{\left(\frac{\omega_c}{2}\right)^2 - \frac{\omega_z^2}{2}} \tag{4.44}$$

式中,ω_z 从式(4.39)获得,ω_c 从式(4.33)获得。ICR 池中离子运动的明显结果是仅通过公式(4.33)对 ω_c 的简单描述只能得到所谓的未受扰动的回旋频率,而实际运动要复杂得多。图 4.72 显示了考虑 ω_z、ω_+ 和 ω_- 后 ICR 池中离子的整体运动[227]。应当注意的是,磁控运动的半径通常大于回旋加速器运动的半径。在许多情况下,磁控运动还会在主峰附近产生一个小的侧峰。

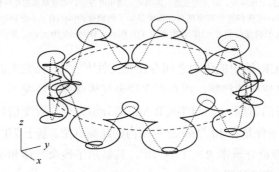

图 4.72 在 ICR 的池中 $\omega_+ = 4\omega_z$ 且 $\omega_z = 8\omega_-$ 的离子运动

纯磁控运动(----)、磁控加捕获运动(·····)以及由此产生的整体运动(——)

(经许可转载自参考文献[227]。© Elsevier Science,1995)

4.7.10 FT-ICR-MS 的检测和质量准确度

FT-ICR 实验需要完全时间分离的激发与随后捕获离子的检测。检测基于检测板中像电流的测量。当以各自的回旋频率反复通过检测器板时,每个离子包会感应出像电流,即在 FT-ICR 中的检测意味着"监听回旋的离子"。记录瞬变信号或自由感应衰减(FID),然后通过傅里叶变换将 FID 从时域转换到频域。这意味着由许多单个频率叠加引起的复杂 FID 被去卷积,以揭示单个贡献频率及其各自的振幅。使用式(4.34),频率被转换成 m/z 值;它们的振幅现在代表相应离子的丰

度（图 4.73）[195,200,203,228,229]。

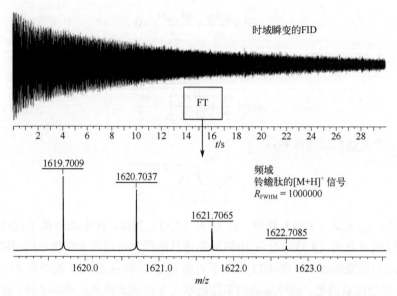

图 4.73　FT-ICR-MS 的原理

详细来说，该过程包括记录瞬变、瞬变的变迹、零填充、傅里叶变换，以及最后根据回旋频率计算 m/z 值。检测间隔越长，可获得的分辨率越高。本例显示了铃蟾肽的[M+H]⁺，m/z 1619.7009，其中 30 s 的瞬变得到 $R = 10^6$ 的质谱图（由 Bruker Daltonik Bremen，提供）

瞬变信号和 ICR 池中的压力之间存在相关性[220,228]。在完美的真空状态下，在轨运动将仅仅受到感应的抑制，而在存在残余气体碰撞的情况下，最终会将离子减慢为仅具有热能时的速度。由于 FT-ICR-MS 的分辨力也与瞬变信号的采集时间成正比，ICR 池的先决条件是在 10^{-10} mbar 范围内的超高真空。基于 7 T 磁体和式（4.35），图 4.73 中示例的理论分辨率 $R \approx 1.6 \times 10^6$，其显示了残余气体和导致一致性损失的其他因素对实际分辨率的影响。

> **需要超高真空**
>
> FT-ICR 质谱仪对极长平均自由程的需求源于数千米/秒的高离子速度和以秒为单位的观察间隔。因此，一致的离子群落在检测间隔期间需要行进数百米。碰撞将对峰形不利。因此，典型的 ICR 池压力是 $10^{-10} \sim 10^{-9}$ mbar。

与立方体池相比，圆柱形检测池的检测效率大大提高，因为离子以几乎恒定的距离通过检测电极到达它们的表面。平均来说更近的路径和更尖锐的检测波形产生了更强的像电流，因为离子进入和离开检测区域会引起更突然的变化。

如果监测电路主要是电阻性的，则检测板上的 ICR 电压信号强度与离子质量成反比；如果电路主要是电容式的，则与离子质量无关[229]。室温下的像电流检测通常不如离子束仪器中的离子计数技术灵敏。尽管如此，对于现代 FT-ICR 仪器，产生 3∶1 信噪比的检出限对应于大约 200 个离子，前提是这些离子被激发以最大回旋加速器半径的一半运动[211,219]。

FT-ICR 检测相对于 ICR 的优势显而易见：

① $1/N_0$ 极限消失，因为每个离子在检测期间都要经历 $10^4 \sim 10^8$ 个周期；

② 灵敏度提高，因为离子在每次通过检测器板时都会产生可检测的像电荷；

③ 离子检测是无损的，即离子在检测时不会丢失（这使得 MS/MS 实验成为可能）；

④ 延长记录自由感应衰减信号（FID）可以极为精确地测定所有回旋频率，从而获得了现有最高水平的分辨率和质量准确度[214,215,230]。

当校准离子的激发水平和捕获离子数量接近分析物离子时，外标校准最有效[219]。最新的 FT-ICR 仪器通常可以达到优于 1×10^{-6} 的质量准确度。内标校准可以得到进一步的改进。

尽管在宽带质谱图中分辨率和质量准确度已经很高（$R = 3\times10^4 \sim 3\times10^5$，$\Delta m < 10^{-3}$ u），但 FT-ICR 仪器的性能通过仅存储窄 m/z 范围进一步提高，因为检测池中离子越少意味着库仑相互作用引起的失真越少。

4.7.11 ICR 检测池的设计

由上文可知，在 FT-ICR 中离子的运动和检测受到各种参数的影响。轴向捕获振荡、由此产生的磁控运动以及导致一致性损失（或者移相）的因素，强烈依赖于 ICR 池的几何形状和磁场的均匀性。简单的立方体检测池（ICR 池的先驱）严重受场不完美的影响。因此，已经开发了许多其他设计，比立方体检测池有显著的改进（图 4.74）[219,220]。

在双曲阱（也称为 Penning 阱或 Penning 检测池）内部产生了一个近乎理想的双曲场 [图 4.74（b）]。然而，这种形状需要小的内部体积来使离子回旋，并且随着离子数量的增加，性能很快就会受到空间电荷效应的影响。虽然 Penning 检测池对 10～1000 个离子具有极高的性能，但不适用于分析工作，因为检测池必须容纳大量离子才能提供高的动态范围并处理复杂的混合物。

就像具有径向逐出的分段式 LITs 一样（第 4.5.3 节和图 4.48 和图 4.49），当捕获部分设计和操作得当时，可以避免电场失真；然后 ICR 池对离子来说几乎无限长。因此，已经开发了三段式圆柱形池[231]和许多其他检测池[232]。另一种方法是利用圆柱形检测池上的分段端盖的无限（infinity）池 [图 4.74（c）][233]。

三段式圆柱形检测池中捕获段的电容耦合的有利效果如图 4.75 所示。该图不仅描绘了电容耦合的场平坦效应，还显示了其与这种设计引起的 FT-ICR 质谱图增强效应的相关性[212]。这种类型的 ICR 检测池用于 Thermo Scientific LTQ-FT Ultra 系列。

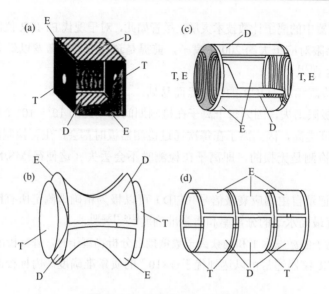

图 4.74 重要的 ICR 池类型

电极标有 E 激发、D 检测、T 捕获。(a) 经典立方体检测池；(b) 双曲电极 Penning 检测池；(c) 带分段捕获板的无限检测池；(d) 三段式检测池。后两者的目的是沿着 z 轴虚拟地扩展捕获区中的电势

（经许可改编自参考文献[232]。© Elsevier Science，1995）

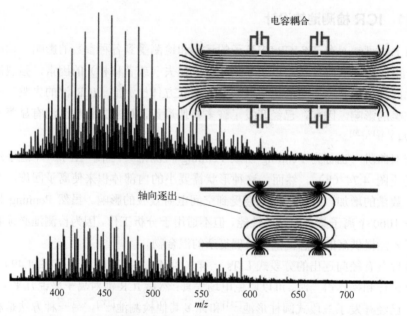

图 4.75 具有电容耦合（顶部）和非耦合捕获电极（底部）的圆柱形检测池与复杂样品的所得谱图的比较

单电极对（底部）的射频激发等势线的曲率产生轴向射频激发，导致 m/z 相关的轴向逐出。将射频激发电容耦合到端盖电极有效地消除了轴向逐出，并产生了改善的质谱图

（经许可转载自参考文献[212]。© Elsevier Science，2015）

由 E. Nikoleav 设计的检测池将谐波电势区域扩展到几乎其全部体积。这是通过将长圆柱形池（150 mm×56 mm）的壁细分成交替的凸形和凹形段来实现的[210,224,234]。当捕获电势施加到凹入部分时，凸段保持接地。捕集板的形状略呈球形。总的来说，这使离子在回旋运动的每个完整周期中经历平均谐波电势（图 4.76）。这一现象使它被描述为一个动态协调的 ICR 检测池。为了激发和检测，圆筒通常被分成四个 90°的部分，且分割切口将每隔一个凸电极切成两半。这种设计大大提高了分辨率，同时保持了高离子容量和动态范围[216,217,235]。它被 Bruker Daltonik 商业化为 Paracell。

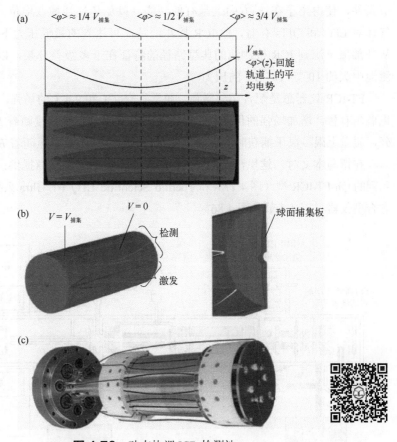

图 4.76 动态协调 ICR 检测池

(a) 轴向横截面，显示了分段的检测池壁和离子平均在每个完整周期中经历的双曲线捕获电势；(b) 分成四个 90°的部分来完成激发和检测以及捕集板的细节；(c) Paracell 的照片。镀金用于最大限度地减少电极氧化（该图由 Bruker Daltonik, Bremen 提供的资料整理而成）

4.7.12 FT-ICR 质谱仪

离子阱、ICR 检测池和 QITs，最好在捕获离子数量接近其各自最佳离子数量的情况下运行,否则离子轨迹会因库仑斥力而被扭曲。因此,理想的做法是,外部离子源与能够控制注入离子数量的离子传输光学器件相结合,连接到离子阱上。目前,MALDI[236]甚至更多是ESI[207,214,215,230,237]以及其他大气压电离源在FT-ICR中占主导地位。

离子流不仅仅由离子源调节,还可以由某些设备调节,以收集和存储所需数量的离子,直到离子包准备好注入ICR池中。线形射频多极离子阱通常用于此目的(第4.5.1节)[119,238,239],但也使用其他系统[218]。仅射频多极杆通常用于通过磁场边界将离子传输到ICR池中(第4.4.4节)[238]。对于它们的注入,重要的是调节条件,使得离子在z方向上具有低动能,以免超过浅捕获电位。虽然一些缓冲气体对LITs和QITs有益,但ICR检测池是在可达到的最低压力下运行的。因此,从外部离子源到ICR检测池的典型路径的特征在于多级差分泵,以实现在ICR检测池中大约$10^{-8}\sim10^{-7}$ Pa的压力。

FT-ICR仪器总是配备超导磁体,通常具有7 T和9.4 T的场强,而12 T和15 T也偶尔有售。增加场强的优点很多,例如,分辨率和扫描速度随着B线性增加。此外,质量上限、离子捕获时间、离子能量和捕获离子数量甚至随着B^2增加。

在撰写本文时,这里涉及的FT-ICR仪器仅由两家制造商提供:Bruker Solarix系列的Qh-FT-ICR型(图4.77)和Thermo Scientific LTQ FT Ultra系列的LIT-FT-ICR融合型仪器(第4.8节和图4.86)。

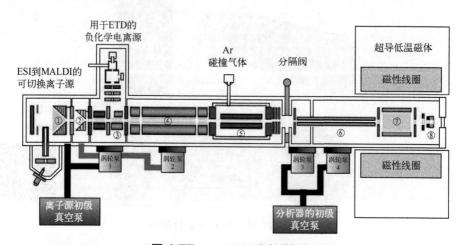

图4.77 hQh-ICR融合型仪器

该仪器配备了ESI到MALDI的可切换离子源,利用两级离子漏斗(①、②)将离子聚焦到射频六极杆离子导向器(h,③)中。然后,离子通过四极杆(④),该四极杆可以作为带通(q)或质量选择装置(Q)运行,然后到达多功能射频六极杆离子阱(h,⑤),在那里它们可以(i)累积、(ii)碰撞活化,或(iii)与来自NCI源的自由基负离子反应,以根据需要实现ETD效应。为了进行质量分析,离子随后通过仅射频六极杆(⑥)被导入ICR池(⑦),在那里附加了一个空心阴极(⑧)用于ECD检测。仅射频六极杆(⑥)和磁体未按比例绘制,但显示相对较小(Bruker Solarix仪器系列示意图,由Bruker Daltonik Bremen,提供)

4.7.13 FT-ICR 仪器概述

（1）工作原理

在与磁场方向正交的平面上运动的离子在洛伦兹力的作用下被迫在圆形轨道上运动。它们的轨道半径取决于离子动能，而振荡的频率——所谓的回旋频率——取决于离子的质量。为了诱导这种质量依赖性的离子运动，被传输到磁场中的离子需要由频率等于其回旋频率的射频电场激发。一旦被激发，相等 m/z 的离子在 ICR 池内发生一致的回旋运动。当它们通过时，离子群落在检测板中感应出像电流，该检测板构成 ICR 池壁表面的大约一半。将像电流记录在时域（0.2~20 s），通过傅里叶变换（FT）将时域变换为频域，最后用于计算相应的 m/z 值。

（2）性能特点

就分辨力（10^5 至 > 10^6）和质量准确度（通常为 $0.1 \times 10^{-6} \sim 2 \times 10^{-6}$）而言，FT-ICR 仪器是性能最好的质谱仪。达到的水平取决于实际仪器、瞬变持续时间和许多其他参数。由于检测间隔长且使用像电流检测，FT-ICR-MS 的灵敏度相对较低。现代仪器可以适应不同的电离技术，提供各种串联质谱功能，甚至可以用于气相离子化学的复杂实验，这样的事实抵消了上述影响。非凡的分辨力和质量准确度使人们能够分析原油或溶解有机物等复杂混合物。串联质谱可用于解决蛋白质分析中的复杂问题。

（3）一般注意事项

主要是由于使用高场超导磁体的先决条件和对超高真空的需求，FT-ICR 仪器在投资和运营成本方面都很大、很重，而且价格昂贵。虽然开发仪器的全部潜力可能具有挑战性，但现代 FT-ICR 仪器仍然适合常规使用。实际上，有些问题只能通过 FT-ICR-MS 来解决。

（4）FT-MS（傅里叶变换质谱）

有时，FT-ICR-MS 被称为 FT-MS 甚至 FTMS。显然，FT-MS 最常被质谱学家们使用，从该技术的早期开始，他们就一直在研究 FT-ICR-MS。当然，没有傅里叶变换的 ICR-MS 永远不会如此成功，但仅靠傅里叶变换本身不能根据 m/z 分离离子。随着静电场轨道阱（Orbitrap）分析器（第 4.8 节）的出现，有了第二个系统利用时域信号的傅里叶变换，尽管前缀 FT 在该名称中没有提及。

因此，首字母缩略词 FT-MS 被提议作为一个统称，概括了所有基于 FT 的质谱技术，即 FT-ICR-MS 和 Orbitrap-MS。图 4.78 取自专门针对高分辨质谱特刊的期刊封面，展示了从 FT-ICR 到 Orbitraps 的可喜过渡，也展示了紧凑的发展时间轴。

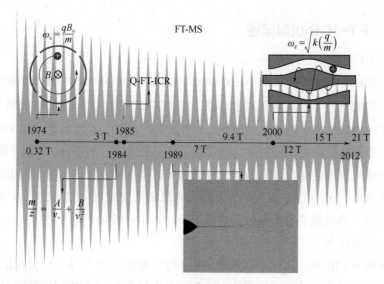

图 4.78 出现在一期高分辨质谱专刊的期刊封面上的 FT-MS 发展的时间轴

旅程从 FT-ICR 的引入开始，并通过 m/z 校准、引入射频四极杆传输光学器件、外部 ESI 源以及第一批涉及 Orbitrap 开发的第一篇论文继续进行。还包括可用于 FT-ICR-MS 的磁场［经许可改编自 *Anal Bioanal Chem* 2012，403(5)的封面。© Springer-Verlag，Heidelberg，2012］

4.8 静电场轨道阱分析器

静电场轨道阱分析器结合了自身的 m/z 分析概念[20,240]。Orbitrap™由 Thermo Fisher Scientific 在 2005 年实现了商业化，提供了高分辨力和在一定程度上可与 FT-ICR 相媲美的准确质量测定[20,241-245]。Orbitrap 的特殊魅力在于无需磁场即可运行，因此与 FT-ICR 仪器相比，价格更低，安装空间要求更少。尽管如此，它与 FT-ICR 有一个共同的重要特征：Orbitrap 也采用离子振荡的像电流检测和傅里叶变换将瞬态时域转换为频域。由于前文已经在 FT-ICR-MS 的背景下讨论了傅里叶变换的基础知识，现在可以专注于 Orbitrap 分析器本身的设计和操作。

> **在静电场中的轨道上运行**
>
> Orbitrap 也是一个离子阱，但既没有磁铁将离子固定在里面，也没有任何类型的射频激发来启动它们的运动。相反，运动的离子被捕获在恒定的径向静电场中。朝向中心电极的静电引力由离子起始切向速度产生的离心力来补偿——非常像轨道上的卫星[241]。

4.8.1 静电场轨道阱的工作原理

1923 年，Kingdon 构建了一个离子捕获装置，该装置基于沿着包围离子捕获腔

4.8 静电场轨道阱分析器

体的圆柱电极轴线的一根直线导线,并具有环绕捕获腔体的法兰。切向接近被设定为吸引电势的导线的离子不会撞击导线,而是被捕获在其周围产生旋转运动。然后,它们的轨迹由离心力和施加在导线和包围圆柱形之间的电压产生的静电力的平衡来定义。沿导线的轴向运动受到圆柱法兰引入的场曲率的限制,这被称为 Kingdon trap[246]。后来,Knight 将外部电极形状改进为中心半径较大,向两端不断减小的设计。外部电极对称地分成两半,类似于 QIT 的端盖。这种阱的设计通常被称为理想的 Kingdon trap[247]。Knight 的阱可以储存离子并将其逐出到检测器上,但不执行任何 m/z 分析[245]。第一个构建基于 Kingdon 阱-质量分析器的提议,用像电流检测解决了离子旋转频率问题,但由于进入阱时起始离子速度的影响,这些频率的清晰度很差[248]。最后,Makarov 的概念利用了离子沿中心电极的周期性来回运动[240]。这种设置需要一个精确定义的场,由离子阱的四极场和分成两半的圆柱形电容器的对数场组成。这种质量分析器被称为 Orbitrap[240],可以被认为是一个改良的 Knight 式 Kingdon 阱,其有一个纺锤状的中心电极和一个酒桶状的外电极(图 4.79)[245]。

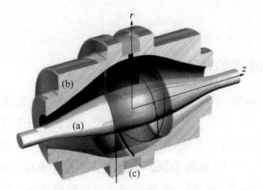

图 4.79 Thermo Fisher Orbitrap™ 质量分析器剖面图

离子围绕纺锤状的中心电极(a)螺旋移动,形成轴向场梯度。外电极(b)被绝缘陶瓷环(c)分成两半。由移动离子感应引起的像电流通过外部 Orbitrap 电极两半之间的差分放大器进行检测。Orbitrap 中不同离子的 m/z 可以通过傅里叶变换后各自的振荡频率来确定(经许可转载自参考文献[241]。© WileyVCH, Weinheim, 2006)

由 Orbitrap 电极的复杂形状产生的电场可以称为四极对数场,其电势分布为 $U(r,z)$

$$U(r,z) = \frac{k}{2}\left(z^2 - \frac{r^2}{2}\right) + \frac{k}{2}(R_m)^2 \ln\left(\frac{r}{R_m}\right) + C \tag{4.45}$$

式中,r 和 z 是柱坐标($z = 0$ 是场的对称平面);k 是场曲率;R_m 是特征半径;C 是常数[240,249]。式(4.45)确定了离子在 Orbitrap 中所经历的静电场,迫使离子以复杂的螺旋模式运动。稳定的离子轨迹结合了围绕中心轴的旋转与轴向振荡,其频率 ω_z 仅取决于离子电荷 q 与离子质量 m_i 之比和场曲率,但与离子的切向速度和空间扩散无关[241]。

参考文献[20,240]中可以找到 Orbitrap 的详细数学处理方法。其提供了重要的轴向振荡频率 ω_z（单位为 rad/s），由下式给出。

$$\omega_z = \sqrt{k\left(\frac{q}{m_i}\right)} \tag{4.46}$$

轴向谐波振荡的频率 ω_z 与离子质荷比的平方根成反比。

Orbitrap 内离子的另外两个特征频率可以导出。首先是围绕中心电极的旋转频率 ω_ϕ。

$$\omega_\phi = \frac{\omega_z}{\sqrt{2}}\sqrt{\left(\frac{R_m}{R}\right)^2 - 1} \tag{4.47}$$

其次，径向振荡的频率 ω_r，即当离子沿中心电极的可变半径移动时轨道的"泵样运动"：

$$\omega_r = \omega_z\sqrt{\left(\frac{R_m}{R}\right)^2 - 2} \tag{4.48}$$

4.8.2 静电场轨道阱的离子检测和分辨力

轴向谐波振荡 ω_z 频率可以通过连接到外电极两半的差分放大器对像电流的检测来确定；每个 m/z 值都会产生一个正弦波。类似于 FT-ICR，像电流信号通过快速傅里叶变换后被进行监测、存储并转换为频域信号，从而准确读取其 m/z 值（图 4.80）[241,250]。与 FT-ICR 不同，检测周期前没有激发。相反，当离子切向注入但相对于对称平面偏离中心时，电场梯度会引起轴向振荡。所有离子都具有完全相同的振幅，而轴向运动频率由其 m/z 值决定。同样，与 FT-ICR 类似，即普通 m/z 离子簇表现出离散的运动，该运动会受到同时占据捕获体积的不同 m/z 离子云的相互渗透所产生的一些干扰[20]。

在 Orbitrap 中，由于式（4.46）中的平方根，质量分辨力 R 是频率分辨力的一半[245,249]。它可以计算为

$$R = \frac{m}{\Delta m} = \frac{1}{2\Delta\omega_z}\sqrt{\frac{kq}{m}} \tag{4.49}$$

Orbitrap 与 FT-ICR 虽然 Orbitrap 中轴向振荡频率 ω_z 与 $(q/m)^{1/2}$ 成正比，但回旋频率 ω_c 在 FT-ICR 中与 q/m 成正比。因此 FT-ICR 为较低 m/z 值的离子提供了更高的分辨力，而 Orbitrap 在高 m/z 值时更优。例如，对 7 T 磁体的 FT-ICR 仪器，Orbitrap 在高于 m/z 800 时比 FT-ICR 有优势（图 4.81）[241,245]。

4.8 静电场轨道阱分析器

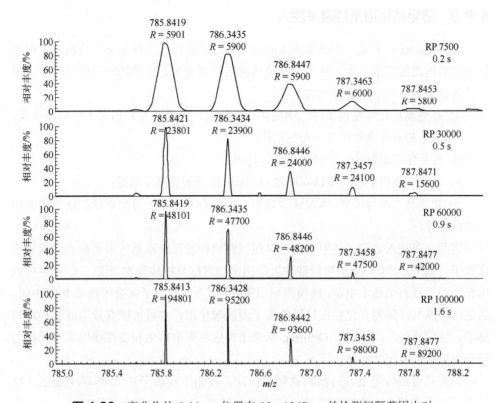

图 4.80 商业化的 Orbitrap 仪器在 95～1267 ms 的检测间隔范围内对双电荷肽离子实现的分辨力，导致的周期时间为 0.2～1.6 s

由于离子包的制备、数据处理等原因，周期时间比纯检测间隔长。规定值是参照制造商指定的标准值 m/z 400 来计算的（经许可转载自参考文献[241]。© Wiley-VCH，Weinheim，2006）

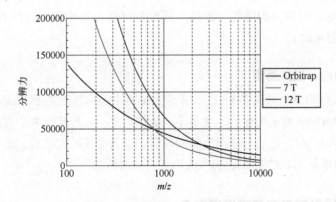

图 4.81 对于 Orbitrap 分析器，分辨力随着 m/z 的增加而下降不如 FT-ICR 仪器明显

虽然 FT-ICR 在截止到 m/z 800（7 T）甚至 m/z 2500（12 T）时明显优于 Orbitrap，但 Orbitrap 可以在高质量范围内提供更好的分辨力（经许可转载自参考文献[241]。© Wiley-VCH，Weinheim，2006）

4.8.3 静电场轨道阱的离子注入

仅 Orbitrap 并不是一个非常实用的仪器。虽然它用作高性能 m/z 分析器，但其操作需要适当的离子注入，并且需要超高的真空来实现足够长的时域信号采集。离子注入必须遵守几个条件和限制：

① 必须满足几何先决条件，例如注入的角度、角度分布和相对于电极的位置；
② 离子初始速度和速度分布很重要；
③ 需要仔细调整注入的时间和持续时间；
④ 需要调整离子注入量以实现在 Orbitrap 中的最佳离子数量；
⑤ 超高真空不得中断，以保证围绕中心电极数万到数十万次不受干扰的旋转的平均自由程。

因此，在注入之前，使用弯曲的仅射频四极杆通过低压氮气来累积、储存和热化离子。从字母"C"形的射频部件衍生而来，这部分被称为 C 形阱。C 形阱可以填充大约一百万个基本电荷。碰撞阻尼很重要，因为这样离子就会停在 C 形阱中间。这里运用氮气，因为它已经在仪器的离子源区域使用，并且可以有效地捕获和冷却离子。换句话说，C 形阱将 Orbitrap 从离子产生、去溶剂化和最终前体离子选择的所有先前步骤中剥离出来[250]。

具有几百纳秒短上升时间的高压电脉冲，被用于将离子从 C 形阱中逐出，穿过四极杆内部极杆对之间的间隙，并沿着汇聚在 Orbitrap 入口处的路线。通过在离子包进入的同时降低中心电极的电势，离子被捕获并开始盘旋。通常，离子以约 1.3 keV 的动能注入，而中心电极设为 −3.4 kV（正离子模式）[245]。最初的离子束被重新塑形成沿中心电极轴向振荡的环，振幅由离子从 Orbitrap 中心起始注入的偏移量决定，而轴向振荡的一致性，即维持薄环，是由离子包注入的短持续时间来确保（图 4.82）。

> **一个 Orbitrap 循环周期**
>
> 离子在 C 形阱中被收集和热化，并作为偏离中心的聚焦离子束注入 Orbitrap。在注入时 Orbitrap 的电场增加，将离子云压缩到中心。因此，离子围绕中心纺锤形电极旋转，此外，还进行径向和轴向振荡。在高电压稳定之后，通过使用一对外电极检测像电流来记录与 $(q/m)^{1/2}$ 成比例的轴向振荡。

4.8.4 与线形四极离子阱进行融合

要成为分析上有用的质谱，上述组合仍然需要离子源接口。Orbitrap 的原型机利用了在 Orbitrap 附近使用激光解吸电离[240]，但很快，外部电喷雾离子源随之而

4.8 静电场轨道阱分析器

来[249]。为了获得最高的多功能性，Orbitrap 安装在功能齐全的 Thermo Fisher LTQ 仪器的后部（参见第 4.5.4 节和图 4.50）。LIT 既可独立运行，因为它仍然配备了 SEM 检测器，也可以通过仅射频八极杆轴向排空到 C 形阱。整个装置被称为 LTQ-Orbitrap，如图 4.83 所示。该仪器在 LTQ 部分提供低分辨质谱分析（MS）和 MS″ 操作，并对送入 Orbitrap 的任何离子以 10^{-6} 精度进行最终的高分辨 m/z 分析[241-244,250]。差分泵系统降低了沿仪器的压力，在 Orbitrap 中达到约 2×10^{-10} mbar（2×10^{-8} Pa）。虽然 Orbitrap 技术已经取得了长足的进步，但仍有进一步改进的研究在进行中[251-255]。

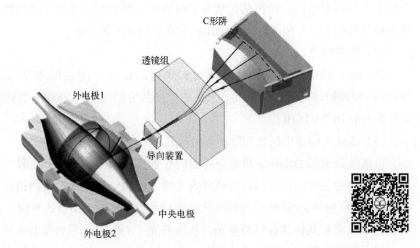

图 4.82 离子从透镜组和导向装置从 C 形阱注入 Orbitrap 质量分析器

在注入过程中 C 形阱充当凸透镜，通过直流脉冲外短杆推动离子与内短杆拉动离子。捕获电压施加到中心电极上（图片由 Thermo Fisher Scientific 的 A. Makarov 提供）

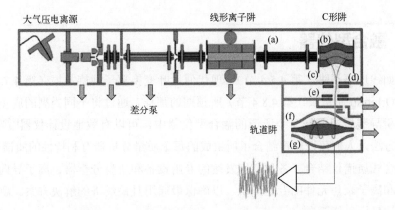

图 4.83 Thermo Scientific LTQ Orbitrap 质谱仪

前端的 LIT 与第 4.5.3 节和图 4.41 中介绍的 LTQ 仪器相同。从 LIT 轴向逐出的离子进入（a）传输八极杆到（b）称为 C 形阱的弯曲仅射频四极杆，从那里通过（c）栅电极、（d）阱电极和（e）离子光学器件，注入包括（f）内电极和（g）外电极的 Orbitrap 进行检测。请注意，沿 LTQ 部分有四个差分泵端口，另外三个侧向端口用来降低从 C 形阱到 Orbitrap 的压力（经许可改编自参考文献[243]）。© The American Chemical Society, 2006）

4.8.5 静电场轨道阱小结

（1）静电场轨道阱中的质量分析

在 Orbitrap 中，离子通过纺锤形中心电极的静电吸引被捕获，前提是它们以切向方向进入捕获场。通过从 C 形四极离子阱径向逐出离子束来实现在动能、空间聚焦和定时方面适当的离子注入。Orbitrap 内部产生的离子运动是围绕中心电极的循环和沿中心电极轴向振荡的叠加。纵向振荡是由沿主轴的电场梯度引起的。通过两个外部电极检测电流，将振荡记录在了时域中。然后通过对所记录的瞬变进行傅里叶变换获得频率，并用于计算 Orbitrap 中离子的 m/z 和丰度。

（2）性能特点

Orbitrap 的主要特点是高分辨力和质量准确度。两者的水平取决于实际的 Orbitrap 模式和确切的操作模式。通常质谱图的分辨率 $R = 20000 \sim 200000$，质量准确度为 $0.5 \times 10^{-6} \sim 3 \times 10^{-6}$。

（3）成长中的静电场轨道阱质谱仪家族

自第一台采用 Orbitrap 质量分析器的仪器推出以来，该系列仪器一直在不断增长。在这两者之间，该系列包括纯粹为常规 LC-MS 提供高分辨质谱的台式系统，以及由于 Q-Orbitrap 设计而具有串联质谱功能的 GC-MS 加台式系统。具有 LIT 甚至双 LIT 前端和其他功能日益复杂的仪器补充了 Orbitrap 系列仪器家族。其中一些内容将在串联质谱章节进行讨论（第 9.10 节）。Orbitrap 与所有其他类型的质量分析器不同，不仅在于其独特的工作原理，还因为它被 Thermo Fisher 公司实现了独家商业化。

4.9 融合型仪器

正如线形离子阱（第 4.5.4 节）、现代傅里叶变换离子回旋共振（第 4.7.12 节）和 LIT-Orbitrap 质谱仪（第 4.8.4 节）所预期的那样，通过将不同类型的质量分析器和离子引导装置组合在一个所谓的融合型仪器中，可以有效地设计仪器[256,257]。通过这些方法，人们可以获得结合了所组成的每个质量分析器有利特性的质谱仪。

融合式质谱仪结合了各种高度发达的专用设备和质量分析器、离子导向器、离子累积和离子聚焦元件的专业知识，以确保最通用且最经济的解决方案。融合型仪器的设计目标可能旨在：

① 实现最高的分辨力和准确度；
② 提高速度和灵敏度；
③ 实现紧凑、多功能且价格合理的多用途仪器。

4.9 融合型仪器

预算是有利于融合型仪器的一个重要方面，因为仪器每个部分都选择以最低的成本提供最佳性能。例如，融合型仪器非常适合进行串联质谱分析。在串联质谱仪中，m/z 分析（MS1）的第一级质量分析器用于选择离子，以便在第二个 m/z 分析器中进一步裂解和随后分析产物离子（MS2，第 9 章）。通常，将低分辨质谱单元 MS1 质量分析器与高分辨质谱单元 MS2 结合使用就足够了。

融合型仪器的发展始于扇形磁场-四极杆融合型仪器，包括 BqQ[258,259]、EBqQ[260] 或 BEqQ[261-263]。随后出现了许多其他系统，如扇形磁场-QIT[264]、扇形磁场-oaTOF[265,266]、QITTOF[159,267,268]、QqTOF[55,269-271]、QqLIT[129]、LIT-ICR 和 QqICR。LIT-Orbitrap 是最新才出现的[241,242,252,253]（表 4.2）。

表 4.2 融合型质量分析器

MS1	MS1 的性能	MS2	MS2 的性能
BE 或 EB	低分辨和高分辨	qQ	低分辨，低能量 CID
BE 或 EB	低分辨和高分辨	QIT	低分辨，低能量 CID，MS^n
EB 或 EBE	低分辨和高分辨	oaTOF	低分辨，低能量 CID，高灵敏度
Qq	低分辨，低能量 CID	oaTOF	高分辨率和高质量准确度，高灵敏度
Qq	低分辨，低能量 CID	LIT	低分辨，比 QqQ 灵敏度更高，LIT 中 MS/MS
Qq	低分辨，低能量 CID	Orbitrap	高分辨率和高质量准确度
QIT	低分辨，低能量 CID，MS^n	TOF	高分辨，高灵敏度
LIT	低分辨，低能量 CID，MS^n	Orbitrap	高至超高分辨率和高质量准确度
Qq	低分辨，低能量 CID，MS^2	ICR	超高分辨率和超高质量准确度，ICR 中 MS/MS
LIT	低分辨，低能量 CID，MS^n	ICR	超高分辨率和超高质量准确度，ICR 中 MS/MS

因为对离子动能的要求大不相同，不同的质量分析器相互适应可能需要复杂的接口。例如，扇形磁场-四极杆或扇形磁场-QIT 融合型系统要求离开扇形磁区的 keV 离子在进入 qQ 区前减速到大约 10 eV，或者分别减速并脉冲进入 QIT。由于扇形磁场分析器体积庞大且要求苛刻，这种融合型仪器不再发挥作用。

由 oaTOF 作为第二级分析器的几何构造具有优势，先进的 TOF 提供与扇形磁场仪器相当的准确质量测定。虽然它们的线形四极杆前端在串联质谱实验中用作 MS1，但当不打算使用串联质谱功能时，它以仅射频模式运行，因为这授权使用 TOF 分析器以高分辨率采集全范围质谱图（MS2，图 4.84）。需要注意的是，以 Qq 为融合型仪器第一级质量分析器 MS1，即 Qq-TOF 融合型仪器，通常提供质量选择操作，其 m/z 范围不同于仅射频操作的范围，例如质量选择模式下为 m/z 50~4000，仅射频传输模式下为 m/z 50~10000。

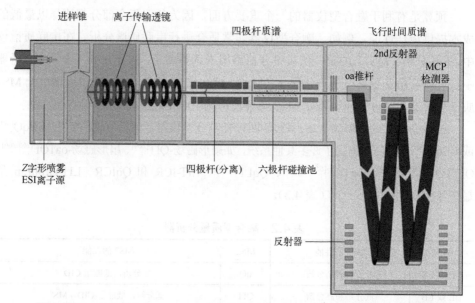

图 4.84 Q-TOF Ultima，Qh-oaTOF 设计，在 MS/MS 模式下使用 ESI 离子源

TOF 分析器有一个反射器，可以单独使用大反射器（V 模式）或添加第二个离子反射（W 模式）以获得更高的分辨力（由英国曼彻斯特 Waters 公司质谱技术部提供）

> **广泛使用**
>
> 除了适用于不同场景的多功能性之外，融合型仪器没有什么新东西需要理解。乍一看很奇怪，但融合型仪器已经是当今质谱仪市场的主宰者[133-135]。

一方面，高端 QqTOF 仪器之间，另一方面其也与 Qq-Orbitrap 和 LIT-Orbitrap 融合型仪器（如前面提到的 LTQ-Orbitrap，图 4.83）存在非常激烈的竞争。Orbitrap 仪器系列家族在如何将 Orbitrap 分析器作为复杂融合型系统的一部分实施方面表现出非凡的灵活性。该系列不仅包括 Qq-Orbitrap 和 LIT-Orbitrap 融合型仪器，而且甚至包括 Q-Orbitrap-串联 LIT 配置。后一种仪器 Orbitrap Fusion 作为三合一式仪器上市销售，因为它结合了三种不同类型的质量分析器（图 4.85）[254,255]。串联 LIT 的目的是为前体离子选择和离子裂解提供高压 LIT，以及用于有效质量分析的低压 LIT。Orbitrap Fusion 架构允许多种操作模式，允许串联质谱实验与全范围勘测扫描并行，提供下一批待测的前体离子的准确质量数据或碎片离子的准确质量。

通过用 FT-ICR 分析器替换 oaTOF 部分，可以实现最高水平的分辨能力和质量准确度。这些高端融合型仪器要么是 Qh-ICR，采用四极杆作为第一质量分析器（Bruker Daltonik 的 APEX-Q 和 Solarix 仪器，图 4.78），要么是 LIT-ICR，即在 ICR 检测池前面有一个线形离子阱（Thermo Fisher Scientific 的 LTQ-FT 系列，图 4.86）。

4.9 融合型仪器

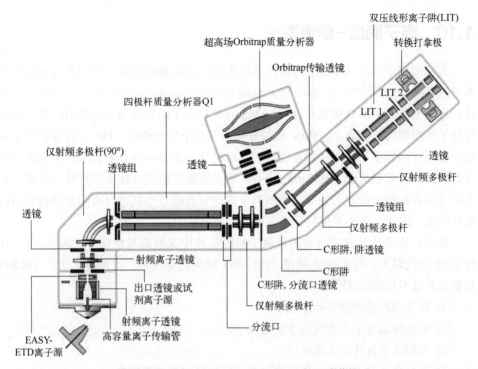

图 4.85 Orbitrap Fusion Lumos 三合一质谱仪
第一级仅射频多极杆被弯曲 90°，在离子进入由四极杆、Orbitrap 和 LIT/LIT 组成的质量分析器之前去除中性粒子（经许可改编自 Thermo Fisher 技术档案。
© Thermo Fisher Scientific，Bremen，2015）

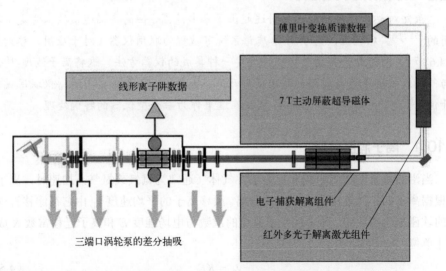

图 4.86 LIT-FT-ICR 融合型仪器的示意图（Thermo Scientific LTQ FT Ultra），集成了功能齐全的 LTQ 前端（如 LTQ Orbitrap），可实现最高的多功能性
（由 Thermo Fisher Scientific，Bremen 提供）

4.10 离子淌度-质谱系统

人们对离子淌度（IMS，也称离子迁移谱）越来越感兴趣，因为它是分离气相离子的有效方法[272,273]。在 IMS 中，电场迫使离子沿着逆流惰性气体气氛的路径漂移，依碰撞截面不同而将它们分开。IMS 对气相离子的作用与气相色谱法对气态中性分子作用相同。实际上，IMS 最初被称为等离子体色谱法（PC）。它根据离子在离子迁移管电场中不同的传播速度（尺寸电荷比，size-to-charge ratio）来分离不同电荷态的等质量数离子（isobaric ions），或者根据它们的立体化学性质（即形状）来区分具有相同电荷状态的等质量数离子，即它能通过形状来分离同分异构体和构象异构体。因此，IMS 是生物分子分析的宝贵辅助工具[274-276]。

显然，质谱法非常适合检测从离子淌度装置中洗脱的气相离子。因此，自 20 世纪 70 年代以来，离子淌度-质谱（IM-MS）联用就受到了广泛关注[277-279]。IM-MS 仪器具有以下功能特征[272]：

① 将气相样品传输到离子源中；
② 中性样品分子在大气压下形成离子；
③ 累积离子包并注入漂移区；
④ 测量离子群在漂移气氛中穿过漂移区电场时的漂移速度；
⑤ 通过与 IMS 平台联用的质量分析器检测离子。

融合、联用或介于两者之间？

虽然对离子迁移谱的详细讲述超出了本书范围，但简要描述该技术肯定是有用的[272,273]。原理上，离子淌度-质谱系统可被视为联用仪器（对于应用，参见第 14.6 节），因为离子淌度的特殊性需要一种集成的仪器方法。这将离子淌度-质谱与气相或液相色谱与质谱的联用区别开来，后者可以根据需要与质谱仪联用或分开使用[274,280]。因此，离子淌度-质谱在这里作为融合型仪器的特例处理。

4.10.1 离子淌度分离

当沿漂移管的恒定电场和逆流惰性气体（通常为氦气或氮气）加速时，离子淌度根据离子的不同速度影响离子的分离。漂移离子的平均速度 v_D 由它在漂移管内经历的软碰撞次数决定。与中性粒子碰撞的次数与电场强度 E 和离子迁移常数 K 成正比［单位：$cm^2/(V \cdot s)$］。

$$v_D = KE \tag{4.50}$$

K 的值取决于离子和漂移气体。式（4.50）仅在约 1000 V/cm 的场强下有效，而高于该电场强度时，K 和 E 之间的比例关系就不再成立[274]。

电场要足够弱，以便在给定气体密度下的碰撞能够抑制离子，从而获得与气氛温度平衡的离子内能[276]。此外，必须严格避免气体放电。在高压状态下（133～1013 mbar 或 100～760 Torr），漂移管在 100～300 V/cm 下运行，以提供 IMS 中被认为是 100～300 的高分辨力。在低压状态下，场强限制在 10～30 V/cm。然而，较低的压力伴随着设备分辨率的降低，同时由于真空系统的负载减少，与质量分析器的联用得以简化[276]。

在低场状态下，K 值可以由下式计算

$$K = \frac{3q}{16N}\sqrt{\frac{2\pi}{kT}}\sqrt{\left(\frac{m_g + m_i}{m_g m_i}\right)}\left(\frac{1}{\Omega}\right) \tag{4.51}$$

式中，q 是离子电荷；N 是缓冲气体的数密度；k 是玻尔兹曼常数；T 是热力学温度；m_g 是缓冲气体分子的质量；m_i 是具有碰撞截面 Ω 的离子的质量[275,280]。

在离子淌度-质谱实验中，q 和 Ω 是先验未知的，一旦确认了电荷状态 z，m_i 就从 m/z 中导出，这反过来又从 $q = ze$ 中得到 q。由于在一次离子淌度运行所需的几十毫秒内可以获得数百张 TOF 质谱图，该装置可以轻松提供高质量的质谱数据来识别漂移时间分离的离子。

降低迁移率 K_0 的计算是为了比较在不同缓冲气温度和压力下以及在不同仪器间运行所获得的 IMS 数据。降低迁移率 K_0 由下式获得

$$K_0 = \frac{l_D^2}{t_D U_D} \times \frac{T_0}{T} \times \frac{p}{p_0} \tag{4.52}$$

式中，l_D 是漂移管的长度；U_D 是沿其施加的电压；温度以开尔文（$T_0 = 273.2$ K）为单位；压力以毫巴（$p_0 = 1013$ mbar）为单位。K_0 的物理量纲是 cm^2/(V·s)。根据来源的不同，在文献中也可以使用电场强度而不是电压，以及用 Torr 为压力单位来描述降低迁移率的方程：

$$K_0 = \frac{l_D}{t_D E_D} \times \frac{273.2 \text{ K}}{T} \times \frac{p}{760 \text{ Torr}} \tag{4.52a}$$

式中，l_D 是漂移管的长度；E_D 是施加的电压除以 l_D [276]。

对于这种经典的 IMS 方法，离子传输理论已经非常完善，并可以高置信度地计算定向平均碰撞截面[275]。

IM-TOF-MS 离子淌度-质谱（IM-MS）仪器的质量分析器必须能够提供比 IMS 峰洗脱时间跨度更快的质谱图采集速率。由于离子淌度分离以数十毫秒的数量级进行，典型的 IMS 分辨力为 100，这意味着每次 IMS 运行必须至少获得 100 张质谱图。只有 TOF 分析器能以 100～1000 Hz 的频率提供谱图，因此，IM-TOF-MS 这种融合型仪器是离子淌度-质谱（IM-MS）的自然组合（图 4.87）。

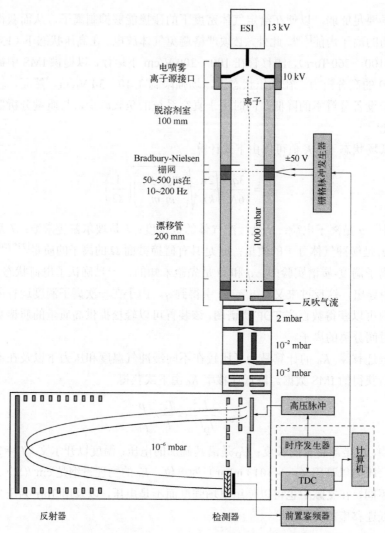

图 4.87 大气压 IMS-TOF 质谱仪的基本设计

来自电喷雾源的离子进入去溶剂化室,从那里通过 Bradbury-Nielsen (BN) 离子门将离子包脉冲到离子淌度管中。离子路径显示为不均匀,表明离子扩散。在离子淌度分离后,离子通过差分泵接口被传输到反射 oaTOF 分析器中(由瑞士 TofWerk AG,提供)

4.10.2 叠环离子导向器

作为仅射频多极杆离子导向器的替代,叠环离子导向器(SRIG)自 2004 年以来有了新的发展。环形电极(内径 2～3 mm)与其间的 1～2 mm 绝缘陶瓷垫片对齐,并提供射频驱动电压($U_{RF} \approx 100$ V,频率 1 MHz),该电压在相邻环之间相位相反(图 4.88)[118,281]。进入 SRIG 的离子在穿过孔径时会经历一个深的径向势阱,其壁相对陡峭,朝向内环表面。如果 SRIG 使用约 3 mbar 的热缓冲气体运行,可提供高

4.10 离子淌度-质谱系统

传输率。有趣的是，SRIG 不仅形成了一种离子管道，其有效电位更像是波纹软管，其中凹槽在轴向上充当低电位阱，其深度足以通过软捕获来抑制热离子的轴向漂移。

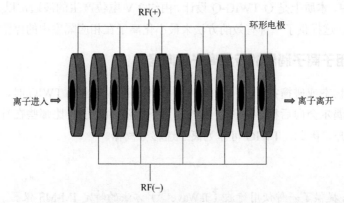

图 4.88 叠环离子导向器

相邻的环分别以不同的相位接入射频（RF）驱动电压。通常几十对环形电极用来构建一个离子导向器。从左侧进入的离子在穿过孔径时会经历一个深的径向势阱，其壁相对陡峭朝向内环表面

（经许可转载自参考文献[281]。© Elsevier Science，2007）

为了避免离子停止，可以向一对环传送直流脉冲，使离子前进到下一个电位凹槽。如果直流脉冲从一对到另一对逐渐传播，则会产生一种行波（T 波），使离子沿着 SRIG "冲浪"（图 4.89）。

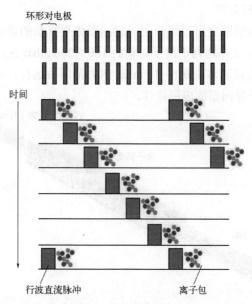

图 4.89 沿叠环离子导向器的行波直流脉冲的效应

直流脉冲前面的离子逐堆移动，从而沿装置推进（T 波离子导向器）。需要缓冲气来缩小热能分布

（经许可转载自参考文献[281]。© Elsevier Science，2007）

这种行波离子导向器（TWIG）被整合到许多 Waters 仪器中，以取代更传统的仅射频多极杆作为离子导向器和碰撞池，例如 Xevo^{TM} 和 Quattro Premier^{TM} 系列的"三重四极杆"中，本质上是 Q-TWIG-Q 设计。由约 2 V 电位产生的波通常以大约 300 m/s 的速度传播。这提供了一种有效的方法来最小化离子在相应隔室中的停留时间。

4.10.3 用于离子淌度的行波离子导向器

当电荷状态或碰撞截面不同，或两者都不同的离子进入 TWIG 时，移动性较低的离子可能偶尔会向后横穿行波。那些落后于行波的离子会比那些在行波上冲浪的离子更晚离开。因此，TWIG 可作为离子迁移分离器。

> **行波**
>
> Waters 提供了一种使用行波（T-Wave^{TM}）方法的特定 IM-MS 仪器。在 T-Wave 离子淌度装置中，大量堆叠的成对环形电极所构建的低压波推动离子。然而，T-Wave 中的离子淌度分离理论并不像传统 IMS 设备的理论那样完备[275,280]。

显然，多射频环电极器件可以通过多种方式进行设计、优化和操作，以期实现：
① 引导离子从一个仪器阶段过渡到另一个阶段或跨越不同的真空梯度；
② 当离子与气体发生碰撞以进行激发和裂解时，保持离子在轨；
③ 接纳、静止和收集离子，以累积离子包来进行后续的 IMS 或质量分析；
④ 提供离子淌度分离。

服务于任一目标的隔室可以组合在一起，形成更复杂的融合型质谱仪的线性操作单元（图 4.90）。除了在逆向于离子运动的 100~200 mbar 缓冲气体中进行的 IMS 外，多射频环电极装置通常在 0.1~10 mbar 压力范围内运行。因此，它们与所有种类的射频多极杆离子导向器的应用兼容。

图 4.90 Waters TriWave 被纳入用于离子淌度分离的 Synapt G2 仪器中
从左侧进入的离子在离子阱的第一部分中累积，然后分批进入离子淌度分离区，最后收集并传输到 oaTOF 分析器中（经许可后进行调整。由 Waters 公司质谱技术部提供）

4.10.4 带有离子淌度的融合型仪器

Waters 已将一种包括质量选择四极杆、行波离子淌度分离器和 oaTOF 分析器的融合式仪器作为 Synapt 系列仪器上市销售（图 4.91）[118,281]。此外，该仪器在从离子源到第一级质量分析四极杆的接口区集成了一个射频环电极装置。将在电喷雾电离接口设计章节中继续讨论这个主题（第 12.2 节）。

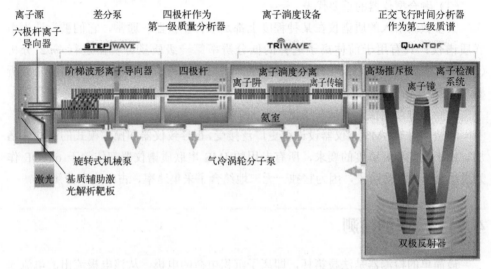

图 4.91 Waters Synapt G2-Si，一种 Q-IMS-oaTOF 融合型仪器，图中用 MALDI 源
三个环形离子导向器组合用于构建一个完整的 IMS 设备，包括一个位于入口的离子阱用于提供离子包、IMS 本身和一个用于将离子传输到质量分析器的离子导向器（参见图 4.89 中的 TriWave）
（经许可后进行调整，由 Waters 公司质谱技术部提供）

Waters 是第一家提供带有 IMS 功能的融合型串联质谱仪的公司，目前似乎仍拥有最广类型的离子淌度-质谱仪器。Agilent（6560 离子淌度 Q-TOF LC/MS）以及 Bruker 带有新型捕集离子淌度（trapped ion mobility）概念的 timsTOF 也将纳入其产品线。随着该技术得到更广泛使用，设计变得越来越多样化。尽管如此，所有离子淌度串联质谱仪器都依赖 oaTOF 作为质量分析的最后阶段，因为它兼具独特的采集速率和分离能力。

4.10.5 包括离子淌度-质谱在内的融合型仪器概述

（1）分类

由不同类型的质量分析器和离子导向装置组成的质谱仪被称为融合型仪器。这些组件以结合每个亚单元的优点的方式组合在一起得到质谱仪。因此，该仪器结合了质量分析、离子引导、离子积累、离子分离和离子聚焦元件，以确保获得某种仪器最通用且最经济的解决方案。

（2）IMS 的类型

漂移管离子淌度（DT-IMS）是 IMS 的经典形式。行波离子淌度（TW-IMS）已由 Waters 推出并销售。此外，还有场不对称离子淌度（FAIMS）和差分离子淌度（DMS）[282-284]。FAIMS 设备非常紧凑，可以从外部安装到具有电喷雾接口的现有仪器上。

（3）融合型仪器的重要代表

大多数新引入的质谱仪在某种程度上都是融合型仪器。通常，它们被设计为串联质谱仪，具有用于前体离子选择的低分辨率第一级质量分析器进行 m/z 分析（MS1），例如 Q、QIT 或 LIT，以及用于产物离子分析的高分辨率第二级质量分析器（MS2），例如 oaTOF、Orbitrap 或 FT-ICR。

另一类融合型仪器包括在质谱仪前面或在 MS1 与 MS2 之间增加离子淌度分离。不同制造商对 IM-MS 和仪器设计得更广泛接受，正导致仪器和操作模式的多样性增加。由于速度和灵敏度的要求，所有专用的 IMS 串联质谱仪都依赖于 oaTOF 作为质量分析的最后阶段，因为它独一无二地结合了采集速率、占空比和分辨力。

4.11 离子的检测

最简单的检测器是法拉第杯，即离子沉积电荷的电极。从该电极流出的电流通过高阻抗电阻器时会产生电压。在同位素比质谱（IR-MS）中，法拉第杯仍在用于最高准确度丰度比的测量[285]。在 Mattauch-Herzog 型仪器的早期，感光板一直是标准的检测系统（第 4.3.5 节）。随着扫描质谱仪的出现，二次电子倍增器（secondary electron multipliers，SEM）成为主流[286]，它依赖于高能离子击中表面时的二次电子发射。离子计数检测器不用于采用像电流检测的 FT-ICR 和 Orbitrap 仪器。

4.11.1 模数转换器

相邻 m/z 值的离子包几乎同时很快地击中检测器，导致信号以非常高的频率变化。这需要使用 GHz 频率数字化仪进行模数转换。显然，最终的峰形状直接取决于模数转换器（analog-to-digital converter，ADC）的速度[45]。

例如，对于 8 位 ADC，检波器输出的强度被转换为 0~255 的数值[287]。动态范围是通过将最强信号的强度除以最弱信号的强度而获得的比值，同时在同一张质谱图中正确检测到两者。为了改善 8 位 ADC（0~255）提供的小动态范围，通常会将几十至几百个单张质谱图求和。因此，最新的 TOF 和 oaTOF 仪器都配备了 8 位甚至 10 位 ADC，在对几个单张谱图求和后提供 10^4~10^5 的动态范围。

扫描速度较慢的仪器（如四极杆、四极离子阱和扇形磁场仪器）通常配备 16~

20 位 ADC，分别对应于 0~65535（$2^{16}-1$）和 0~1048575（$2^{20}-1$）的强度值。这解释了当需要高线性动态范围时（例如定量）它们的优势。

4.11.2 数字化速率

特别是，先进 TOF 分析器的分辨力需要高速 ADC。现代 TOF 仪器集成了数字化速率为 4~5 GHz 的 8 位 ADC，以适应其高达 $R = 45000$ 的分辨力。ADC 的数字化速率或采样率可以被报告为每个数据点的停留时间，例如 1 ns，或者采样频率，例如 1 GHz（图 4.92）。数据点也会显示在第 11.5 节的质谱图上。

> **普遍的重要性**
>
> 这些关于数字化速率的考虑绝不仅限于 TOF 仪器，而适用于任何数据采集过程。粗略估计，良好的峰形需要每个峰有 6~10 个数据点。这一规则同样适用于每个洗脱色谱峰的单张谱图数量。

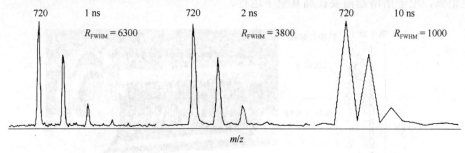

图 4.92 在脉冲式离子引出（PIE）升级后，在前述仪器上获得的模数转换器的每个数据点停留时间的不同设置下描绘的[60]富勒烯分子离子峰

在每个数据点 1 ns（1 GHz）时，峰得到很好的分辨，分辨率受到分析器的限制。在 2 ns（500 MHz）时，会出现一些展宽。在 10 ns（100 MHz）时，峰的形状被简化为三角形，因为检测每个 m/z 仅提供约 2 个数据点

4.11.3 时间-数字转换器

由于时间-数字转换器（time-to-digital converters，TDC）的速度要快得多，一些早期 oaTOF 仪器已经使用了 TDCs 而不是模数转换器。采样的速度是 oaTOF 分析器达到高分辨率的要求，而数据流方面的速度是每秒处理大量质谱图的先决条件。但是，TDC 是一种脉冲计数设备，仅提供 1 位动态范围（值 0 或 1）[287]。检测器-TDC 组合很容易受到饱和效应的影响，因为它们无法区分是单个离子到达还是几个离子同时到达。因此，TDC 响应与离子通量不成比例。因此，还需要对许多单张质谱图求和，以通过改进的信号统计量获得更高的动态范围。然而，对于定量分析和正确的同位素模式，这种结果仍然不尽人意。此外，连续计数事件之间的死时间导致几乎等时到达的一对离子中的第二个离子始终无法被检测到。在给定 m/z 值的离子包

内的死时间效应甚至会导致所检测到的 m/z 值向低质量端移动（仅检测早期进入的离子），这使得经验死时间校正对于准确质量测定变得必要[287,288]。

4.11.4 离散打拿极电子倍增器

当高能粒子击中金属或半导体表面时，会从该表面发射二次电子。这种发射的难易程度由相应材料的电子逸出功（w_e）决定，例如，BeCu 合金氧化物（$w_e \approx 2.4$ eV）[289]。撞击粒子的速度越高[286,290]，表面的电子逸出功越低，二次电子的数量越多。如果与发射位置相对的电极保持在更大的正电位，则所有发射的电子将被加速朝向并击中该表面，从而导致每个击中表面的发射电子又释放了几个二次电子。12～18 个每级正电位都保持在约 100 V 以上的离散的打拿极上产生的电子雪崩，每个级都会产生了足够大的电流，可以被敏感的前置放大器检测到。这种检测器被称为二次电子倍增器（SEM，图 4.93）[291]。打拿极通常是杯状的，但是 Venetian 百叶窗式-打拿极也在使用中。由于发射层具有一定的空气敏感性，并且为了防止由于高电压而产生电弧，电子倍增器需要在高真空下运行。

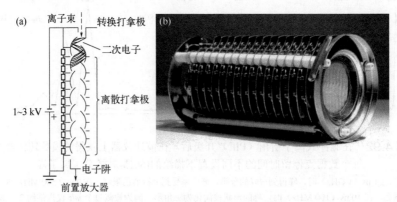

图 4.93 离散打拿极电子倍增器

(a) 14 级 SEM 示意图；(b) 一个老式 16 级 Venetian 百叶窗式 SEM, 清楚地显示了其侧面堆叠打拿极之间的电阻器和陶瓷绝缘体［(a) 图经许可改编自参考文献[292]。© Springer-Verlag Heidelberg，1991］

实际到达第一打拿极的离子电流主要在皮安范围内，但可能跨越 10^{-18}～10^{-9} A 范围。根据施加的电压，SEMs 提供 10^6～10^8 倍的增益[291]。电子阱产生的电流是附近前置放大器的输入，提供另一个 10^5～10^9 倍的增益。然后，其输出电流被转换为电压信号，最终可以通过模数转换器（ADC）将其转换为强度值。

每个峰有多少离子？ 一个单电荷的离子对应 1.6×10^{-19} C 的电荷，1 A = 1 C/s。因此，每秒约 6000 个离子可提供 10^{-15} A = 10^{-15} C/s 的离子电流。如果在 m/z 40～400 范围内进行 1 s 的 GC-MS 扫描期间检测离子，得到由约 30～60 个峰组成的质谱图，这相当于每个峰有 100～200 个离子。这些条件定义了扫描质谱仪的检出限。

4.11 离子的检测

> **可能需要订购更换**
> 所有类型的二次电子倍增器的寿命都是有限的。它们可以释放 0.1~10 C 的引出电荷,并且还受到第一个打拿极离子束诱导破坏的限制。

4.11.5 通道电子倍增器

二次电子也可以在连续管中大量连续产生。这种检测器被称为通道电子倍增器 (channel electron multipliers,CEM) 或只是通道电子管 (channeltrons),比离散打拿极 SEMs 更紧凑,且价格更低。CEMs 最适用于台式仪器。它们的增益取决于长径比,最佳比值为 40~80[293]。在 CEM 中,高压从离子入口到管的电子出口连续下降,需要半导体材料具有足够高的电阻以承受约 2 kV 的高压。这是通过二氧化硅的发射层覆盖在支撑高度掺铅玻璃管上的氧化铅导电层来实现的[291,294]。直的 CEMs 在增益超过 10^4 时不稳定,因为残余气体的 EI 在内部产生的正离子被加速到管的入口端,在那里它们随机地贡献了引起虚假输出脉冲的信号[294,295]。弯曲设计缩短了离子加速的自由路径,从而抑制了离子反馈的噪声。弯曲 CEMs 提供高达 10^8 倍的增益(图 4.94 和图 4.95)。

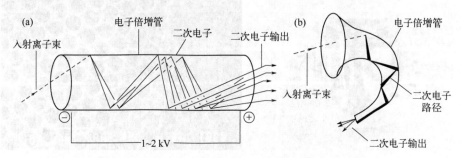

图 4.94 线形通道电子倍增器(a)和弯曲通道电子倍增器(b)
(由英国曼彻斯特 Waters 公司质谱技术部提供)

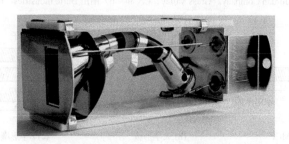

图 4.95 通道电子倍增器
来自转换打拿极的离子或电子将从左侧进入;二次电子的放大发生在弯管的下方

> **计数所有种类高能粒子**
>
> 离子计数检测器在受到高能中性粒子、电子或光子的撞击时也会产生信号。因此，必须注意，不要让质量分析离子以外的其他粒子击中检测器。

4.11.6 微通道板

可以将线形通道管的尺寸极端地减小到直径为几微米。然而这种单个管道的横截面太小，以至于无法发挥任何作用，但将数百万个这样的管道组合在一起形成一个"捆绑"结构，可以得到一个通道电子倍增器阵列；更常见的术语是微通道板或多通道板（multichannel plate，MCP，图 4.96）。为避免离子平行于其轴线进入微通道，这些微通道会相对于垂直于板表面方向倾斜一定角度。微通道板的增益倍数为 $10^3 \sim 10^4$，远低于 SEM 或 CEM。通常情况下不是仅使用一个 MCP，而是将两个 MCPs 以小角度相互对立的方式夹在一起（人字形板，图 4.97），以获得 $10^6 \sim 10^7$ 倍的增益。有时，甚至类似地堆叠三个 MCP（Z 字形堆叠，增益高达 10^8）[295,296]。

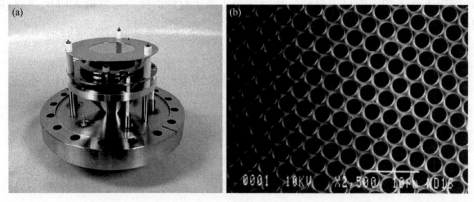

图 4.96 MCP 检测器（顶部内侧，有光泽的盘片）被安装在法兰的顶部（a），以及高分辨 MCP 的 SEM 显微照片显示直径为 2 μm 的通道（b）

（a）图由 R.M. Jordan Company、Grass Valley、CA 和（b）图由 Burle Industries，Baesweiler 提供

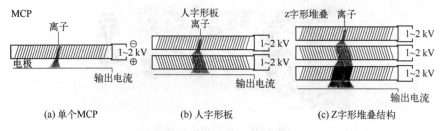

(a) 单个MCP　　　　(b) 人字形板　　　　(c) Z字形堆叠结构

图 4.97 堆叠 MCPs 以提高增益

请注意堆叠过程中会损失空间分辨率

4.11 离子的检测

MCP 以各种尺寸圆板形式生产，直径 2~5 cm 的通常用于质谱仪。MCP 可以在特定时间间隔内为所有入射离子提供整体输出，或者通过将 MCP 部分连接到各个记录通道来记录击中的位置。第一种设置更普遍，例如，在 TOF-MS 中，当离子到达检测器时，每纳秒检测一次电子电流。第二种设置可用于成像目的，例如，构建阵列检测器（如下）。

4.11.7 后加速和转换打拿极

在使用 SEMs[297]、CEMs 以及 MCPs 时，相比于较快的离子，会观察到对较慢离子的歧视效应[293,298,299]。这意味着在质谱仪的加速电压降低及离子质量增加时，灵敏度会降低。后加速检测器可以减少这种影响，尤其有助于提升高质量离子的灵敏度[290,299]。在后加速检测器中，离子在击中第一个打拿极或第一个 MCP 之前，会在检测器的正前方被 10~30 kV 的电压加速。

离子计数检测器的电子输出通常参考接地电位来测量，即第一打拿极被设为负高压，以实现电子沿着打拿极组件加速。对于扇形磁场仪器或 TOF 仪器，检测器电压对 keV 负离子的减速相对次要。然而，从四极杆质量分析器出来的慢离子在到达检测器之前会停止。因此，转换打拿极经常放在 SEM 或 CEM 的前面（图 4.98）[291]。这些坚固的电极被设为高电位（5~20 kV），其极性适合吸引实际从质量分析器中流出的离子。它们击中转换打拿极时会产生可用于后续检测的二次离子或电子。转换打拿极检测器还可用作后加速检测器，对正负离子检测的灵敏度几乎相同。此外，如果将转换打拿极置于视线之外，中性粒子和光子将无法到达检测器。

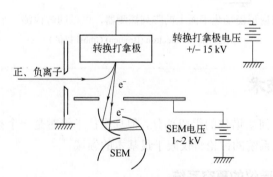

图 4.98 带有转换打拿极的检测器构造

(由 JEOL，Tokyo 提供)

4.11.8 焦平面检测器

扇形磁场仪器是扫描型设备，通常将每个 *m/z* 值的离子一个接一个地聚焦到点检测器上。然而，这些仪器的质量色散元件，即扇形磁场，能够同时产生几个相邻

m/z 值的图像。焦平面检测器（FPD）或阵列检测器，通常能够一次检测一个小的 m/z 范围，即中心质量的±(2%～5%)[293,300,301]。沿着焦平面击中 MCP（通常是人字形板）表面的离子被转换成电子。然后，来自 MCP 叠层背面的电子被荧光屏转换成光子，光图像通过光纤器件被引导到光电二极管阵列或 CCD 检测器上。这种多通道电光检测系统通常将灵敏度或信噪比分别提高 20～100 倍，因为未被检测到的情况下损失的离子流更少，并且离子流的波动得到了补偿[302,303]。

FPD 的分辨率理论上受到通道数（512～2048）的限制。实际上，它甚至更小，因为图像从第一个 MCP 传递到光电二极管阵列时图像会遭受一些展宽（图 4.99）。因此，具有 FPD 的仪器通常可以从 FPD 切换到 SEM 检测，例如通过离子束的垂直静电偏转（Finnigan MAT 900）。此外，在磁铁后面使用四极透镜或非均匀 ESA 来实现可变色散，即缩放同时检测的 m/z 范围。在硅芯片上实现完全集成的 FPDs 也有一定的发展[304]。

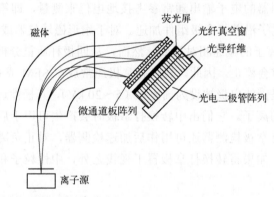

图 4.99 在扇形磁场焦平面上的阵列探测器，可以同时检测一个小质量范围
（由 Thermo Electron (Bremen) GmbH 提供）

4.12 真空技术

真空系统是任何质谱仪的组成部分，但真空技术绝对是一个独立的领域[305-309]。因此，质谱仪真空系统的讨论将仅限于最基本的领域。

4.12.1 基本质谱仪的真空系统

通常，采用两个级别泵送来产生质谱仪的高真空。通常，抽速为 4～16 m³/h 的旋片泵用于产生几帕的中等真空。然后将它们连接到高真空泵，使高真空泵的高压接入旋片泵的中等真空，即它们作为前级泵运行。这样，在大气压力和 10^{-4}～10^{-5} Pa 的真空之间，每个泵级的压缩系数为 10^4～10^5，而总压缩系数为 10^9～10^{10}（表 4.3）。高真空泵可以是涡轮分子泵、油扩散泵或低温泵[310,311]。

表 4.3　真空技术中的压力范围

压力范围/Pa	压力范围/mbar	压力范围/mTorr	真空	气流
$10^5 \sim 10^2$	1 bar～1 mbar	750 Torr～750 mTorr	低真空（RV）	黏滞流
$10^2 \sim 10^{-1}$	$1 \sim 10^{-3}$	750～0.75	中等真空（MV）	Knudsen 流
$10^{-1} \sim 10^{-5}$	$10^{-3} \sim 10^{-7}$	$0.75 \sim 7.5 \times 10^{-5}$	高真空（HV）	分子流
$< 10^{-5}$	$< 10^{-7}$	$< 7.5 \times 10^{-5}$	超高真空（UHV）	分子流

典型的真空系统　非台式质谱仪的真空系统由一到三个旋片泵和两个或三个涡轮泵组成。旋片泵用于进样系统，并用作涡轮泵的前级泵。一个涡轮泵安装在离子源外壳上，另一个或两个在分析器上运行。因此，提供了一个差分泵送系统，其中局部压力变化，例如，来自 CI 中的试剂气体或 CID 中的碰撞气体，不会显著影响整个真空腔体。

4.12.2　高真空泵

抽速为 200～500 L/s 的涡轮分子泵（turbomolecular pumps）或涡轮泵（turbo pumps）是目前质谱分析中的标准高真空泵。采用高速转子（50000～60000 r/min）将分子从真空歧管（真空腔）中抽送出来。涡轮泵可以在几分钟内打开和关闭，功耗低（约 100 W），因此可以通过空气冷却或水冷运行。此外，它们提供清洁的，特别是无油的高真空，结构紧凑，可以垂直安装在真空歧管的下方或水平安装。它们的缺点是具有突然损坏的风险（类似于硬盘驱动器）和潜在的高频噪声的风险。然而，现代涡轮泵运行多年，其噪声可以忽略不计。

特殊的涡轮泵设计提供了一个以上的端口，以允许它们同时连接到不同的压力区域，例如 10^{-5} mbar 和 10^{-3} mbar。这种多级涡轮泵非常有用，因为一个单元就能够支持大气压电离接口的差分抽吸。

此外，较新的涡轮泵配有磁性轴承，而不是油润滑轴承。这减少了维护，因为每年更换润滑剂变得不必要，也保证了无油高真空。

进一步发展的涡轮泵设计也接受更高的排气压力，从而允许用隔膜泵代替旋片式机械泵。这导致了真正的无油真空，并可以为低真空泵提供更便捷的维护。

油扩散泵（oil diffusion pumps）提供高抽速（600～2000 L/s），但代价是功耗高（0.4～2 kW）和需要强大的冷却水流量。泵油（全氟聚丙二醇；Fomblin^{TM}，Santovac^{TM}）被热蒸发，油蒸气提供气体分子的运输，气体分子通过扩散进入其中。载有气体的油蒸气被冷凝，气体通过前级泵的作用从液体中排出。由于扩散泵没有活动的机械部件，因此非常可靠且非常安静。然而，长时间使用以及突然放空会导致真空歧管严重的油污染。现代质谱仪几乎已经放弃了扩散泵。

低温泵（cryopumps）将残余气体吸附（冻结）到冷却至液氮温度的表面。它们效率很高，并提供清洁的真空，但不能在不中断运行的情况下回收吸附剂。低温泵通常与涡轮泵结合使用，因为它们仅在达到高真空条件后才启动。否则，吸附剂将很快饱和。

4.13 购买一台质谱仪器的参考

对一些人来说，可能会突然面临一个任务，那就是为自己或他人购买质谱仪。下面的指南可能对选择最符合您需求的仪器有所帮助。

（1）目的

明确质谱仪的采购用途：

① 需要针对一个专用的离子化方法，还是需要适用于多种离子化方法？
② 是否需要 GC-MS、LC-MS 或离子淌度分离？
③ 是否需要高分辨率和进行准确质量测定？
④ 是否需要串联质谱技术，甚至是必需的？
⑤ 需要多大的灵敏度？
⑥ 定量工作是否重要？
⑦ 是否会进行质谱成像？

（2）预算

预算核对。来自知名公司的功能强大、多功能的二手仪器可能比类似玩具般的单一用途的台式系统更好。

（3）联系销售人员

与所有能提供合适系统的制造商的销售人员取得联系。比较价格以及客户培训和售后支持的方式。尽量获取有关产品使用寿命和周期（5年、10年、15年？）的信息。

（4）样机演示

安排那些可能会被采购的仪器进行样机演示，例如从您排名前三的仪器中选择。在此过程中不要使用完全未知的样品。否则，与分析物相关的问题可能会被错误地视为仪器性能不佳。

（5）数据系统

现代仪器与其数据系统形成一个整体。这是否提供了自己想要的功能？其是否允许自定义、"手动"设置或更正？

（6）数据分析

用于分析数据的软件也至关重要。这涉及能否自定义绘图、列表和报告，获取分子式，提取色谱图，获得 Kendrick 或 van Krevelen 图表这样的复杂数据输出？

（7）其他建议

从已发表的文献中获取独立信息，并向您首选质谱仪的当前用户询问这些系统的特殊优势和不足之处。

（8）投资与所有权成本

成本不仅受质谱仪购买价格的影响，还受运行成本的影响，因为质谱仪对房间、电力、空调和操作技能的要求可能会有很大差异（表 4.4）。

表 4.4　粗略估算仪器与影响其成本的因素之间的相关性

项目	购置	安装房间的要求		运行和长期使用	
	仪器价格	占地面积和重量	功耗，空调负荷	人员资质	维护与保养
飞行时间	S~L	S~L	S~M	S~L	S~L
扇形磁场	L~XL	L~XL	L~XL	L~XL	L
线形四极杆	S~M	S~M	S~M	S~M	S~M
四极离子阱	S~M	S~M	S~M	S~M	S~M
线形四极离子阱	M~L	S~M	S~M	M~L	M
傅里叶变换离子回旋共振	XL~XXL	XL~XXL	XL~XXL	L~XL	XL~XXL
静电场轨道阱	L~XL	L	L	L~XL	L
四极杆-飞行时间联用	M~XL	M~L	L	M~L	L
离子淌度-飞行时间联用	XL	L	L	L~XL	L~XL

注：按照美国服装尺码的格式分类为 S、M、L、XL、XXL。

（9）避免买家后悔

请记住，任何仪器采购都会存在一定的妥协，金无足赤，没有完美的仪器。无论如何，尽量找到最适合您需要的产品，并决定在购买后对您的选择感到满意。

参考文献

[1] Ligon WV Jr (1979) Molecular Analysis by Mass Spectrometry. Science 205: 151–159. doi:10.1126/science.205.4402.151

[2] Brunnée C (1987) The Ideal Mass Analyzer: Fact or Fiction? Int J Mass Spectrom Ion Proc 76: 125–237. doi:10.1016/0168-1176(87)80030-7

[3] Beynon JH (1960) Instruments. In: Beynon JH (ed) Mass Spectrometry and Its Applications to Organic Chemistry. Elsevier, Amsterdam

[4] Habfast K, Aulinger F (1968) Massenspektrometrische Apparate. In: Kienitz H (ed) Massenspektrometrie. Weinheim, Verlag Chemie

[5] Aulinger F (1968) Massenspektroskopische Gera ̈te. In: Kienitz H (ed) Massenspektrometrie.Weinheim, Verlag Chemie

[6] Brunnée C (1982) New Instrumentation in Mass Spectrometry. Int J Mass Spectrom Ion Phys 45: 51–86. doi:10.1016/0020-7381(82)80100-9

[7] Brunnée C (1997) 50 Years of MAT in Bremen. Rapid Commun Mass Spectrom 11: 694–707. doi:10.1002/(SICI)1097-0231(199704)11: 6<694::AID-RCM888>3.0.CO;2-K

[8] Chapman JR, Errock GA, Race JA (1997) Science and Technology in Manchester: The Nurture of Mass

Spectrometry. Rapid Commun Mass Spectrom 11: 1575–1586. doi:10.1002/(SICI)1097-0231(199709)11:14<1575::AID-RCM22>3.0.CO;2-0

[9] McLuckey SA (1998) Intrumentation for mass spectrometry. In: Hesso AE, Karjalainen UP, Jalonen JE, Karjalainen EJ (eds) Advances in Mass Spectrometry: Proc 14th Intl Mass Spectrometry Conf. Tampere, Finland, 1997. Elsevier, Amsterdam

[10] Grayson MA (ed) (2002) Measuring Mass – From Positive Rays to Proteins. ASMS and CHF, Santa Fe and Philadelphia

[11] Jennings KR (ed) (2012) A History of European Mass Spectrometry. IM Publications, Charlton Mill

[12] Muenzenberg G (2013) Development of Mass Spectrometers from Thomson and Aston to Present. Int J Mass Spectrom 349–350: 9–18

[13] Doerr A, Finkelstein J, Jarchum I, Goodman C, Dekker B (2015) Nature Milestones: Mass Spectrometry. Nature Meth 12: 1–21. www.nature.com/milestones/mass-spec

[14] Badman ER, Cooks RG (2000) Miniature Mass Analyzers. J Mass Spectrom 35: 659–671. doi:10.1002/1096-9888(200006)35: 6<659::AID-JMS5>3.0.CO;2-V

[15] Le Gac S, van den Berg A (eds) (2009) Miniaturization and Mass Spectrometry. The Royal Society of Chemistry, Cambridge

[16] Baykut G, Franzen J (1994) Mobile Mass Spectrometry: A Decade of Field Applications. Trends Anal Chem 13: 267–275. doi:10.1016/0165-9936(94)87063-2

[17] Prieto MC, Kovtoun VV, Cotter RJ (2002) Miniaturized Linear Time-of-Flight Mass Spectrometer with Pulsed Extraction. J Mass Spectrom 37: 1158–1162. doi:10.1002/jms.386

[18] Arkin CR, Griffin TP, Ottens AK, Diaz JA, Follistein DW, Adams FW, Helms WR (2002) Evaluation of Small Mass Spectrometer Systems for Permanent Gas Analysis. J Am Soc Mass Spectrom 13: 1004–1012. doi:10.1016/S1044-0305(02)00422-1

[19] Fenselau C, Caprioli R (2003) Mass Spectrometry in the Exploration of Mars. J Mass Spectrom 38: 1–10. doi:10.1002/jms.396

[20] Hu Q, Noll RJ, Li H, Makarov A, Hardman M, Cooks RG (2005) The Orbitrap: A New Mass Spectrometer. J Mass Spectrom 40: 430–443. doi:10.1002/jms.856

[21] Wiley WC, McLaren IH (1955) Time-of-Flight Mass Spectrometer with Improved Resolution. Rev Sci Instrum 26: 1150–1157. doi:10.1063/1.1715212

[22] Stephens WE (1946) A Pulsed Mass Spectrometer with Time Dispersion. Phys Rev 69: 691

[23] Cameron AE, Eggers DF (1948) An Ion "Velocitron". Rev Sci Instrum 19: 605–607. doi:10.1063/1.1741336

[24] Wolff MM, Stephens WE (1953) A Pulsed Mass Spectrometer with Time Dispersion. Rev Sci Instrum 24: 616–617. doi:10.1063/1.1770801

[25] Wiley WC, McLaren IH (1997) Reprint of: Time-of-Flight Mass Spectrometer with Improved Resolution. J Mass Spectrom 32: 4–11. doi:10.1002/(SICI)1096-9888(19970 32: 1<1::AID-JMS467>3.0.CO;2-6

[26] Harrington DB (1959) The time-of-flight mass spectrometer. In: Waldron JD (ed) Advances in Mass Spectrometry. Pergamon Press, Oxford

[27] Gohlke RS, McLafferty FW (1993) Early Gas Chromatography/Mass Spectrometry. J Am Soc Mass Spectrom 4: 367–371. doi:10.1016/1044-0305(93)85001-E

[28] Guilhaus M (1995) The Return of Time-of-Flight to Analytical Mass Spectrometry. Adv Mass Spectrom 13: 213–226

[29] Guilhaus M, Mlynski V, Selby D (1997) Perfect Timing: Time-of-Flight Mass Spectrometry.Rapid Commun Mass Spectrom 11: 951–962. doi:10.1002/(SICI)1097-0231(19970615)11: 9<951::AID-RCM785>3.0.CO;2-H

[30] Karas M, Hillenkamp F (1988) Laser Desorption Ionization of Proteins with Molecular Masses Exceeding 10000 Daltons. Anal Chem 60: 2299–2301. doi:10.1021/ac00171a028

[31] Weickhardt C, Moritz F, Grotemeyer J (1997) Time-of-Flight Mass Spectrometry: State-of- the-Art in Chemical Analysis and Molecular Science. Mass Spectrom Rev 15: 139–162. doi:10.1002/(SICI)1098-2787(1996)15: 3<139::AID-MAS1>3.0.CO;2-J.

[32] Cotter RJ (1997) Time-of-Flight Mass Spectrometry: Instrumentation and Applications in Biological Research. American Chemical Society, Washington, DC.

[33] Enke CG (1998) The Unique Capabilities of Time-of-Flight Mass Analyzers. Adv Mass Spectrom 14: 197–219.

[34] Fuerstenau SD, Benner WH (1995) Molecular Weight Determination of Megadalton DNA Electrospray Ions Using Charge Detection Time-of-Flight Mass Spectrometry. Rapid Commun Mass Spectrom 9: 1528–1538. doi:10.1002/rcm.1290091513.

[35] Fuerstenau SD, Benner WH, Thomas JJ, Brugidou C, Bothner B, Suizdak G (2001) Mass Spectrometry of an Intact Virus. Angew Chem Int Ed 40: 541–544. doi:10.1002/1521-3773(20010202)40: 3<541::AID-ANIE541> 3.0.CO;2-K

[36] Vestal ML (2009) Modern MALDI Time-of-Flight Mass Spectrometry. J Mass Spectrom 44: 303–317. doi:10. 1002/jms.1537

[37] Guilhaus M (1995) Principles and Instrumentation in Time-of-Flight Mass Spectrometry. Physical and Instrumental Concepts. J Mass Spectrom 30: 1519–1532. doi:10.1002/jms.1190301102

[38] Ioanoviciu D (1995) Ion-Optical Solutions in Time-of-Flight Mass Spectrometry. Rapid Commun Mass Spectrom 9: 985–997. doi:10.1002/rcm.1290091104

[39] Cotter RJ (1992) Time-of-Flight Mass Spectrometry for the Analysis of Biological Molecules. Anal Chem 64: 1027A–1039A. doi:10.1021/ac00045a726

[40] Takach EJ, Hines WM, Patterson DH, Juhasz P, Falick AM, Vestal ML, Martin SA (1997) Accurate Mass Measurements Using MALDI-TOF with Delayed Extraction. J Protein Res 16: 363–369. doi:10.1023/A: 1026376403468

[41] Vestal M, Juhasz P (1998) Resolution and Mass Accuracy in Matrix-Assisted Laser Desorption Ionization-Time-of-Flight. J Am Soc Mass Spectrom 9: 892–911. doi:10.1016/S1044-0305(98)00069-5

[42] Vestal M, Hayden K (2007) High Performance MALDI-TOF Mass Spectrometry for Proteomics. Int J Mass Spectrom 268: 83–92. doi:10.1016/j.ijms.2007.06.21

[43] Beavis RC, Chait BT (1989) Factors Affecting the Ultraviolet Laser Desorption of Proteins.Rapid Commun Mass Spectrom 3: 233–237. doi:10.1002/rcm.1290030708

[44] Toyoda M, Okumura D, Ishihara M, Katakuse I (2003) Multi-Turn Time-of-Flight Mass Spectrometers With Electrostatic Sectors. J Mass Spectrom 38: 1125–1142. doi:10.1002/jms.546

[45] Schuerch S, Schaer M, Boernsen KO, Schlunegger UP (1994) Enhanced Mass Resolution in Matrix-Assisted Laser Desorption/Ionization Linear Time-of-Flight Mass Spectrometry. Biol Mass Spectrom 23: 695–700. doi:10.1002/bms.1200231108

[46] Mamyrin BA (1994) Laser Assisted Reflectron Time-of-Flight Mass Spectrometry. Int J Mass Spectrom Ion Proc 131: 1–19. doi:10.1016/0168-1176(93)03891-O

[47] Brown RS, Lennon JJ (1995) Mass Resolution Improvement by Incorporation of Pulsed Ion Extraction in a Matrix-Assisted Laser Desorption/Ionization Linear Time-of-Flight Mass Spectrometer. Anal Chem 67: 1998–2003. doi:10.1021/ac00109a015

[48] Colby SM, King TB, Reilly JP (1994) Improving the Resolution of Matrix-Assisted Laser Desorption/Ionization Time-of-Flight Mass Spectrometry by Exploiting the Correlation Between Ion Position and Velocity. Rapid

Commun Mass Spectrom 8: 865–868. doi:10.1002/rcm.1290081102

[49] Whittal RM, Li L (1995) High-Resolution Matrix-Assisted Laser Desorption-Ionization in a Linear Time-of-Flight Mass Spectrometer. Anal Chem 67: 1950–1954. doi:10.1021/ac00109a007

[50] Vestal ML, Juhasz P, Martin SA (1995) Delayed Extraction Matrix-Assisted Laser Desorp- tion Time-of-Flight Mass Spectrometry. Rapid Commun Mass Spectrom 9: 1044–1050. doi:10.1002/rcm.1290091115

[51] Dawson JHJ, Guilhaus M (1989) Orthogonal-Acceleration Time-of-Flight Mass Spectrome-ter. Rapid Commun Mass Spectrom 3: 155–159. doi:10.1002/rcm.1290030511

[52] Mirgorodskaya OA, Shevchenko AA, Chernushevich IV, Dodonov AF, Miroshnikov AI (1994) Electrospray-Ionization Time-of-Flight Mass Spectrometry in Protein Chemistry. Anal Chem 66: 99–107. doi:10.1021/ac00073a018

[53] Coles J, Guilhaus M (1993) Orthogonal Acceleration – A New Direction for Time-of-Flight Mass Spectrometry: Fast, Sensitive Mass Analysis for Continuous Ion Sources. Trends Anal Chem 12: 203–213. doi:10.1016/0165-9936(93)80021-B

[54] Selby DS, Mlynski V, Guilhaus M (2001) A 20 KV Orthogonal Acceleration Time-of-Flight Mass Spectrometer for Matrix-Assisted Laser Desorption/Ionization. Int J Mass Spectrom 210(211): 89–100. doi:10.1016/S1387-3806(01)00438-9

[55] Guilhaus M, Selby D, Mlynski V (2000) Orthogonal Acceleration Time-of-Flight Mass Spectrometry. Mass Spectrom Rev 19: 65–107. doi:10.1002/(SICI)1098-2787(2000)19: 2<65::AID-MAS1>3.0.CO;2-E

[56] Selditz U, Nilsson S, Barnidge D, Markides KE (1999) ESI/TOF-MS Detection for Microseparation Techniques. Chimia 53: 506–510

[57] Charles L (2008) Influence of Internal Standard Charge State on the Accuracy of Mass Measurements in Orthogonal Acceleration Time-of-Flight Mass Spectrometers. Rapid Commun Mass Spectrom 22: 151–155. doi:10.1002/rcm.3347

[58] Guo C, Huang Z, Gao W, Nian H, Chen H, Dong J, Shen G, Fu J, Zhou Z (2008) A Homemade High-Resolution Orthogonal-Injection Time-of-Flight Mass Spectrometer with a Heated Capillary Inlet. Rev Sci Instrum 79: 013109-1-013109/8. doi:10.1063/1.2832334

[59] Prazen BJ, Bruckner CA, Synovec RE, Kowalski BR (1999) Enhanced Chemical Analysis Using Parallel Column Gas Chromatography with Single-Detector Time-of-Flight Mass Spectrometry and Chemometric Analysis. Analytical Chemistry 71: 1093–1099. doi:10.1021/ac980814m

[60] Hirsch R, Ternes TA, Bobeldijk I, Weck RA (2001) Determination of Environmentally Relevant Compounds Using Fast GC/TOF-MS. Chimia 55: 19–22

[61] Hsu CS, Green M (2001) Fragment-Free Accurate Mass Measurement of Complex Mixture Components by Gas Chromatography/Field Ionization-Orthogonal Acceleration Time-of-Flight Mass Spectrometry: An Unprece-dented Capability for Mixture Analysis. Rapid Commun Mass Spectrom 15: 236–239. doi:10.1002/1097-0231(20010215)15: 3<236::AID- RCM197>3.0.CO;2-B

[62] Chernushevich IV (2000) Duty Cycle Improvement for a Quadrupole-Time-of-Flight Mass Spectrometer and Its Use for Precursor Ion Scans. Eur J Mass Spectrom 6: 471–479. doi:10.1255/ejms.377

[63] Toyoda M (2010) Development of Multi-Turn Time-of-Flight Mass Spectrometers and Their Applications. Eur J Mass Spectrom 16: 397–406. doi:10.1255/ejms.1076

[64] Toyoda M, Shimma S, Aoki J, Ishihara M (2012) Multi-Turn Time-of-Flight Mass Spectrometers. J Mass Spectrom Soc Jpn 60: 87–102. doi:10.5702/massspec.12-47

[65] Ichihara T, Uchida S, Ishihara M, Katakuse I, Toyoda M (2007) Construction of a Palmtop Size Multi-Turn Time-of-Flight Mass Spectrometer "MULTUM-S". J Mass Spectrom Soc Jpn 55: 363–368. doi:10.5702/

massspec.55.363
[66] Goesmann F, Rosenbauer H, Bredehoeft JH, Cabane M, Ehrenfreund P, Gautier T, Giri C, Krueger H, Le Roy L, MacDermott AJ, McKenna-Lawlor S, Meierhenrich UJ, Caro GMM, Raulin F, Roll R, Steele A, Steininger H, Sternberg R, Szopa C, Thiemann W, Ulamec S (2015) Organic Compounds on Comet 67P/Churyumov-Gerasimenko Revealed by COSAC Mass Spectrometry. Science 349: 497–499. doi:10.1126/science.aab0689
[67] Satoh T, Tsuno H, Iwanaga M, Kammei Y (2006) A New Spiral Time-of-Flight Mass Spectrometer for High Mass Analysis. J Mass Spectrom Soc Jpn 54: 11–17. doi:10.5702/massspec.54.11
[68] Satoh T, Sato T, Tamura J (2007) Development of a High-Performance MALDI-TOF Mass Spectrometer Utilizing a Spiral Ion Trajectory. J Am Soc Mass Spectrom 18: 1318–1323. doi:10.1016/j.jasms.2007.04.010
[69] Satoh T (2009) Development of a Time-of-Flight Mass Spectrometer Utilizing a Spiral Ion Trajectory. J Mass Spectrom Soc Jpn 57: 363–369. doi:10.5702/massspec.57.363
[70] Satoh T, Kubo A, Shimma S, Toyoda M (2012) Mass Spectrometry Imaging and Structural Analysis of Lipids Directly on Tissue Specimens by Using a Spiral Orbit Type Tandem Time-of-Flight Mass Spectrometer, SpiralTOF-TOF. Mass Spectrom 1: A0013. doi:10.5702/massspectrometry.A0013
[71] Satoh T, Kubo A, Hazama H, Awazu K, Toyoda M (2014) Separation of Isobaric Compounds Using a Spiral Orbit Type Time-of-Flight Mass Spectrometer, MALDI-Spiral TOF. Mass Spectrom 3: S0027-1-S0027/5. doi:10.5702/massspectrometry.S0027
[72] Sato H, Nakamura S, Teramoto K, Sato T (2014) Structural Characterization of Polymers by MALDI Spiral-TOF Mass Spectrometry Combined with Kendrick Mass Defect Analysis. J Am Soc Mass Spectrom 25: 1346–1355. doi:10.1007/s13361-014-0915-y
[73] Casares A, Kholomeev A, Wollnik H (2001) Multipass Time-of-Flight Mass Spectrometers with High Resolving Powers. Int J Mass Spectrom 206: 267–273. doi:10.1016/S1387-3806(00)00391-2
[74] Wollnik H, Casares A (2003) An Energy-Isochronous Multi-Pass Time-of-Flight Mass Spectrometer Consisting of Two Coaxial Electrostatic Mirrors. Int J Mass Spectrom 227: 217–222. doi:10.1016/S1387-3806(03)00127-1
[75] Yavor M, Verentchikov A, Hasin J, Kozlov B, Gavrik M, Trufanov A (2008) Planar Multi-Reflecting Time-of-Flight Mass Analyzer with a Jig-Saw Ion Path. Phys Procedia 1: 391–400. doi:10.1016/j.phpro.2008.07.120
[76] Klitzke CF, Corilo YE, Siek K, Binkley J, Patrick J, Eberlin MN (2012) Petroleomics by Ultrahigh-Resolution Time-of-Flight Mass Spectrometry. Energy & Fuels 26: 5787–5794. doi:10.1021/ef300961c
[77] Polyakova OV, Mazur DM, Artaev VB, Lebedev AT (2016) Rapid Liquid-Liquid Extraction for the Reliable GC/MS Analysis of Volatile Priority Pollutants. Environ Chem Lett 14: 251–257. doi:10.1007/s10311-015-0544-0
[78] Wolf RN, Wienholtz F, Atanasov D, Beck D, Blaum K, Borgmann C, Herfurth F, Kowalska M, Kreim S, Litvinov Y, Lunney D, Manea V, Neidherr D, Rosenbusch M, Schweikhard L, Stanja J, Zuber K (2013) ISOLTRAP's Multi-Reflection Time-of-Flight Mass Separator/Spectrometer. Int J Mass Spectrom 349–350: 123–133. doi:10.1016/j.ijms.2013.03.020
[79] Wolf RN, Eritt M, Marx G, Schweikhard L (2011) A Multi-Reflection Time-of-Flight Mass Separator for Isobaric Purification of Radioactive Ion Beams. Hyperfine Intera 199: 115–122. doi:10.1007/s10751-011-0306-8
[80] Wolf RN, Marx G, Rosenbusch M, Schweikhard L (2012) Static-Mirror Ion Capture and Time Focusing for Electrostatic Ion-Beam Traps and Multi-Reflection Time-of-Flight Mass Analyzers by Use of an In-Trap Potential Lift. Int J Mass Spectrom 313: 8–14. doi:10.1016/j.ijms.2011.12.006
[81] Nier AO (1991) The Development of a High Resolution Mass Spectrometer: A Reminis- cence. J Am Soc Mass Spectrom 2: 447–452. doi:10.1016/1044-0305(91)80029-7
[82] Nier AO (1989) Some Reminiscences of Mass Spectrometry and the Manhattan Project. J Chem Educ 66:

385–388. doi:10.1021/ed066p385

[83] Nier AO (1990) Some Reflections on the Early Days of Mass Spectrometry at the University of Minnesota. Int J Mass Spectrom Ion Proc 100: 1–13 doi:10.1016/0168-1176(90)85063-8

[84] Duckworth HE, Barber RC, Venkatasubramanian VS (1986) Mass Spectroscopy. Cambridge University Press, Cambridge

[85] Cooks RG, Beynon JH, Caprioli RM (1973) Instrumentation. In: Cooks RG, Beynon JH, Caprioli RM, Lester GR (eds) Metastable Ions. Elsevier, Amsterdam

[86] Morrison JD (1986) Ion Focusing, Mass Analysis, and Detection. In: Futrell JH (ed) Gaseous Ion Chemistry and Mass Spectrometry. Wiley, New York

[87] Dempster AJ (1918) A New Method of Positive Ray Analysis. Phys Rev 11: 316–325. doi:10.1103/PhysRev.11.316

[88] Cooks RG, Chen G, Wong P, Wollnik H (2014) Spectrometers Mass. In: Digital Encyclope-dia of Applied Physics. Wiley-VCH, Weinheim. doi:10.1002/3527600434

[89] Mattauch J, Herzog R (1934) Über Einen Neuen Massenspektrographen. Z Phys 89: 786–795.doi:10.1007/BF01341392

[90] Prohaska T, Irrgeher J, Zitek A, Jakubowski N (eds) (2015) Sector Field Mass Spectrometry for Elemental and Isotopic Analysis. Royal Society of Chemistry, Cambridge

[91] Brunnée C, Voshage H (1964) Massenspektrometrie. Karl Thiemig Verlag KG, München

[92] Bainbridge KT, Jordan EB (1936) Mass-Spectrum Analysis. 1. The Mass Spectrograph.2. The Existence of Isobars of Adjacent Elements. Phys Rev 50: 282–296. doi:10.1103/PhysRev.50.282

[93] Johnson EG, Nier AO (1953) Angular Aberrations in Sector Shaped Electromagnetic Lenses for Focusing Beams of Charged Particles. Phys Rev 91: 10–17. doi:10.1103/PhysRev.91.10

[94] Todd JFJ (1995) Recommendations for Nomenclature and Symbolism for Mass Spectroscopy Including an Appendix of Terms Used in Vacuum Technology. Int J Mass Spectrom Ion Proc142: 211–240. doi:10.1016/0168-1176(95)93811-F

[95] Morgan RP, Beynon JH, Bateman RH, Green BN (1978) The MM-ZAB-2F Double- Focussing Mass Spectrometer and MIKE Spectrometer. Int J Mass Spectrom Ion Phy 28: 171–191. doi:10.1016/0020-7381(78)80124-7

[96] Hintenberger H, König LA (1957) Über Massenspektrometer mit vollständiger Doppelfokussierung zweiter Ordnung. Z Naturforsch 12: 773–785. doi:10.1515/zna-1957-1004

[97] Guilhaus M, Boyd RK, Brenton AG, Beynon JH (1985) Advantages of a Second Electric Sector on a Double-Focusing Mass Spectrometer of Reversed Configuration. Int J Mass Spectrom Ion Proc 67: 209–227. doi:10.1016/0168-1176(85)80020-3

[98] Bill JC, Green BN, Lewis IAS (1983) A High Field Magnet with Fast Scanning Capabilities.Int J Mass Spectrom Ion Phys 46: 147–150. doi:10.1016/0020-7381(83)80075-8

[99] Matsuda H (1985) High-Resolution High-Transmission Mass Spectrometer. Int J Mass Spectrom Ion Proc 66: 209–215. doi:10.1016/0168-1176(85)83010-X

[100] Matsuda H (1989) Double-Focusing Mass Spectrometers of Short Path Length. Int J Mass Spectrom Ion Proc 93: 315–321. doi:10.1016/0168-1176(89)80120-X

[101] Paul W (1990) Electromagnetic Traps for Charged and Neutral Particles (Nobel Lecture). Angew Chem Int Ed 29: 739–748. doi:10.1002/anie.199007391

[102] Paul W (1993) Electromagnetic traps for charged and neutral particles. In: Nobel Prize Lectures in Physics. World Scientific Publishing, Singapore, pp 1981–1990

[103] Paul W, Steinwedel H (1953) A New Mass Spectrometer Without Magnetic Field. Z Naturforsch 8A: 448–450. doi:10.1515/zna-1953-0710

[104] Paul W, Raether M (1955) Das elektrische Massenfilter. Z Phys 140: 262–273. doi:10.1007/BF01328923

[105] Lawson G, Todd JFJ (1972) Radio-Frequency Quadrupole Mass Spectrometers. Chem Brit 8: 373–380

[106] Dawson PH (1976) Quadrupole Mass Spectrometry and Its Applications. Elsevier, New York

[107] Dawson PH (1986) Quadrupole Mass Analyzers: Performance, Design and Some Recent Applications. Mass Spectrom Rev 5: 1–37. doi:10.1002/mas.1280050102

[108] Douglas DJ (2009) Linear Quadrupoles in Mass Spectrometry. Mass Spectrom Rev 28: 937–960. doi:10.1002/mas.20249

[109] Blaum K, Geppert C, Müller P, Nörtershäuser W, Otten EW, Schmitt A, Trautmann N, Wendt K, Bushaw BA (1998) Properties and Performance of a Quadrupole Mass Filter Used for Resonance Ionization Mass Spectrometry. Int J Mass Spectrom 181: 67–87. doi:10.1016/S1387-3806(98)14174-x

[110] Amad MH, Houk RS (1998) High-Resolution Mass Spectrometry with a Multiple Pass Quadrupole Mass Analyzer. Anal Chem 70: 4885–4889. doi:10.1021/ac980505w

[111] Liyu Y, Amad MH, Winnik WM, Schoen AE, Schweingruber H, Mylchreest I, Rudewicz PJ (2002) Investigation of an Enhanced Resolution Triple Quadrupole Mass Spectrometer for High-Throughput Liquid Chromatography/Tandem Mass Spectrometry Assays. Rapid Commun Mass Spectrom 16: 2060–2066. doi:10.1002/rcm.824

[112] Denison DR (1971) Operating Parameters of a Quadrupole in a Grounded Cylindrical Housing. J Vac Sci Technol 8: 266–269

[113] Dawson PH, Whetten NR (1969) Nonlinear Resonances in Quadrupole Mass Spectrometers Due to Imperfect Fields. II. Quadrupole Mass Filter and the Monopole Mass Spectrometer. Int J Mass Spectrom Ion Phys 3: 1–12. doi:10.1016/0020-7381(69)80054-9

[114] Brubaker WM (1967) Comparison of Quadrupole Mass Spectrometers with Round and Hyperbolic Rods. J Vac Sci Technol 4: 326

[115] Gibson JR, Taylor S (2000) Prediction of Quadrupole Mass Filter Performance for Hyper- bolic and Circular Cross Section Electrodes. Rapid Commun Mass Spectro 14: 1669–1673.doi:10.1002/1097-0231(20000930)14:18<1669::AID-RCM80>3.0.CO;2-%23

[116] Chen W, Collings BA, Douglas DJ (2000) High-Resolution Mass Spectrometry with a Quadrupole Operated in the Fourth Stability Region. Anal Chem 72: 540–545. doi:10.1021/ac990815u

[117] Douglas DJ, Frank AJ, Mao D (2005) Linear Ion Traps in Mass Spectrometry. Mass Spectrom Rev 24: 1–29. doi:10.1002/mas.20004

[118] Giles K, Pringle SD, Worthington KR, Little D, Wildgoose JL, Bateman RH (2004) Applications of a Traveling Wave-Based Radio-Frequency-Only Stacked Ring Ion Guide. Rapid Commun Mass Spectrom 18: 2401–2414. doi:10.1002/rcm.1641

[119] Huang Y, Guan S, Kim HS, Marshall AG (1996) Ion Transport Through a Strong Magnetic Field Gradient by Radio Frequency-Only Octupole Ion Guides. Int J Mass Spectrom Ion Proc152: 121–133. doi:10.1016/0168-1176(95)04334-9.

[120] Douglas DJ, French JB (1992) Collisional Focusing Effects in Radiofrequency Quadrupoles.J Am Soc Mass Spectrom 3: 398–408. doi:10.1016/1044-0305(92)87067-9

[121] Tolmachev AV, Udseth HR, Smith RD (2000) Radial Stratification of Ions as a Function of Mass to Charge Ratio in Collisional Cooling Radio Frequency Multipoles Used as Ion Guides or Ion Traps. Rapid Commun Mass Spectrom 14: 1907–1913. doi:10.1002/1097-0231(20001030)14: 20<1907::AID-RCM111>3.0.CO;2-M

[122] Collings BA, Campbell JM, Mao D, Douglas DJ (2001) A Combined Linear Ion Trap Time-of-Flight System with Improved Performance and MS^n Capabilities. Rapid Commun Mass Spectrom 15: 1777–1795. doi:10.1002/rcm.440

[123] Douglas DJ (1998) Applications of Collision Dynamics in Quadrupole Mass Spectrometry. J Am Soc Mass Spectrom 9: 101–113. doi:10.1016/S1044-0305(97)00246-8

[124] Thomson BA (1998) 1997 McBryde Medal Award Lecture Radio Frequency Quadrupole Ion Guides in Modern Mass Spectrometry. Can J Chem 76: 499–505. doi:10.1139/v98-073

[125] Lock CM, Dyer E (1999) Characterization of High Pressure Quadrupole Collision Cells Possessing Direct Current Axial Fields. Rapid Commun Mass Spectrom 13: 432–448. doi:10.1002/(SICI)1097-0231(19990315)13: 5<432::AID-RCM504>3.0.CO;2-I

[126] Lock CM, Dyer E (1999) Simulation of Ion Trajectories Through a High Pressure Radio Frequency Only Quadrupole Collision Cell by SIMION 6.0. Rapid Commun Mass Spectrom13: 422–431. doi:10.1002/(SICI)1097-0231(19990315)13: 5<422::AID-RCM503>3.0.CO;2-M

[127] Adlhart C, Hinderling C, Baumann H, Chen P (2000) Mechanistic Studies of Olefin Metath-esis by Ruthenium Carbene Complexes Using Electrospray Ionization Tandem Mass Spectrometry. J Am Chem Soc 122: 8204–8214. doi:10.1021/ja9938231

[128] Mao D, Douglas DJ (2003) H/D Exchange of Gas Phase Bradykinin Ions in a Linear Quadrupole Ion Trap. J Am Soc Mass Spectrom 14: 85–94. doi:10.1016/S1044-0305(02)00818-8

[129] Hager JW (2002) A New Linear Ion Trap Mass Spectrometer. Rapid Commun Mass Spectrom 16: 512–526. doi:10.1002/rcm.607

[130] Schwartz JC, Senko MW, Syka JEP (2002) A Two-Dimensional Quadrupole Ion Trap Mass Spectrometer. J Am Soc Mass Spectrom 13: 659–669.doi:10.1016/S1044-0305(02)00384-7

[131] Hofstadler SA, Sannes-Lowery KA, Griffey RH (2000) Enhanced Gas-Phase Hydrogen-Deuterium Exchange of Oligonucleotide and Protein Ions Stored in an External Multipole Ion Reservoir. J Mass Spectrom 35: 62–70. doi:10.1002/(SICI)1096-9888(200001)35: 1<62::AID-JMS913>3.0.CO;2-9

[132] Collings BA, Scott WR, Londry FA (2003) Resonant Excitation in a Low-Pressure Linear Ion Trap. J Am Soc Mass Spectrom 14: 622–634. doi:10.1016/S1044-0305(03)00202-2

[133] Aebersold R, Mann M (2003) Mass Spectrometry-Based Proteomics. Nature 422: 198–207. doi:10.1038/nature01511

[134] Hopfgartner G, Husser C, Zell M (2003) Rapid Screening and Characterization of Drug Metabolites Using a New Quadrupole-Linear Ion Trap Mass Spectrometer. J Mass Spectrom 38: 138–150. doi:10.1002/jms.420

[135] Hager JW (2004) Recent Trends in Mass Spectrometer Development. Anal Bioanal Chem 378: 845–850. doi:10.1007/s00216-003-2287-1

[136] Koizumi H, Whitten WB, Reilly PTA (2008) Trapping of Intact, Singly-Charged, Bovine Serum Albumin Ions Injected from the Atmosphere with a 10-cm Diameter, Frequency- Adjusted Linear Quadrupole Ion Trap. J Am Soc Mass Spectrom 19: 1942–1947. doi:10.1016/j.jasms.2008.08.007

[137] Welling M, Schuessler HA, Thompson RI, Walther H (1998) Ion/Molecule Reactions, Mass Spectrometry and Optical Spectroscopy in a Linear Ion Trap. Int J Mass Spectrom Ion Proc 172: 95–114. doi:10.1016/S0168-1176(97)00251-6

[138] Londry FA, Hager JW (2003) Mass Selective Axial Ion Ejection from a Linear Quadrupole Ion Trap. J Am Soc Mass Spectrom 14: 1130–1147. doi:10.1016/S1044-0305(03)00446-X

[139] March RE, Todd JFJ (2005) Quadrupole Ion Trap Mass Spectrometry. Wiley, Hoboken

[140] Blake TA, Ouyang Z, Wiseman JM, Takats Z, Guymon AJ, Kothari S, Cooks RG (2004) Preparative Linear Ion

Trap Mass Spectrometer for Separation and Collection of Purified Proteins and Peptides in Arrays Using Ion Soft Landing. Anal Chem 76: 6293–6305. doi:10.1021/ac048981b

[141] Ramanathan R (ed) (2009) Mass Spectrometry in Drug Metabolism and Pharmacokinetics. Wiley, Hoboken

[142] Dahl DA, Delmore JE, Appelhans AD (1990) SIMION PC/PS2 Electrostatic Lens Design Program. Rev Sci Instrum 61: 607–609. doi:10.1063/1.1141932

[143] Dahl DA (2000) SIMION for the Personal Computer in Reflection. Int J Mass Spectrom 200: 3–25. doi:10.1016/S1387-3806(00)00305-5

[144] Magparangalan DP, Garrett TJ, Drexler DM, Yost RA (2010) Analysis of Large Peptides by MALDI Using a Linear Quadrupole Ion Trap with Mass Range Extension. Anal Chem 82: 930–934. doi:10.1021/ac9021488

[145] March RE, Hughes RJ (1989) Quadrupole Storage Mass Spectrometry. Wiley, Chichester

[146] March RE (1998) Quadrupole Ion Trap Mass Spectrometry: Theory, Simulation, Recent Developments and Applications. Rapid Commun Mass Spectrom 12: 1543–1554. doi:10.1002/(SICI)1097-0231(19981030)12:20<1543::AID-RCM343>3.0.CO;2-T

[147] March RE (2000) Quadrupole Ion Trap Mass Spectrometry. A View at the Turn of the Century. Int J Mass Spectrom 200: 285–312. doi:10.1016/S1387-3806(00)00345-6

[148] Stafford GC Jr (2002) Ion Trap Mass Spectrometry: A Personal Perspective. J Am Soc Mass Spectrom 13: 589–596. doi:10.1016/S1044-0305(02)00385-9

[149] March RE (2009) Quadrupole Ion Traps. Mass Spectrom Rev 28: 961–989. doi:10.1002/mas.20250

[150] March RE, Todd JFJ (eds) (1995) Practical Aspects of Ion Trap Mass Spectrometry Vol. 1 – Fundamentals of Ion Trap Mass Spectrometry. CRC Press, Boca Raton

[151] March RE, Todd JFJ (eds) (1995) Practical Aspects of Ion Trap Mass Spectrometry Vol. 2 – Ion Trap Instrumentation. CRC Press, Boca Raton

[152] March RE, Todd JFJ (eds) (1995) Practical Aspects of Ion Trap Mass Spectrometry Vol. 3 – Chemical, Environmental, and Biomedical Applications. CRC Press, Boca Raton

[153] Yoshinari K (2000) Theoretical and Numerical Analysis of the Behavior of Ions Injected into a Quadrupole Ion Trap Mass Spectrometer. Rapid Commun Mass Spectrom 14: 215–223. doi:10.1002/(SICI)1097-0231(20000229)14:4<215::AID-RCM867>3.0.CO;2-T

[154] Alheit R, Kleinadam S, Vedel F, Vedel M, Werth G (1996) Higher Order Non-Linear Resonances in a Paul Trap. Int J Mass Spectrom Ion Proc 154: 155–169. doi:10.1016/0168-1176(96)04380-7

[155] Stafford GC Jr, Kelley PE, Syka JEP, Reynolds WE, Todd JFJ (1984) Recent Improvements in and Analytical Applications of Advanced Ion Trap Technology. Int J Mass Spectrom Ion Proc 60: 85–98. doi:10.1016/0168-1176(84)80077-4

[156] Wu HF, Brodbelt JS (1992) Effects of Collisional Cooling on Ion Detection in a Quadrupole Ion Trap Mass Spectrometer. Int J Mass Spectrom Ion Proc 115: 67–81. doi:10.1016/0168-1176(92)85032-U

[157] Plass WR, Li H, Cooks RG (2003) Theory, Simulation and Measurement of Chemical Mass Shifts in RF Quadrupole Ion Traps. Int J Mass Spectrom 228: 237–267. doi:10.1016/S1387-3806(03)00216-1

[158] Wuerker RF, Shelton H, Langmuir RV (1959) Electrodynamic Containment of Charged Particles. J Appl Phys 30: 342–349. doi:10.1063/1.1735165

[159] Ehlers M, Schmidt S, Lee BJ, Grotemeyer J (2000) Design and Set-Up of an External Ion Source Coupled to a Quadrupole-Ion-Trap Reflectron-Time-of-Flight Hybrid Instrument. Eur J Mass Spectrom 6: 377–385. doi:10.1255/ejms.356

[160] Forbes MW, Sharifi M, Croley T, Lausevic Z, March RE (1999) Simulation of Ion Trajectories in a Quadrupole Ion Trap: A Comparison of Three Simulation Programs. J Mass Spectrom 34: 1219–1239. doi:10.1002/(SICI)

1096-9888(199912)34: 12<1219::AID-JMS897>3.0.CO;2-L

[161] Coon JJ, Steele HA, Laipis P, Harrison WW (2002) Laser Desorption-Atmospheric Pressure Chemical Ionization: A Novel Ion Source for the Direct Coupling of Polyacrylamide Gel Electrophoresis to Mass Spectrometry. J Mass Spectrom 37: 1163–1167. doi:10.1002/jms.385

[162] Nappi M, Weil C, Cleven CD, Horn LA, Wollnik H, Cooks RG (1997) Visual Representations of Simulated Three-Dimensional Ion Trajectories in an Ion Trap Mass Spectrometer. Int J Mass Spectrom Ion Proc 161: 77–85. doi:10.1016/S0168-1176(96)04416-3

[163] Dawson PH, Hedman JW, Whetten NR (1969) Mass Spectrometer. Rev Sci Instrum 40: 1444–1450. doi:10.1063/1.1683822

[164] Dawson PH, Whetten NR (1970) A Miniature Mass Spectrometer. Anal Chem 42: 103A–108A. doi:10.1021/ac60294a799

[165] Griffiths IW, Heesterman PJL (1990) Quadrupole Ion Store (QUISTOR) Mass Spectrometry. Int J Mass Spectrom Ion Proc 99: 79–98. doi:10.1016/0168-1176(90)85022-T

[166] Griffiths IW (1990) Recent Advances in Ion-Trap Technology. Rapid Commun Mass Spectrom 4: 69–73. doi:10.1002/rcm.1290040302

[167] Kelley PE, Stafford GC Jr, Syka JEP, Reynolds WE, Louris JN, Todd JFJ (1986) New Advances in the Operation of the Ion Trap Mass Spectrometer. Adv Mass Spectrom 10B: 869–870

[168] Splendore M, Lausevic M, Lausevic Z, March RE (1997) Resonant Excitation and/or Ejection of Ions Subjected to DC and RF Fields in a Commercial Quadrupole Ion Trap. Rapid Commun Mass Spectrom 11: 228–233. doi:10.1002/(SICI)1097-0231(19970131)11: 2<228::AID-RCM735>3.0.CO;2-C

[169] Creaser CS, Stygall JW (1999) A Comparison of Overtone and Fundamental Resonances for Mass Range Extension by Resonance Ejection in a Quadrupole Ion Trap Mass Spectrometer. Int J Mass Spectrom 190(191): 145–151. doi:10.1016/S1387-3806(99)00022-6

[170] Williams JD, Cox KA, Cooks RG, McLuckey SA, Hart KJ, Goeringer DE (1994) Resonance Ejection Ion Trap Mass Spectrometry and Nonlinear Field Contributions: The Effect of Scan Direction on Mass Resolution. Anal Chem 66: 725–729. doi:10.1021/ac00077a023

[171] Ding L, Sudakov M, Brancia FL, Giles R, Kumashiro S (2004) A Digital Ion Trap Mass Spectrometer Coupled with Atmospheric Pressure Ion Sources. J Mass Spectrom 39: 471–484. doi:10.1002/jms.637

[172] Cooks RG, Amy JW, Bier M, Schwartz JC, Schey K (1989) New Mass Spectrometers. Adv Mass Spectrom 11A: 33–52

[173] Kaiser RE Jr, Louris JN, Amy JW, Cooks RG (1989) Extending the Mass Range of the Quadrupole Ion Trap Using Axial Modulation. Rapid Commun Mass Spectrom 3: 225–229. doi:10.1002/rcm.1290030706

[174] Weber-Grabau M, Kelley P, Bradshaw S, Hoekman D, Evans S, Bishop P (1989) Recent Advances in Ion-Trap Technology. Adv Mass Spectrom 11A: 152–153

[175] Siethoff C, Wagner-Redeker W, Schäfer M, Linscheid M (1999) HPLC-MS with an Ion Trap Mass Spectrometer. Chimia 53: 484–491

[176] Eades DM, Johnson JV, Yost RA (1993) Nonlinear Resonance Effects During Ion Storage in a Quadrupole Ion Trap. J Am Soc Mass Spectrom 4: 917–929. doi:10.1016/1044-0305(93)80017-S

[177] Makarov AA (1996) Resonance Ejection from the Paul Trap: A Theoretical Treatment Incorporating a Weak Octapole Field. Anal Chem 68: 4257–4263. doi:10.1021/ac960653r

[178] Doroshenko VM, Cotter RJ (1997) Losses of Ions During Forward and Reverse Scans in a Quadrupole Ion Trap Mass Spectrometer and How to Reduce Them. J Am Soc Mass Spectrom 8: 1141–1146. doi:10.1016/S1044-0305(97)00162-1

[179] von Busch F, Paul W (1961) Nonlinear Resonances in Electric Mass-Filters as a Consequence of Field Irregularities. Z Phys 164: 588–594. doi:10.1007/BF01378433

[180] Dawson PH, Whetten NR (1969) Nonlinear Resonances in Quadrupole Mass Spectrometers Due to Imperfect Fields. I. Quadrupole Ion Trap. Int J Mass Spectrom Ion Phys 2: 45–59. doi:10.1016/0020-7381(69)80005-7

[181] Wang Y, Franzen J (1994) The Non-Linear Ion Trap. Part 3. Multipole Components in Three Types of Practical Ion Trap. Int J Mass Spectrom Ion Proc 132: 155–172. doi:10.1016/0168-1176(93)03913-7

[182] Franzen J (1994) The Non-Linear Ion Trap. Part 5. Nature of Non-Linear Resonances and Resonant Ion Ejection. Int J Mass Spectrom Ion Proc 130: 15–40. doi:10.1016/0168-1176(93)03907-4

[183] Snyder DT, Pulliam CJ, Ouyang Z, Cooks RG (2015) Miniature and Fieldable Mass Spectrometers: Recent Advances. Anal Chem 88: 2–29. doi:10.1021/acs.analchem.5b03070

[184] Pulliam CJ, Bain RM, Wiley JS, Ouyang Z, Cooks RG (2015) Mass Spectrometry in the Home and Garden. J Am Soc Mass Spectrom 26: 224–230.doi:10.1007/s13361-014-1056-z

[185] Ouyang Z, Wu G, Song Y, Li H, Plass WR, Cooks RG (2004) Rectilinear Ion Trap: Concepts, Calculations, and Analytical Performance of a New Mass Analyzer. Anal Chem 76: 4595–4605. doi:10.1021/ac049420n

[186] Peng WP, Goodwin MP, Nie Z, Volny M, Ouyang Z, Cooks RG (2008) Ion Soft Landing Using a Rectilinear Ion Trap Mass Spectrometer. Anal Chem 80: 6640–6649. doi:10.1021/ac800929w

[187] Berton A, Traldi P, Ding L, Brancia FL (2008) Mapping the Stability Diagram of a Digital Ion Trap (DIT) Mass Spectrometer Varying the Duty Cycle of the Trapping Rectangular Waveform. J Am Soc Mass Spectrom 19: 620–625. doi:10.1016/j.jasms.2007.12.012

[188] Ding L, Kumashiro S (2006) Ion Motion in the Rectangular Wave Quadrupole Field and Digital Operation Mode of a Quadrupole Ion Trap Mass Spectrometer. Rapid Commun Mass Spectrom 20: 3–8. doi:10.1002/rcm.2253

[189] Li X, Jiang G, Luo C, Xu F, Wang Y, Ding L, Ding C (2009) Ion Trap Array Mass Analyzer: Structure and Performance. Anal Chem 81: 4840–4846. doi:10.1021/ac900478e

[190] Brodbelt JS, Louris JN, Cooks RG (1987) Chemical Ionization in an Ion Trap Mass Spec- trometer. Anal Chem 59: 1278–1285. doi:10.1021/ac00136a007

[191] Doroshenko VM, Cotter RJ (1997) Injection of Externally Generated Ions into an Increasing Trapping Field of a Quadrupole Ion Trap Mass Spectrometer. J Mass Spectrom 31: 602–615. doi:10.1002/(SICI)1096-9888(199706)32: 6<602::AID-JMS513>3.0.CO;2-G

[192] Van Berkel GJ, Glish GL, McLuckey SA (1990) Electrospray Ionization Combined with Ion Trap Mass Spectrometry. Anal Chem 62: 1284–1295. doi:10.1021/ac00212a016

[193] Wang Y, Schubert M, Ingendoh A, Franzen J (2000) Analysis of Non-Covalent Protein Complexes Up to 290 KDa Using Electrospray Ionization and Ion Trap Mass Spectrometry. Rapid Commun Mass Spectrom 14: 12–17. doi:10.1002/(SICI)1097-0231(20000115)14: 1<12::AID-RCM825>3.0.CO;2-7

[194] Lawrence EO, Livingston MS (1932) The Production of High-Speed Light Ions Without the Use of High Voltages. Phys Rev 40: 19–35. doi:10.1103/PhysRev.40.19

[195] Comisarow MB, Marshall AG (1996) The Early Development of Fourier Transform Ion Cyclotron Resonance (FT-ICR) Spectroscopy. J Mass Spectrom 31: 581–585. doi:10.1002/(SICI)1096-9888(199606)31: 6<581::AID-JMS369>3.0.CO;2-1

[196] Smith LG (1951) New Magnetic Period Mass Spectrometer. Rev Sci Instrum 22: 115–116. doi:10.1063/1.1745849

[197] Sommer H, Thomas HA, Hipple JA (1951) Measurement of E/M by Cyclotron Resonance. Phys Rev 82: 697–702. doi:10.1103/PhysRev.82.697

[198] Baldeschwieler JD (1968) Ion Cyclotron Resonánce Spectroscopy. Science 159: 263–273. doi:10.1126/science. 159.3812.263

[199] Assamoto B (ed) (1991) Analytical Applications of Fourier Transform Ion Cyclotron Reso- nance Mass Spectrometry. Weinheim, VCH

[200] Comisarow MB, Marshall AG (1974) Fourier Transform Ion Cyclotron Resonance Spectroscopy. Chem Phys Lett 25: 282–283. doi:10.1016/0009-2614(74)89137-2

[201] Comisarow MB, Marshall AG (1974) Frequency-Sweep Fourier Transform Ion Cyclotron Resonance Spectroscopy. Chem Phys Lett 26: 489–490doi:10.1016/0009-2614(74)80397-0

[202] Wanczek K-P (1989) ICR Spectrometry – A Review of New Developments in Theory, Instrumentation and Applications. I. 1983–1986. Int J Mass Spectrom Ion Proc 95: 1–38. doi:10.1016/0168-1176(89)83044-7

[203] Marshall AG, Grosshans PB (1991) Fourier Transform Ion Cyclotron Resonance Mass Spectrometry: The Teenage Years. Anal Chem 63: 215A–229A. doi:10.1021/ac00004a001

[204] Amster IJ (1996) Fourier Transform Mass Spectrometry. J Mass Spectrom 31: 1325–1337. doi:10.1002/(SICI) 1096-9888(199612)31: 12<1325::AID-JMS453>3.0.CO;2-W

[205] Dienes T, Salvador JP, Schürch S, Scott JR, Yao J, Cui S, Wilkins CL (1996) Fourier Transform Mass Spectrometry-Advancing Years (1992-Mid 1996). Mass Spectrom Rev 15: 163–211. doi:10.1002/(SICI)1098-2787(1996)15: 3<163::AID-MAS2>3.0.CO;2-G

[206] Marshall AG (2000) Milestones in Fourier Transform Ion Cyclotron Resonance Mass Spectrometry Technique Development. Int J Mass Spectrom 200: 331–356. doi:10.1016/S1387-3806(00)00324-9

[207] Smith RD (2000) Evolution of ESI-Mass Spectrometry and Fourier Transform Ion Cyclotron Resonance for Proteomics and Other Biological Applications. Int J Mass Spectrom 200: 509–544. doi:10.1016/S1387-3806(00)00352-3

[208] Marshall AG, Hendrickson CL, Shi SDH (2002) Scaling MS Plateaus with High-Resolution FT-ICR-MS. Anal Chem 74: 252A–259A. doi:10.1021/ac022010j

[209] Schaub TM, Hendrickson CL, Horning S, Quinn JP, Senko MW, Marshall AG (2008) High- Performance Mass Spectrometry: Fourier Transform Ion Cyclotron Resonance at 14.5 Tesla.Anal Chem 80: 3985–3990. doi:10. 1021/ac800386h

[210] Boldin IA, Nikolaev EN (2011) Fourier Transform Ion Cyclotron Resonance Cell with Dynamic Harmonization of the Electric Field in the Whole Volume by Shaping of the Excitation and Detection Electrode Assembly. Rapid Commun Mass Spectrom 25: 122–126. doi:10.1002/rcm.4838

[211] Nikolaev EN (2015) Some Notes About FT ICR Mass Spectrometry. Int J Mass Spectrom 377: 421–431. doi:10.1016/j.ijms.2014.07.051

[212] Marshall AG, Chen T (2015) 40 Years of Fourier Transform Ion Cyclotron Resonance Mass Spectrometry. Int J Mass Spectrom 377: 410–420. doi:10.1016/j.ijms.2014.06.034

[213] Hendrickson CL, Quinn JP, Kaiser NK, Smith DF, Blakney GT, Chen T, Marshall AG, Weisbrod CR, Beu SC (2015) 21 Tesla Fourier Transform Ion Cyclotron Resonance Mass Spectrometer: A National Resource for Ultrahigh Resolution Mass Analysis. J Am Soc Mass Spectrom 26: 1626–1632. doi:10.1007/s13361-015-1182-2

[214] He F, Hendrickson CL, Marshall AG (2001) Baseline Mass Resolution of Peptide Isobars: A Record for Molecular Mass Resolution. Anal Chem 73: 647–650. doi:10.1021/ac000973h

[215] Bossio RE, Marshall AG (2002) Baseline Resolution of Isobaric Phosphorylated and Sulfated Peptides and Nucleotides by Electrospray Ionization FT-ICR-MS: Another Step Toward MS-Based Proteomics. Anal Chem 74: 1674–1679. doi:10.1021/ac0108461

[216] Nikolaev EN, Jertz R, Grigoryev A, Baykut G (2012) Fine Structure in Isotopic Peak Distributions Measured Using a Dynamically Harmonized Fourier Transform Ion Cyclotron Resonance Cell at 7 T. Anal Chem 84: 2275–2283. doi:10.1021/ac202804f

[217] Popov IA, Nagornov K, Vladimirov GN, Kostyukevich YI, Nikolaev EN (2014) Twelve Million Resolving Power on 4.7 T Fourier Transform Ion Cyclotron Resonance Instrument with Dynamically Harmonized Cell-Observation of Fine Structure in Peptide Mass Spectra. J Am Soc Mass Spectrom 25: 790–799. doi:10.1007/s13361-014-0846-7

[218] White FM, Marto JA, Marshall AG (1996) An External Source 7 T Fourier Transform Ion Cyclotron Resonance Mass Spectrometer with Electrostatic Ion Guide. Rapid Commun Mass Spectrom 10: 1845–1849. doi:10.1002/(SICI)1097-0231(199611)10: 14<1845::AID-RCM749>3.0.CO;2-%23

[219] Marshall AG, Hendrickson CL (2002) Fourier Transform Ion Cyclotron Resonance Detec- tion: Principles and Experimental Configurations. Int J Mass Spectrom 215: 59–75. doi:10.1016/S1387-3806(01)00588-7

[220] Marshall AG, Hendrickson CL, Jackson GS (1998) Fourier Transform Ion Cyclotron Reso- nance Mass Spectrometry: A Primer. Mass Spectrom Rev 17: 1–35. doi:10.1002/(SICI)1098-2787(1998)17: 1<1::AID-MAS1>3.0.CO;2-K

[221] Shi SDH, Drader JJ, Freitas MA, Hendrickson CL, Marshall AG (2000) Comparison and Interconversion of the Two Most Common Frequency-to-Mass Calibration Functions for Fourier Transform Ion Cyclotron Resonance Mass Spectrometry. Int J Mass Spectrom 195 (196): 591–598. doi:10.1016/S1387-3806(99)00226-2

[222] Nikolaev EN, Gorshkov MV (1985) Dynamics of Ion Motion in an Elongated Cylindrical Cell of an ICR Spectrometer and the Shape of the Signal Registered. Int J Mass Spectrom Ion Proc 64: 115–125. doi:10.1016/0168-1176(85)85003-5

[223] Pan Y, Ridge DP, Wronka J, Rockwood AL (1987) Resolution Improvement by Using Harmonic Detection in an Ion Cyclotron Resonance Mass Spectrometer. Rapid Commun Mass Spectrom 1: 120–121. doi:10.1002/rcm.1290010709

[224] Nikolaev EN, Boldin IA, Jertz R, Baykut G (2011) Initial Experimental Characterization of a New Ultra-High Resolution FTICR Cell with Dynamic Harmonization. J Am Soc Mass Spectrom 22: 1125–1133. doi:10.1007/s13361-011-0125-9

[225] Derome AE (1987) Modern NMR Techniques for Chemistry Research. Pergamon Press, Oxford

[226] Guan S, Marshall AG (1996) Stored Waveform Inverse Fourier Transform (SWIFT) Ion Excitation in Trapped-Ion Mass Spectrometry: Theory and Applications. Int J Mass Spectrom Ion Proc 157(158): 5–37. doi:10.1016/S0168-1176(96)04461-8

[227] Schweikhard L, Ziegler J, Bopp H, Luetzenkirchen K (1995) The Trapping Condition and a New Instability of the Ion Motion in the Ion Cyclotron Resonance Trap. Int J Mass Spectrom Ion Proc 141: 77–90. doi:10.1016/0168-1176(94)04092-L

[228] Comisarow MB, Marshall AG (1976) Theory of Fourier Transform Ion Cyclotron Resonance Mass Spectroscopy. I. Fundamental Equations and Low-Pressure Line Shape. J Chem Phys 64: 110–119. doi:10.1063/1.431959

[229] Comisarow MB (1978) Signal Modeling for Ion Cyclotron Resonance. J Chem Phys 69: 4097–4104. doi:10.1063/1.437143

[230] Hughey CA, Rodgers RP, Marshall AG (2002) Resolution of 11,000 Compositionally Distinct Components in a Single Electrospray Ionization FT-ICR Mass Spectrum of Crude Oil. Anal Chem 74: 4145–4149. doi:10.1021/ac020146b

[231] Huang Y, Li G-Z, Guan S, Marshall AG (1997) A Combined Linear Ion Trap for Mass Spectrometry. J Am Soc

Mass Spectrom 8: 962–969. doi:10.1016/S1044-0305(97)82945-5

[232] Guan S, Marshall AG (1995) Ion Traps for Fourier Transform Ion Cyclotron Resonance Mass Spectrometry: Principles and Design of Geometric and Electric Configurations. Int J Mass Spectrom Ion Proc 146(147): 261–296. doi:10.1016/0168-1176(95)04190-V

[233] Caravatti P, Allemann M (1991) The Infinity Cell: A New Trapped-Ion Cell with Radio frequency Covered Trapping Electrodes for FT-ICR-MS. Org Mass Spectrom 26: 514–518. doi:10.1002/oms.1210260527

[234] Kostyukevich YI, Vladimirov GN, Nikolaev EN (2012) Dynamically Harmonized FT-ICR Cell with Specially Shaped Electrodes for Compensation of Inhomogeneity of the Magnetic Field. Computer Simulations of the Electric Field and Ion Motion Dynamics. J Am Soc Mass Spectrom 23: 2198–2207. doi:10.1007/s13361-012-0480-1

[235] Nicolardi S, Switzar L, Deelder AM, Palmblad M, van der Burgt YEM (2015) Top-Down MALDI-In-Source Decay-FTICR Mass Spectrometry of Isotopically Resolved Proteins. Anal Chem 87: 3429–3437. doi:10.1021/ac504708y

[236] Solouki T, Emmet MR, Guan S, Marshall AG (1997) Detection, Number, and Sequence Location of Sulfur-Containing Amino Acids and Disulfide Bridges in Peptides by Ultrahigh-Resolution MALDI FTICR Mass Spectrometry. Anal Chem 69: 1163–1168. doi:10.1021/ac960885q

[237] Wu Z, Hendrickson CL, Rodgers RP, Marshall AG (2002) Composition of Explosives by Electrospray Ionization Fourier Transform Ion Cyclotron Resonance Mass Spectrometry. Anal Chem 74: 1879–1883. doi:10.1021/ac011071z

[238] Senko MW, Hendrickson CL, Emmett MR, Shi SDH, Marshall AG (1997) External Accu- mulation of Ions for Enhanced Electrospray Ionization Fourier Transform Ion Cyclotron Resonance Mass Spectrometry. J Am Soc Mass Spectrom 8: 970–976. doi:10.1016/S1044-0305(97)00126-8

[239] Wang Y, Shi SDH, Hendrickson CL, Marshall AG (2000) Mass-Selective Ion Accumulation and Fragmentation in a Linear Octopole Ion Trap External to a Fourier Transform Ion Cyclotron Resonance Mass Spectrometer. Int J Mass Spectrom 198: 113–120. doi:10.1016/S1387-3806(00)00177-9

[240] Makarov A (2000) Electrostatic Axially Harmonic Orbital Trapping: A High-Performance Technique of Mass Analysis. Anal Chem 72: 1156–1162. doi:10.1021/ac991131p

[241] Scigelova M, Makarov A (2006) Orbitrap Mass Analyzer – Overview and Applications in Proteomics. Pract Proteomics 6: 16–21. doi:10.1002/pmic.200600528

[242] Makarov A, Denisov E, Lange O, Horning S (2006) Dynamic Range of Mass Accuracy in LTQ Orbitrap Hybrid Mass Spectrometer. J Am Soc Mass Spectrom 17: 977–982. doi:10.1016/j.jasms.2006.03.006

[243] Makarov A, Denisov E, Kholomeev A, Balschun W, Lange O, Strupat K, Horning S (2006) Performance Evaluation of a Hybrid Linear Ion Trap/Orbitrap Mass Spectrometer. Anal Chem 78: 2113–2120. doi:10.1021/ac0518811

[244] Macek B, Waanders LF, Olsen JV, Mann M (2006) Top-Down Protein Sequencing and MS^3 on a Hybrid Linear Quadrupole Ion Trap-Orbitrap Mass Spectrometer. Mol Cell Proteomics 5: 949–958. doi:10.1074/mcp.T500042-MCP200

[245] Perry RH, Cooks RG, Noll RJ (2008) Orbitrap Mass Spectrometry: Instrumentation, Ion Motion and Applications. Mass Spectrom Rev 27: 661–699. doi:10.1002/mas.20186

[246] Kingdon KH (1923) A Method for Neutralizing the Electron Space Charge by Positive Ionization at Very Low Pressures. Phys Rev 21: 408–418. doi:10.1103/PhysRev.21.408

[247] Knight RD (1981) Storage of Ions from Laser-Produced Plasmas. Appl Phys Lett 38: 221–223. doi:10.1063/1.92315

[248] Oksman P (1995) A Fourier Transform Time-of-Flight Mass Spectrometer. A SIMION Calculation Approach. Int J Mass Spectrom Ion Proc 141: 67–76. doi:10.1016/0168-1176(94)04086-M

[249] Hardman M, Makarov AA (2003) Interfacing the Orbitrap Mass Analyzer to an Electrospray Ion Source. Anal Chem 75: 1699–1705. doi:10.1021/ac0258047

[250] Olsen JV, de Godoy LMF, Li G, Macek B, Mortensen P, Pesch R, Makarov A, Lange O, Horning S, Mann M (2005) Parts Per Million Mass Accuracy on an Orbitrap Mass Spectrometer Via Lock Mass Injection into a C-Trap. Mol Cell Proteomics 4: 2010–2021. doi:10.1074/mcp.T500030-MCP200

[251] Perry RH, Hu Q, Salazar GA, Cooks RG, Noll RJ (2009) Rephasing Ion Packets in the Orbitrap Mass Analyzer to Improve Resolution and Peak Shape. J Am Soc Mass Spectrom 20: 1397–1404. doi:10.1016/j.jasms.2009.02.011

[252] Makarov A, Denisov E (2009) Dynamics of Ions of Intact Proteins in the Orbitrap Mass Analyzer. J Am Soc Mass Spectrom 20: 1486–1495. doi:10.1016/j.jasms.2009.03.024

[253] Makarov A, Denisov E, Lange O (2009) Performance Evaluation of a High-Field Orbitrap Mass Analyzer. J Am Soc Mass Spectrom 20: 1391–1396.doi:10.1016/j.jasms.2009.01.005

[254] Lebedev AT, Damoc E, Makarov AA, Samgina TY (2014) Discrimination of Leucine and Isoleucine in Peptides Sequencing with Orbitrap Fusion Mass Spectrometer. Anal Chem 86: 7017–7022. doi:10.1021/ac501200h

[255] Senko MW, Remes PM, Canterbury JD, Mathur R, Song Q, Eliuk SM, Mullen C, Earley L, Hardman M, Blethrow JD, Bui H, Specht A, Lange O, Denisov E, Makarov A, Horning S, Zabrouskov V (2013) Novel Parallelized Quadrupole/Linear Ion Trap/Orbitrap Tribrid Mass Spectrometer Improving Proteome Coverage and Peptide Identification Rates. Anal Chem85: 11710–11714. doi:10.1021/ac403115c

[256] Amy JW, Baitinger WE, Cooks RG (1990) Building Mass Spectrometers and a Philosophy of Research. J Am Soc Mass Spectrom 1: 119–128. doi:10.1016/1044-0305(90)85047-P

[257] Futrell JH (2000) Development of Tandem Mass Spectrometry. One Perspective. Int J Mass Spectrom 200: 495–508. doi:10.1016/S1387-3806(00)00353-5

[258] McLuckey SA, Glish GL, Cooks RG (1981) Kinetic Energy Effects in Mass Spectrometry/Mass Spectrometry Using a Sector/Quadrupole Tandem Instrument. Int J Mass Spectrom Ion Phys 39: 219–230. doi:10.1016/0020-7381(81)80034-4

[259] Glish GL, McLuckey SA, Ridley TY, Cooks RG (1982) A New "Hybrid" Sector/Quadrupole Mass Spectrometer for Mass Spectrometry/Mass Spectrometry. Int J Mass Spectrom Ion Phys 41: 157–177. doi:10.1016/0020-7381(82)85032-8

[260] Bradley CD, Curtis JM, Derrick PJ, Wright B (1992) Tandem Mass Spectrometry of Peptides Using a Magnetic Sector/Quadrupole Hybrid-the Case for Higher Collision Energy and Higher Radio-Frequency Power. Anal Chem 64: 2628–2635. doi:10.1021/ac00045a028

[261] Schoen AE, Amy JW, Ciupek JD, Cooks RG, Dobberstein P, Jung G (1985) A Hybrid BEQQ Mass Spectrometer. Int J Mass Spectrom Ion Proc 65: 125–140. doi:10.1016/0168-1176(85)85059-X

[262] Ciupek JD, Amy JW, Cooks RG, Schoen AE (1985) Performance of a Hybrid Mass Spectrometer. Int J Mass Spectrom Ion Proc 65: 141–157. doi:10.1016/0168-1176(85)85060-6

[263] Louris JN, Wright LG, Cooks RG, Schoen AE (1985) New Scan Modes Accessed with a Hybrid Mass Spectrometer. Anal Chem 57: 2918–2924. doi:10.1021/ac00291a039

[264] Loo JA, Münster H (1999) Magnetic Sector-Ion Trap Mass Spectrometry with Electrospray Ionization for High Sensitivity Peptide Sequencing. Rapid Commun Mass Spectro13: 54–60. doi:10.1002/(SICI)1097-0231(19990115)13: 1<54::AID-RCM450>3.0.CO;2-Y

[265] Strobel FH, Solouki T, White MA, Russell DH (1991) Detection of Femtomole and Sub-Femtomole Levels of

Peptides by Tandem Magnetic Sector/Reflectron Time-of-Flight Mass Spectrometry and Matrix-Assisted Laser Desorption Ionization. J Am Soc Mass Spectrom 2: 91–94. doi:10.1016/1044-0305(91)80066-G

[266] Bateman RH, Green MR, Scott G, Clayton E (1995) A Combined Magnetic Sector-Time-of-Flight Mass Spectrometer for Structural Determination Studies by Tandem Mass Spectrome-try. Rapid Commun Mass Spectrom 9: 1227–1233. doi:10.1002/rcm.1290091302

[267] Aicher KP, Müller M, Wilhelm U, Grotemeyer J (1995) Design and Setup of an Ion Trap-Reflectron-Time-of-Flight Mass Spectrometer. Eur Mass Spectrom 1: 331–340. doi:10.1255/ejms.117

[268] Wilhelm U, Aicher KP, Grotemeyer J (1996) Ion Storage Combined with Reflectron Time- of-Flight Mass Spectrometry: Ion Cloud Motions As a Result of Jet-Cooled Molecules. Int J Mass Spectrom Ion Proc 152: 111–120. doi:10.1016/0168-1176(95)04339-X

[269] Morris HR, Paxton T, Dell A, Langhorne J, Berg M, Bordoli RS, Hoyes J, Bateman RH (1996) High Sensitivity Collisionally-Activated Decomposition Tandem Mass Spectrometry on a Novel Quadrupole/Orthogonal-Acceleration Time-of-Flight Mass Spectrometer. Rapid Commun Mass Spectrom 10: 889–896. doi:10.1002/(SICI)1097-0231(19960610)10: 8<889::AID-RCM615>3.0.CO;2-F

[270] Shevchenko A, Chernushevich IV, Ens W, Standing KG, Thompson B, Wilm M, Mann M (1997) Rapid 'De Novo' Peptide Sequencing by a Combination of Nanoelectrospray, Isotopic Labeling and a Quadrupole/Time-of-Flight Mass Spectrometer. Rapid Commun Mass Spectrom 11: 1015–1024. doi:10.1002/(SICI)1097-0231(19970615)11: 9<1015::AID-RCM958>3.0.CO;2-H

[271] Hopfgartner G, Chernushevich IV, Covey T, Plomley JB, Bonner R (1999) Exact Mass Measurement of Product Ions for the Structural Elucidation of Drug Metabolites with a Tandem Quadrupole Orthogonal-Acceleration Time-of-Flight Mass Spectrometer. J Am Soc Mass Spectrom 10: 1305–1314. doi:10.1016/S1044-0305(99)00097-5

[272] Borsdorf H, Eiceman GA (2006) Ion Mobility Spectrometry: Principles and Applications. Appl Spectrosc Rev 41: 323–375. doi:10.1080/05704920600663469

[273] Eiceman GA, Karpas Z, Hill HH Jr (2014) Ion Mobility Spectrometry. CRC Press, Boca Raton

[274] Collins DC, Lee ML (2002) Developments in Ion Mobility Spectrometry-Mass Spectrometry.Anal Bioanal Chem 372: 66–73. doi:10.1007/s00216-001-1195-5

[275] Mukhopadhyay R (2008) IMS/MS: Its Time Has Come. Anal Chem 80: 7918–7920. doi:10.1021/ac8018608

[276] Bohrer BC, Merenbloom SI, Koeniger SL, Hilderbrand AE, Clemmer DE (2008) Biomole-cule Analysis by Ion Mobility Spectrometry. Annu Rev Anal Chem 1: 293–327. doi:10.1146/annurev.anchem.1.031207.113001

[277] Karasek FW (1970) Drift-Mass Spectrometer. Res Developm 21: 25–27.

[278] Karasek FW (1970) Plasma Chromatograph. Res Developm 21: 34–37.

[279] Karasek FW, Cohen MJ, Carroll DI (1971) Trace Studies of Alcohols in the Plasma Chromatograph–Mass Spectrometer. J Chromatogr Sci 9: 390–392. doi:10.1093/chromsci/9.7.390

[280] Kanu AB, Dwivedi P, Tam M, Matz L, Hill HH Jr (2008) Ion Mobility-Mass Spectrometry. J Mass Spectrom 43: 1–22. doi:10.1002/jms.1383

[281] Pringle SD, Giles K, Wildgoose JL, Williams JP, Slade SE, Thalassinos K, Bateman RH, Bowers MT, Scrivens JH (2007) An Investigation of the Mobility Separation of Some Peptide and Protein Ions Using a New Hybrid Quadrupole/Travelling Wave IMS/Oa-ToF Instrument. Int J Mass Spectrom 261: 1–12. doi:10.1016/j.ijms.2006.07.021

[282] Guevremont R (2004) High-Field Asymmetric Waveform Ion Mobility Spectrometry: A New Tool for Mass Spectrometry. J Chromatogr A 1058: 3–19. doi:10.1016/S0021-9673(04)01478-5

[283] Kolakowski BM, Mester Z (2007) Review of Applications of High-Field Asymmetric Waveform Ion Mobility

Spectrometry (FAIMS) and Differential Mobility Spectrometry (DMS). Analyst 132: 842–864. doi:10.1039/B706039D

[284] Harvey SR, Macphee CE, Barran PE (2011) Ion Mobility Mass Spectrometry for Peptide Analysis. Methods 54: 454–461. doi:10.1016/j.ymeth.2011.05.004

[285] Platzner IT, Habfast K, Walder AJ, Goetz A, Platzner IT (eds) (1997) Modern Isotope Ratio Mass Spectrometry. Wiley, Chichester.

[286] Stanton HE, Chupka WA, Inghram MG (1956) Electron Multipliers in Mass Spectrometry; Effect of Molecular Structure. Rev Sci Instrum 27: 109. doi:10.1063/1.1715477

[287] Weaver PJ, Laures AMF, Wolff JC (2007) Investigation of the Advanced Functionalities of a Hybrid Quadrupole Orthogonal Acceleration Time-of-Flight Mass Spectrometer. Rapid Commun Mass Spectrom 21: 2415–2421. doi:10.1002/rcm.3052

[288] Colombo M, Sirtori FR, Rizzo V (2004) A Fully Automated Method for Accurate Mass Determination Using High-Performance Liquid Chromatography with Quadrupole/Orthogonal Acceleration Time-of-Flight Mass Spectrometer. Rapid Commun Mass Spectrom 18: 511–517. doi:10.1002/rcm.1368

[289] Allen JS (1947) An Improved Electron-Multiplier Particle Counter. Rev Sci Instrum 18: 739–749. doi:10.1063/1.1740838

[290] Wang GH, Aberth W, Falick AM (1986) Evidence Concerning the Identity of Secondary Particles in Post-Acceleration Detectors. Int J Mass Spectrom Ion Proc 69: 233–237. doi:10.1016/0168-1176(86)87037-9

[291] Busch KL (2000) The Electron Multiplier. Spectroscopy 15: 28–33

[292] Schröder E (1991) Massenspektrometrie – Begriffe und Definitionen. Springer, Heidelberg

[293] Boerboom AJH (1991) Array Detection of Mass Spectra, a Comparison with Conventional Detection Methods. Org Mass Spectrom 26: 929–935. doi:10.1002/oms.1210261103

[294] Kurz EA (1979) Channel Electron Multipliers. Am Laboratory 11: 67–82.

[295] Wiza JL (1979) Microchannel Plate Detectors. Nucl Instrum Methods 162: 587–601. doi:10.1016/0029-554X(79)90734-1

[296] Laprade BN, Labich RJ (1994) Microchannel Plate-Based Detectors in Mass Spectrometry.Spectroscopy 9: 26–30.

[297] Alexandrov ML, Gall LN, Krasnov NV, Lokshin LR, Chuprikov AV (1990) Discrimination Effects in Inorganic Ion-Cluster Detection by Secondary-Electron Multiplier in Mass Spectrometry Experiments. Rapid Commun Mass Spectrom 4: 9–12. doi:10.1002/rcm.1290040104

[298] Geno PW, Macfarlane RD (1989) Secondary Electron Emission Induced by Impact of Low-Velocity Molecular Ions on a Microchannel Plate. Int J Mass Spectrom Ion Proc 92: 195–210. doi:10.1016/0168-1176(89)83028-9

[299] Hedin H, Håkansson K, Sundqvist BUR (1987) On the Detection of Large Organic Ions by Secondary Electron Production. Int J Mass Spectrom Ion Proc 75: 275–289. doi:10.1016/0168-1176(87)83041-0

[300] Hill JA, Biller JE, Martin SA, Biemann K, Yoshidome K, Sato K (1989) Design Considerations, Calibration and Applications of an Array Detector for a Four-Sector Tandem Mass Spectrometer. Int J Mass Spectrom Ion Proc 92: 211–230. doi:10.1016/0168-1176(89)83029-0

[301] Birkinshaw K (1997) Fundamentals of Focal Plane Detectors. J Mass Spectrom 32: 795–806. doi:10.1002/(SICI)1096-9888(199708)32: 8<795::AID-JMS540>3.0.CO;2-U

[302] Cottrell JS, Evans S (1987) The Application of a Multichannel Electro-Optical Detection System to the Analysis of Large Molecules by FAB Mass Spectrometry. Rapid Commun Mass Spectrom 1: 1–2. doi:10.1002/rcm.1290010103

[303] Cottrell JS, Evans S (1987) Characteristics of a Multichannel Electrooptical Detection System and Its

Application to the Analysis of Large Molecules by Fast Atom Bombardment Mass Spectrometry. Anal Chem 59: 1990–1995. doi:10.1021/ac00142a021

[304] Birkinshaw K, Langstaff DP (1996) The Ideal Detector. Rapid Commun Mass Spectrom 10: 1675–1677. doi:10.1002/(SICI)1097-0231(199610)10: 13<1675::AID-RCM712>3.0.CO;2-S

[305] Hucknall DJ (1991) Vacuum Technology and Applications. Butterworth-Heinemann, Oxford.

[306] Pupp W, Hartmann HK (1991) Vakuum-Technik – Grundlagen und Anwendungen. Fachbuchverlag Leipzig, Leipzig.

[307] Wutz M, Adam H, Walcher W (1992) Theory and Practice of Vacuum Technology. Vieweg, Braunschweig/Wiesbaden.

[308] Lafferty JM (ed) (1998) Foundations of Vacuum Science and Technology. Wiley, New York.

[309] Umrath W (ed) (2001) Leybold Vacuum Products and Reference Book. Leybold Vacuum GmbH, Köln.

[310] Busch KL (2000) Vacuum in Mass Spectroscopy. Nothing Can Surprise You. Spectroscopy 15: 22–25.

[311] Busch KL (2001) High-Vacuum Pumps in Mass Spectrometers. Spectroscopy 16: 14–18.

电子电离的实用方面　　　　第 5 章

> **学习目标**
> - EI 离子源——构造和工作原理
> - 产生用于电子电离的初级电子
> - 将样品引入 EI 离子源的方法和装置
> - EI 质谱数据库

电子电离（EI）[1]的使用可以追溯到 20 世纪初质谱学的萌芽时期。以前，只有火花源（SS）、辉光放电（GD）和热电离（TI）在使用[2]。在电子电离过程中，高能电子被射向气态中性分子以实现其电离。EI 无疑代表了有机质谱中经典的电离方法。EI 仍然是分析中低极性、相对分子质量 $M_r \approx 800\ u$ 以内非离子型有机化合物的重要技术，EI 以前被称为电子轰击电离或简称为电子轰击。

电离过程的物理化学方面、离子内能以及决定激发态离子反应途径的原理已经讨论过了（第 2 章）。本章将讨论有关 EI 离子源和样品导入系统构建的实际方面。最后，通过考虑 EI 质谱数据库，直接引导到 EI 质谱的解析（第 6 章）。

5.1 EI 离子源

5.1.1 EI 离子源的布局

一些离子源的基本布局已经介绍过（第 4.1 节）：在两个电荷相反的极板之间的电场中产生的离子，将向与自身电荷相反的板加速。如果吸引极板有孔或狭缝，就会产生一束近似于单能的离子。由于实际原因，吸引电极通常接地，离子产生的位置设置为高电位。这样做可以保持质量分析器接地，从而大大有助于操作安全性（图 5.1）。

中性气态分析物分子束垂直于纸面进入电离室或电离区，即离子源模块内实际的电离区域，并在中心位置穿过电子束。为了减少与壁面发生中和碰撞的离子损失，离子在生成后立即被施加在排斥电极上的低电压作用推出[3,4]。然后它们被加速并聚

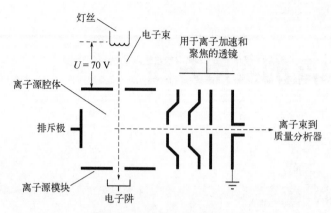

图 5.1 EI 离子源的基本布局

（经许可改编自参考文献[6]。© Springer-Verlag Heidelberg, 1991）

焦进入质量分析器。高效的电离和离子引出对于构建离子源至关重要，这些离子源在纳安（nA）范围内产生可聚焦的离子流[5]。

现代离子源设计紧凑，以简化更换和清洁过程中的操作（图 5.2 和图 5.5）。扇形磁场质谱仪配有组合离子源，可从 EI 切换到化学电离（CI）、快速原子轰击（FAB）或场电离/场解吸（FI/FD）。特别是 EI/CI/FAB 和 EI/FI/FD[7,8]离子源已经得到了广泛的应用。

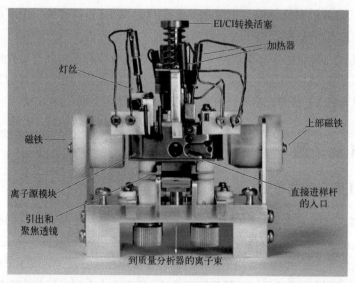

图 5.2 JEOL JMS-700 扇形磁场质谱仪的 EI/CI/FAB 组合离子源

有些仪器配备有可更换电离区的离子源，可以通过一个（独立的）真空锁进行更换而不破坏高真空。

为了达到最大的灵敏度，出现了一种相反的趋势，即使用专用的 EI 离子源。有些专用源甚至仅限于与直接进样杆或气相色谱仪联用使用，并针对痕量分析进行了优化。为了覆盖各种各样的样品，组合源在多功能性方面很难被战胜。

> **系统污染**
>
> 更重要的是，高真空系统和离子源在样品引入过程中几乎不可避免地受到污染。即使离子源在 150～250℃ 工作，低挥发性的分解产物也不能通过泵抽去除。相反，它们在表面上形成半导体层，这反过来又引电位不准而导致散焦。因此，必须定期清洁离子源。这包括拆卸、使用细磨料抛光透镜、烘烤绝缘陶瓷和彻底清洗零件。

5.1.2 初级电子的产生

电离电子束是由电阻加热的金属丝或灯丝（通常由铼或钨制成）的热电子发射产生的。灯丝温度在运行期间可达到 2000℃。使用钍化铱或钍化铼丝可以在不损失电子发射（$1\sim10\ mA/mm^2$）的情况下降低工作温度[9]。不同制造商生产的灯丝种类繁多，工作性能几乎同样良好，例如，灯丝可以是直灯丝、带状灯丝或小线圈（图 5.3）。

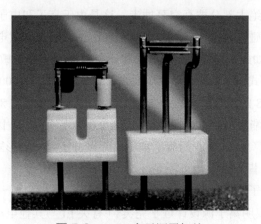

图 5.3 EI/CI 离子源用灯丝

VG ZAB-2F（左）的盘绕灯丝和 JEOL JMS-700（右）的直灯丝。灯丝后面的屏蔽层与电线本身的电位相同，白色部分由陶瓷制成，用于绝缘

初级电子的加速电位必须小心地屏蔽，使其免受离子加速电压的影响。否则，不明确的离子动能会导致分辨率和质量准确度的严重损失。此外，在灯丝上方和电子阱下方安装了一对永磁体，其磁场与电子束平行，从而防止电子扩散到整个电离区（图 5.2）。这是通过洛伦兹力作用于发散电子来实现的，这些电子被迫沿螺旋路径运动；产生的电子束直径约为 1 mm。这些由 Bleakney[10] 开发，并由 Nier[11]

改进的特性,从那时起就被用来指导 EI 离子源设计[2,4,12](基础款式的 EI 离子源有时也被称为"Nier 型"离子源)。可以通过以下方法进一步改进:①更有效地屏蔽电离区不受灯丝干扰,这一手段也减少了被分析物的热分解,以及②使用更强的离子源磁体[3]。

为了实现更稳定的工作模式,在现代仪器中对灯丝的加热电流进行了发射控制,即利用电子阱的电流使发射相对独立于实际的离子源条件。典型的发射电流在 50~400 μA 范围内。

> **灯丝的寿命**
>
> 在适当的操作条件下,灯丝的寿命为几周。然而,由于化学电离中侵蚀性分析物或试剂气、过高的发射电流,特别是高真空的突然故障等恶劣条件,可能会大大缩短使用时间。

5.1.3 EI 离子源的总体效率和灵敏度

EI 离子源的整体效率取决于电离过程的本征特性、离子源设计和实际操作参数。最令人吃惊的是进入离子源的中性分子的电离概率极低。引入的样品中只有一小部分被电离,而绝大部分被真空泵抽走。这是由于离子和电子具有长平均自由程以及电子本身的低碰撞截面所导致的不利组合所致。通过有效电离区的路径只有大约 1 mm 长。尽管如此,与其他电离方法相比,EI 提供了高灵敏度。

在 70 eV EI 模式下,现代扇形磁场质谱仪在分辨率 R = 1000 条件下对硬脂酸甲酯分子离子 m/z 298 的灵敏度约为 $4×10^{-7}$ C/μg。电荷 $4×10^{-7}$ C 对应 $2.5×10^{12}$ 电子电荷。1 μg 硬脂酸甲酯相当于 $3.4×10^{-9}$ mol 或者 $2.0×10^{15}$ 个分子。因此,对于一个进入电离区的分子,计算出 1:800 的概率被电离并以分子离子的形式到达检测器。中性分子被电离的比例肯定更大,可能是 1:100,因为其中很大一部分会解离形成其他 m/z 值的碎片离子。即便如此,与 20 世纪 70 年代 1:(10^4~10^5)的比例相比,约 1:100 的比例表明离子源设计近乎完美。(有关 EI 与其他电离方法的比较,请参阅第 8.8.1 节。)

5.1.4 离子束几何形状的优化

如果将加速电压应用于两个或多个连续阶段而不是单一阶段,那么离子的引出和离子束的形状可以得到很大的改善。此外,通过将极板分为上下半片或左右半片,离子束可以通过在各自的半片上施加不同的电压分别进行上下引导或左右调节(图 5.1 和图 5.2)。这也可以实现离子束聚焦。

在实际应用中,通过离子轨道计算优化了离子源的离子光学特性[13]。该任务的

5.1 EI 离子源

标准工具是 SIMION 软件套件[14-17]，当然也还有其他工具[18]。因此，可以确定极板的最佳数量、位置、电压和最终形状（图 5.4）。为了补偿与理论的轻微机械偏差以及在延长使用期间电极板污染所产生的影响，可以调整电压以得到最佳条件。

> **离子源调谐**
>
> 通常，在实际开始测量之前对仪器进行一些调谐。这种调谐过程主要是调整施加到离子源的离子加速度透镜上的电压，并最终调整离子光学系统的一些附加组件的电压。现代仪器或能提供自动调谐程序，通常比常规手动调谐更快，甚至更彻底。在任何情况下，一个合理的质谱仪数据系统都会允许手动校正。

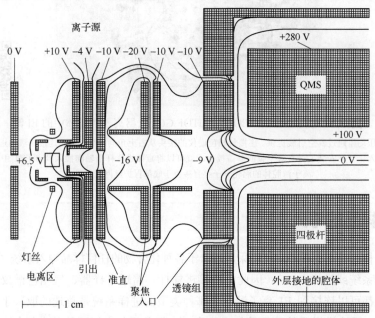

图 5.4 由计算机模拟程序 SIMION 三维版本 6.0 计算的具有等电位的四极杆质谱仪的 EI 离子源

（经许可引用自参考文献[15]，© Elsevier Science，1998）

5.1.5 安装离子源

虽然离子源在过去是相当脆弱的单元，但现代离子源通常设计紧凑。许多制造商认识到，在日常操作中，能够快速可靠地切换离子源与离子源的性能特征一样重要。因此，离子源倾向于通过某种插拔原理进行安装，该原理允许在不接触任何连接引线的情况下插入或拆卸离子源。有时，提供特殊的杆状工具用于更换离子源。一些仪器需要在更换离子源之前进行放真空，在更换离子源后进行抽真空（图 5.5），另一些仪器甚至可能提供真空锁，该真空锁不仅用于直接进样杆，还允许更换离子源或至少是电离区。因此，离子源的更换可能需要 15~60 min，具体取决于是否需要破坏真空。

> **最好有观察窗**
>
> 离子源腔体顶部的窗玻璃允许在插入过程中观察进样杆，定位最终丢失的样品管，粗略判断离子源污染，并仅通过观察灯丝明或暗来检查灯丝的发射状态。

图 5.5 安装在一个 JEOL AccuTOF GCx 仪器离子源腔体中的 EI 源

所有操作电压均需通过真空引线提供。连接气相色谱仪的接头从右上角向下延伸，而连接储液槽进样口的接头从右下角进入。一旦安装了带有真空锁的前盖板后，就可以将直接进样杆沿轴向插入到离子源的中央凹槽中。离子源腔体的涡轮分子泵直接位于底部保护丝网的正下方

5.2 样品的导入

出于样品导入的目的，可以采用适合于各种化合物的任何样品导入系统（也称为样品的进样系统或进样入口）。因此，直接进样杆、储罐进样器、气相色谱仪，甚至液相色谱仪都可以连接到 EI 离子源上。哪种类型的进样系统是首选的取决于要分析样品的类型。无论进样系统可能是什么类型，它都必须负责相同的基本任务，即将分析物从大气条件转移到 EI 离子源的高真空状态。表 5.1 提供了 EI-MS 进样系统的简介。

表 5.1 EI-MS 的进样系统

进样系统	原理	分析物
储罐/内标物进样器	带样品蒸气的加热储罐	低至中等沸点液体
直接进样杆（DIP）	在加热/冷却的玻璃/金属样品管中的样品颗粒或分析物薄膜	固体、蜡或高沸点液体
直接暴露式进样杆（DEP）	在电阻加热的金属灯丝上的样品颗粒或分析物薄膜	极低挥发性的固体，尤指热不稳定的固体
气相色谱（GC）	直接洗脱到离子源	混合物中的挥发性成分
液相色谱（LC）	通过粒子束接口连接	适用于 EI 的分析物，由于极性高，气相色谱无法分离

5.2 样品的导入

> **不仅是 EI**
>
> 下面提到的进样系统（储罐进样器、各种直接进样杆和色谱分离技术）与其他电离方法一样重要。

5.2.1 储罐/参考物进样器系统

即使在冷却时，高挥发性样品也不能通过直接进样杆引入离子源。参考物进样系统或储罐进样系统更适合于此目的[19]。这类进样器的名称来源于这样一个事实，即参考物进样口旨在（并且通常用于）引入独立于分析物的质量校准试剂（或参考物），以便在准确质量测量中实现内标质量校准（第 3.6 节）。氟碳化合物，如全氟三丁胺（PFTBA，又名 FC43）或全氟煤油（PFK）可以通过储罐进样器入口进入离子源。

储罐/参考物进样器同样适用于气体、溶剂和类似的挥发性样品分析。当需要一个连续信号用于仪器调谐或离子化学中持久的 MS/MS 实验时，它们特别方便。此外，混合物的组成部分在没有分馏的情况下进入离子源，不影响其分压。由于这种特性，储罐进样器在石油工业中得到了广泛的应用。

通常，用微升注射器将几微升液体样品注入参考物进样器。加热用于抑制分析物在壁上的吸附，从而加速样品的最终去除。由于分析物暴露于长时间的加热中，参考物进样系统的应用仅限于热稳定的分析物。

参考物进样系统（图 5.6）的基本组件和特征包括：①30～100 mL 的容器，可持续加热至 80～200℃；②通过隔膜进样端口或类似的注射器进样；③通过切换阀（开/关）和针阀连接到离子源，以调节离子源腔体中的分压；④排出端口，用于在测量完成后，旋片泵和隔膜泵抽真空来实现排空，去除样品。

图 5.6 JEOL JMS-700 扇形磁场质谱仪的储罐进样器

隔膜进样端口打开。"操作阀"在放空、隔离和进样之间切换；针阀允许调节样品流量。
气相色谱传输线在上面背景中从气相色谱（左）穿过到离子源腔体（右上）

特殊储罐的类型

为了降低混合物组分在储罐壁上的催化降解和选择性吸附风险，全玻璃加热进样系统（AGHIS）[20, 21]和特氟龙涂层储罐进样系统已成为商业化不锈钢系统的替代品。为此，开发了动态间歇进样系统（DBIS），其中通过毛细管将分析物从储罐转移到离子源中，并且可以使用载气（H_2、He）来减少具有极宽沸点范围的混合物的分馏效应[21]。液体进样系统代表了储罐进样系统的另一种变化，其中通过一种"微型直接进样杆"引入几微升液体[22]。

5.2.2 直接进样杆

在早期的仪器中，将固体样品引入质谱仪是通过直接将它们放置在离子源内来完成的，离子源被安装在离子化腔体中，抽真空并加热[23]。显然，每次运行更换离子源都很费力，对于日常工作来说太慢了。更方便的操作是使用装有 0.1~2 μg 分析物的微量样品管或坩埚，可以通过直接进样杆（DIP）或直接引入式进样杆（也是 DIP，图 5.7）直接进样到离子源附近。自 20 世纪 50 年代，DIP 就被设计出来了，并在 20 世纪 60 年代中期得到普遍的使用[24-26]。

图 5.7 直接进样杆（DIP）用于 EI、化学电离（CI）和场电离（FI）
(a) 铜质进样杆尖端可容纳玻璃样品管，并安装在一个温控加热器上。加热器、热电偶和冷却都设置在内部，（白色）陶瓷绝缘体保护操作者免受离子源高压的影响。(b) 配备水冷却的 JEOL JMS-700 的整个 DIP

DIP 由不锈钢传动轴与适合插入样品管的尖端组成。传动轴经过抛光处理，以便安装在真空锁的 O 形圈上能有效密封真空。通过真空锁[26]进样杆被转移到离子源腔体的高真空中，最终被推入直到它接触到离子源模块（图 5.8 和图 5.9）。当分析物从样品管中直接挥发或升华到电离区，就可以获得质谱图了。通常，样品夹可以加热到约 500℃，用来强制样品的蒸发，这有时伴随着蒸发前的分解。特制的高温进样杆可加热到 1000℃。现代直接进样杆有程序升温加热器[27]，允许将升温速率设定在 5～150℃/min 或配备了离子流控制的加热器[28]。

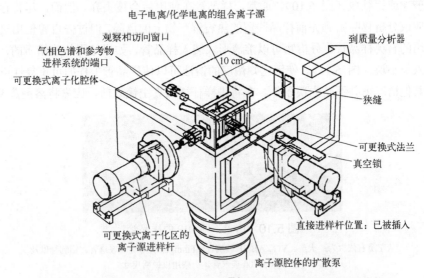

图 5.8 Waters Micromass Autospec™ 扇形磁质谱仪的离子源腔体

可以从多个方向使用离子源，以便同时连接到 DIP/DEP、GC 和参考物进样系统

（由英国曼彻斯特 Waters 公司质谱技术部提供）

图 5.9 JEOL AccuTOF GCx 仪器上的直接进样杆

进样杆显示在其完全插入的位置。插入进样杆前，透明软管（左侧）为真空锁提供初级真空，灰色电缆连接用于加热器电源和温度控制，如浅棕色毛细管可以输送加压气体以冷却进样杆的尖端

为了防止更易挥发的样品突然蒸发，DIP 中经常加入循环水冷却，还开发了用于更易挥发样品的冷冻进样杆[29]。有时，将玻璃棉放入样品管中，以增加吸附表面，从而减缓样品的蒸发；氧化铝和二氧化硅也用于此目的[30]。突然蒸发会导致图谱畸变，甚至可能导致高真空的暂时性破坏。

5.2.3 与直接进样杆一起使用的样品管

用于 DIP 的样品管通常外径约为 2 mm，长度为 10~20 mm。样品管通常由硼硅酸盐玻璃或铝制成（图 5.10）。通常，样品管在使用后会被丢弃。然而，尽管存在记忆效应或分析物吸附到先前样品残留的热裂解产物上的风险，但过去也曾使用过可重复使用的石英样品管。分析物可以溶液形式装入样品管，如果是固体或蜡质的，也可以装入一小块（图 5.11）。使用已知浓度的溶液可以使样品管上样的可重复性更好，这在其他情况下并不是先决条件。在将进样杆插入真空锁之前，应先将溶剂蒸发掉。

图 5.10 用于不同 DIP 的样品管

从左至右依次为：火柴、VG ZAB-2F 玻璃管、Finnigan TSQ 700 玻璃管、铝制管以及 JEOL JMS-700 玻璃管。火柴用以说明尺寸

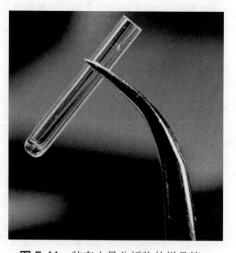

图 5.11 装有少量分析物的样品管

在镊子顶端和样品管上边缘中间的白色斑点（扫描右侧二维码看彩图中亮黄色斑点）是待分析的固体物质。实际上，这个样品的数量已经超过了理想所需量。使用额外数量的样品没有任何好处。相反，它可能导致离子源的持久污染

首选一次性样品管

一次性样品管没有记忆效应。玻璃管的另一个优点是可以看清楚样品在管内的数量和位置。之后，分析物也可能在测量过程中分解，产生黑色残留物。

5.2.4 如何使用直接进样杆进行质谱测试

直接进样杆适用于电子电离（EI）、化学电离（CI，第 7 章）和场电离（FI，第 8.5 节），因为这些方法需要将气态样品引入各自电离源的电离室。

样品可以固体或稀溶液的形式装入样品管。当提供固体样品时，通常最好使用细针或针头轻轻蘸取样品，或从样品管壁上刮下一些微小晶体。肉眼可见的数量通常已经足够了。然后将样品转移到样品管中，样品管最好固定在合适的支架中。对于样品溶液，可以将针头浸入溶液中，以转移非常小的液滴，也可以使用最小尺寸的微升点样管，例如 0.5~10 μL 吸头。在插入进样杆之前，让大部分溶剂蒸发，留下一层样品的薄膜，这一点很重要。否则，排空时液滴会突然沸腾，从而使样品溶液溢出到真空锁中。

在开始测量时，将样品管安装到进样杆尖端。在将样品管放入进样杆尖端之前，确保尖端已冷却至接近室温。进样杆尖端通常配有一些夹紧或拧紧装置，以确保将样品管固定到位。样品管在真空锁内转移过程中丢失，会堵塞锁阀，导致划痕处漏气或造成其他损坏。样品管掉落在离子源腔体内可能需要放掉真空，并在进行下一步操作之前将其取出，或者至少需要等待一段时间，直到样品蒸发，以避免图谱重叠。由于任何操作人员可能会偶尔使用一下样品管，涡轮分子泵的转子通过细金属丝网罩保护免受颗粒的冲击（图 5.5）。

最好在插入期间冷却进样杆尖端，以防止分析物过早蒸发。只有在数据采集运行时，才会启动进样杆尖端的加热。通常，根据样品的挥发性，以及质谱仪的扫描速度，以 20~100℃/min 的速率加热进样杆尖端。挥发性样品在运行的最初几秒钟内会迅速蒸发，而"顽固样品"则需要加热到 400℃以上。数据采集完成后，一般建议在进样杆尖端收回真空锁之前，将其冷却到 100℃以下，以避免 O 形圈受热损坏。

5.2.5 自动式直接进样杆

1979 年首次提出了自动化操作的 DIP[31]。1982 年，随着 Finnigan MAT AUDEVAP 的推出，出现了一种商品化的装置。它使用了一个可容纳多达 46 个铝坩埚的样品转塔。然后，进样杆将从转塔上取下一个坩埚，并通过真空锁继续向前移动（图 5.12）。或者，该设备可以拾取 DCI 样品架（第 5.2.7 节），甚至可以拾取用于快速原子轰击的靶尖（FAB，第 10.3 节）。AUDEVAP 旨在完成包括数据采集在内的样品运行。后来，甚至可以建立一个系统，在数据系统控制下执行内标质量校准和分子式归属[32]。在世界范围内，一些 AUDEVAP 系统仍在运行。

科学仪器制造商（SIM）提供了一种现代、更紧凑的自动直接引入式进样杆。SIM 进样杆直径较小，通过一个死区体积很小的锁紧装置插入离子源腔体，因此，即使事先没有排空真空锁,也可以快速插入进样杆(图 5.13)。进样杆可以手动加载,也可以与自动采样器结合运行。自动进样器可用于更换 DIP 上已填充样品的样品管,或分别用移液器将微升体积的液体样品或溶液转移到进样杆尖端的样品管中。SIM 公司的多种 DIP 是为安捷伦和 LECO 等多家仪器供应商定制的。

图 5.12 Finnigan MAT AUDEVAP 系统,带有 46 个坩埚的转塔轮被嵌入其腔体

进样杆机构在右边,真空锁和离子源腔体在左边。质谱仪可以是 BE 几何构型的 Finnigan MAT 212 或 MAT 311 双聚焦扇形磁场质谱仪(从 Finnigan MAT 技术文档复制,由 Thermo Fisher Scientific 提供)

图 5.13 通过多次曝光可以看到自动 DIP 的运行过程

垂直接收样品管后,将进样杆向左推动并向下倾斜,以便通过真空锁插入。这张照片显示了安装在 LECO Pegasus GC-HRT 仪器上的 SIM DIP

5.2.6 使用直接进样杆时的分馏效应

样品管中的蒸发过程导致了一定程度上的样品分馏,通常仅从总离子色谱图(TIC)中即可识别。此外,使用重构离子色谱图(RIC)为在识别简单混合物的组

分和归属其相应质谱图方面提供了一个有价值的工具。通常，在最初的几次扫描中会观察到残留溶剂，而随着蒸发的进行，所有其他组分的出现或多或少都是按照分子量的增加顺序进行。

观察 DIP 的蒸发　使用 DIP 的 EI 测得的 TIC 在最初的几次扫描中已经显示出了离子的形成。经过一段时间相对较低的 TIC 后，DIP 升温至 200℃ 最终导致样品的大部分蒸发，从而产生急剧上升的 TIC（图 5.14）。随着所有样品蒸发后，TIC 再次下降。因此，从数据中提取得到了两个不同的图谱。第一个是通过平均第 2~4 次扫描的结果获得的，第二个是平均第 20~29 次扫描的结果获得的（图 5.15）。图 5.15（a）对应一些杂质，而图 5.15（b）代表目标化合物 $C_{28}H_{47}NSi_2$。

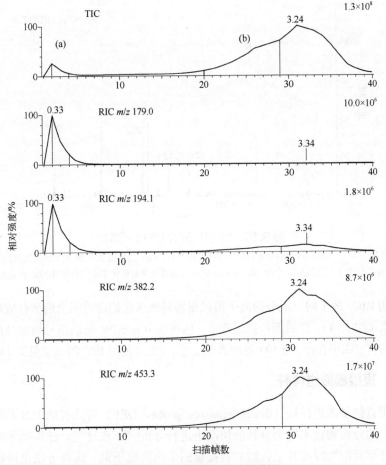

图 5.14　DIP 测得的离子色谱图

TIC（上面的轨迹）早期扫描期间显示出的隆起，在 m/z 179.0 和 194.1 的 RIC 中也有反映。图谱（a）对应于挥发性杂质，而 m/z 382.2 和 453.3 的 RIC 与加热时蒸发的目标化合物（b）有关（参见图 5.15）

（由海德堡大学有机化学研究所的 R. Gleiter 提供）

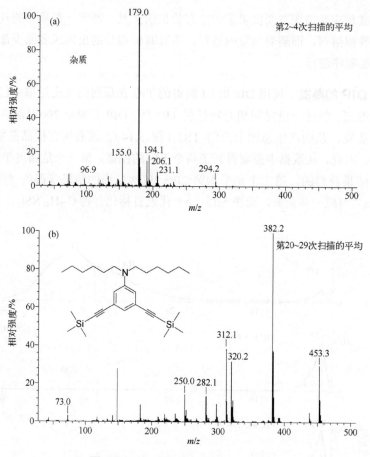

图 5.15 同一样品的两张 EI 质谱图

（a）扫描第 2～4 次平均后得到的图谱对应一些挥发性杂质；（b）扫描第 20～29 次平均后得到的图谱代表目标化合物（参见图 5.14 中的 TIC 和 RIC）（由海德堡大学有机化学研究所的 R. Gleiter 提供）

使用 RIC，属于同一成分的离子可以很容易地从它们在时间上的平行依赖关系中识别出来（图 5.14）。在后期扫描过程中，色谱图中 m/z 194 处的信号增加是由于目标化合物的质谱图中存在 m/z 194 处的微弱信号。（更多使用 RIC 的例子见第 14 章。）

5.2.7 直接暴露进样杆

使用直接暴露进样杆（direct exposure probe，DEP）可能有助于对无法从样品管中蒸发的分析物在未完全分解的情况下进行分析[33]。在这里，分析物从溶液或悬浮液中转移到细线圈或针上，然后直接暴露于电离电子束。这种方法也被称为束内电子电离。早期描述样品直接暴露于电子束的工作来自 Ohashi[34,35]、Constantin[36] 和 Traldi[37,38]。DEP 快速加热的理念是使蒸发比样品热降解更快[39,40]。此原理可由能量突释法完美实现（第 10 章和第 11 章）。

5.2 样品的导入

如果分析物暴露于高能电子中，则该方法称为直接电子电离（direct electron ionization，DEI）或解吸电子电离（desorption electron ionization，DEI），因此，如果分析物在化学电离条件下浸没在试剂气体中，则称为直接或解吸化学电离（DCI，direct or desorption chemical ionization）（第 7 章）。

DEP 有不同的类型，其中一些依赖于经过改进的 DIP 的加热端[38]，而其他广泛使用的 DEP 能够对由化学惰性金属丝（铼）制成的小线圈进行快速电阻加热。电阻加热进样杆允许几百摄氏度每秒的升温速度，温度可高达 1500℃（图 5.16）。由于快速加热，需要快速扫描，例如，在感兴趣的 m/z 范围内每 1 s 扫描一次，以跟踪分析物的蒸发。无论哪种情况，使用 DEP 都可以扩大蒸发的温度范围。此外，由于对分析物加热的速度快于其热分解的速度，因此减少了热降解，从而在一定程度上扩大了 EI 和 CI 的应用范围。无论如何，使用直接暴露进样杆都无法替代真正的解吸电离方法[41,42]。

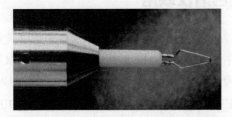

图 5.16 用于 EI 和 CI 的 GC-oaTOF 质谱仪的直接暴露式进样杆尖端
（由英国曼彻斯特 Waters 公司质谱技术部提供）

DEI 的应用

应用 DEI 技术获得了四种非衍生氨基酸的质谱图[38]。与传统 EI 条件下无法得到分子离子相比，该方法可以观察到分子离子和一些主要的碎片离子。然而，这些额外的信号相对较弱（图 5.17）。

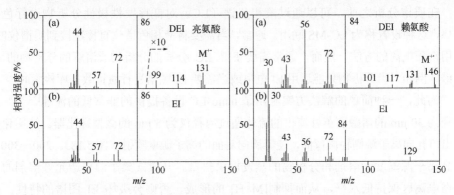

图 5.17 亮氨酸（左图）和赖氨酸（右图）的 DEI（a）和 EI 图谱（b）的比较
在亮氨酸的 DEI 图谱中，高于 m/z 90 的强度放大了 10 倍显示
（经许可改编自参考文献[38]。© John Wiley & Sons，1982）

5.3 热裂解质谱法

从电阻加热样品夹上获得的高温也可用于有意地强制非挥发性样品的分解，从而产生特征性的热裂解产物。热裂解质谱法（pyrolysis mass spectrometry，Py-MS）可应用于合成聚合物[43]、化石生物材料[44]、食品[45]和土壤[46]分析，甚至可以用来表征整个细菌[47]。例如，在聚合物分析中，Py-MS 不能产生分子量分布，尽管 Py-MS 通常可以识别聚合物的类型和其所基于的单体单元[43,48]。通常，热裂解产物不会直接被引入离子源，而是事先通过 GC 分离。对质谱学这一分支的详细论述超出了本书的范围。

5.4 EI 与气相色谱仪联用

气相色谱（GC）为分离复杂混合物中的挥发性分析物提供了手段。GC 直接洗脱到质谱仪的离子源中被称为 GC-MS 联用[49-51]。毛细管 GC 色谱柱提供了几毫升每分钟的气体流速，因此，其后端可以直接安装到电离区的入口处。事实上，下一节中描述的 nano-LC-EI 接口是受到将毛细管柱直接联结到 EI 离子源的标准直接联用方式的启发。

EI 非常适合作为 GC-MS 应用的电离方法。GC-MS 的具体特性将在后面更深入地讨论（第 14.4 节）。目前，只要注意到 GC 与 EI 离子源适当联用既不会对 EI 过程产生实质性影响，也不会改变离子的裂解途径。

5.5 EI 与液相色谱仪联用

在质谱分析之前，可以通过液相色谱（LC）对低挥发性极性分析物进行色谱分离，这种设置称为 LC-MS 联用。通常，当需要将液相色谱仪直接连接到质谱仪时，采用常压电离的方法。然而，通常需要获得 LC 分离的分析物或溶解的分析物的 EI 图谱，例如，当分析物只能运用 EI 电离或当需要 EI 图谱进行质谱数据库检索时。

为此，一种简单的解决方案利用了 nano-LC 设备提供的非常低的流速[52,53]。从内径为 30 μm 的熔融石英柱流出的流体通过内径仅为 5 μm 的微型雾化器。该雾化器的出口孔向离子源侧轻微弯曲，使雾滴向对面的离子源壁喷射（图 5.18）。200～300℃的高离子源温度为溶剂和分析物的蒸发提供热量。开放式离子源构造允许溶剂的分压在电离区保持低水平，从而抑制[M+H]$^+$的形成，否则会破坏 EI 图谱的特性。由于溶剂蒸发引起的气体流速与毛细管气相色谱的流速相似，大多数离子源真空系统可以轻松适应 nano-LC 小于 1 μL/min 的液体流量。

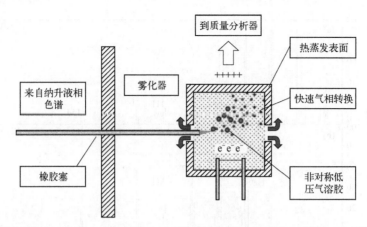

图 5.18 nano-LC-EI 接口将 LC 毛细管直接连接到略微改进的 EI 离子源
（经许可转载自参考文献[53]。© Wiley Periodicals，2005）

5.6 低能量 EI 质谱法

低能量初级电子限制了沉积在分子离子上的过剩能量。使用 12～15 eV 而不是 70 eV 电子仍然能电离大多数化合物，同时减少了不利的裂解。如果离子源在 70℃ 而不是 200℃ 下操作，则可以获得大分子量烃类化合物的更胜一筹的 EI 质谱图[54]（图 5.19）。记录低能量、低温 EI 质谱图的概念很久以前就被提出[55]，并且从那时起就得到了广泛的研究[56-58]。低能量、低温的质谱图比传统的 70 eV 质谱图更容易解析，原因如下：

① 分子离子峰的相对强度增强，从而更容易识别这一重要峰；
② 更少的裂解也意味着图谱整体外观更简单；
③ 裂解模式由少数特征性的初级碎片离子主导，这些碎片离子携带着大部分的结构信息。

但是也存在一些缺点：

① 使用 12～15 eV 的电子进行电离时，电离效率的降低伴随着灵敏度的显著下降（第 2.3 节）；
② 离子源温度低会导致与样品蒸气接触过的表面缓慢解吸，从而使前一个样品产生持久的"记忆"；
③ 弱分子离子峰很有可能被增强。然而，在 70 eV 时没有分子离子峰的图谱不会转变为在 12 eV 时有强分子离子峰的图谱。

然而，在质谱分析的最初几十年中，低能 EI 图谱是减少裂解的唯一方法，从而增加弱分子离子峰的相对强度。如今，EI 质谱图最好与所谓的软电离方法获得的质谱图相结合（第 7 章、第 8 章、第 10～13 章）。

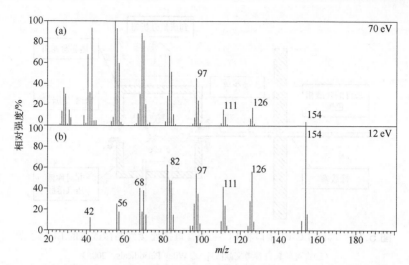

图 5.19 十一烷-1-醇（$C_{11}H_{24}O$），M_r = 172 u：70 eV（a）和 12 eV（b）EI 质谱图的比较

两个图谱中都没有分子离子峰，但[M–H_2O]$^{+•}$峰和初级碎片离子在 12 eV 时变得更加明显（脂肪醇的详细裂解途径在第 6.2.8 节和第 6.11.3 节中讨论）（经许可转载自参考文献[57]。© John Wiley & Sons，1988）

> **不良的记忆效应**
>
> 在实际分析物的质谱图中，来自以前样品的信号通常被称为记忆效应。记忆效应是由离子源或样品导入系统的污染引起的。为了减少记忆效应，应该使用最低量的样品来产生良好的图谱，保持离子源在 200℃左右，并允许在测量期间进行一些抽真空过程来实现离子源和进样系统的排空。

5.7 适合 EI 的分析物

经典有机化学为电子电离提供了各种各样潜在的分析物，唯一限制是分析物应能够蒸发或升华，而不会发生显著热分解。饱和与不饱和的脂肪族和芳香烃及其衍生物（如卤化物、醚、酸、酯、胺、酰胺等）一般满足这些要求。杂环化合物通常可以得到有用的 EI 图谱，黄酮、甾体、萜烯和类似化合物也可以通过 EI 成功分析。因此 EI 代表了分析这类样品的标准方法。

GC-EI-MS 可用于混合物的直接分析，例如，分析合成副产品；这一优势使得台式 GC-EI-MS 设备在现代合成实验室中得到广泛应用。GC-EI-MS 组合在监测环境污染物方面尤其成功，例如多环芳烃（PAHs）、多氯联苯（PCBs）、多氯二苯并二噁英（PCDDs）、聚氯二苯呋喃（PCDFs）或其他挥发性有机化合物（VOCs）。

低极性和中等极性分析物通常非常适合 EI，而高极性甚至离子化合物，如二醇或聚醇、氨基酸、核苷、多肽、糖和有机盐不宜进行 EI，除非在 EI-MS 分析之前进行适当衍生化[59-64]。

与任何其他电离方法一样，对于分子质量没有严格的上限，实际估计的上限范围在 800 u。如果分析物是非极性的，则有达到 1300 u 的例外情况，例如分子具有几个氟烷基或三烷基硅烷基，这些分子在质量增加的同时极性显著降低。

5.8 用于 EI 的质量分析器

就 EI 而言，对质量分析器的类型没有限制（第 4 章）。扇形磁场质谱仪在质谱学的早期曾经主导了 EI 的应用。随着 GC-MS 应用的不断发展，单四极杆仪器因其较高的扫描速度和较低的成本而越来越受欢迎。通过 MS/MS 方法提高分析选择性的需求有利于使用三重四极杆仪器和（线形）四极离子阱。近年来，对准确质量测定的兴趣日益浓厚，从而增加了对扇形磁场质谱仪的需求，特别是对高分辨 oaTOF 仪器的需求。原则上，FT-ICR 质量分析器可以与 EI 联用，但由于成本高，很少这样做。最近，Orbitrap-GC 组合也已上市。

5.9 EI 质谱数据库

当在标准条件下（70 eV，离子源温度为 150～250℃，压力约为 10^{-4} Pa）测量时，EI 质谱图具有良好的重现性。这不仅适用于同一仪器上的重复测量，也适用于不同类型和品牌的质谱仪之间的重复测量。大型 EI 质谱数据库有纸质印刷版[65-67]和数字化形式[68]。最全面的 EI 质谱数据库是 NIST/EPA/NIH 质谱数据库和 Wiley/NBS 质谱数据库[69-72]。

在质谱数据库中检索未知物的质谱图，如果数据库中已经存在相应的图谱，通常可以快速识别出未知物。然而，即使不是这样，检索可能也会提供相近化合物的相似质谱图，从而有助于结构解析[73]。

比较未知物的质谱图与库谱中的图谱，这种显而易见的方法称为正向数据库检索[74]。通常，仅使用被测量图谱的一个子集，即强度高于阈值的一组信号或用户输入定义的一组信号，用于搜索数据库。然后显示与未知物图谱密切匹配的数据库图谱，并带有匹配得分，以判断相应命中的概率。在所谓的逆向数据库检索中，将数据库中图谱与未知物的质谱图进行比较，以在某种程度上忽略未知物谱图中所有谱库的质谱图中不存在的峰。这可以防止背景信号误导搜索，背景信号可能来自色谱柱流失、杂质、残留溶剂或记忆效应。

5.9.1 NIST/EPA/NIH 质谱数据库

2014 年版 NIST/EPA/NIH 质谱数据库[69,75]包含了约 27.6 万张超过 24.2 万种化

合物的 EI 质谱图，以及大约 3.4 万张重复质谱图。对于近 8.3 万种化合物，在非极性柱和极性柱上测定的 Kovats 保留指数（KRI）值为 38.6 万个。自 2005 年以来，该数据库还提供了 CID 质谱图，实际上汇总了约 8300 种不同化合物产生的 4.4 万种前体离子的 19.3 万张 CID 质谱图。质谱图数量大于离子数量的原因是，采用 skimmer-CID 和 CID 分别在三重四极杆和四极离子阱仪器上获得的给定离子物种的多个图谱都包含在内[76]。NIST/EPA/NIH 质谱数据库是一个独立的解决方案，而且很可能与任何可以配备 EI 离子源的商用质谱仪兼容。

NIST/EPA/NIH 质谱数据库检索　　在 NIST/EPA/NIH 质谱数据库（Vers. 2.0, 2011）中搜索与分子式 $C_6H_{13}N$ 对应的图谱，发现了 25 个化合物。图 5.20 是选择 *N*-(1-甲基亚乙基)-2-丙胺的图谱的屏幕截图。结构式包含在质谱图中，而文本窗口中显示了化合物名称、分子式、分子量、CAS 号、峰的列表和（此处未完全显示）同义词集。在一定程度上，可以自定义要在指定窗口中显示的信息并调整格式。

> **内置的或独立的质谱数据库**
>
> EI 质谱数据库可以选择性地包含在质谱仪软件包中。因此，测得的 EI 质谱图可以通过相似度搜索直接在数据库中进行检索，通常会产生一个包含多个命中结果的列表。另外，独立的解决方案支持复杂的检索算法和策略（表 5.2）[77-79]。

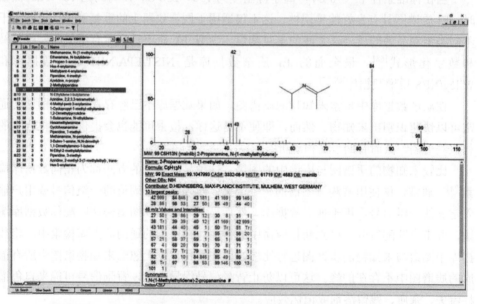

图 5.20　对分子式 $C_6H_{13}N$ 对应的图谱进行检索后，NIST/EPA/NIH 质谱数据库（V2.0，2011）的屏幕截图

在 25 个候选化合物中，*N*-(1-甲基亚乙基)-2-丙胺的图谱被选择用于显示。该数据库不仅提供 EI 质谱图，还提供 CAS 号、贡献者、列表、同义词等信息

表 5.2　NIST/EPA/NIH 质谱数据库中检索的类型

检索的类型	解释
分子式	搜索化学分子式对应的图谱。分子式中的括号已被解析，例如将 $CH_3CH[C(CH_3)_3]_2$ 转换为 $C_{10}H_{22}$。可以选择名称片段或某些峰值等约束
分子量	检索属于特定分子量的图谱。可以选择元素、所需峰值等约束条件
任何峰	基于少量峰值的检索。图谱可以使用最大的峰值或总强度在一定范围内的峰值进行检索
循序检索	在数据库中检索满足用户所选约束的匹配项
CAS 号	搜寻具有指定 CAS 号的化合物
NIST 号	NIST 号标识了唯一的图谱。通过搜索 NIST 号，检索到该图谱以供复查
ID 号	每张谱库中图谱都有一个额外的识别号，以正确处理用户编辑过的图谱

5.9.2　Wiley Registry 质谱数据库

Wiley Registry 质谱数据（也被称为《威利质谱数据登记册》）可以追溯到 20 世纪 60 年代初，当时 Stenhagen、Abrahamsson 和 McLafferty 开始收集质谱图，并在 1968 年出版了纸质的《质谱数据图集》[65-67]。与美国石油学会（API）的质谱数据库不同，该项目收集了更多的图谱，同时对图谱质量的限制更低。这一理念背后的理由是，在实验室中找到与刚刚测量的图谱相似的图谱的概率会更高，而类似化合物的图谱也可能为最终阐明未知结构提供有用的指导。

截至 2014 年，Wiley Registry 质谱数据库第 11 版包含了 120 多万张图谱，约 94.3 万个化学结构和 70.75 万个独特化合物的 EI 图谱。Wiley Registry 还提供了 45298 个离子的串联质谱图。可以与 NIST 2014 质谱数据库和搜索软件结合打包获取，以提供最大的通用 MS 数据库。

此外，还有针对化合物类别的专业库，如 Kühnle 提供的《药物和农用化学品的质谱数据库》，Maurer/Pfleger/Weber 的《药物、毒药、农药、污染物及其代谢物的质谱和气相色谱数据库》[80]。

> **数据库检索**
>
> 目前市场上有多种质谱数据库可供使用[80]。由于软件世界中的集合和软件包会受到快速变化的影响，建议在互联网上快速搜索"EI 质谱数据库"或"质谱数据库"，以确定该领域的当前选项。

5.9.3　质谱数据库：概述

尽管这些数据库覆盖范围很大，并且提供了易于使用的界面，但是应该注意潜在的缺陷。高分命中的结构可能会出错，仅仅是因为实际化合物的图谱仍然不包括在数据库中。图谱可能会因与一些杂质峰的叠加而存在缺陷,这反过来又会误导搜索。因此,通过简单的图谱对比通常无法完美地鉴定未知物[75]。尽管如此,质谱数据库仍然非常有用,因为即使在不利的情况下,它们也可以提供类似化合物或异构体的图谱以供比较,或者至少提供正在研究的化合物类别的一些图谱特征[73]。最后,应该始终对数据库中的匹配项进行交叉核实。同样,即使是得分最高的命中率也可能是错误的,所以适当的解析技巧仍然是必不可少的(第 6 章)。

5.10 EI 小结

(1)基本原理

高能电子能够在(高度)稀薄气相中,即高真空中电离分子。电子电离(EI)过程产生具有相当高内能的自由基正离子(第 2 章)。因此,初始分子离子 M$^{+\bullet}$ 往往会发生许多相互竞争的裂解反应,通过消除一个自由基或一个分子来生成碎片离子。

(2)硬电离

EI 通常被认为是一种硬电离方法,因为它会导致分析物分子离子的裂解。低能量低温技术可以在一定程度上减少裂解的程度,但不能完全避免裂解的发生。因此,建议使用软电离方法(第 7 章、第 8 章、第 10~13 章)作为 EI 的补充。

(3)极性

EI 仅是一种正离子化方法。分析物通常可以通过其分子离子 M$^{+\bullet}$ 被检测到,并伴有大量碎片离子。偶尔,[M+H]$^+$ 可以通过自身质子化产生。

(4)EI 的分析物

由于 EI 需要气态的样品进行电离,分析物需要至少在一定程度上具有挥发性。EI 可用于非极性至中等极性分析物。它能够分析小到氢气和大到 800 u 的分子,在极性和热稳定性相结合的极少数情况下,它也可以分析 1300 u 的分子。现在,EI 的使用通常局限于不到 600 u 的较小分子和 GC-MS 应用。

(5)进样

气体和液体可以通过储罐进样器直接引入,也可以在通过气相色谱仪分离后引入。固体通常使用直接进样杆引入。只要有足够的挥发性,固体的稀释溶液也可以进行气相色谱分析,并从色谱柱洗脱后进行 EI 分析。

(6)仪器

早期,EI-MS 和 MS 通常使用扇形磁场质谱仪。后来,随着商品化,线形四极杆和四极离子阱质量分析器经常配备 EI 源,特别是由于其卓越的扫描速度而适合于 GC-MS 的应用。在过去十年中,oaTOF 质谱仪、Q-TOF 联用仪以及最近的 Orbitrap 质谱仪大多已经用于 GC-MS,因为它们结合了快速质谱图采集与提供准确质量数据的能力。

(7) 准确质量

由于离子电流稳定持久，EI 非常适合高分辨率和准确质量测定。通常需要内标质量校准。然后，质量校准试剂（PFTBA 或 PFK）通过储罐进样器引入。在 GC-MS 中，柱流失的背景峰也可以用作内标质量校准。

(8) 传播和可用性

EI 为质谱成为有机化学中的一种分析技术铺平了道路。从 20 世纪 50 年代到 70 年代后期，EI 是有机质谱的首选电离方法。由于 EI 可以与各种质量分析器结合使用，因此从过去到现在，它都得到了广泛的应用。

参考文献

[1] Field FH, Franklin JL (1957). Electron Impact Phenomena and the Properties of Gaseous Ions. Academic Press, New York

[2] Nier AO (1990). Some Reflflections on the Early Days of Mass Spectrometry at the University of Minnesota. Int J Mass Spectrom Ion Proc 100: 1–13. doi:10.1016/0168-1176(90)85063-8

[3] Schaeffer OA (1954). An Improved Mass Spectrometer Ion Source. Rev Sci Instrum 25: 660–662. doi:10.1063/1.1771153

[4] Fock W (1969) Design of a Mass Spectrometer Ion Source Based on Computed Ion Trajectories. Int J Mass Spectrom Ion Phys 3: 285–291. doi:10.1016/0020-7381(69)85012-6

[5] Koontz SL, Denton MB (1981) A Very High Yield Electron Impact Ion Source for Analytical Mass Spectrometry. Int J Mass Spectrom Ion Phys 37: 227–239. doi:10.1016/0020-7381(81)80011-3

[6] Schröder E (1991) Massenspektrometrie – Begriffe und Defifinitionen. Springer, Heidelberg

[7] Hogg AM, Payzant JD (1978) Design of a Field Ionization/Field Desorption/Electron Impact Ion Source and Its Performance on a Modifified AEIMS9 Mass Spectrometer. Int J Mass Spectrom Ion Phys 27: 291–303. doi:10.1016/0020-7381(78)80116-8

[8] Brunnée C (1967) A Combined Field Ionisation-Electron Impact Ion Source for High Molecular Weight Samples of Low Volatility. Z Naturforsch B 22: 121–123. doi:10.1515/znb-1967-0203

[9] Habfast K (1968) Massenspektrometrische Funktionselemente: Ionenquellen. In: Kienitz H (ed) Massenspektrometrie. Weinheim, Verlag Chemie

[10] Bleakney W (1929) A New Method of Positive-Ray Analysis and Its Application to the Measurement of Ionization Potentials in Mercury Vapor. Phys Rev 34: 157–160. doi:10.1103/PhysRev.34.157

[11] Nier AO (1947) Mass Spectrometer for Isotope and Gas Analysis. Rev Sci Instrum 18: 398–411. doi:10.1063/1.1740961

[12] Nier AO (1991) The Development of a High Resolution Mass Spectrometer: A Reminiscence. J Am Soc Mass Spectrom 2: 447–452. doi:10.1016/1044-0305(91)80029-7

[13] Morrison JD (1986) Ion Focusing, Mass Analysis, and Detection. In: Futrell JH (ed) Gaseous Ion Chemistry and Mass Spectrometry. Wiley, New York

[14] Dahl DA, Delmore JE, Appelhans AD (1990) SIMION PC/PS2 Electrostatic Lens Design Program. Rev Sci Instrum 61: 607–609. doi:10.1063/1.1141932

[15] Blaum K, Geppert C, Müller P, Nörtershäuser W, Otten EW, Schmitt A, Trautmann N, Wendt K, Bushaw BA (1998) Properties and Performance of a Quadrupole Mass Filter Used for Resonance Ionization Mass

Spectrometry. Int J Mass Spectrom 181: 67–87. doi:10.1016/S1387-3806(98)14174-x

[16] Ehlers M, Schmidt S, Lee BJ, Grotemeyer J (2000) Design and Set-Up of an External Ion Source Coupled to a Quadrupole-Ion-Trap Reflflectron-Time-of-Flight Hybrid Instrument. Eur J Mass Spectrom 6: 377–385. doi:10.1255/ejms.356

[17] Dahl DA (2000) SIMION for the Personal Computer in Reflflection. Int J Mass Spectrom 200: 3–25. doi:10.1016/S1387-3806(00)00305-5

[18] Forbes MW, Sharififi M, Croley T, Lausevic Z, March RE (1999) Simulation of Ion Trajectories in a Quadrupole Ion Trap: A Comparison of Three Simulation Programs. J Mass Spectrom 34: 1219–1239. doi:10.1002/(SICI)1096-9888(199912)34:12<1219::AID-JMS897>3.0.CO;2-L

[19] Caldecourt VJ (1955) Heated Sample Inlet System for Mass Spectrometry. Anal Chem 27: 1670. doi:10.1021/ac60106a058

[20] Peterson L (1962) Mass Spectrometer All-Glass Heated Inlet. Anal Chem 34: 1850–1851. doi:10.1021/ac60193a054

[21] Roussis SG, Cameron AS (1997) Simplifified Hydrocarbon Compound Type Analysis Using a Dynamic Batch Inlet System Coupled to a Mass Spectrometer. Energy Fuels 11: 879–886. doi:10.1021/ef960221j

[22] Pattillo AD, Young HA (1963) Liquid Sample Introduction System for a Mass Spectrometer. Anal Chem 35: 1768. doi:10.1021/ac60204a075

[23] Cameron AE (1954) Electron-Bombardment Ion Source for Mass Spectrometry of Solids. Rev Sci Instrum 25: 1154–1156. doi:10.1063/1.1770970

[24] Reed RI (1958) Electron Impact and Molecular Dissociation. Part I. Some Steroids and Triterpenoids. J Chem Soc: 3432–3436. doi:10.1039/JR9580003432

[25] Gohlke RS (1963) Obtaining the Mass Spectra of Non-Volatile or Thermally Unstable Compounds. Chem Industry: 946–948

[26] Junk GA, Svec HJ (1965) A Vacuum Lock for the Direct Insertion of Samples into a Mass Spectrometer. Anal Chem 37: 1629–1630. doi:10.1021/ac60231a611

[27] Kankare JJ (1974) Simple Temperature Programmer for a Mass Spectrometer Direct Insertion Probe. Anal Chem 46: 966–967. doi:10.1021/ac60343a001

[28] Franzen J, Küper H, Riepe W, Henneberg D (1973) Automatic Ion Current Control of a Direct Inlet System. Int J Mass Spectrom Ion Phys 10: 353–357. doi:10.1016/0020-7381(73)83012-8

[29] Sawdo RM, Blumer M (1976) Refrigerated Direct Insertion Probe for Mass Spectrometry. Anal Chem 48: 790–791. doi:10.1021/ac60368a014

[30] Li JJ (2011) Volatile Organic Compounds Analyzed by Direct Insertion Probe Mass Spectrometry. Can J Chem 89: 1539–1541. doi:10.1139/v11-142

[31] Hillig H, Kueper H, Riepe W, Ritter HP (1979) A Fully Automated Mass Spectrometer for the Analysis of Organic Solids. Anal Chim Acta 112: 123–132. doi:10.1016/S0003-2670(01)83514-5

[32] Huang N, Siegel MM, Muenster H, Weissenberg K (1999) On-Line Acquisition, Analysis, and E-Mailing of High-Resolution Exact-Mass Electron Impact/Chemical Ionization Mass Spectrometry Data Acquired Using an Automated Direct Probe. J Am Soc Mass Spectrom 10: 1212–1216. doi:10.1016/S1044-0305(99)00112-9

[33] Cotter RJ (1980) Mass Spectrometry of Nonvolatile Compounds by Desorption from Extended Probes. Anal Chem 52: 1589A–1602A. doi:10.1021/ac50064a003

[34] Ohashi M, Nakayama N (1978) In-Beam Electron Impact Mass Spectrometry of Aliphatic Alkohols. Org Mass Spectrom 13: 642–645. doi:10.1002/oms.1210131106

[35] Ohashi M, Tsujimoto K, Funakura S, Harada K, Suzuki M (1983) Detection of Pseudomolecular Ions of Tetra-

and Pentasaccharides by In-Beam Electron Ionization Mass Spectrometry. Spectroscopy Int J 2: 260–266

[36] Constantin E, Nakatini Y, Ourisson G, Hueber R, Teller G (1980) Spectres de Masse de Phospholipides et Polypeptides Non Proteges. Une Méthode Simple d'Obtention du Spectre Complet. Tetrahedron Lett 21: 4745–4746. doi:10.1016/0040-4039(80)88110-x

[37] Traldi P, Vettori U, Dragoni F (1982) Instrument Parameterization for Optimum Use of Commercial Direct Inlet Systems. Org Mass Spectrom 17: 587–592. doi:10.1002/oms.1210171112

[38] Traldi P (1982) Direct Electron Impact – A New Ionization Technique? Org Mass Spectrom 17: 245–246. doi:10.1002/oms.1210170510

[39] Udseth HR, Friedman L (1981) Analysis of Styrene Polymers by Mass Spectrometry with Filament-Heated Evaporation. Anal Chem 53: 29–33. doi:10.1021/ac00224a600

[40] Daves GD Jr (1979) Mass Spectrometry of Involatile and Thermally Unstable Molecules. Acc Chem Res 12: 359–365. doi:10.1021/ar50142a002

[41] Peltier JM, MacLean DB, Szarek WA (1991) Determination of the Glycosidic Linkage in Peracetylated Disaccharides Comprised of D-Glucopyranose Units by Use of Desorption Electron-Ionization Mass Spectrometry. Rapid Commun Mass Spectrom 5: 446–449. doi:10.1002/rcm.1290051005

[42] Kurlansik L, Williams TJ, Strong JM, Anderson LW, Campana JE (1984) Desorption Ionization Mass Spectrometry of Synthetic Porphyrins. Biomed Mass Spectrom 11: 475–481. doi:10. 1002/bms.1200110908

[43] Qian K, Killinger WE, Casey M, Nicol GR (1996) Rapid Polymer Identification by In-Source Direct Pyrolysis Mass Spectrometry and Library Searching Techniques. Anal Chem 68: 1019–1027. doi:10.1021/ac951046r

[44] Meuzelaar HLC, Haverkamp J, Hileman FD (1982) Pyrolysis Mass Spectrometry of Recent and Fossil Biomaterials. Elsevier, Amsterdam

[45] Guillo C, Lipp M, Radovic B, Reniero F, Schmidt M, Anklam E (1999) Use of Pyrolysis-Mass Spectrometry in Food Analysis: Applications in the Food Analysis Laboratory of the European Commissions' Joint Research Center. J Anal Appl Pyrolysis 49: 329–335

[46] Schulten H-R, Leinweber P (1996) Characterization of Humic and Soil Particles by Analytical Pyrolysis and Computer Modeling. J Anal Appl Pyrolysis 38: 1–53. doi:10.1016/S0165-2370(96)00954-0

[47] Basile F, Beverly MB, Voorhees KJ (1998) Pathogenic Bacteria: Their Detection and Differentiation by Rapid Lipid Profifiling with Pyrolysis Mass Spectrometry. Trends Anal Chem 17: 95–109. doi:10.1016/S0165-9936 (97)00103-9

[48] Badawy SM (2004) Identifification of Some Polymeric Materials by Low-Temperature Pyrolysis Mass Spectrometry. Eur J Mass Spectrom 10: 613–617. doi:10.1255/ejms.668

[49] Message GM (1984) Practical Aspects of Gas Chromatography/Mass Spectrometry. Wiley, New York

[50] Budde WL (2001) Analytical Mass Spectrometry. ACS and Oxford University Press, Washington, DC and Oxford

[51] Hübschmann H-J (2015) Handbook of GC-MS – Fundamentals and Applications. Wiley VCH, Weinheim

[52] Cappiello A, Famiglini G, Mangani F, Palma P (2002) A Simple Approach for Coupling Liquid Chromatography and Electron Ionization Mass Spectrometry. J Am Soc Mass Spectrom 13: 265–273. doi:10.1016/S1044-0305(01)00363-4

[53] Cappiello A, Famiglini G, Palma P, Siviero A (2005) Liquid Chromatography-Electron Ionization Mass Spectrometry: Fields of Application and Evaluation of the Performance of a Direct-EI Interface. Mass Spectrom Rev 24: 978–989. doi:10.1002/mas.20054

[54] Ludányi K, Dallos A, Kühn Z, Vékey D (1999) Mass Spectrometry of Very Large Saturated Hydrocarbons. J Mass Spectrom 34: 264–267. doi:10.1002/(SICI)1096-9888(199904)34:4<264::AID-JMS749>3.0.CO;2-Q

[55] Remberg G, Remberg E, Spiteller-Friedmann M, Spiteller G (1968) Massenspektren Schwach Angeregter Moleküle. 4. Mitteilung. Org Mass Spectrom 1: 87–113. doi:10.1002/oms.1210010110

[56] Bowen RD, Maccoll A (1983) Low-Energy, Low-Temperature Mass Spectra. I. Selected Derivatives of Octane. Org Mass Spectrom 18: 576–581. doi:10.1002/oms.1210181216

[57] Brophy JJ, Maccoll A (1988) Low-Energy, Low-Temperature Mass Spectra. 9. The Linear Undecanols. Org Mass Spectrom 23: 659–662. doi:10.1002/oms.1210230906

[58] Melaku A, Maccoll A, Bowen RD (1997) Low-Energy, Low-Temperature Mass Spectra. Part 17: Selected Aliphatic Amides. Eur Mass Spectrom 3: 197–208. doi:10.1255/ejms.39

[59] Blau G, King GS (eds) (1977) Handbook of Derivates for Chromatography. Heyden & Son, London

[60] Poole CF (1977) Recent advances in the silylation of organic compounds for gas chromatography. In: Blau G, King GS (eds) Handbook of Derivates for Chromatography. Heyden & Son, London

[61] Svendsen JS, Sydnes LK, Whist JE (1987) Mass Spectrometric Study of Dimethyl Esters of Trimethylsilyl Ether Derivatives of Some 3-Hydroxy Dicarboxylic Acids. Org Mass Spectrom 22: 421–429. doi:10.1002/oms.1210220708

[62] Svendsen JS, Whist JE, Sydnes LK (1987) A Mass Spectrometric Study of the Dimethyl Ester Trimethylsilyl Enol Ether Derivatives of Some 3-Oxodicarboxylic Acids. Org Mass Spectrom 22: 486–492. doi:10.1002/oms.1210220803

[63] Scribe P, Guezennec J, Dagaut J, Pepe C, Saliot A (1988) Identifification of the Position and the Stereochemistry of the Double Bond in Monounsaturated Fatty Acid Methyl Esters by Gas Chromatography/Mass Spectrometry of Dimethyl Disulfifide Derivatives. Anal Chem 60: 928–931. doi:10.1021/ac00160a019

[64] Pepe C, Sayer H, Dagaut J, Couffifignal R (1997) Determination of Double Bond Positions in Triunsaturated Compounds by Means of Gas Chromatography/Mass Spectrometry of Dimethyl Disulfifide Derivatives. Rapid Commun Mass Spectrom 11: 919–921. doi:10.1002/(SICI)1097-0231(199705)11:8<919::AID-RCM924>3.0.CO;2-C

[65] Abrahamsson S, Stenhagen E, McLafferty FW (1969) Atlas of Mass Spectral Data. Wiley, New York

[66] Eight Peak Index of Mass Spectra (1983) Royal Society of Chemistry, London

[67] McLafferty FW, Stauffer DB (1989) The Wiley/NBS Registry of Mass Spectral Data. Wiley-Interscience, New York

[68] McLafferty FW, Gohlke RS (1959) Mass-Spectrometric Analysis: Spectral-Data File Utilizing Machine Filing and Manual Searching. Anal Chem 31: 1160–1163. doi:10.1021/ac60151a025

[69] Stein SE, Ausloos P, Lias SG (1991) Comparative Evaluations of Mass Spectral Databases. J Am Soc Mass Spectrom 2: 441–443. doi:10.1016/1044-0305(91)85012-U

[70] McLafferty FW, Stauffer DB, Twiss-Brooks AB, Loh SY (1991) An Enlarged Data Base of Electron-Ionization Mass Spectra. J Am Soc Mass Spectrom 2: 432–437. doi:10.1016/1044-0305(91)85010-4

[71] McLafferty FW, Stauffer DB, Loh SY (1991) Comparative Evaluations of Mass Spectral Data Bases. J Am Soc Mass Spectrom 2: 438–440. doi:10.1016/1044-0305(91)85011-T

[72] Henneberg D, Weimann B, Zalfen U (1993) Computer-Aided Interpretation of Mass Spectra Using Databases with Spectra and Structures. I. Structure Searches. Org Mass Spectrom 28: 198–206. doi:10.1002/oms.1210280311

[73] Zhu D, She J, Hong Q, Liu R, Lu P, Wang L (1988) ASES/MS: An Automatic Structure Elucidation System for Organic Compounds Using Mass Spectrometric Data. Analyst 113: 1261–1265. doi:10.1039/AN9881301261

[74] Kwiatkowski J, Riepe W (1979) A Combined Forward-Reverse Library Search System for the Identifification of Low-Resolution Mass Spectra. Anal Chim Acta 112: 219–231. doi:10.1016/S0003-2670(01)83551-0

[75] Stein SE, Heller DN (2006) On the Risk of False Positive Identifification Using Multiple Ion Monitoring in Qualitative Mass Spectrometry: Large-Scale Intercomparisons with a Comprehensive Mass Spectral Library. J Am Soc Mass Spectrom 17: 823–835. doi:10.1016/j.jasms.2006.02.021

[76] Milman BL (2005) Towards a Full Reference Library of MS^n Spectra. Testing of a Library Containing 3126 MS^2 Spectra of 1743 Compounds. Rapid Commun Mass Spectrom 19: 2833–2839. doi:10.1002/rcm.2131

[77] Stein S, Scott DR (1994) Optimization and Testing of Mass Spectral Library Search Algorithms for Compound Identification. J Am Soc Mass Spectrom 5: 859–866. doi:10.1016/1044-0305(94)87009-8

[78] Stein SE (1994) Estimating Probabilities of Correct Identification from Results of Mass Spectral Library Searches. J Am Soc Mass Spectrom 5: 316–323. doi:10.1016/1044-0305(94)85022-4

[79] Lebedev KS, Cabrol-Bass D (1998) New Computer Aided Methods for Revealing Structural Features of Unknown Compounds Using Low Resolution Mass Spectra. J Chem Inf Comput Sci 38: 410–419

[80] Halket JM, Waterman D, Przyborowska AM, Patel RKP, Fraser PD, Bramley PM (2005) Chemical Derivatization and Mass Spectral Libraries in Metabolic Profiling by GC/MS and LC/MS/MS. J Exp Bot 56: 219–243. doi:10.1093/jxb/eri069

第 6 章　有机离子的裂解和 EI 质谱图的解析

学习目标
- 有机离子的裂解反应
- 竞争性裂解途径
- 自由基正离子中化学键的裂解
- 非自由基正离子中化学键的裂解
- 重排裂解
- 重要化合物类别的裂解反应
- 特征离子和典型的中性丢失
- 荷基异位离子和离子-中性复合物
- 从质谱图中提取结构信息——工具和规则
- 质谱解析——系统方法

以下章节介绍了有机质谱学中的一个关键学科：有机离子的常见裂解途径以及与之相关的电子电离（EI）质谱图解析的方法学。尽管本章很长，但也很难面面俱到，因此，可能还需要进一步查阅相关文献[1-3]。当然，还有大量的原始出版物涉及化合物类别和特定的裂解途径，当试图解决特定问题时，应该参考这些出版物。

为了系统地介绍这一主题，本章着重介绍了最重要的裂解途径，而不是赘述无数的化合物。提供基础技能作为进一步"边实践边学习"的指导方针。在整个章节中，将密切关注离子裂解模式和气相离子化学之间的关系。为了学好这些内容，您需要具备一些关于质谱学的一般概念（第 1 章）和电子电离的基础知识（第 5 章）。

此外，您还应熟悉气相离子化学的基本原理（第 2 章）以及同位素质量和同位素分布（第 3 章）。

> **重要性不仅限于 EI**
>
> 虽然在 EI 质谱的上下文中讨论了有机离子的常见裂解途径，但裂解的发生并不局限于这种技术。孤立的气相离子的反应并不直接取决于电离方法，而几乎完全由相应离子的内在性质及其内能所决定（第 2 章）。

6.1 σ 键的裂解

6.1.1 分子离子的书写规范

电子电离主要是通过将一个电子从中性物种中射出，来产生单电荷正离子。如果前体是一个分子 M，那么它会有偶数个电子，即一个偶电子分子（even-electron molecule，EE，也称闭壳分子，closed-shell molecule）。EI 形成的分子离子必须是一个自由基正离子（positive radical ion）——$M^{+\cdot}$，即一个奇电子离子（odd-electron ion，OE，也称开壳离子，open-shell ion）。

> **定义**
>
> 分子离子 $M^{+\cdot}$ 与对应的中性分子具有相同的分子式。中性分子和它的分子离子只差一个（或多个）电子。单电荷分子离子既可以是一个正离子 $M^{+\cdot}$，也可以是一个负离子 $M^{-\cdot}$（不适用于 EI，见表 6.1）。这种离子的标称质量对应于构成分子的各种原子中丰度最高同位素的标称质量之和[4,5]。

> **注意事项**
>
> 符号 $M^{+\cdot}$ 并不意味着增加了一个电子。自由基符号（·）加到分子离子上只是为了表示电离后剩余的未配对电子。在中性分子上加一个电子（电子捕获）将会使其成为一个自由基负离子 $M^{-\cdot}$。

表 6.1　电荷和自由基的符号

物种状态	符号	示例
偶电子离子	+，−	CH_3^+，NH_4^+，EtO^-，CF_3^-
奇电子离子	+·，−·	$CH_4^{+\cdot}$，C_{60}^+，C_{60}^-，$CCl_4^{-\cdot}$
自由基，不带电荷	·	$CH_3^\cdot$，$OH^\cdot$，$H^\cdot$，$Br^\cdot$

在最初表述电离过程时，没考虑电荷的位置（第 2.1 节），例如对于甲烷一般只写：

$$CH_4 + e^- \longrightarrow CH_4^{+\cdot} + 2e^- \tag{6.1}$$

由失去一个电子而引起的电子结构和成键的巨大变化，可以用包括 C—H 键中 σ 成键电子在内的分子式的表示方式，来更好地进行描述。在像甲烷这样的无官能团小分子中，无法避免在电子电离过程中从 σ 键失去一个价电子。对于所有其他饱和烃类化合物或 H_2 分子，情况也是如此。由此产生的甲烷分子离子，可以在形式上表示为类似于甲基正离子加氢自由基或甲基自由基加质子组合而成的物种。尽管如此，人们仍然可以假设它更类似于完整的分子而不是正在演变的碎片——这种说法也符合 QET 的基本假设（第 2.5 节）。否则，裂解几乎会自发进行，而无法检测到分子离子（图式 6.1）。

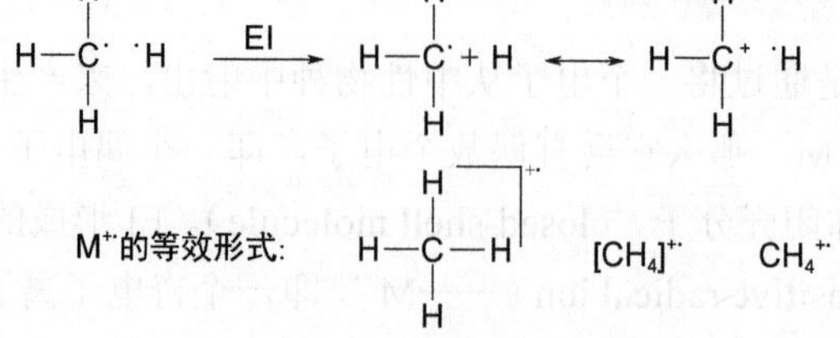

图式 6.1

孤对电子或 π 轨道电子是分子中电子离去的首选位点。这样做的便利性直接反映在它们对电离能的影响上（第 2.4 节）[6]。因此，通常的规范是将分子离子的电荷写成似乎集中在电离能最低的位置上。当然，这与离子中实际的电荷分布并不完全一致，但这一方法已被确立为书写裂解途径时通用的第一步。丙酮、N,N-二甲基丙胺、四氢噻吩、苯和 2-甲基-1-戊烯的分子离子的结构式可适当地表示为图式 6.2。

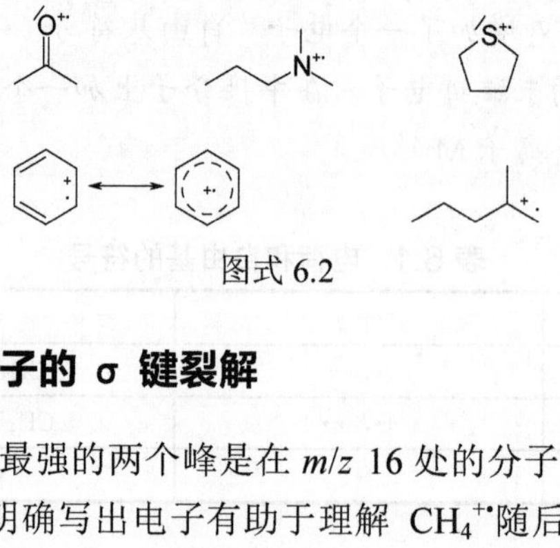

图式 6.2

6.1.2 无官能团小分子的 σ 键裂解

甲烷的 EI 质谱图中最强的两个峰是在 m/z 16 处的分子离子峰和在 m/z 15 处的碎片离子峰（图 6.1）。明确写出电子有助于理解 $CH_4^{+\bullet}$ 随后的解离过程，分别因丢失 $H^\bullet$ 而生成 CH_3^+、m/z 15（σ_1）以及因丢失 $CH_3^\bullet$ 而生成 H^+（σ_2）（图式 6.3）。一般来说，以其中一种等效形式（图 6.1）来书写分子离子更为方便。电荷和自由基状态随后被附加到括住分子的括号（通常缩写为]）上（建议回顾第 1.7 节中有关描述质谱图术语的规则）。

碎片离子 CH_3^+ 也可以将其与分子离子联系起来，即可以将其描述为$[M-H]^+$。因此，质子可以写成$[M-CH_3]^+$。m/z 14 处的$[M-H_2]^{+\bullet}$即卡宾的分子离子，是由重排裂解（rd）产生的。重排将在本章后面讨论。

σ 键裂解是一种简单但很常见的裂解类型。它既不需要特定的官能团，也不需要分子离子中的杂原子。σ 键裂解通过一种松散的过渡态进行，因此只要离子具有足够的内能，σ 键裂解就可以变得非常迅速（第 2.5 节）。即使存在额外的，甚至在能量上更有利的裂解途径占主导地位，σ 键裂解也不会完全消失。

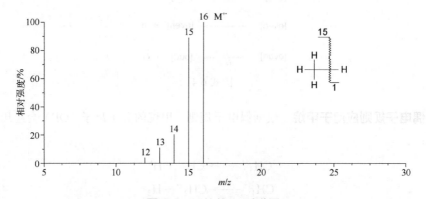

图 6.1 甲烷的 EI 质谱图
（图谱经 NIST 授权使用。© NIST 2002）

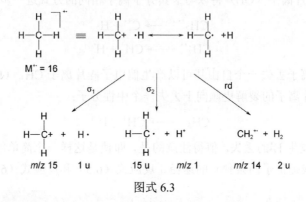

图式 6.3

6.1.3 偶电子规则

在质谱学中通常会提到离子的解离或裂解，产生一个碎片离子和一个中性片段。某些裂解途径可能是允许的或者禁阻的，具体取决于正在裂解的离子是偶电子离子（EE）还是奇电子离子（OE）物种。这一点已被归纳在偶电子规则中[7]。偶电子规则是用于解释离子的裂解过程以及质谱解析的一个可靠的指导方针，而不是一个严格的定律，偶电子规则被总结在图式 6.4 中。

偶电子规则

奇电子离子（OE，比如分子离子和由其重排所形成的碎片离子）能消除自由基或偶电子的中性分子，但偶电子离子（EE，如质子化分子或由分子离子单键裂解形成的碎片离子）通常不会失去一个自由基而形成一个奇电子正离子。换句话说，连续丢失自由基是禁阻的[8]。

$$[odd]^{+\bullet} \longrightarrow [even]^+ + R^\bullet$$

$$[odd]^{+\bullet} \longrightarrow [odd]^{+\bullet} + n$$

$$[even]^+ \longrightarrow [even]^+ + n$$

$$[even]^+ \not\longrightarrow [odd]^{+\bullet} + R^\bullet$$

图式 6.4

偶电子规则应用于甲烷 根据偶电子规则，甲烷的分子离子（OE）会经历以下解离：

$$CH_4^{+\bullet} \longrightarrow CH_3^+ + H^\bullet \qquad (6.2)$$

$$CH_4^{+\bullet} \longrightarrow CH_2^{+\bullet} + H_2 \qquad (6.3)$$

尽管 $CH_2^{+\bullet}$ 碎片离子（OE）最初可能是以不同的电子态和/或构象生成的，但可以预期 $CH_2^{+\bullet}$ 碎片离子（OE）将以与卡宾分子离子相同的方式进一步分解：

$$CH_2^{+\bullet} \longrightarrow C^{+\bullet} + H_2 \qquad (6.4)$$

$$CH_2^{+\bullet} \longrightarrow CH^+ + H^\bullet \qquad (6.5)$$

自由基正离子丢失一个自由基可以产生偶电子碎片离子 CH_3^+（EE），在这种情况下偶电子碎片离子的裂解更倾向于丢失一个中性分子：

$$CH_3^+ \longrightarrow CH^+ + H_2 \qquad (6.6)$$

CH_3^+ 不会发生 $H^\bullet$ 的丢失。值得注意的是，即使是这样一个简单的裂解途径分析也为 CH^+ 的生成提供了两条独立的途径 [反应式（6.5）和反应式（6.6）]。

注意事项

为质谱图上所有离子归属正确的电荷和自由基状态，并通过裂解途径分析而仔细进行追踪是很重要的。否则，会得出"不可能的"裂解途径，从而误导元素组成和分子结构的分析。

偶电子规则的许多例外情况已经被描述过[8-10]。当偶电子离子失去自由基形成异常稳定的离子物种时，或当涉及高激发态离子时，往往会发生违背偶电子规则的裂解行为。高度激发离子的代表是只具有少数自由度来随机化内能的小分子离子[9]，或受到碰撞诱导解离作用的离子（第9.3节）[10,11]。

提示

在化学中，通常没有严格的"非此即彼"，相反离子的行为更像是"与其……不如……"。

6.1.4 含官能团小分子中的 σ 键裂解

质谱图的外观会随着引入具有电荷定位作用的杂原子而发生显著变化。在电子电离中剥离一个电子不一定会影响 σ 键，因为杂原子的孤对电子现在可以为电离提供电子。

在碘甲烷的 EI 质谱图中，在 m/z 142 处检测到的分子离子 $[CH_3-I]^{+\cdot}$ 是基峰（图 6.2）。该图谱的一个重要新特征是 $[M-CH_3]^+$ 在 m/z 127 处产生的峰。这个 I^+ 信号也可归类为 σ 键裂解过程形成的。在这里，一个单电子从完整的 C—I 键转移到自由基位置，从而破坏了 C—I 键。该峰伴随着一个由重排产生的较弱的峰 $[HI]^{+\cdot}$ m/z 128（图式 6.5）。请注意，m/z 128 的峰不能被解释为 m/z 127 峰的同位素峰，因为碘

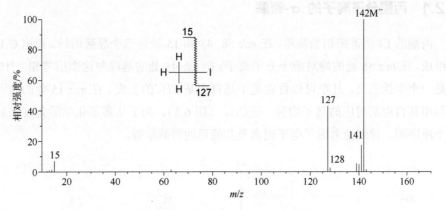

图 6.2 碘甲烷的 EI 质谱图

分子离子主要分解生成代表其主要组成基团的碎片离子，即 I^+ m/z 127 和 CH_3^+ m/z 15
（图谱经 NIST 授权使用。© NIST 2002）

图式 6.5

是单一同位素的。其余峰的产生与甲烷的裂解途径类似，分别为[M-H]$^+$ m/z 141、[M-H$_2$]$^{+\cdot}$ m/z 140 和 [M-H-H$_2$]$^+$ m/z 139。类似于 H$^\cdot$丢失，I$^\cdot$ 127 u 丢失也会产生 CH$_3^+$ m/z 15。

> **寻找 Hal$^+$（卤素正离子）**
>
> 卤化物的 EI 质谱图通常显示出卤素的正离子和一个由卤化氢而产生的不明显的峰。根据卤素电负性的递增顺序，其强度遵循 F$^+$< Cl$^+$< Br$^+$< I$^+$的顺序。就 Br 和 Cl 而言，同位素模式为它们的存在提供了额外的证据（第 6.2.11 节）[12]。

6.2 α-裂解

6.2.1 丙酮分子离子的 α-裂解

丙酮的 EI 质谱图相当简单：在 m/z 58、43 和 15 处有三个显著的峰。根据 C$_3$H$_6$O 的组成，在 m/z 58 处的峰对应于分子离子。在 m/z 43 处的基峰与这个信号相差 15 u，这是一个中性丢失，几乎可以肯定是甲基自由基 CH$_3^\cdot$的丢失。在 m/z 15 处的峰可能是与甲基自由基对应的离子物种——CH$_3^+$（图 6.3）。为了从离子化学的角度来解释这个质谱图，详细地考虑了电子电离及其随后的裂解步骤。

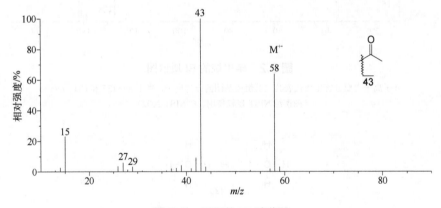

图 6.3 丙酮的 EI 质谱图
（图谱经 NIST 授权使用。© NIST 2002）

丙酮分子在氧原子上有两对孤对电子，这两对孤对电子至少在形式上会优先失去电子（2.1 节）。受激发的分子离子可以简单地通过将一个电子（单钩箭头或"鱼钩"）从 CO—CH$_3$ 键转移到氧原子的自由基位点，从而裂解出一个甲基自由基并使裂解的产物分离（图式 6.6）。这种键均裂是一个由自由基引发的电荷保留过程，

6.2 α-裂解

即离子电荷保留在它最初所在部分。这个过程也被称为 α-裂解。质谱仪检测不到中性碎片 $CH_3^{\cdot}$，而带电的碎片离子 $C_2H_3O^+$ 成了基峰 m/z 43。

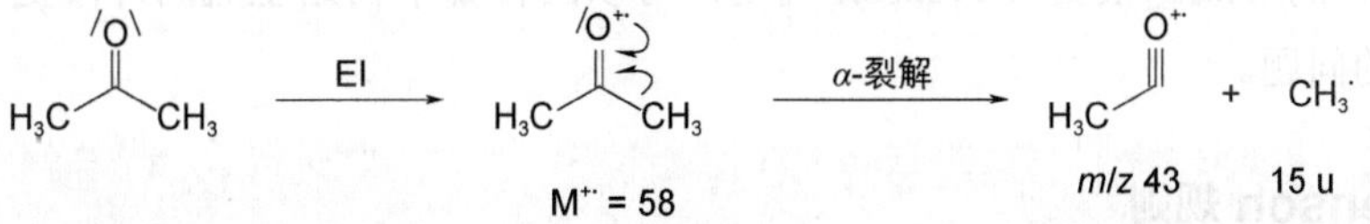

图式 6.6

> **哪个键裂解了？**
>
> 对于这种普遍发生的由自由基位点引发的电荷保留过程，α-裂解这个术语可能会产生误导，因为发生裂解的键不是直接连接到自由基位置，而是连接到下一个相邻的原子。

将电离过程、孤对电子和每个电子运动过程的单钩箭头囊括于一张图式中并不是必需的，但这么做却提供了宝贵的帮助。另外，α-裂解也可以用简单的方式表示（图式 6.7）。

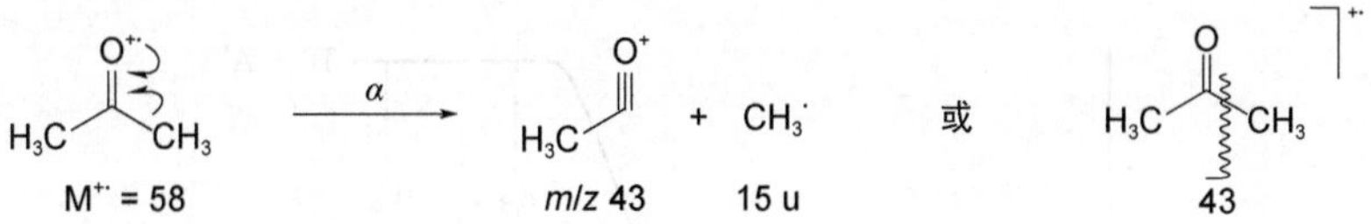

图式 6.7

第一个缩写形式只显示出相应的电子转移，但它依然明确给出了产物的结构。第二个缩写形式有助于表明哪个键将发生裂解，离子产物的质荷比 m/z 是多少。这样的书写规范可以用于任何其他裂解途径。α-裂解的离子产物——一种酰基正离子，不会完全具有如图所示的角状结构，但是以这种方式绘制有助于将碎片离子归属为初始分子离子的一部分。酰基正离子中的电荷可以通过共振实现大幅度的稳定（图式 6.8）。

图式 6.8

6.2.2 Stevenson 规则

丙酮的 EI 质谱图中 m/z 43 峰的来源现在应该很清楚了，接下来可以考察 CH_3^+

m/z 15 的形成。原则上,离子电荷可能存在于任一碎片,如酰基或烷基上。在丙酮的情况下,酰基正离子 CH_3CO^+(m/z 43)的形成优先于小分子碳正离子 CH_3^+(m/z 15)的形成。根据 Stevenson 规则,可以回答哪个初始生成的片段更倾向于保留电荷的问题。

Stevenson 规则

当裂解发生时,正电荷保留在具有最低电离能的碎片上。

这一规则最初是由 Stevenson[13]为烷烃的裂解而建立的,后来被证实是普遍有效的[14,15]。该规则基于离子热化学考虑是合理的(图 6.4)。假设没有逆反应活化能垒,则热力学稳定性的差异(用相应产物的生成热的差异表示)决定了优先的解离途径:

$$\Delta H_{f(B^+;A^·)} - \Delta H_{f(A^+;B^·)} = \Delta\Delta H_{f(Prod)} = \Delta E_0 \qquad (6.7)$$

这也可以用两种解离形成的自由基的电离能来表示:

$$\Delta E_0 = IE_{B^·} - IE_{A^·} = E_{02} - E_{01} \qquad (6.8)$$

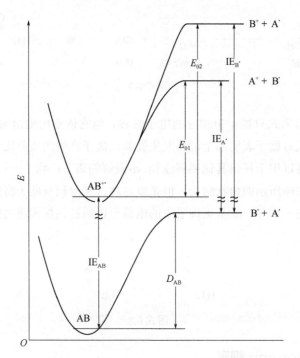

图 6.4 Stevenson 规则的热化学描述
(D_{AB} 是 A—B 均裂的键解离能,IE 是电离能)

6.2 α-裂解

因此，具有较低电离能的自由基将在产物中占主导地位[14,16]。例如，在丙酮 α-裂解的情况下，$CH_3\overset{\cdot}{C}=O$ 的 IE 比 $\overset{\cdot}{C}H_3$ 低 2.8 eV（表 6.2）。由于离子内能服从广泛分布，有相当一部分离子也可能裂解形成能量要求更高的碎片离子对。这就是该规则存在"弹性"特征的原因。

> **两种组合都会出现**
>
> 一个键的均裂通常会产生两种产物对，其相对丰度基本上由 Stevenson 规则所决定。

没有热化学数据，很难决定哪一对产物会优先于另一对生成。一般来说，形成更高取代的和/或更大的碳正离子是优先的，因为它可以更容易地稳定电荷。然而，对于自由基来说，发展趋势也是更容易丢失更高取代的和/或更大的自由基，例如可以预期失去乙基自由基比失去甲基自由基更有利。因此，离子和自由基碎片的形成对于产物的最终分布都是至关重要的。

> **需要考虑逆向能垒**
>
> Stevenson 规则的有效性要求裂解途径不存在逆反应活化能垒。对于简单的键裂解，这一要求通常可以得到满足，但对于重排裂解并非如此。

表 6.2　一些自由基的电离能[①]

自由基	电离能[②]/eV	自由基	电离能[②]/eV
$H^{\cdot}$	13.6	$CH_3O^{\cdot}$	10.7
$^{\cdot}CH_3$	9.8	$^{\cdot}CH_2OH$	7.6
$^{\cdot}C_2H_5$	8.4	$CH_3\overset{\cdot}{C}=O$	7.0
$n\text{-}^{\cdot}C_3H_7$	8.2	$C_2H_5\overset{\cdot}{C}=O$	5.7
$i\text{-}^{\cdot}C_3H_7$	7.6	$^{\cdot}CH_2Cl$	8.8
$n\text{-}^{\cdot}C_4H_9$	8.0	$^{\cdot}CCl_3$	8.1
$i\text{-}^{\cdot}C_4H_9$	7.9	$C_6H_5^{\cdot}$	8.3
$s\text{-}^{\cdot}C_4H_9$	7.3	$C_6H_5CH_2^{\cdot}$	7.2
$t\text{-}^{\cdot}C_4H_9$	6.8	$^{\cdot}CH_2NH_2$	6.3

① 电离能数据来自参考文献[17]，经 NIST 授权使用。© NIST 2002。
② 所有值四舍五入到小数点后一位。

6.2.3　不对称烷基酮的 α-裂解

较大的酮分子可能在羰基的两侧具有不同的烷基。这时，Stevenson 规则有助于确定它们中的哪一个将主要作为酰基正离子的一部分被检测到，哪一个应该优先作为碳正离子出现。总的来说，一个不对称的酮在其电子电离质谱图中会产生四个主要的碎片离子。

作为 α-裂解的伴随反应，碳正离子的形成过程可以被理解为电荷位点诱导的裂解（也被称为诱导裂解，符号 i，或 σ-裂解）。在图式 6.9 中，选择了电荷位点诱导机理，其中成键电子对被保留在羰基片段上，产生了一个酰基自由基和一个碳正离子。如果将初始电荷直接分配给相应的 σ 键，σ-裂解也会产生完全相同的产物。

丁酮的 EI 质谱图 丁酮的 EI 质谱图在 m/z 43 处显示出由分子离子丢失乙基而产生的碎片离子，在很大程度上优于甲基丢失，导致在 m/z 57 处出现的峰较小（图 6.5）。此外 $C_2H_5^+$ 离子 m/z 29 的丰度比不太稳定的 CH_3^+ 离子 m/z 15 更高。如果烷基变得比乙基大，额外的裂解途径将会发生（第 6.8 节）。

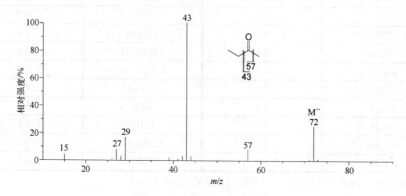

图式 6.9

图 6.5 丁酮的 EI 质谱图

(经 NIST 授权使用。© NIST 2002)

与酮相比[18]，α-裂解不是烷基醛分子离子首选的重要裂解途径[19,20]。这是因为醛分子离子的 α-裂解形成了能量上不利的产物，即失去 H• 或形成甲酰基正离子 CHO^+，m/z 29。高分辨质谱法证实了这一点（第 3.6 节），m/z 29 处只有小部分峰来自 CHO^+，而大部分峰分别来自 σ-裂解或电荷位点诱导裂解产生的 $C_2H_5^+$[21]。

6.2.4 酰基正离子和碳正离子

对于较大的酮，也可以预期会出现较大的酰基和烷基碎片离子。这种一个系列的同系物离子可用于从质谱图中推断结构信息。诸如来自酰基正离子系列和碳正离子系列的离子也被称为特征离子。建议记住每个系列离子的前几个成员的标称质量（表 6.3 和表 6.4）。

> **等质量数离子**
>
> 酰基正离子和饱和的碳正离子是等质量数离子，因为它们具有相同的标称质量。但其精确质量不同：CH_3CO^+，m/z 43.0178；$C_3H_7^+$，m/z 43.0542。

表 6.3 碳正离子

质荷比（1+14n）	碳正离子$[C_nH_{2n+1}]^+$	精确质量[①]/u
15	CH_3^+	15.0229
29	$C_2H_5^+$	29.0386
43	$n\text{-}C_3H_7^+$，$i\text{-}C_3H_7^+$	43.0542
57	$n\text{-}C_4H_9^+$，$i\text{-}C_4H_9^+$，$sec\text{-}C_4H_9^+$，$tert\text{-}C_4H_9^+$	57.0699
71	$C_5H_{11}^+$异构体	71.0855
85	$C_6H_{13}^+$异构体	85.1011
99	$C_7H_{15}^+$异构体	99.1168
113	$C_8H_{17}^+$异构体	113.1325

① 数值四舍五入到小数点后四位。

表 6.4 酰基正离子

质荷比（15+14n）	酰基正离子$[C_nH_{2n-1}O]^+$	精确质量[①]/u
29	HCO^+	29.0022
43	CH_3CO^+	43.0178
57	$C_2H_5CO^+$	57.0335
71	$C_3H_7CO^+$	71.0491
85	$C_4H_9CO^+$	85.0648
99	$C_5H_{11}CO^+$ 异构体	99.0804
113	$C_6H_{13}CO^+$ 异构体	113.0961
127	$C_7H_{15}CO^+$ 异构体	127.1117

① 数值四舍五入到小数点后四位。

区分碳正离子和酰基正离子 除了具有不同的精确质量之外，碳正离子和酰基正离子还表现出不同的解离途径，因此可以通过相应质谱图中的峰型模式来区分（图 6.6）。

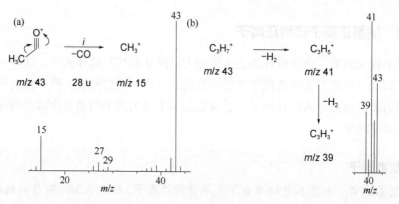

图 6.6 常见于（a）低质量酰基正离子和（b）低质量碳正离子的典型峰型和裂解途径的比较

酰基正离子经历电荷诱导裂解丢失 CO（−28 u），从而形成碳正离子，然而却不会消除 H_2 分子。可被简化为 $CH_3CO^+ \longrightarrow CH_3^+ + CO$，这是丙酮和丁酮的质谱图中 m/z 15 处质谱峰生成的第二种途径。

碳正离子，尤其是从乙基到丁基的碳正离子，表现出明显的脱 H_2 效应，即在相应峰的低质量一侧，产生 m/z−2 和 m/z−4 的特征伴生峰。

虽然丙酮（图 6.3）和丁酮（图 6.5）的质谱图在 m/z 43 处显示出典型的酰基正离子峰，但在乙基异丙基硫醚（图 6.10）、1-溴辛烷（图 6.11）和癸烯异构体（图 6.18）的图谱也可作为碳正离子信号的例子。

这两类离子的叠加会导致代表平均模式的信号。更大的碳正离子的性质会在烷烃的章节中讨论（第 6.6 节）。

6.2.5 含杂原子烷基链的 α-裂解

具有电荷定位作用的杂原子也可以是烷基链的一部分，就像胺、醚和醇类化合物一样。α-裂解的机理不受杂原子种类变化的影响，即仍然是在距离带电荷位点第二个键上发生裂解。然而，带电碎片离子的结构发生了较大的变化，因此它们进一步的裂解途径也会不同。

胺类化合物分子离子主要的裂解途径显然是 α-裂解。氮原子因其强大的电荷稳定特性，使得发生电荷迁移的碎片离子占比极低。胺类化合物分子离子发生 α-裂解的产物离子被称为亚胺正离子（也称亚铵离子），因为它们可以通过质子或碳正离子对亚胺的亲电加成而获得。

亚胺正离子代表了最稳定的 $[C_nH_{2n+2}N]^+$ 异构体[22]，并且优先发生两个普遍且非常重要的烯烃丢失途径而进一步分解（第 6.12 节）[23,24]。氧鎓离子是亚胺正离子的氧类似物。由于氧的电荷稳定能力比氮稍差，在烷基醚[25,26]和烷基醇[27]的主要裂解途径中，形成碳正离子的竞争更为明显，但 α-裂解仍然是具有优势的裂解途径（图式 6.10）。

6.2 α-裂解

$$R-\underset{R}{\overset{R}{N}}\overset{+}{\underset{\cdot}{\bigg\rvert}} \xrightarrow{\alpha} R-\underset{R}{\overset{R}{N}}=\!\!\!= + CH_3^{\cdot}$$

R = H, CH₃, C₂H₅, …　　亚胺正离子

$$R-\overset{+}{\underset{\cdot\cdot}{O}}\bigg\rvert \xrightarrow{\alpha} R-\overset{+}{O}=\!\!\!= + CH_3^{\cdot}$$

醇类　R = H　　　　　氧鎓离子
醚类　R = CH₃, C₂H₅, …

图式 6.10

6.2.6 烷基胺的 α-裂解

烷基胺分子离子的强度随着分子量的增加而降低[28]，这是因为它们容易发生 α-裂解。烷基醚[26]、烃类化合物[29]、醛[16]和其他物质也有类似的趋势。

表 6.5　官能团引发 α-裂解的相对潜力

官能团	相对值	官能团	相对值
—COOH	1	—I, —SMe	约 110
—Cl, —OH	8	—NHCOCH₃	128
—Br	13	—NH₂	990
—COOMe	20	缩醛	1600
—CO—（酮）	43	—NMe₂	2100
—OMe	100		

注：经许可引自参考文献[30]。© Georg Thieme Verlag，2002。

表 6.5 比较并总结了不同官能团引起 α-裂解的相对潜力[30]。这也对应着各个取代基相对电荷稳定能力的粗略度量，例如，来自 2-氨基乙醇分子离子的 $H_2C\!\!=\!\!OH^+$/$H_2C\!\!=\!\!NH_2^+$ 的比率是 2.3/100，来自 2-硫代乙醇分子离子的 $H_2C\!\!=\!\!OH^+$/$H_2C\!\!=\!\!SH^+$ 的比率是 42/70[15]。

N-乙基-N-甲基-丙胺（$C_6H_{15}N$）的质谱图在 m/z 101 处显示出分子离子峰（图 6.7）。分子离子的主要碎片离子可用 α-裂解来解释，因此 m/z 72 和 86 处的峰可分别归因于乙基和甲基的丢失而被认为是亚胺碎片离子。α-裂解还有其他三种途径。为了识别那些缺失的途径，必须写下裂解途径分析图，仔细检查每一种可能性。当然，必须非常仔细地检查质谱图，以免忽略指示峰。m/z 100 处的峰值对应于 H·的丢失，也是由于 α-裂解，这可以很容易地从图式 6.11 中识别出来。有三个不同的位置可以切下 H·，因为有七个几乎相同的氢原子可供选择。尽管有这些选择，m/z 100 处的峰值仍然很弱，原因是与甲基丢失相比，H·丢失的热力学不利（表 2.2）。

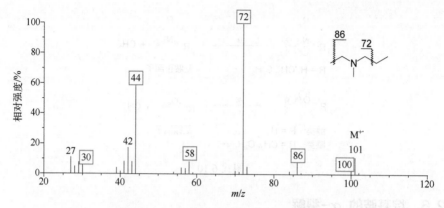

图 6.7 N-乙基-N-甲基-丙胺的 EI 质谱图

分子离子在奇数 m/z 处被检测到，而亚胺碎片离子（用方框标记）都具有偶数的 m/z 值
（图谱经 NIST 授权使用。© NIST 2002）

图式 6.11

与之前的酰基正离子和碳正离子一样，同系的亚胺正离子系列也是质谱学家工具箱的一部分。它们很容易在质谱图中被识别，并且具有偶数的 m/z 值（表 6.6）。在 N-乙基-N-甲基-丙胺的 EI 质谱中，该系列完全存在于 m/z 30 至 m/z 100 之间。

表 6.6 烷基亚胺正离子

质荷比（16+14n）	亚胺正离子$[C_nH_{2n+2}N]^+$	精确质量[①]/u
30	CH_4N^+	30.0338
44	$C_2H_6N^+$	44.0495
58	$C_3H_8N^+$	58.0651
72	$C_4H_{10}N^+$	72.0808
86	$C_5H_{12}N^+$	86.0964
100	$C_6H_{14}N^+$	100.1120
114	$C_7H_{16}N^+$	114.1277
128	$C_8H_{18}N^+$	128.1434

① 数值四舍五入到小数点后四位。

> **识别伯胺**
>
> 在伯胺的 EI 质谱图中，由 α-裂解产生的亚甲基亚胺正离子 $CH_2=NH_2^+$ m/z 30，要么代表基峰，要么至少是亚胺系列正离子中丰度最高的离子。

乍一看，α-裂解似乎是一个纯粹的电荷主导历程，但离子内能和烷基链的影响不容忽视。$CH_2=NH_2^+$ m/z 30，是离子源内高度激发的伯胺分子离子裂解的主要离子产物，这种伯胺分子离子的亚稳态分解产生了 $CH_3CH^+NH_2$（$CH_3CH=NH_2^+$）m/z 44，及 $CH_3CH_2CH^+NH_2$（$CH_3CH=NH_2^+$）m/z 58。这归因于解离前通过 H˙ 迁移的异构化[31]。

6.2.7 氮规则

当仅关注有机质谱学中常见的元素（如 H、B、C、N、O、Si、S、P、F、Cl、Br、I 等）时，除了氮元素以外，其他具有奇数价电子数的元素都具有奇数质量数，而那些具有偶数价电子数的元素具有偶数质量数。氮元素是这个唯一的例外，这就导致了所谓的氮规则（表 6.7）。

表 6.7 举例说明氮规则

氮的个数	实例	$M^{+˙}$ 的质荷比
0	甲烷，CH_4	16
0	丙酮，C_3H_6O	58
0	氯仿，$CHCl_3$	118
0	[60]富勒烯，C_{60}	720
1	氨，NH_3	17
1	乙腈，C_2H_3N	41
1	吡啶，C_5H_5N	79
1	N-乙基-N-甲基-丙胺，$C_6H_{15}N$	101
2	尿素，CH_4N_2O	60
2	哒嗪，$C_4H_4N_2$	80
3	三唑，$C_2H_3N_3$	69
3	六甲基磷酰胺，HMPTA，$C_6H_{18}N_3OP$	179

> **氮规则**
>
> 如果一个化合物含有偶数个氮原子（0，2，4，…），其单一同位素分子离子将在偶数的标称 m/z 值处被检测到。而另一方面，奇数个氮原子（1，3，5，…）由奇数的标称 m/z 值来表示。

> **提醒**
>
> 氮规则的概念在很多情况下被过于简化，因为它假设奇数 m/z 值的分子、离子总是含一个氮原子，偶数值的不含氮原子。再次强调：该规则只是说明奇数 m/z 值的分子、离子意味着含奇数个氮原子，偶数 m/z 值的分子、离子意味着含偶数个氮原子（包括零）。

该规则也可以扩展用于碎片离子。这使得它成为一个实用的工具，可以区分偶电子和奇电子碎片离子，从而区分简单的键裂解和重排。但是，在应用扩展规则时，必须注意，因为中性物种也可能含有氮，例如 NH_3 丢失 17 u，或 $CONH_2^{\cdot}$ 丢失 44 u。

> **规则**
>
> 从任何离子中切除一个自由基（不含氮）将会使标称 m/z 值从奇数变为偶数，反之亦然。从一个离子中丢失一个分子（不含氮），偶数质量的离子会产生偶数标称质量的碎片离子，奇数质量的离子会产生奇数标称质量碎片离子。

氮规则应用于甲烷 为了合理解释甲烷的质谱图，提出了式（6.2）～式（6.6）。这些反应都遵守氮规则。查看本章中的质谱图和裂解规律图，可以了解氮规则的其他示例：

$$CH_4^{+\cdot} \longrightarrow CH_3^+ + H^{\cdot}; \quad m/z\ 16 \rightarrow m/z\ 15 \tag{6.2}$$

$$CH_4^{+\cdot} \longrightarrow CH_2^{+\cdot} + H_2; \quad m/z\ 16 \rightarrow m/z\ 14 \tag{6.3}$$

$$CH_2^{+\cdot} \longrightarrow C^{+\cdot} + H_2; \quad m/z\ 14 \rightarrow m/z\ 12 \tag{6.4}$$

$$CH_2^{+\cdot} \longrightarrow CH^+ + H^{\cdot}; \quad m/z\ 14 \rightarrow m/z\ 13 \tag{6.5}$$

$$CH_3^+ \longrightarrow CH^+ + H_2; \quad m/z\ 15 \rightarrow m/z\ 13 \tag{6.6}$$

6.2.8 烷基醚和烷基醇的 α-裂解

烷基醚分子离子的质谱行为和胺的分子离子没有太大的区别[25,26]。然而，氧并不像氮在胺中那样能非常有效地促进 α-裂解反应。尽管 α-裂解仍然占主导地位，但通过电荷迁移形成碳正碎片离子的趋势更强。正如可以预期的那样，烷基的结构也对裂解途径的选择产生了显著影响。

烷基醚的 EI 质谱图 图 6.8 比较了两种烷基醚的 70 eV EI 质谱图。虽然是同分异构体，但它们的质谱图明显不同。对于甲丙醚，α-裂解可通过丢失 $H^{\cdot}$ 得到 $m/z\ 73$，并首选通过丢失 $C_2H_5^{\cdot}$ 来产生 $m/z\ 45$ 处的基峰。从乙醚的质谱图可以看出丢失 $C_2H_5^{\cdot}$ 相对于丢失 $CH_3^{\cdot}$ 具有明显的热力学优势。根据 Stevenson 规则，即使有两个乙基的乙烷基醚裂解丢失 $CH_3^{\cdot}$ 形成的碎片离子（$m/z\ 59$）的相对丰度，也比不上只有一个丙基的甲丙醚丢失 $C_2H_5^{\cdot}$ 所形成的碎片离子（$m/z\ 45$）的相对丰度。尽管这不是一件简单的事情,但根据峰强度的比来量化裂解的相对"容易程度"是很有吸引力的。然而,初级碎片离子将以未知的速率发生进一步的裂解,例如,在 m/z 59 处的氧鎓离子丢失乙烯,在 m/z 31 处生成了更小的碎片离子。一般来说,氧鎓离子是烷基醚和烷基醇高度代表性特征离子。在乙醚的 EI 图谱中,存在从 m/z 31 到 m/z 73 的一系列氧鎓离子(表 6.8)。

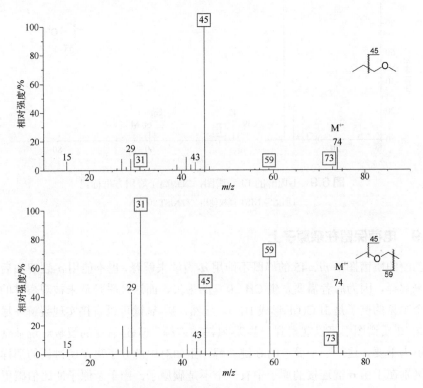

图 6.8 甲基丙基醚和乙醚的 EI 质谱

氧鎓离子峰用方框标记(图谱经 NIST 授权使用。© NIST 2002)

表 6.8 烷基氧鎓离子

质荷比(17+14n)	氧鎓离子[$C_nH_{2n+1}O$]$^+$	准确质量[①]/u
31	CH_3O^+	31.0178
45	$C_2H_5O^+$	45.0335
59	$C_3H_7O^+$	59.0491
73	$C_4H_9O^+$	73.0648
87	$C_5H_{11}O^+$	87.0804
101	$C_6H_{13}O^+$	101.0961
115	$C_7H_{15}O^+$	115.1117
129	$C_8H_{17}O^+$	129.1274

① 数值四舍五入到小数点后四位。

对于烷基醇，亚甲基氧鎓离子 $CH_2=OH^+$，m/z 31，值得特别注意。由于产生于 α-裂解，其无疑标记了伯醇的质谱图特征，其中它代表了基峰或至少是氧鎓离子系列中丰度最高的离子（图 6.9）[27]。烷基醇第二个重要的裂解途径是丢失 H_2O，将在第 6.11 节中讨论。

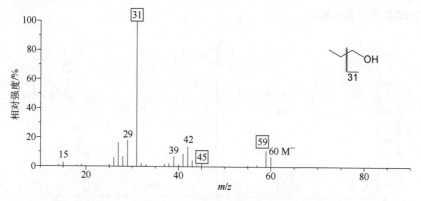

图 6.9 1-丙醇的 EI 质谱图，氧鎓离子峰用方框标记

（图谱经 NIST 授权使用。© NIST 2002）

6.2.9 电荷保留在杂原子上

乙醚的质谱图中 m/z 45 的峰既不能用 α-裂解来解释，也不能用 α-裂解加后续的裂解来解释，因为后者需要发生 CH_2 卡宾的丢失，而这几乎是从未被观察过的（其中一个罕见的例子是由 CH_3I^+ 形成 HI^+）。显然，碳-氧键可以直接实现裂解。尽管在烷基胺 EI 质谱图中可以观察到一些碳-氮键的裂解，但碳-氧键的裂解对烷基醚分子离子更为重要。这是一个简单的 σ 键裂解，正如对甲烷分子离子所讨论的那样，唯一的区别在于由 σ 键连接的原子中有一个不是碳原子。由于杂原子能比伯碳更好地稳定电荷，在这种情况下优先形成 RX^+ 碎片离子（σ_1）。然后产物离子可以通过 1,2-氢负离子迁移重排形成氧鎓离子[32]。碎片离子 $C_2H_5^+$ m/z 29 的形成直接与 σ_1 途径发生竞争（图式 6.12）。

图式 6.12

6.2.10 硫醚的 α-裂解

硫醇和硫醚的 EI 质谱图也显示出一系列由分子离子 α-裂解产生的鎓离子（表 6.9）。

6.2 α-裂解

硫鎓离子（sulfonium ions）很容易从硫的同位素模式中被识别出来（图6.10）。硫醚的裂解模式将在后面详细讨论（第6.5.2节和6.13.4节）。

表6.9 烷基硫鎓离子

质荷比（33+14n）	硫鎓离子[$C_nH_{2n+1}S$]$^+$	准确质量[①]/u
47	CH_3S^+	46.9950
61	$C_2H_5S^+$	61.0106
75	$C_3H_7S^+$	75.0263
89	$C_4H_9S^+$	89.0419
103	$C_5H_{11}S^+$	103.0576
117	$C_6H_{13}S^+$	117.0732
131	$C_7H_{15}S^+$	131.0889
145	$C_8H_{17}S^+$	145.1045

① 数值四舍五入到小数点后四位。

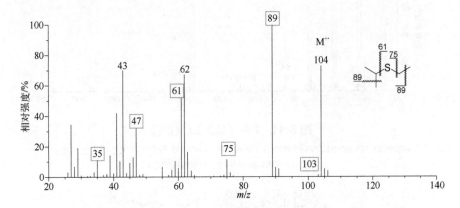

图6.10 乙基异丙基硫醚的 EI 质谱图

由于硫的同位素组成，[M+2]$^{+\cdot}$的强度增加。对于 m/z 47、61、75 和 89 处的硫鎓离子，相应的贡献可以识别（硫鎓离子用方框标记）。m/z 35 处的峰是 H_3S^+；可类比于乙基丙基硫醚的质谱图（图6.46）。

（图谱经 NIST 授权使用。© NIST 2002）

6.2.11 卤代烃的 α-裂解

烷基卤代烃不会因为 α-裂解而产生大量的碎片离子[12]。正如以前在烷基胺和烷基醚中发现的那样，随着烷基链的分子量和支化度的增加，分子离子峰的强度降低。一般来说，卤代烃分子离子峰的相对强度按 I > Br > Cl > F 的顺序逐步降低（第6.1.4节）。对于含 Br 的情况，溴代烃分子离子的相对强度几乎与对应的含氢的烃类化合物分子离子的强度相当。这与卤素电负性的逆序相对应。卤素更高的电负性也会导致 RX 分子更高的电离能，并且使 α-裂解产物的增加。

1-溴辛烷的裂解 1-溴辛烷的 70 eV 质谱图包含烷基卤代烃的特征碎片离子（图 6.11）。所有含溴的碎片离子都很容易从它们的溴同位素模式中被识别出来（第 3.1 节和 3.2 节）。α-裂解的产物$[CH_2Br]^+$ m/z 91、93 强度较小，而$[M-57]^+$ m/z 135、137，在质谱图中占主导地位。更容易形成$[M-57]^+$，即$[C_4H_8Br]^+$的原因，可能是形成的五元环溴鎓离子具有较低的环张力。这个反应不同于前面的键裂解反应，因为它是烷基的取代反应，但它们有一个共同点，即一步反应[33]。从己基到十八烷基的氯代烃也观察到了类似的行为，它们显示出$[C_4H_8Cl]^+$ m/z 91、93。幸运的是，溴和氯的同位素模式明显不同，从而避免了等质量数离子$[C_4H_8Cl]^+$和$[CH_2Br]^+$的混淆。碘代烃和氟代烃在其电子电离质谱图中不显示这种环状卤鎓离子。剩余的碎片离子可以用产生碳正离子的 σ-裂解来解释（表 6.3，图式 6.13）。

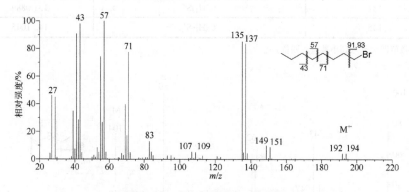

图 6.11 1-溴辛烷的 EI 质谱图

α-裂解的产物 m/z 91、93 强度较小，环溴鎓离子 m/z 135 和 137 在图谱中占主导地位
（图谱经 NIST 授权使用。© NIST 2002）

图式 6.13

当心过度简化

早期的出版物常常过分简化复杂的裂解过程。有强有力的证据表明气相离子反应通常是分步的过程。因此，更有可能的是，复杂的裂解遵循几个离散的步骤，而不是在单个步骤中同时裂解和同时形成几个键[33]。

6.2.12 串联 α-裂解

当然，α-裂解也可以发生在脂环酮和其他杂原子取代的脂环化合物中。从一个环状分子中，单键裂解不能释放一个中性片段，因为它仍然与官能团的另一个价键结合。要从环己酮分子离子中消除一个丙基自由基，需要一个两步 α-裂解和一个中间的 1,5-H·迁移组成的三步机理（图式 6.14）。

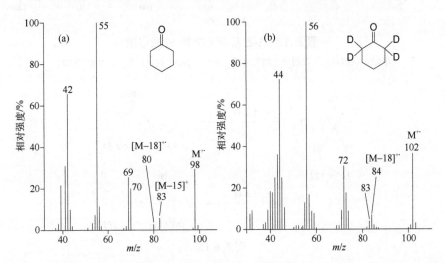

图式 6.14

已经通过氘标记方法研究了环己酮的质谱图，揭示了分子离子 $M^{+\bullet}$ = 98 丢失丙基到 $[M-43]^+$ m/z 55 机理的有效性[34,35]。相应的信号代表了图谱上的基峰（图 6.12）。显然，在 $[2,2,6,6-d_4]$ 同位素组成异构体离子的情况下，该主要碎片离子中会包含一个氘原子，并且其质荷比值会偏移到 m/z 56。这些发现与上述的三步机理是一致的。

图 6.12 环己酮（a）及其氘代的同位素组成异构体 $[2,2,6,6-d_4]$环己酮（b）的 70 eV EI 质谱图
（经授权改编自文献[34]。© Springer-Verlag Wien，1964）

6.2.13 串联 α-裂解用于鉴定位置异构体

严格应用串联 α-裂解机理，可以鉴别环己酮、环己胺、环己醇等化合物的区域异构体。尽管存在一些固有的局限性，但该方法仍然为结构解析提供了宝贵的帮助。

串联 α-裂解可以区分环上 2 和/或 3 位的取代基与 4 位的取代基，但举例来说，却无法区分 2,3-二甲基和 2-乙基或 3-乙基衍生物。

2-乙基-环己胺的结构解析　从 2-乙基-环己胺分子离子 $M^{+\cdot} = 127$（奇数 m/z）中丢失丙基和戊基是竞争性的（图 6.13）。根据 Stevenson 规则，戊基丢失产生的 m/z 56（偶数 m/z）优于丙基丢失生成的 m/z 84（偶数 m/z）。在 m/z 98 处的峰可以通过少量的乙基自由基丢失来解释，这主要是由于发生在 3 位的 1,4-H·迁移贡献的，而不是常见的 2 位上的 1,5-H·迁移（图式 6.15）。[M−CH$_3$]$^+$ 峰（m/z 112）伴随着 [M−NH$_3$]$^{+\cdot}$ 信号（m/z 110），这在伯胺和（取代程度较低）仲胺中是典型特征。

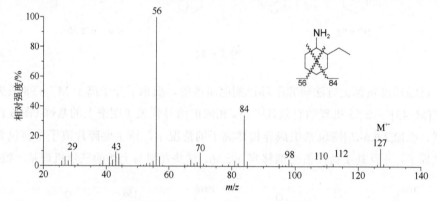

图 6.13　2-乙基-环己胺的 EI 质谱图

串联 α-裂解有助于识别环一侧的取代（图谱经 NIST 授权使用。© NIST 2002）

图式 6.15

6.3　荷基异位离子

6.3.1　荷基异位离子的定义

对于环己基化合物第一次 α-裂解产生的中间体裂解产物，电荷和自由基不是位于分子离子的同一个原子上，而是有一定距离。荷基异位离子（distonic ion）的术

6.3 荷基异位离子

语来源于希腊语"分离"一词,用来描述这种离子[36]。荷基异位离子是独特的离子类别[36-38]。

> **定义**
>
> 荷基异位离子是一种自由基正离子,由两性离子或双自由基电离产生,以及由经典分子离子的异构化或裂解,或由离子-分子反应产生。因此,在传统的价键描述中,荷基异位离子的电荷和自由基在不同的原子上[38,39]。

然而,电荷和自由基在不同的位置上并不是表示一个离子为荷基异位的充分条件,例如,乙烯分子离子可以这样表示,但相应的中性分子最好不用两性离子来表示,因此根据定义,乙烯分子离子不是一种荷基异位离子(图式 6.16)。

$$H_2C=CH_2 \xrightarrow{EI} H_2\dot{C}-\overset{+}{C}H_2 \xleftarrow{EI} H_2\overset{+}{C}-\dot{C}H_2$$

图式 6.16

一些作者也使用"非经典"离子和"超价"离子来描述荷基异位离子,但这些是不正确的,因此不应再使用。叶立德离子(ylidion)一词仅限于电荷和自由基处于相邻位置的物质。因此,为了描述电荷和自由基位点之间的距离,现在使用的术语有 α-(1,2-)荷基异位离子、β-(1,3-)荷基异位离子、γ-(1,4-)荷基异位离子等[38,39](图式 6.17)。

| $H_2\dot{C}-\overset{+}{C}H$ | $\dot{C}H_2CH_2OH$ | $\dot{C}H_2CH_2\overset{+}{N}H_3$ | 1,7-荷基异位离子 |
| α-荷基异位离子 | β-荷基异位离子 | γ-荷基异位离子 | 1,7-荷基异位离子 |

图式 6.17

6.3.2 荷基异位离子的形成和性质

在前体自由基正离子不立即解离的情况下,将一个化学键进行裂解是产生荷基异位离子的一种方法。通过氢自由基迁移发生的分子离子异构化,常常导致在裂解之前形成荷基异位离子,而且,荷基异位异构体通常在热力学上比"经典"对应物更稳定[36](图式 6.18)。

$$CH_3\overset{+}{O}H \xrightarrow{1,2-H\cdot} \dot{C}H_2\overset{+}{O}H_2 \quad -29 \text{ kJ/mol}$$

$$CH_3CH_2CH_2\overset{+}{N}H_2 \xrightarrow{1,4-H\cdot} \dot{C}H_2CH_2CH_2\overset{+}{N}H_3 \quad -32 \text{ kJ/mol}$$

图式 6.18

"经典"离子和荷基异位离子的相互转化过程并不快,这是因为两个异构体之间存在一个相对较高的能垒。1,2-H˙迁移的活化能明显大于 1,4-H˙或 1,5-H˙迁移的活化能。质谱学家已经确定了一些伯胺分子离子中 H˙迁移的活化能和反应热(图 6.14)[31,40,41]。有观点认为随着迁移位点之间原子数目的增加,相应的 C—H˙—N 过渡态的环张力变小,是活化能显著降低的原因[41]。除了对过渡态的影响外,从电荷到自由基位置的距离较长也会降低荷基异位离子相对于"经典"前体离子的生成热,这些异构化都是放热反应。

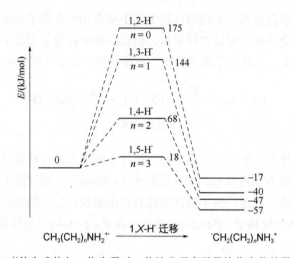

图 6.14 当前体 M˙⁺ 的生成热归一化为零时,伯胺分子离子异构化为荷基异位异构体的活化能

6.3.3 荷基异位离子作为中间体

荷基异位离子作为中间体和产物,在许多离子分子的裂解反应中起着重要的作用。许多有机化合物的长寿命分子离子可能以荷基异位的形式存在[39]。例如,简单有机磷酸酯的长寿命自由基正离子自发异构成荷基异位异构体[42],并且环丙烷分子离子的开环产物也是荷基异位离子[43]。接下来要学习的下一个荷基异位离子是 McL 重排的中间体(第 6.8 节)。

6.4 苄基裂解

酮类、胺类、醚类和类似官能团化合物分子离子的 α-裂解能给出对结构解析具有重要意义的特定裂解产物。类似行为在烷基苯的质谱图中也可以观察到[44]。

6.4.1 烷基苯中苄基裂解

烷基苯的分子离子由于芳香环具有良好稳定电荷的特性而相对稳定,因此通常

6.4 苄基裂解

会产生高丰度质谱峰。与苯基或高苄基位相比，具有苄基键的那些分子离子更倾向于发生该键的裂解。与 α-裂解一样，这一过程是由自由基引发的，遵循相同的基本模式，即在单电子向自由基转移后，距离自由基位置的第二个键解离。正丙苯的质谱图就是一个例子（图 6.15，图式 6.19）。

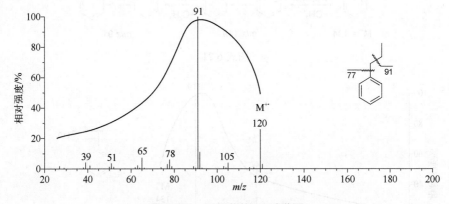

图 6.15 正丙苯的 EI 质谱图

分子离子峰和初代碎片离子具有显著的强度，而低质量碎片离子丰度较低。上方曲线说明了芳香族化合物 EI 图谱中峰强度与 m/z 的典型分布（图谱经 NIST 授权使用。© NIST 2002）

图式 6.19

在正丙苯的质谱图中，从 m/z 77 和 m/z 105 处的小峰可以看出，苯基和高苄基裂解并不重要。然而苯基键确实也会裂解，并给出进一步裂解的碎片离子。由于 $[C_7H_7]^+$ 具有较高的热力学稳定性，它不仅可由苄基裂解形成，也可以从烷基苯的许多其他裂解过程中得到。大多数此类化合物的质谱图清楚地显示出在 m/z 91 处相应的峰（图式 6.20）。

图式 6.20

叔丁基苯的质谱图 叔丁基苯（$C_{10}H_{14}$）分子离子解离的第一步是苄基裂解得到 $CH_3^{\cdot}$ 和一个初始碎片离子（m/z 119）（图式 6.21）。在第二步中，通过丢失 C_2H_4

形成$[C_7H_7]^+$，尽管这需要一个复杂的重排，乍一看还意料不到（图 6.16）。显然，其中的驱动力是形成了能量有利于的$[C_7H_7]^+$离子。

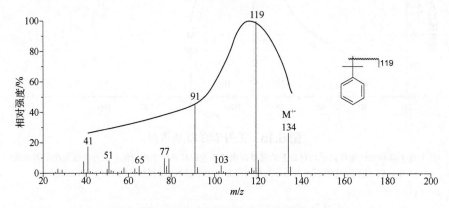

图 6.16 叔丁基苯的 EI 质谱图

同样，分子离子和初级碎片离子在图谱中占主导地位，上方曲线说明了芳香族化合物 EI 图谱中峰强度与 m/z 的典型分布（图谱经 NIST 授权使用）。© NIST 2002）

$[C_7H_7]^+$的许多来源

仅仅出现$[C_7H_7]^+$（尤其是当它的强度较低时），不足以证明分析物属于烷基苯。但凡有任何途径可以产生$[C_7H_7]^+$碎片离子，都可以观察到该离子及其特征碎片离子。

6.4.2 $[C_6H_5]^+$和$[C_7H_7]^+$进一步的命运

正如之前所指出的，共振稳定的苄基正离子$[C_7H_7]^+$最初是由苄基裂解形成的，会可逆地异构化为䓬鎓离子（tropylium）和甲基苯正离子（tolyl ion）异构体（图式 6.22）。$[C_7H_7]^+$的异构化一直是众多研究的主题[45]，这些研究揭示出䓬鎓离子是热力学上最稳定的异构体[46,47]。如果寿命足够长，苄基正离子/䓬鎓离子的异构化过程是可逆的（E_0 = 167 kJ/mol）[45]，然后必然伴随着氢和碳的置乱（scrambling），这可以通过使用同位素标记化合物来证明[48]。置乱的程度还取决于离子的内能和离子的寿命。

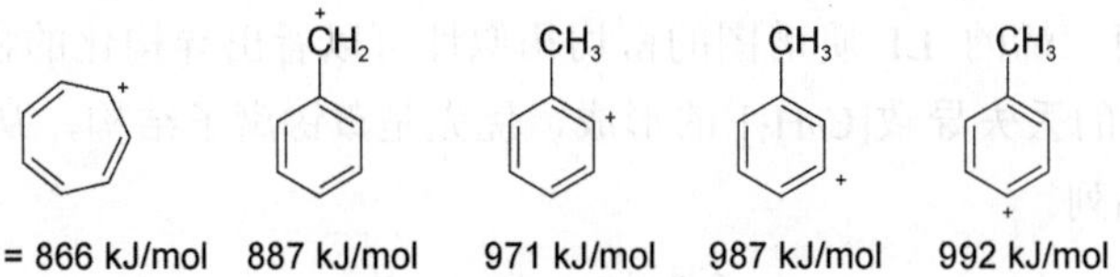

6.4 苄基裂解

ΔH_f = 866 kJ/mol   887 kJ/mol   971 kJ/mol   987 kJ/mol   992 kJ/mol

图式 6.22

置乱

描述性术语"置乱"在质谱学中用来描述（分子内）原子位置交换的快速过程。氢或整个碳骨架都可能发生置乱。芳基化合物的自由基正离子和质子化的芳基化合物由于存在大量的置乱过程而被人们熟知[49]。

无论初始或首选结构如何，$[C_7H_7]^+$ 都会通过丢失乙炔（C_2H_2），生成环戊二烯基正离子 $[C_5H_5]^+$ m/z 65，再丢失乙炔生成离子 $[C_3H_3]^+$ m/z 39（图式 6.23）：

$[C_7H_7]^+$ ⇌ (环庚三烯基正离子) m/z 91 $\xrightarrow{-C_2H_2}_{26\ u}$ (环戊二烯基) m/z 65 $\xrightarrow{-C_2H_2}_{26\ u}$ $[C_3H_3]^+$ m/z 39

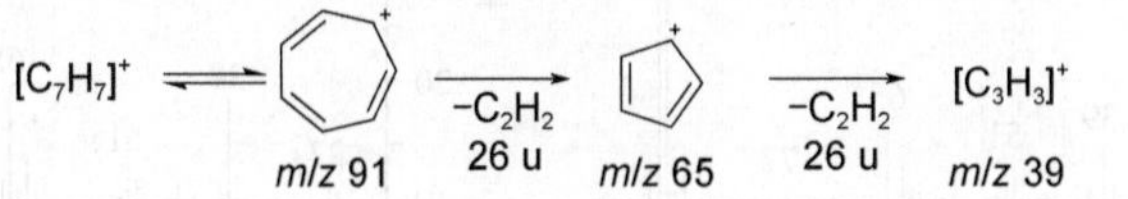

图式 6.23

苯基离子 $[C_6H_5]^+$ m/z 77 也会丢失 C_2H_2，生成环丁二烯基正离子 $[C_4H_3]^+$ m/z 51（图式 6.24）。

$[C_6H_5]^+$ m/z 77 $\xrightarrow{-C_2H_2}_{26\ u}$ $[C_4H_3]^+$ m/z 51

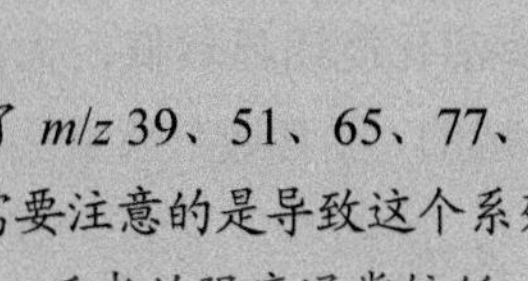

图式 6.24

特征离子系列

总之，前两种反应导致了 m/z 39、51、65、77、91 系列的典型离子出现在苯烷烃的 EI 质谱图中。然而，需要注意的是导致这个系列的两个竞争性反应：① $M^{+\cdot}$ → 91 → 65 → 39 和 ② $M^{+\cdot}$ → 77 → 51；后者的强度通常较低，这与苄基裂解的优先性有关。

6.4.3 $[C_7H_8]^{+\cdot}$ 和 $[C_8H_8]^{+\cdot}$ 的异构化

甲苯和环庚三烯的分子离子在解离之前能够相互异构化[44,48,50]。长期以来就已知，在甲苯分子离子发生氢自由基丢失时，就好像这些离子中的所有 8 个位置的氢原子都是等价的，这被解释为在解离之前发生了完全的氢置乱反应（图式 6.25）[51]。

从甲苯和环庚三烯的 EI 质谱图的密切相似性可以看出异构化的程度（图 6.17）。$[C_7H_8]^{+\bullet}$ 中 H$^\bullet$ 的丢失导致$[C_7H_7]^+$的形成，优先是䓬鎓离子结构，从而形成上述典型的碎片离子系列。

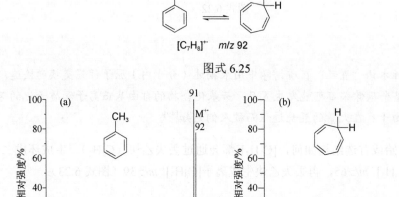

图式 6.25

图 6.17 甲苯（a）和环庚三烯（b）70 eV EI 质谱图的相似性

（图谱经 NIST 授权使用。© NIST 2002）

对于其他具有类似结构特征的离子，也可以观察到在解离之前发生很大程度的异构化。对一些双环芳烃体系进行氘标记表明，在 EI 条件下，芳香氢在解离之前可以发生完全或部分随机化分布[52]。具体来说，这些结果是从观察以下分子离子中得出的：①失去 $CH_3^\bullet$、C_2H_2 或 $C_3H_3^\bullet$ 之前的联苯分子离子；②丢失 HCN 之前的 1-氰基萘分子离子和 2-氰基萘分子离子；③丢失 C_2H_2 之前的苯并噻吩分子离子。环辛四烯和苯乙烯分子离子$[C_8H_8]^{+\bullet}$ m/z 104，在丢失乙炔之前可以相互转化并最终生成苯分子离子，m/z 78。由于整体活化能明显较低，大部分形成的$[C_6H_6]^{+\bullet}$是由环辛四烯分子离子解离（实线箭头）形成的，尽管这个离子具有较高的生成热[53]（图式 6.26）。

图式 6.26

6.4.4 环加双键数

根据价键电子规则，可以推导出一个通用的算法来区分离子含有不同双键和/或环的总数。由于该算法无法区分环状子结构和双键，其结果被称为双键等价量（DBE）或简单的环加双键数（$r + d$）「不推荐使用很少使用的术语"不饱和度（unsaturation）"，因为它不适用于环状结构」。确定 $r + d$ 的一般公式为：

$$r + d = 1 + 0.5 \times \sum_{i}^{i_{max}} N_i(V_i - 2) \tag{6.9}$$

式中，V_i 为元素的价键数；N_i 为原子数。对于常规使用，可以用表达式 $0.5 \times (V_i-2)$ 计算。对于一价元素（H、F、Cl、Br、I）可以得到 $0.5 \times (1-2) = -0.5$，二价元素（O、S、Se）$0.5 \times (2-2) = 0$，这就是二价元素贡献被抵消的原因。使用更高的化合价可以得到：

$$r + d = 1 - 0.5N_{mono} + 0.5N_{tri} + N_{tetra} + 1.5N_{penta} + 2N_{hexa} + \cdots \tag{6.10}$$

将分子式类型设置为常见的 $C_cH_hN_nO_o$，可以简化表达式为：

$$r + d = 1 + c - 0.5h + 0.5n \tag{6.11}$$

在这里，除氢以外的其他单价元素（F、Cl、Br、I）被"按作氢"做计算，其他三价元素如磷被"按作氮"做计算，四价元素（Si、Ge）被"按作碳"做计算。

$r + d$ 算法对奇电子离子和分子计算得出整数，但对于偶电子离子来说，是非整数必须四舍五入到下一位较小的整数，从而可以区分偶电子和奇电子物种。

当遇到价态变化的元素时，例如亚砜和砜中的 S 或磷酸酯中的 P，必须格外当心。在这种情况下，必须使用等式（6.9）或等式（6.10），而等式（6.11）会产生错误的结果（表 6.10）。

表 6.10 等式（6.11）中 $r + d$ 算法的应用实例

名称	分子式	$r + d$	注释
癸烷分子离子	$C_{10}H_{22}^{+\cdot}$	$1 + 10 - 11 = 0$	
环己酮分子离子	$C_6H_{10}O^{+\cdot}$	$1 + 6 - 5 = 2$	$1r + 1d$
苯分子离子	$C_6H_6^{+\cdot}$	$1 + 6 - 3 = 4$	$1r + 3d$
苯甲腈分子离子	$C_7H_5N^{+\cdot}$	$1 + 7 - 2.5 + 0.5 = 6$	$1r + 5d$
丁基碳正离子	$C_4H_9^+$	$1 + 4 - 4.5 = 0.5$[①]	碎片离子[①]
乙酰基正离子	CH_3CO^+	$1 + 2 - 1.5 = 1.5$[①]	$1d$ 对于 C=O[②]
二甲亚砜分子离子	$C_2H_6SO^{+\cdot}$	$1 + 2 - 3 = 0$ $1 + 3 - 3 = 1$[③]	预计 $1d$[③] $1d$ 对应于四价 S

[①] 偶电子离子比预期多 $0.5 r + d$；四舍五入到下一个较小的整数。
[②] 值对于在碳上带电荷的共振结构是正确的。
[③] 注意，硫在 DMSO 中是四价的，应该像碳一样对待。

应用这些规则

偶电子规则、Stevenson 规则、氮规则和 $r+d$ 算法都属于一系列关于如何系统地解析未知物质谱图的经验规则和提示（第 6.16 节）。在质谱解析过程中，应用这些规则和提示是很好的做法，例如一旦分子离子或碎片离子的分子式变得清晰起来，就可以使用 $r+d$ 算法。这对得到可能的结构单元提供了宝贵的信息。鼓励在通过本章中各种质谱图和示例进行学习时，练习使用这些规则和提示！

6.5 烯丙基裂解

6.5.1 脂肪族烯烃中烯丙基键的裂解

烯烃的质谱图受分子中烷基部分的影响，也受双键在质谱中反应特性的影响。烷基烯烃的分子离子通常强度较低——就像迄今为止讨论的所有其他纯烷基化合物一样——甚至可能完全不存在[25,54]。类似于 α-裂解和苄基裂解，烯烃分子离子中的烯丙基裂解具有一定的优先性，但双键是最弱的裂解导向官能团（图式 6.27）。

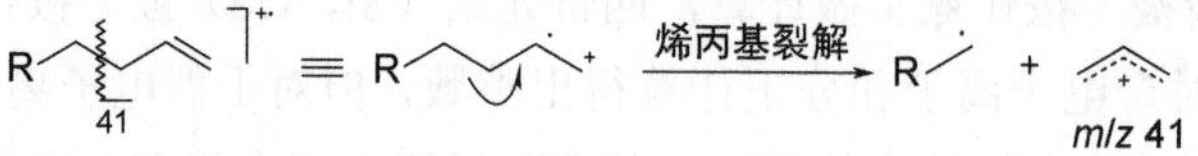

图式 6.27

由于烯烃分子离子在解离前会普遍发生氢重排，因此自由基位点会沿分子链迁移，从而掩盖了双键的原始位置[55]。^{2}H 和 ^{13}C 标记表明，1-辛烯、2-辛烯、3-辛烯和 4-辛烯的分子离子在 10^{-9} s 内互变。通过自由基位点迁移和伴随的氢重排来平衡双键异构体在很大程度上不涉及末端氢[56]。一般来说，较小的不饱和烃基正离子在分解前比较大的不饱和烃基正离子经历更大程度的异构化。

首先异构化

在裂解的单个步骤之前或之间，发生广泛的异构化使异构体烯烃的质谱图变得非常相似。

癸烯异构体图谱的比较　1-癸烯、(E)-5-癸烯和 (Z)-5-癸烯的 EI 质谱图如图 6.18 所示。虽然在 1-癸烯的质谱图中，在 m/z 41 处的基峰很容易被解释为烯丙基裂解的结果，但两种立体异构 5-癸烯的基峰都在 m/z 55 处，因此不能由烯丙基裂解直接产生。如果没有参考图谱，就不可能找到是某种异构体的证据。在 m/z 97 处只有一个

6.5 烯丙基裂解

由烯丙基裂解产生的微弱信号，但是，在 1-癸烯的图谱中也观察到了这个峰。初级裂解产物的继续裂解是产生这种相似性的原因之一，另一个原因是在烯烃分子离子解离之前发生 H· 迁移的影响。由于立体异构体之间的差异可以忽略，因此即使与参考图谱相比较也无法正确鉴定它们。

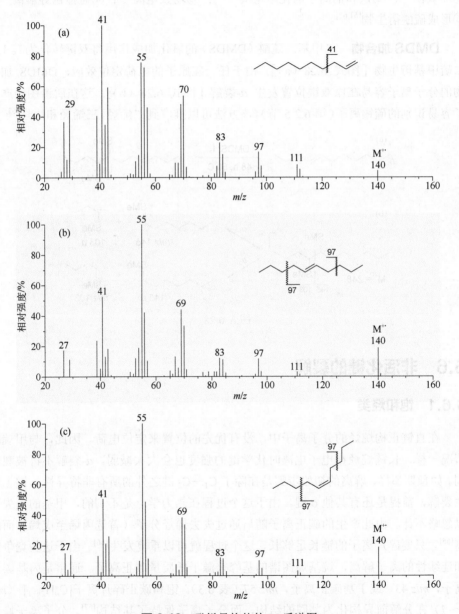

图 6.18 癸烯异构体的 EI 质谱图

1-癸烯（a）、(E)-5-癸烯（b）和(Z)-5-癸烯（c）的质谱图之间存在差异，但在没有参考图谱的情况下，无法识别这些同分异构体（图谱经 NIST 授权使用。© NIST 2002）

6.5.2 定位双键的方法

双键的定位是结构解析中的一个重要步骤，因此，人们想出多种方法来解决 EI 质谱法定位双键的这一难题就不足为奇了。固定双键或"冻结"异构化的方法包括：①环氧化[57]；②铁和铜离子的化学电离[58,59]；③场致电离[60]；④碰撞诱导解离[55]；⑤形成硫醚衍生物[61,62]。

DMDS 加合物 二甲基二硫醚（DMDS）的氧化加成作用将双键转化为其 1,2-二硫甲基衍生物［图式 6.28（a）］。由于任一硫原子的电荷定位效应，DMDS 加合物的分子离子容易在原双键位置发生 α-裂解［图式 6.28（b）］。这在质谱图中产生了容易识别的硫鎓离子（第 6.2.5 节）。该方法可以推广到二烯烃、三烯烃和炔烃[63,64]。

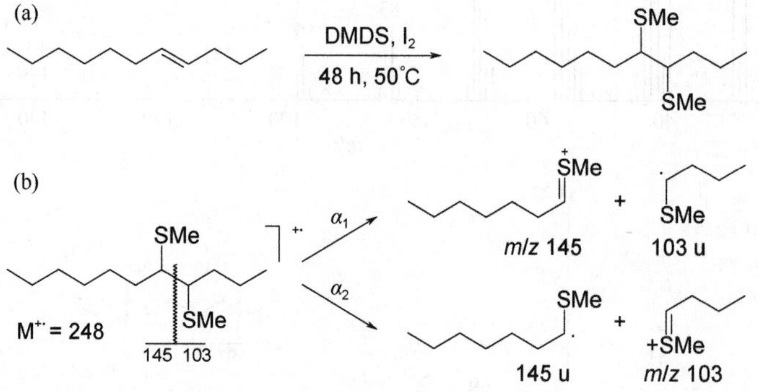

图式 6.28

6.6 非活化键的裂解

6.6.1 饱和烃类

在直链正构烷烃的分子离子中，没有优先的位置来定位电荷。因此，与甲烷的情况一样，长链烷烃在电子电离时化学键的强度也会大大减弱。α-裂解不再被观察到。如预期那样，解离的初始步骤是在除了 C_1—C_2 键之外的所有非特异性 σ 键上发生裂解，前提是还有其他 σ 键。由于这个过程在热力学上是不利的，甲基的丢失可以忽略不计。由此产生的碳正离子随后通过失去烯烃分子（首选丙烯至戊烯）而解离[65]。只要碎片离子的链长足够长，这个过程就可以重复发生[66]。由于这些竞争性和连续性的离子解离，烷基烃图谱的基峰来源于低质量碳正离子，通常是丙基碳正离子，m/z 43，或丁基碳正离子，m/z 57（表 6.3）。饱和碳正碎片离子 $[C_nH_{2n+1}]^+$（n = 3～7）在分解前异构化为共同的结构，而分子离子保持了其结构[67]。分子离子峰通常很明显，但不会像芳香族化合物那样强[29]。对于高度支化的烃类化合物，分子离子峰甚至可能不存在（图式 6.29）。

6.6 非活化键的裂解

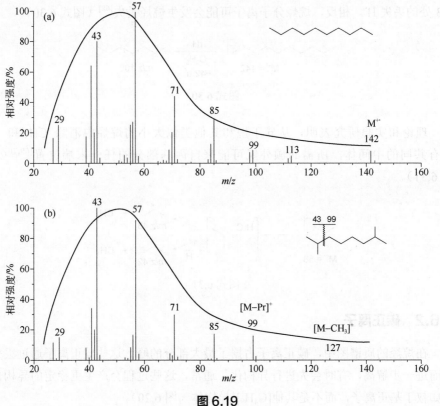

图式 6.29

癸烷同分异构体的 EI 质谱图 正癸烷的 EI 质谱图是线型饱和烃的典型代表 [图 6.19（a）]。它显示出碳正离子信号峰之间强度的平滑过渡，即从 m/z 29 开始，强度急剧上升到 m/z 57，再明显下降到 m/z 99 左右，然后逐渐减小到比碎片离子峰稍强的分子离子峰。由于能量原因，没有观察到 $CH_3^{\cdot}$ 丢失。烷基链支化促进了与支化点相邻键的裂解，因为这样就会得到仲碳或叔碳正离子或烷基自由基[图 6.19（b）、（c）]。至少在某种程度上，这有助于鉴定同分异构体。

图 6.19

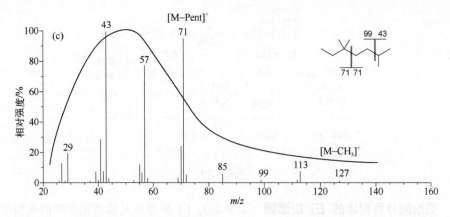

图 6.19 正癸烷（a）、2,7-二甲基辛烷（b）和 2,5,5-三甲基庚烷（c）的 EI 质谱图
（a）中的灰色曲线已经平滑地沿着 *m/z* 标尺对峰强度进行了拟合；请注意，在（b）中相同形状的灰色曲线在 *m/z* 71 和 99 处与峰顶的距离不同；在（c）中与平滑线的偏离变得更加明显，其中[M–Pent]$^+$显著突出，而 Bu$^·$和 Pr$^·$的丢失明显减少。支链异构体不再显示分子离子峰（图谱经 NIST 授权使用。© NIST 2002）

仔细观察正癸烷的质谱图还可以发现 *m/z* 84、98 和 112 处的碎片离子，即偶数质量数的重排离子。可以通过应用偶电子规则来排除产生于碳正离子 *m/z* 85、99 和 113 处的丢失 H$^·$。相反，烷烃分子离子可能会发生烷烃丢失[68]（图式 6.30）。

图式 6.30

理论和实验研究表明，从异丁烷和其他类似大小的烷烃中消除 CH$_3$$^·$ 和 CH$_4$ 具有共同的中间体，所需的额外氢可能来自丙基部分的任一末端位置[69,70]（图式 6.31）。

图式 6.31

6.6.2 碳正离子

在烷烃的质谱图中，碳正离子占据了最大部分的峰。这些碳正离子通过丢失烯烃而进一步解离，有时会先进行异构化。通常，这些过程会产生更稳定的异构体，例如叔丁基正离子，而不是其他[C$_4$H$_9$]$^+$异构体（图 6.20）。

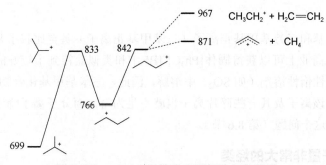

图 6.20 [C_4H_9]$^+$异构化和裂解途径的能量

生成焓单位为 kJ/mol（经授权后重绘自参考文献[71]。© American Chemical Society，1977）

在[C_4H_9]$^+$的异构体中，只有正丁基正离子可以发生裂解。它要么通过失去甲烷产生烯丙基正离子 m/z 41，要么通过消除乙烯产生乙基正离子 m/z 29。这就是叔丁基化合物在 EI 质谱图中 m/z 41 和 m/z 57 信号较强的原因（图 6.21 和图 6.24）。[C_4H_9]$^+$在亚稳态的情况下，丢失甲烷的程度比丢失乙烯高约 20 倍，因为丢失乙烯的情况下活化能比丢失甲烷的活化能高出 1 eV[71]。

丁基正离子裂解 在叔丁基氯的 EI 质谱图中没有分子离子峰，质量最高的 m/z 信号来自[M–CH_3]$^+$；注意该信号中 Cl 的同位素模式（图 6.21）。质谱图的其余部分由叔丁基主导，基峰在 m/z 57 处。叔丁基正离子直接来源于 C—Cl 键的 σ-裂解。[C_3H_5]$^+$ m/z 41 和[C_2H_5]$^+$ m/z 29 碎片离子的比例与[C_4H_9]$^+$在能量有利于丢失 CH_4 密切相关（图 6.20）。

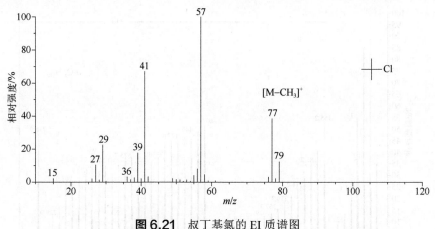

图 6.21 叔丁基氯的 EI 质谱图

（图谱经 NIST 授权使用。© NIST 2002）

除了需要足够的链长才能发生烯烃的丢失之外，较小的碳正离子如乙基、丙基或丁基正离子会表现出显著的脱 H_2 作用（第 6.2.4 节）。这些单分子甚至双分子的 H_2 消除导致在 m/z–2 和 m/z–4 处观察到特征的伴生峰模式，即在相应的碳正离子峰的低质量一侧。

二芳基甲基和三芳基甲基正离子（三苯甲基正离子）甚至比叔丁基正离子更稳定，这一点从商业上可以获得固体$[Ph_3C]^+[BF_4]^-$和类似盐得到了较好的证明。三苯基氯甲烷在极性惰性溶剂（如SO_2）中溶解，因此，三苯基甲基化合物的 EI 质谱图几乎只显示出该离子及其一些碎片离子也就不足为奇，而分子离子峰通常没有。场解吸可以避免这个问题（第 8.6 节）。

6.6.3 分子量非常大的烃类

分子量非常大的烃类化合物的质谱图与低质量烃类化合物的质谱图遵循相同的规律。然而，它们的特点还是值得介绍。在线型分子链的情况下，EI 质谱图显示出一系列均匀扩展的碳正离子碎片，其强度不断降低。在一个干净的背景下，分子离子（含量<1%）在偶数的 m/z 处可以很好地被识别，其次是第一个碎片离子$[M-29]^+$（图 6.22）。

> **标称质量的局限性**
>
> 由于氢的负质量亏损（第 3.5 节），碳正离子 m/z 值的第一位小数随着 m/z 的增加而不断增长。理论上从 $C_{32}H_{65}^+$ 开始(m/z 449.5081)，m/z 值会四舍五入到下一个更大的整数 m/z，导致归属成 m/z 450。在这种情况下，依据氮规则分析质谱图就会引起混淆。因此，标称（整数）m/z 值不能在 m/z 400 以上使用；在处理低分辨质谱图时，也需要包含第一位小数。

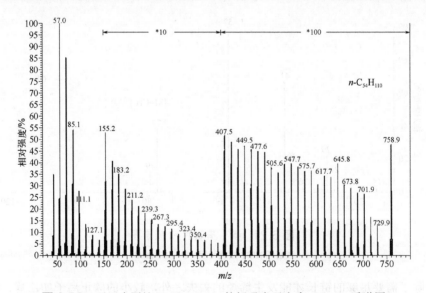

图 6.22 正五十四烷（n-$C_{54}H_{110}$）的解吸电子电离（DEI）质谱图

m/z 150～400 区间的强度放大了 10 倍，m/z 400 以上的区间放大了 100 倍。请注意 m/z 值第一位小数的数值如何随着 m/z 增加而持续上升（由 W. Amrein, Labor für Organisation Chemie, ETH Zürich 慷慨提供）

分子量非常大的支链烷烃，如 24,24-二乙基-19,29-双(十八烷基)四十七烷 ($C_{87}H_{176}$)，难以获得有用的质谱图。即使是 15 eV EI 条件也不足以检测到它们的分子离子[72]。超过 C_{40} 的烷烃，特别是在混合物的情况下，如烃类蜡或低分子量聚乙烯，MALDI 是首选的电离方法（第 8 章和第 11 章）。

6.7 分子离子峰的识别

分子离子峰直接提供了有关分析物的宝贵信息。如果峰的强度足够，除了分子质量外，准确质量还可以揭示分析物的分子式，而同位素模式可用于推导元素组成的界限（第 3.5 节和 3.6 节）。

然而，在质谱图中质量最高 m/z 的峰不一定代表分析物的分子离子。EI 质谱图中通常会出现这种情况，可能是由于分子离子的快速裂解，也可能是样品的热分解（第 6.11 节）。一般来说，如果 π 键电子可以用于电荷离域，则分子离子的稳定性增加，而在具有首选键裂解首选位点的情况下，分子离子的稳定性会降低。

在 EI 质谱图中，通过在低电子能量和低离子源温度下进行测量，可以在一定程度上提高分子离子峰的强度（第 5.1 节）。尽管如此，一些化合物在蒸发前会热分解，或者根本不能形成不解离的分子离子。使用软电离方法通常是解决这些问题的最佳方法。然而，即使对于最温和的电离方法，也不能保证最高 m/z 处的峰始终对应于分子质量。

> **经验法则**
> 分子离子稳定性下降的顺序大致为：芳香族化合物 > 共轭烯烃 > 烯烃 > 脂环族化合物 > 羰基化合物 > 直链烷烃 > 醚 > 酯 > 胺 > 羧酸 > 醇 > 支链烷烃[73]。

6.7.1 分子离子峰识别的规则

为了获得可靠的分析信息，必须掌握一些规则来识别分子离子峰（图 6.23）：
① 分子离子必须是质谱图中 m/z 值最高的离子（除了对应的同位素峰）。
② 它必须是奇电子离子，$M^{+\cdot}$。
③ 在下一个质量较低 m/z 处的峰必须可以用合理的丢失来解释，即普通自由基或分子的丢失。M–5~M–14 和 M–21~M–25 处的信号指向要从其他起点推测 $M^{+\cdot}$（表 6.11）。
④ 由于假定的分子离子中不存在的元素，碎片离子可能不会显示出其同位素模式。
⑤ 任何碎片离子中某种特定元素的原子数量都不会比分子离子中的数量更多。

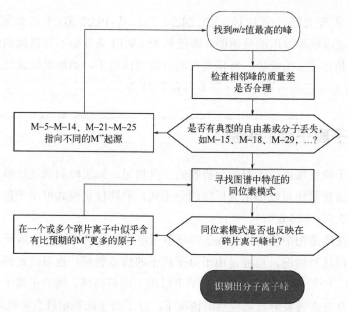

图 6.23 流程图显示了识别分子离子峰的决策与评判准则

6.7.2 常见的中性丢失

中性丢失可以通过从分子离子中消除自由基或完整分子来进行。其中一些中性丢失发生得非常频繁，因此在进行质谱解析之前手头有一份简短的汇总是很有用的（表 6.11，该表的扩展版本参见附录 A.8）。

表 6.11 从分子离子中观察到的常见的中性丢失

[M-X]⁺	自由基	[M-XY]⁺•	分子
−1	H•	−2	H_2
−15	$CH_3^•$	−4	$2H_2$
−16	$NH_2^•$, O•	−17	NH_3
−17	OH•	−18	H_2O
−19	F•	−20	HF
−29	$C_2H_5^•$	−27	HCN
−31	$OCH_3^•$	−28	CO, C_2H_4, (N_2)
−33	SH•	−30	$H_2C=O$, NO
−35	Cl•	−32	CH_3OH, H_2S, (O_2)
−43	$C_3H_7^•$, $CH_3CO^•$	−34	H_2S
−45	$OC_2H_5^•$, $COOH^•$	−36	HCl
−57	$C_4H_9^•$	−42	C_3H_6, $H_2C=C=O$
−79	Br•	−44	CO_2
−91	$C_7H_7^•$	−46	C_2H_5OH, NO_2
−127	I•	−60	CH_3COOH

2,5,5-三甲基庚烷的案例 2,5,5-三甲基庚烷[图 6.19（c）]的 EI 质谱图没有分子离子峰。质量最高 m/z 的峰可能位于 m/z 113，或（仔细观察后）位于 m/z 127。无论正确的峰是哪一个，这要么是需要 1、3、5、……个氮原子的分子离子，要么解释其为碎片离子。然而，其余的质谱图并没有显示任何含氮离子的迹象，例如，不存在亚胺正离子。相反，图谱表明只存在碳正离子及其伴生的碎片离子。另外，m/z 113 和 127 之间的 $\Delta m/z = 14$ 这个差值对于前体离子和碎片离子来说是不允许的，这也是一个令人困惑的问题。因此，在 m/z 113 和 127 处的峰都必须是碎片离子，很可能是由于丢失 $C_xH_y\cdot$ 而产生的。这里将 m/z 127 解释为[M–Me]$^+$，将 m/z 113 归属为[M–Et]$^+$。

6.8 McL 重排

到目前为止，我们主要按照简单裂解引发的自由基丢失原理，讨论了质谱中的裂解过程，偶尔也会根据情况学习一些特定化合物的裂解反应。接下来，将研究从分子离子中丢失烯烃的一些裂解途径。任何完整分子的丢失都属于重排裂解反应。其中，这种伴随着 γ-氢迁移的 β-裂解反应就是著名的麦氏重排（McLafferty rearrangement，McL 重排）。

6.8.1 醛和酮的 McL 重排

从羰基化合物的分子离子中丢失烯烃的现象早就被质谱学家注意到了[18,74]。不久，一种涉及 γ-氢迁移和 β-裂解的机理被提出，并进行了深入研究[20,21,75,76]。严格地说，McL 重排这一术语仅用于描述从饱和烷基醛、酮和羧酸的分子离子中丢失烯烃的裂解过程，其机理类似于凝聚相化学中的 Norrish-II 型光裂解反应。然而，对这个术语更宽泛的使用，包括所有基本上遵循此机理的烯烃丢失反应，有助于识别来自各种分子离子的类比。在下文中，任何可以被描述为通过一个六元过渡态将 γ-H 转移给双键原子，并在 β-键裂解时丢失烯烃的裂解反应都可被视为 McL 重排（图式 6.32）[77,78]。

图式 6.32

广义上，McL 重排的要求如下：
① 原子 A、B 和 D 可以是碳原子或杂原子；
② 原子 A 和原子 B 必须由双键连接；

③ 至少有一个 γ-H 可用；
④ γ-H 通过六元过渡态选择性地转移到双键原子 B 上；
⑤ γ-H 和双键原子之间的距离必须小于 1.8×10^{-10} m[79,80]；
⑥ C_γ—H 键必须与受体基团在同一平面上[81]。

丁醛的乙烯丢失　丁醛的 EI 质谱图，$M^{+\bullet}$ 在 m/z 72（偶数 m/z 值），主要给出碳正离子碎片（图 6.24）。这些简单的化学键裂解，很容易从奇数 m/z 值（即 m/z 15、29、43）识别出来。像往常一样，碳离子始终伴随着由于其发生后续的 H_2 丢失裂解反应而产生的相应产物离子。只有在 m/z 44 处突出的基峰（也是偶数 m/z 值）代表了 28 u 的丢失。显然，$[M-28]^{+\bullet}$ 是由重排裂解造成的，这种情况下对应于消除 C_2H_4 的 McL 重排。

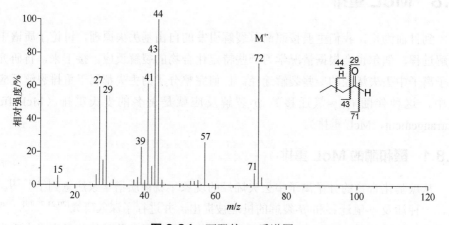

图 6.24　丁醛的 EI 质谱图

在 m/z 44 处的基峰是 McL 重排的产物。注意，这里 m/z 57 的峰不是 $[C_4H_9]^+$ 引起的，而是 $[M-CH_3]^+$（图谱经 NIST 授权使用。© NIST 2002）

根据上述对 McL 重排的概述，丁醛的质谱图中在 m/z 44 处的峰可以用从分子离子丢失 C_2H_4 来解释。该过程可以用协同方式（a）或分步过程（b）来描述（图式 6.33）。

图式 6.33

6.8 McL 重排

虽然在该领域的早期出版物中，质谱学家更倾向于支持协同反应途径，但在近期的研究中，考虑到动力学同位素效应，给出了涉及荷基异位中间体离子的分步反应机理的证据[82]。这也与涉及多个键的反应通常是分步历程的假设相一致[33,83]。

原则上，在进一步的裂解之前，烯醇碎片离子可能会也可能不会互变异构为酮的形式（图式 6.34）。

$$\begin{array}{c}\overset{+}{O}H\\ \parallel\\ H_2C=CH\end{array}\rightleftharpoons\begin{array}{c}\overset{+}{O}\\ \parallel\\ H_3C-CH\end{array}$$

图式 6.34

对几种烷基醛、酮、酸、酯的烯醇正离子的气相生成热进行测量，并与相应的酮式正离子的气相生成热进行了比较。研究发现烯醇正离子在热力学上比酮式正离子稳定 58～129 kJ/mol。这与中性互变异构体形成鲜明对比，在中性互变异构体中，酮的形式通常更稳定[84]。实验结果也与 MNDO 的计算结果较好地吻合[85]，支持了重新酮化对进一步裂解中并不起主要作用的假设。因此，考虑互变异构化有助于探索后续的裂解途径。

McL 重排本身是通过电荷保留形式进行的，即从分子离子中丢失烯烃，但根据相应烯醇和烯烃产物的相对电离能，也可以观察到电荷迁移的产物，得到了相应烯烃的分子离子，例如，在正丁醛的 EI 图谱中也可以观察到，例如，$C_2H_4^{+\cdot}$ m/z 28。

McL 重排的发生严格要求分子离子中至少具有一个 γ-氢，这些 γ-氢原子可转移到双键末端原子上。因此，通过引入烷基或卤素取代基封阻 γ-位，可有效阻止这种解离途径的发生。

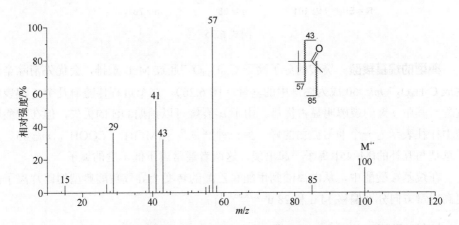

图 6.25　3,3-二甲基-2-丁酮的 EI 质谱图

因为没有 γ-氢，McL 重排无法发生（图谱经 NIST 授权使用。© NIST 2002）

3,3-二甲基-2-丁酮不发生 McL 重排　在 3,3-二甲基-2-丁酮的 EI 质谱图中，由于没有可用的 γ-氢，无法观察到 McL 重排引发的碎片离子（图 6.25）。相反，其产物离子完全是由简单裂解形成的，这一点从这些产物离子的奇数 m/z 值可以明显看出。高度稳定的叔丁基正离子 m/z 57 强度高于在 m/z 43 处的酰基正离子（第 6.6.2 节）。叔丁基正离子在 m/z 29 和 41 处的特征碎片离子（第 6.6.2 节）也进一步证明了它的存在。

6.8.2　羧酸及其衍生物的裂解

羧酸及其衍生物的质谱行为受 α-裂解和 McL 重排的主导。正如预期的那样，羰基的任何一侧都可能发生 α-裂解，导致 OH˙ 丢失（得到 $[M-17]^+$），或是烷基的丢失。尽管从甲酸可以观察到 α-裂解的作用，分别生成了 $[M-OH]^+$ m/z 29、$[M-H]^+$ m/z 45 和相应的电荷迁移产物，但是 McL 重排只能从丁酸及其衍生物开始发生（图式 6.35）[74]。类似于烷基醛，对于一系列同系物的羧酸，只要它们在 α-碳上没有分支，就可以获得相同的碎片离子。因此，具有高度特征化的碎片离子使其易于识别。

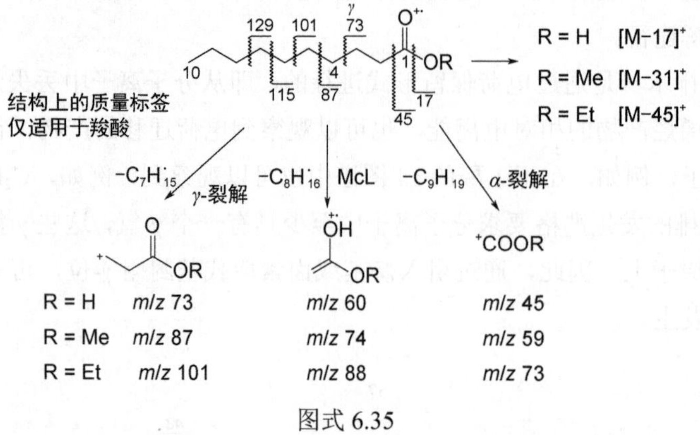

图式 6.35

典型的烷基羧酸　癸酸的分子离子 $C_{10}H_{20}O_2^{+\bullet}$ 通过 McL 重排，会优先消除辛烯生成 $C_2H_4O_2^{+\bullet}$ m/z 60 成为图谱中的基峰（图 6.26）。这个过程伴随着几个 σ 键裂解过程，其中 γ 键的裂解明显占优势。由于 α-裂解可以预期 OH˙ 的丢失，但在羧酸图谱中往往表示为一个非常微弱的峰。另一种产物离子 $[M-R]^+$（$COOH^+$，m/z 45）几乎总是与互补的 $[M-45]^+$ 离子一起出现，这两者通常属于低丰度的离子。

在烷基羧酸酯中，从游离酸到甲酯和乙酯的转变会导致羧酸典型的碎片离子向更高质量方向分别偏移 14 u 和 28 u[77,78,86,87]。

烷基羧酸酯　庚酸甲酯的质谱图非常典型，所有的峰都可以按照图式 6.36 [图 6.27 (a)] 进行解释。原则上，2-甲基己酸甲酯的同分异构体也是如此，但在这种情况下，

6.8 McL 重排

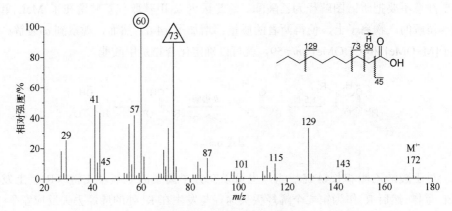

图 6.26 癸酸的 EI 质谱图

在 m/z 60 处，由 McL 重排的峰用圆圈标记，由 γ-裂解产生的峰用三角形标记
（图谱经 NIST 授权使用。© NIST 2002）

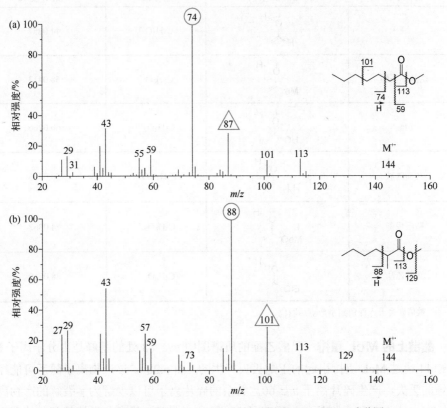

图 6.27 庚酸甲酯（a）和 2-甲基己酸甲酯（b）的 EI 质谱图

McL 重排在 m/z 74 和 88 处产生的峰分别用圆圈标记，在 m/z 87 和 101 处由 γ-裂解产生的峰分别用三角形标记（图谱经 NIST 授权使用。© NIST 2002）

需要注意不要把质谱图解释为乙酸酯。这是因为 2-甲基取代基驻留在了 McL 重排和 γ-裂解的产物离子上，使得两者的质量都增加了 14 u。然而，观察到 α-裂解产物离子 $[M-OMe]^+$ 和 $[COOMe]^+$ m/z 59，就可以确定化合物是甲酸酯。

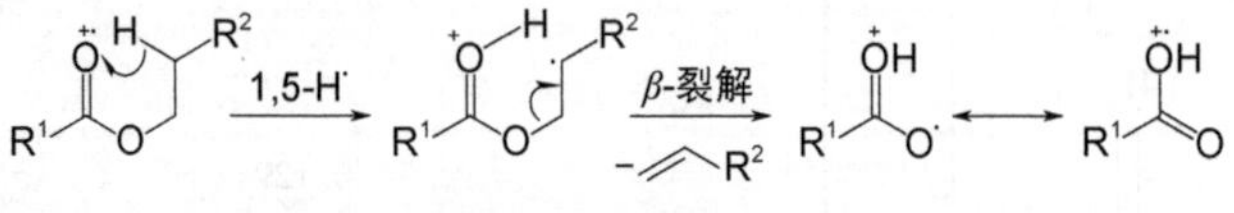

图式 6.36

对于羧酸乙酯和长链烷基酯，也可以在分子离子的烷氧基支链（R^2）上发生 McL 重排。然后 R^2 作为第二个烯烃丢失途径与发生在 R^1 处的烯烃丢失反应竞争（图式 6.36）。无论烷基链如何，都有一些常见的 McL 重排产物离子（表 6.12）。

表 6.12 常见的 McL 重排产物离子

前体分子	产物离子的结构	分子式	准确质量[①]/u
醛	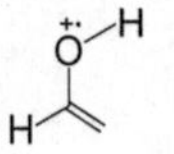	$C_2H_4O^{+\cdot}$	44.0257
烷基甲基酮	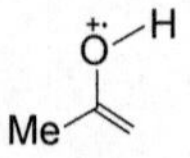	$C_3H_6O^{+\cdot}$	58.0413
羧酸	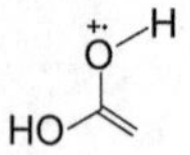	$C_2H_4O_2^{+\cdot}$	60.0206
羧酸酰胺	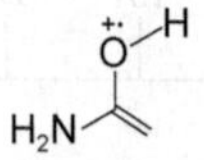	$C_2H_5NO^{+\cdot}$	59.0366
羧酸甲酯	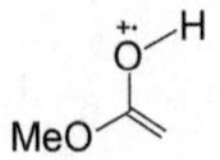	$C_3H_6O_2^{+\cdot}$	74.0362
羧酸乙酯	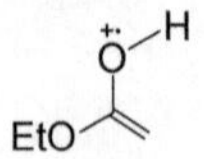	$C_4H_8O_2^{+\cdot}$	88.0519

① 数值四舍五入保留到小数点后四位。

酯链上的 McL 重排 己酸乙酯的质谱图中 m/z 88 处的基峰是由分子离子 $M^{+\cdot}$ m/z 144 通过 McL 重排引起的丁烯丢失产生的（图 6.28）。该产物离子随后可能经历乙烯的丢失，产生碎片离子 m/z 60。其余的碎片离子可以理解为 γ-裂解的产物离子 $[M-Pr]^+$ m/z 101 和 α-裂解的产物离子 $[M-OEt]^+$ m/z 99。代表分子烷基部分的碳正离子是由 σ 键裂解形成的。请注意，在 m/z 99、101 和 m/z 115、117 处的峰对并不反映氯同位素模式，而是它们强度比例恰好与氯同位素模式相似。

6.8 McL 重排

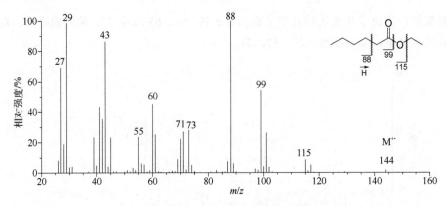

图 6.28 己酸乙酯的 EI 质谱图

（图谱经 NIST 授权使用。© NIST 2002）

6.8.3 烷基苯的 McL 重排

除了前面描述的苄基裂解和苯基裂解（第 6.4 节），如果烷基取代基满足所有要求，烷基苯也可以通过类似于"真正意义上"的 McL 重排的机理发生烯烃丢失。γ-氢被转移到邻位上，芳香环起到了受体双键的作用（图式 6.37）。

图式 6.37

无论烷基取代基具体是什么，只要在环上没有其他取代基，就可以得到产物离子 $[C_7H_8]^{+\cdot}$ m/z 92。该产物离子是甲苯分子离子的异构体，因此它很容易通过丢失 $H^{\cdot}$ 而稳定化，产生偶电子离子 $[C_7H_7]^+$ m/z 91，然后产生众所周知的特征碎片离子（m/z 65、39）。如果分子离子无法预先发生异构化，并且两个邻位都被取代和/或烷基中也没有 γ-氢，那么这种裂解无法发生。

对于烷基苄醚类化合物，可以沿着相同的反应途径发生醛类的丢失。例如，乙醛从苄基乙基醚的分子离子中消除，产生碎片离子 $[C_7H_8]^{+\cdot}$。同样，一些研究已经给出了涉及荷基异位中间体的分步反应机理的证据[88]。

由 McL 重排丢失戊烯 (3-甲基戊基)苯的 EI 质谱图中的基峰，m/z 92（偶数 m/z 值）是分子离子 m/z 162（偶数 m/z 值，图 6.29）发生 McL 重排的结果。差值 70 u 表明发生了戊烯的丢失。只要可能发生戊烯丢失，那么带有 2-甲基戊基、4-甲基戊基或正己基的苯系异构体的图谱就基本上没有太大差异。需要参考标准图谱来区分这些异构体，因为它们的图谱只在相对峰强度上不同。还要注意在 m/z 91 处的苄基裂解产物离子和相关碎片离子系列 m/z 39、51、65 以及 77。额外的峰来自烷基链的碳正离子，如 m/z 29、43、57、71。

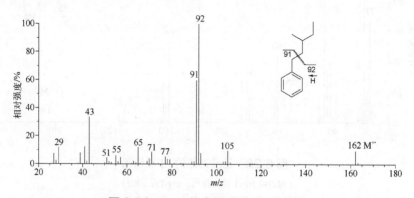

图 6.29 (3-甲基戊基)苯的 EI 质谱图

McL 重排和苄基裂解明显占了主导地位。在低质量范围存在碳正离子和"芳环的碎片离子"
（图谱经 NIST 授权使用。© NIST 2002）

系列离子的叠加

在较低 m/z 范围，(3-甲基戊基)苯的 EI 质谱图（图 6.29）显示出两个系列离子的叠加，即①那些属于$[C_7H_7]^+$的离子 m/z 91，与其相关的碎片离子 m/z 39、51、65、77，以及②碳正离子系列 m/z 29、43、57、71。因此，分子的两部分结构特征可以从这部分图谱中快速读出。这一旦识别了关键的离子系列和特征 m/z 值，就可以简单地推断出未知的结构。

"蓄势待发，恰逢其时，幸事乃成！"（Seneca）。诚然，要在低质量范围内发现这种宝藏般的信息，必须熟悉典型离子系列的 m/z 值。要么牢记它们，要么至少编制一张包含你自己收集的数据的表格。

6.8.4 双氢转移的 McL 重排

在烷基和芳香族羧酸酯的烷氧基上，通过发生 McL 重排丢失烯烃，会与另一种反应途径存在竞争，与"常规的 McL 重排产物离子"中只有一个氢原子被转移不同，在该竞争性途径中有两个氢被转移到了电荷位点上。第二种导致烯基自由基丢失的途径早就被注意到了[86]，并被称为双氢转移的 McL 重排（r2H）（图式 6.38）。

$$[R^1COOR^2]^{+\cdot} \xrightarrow{r2H} [R^1C(OH)_2]^+ + [R^2-2H]^\cdot$$

图式 6.38

稳定同位素标记研究表明，到目前为止，双氢转移的 McL 重排过程并不像人们熟知的 McL 重排那样具有位点特异性[89,90]。基于热化学数据，有证明支持这一过程为

6.8 McL 重排

一个两步反应机理，最终产生了一个在羰基上质子化的羧酸和不饱和的烯基自由基。虽然最终产物得到了很好的描述，但第二步机理尚未被完全阐明[91,92]（图式 6.39）。

图式 6.39

McL 重排和双氢转移的 McL 重排的竞争　苯甲酸异丙酯的 EI 质谱图中 m/z 122（McL 重排）和 m/z 123（r2H 重排）峰的存在，证明了丢失烯烃和烯基自由基之间存在竞争（图 6.30）[92]。当然，这两种主要的裂解都与占主导地位的在羰基上的 α-裂解相竞争，该裂解反应在 m/z 105 处产生高度特征性的苯甲酰基正离子 $[C_7H_5O]^+$（图式 6.40）[93]。苯甲酰基正离子，本质上是一个芳香族的酰基正离子，通过丢失 CO 解离得到苯基正离子 m/z 77，最后苯基正离子再通过丢失 C_2H_2 产生环丁二烯基正离子 m/z 51（第 6.4.2 节）。

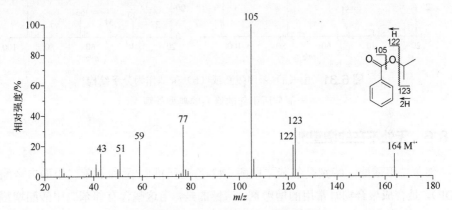

图 6.30　苯甲酸异丙酯的 EI 质谱图
（图谱经 NIST 授权使用。© NIST 2002）

图式 6.40

6.8.5 苄基与苯甲酰基的区别

在 m/z 51、77、105 处的离子系列是苯甲酰基结构单元的特征峰,如苯甲醛、苯甲酸及其衍生物以及苯乙酮、二苯甲酮等都有这一系列特征峰。与苄基化合物相比,苯甲酰基化合物在 m/z 39、65 和 91 处的峰几乎不存在(图 6.31)。如果在 m/z 105 处和一系列在 m/z 39、51、65、77、91 处的特征峰都存在,这明确指示出 $[C_7H_7]^+$ 组成的存在,从而表明分析物可能为烷基苯。

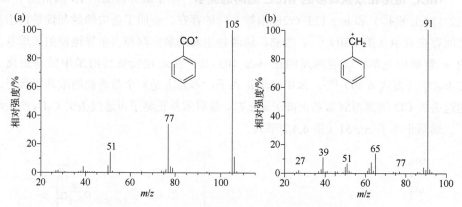

图 6.31 由(a)苯甲酰基或(b)苄基作为分子结构一部分所引起的峰系的典型外观

6.8.6 无处不在的增塑剂

邻苯二甲酸酯,特别是邻苯二甲酸二(2-乙基己)酯(又称邻苯二甲酸二辛酯,DOP),是合成聚合物时常用的增塑剂。遗憾的是,当这些含有邻苯二甲酸酯增塑剂的聚合物暴露于如二氯甲烷、氯仿,或甲苯等溶剂中时,增塑剂会从聚合物中被提取出来,来源于如注射器、试管、小瓶等。因此,邻苯二甲酸酯增塑剂经常被作为杂质检出。通过它们的质谱峰可以容易识别出来,如 m/z 149(通常是基峰)、m/z 167 和 $[M-(R-2H)]^+$(DOP 时为 m/z 279)。在邻苯二甲酸酯增塑剂的 EI 质谱图中经常无法看到分子离子峰。

在邻苯二甲酸酯的 EI 质谱图中,在 m/z 149 处的离子 $[C_8H_5O_3]^+$ 和在 m/z 167 处的离子 $[C_8H_7O_4]^+$ 尤为突出。最初认为 $[C_8H_5O_3]^+$ 离子的形成是由 McL 重排引起的,随后再失去一个烷氧自由基,并最终稳定为一个环状氧鎓离子[94]。然而,有研究表明,除上述途径外,还有其他四种途径可以导致其形成[95,96]。最重要的裂解途径如图式 6.41 所示。

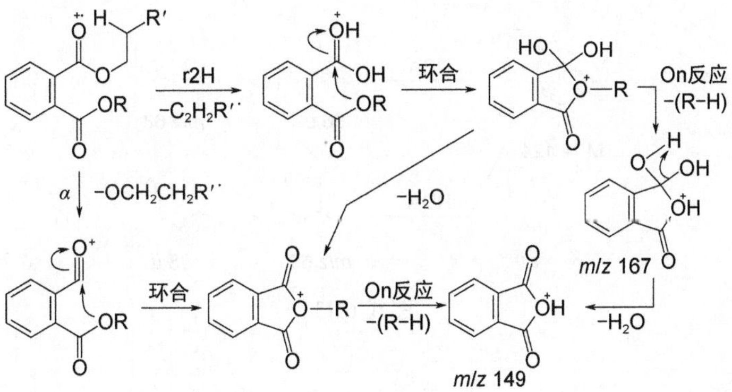

图式 6.41

6.9 逆 Diels-Alder 反应

6.9.1 逆 Diels-Alder 反应的机理

含环己烯结构单元的分子离子可能会发生裂解,形成共轭二烯(diene)和单烯(ene)产物。Biemann 首次提出这种裂解途径与中性物质在凝聚相中的逆 Diels-Alder (retro-Diels-Alder,RDA)反应在形式上类似[73]。裂解原则上通过(a)协同的方式进行;或(b)分步进行,过程类似于串联 α-裂解,其中第一步是烯丙基裂解(图式 6.42)。

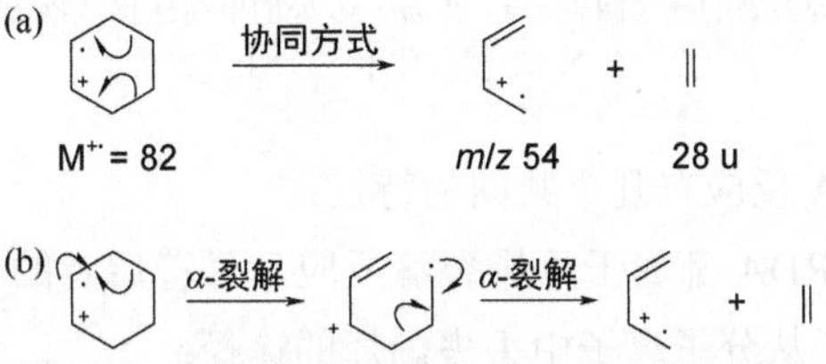

图式 6.42

与大多数离子解离过程一样,RDA 反应是吸热的,例如,在从环己烯分子离子中丢失乙烯的情况下,吸热为 185 kJ/mol[97]。电荷通常保留在二烯片段上,但在质谱图中也经常观察到烯烃的碎片离子。对电荷保留和电荷迁移产物的比例已经有人做了研究[98]。正如可以预料的那样,对电荷的竞争在很大程度上受到环己烯衍生物的取代模式以及相应碎片中是否存在杂原子的影响。

以 3,5,5-三甲基环己烯为例,分子离子$[C_9H_{16}]^{+\cdot}$(m/z 124),通过 RDA 反应丢失异丁烯(C_4H_8,56 u)产生碎片离子$[C_5H_8]^{+\cdot}$,在 m/z 68 处显示出其基峰,这也是在偶数 m/z 处唯一显著的峰(图式 6.43)。而电荷迁移产物$[C_4H_8]^{+\cdot}$(m/z 56)的峰强度较低(图 6.32)。

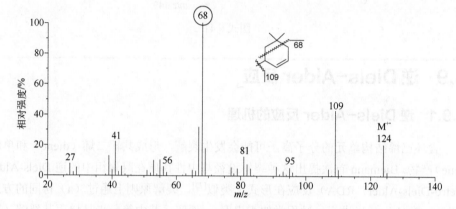

图式 6.43

图 6.32 3,5,5-三甲基环己烯的 EI 质谱图

通过 RDA 反应，分子离子丢失异丁烯 56 u，产生位于 m/z 68 处的基峰，也是唯一在偶数 m/z 处显著的峰（圈表示）。在 m/z 56 处的电荷迁移产物离子峰强度较低
（图谱经 NIST 授权使用。© NIST 2002）

McL 重排和 RDA 反应有几个共同的特征：

① McL 重排和 RDA 都属于重排裂解反应，尽管后者的名称掩盖了这一事实；
② 两者都代表了从分子离子中丢失烯烃的途径；
③ McL 重排和 RDA 在结构解析方面用途都很广泛。

图式 6.44

如果双键在 RDA 反应之前没有迁移，那么烯烃的丢失就具有很好的区域特异性，并且 RDA 反应实际上不会受到环己烯结构单元高度取代的影响。因此，可以从质谱图中揭示取代模式（a）。RDA 反应的发生也与六元环是否含有杂原子无关（b）（图式 6.44）。

6.9.2　逆 Diels-Alder 反应的广泛存在

显然，逆 Diels-Alder（RDA）反应在质谱分析中具有广泛的应用前景[97,99,100]。任何在形式上可以通过 D-A（Diels-Alder）反应合成的分子，都有可能在质谱中发生 RDA 反应。此外，RDA 反应并不局限于自由基正离子，也可能发生在偶电子离子和自由基负离子 $M^{-\bullet}$ 中。这些发现提醒我们离子反应是由离子的内在特性和内能决定的，因此只间接受到产生其所用的电离技术的影响。

> **RDA 在应用上几乎没有什么限制**
> 实际上，几乎任何含有一个双键的六元环结构的分子离子都可以发生 RDA 反应，从而消除一个（取代的）烯烃或相应的杂原子类似物。

6.9.3　天然产物中的逆 Diels-Alder 反应

逆 Diels-Alder（RDA）反应经常见于甾体的分子离子中，该反应可以很好地应用于甾体结构的解析[97,100-102]。RDA 反应的程度取决于中心环的并连构型是顺式还是反式。例如，根据热协同过程的轨道对称性规则，Δ^7-甾烯的质谱图表现出对 A/B 环并连构型立体化学的显著依赖性。

RDA 反应也是黄酮类、萘黄酮类和甲氧基萘黄酮类的典型裂解途径[103]。在许多情况下，RDA 反应提供了完整的 A 环和 B 环碎片离子，因此，与对于结构解析至关重要。研究发现 A 环与 B 环碎片离子的强度比受到取代基位置的显著影响，即取代基效应会显著影响分子离子内的电荷分布[104]。图式 6.45 所示的五环三萜分子离子也发生了 RDA 反应。

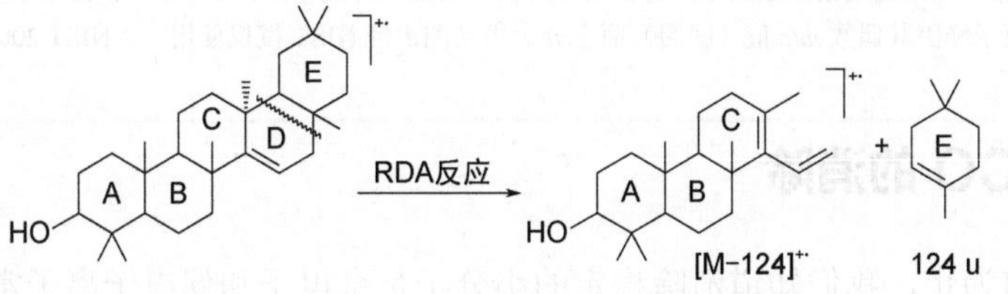

图式 6.45

位置异构对 RDA 反应的影响　正如在质谱图中经常观察到的那样，看似微小的离子结构变化就可能导致相应分析物的质谱图发生显著变化。比较 α-紫罗兰酮和 β-紫罗兰酮的质谱图（图 6.33）发现，当 α-紫罗兰酮主要发生 RDA 反应丢失异丁烯在 m/z 136 处得到碎片离子，而其异构体 β-紫罗兰酮则主要给出高丰度的 $[M-CH_3]^+$ 信号[73]。这是因为在后者中，偕二甲基取代位于环双键的烯丙位，而在这种情况下，烯丙基裂解造成了甲基自由基的丢失，生成了一个热力学上稳定的叔烯丙基正离子。

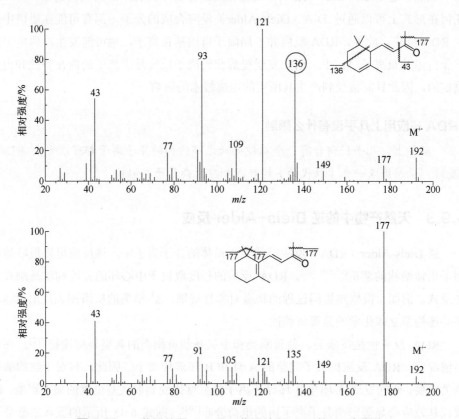

图 6.33　α-紫罗兰酮（a）和 β-紫罗兰酮（b）的 EI 质谱图

在 α-紫罗兰酮的情况下，其分子离子发生 RDA 反应而丢失异丁烯，在 m/z 136 处得到碎片离子峰，而在 β-紫罗兰酮的质谱图中几乎没有丢失烯烃而形成的碎片离子峰。在（a）中 RDA 反应的产物离子峰因其偶数 m/z 值（圆圈）而十分突出（图谱经 NIST 授权使用。© NIST 2002）

6.10　CO 的消除

到目前为止，我们知道消除稳定的小分子是奇电子和偶电子离子常见的裂解途径。除丢失烯烃之外，将考虑丢失一氧化碳（CO）的众多途径。与前面讨论过的反

6.10 CO 的消除

应相比，CO 的丢失并不遵循单一的机理。相反，很多分子离子和碎片离子都可以发生 CO 的丢失。因此，在探讨 CO 丢失的问题时，我们所关注的主要是针对特定化合物，而不是那些展示出特定反应机理的化合物群体。回顾前文，实际上已经遇到过一些 CO 丢失的例子（第 6.2.4 节和 6.8.4 节）。

6.10.1 酚类化合物的 CO 丢失

酚类物质在质谱中通常展现出强的分子离子峰，一般代表其图谱中的基峰。酚类中最具特征的碎片离子是由分子离子[105]丢失 CO 引起的，随后是 H˙的丢失，从而分别形成了[M-28]⁺˙和[M-29]⁺（图式 6.46 和图 6.34），经 HR-MS 鉴定为[M-CO]⁺˙和[M-CHO]⁺[106]。这种最初出人意料的裂解过程，是在 CO 消除之前通过分子离子发生酮化而进行的。该机理已通过氘标记得到了验证。这些实验还表明，从环戊二烯自由基正离子（m/z 66）中进一步裂解出来的 H˙只有大约 1/3 来自原来的 OH 基团，而大部分来自芳环[107]。

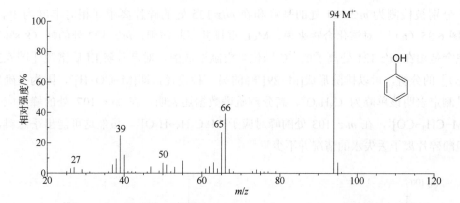

图式 6.46

图 6.34 苯酚的 EI 质谱图在 m/z 66 处显示出由于丢失 CO 而产生的强峰
请注意：在 m/z 94 处的 M⁺˙离子峰和在 m/z 66 处丢失 CO 的产物离子均位于偶数 m/z 处
（图谱经 NIST 授权使用。© NIST 2002）

类似的途径

上述从酚类化合物丢失 CO 的机理与从苯胺和其他氨基芳烃中丢失 HCN 的机理完全类似（第 6.15.2 节）。

烷基酚的分子离子优先发生苄基裂解，例如，甲基酚中观察到的[M−H]⁺。如果有一个 γ-H 在烷基取代基中且有足够的链长，苄基裂解会与 McL 重排反应相竞争[108]，McL 重排的产物离子是甲基酚分子离子的异构体。后者丢失 H˙在 m/z 107 处产生离子[C₇H₇O]⁺，该产物离子可以通过丢失 CO 而进一步裂解，从而在 m/z 79 处形成质子化的苯[C₆H₇]⁺。这些结果说明，丢失 CO 同样也可以发生在偶电子的酚类离子中（图式 6.47）。

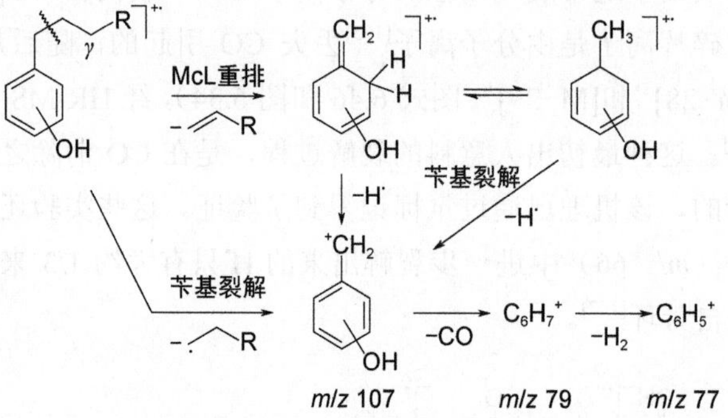

图式 6.47

准确质量帮助确认裂解途径　在 2-(1-甲基丙基)苯酚的 EI 质谱图中，乙基自由基的丢失明显优于甲基自由基的丢失。这个过程是通过苄基裂解发生的，其产物离子分别被检测为 m/z 121 处的基峰和在 m/z 135 处的碎片离子（相对丰度为 3%）[图 6.35（a）]。对该化合物来说，McL 重排并不起作用，m/z 122 处的峰（8.8%）完全是由在 m/z 121 处离子的 ¹³C 同位素贡献造成的。对高分辨 EI 质谱图[图 6.35（b）]的分析，可以排除形成[M−29]⁺峰的另一种途径，即[M−CO−H]⁺，因为准确质量测定表明该单峰为 C₈H₉O⁺。高分辨质谱数据还表明，在 m/z 107 处的峰对应于[M−CH₃−CO]⁺，在 m/z 103 处的峰对应于[M−C₂H₅−H₂O]⁺。虽然这可能出乎意料，但酚碎片离子丢失水的情况并不少见。

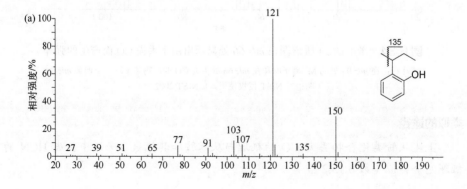

6.10 CO 的消除

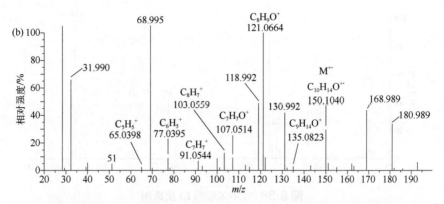

图 6.35 2-(1-甲基丙基)苯酚的低分辨（a）和高分辨（b）质谱图
从精确质量测量中获得的元素组成直接标注在了相应的峰上。带有小字体标签的峰（例如 31.990，仅保留小数点后三位）是由内标质量校准使用的 PFK 和残留空气所致（第 3.6 节）

6.10.2 醌的 CO 和 C_2H_2 丢失

醌类[109]和芳香酮类，如黄酮类[104]、芴酮、蒽醌以及类似化合物[110]通过竞争和连续地丢失 CO 和 C_2H_2 而解离。黄酮在 RDA 反应之后还可能发生多次 CO 丢失[104]。由于这些分子都拥有大的 π 电子体系来稳定电荷，因此它们显示出强分子离子峰，这些分子离子峰一般代表了这些图谱中的基峰。通常，在分子离子完全解离的过程中，任何现成的羰基都会以 CO 的形式被挤出；有时是先丢失 CO，有时与丢失 C_2H_2 交替进行。

从苯醌中消除小分子 1,4-苯醌完美地代表了这种裂解模式。连续地消除完整的 CO（28 u）或 C_2H_2（26 u）分子，形成了一系列完全由奇电子碎片离子组成的离子系列（图式 6.48 和图 6.36）。这导致了诸如[M–28–26–28]$^{+\cdot}$、[M–28–28–26]$^{+\cdot}$ 或 [M–26–28–28]$^{+\cdot}$ 序列的特征碎片离子的形成。

图式 6.48

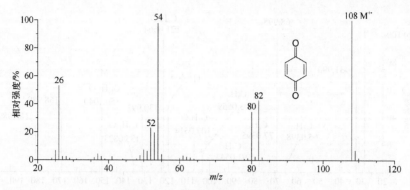

图 6.36 1,4-苯醌的 EI 质谱图

由于这个分子离子只会消除完整的中性小分子,所以带有 m/z 标签的峰都对应于奇电子离子,换句话说,该系列离子从偶数 m/z 的 M$^{+\cdot}$ 开始,并且从不切换到奇数 m/z 值(图谱经 NIST 授权使用。© NIST 2002)

6.10.3 芳基烷基醚的裂解

芳甲醚的分子离子优先通过失去甲醛分子或通过 C—O 键的裂解失去烷基而解离[88,111]。后一个过程产生偶电子的酚基正离子 $C_6H_5O^+$ m/z 93,它很容易挤出 CO(图式 6.48 和图 6.37)[112,113](图式 6.49)。

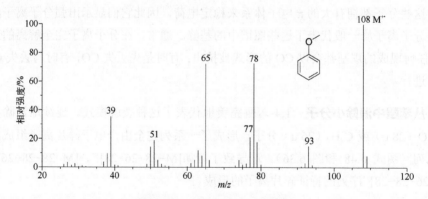

图 6.37 苯甲醚的 EI 质谱图

在 m/z 78 处显示出一个强峰 [M−H$_2$CO]$^{+\cdot}$(图谱经 NIST 授权使用。© NIST 2002)

图式 6.49

6.10 CO 的消除

令人惊讶的是，对苯甲醚中丢失甲醛的机理研究揭示了该过程的两种不同途径，一种涉及四元环过渡态，另一种涉及五元环过渡态（图 6.38）[114]。四元过渡态保持了离子型产物的芳香性，因此具有较低生成热。由于观察到复合亚稳峰，通过分析亚稳态峰型，将两个不同动能释放值反卷积，从而提示了这种相当不寻常的行为（第 2.8 节）。

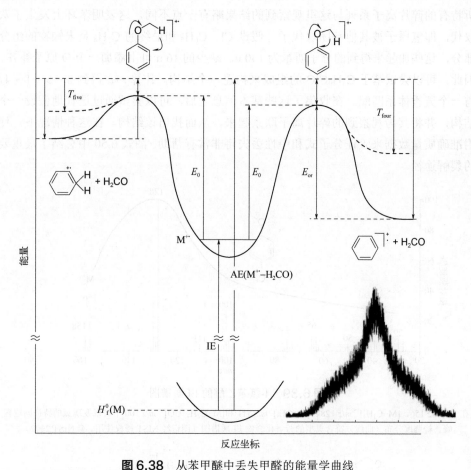

图 6.38 从苯甲醚中丢失甲醛的能量学曲线
插图显示出由于两种不同的动能释放量引起的复合亚稳态峰（经授权改编自参考文献[114]。
© American Chemical Society，1973）

在长链烷基取代基的情况下，正如从适当取代的烷基苯中观察到的那样（第 6.8.3 节），烯烃的丢失与 McL 重排相竞争，例如，苯乙醚及其衍生物所发生的乙烯丢失[111]。

结构解析的方法　"未知"化合物的 EI 质谱图如图 6.39 所示。分子离子（奇电子离子）出现在 m/z 156 处，基峰出现在 m/z 128 处，28 u 的差异可能与丢失 CO、

C_2H_4 或 N_2 有关（第 6.10.6 节），因此，必须考虑重排裂解来解释这一点。此外，质谱图上显示出带有氯同位素模式的峰，确切地说是 Cl_1（一个氯的模式）。Cl_1 的同位素模式在 m/z 156、158，m/z 128、130 处很明显，并且大概也可能发生在 m/z 111、113 和 m/z 100、102 处。较强的 $M^{+\bullet}$ 峰和主要碎片离子加上在 m/z 39、50、65、75 处一系列低丰度碎片离子的组合表明了是芳香化合物。实际上，预期的苄基取代基所特有的碎片离子系列与这里观察到的结果略有一点不同，这表明苯环上发生了双取代，即氢原子被其他基团取代了。假设 Cl、C_6H_5 和最终的 C_2H_4 是未知物的组成部分，这些加起来得到的分子质量为 140 u。缺少的 16 u 可由添加一个 O 原子补齐。因此，可以尝试基于 C_8H_9ClO 的组成来构建一个结构。计算 $r+d$ 得到 $8-5+1=4$，与一个芳香体系匹配。在收集了这些基本信息之后，可以尝试通过迭代地假设一个结构，并将其与观察到的碎片离子联系起来，从而找出该结构。在这种情况下，使用准确质量数据来验证分子式和中性丢失将非常有帮助。图式 6.50 中总结了最重要的裂解途径。

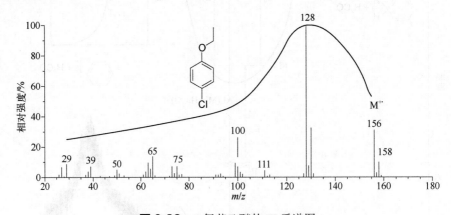

图 6.39 4-氯苯乙醚的 EI 质谱图

在 $M^{+\bullet}$ m/z 156、$[M-C_2H_4]^{+\bullet}$ m/z 128、$[M-OEt]^+$ m/z 111 和 $[M-C_2H_4-CO]^{+\bullet}$ m/z 100 中可以发现氯的特征同位素峰。峰强度分布（曲线）符合典型的芳香化合物 EI 质谱图（图谱经 NIST 授权使用。© NIST 2002）

图式 6.50

6.10.4 过渡金属羰基配合物的 CO 丢失

过渡金属羰基配合物在电子电离时会连续消除所有的 CO 配体，直到剩下裸金属离子为止。因此，纯羰基配合物以及许多其他带有羰基配体的配合物，可以通过它们特征性的 CO 丢失来轻松识别，这些特征 CO 丢失取决于金属的类型，并且通常与相应金属那醒目的同位素模式一起出现（图 6.40）。根据 ^{13}C 标记实验，羰基配合物的解离之前可能会发生广泛的异构化[115]。此外，从羰基配合物的质谱裂解模式中可以推断出异金属的过渡金属二聚体中 M—CO 键的不同键合强度，例如在 $[Mn(CO)_5Re(^{13}CO)_5]$ 中 Mn 选择性的 ^{12}CO 丢失，被解释为 Re—CO 键更强[116]。

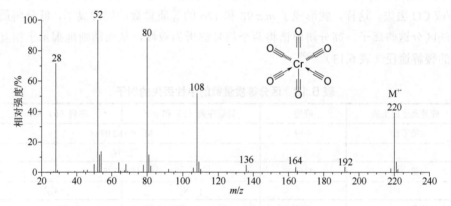

图 6.40　六羰基铬的 EI 质谱图

6 个 CO 配体都被消除，直至剩下裸金属离子 m/z 52。从较强的信号可以更好地识别铬的同位素模式（图谱经 NIST 授权使用。© NIST 2002）

6.10.5 羰基化合物的 CO 丢失

丙二酸酯[117]、β-酮酯[118]、苯氧乙酸酯[119]和许多其他具有类似结构特征的化合物在质谱中可以丢失 CO 分子。无论 CO 丢失的机理可能是什么，在上述情况中，CO 丢失均不是通过简单的键裂解进行的。相反，需要多步重排才能将 CO 基团从前体离子中"剪切"出来。

> **CO 丢失的来源**
>
> 从分子离子或碎片离子中检测到 CO 丢失通常表明存在羰基。然而，与之前讨论的高度特异性的反应相比，它对分子结构的指示性较低，因为许多重排过程都可能奏效。这些甚至可能导致在不存在羰基的情况下发生 CO 的丢失，例如，酚类物质。

6.10.6 区分 CO、N_2 和 C_2H_4 的丢失

一氧化碳（CO, 27.9949 u）是乙烯（C_2H_4, 28.0313 u）和氮气（N_2, 28.0061 u）的标称等质量数分子，如何运用高分辨质谱来区分这些气体在之前章节中已经介绍过（第 3.6 节）。因此，对于给定一对峰，通过准确质量的差异可以用来确认中性丢失，例如，使用高分辨质谱将 2-(1-甲基丙基)苯酚的[M-29]$^+$峰唯一归属为[M-C_2H_5]$^+$（第 6.9.1 节）。在同一化合物中，N_2、CO 和/或 C_2H_4 的消除甚至可能发生在连续性和竞争性的裂解途径上[120]。

高分辨质谱区分 CO、N_2 和 C_2H_4 的丢失 反式 3-甲基四唑-5-丙烯酸乙酯分子离子[$C_7H_{10}O_2N_4$]$^{+\cdot}$ m/z 182.0798，表现出两个裂解系列，涉及不同顺序的 N_2、C_2H_4 和/或 CO 丢失。这样，就形成了 m/z 98 和 126 的等质量数的碎片离子，低分辨质谱无法区分这些离子。高分辨质谱将两个信号解析为双峰，从而清晰地揭示了相互竞争的裂解途径（表 6.13）[120]。

表 6.13 区分等质量数的中性丢失的例子

碎片离子的生成	峰型	裂解序列（a）和 m/z	序列（b）和 m/z
第零代	单峰	M$^{+\cdot}$ = 182.0798	
		↓ – N_2	
第一代	单峰	154.0737	
		↓ – N_2	↓ – C_2H_4
第二代	双峰	126.0675（10%）	126.0424（90%）
		↓ – C_2H_4	↓ – CO
第三代	双峰	98.0362（61%）	98.0475（39%）

提示

如果对哪种中性丢失的准确性存在疑问，强烈建议获取高分辨质谱数据，以避免歧义。此外，对于给定的一对峰，即使离子的组成仍然未知，也可以通过准确质量的差异来识别中性丢失。

6.11 热降解与离子裂解的区别

加热样品是一种常规的操作，通过从放置在直接插入进样杆上的小坩埚来促使样品蒸发，这可能会在电离之前引起不必要的反应。因此，如果不是在质谱过程中发生的热反应，可能导致质谱图但不代表分析物本身，而是其分解产物。有时，这些热反应难以识别，因为相应分子离子的真实质谱裂解也可能发生相同的中性丢失。

6.11 热降解与离子裂解的区别

在更不利的情况下，热分解不会产生单一确定的衍生物，而是复杂的热裂解混合物。在分析高极性天然产物（例如糖类、核苷酸和肽）或离子化合物（例如有机盐或金属络合物）时就会发生这种情况。

6.11.1 脱羰和脱羧

电离前的热降解可导致分析物脱羰或脱羧。脱羰反应主要见于 α-酮羧酸和 α-酮羧酸酯，而脱羧反应主要见于 β-羟基羧酸，如丙二酸及其衍生物和二羧酸、三羧酸或多羧酸。

6.11.2 RDA 反应

在高温下 D-A 反应是可逆的，因此 D-A 反应产物可以在蒸发前通过凝聚相中的中性化合物的 RDA 反应进行分解。质谱中的 RDA 反应在前面章节已经详细讨论过（第 6.9 节）。

6.11.3 烷基醇的脱水

烷基醇表现出很强的热脱水效应。如果挥发性烷基醇是通过参考物进样系统或通过气相色谱仪引入时，这一点特别重要。此时，质谱图对应的是相应的烯烃而不是要分析的烷基醇。水通常没被检测到，因为质谱图经常从 m/z 40 开始采集，以排除残留空气中的背景。

有趣的是，烷基醇分子离子脱水效应也很强[27,121,122]，这是它们除了 α-裂解之外还有第二个重要的裂解途径（第 6.2.5 节）。有研究证明，烷基醇分子离子中的大部分脱水是通过 1,4-消除进行的，而只有一小部分脱水是由于其他的 1,x-消除。根据标记结果，可以假设环状中间体会通过失去乙烯进一步裂解[122]。这些发现不仅通过氘标记研究验证，也是因为脱水在甲醇、乙醇和丙醇的质谱图中的作用不那么重要（图式 6.51）。

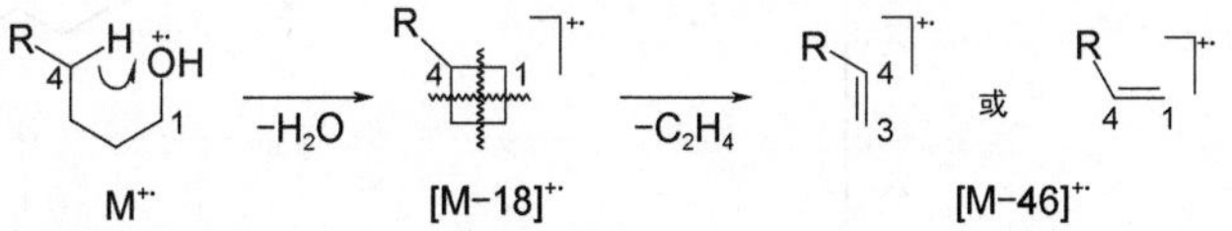

图式 6.51

醇和烯烃图谱的相似性 1-己醇 M_r = 102 u 和 1-己烯 M_r = 84 u 的 EI 质谱图相似，这是因为己醇的质谱图中没有分子离子峰（图 6.41）。然而，对己醇图谱进行更仔细检查，发现在 m/z 18、19、31、45 和 59 处的峰不存在于己烯图谱中。这是由于 $H_2O^{+\bullet}$、H_3O^+ 和氧鎓离子（$H_2C=OH^+$、$H_3CCH=OH^+$ 等），它们是烷基醇和烷基醚类的可靠指标（表 6.8）。

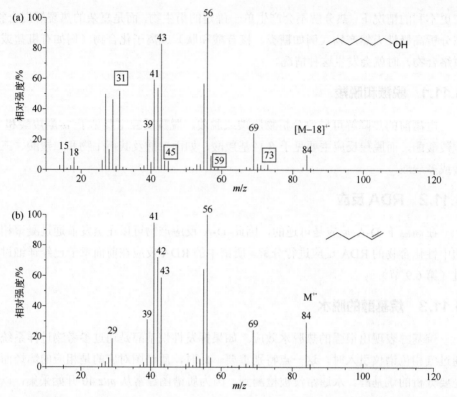

图 6.41　1-己醇 $M_r = 102$ u（a）和 1-己烯 $M_r = 84$ u（b）EI 质谱图的比较

请注意相似之处和不同之处。如果这些离子没有用方框标记，您会注意到（a）中的氧鎓离子系列吗？另请注意，m/z 31 处的峰是最强的氧鎓离子信号，因为该图谱属于伯醇（图谱经 NIST 授权使用。© NIST 2002）

除了观察到氧鎓离子，当分子离子峰不存在的情况下，偶尔也可以从出现看似[M−3]的峰来识别烷基醇（图 6.42）。3 u 的异常差异来自相邻的$[M-CH_3]^+$和

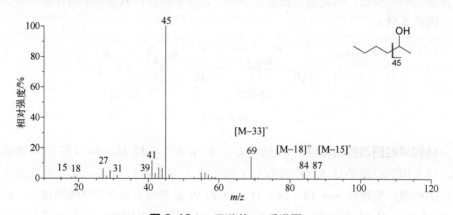

图 6.42　2-己醇的 EI 质谱图

$M_r = 102$ u（图谱经 NIST 授权使用。©NIST 2002）

[M−H₂O]⁺·峰。在这种情况下，[M−33]峰表示 CH₃· 和 H₂O 依次连续丢失，即形成[M−H₂O−CH₃]⁺和[M−CH₃−H₂O]⁺。或者，也可能出现[M−H₂O]⁺·和[M−H₂O−C₂H₄]⁺·系列（图式 6.51）。

> **烷基醇的指认**
>
> 烷基醇的 EI 质谱图通常不显示分子离子峰，即使出现，这些信号也很弱。相反，可以观察到的是离子峰[M−15]⁺、[M−18]⁺·、[M−33]⁺（可以按照任意顺序丢失 CH₃· 和 H₂O）以及偶尔出现的[M−46]⁺（丢失 H₂O 和 C₂H₄）。

6.11.4 有机盐的 EI 质谱图

铵、磷、氧鎓盐等在没有充分或完全分解的情况下不能蒸发，因此无法用 EI-MS 很好地表征它们。然而，如果某个有机盐样品恰好并被 EI-MS 检测出来了，那么研究这些结果会有助于了解它们的识别方法。这些鎓盐的 EI 质谱图通常是由相应的铵、䥽或醚类化合物产生的，而且幸运的是，负离子并不会"隐藏"起来。

EI 分析铵盐 四丁基碘化铵的 EI 质谱图中有低强度的[Bu₄N]⁺ m/z 242 离子峰（0.6%）。在 m/z 369 处没有观察到铵盐的"分子离子"。这是因为大部分四丁基碘化铵发生了分解，而且它的 EI 图谱与纯的三丁胺的 EI 图谱非常相似，在 m/z 185 显示其分子离子峰（在第 6.12.1 节中解释了其裂解途径）。然而仔细观察，可发现 m/z 127 和 128 分别对应于 I⁺和 HI⁺·的峰（图 6.43）。

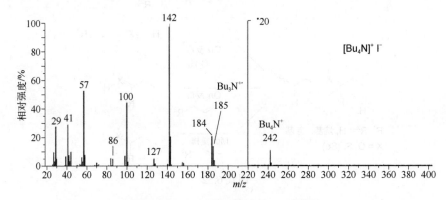

图 6.43 四丁基碘化铵的 EI 质谱图

m/z 220 以上峰强度等级放大了 20 倍，即忽略 m/z 127 和 128 处的峰，此图谱与纯三丁胺的质谱图非常相似［图 6.44（b）；其场解吸的质谱图参见第 8.6 节中的图 8.18］

6.12 鎓离子中丢失烯烃

到目前为止，烷基鎓离子如亚胺正离子、氧鎓离子和硫鎓离子仅指那些由胺、醇、醚、硫醇和硫醚的分子离子发生 α-裂解得到的偶电子型产物离子（第 6.2.5 节）。所有这些锑离子和类似的锑离子都能够发生进一步的裂解反应，其中大部分是烯烃的丢失[123]，从而产生对结构解析非常重要的碎片离子。

这些反应中首先需要一个 γ-氢，因此至少需要一个 C_3 烷基取代。锑离子丢失烯烃的裂解反应可以被视为偶电子版本的 McL 重排（even-electron analogy of the McLafferty rearrangement）（第 6.8 节），如这里所述[77,78,124]，或者作为逆-Ene（retro-ene）反应[125,126]。

第二次烯烃消除可能发生在任何至少带一个 C_2 烷基的锑离子上，这显然是进行烯烃消除（乙烯）的最低先决条件。通过这个过程，整个取代基从杂原子上裂解下来，伴随着从离去基团到杂原子的非特异性氢迁移[25,28]。由于在锑离子上发生这种反应，因此这种烯烃的丢失有时被称为锑反应（onium reaction，On）[30,54,127-130]。通过研究被适当取代的锑离子的裂解反应，提出了锑离子丢失烯烃的普遍裂解方式（图式 6.52）。

图式 6.52

6.12.1 锑离子的 McL 重排

与奇电子离子一样，锑离子的 McL 重排对 γ-H 迁移具有 100% 的区域选择性。氘标记实验反复证明了这一点[124,127,129,131]。一般这种 γ-位置的选择性也支持亚胺正离子在裂解之前不经历随机的氢迁移和碳骨架重排[22,124,132]。通常观察到的锑离子对异构化不敏感，这与 $[C_nH_{2n+1}]^+$（第 6.6.1 节）和 $[C_nH_{2n-1}]^+$（第 6.5.1 节）形成鲜明的对比，这可归因于电荷更倾向于集中在杂原子上[133]。

6.12 鎓离子中丢失烯烃

在鎓离子的 McL 重排中，发生迁移的氢原子来源和产物离子的结构是众所周知的。大量的实验数据与完全符合一个由 1,5-氢负离子迁移引发的分步异裂机理一致[124,127,131,134-136]（图式 6.53）。

图式 6.53

然后碳正离子中间体通过电荷诱导的 C—C 键裂解而消除烯烃。碳正离子中间体存在的最有力证据是由 γ-位的取代基 R 对鎓反应和 McL 重排反应竞争的影响所提出的。如果 R = H，即对于丙基取代的亚胺正离子，两个反应的产物表现出相似的丰度。如果 R = Me 或更大的基团，甚至存在两个烷基，则 McL 重排变得非常显著，因为其中间体分别是仲碳或叔碳正离子，而在 R = H 的情况下是伯碳正离子中间体。在处理鎓反应的机理时，碳正离子相对的稳定性对鎓离子裂解（第 6.12.2 节）的重要性将变得更加明显。

> **McL 始终有用**
> 无论确切的机理和正确的名称如何，鎓离子的 McL 重排都是通过质谱可靠地确定离子结构的过程之一。

烷基胺的裂解 比较三丙胺［图 6.44（a）］和三丁胺[128]［图 6.44（b）］的 EI 质谱图表明，可以发现后者基本上可以通过两类反应来解释：三丁胺的分子离子发生 α-裂解在 m/z 185 处形成丁基亚甲基亚胺正离子 m/z 142，后续通过 McL 重排（图式 6.54）发生两分子丙烯的消除（42 u）。三丙胺分子离子的主要亚胺碎片离子 m/z 114 的丙基可以同时发生两种裂解反应，即通过 McL 重排消除乙烯和通过鎓反应消除丙烯，分别产生 m/z 86 和 72 的质谱峰。

氧鎓离子的 McL 重排 氧鎓离子的 McL 重排不一定像上述烷基胺中的亚胺正离子那样明显。特别是，当其他解离途径会有效地竞争时，相应的信号可能丰度较低。丁基异丙醚的 EI 质谱图是这种情况的典型代表：只有 m/z 101 处的初级碎片离子能够经 McL 重排形成 m/z 59 的氧鎓离子（图 6.45 和图式 6.56）。在 m/z 56 处的 $[C_4H_8]^{+\bullet}$ 峰是从分子离子[137,138]中丢失异丙醇产生的。从醚的分子离子中消除 ROH 通常丰度较低，但在 α-碳上存在支链取代的情况下 ROH 的消除可能会更容易发生。

348　　第6章　有机离子的裂解和EI质谱图的解析

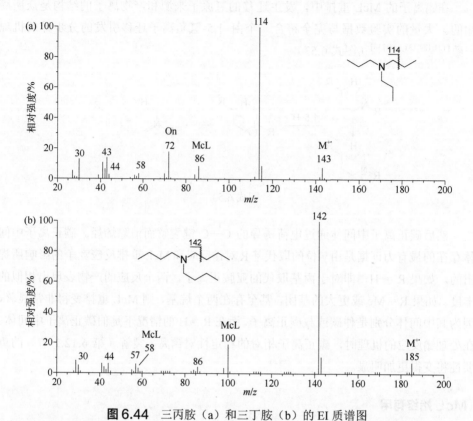

图 6.44 三丙胺（a）和三丁胺（b）的 EI 质谱图
对于这两种化合物，亚胺正离子系列从 m/z 30 起就全部存在（图谱经 NIST 授权使用。©NIST 2002）

图式 6.54

6.12 鎓离子中丢失烯烃

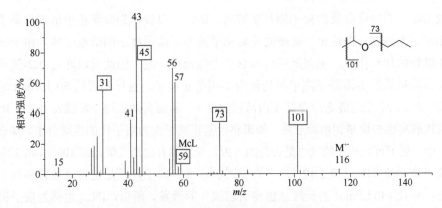

图 6.45 丁基异丙醚的 EI 质谱图

一系列明显的强氧鎓离子峰（方框）清楚地表明，这个图谱一定属于烷基醚或烷基醇。在这里，初级氧鎓碎片离子[M−CH$_3$]$^+$ m/z 101 经过 McL 重排，丢失 C$_3$H$_8$ 产生氧鎓离子 m/z 59（图谱经 NIST 授权使用。© NIST 2002）

如何解谱　到目前为止，已经学习了以下几种解谱方法：

① 识别分子离子峰（第 6.7 节）。

② 仔细寻找 Cl、Br、Si 和 S 的同位素模式分布；用 ^{13}C 峰来估算碳原子的数量（第 3 章）。

③ 检查偶数和奇数的 m/z 值，从偶数到奇数的变化，反之亦然。应用偶电子规则。

④ 应用氮规则。

⑤ 从强度分布判断化合物应该是烷基化合物还是芳香族化合物。

⑥ 寻找特征离子系列（即便当如本书中提示用的方格和圆圈不在时，也要这样做）。

6.12.2 鎓反应

通过鎓反应（On）从烷基鎓离子中消除烯烃，包括 C—X 键的裂解以及同时将一个氢从离去的烷基部分迁移到杂原子上。这种看似简单的反应实际上是涉及一个离子-中性复合物（ion-neutral complex，INC）中间体的多步过程。离子-中性复合物的性质将在下面详细讨论（第 6.13 节）。在这里，我们仅限于将这个概念应用于实现对鎓离子质谱行为一致性的解释。

亚胺正离子[127,129,130,136,139,140]和氧鎓离子[32,125,141,142]的鎓反应已被详尽地研究了。以异丙基-丙基亚甲基亚胺正离子 m/z 114 为例，它的鎓反应由 C—N 键的异裂延伸而引发（图式 6.55）。经历过渡态之后，通常反应会通过直接解离产生 C$_3$H$_7^+$ m/z 43（丢失亚胺）。或者，初始的丙基正离子可能与亚胺一起存在，从而形成离子中性复合物 INC$_1$。将遵循哪些反应途径取决于离子内能，即能量较低的离子将倾向于形成 INC，而高度激发的离子则易于解离。INC 可以被视为凝聚相中溶剂化离子的气相作用类似物。在这里，亚胺的孤对电子充当了碳正离子的给电子体。由于离子和中性物的相互作用，主要是通过库仑引力结合在一起，因此可以通过 1,2-氢负离子迁移将初始的 1-丙基正离子异构化为 2-丙基正离子。这伴随着约 60 kJ/mol 的稳定能（表 2.3）。稳定能必须存储在内部自由度中，从而有助于进一步激发 INC_1。INC_1 的直接解离也被检测到消除亚胺。如果将丙基正离子视为质子化的丙烯分子，那么在 INC 中，质子可以被亚胺吸引是合理的，因为亚胺具有比离去烯烃高 100～140 kJ/mol 的质子亲和能（PA，第 2.12 节）[124,143-145]。因此，质子几乎是定量地被转移到了亚胺上，并且 140 kJ/mol 的反应热也将引起额外的激发。所以，INC_2 也称为质子桥联复合物（proton-bridged complex，PBC），最终分解产生亚胺正离子（m/z 72）和丙烯（42 u）。

图式 6.55

鎓反应的更多例子 N-乙基-N-甲基丙胺（图 6.6）、三丙胺和三丁基胺（图 6.44）的图谱也说明了亚胺正离子通过鎓反应失去烯烃。氧鎓离子参与了二乙醚和甲基丙烯醚的裂解（图 6.7），并且已经发表了许多其他相关的研究[125,141,142,146]。下面是丁基-异丙醚的裂解过程（图式 6.56）。

鎓反应和鎓离子的 McL 重排密切相关，因为它们经常发生在同一个离子上。然而，对上述机理的了解揭示了它们进行方式的显著差异，而且表明了鎓反应和

6.13 离子-中性复合物

McL 重排的竞争关系：在鎓反应中，在 C_α（与杂原子相邻的碳原子）处没有支链取代的烷基，必须通过类似于形成初级碳正离子的过渡态被裂解下来。在 C_α 处的支链取代将对键异解的难易程度产生显著影响。正如之前所指出的那样，对于 McL 重排，在 C_γ 处有支链取代的情况下，可以观察到类似的效果（第 6.12.1 节和图 6.44）。很明显，通过较高支化度碳正离子中间体的反应途径将作为主要过程被观察到。

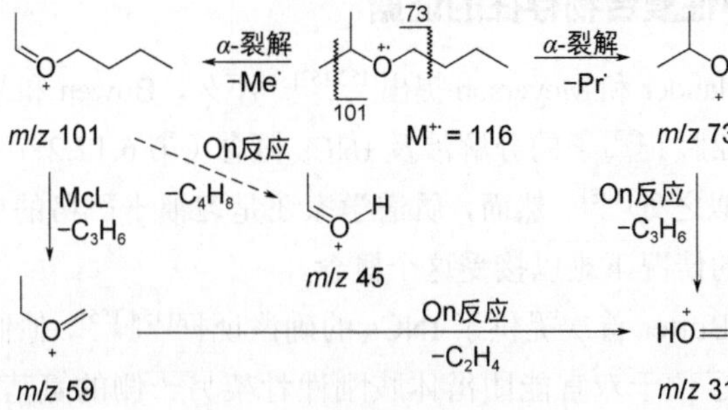

图式 6.56

在亚胺正离子裂解的情况下，亚胺和烯烃之间的质子亲和能的巨大差异 ΔPA，明显有利于形成亚胺正离子与中性烯烃，而消除亚胺仅限于高能的前体离子。

在氧鎓离子的分解过程中，情况则完全不同，即烯烃的消除不那么明显，而醛（酮）的消除则更加明显。观察到的这些变化与鎓反应假设的机理非常一致[125,147]。氧鎓离子+烯烃和醛+碳正离子的两种产物对中可能优先形成第一个，因为醛/酮与烯烃的 ΔPA 相对较小（20~60 kJ/mol），甚至为零，例如丙酮/异丁烯对[125,145,147]（图式 6.57）。

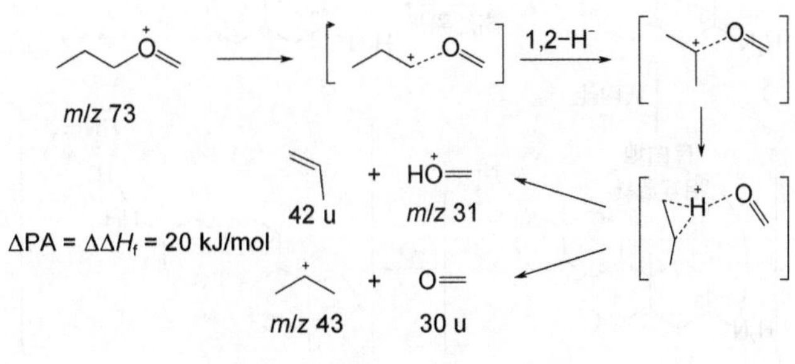

图式 6.57

6.13 离子-中性复合物

在上述关于鎓反应机理的讨论中，遇到了另一种类型的单分子离子裂解反应中间体：离子-中性复合物（ion-neutral complexes，INC）[24,37,148-151]。与荷基异位离子

（第 6.3 节）相比，离子-中性复合中间体为孤立的离子裂解途径增加了一些双分子反应特征。这是通过让初始中性片段与离子部分一起保持一段时间来实现的，这两个片段都源自相同的前体离子，从而能够发生那些原本只能从双分子离子-分子反应中发生的过程。这种裂解的最终产物由所涉及的物种的性质决定，例如，由两个片段的相对质子亲和能决定，就像鎓反应一样。

6.13.1 离子-中性复合物存在的证据

INCs 最早由 Rylander 和 Meyerson 提出[152,153]。不久，Bowen 和 Williams[125,139,140,147] 提出了氧鎓离子和亚胺正离子的分解涉及 INCs 概念（第 6.12.2 节），Morton 描述了与溶剂解历程的相似之处[148]。然而，质谱学家还是习惯于严格的单分子反应，以至于在没有确凿证据的情况下难以接受这个概念。

Longevialle 和 Botter 首次提供了 INCs 的确凿证据[154,155]，他们证明了质子从亚胺碎片离子迁移到了位于双官能团甾体胺刚性骨架另一侧的氨基上[155]。如果没有 INC 的介导，这样的质子迁移就无法进行；否则，一个传统的氢迁移就要跨越两个距离大约 10^{-9} m 的基团，这大约是常规距离的 5 倍。

这种意外反应的发生主要取决于离子的内能：高能分子离子发生 α-裂解，形成亚胺正离子$[C_2H_6N]^+$ m/z 44；而低能离子，尤其是亚稳态离子则表现出亚胺丢失。显然，反应搭档间的相互旋转必须先于最终的酸碱反应，这样才更有利于亚胺的丢失，即形成$[M-C_2H_5N]^{+\cdot}$碎片离子，$[M-43]^{+\cdot}$。这是可能的，因为自由基和离子之间的

图式 6.58

引力足够强，可以通过形成 INC 来阻止自发性解离。现在，反应伙伴间的相互旋转使得可以开拓额外的裂解途径。最后，质子向氨基的转移在热力学上是有利的，因为乙基亚胺的质子亲和能（891 kJ/mol）可能低于甾族胺自由基的质子亲和能（根据对环己胺的质子亲和能的估计[143]，其 PA 约 920 kJ/mol，即 ΔPA ≈ 29 kJ/mol）。

当初始碎片分离得太快以至于两个片段无法旋转到合适的构型时，质子转移反应将不再发生。这里，中间体寿命的下限可以估计为 10^{-11} s（图式 6.58）。因此，α-裂解和 INC 介导的反应之间的竞争受离子内能的控制。

6.13.2 离子-中性复合物中的引力

离子-中性复合物一词适用于描述离子和中性物主要通过静电引力结合在一起的复合物[151]。INC 必须通过将正/负电荷以及供电子或电子受体基团相互吸引在一起，而不是通过共价键的作用结合在一起。这可以通过离子偶极和离子诱导偶极相互作用来实现。INC 的形成可以与凝聚相中的溶剂解反应以及随后的相互溶剂化进行比较[148]。通常，稳定能 V_r 在 20～50 kJ/mol 的范围内。

考虑一个离子 AM$^+$ 的解离，它可以解离形成碎片 A$^+$ 和 M，也可以生成 INC[A$^+$, M]，由于可以自由相互旋转，因此可以重新定向组分。在 INC 中，只有当 A$^+$ 和 M 达到明确定义的相互取向时才能重新组合，即系统必须冻结旋转自由度。这种能够形成共价键的构型被称为"锁定转子临界构型"[149-151,156]，任何反应途径，如质子转移或重组，都必须通过这个熵瓶颈。INC[A$^+$, M]原则上可以进行多次异构化，并可能在任何一种异构态下解离（图式 6.59）。

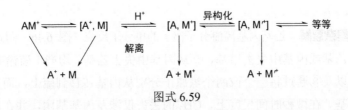

图式 6.59

> **INCs 意味着反应缓慢**
>
> 任何依赖于要达到特定构型的反应，即"经典"重排裂解反应，尤其是 INC 介导的过程，都表现出相对较低的速率常数，这是由于需要通过的熵瓶颈（参见紧密过渡态，第 2.5 节）。因此，高内能离子不倾向于发生 INC 介导的反应，但更倾向于发生直接的键裂解反应。

6.13.3 离子-中性复合物的标准

如果一个物种的寿命足够长,能够发生除了初始粒子解离之外的其他化学反应,则可以将其视为 INC。这就是离子-中性复合物作为反应性中间体的最低标准，不然任何过渡态都可以作为 INC[151,157]。此外，还应满足重新定向标准[24,149]，即所涉及的粒子必须可以重新自由定向。尽管本书作者仍将标准视为临时性的，但 McAdoo 和 Hudson 提供了有用的离子-中性复合物介导解离的附加特征的集合[158,159]：

① 随着内能的增加，将观察到形成 INC 的键发生裂解而导致的完全解离，并且随着内能的增加，相对于通过 INC 介导的途径，这种直接解离过程将变得越来越重要；

② INC 介导的过程将是离子能量最低的反应之一；

③ 复合物内部和分子对间可能发生的反应在简单解离能阈值以下；

④ 与观察结果一致的替代机理将需要更高能量的过渡态，在这些过渡态中，多个键的裂解和形成同时发生，甚至是不可能几何构型的过渡态；

⑤ 观察到的动力学同位素效应通常很大（因为过渡态的过剩能量很低）；

⑥ 相应的亚稳态分解释放的动能可能非常小。

6.13.4　自由基正离子的离子-中性复合物

离子-中性复合物中间体既不局限于偶电子碎片离子，也不局限于由中性分子和离子组成的复合物。此外，还可能形成自由基-离子复合物和自由基离子-中性复合物，它们可能会解离产生相应的碎片离子，甚至可以通过氢负离子、质子或氢自由基迁移进行可逆的相互转化。许多例子来自烷基醇[160,161]、烷基苯基醚[162-164]和硫醚[165]。

硫醚的复杂裂解　乙基丙基硫醚分子离子的单分子反应（图 6.46，图式 6.60）[165]主要是①从乙基或丙基中失去甲基，②从丙基中失去乙基，均产生硫鎓离子[166]（第 6.2.5 节），以及③通过将一个或两个氢原子分别从丙基转移到硫上，而消除丙烯或烯丙基自由基。在微秒时间尺度上，$CH_3^•$ 的丢失仅涉及丙基基团，并在此之前发生这个基团异构化。丙基上氢原子的位置特异性会部分丧失，但不会发生乙基中氢原子或碳原子被纳入到形成的中性物种中。由初始碳正离子中的 1,2-氢负离子迁移辅助的 C—S 键裂解，生成了乙硫自由基和 2-丙基正离子的 INC。在 $CH_3^•$ 丢失之前，INC 可能重新结合形成乙基异丙基硫醚的分子离子（参见图 6.9），或通过质子转移反应生成另一个 INC，该 INC 可以解离或经历氢原子转移，然后消除烯丙基自由基。亚稳态离子分解过程中氢原子位置特异性的部分丧失主要是组分间可逆的质子转移的结果，这种质子转移在与复合物中碳正离子基团内的 1,2-氢负离子迁移的竞争过程中更占优势关系。

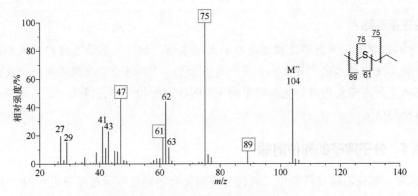

图 6.46 乙基丙基硫醚的 EI 质谱图

也可以与乙基异丙基硫醚的图谱进行比较，见图 6.10。同位素模式在第 3.2 节进行了讨论。硫鎓离子用灰色方框标记（图谱经 NIST 授权使用。© NIST 2002）

图式 6.60

6.14 邻位消除

邻位消除（邻位效应）被认为是结构诊断上最重要的质谱裂解模式之一[167]。实际上，从关于这一过程的第一份研究报告[94]到现在，有关各种化合物的这一课题一直备受关注，并涉及范围广泛的化合物[168-173]。这些研究活动的驱动力源于该过程与芳基化合物的取代模式的严格关系。合适的 1,2-二取代顺式双键的存在为这种重排型裂解提供了基本的结构要求，并且这种双键通常是芳香体系的一部分，"邻位消除"因此而得名。

效应还是消除？

"邻位效应"虽然不是描述反应的正确术语，但这一术语已经广为人知，另一个偶尔使用的术语"逆-1,4-加成"是多余的；1,4-消除可以描述相同的反应。遗憾的是，这可能与例如烷基醇中的 1,4-H$_2$O 消除相混淆。因此，这里建议并使用术语邻位消除。

6.14.1 分子离子的邻位消除

通常，邻位消除是指邻位二取代芳香族化合物通过六元过渡态进行的一个氢原子转移反应。在实际情况中，反应基团几乎处在可以形成这种六元过渡态的位置上。邻位消除的一般机理如下（图式 6.61）。

图式 6.61

电荷可以驻留在任一产物上，但电荷保留在二烯产物上通常是主要的。由于 1,2-二取代的顺式双键不一定属于芳基，分子的可选部分在图式 6.61 中用虚线表示。

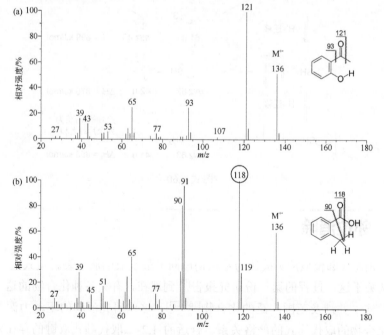

图 6.47 （a）2-羟基苯乙酮和（b）2-甲基苯甲酸的 EI 质谱图

在（a）中甲基不是一个有效的 H 受体，因此 2-羟基苯乙酮消除 CH$_3$˙，而在（b）中 OH 在 2-甲基苯甲酸中容易获得 H˙形成 H$_2$O（圆圈）（图谱经 NIST 许可使用）。© NIST 2002）

6.14 邻位消除

除了取代模式外,邻位消除还要求取代基 A 带有一个接受氢的离去基团 Z,而取代基 B 则需要是一个氢的供体,例如羟基、氨基、硫醇甚至烷基[174]。

邻位消除对结构的要求 2-羟基苯乙酮离去的甲基[图 6.47（a）]不是合适的氢受体,因此均裂占主导地位。其 α-裂解丢失一个甲基得到$[M-CH_3]^+$ m/z 121,苯基裂解丢失一个酰基得到$[M-COCH_3]^+$ m/z 93。2-甲基苯甲酸分子离子满足邻位消除的所有要求[图 6.47（b）][94]。像往常一样,均裂仍与邻位消除存在竞争[175],但由于失去含有供体位点中一个氢的完整分子所产生的额外碎片离子不能被忽视。因此,其脱水生成的碎片离子$[M-H_2O]^{+\cdot}$ m/z 118 的相对丰度超过了 α-裂解的碎片离子$[M-OH]^+$ m/z 119 的相对丰度,而且苯基裂解的碎片离子$[M-COOH]^+$ m/z 91 不得不与脱甲酸的碎片离子$[M-HCOOH]^{+\cdot}$ m/z 90 相竞争（图式 6.62）。所以,这种邻位消除引起的中性丢失在间位和对位异构体的质谱图中不存在。

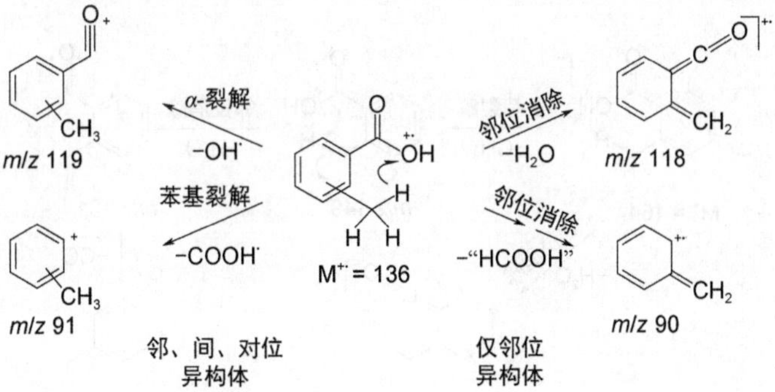

图式 6.62

如异丙基苯甲酸亚稳态离子研究[176]所示, m/z 90 离子的形成应为两步,产物是$[M-OH-CHO]^{+\cdot}$而不是$[M-HCOOH]^{+\cdot}$,这是违背偶电子规则的另一个例子(第 6.1.3 节)。

6.14.2 偶电子离子的邻位消除

与之前的 McL 重排和 RDA 反应一样,邻位消除的发生并不局限于分子离子。偶电子离子同样可以很好地发生邻位消除。

奇电子和偶电子离子的邻位消除 通过对异丙基苯甲酸的质谱检测发现,分子离子 m/z 164 和$[M-CH_3]^+$ m/z 149 都可以邻位消除脱水分别生成碎片离子 m/z 146 和 131（图 6.48）[176]。$[M-CH_3-H_2O]^+$是苯甲酰基正离子的同系物,进一步脱 CO 分解,从而产生一个总体对应于$[M-CH_3-HCOOH]^+$的碎片离子 m/z 103（图式 6.63）。

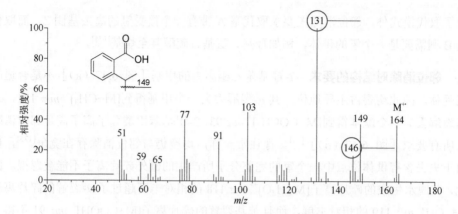

图 6.48 异丙基苯甲酸的 EI 质谱图

M$^{+\cdot}$（奇电子离子）和[M−CH$_3$]$^+$（偶电子离子）都通过邻位消除脱水（用线条和圆圈表示）产生。
在 m/z 20~50 范围内的水平线表示没有可用数据，这并不一定意味着如果在采集图谱期间
包含了该范围，就不会存在离子（图谱经 NIST 授权使用。© NIST 2002）

图式 6.63

1,2-双(三甲基硅氧基)苯的裂解　1,2-双(三甲基硅氧基)苯的分子离子 m/z 254，经历 Si—C 键裂解丢失甲基，是硅烷的典型裂解途径（图 6.49）。[M−CH$_3$]$^+$ 重排生成三甲基硅正离子[Si(Me)$_3$]$^+$ m/z 73（基峰）。这并不是严格意义上的伴随 H$^\cdot$ 转移的邻位消除，但所观察到的反应对邻位异构体仍具有特异性[167,177]。在间位和对位异构体的质谱图中，[Si(Me)$_3$]$^+$ 的丰度较低，基峰归属于[M−CH$_3$]$^+$。此外，对于间位和对位异构体来说，m/z 73 离子直接由分子离子生成，这明显不同于邻位异构体的两步途径（图式 6.64）。

硅烷化

三甲基硅烷（TMS）衍生物经常用于挥发性醇[177,178]、羧酸[179,180]和其他化合物[181]的质谱分析，尤其是用于 GC-MS。TMS 衍生物的 EI 质谱图显示出较弱的分子离子峰，[M−CH$_3$]$^+$ 信号一般清晰可见，并且通常以[Si(Me)$_3$]$^+$ m/z 73 作为基峰。

6.14 邻位消除

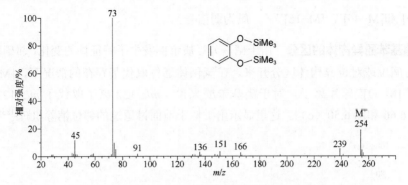

图 6.49 1,2-双(三甲基硅氧基)苯的 EI 质谱图

硅的同位素模式在 m/z 73、239 和 254 信号中清晰可见（第 3.2 节）（图谱经 NIST 授权使用。© NIST 2002）

图式 6.64

6.14.3 硝基芳烃裂解中的邻位消除

硝基芳烃是通过其特有的 NO_2 取代基产生的特征中性丢失来识别的。通常，所有理论上可能的碎片离子都会被观察到，可能是 $[M-NO_2]^+$、$[M-O]^{+\bullet}$ 以及意外的 $[M-NO]^+$。值得注意的是，硝基芳烃的分子离子根据定义是 1,2-荷基异位离子，因为硝基芳烃分子可以很好地表示为两性离子（第 6.3 节）。分子离子既可以通过丢失一个氧或一个 NO_2 分子而直接解离，也可以在 $NO^{\bullet}$ 丢失之前重排。对于后一种反应过程，人们提出了两种反应途径，一种涉及亚硝酸酯中间体的形成，另一种是通过三元环中间体进行反应（图式 6.65）[182]。从而得到硝基苯的特征离子系列：

图式 6.65

[M−30]⁺和[M−46]⁺，[M−16]⁺·（一般为弱信号）。

硝基苯酚异构体的区分　由于硝基芳烃质谱图发生了特征性的变化，邻硝基芳烃可以与间位或对位异构体区分开来。在氢供体邻位取代基存在的情况下，[M−OH]⁺取代了[M−O]⁺·碎片离子。对于硝基苯酚来说，m/z 122 离子取代了 m/z 123 离子[图式 6.66 和图 6.50（c）]。这里显示出类似于前面讨论过的邻位消除机理[183]：

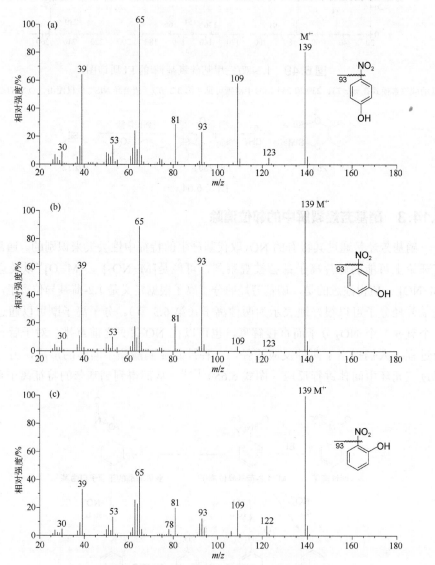

图 6.50　硝基苯酚异构体的 EI 质谱图
（a）对硝基苯酚，（b）间硝基苯酚，（c）邻硝基苯酚

在所有的图谱中都观察到了分别由丢失 NO₂ 在 m/z 93 处和丢失 NO 在 m/z 109 处产生的碎片离子，而仅在邻位异构体中，碎片离子[M−OH]⁺ m/z 122 取代了[M−O]⁺· m/z 123（图谱经 NIST 授权使用。© NIST 2002）

6.15 杂环化合物

正如本章开头所提到的，本书无法全面阐述有机离子的裂解。尽管如此，还是应该对杂环化合物的质谱分析做一个简要的介绍[184]，要知道这个主题可以单独写成一本书。

6.15.1 饱和杂环化合物

饱和小分子杂环化合物的分子离子表现出很强的跨环裂解倾向，并由此产生基峰。这些跨环裂解在形式上可以被看作是干净利落的环切。随着取代基数量的增加，其他的裂解途径，包括开环的键裂解以及随后的连续裂解和 α-裂解也发挥了作用，并开始与特征的环裂解展开有效的竞争[185-187]（图式6.67）。

图式6.67

甲基环氧乙烷的分子离子 m/z 58 易于发生 α-裂解，产生[M−CH$_3$]$^+$离子 m/z 43 和[M−H]$^+$离子 m/z 57（图6.51）。更具特征性的跨环裂解导致了甲醛的丢失，从而解释了在 m/z 28 处的基峰是 C$_2$H$_4$$^{+\cdot}$。开环和后续的裂解反应产生了[CH$_2$OH]$^+$ m/z 31、[CHO]$^+$ m/z 29、[CH$_3$]$^+$ m/z 15 等碎片离子（图式6.68）。

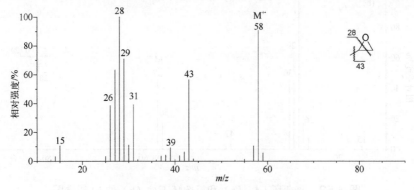

图6.51　甲基环氧乙烷的 EI 质谱图
（图谱经 NIST 授权使用）

图式 6.68

四元环 比较甲基环氧乙烷和它的异构体氧杂环丁烷的图谱,可以发现显著的区别:由于甲基的缺失,[M-CH$_3$]$^+$ m/z 43 几乎没有,而[M-H]$^+$ m/z 57 没有受到影响 [图 6.52(a)]。然而,跨环裂解得益于竞争途径的减少,因此[M-H$_2$CO]$^{+·}$ m/z 28 占据了绝对的主导地位。与氧杂环丁烷相比,氮杂环丁烷中氮的电荷定位能力更强,发生自由基诱导的裂解,即由于开环而产生的[M-CH$_3$]$^+$ m/z 42,而 α-裂解产生的 [M-H]$^+$ m/z 56(第 6.2 节)也更为明显 [图 6.52(b)]。氮杂环的跨环裂解引发亚甲基亚胺的丢失,[M-H$_2$CNH]$^{+·}$ 成为基峰(图式 6.69)。

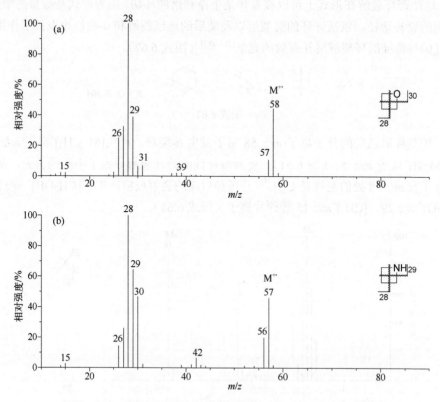

图 6.52 氧杂环丁烷(a)和氮杂环丁烷(b)的 EI 质谱图
(图谱经 NIST 授权使用。© NIST 2002)

6.15 杂环化合物

(a) 图式显示: m/z 57 ←—α, −H·— M⁺· = 58 —−H₂CO→ C₂H₄⁺· m/z 28

(b) 图式显示: m/z 56 ←—α, −H·— M⁺· = 57 —−H₂CNH→ C₂H₄⁺· m/z 28

图式 6.69

> **考虑同分异构体的情况**
>
> 甲基环氧乙烷和氧杂环丁烷是 C_3H_6O 异构体，而丙酮、丙醛、甲基乙烯基醚和 2-丙烯醇也属于这个分子式。这提醒我们在利用经验分子式归属结构和从 $r+d$ 值推导结构信息时一定要注意（第 6.4.4 节）。

甲醛的丢失不仅是环氧乙烷和氧杂环丁烷分子离子的低活化能裂解历程，也是四氢呋喃和四氢吡喃等较大的环醚分子离子的裂解过程[188]。同样，氮杂环也表现出类似的亚胺丢失行为[189]。四氢呋喃、吡咯烷、四氢吡喃和哌啶的质谱图中类似产物离子丰度比较如图 6.53 所示。这四种化合物 EI 质谱图中高丰度的 [M−H]⁺ 峰都是由 α-裂解产生的。

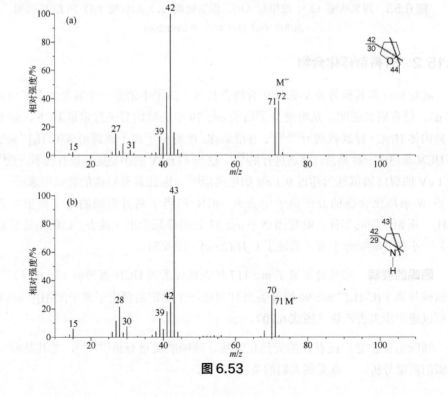

图 6.53

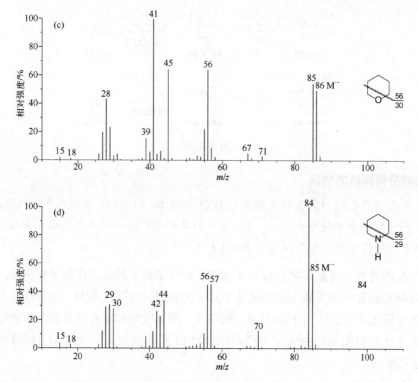

图 6.53 四氢呋喃（a）、吡咯烷（b）、四氢吡喃（c）和哌啶（d）的 EI 质谱图
（图谱经 NIST 授权使用。© NIST 2002）

6.15.2 芳香杂环化合物

吡啶和许多其他芳香 N-杂环化合物会从分子离子中消除一个氢氰酸分子(HCN，27 u)。已有研究证明，从吡啶分子离子 m/z 79 中去除的分子肯定是 HCN，而不是其异构体 HNC（异氢氰酸）[190,191]。有报道称，吡啶分子离子裂解形成$[C_4H_4]^{+\cdot}$ m/z 52 和 HCN 是通过一种紧密过渡态进行的[192]，这与 43 meV 的小动能释放有些不一致[193]。12.1 eV 的裂解阈值远远超过 9.3 eV 的电离能[17]，因此具有较高的能量要求[192]。从芳香 N-杂环化合物的分子离子中丢失 HCN 相当于从芳香烃的分子离子中丢失 C_2H_2。正如预期的那样，吡啶图谱中 m/z 53 处的峰显示出（减去 ^{13}C 的同位素贡献后）一小部分吡啶分子离子消除了 C_2H_2(26 u)（图 6.54）。

吲哚的裂解 吲哚分子离子 m/z 117 优先通过丢失 HCN 而裂解（图 6.55）[194]。然后碎片离子$[C_7H_6]^{+\cdot}$ m/z 90 通过丢失 H· 形成一个稳定的偶电子离子$[C_7H_5]^+$ m/z 89，并可以进一步失去乙炔（图式 6.70）。

吲哚衍生物是广泛存在的天然化合物，吲哚的质谱分析[194,195]，尤其是吲哚生物碱的质谱分析，一直受到人们的关注[196-198]。

6.15 杂环化合物

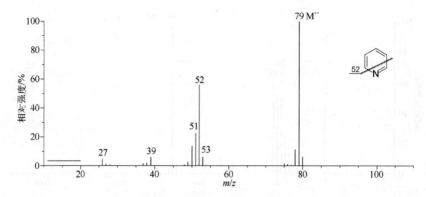

图 6.54 吡啶的 EI 质谱图

分子离子 m/z 79（奇电子离子，奇数 m/z）丢失 HCN（27 u）生成产物离子 m/z 52（奇电子离子，偶数 m/z；参照氮规则）代表了最重要的主要裂解途径（图谱经 NIST 授权使用。© NIST 2002）

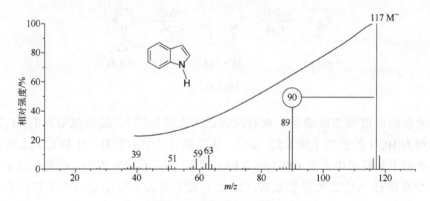

图 6.55 吲哚的 EI 质谱图

M$^{+\cdot}$（奇电子离子，奇数 m/z）丢失 HCN 生成的碎片离子 m/z 90 的质谱峰用直线进行了标记，m/z 90（奇电子离子，偶数 m/z）用圈进行了标记。注意峰值强度朝着较低的 m/z（曲线）递减，这表明是芳香杂环化合物（图谱经 NIST 授权使用。© NIST 2002）

图式 6.70

对于吡咯分子离子，HCN 的丢失没有吲哚分子离子明显，即 m/z 41 处的 [M−C$_2$H$_2$]$^{+\cdot}$ 比 m/z 40 处的 [M−HCN]$^{+\cdot}$ 多。部分原因可能是由于吲哚分子离子丢失 C$_2$H$_2$ 的机会是吡咯分子离子丢失 C$_2$H$_2$ 的 2 倍（图 6.56）。N-取代基的引入与前面提到的饱和杂环具有类似的作用，即取代基的重排裂解和 α-裂解起控制作用（图式 6.71）[199]。

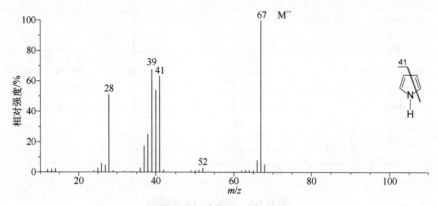

图 6.56 吡咯的 EI 质谱图

C_2H_2 的消除略多于 HCN 丢失（图谱经 NIST 授权使用。© NIST 2002）

图式 6.71

苯胺的质谱图在质谱学早期阶段就已为人所知[107]。起初观察到的$[M-27]^{+•}$被解释为 HCN 的丢失 [图 6.57（a）]。从氨基芳烃中丢失 H、N 和 C 元素的机理完全类似于从酚类中丢失 CO（第 6.10.1 节）[200]。有研究表明，吡啶在离子化后的典型质谱行为是丢失异氢氰酸（HNC）而不是丢失更稳定的中性物种氢氰酸（HCN）[191]。

有趣的是，三种氨基吡啶同分异构体的分子离子表现出与苯胺分子离子类似的离子化学性质，即发生亚稳态的 HNC 丢失[191]，而不是发生可能由吡啶分子核引发的 HCN 丢失 [图 6.57（b），图式 6.72]。

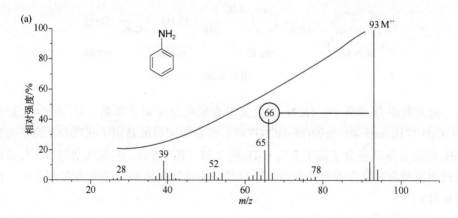

6.15 杂环化合物

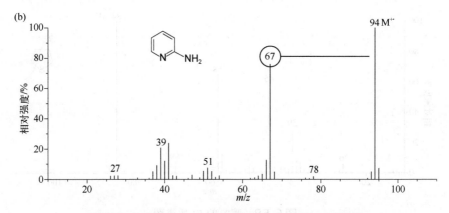

图 6.57 苯胺（a）和 2-氨基吡啶（b）的 EI 质谱图

机理与 N-杂环不同，但外观非常相似：芳香胺分子离子消除 HNC（以直线和圆圈标记）。请注意，在（a）中 $M^{+\cdot}$ 丢失 HNC 会导致奇数 m/z 到偶数 m/z 的转换，而在（b）中同样的 27 u 丢失会导致偶数 m/z 到奇数 m/z 的转换（参见 6.2.5 节中的氮规则）。同样，峰强度自 $M^{+\cdot}$ 向低 m/z 方向递减［图（a）中的曲线］，表明是芳香杂环化合物（图谱经 NIST 授权使用。© NIST 2002）

图式 6.72

呋喃类化合物的质谱图由高强度的 $[M-HCO]^+$ 信号主导，而相应的弱峰在 m/z 29 处属于甲酰基正离子[201]。噻吩也表现出类似的行为，即在图谱中出现一个 $[M-HCS]^+$ 峰 m/z 39，硫代甲酰基正离子 $[HCS]^+$ m/z 45（图式 6.73 和图 6.58）。[2-^{13}C]同位素标记噻吩和[2-D]同位素标记噻吩的质谱图表明，噻吩在碳骨架重排后生成硫代甲酰基正离子，而没有氢置乱过程的干扰[202]。除了这条明显的裂解途径，呋喃和噻吩的分子离子倾向于通过丢失 C_2H_2 而裂解[203]，类似于吡咯和醌的行为（第 6.10.2 节）。文献中还讨论了取代呋喃和噻吩的质谱图[201,204,205]。

图式 6.73

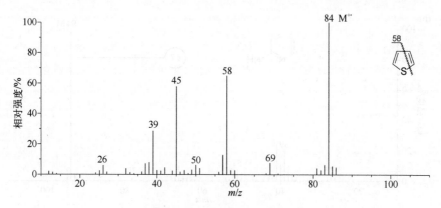

图 6.58 噻吩的 EI 质谱图

硫元素的同位素模式直接揭示了硫元素存在于 m/z 45、58、69 和 84 的离子中
（图谱经 NIST 授权使用。© NIST 2002）

6.16 质谱解析指南

6.16.1 规则总结

① 识别分子离子。这是一个重要的初始步骤，因为需要得出分子的组成（第 6.7 节）。如果 EI 图谱没法识别分子离子，应采用软电离方法。

② 假定的分子离子和主要碎片离子之间的质量差异必须符合实际的化学组成（第 6.7 节，表 6.11）。

③ 计算和实验所得的同位素模式必须与假定分子离子的分子式一致（第 3.6 节）。

④ 推导出的分子式必须符合氮规则（第 6.2.5 节）。一个奇数 m/z 值的分子离子需要含有 1、3、5……个氮原子；而一个偶数 m/z 值的分子离子则分别需要含有 0、2、4……个氮原子。

⑤ 均裂导致生成的碎片离子和分子离子之间有奇数的质量差异（第 6.2.5 节）。重排裂解导致偶数的质量差异。如果中性丢失中含有奇数个氮原子，则需要灵活使用氮规则。

⑥ 一般来说，碎片离子也遵循偶电子规则（第 6.1.3 节）。重排生成的奇电子碎片离子与其对应的小分子的分子离子的质谱行为一致。

⑦ 均裂受 Stevenson 规则的支配（第 6.2.2 节）。裂解形成的产物对（pairs of products）的热力学稳定性对于选择优先的裂解途径至关重要。

⑧ 计算 $r+d$（环加双键数）以确认分子式并推测一些结构特征（第 6.4.4 节）。

⑨ 写下一个裂解途径分析图，从而仔细追踪主要碎片离子和特征离子的来源，

并用于结构的归属。从纯粹的分析角度来看，这非常有用。然而，应该记住，除非得到实验证实，否则任何提出的裂解途径分析图仍然是一个假设。

⑩ 利用其他额外的技术，如准确质量测定（第 3.6 节）、串联质谱法，或其他谱学方法来交叉检验和改进结构的归属。

6.16.2 解析质谱图的系统方法

① 收集样品的背景信息，如样品来源、假定的化合物类别、溶解度、热稳定性或其他谱学信息。

② 为所有相关峰写上 m/z 标签，并计算所有重要质谱峰之间的质量差。您是否能识别出指向常见丢失的特征离子系列或质量差异。

③ 确认使用的是哪种电离方法，并检查质谱图的总体外观。分子离子峰是强的（如芳香、杂环、多环化合物）还是弱的（如烷基化合物和多官能团化合物，参见图6.23），是否有典型的杂质（溶剂、真空脂、增塑剂）或背景信号（残留的空气、色谱-质谱分析中的色谱柱流失）。

④ 一些高强度峰是否有准确质量数据可用？

⑤ 现在，遵循上面的规则继续。

⑥ 获取官能团存在或缺失的信息。

⑦ 在使用常见中性丢失集合与 m/z 到结构的关系表时要注意，因为它们永远不是全面的。甚至更糟的是，人们往往会陷入第一个假设而无法自拔。

⑧ 把已知的结构特征放在一起，试着给未知的样品归属结构。有时，只能推导分析物的部分结构或分析物有可能是无法区分的异构体。

⑨ 交叉检验假设的分子结构和质谱数据。在质谱图解析的单个步骤之间也建议这么做。

⑩ 是否可以从文献或质谱数据库中获得参考图谱（至少类似化合物）（第 5.9 节）。

⑪ 永远不要僵化地遵循这个指南！有时后退一步或前进一步可能会加速过程或有助于避免陷阱（图 6.59）。

⑫ 祝您好运！

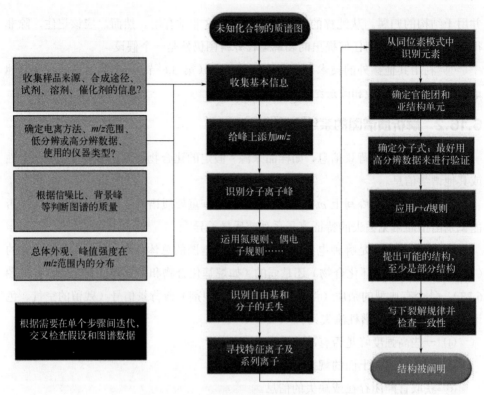

图 6.59 EI 质谱图系统化解析的指南

参考文献

[1] Budzikiewicz H, Djerassi C, Williams DH (1967) Mass Spectrometry of Organic Compounds. Holden-Day, San Francisco

[2] McLafferty FW, Turecek F (1993) Interpretation of Mass Spectra. University Science Books, Mill Valley

[3] Splitter JS, Turecek F (eds) (1994) Applications of Mass Spectrometry to Organic Stereochemistry. Weinheim, Verlag Chemie

[4] Price P (1991) Standard Definitions of Terms Relating to Mass Spectrometry. A Report from the Committee on Measurements and Standards of the Amercian Society for Mass Spectrometry. J Am Soc Mass Spectrom 2: 336–348. doi:10.1016/1044-0305(91)80025-3

[5] Todd JFJ (1995) Recommendations for Nomenclature and Symbolism for Mass Spectroscopy Including an Appendix of Terms Used in Vacuum Technology. Int J Mass Spectrom Ion Proc 142: 211–240

[6] Svec HJ, Junk GA (1967) Electron-Impact Studies of Substituted Alkanes. J Am Chem Soc 89: 790–796. doi:10.1021/ja00980a010

[7] Friedman L, Long FA (1953) Mass Spectra of Six Lactones. J Am Chem Soc 75: 2832–2836. doi:10.1021/ja01108a013

[8] Karni M, Mandelbaum A (1980) The 'Even-Electron Rule'. Org Mass Spectrom 15: 53–64. doi:10.1002/oms.1210150202

[9] Bowen RD, Harrison AG (1981) Loss of Methyl Radical from Some Small Immonium Ions: Unusual Violation of the Even-Electron Rule. Org Mass Spectrom 16: 180–182. doi:10.1002/oms.1210160408

[10] Nizigiyimana L, Rajan PK, Haemers A, Claeys M, Derrick PJ (1997) Mechanistic Aspects of High-Energy Collision-Induced Dissociation Proximate to the Charge in Saturated Fatty Acid n-Butyl Esters Cationized With Lithium. Evidence for Hydrogen Radical Removal. Rapid Commun Mass Spectrom 11: 1808–1812. doi:10.1002/(SICI)1097-0231(19971030)11:16<1808::AID-RCM43>3.0.CO;2-R

[11] Veith HJ, Gross JH (1991) Alkane Loss from Collisionally Activated Alkylmethyleneimmonium Ions. Org Mass Spectrom 26: 1061–1064. doi:10.1002/oms.1210261206

[12] McLafferty FW (1962) Mass Spectrometric Analysis. I. Aliphatic Halogenated Compounds. Anal Chem 34: 2–15. doi:10.1021/ac60181a003

[13] Stevenson DP (1951) Ionization and Dissociation by Electronic Impact. Ionization Potentials and Energies of Formation of *sec*-Propyl and *tert*-Butyl Radicals. Some Limitations on the Method. Discuss Faraday Soc 10: 35–45. doi:10.1039/df9511000035

[14] Audier HE (1969) Ionisation et Fragmentation en Spectrometrie de Masse I. Sur la Répartition de la Charge Positive Entre Fragment Provenant des Mêmes Ruptures. Org Mass Spectrom 2: 283–298. doi:10.1002/oms.1210020307

[15] Harrison AG, Finney CD, Sherk JA (1971) Factors Determining Relative Ionic Abundances in Competing Fragmentation Reactions. Org Mass Spectrom 5: 1313–1320. doi:10.1002/oms.1210051109

[16] Levsen K (1978) Reaction Mechanisms. In: Fundamental Aspects of Organic Mass Spectrometry. Verlag Chemie, Weinheim

[17] http://webbook.nist.gov/

[18] Sharkey AG Jr, Shultz JL, Friedel RA (1956) Mass Spectra of Ketones. Anal Chem 28: 934–940. doi:10.1021/ac60114a003

[19] Gilpin JA, McLafferty FW (1957) Mass Spectrometric Analysis: Aliphatic Aldehydes. Anal Chem 29: 990–994. doi:10.1021/ac60127a001

[20] Liedtke RJ, Djerassi C (1969) Mass Spectrometry in Structural and Stereochemical Problems. CLXXXIII. A Study of the Electron Impact Induced Fragmentation of Aliphatic Aldehydes. J Am Chem Soc 91: 6814–6821. doi:10.1021/ja01052a046

[21] Harrison AG (1970) The High-Resolution Mass Spectra of Aliphatic Aldehydes. Org Mass Spectrom 3: 549–555. doi:10.1002/oms.1210030504

[22] Levsen K, McLafferty FW (1974) Metastable Ion Characteristics. XXVII. Structure and Unimolecular Reactions of $[C_2H_6N]^+$ and $[C_3H_8N]^+$ Ions. J Am Chem Soc 96: 139–144. doi:10.1021/ja00808a023

[23] Bowen RD (1991) The Chemistry of $[C_nH_{2n+2}N]^+$ Ions. Mass Spectrom Rev 10: 225–279. doi:10.1002/mas.1280100304

[24] Bowen RD (1991) Ion-Neutral Complexes. Acc Chem Res 24: 364–371. doi:10.1021/ar00012a002

[25] Djerassi C, Fenselau C (1965) Mass Spectrometry in Structural and Stereochemical Problems. LXXXIV. The Nature of the Cyclic Transition State in Hydrogen Rearrangements of Aliphatic Ethers. J Am Chem Soc 87: 5747–5762. doi:10.1021/ja00952a039

[26] McLafferty FW (1957) Mass Spectrometric Analysis of Aliphatic Ethers. Anal Chem 29: 1782–1789. doi:10.1021/ac60132a036

[27] Friedel RA, Shultz JL, Sharkey AG Jr (1956) Mass Spectra of Alcohols. Anal Chem 28: 927–934. doi:10.1021/ac60114a002

[28] Gohlke RS, McLafferty FW (1962) Mass Spectrometric Analysis of Aliphatic Amines. Anal Chem 34:

1281–1287. doi:10.1021/ac60190a025

[29] O'Niel MJ Jr, Wier TP Jr (1951) Mass Spectrometry of Heavy Hydrocarbons. Anal Chem 23: 830–843. doi:10.1021/ac60054a004

[30] Hesse M, Meier H, Zeeh B (2002) Massenspektren. In: Spektroskopische Methoden in der Organischen Chemie, 6te Aufl. Georg Thieme Verlag, Stuttgart

[31] Audier HE, Milliet A, Sozzi G, Denhez JP (1984) The Isomerization Mechanisms of Alkylamines: Structure of $[C_2H_6N]^+$ and $[C_3H_8N]^+$ Fragment Ions. Org Mass Spectrom 19: 79–81. doi:10.1002/oms.1210190206

[32] Phillips GR, Russell ME, Solka BH (1975) Structure of the $[C_2H_5O]^+$ Ion in the Mass Spectrum of Diethyl Ether. Org Mass Spectrom 10: 819–823. doi:10.1002/oms.1210101002

[33] McAdoo DJ, Hudson CE (1984) Gas Phase Ionic Reactions Are Generally Stepwise Processes. Int J Mass Spectrom Ion Proc 62: 269–276. doi:10.1016/0168-1176(84)87113-X

[34] Williams DH, Budzikiewicz H, Pelah Z, Djerassi C (1964) Mass Spectroscopy and Its Application to Structural and Stereochemical Problems. XLIV. Fragmentation Behavior of Monocyclic Ketones. Monatsh Chem 95: 166–177

[35] Seibl J, Gäumann T (1963) Massenspektren Organischer Verbindungen. 2. Mitteilung: Cyclohexanone. Helv Chim Acta 46: 2857–2872. doi:10.1002/hlca.19630460743

[36] Yates BF, Bouma WJ, Radom L (1984) Detection of the Prototype Phosphonium (CH_2PH_3), Sulfonium (CH_2SH_2), and Chloronium (CH_2ClH) Ylides by Neutralization-Reionization Mass Spectrometry: A Theoretical Prediction. J Am Chem Soc 106: 5805–5808. doi:10.1021/ja00332a008

[37] Grützmacher H-F (1992) Unimolecular Reaction Mechanisms: The Role of Reactive Intermediates. Int J Mass Spectrom Ion Proc 118(119): 825–855. doi:10.1016/0168-1176(92)85087-G

[38] Hammerum S (1988) Distonic Radical Cations in the Gaseous and Condensed Phase. Mass Spectrom Rev 7: 123–202. doi:10.1002/mas.1280070202

[39] Stirk KM, Kiminkinen MLK, Kenttä͏maa HI (1992) Ion-Molecule Reactions of Distonic Radical Cations. Chem Rev 92: 1649–1665. doi:10.1021/cr00015a008

[40] Hammerum S, Derrick PJ (1986) Thermodynamics of Intermediate Ion-Molecule Complexes or Kinetics of Competing Reactions? The Reactions of Low-Energy Isobutylamine and Neopentylamine Molecular Ions. J Chem Soc, Perkin Trans 2: 1577–1580. doi:10.1039/P29860001577

[41] Yates BF, Radom L (1987) Intramolecular Hydrogen Migration in Ionized Amines: A Theoretical Study of the Gas-Phase Analogues of the Hofmann-Löffler and Related Rearrangements. J Am Chem Soc 109: 2910–2915. doi:10.1021/ja00244a009

[42] Zeller L, Farrell J Jr, Vainiotalo P, Kenttämaa HI (1992) Long-Lived Radical Cations of Simple Organophosphates Isomerize Spontaneously to Distonic Structures in the Gas Phase. J Am Chem Soc 114: 1205–1214. doi:10.1021/ja00030a013

[43] Sack TM, Miller DL, Gross ML (1985) The Ring Opening of Gas-Phase Cyclopropane Radical Cations. J Am Chem Soc 107: 6795–6800. doi:10.1021/ja00310a008

[44] Grubb HM, Meyerson S (1963) Mass spectra of alkylbenzenes. In: McLafferty FW (ed) Mass Spectrometry of Organic Ions. Academic Press, New York

[45] McLafferty FW, Bockhoff FM (1979) Collisional Activation and Metastable Ion Characteristics. 67. Formation and Stability of Gaseous Tolyl Ions. Org Mass Spectrom 14: 181–184. doi:10.1002/oms.1210140402

[46] Cone C, Dewar MJS, Landman D (1977) Gaseous Ions. 1. MINDO/3 Study of the Rearrangement of Benzyl Cation to Tropylium. J Am Chem Soc 99: 372–376. doi:10.1021/ja00444a011

[47] Traeger JC, McLoughlin RG (1977) Threshold Photoionization and Dissociation of Toluene and Cyclohe-

ptatriene. J Am Chem Soc 99: 7351–7352. doi:10.1021/ja00464a041

[48] Howe I, McLafferty FW (1971) Unimolecular Decomposition of Toluene and Cycloheptatriene Molecular Ions. Variation of the Degree of Scrambling and Isotope Effect With Internal Energy. J Am Chem Soc 93: 99–105. doi:10.1021/ja00730a019

[49] Kuck D (2002) Half a Century of Scrambling in Organic Ions: Complete, Incomplete, Progressive and Composite Atom Interchange. Int J Mass Spectrom 213: 101–144. doi:10.1016/S1387-3806(01)00533-4

[50] Mormann M, Kuck D (1999) Protonated 1,3,5-Cycloheptatriene and 7-Alkyl-1,3,5-Cycloheptatrienes in the Gas Phase: Ring Contraction to the Isomeric Alkylbenzenium Ions. J Mass Spectrom 34: 384–394. doi:10.1002/(SICI)1096-9888(199904)34:4<384::AIDJMS770>3.0.CO;2-8

[51] Rylander PN, Meyerson S, Grubb HM (1957) Organic Ions in the Gas Phase. II. The Tropylium Ion. J Am Chem Soc 79: 842–846. doi:10.1021/ja01561a016

[52] Cooks RG, Howe I, Tam SW, Williams DH (1968) Studies in Mass Spectrometry. XXIX. Hydrogen Scrambling in Some Bicyclic Aromatic Systems. Randomization Over Two Rings. J Am Chem Soc 90: 4064–4069. doi:10.1021/ja01017a025

[53] Borchers F, Levsen K (1975) Isomerization of Hydrocarbon Ions. III. $[C_8H_8]^+$, $[C_8H_8]^{2+}$, $[C_6H_6]^+$, and $[C_6H_5]^+$ Ions. Org Mass Spectrom 10: 584–594. doi:10.1002/oms.1210100804

[54] Budzikiewicz H (1998) Massenspektrometrie – Eine Einführung. Wiley-VCH, Weinheim

[55] Nishishita T, McLafferty FW (1977) Metastable Ion Characteristics. XXXXVII. Collisional Activation Mass Spectra of Pentene and Hexene Molecular Ions. Org Mass Spectrom 12: 75–77. doi:10.1002/oms.1210120206

[56] Borchers F, Levsen K, Schwarz H, Wesdemiotis C, Winkler HU (1977) Isomerization of Linear Octene Cations in the Gas Phase. J Am Chem Soc 99: 6359–6365. doi:10.1021/ja00461a031

[57] Schneider B, Budzikiewicz H (1990) A Facile Method for the Localization of a Double Bond in Aliphatic Compounds. Rapid Commun Mass Spectrom 4: 550–551. doi:10.1002/rcm.1290041217

[58] Peake DA, Gross ML (1985) Iron(I) Chemical Ionization and Tandem Mass Spectrometry for Locating Double Bonds. Anal Chem 57: 115–120. doi:10.1021/ac00279a031

[59] Fordham PJ, Chamot-Rooke J, Guidice E, Tortajada J, Morizur J-P (1999) Analysis of Alkenes by Copper Ion Chemical Ionization Gas Chromatography/Mass Spectrometry and Gas Chromatography/Tandem Mass Spectrometry. J Mass Spectrom 34: 1007–1017. doi:10.1002/(SICI)1096-9888(199910)34:10<1007::AID-JMS854>3.0.CO;2-E

[60] Levsen K, Weber R, Borchers F, Heimbach H, Beckey HD (1978) Determination of Double Bonds in Alkenes by Field Ionization Mass Spectrometry. Anal Chem 50: 1655–1658. doi:10.1021/ac50034a022

[61] Buser H-R, Arn H, Guerin P, Rauscher S (1983) Determination of Double Bond Position in Mono-Unsaturated Acetates by Mass Spectrometry of Dimethyl Disulfide Adducts. Anal Chem 55: 818–822. doi:10.1021/ac00257a003

[62] Scribe P, Guezennec J, Dagaut J, Pepe C, Saliot A (1988) Identification of the Position and the Stereochemistry of the Double Bond in Monounsaturated Fatty Acid Methyl Esters by Gas Chromatography/Mass Spectrometry of Dimethyl Disulfide Derivatives. Anal Chem 60: 928–931. doi:10.1021/ac00160a019

[63] Pepe C, Dif K (2001) The Use of Ethanethiol to Locate the Triple Bond in Alkynes and the Double Bond in Substituted Alkenes by Gas Chromatography/Mass Spectrometry. Rapid Commun Mass Spectrom 15: 97–103. doi:10.1002/1097-0231(20010130)15:2<97::AIDRCM196>3.0.CO;2-3

[64] Pepe C, Sayer H, Dagaut J, Couffignal R (1997) Determination of Double Bond Positions in Triunsaturated Compounds by Means of Gas Chromatography/Mass Spectrometry of Dimethyl Disulfide Derivatives. Rapid Commun Mass Spectrom 11: 919–921. doi:10.1002/(SICI)1097-0231(199705)11:8<919::AID-RCM924>3.0.CO;

2-C

[65] Levsen K, Heimbach H, Shaw GJ, Milne GWA (1977) Isomerization of Hydrocarbon Ions. VIII. The Electron Impact Induced Decomposition of N-Dodecane. Org Mass Spectrom 12: 663–670. doi:10.1002/oms.1210121103

[66] Lavanchy A, Houriet R, Gäumann T (1979) The Mass Spectrometric Fragmentation of n-Alkanes. Org Mass Spectrom 14: 79–85. doi:10.1002/oms.1210140205

[67] Levsen K (1975) Isomerization of Hydrocarbon Ions. I. Isomeric Octanes. Collisional Activation Study. Org Mass Spectrom 10: 43–54. doi:10.1002/oms.1210100108

[68] Traeger JC, McAdoo DJ, Hudson CE, Giam CS (1998) Why Are Alkane Eliminations from Ionized Alkanes so Abundant? J Am Soc Mass Spectrom 9: 21–28. doi:10.1016/S1044-0305(97)00225-0

[69] Olivella S, Soléà, McAdoo DJ, Griffin LL (1994) Unimolecular Reactions of Ionized Alkanes: Theoretical Study of the Potential Energy Surface for $CH_3^·$ and CH_4 Losses from Ionized Butane and Isobutane. J Am Chem Soc 116: 11078–11088. doi:10.1021/ja00103a025

[70] McAdoo DJ, Bowen RD (1999) Alkane Eliminations from Ions in the Gas Phase. Eur Mass Spectrom 5: 389–409. doi:10.1255/ejms.303

[71] Williams DH (1977) A Transition State Probe. Acc Chem Res 10: 280–286. doi:10.1021/ar50116a002

[72] Ludányi K, Dallos A, Kühn Z, Vékey D (1999) Mass Spectrometry of Very Large Saturated Hydrocarbons. J Mass Spectrom 34: 264–267. doi:10.1002/(SICI)1096-9888(199904)34:4<264::AID-JMS749>3.0.CO;2-Q

[73] Biemann K (1962) Application of Mass Spectrometry in Organic Chemistry, Especially for Structure Determination of Natural Products. Angew Chem Int Ed 1: 98–111. doi:10.1002/anie.196200981

[74] Happ GP, Stewart DW (1952) Rearrangement Peaks in the Mass Spectra of Certain Aliphatic Acids. J Am Chem Soc 74: 4404–4408. doi:10.1021/ja01137a050

[75] McLafferty FW (1956) Mass Spectrometric Analysis. Broad Applicability to Chemical Research. Anal Chem 28: 306–316. doi:10.1021/ac60111a005

[76] McLafferty FW (1965) Mass Spectrometric Analysis: Molecular Rearrangements. Anal Chem 31: 82–87. doi:10.1021/ac60145a015

[77] Kingston DGI, Bursey JT, Bursey MM (1974) Intramolecular Hydrogen Transfer in Mass Spectra. II. McLafferty Rearrangement and Related Reactions. Chem Rev 74: 215–245. doi:10.1021/cr60288a004

[78] Zollinger M, Seibl J (1985) McLafferty Reactions in Even-Electron Ions? Org Mass Spectrom 20: 649–661. doi:10.1002/oms.1210201102

[79] Djerassi C, Tőkés L (1966) Mass Spectrometry in Structural and Stereochemical Problems. XCIII. Further Observations on the Importance of Interatomic Distance in the McLafferty Rearrangement. Synthesis and Fragmentation Behavior of Deuterium-Labeled 12-Oxo Steroids. J Am Chem Soc 88: 536–544. doi:10.1021/ja00955a027

[80] Djerassi C, von Mutzenbecher G, Fajkos J, Williams DH, Budzikiewicz H (1965) Mass Spectrometry in Structural and Stereochemical Problems. LXV. Synthesis and Fragmentation Behavior of 15-Oxo Steroids. The Importance of Inter-Atomic Distance in the McLafferty Rearrangement. J Am Chem Soc 87: 817–826. doi:10.1021/ja01082a022

[81] Henion JD, Kingston DGI (1974) Mass Spectrometry of Organic Compounds. IX. McLafferty Rearrangements in Some Bicyclic Ketones. J Am Chem Soc 96: 2532–2536. doi:10.1021/ja00815a035

[82] Stringer MB, Underwood DJ, Bowie JH, Allison CE, Donchi KF, Derrick PJ (1992) Is the McLafferty Rearrangement of Ketones Concerted or Stepwise? The Application of Kinetic Isotope Effects. Org Mass Spectrom 27: 270–276. doi:10.1002/oms.1210270319

[83] Dewar MJS (1984) Multibond Reactions Cannot Normally Be Synchronous. J Am Chem Soc 106: 209–219.

doi:10.1021/ja00313a042

[84] Holmes JL, Lossing FP (1980) Gas-Phase Heats of Formation of Keto and Enol Ions of Carbonyl Compounds. J Am Chem Soc 102: 1591–1595. doi:10.1021/ja00525a021

[85] Hrušák J (1991) MNDO Calculations on the Neutral and Cationic [CH$_3$-CO-R] Systems in Relation to Mass Spectrometric Fragmentations. Z Phys Chem 172: 217–226

[86] Beynon JH, Saunders RA, Williams AE (1961) The High Resolution Mass Spectra of Aliphatic Esters. Anal Chem 33: 221–225. doi:10.1021/ac60170a017

[87] Harrison AG, Jones EG (1965) Rearrangement Reactions Following Electron Impact on Ethyl and Isopropyl Esters. Can J Chem 43: 960–968. doi:10.1139/v65-124

[88] Wesdemiotis C, Feng R, McLafferty FW (1985) Distonic Radical Ions. Stepwise Elimination of Acetaldehyde from Ionized Benzyl Ethyl Ether. J Am Chem Soc 107: 715–716. doi:10.1021/ja00289a040

[89] Benoit FM, Harrison AG (1976) Hydrogen Migrations in Mass Spectrometry. II. Single and Double Hydrogen Migrations in the Electron Impact Fragmentation of Propyl Benzoate. Org Mass Spectrom 11: 1056–1062. doi:10.1002/oms.1210111006

[90] Müller J, Krebs G, Lüdemann F, Baumgartner E (1981) Wasserstoff-Umlagerungen beim Elektronenstoß-Induzierten Zerfall von H^6-Benzoesäure-n-Propylester-Tricarbonylchrom. J Organomet Chem 218: 61–68. doi:10.1016/S0022-328X(00)80987-0

[91] Benoit FM, Harrison AG, Lossing FP (1977) Hydrogen Migrations in Mass Spectrometry. III. Energetics of Formation of [R'CO$_2$H$_2$]$^+$ in the Mass Spectra of R'CO$_2$R. Org Mass Spectrom 12: 78–82. doi:10.1002/oms.1210120207

[92] Tajima S, Azami T, Shizuka H, Tsuchiya T (1979) An Investigation of the Mechanism of Single and Double Hydrogen Atom Transfer Reactions in Alkyl Benzoates by the Ortho Effect. Org Mass Spectrom 14: 499–502. doi:10.1002/oms.1210140908

[93] Elder JF Jr, Beynon JH, Cooks RG (1976) The Benzoyl Ion. Thermochemistry and Kinetic Energy Release. Org Mass Spectrom 11: 415–422. doi:10.1002/oms.1210110414

[94] McLafferty FW, Gohlke RS (1959) Mass Spectrometric Analysis-Aromatic Acids and Esters. Anal Chem 31: 2076–2082. doi:10.1021/ac60156a062

[95] Djerassi C, Fenselau C (1965) Mass Spectrometry in Structural and Stereochemical Problems. LXXXVI. The Hydrogen-Transfer Reactions in Butyl Propionate, Benzoate, and Phthalate. J Am Chem Soc 87: 5756–5762. doi:10.1021/ja00952a041

[96] Yinon J (1988) Mass Spectral Fragmentation Pathways in Phthalate Esters. A Tandem Mass Spectrometric Collision-Induced Dissociation Study. Org Mass Spectrom 23: 755–759. doi:10.1002/oms.1210231104

[97] Turecek F, Hanuš V (1984) Retro-Diels-Alder Reaction in Mass Spectrometry. Mass Spectrom Rev 3: 85–152. doi:10.1002/mas.1280030104

[98] Turecek F, Hanuš V (1980) Charge Distribution Between Formally Identical Fragments: the Retro-Diels-Alder Cleavage. Org Mass Spectrom 15: 4–7. doi:10.1002/oms.1210150104

[99] Kühne H, Hesse M (1982) The Mass Spectral Retro-Diels-Alder Reaction of 1,2,3,4-Tetrahydronaphthalene, Its Derivatives and Related Heterocyclic Compounds. Mass Spectrom Rev 1: 15–28. doi:10.1002/mas.1280010104

[100] Budzikiewicz H, Brauman JI, Djerassi C (1965) Mass Spectrometry and Its Application to Structural and Stereochemical Problems. LXVII. Retro-Diels-Alder Fragmentation of Organic Molecules Under Electron Impact. Tetrahedron 21: 1855–1879. doi:10.1016/S0040-4020(01)98656-9

[101] Dixon JS, Midgley I, Djerassi C (1977) Mass Spectrometry in Structural and Stereochemical Problems. 248. Stereochemical Effects in Electron Impact Induced Retro-Diels-Alder Fragmentations. J Am Chem Soc 99:

3432–3441. doi:10.1021/ja00452a041

[102] Djerassi C (1992) Steroids Made It Possible: Organic Mass Spectrometry. Org Mass Spectrom 27: 1341–1347. doi:10.1002/oms.1210271203

[103] Barnes CS, Occolowitz JL (1964) Mass Spectra of Some Naturally Occurring Oxygen Heterocycles and Related Compounds. Aust J Chem 17: 975–986. doi:10.1071/CH9640975

[104] Ardanaz CE, Guidugli FH, Catalán CAN, Joseph-Nathan P (1999) Mass Spectral Studies of Methoxynaphthoflavones. Rapid Commun Mass Spectrom 13: 2071–2079. doi:10.1002/(SICI)1097-0231 (19991115)13:21<2071::AID-RCM746>3.0.CO;2-K

[105] Aczel T, Lumpkin HE (1960) Correlation of Mass Spectra with Structure in Aromatic Oxygenated Compounds. Aromatic Alcohols and Phenols. Anal Chem 32: 1819–1822.doi:10.1021/ac50153a035

[106] Beynon JH (1960) Correlation of molecular structure and mass spectra. In: Beynon JH (ed) Mass Spectrometry and Its Applications to Organic Chemistry. Elsevier, Amsterdam

[107] Momigny J (1953) The Mass Spectra of Monosubstituted Benzene Derivatives. Phenol, Monodeuteriophenol, Thiophenol, and Aniline. Bull Soc Royal Sci Lie`ge 22: 541–560

[108] Occolowitz JL (1964) Mass Spectrometry of Naturally Occurring Alkenyl Phenols and Their Derivatives. Anal Chem 36: 2177–2181. doi:10.1021/ac60217a043

[109] Stensen WG, Jensen E (1995) Structural Determination of 1,4-Naphthoquinones by Mass Spectrometry/Mass Spectrometry. J Mass Spectrom 30: 1126–1132. doi:10.1002/jms.1190300809

[110] Beynon JH, Lester GR, Williams AE (1959) Specific Molecular Rearrangements in the Mass Spectra of Organic Compounds. J Phys Chem 63: 1861–1869. doi:10.1021/j150581a018

[111] Pelah Z, Wilson JM, Ohashi M, Budzikiewicz H, Djerassi C (1963) Mass Spectrometry in Structural and Stereochemical Problems. XXXIV. Aromatic Methyl and Ethyl Ethers. Tetrahedron 19: 2233–2240. doi:10.1016/0040-4020(63)85038-3

[112] Molenaar-Langeveld TA, Ingemann S, Nibbering NMM (1993) Skeletal Rearrangements Preceding Carbon Monoxide Loss from Metastable Phenoxymethylene Ions Derived from Phenoxyacetic Acid and Anisole. Org Mass Spectrom 28: 1167–1178. doi:10.1002/oms.1210281031

[113] Zagorevskii DV, Régimbal J-M, Holmes JL (1997) The Heat of Formation of the $[C_6H_5O]^+$ Isomeric Ions. Int J Mass Spectrom Ion Proc 160: 211–222. doi:10.1016/S0168-1176(96)04497-7

[114] Cooks RG, Bertrand M, Beynon JH, Rennekamp ME, Setser DW (1973) Energy Partitioning Data as an Ion Structure Probe. Substituted Anisoles. J Am Chem Soc 95: 1732–1739. doi:10.1021/ja00787a006

[115] Alexander JJ (1975) Mechanism of Photochemical Decarbonylation of Acetyldicarbonyl-H^5-Cyclopentadienyliron. J Am Chem Soc 97: 1729–1732. doi:10.1021/ja00840a018

[116] Coville NJ, Johnston P (1989) A Mass-Spectral Investigation of Site-Selective Carbon Monoxide Loss from Isotopically Labeled $[MnRe(CO)_{10}]^+$. J Organomet Chem 363: 343–350. doi:10.1016/0022-328X(89)87121-9

[117] Tobita S, Ogino K, Ino S, Tajima S (1988) On the Mechanism of Carbon Monoxide Loss from the Metastable Molecular Ion of Dimethyl Malonate. Int J Mass Spectrom Ion Proc 85: 31–42. doi:10.1016/0168-1176(88)83003-9

[118] Moldovan Z, Palibroda N, Mercea V, Mihailescu G, Chiriac M, VlasaM(1981) Mass Spectra of Some β-Keto Esters. A High Resolution Study. Org Mass Spectrom 16: 195–198. doi:10.1002/oms.1210160503

[119] Vairamani M, Mirza UA (1987) Mass Spectra of Phenoxyacetyl Derivatives. Mechanism of Loss of CO from Phenyl Phenoxyacetates. Org Mass Spectrom 22: 406–409. doi:10.1002/oms.1210220705

[120] Tou JC (1974) Competitive and Consecutive Eliminations of Molecular Nitrogen and Carbon Monoxide (or Ethene) from Heterocyclics Under Electron Impact. J Heterocycl Chem 11: 707–711. doi:10.1002/jhet.

5570110508

[121] Meyerson S, Leitch LC (1964) Organic Ions in the Gas Phase. XIV. Loss of Water from Primary Alcohols Under Electron Impact. J Am Chem Soc 86: 2555–2558. doi:10.1021/ja01067a005

[122] Bukovits GJ, Budzikiewicz H (1983) Mass Spectroscopic Fragmentation Reactions. XXVIII. The Loss of Water from n-Alkan-1-ols. Org Mass Spectrom 18: 219–220. doi:10.1002/oms.1210180509

[123] Bowen RD (1993) The Role of Ion-Neutral Complexes in the Reactions of Onium Ions and Related Species. Org Mass Spectrom 28: 1577–1595. doi:10.1002/oms.1210281234

[124] Bowen RD (1980) Potential Energy Profiles for Unimolecular Reactions of Isolated Organic Ions: Some Isomers of $[C_4H_{10}N]^+$ and $[C_5H_{12}N]^+$. J Chem Soc, Perkin Trans 2: 1219–1227. doi:10.1039/P29800001219

[125] Bowen RD, Derrick PJ (1993) Unimolecular Reactions of Isolated Organic Ions: The Chemistry of the Oxonium Ions $[CH_3CH_2CH_2CH_2O=CH_2]^+$ and $[CH_3CH_2CH_2CH=OCH_3]^+$. Org Mass Spectrom 28: 1197–1209. doi:10.1002/oms.1210281035

[126] Solling TI, Hammerum S (2001) The Retro-Ene Reaction of Gaseous Immonium Ions Revisited. J Chem Soc Perkin Trans 2: 2324–2428. doi:10.1039/B105386H

[127] Veith HJ, Gross JH (1991) Alkene Loss from Metastable Methyleneimmonium Ions: Unusual Inverse Secondary Isotope Effect in Ion-Neutral Complex Intermediate Fragmentations. Org Mass Spectrom 26: 1097–1105. doi:10.1002/oms.1210261214

[128] Budzikiewicz H, Bold P (1991) A McLafferty Rearrangement in an Even-Electron System: C3H6 Elimination from the α-Cleavage Product of Tributylamine. Org Mass Spectrom 26: 709–712. doi:10.1002/oms.1210260808

[129] Bowen RD, Colburn AW, Derrick PJ (1993) Unimolecular Reactions of Isolated Organic Ions: Reactions of the Immonium Ions $[CH_2=N(CH_3)CH(CH_3)_2]^+$, $[CH_2=N(CH_3)CH_2CH_2CH_3]^+$ and $[CH_2=N(CH_2CH_2CH_3)_2]^+$. J Chem Soc Perkin Trans 2: 2363–2372. doi:10.1039/P29930002363

[130] Gross JH, Veith HJ (1994) Propene Loss from Phenylpropylmethyleneiminium Ions. Org Mass Spectrom 29: 153–154. doi:10.1002/oms.1210290307

[131] Gross JH, Veith HJ (1993) Unimolecular Fragmentations of Long-Chain Aliphatic Iminium Ions. Org Mass Spectrom 28: 867–872. doi:10.1002/oms.1210280808

[132] Uccella NA, Howe I, Williams DH (1971) Structure and Isomerization of Gaseous $[C_3H_8N]^+$ Metastable Ions. J Chem Soc B: 1933–1939. doi:10.1039/J29710001933

[133] Levsen K, Schwarz H (1975) Influence of Charge Localization on the Isomerization of Organic Ions. Tetrahedron 31: 2431–2433. doi:10.1016/0040-4020(75)80249-3

[134] Bowen RD (1982) Unimolecular Reactions of Isolated Organic Ions: Olefin Elimination from Immonium Ions $[R^1R^2N=CH_2]^+$. J Chem Soc Perkin Trans 2: 409–413. doi:10.1039/P29820000409

[135] Bowen RD (1989) Reactions of Isolated Organic Ions. Alkene Loss from the Immonium Ions $[CH_3CH=NHC_2H_5]^+$ and $[CH_3CH=NHC_3H_7]^+$. J Chem Soc Perkin Trans 2: 913–918. doi:10.1039/P29890000913

[136] Bowen RD, Colburn AW, Derrick PJ (1990) Unimolecular Reactions of the Isolated Immonium Ions $[CH_3CH=NHC_4H_9]^+$, $[CH_3CH_2CH=NHC_4H_9]^+$ and $[(CH_3)_2C=NHC_4H_9]^+$. Org Mass Spectrom 25: 509–516. doi:10.1002/oms.1210251005

[137] Bowen RD, Maccoll A (1990) Unimolecular Reactions of Ionized Ethers. J Chem Soc Perkin Trans 2: 147–155. doi:10.1039/P29900000147

[138] Traeger JC, Hudson CE, McAdoo DJ (1990) Energy Dependence of Ion-Induced Dipole Complex-Mediated Alkane Eliminations from Ionized Ethers. J Phys Chem 94: 5714–5717. doi:10.1021/j100378a021

[139] Bowen RD, Williams DH (1979) Non-Concerted Unimolecular Reactions of Ions in the Gas-Phase: The

Importance of Ion-Dipole Interactions in Carbonium Ion Isomerizations. Int J Mass Spectrom Ion Phys 29: 47–55. doi:10.1016/0020-7381(79)80017-0

[140] Bowen RD, Williams DH (1980) Unimolecular Reactions of Isolated Organic Ions. The Importance of Ion-Dipole Interactions. J Am Chem Soc 102: 2752–2756. doi:10.1021/ja00528a038

[141] Bowen RD, Derrick PJ (1992) The Mechanism of Ethylene Elimination from the Oxonium Ions [$CH_3CH_2CH=OCH_2CH_3$]$^+$ and [$(CH_3)_2C=OCH_2CH_3$]$^+$. J Chem Soc Perkin Trans 2: 1033–1039. doi:10.1039/P29920001033

[142] Nguyen MT, Vanquickenborne LG, Bouchoux G (1993) On the Energy Barrier for 1,2-Elimination of Methane from Dimethyloxonium Cation. Int J Mass Spectrom Ion Proc 124: R11–R14. doi:10.1016/0168-1176(93)80099-Z

[143] Lias SG, Liebman JF, Levin RD (1984) Evaluated Gas Phase Basicities and Proton Affinities of Molecules; Heats of Formation of Protonated Molecules. J Phys Chem Ref Data 13: 695–808. doi:10.1063/1.555719

[144] Lias SG, Bartmess JE, Liebman JF, Holmes JL, Levin RD, Mallard WG (1988) Gas-Phase Ion and Neutral Thermochemistry. J Phys Chem Ref Data 17(Supplement 1): 861 pp.

[145] Hunter EPL, Lias SG (1998) Evaluated Gas Phase Basicities and Proton Affinities of Molecules: An Update. J Phys Chem Ref Data 27: 413–656. doi:10.1063/1.556018

[146] Bowen RD, Colburn AW, Derrick PJ (1992) Unimolecular Reactions of Isolated Organic Ions: The Chemistry of the Unsaturated Oxonium Ion [$CH_2=CHCH=OCH_3$]$^+$. Org Mass Spectrom 27: 625–632. doi:10.1002/oms.1210270517

[147] Bowen RD, Stapleton BJ, Williams DH (1978) Nonconcerted Unimolecular Reactions of Ions in the Gas Phase: Isomerization of Weakly Coordinated Carbonium Ions. J Chem Soc Chem Commun: 24–26. doi:10.1039/C39780000024

[148] Morton TH (1982) Gas Phase Analogues of Solvolysis Reactions. Tetrahedron 38: 3195–3243. doi:10.1016/0040-4020(82)80101-4

[149] Morton TH (1992) The Reorientation Criterion and Positive Ion-Neutral Complexes. Org Mass Spectrom 27: 353–368. doi:10.1002/oms.1210270404

[150] Longevialle P (1992) Ion-Neutral Complexes in the Unimolecular Reactivity of Organic Cations in the Gas Phase. Mass Spectrom Rev 11: 157–192. doi:10.1002/mas.1280110302

[151] McAdoo DJ (1988) Ion-Neutral Complexes in Unimolecular Decompositions. Mass Spectrom Rev 7: 363–393. doi:10.1002/mas.1280070402

[152] Rylander PN, Meyerson S (1956) Organic Ions in the Gas Phase. I. The Cationated Cyclopropane Ring. J Am Chem Soc 78: 5799–5802. doi:10.1021/ja01603a021

[153] Meyerson S (1989) Cationated Cyclopropanes as Reaction Intermediates in Mass Spectra: an Earlier Incarnation of Ion-Neutral Complexes. Org Mass Spectrom 24: 267–270. doi:10.1002/oms.1210240412

[154] Longevialle P, Botter R (1983) Electron Impact Mass Spectra of Bifunctional Steroids. The Interaction Between Ionic and Neutral Fragments Derived from the Same Parent Ion. Org Mass Spectrom 18: 1–8. doi:10.1002/oms.1210180102

[155] Longevialle P, Botter R (1983) The Interaction Between Ionic and Neutral Fragments from the Same Parent Ion in the Mass Spectrometer. Int J Mass Spectrom Ion Phys 47: 179–182. doi:10.1016/0020-7381(83)87165-4

[156] Redman EW, Morton TH (1986) Product-Determining Steps in Gas-Phase Broensted Acid-Base Reactions. Deprotonation of 1-Methylcyclopentyl Cation by Amine Bases. J Am Chem Soc 108: 5701–5708. doi:10.1021/ja00279a007

[157] Filges U, Grützmacher H-F (1986) Fragmentations of Protonated Benzaldehydes via Intermediate Ion/Molecule Complexes. Org Mass Spectrom 21: 673–680. doi:10.1002/oms.1210211012

[158] Hudson CE, McAdoo DJ (1984) Alkane Eliminations from Radical Cations Through Ion-Radical Complexes. Int J Mass Spectrom Ion Proc 59: 325–332. doi:10.1016/0168-1176(84)85106-X

[159] McAdoo DJ, Hudson CE (1987) Ion-Neutral Complex-Mediated Hydrogen Exchange in Ionized Butanol: A Mechanism for Nonspecific Hydrogen Migration. Org Mass Spectrom 22: 615–621. doi:10.1002/oms.1210220908

[160] Hammerum S, Audier HE (1988) Experimental Verification of the Intermediacy and Interconversion of Ion-Neutral Complexes as Radical Cations Dissociate. J Chem Soc Chem Commun: 860–861. doi:10.1039/C39880000860

[161] Traeger JC, Hudson CE, McAdoo DJ (1991) Isomeric Ion-Neutral Complexes Generated from Ionized 2-Methylpropanol and n-Butanol: The Effect of the Polarity of the Neutral Partner on Complex-Mediated Reactions. J Am Soc Mass Spectrom 3: 409–416. doi:10.1016/1044-0305(92)87068-A

[162] Sozzi G, Audier HE, Mourgues P, Milliet A (1987) Alkyl Phenyl Ether Radical Cations in the Gas Phase: A Reaction Model. Org Mass Spectrom 22: 746–747. doi:10.1002/oms.1210221111

[163] Blanchette MC, Holmes JL, Lossing FP (1989) The Fragmentation of Ionized Alkyl Phenyl Ethers. Org Mass Spectrom 24: 673–678. doi:10.1002/oms.1210240826

[164] Harnish D, Holmes JL (1991) Ion-Radical Complexes in the Gas Phase: Structure and Mechanism in the Fragmentation of Ionized Alkyl Phenyl Ethers. J Am Chem Soc 113: 9729–9734. doi:10.1021/ja00026a003

[165] Zappey HW, Ingemann S, Nibbering NMM (1991) Isomerization and Fragmentation of Aliphatic Thioether Radical Cations in the Gas Phase: Ion-Neutral Complexes in the Reactions of Metastable Ethyl Propyl Thioether Ions. J Chem Soc Perkin Trans 2: 1887–1892. doi:10.1039/P29910001887

[166] Broer WJ, Weringa WD (1980) Potential Energy Profiles for the Unimolecular Reactions of [C3H7S]+ Ions. Org Mass Spectrom 15: 229–234. doi:10.1002/oms.1210150504

[167] Schwarz H (1978) Some Newer Aspects of Mass Spectrometric Ortho Effects. Top Curr Chem 73: 231–263. doi:10.1007/BFb0050140

[168] Meyerson S, Drews H, Field EK (1964) Mass Spectra of Ortho-Substituted Diarylmethanes. J Am Chem Soc 86: 4964–4967. doi:10.1021/ja01076a044

[169] Grützmacher H-F (1981) Mechanisms of Mass Spectrometric Fragmentation Reactions. XXXII. The Loss of Ortho Halo Substituents from Substituted Thiobenzamide Ions. Org Mass Spectrom 16: 448–450. doi:10.1002/oms.1210161006

[170] Ramana DV, Sundaram N, George N (1987) Ortho Effects in Organic Molecules on Electron Impact. 14. Concerted and Stepwise Ejections of SO2 and N2 from N-Arylidene-2-Nitrobenzenesulfenamides. Org Mass Spectrom 22: 140–144. doi:10.1002/oms.1210220305

[171] Sekiguchi O, Noguchi T, Ogino K, Tajima S (1994) Fragmentation of Metastable Molecular Ions of Acetylanisoles. Int J Mass Spectrom Ion Proc 132: 172–179. doi:10.1016/0168-1176(93)03937-H

[172] Barkow A, Pilotek S, Grützmacher H-F (1995) Ortho Effects: A Mechanistic Study. Eur Mass Spectrom 1: 525–537. doi:10.1255/ejms.88

[173] Danikiewicz W (1998) Electron Ionization-Induced Fragmentation of N-Alkyl-o-Nitroanilines: Observation of New Types of Ortho Effects. Eur Mass Spectrom 4: 167–179. doi:10.1255/ejms.206

[174] Spiteller G (1961) The Ortho Effect in the Mass Spectra of Aromatic Compounds. Monatsh Chem 92: 1147–1154

[175] Martens J, Praefcke K, Schwarz H (1975) Spectroscopic Investigations. IX. Analytical Importance of the Ortho Effect in Mass Spectrometry. Benzoic and Thiobenzoic Acid Derivatives. Z Naturforsch B 30: 259–262. doi:10.1515/znb-1975-3-426

[176] Smith JG, Wilson GL, Miller JM (1975) Mass Spectra of Isopropyl Benzene Derivatives. A Study of the Ortho Effect. Org Mass Spectrom 10: 5–17. doi:10.1002/oms.1210100103

[177] Schwarz H, Köppel C, Bohlmann F (1974) Electron Impact-Induced Fragmentation of Acetylene Compounds. XII. Rearrangement of Bis(Trimethylsilyl) Ethers of Unsaturated α,ω-Diols and Mass Spectrometric Identification of Isomeric Phenols. Tetrahedron 30: 689–693. doi:10.1016/S0040-4020(01)97065-6

[178] Krauss D, Mainx HG, Tauscher B, Bischof P (1985) Fragmentation of Trimethylsilyl Derivatives of 2-Alkoxyphenols: a Further Violation of the 'Even-Electron Rule'. Org Mass Spectrom 20: 614–618. doi:10.1002/oms.1210201005

[179] Svendsen JS, Sydnes LK, Whist JE (1987) Mass Spectrometric Study of Dimethyl Esters of Trimethylsilyl Ether Derivatives of Some 3-Hydroxy Dicarboxylic Acids. Org Mass Spectrom 22: 421–429. doi:10.1002/oms.1210220708

[180] Svendsen JS, Whist JE, Sydnes LK (1987) A Mass Spectrometric Study of the Dimethyl Ester Trimethylsilyl Enol Ether Derivatives of Some 3-Oxodicarboxylic Acids. Org Mass Spectrom 22: 486–492. doi:10.1002/oms.1210220803

[181] Halket HM, Zaikin VG (2003) Derivatization in Mass Spectrometry – 1. Silylation. Eur J Mass Spectrom 9: 1–21. doi:10.1255/ejms.527

[182] Beynon JH, Bertrand M, Cooks RG (1973) Metastable Loss of Nitrosyl Radical from Aromatic Nitro Compounds. J Am Chem Soc 95: 1739–1745. doi:10.1021/ja00787a007

[183] Meyerson S, Puskas I, Fields EK (1966) Organic Ions in the Gas Phase. XVIII. Mass Spectra of Nitroarenes. J Am Chem Soc 88: 4974–4908. doi:10.1021/ja00973a036

[184] Porter QN, Baldas J (1971) Mass Spectrometry of Heterocyclic Compounds. Wiley Interscience, New York

[185] Schwarz H, Bohlmann F (1973) Mass Spectrometric Investigation of Amides. II. Electron-Impact Induced Fragmentation of (Phenylacetyl)Aziridine, -Pyrrolidine, and -Piperidine. Tetrahedron Lett 38: 3703–3706. doi:10.1016/S0040-4039(01)87012-X

[186] Nakano T, Martin A (1981) Mass Spectrometric Fragmentation of the Oxetanes of 3,5-Dimethylisoxazole, 2,4-Dimethylthiazole, and 1-Acetylimidazole. Org Mass Spectrom 16: 55–61. doi:10.1002/oms.1210160202

[187] Grützmacher H-F, Pankoke D (1989) Rearrangement Reactions of the Molecular Ions of Some Substituted Aliphatic Oxiranes. Org Mass Spectrom 24: 647–652. doi:10.1002/oms.1210240822

[188] Collin JE, Conde-Caprace G (1968) Ionization and Dissociation of Cyclic Ethers by Electron Impact. Int J Mass Spectrom Ion Phys 1: 213–225. doi:10.1016/0020-7381(68)85001-6

[189] Duffield AM, Budzikiewicz H, Williams DH, Djerassi C (1965) Mass Spectrometry in Structural and Stereochemical Problems. LXIV. A Study of the Fragmentation Processes of Some Cyclic Amines. J Am Chem Soc 87: 810–816. doi:10.1021/ja01082a021

[190] Burgers PC, Holmes JL, Mommers AA, Terlouw JK (1983) Neutral Products of Ion Fragmentations: Hydrogen Cyanide and Hydrogen Isocyanide (HNC) Identified by Collisionally Induced Dissociative Ionization. Chem Phys Lett 102: 1–3. doi:10.1016/0009-2614(83)80645-9

[191] Hop CECA, Dakubu M, Holmes JL (1988) Do the Aminopyridine Molecular Ions Display Aniline- or Pyridine-Type Behavior? Org Mass Spectrom 23: 609–612. doi:10.1002/oms.1210230811

[192] Rosenstock HM, Stockbauer R, Parr AC (1981) Unimolecular Kinetics of Pyridine Ion Fragmentation. Int J Mass Spectrom Ion Phys 38: 323–331. doi:10.1016/0020-7381(81)80077-0

[193] Burgers PC, Holmes JL (1989) Kinetic Energy Release in Metastable-Ion Fragmentations. Rapid Commun Mass Spectrom 3: 279–280. doi:10.1002/rcm.1290030809

[194] Cardoso AM, Ferrer AJ (1999) Fragmentation Reactions of Molecular Ions and Dications of Indoleamines. Eur

Mass Spectrom 5: 11–18. doi:10.1255/ejms.244
[195] Rodríguez JG, Urrutia A, Canoira L (1996) Electron Impact Mass Spectrometry of Indole Derivatives. Int J Mass Spectrom Ion Proc 152: 97–110. doi:10.1016/0168-1176(95)04344-6
[196] Hesse M (1974) Indolalkaloide, Teil 2: Spektren. Weinheim, VCH
[197] Hesse M (1974) Indolalkaloide, Teil 1: Text. Weinheim, VCH
[198] Biemann K (2002) Four Decades of Structure Determination by Mass Spectrometry: From Alkaloids to Heparin. J Am Soc Mass Spectrom 13: 1254–1272. doi:10.1016/S1044-0305(02)00441-5
[199] Duffield AM, Beugelmans R, Budzikiewicz H, Lightner DA, Williams DH, Djerassi C (1965) Mass Spectrometry in Structural and Stereochemical Problems. LXIII. Hydrogen Rearrangements Induced by Electron Impact on N-n-Butyl- and N-n-Pentylpyrroles. J Am Chem Soc 87: 805–810. doi:10.1021/ja01082a020
[200] Aubagnac JL, Campion P (1979) Mass Spectrometry of Nitrogen Heterocycles. X. Contribution to the Behavior of the Aniline Ion and Aminopyridine Ions Prior to Fragmentation by Loss of Hydrogen Cyanide. Org Mass Spectrom 14: 425–429. doi:10.1002/oms.1210140806
[201] Heyns K, Stute R, Scharmann H (1966) Mass Spectrometric Investigations. XII. Mass Spectra of Furans. Tetrahedron 22: 2223–2235. doi:10.1016/S0040-4020(01)82143-8
[202] De Jong F, Sinnige HJM, Janssen MJ (1970) Carbon Scrambling in Thiophene Under Electron Impact. Rec Trav Chim Pays-Bas 89: 225–226. doi:10.1002/recl.19700890214
[203] Williams DH, Cooks RG, Ronayne J, Tam SW (1968) Studies in Mass Spectrometry. XXVII. The Decomposition of Furan, Thiophene, and Deuterated Analogs Under Electron Impact. Tetrahedron Lett 9: 1777–1780. doi:10.1016/S0040-4039(01)99049-5
[204] Riepe W, Zander M (1979) The Mass Spectrometric Fragmentation Behavior of Thiophene Benzologs. Org Mass Spectrom 14: 455–456. doi:10.1002/oms.1210140812
[205] Rothwell AP, Wood KV, Gupta AK, Prasad JVNV (1987) Mass Spectra of Some 2- and 3-Cycloalkenylfurans and-Cycloalkenylthiophenes and Their Oxy Derivatives. Org Mass Spectrom 22: 790–795. doi:10.1002/oms.1210221206

第 7 章 化学电离

学习目标

- 通过离子-分子反应形成离子
- 除了电子电离之外的正离子形成过程
- 负离子形成的途径
- 化学电离技术的软离子化特性
- 化学电离质谱法的应用
- 大气压条件下的化学电离过程
- 大气压化学电离
- 大气压光致电离
- 化学电离技术的概述

质谱学家一直在寻找比电子电离更温和的电离方法，因为分子量的测定是阐明结构的关键。化学电离（chemical ionization，CI）是将要讨论的第一种所谓的软电离方法（图 1.4）。从历史上看，场电离（FI，第 8.5 节）是较早的技术，因此 CI 可以被视为引入有机质谱的第二种软电离方法。尽管如此，CI 与 EI 有一些相似之处，使得接着 EI 对其讨论变得方便。CI 可以追溯到 20 世纪 50 年代早期的 *Talrose* 的实验[1]，并在 20 世纪 60 年代中期由 Munson 和 Field 发展成一种有用的分析技术[2-5]。从那时起，CI 的基本概念以多种不同的方式得到了扩展和应用，同时为各种各样的分析任务提供了实验条件[5-7]。

7.1 化学电离的基本原理

7.1.1 正离子化学电离中离子的形成

在化学电离中，当气相中的分子与离子相互作用时，会形成新的离子物种，即化学电离基于离子-分子反应（第 2.13 节）。化学电离可能涉及电子、质子或其他离子在反应物[8]之间的转移，即在中性分析物 M 和试剂气[9,10]产生的试剂离子之间的转移。

CI 与到目前为止在质谱法中遇到的情况有所不同，因为使用双分子过程来生成分析物离子。双分子反应的发生需要反应物在离子源中的停留时间内有足够多的离子-分子碰撞。这是通过显著增加试剂气的分压来实现的。假设合理的碰撞横截面和微秒的离子源停留时间[11]，一个分子将在压力约 2.5×10^2 Pa（2.5 mbar）的离子源中经历 30~70 次碰撞[12]。10^3~10^4 倍过量的试剂气还有效地屏蔽了分析物分子免受初级电子直接电离的干扰，这是抑制分析物发生竞争性 EI 电离的先决条件。

首先考虑正离子化学电离（positive-ion chemical ionization，PICI）。在 PICI，中性分析物分子 M 形成正离子有四种基本途径。

首先，是质子转移（proton transfer）：

$$M + [BH]^+ \longrightarrow [M+H]^+ + B \tag{7.1}$$

对于质子转移，试剂离子$[BH]^+$必须充当 Brønsted 酸。质子转移产生质子化的分析物分子——$[M+H]^+$，即在[M+1]处检测到的偶电子离子。虽然质子转移通常被认为会产生质子化的分析物分子$[M+H]^+$，但酸性分析物本身可能会通过相互质子交换形成$[M+H]^+$和$[M-H]^-$，这种行为被用于负离子化学电离（negative-ion chemical ionization，NICI，第 7.5 节）。

第二，分析物分子可以通过亲电加成（electrophilic addition）形成加合物而获得电荷：

$$M + X^+ \longrightarrow [M+X]^+ \tag{7.2}$$

如果 M 的质子化不可行，则 X^+ 的亲电加成会通过将整个试剂离子缔合到分析物分子上而得以实现。例如，使用氨作为试剂气时，经常会形成$[M+NH_4]^+$。因此，偶电子离子在高于 M 的 m/z 值处被检测到，其确切位置取决于实际形成的加合物。

第三，负离子攫取（anion abstraction）可能发生：

$$M + X^+ \longrightarrow [M-A]^+ + AX \tag{7.3}$$

氢负离子攫取是负离子攫取的一种常见情况，例如，脂肪醇是产生$[M-H]^+$、$[M-1]^+$，而不是$[M+H]^+$[13,14]。像甲磺酸根或甲苯磺酸根这样的强离去基团，也可能通过失去负离子基团而导致偶电子正离子的形成。

第四种途径是电荷转移（charge transfer，CT）：

$$M + X^{+\bullet} \longrightarrow M^{+\bullet} + X \tag{7.4}$$

电荷转移，也称为电荷交换（charge exchange，CE），不同于前面的三个过程，因为它产生分子离子 $M^{+\bullet}$，即奇电子物种。虽然电荷转移的产物是自由基正离子，但 CT 产物离子的裂解程度往往明显低于 EI 形成的分子子离子，这是因为 CT 产物离子的平均离子内能远低于从 EI 产物离子的平均内能。因此，CT 产生的自由基正离子的行为类似于在低能量电子电离中产生的分子离子（第 5.6 节）。

> **这也是一种分子离子吗？**
>
> 通常将[M+H]⁺和[M-H]⁺表示为准分子离子，因为它们包含了原本完整的分析物分子，当采用软电离方法时会检测到这些离子，而不是"真正的"分子离子——M⁺•。该术语也适用于除 CI 外的其他软电离方法产生的[M+碱金属]⁺。最近的建议是避免使用准分子离子这个术语[9,10]。现在，离子被更具体地称为，例如，[M+H]⁺作为质子化分子，[M-H]⁻作为去质子化分子，[M+Na]⁺离子作为钠离子化分子，通常[M+X]⁺作为正离子化分子。

7.1.2　CI 离子源

　　CI 离子源与 EI 离子源非常相似（第 5.1 节）。实际上，一些 EI 离子源可以在几秒钟内切换到 CI 模式操作，它们被构建为 EI/CI 组合离子源。这种改变是根据保持相对高的试剂气压力（大约 10^2 Pa）的需要来改造离子源，而不漏太多试剂气到离子源腔体[15]。这是通过将一些例如小圆柱体的内壁，轴向插入离子化室中来实现的，只留下用于电离的初级电子、进样口和射出离子束通过的狭窄入口和出口。在操作过程中，参考化合物进样口、气相色谱仪（GC）和直接进样杆（DIP）的端口需要紧密连接到各自的进样系统，例如，即使另一个进样口实际上向离子化室提供样品流，也要插入空置的 DIP。试剂气被直接引入离子化室中，以确保内部压力最大，损失到离子源腔体的最小（图 7.1）。在 CI 操作期间，与仪器的背景压力相比离子源腔体中的压力通常会升高 20~50 倍（$5×10^{-4}$~10^{-3} Pa）。因此，需要 200 L/s 或更高的足够抽速来维持 CI 模式下的稳定运行。初级电子的能量最好调整到大约 200 eV，因为较低能量的电子难以穿透试剂气。

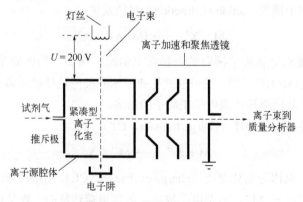

图 7.1　化学电离源的布局

（经许可改编自参考文献[16]。© Springer-Verlag Heidelberg, 1991）

7.1.3 化学电离技术及其术语

在最初的应用中，化学电离产生的离子是正离子[2-5]，因此，对于许多从业者来说，没有进一步说明的缩略语"CI"仍然代表正离子化学电离（PICI），后者的术语应明确优先使用。对于负离子，应该使用术语负离子化学电离（NICI）[8]。表 7.1 提供了 CI 术语和缩略语的概述。那里列出的最后一种技术——电子捕获（EC）或电子捕获负离子化（ECNI）并不代表严格意义上的化学电离，这将在后面详细说明（第 7.6 节）。

表 7.1 与化学电离相关的术语和缩略语

模式	方法	缩写	释意
正离子模式	正离子化学电离（或正化学电离）	PICI（或 PCI）	严格地说，任何 CI 技术都可以提供分析物的偶电子正离子（有时限指通过质子化形成离子）
	电荷转移（或电荷交换）	CT（或 CE）	通过电子的交换/转移形成自由基正离子
负离子模式	负离子化学电离（或负化学电离）	NICI（或 NCI）	任何提供分析物偶电子负离子的 CI 技术
	电子捕获	EC（或 ECNI）	不是严格意义上的 CI 技术，但是离子源操作与 NICI 一样

7.1.4 化学电离的灵敏度

CI 中的电离是一个或几个竞争性化学反应的结果。因此，CI 中的灵敏度（第 1.6 节）在很大程度上取决于实验条件。为了比较灵敏度数据，除了初级电子能量和电子电流外，还必须说明试剂气类型及其压力和离子源温度。例如，扇形磁场质谱规定，在甲烷作试剂气正离子 CI 模式，$R = 1000$ 条件下，硬脂酸甲酯的$[M+H]^+$灵敏度约为 4×10^{-8} C/μg。这大约比 EI 小一个数量级。虽然 CI 可以从样品中产生的离子流往往低于 EI，但值得注意的是，大部分这种离子流是由$[M+H]^+$或$[M+NH_4]^+$等与完整的分子直接相关的等离子产生的。因此，即使在存在杂质的情况下，也更容易归属正确的分子质量完成。

7.2 化学电离中的质子化

7.2.1 质子的来源

由于离子与其对应的中性分子之间的双分子过程而形成$[M+H]^+$离子的过程被称为自身质子化（autoprotonation），这是自身化学电离（self-CI）的一种特殊形式。self-CI 是一种化学电离过程，其中试剂离子由分析物本身的离子化物种形成[17]。在

EI-MS 中，自身质子化是一种不期望出现的现象。通过增加离子源压力和降低温度可以促进自身质子化产生的[M+H]$^+$离子。此外，如果分析物具有高挥发性和/或含有酸性氢，则有利于[M+H]$^+$离子的形成。因此，self-CI 可能会导致质谱图的错误解读，这要么是由于夸大了[M+1]离子的丰度（第 3.2 节）而高估从 ^{13}C 同位素峰计算得到的碳原子数，要么是指示的分子质量似乎比实际值高 1 u（图 7.6 和参考第 6.2.7 节氮规则），然而，在以甲烷或氨为试剂气的 CI-MS 中，自身质子化过程被有意用来产生试剂离子。

> **化学电离**
>
> 化学电离（chemi-ionization）是指内部受到激发的分子与其他中性分子相互作用后，通过失去电子而电离，对应 M* + X $\longrightarrow$ MX$^{+\cdot}$ + e$^-$。化学电离与 CI 的不同之处在于不涉及离子-分子反应（参考彭宁电离，第 2.1.3 节）[8,18]。

从 M$^{+\cdot}$过渡到[M+H]$^+$ 一些自身质子化的贡献导致[M+1]峰强度的增加，这可能难以识别，因此可能被错误地解释为比实际存在的碳原子数更多（图 7.2，第 3.2 节）。当从纯分子离子形成过渡到纯质子化分子时，信号的外观会发生变化。因此，应避免导致中间情况出现的条件。清晰的 EI 图谱要求离子源中样品的分压较低，而清晰的 CI 图谱要求正确调整试剂气压力，以避免残存的 EI 信号。

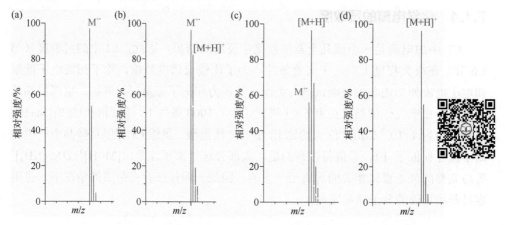

图 7.2 从只形成分子离子（彩图中红色峰）向质子化分子（彩图中蓝色峰）过渡时信号外观的逐步变化

（a）有正确同位素模式的纯分子离子峰；（b）一些[M+H]$^+$的贡献导致[M+1]峰过强；（c）大部分是[M+H]$^+$；（d）有正确同位素模式的纯[M+H]$^+$信号。只有纯的 M$^{+\cdot}$和纯的[M+H]$^+$才能产生不失真的同位素模式

7.2.2 甲烷试剂气形成的等离子体

甲烷的 EI 质谱图已经被讨论过了（第 6.1 节）。质谱图中显示了反应式（7.5）

7.2 化学电离中的质子化

中列出的所有离子物种的峰。将甲烷的分压从 EI 标准值的大约 10^{-4} Pa 提高到 10^2 Pa 会显著改变离子的组成[1]。分子离子 $CH_4^{+\bullet}$ m/z 16 几乎消失，取而代之的是检测到的一个新物种 CH_5^+ m/z 17[19]。一些另外的离子以更高的质量出现，其中最突出的是 $C_2H_5^+$ m/z 29 和 $C_3H_5^+$ m/z 41（图 7.3）[20,21]。显然，甲烷的正离子化学电离的图谱是由离子源中竞争性和连续的双分子反应控制的[4,6,12]：

$$CH_4 + e^- \longrightarrow CH_4^{+\bullet}, CH_3^+, CH_2^{+\bullet}, CH^+, C^{+\bullet}, H_2^{+\bullet}, H^+ \quad (7.5)$$

$$CH_4^{+\bullet} + CH_4 \longrightarrow CH_5^+ + CH_3^{\bullet} \quad (7.6)$$

$$CH_3^+ + CH_4 \longrightarrow C_2H_7^+ \longrightarrow C_2H_5^+ + H_2 \quad (7.7)$$

$$CH_2^{+\bullet} + CH_4 \longrightarrow C_2H_4^{+\bullet} + H_2 \quad (7.8)$$

$$CH_2^{+\bullet} + CH_4 \longrightarrow C_2H_3^+ + H_2 + H^{\bullet} \quad (7.9)$$

$$C_2H_3^+ + CH_4 \longrightarrow C_3H_5^+ + H_2 \quad (7.10)$$

$$C_2H_5^+ + CH_4 \longrightarrow C_3H_7^+ + H_2 \quad (7.11)$$

随着离子源压力从 EI 条件增加到 25 Pa，产物离子的相对丰度发生了显著的变化。当压力超过 100 Pa 时，产物离子的相对浓度将稳定在以甲烷为试剂气的 CI 质谱图所代表的水平上[4,22]。幸运的是，在 CI 中离子源压力通常在 10^2 Pa 范围内，也就是在这个相对离子丰度的稳定区域，从而确保了 CI 条件的可重复性。离子源温度的影响比 EI 更明显，因为高碰撞率会迅速达到热平衡。

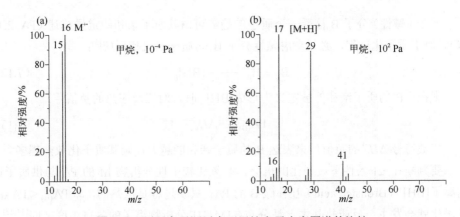

图 7.3 不同离子源压力下甲烷电子电离图谱的比较
（a）大约 10^{-4} Pa；（b）大约 10^2 Pa，代表了正离子 CI 中甲烷试剂气的典型质谱图

试剂气形成的等离子体

在被电离的试剂气，同时存在自由电子、质子和大量的离子和自由基，因此被称为试剂气形成的等离子体。

7.2.3 CH_5^+ 及其相关离子

甲烷质子化形成的离子 CH_5^+，代表了甲烷试剂气形成的等离子体中的一种反应性强具引人注目的物种。1991 年，其结构的计算结果如图式 7.1 所示[19]，CH_5^+ 的化学行为似乎与一个稳定的结构相符，其中涉及一个三中心两电子键，将两个氢和碳原子结合在一起。

图式 7.1

由于与化学电离中试剂气的相互作用，这种结构中由于其中一个氢与剩下的三个氢中的一个氢原子之间的交换而引起的重排，似乎是一个快速过程。有研究表明，所有五个 C—H 键都通过极快的零点运动变得等价，从而排除了为 CH_5^+ 离子指定一个独特结构的可能性[23]。对于 $C_2H_5^+$ 离子形成过程中的 $C_2H_7^+$ 中间体，存在多种异构体结构[20,21]。在质子化的氟甲烷中，情况则完全不同，质子化促进了 C—F 键的弱化和 F—H 键的强化[24]。

7.2.4 质子化的能量学

一个（碱性）分子 B 接受一个质子的趋势可由其质子亲和能定量描述（PA, 2.12 节）。对于质子化过程，必须考虑碱性分子 B_g 与质子的气相反应[3]：

$$B_g + H_g^+ \longrightarrow [BH]_g^+ \tag{7.12}$$

现在，B 的质子亲和能被定义为形成$[BH]_g^+$时，对应反应热的负值：

$$PA_{(B)} = -\Delta H_r^0 \tag{7.13}$$

代数符号 ΔH_r^0 的负值用来表达 B 的质子亲和能越大，则其质子化放热越多。

要判断在 CI 条件下质子化的机会，必须比较中性分析物 M 的 PA 与供质子试剂离子$[BH]^+$（Brønsted acid）互补碱 B 的 PA。只要过程是放热的，即 $PA_{(B)} < PA_{(M)}$，质子化就会发生。反应热基本上是分布在$[M+H]^+$分析物离子的各自由度之间[14,25]。因此，$[M+H]^+$ 的最小内能可以很好地近似为：

$$E_{int(M+H)} \approx \Delta PA = PA_{(M)} - PA_{(B)} \tag{7.14}$$

一些额外的热能也将包含在$[M+H]^+$中。有了 PA 数据（表 2.6），人们可以很容易地判断试剂离子是否能够质子化感兴趣的分析物，以及将有多少能量被注入$[M+H]^+$离子中。

底物的影响 试剂离子 CH_5^+ 能够质子化 C_2H_6，因为式（7.14）给出 $\Delta PA = PA_{(C_2H_6)} - PA_{(CH_4)} = 601 - 552 = 49\ kJ/mol$。产物为质子化的乙烷（$C_2H_7^+$），可通过脱 H_2 而立即稳定化，生成 $C_2H_5^+$[20,21]。在四氢呋喃的情况下，质子化生成$[C_4H_8O+H]^+$ 有更多的放热：$\Delta PA = PA_{(C_4H_8O)} - PA_{(CH_4)} = 831 - 552 = 279\ kJ/mol$，从而导致$[M+H]^+$ 离子发生更多的裂解。

7.2.5 比试剂气 PA 更高的杂质

出于上述能量方面的考虑，试剂气中杂质的 PA 如果高于中性试剂气的 PA，则试剂气中的杂质会被试剂离子质子化[3]。残留的水是常见的污染源。试剂气中较高浓度的水甚至可能完全改变试剂气的性质，例如在 CI 条件下，H_3O^+ 成了 CH_4/H_2O 混合物中主要的物种（图 7.4）[26]。

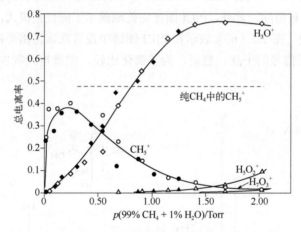

图 7.4 CH_4（99%）和 H_2O（1%）混合物中 CH_5^+ 和 H_3O^+ 离子相对浓度与压力的关系
1 Torr = 133 Pa（经许可转载自参考[26]）。© The American Chemical Society，1965）

杂质改变试剂气

任何 PA 合适的分析物都可以被视为试剂气的一种碱性杂质，并因此以很高的产率进行质子化。杂原子和 π 电子系统是质子化的首选位点。然而，加成上的质子在离子内通常是可移动的，有时甚至会与原本固定的一些氢发生交换[27,28]。

7.2.6 以甲烷为试剂气的 PICI 图谱

在甲烷为试剂气的 PICI 图谱中，$[M+H]^+$ 离子峰（一般表示为甲烷-CI 图谱）通常很强并代表基峰[29-31]。尽管 CI 中的质子化通常会放热 1~4 eV，但$[M+H]^+$的裂解程度远低于在 70 eV EI 条件下观察到的相同分析物的裂解程度。这是因为$[M+H]^+$具有①窄的内能分布，以及②快速自由基诱导的键裂解是禁阻的，因为这些偶数电子离子仅消除完整的分子。亲电加成通常会产生$[M+C_2H_5]^+$和$[M+C_3H_5]^+$的加合离子。因此，除了预期的（通常明显占主导地位的）[M+1]峰外，有时还会观察到[M+29]和[M+41]的峰。有时，可能还会发生氢负离子攫取而不是质子化。

难以辨识的氢负离子攫取

氢负离子攫取很难被识别。为了识别出现的$[M-H]^+$峰而不是$[M+H]^+$峰，检查存疑的信号与亲电加成产物之间的质量差异很有用。在这种情况下，[M+29]和[M+41]看起来就像[M+31]和[M+43]峰一样。16 u 的明显丢失可能表明存在$[M+H-H_2O]^+$离子而不是$[M+H-CH_4]^+$离子。

甲硫氨酸的 PICI 甲硫氨酸以甲烷为试剂气的 PICI 图谱与 EI 图谱相比裂解程度大大降低（图 7.5）。只有 NH_3、HCOOH 和 MeSH 等稳定的小分子从基峰$[M+H]^+$离子 m/z 150 中被消除。此外，PICI 图谱完美地揭示了同位素模式，表明了硫元素的存在。水平线［图 7.5（b）］表示在 PICI 图谱中没有在该范围采样，以保证该图谱不受试剂离子信号的干扰。然而，为了简化比较，图谱被绘制在相同的 m/z 尺度上。

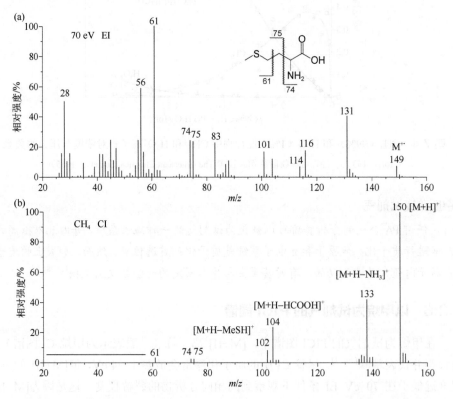

图 7.5 甲硫氨酸 70 eV EI 图谱（a）与甲烷作为试剂气的 PICI 图谱（b）的比较

7.2 化学电离中的质子化

> **CI 的低质量区**
>
> 由于试剂气的大大过量，其图谱往往比分析物的图谱强度更高。因此，通常从试剂离子占据的 m/z 范围以上开始采集 CI 图谱，例如甲烷的在 m/z 50 以上，异丁烷的在 m/z 70 以上。也可以应用背景扣除来去除这些峰，但这种方法会受到分析物进样时试剂离子丰度变化的影响。

7.2.7 使用其他试剂气的 PICI

正如所指出的，ΔPA 的值决定了特定的分析物能否被某一试剂离子质子化以及质子化的放热程度。因此考虑到除甲烷以外的其他试剂气，可以对 PICI 条件进行一些调整。所使用的试剂气和离子主要有：氢气和含氢混合物[14,25,32]、异丁烷[33-37]、氨[34,38-44]、二甲醚[45]、二异丙醚[46]、丙酮[13]、乙醛[13]、苯[47]、碘甲烷[48]、一氧化二氮[39,49,50]，以及过渡金属离子，如 $Cu^{+[51]}$ 和 $Fe^{+[52]}$。

其中，甲烷、异丁烷和氨是 PICI 最常见的试剂气（表 7.2）。一氧化二氮和过渡金属离子在定位双键时特别有用。图 7.6 比较了氨和异丁烷试剂气的 EI 和 CI 图谱。

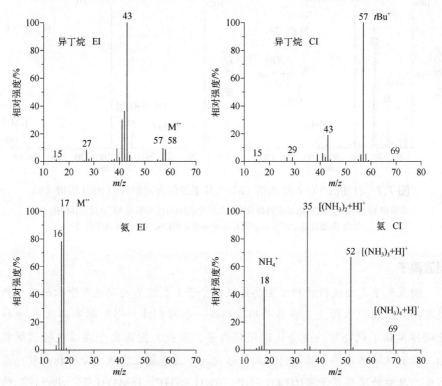

图 7.6 异丁烷（上）和氨（下）的标准 EI 图谱与正离子 CI 图谱

氨在 CI 上形成丰富的$[(NH_3)_n+H]^+$团簇离子

表 7.2 PICI 中常用的试剂气（主要是质子化）

试剂气	试剂离子	从试剂离子产生的中性分子	中性产物分子的 PA/(kJ/mol)	分析物的离子和相应分析物离子的质量
H_2	H_3^+	H_2	424	$[M+H]^+$、$[M-H]^+$ $[M+1]$、$[M-1]$
CH_4	CH_5^+（$C_2H_5^+$ 和 $C_3H_5^+$）	CH_4	552	$[M+H]^+$ 与 $[M+C_2H_5]^+$ 和 $[M+C_3H_5]^+$ $[M+1]$、$[M+29]$、$[M+41]$
$i\text{-}C_4H_{10}$	$t\text{-}C_4H_9^+$	$i\text{-}C_4H_8$	820	$[M+H]^+$ 与 $[M+C_4H_9]^+$（最终可能还有 $[M+C_3H_3]^+$、$[M+C_3H_5]^+$ 和 $[M+C_3H_7]^+$）、$[M+1]$、$[M+57]$
NH_3	NH_4^+	NH_3	854	$[M+H]^+$、$[M+NH_4]^+$、$[M+1]$、$[M+18]$

异丁烷是一种特别通用的试剂气，因为①它可以提供除了极度非极性分析物以外的所有分析物的低裂解程度的 PICI 图谱，②几乎只产生一种明确的加合物（$[M+C_4H_9]^+$，$[M+57]$）（如果有的话）（图 7.7），以及③也可被用于电子捕获负离子化（第 7.4 节）。

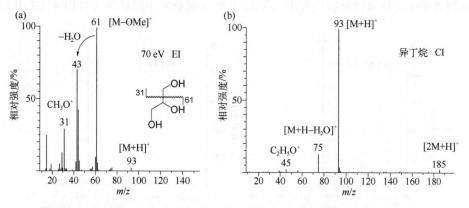

图 7.7 甘油的 70 eV EI 图谱（a）与异丁烷作为试剂气的 PICI 图谱（b）
即使在 EI 模式下，也可以观察到自身质子化产生的 $[M+H]^+$ 而不是 $M^{+\bullet}$。除了 $[M+H]^+$ 外，PICI 图谱仅显示出少量的碎片离子和微弱的 $[2M+H]^+$ 团簇离子信号

团簇离子

团簇离子是由极性物种（主要是极性分子）在作为共同电荷中心的离子周围聚集而成，因此本质上是在离子周围形成一个溶剂球。当足够多的离子-中性分子碰撞提供了机会时，就会出现团簇离子。因此，团簇离子在以极性试剂气的 CI，以及从液体基质中（第 10 章）形成，并且通常在高浓度分析物的软电离时形成。典型的团簇离子有 $[(H_2O)_n+H]^+$、$[(NH_3)_n+H]^+$、$[nM+H]^+$ 等。中性团簇的电离也可以产生团簇离子。

7.2 化学电离中的质子化

快速临床诊断　在一个过量用药的案例中，有证据表明摄入了复方羟考酮（Percodan，由几种常见药物混合而成）。首先得到了胃提取物的以异丁烷作为试剂气的 PICI 图谱（图 7.8）[33]。通过该图谱可知，所有的药物均形成了 [M+H]⁺。由于叔丁基正离子（$C_4H_9^+$）的质子化放热性较低，大多数 [M+H]⁺ 离子未发生裂解，只有阿司匹林给出了强的碎片离子峰，可以归属为 [M+H−H₂O]⁺ m/z 163、[M+H−H₂C—CO]⁺ m/z 139、[M+H− CH₃COOH]⁺ m/z 121。非那西丁，除了 m/z 180 的 [M+H]⁺ 离子外，还形成了一个 [2M+H]⁺ 团簇离子 m/z 359。

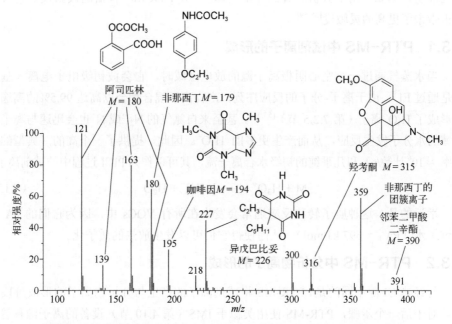

图 7.8　过量用药案例中胃内容物的异丁烷作为试剂气的 PICI 质谱图

（经许可转载自参考文献[33]。© The American Chemical Society，1970）

图 7.7 和图 7.8 表明：

① 在 CI-MS 中经常会形成 [2M+H]⁺ 这样的团簇离子，在解析未知样品的 CI 图谱时需要考虑这一点。

② 如今，在过量用药的情况下，人们可以通过 LC-MS 结合其他软电离技术进行分析，但这个 1970 年的例子证明了 PICI 的软电离特性。

③ 此外，图 7.8 令人大开眼界，当几乎不存在裂解并且大多数或最好所有离子都对应于混合物中完整的分子物种时，可以很好地实现混合物分析（第 14.7 节和 14.8 节）。

7.3 质子转移反应-质谱法

通过将 PICI 的原理与源自选择性离子流动管（selected-ion flow tube，SIFT）实验的装置相结合，质子转移反应质谱（PTR-MS）技术已发展成为分析在空气中 pptv（parts-per-trillion by volume，10^{-12}）水平的挥发性有机化合物（volatile organic compounds，VOCs）的专用工具[53,54]。PTR-MS 作为一种快速定量方法在测定 VOCs 方面非常有用，这一点已在食品监管、环境和大气研究以及医学领域的众多应用中得到证明，例如，用于分析患者的呼出气体[53-57]。PTR-MS 仪器的最新发展为痕量分析带来了更高的灵敏度[58,59]。

7.3.1 PTR-MS 中试剂离子的形成

当水蒸气通过一个空心阴极离子源的放电区域时，它会被初级电子电离（基本上是通过 EI）。由于离子-分子的反应序列，产物离子混合物会以高达 99.5%的高选择性形成了 H_3O^+ 离子（第 7.2.5 节）[53,54]。甚至来自氮气的 $N_2^{+\cdot}$ 或 N^+ 也会迅速与离子源区域的水分子发生反应，从而产生更多的 H_3O^+。因此，提供了一个高的（典型的计数率 ≈ 10^6 计数/s）和几乎纯的初级水合离子流，其可以作为 PICI 过程中的试剂离子：

$$M + H_3O^+ \longrightarrow [MH]^+ + H_2O \tag{7.15}$$

幸运的是，这种质子转移反应通常会发生在所有 VOCs 中，因为它们的 PA 值超过了水（$PA_\text{水}$ = 697 kJ/mol），从而使得它们可以发生放热的质子化。

7.3.2 PTR-MS 中分析物离子的形成

与经典 CI 源不同的是，PTR-MS 将试剂离子的产生与分析物离子的形成阶段分开。对于后一个步骤，PTR-MS 使用类似于 IMS（第 4.10 节）设备的离子漂移管，它为根据反应式（7.14）的有效反应提供了足够的时间。这样，从空心阴极源中被引出的离子，通过一个短漂移区，被送到拓展的反应区，在该反应区入口含有 VOCs 的样品空气不断进入（图 7.9）。由于所输送的试剂离子 H_3O^+ 纯度高，因此不需要限制离子通量的四极杆系统来预选试剂离子[53,54]。

在从文丘里型（Venturi-type）入口到漂移管末端的途中，H_3O^+ 与空气中的任何一种成分发生非反应性和反应性碰撞[53,54]。水作为试剂气的 PICI 过程将被分析的 VOCs 转化为$[M+H]^+$。

漂移管长约 20 cm，用作反应区，通过连接到其出口的真空泵将其中的压力保持在约 1 mbar。当水合氢离子与载有 VOCs 的空气一起漂移时，这些条件提供了热能化和有效的质子转移。由于 PTR-MS 不需要额外的缓冲气，含有分析物的空气不会被进一步稀释，这一特性有助于提高该方法的灵敏度。此外，空气中分析物的最初摩尔分数保持不变。

7.3 质子转移反应-质谱法

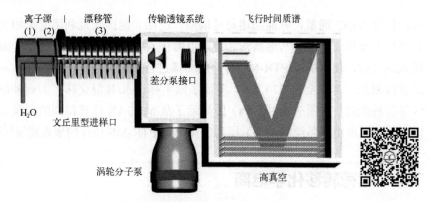

图 7.9 PTR 质谱仪

PTR-TOF 2000™的离子源被分为三个部分：(1) 一个空心阴极被用于从 H_2O 产生试剂离子；(2) 进样品前面的源漂移区；以及 (3) 用于形成分析物离子的漂移管。TOF 分析器有自己的涡轮分子泵，以保持高真空（未显示）（由奥地利因斯布鲁克的 Ionicon Analytik GmbH 提供）

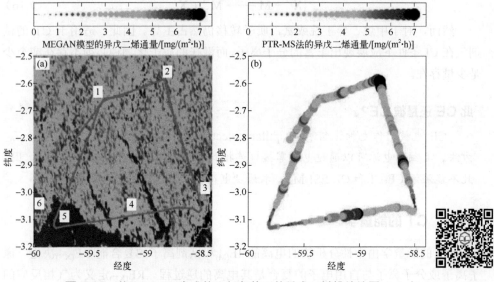

图 7.10 从 MEGAN 生成的飞行条件下的异戊二烯排放地图（a）与空中机载 PTR-MS 测量结果（b）进行了比较

(a) 图上的线表示飞行轨迹；数字 1~6 表示不同的土地覆盖类型：1—混交林/人工林；2—原始热带森林；3—大豆种植园；4—混交林/人工林；5—水域；6—玛瑙斯市区（经许可转载自参考文献[60]）。

© The American Geophysical Union，2007）

玛瑙斯地区的 VOCs 空气中 VOCs 来源于自然排放（植物和动物排放）和人为排放（化石燃料使用、溶剂蒸发、垃圾填埋场气体）。即使没有人为贡献，地球大气层也会由复杂的 VOCs 混合物组成[55]。甲烷（2×10^{-12}）是迄今为止地球大气中最常见的有机化合物，而其他 VOCs 则在 10^{-9} 范围内[55]。异戊二烯 C_5H_8 和单萜是亚马孙河流域大气化学建模中重要的 VOCs[60]。自然排放气体和气溶胶模型（MEGAN）

可以估算 VOC 通量，并能描述与马瑙斯（巴西）地区土地利用变化相关的已观测到的较大变化。通过在马瑙斯东北方向以海拔 675 m 的恒定高度进行一圈赛车赛道模式的飞行，使用机载 PTR-MS 对异戊二烯进行了测量，其以[C_5H_9]$^+$，m/z 69 的形式被检测到。赛道全长 320 km，覆盖了原生林、水/林混交林、大豆种植园和农业区等各种景观。在图 7.10 中，(a) 图显示了从 MEGAN 计算得到的异戊二烯排放地图，飞行轨迹用线条绘制；(b) 图为空中机载 PTR-MS 计算的地表通量[60]。

7.4 电荷转移化学电离

当离子-中性分子反应发生时，电荷转移（CT）或电荷交换（CE）电离就会发生，在这个过程中离子的电荷被转移到了中性分子上[8]。原则上，迄今讨论过的任何试剂气系统都能够引发 CT，因为相应的试剂气的分子离子 $X^{+\bullet}$ 也存在于等离子体中：

$$X^{+\bullet} + M \longrightarrow M^{+\bullet} + X \tag{7.16}$$

然而，对于甲烷、异丁烷或氨，质子转移仍然占主导。因此，适用于 CT 的试剂气在 CI 条件下应展现出丰富的分子离子，而潜在的质子化物种必须不存在或至少是少量存在。

此 CE 还是彼 CE？

CE 也被用作毛细管电泳（capillary electrophoresis）的缩略语，是一种分离方法。毛细管电泳可以通过电喷雾接口连接到质谱仪上（第 12 章和 14 章），因此不能混淆 CE-CI 和 CE-ESI-MS。术语"电荷转移"（CT）避免了这些歧义。

7.4.1 CT 的能量学

CT 的能量学由中性分析物的电离能 $IE_{(M)}$ 和试剂离子的复合能 $RE_{(X^{+\bullet})}$ 决定。原子离子或分子离子与自由电子的复合是其电离的逆过程。$RE_{(X^{+\bullet})}$ 定义为气相反应的放热性[7]：

$$X^{+\bullet} + e^- \longrightarrow X \tag{7.17}$$

试剂离子 $X^{+\bullet}$ 的复合能 $RE_{(X^{+\bullet})}$ 定义为相应中和热的负值：

$$RE_{(X^{+\bullet})} \longrightarrow -\Delta H_r^0 \tag{7.18}$$

对于单原子离子，RE 与中性原子的 IE 具有相同的数值；对于双原子或多原子物种，由于能量存储在内部模式或电子激发态而可能会出现差异。如果满足了以下条件，就可以通过 CT 实现分析物电离[61]：

$$RE_{(X^{+\bullet})} - IE_{(M)} > 0 \tag{7.19}$$

7.4 电荷转移化学电离

现在，反应热以及分析物分子离子的最小内能，由下式[62]给出：

$$RE_{int(X^{+\cdot})} \geqslant RE_{(X^{+\cdot})} - IE_{(M)} \qquad (7.20)$$

式中，⩾表示热能的额外贡献。综上所述，如果 $RE_{(X^{+\cdot})}$ 小于 $IE_{(M)}$，则不会发生电荷转移；如果 $RE_{(X^{+\cdot})}$ 略高于 $IE_{(M)}$，则预期以 $M^{+\cdot}$ 为主；如果 $RE_{(X^{+\cdot})}$ 明显大于 $IE_{(M)}$，则会发生很大程度的裂解[62]。因此，可以通过选择合适 RE 的试剂气来调整 CTCI 的"柔软性"。幸运的是，RE 和 IE 之间的差异很小，除非要求极高的精度，否则可以使用 IE 数据来预估 CT 试剂气的效果（表 2.1）。

CTCI 质谱图与低能量 EI 图谱非常相似（第 5.6 节），因为分子离子是由 CT 形成的。由于 CTCI 的灵敏度优于低能量 EI[61]，因此可以优先选择 CTCI 而不是低能量 EI。与 EI 相比，CTCI 中的裂解程度通常会降低，这是因为：

① 根据式（7.20），分子离子的内能较低；
② 能量分布变窄，即 EI 中存在的离子内能分布的高能尾部在 CTCI 中没有；
③ 在 CTCI 中初始生成的分子离子可以发生一些碰撞冷却，而这在 EI 的严格单分子状态下是不可能的。

7.4.2 CTCI 中的试剂气

在 CTCI 中可以采用多种气体。氢气[25]或甲烷等试剂气也可以实现 CT。通常，使用纯化合物作为 CT 的试剂气，但偶尔这些试剂气被氮气稀释，以氮气作为惰性气体或有时作为反应性的缓冲气（表 7.3）。与质子化 CI 条件相比，试剂气通常在稍低的压力（15～80 Pa）下。据报道，初级电子能量在 100～600 eV 范围内。

CTCI 中的主要试剂气有：苯[47,63,64]、氯苯[65]、二硫化碳[66,67]、氧硫化碳[66-70]、一氧化碳[62,66,68]、氮气[66]、一氧化氮[62,71]、一氧化二氮[67,71]、氙气[66]和氪气[66,68]。

表 7.3 CTCI 中常用的试剂气[7,62,65-68,72]

试剂气	试剂离子	RE 或 RE 范围/eV
$C_6H_5NH_2$	$C_6H_5NH_2^{+\cdot}$	7.7
C_6H_5Cl	$C_6H_5Cl^{+\cdot}$	9.0
C_6H_6	$C_6H_6^{+\cdot}$	9.2
$NO^{\cdot} : N_2 = 1 : 9$	NO^+	9.3
$C_6F_6 : CO_2 = 1 : 9$	$C_6F_6^{+\cdot}$	10.0
$CS_2 : N_2 = 1 : 9$	$CS_2^{+\cdot}$	9.5～10.2
H_2S	$H_2S^{+\cdot}$	10.5
$COS : CO = 1 : 9$	$COS^{+\cdot}$	11.2
Xe	$Xe^{+\cdot}$	12.1, 13.4
$N_2O : N_2 = 1 : 9$	$N_2O^{+\cdot}$	12.9
CO_2	$CO_2^{+\cdot}$	13.8

续表

试剂气	试剂离子	RE 或 RE 范围/eV
CO	CO$^{+\cdot}$	14.0
Kr	Kr$^{+\cdot}$	14.0, 14.7
N$_2$	N$_2^{+\cdot}$	15.3
H$_2$	H$_2^{+\cdot}$	15.4
Ar	Ar$^{+\cdot}$	15.8, 15.9
Ne	Ne$^{+\cdot}$	21.6, 21.7
He	He$^{+\cdot}$	24.6

环己烯的 CTCI　比较环己烯的 CTCI 图谱和相应的 70 eV EI 图谱可知，使用不同的 CT 试剂气表现出不同的裂解程度（图 7.11）[73]。随着试剂气 RE 的降低，分子离子的相对强度增大。由于 CTCI 的灵敏度优于低能量 EI[61]，因此 CTCI 可能比低能量 EI 更受欢迎。

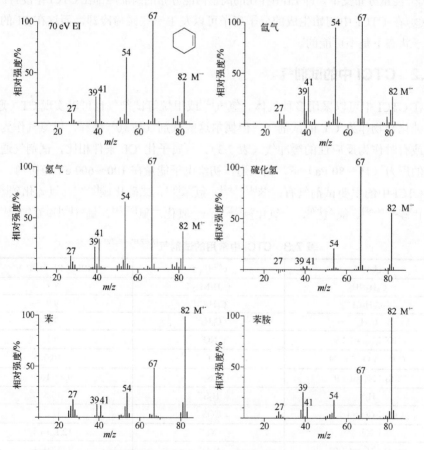

图 7.11　环己烯采用不同试剂气的 CTCI 图谱与 70 eV EI 图谱的比较
（经许可改编自文献[73]。© John Wiley & Sons，1976）

7.4.3 化合物类别——选择性的 CTCI

在 CT 过程中，能量分布与在 EI 过程中的能量分布有很大不同，因为 CT 过程对中性分子进行了能量上明确的电离。选择合适的试剂气可以实现对复杂混合物中的目标化合物类别进行选择性的电离[61,64,65,74]。由于每个化合物类别的 IEs 的特征范围不同，因此可以实现区分。CE-CI 的这一特性也可以通过使用 $RE_{(X^{+\cdot})}$ 逐步增加的试剂离子，如 $C_6F_6^{+\cdot}$、$CS_2^{+\cdot}$、$COS^{+\cdot}$、$Xe^{+\cdot}$、$N_2O^{+\cdot}$、$CO^{+\cdot}$、$N_2^{+\cdot}$，从一组 CE-CI 质谱图中构建分解图（第 2.11 节）[68,72]。

燃料的 CTCI CTCI 可以直接测定液体燃料和其他石油产品中主要芳香族组分的分子量分布[61,65,74]。该方法涉及 $C_6H_5Cl^{+\cdot}$ 与样品中的取代苯和萘之间进行选择性的 CT。在这种应用中，氯苯还作为燃料的溶剂，以避免残留溶剂的干扰。因此，燃料中存在的石蜡类组分可以在所得的 CE-CI 质谱谱中被抑制（图 7.12）[65]。

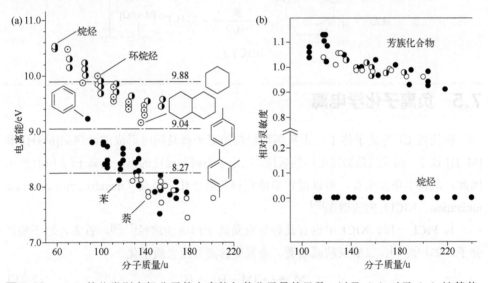

图 7.12 （a）某些类别有机分子的电离能与其分子量的函数，以及（b）对于（○）烷基苯、（●）聚烯烃和（◉）取代萘在以氯苯为试剂气的 CTCI 中的相对灵敏度

（经许可改编自参考文献[65]。© The American Chemical Society，1983）

7.4.4 CTCI 的区域选择性和立体选择性

区域异构体[66,67,69,70]或立体异构体的类似裂解途径之间存在的活化能 E_0 的微小差异，不会导致其 70 eV EI 图谱的显著差异。各自的出现能 AE 的微小差异被发生裂解离子的过剩能量所掩盖，导致产生一对不同碎片离子的途径无法区分（第 2.5 节）。如果应用一种能量可调的电离方法，情况就会改变，这种方法还提供了一个窄的离

子内能分布。然后，如果来自同分异构体前体的碎片离子的出现能 $AE_{(F1)}$ 和 $AE_{(F1')}$ 恰好低于 $RE_{(X^{+\cdot})}$，则会显著影响就可以实现一对碎片离子相对强度的显著变化。

区分差向异构体　在 4-甲基环己醇的差向异构体中，甲基和羟基既可以同时位于直立位置（顺式），也可以一个位于平伏位置而另一个位于直立位置（反式）。在反式异构体中，立体特异性 1,4-H_2O 的消除应该很容易进行（第 6.11 节），而顺式异构体脱 H_2O 的要求更高。使用 $C_6F_6^{+\cdot}$ 试剂离子的 CE-CI 清楚地揭示了这些立体异构体之间的差异，根据所测得的 $M^{+\cdot}/[M-H_2O]^{+\cdot}$ 比值为反式∶顺式 = 0.09∶2.0 = 0.045[72]（图式 7.2）。

图式 7.2

7.5　负离子化学电离

在任何 CI 等离子体中，正负两种极性的离子都是同时形成的，例如$[M+H]^+$ 和 $[M-H]^-$ 离子，而这只是加速电压的极性，决定了将何种极性的离子从离子源中引出[75]。因此，从技术角度来看，可以很容易地获得负离子化学电离（negative-ion chemical ionization，NICI）的质谱图[76]。

与 PICI 一样，NICI 中也有几种导致负离子形成的途径[77-80]。首先，对于酸性分子，如羧酸[81]、二酰亚胺或酚类，会发生解离导致去质子化：

$$M \longrightarrow [M-H]^- + H^+ \tag{7.21}$$

虽然去质子化可以自发发生，但质子受体碱 B 的存在，无论是由试剂气的某些物种还是由其他样品中过量的中性物提供（参见自身质子化，第 7.2.1 节），都会加速这一过程：

$$M + B \longrightarrow [M-H]^- + [BH]^+ \tag{7.21a}$$

第二，可以发生亲核加成，即负离子结合：

$$M + A^- \longrightarrow [M+A]^- \tag{7.22}$$

第三，离子对的形成，由与高能电子直接相互作用引起（第 2.1 节），也可以发

7.5 负离子化学电离

挥作用：

$$M + e^- \longrightarrow [M-B]^- + B^+ + e^- \qquad (7.23)$$

尽管如此，离子对的形成通常是能量上最不利的过程。这些过程中的每一个都会产生偶电子的分析物负离子。

亲核加成 采用异丁烷为试剂气得到的四碘乙烯 $I_2C=CI_2$ 的 NICI 质谱图（图 7.13）。负分子离子 $M^{-\cdot}$ m/z 531.6 的相对强度仅为 0.15%，而亲核加成产物[M+I]$^-$ m/z 658.5 是基峰[82]。$M^{-\cdot}$ 丢失 $I^\cdot$ 和 I_2 的峰也被观察到了。在 m/z 126.9、253.8 和 380.7 处的一系列峰对应于四碘乙烯中所含的痕量碘杂质。碘也通过电子捕获（EC，下一节）和碘负离子加成而电离。图 7.13 很好地说明了混合物中两种成分质谱图的叠加。区分相应的峰并不总是那么简单，可能需要进行准确质量测定或串联质谱分析。值得注意的是，由碘引入的质量亏损以及只有两个碳原子存在而产生的 ^{13}C 同位素峰仅为 2%。

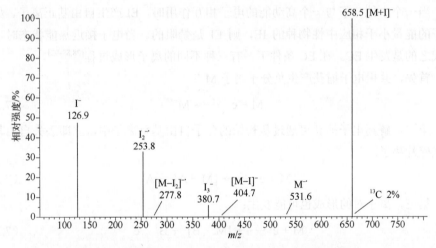

图 7.13 四碘乙烯（异丁烷作为试剂气，电子能量 200 eV，发射电流 300 μA，离子源温度 200℃）的 NICI 质谱图

（经许可引用文献[82]。© Wiley-VCH, Weinheim, 2007）

> **经典 NICI 的竞争者**
>
> 在过去十年中，NICI 的应用已经在逐步减少，因为这些分析目前大多是通过负离子大气压化学电离进行的（APCI，第 7.8 节）。APCI 与液相色谱相兼容（第 14 章），并且可以轻松地在带有电喷雾接口的仪器上实现（ESI，第 12 章）。这种仪器市场份额巨大，因此，根据需要在 ESI 和 APCI 之间切换往往更方便和经济。APCI 将在本章末尾讨论。

7.6 电子捕获负离子化

负离子的形成还有一个途径：电子捕获（electron capture，EC）或电子缔合（electron attachment）[76]。EC 是一个低动能的电子被纳入原子或分子的轨道中的共振过程[8]。采用这一途径的方法被称为电子捕获负离子化（electron capture negative ionization，ECNI）。电子捕获负离子化具有特殊的重要性，因为它为许多有毒和/或与环境有关的物质提供了卓越的灵敏度[83-87]。

严格地说，ECNI 不是 NICI 的子类型，因为电子不是由试剂离子提供的。在 ECNI 中，试剂气仅作为一种调节剂，使从灯丝注入的高能电子减速到接近热能状态。然而，实现 ECNI 的离子源条件与 NICI 相同。事实上，式（7.21）～式（7.23）中讨论的过程经常与 EC 竞争，因此，NICI 和 ECNI 的特征可以同时出现在质谱图中[88]。

7.6.1 通过电子捕获形成离子

当一个中性分子与一个高动能的电子相互作用时，EI 产生自由基正离子。如果电子的能量小于相应中性物种的 IE，则 EI 是禁阻的。当电子接近热能状态时，取而代之的是发生 EC。在 EC 条件下，有三种不同的离子形成过程[78,89-92]。

首先，共振电子捕获产生负分子离子 $M^{-\bullet}$：

$$M + e^- \longrightarrow M^{-\bullet} \tag{7.24}$$

第二，解离电子捕获可通过从初始的分子自由基负离子中，立即丢失自由基而形成碎片离子：

$$M + e^- \longrightarrow [M-A]^- + A^{\bullet} \tag{7.25}$$

第三，离子对的形成也可能发生：

$$M + e^- \longrightarrow [M-B]^- + B^+ + e^- \tag{7.26}$$

分子自由基负离子 $M^{-\bullet}$ 是通过捕获具有 0～2 eV 动能的电子产生的，而碎片离子是通过捕获 0～15 eV 的电子产生的。当电子能量超过 10 eV 时，往往会形成离子对[91]。奇电子分子负离子完全是通过共振电子捕获形成的，而偶电子碎片负离子是通过解离电子捕获和离子对的形成产生的。

7.6.2 电子捕获的能量学

中性分子 AB 与式（7.24）～式（7.26）中潜在的离子产物的势能曲线比较如图 7.14 所示。从图中可以看出，负分子离子 $AB^{-\bullet}$ 的形成在能量上比 AB 的均裂更有利，并且 $AB^{-\bullet}$ 离子的内能接近解离活化能[76,78,89]。因此，来自 EC 的负分子离子的激发程度肯定低于来自 70 eV EI 的正离子。

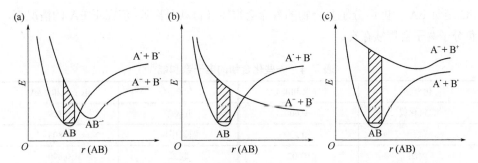

图 7.14 （a）共振电子捕获，（b）解离电子捕获和（c）离子对形成的能量学

(经许可改编自参考文献[89]。© John Wiley & Sons, 1981)

苯并[a]芘的 EC　苯并[a]芘（$C_{20}H_{12}$）的 EC 质谱图只显示了 m/z 252 的负分子离子（图 7.15）。该图谱是多环芳烃（polycyclic aromatic hydrocarbons, PAHs）代表性的 EC 图谱[93,94]。一种特殊的多环芳烃——氟蒽（fluoranthene）——受到了广泛的关注，因为它的 $M^{-\bullet}$ 在电子转移解离（electron transfer dissociation, ETD, 9.15 节）过程中充当给电子的试剂离子。

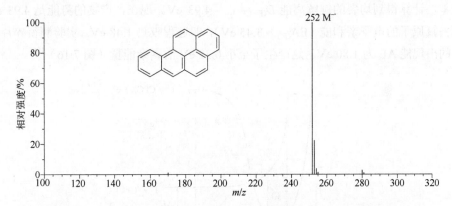

图 7.15　苯并[a]芘的 EC 图谱（异丁烷作为缓冲气，离子源 200℃）

两个另外的小信号对应于样品中的杂质

EC 过程的能量学 $M + e^- \longrightarrow M^{-\bullet}$ [式（7.24）]是由中性物种的电子亲和能（electron affinity, EA）决定的。电子亲和能为零动能电子与中性分子或原子结合焓的负值：

$$-\Delta H_r = EA_{(M)} \qquad (7.27)$$

正如一个分子的 IE 是由该中性物种（第 2.1 节）中 IE 最低的原子控制，分子的 EA 基本上由电负性最高的原子决定。这就是为什么含有卤素（特别是氟和氯）以及硝基的分析物会成为 EC 理想候选化合物（表 7.4）[95]。如果与中性物种发生的

EC 是负 EA，电子-分子复合物的寿命会很短（自动分离），但在正 EA 的情况下，负分子离子会持续存在。

表 7.4　一些化合物的电子亲和能[97]

化合物	电子亲和能/eV	化合物	电子亲和能/eV
二氧化碳	−0.600	五氯苯	0.729
萘	−0.200	四氯甲烷	0.805
丙酮	0.002	联苯	0.890
1,2-二氯苯	0.094	硝基苯	1.006
苯甲腈	0.256	八氟环丁烷	1.049
氧气分子	0.451	五氟苄腈	1.084
二硫化碳	0.512	2-硝基萘	1.184
苯并[e]芘	0.534	1-溴-4-硝基苯	1.292
四氯乙烯	0.640	五氟化锑	1.300

解离 EC　考虑解离 EC 过程 $CF_2Cl_2 + e^- \longrightarrow F^- + CFCl_2^{\cdot}$，并设 CF_2Cl_2 的势能为零，计算得到均裂的键解离能 $D_{(F-CFCl_2)} = 4.93$ eV。现在，产物的势能是 4.93 eV 减去氟原子的电子亲和能（$EA_{(F^{\cdot})} = 3.45$ eV），即过程吸热 1.48 eV。实验测得碎片离子的出现能 AE 为 1.80 eV。这产生了至少 0.32 eV 的剩余能量（图 7.16）[96]。

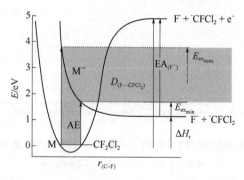

图 7.16　二氯二氟甲烷解离 EC 过程的势能图

分子自由基负离子（阴影部分）在势能面上没有最小值，而是立即通过 $CF_2Cl_2 + e^- \longrightarrow F^- + CFCl_2^{\cdot}$ 途径发生解离，但是竞争性的两个自由基形成过程超出了能量窗口（$F^{\cdot} + {\cdot}CFCl_2 + e^-$）

7.6.3　产生热电子

来自加热金属丝的热电子发射是自由电子的标准来源。然而，这些电子加速进入离子源后，通常携带 10~200 eV 的动能，而不是热能（0.1~1 eV），因此需要电子进行减速以用于 EC 过程。甲烷、异丁烷或二氧化碳等缓冲气可很好地被用于此

7.6 电子捕获负离子化

目的,但也可使用其他气体[77,88,98]。这些缓冲气本身不会形成负离子,但却能有效地将高能电子调节为热能状态[84]。尽管离子引出电压的极性相反,但缓冲气压力、离子源温度、初级电子能量等条件与 PICI 相同。降低离子源温度可以提供能量更低的电子,例如,假设按麦克斯韦-玻尔兹曼(Maxwell-Boltzmann)能量分布,平均电子能量在 250℃时为 0.068 eV,在 100℃时为 0.048 eV[84]。

除了直接从加热灯丝供应电子外,也可以通过电子单色仪将明确的低能量电子送入离子化室中[92,96,99-101]。

> **实际应用中的 NICI 和 ECNI**
>
> NICI 和 ECNI 对离子源条件都比较敏感[80,100]。离子源的实际温度、缓冲气、进样量以及离子源污染都有重要作用。定期清洗离子源很重要[85]。这在很大程度上由实际的分析物和仪器设置,来决定反应式(7.21)、式(7.22)、式(7.23)、式(7.24)、式(7.25)和式(7.26)列出的竞争过程中哪一个最终占上风。因此,NICI 和 ECNI 图谱的实验室间可比性不如 70 eV EI 图谱可靠。

7.6.4 ECNI 图谱的外观

ECNI 图谱通常显示出强的分子离子,而没有主要的碎片离子(图 7.15),或者在某些情况下只有少量碎片离子(图 7.17)。由于 M⁻·是一种奇电子物种,可能发生键的均裂和重排裂解。除了电荷相反外,与正分子离子的裂解途径有密切的相似之处(第 6 章)[80,90,91]。

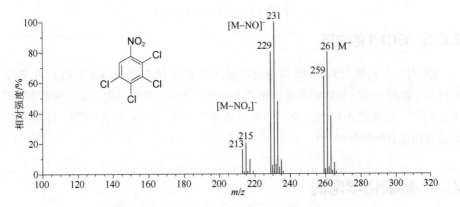

图 7.17 2,3,4,5-四氯硝基苯的甲烷 EC 图谱

(经许可参考文献[91]重绘。© John Wiley & Sons,1988)

PFK 的 ECNI 图谱 全氟煤油(PFK)是多种全氟化合物的混合物,经常被 EI 用作质量校准物,其提供的图谱几乎主要为[C_nF_{2n-1}]⁺碎片离子,如[C_5F_9]⁺ m/z 231

（第 3.6.2 节）。在 ECNI 中，由于形成了低能量的负分子离子，这种情况发生了变化，其中有相当大一部分不会发生裂解（图 7.18）。因此，PFK 的 ECNI 高质量部分图谱由偶数 m/z 值的峰组成，而低质量部分图谱在奇数 m/z 值处显示出具有类似强度的 $[C_nF_{2n-1}]^-$ 碎片离子，例如 $[C_5F_9]^-$ m/z 231 或 $[C_6F_{11}]^-$ m/z 281（参见氮规则，6.2.7 节）。在 m/z 153.1 处的峰是由于上次在该仪器上使用过的硝基苯甲醇残留所致，其被用作快速原子轰击（第 10 章）中的基质。

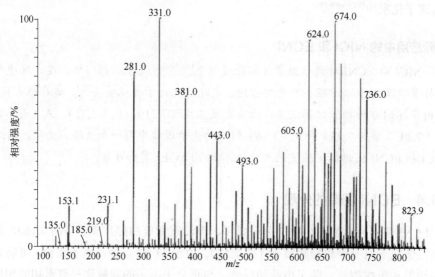

图 7.18 用异丁烷为缓冲气条件下获得的全氟煤油（PFK）的 ECNI 图谱

在 m/z 范围的较低的部分碎片离子占主导地位，而在 m/z 范围较高的部分的许多组分的分子离子是特征性的

7.6.5 ECNI 的应用

ECNI，尤其是与 GC-MS 结合使用时（参考第 14.2 节、14.3 节和 14.4 节），通常被用于监测环境污染物中经常出现的卤代化合物和硝基化合物，如二噁英[96,100,101]、杀虫剂[96]、卤化代谢物[86]、食品中的污染物[102,103]、DNA 加合物[95]、炸药[79,104,105]以及其他化合物[83,84,106-108]。

7.7 解吸化学电离

在 CI 中，分析物通常用直接进样杆（DIP）、气相色谱（GC）或储罐进样器（5.2 节）引入离子源。然而 CI 也可以用直接暴露探头（DEP）进样。这被称为解吸化学电离（DCI）[34,109,110]。在 DCI 中，分析物以溶液或悬浮液涂抹到细电阻加热丝环或线圈的外部。然后将分析物直接暴露在试剂气形成的等离子体中，并以每秒几百摄氏度快速加热到约 1500℃高温（第 5.2 节）。分析结果取决于金属丝实际形状、样品施加方法和加热速率[111,112]。样品的快速加热在促进分子物种解吸中起着重要作用，而不是生成热裂解的产物[113]。与解吸电子电离（DEI）相比，DCI 应用更频繁[112,114-116]。如果提供适当的实验设置，可以在 DCI 模式下实现准确质量测定[117]。

纤维素的热裂解 DCI 纤维素 $H(C_6H_{10}O_5)_n OH$ 的热裂解 DCI（Py-DCI）质谱图是以 NH_3 为试剂气、100 eV 的电子能量和以 2 s 为周期扫描 m/z 140～700 范围而获得的，显示出一系列明显的信号。峰间距为 162 u，即由 $C_6H_{10}O_5$ 糖单元分隔。主要信号是由于在以氨为试剂气的 CI 等离子体中加热纤维素时形成的脱水寡糖离子 $[(C_6H_{10}O_5)_n+NH_4]^+$（图 7.19）[111]。

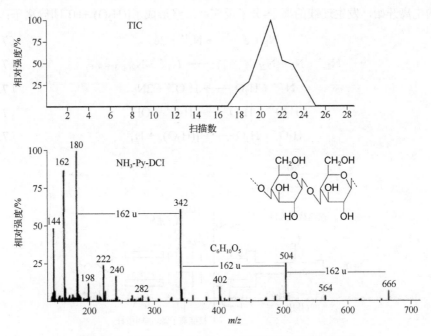

图 7.19 纤维素的 NH_3-Py-DCI 质谱图和总离子流图
（经许可改编自参考文献[111]。© Research Council of Canada，1994）

其他术语

尽管"解吸化学电离"是正确的术语[112]，DCI 有时也被称为直接化学电离、直接暴露化学电离、束内化学电离，甚至表面电离。如今，DCI 很少使用，因为在大多数情况下，各种解吸/电离方法中的一种就可以更好地达到分析的目的（第 8 章、第 10～13 章）。

7.8 大气压化学电离

到目前为止仅涉及（高）真空中的电离。在线质谱检测液相色谱分离产物（第 14.1 节和 14.5 节）的尝试促进了大量电离方法和接口的开发，这些方法和接口使得在大气压下可以进行的电离，并且能够直接且持续地连接到高真空质谱分析器上。

7.8.1 大气压电离

大气压电离（API）是第一种直接将溶液相分析物传输给质量分析器的技术[118]。在 API 中，分析物的稀溶液在大气压力下被注入热氮气（约 200℃）流中，来迅速蒸发溶剂。蒸气通过带有放射性 ^{63}Ni 的管子，一个 β 放射源（图 7.20）。^{63}Ni 所发射的电子引发一系列复杂的反应，最终提供了化学电离所需的试剂离子。因此，从 N_2 的电离开始，发生连续的离子-分子反应并最终形成了 $[(H_2O)_n+H]^+$ 团簇离子：

$$N_2 + e^- \longrightarrow N_2^{+\bullet} + 2e^- \tag{7.28}$$

$$N_2^{+\bullet} + N_2 + N_{2(第3个分子)} \longrightarrow N_4^{+\bullet} + N_{2(第3个分子)} \tag{7.29}$$

$$N_4^{+\bullet} + H_2O \longrightarrow H_2O^{+\bullet} + 2N_2 \tag{7.30}$$

$$H_2O^{+\bullet} + H_2O \longrightarrow H_3O^+ + OH^{\bullet} \tag{7.31}$$

$$H_3O^+ + H_2O \longrightarrow [(H_2O)_2 + H]^+ \tag{7.32}$$

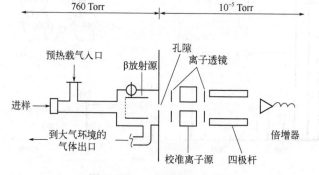

图 7.20 API 的最初方案

在这里，初级电子由 ^{63}Ni 箔发射。对于 API，EI 校准源的灯丝被关闭，仅选择用于将离子传输到四极质量分析器的静电透镜，因为它能够耐受中等真空条件（经许可转载自参考文献[118]。© American Chemical Society，1973）

在这里，只明确阐述了 $[(H_2O)_n+H]^+$ 团簇离子形成的第一步。由于水的 PA（697 kJ/mol）基本上低于任何可能作为潜在分析物的有机分子的 PA（表 2.6），水的团簇离子通过大气压力下的化学电离过程对分析物分子实现了质子化[118-120]：

$$[(H_2O)_n + H]^+ + M \longrightarrow [M + H]^+ + nH_2O \tag{7.33}$$

7.8 大气压化学电离

> **总是相同的反应模式**
>
> 你是否注意到反应 $H_2O^{+\bullet} + H_2O \longrightarrow H_3O^+ + OH^{\bullet}$ [式（7.31）]与使用甲烷为试剂气进行 PICI 时相关的反应 $CH_4^{+\bullet} + CH_4 \longrightarrow CH_5^+ + CH_3^{\bullet}$ [式（7.6）]遵循相同的反应模式？实际上，每当在过量的同一种中性分子中形成分子离子时，只要在其寿命期间内发生的碰撞次数允许离子-分子反应发生，就会观察到这种普遍的反应，$M^{+\bullet} + M \longrightarrow [M+H]^+ + [M-H]^{\bullet}$。

7.8.2 大气压化学电离

使用放射性 ^{63}Ni 箔的离子源并不适合于普通实验室，因为偶尔需要对源进行打磨清洁，这不可避免地会导致放射性污染。因此，Horning 小组通过用电晕放电取代 ^{63}Ni 这一主要电离源，从而改进了 API 技术[121,122]。含有试剂离子的等离子体现在由针尖和用作反电极的雾化室壁之间的电晕放电来维持。改进后的技术增强了初级离子的形成，被称为大气压化学电离（atmospheric pressure chemical ionization，APCI）。基本上，APCI 是大气压下"经典"真空化学电离的变体。与 CI 不同，APCI 使用在大气压下发生的离子-分子反应来产生分析物离子。

通过气动雾化器对分析物溶液进行雾化。然后再将气溶胶转化为由溶剂和高度稀释的样品组成的蒸气，此过程是在设定温度约 500℃ 的加热套筒中完成（图 7.21）。

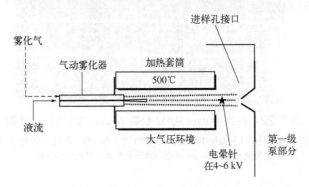

图 7.21 APCI 源

液流被气动喷入加热的蒸发器中，在此通过大气压下的电晕放电引发离子化。
大气压-真空接口适用于所有类型的 API 技术，无需任何改动

在 APCI 中，离子通过使用与电喷雾电离（electrospray ionization，ESI）相同的大气-真空接口传输到质量分析器中，该接口的设计将随着 ESI 的发展而被进一步阐释（第 12.2 节）。这样接口的好处是，ESI 源可以轻松地切换到 APCI 操作。要做到这一点，需要将 ESI 喷头更换为一个包括气动雾化器和带有针电极的加热喷雾室的装置，并将其安装在采样孔前面，而大气-真空接口保持不变[123-125]。

较早期的 APCI 源需要 200~1000 μL/min 的液体流量才能实现有效的蒸发和电离。虽然这对于液相色谱联用是可以的，但使用蠕动泵直接进样时会受到高流量的限制。更近期的 APCI 离子源设计也允许在液体流量仅为 5~20 μL/min 时稳定运行。典型的电晕放电的电流约为 10 μA，因此，在几乎黑暗的环境中才能看到淡蓝色的放电（图 7.22）。

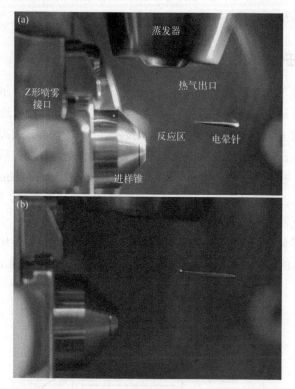

图 7.22 接到 Waters SQD2 仪器 Z-spray 接口的 APCI 源
（a）白天看到的 APCI 源；（b）运行中被遮蔽的 APCI 离子源。只有在几乎黑暗的环境中才能看到针尖处对应约 10 μA 放电电流所产生的淡蓝色电晕放电

API 技术

　　最初于 1973 年设计的大气压电离从未被广泛应用，因为它几乎立即被大气压化学电离所取代。尽管如此，大气压电离作为一个统称仍然存在，它包含了在大气压下形成分析物离子的多种电离方法。

7.8.3　APCI 中正离子的形成

　　除了通过电晕放电引发之外，APCI 中试剂离子形成的途径遵循了刚才讨论过的 API 中的反应途径：

7.8 大气压化学电离

$$电晕放电 + N_2 \longrightarrow N_2^{+\bullet} + e^- \quad (7.34)$$

$$N_2^{+\bullet} + N_2 + N_{2(第3个分子)} \longrightarrow N_4^{+\bullet} + N_{2(第3个分子)} \quad (7.35)$$

$$N_4^{+\bullet} + H_2O \longrightarrow 2N_2 + H_2O^{+\bullet} \quad (7.36)$$

在大气压下，离子-分子的反应速度很快，因为碰撞速率在 $10^9\ s^{-1}$ 量级。看似双分子反应实际上可能是三分子反应，因为需要一个像反应式（7.35）中的 N_2 这样的中性碰撞伙伴，来立即去除过剩的能量（表 7.5）[126-128]。

表 7.5　大气压电离和真空电离技术中典型条件和基本发生过程的比较

参数或反应	API 方法	真空电离
压力	1000 mbar	10^{-6} mbar
平均分子自由程	100 nm	100 m
刚性球碰撞次数	$10^9\ s^{-1}$	$1\ s^{-1}$
O_2 的数密度	$10^{14} \sim 10^{18}$ 分子/cm³	$10^4 \sim 10^7$ 分子/cm³
H_2O 的数密度	$10^{13} \sim 10^{16}$ 分子/cm³	$10^3 \sim 10^6$ 分子/cm³
离子在离子源中的驻留时间	10 ms～1 s	1 μs
离子的单分子裂解	没有到很少	是
双分子反应	是	否
三分子反应	是	否

注：经许可转载自参考文献[128]（© Springer, 2014）。

接下来，$H_2O^{+\bullet}$ 迅速形成团簇离子：

$$H_2O^{+\bullet} + H_2O \longrightarrow H_3O^+ + OH^\bullet \quad (7.37)$$

$$H_3O^+ + nH_2O \longrightarrow [(H_2O)_n + H]^+ \quad (7.38)$$

$[(H_2O)_n+H]^+$ 离子然后起到试剂离子的作用[127]：

$$M + [(H_2O)_n + H]^+ \longrightarrow [M + H]^+ + nH_2O \quad (7.39)$$

反应区实际大气中水的浓度和驻留时间对 $[(H_2O)_n+H]^+$ 团簇离子分布有很大的影响（图 7.23）[128]。因此，单种 $[(H_2O)_n+H]^+$ 团簇离子对分析物离子形成过程的相对贡献可能会有很大的变化。

铵加合物在中等极性化合物的 APCI 中很常见。在富含氧原子的分子中，特别是在没有碱性官能团的情况下，可以观察到 $[M+NH_4]^+$，例如聚乙二醇、酮、二酰基甘油或三酰基甘油和聚硅氧烷：

$$M + [NH_4]^+ \longrightarrow [M + NH_4]^+ \quad (7.40)$$

铵离子可以随样品一起引入，也可以由大气中微量的氨形成。

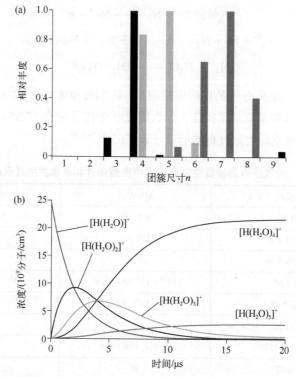

图 7.23 （a）柱状图代表了 $n=1\sim 9$ 的 $[(H_2O)_n+H]^+$ 团簇离子的相对分布，在 1000 mbar 的压力下 H_2O 的混合比（体积比）分别为：1×10^{-6}（黑色）、100×10^{-6}（浅灰色）、1×10^{-3}（深灰色）；（b）在 1×10^{-9} 的混合比情况下 H_3O^+ 作为唯一存在的初始带电物种时，$[(H_2O)_n+H]^+$ 团簇离子浓度随时间的演变。背景中水的混合比 10×10^{-6}，$p=1000$ mbar。在这个比例尺上，$n=6\sim 9$ 的团簇离子无法分辨

（经许可转载自参考文献[128]，© Springer，2014）

> **共同的反应式**
>
> 尽管由不同的初级电离源引发，但不仅在 APCI 中，而且在大气压光致电离（APPI，第 7.9 节）和实时直接分析（DART，第 13.8 节）中也观察到了相同的反应序列[127,129]。

7.8.4 APCI 中负离子的形成

所有已知的 NICI 电离过程都可能发生在 APCI 的负离子形成中，具体取决于分析物。氧气是一个重要的参与者，因为它容易通过电子捕获形成 $O_2^{-\bullet}$ 试剂离子[126,127]：

$$O_2 + e^- \longrightarrow O_2^{-\bullet} \tag{7.41}$$

这些 $O_2^{-\bullet}$ 与分析物 M 结合形成加合物：

$$O_2^{-\bullet} + M \longrightarrow [M+O_2]^{-\bullet} \tag{7.42}$$

或者，分析物通过电子捕获直接形成的负分子离子可以与氧气分子结合，从而产生相同的产物：

$$M^{-\cdot} + O_2 \longrightarrow [M + O_2]^{-\cdot} \tag{7.43}$$

$[M+O_2]^{-\cdot}$ 可以就这样被检测到，或者也可以解离产生分析物的自由基负离子：

$$[M + O_2]^{-\cdot} \longrightarrow M^{-\cdot} + O_2 \tag{7.44}$$

后者的解离需要 $EA_{(M)} > EA_{(O_2)}$，不然氧气会保留电子。

当 $[M-H]^-$ 的气相酸度超过 $HOO^\cdot$ 时，过氧化氢自由基的丢失可能会导致生成 $[M-H]^-$，即质子攫取：

$$[M + O_2]^{-\cdot} \longrightarrow [M - H]^- + HOO^\cdot \tag{7.45}$$

卤素负离子也可以在分析物离子的形成中发挥作用：

$$M + Hal^- \longrightarrow [M + Hal]^- \tag{7.46}$$

当分析物和/或溶剂是卤代的，可以观察到卤素负离子的加合物。最后，较不常见的负离子，如 CO_3^-、NO_2^- 或 OH^-，也可形成加合离子。

7.8.5 APCI 图谱

APCI 等离子体的性质变化很大，因为溶剂和雾化气都会对 CI 等离子体的组分产生影响，因此，APCI 图谱可能类似于 PICI、CTCI、NICI 或 ECNI 图谱，这取决于实际条件和离子极性。溶剂的成分、温度和其他参数的影响解释了为什么与其他电离方法相比，APCI 条件的重现性相对较低。

加热套筒通常在 500℃ 左右工作，这可能会使人们误以为 APCI 是一种剧烈的电离技术。然而，事实并非如此。APCI 的温和程度甚至超过了真空环境中的"经典" CI。造成 APCI 显著软电离特性的原因有很多：

① 气溶胶液滴的温度保持在溶剂的沸点，直到蒸发完成。因此，温度基本上保持在 70～100℃ 以下，并只在接近加热套筒出口时才升高到 150～200℃。

② 所有新形成的分析物离子的过剩能量都有效地耗散到周围环境的气体中，因为在大气压下，每毫秒 10^6 次的离子-中性碰撞确保了立即热能化（表 7.5）[128]。

③ 150～200℃ 的热能仅为 0.1～0.2 eV，而键的裂解通常需要 2～3 eV。

④ 低内能下分解速度太慢，无法在雾化和进入接口之间的几毫秒内发生大量的裂解反应。

因此，APCI 图谱的特点是裂解程度很小或至少处于中等水平。

APCI 相对于 ESI 的最大优势在于，它可以主动从中性分子中生成离子。因此，APCI 提供了可以应用于从液相色谱仪洗脱的低至中等极性分析物的质谱分析方法[130]。APCI 的使用在 20 世纪 90 年代中期迅速扩展，这可能是因为当时 ESI 技术中已经提供了精密的真空接口。如今，APCI 主要被用于需要 LC 分离，但 ESI 却不适用于目标化合物类别的情况下[130-133]。以下是一组典型的 APCI 图谱。

三酰基甘油的正离子 APCI 液相色谱法分离大豆油中的三酰基甘油，得到了数十种在脂肪酸类型和组合上存在差异的脂肪。图 7.24 显示了三油酸甘油酯（OOO）和 1(3)-棕榈酰-2-硬脂酰-3(1)-亚油酰甘油酯（PSL）这两种三酰基甘油酯的正离子 APCI 质谱图[131]。APCI 图谱显示出具有脂肪酸组成特征性的[M+H]$^+$离子和碎片离子，并在一定程度上表现出异构体的特征。虽然三油酸甘油酯只能形成一个独特的二酰基碎片离子[OO]$^+$，但甘油酯 PSL 会产生[PS]$^+$、[PL]$^+$和[LS]$^+$作为主要碎片离子。这些脂肪酸本身也可以通过它们在低质量范围内的酰基正离子得到揭示。

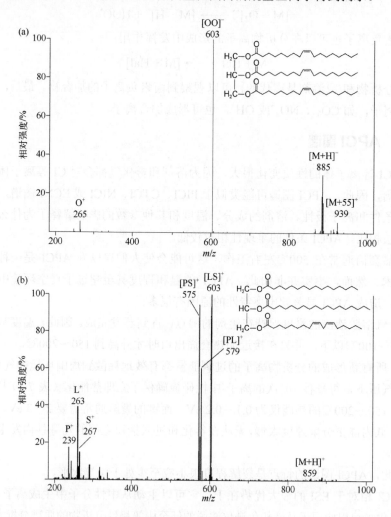

图 7.24 大豆油中（a）三油酸甘油酯（OOO）和（b）1(3)-棕榈酰-2-硬脂酰-3(1)-亚油酰甘油酯（PSL）的正离子 APCI 质谱图

（a）图中的[M+55]$^+$是溶剂（丙腈）加合物（经许可转载自文献[131]）。© John Wiley & Sons，1997）

氯硝基苯并呋喃衍生物的负离子 APCI 从乙腈/甲醇溶液中测得了 4-氯-7-硝基苯并呋喃（NBDCl）的 N-烷基衍生物的负离子 APCI 图谱。虽然 N,N-二甲氨基衍生物优先形成自由基负离子——M$^{-\cdot}$ m/z 208，但 N-乙基异构体更倾向于生成 [M−H]$^-$ m/z 207。图谱外观上的这种主要变化是由于带有叔氨基的 NBDCl 异构体中缺少微酸性氢原子所致。这证明了分析物结构对负离子（AP）CI 图谱的显著影响（图 7.25）[134,135]。

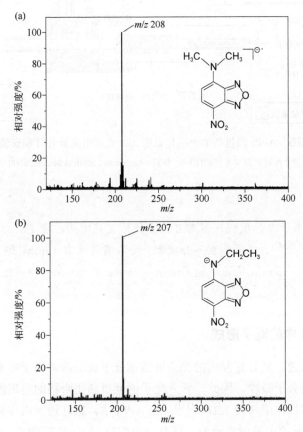

图 7.25 4-氯-7-硝基苯并呋唑（NBDCl）的 N-烷基衍生物的负离子 APCI 图谱 (a) N,N-二甲氨基衍生物优先形成自由基负离子 M$^{-\cdot}$，而 (b) N-乙基衍生物更倾向于形成[M−H]$^-$
（经许可改编自参考文献[135]。© The Royal Society of Chemistry，2002）

7.9 大气压光电离

2000 年引入了大气压光电离（atmospheric pressure photoionization，APPI）[136]，作为 APCI[130,137,138] 的补充或替代技术。在 APPI 中，紫外光源取代了电晕放电驱动的等离子体，而气动喷雾器和加热蒸发器几乎不受影响（图 7.26）[139-141]。除了紫外光，最重要的改造是使用石英管将热蒸气引导至采样孔。需要石英来传输稀有气体放电灯发射出的紫外光。

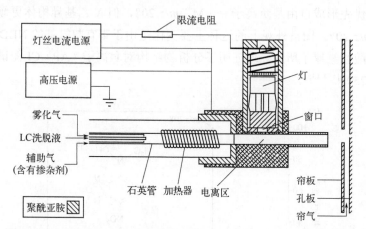

图 7.26 APPI 源包括加热雾化器喷头、光致电离紫外灯和安装支架
（经许可转载自参考文献[136]。© The American Chemical Society, 2000）

> **快速方法切换**
>
> 带大气压离子源的现代仪器都可以方便地更换喷头，在 ESI、APCI 和 APPI 之间快速切换[139,142]。仪器真空不会中断，安装喷头只需 1 min，但 APCI 或 APPI 蒸发器需要 10～15 min 延迟才能完全预热以供操作，或在拆卸前充分冷却以免被热部件烫伤。

7.9.1 APPI 中的离子形成

从统计上来说，紫外灯发出的光会被溶剂分子或最终被用于喷雾的氮气吸收，而不是被分析物分子吸收。因此，紫外光子的能量和化合物的电离能对于 APPI 过程的启动起决定性作用（图 7.27）[141]。在 APPI 中，氪灯通常用作紫外光源。除了具有 10.0 eV 能量的主发射光子外，还有一小部分 10.6 eV 的光子。根据这个能级，氪可以电离大多数与分析相关的化合物，同时避免了一些常用溶剂和大气中气体的电离[142]。因此，与 APCI 相比，APPI 具有更高的化合物类别选择性。

只要分析物 AB 有紫外发色团，它就能吸收光经历光激发，这仅能产生激发态的中性物种：

$$AB + h\nu \longrightarrow AB^* \tag{7.47}$$

这些电子激发态的分子 AB^* 可以发生辐射衰变：

$$AB^* \longrightarrow AB + h\nu \tag{7.48}$$

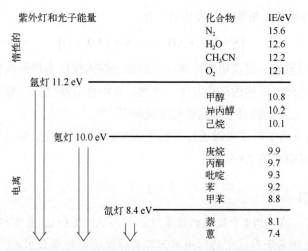

图 7.27 紫外灯及其用于 APPI 的光子能量和典型化合物电离能之间的关系

或发生无辐射的衰变过程,如光解生成自由基:

$$AB^* \longrightarrow A^\bullet + B^\bullet \qquad (7.49)$$

或与中性物种(N)碰撞猝灭:

$$AB^* + N \longrightarrow AB + N^* \qquad (7.50)$$

从应用角度看,更有利的是分析物的光致电离(PI),其中 AB^* 本质上代表了一个过渡态:

$$AB + h\nu \longrightarrow AB^* \longrightarrow AB^{+\bullet} + e^- \qquad (7.51)$$

然而,分析物分子的光电离在能量上和统计上都不是一个有利的过程[141]。即使形成了 $AB^{+\bullet}$,它们也可以通过与等离子体中存在的自由电子重新结合而失去电荷,这个过程最终伴随着缓和的离子-中性分子碰撞:

$$AB^{+\bullet} + e^- \longrightarrow AB^* \qquad (7.52)$$

$$AB^{+\bullet} + e^- + N \longrightarrow AB + e^- + N \qquad (7.52a)$$

与其依赖于发生直接光致电离,人们通常更喜欢化学电离过程,其中试剂离子由试剂气的光电离形成。如果溶剂(S)不能靠光电离,则可以添加有紫外吸收的掺杂剂(D)[136,140,143-146]。随后,掺杂离子可以与分析物发生电荷转移反应:

$$D^{+\bullet} + AB \longrightarrow AB^{+\bullet} + D \qquad (7.53)$$

另外,掺杂剂离子可以导致溶剂试剂离子的形成:

$$D^{+\bullet} + S \longrightarrow [D - H]^\bullet + [S + H]^+ \qquad (7.54)$$

[S+H]⁺最终能使分析物分子发生质子化：

$$[S + H]^+ + AB \longrightarrow S + [AB + H]^+ \quad (7.55)$$

例如，使用氪灯不能使甲醇电离，但添加一些丙酮作为掺杂剂将允许如反应式（7.53）~式（7.55）所述的过程发生。显然，在中性分析物以足够高的效率转化为 $AB^{+\cdot}$ 或 $[AB+H]^+$ 之前，涉及了丰富的化学反应[145,146]。

APPI 中的负离子形成可以通过类似于 APCI 的机理发生，即氧气分子捕获电子引发了一系列反应（第 7.8.5 节）。

比预期更像 CI

总体而言，在 APPI 中发生的很多过程都与 APCI 和 CI 非常相似，而直接光致电离在分析物离子形成中的作用不如其名称所暗示的那么明显。

7.9.2 APPI 图谱

APPI 图谱的外观很大程度上取决于紫外灯、溶剂、分析物和最终掺杂剂的实际组合。并不能直截了当地预测质子化或分子离子的形成哪一种会主导正离子的 APPI 图谱，类似地，也不易预测在负离子模式下是否会观察到去质子化或自由基负离子的形成。根据经验，较高质子亲和能（PA）的分子倾向于形成 $[M+H]^+$，而非极性分析物，特别是低电离能（IE）的分析物更倾向于形成 $M^{+\cdot}$ [145]。在负离子模式下酸性分子容易形成 $[M-H]^-$，而那些具有高电子亲和能（EA）的分子会经历电子捕获产生 $M^{-\cdot}$。遗憾的是，APPI 倾向于形成混合离子，例如除了 $[M+H]^+$ 外的 $M^{+\cdot}$，其比率受到实际掺杂剂的强烈影响[140,143,147,148]。与 APCI 类似，APPI 通常提供的图谱几乎只显示了代表完整分子的离子。一些典型的 APPI 图谱汇编如下（图 7.28）[136]。

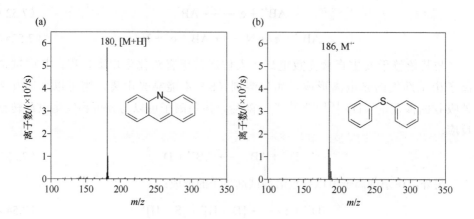

7.9 大气压光电离

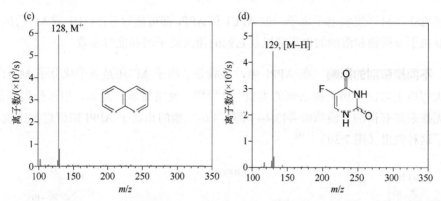

图 7.28 （a）吖啶、(b）二苯硫醚和（c）萘的正离子 APPI 图谱，显示了化合物的 PA 和 IE 如何影响离子的形成；(d）5-氟尿嘧啶的负离子 APPI 图谱，其中酰亚胺的酸性足以形成[M−H]⁻
（经许可改编自参考文献[136]，© The American Chemical Society，2000）

一种化合物通过三种方法电离 通常，可以针对同一化合物采用不同的软电离方法，并取得类似的成功效果[149]。然而，这并不意味着每种方法都提供了给定化合物的相同类型的分析物离子。对二溴噻吩并[3,4-*c*]吡咯-4,6-二酮的正离子电喷雾电离（ESI，第 12 章）、APCI 和 APPI 图谱的比较证明了这一事实（图 7.29）[148]。

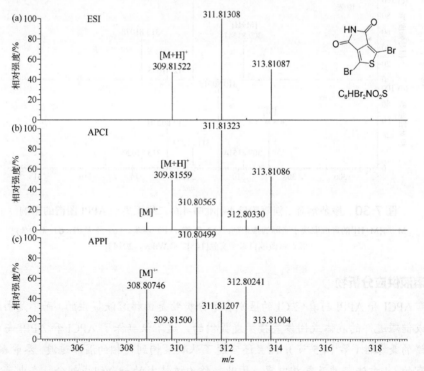

图 7.29 二溴噻吩并[3,4-*c*]吡咯-4,6-二酮的正离子（a）ESI、(b）APCI 和（c）APPI 图谱比较
请注意 M⁺•在 APCI 中也有少量贡献（经许可改编自参考文献[148]。© Wiley，2014）

虽然 ESI 将只产生偶电子离子，但 APCI 和 APPI 都可能导致[M+H]$^+$或 M$^{+•}$的形成，这取决于分析物和溶剂的电离能以及它们的相对质子亲和能等参数。

不同掺杂剂的影响 在 APPI 中，形成分子离子 M$^{+•}$还是质子化分子[M+H]$^+$也很大程度上取决于所用掺杂剂的类型[145,146,148]。使用氯苯、溴苯、甲苯作为掺杂剂与无掺杂剂获得的二溴噻吩并[3,4-c]吡咯-4,6-二酮的正离子 APPI 图谱进行比较，说明了这种效果（图 7.30）[148]。

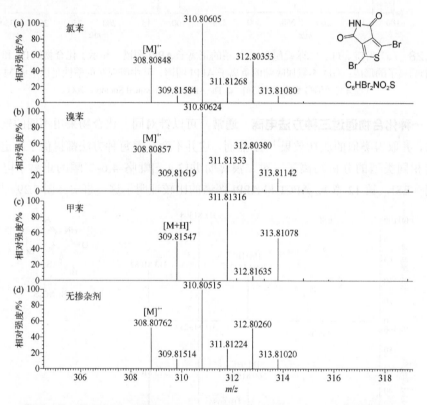

图 7.30 掺杂剂对二溴噻吩并[3,4-c]吡咯-4,6-二酮正离子 APPI 图谱的影响

M$^{+•}$与[M+H]$^+$的形成取决于实际的掺杂剂：（a）氯苯、（b）溴苯、（c）甲苯和（d）无掺杂剂（经许可改编自参考文献[148]。© Wiley，2014）

> **由溶液供应分析物**
>
> APCI 和 APPI 与真空 CI 的区别在于分析物是由稀溶液提供的，而不是由进样杆或储罐进样的液体或固体直接蒸发提供的。这不仅确保了 APCI 和 APPI 与液相色谱的兼容性（第 14.5 节），而且还实现了从凝聚相到气相的温和过渡。尽管如此，所有的 CI 方法都涉及气相电离，因此，作为该技术的一个组成部分，在电离之前需要进行一些蒸发。因此，所有 CI 技术都与气相色谱法完美兼容（第 14.4 节）。

7.10　CI、APCI 和 APPI 小结

（1）化学电离技术的共同特征

化学电离（CI）这一术语通常适用于通过离子-分子反应进行的所有电离过程。在 CI 中，分析物分子 M 通过与在先前过程中由试剂气产生的试剂离子进行反应而发生电离。经典情况下，化学电离是在中等真空条件下以微秒时间尺度进行的，压力通常约为 1 mbar（碰撞 1 次/μs）。离子-分子反应的发生并不局限于真空环境，相反，双分子反应的速率随着压力的升高而增加。因此，在毫秒时间尺度上和大气压条件下（碰撞 10^6 次/ms）进行化学电离可以提高电离效率。此外，新形成的离子立即热能化，从而减少了裂解反应的发生。

（2）基本的电离途径

化学电离通过电子、质子或其他离子在反应物之间的转移而进行。正离子化学电离（PICI）包括从中性物种形成正离子的四种基本途径：质子转移、亲电加成、负离子攫取和电荷转移（CT）。负离子化学电离（NICI）涉及去质子化、亲核加成或离子对的形成。在 NICI 过程中观察到的第四个过程是电子捕获（EC）。然而，电子捕获负离子化（ECNI）并不是严格意义上的化学电离过程。无论 CI 是在真空还是在大气压力下进行，这些基本电离途径都适用，并且与试剂离子形成的主要步骤是否由高能电子（真空 CI）、电晕放电（APCI）、紫外光子（APPI）或任何其他来源引发无关。

（3）分析物

一个分析物是否适合用 CI 技术进行分析，取决于将要应用的具体 CI 过程的类型。显然，质子化 PICI 对于除适合于 CTCI 或 ECNI 以外的其他化合物是有益的。一般来说，大多数用电子电离（EI，第 5.6 节）进行分析的分析物也可以通过质子化 PICI 进行分析。当分子离子峰在 EI 中缺失或非常弱时，PICI 图谱作为 EI 图谱的补充特别有用。CTCI 和 ECNI 在需要对特定某类型化合物进行选择性和/或非常高灵敏度的分析时发挥了作用（表 7.6）。真空 CI 典型的质量范围从 60 u（高于试剂离子）到 1200 u。由于离子的即时热能化，APCI 和 APPI 更软，并且将代表完整分子质量的离子的上限范围扩展到了约 2000 u。与 APCI 相比，APPI 可以产生极性较小分析物的离子。

目前，解吸化学电离（DCI）特别是热裂解-解吸化学电离（Py-DCI）很少使用，因为 APCI、APPI 和许多其他软电离方法，特别是那些结合了解吸和电离的方法（第 8、10、11、12 和 13 章）提供了更有前景和更方便的质谱分析方法。尽管如此也有例外，如当要研究树脂、清漆、橡胶和其他类似复杂性的材料时。

表 7.6 不同类型分析物的化学电离

分析物	热力学性质[①]	示例	建议的 CI 途径
低极性,无杂原子	低到高 IE,低 PA,低 EA	烷烃、烯烃、芳烃	CTCI
低到中等极性,一个或两个杂原子	低到中等 IE,中等到高 PA,低 EA	醇、胺、酯、杂环化合物	PICI, CTCI
中等到高极性,一些杂原子	低到中等 IE、高 PA 和低 EA	二醇、三醇、氨基酸、二糖、取代的芳香族或杂环化合物	PICI
低至高极性,卤素(尤其是氟或氯)	中等 IE,低 PA,中等到高 EA	卤代和硝基化合物及其衍生物,例如三氟乙酸酯、五氟苄基	ECNI
高极性,中等到高分子质量	低到中等 IE、高 PA、低 EA	单糖到四糖、其他极性低聚物、复合材料	DCI
高极性,非常高的分子质量	低到中等 IE、高 PA、低 EA 的分解产物	腐殖质化合物、合成聚合物、复合材料	Py-DCI

① IE—电离能;PA—质子亲和能;EA—电子亲和能。

(4)形成的离子

离子形成途径的选择以及可用的 CI 方法的多样性,导致了可能出现相当多种不同类型的分析物离子。分析物离子的主要类型很大程度上取决于诸如分子质量、极性、挥发性等常规参数,以及诸如电离能、质子亲和能或电子亲和能等内在属性。然后,选择正离子或负离子模式会产生不同的分析物离子组合。表 7.7 提供了化学电离技术形成的离子的基本分类。

表 7.7 化学电离技术形成的离子

分析物	正离子	负离子
非极性	$M^{+\cdot}$	$M^{-\cdot}$
中等极性	$M^{+\cdot}$ 和/或$[M+H]^+$、$[M+cat]^{+[①]}$、{团簇$[2M]^{+\cdot}$和/或$[2M+H]^+$、$[2M+cat]^{+[①]}$}[②]	$M^{-\cdot}$ 和/或$[M-H]^-$、$[M+an]^{-[①]}$、{团簇$[2M]^{-\cdot}$和/或$[2M-H]^-$、$[2M+an]^{-[①]}$}[②]
极性	$[M+H]^+$、$[M+cat]^{+[①]}$、{团簇$[2M+H]^+$、$[2M+cat]^{+[①]}$}[②]	$[M-H]^-$、$[M+an]^{-[①]}$、{团簇$[2M-H]^-$、$[2M+an]^{-[①]}$}[②]

① 正离子 cat^+ 和负离子 an^-。
② 大括号表示偶尔伴随生成的物种。

(5)与其他电离技术的关系

只要在含有痕量水的气氛中进行电离时,类似于大气压化学电离(APCI)的反应序列就会发生,例如实时直接分析(DART,第 13.8 节)。

参考文献

[1] Talrose VL, Ljubimova AK (1998) Secondary Processes in the Ion Source of a Mass Spectrometer (Presented by Academician N.N. Semenov 27 Viii 1952) – Reprinted from Report of the Soviet Academy of Sciences, Vol

LXXXVI, -N5 (1952). J Mass Spectrom 33: 502–504

[2] Munson MSB, Field FH (1965) Reactions of Gaseous Ions. XV. Methane + 1% Ethane and Methane + 1% Propane. J Am Chem Soc 87: 3294–3299. doi:10.1021/ja01093a002

[3] Munson MSB (1965) Proton Affinities and the Methyl Inductive Effect. J Am Chem Soc 87: 2332–2336. doi:10.1021/ja01089a005

[4] Munson MSB, Field FH (1966) Chemical Ionization Mass Spectrometry. I . General Introduction. J Am Chem Soc 88: 2621–2630. doi:10.1021/ja00964a001

[5] Munson MSB (2000) Development of Chemical Ionization Mass Spectrometry. Int J Mass Spectrom 200: 243–251. doi:10.1016/S1387-3806(00)00301-8

[6] Richter WJ, Schwarz H (1978) Chemical Ionization – A Highly Important Productive Mass Spectrometric Analysis Method. Angew Chem 90: 449–469. doi:10.1002/anie.197804241

[7] Harrison AG (1992) Chemical Ionization Mass Spectrometry. CRC Press, Boca Raton

[8] Todd JFJ (1995) Recommendations for Nomenclature and Symbolism for Mass Spectroscopy Including an Appendix of Terms Used in Vacuum Technology. Int J Mass Spectrom Ion Proc 142: 211–240. doi:10.1016/0168-1176(95)93811-F

[9] Sparkman OD (2006) Mass Spectrometry Desk Reference. Global View Publishing, Pittsburgh

[10] Murray KK, Boyd RK, Eberlin MN, Langley GJ, Li L, Naito Y (2013) Definitions of Terms Relating to Mass Spectrometry (IUPAC Recommendations 2013). Pure Appl Chem 85: 1515–1609. doi:10.1351/PAC-REC-06-04-06

[11] Griffith KS, Gellene GI (1993) A Simple Method for Estimating Effective Ion Source Residence Time. J Am Soc Mass Spectrom 4: 787–791. doi:10.1016/1044-0305(93)80036-X

[12] Field FH, Munson MSB (1965) Reactions of Gaseous Ions. XIV. Mass Spectrometric Studies of Methane at Pressures to 2 Torr. J Am Chem Soc 87: 3289–3294. doi:10.1021/ja01093a001

[13] Hunt DF, Ryan JFI (1971) Chemical Ionization Mass Spectrometry Studies. I. Identification of Alcohols. Tetrahedron Lett 12: 4535–4538. doi:10.1016/S0040-4039(01)97523-9

[14] Herman JA, Harrison AG (1981) Effect of Reaction Exothermicity on the Proton Transfer Chemical Ionization Mass Spectra of Isomeric C5 and C6 Alkanols. Can J Chem 59: 2125–2132. doi:10.1139/v81-307

[15] Beggs D, Vestal ML, Fales HM, Milne GWA (1971) Chemical Ionization Mass Spectrometer Source. Rev Sci Inst 42: 1578–1584. doi:10.1063/1.1684943

[16] Schröder E (1991) Massenspektrometrie – Begriffe und Definitionen. Springer-Verlag, Heidelberg

[17] Ghaderi S, Kulkarni PS, Ledford EB Jr, Wilkins CL, Gross ML (1981) Chemical Ionization in Fourier Transform Mass Spectrometry. Anal Chem 53: 428–437. doi:10.1021/ac00226a011

[18] Price P (1991) Standard Definitions of Terms Relating to Mass Spectrometry. A Report from the Committee on Measurements and Standards of the Amercian Society for Mass Spectrometry. J Am Soc Mass Spectrom 2: 336–348. doi:10.1016/1044-0305(91)80025-3

[19] Heck AJR, de Koning LJ, Nibbering NMM (1991) Structure of Protonated Methane. J Am Soc Mass Spectrom 2: 454–458. doi:10.1016/1044-0305(91)80030-B

[20] Mackay GI, Schiff HI, Bohme KD (1981) A Room-Temperature Study of the Kinetics and Energetics for the Protonation of Ethane. Can J Chem 59: 1771–1778. doi:10.1139/v81-265

[21] Fisher JJ, Koyanagi GK, McMahon TB (2000) The $C_2H_7^+$ Potential Energy Surface: A Fourier Transform Ion Cyclotron Resonance Investigation of the Reaction of Methyl Cation with Methane. Int J Mass Spectrom 195(196): 491–505. doi:10.1016/S1387-3806(99)00231-6

[22] Drabner G, Poppe A, Budzikiewicz H (1990) The Composition of the Methane Plasma. Int J Mass Spectrom Ion

Proc 97: 1–33. doi:10.1016/0168-1176(90)85037-3

[23] Thompson KC, Crittenden DL, Jordan MJT (2005) $CH_5^{+\cdot}$: Chemistry's Chameleon Unmasked. J Am Chem Soc 127: 4954–4958. doi:10.1021/ja0482280

[24] Heck AJR, de Koning LJ, Nibbering NMM (1991) On the Structure and Unimolecular Chemistry of Protonated Halomethanes. Int J Mass Spectrom Ion Proc 109: 209–225. doi:10.1016/0168-1176(91)85105-U

[25] Herman JA, Harrison AG (1981) Effect of Protonation Exothermicity on the Chemical Ionization Mass Spectra of Some Alkylbenzenes. Org Mass Spectrom 16: 423–427. doi:10.1002/oms.1210161002

[26] Munson MSB, Field FH (1965) Reactions of Gaseous Ions. XVI Effects of Additives on Ionic Reactions in Methane. J Am Chem Soc 87: 4242–4247. doi:10.1021/ja00947a005

[27] Kuck D, Petersen A, Fastabend U (1998) Mobile Protons in Large Gaseous Alkylbenzenium Ions. The 21-Proton Equilibration in Protonated Tetrabenzylmethane and Related "Proton Dances". Int J Mass Spectrom 179(180): 129–146. doi:10.1016/S1387-3806(98)14168-4

[28] Kuck D (2002) Half a Century of Scrambling in Organic Ions: Complete, Incomplete, Progressive and Composite Atom Interchange. Int J Mass Spectrom 213: 101–144. doi:10.1016/S1387-3806(01)00533-4

[29] Fales HM, Milne GWA, Axenrod T (1970) Identification of Barbiturates by Chemical Ionization Mass Spectrometry. Anal Chem 42: 1432–1435. doi:10.1021/ac60294a040

[30] Milne GWA, Axenrod T, Fales HM (1970) Chemical Ionization Mass Spectrometry of Complex Molecules. IV Amino Acids. J Am Chem Soc 92: 5170–5175. doi:10.1021/ja00720a029

[31] Fales HM, Milne GWA (1970) Chemical Ionization Mass Spectrometry of Complex Molecules. II Alkaloids. J Am Chem Soc 92: 1590–1597. doi:10.1021/ja00709a028

[32] Herman JA, Harrison AG (1981) Energetics and Structural Effects in the Fragmentation of Protonated Esters in the Gas Phase. Can J Chem 59: 2133–2145. doi:10.1139/v81-308

[33] Milne GWA, Fales HM, Axenrod T (1970) Identification of Dangerous Drugs by Isobutane Chemical Ionization Mass Spectrometry. Anal Chem 42: 1815–1820. doi:10.1021/ac60307a048

[34] Takeda N, Harada KI, Suzuki M, Tatematsu A, Kubodera T (1982) Application of Emitter Chemical Ionization Mass Spectrometry to Structural Characterization of Aminoglycoside Antibiotics. Org Mass Spectrom 17: 247–252. doi:10.1002/oms.1210170602

[35] McGuire JM, Munson B (1985) Comparison of Isopentane and Isobutane as Chemical Ionization Reagent Gases. Anal Chem 57: 680–683. doi:10.1021/ac00280a024

[36] McCamish M, Allan AR, Roboz J (1987) Poly(dimethylsiloxane) as Mass Reference for Accurate Mass Determination in Isobutane Chemical Ionization Mass Spectrometry. Rapid Commun Mass Spectrom 1: 124–125. doi:10.1002/rcm.1290010711

[37] Maeder H, Gunzelmann KH (1988) Straight-Chain Alkanes As Reference Compounds for Accurate Mass Determination in Isobutane Chemical Ionization Mass Spectrometry. Rapid Commun Mass Spectrom 2: 199–200. doi:10.1002/rcm.1290021003

[38] Hunt DF, McEwen CN, Upham RA (1971) Chemical Ionization Mass Spectrometry. II. Differentiation of Primary, Secondary, and Tertiary Amines. Tetrahedron Lett 12: 4539–4542. doi:10.1016/S0040-4039(01)97524-0

[39] Busker E, Budzikiewicz H (1979) Studies in Chemical Ionization Mass Spectrometry. 2. Isobutane and Nitric Oxide Spectra of Alkynes. Org Mass Spectrom 14: 222–226. doi:10.1002/oms.1210140412

[40] Keough T, DeStefano AJ (1981) Factors Affecting Reactivity in Ammonia Chemical-Ionization Spectrometry. Org Mass Spectrom 16: 527–533. doi:10.1002/oms.1210161205

[41] Hancock RA, Hodges MG (1983) A Simple Kinetic Method for Determining Ion-Source Pressures for Ammonia CIMS. Int J Mass Spectrom Ion Phys 46: 329–332. doi:10.1016/0020-7381(83)80119-3

[42] Rudewicz P, Munson B (1986) Effect of Ammonia Partial Pressure on the Sensitivities for Oxygenated Compounds in Ammonia Chemical Ionization Mass Spectrometry. Anal Chem 58: 2903–2907. doi:10.1021/ac00127a003

[43] Lawrence DL (1990) Accurate Mass Measurement of Positive Ions Produced by Ammonia Chemical Ionization. Rapid Commun Mass Spectrom 4: 546–549. doi:10.1002/rcm.1290041216

[44] Brinded KA, Tiller PR, Lane SJ (1993) Triton X-100 As a Reference Compound for Ammonia High-Resolution Chemical Ionization Mass Spectrometry and as a Tuning and Calibration Compound for Thermospray. Rapid Commun Mass Spectrom 7: 1059–1061. doi:10.1002/rcm.1290071119

[45] Wu HF, Lin YP (1999) Determination of the Sensitivity of an External Source Ion Trap Tandem Mass Spectrometer Using Dimethyl Ether Chemical Ionization. J Mass Spectrom 34: 1283–1285. doi:10.1002/(SICI)1096-9888(199912)34:12<1283::AID-JMS900>3.0.CO;2-M

[46] Barry R, Munson B (1987) Selective Reagents in Chemical Ionization Mass Spectrometry: Diisopropyl Ether. Anal Chem 59: 466–471. doi:10.1021/ac00130a019

[47] Allgood C, Lin Y, Ma YC, Munson B (1990) Benzene as a Selective Chemical Ionization Reagent Gas. Org Mass Spectrom 25: 497–502. doi:10.1002/oms.1210251003

[48] Srinivas R, Vairamani M, Mathews CK (1993) Gase-Phase Halo Alkylation of C_{60}-Fullerene by Ion-Molecule Reaction Under Chemical Ionization. J Am Soc Mass Spectrom 4: 894–897. doi:10.1016/1044-0305(93)87007-Y

[49] Budzikiewicz H, Blech S, Schneider B (1991) Studies in Chemical Ionization. XXVI. Investigation of Aliphatic Dienes by Chemical Ionization with Nitric Oxide. Org Mass Spectrom 26: 1057–1060. doi:10.1002/oms.1210261205

[50] Schneider B, Budzikiewicz H (1990) A Facile Method for the Localization of a Double Bond in Aliphatic Compounds. Rapid Commun Mass Spectrom 4: 550–551. doi:10.1002/rcm.1290041217

[51] Fordham PJ, Chamot-Rooke J, Guidice E, Tortajada J, Morizur JP (1999) Analysis of Alkenes by Copper Ion Chemical Ionization Gas Chromatography/Mass Spectrometry and Gas Chromatography/Tandem Mass Spectrometry. J Mass Spectrom 34: 1007–1017. doi:10.1002/(SICI)1096-9888(199910)34:10<1007::AID-JMS854>3.0.CO;2-E

[52] Peake DA, Gross ML (1985) Iron(I) Chemical Ionization and Tandem Mass Spectrometry for Locating Double Bonds. Anal Chem 57: 115–120. doi:10.1021/ac00279a031

[53] Lindinger W, Jordan A (1998) Proton-Transfer-Reaction Mass Spectrometry (PTR-MS): Online Monitoring of Volatile Organic Compounds at pptv Levels. Chem Soc Rev 27: 347–354. doi:10.1039/a827347z

[54] Lindinger W, Hansel A, Jordan A (1998) Online Monitoring of Volatile Organic Compounds at pptv Levels by Means of Proton-Transfer-Reaction Mass Spectrometry (PTR-MS). Medical Applications, Food Control and Environmental Research. Int J Mass Spectrom Ion Proc 173: 191–241. doi:10.1016/S0168-1176(97)00281-4

[55] Blake RS, Monks PS, Ellis AM (2009) Proton-Transfer Reaction Mass Spectrometry. Chem Rev 109: 861–896. doi:10.1021/cr800364q

[56] de Gouw J, Warneke C (2007) Measurements of Volatile Organic Compounds in the Earth's Atmosphere Using Proton-Transfer-Reaction Mass Spectrometry. Mass Spectrom Rev 26: 223–257. doi:10.1002/mas.20119

[57] Fay LB, Yeretzian C, Blank I (2001) Novel Mass Spectrometry Methods in Flavour Analysis. Chimia 55: 429–434

[58] Sulzer P, Hartungen E, Hanel G, Feil S, Winkler K, Mutschlechner P, Haidacher S, Schottkowsky R, Gunsch D, Seehauser H, Striednig M, Juerschik S, Breiev K, Lanza M, Herbig J, Maerk L, Maerk TD, Jordan A (2014) A Proton Transfer Reaction-Quadrupole Interface Time-of-Flight Mass Spectrometer (PTR-QiTOF): High Speed

Due to Extreme Sensitivity. Int J Mass Spectrom 368: 1–5. doi:10.1016/j.ijms.2014.05.004

[59] Edtbauer A, Hartungen E, Jordan A, Hanel G, Herbig J, Juerschik S, Lanza M, Breiev K, Maerk L, Sulzer P (2014) Theory and Practical Examples of the Quantification of CH_4, CO, O_2, and CO_2 with an Advanced Proton-Transfer-Reaction/Selective-Reagent-Ionization Instrument (PTR/SRI-MS). Int J Mass Spectrom 365-366: 10–14. doi:10.1016/j.ijms.2013.11.014

[60] Karl T, Guenther A, Yokelson RJ, Greenberg J, Potosnak M, Blake DR, Artaxo P (2007) The Tropical Forest and Fire Emissions Experiment: Emission, Chemistry, and Transport of Biogenic Volatile Organic Compounds in the Lower Atmosphere Over Amazonia. J Geophys Res Atmos 112: D18302-1–D18302/17. doi:10.1029/2007JD008539

[61] Hsu CS, Qian K (1993) Carbon Disulfide Charge Exchange as a Low-Energy Ionization Technique for Hydrocarbon Characterization. Anal Chem 65: 767–771. doi:10.1021/ac00054a020

[62] Einolf N, Munson B (1972) High-Pressure Charge Exchange Mass Spectrometry. Int J Mass Spectrom Ion Phys 9: 141–160. doi:10.1016/0020-7381(72)80040-8

[63] Allgood C, Ma YC, Munson B (1991) Quantitation Using Benzene in Gas Chromatography/Chemical Ionization Mass Spectrometry. Anal Chem 63: 721–725. doi:10.1021/ac00007a014

[64] Subba Rao SC, Fenselau C (1978) Evaluation of Benzene as a Charge Exchange Reagent. Anal Chem 50: 511–515. doi:10.1021/ac50025a036

[65] Sieck LW (1983) Determination of Molecular Weight Distribution of Aromatic Components in Petroleum Products by Chemical Ionization Mass Spectrometry with Chlorobenzene as Reagent Gas. Anal Chem 55: 38–41. doi:10.1021/ac00252a013

[66] Li YH, Herman JA, Harrison AG (1981) Charge Exchange Mass Spectra of Some C_5H_{10} Isomers. Can J Chem 59: 1753–1759. doi:10.1139/v81-263

[67] Abbatt JA, Harrison AG (1986) Low-Energy Mass Spectra of Some Aliphatic Ketones. Org Mass Spectrom 21: 557–563. doi:10.1002/oms.1210210906

[68] Herman JA, Li YH, Harrison AG (1982) Energy Dependence of the Fragmentation of Some Isomeric $C_6H_{12}^{+\cdot}$ Ions. Org Mass Spectrom 17: 143–150. doi:10.1002/oms.1210170309

[69] Chai R, Harrison AG (1981) Location of Double Bonds by Chemical Ionization Mass Spectrometry. Anal Chem 53: 34–37. doi:10.1021/ac00224a010

[70] Keough T, Mihelich ED, Eickhoff DJ (1984) Differentiation of Monoepoxide Isomers of Polyunsaturated Fatty Acids and Fatty Acid Esters by Low-Energy Charge Exchange Mass Spectrometry. Anal Chem 56: 1849–1852. doi:10.1021/ac00275a021

[71] Polley CW Jr, Munson B (1983) Nitrous Oxide As Reagent Gas for Positive Ion Chemical Ionization Mass Spectrometry. Anal Chem 55: 754–757. doi:10.1021/ac00255a037

[72] Harrison AG, Lin MS (1984) Stereochemical Applications of Mass Spectrometry. 3. Energy Dependence of the Fragmentation of Stereoisomeric Methylcyclohexanols. Org Mass Spectrom 19: 67–71. doi:10.1002/oms.1210190204

[73] Hsu CS, Cooks RG (1976) Charge Exchange Mass Spectrometry at High Energy. Org Mass Spectrom 11: 975–983. doi:10.1002/oms.1210110909

[74] Roussis S (1999) Exhaustive Determination of Hydrocarbon Compound Type Distributions by High Resolution Mass Spectrometry. Rapid Commun Mass Spectrom 13: 1031–1051. doi:10.1002/(SICI)1097-0231(19990615)13:11<1031::AID-RCM602>3.0.CO;2-8

[75] Hunt DF, Stafford GC Jr, Crow FW (1976) Pulsed Positive- and Negative-Ion Chemical Ionization Mass Spectrometry. Anal Chem 48: 2098–2104. doi:10.1021/ac50008a014

[76] von Ardenne M, Steinfelder K, Tümmler R (1971) Elektronenanlagerungs-Massenspektrographie Organischer Substanzen. Springer, Heidelberg

[77] Dougherty RC, Weisenberger CR (1968) Negative Ion Mass Spectra of Benzene, Naphthalene, and Anthracene. A New Technique for Obtaining Relatively Intense and Reproducible Negative Ion Mass Spectra. J Am Chem Soc 90: 6570–6571. doi:10.1021/ja01025a090

[78] Dillard JG (1973) Negative Ion Mass Spectrometry. Chem Rev 73: 589–644. doi:10.1021/cr60286a002

[79] Bouma WJ, Jennings KR (1981) Negative Chemical Ionization Mass Spectrometry of Explosives. Org Mass Spectrom 16: 330–335. doi:10.1002/oms.1210160802

[80] Budzikiewicz H (1986) Studies in Negative Ion Mass Spectrometry. XI. Negative Chemical Ionization (NCI) of Organic Compounds. Mass Spectrom Rev 5: 345–380. doi:10.1002/mas.1280050402

[81] Kurvinen JP, Mu H, Kallio H, Xu X, Hoy CE (2001) Regioisomers of Octanoic Acid-Containing Structured Triacylglycerols Analyzed by Tandem Mass Spectrometry Using Ammonia Negative Ion Chemical Ionization. Lipids 36: 1377–1382. doi:10.1007/s11745-001-0855-9

[82] Gross JH (2009) Mass Spectrometry. In: Andrews DL (ed) Encyclopedia of Applied Spectroscopy. Wiley-VCH, Weinheim

[83] Hunt DF, Crow FW (1978) Electron Capture Negative Ion Chemical Ionization Mass Spectrometry. Anal Chem 50: 1781–1784. doi:10.1021/ac50035a017

[84] Ong VS, Hites RA (1994) Electron Capture Mass Spectrometry of Organic Environmental Contaminants. Mass Spectrom Rev 13: 259–283. doi:10.1002/mas.1280130305

[85] Oehme M (1994) Quantification of Fg-Pg Amounts by Electron Capture Negative Ion Mass Spectrometry – Parameter Optimization and Practical Advice. Fresenius J Anal Chem 350: 544–554. doi:10.1007/BF00321803

[86] Bartels MJ (1994) Quantitation of the Tetrachloroethylene Metabolite N-Acetyl-S-(Trichlorovinyl)Cysteine in Rat Urine Via Negative Ion Chemical Ionization Gas Chromatography/Tandem Mass Spectrometry. Biol Mass Spectrom 23: 689–694. doi:10.1002/bms.1200231107

[87] Fowler B (2000) The Determination of Toxaphene in Environmental Samples by Negative Ion Electron Capture High Resolution Mass Spectrometry. Chemosphere 41: 487–492. doi:10.1016/S0045-6535(99)00476-2

[88] Laramée JA, Arbogast BC, Deinzer ML (1986) Electron Capture Negative Ion Chemical Ionization Mass Spectrometry of 1,2,3,4-Tetrachlorodibenzo-p-dioxin. Anal Chem 58: 2907–2912. doi:10.1021/ac00127a004

[89] Budzikiewicz H (1981) Mass Spectrometry of Negative Ions. 3. Mass Spectrometry of Negative Organic Ions. Angew Chem 93: 635–649. doi:10.1002/anie.198106241

[90] Bowie JH (1984) The Formation and Fragmentation of Negative Ions Derived from Organic Molecules. Mass Spectrom Rev 3: 161–207. doi:10.1002/mas.1280030202

[91] Stemmler EA, Hites RA (1988) The Fragmentation of Negative Ions Generated by Electron Capture Negative Ion Mass Spectrometry: A Review with New Data. Biomed Environ Mass Spectrom 17: 311–328. doi:10.1002/bms.1200170415

[92] Jensen KR, Voorhees KJ (2015) Analytical Applications of Electron Monochromator-Mass Spectrometry. Mass Spectrom Rev 34: 24–42. doi:10.1002/mas.21395

[93] Buchanan MV, Olerich G (1984) Differentiation of Polycyclic Aromatic Hydrocarbons Using Electron Capture Negative Chemical Ionization. Org Mass Spectrom 19: 486–489.doi:10.1002/oms.1210191005

[94] Oehme M (1983) Determination of Isomeric Polycyclic Aromatic Hydrocarbons in Air Particulate Matter by High-Resolution Gas Chromatography/Negative Ion Chemical Ionization Mass Spectrometry. Anal Chem 55: 2290–2295. doi:10.1021/ac00264a021

[95] Giese RW (1997) Detection of DNA Adducts by Electron Capture Mass Spectrometry. Chem Res Toxicol 10:

255–270. doi:10.1021/tx9601263

[96] Laramée JA, Mazurkiewicz P, Berkout V, Deinzer ML (1996) Electron Monochromator-Mass Spectrometer Instrument for Negative Ion Analysis of Electronegative Compounds.Mass Spectrom Rev 15: 15–42. doi:10.1002/(SICI)1098-2787(1996)15:1<15::AIDMAS2>3.0.CO;2-E

[97] NIST webbook. http: //webbook.nist.gov/

[98] Williamson DH, Knighton WB, Grimsrud EP (2000) Effect of Buffer Gas Alterations on the Thermal Electron Attachment and Detachment Reactions of Azulene by Pulsed High Pressure Mass Spectrometry. Int J Mass Spectrom 195(196): 481–489. doi:10.1016/S1387-3806(99)00142-6

[99] Wei J, Liu S, Fedoreyev SA, Vionov VG (2000) A Study of Resonance Electron Capture Ionization on a Quadrupole Tandem Mass Spectrometer. Rapid Commun Mass Spectrom 14: 1689–1694. doi:10.1002/1097-0231(20000930)14:18<1689::AID-RCM75>3.0.CO;2-G

[100] Carette M, Zerega Y, Perrier P, Andre J, March RE (2000) Rydberg Electron-Capture Mass Spectrometry of 1,2,3,4-Tetrachlorodibenzo-p-Dioxin. Eur Mass Spectrom 6: 405–408. doi:10.1255/ejms.362

[101] Zerega Y, Carette M, Perrier P, Andre J (2002) Rydberg Electron Capture Mass Spectrometry of Organic Pollutants. Organohal Comp 55: 151–154

[102] Bendig P, Maier L, Lehnert K, Knapp H, Vetter W (2013) Mass Spectra of Methyl Esters of Brominated Fatty Acids and Their Presence in Soft Drinks and Cocktail Syrups. Rapid Commun Mass Spectrom 27: 1083–1089. doi:10.1002/rcm.6543

[103] Jenske R, Vetter W (2008) Gas Chromatography/Electron-Capture Negative Ion Mass Spectrometry for the Quantitative Determination of 2- and 3-Hydroxy Fatty Acids in Bovine Milk Fat. J Agric Food Chem 56: 5500–5505. doi:10.1021/jf800647w

[104] Yinon J (1982) Mass Spectrometry of Explosives: Nitro Compounds, Nitrate Esters, and Nitramines. Mass Spectrom Rev 1: 257–307. doi:10.1002/mas.1280010304

[105] Cappiello A, Famiglini G, Lombardozzi A, Massari A, Vadalà GG (1996) Electron Capture Ionization of Explosives with a Microflow Rate Particle Beam Interface. J Am Soc Mass Spectrom 7: 753–758. doi:10.1016/1044-0305(96)00015-3

[106] Knighton WB, Grimsrud EP (1995) High-Pressure Electron Capture Mass Spectrometry. Mass Spectrom Rev 14: 327–343. doi:10.1002/mas.1280140406

[107] Aubert C, Rontani J-F (2000) Perfluoroalkyl Ketones: Novel Derivatization Products for the Sensitive Determination of Fatty Acids by Gas Chromatography/Mass Spectrometry in Electron Impact and Negative Chemical Ionization Modes. Rapid Commun Mass Spectrom 14: 960–966. doi: 10.1002/(SICI)1097-0231(20000615)14:11<960::AID-RCM972>3.3.CO;2-R

[108] Kato Y, Okada S, Atobe K, Endo T, Haraguchi K (2012) Selective Determination of Monoand Dihydroxylated Analogs of Polybrominated Diphenyl Ethers in Marine Sponges by Liquid-Chromatography Tandem Mass Spectrometry. Anal Bioanal Chem 404: 197–206. doi:10.1007/s00216-012-6132-2

[109] Cotter RJ (1980) Mass Spectrometry of Nonvolatile Compounds by Desorption from Extended Probes. Anal Chem 52: 1589A–1602A. doi:10.1021/ac50064a003

[110] Kurlansik L, Williams TJ, Strong JM, Anderson LW, Campana JE (1984) Desorption Ionization Mass Spectrometry of Synthetic Porphyrins. Biomed Mass Spectrom 11: 475–481. doi:10.1002/bms.1200110908

[111] Helleur RJ, Thibault P (1994) Optimization of Pyrolysis-Desorption Chemical Ionization Mass Spectrometry and Tandem Mass Spectrometry of Polysaccharides. Can J Chem 72: 345–351. doi:10.1139/v94-053

[112] Vincenti M (2001) The Renaissance of Desorption Chemical Ionization Mass Spectrometry: Characterization of Large Involatile Molecules and Nonpolar Polymers. Int J Mass Spectrom 212: 505–518. doi:10.1016/

S1387-3806(01)00492-4

[113] Beuhler RJ, Flanigan E, Greene LJ, Friedman L (1974) Proton Transfer Mass Spectrometry of Peptides. Rapid Heating Technique for Underivatized Peptides Containing Arginine. J Am Chem Soc 96: 3990–3999. doi:10.1021/ja00819a043

[114] Cullen WR, Eigendorf GK, Pergantis SA (1993) Desorption Chemical Ionization Mass Spectrometry of Arsenic Compounds Present in the Marine and Terrestrial Environment. Rapid Commun Mass Spectrom 7: 33–36 doi:10.1002/rcm.1290070108

[115] Juo CG, Chen SW, Her GR (1995) Mass Spectrometric Analysis of Additives in Polymer Extracts by Desorption Chemical Ionization and Collisional Induced Dissociation with B/E Linked Scanning. Anal Chim Acta 311: 153–164. doi:10.1016/0003-2670(95)00183-Z

[116] Chen G, Cooks RG, Jha SK, Green MM (1997) Microstructure of Alkoxy and Alkyl Substituted Isocyanate Copolymers Determined by Desorption Chemical Ionization Mass Spectrometry. Anal Chim Acta 356: 149–154. doi:10.1016/S0003-2670(97)00504-7

[117] Pergantis SA, Emond CA, Madilao LL, Eigendorf GK (1994) Accurate Mass Measurements of Positive Ions in the Desorption Chemical Ionization Mode. Org Mass Spectrom 29: 439–444. doi:10.1002/oms.1210290808

[118] Horning EC, Horning MG, Carroll DI, Dzidic I, Stillwell RN (1973) New Picogram Detection System Based on a Mass Spectrometer with an External Ionization Source at Atmospheric Pressure. Anal Chem 45: 936–943. doi:10.1021/ac60328a035

[119] Horning EC, Carroll DI, Dzidic I, Haegele KD, Horning MG, Stillwell RN (1974) Atmospheric Pressure Ionization (API) Mass Spectrometry. Solvent-Mediated Ionization of Samples Introduced in Solution and in a Liquid Chromatograph Effluent Stream. J Chromatogr Sci 12: 725–729. doi:10.1093/chromsci/12.11.725

[120] Carroll DI, Dzidic I, Stillwell RN, Horning MG, Horning EC (1974) Subpicogram Detection System for Gas Phase Analysis Based Upon Atmospheric Pressure Ionization (API) Mass Spectrometry. Anal Chem 46: 706–704. doi:10.1021/ac60342a009

[121] Carroll DI, Dzidic I, Stillwell RN, Haegele KD, Horning EC (1975) Atmospheric Pressure Ionization Mass Spectrometry. Corona Discharge Ion Source for Use in a Liquid Chromatograph-Mass Spectrometer-Computer Analytical System. Anal Chem 47: 2369–2373. doi:10.1021/ac60364a031

[122] Dzidic I, Stillwell RN, Carroll DI, Horning EC (1976) Comparison of Positive Ions Formed in Nickel-63 and Corona Discharge Ion Sources Using Nitrogen, Argon, Isobutane, Ammonia and Nitric Oxide as Reagents in Atmospheric Pressure Ionization Mass Spectrometry. Anal Chem 48: 1763–1768. doi:10.1021/ac50006a035

[123] Bruins AP (1991) Mass Spectrometry with Ion Sources Operating at Atmospheric Pressure. Mass Spectrom Rev 10: 53–77. doi:10.1002/mas.1280100104

[124] Tsuchiya M (1995) Atmospheric Pressure Ion Sources, Physico-Chemical and Analytical Applications. Adv Mass Spectrom 13: 333–346

[125] Schiewek R, Lorenz M, Giese R, Brockmann K, Benter T, Gaeb S, Schmitz OJ (2008) Development of a Multipurpose Ion Source for LC-MS and GC-API-MS. Anal Bioanal Chem 392: 87–96. doi:10.1007/s00216-008-2255-x

[126] Warscheid B, Hoffmann T (2001) Structural Elucidation of Monoterpene Oxidation Products by Ion Trap Fragmentation Using on-Line Atmospheric Pressure Chemical Ionization Mass Spectrometry in the Negative Ion Mode. Rapid Commun Mass Spectrom 15: 2259–2272. doi:10.1002/rcm.504

[127] Derpmann V, Albrecht S, Benter T (2012) The Role of Ion-Bound Cluster Formation in Negative Ion Mass Spectrometry. Rapid Commun Mass Spectrom 26: 1923–1933. doi:10. 1002/rcm.6303

[128] Klee S, Derpmann V, Wissdorf W, Klopotowski S, Kersten H, Brockmann KJ, Benter T, Albrecht S, Bruins AP,

Dousty F, Kauppila TJ, Kostiainen R, O'Brien R, Robb DB, Syage JA (2014) Are Clusters Important in Understanding the Mechanisms in Atmospheric Pressure Ionization? Part 1: Reagent Ion Generation and Chemical Control of Ion Populations. J Am Soc Mass Spectrom 25: 1310–1321. doi:10.1007/s13361-014-0891-2

[129] McEwen CN, Larsen BS (2009) Ionization Mechanisms Related to Negative Ion APPI, APCI, and DART. J Am Soc Mass Spectrom 20: 1518–1521. doi:10.1016/j.jasms.2009.04.010

[130] Hayen H, Karst U (2003) Strategies for the Liquid Chromatographic-Mass Spectrometric Analysis of Non-Polar Compounds. J Chromatogr A 1000: 549–565. doi:10.1016/S0021-9673(03)00505-3

[131] Mottram H, Woodbury SE, Evershed RP (1997) Identification of Triacylglycerol Positional Isomers Present in Vegetable Oils by High Performance Liquid Chromatography/Atmospheric Pressure Chemical Ionization Mass Spectrometry. Rapid Commun Mass Spectrom 11: 1240–1252. doi:10.1002/(SICI)1097-0231(199708)11:12<1240::AID-RCM990>3.0.CO;2-5

[132] Reemtsma T (2003) Liquid Chromatography-Mass Spectrometry and Strategies for Trace-Level Analysis of Polar Organic Pollutants. J Chromatogr A 1000: 477–501. doi:10.1016/S0021-9673(03)00507-7

[133] Covey TR, Thomson BA, Schneider BB (2009) Atmospheric Pressure Ion Sources. Mass Spectrom Rev 28: 870–897. doi:10.1002/mas.20246

[134] Hayen H, Jachmann N, Vogel M, Karst U (2003) LC-Electron Capture-APCI(-)-MS Determination of Nitrobenzoxadiazole Derivatives. Analyst 128: 1365–1372. doi:10.1039/B308752B

[135] Hayen H, Jachmann N, Vogel M, Karst U (2002) LC-Electron Capture APCI-MS for the Determination of Nitroaromatic Compounds. Analyst 127: 1027–1030. doi:10.1039/B205477A

[136] Robb DB, Covey TR, Bruins AP (2000) Atmospheric Pressure Photoionization: an Ionization Method for Liquid Chromatography-Mass Spectrometry. Anal Chem 72: 3653–3659. doi:10.1021/ac0001636

[137] Keski-Hynnilä H, Kurkela M, Elovaara E, Antonio L, Magdalou J, Luukkanen L, Taskinen J, Koistiainen R (2002) Comparison of Electrospray, Atmospheric Pressure Chemical Ionization, and Atmospheric Pressure Photoionization in the Identification of Apomorphine, Dobutamine, and Entacapone Phase II Metabolites in Biological Samples. Anal Chem 74: 3449–3457. doi:10.1021/ac011239g

[138] Syage JA, Hanold KA, Lynn TC, Horner JA, Thakur RA (2004) Atmospheric Pressure Photoionization. II Dual Source Ionization. J Chromatogr A 1050: 137–149. doi:10.1016/j.chroma.2004.08.033

[139] Yang C, Henion JD (2002) Atmospheric Pressure Photoionization Liquid Chromatographic-Mass Spectrometric Determination of Idoxifene and Its Metabolites in Human Plasma. J Chromatogr A 970: 155–165. doi:10.1016/S0021-9673(02)00882-8

[140] Kauppila TJ, Kuuranne T, Meurer EC, Eberlin MN, Kotiaho T, Koistiainen R (2002) Atmospheric Pressure Photoionization Mass Spectrometry. Ionization Mechanism and the Effect of Solvent on the Ionization of Naphthalenes. Anal Chem 74: 5470–5479. doi:10.1021/ac025659x

[141] Raffaeli A, Saba A (2003) Atmospheric Pressure Photoionization Mass Spectrometry. Mass Spectrom Rev 22: 318–331. doi:10.1002/mas.10060

[142] Kauppila TJ, Syage JA, Benter T (2015) Recent Developments in Atmospheric Pressure Photoionization-Mass Spectrometry. Mass Spectrom Rev XX: 1–27. doi:10.1002/mas.21477

[143] Kauppila TJ, Kostiainen R, Bruins AP (2004) Anisole, a New Dopant for Atmospheric Pressure Photoionization Mass Spectrometry of Low Proton Affinity, Low Ionization Energy Compounds. Rapid Commun Mass Spectrom 18: 808–815. doi:10.1002/rcm.1408

[144] Robb DB, Covey TR, Bruins AP (2001) Atmospheric Pressure Photoionization (APPI): A New Ionization Technique for LC/MS. Adv Mass Spectrom 15: 391–392

[145] Kauppila TJ, Kersten H, Benter T (2014) The Ionization Mechanisms in Direct and Dopant-Assisted Atmospheric Pressure Photoionization and Atmospheric Pressure Laser Ionization. J Am Soc Mass Spectrom 25: 1870–1881. doi:10.1007/s13361-014-0988-7

[146] Ahmed A, Choi CH, Kim S (2015) Mechanistic Study on Lowering the Sensitivity of Positive Atmospheric Pressure Photoionization Mass Spectrometric Analyses: Size-Dependent Reactivity of Solvent Clusters. Rapid Commun Mass Spectrom 29: 2095–2101. doi:10.1002/rcm.7373

[147] Kauppila TJ, Kotiaho T, Kostiainen R, Bruins AP (2004) Negative Ion-Atmospheric Pressure Photoionization-Mass Spectrometry. J Am Soc Mass Spectrom 15: 203–211. doi:10.1016/j.jasms.2003.10.012

[148] Sioud S, Kharbatia N, Amad MH, Zhu Z, Cabanetos C, Lesimple A, Beaujuge P (2014) The Formation of [M-H]$^+$ Ions in n-Alkyl-Substituted Thieno[3,4-c]-Pyrrole-4,6-Dione Derivatives During Atmospheric Pressure Photoionization Mass Spectrometry. Rapid Commun Mass Spectrom 28: 2389–2397. doi:10.1002/rcm.7031

[149] Fredenhagen A, Kuehnoel J (2014) Evaluation of the Optimization Space for Atmospheric Pressure Photoionization (APPI) in Comparison with APCI. J Mass Spectrom 49: 727–736.doi:10.1002/jms.3401

第8章 场电离和场解吸

学习目标

- 在超强电场作用下的离子形成
- 强电场将离子解吸到气相中
- 场电离和场解吸的软电离特性
- 场电离和场解吸的进样方法
- 场电离和场解吸方法的一般特性与应用领域
- 应用于对空气和湿度敏感的样品
- 气相色谱和高分辨质谱与场电离和场解吸相结合用于复杂混合物分析

8.1 场电离和场解吸的演变

通过使用场离子显微镜,首次观察到了高静电场使正离子从表面解吸的现象[1,2]。随后对一些被电场电离的气体进行了质谱分析[2-4]。1959 年,H. D. Beckey 展示了第一个聚焦场电离源[5]。在这些早期实验中,尖锐的钨尖端产生了大约 10^8 V/cm(1 V/Å)的电场强度[2,4,5]。场电离(field ionization,FI,也称为场致电离)方法很快扩展到分析挥发性液体样品[6-10]和固体物质,后者通过将样品管中的样品蒸发到电离尖端或导线电极附近来进行的[11]。FI 在 20 世纪 60 年代中期仍处于萌芽状态,很快就不得不与化学电离相竞争(CI,第 7 章)[12]。主要突破来自对场解吸(field desorption,FD)的进一步发展,因为 FD 绕过了在电离之前分析物的蒸发[13,14]。电离过程和随后所形成离子的解吸过程主要集中在场发射极(field emitter)的表面上。FI-MS 尤其是 FD-MS 的特殊魅力在于其非凡的软电离特性,在许多情况下仅产生完整的分子离子,以及 FD 处理中性和离子型分析物的能力[15-24]。FD-MS 最初在 20 世纪 70 年代中期到 80 年代中期蓬勃发展,但随着快速原子轰击(FAB)和后来电喷雾电离(ESI)质谱的出现而很快受到冲击[23]。然而,随后 FD-MS 的独特性能被重新发现[25-27],尤其是随着先进样品引入技术的出现[28,29],以及 FI 和 FD 离子源在 oaTOF 和 FT-ICR

质量分析器上的应用[30-35]，其优势更加凸显出来。

8.2 场电离过程

Inghram 和 Gomer 描述并解释了单个氢原子的场电离过程[3,4,36]。如果一个氢原子位于金属表面上，它的质子-电子势只会轻微畸变。然而，当金属处于正极性，电场达到 2 V/Å（1 Å = 10^{-10} m）时，这种畸变就会变得明显（图 8.1）。这样，电子可以通过一个只有几埃宽和几个电子伏特高的势垒隧道进入金属块，而与质子分离[19,37]。因此，氢原子被电离，产生的质子在电场的作用下立即被驱离。有趣的是，对于孤立的氢原子，情况也非常相似。在这里，电场会导致类似的电势畸变，并且如果电场强度足够大，原子也会被电场电离。这意味着原子或分子可以仅通过强电场的作用而被电离，而与它们是否已被吸附到阳极表面或它们是否在电极之间的空间中自由移动无关。

场电离本质上是一种自电离类型的过程，即内部超激发的原子或分子中基团在没有进一步与能量源相互作用的情况下，自发地失去一个电子[38]。与电子电离不同的是，没有过剩能量被转移到初始离子上，因此，离子的解离被减少到了最低限度。

$$M \longrightarrow M^{+\cdot} + e^- \tag{8.1}$$

只有在接近尖锐的尖端、边缘或细金属丝时才能获得足以实现场电离的电场。阳极的曲率半径越小，足够引起电离的电场就越远（1～10 nm）（图 8.1）。计算出的氢原子半衰期的极端下降反映了足够电场强度的重要性：在 0.5 V/Å 时半衰期为 0.1 s，在 1.0 V/Å 时半衰期为 0.1 ns，在 2.5 V/Å 时半衰期为 0.1 fs[19]。

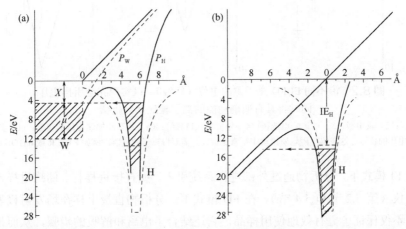

图 8.1 氢原子（H）的场电离：(a) 接近钨的表面（W），(b) 孤立状态

电场—2 V/Å；P_W—被电场扭曲的 W 的镜像势；P_H—被电场扭曲的氢原子电位；X—功函数；μ—费米能级；虚线—没有电场时的电位（经许可改编自参考文献[4]。© Verlag der Zeitschrift für Naturforschung, 1955）

> **给部件命名**
>
> 场阳极通常称为场发射极（field emitter）、FI 发射极（FI emitter）或 FD 发射极（FD emitter）。场发射极的特性对于 FI 和 FD-MS 至关重要。与发射极相对的电极称为场阴极（field cathode）或简称为反电极（counter electrode）。

8.3 场电离和场解吸的离子源

在 FI 和 FD-MS 中，在场发射极（场阳极）和通常位于发射极前面 2～3 mm 的反电极（场阴极）之间施加 8～12 kV 的电压。因此，解吸离子被加速到 8～12 keV 的动能，明显超过了双聚焦扇形磁场质谱（通常与 FI/FD 离子源结合使用）可以处理的量。这些相互矛盾的要求可以通过下列做法满足，即将反电极设置为负电位来建立用于离子生成的高场梯度，同时将发射极和接地电位之间的差异调整为实际加速电压（图 8.2）[39]。在发射极接地且反电极处于高负电位的情况下，甚至可以传输慢离子束，以便将 FD 离子源安装到 FT-ICR 或 oaTOF 仪器上[30,40]。

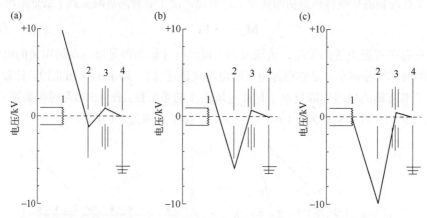

图 8.2 沿不同 FI/FD 离子源的电位（粗线），以实现完全引出电压，同时将具有明确动能的离子输送到分析器

1—发射极；2—反电极；3—可选静电透镜；4—分析器入口狭缝；(a) 具有高加速电压的仪器；(b) 具有中等加速电压的仪器，这在扇形磁场质谱仪中很常见；(c) 需要慢离子的仪器，例如 FT-ICR 或 oaTOF 仪器

在 FI 模式下，分析物通过外部进样系统引入，如直接进样杆、储罐进样器或气相色谱仪（第 5.2 节和 5.4 节）。在 FD 模式下，分析物直接上样在场发射极表面。这样做不仅保证了更有效地使用样品，它还结合了电离和解吸的步骤，从而最大限度地减少电离之前热分解的风险（图 8.3 和图 8.4）。这对于极易热降解且无法蒸发的高高极性或离子型分析物而言尤其重要。

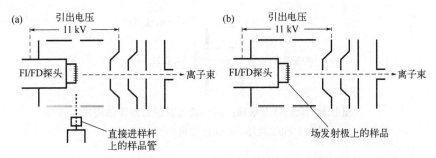

图 8.3 FI/FD 离子源示意图

（a）处于 FI 模式；（b）处于 FD 模式。为了清楚起见，发射极和反电极之间的距离被夸大了（经许可改编自参考文献[41]。© Springer-Verlag，海德堡，1991）

图 8.4 FD 探头插入真空锁

FD 探头通常沿轴向位置插入以释放直接进样杆（DIP）的真空锁以供 FI 使用。发射极的金属丝现在垂直定向，以符合扇形磁场分析器的离子束的几何形状

8.4 场发射极

8.4.1 空白金属丝作为发射极

在最早的 FI 实验中，在尖锐的钨尖端获得了高电场强度[2,4,5]。后来，使用了锋利刀刃的边缘[42]和直径几微米的金属丝。相较于平滑刀片，金属丝具有优势，因为在正常工作条件下，在相同场强下，平滑刀片的发射表面大约比光滑金属丝小两个数量级（图 8.5）。简单的金属丝发射极可用于非极性[43]或电解分析物[44]的场解吸。由于金属丝很脆弱并且在放电过程中可能会断裂，因此应避免在其附近出现锋利的边缘，例如通过抛光反电极[45]。

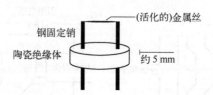

图 8.5 金属丝发射极：高压通过发射极固定销提供

也可以使电流通过（活化的）金属丝产生电阻加热

8.4.2 活化过的发射极

发射极上的电场强度可以通过在发射极表面形成树枝状微针（晶须）而大大增强，这一过程称为发射极活化。FI-MS 和 FD-MS 需要可重现的高质量发射极，因此活化过程备受关注。用纯苯甲腈蒸气对 10 μm 钨丝进行高温活化需要 3～7 h[46]，但可以通过在活化过程中反转高压极性来加速[47]，或者使用茚满、茚、吲哚或萘作为活化剂[48]。商业上使用苯甲腈或茚的活化程序在发射极上产生碳晶须（图 8.6）。微针的生长也可以通过在阴极上分解六羰基钨 $W(CO)_6$ 产生放电来实现[49]。已经提出了一种自控机理，该机理可以将离子优先吸引到生长中的钨针顶部[49]。活化的发射极表面和单个晶须的 SEM 照片具有美学的吸引力[47-52]。

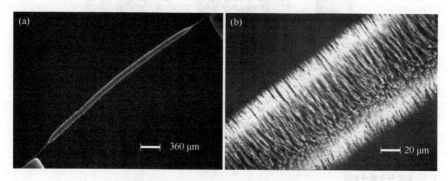

图 8.6 活化钨丝发射极的 SEM 照片

（a）总览显示靠近支架的细钨丝和带有晶须的中间部分；（b）显示晶须的中部细节

（由德国贝尔吉施格拉德巴赫的 Carbotec 慷慨提供）

8.4.3 发射极温度

通过对发射极支架施加电流可以加热发射极。建立发射极温度与发射极加热电流（EHC）的精确校准有些困难[53,54]。实际温度不仅取决于发射极材料，还取决于发射极的直径和长度以及晶须的长度和面积密度。图 8.7 给出了对带有碳晶须的钨发射极的有用估算值。

8.4 场发射极

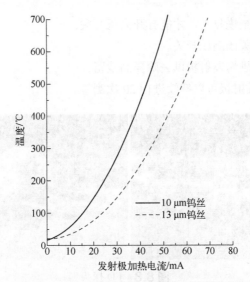

图 8.7 在 10 μm 和 13 μm 钨丝上用碳针活化的发射极的 EHC 与温度的校准
（由德国贝尔吉施格拉德巴赫的 Carbotec 慷慨提供）

在实践中，恒定电流下的发射极适度加热可以减少 FI 测试过程中对其表面的吸附。在 FD-MS 中，通常采用恒定速率（1～20 mA/min）加热来强制分析物从发射极上解吸。通过发射控制的发射极加热可以避免过多的离子解吸引起的放电[55-57]。调节 EHC 以实现恒定的离子发射电流，通常在 1～100 nA 的范围内。最后，通过在 800～1000℃下以 50～60 mA（直径 10 μm 的活化钨发射极）或以 80～100 mA（直径 13 μm 的活化钨发射极）烘烤 2～5 s 来清洗发射极，以便进行后续测试。

8.4.4 活化发射极的操作

活化过的金属丝发射极非常脆弱，因为活化后材料的行为更像陶瓷而不是金属丝。注射针的轻微接触以及操作过程中的放电都会立即破坏发射极的金属丝。因此，对发射极的精细处理是一个先决条件[23]。请遵循以下准则以延长发射极的使用寿命：

① 使用镊子进行发射极操作。用镊子夹住坚固的陶瓷支座两侧，或者同时夹住两个钢固定销以进行操作。

② 首次使用前烘烤发射极，以便排气和清洁发射极。

③ 当将分析物溶液涂抹到发射极上时，仅将刚形成的液滴与发射极的金属丝接触，而不是注射器针头（图 8.8）。

④ 避免过度装载样品，因为分析物溶液可能会扩散到钢固定销上。从那里，它可以在后续样品的加载过程中被冲洗回来。

⑤ 在插入真空锁之前让溶剂完全蒸发（图 8.4）。

⑥ 待高真空完全恢复后，才能打开高压开关。
⑦ 测量完毕后关闭高压开关。
⑧ 最后，反复烘烤发射极以去除样品残留。
若处理得当，发射极可以持续进行 20 次测量。

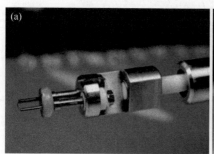

图 8.8　FD 探头
（a）JEOL FD 进样杆尖端的发射极支架；（b）用微升注射器将 1~2 μL 的分析物溶液的液滴放到活化的发射极上

最好不要蘸

使用分析物溶液上样时，可将发射极浸入，也可以用微升注射器将 1~2 μL 的液滴转移到发射极上[52]。后一种方法具有更好的再现性，避免了发射极固定销的污染。特殊的显微操作器可用于操作注射器[14]，通过一些练习，熟练的操作员可以手动完成。

8.5　场电离质谱法

FI 质谱图通常以高强度的分子离子峰为特征，很少有或在某些情况下只有很少的碎片离子[9,11,58]。特别是在非极性低质量分析物的情况下，FI-MS 可用于分子离子质谱分析（图 8.9）[59]。这一特性使 FI-MS 成为石油工业中烃类化合物分析的标准工具[6,7,10,12,25,59-61]。FI 对于可以合理蒸发的样品表现良好，但对多卤化合物的灵敏度较差，如 $CHCl_3$ 或 PFK。由于热分解作用，FI 通常会因高极性甚至离子化合物而失效。然而，任何规则都有例外：例如，FI 可以产生离子液体的低丰度"分子离子"，更恰当的描述为正离子-自由基对$[C+A]^{+•}$ [62]。

虽然乍一看很方便，但在 FI 图谱中缺乏碎片离子峰也意味着缺少结构信息。如果基于同位素模式对元素组成进行粗略估计之外的数据，那么采用碰撞诱导解离的串联质谱（CID，第 9 章）是结构解析的首选标准。幸运的是，$M^{+•}$在 CID 中的裂解途径与在 EI-MS 中相同（第 6 章）。

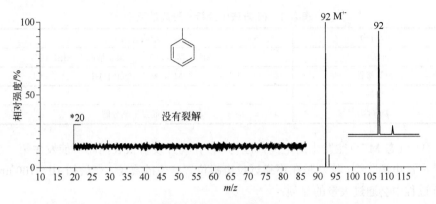

图 8.9 甲苯的 FI 图谱

分子离子峰和其同位素组成异构体离子峰是唯一被观察到的实体（场电离甲苯的 CID 图谱见第 9.3 节，EI 图谱见第 6.4 节）

> **FI 的低离子流**
>
> 在 FI-MS 中，电离效率非常低，因为从任何进样系统向场发射极喷出的中性物种，流到足够接近晶须的概率很低，以至于不能足够接近晶须。因此，FI-MS 产生非常低的离子流。因此，FI-MS 应用仅限于对 FD-MS 来说极易挥发或需要事先进行气相色谱分离的样品。

8.5.1 FI-MS 中 [M+H]$^+$ 的来源

FI-MS 的信号可能来源于分析物与发射极表面的反应，或者来源于吸附在该表面上的分子间的反应。在丙酮的情况下，已证明 [M+H]$^+$ 主要由物理吸附层中的场诱导质子转移反应产生[63]。这种场诱导反应的机理取决于中性分子互变异构结构的存在。除了 [M+H]$^+$ 离子外，在类似于 CI 中 CH_5^+ 形成的整体反应中还会形成 [M−H]$^•$ 自由基：

$$M^{+•} + M \longrightarrow [M+H]^+ + [M-H]^• \tag{8.2}$$

此外，在场诱导的夺氢过程中形成的自由基会导致发射极表面上产生聚合产物[63]。区分 $M^{+•}$ 和 [M+H]$^+$ 的标准已经发布[64]。除了分析物极性和用于将样品沉积到发射器上的溶剂所使用的酸度外，较低的电场强度和较低的发射极温度可能会导致较强的 [M+H]$^+$ 离子贡献[64]。具有可交换氢的分析物倾向于在 FI-MS 中形成 [M+H]$^+$。偶尔，质子化分子会比可能几乎不存在的分子离子更受青睐（表 8.1）。

8.5.2 FI-MS 中的多电荷离子

在 FI 和 FD 质谱图中，经常观察到低丰度的多电荷离子。与 EI 质谱图相比，它们的丰度增加可以通过以下两步过程中的任何一个来合理解释：

表 8.1　FI 方法中分析物形成的离子

分析物	形成的离子
非极性	$M^{+\bullet}$、M^{2+}，偶尔为 $M^{3+\bullet}$，很少情况下为 $[M+H]^+$
中等极性	$M^{+\bullet}$、M^{2+} 和/或 $[M+H]^+$
极性	$[M+H]^+$
离子型	一般发生热分解

① 气态 $M^{+\bullet}$ 可能发生后电离，因为 $M^{+\bullet}$ 在离开发射极表面时可能发生第二次甚至第三次电离[65,66]。特别是在不靠近反电极位置产生的离子，在最初 10~100 μm 的飞行过程中会通过大量的晶须：

$$M \longrightarrow M^{+\bullet} + e^- \tag{8.3}$$

$$M^{+\bullet} \longrightarrow M^{2+} + e^- \tag{8.4}$$

② 或者形成表面结合离子 $M^{+\bullet}{}_{(表面)}$，在离开表面之前再次电离[67-69]：

$$M \longrightarrow M^{+\bullet}{}_{(表面)} + e^- \tag{8.5}$$

$$M^{+\bullet}{}_{(表面)} \longrightarrow M^{2+} + e^- \tag{8.6}$$

表 8.1 总结了 FI 中最常见的离子类型。

多重电荷会压缩 *m/z* 范围

为了识别多电荷离子，重要的是要记住 m/z 范围被压缩，且压缩因子等于电荷数 z 的数值（第 3.8 节和第 4.2 节）。

8.5.3　场诱导解离

在某些情况下，强电场对实现软电离的有利特性可能伴随着场诱导解离，这是另一种场诱导反应[58,70,71]。例如，低质量脂肪胺、酮和烃类化合物的 FI 图谱中的碎片离子是通过场诱导解离形成的[58,63]。场诱导脱氢[72,73]对超过 C_{40} 的饱和烃混合物的 FI 和 FD 来说是一个严重的问题，因为来自低浓度不饱和化合物的信号被 $[M-H_2]^{+\bullet}$ 峰叠加[74-77]。发射极电位的降低可以在一定程度上减少场致脱氢反应。

8.5.4　FI 的准确质量图谱

准确质量为 FI 提供了其他有价值的信息。遗憾的是，FI 提供的离子电流非常低，这在扫描扇区仪器上使得准确质量测量变得困难。这是因为①高分辨率需要窄的狭缝，从而降低了离子传输效率，并且②内标参考质量必须分布在整个范围内，从而更容易产生干扰。虽然用于扇区仪器的 HR-FI-MS 既不是新技术，也并非不可能实现[78-81]，但它通常不属于常规操作[62]。将 FI/FD 离子源连接到 oaTOF 仪器使其变得相当容易，因为通常只需一个参考点，即所谓的锁定质量就足够了[30,31]。

8.5.5 气相色谱-场电离质谱联用

气相色谱与 FI-MS 联用的首次尝试是在 20 世纪 70 年代初期[82,83],但受限于当时仪器的性能。oaTOF 仪器的最新进展使得快速采集图谱、相对较高的分辨率成为可能,更重要的是,可以在 GC-FI-MS 中直接进行准确质量测定。因此,GC-FI-MS 已成为多个实验室,特别是在石油业界,值得信赖的工具[30,31,84,85]。为了保持充分的电离效率,通常在每个图谱 1 s 的累积周期之后对发射极进行 0.1~0.2 s 的闪蒸加热[30,31]。这些应用也推动了 EI/FI/FD[40]和 EI/CI/FI 组合源在 GC-oaTOF 仪器中的发展[86]。

GC-FI-MS 分析石蜡烷烃 采用 GC-FI-oaTOF-MS 分析了从 C_6~C_{44} 的石蜡烷烃,涵盖了从 98℃至 545℃的宽沸点范围,并在一次运行中提供了 GC 分离和准确质量信息。主要成分如 C_{12}、C_{14} 和 C_{16} 烷烃,由于其从发射器表面的吸附/解吸作用,导致气相色谱峰有所展宽,从而产生了时间上的扩散[31]。图 8.10 显示了以总离子流色谱图为代表的气相色谱图和整个采集周期的平均质谱图。尽管对整个混合物进行 FI 质谱分析会产生类似的质谱图,但这种方法避免了电离过程中的相互干扰,此外,还可以根据保留时间中识别异构体。

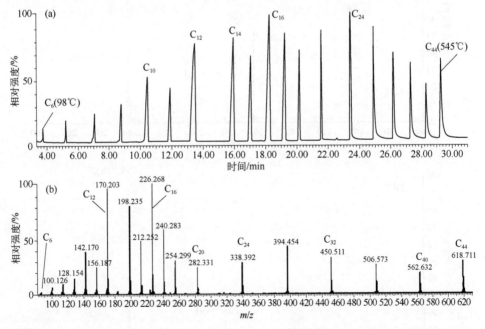

图 8.10 C_6~C_{44}(正构)石蜡烷烃的 GC-FI-oaTOF-MS 总离子流色谱图(a)和平均质谱图(b) 其分子离子的质量都是准确的(经许可转载自参考文献[31])。© The American Chemical Society, 2002)

8.6 场解吸图谱

场解吸（FD）被认为是质谱中最软的电离方法，尽管电喷雾和基质辅助激光解吸电离可以将更大的离子转移到气相中[26,87]。这主要是因为电离过程本身并没有传给初始离子任何额外能量。分子质量超过 3000 u 时通常会出现问题，因为其中加热的发射极会引起样品的热分解。

FD 提供三苯氯甲烷的 $M^{+\cdot}$ 极其稳定的三苯甲基离子 Ph_3C^+ m/z 243，往往在质谱图中占主导地位（第 6.6.2 节）。因此，三苯氯甲烷及其杂质三苯甲醇的 EI 图谱均未显示分子离子（图 8.11）。异丁烷的 PICI 图谱也几乎完全显示了三苯甲基正离子，虽然从 Ph_2COH^+ m/z 183 中得到了些提示，但这不能解释为三苯氯甲烷离子的碎片。只有 FD 在 m/z 260 处通过其分子离子显示醇的存在，而在 m/z 278 处检测到氯化物离子。两种分子离子均发生一定的 $OH^{\cdot}$ 或 $Cl^{\cdot}$ 丢失，生成低丰度的 Ph_3C^+ 碎片离子。

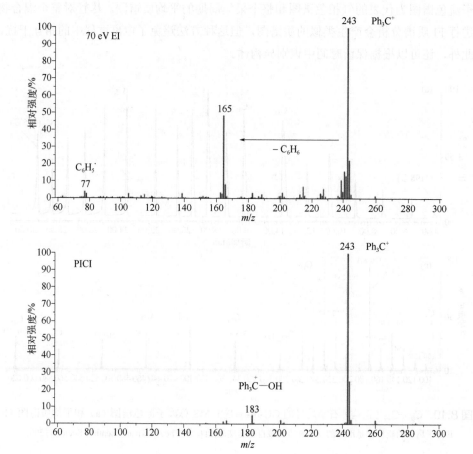

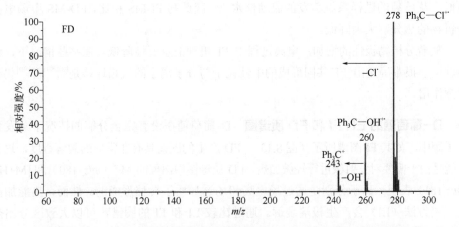

图 8.11 含有一些三苯甲醇的三苯氯甲烷的 EI、PICI 和 FD 质谱图的比较

（由柏林洪堡大学的 C. Limberg 提供）

8.6.1 通过场电离在 FD-MS 中形成离子

在场电离实验装置中，场电离过程是离子产生的主要途径。在活化过的发射极的场解吸中，分析物也可能经历场电离。假设分子以层状沉积在晶须柄部或晶须之间的层中，这需要满足以下条件：①低极性分析物在电场的作用下被极化；②在加热时变得可移动；③最后到达晶须尖端的电离电场强度位置（图 8.12）。极化分子的流动性要求可以通过气相传输或表面扩散来满足[52]。由于沿晶须行进约 10 μm 的流动性水平明

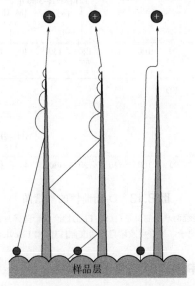

图 8.12 中性粒子向场增强晶须尖端的传输

（经许可转载自参考文献[52]。© Elsevier Science，1981）

显低于从单独的进样系统蒸发的流动性水平，因此与 FI-MS 相比，FD-MS 中场电离分析物的热分解大大降低。

随着分析物极性的增加，电离过程中 FI 机理的重要性降低。在某些情况下，例如蔗糖，很难确定由 FI 共同形成的中性粒子与分子离子的气相迁移是[88,89]否[90]仍然发挥作用。

D-葡萄糖的 EI、FI 和 FD 质谱图 D-葡萄糖在没有完全分解的情况下蒸发到离子源中，如其 FI 图谱所示（图 8.13）。FD 产生的图谱具有非常低的裂解程度，这很可能是由于需要对发射极进行轻微加热。FD 质谱图中出现的 M$^{+\cdot}$（m/z 180）和 [M+H]$^+$（m/z 181）表明，离子分别是通过场电离和场诱导质子转移形成的。然而，热能加上硬电离方法（EI）会产生极端裂解。通过比较 EI 和 FI 的图谱，可以大致区分出热能的影响与 EI 本身的影响。

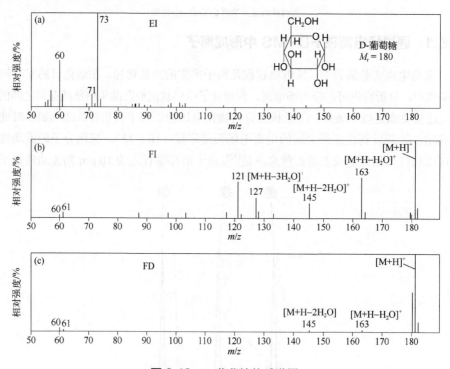

图 8.13　D-葡萄糖的质谱图

（a）EI 只产生由于分解和裂解而产生的离子；（b）FI 仍然产生一些碎片离子；（c）FD 几乎只给出与完整分子相关的离子（经许可改编自参考文献[13]）。© Elsevier Science，1969）

8.6.2　在 FD-MS 中预先形成离子的解吸

高极性分析物不会通过场电离进一步电离。在这种情况下，主要的电离途径是质子化或正离子化，即碱金属离子缔合到分子上[91]。离子随后从表面上的解吸是通过电场作用实现的。由于[M+Na]⁺和[M+K]⁺已经存在于凝聚相中,它们解吸所需的电场强度低于场电离或场诱导[M+H]⁺离子形成所需的电场强度[44,92]。离子的解吸在离子型分析物的情况下也是有效的。

FD-MS 中的裸金属丝发射极 添加碱金属盐的未处理金属丝发射极的 FD 用于获得酒石酸、精氨酸、戊巴比妥和其他化合物的质谱图[91,93]。精氨酸的 FD 质谱图除了[M+H]⁺ m/z 175 外,还显示了[M+Na]⁺ m/z 197、[M+K]⁺ m/z 213、[2M+H]⁺ m/z 349 的团簇离子(图 8.14)[44]。

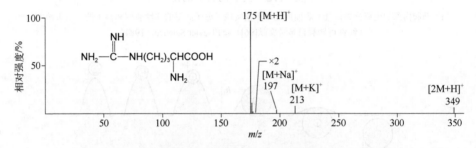

图 8.14 精氨酸的 FD 质谱图

M_r=174,在存在碱金属离子的情况下从未经处理的金属丝发射极解吸

(经许可改编自参考文献[44],© John Wiley & Sons,1977)

目前有两种主要的离子形成和解吸概念,但场诱导去溶剂化概念[94-96]还是离子蒸发概念[97,98]更能恰当地描述了这一事件仍然存在争议。尽管在几个方面有所不同,但这些模型在一点上是一致的,即都是离子在凝聚相中产生并随后解吸到气相中。两者都认为电场是影响吸附在发射极表面的层内电荷分离后离子物种引出的驱动力。假设凸起会发展成离子可以逃入气相的地方,这是由于这些凸起的场增强效应所致。模型的差异可能部分归因于不同的实验和理论方法。Röllgen 课题组的模型很大程度上是基于对玻璃态样品层中凸起的显微观察(图 8.15)[94,95],而 Derrick 课题组假设凸起很小,只有前者的千分之一(图 8.16)[97]。因此,后者强调分子的流动性而不是表面层微观黏性流动的作用。

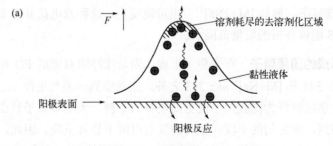

图 8.15

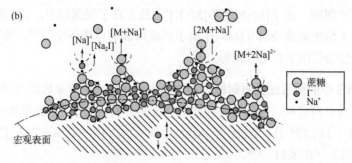

图 8.15 离子的去溶剂化

（a）凸起内部的电荷分离；（b）表面的连续重建实现了分子间键的连续裂解和离子的逐步去溶剂化

（经许可转载自参考文献[96]。© Elsevier Science，1984）

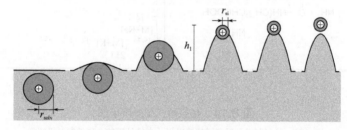

图 8.16 离子蒸发示意图

r_{solv} 是溶剂化球的半径；r_{si} 是分离态离子的半径；h_1 是当其抛物线尖端的半径等于 r_{si} 时凸起的高度

（经许可转载自参考文献[98]。© Elsevier Science，1987）

8.6.3　在 FD-MS 中团簇离子的形成

高极性分析物有强烈的正离子化倾向，除 $[M+H]^+$ 和 $[M+$碱金属$]^+$ 外，还经常形成 $[nM+H]^+$ 和 $[nM+$碱金属$]^+$ 等团簇离子。先验地，可以将这些团簇离子解释为由"杂质"产生的。然而，物质生成的顺序可以作为一个可靠标准来区分高分子量组分和团簇离子。当发射极表面覆盖率仍然很高时，即在解吸开始时，优先形成团簇离子。随着解吸进行，团簇离子形成概率降低，因为表面层减少了。此外，不断上升的发射极加热电流导致团簇进一步热分解。尽管团簇离子数量减少，真正的高质量组分需要更高发射极温度才能在此后变得可移动并随后电离（参见第 8.4.1 节）。双电荷团簇离子，例如 $[M+2Na]^{2+}$，也可能发生。这种双电荷甚至多电荷离子可以扩展 FD-MS 能够分析的质量范围[26]。

极性分子形成的团簇离子　在采集一个被认为是纯净的双糖的 FD 质谱图时，除了 $[M+H]^+$ *m/z* 341 和 $[M+Na]^+$ *m/z* 363 之外，还观察到一系列更高 *m/z* 的离子。这些离子可以分别被解释为团簇离子或更高质量的寡糖。大质量离子只在解吸开始后不久才被观察到，而它们的丰度在较高的发射电流下显著下降。因此，这些信号可以归属为 $[2M+Na]^+$ *m/z* 703 和 $[3M+Na]^+$ *m/z* 1043 等团簇离子（图 8.17）。

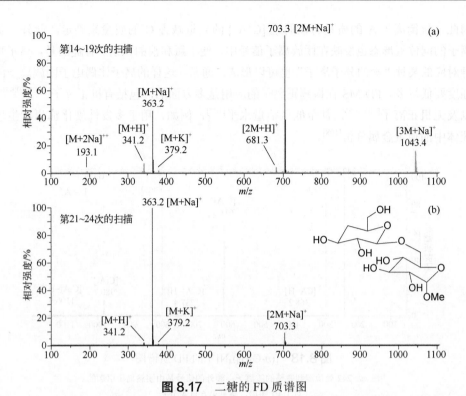

图 8.17 二糖的 FD 质谱图
（a）解吸开始时；（b）解吸结束时[99]（由海德堡大学 H. Friebolin 提供）

团簇离子还是真正的高质量组分？

通式为 $[nM+X]^+$ 的团簇离子，以及少见的 $[nM]^{+\bullet}$，主要出现在解吸开始时，然后随着发射极上样品量的减少，其丰度逐渐降低。最后团簇离子在解吸结束时消失。因此，观察到的较高 m/z 峰是否对应于团簇离子可以通过观察解吸电离期间团簇离子峰的强度来回答。

通常，团簇离子产生的数量增加①在发射极上的高样品负载和②分析物的较高极性（参见第 8.6.4 节）。

相邻团簇离子峰之间的 $\Delta(m/z)$ 值直接反映中性分析物 M 的质量。这也可以被利用来识别 M 是否以 $M^{+\bullet}$、$[M+H]^+$ 或 $[M+Na]^+$ 的形式被检测到。

8.6.4 离子型分析物的 FD-MS

一般组成为 $[C^+A^-]$ 的离子型分析物的完整正离子 C^+ 总是形成正离子 FD 质谱图的基峰。此外，可以观察到 $[C_nA_{n-1}]^+$ 型单电荷团簇离子[100,101]。它们的丰度和 n 的最大值取决于遇到的离子物种以及实际的实验参数，如发射极的温度和样品负载量（图 8.18 和图 8.19）。这些团簇离子的优点是，该系列成员之间的质量差对应于 $[C^+A^-]$。

因此，抗衡离子 A⁻ 的质量可以通过 [C⁺A⁻] 的质量减去 C⁺ 的质量来确定。此外，负离子的同位素形态也反映在团簇离子信号中，便于氯和溴的识别。有趣的是，离子物种对应的某种"盐的分子离子"也可以形成。通常，这样的离子比偶电子团簇离子的强度要低得多。FD-MS 在检测正离子的应用是多方面的，包括有机正离子[16,20,100-104]以及无机正离子[105,106]，甚至低至痕量水平[107]，例如，用于多发性硬化症患者生理液体中的痕量金属分析[108]。

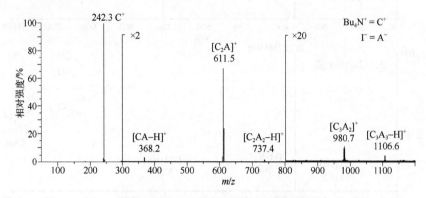

图 8.18　[(n-C₄H₉)₄N]⁺I⁻ 的 FD 质谱图

在 m/z 242 处检测到完整的铵离子；额外的信号是由团簇离子引起的
（对于 EI 图谱，参见第 6.11.4 节）

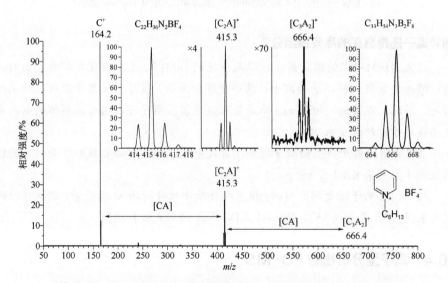

图 8.19　在 m/z 50～800 范围内扫描的 0.1 μL/mL 甲醇中 N-己基吡啶鎓四氟硼酸盐的 LIFDI 质谱图

插图显示了[C₂A]⁺和[C₃A₂]⁺团簇离子，用于比较分别具有一个和两个硼原子特征的实验和计算所得的同位素模式。[CA]的质量是从相邻的团簇离子峰之间的 Δ(m/z)获得的（经许可转载自参考文献[110]。© Elsevier Science，2007）

两性离子通常不易通过 MS 分析，根据提供质子位点的酸度和接受质子位点的碱度，可以优先形成正离子或负离子。在加载到发射极之前向分析物的溶液中添加酸可以显著增强质子化物种产生的信号[109]。

团簇离子揭示盐的正离子和负离子　离子液体（ILs）是离子型分析物的完美代表。离子液体如 N-己基吡啶鎓四氟硼酸盐（图 8.19）的 LIFDI（本质上是 FD，参见第 8.6 节）的图谱主要由正离子峰在 m/z 164 处的 C^+ 主导，伴随着在 m/z 415 第一个团簇离子的强信号 $[(C^+)_2+BF_4^-]^+$，和第二个团簇离子的弱信号。对应的硼同位素模式（B_1 和 B_2）清晰可见。此外，即使是结合较弱的团簇离子在亚稳离子图谱中也几乎没有裂解，而是需要碰撞来诱导解离，这一事实证明了 FD 过程的柔软性[110]。

8.6.5　FD 图谱采集的时间演变

在 FD 运行期间，FD 发射极加热电流通常从 0～2 mA 上升到几十毫安，以实现分析物在发射极表面的移动和解吸电离。因此，一个典型的总离子色谱图（TIC）显示了一个强度非常低的部分，直到解吸开始。在此过程中，TIC 急剧上升到离子产生的最大值，然后在整个样品耗尽后迅速下降。最终的 FD 图谱最好通过叠加表现出良好信号强度的那些扫描来获得。

有机固体化合物的 FD 分析　α-氰基-4-羟基肉桂酸 $C_{10}H_7NO_3$（CHCA, MALDI-MS 中的一种基质化合物）的 FD 图谱描绘了 FD-MS 中典型的质谱采集过程（图 8.20）。在前 35 次扫描中几乎没有解吸，然后在第 35～46 次扫描（EHC 约 25～30 mA）期间分析物被解吸和电离，最后在样品耗尽后 TIC 下降。为了达到良好的信噪比，累积 37～44 处的扫描。所得到的 FD 图谱主要显示 m/z 189.1 处的 $M^{+\bullet}$ 的信号峰，伴随着 m/z 378.1 处的 $[2M]^{+\bullet}$ 团簇离子。这两种离子还伴有强度非常低的碎片离子峰，分别对应于从 $M^{+\bullet}$ 和 $[2M]^{+\bullet}$ 离子中失去 $OH^\bullet$ 和 H_2O。

> **TIC 的形状**
>
> 　　纯分析物通常表现出相对尖锐的解吸起始。然后解吸持续多次扫描，直到样品耗尽。最后，信号的强度再次迅速下降到零。在混合物的情况下，根据组分的分子量可以观察到一些分馏效应（图 8.21）。

8.6.6　最佳阳极温度和热分解

　　分析物开始解吸不仅取决于其固有特性，还取决于引出电压和施加的发射极加热电流。FD 图谱通常是在当发射极加热电流（emitter heating current，EHC）以恒定速率（1～8 mA/min）增加时采集的。或者，以发射控制的方式调节加热[55-57]。解吸通常在分析物的竞争性热分解变得显著之前就开始了。然而，发射极温度的升

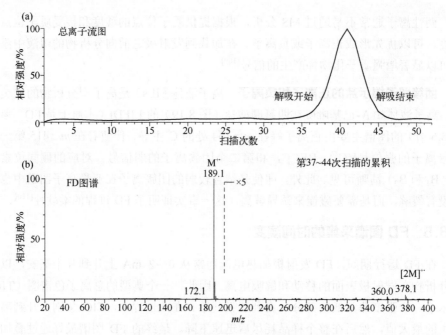

图 8.20 采集 CHCA 的 FD 质谱图

（a）TIC，（b）FD 图谱。解吸电离发生在第 35~46 次的扫描。累积第 37~44 次的扫描，得到最终的 FD 质谱图，主要是 m/z 189.1 处的 $M^{+\cdot}$ 和 m/z 378.1 处的 $[2M]^{+\cdot}$ 团簇离子

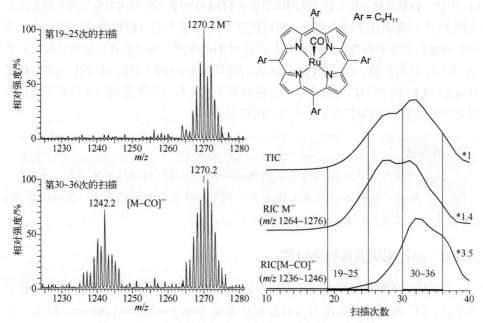

图 8.21 FD 测量中钌-羰基-卟啉配合物的热 CO 丢失

（经许可改编自文献[111]，© IM Publications，1997）

高会将额外的热能转移到正在解吸的离子上，从而产生一些裂解。在最低裂解水平下获得足够强信号的发射极的最佳温度被称为最佳阳极温度（best anode temperature，BAT）[19,37]。

钌-羰基-卟啉配合物的 FD 图谱 钌-羰基-卟啉配合物的 FD 图谱显示了非常接近理论分布的同位素模式（第3.2节）。羰基配体的丢失主要是热分解的结果。在接近 BAT 累积的质谱图（第 19～25 次扫描，EHC 25～30 mA）几乎没有 CO 丢失，而第 30～36 次扫描（35～40 mA）累积的图谱显示出显著的 CO 丢失（图 8.21）。通过比较总离子流色谱图（TIC）与 $M^{+\bullet}$ 和 $[M-CO]^{+\bullet}$ 的重构离子色谱图（RIC），证明了这一点。较低质量复合物的 FD 图谱基本上没有 CO 丢失的信号，因为较低的发射极电流足以实现解吸[111]。

8.6.7 聚合物的 FD-MS

FD-MS 非常适合分析低极性到中等极性的合成低聚物和聚合物[26,27,70,74,75,77,112-114]。在有利的情况下，可以测量分子质量超过 10000 u 的聚合物分子[115]。除了所使用的质量分析器之外，质量范围的限制因素是聚合物的热分解和电荷稳定基团的存在与否。例如，对 FD-MS 而言，结合了芳香环与低极性的聚苯乙烯是一种近乎理想的实例。杂原子也很有用，因为它们通常具有作为质子或金属离子接受位点的能力。对于 MS，最差的情况是聚乙烯（PE）[74,75,77]：PE 低聚物可以得到上至 m/z 3500 的 FD 质谱图；然而，大约从 C_{40} 的烃开始，场诱导和热诱导脱氢无法再受到抑制，对于 2000 u 以上的烃链，热分解开始发挥作用。

聚乙烯的 FD 质谱图 标称平均分子质量为 1000 u（PE 1000）的聚乙烯的 FD 质谱是通过对所有发生解吸的扫描，即在 4～45 mA EHC 范围内进行累积得到的（图 8.22）[77]。结果代表了聚合物的分子质量分布。相应的实验平均分子质量可通过式（3.2）（第 3.1 节）计算得到。发射极加热的分馏效应和图谱外观的显著变化可以通过图 8.22（b）、（c）显示的总离子解吸的两个选定部分的图谱来说明。

8.6.8 负离子场解吸——一种罕见的例外

负离子 FD-MS 原则上能用于直接检测负离子 A^- 和结构通式为 $[C_{n-1}A_n]^-$ 的团簇离子[116,117]。尽管如此，负离子 FD-MS 仍然是个例外。这是因为在负离子开始解吸之前，电子很容易从活化过的发射极中发射出来。然后，电子的强烈发射引起火花放电，最终导致发射极的破坏。低发射极电压和较大的发射极-反电极距离有助于避免此类问题[118]。中性分析物可以产生 $[M-H]^-$ 或亲核加成产物，例如 $[M+Cl]^-$ [119]。因此，如果对负离子感兴趣，它们通常由 FD-MS 间接分析，即通过分析它们与正抗衡离子形成的团簇离子。

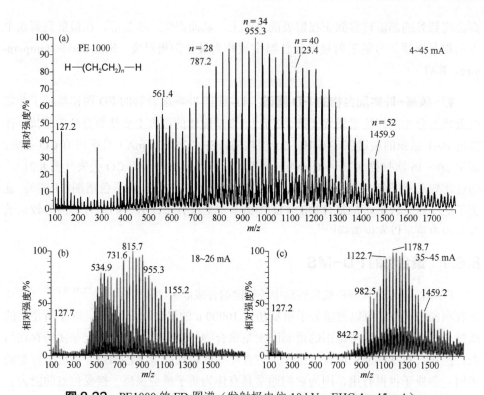

图 8.22 PE1000 的 FD 图谱（发射极电位 10 kV，EHC 4~45 mA）

插图显示了对应于不同 EHC 值的选定范围（经许可改编自参考文献[77]）。© IM Publications，2000）

随着快速原子轰击（FAB，第 10 章）的出现，人们对负离子 FD-MS 的兴趣逐渐消失。如今，MALDI（第 11 章）或 ESI（第 12 章）是分析负离子的首选方法。

8.6.9 FD-MS 中的离子类型

乍一看，FD 会根据分析物的极性以及碱金属离子等杂质存在与否而产生不利的各种离子。然而，通过对所形成的离子有一定的了解，信号进行可以轻松地被解卷积（表 8.2）。

表 8.2 FD 方法中分析物形成的离子

分析方法	分析物	形成的离子
FD	非极性	$M^{+\cdot}$，M^{2+}，偶尔为 $M^{3+\cdot}$
FD	中等极性	$M^{+\cdot}$、M^{2+} 和/或 $[M+H]^+$、$[M+碱金属]^+$，偶尔为 $[2M]^{+\cdot}$ 和/或 $[2M+H]^+$、$[2M+碱金属]^+$，很少情况下为 $[M+2H]^{2+}$、$[M+2\,碱金属]^{2+}$
FD	极性	$[M+H]^+$，$[M+碱金属]^+$，经常是 $[2M+H]^+$、$[2M+碱金属]^+$，偶尔为 $[nM+H]^+$、$[nM+碱金属]^+$，很少情况下为 $[M+2H]^{2+}$、$[M+2\,碱金属]^{2+}$
FD	离子型[①]	C^+，$[C_n+A_{n-1}]^+$，很少情况下为 $[CA]^{+\cdot}$

① 包含正离子 C^+ 和负离子 A^-。

> **永远不会只有一个加合物**
>
> 几乎永远不会只有一个类型的碱金属加合物离子单独出现，即$[M+H]^+$、$[M+Na]^+$和$[M+K]^+$（M+1、M+23和M+39）分别在22 u和16 u距离处以不同的相对强度被观察到。这有助于识别这些峰，并有效地归属分子质量。

8.7 液体注射场解吸电离

8.7.1 LIFDI概述

许多分析物可能是FD-MS的良好候选化合物，但其在常规发射极上样的过程中通过与环境空气和/或水反应会立即分解。在惰性条件下（例如在手套箱中）给发射极上样并不能真正避免问题，因为在插入真空锁之前，发射极仍然需要被安装到进样杆上。

液体注射场解吸电离（LIFDI）为反应性分析物的FD-MS提供了重大突破[29,120]。开始测量前分解的风险大大降低，因为溶解度为0.1～0.2 mg/mL的分析物可以在惰性条件下处理。通过离子源真空的抽吸作用使其通过熔融石英毛细管传输，然后在毛细力和吸附的驱动下扩散到整个发射极。样品传输毛细管相对于发射极轴的仔细对准对于可靠的润湿至关重要。被转移的少量溶剂（约40 nL）会在几秒内蒸发。由于样品是从"背面"供应到发射极，因此在测量过程中无需拆卸毛细管，也无需进行离子源内发射极的调整（图8.23）。相反，一旦打开高压，发射极就会中断与毛细管的接触，因为它会稍微向反电极弯曲。因此，LIFDI简化了发射极加载的精细程序，并允许重复加载且

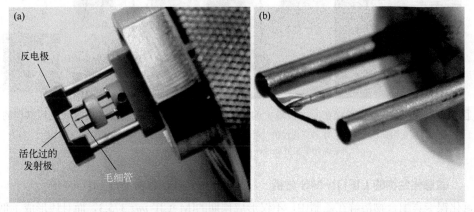

图8.23 （a）LIFDI探头尖端带有熔融石英毛细管，可将样品输送到活化过的发射极的"背面"，在这里，反电极是探头的一部分；（b）用在活化区域上扩散的溶剂润湿发射极。几乎看不见连接发射极与柱子的13 μm的钨丝
（由德国Leeste的Linden CMS提供）

不会破坏连续测量之间的真空。这也避免了离子源的频繁聚焦[29,110,121]。再加上更快的 EHC 升高，通过较低的样品负载实现高达 30 mA/min 的速率，与传统 FD-MS 相比，LIFDI 的测量时间减少为原来的 1/10。在任何其他方面，FD 和 LIFDI 图谱是等效的。

大多数 LIFDI 应用要么涉及敏感化合物，如过渡金属配合物[29,121,122]，要么属于石油组学应用[32,123-125]。使用极低液体流速甚至可以在高电压下连续将样品溶液输送到发射极，从而实现连续流动(CF-)LIFDI 实验[33,126]。之后又引入了自动化 LIFDI 系统[127]。

8.7.2 毛细管的定位

准确定位将分析物溶液输送到离子源内部发射极的石英毛细管对 LIFDI 操作至关重要。毛细管的尖端必须尽可能接近而不触及发射极。此外，它还需要对齐，以便让刚形成的液滴弥合毛细管出口和活化过的发射极之间的间隙。完成这看似棘手的任务，最简单的方法就是在插入探头前对齐毛细管。为此，建议使用放大镜（8～10 倍）。同样，观察毛细管轴向的调整也很重要，因为如果观察组件时稍微偏向一边，就会由于视差错误导致错误对齐（图 8.24）。然后通过转动位于发射极支架底部一个小螺钉来定位毛细管。

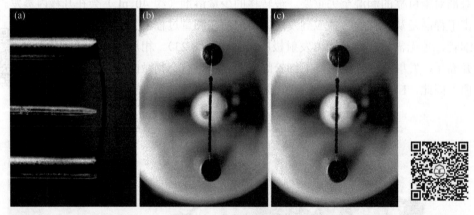

图 8.24 熔融石英毛细管在发射极轴上的对准；这些照片类似于使用 8 倍放大镜观察到的（a）侧视图显示毛细管尖端和活化过的发射极之间的距离；(b)、(c) 为轴视图，在（b）中，毛细管在左侧离轴，而在（c）中，它对齐得很好

敏感化合物的 LIFDI-MS 分析 过渡金属配合物很容易通过 LIFDI-MS 分析。二氯化镍卡宾配合物溶解在乙腈中，不仅形成预期的[M−Cl]⁺ m/z 375.3，而且还形成了低丰度的分子离子 m/z 410.3。信号的同位素模式与计算的同位素分布非常吻合（图 8.25）。游离配体及其氧化物产生的峰也被观察到。对应的 TIC 在 FD 实验中是典型的，其清楚地揭示了在中等的 EHC 处开始解吸电离，并在样品耗尽时完成测量[121]。

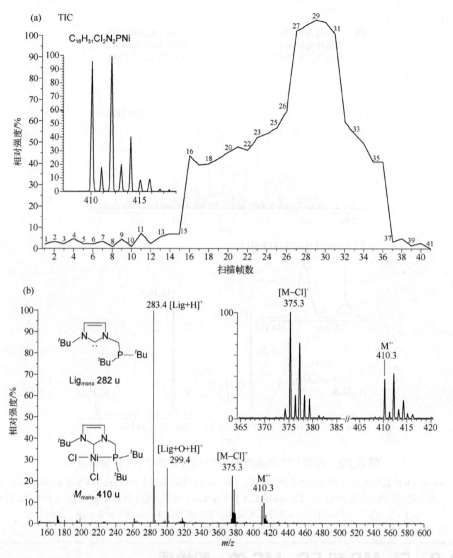

图 8.25 从二氯化镍卡宾配合物乙腈溶液中获得的（a）TIC 和（b）LIFDI 质谱图，显示出由于过量的游离配体[Lig+H]$^+$ m/z 283.4，及其氧化物[Lig+O+H]$^+$ m/z 299.4，加上配合物对应的峰
注意，M$^{+\cdot}$在 m/z 410.3 处的峰很强，伴随着在 m/z 375.3 处的[M−Cl]$^+$。分子离子的同位素模式与计算的同位素分布较好地匹配（经许可转载自参考文献[121]。© Springer-Verlag，2006）

连续流动 LIFDI-FT-ICR-MS 分析 可以通过连续流动 LIFDI-FT-ICR-MS 分析极其复杂的原油馏分，其中每种成分的浓度都非常低。CF-LIFDI 改进了图谱质量，因为可以维持稳定的 FD 产生的离子流，使得测量时间总计长达 1 h。打开电离高压后，样品溶液（0.1 mg/mL）通过 10 μm 毛细管以 75 nL/min 速度输送到用 15 mA EHC 适度加热的发射极上。示例显示了炼油厂工艺流程样品的 CF-LIFDI-FT-ICR 质谱图（图 8.26）[33]。

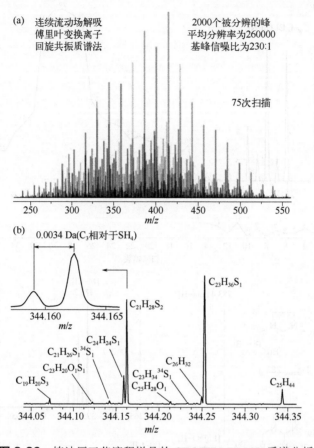

图 8.26 炼油厂工艺流程样品的 CF-LIFDI-FT-ICR 质谱分析
(a) 从 1 h 内累积的 75 个单张图谱获得的图谱；(b) 从宽范围质谱图在标称 m/z 344 处的极端质量标度的展宽揭示了样品的复杂性；可以在 m/z 344.25 和在 m/z 344.16 的插图中分别观察到相隔 $3.4×10^{-3}$ u 的 C_3 与 SH_4 这两个峰的分辨（经许可改编自参考文献[33]。© John Wiley & Sons, 2004）

8.8 FI-MS 和 FD-MS 的一般性质

8.8.1 FI-MS 和 FD-MS 的灵敏度

在 FD 模式下，扇形磁场仪器的灵敏度（第 1.6 节）对于胆固醇的 $[M+H]^+$ m/z 387 （$R = 1000$）约为 $4×10^{-11}$ C/μg。那些仪器的灵敏度低，在 EI 模式下比 FD 模式下高 10^4 倍，在 CI 模式下比 FI 模式下高 10^3 倍。

在 FI 模式下，对于丙酮的分子离子 m/z 58，$R = 1000$，此类仪器的灵敏度约为 $4×10^{-9}$ A/Pa。这对应于在 10^{-4} Pa 的实际离子源压力下 $4×10^{-13}$ A 的离子电流。

虽然 FI/FD 离子源产生的离子电流比 EI 或 CI 离子源小几个数量级，但检出限

8.8 FI-MS 和 FD-MS 的一般性质

相当好。一般来说，约 0.1 ng 的样品在 FD-MS 中产生足够的信噪比（$S/N \geqslant 10$）。这是因为大部分的离子流是在单一的离子物种中收集的（包括其同位素组成异构体）。此外，FI/FD 离子源的背景非常干净，提供了良好的信噪比。

灵敏度数据比较 70 eV 的 EI、CI、NICI 和 FI 的平均比较表明，EI 的总离子流比 FI 高 200 倍。如果只比较分子离子的峰值强度，FI 就会变得更吸引人（图 8.27）[86]。离子流在分子离子上的浓度和伴随而来的 FI 图谱清晰度，无疑是 FI-MS 最吸引人的特征。

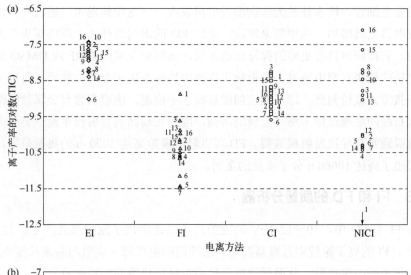

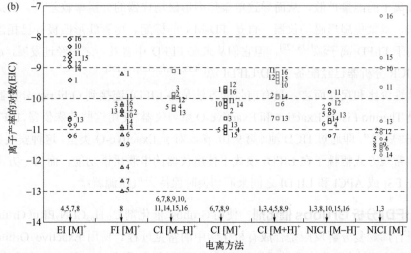

图 8.27 （a）总离子流；（b）这些是 GC-MS 的典型特征，由 70 eV EI、FI 和使用甲烷作为试剂气正/负离子 CI 获得分子离子或其他完整分子电离产生的离子流

（经许可转载自参考文献[86]。© John Wiley & Sons, 2009）

8.8.2　FI、FD 和 LIFDI 的分析物及实际考虑因素

FI 的分析物必须在电离之前蒸发，因此任何适合 EI（第 5.10 节）或 CI（第 7.10 节）的样品都会产生裂解程度较低的 FI 质谱图。对于 FD 和 LIFDI，分析物在某些溶剂中的溶解度应至少为 0.01 mg/mL。0.1~2 mg/mL 是 FD 分析的理想浓度，LIFDI 应使用 0.1~0.2 mg/mL 的浓度进行分析。明显较高含量的样品负载会导致发射极过载，进而导致其因放电而被损坏。在溶解度极低的情况下，也可以将溶液重复施加到发射极上。对于 FD，细悬浮液或分散液是可以接受的，而在 LIFDI 中，这些物质会阻塞毛细管。纯水往往无法润湿发射极表面——这个问题可以通过在将溶液转移到发射器之前添加一些甲醇来解决。无论 FD 的溶剂是什么，在将探头引入真空锁之前，它都应该具有足够的挥发性而蒸发，而例如少量的 DMF 或 DMSO 也可以在真空锁的初级真空中蒸发。分析物可以是中性的或离子型的。然而，负离子通常仅以间接方式被检测到，即从相应的团簇离子中检测。应避免含有金属盐的溶液，例如来自缓冲液或过量未络合金属的溶液，因为在较高的发射极电流下金属离子的突然解吸通常会导致发射极破裂。FD 可以轻松覆盖高达 3000 u 的质量范围，并且已经报道了高达 10000 u 分子质量的案例。

8.8.3　FI 和 FD 的质量分析器

在 FI 和 FD 中，10~12 keV 动能的离子以连续离子流的形式产生。与 EI 或 CI 相比，FI 的离子流较弱且容易波动。晶须间的电压降（大致与晶须长度成正比）会导致离子的能量扩散，从而导致单聚焦扇形磁场仪器的分辨率较差[45]。因此，几十年来，双聚焦扇形磁场仪器一直是 FD-MS 的标配。尽管线形四极杆已相当成功地适用于 FI/FD 离子源[128,129]，但它们从未在 FI/FD 中普及。之后经过发展，oaTOF 和 FT-ICR 分析器已经配备了 FD/LIFDI 源[34,35,123,126,127,130,131]。

就性价比和尺寸而言，最有前景的方法是将 LIFDI 连接到 Orbitrap 分析器上，特别是 Thermo Fisher Exactive 和 Exactive-Q 系列仪器。使用这些特殊仪器，LIFDI 源安装在"后端"，即通过 HCD 池（第 9.10 节）。对于 Exactive-Q 类型，这种安装 LIFDI 源的非常规方式牺牲了在 LIFDI 模式下使用仪器的串联质谱功能，而另一方面，它允许在 ESI 或 APCI 和 LIFDI 之间来回切换时保持大气压源就绪。

LIFDI 分析 Grubbs 催化剂　使用 Grubbs 催化剂 $C_{46}H_{65}Cl_2N_2PRu$（Grubbs Ⅱ 型）进行烯烃复分解反应是合成有机化学中的常见过程。使用 Exactive Orbitrap 仪器分析了这种对空气和水分敏感的催化剂，该仪器带有通过 HCD 池连接的原型 LIFDI 源。该图谱中的分子离子信号显示出大约 $R = 40000$ 的分辨率。与 $[C_{46}H_{65}Cl_2N_2PRu]^{+\cdot}$ 计算的同位素模式相比，所有主要峰的质量误差均低于 1 mu（图 8.28）。

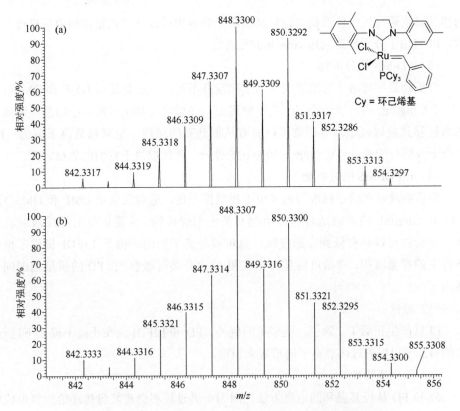

图 8.28 使用 Exactive Orbitrap 仪器获得的 Grubbs 催化剂的部分 LIFDI 质谱图,原型源通过 HCD 池连接

(a) 分子离子信号;(b) $[C_{46}H_{65}Cl_2N_2PRu]^{+\cdot}$ 计算的同位素模式(经 Linden CMS,Leeste 许可转载)

8.9 FI、FD、LIFDI 小结

(1) 基本原理

场电离(FI)和场解吸(FD)依赖于在 10 V/nm 量级非常强的电场作用下对中性物质进行电离。电场使电子通过隧穿机理从中性分子中离去。当电子进入电场阳极(又名场发射极)时,由此产生的分子离子从表面被射出。场电离作为离子形成的一种机理,既可以发生在气相中也可以发生在发射极表面的凝聚相中。当通过气相提供分析物实现气态中性物质的电离时,该技术也被称为场电离。当分析物在暴露于电场之前沉积在场发射极上时,被称为场解吸。液体注射场解吸电离是 FD-MS 样品供给的一种特殊变体。LIFDI 允许在惰性条件下沉积样品,并使 FD 操作更快更顺畅。

(2) FI-MS 的分析物

分析物需要在电离之前蒸发。因此,可以从储罐进样器、连接在直接进样杆顶的样品管或通过气相色谱仪进行样品供给。分析物可以具有低极性到中等极性。通常，FI 可用于分子质量高达 1000 u 的分析物。

（3）FD-MS 的分析物

分析物最好可溶于标准溶剂（由于挥发性不足，应避免使用 DMF 和 DMSO）。0.1～2.0 mg/mL 的溶液适合沉积在发射极上。必要时，甚至可将细小的悬浮液或乳浊液转移到发射极上。分析物可以具有从低到高的极性，也可以是离子型的。FD 适合于分析分子质量高达 2000～3000 u 的分子，具体取决于它们的热稳定性。

（4）LIFDI-MS 的分析物

分析物最好可溶于标准溶剂（由于挥发性不足，应避免使用 DMF 和 DMSO）。0.1～0.2 mg/mL 的溶液适合通过熔融石英毛细管传输。应避免使用悬浮液或乳浊液。分析物可以具有低到高的极性，也可以是离子型的。由于 LIFDI 提供了惰性条件下的样品沉积，样品可以是对空气和/或水分高度敏感的。FD 的质量范围同样适用。

（5）极性

FI 只产生正离子。除了一些罕见的例外，FD 和 LIFDI 仅在正离子模式下运行。盐的负离子可以通过团簇离子的形成来识别。

（6）软电离特性

FI 和 FD 是极其温和的电离方法，因为电离过程不会将能量传递给即将形成的分子离子。如果发生裂解，则通常是由于蒸发或解吸电离较大的待测物种所需的热能造成的。有时，在离子被转移到质量分析器期间，场诱导解离或碰撞诱导解离也可能导致裂解或离子损失。

（7）仪器设备

几十年来，扇形磁场仪器一直是 FI 和 FD 的经典质量分析器。飞行时间仪器已经取代了其中的许多仪器。将 FD 或 LIFDI 连接到 FT-ICR 或 Orbitrap 分析器仍然是罕见的，但在分辨率和质量准确性方面非常有吸引力。

（8）准确质量

如果像扇形磁场仪器一样需要内标法进行质量校准，则很难获得高分辨率，更重要的是，很难获得准确质量数据。通常，不可能同时实现分析物和校准化合物的电离。在 TOF 分析器上使用单点校正（锁定质量）具有显著的优势。与允许依赖外标法校准的 FT-ICR 和 Orbitrap 仪器结合使用时，可以获得最佳结果。

（9）应用广泛性和可获取性

FI、FD 和 LIFDI 通常可用作配备有电子电离（EI）或化学电离（CI）等真空离子源仪器的备选电离技术。可根据要求提供对其他系统的适配。这些技术的使用不如 EI、ESI、MALDI 和相关的电离方法广泛。

参考文献

[1] Müller EW (1953) Feldemission. Ergebn Exakt Naturw 27: 290–360. doi:10.1007/BFb0110808

[2] Gomer R, Inghram MG (1955) Applications of Field Ionization to Mass Spectrometry. J Am Chem Soc 77: 500. doi:10.1021/ja01607a096

[3] Inghram MG, Gomer R (1954) Mass-Spectrometric Analysis of Ions from the Field Microscope. J Chem Phys 22: 1279–1280. doi:10.1063/1.1740380

[4] Inghram MG, Gomer R (1955) Mass-Spectrometric Investigation of the Field Emission of Positive Ions. Z Naturforsch A 10: 863–872. doi:10.1515/zna-1955-1113

[5] Beckey HD (1959) Mass Spectrographic Investigations, Using a Field Emission Ion Source. Z Naturforsch A 14: 712–721. doi:10.1515/zna-1959-0805

[6] Beckey HD (1962) Field-Ionization Mass Spectra of Organic Molecules. Normal C_1 to C_9 Paraffins. Z Naturforsch A 17: 1103–1111. doi:10.1515/zna-1962-1211

[7] Beckey HD, Wagner G (1963) Analytical Use of an Ion Field Mass Spectrometer. Fresenius Z Anal Chem 197: 58–80. doi:10.1007/BF00468727

[8] Beckey HD (1963) Mass Spectrometric Analysis with a New Source for the Production of Ion Fields at Thin Wires or Metal Edges. Fresenius Z Anal Chem 197: 80–90. doi:10.1007/BF00468728

[9] Beckey HD, Wagner G (1965) Field Ionization Mass Spectra of Organic Molecules. II. Amines. Z Naturforsch A 20: 169–175. doi:10.1515/zna-1965-0201

[10] Beckey HD, Schulze P (1965) Field Ionization Mass Spectra of Organic Molecules. III. N-Paraffins Up to C_{16} and Branched Paraffins. Z Naturforsch A 20: 1329–1335. doi:10.1515/zna-1965-1017

[11] Beckey HD (1965) Analysis of Solid Organic Natural Products by Field Ionization Mass Spectrometry. Fresenius Z Anal Chem 207: 99–104. doi:10.1007/BF00573238

[12] Beckey HD (1966) Comparison of Field Ionization and Chemical Ionization Mass Spectra of Decane Isomers. J Am Chem Soc 88: 5333–5335. doi:10.1021/ja00974a061

[13] Beckey HD (1969) Field Desorption Mass Spectrometry: A Technique for the Study of Thermally Unstable Substances of Low Volatility. Int J Mass Spectrom Ion Phys 2: 500–503. doi:10.1016/0020-7381(69)80047-1

[14] Beckey HD, Heindrichs A, Winkler HU (1970) New Field Desorption Techniques. Int J Mass Spectrom Ion Phys 3: A9–A11. doi:10.1016/0020-7381(70)80009-2

[15] Beckey HD (1971) Field-Ionization Mass Spectrometry. Pergamon, Elmsford

[16] Sammons MC, Bursey MM, White CK (1975) Field Desorption Mass Spectrometry of Onium Salts. Anal Chem 47: 1165–1166. doi:10.1021/ac60357a051

[17] Beckey HD, Schulten HR (1975) Field Desorption Mass Spectrometry. Angew Chem Int Ed 14: 403–415. doi:10.1002/anie.197504031

[18] Lehmann WD, Schulten HR (1976) Physikalische Methoden in der Chemie: Massenspektrometrie II CI-, FI- und FD-MS. Chem Unserer Zeit 10: 163–174. doi:10.1002/ciuz.19760100602

[19] Beckey HD (1977) Principles of Field Desorption and Field Ionization Mass Spectrometry. Pergamon Press, Oxford

[20] Larsen E, Egsgaard H, Holmen H (1978) Field Desorption Mass Spectrometry of 1-Methylpyridinium Salts. Org Mass Spectrom 13: 417–424. doi:10.1002/oms.1210130710

[21] Wood GW (1982) Field Desorption Mass Spectrometry: Applications. Mass Spectrom Rev 1: 63–102. doi:10.

1002/mas.1280010106

[22] Schulten HR (1983) Analytical Applications of Field Desorption Mass Spectrometry. In: Benninghoven A (ed) Ion Formation from Organic Solids. Springer, Heidelberg

[23] Lattimer RP, Schulten HR (1989) Field Ionization and Field Desorption Mass Spectrometry: Past, Present, and Future. Anal Chem 61: 1201A–1215A. doi:10.1021/ac00196a721

[24] Olson KL, Rinehart KL (1993) Field Desorption, Field Ionization, and Chemical Ionization Mass Spectrometry. Methods Carbohyd Chem 9: 143–164

[25] Del Rio JC, Philp RP (1999) Field Ionization Mass Spectrometric Study of High Molecular Weight Hydrocarbons in a Crude Oil and a Solid Bitumen. Org Geochem 30: 279–286. doi:10.1016/S0146-6380 (99)00014-5

[26] Guo X, Fokkens RH, Peeters HJW, Nibbering NMM, de Koster CG (1999) Multiple Cationization of Polyethylene Glycols in Field Desorption Mass Spectrometry: A New Approach to Extend the Mass Scale on Sector Mass Spectrometers. Rapid Commun Mass Spectrom 13: 2223–2226. doi:10.1002/(SICI)1097-0231 (19991115)13:21<2223::AIDRCM756>3.0.CO;2-C

[27] Lattimer RP (2001) Field ionization (FI-MS) and field desorption (FD-MS). In: Montaudo G, Lattimer RP (eds) Mass Spectrometry of Polymers. CRC Press, Boca Raton

[28] Linden HB (2002) Quick Soft Analysis of Sensitive Samples Under Inert Conditions by In-Source Liquid Injection FD. Proc 50th Ann Conf Mass Spectrom Allied Topics, MPL 373.2002. Orlando, ASMS

[29] Linden HB (2004) Liquid Injection Field Desorption Ionization: A New Tool for Soft Ionization of Samples Including Air-Sensitive Catalysts and Non-Polar Hydrocarbons. Eur J Mass Spectrom 10: 459–468. doi:10. 1255/ejms.655

[30] Hsu CS, Green M (2001) Fragment-Free Accurate Mass Measurement of Complex Mixture Components by Gas Chromatography/Field Ionization-Orthogonal Acceleration Time-of-Flight Mass Spectrometry: An Unprecedented Capability for Mixture Analysis. Rapid Commun Mass Spectrom 15: 236–239. doi:10.1002/1097-0231 (20010215)15:3<236::AIDRCM197>3.0.CO;2-B

[31] Qian K, Dechert GJ (2002) Recent Advances in Petroleum Characterization by GC Field Ionization Time-of-Flight High-Resolution Mass Spectrometry. Anal Chem 74: 3977–3983. doi:10.1021/ac020166d

[32] Schaub TM, Hendrickson CL, Qian K, Quinn JP, Marshall AG (2003) High-Resolution Field Desorption/Ionization Fourier Transform Ion Cyclotron Resonance Mass Analysis of Nonpolar Molecules. Anal Chem 75: 2172–2176. doi:10.1021/ac020627v

[33] Schaub TM, Linden HB, Hendrickson CL, Marshall AG (2004) Continuous-Flow Sample Introduction for Field Desorption/Ionization Mass Spectrometry. Rapid Commun Mass Spectrom 18: 1641–1644. doi:10.1002/rcm. 1523

[34] Linden HB, Gross JH (2011) A Liquid Injection Field Desorption/Ionization-Electrospray Ionization Combination Source for a Fourier Transform Ion Cyclotron Resonance Mass Spectrometer. J Am Soc Mass Spectrom 22: 2137–2144. doi:10.1007/s13361-011-0259-9

[35] Linden HB, Gross JH (2012) Reduced Fragmentation in Liquid Injection Field Desorption/Ionization-Fourier Transform Ion Cyclotron Resonance Mass Spectrometry by Use of Helium for the Thermalization of Molecular Ions. Rapid Commun Mass Spectrom 26: 336–344. doi:10.1002/rcm.5335

[36] Gomer R (1994) Field Emission, Field Ionization, and Field Desorption. Surf Sci 299 (300): 129–152. doi:10.1016/0039-6028(94)90651-3

[37] Prókai L (1990) Field Desorption Mass Spectrometry. Marcel Dekker, New York

[38] Todd JFJ (1995) Recommendations for Nomenclature and Symbolism for Mass Spectroscopy Including an

Appendix of Terms Used in Vacuum Technology. Int J Mass Spectrom Ion Proc 142: 211–240. doi:10.1016/0168-1176(95)93811-F

[39] Ligon WV Jr (1979) Molecular Analysis by Mass Spectrometry. Science 205: 151–159. doi:10.1126/science.205.4402.151

[40] Miyamoto K, Fujimaki S, Ueda Y (2009) Development of a New Electron Ionization/Field Ionization Ion Source for Gas Chromatography/Time-of-Flight Mass Spectrometry. Rapid Commun Mass Spectrom 23: 3350–3354. doi:10.1002/rcm.4256

[41] Schröder E (1991) Massenspektrometrie – Begriffe und Definitionen. Springer, Heidelberg

[42] Derrick PJ, Robertson AJB (1973) Field Ionization Mass Spectrometry with Conditioned Razor Blades. Int J Mass Spectrom Ion Phys 10: 315–321. doi:10.1016/0020-7381(73)83009-8

[43] Giessmann U, Heinen HJ, Röllgen FW (1979) Field Desorption of Nonelectrolytes Using Simply Activated Wire Emitters. Org Mass Spectrom 14: 177–179. doi:10.1002/oms.1210140314

[44] Heinen HJ, Giessmann U, Röllgen FW (1977) Field Desorption of Electrolytic Solutions Using Untreated Wire Emitters. Org Mass Spectrom 12: 710–715. doi:10.1002/oms.1210121112

[45] Beckey HD, Krone H, Röllgen FW (1968) Comparison of Tips, Thin Wires, and Sharp Metal Edges as Emitters for Field Ionization Mass Spectrometry. J Sci Instrum 1: 118–120. doi:10.1088/0022-3735/1/2/308

[46] Beckey HD, Hilt E, Schulten HR (1973) High Temperature Activation of Emitters for Field Ionization and Field Desorption Spectrometry. J Phys E: Sci Instrum 6: 1043–1044. doi:10.1088/0022-3735/6/10/028

[47] Linden HB, Hilt E, Beckey HD (1978) High-Rate Growth of Dendrites on Thin Wire Anodes for Field Desorption Mass Spectrometry. J Phys E: Sci Instrum 11: 1033–1036. doi:10.1088/0022-3735/11/10/019

[48] Rabrenovic M, Ast T, Kramer V (1981) Alternative Organic Substances for Generation of Carbon Emitters for Field Desorption Mass Spectrometry. Int J Mass Spectrom Ion Phys 37: 297–307. doi:10.1016/0020-7381(81)80051-4

[49] Linden HB, Beckey HD, Okuyama F (1980) On the Mechanism of Cathodic Growth of Tungsten Needles by Decomposition of Hexacarbonyltungsten Under High-Field Conditions. Appl Phys 22: 83–87. doi:10.1007/BF00897937

[50] Bursey MM, Rechsteiner CE, Sammons MC, Hinton DM, Colpitts T, Tvaronas KM (1976) Electrochemically Deposited Cobalt Emitters for Field Ionization and Field Desorption Mass Spectrometry. J Phys E Sci Instrum 9: 145–147. doi:10.1088/0022-3735/9/2/026

[51] Matsuo T, Matsuda H, Katakuse I (1979) Silicon Emitter for Field Desorption Mass Spectrometry. Anal Chem 51: 69–72. doi:10.1021/ac50037a025

[52] Okuyama F, Shen GH (1981) Ion Formation Mechanisms in Field-Desorption Mass Spectrometry of Semirefractory Metal Elements. Int J Mass Spectrom Ion Phys 39: 327–337. doi:10.1016/0020-7381(81)87006-4

[53] Kümmler D, Schulten HR (1975) Correlation Between Emitter Heating Current and Emitter Temperature in Field Desorption Mass Spectrometry. Org Mass Spectrom 10: 813–816. doi:10.1002/oms.1210100918

[54] Winkler HU, Linden B (1976) On the Determination of Desorption Temperatures in Field Desorption Mass Spectrometry. Org Mass Spectrom 11: 327–329. doi:10.1002/oms.1210110314

[55] Schulten HR, Lehmann WD (1977) High-Resolution Field Desorption Mass Spectrometry. Part VII. Explosives and Explosive Mixtures. Anal Chim Acta 93: 19–31. doi:10.1016/0003-2670(77)80003-2

[56] Schulten HR, Nibbering NMM (1977) An Emission-Controlled Field Desorption and Electron Impact Spectrometry Study of Some N-Substituted Propane and Butane Sultams. Biomed Mass Spectrom 4: 55–61. doi:10.1002/bms.1200040108

[57] Schulten HR (1978) Recent Advances in Field Desorption Mass Spectrometry. Adv Mass Spectrom 7A: 83–97

[58] Beckey HD (1964) Molecule Dissociation by High Electric Fields. Z Naturforsch A 19: 71–83. doi:10.1515/zna-1964-0114

[59] Severin D (1976) Molecular Ion Mass Spectrometry for the Analysis of High- and Nonboiling Hydrocarbon Mixtures. Erdöl und Kohle Erdgas Petrochemie Vereinigt mit Brennstoff-Chemie 29: 13–18

[60] Mead L (1968) Field Ionization Mass Spectrometry of Heavy Petroleum Fractions. Waxes. Anal Chem 40: 743–747. doi:10.1021/ac60260a040

[61] Scheppele SE, Hsu CS, Marriott TD, Benson PA, Detwiler KN, Perreira NB (1978) Field-Ionization Relative Sensitivities for the Analysis of Saturated Hydrocarbons from Fossil-Energy-Related Materials. Int J Mass Spectrom Ion Phys 28: 335–346. doi:10.1016/0020-7381(78)80077-1

[62] Gross JH (2008) Molecular Ions of Ionic Liquids in the Gas Phase. J Am Soc Mass Spectrom 19: 1347–1352. doi:10.1016/j.jasms.2008.06.002

[63] Röllgen FW, Beckey HD (1970) Surface Reactions Induced by Field Ionization of Organic Molecules. Surf Sci 23: 69–87. doi:10.1016/0039-6028(70)90006-3

[64] Schulten HR, Beckey HD (1974) Criteria for Distinguishing Between $M^{+\cdot}$ and $[M+H]^+$ Ions in Field Desorption Mass Spectra. Org Mass Spectrom 9: 1154–1155. doi:10.1002/oms.1210091111

[65] Goldenfeld IV, Korostyshevsky IZ, Nazarenko VA (1973) Multiple Field Ionization. Int J Mass Spectrom Ion Phys 11: 9–16. doi:10.1016/0020-7381(73)80050-6

[66] Helal AI, Zahran NF (1988) Field Ionization of Indene on Tungsten. Int J Mass Spectrom Ion Proc 85: 187–193. doi:10.1016/0168-1176(88)83014-3

[67] Röllgen FW, Heinen HJ (1975) Formation of Multiply Charged Ions in a Field Ionization Mass Spectrometer. Int J Mass Spectrom Ion Phys 17: 92–95. doi:10.1016/0020-7381(75)80010-6

[68] Röllgen FW, Heinen HJ (1975) Energetics of Formation of Doubly Charged Benzene Ions by Field Ionization. Z Naturforsch A 30: 918–920. doi:10.1515/zna-1975-6-735

[69] Röllgen FW, Heinen HJ, Levsen K (1976) Doubly-Charged Fragment Ions in the Field Ionization Mass Spectra of Alkylbenzenes. Org Mass Spectrom 11: 780–782. doi:10.1002/oms.1210110712

[70] Neumann GM, Cullis PG, Derrick PJ (1980) Mass Spectrometry of Polymers: Polypropylene Glycol. Z Naturforsch A 35: 1090–1097. doi:10.1515/zna-1980-1015

[71] McCrae CE, Derrick PJ (1983) The Role of the Field in Field Desorption Fragmentation of Polyethylene Glycol. Org Mass Spectrom 18: 321–323. doi:10.1002/oms.1210180802

[72] Heine CE, Geddes MM (1994) Field-Dependent $[M-2H]^+$ Formation in the Field Desorption Mass Spectrometric Analysis of Hydrocarbon Samples. Org Mass Spectrom 29: 277–284. doi:10.1002/oms.1210290603

[73] Klesper G, Röllgen FW (1996) Field-Induced Ion Chemistry Leading to the Formation of $[M-2_nH]^{+\cdot}$ and $[2M-2_mH]^+$ Ions in Field Desorption Mass Spectrometry of Saturated Hydrocarbons. J Mass Spectrom 31: 383–388. doi:10.1002/(SICI)1096-9888(199604)31:4<383::AID-JMS311>3.0.CO;2-1

[74] Evans WJ, DeCoster DM, Greaves J (1995) Field Desorption Mass Spectrometry Studies of the Samarium-Catalyzed Polymerization of Ethylene Under Hydrogen. Macromolecules 28: 7929–7936. doi:10.1021/ma00127a046

[75] Evans WJ, DeCoster DM, Greaves J (1996) Evaluation of Field Desorption Mass Spectrometry for the Analysis of Polyethylene. J Am Soc Mass Spectrom 7: 1070–1074. doi:10.1016/1044-0305(96)00043-8

[76] Gross JH, Ve'key K, Dallos A (2001) Field Desorption Mass Spectrometry of Large Multiply Branched Saturated Hydrocarbons. J Mass Spectrom 36: 522–528. doi:10.1002/jms.151

[77] Gross JH, Weidner SM (2000) Influence of Electric Field Strength and Emitter Temperature on Dehydrogenation and C-C Cleavage in Field Desorption Mass Spectrometry of Polyethylene Oligomers. Eur J Mass Spectrom 6:

11–17. doi:10.1255/ejms.300

[78] Chait EM, Shannon TW, Perry WO, Van Lear GE, McLafferty FW (1969) High-Resolution Field-Ionization Mass Spectrometry. Int J Mass Spectrom Ion Phys 2: 141–155. doi:10.1016/0020-7381(69)80014-8

[79] Forehand JB, Kuhn WF (1970) High Resolution Field Ionization Mass Spectrometry of the Condensable Phase of Cigaret Smoke. Anal Chem 42: 1839–1841. doi:10.1021/ac50160a073

[80] Schulten HR, Beckey HD, Meuzelaar HLC, Boerboom AJH (1973) High-Resolution Field Ionization Mass Spectrometry of Bacterial Pyrolysis Products. Anal Chem 45: 191–195. doi:10.1021/ac60323a039

[81] Schulten HR, Marzec A, Simmleit N, Dyla P, Mueller R (1989) Thermal Behavior and Degradation Products of Differently Ranked Coals Studied by Thermogravimetry and High-Resolution Field-Ionization Mass Spectrometry. Energy Fuel 3: 481–487. doi:10.1021/ef00016a010

[82] Games DE, Jackson AH, Millington DS (1973) Applications of Field Ionization Mass Spectrometry in the Analysis of Organic Mixtures. Tetrahedron Lett 14: 3063–3066. doi:10.1016/S0040-4039(01)96320-8

[83] Damico JN, Barron RP (1971) Application of Field Ionization to Gas-Liquid Chromatography-Mass Spectrometry (GLC-MS) Studies. Anal Chem 43: 17–21. doi:10.1021/ac60296a032

[84] Briker Y, Ring Z, Iacchelli A, McLean N, Rahimi PM, Fairbridge C, Malhotra R, Coggiola MA, Young SE (2001) Diesel Fuel Analysis by GC-FIMS: Aromatics, n-Paraffins, and Isoparaffins. Energy Fuel 15: 23–37. doi:10.1021/ef000106f

[85] Qian K, Dechert GJ, Edwards KE (2007) Deducing Molecular Compositions of Petroleum Products Using GC-Field Ionization High Resolution Time of Flight Mass Spectrometry. Int J Mass Spectrom 265: 230–236. doi:10.1016/j.ijms.2007.02.012

[86] Hejazi L, Ebrahimi D, Hibbert DB, Guilhaus M (2009) Compatibility of Electron Ionization and Soft Ionization Methods in Gas Chromatography/Orthogonal Time-of-Flight Mass Spectrometry. Rapid Commun Mass Spectrom 23: 2181–2189. doi:10.1002/rcm.4131

[87] Kane-Maguire LAP, Kanitz R, Sheil MM (1995) Comparison of Electrospray Mass Spectrometry with Other Soft Ionization Techniques for the Characterization of Cationic Π-Hydrocarbon Organometallic Complexes. J Organomet Chem 486: 243–248. doi:10.1016/0022-328X(94)05041-9

[88] Rogers DE, Derrick PJ (1984) Mechanisms of Ion Formation in Field Desorption of Oligosaccharides. Org Mass Spectrom 19: 490–495. doi:10.1002/oms.1210191006

[89] Derrick PJ, Nguyen T-T, Rogers DEC (1985) Concerning the Mechanism of Ion Formation in Field Desorption. Org Mass Spectrom 11: 690. doi:10.1002/oms.1210201108

[90] Veith HJ, Röllgen FW (1985) On the Ionization of Oligosaccharides. Org Mass Spectrom 11: 689–690. doi:10.1002/oms.1210201108

[91] Schulten HR, Beckey HD (1972) Field Desorption Mass Spectrometry with High-Temperature Activated Emitters. Org Mass Spectrom 6: 885–895. doi:10.1002/oms.1210060808

[92] Davis SC, Neumann GM, Derrick PJ (1987) Field Desorption Mass Spectrometry with Suppression of the High Field. Anal Chem 59: 1360–1362. doi:10.1021/ac00136a021

[93] Veith HJ (1977) Alkali Ion Addition in FD Mass Spectrometry. Cationization and Protonation-Ionization Methods in the Application of Nonactivated Emitters. Tetrahedron 33: 2825–2828. doi:10.1016/0040-4020(77)80275-5

[94] Giessmann U, Röllgen FW (1981) Electrodynamic Effects in Field Desorption Mass Spectrometry. Int J Mass Spectrom Ion Phys 38: 267–279. doi:10.1016/0020-7381(81)80072-7

[95] Röllgen FW (1983) Principles of field desorption mass spectrometry. In: Benninghoven A (ed) Ion Formation from Organic Solids. Springer, Heidelberg

[96] Wong SS, Giessmann U, Karas M, Röllgen FW (1984) Field Desorption of Sucrose Studied by Combined Optical Microscopy and Mass Spectrometry. Int J Mass Spectrom Ion Proc 56: 139–150. doi:10.1016/0168-1176(84)85038-7

[97] Derrick PJ (1986) Mass Spectroscopy at High Mass. Fresenius Z Anal Chem 324: 486–491. doi:10.1007/BF00474121

[98] Davis SC, Natoli V, Neumann GM, Derrick PJ (1987) A Model of Ion Evaporation Tested Through Field Desorption Experiments on Glucose Mixed with Alkali Metal Salts. Int J Mass Spectrom Ion Proc 78: 17–35. doi:10.1016/0168-1176(87)87039-8

[99] Reichert H (1997) Monodesoxygenierte Glucosid-Synthese und Kinetikstudien der enzymatischen Spaltung. PhD Thesis. Organisch-Chemisches Institut, Heidelberg University

[100] Veith HJ (1976) Field Desorption Mass Spectrometry of Quaternary Ammonium Salts: Cluster Ion Formation. Org Mass Spectrom 11: 629–633. doi:10.1002/oms.1210110609

[101] Veith HJ (1983) Mass Spectrometry of Ammonium and Iminium Salts. Mass Spectrom Rev 2: 419–446. doi:10.1002/mas.1280020402

[102] Veith HJ (1980) Collision-Induced Fragmentations of Field-Desorbed Cations. 4. Collision-Induced Fragmentations of Alkylideneammonium Ions. Angew Chem Int Ed 19: 541–542. doi:10.1002/anie.198005411

[103] Fischer M, Veith HJ (1981) Collision-Induced Fragmentations of Field-Desorbed Cations. 5. Reactions of 2- and 3-Phenyl Substituted Alkylalkylidene Iminium Ions in the Gas Phase. Helv Chim Acta 64: 1083–1091. doi:10.1002/hlca.19810640413

[104] Miermans CJH, Fokkens RH, Nibbering NMM (1997) A Study of the Applicability of Various Ionization Methods and Tandem Mass Spectrometry in the Analyses of Triphenyltin Compounds. Anal Chim Acta 340: 5–20. doi:10.1016/S0003-2670(96)00541-7

[105] Röllgen FW, Giessmann U, Heinen HJ (1976) Ion Formation in Field Desorption of Salts. Z Naturforsch A 31: 1729–1730. doi:10.1515/zna-1976-1245

[106] Röllgen FW, Ott KH (1980) On the Formation of Cluster Ions and Molecular Ions in Field Desorption of Salts. Int J Mass Spectrom Ion Phys 32: 363–367. doi:10.1016/0020-7381(80)80019-2

[107] Lehmann WD, Schulten HR (1977) Determination of Alkali Elements by Field Desorption Mass Spectrometry. Anal Chem 49: 1744–1746. doi:10.1021/ac50020a028

[108] Schulten HR, Bohl B, Bahr U, Mueller R, Palavinskas R (1981) Qualitative and Quantitative Trace-Metal Analysis in Physiological Fluids of Multiple Sclerosis Patients by Field Desorption Mass Spectrometer. Int J Mass Spectrom Ion Phys 38: 281–295. doi:10.1016/0020-7381(81)80073-3

[109] Keough T, DeStefano AJ (1981) Acid-Enhanced Field Desorption Mass Spectrometry of Zwitterions. Anal Chem 53: 25–29. doi:10.1021/ac00224a009

[110] Gross JH (2007) Liquid Injection Field Desorption/Ionization Mass Spectrometry of Ionic Liquids. J Am Soc Mass Spectrom 18: 2254–2262. doi:10.1016/j.jasms.2007.09.019

[111] Frauenkron M, Berkessel A, Gross JH (1997) Analysis of Ruthenium Carbonyl-Porphyrin Complexes: A Comparison of Matrix-Assisted Laser Desorption/Ionization Time-of-Flight, Fast-Atom Bombardment and Field Desorption Mass Spectrometry. Eur Mass Spectrom 3: 427–438. doi:10.1255/ejms.177

[112] Lattimer RP, Harmon DJ, Welch KR (1979) Characterization of Low Molecular Weight Polymers by Liquid Chromatography and Field Desorption Mass Spectroscopy. Anal Chem 51: 293–296. doi:10.1021/ac50044a040

[113] Craig AC, Cullis PG, Derrick PJ (1981) Field Desorption of Polymers: Polybutadiene. Int J Mass Spectrom Ion Phys 38: 297–304. doi:10.1016/0020-7381(81)80074-5

[114] Lattimer RP, Schulten HR (1983) Field Desorption of Hydrocarbon Polymers. Int J Mass Spectrom Ion Phys 52:

105–116. doi:10.1016/0020-7381(83)85094-3

[115] Matsuo T, Matsuda H, Katakuse I (1979) Use of Field Desorption Mass Spectra of Polystyrene and Polypropylene Glycol as Mass References Up to Mass 10000. Anal Chem 51: 1329–1331. doi:10.1021/ac50044a050

[116] Ott KH, Röllgen FW, Zwinselmann JJ, Fokkens RH, Nibbering NMM (1980) Negative Ion Field Desorption Mass Spectra of Some Inorganic and Organic Compounds. Org Mass Spectrom 15: 419–422. doi:10.1002/oms.1210150805

[117] Daehling P, Röllgen FW, Zwinselmann JJ, Fokkens RH, Nibbering NMM (1982) Negative Ion Field Desorption Mass Spectrometry of Anionic Surfactants. Fresenius Z Anal Chem 312: 335–337. doi:10.1007/BF00470387

[118] Mes GF, Van der Greef J, Nibbering NMM, Ott KH, Röllgen FW (1980) The Formation of Negative Ions by Field Ionization. Int J Mass Spectrom Ion Phys 34: 295–301. doi:10.1016/0020-7381(80)85043-1

[119] Dähling P, Ott KH, Röllgen FW, Zwinselmann JJ, Fokkens RH, Nibbering NMM (1983) Ionization by Proton Abstraction in Negative Ion Field Desorption Mass Spectrometry. Int J Mass Spectrom Ion Phys 46: 301–304. doi:10.1016/0020-7381(83)80112-0

[120] Linden HB (2001) Electric field-induced ionization of analytes in mass spectrometer by desorption from microdendrite substrates, German Patent No. DE 99-19963317

[121] Gross JH, Nieth N, Linden HB, Blumbach U, Richter FJ, Tauchert ME, Tompers R, Hofmann P (2006) Liquid Injection Field Desorption/Ionization of Reactive Transition Metal Complexes. Anal Bioanal Chem 386: 52–58. doi:10.1007/s00216-006-0524-0

[122] Monillas WH, Yap GPH, Theopold KH (2007) A Tale of Two Isomers: A Stable Phenyl Hydride and a High-Spin (S = 3) Benzene Complex of Chromium. Angew Chem Int Ed 46: 6692–6694. doi:10.1002/anie.200701933

[123] Schaub TM, Hendrickson CL, Quinn JP, Rodgers RP, Marshall AG (2005) Instrumentation and Method for Ultrahigh Resolution Field Desorption Ionization Fourier Transform Ion Cyclotron Resonance Mass Spectrometry of Nonpolar Species. Anal Chem 77: 1317–1324. doi:10.1021/ac048766v

[124] Fu J, Klein GC, Smith DF, Kim S, Rodgers RP, Hendrickson CL, Marshall AG (2006) Comprehensive Compositional Analysis of Hydrotreated and Untreated Nitrogen-Concentrated Fractions from Syncrude Oil by Electron Ionization, Field Desorption Ionization, and Electrospray Ionization Ultrahigh-Resolution FT-ICR Mass Spectrometry. Energy Fuel 20: 1235–1241. doi:10.1021/ef060012r

[125] Stanford LA, Rodgers RP, Marshall AG, Czarnecki J, Wu XA (2007) Compositional Characterization of Bitumen/Water Emulsion Films by Negative- and Positive-Ion Electrospray Ionization and Field Desorption/Ionization Fourier Transform Ion Cyclotron Resonance Mass Spectrometry. Energy Fuel 21: 963–972. doi:10.1021/ef060291i

[126] Schaub TM, Rodgers RP, Marshall AG, Qian K, Green LA, Olmstead WN (2005) Speciation of Aromatic Compounds in Petroleum Refinery Streams by Continuous Flow Field Desorption Ionization FT-ICR Mass Spectrometry. Energy Fuel 19: 1566–1573. doi:10.1021/ef049734d

[127] Smith DF, Schaub TM, Rodgers RP, Hendrickson CL, Marshall AG (2008) Automated Liquid Injection Field Desorption/Ionization for Fourier Transform Ion Cyclotron Resonance Mass Spectrometry. Anal Chem 80: 7379–7382. doi:10.1021/ac801085r

[128] Heinen HJ, Hötzel C, Beckey HD (1974) Combination of a Field Desorption Ion Source with a Quadrupole Mass Analyzer. Int J Mass Spectrom Ion Phys 13: 55–62. doi:10.1016/0020-7381(74)83005-6

[129] Gierlich HH, Heinen HJ, Beckey HD (1975) The Application of Quadrupole Mass Filters in Field Desorption Mass Spectrometry. Biomed Mass Spectrom 2: 31–35. doi:10.1002/bms.1200020107

[130] Smith DF, Rahimi P, Teclemariam A, Rodgers RP, Marshall AG (2008) Characterization of Athabasca Bitumen Heavy Vacuum Gas Oil Distillation Cuts by Negative/Positive Electrospray Ionization and Automated Liquid Injection Field Desorption Ionization Fourier Transform Ion Cyclotron Resonance Mass Spectrometry. Energy Fuel 22: 3118–3125. doi:10.1021/ef8000357

[131] Miyabayashi K, Naito Y, Miyake M (2009) Characterization of Heavy Oil by FT-ICR MS Coupled with Various Ionization Techniques. J Jpn Pet Inst 52: 159–171. doi:10.1627/jpi.52.159

串联质谱法　　第 9 章

学习目标
- 串联质谱法的概念和术语
- 操作模式
- 不同的仪器平台
- 离子活化诱导解离的方法
- 在分析化学问题中的应用
- 气相离子化学的多功能工具

电子电离（electron ionization，EI）质谱图给出了丰富的碎片离子峰，人们可以获取结构信息，但这通常以牺牲分子离子的丰度为代价。几十年以来，EI 一直是有机质谱中唯一的电离方法。随着如前文中所讨论的 CI 或 FD 等软电离方法的出现，得到的质谱图中碎片离子的信号很少甚至没有。虽然乍一看非常有利，但从长远来看，缺乏结构信息对分析领域的应用来说是一个严重的缺憾。通过质谱法在气相中存储、操控、活化、裂解和重新分析离子的众多新技术的发展，既是出于更好地理解离子的能量学、反应活性和详细裂解途径的目的，也是对从软电离质谱图中获取结构信息的技术的强烈需求所共同推动的。

9.1　串联质谱法的概念

串联质谱法（tandem mass spectrometry），或简称串联质谱（tandem MS），包括了一系列能进行特定质量离子第二级谱分析的技术[1,2]。串联质谱法包括获取并研究特定 m/z 离子的产物离子或前体离子的质谱图，或特定中性丢失的前体离子质谱图。串联质谱法也称为质谱/质谱法（mass spectrometry/mass spectrometry），常缩写为 MS/MS。

专为 MS/MS 设计的质谱仪，也称为串联质谱仪（tandem mass spectrometer），需要包含至少两个阶段的 m/z 分析，通常分别称为 MS1 和 MS2。因此串联质谱法的许多方面都与仪器设备密切相关[3]。回顾本书,可以发现串联质谱已经在第 4 章的某些部分预先介绍过(第 4.4.4 节、4.5 节、4.7.12 节、4.8.4 节和 4.9 节)。在本章中,将对这一主题进行更多地深入探讨。

9.1.1 空间串联和时间串联

串联质谱法包括两种仪器类型,其一是空间串联质谱法(tandem mass spectrometry in space or tandem-in-space MS)[4],两个质量分析器串联安装以执行两个连续的质量分析步骤。因此空间串联质谱仪指使用空间上分离的质量分析器来记录产物离子图谱的 MS/MS 仪器。该方法是在第一个质量分析器单元中进行特定 m/z 离子的分离选取,然后在中间区域将该离子解离,得到的产物离子最终被传输到第二个质量分析器进行质量分析(图 9.1)。所有离子束传输型的设备,例如多级扇区(multiple sector)分析器、反射式飞行时间(ReTOF)分析器、串联飞行时间(TOF/TOF)分析器、三重四极杆(QqQ)分析器和串联四极杆飞行时间(QqTOF)分析器等仪器都属于这种方式的串联质谱(图 9.2)[5]。第二种方法是时间串联质谱法(tandem mass spectrometry in time or tandem-in-time MS),使用单个质量分析器(QIT,LIT,FT-ICR),可以通过在同一位置按时间顺序执行离子选择、活化和产物离子分析等各个独立的步骤来操作[5]。

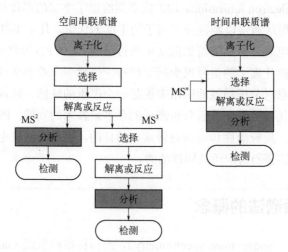

图 9.1 空间串联质谱法和时间串联质谱法的比较

时间串联的设置可以更好地实现高阶 MS^n,而空间串联设置通常是为 MS^2 设计的,MS^3 已经是罕见的例外

从原理上说,这两种仪器模式都可以扩展进行多级质谱分析,即逐级多次选择前体离子,然后对连续的第 n 代产物离子进行产物离子检测[7]。谈论 MS/MS 很方便,但像 MS/MS/MS 这样的首字母缩略词显然不合适。因此,通常使用 MS^2、MS^3 以及 MS^n 来表示串联质谱的级数。相应的,在逐级裂解反应的表达式中

9.1 串联质谱法的概念

$$m_1^+ \rightarrow m_2^+ \rightarrow m_3^+ \rightarrow m_4^+ \rightarrow m_5^+ \tag{9.1}$$

式中，m_4^+ 是 m_5^+ 的前体离子；m_4^+ 是 m_3^+ 的第一代产物离子；m_2^+ 的第二代产物离子，也是 m_1^+ 的第三代产物离子[8,9]。相应的图谱被称为第 n 代产物离子的质谱图。

显然，绝大多数串联质谱实验是为了获得碎片离子数据而设计的。尽管如此，选定的离子也可以通过与中性分子发生离子-分子反应而形成质量增加的产物离了（第 2.13 节）：

$$m_1^+ + n \rightarrow m_2^+ \tag{9.2}$$

因此，离子-分子反应可以在严格控制的条件下进行。这种串联质谱技术经常被用于离子反应性的基础研究。

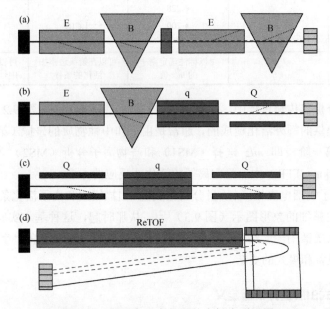

图 9.2 不同离子束仪器的空间串联设置

（a）EB-EB 构造的磁场四扇区仪器；（b）EB-qQ 构造的扇形磁场-四极杆融合式仪器；（c）三重四极杆（包括 QqQ，QhQ，QoQ）；（d）ReTOF 设备

线条表示：——稳定的前体离子，---被传输的离子，···未被传输的碎片离子。■ 区域表示解析上有用的离子解离区域（经许可改编自参考文献[6]。© Elsevier Science, 1994）

串联质谱技术的高度可变性

显而易见，串联质谱实验可根据需要进行调整。可以设置为离子裂解模式，通常是通过高速离子与惰性气体的高能碰撞（第 9.3 节），或作为加成反应，通过在极低能量碰撞时添加反应性气态中性物质使得前体离子增加相应的质量（第 9.18 节）。然而，离子-中性分子碰撞甚至可以是软的且非反应性的，因为可通过与缓冲气的多次低能碰撞来热化离子（第 4.4.4 节）。

9.1.2 串联质谱的象形图示

为了便于评估串联质谱图，可以用象形图示来描述特定类型的实验。根据一种简化的符号[7,10,11]，选择分析（或实验阶段）可以用●表示，扫描分析（或实验阶段）用○表示。前体离子质量、离子活化类型或中性丢失等信息可以根据需要指明（表 9.1）。

表 9.1 串联质谱实验的象形图示[7]

项目	产物离子模式	产物离子模式	前体离子模式	中性丢失扫描
串联级别	MS^2	MS^3	MS^2	MS^2
象形图示	●↓○	●228↓●200↓○	○↓CID●	○↓32○
备注		可以标注选定离子的 *m/z* 值	可以在箭头边添加活化的条件	可以在箭头边添加中性丢失的质量值

在质量分析器传输过程中，解离可能自发地发生（亚稳态，第 9.2 节），或者可能是由专门提供的额外活化造成的，通常是由于和中性物质的碰撞（第 9.3 节）。下文介绍了在第一阶段即 *m/z* 选择（MS1）和产物离子分析（MS2）之间的无场区（field-free region，FFR）中，稳定离子的活化或反应的方法。

因此，为了囊括电离模式、质量分析器类型、扫描模式和离子活化条件，Lehmann 提出了一组更精细的象形图示（图 9.3）[12]。从那时起，这种基本实验参数的图示偶尔会与串联质谱图一起给出。然而遗憾的是，既没有一个公认的"字符集"，也没有包含当前设备和模式的更新。

串联质谱模式由质量分析器定义

质量分析器的类型与可应用于相应仪器平台的离子活化方法的选择之间存在密切关系。所以，将离子活化的讨论与仪器设置及其操作模式的讨论严格分开是不可取的。因此，本章的以下段落将通过交替讨论离子活化方法和仪器的细节来反映这些相互依赖关系，这种方法将更便于对主题内容的理解。

9.1.3 串联质谱法的术语

以下是串联质谱法基本术语的规范[4]：

① 串联质谱法（tandem mass spectrometry）或质谱/质谱法（mass spectrometry/mass spectrometry）共同描述了一类质谱学实验，即质量选定的离子经受裂解或离子-分子反应，其产物被收集并在第二阶段进行质量分析。

9.2 亚稳态离子的解离

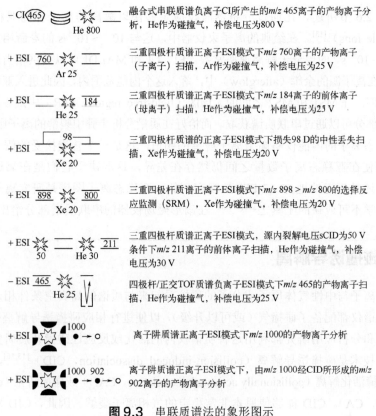

图 9.3 串联质谱法的象形图示

（经许可转载自参考文献[12]。© Elsevier Science，1997）

② 相应的仪器被称为串联质谱仪（tandem mass spectrometer），对应的阶段可表示为 MS1、MS2 等。

③ 串联质谱法通常缩写为 MS/MS 或 MS^2。更高阶的串联质谱实验被称为 MS^3、MS^4……或统称为 MS^n。

④ 从 MS1 中出来的离子被称为前体离子（precursor ions），进入 MS2 的离子被称为产物离子（product ions），在更高阶的串联质谱中，可称之为第 n 代产物离子（母离子和子离子等旧术语已不再使用）。

⑤ 相应的图谱称为串联质谱图（tandem mass spectra）（从不称为 MS/MS 图谱）。

9.2 亚稳态离子的解离

任何串联质谱实验的成功都取决于前体离子选择和产物离子分析的连续步骤之间的某种反应的发生。这要求进入反应区和/或反应时段的离子具有或接收到足够的内能来实现该反应，或者提供一个反应伙伴。

如第 2.6 节所述，在通过分析器时反应足够快以解离的离子称为亚稳态离子（metastable ions）[13]。在经典的离子束仪器中，这与 $10^{-6} \sim 10^{-5}$ s 的寿命相关，因此需要 $10^6 \sim 10^5$ s^{-1} 的单分子解离速率常数。EI、CI 和 MALDI 可以提供相当比例的离子，例如在离子源的余辉（afterglow）中，落入这个内能范围内，因此进入亚稳态分解的寿命周期。在 MS1 和 MS2 之间的无场区（field-free region，FFR）中发生的亚稳态离子解离部分可以通过串联质谱获取。而恰好在质量分析步骤中裂解的离子则会丢失。

亚稳态离子的内能仅略高于离子解离的阈值，这是一个普遍接受的假设。有趣的是，即使在亚稳态离子数量之间仍然存在差异，这取决于它们是在靠近离子源（1.FFR）还是更远的地方（2.FFR）观察到的。亚稳态离子图谱是研究离子解离机理和热力学不可或缺的工具之一[13,14]。在扇形磁场仪器的串联质谱部分给出了示例。

9.3 碰撞诱导解离

尽管离子与中性气体原子或分子的碰撞看起来与质谱的高真空条件相矛盾，但大多数质谱仪都配备了碰撞气（或可以升级），以便进行相应碰撞诱导解离研究。因此，基础和分析应用研究都利用这种质谱仪内的活化或反应性碰撞开展研究。最主要的碰撞技术是碰撞诱导解离（collision-induced dissociation，CID）[15,16]，有时也被称为碰撞活化解离（collisionally activated dissociation，CAD）或碰撞活化（collisional activation，CA）。CID 能够使原本非常稳定的气相离子裂解。因此，CID 对于低内能离子的结构解析特别有用，例如用软电离方法产生的那些离子。

9.3.1 在质谱仪中实现碰撞

通常将离子束穿过碰撞池（collision cell）来实现 CID，其中碰撞气（He，N_2，Ar）被设置为显著高于周围高真空的压力。这可以通过将气体通过针阀引入一个相对狭窄的隔间来实现，该隔间具有狭窄的离子束入口和出口狭缝（图 9.4）。附近的

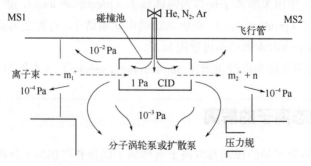

图 9.4 离子束仪器中 CID 碰撞池的示意图

在 MS1 中质量选定的离子从左边进入碰撞池

真空泵可以去除溢出的气体（effusing gas），由于没有层流（laminar flow），而气体的膨胀由扩散控制，因此气形成一个压力大约 10^{-4} Pa 的差分真空梯度区域（differentially pumped region）。该条件下压力规（pressure gauge）的读数可以用来重现压力调节，但不能反映碰撞池内的实际压力[17]。

9.3.2 碰撞期间的能量转移

一个带有几千电子伏特（keV）动能的离子 AB^+ 与一个中性分子 N 的碰撞大约需要 10^{-15} s。这使得可以应用类似于电子电离的 QET 假说来解释（第 2.1 节）[14,18-21]。因此，AB^+ 的碰撞诱导解离可以被视为一个两步过程[22]。首先，形成活化物种 AB^{+*}。其次，在内能发生随机化后，B^{+*} 将沿着该特定内能水平可及的任何裂解途径解离：

$$AB^+ + N \longrightarrow AB^{+*} + N \longrightarrow A^+ + B + N \tag{9.3}$$

内能 $E_{AB^{+*}}$ 为碰撞前 E_{AB^+} 的内能和碰撞过程中所传递的能量 Q 的加和：

$$E_{AB^{+*}} = E_{AB^+} + Q \tag{9.4}$$

因此，碰撞标志着活化离子在时间尺度上的重新开始。由于通常情况下 $Q > E_{AB^+}$，碰撞前的内能对活化离子的行为关系不大，不过通常不可忽略。正如预期的那样，稳定分子离子的 CID 谱图与各化合物的 70 eV EI 图谱表现出明显的相似性[15,16]。

CID 引起振动激发 除了相对于前体离子的强度外，甲苯分子离子 m/z 92 的 B/E-联动扫描 CID 图谱与 70 eV EI 质谱非常相似（图 9.5；EI 请参见第 6.4.3 节）。在这里，所有碎片离子都是由 CID 引起的，因为分子离子是由场电离产生的，没有显示出任何亚稳态分解，即 $E_{AB^+} = 0$，$E_{AB^{+*}} = Q$。

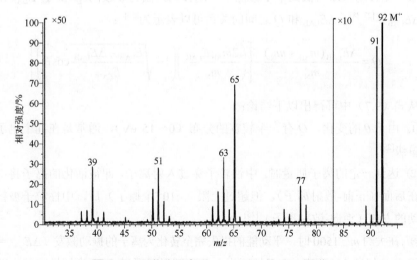

图 9.5 甲苯分子离子（m/z 92）的 CID 图谱

$E_{LAB} = 10$ keV，$B/E =$ 常数是对扇形磁场仪器联动扫描（参见第 9.6.4 节），碰撞气为 He，透射率约为 50%

Q 值的绝对上限由质心碰撞能量（center-of-mass collision energy，E_{CM}）定义[18,19]。

$$E_{CM} = E_{LAB} \frac{m_N}{m_N + m_{AB}} \quad (9.5)$$

式中，m_N 是中性气体的质量；m_{AB} 是离子的质量；E_{LAB} 是实验室参考系中的离子动能（ion kinetic energy in the laboratory frame of reference）。

实验室参考系

E_{LAB} 为实验室参考系中的离子动能，即为离子通过加速阶段时获得的动能，这个加速阶段决定了离子的动能大小。例如，一个最初静止的单电荷离子通过 10 V 的电势后，其 E_{LAB} = 10 eV。然而，离子-中性分子对的碰撞事件也由离子质量 m_{AB} 和中性分子质量 m_N 决定，如 $m_N/(m_N + m_{AB})$ 之比所示。中性分子通常被视为静止状态，这对于热能下的碰撞气体来说是一个很好的近似状态。

对于由实际参与碰撞过程的原子 B 和其余原子 A 组成的多原子离子，计算出 Q 的最大值低于 E_{CM}。假设为中心碰撞时，可以得到最大沉积内能[19]：

$$E_{int\,max} = 4 E_{LAB} m_A m_B \left[\frac{m_N}{m_{AB}(m_B + m_N)} \right]^2 \quad (9.6)$$

然而，大多数碰撞不是"迎面"的，而是以某种角度 θ 发生的。同时增加 m_{AB} 可以使 $E_{int\,max}$ 下降，而较大的 m_N 有利于能量转移。在 CID-MIKES 中，峰的中心向低质量一侧移动，即向低离子平移能量一侧移动，因为吸收的 Q 源于 E_{LAB} 中的损失（ΔE_{LAB}）[23-28]。ΔE_{LAB} 和 Q 之间的关系可以表示为[25]：

$$Q = \frac{\Delta E_{LAB}(m_{AB} + m_N)}{m_N} - \left[\left(\frac{2 m_{AB} E_{LAB}}{m_N} \right) \left(1 - \sqrt{\frac{E_{LAB} - \Delta E_{LAB}}{E_{LAB}}} \cos\theta \right) \right] \quad (9.7)$$

从式（9.7）中可得出以下结论：

① 由于 θ 的变化，Q 有一个较宽的分布（0～15 eV），通常是在几个电子伏特的数量级[29]。

② 达到一定的离子质量时，中性粒子穿过入射离子，即被活化的离子将中性粒子抛在后面（正前-散射离子），但超过上限（>10^2 个原子）后，中性粒子被推向离子运动的方向（逆向-散射离子）[25]。

③ 在大约 m/z 1500 时，平动能的损失完全转化为离子的振动激发（$\Delta E_{LAB} = Q$）。

④ m/z 超过 1500 时，Q 开始减少，从而解释了通过 CID 裂解较重单电荷离子的困难（图 9.6）[21,25,30]。

9.3 碰撞诱导解离

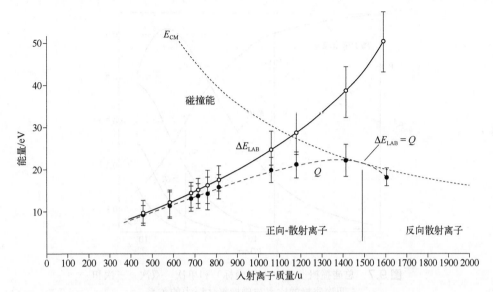

图 9.6 E_{CM}、ΔE_{LAB} 和 Q 之间的关系

（经许可改编自参考文献[25]。© Verlag der Zeitschrift für Naturforschung，1984）

> **碰撞气的选择**
>
> 在扇形磁场仪器和 TOF 仪器中，通常用 He 作碰撞气，因为 keV 水平高能碰撞（high-energy collisions）的 $E_{\text{int max}}$ 仍然相对较大，并且 He 由于其高 IE 而降低了电荷转移的风险。在四极杆和离子阱仪器（1～200 eV）的低碰撞能区（low collision energy regime）[19]，经常使用较重的气体（N_2、Ar、Xe）来使 CID 更有效。

9.3.3 CID 中的单次和多次碰撞

通常，碰撞气压力通过发生碰撞的质量选定离子束的衰减来间接调节。随着所谓的主离子束（main beam）逐渐衰减，多次碰撞的可能性增加，高活化能过程产生的碎片离子的产量也随之增加。在一个典型的高能碰撞实验中，在主离子束的 90% 透射率下，95% 的碰撞离子发生单次碰撞，而只有约 5% 的碰撞离子发生双重碰撞。在 50% 的透射率下，大约 68% 的碰撞离子发生单次碰撞，23% 发生两次碰撞，其余的甚至发生三次和四次碰撞（图 9.7）[17]。为了在低能碰撞状态下实现离子的充分活化，采用了延长的碰撞池，其中 Q 从许多碰撞事件中得到积累。

在离子束分析器中，导致离子活化的碰撞事件可以根据朗伯-比尔定律（Lambert-Beer law）来考虑，因为当通过长度为 l 的碰撞室时，前体离子束通量 $[M_p]_0$ 呈指数级降低，碰撞室含有目标数密度 n 的气体

$$[M_p] = [M_p]_0 \times e^{-n\sigma l} \tag{9.8}$$

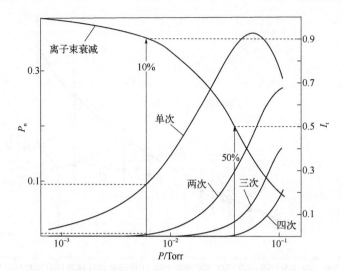

图 9.7 总碰撞概率 P_n（左纵坐标）和单次、双次、三次和四次碰撞的比率与碰撞气体压力的关系

主离子束 I_t 的透射率在右纵坐标上。虚线分别标记了 90% 和 50% 透射率的主离子束透射率和碰撞概率。数值以碰撞截面为 $5×10^{-16}$ cm² 的离子经过 1 cm 长的碰撞路径计算得到；10^{-2} Torr = 1.33 Pa
（经许可改编自参考文献[17]。© John Wiley & Sons，1985）

式中，σ 是事件的碰撞截面[31]。

在离子阱仪器中采用时间串联质谱时，用速率常数和反应时间来描述更为合适，可得到以下表达式

$$[M_p]_t = [M_p]_0 \times e^{-nkt} \tag{9.9}$$

式中，t 是活化的时间跨度；k 是导致 $[M_p]_0$ 减少的所有过程的速率常数总和，包括裂解和散射损失。

> **调节碰撞气的压力**
>
> 中等透射率是结构解析的最佳选择。主离子束衰减太强会引起离子损失，主要通过散射、电荷交换（$M^{+\cdot} + N \longrightarrow M + N^{+\cdot}$）或电荷剥离过程（$M^{+\cdot} + N \longrightarrow M^{2+} + N^{+\cdot}$），而不是提供额外的结构信息。

9.3.4 离子活化过程的时间尺度

高能离子与气相分子的碰撞非常快。尽管如此，有效活化周期存在相当大的变化，即 keV 能量离子的单次碰撞发生在飞秒范围内，而几个 eV 能量的离子往往需要数皮秒。如果在一个活化阶段内发生多次碰撞，则会延长时间尺度，因为碰撞之间的跨度决定了整个过程的持续时间。其他活化技术甚至伴随着毫秒到秒的时间跨度（图 9.8）[31]；本章将讨论其中大多数技术[3]。虽然快速的过程可以通过类似于电

子电离事件的 QET 来处理，但较慢的过程（SORI-CID，IRMPD，BIRD）倾向于在解离之前实现离子内能的平衡。

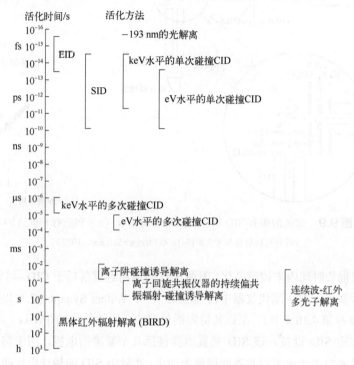

图 9.8 串联质谱法离子活化过程的时间标度

（经许可改编自参考文献[31]。© John Wiley & Sons，1997）

9.4 表面诱导解离

与固体表面的碰撞可用于诱导入射离子的解离，类似于与气相碰撞伙伴的碰撞。这种技术被称为表面诱导解离（surface-induced dissociation，SID）[32,33]。在 SID 中，几十到上百电子伏特动能的离子与固体表面以大约 45°碰撞。通过改变 SID 靶的电位，可以控制入射离子的能量，并从而调整裂解的程度。第一个 SID 装置采用与入射离子束成直角的线形四极杆质量分析器进行碎片离子分析（图 9.9）[32,34,35]。

可以通过调节 SID 条件，来提供类似于高能或低能 CID 质谱图[32]。由于不使用碰撞气，与 CID 相比，SID 避免了高背景压力导致的分辨率损失。然而，除了四极杆和离子阱[36]，SID 需要对仪器硬件进行重大改装。

常用氟化自组装单分子层（fluorinated self-assembled monolayers，FSAM）作为 SID 靶的表面，它是在载玻片上的薄金层上制备的[37]。SID 靶表面上组装的全氟化烷基可以减少由于中和作用而引起的离子损失，并改善向入射离子的能量转移。

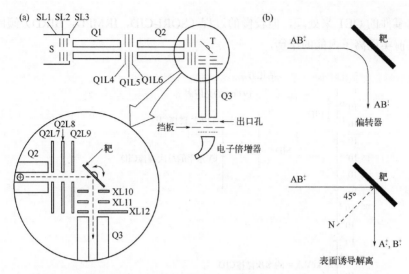

图 9.9 改装的带有 SID 的三重四极杆质谱仪（a）和运行模式（b）

（经许可转载自参考文献[34]。© Elsevier Science，1987）

SID 在很长时间内未被商品化，因而 SID 的应用远远落后于 CID。尽管如此，SID 仍在进一步发展，并在现代仪器中得到应用[37-41]。Waters Synapt G2 可以作为一个例子（图 9.10 和第 4.10.4 节）。在该套特定的仪器中，原始的传输 TWIG（第 4.10.3 节）被截断以适应 SID 设备。该 SID 装置本身包括几个紧凑的电极，用于将入射离子束聚焦并偏转到与离子束平行对齐的碰撞表面上。实验中 SID 的最佳电压随碰撞能不同而变化[40]。关闭偏转电压还允许通过 SID 设备传输离子而不会与表面发生碰撞。

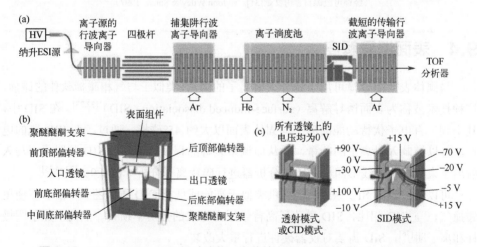

图 9.10 Waters Synapt G2 经过改装，在传输 TWIG 前面加装了一个 SID 设备

（a）仪器的设置（离子透镜的尺寸不是按比例的）；（b）SID 设备组件的 3D 透视图；（c）SIMION 模拟的剖面图，显示透射模式下与 SID 模式下的离子路径。SID 透镜上的电压是相对于传输 TWIG 的电势给出的（经许可转载自参考文献[40]。© The American Chemical Society，2012）

9.4 表面诱导解离

选择 SID 而不是 CID 的原因在于能量转移到前体离子的不同过程。现代融合式仪器中使用的低能量 CID 导致前体离子通过多次碰撞进行振动激发。相反，SID 会导致能量在单次快速反应中被注入[37,38]。通过 CID 或 SID 解离非共价蛋白复合物的简化反应途径说明了在 CID 中多步活化如何为结构重排留出时间，最终导致解折叠的亚基的形成（图 9.11）。在 SID 中，发生快速能量转移，这时蛋白质解离速度比各解离途径的蛋白质解折叠更快[37]。

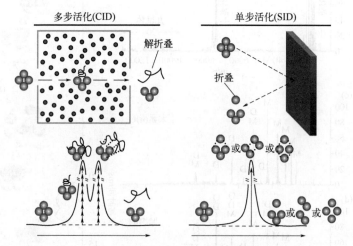

图 9.11 CID 和 SID 实验的比较说明了能量摄取的差异（上部）以及对非共价蛋白复合物碎片化的影响

绘制了反应坐标（底部，x 轴）与能量（y 轴）的关系图。当然，实际所需和所获得的能量，以及重排次数或非共价键裂解的数目是未知的（经许可转载自参考文献[37]）。

© The American Chemical Society，2009）

当从非常快的能量摄取（EI，高能 CID，ECD）切换到慢加热（低能 CID，SORI-CID，IRMPD，第 9.3.4 节）时，总是观察到产物离子形成的这种差异[42]。一般来说，具有高活化能垒的途径只能通过快速能量转移来获得，而慢加热促使选了低能过渡态。

人血清淀粉样蛋白 P 的亚基 人血清淀粉样蛋白 P（Human serum amyloid P，SAP）是一种具有寡聚化特性的糖蛋白，其寡聚化强烈依赖溶液中的条件，以紧凑和不太紧凑的 SAP 十聚体复合物的两种形式同时存在。在 CID 电压为 160 V 和 SID 电压为 120 V 时分别检测这些 SAP 十聚体。CID 和使用图 9.10 所示仪器的 SID 图谱揭示了不同的产物离子分布（图 9.12）[40]。两种十聚体的 CID 图谱几乎相同，而它们的 SID 图谱显示出明显的差异，可用于区分不同寡聚复合物。

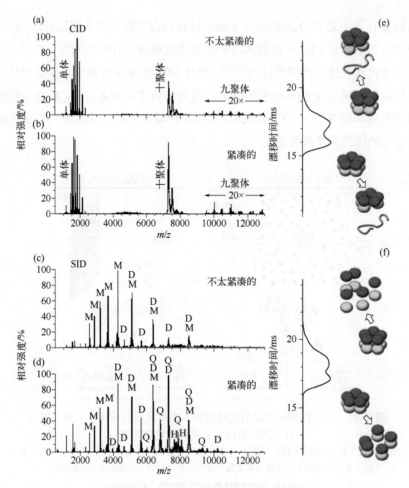

图9.12 SAP十聚体的碎片离子图谱

(a) 不太紧凑的和 (b) 紧凑的十聚体在 160 V 的 CID 图谱, (c) 不太紧凑的和 (d) 紧凑的十聚体在 120 V 的 SID 图谱。图谱中标记了主要的质谱峰(M 单体;D 二聚体,Q 四聚体,H 六聚体)。(e)和(f)部分显示了相应的 IMS 漂移时间分布,将不太紧凑和紧凑的 SAP 十聚体 CID 和 SID 产物离子进行了一些分离,示意图给出了合理的解离途径(经许可转载自参考文献[40]。© The American Chemical Society,2012)

9.5 TOF 仪器上的串联质谱

9.5.1 利用 ReTOF 技术的串联质谱

设想一个离子 m_1^+ 在穿过无场区的过程中发生解离。根据产物离子 m_2^+ 和中性碎片 n 对前体离子质量的相对贡献,前体离子的动能在二者动能之间分布:

$$E_{\text{kin}(m_2^+)} = E_{\text{kin}(m_1^+)} \frac{m_{i2}}{m_{i1}} \text{ 和 } E_{\text{kin}(n)} = E_{\text{kin}(m_1^+)} \left(1 - \frac{m_{i2}}{m_{i1}}\right) \qquad (9.10)$$

9.5 TOF 仪器上的串联质谱

从离子源到反射器飞行过程中所产生碎片离子的动能将低于完整的前体离子（图 9.13）。虽然动能在解离时发生变化，但离子速度保持不变，这一点在线形 TOF 的讨论中已经提到过了（第 4.2.3 节）。反射器能够处理能量降低至 70%～90%的离子 $[(0.7～0.9)E_{kin(m_1^+)}]$。逐步降低反射器电位可以采集到部分碎片离子质谱图，每个碎片离子质谱图覆盖前体离子质量的百分之几[6,43,44]。将这些数据拼在一起，就可以得到 m_1^+ 亚稳态解离形成的产物离子质谱图。为了覆盖从 m_1 到 $0.1m_1$ 的范围，反射器必须以 10～20 倍的幅度将其电位 V_0 降低到 $0.1V_0$。

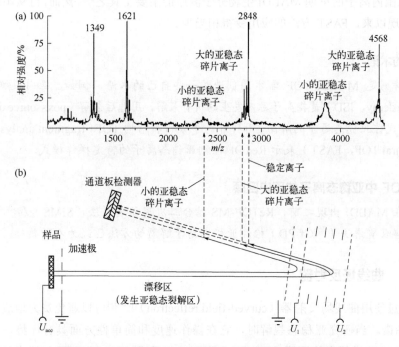

图 9.13 MALDI-ReTOF 图谱中 PSD 碎片离子的解释

(a) 混合物 MADLI 图谱如示意图所示，不同离子的峰分别对应的$[M+H]^+$离子：神经肽 P，m/z 1348；蛙皮素，m/z 1621；蜂毒素，m/z 2848；促肾上腺皮质激素，m/z 4568。(b) PSD 模式将扩散的碎片离子峰转化为有用的分析信号。当前体离子和密切相关质量的碎片离子深入反射器时，由较大中性丢失所产生的那些离子在靠近反射器入口的边缘场中返回，并且没有充分地聚焦到检测器上。为了使这些离子有效地进入反射器区，需要将反射器电势逐步降低到较低值（经许可转载自参考文献[43]）。© John Wiley & Sons, 1992)

对于串联质谱，ReTOF 分析器本身仅提供设置的无场区和 MS2。无需进一步改装，离开离子源的所有潜在前体离子物种的亚稳态解离都将被同时检测，并得到叠加的信号。

前体离子的选择（MS1）遵循一个尽管技术要求很高但却简单的原理，即偏转电极放置在飞行路径附近。为了选择母离子，低于所选前体离子 m/z 值的离子被静电偏转，然后短暂关闭偏转器以传输前体离子，最后再次打开高压以偏转更高 m/z

值的离子。由于偏转门的位置相当靠近离子源,其充当短 TOF 分析器,仅提供中等的前体离子分辨率。Bradbury 和 Nielsen 引入了早期的速度依赖性离子选择器,因此通常称为 Bradbury-Nielsen 门[45]。在现代仪器中,定时离子选择器(timed ion selector,TIS)通常用于前体离子的选择装置。整个过程被称为碎片离子分析和结构 TOF(fragment analysis and structural TOF,FAST)[6,43,44]。

尽管 FAST 的前体离子分辨率相对较差,并且是一个耗时和耗样品量的方法,但 ReTOF 上源后裂解(post-source decay,PSD)离子的 MS/MS 一直是 m/z 500～3000 范围内离子的早期 MALDI 生物分子测序的主要工具之一。然而,自从串联 TOF 仪器出现以来,FAST 方法的应用变得相当少。

奇怪的术语

特别是 MALDI-TOF 学术圈创造了一些自己的术语,例如,源内裂解(in-source decay,ISD)是指离子源内发生的所有裂解,用源后裂解(post-source decay,PSD)代替亚稳态离子的解离,用碎片离子分析和结构 TOF(fragment analysis and structural TOF,FAST)表示 ReTOF 检测亚稳态离子的特定操作模式。

ReTOF 中亚稳态离子的历史回顾

在 MALDI 出现之前,ReTOF-MS 结合二次离子质谱法(SIMS)和 ^{252}Cf 等离子解吸质谱法(^{252}Cf-PD)检测亚稳态离子解离的方法已经为人所熟知[46-49]。

9.5.2 曲线场反射器

通过使用曲线场反射器(curved-field reflectron)[50-53]可以避免费力地逐步采集 PSD 图谱。当研究亚稳态裂解时,它在操作速度和简单性方面具有优势,如通过 MALDI-TOF 进行多肽测序。Shimadzu 在 Axima 系列 MALDI-TOF 仪器中采用了曲线场反射器。

曲线场反射器将飞行管延伸了很长一部分,在那里产生了一个非线性电场,在相对大量的离子透镜之间,电场的电压差随着飞行管深度增加而增大。这种类型的离子反射器能够在$(0.1～1.0) E_{\text{kin}(m_1^+)}$的整个动能范围内同时聚焦 PSD 碎片离子。由于它作为发散离子镜,与两级反射镜相比,会导致更多的离子损失。

同轴 ReTOF 仪器的曲线场反射器占据了总飞行路径($s = l_1 + D$)的很大一部分(D)。一台原型仪器使用了 86 个透镜元件,其电压由位于其间的 85 个精密电位计设定(图 9.14)[52]。离子源和反射器入口之间的距离 l_1 为亚稳态解离提供了足够的无场飞行路径。为了用 CID 增强前体离子的裂解,可以在前体离子选择门之前的短飞行路径中的任何地方放置一个碰撞池[53]。

9.5 TOF 仪器上的串联质谱

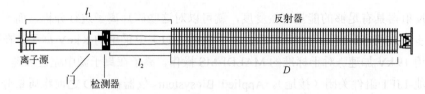

图 9.14 同轴曲线场反射式 TOF 质谱仪

全长大约 1m（经许可改编自参考文献[52]）。© John Wiley & Sons，1995）

9.5.3 真串联 TOF 仪器上的串联质谱

有限的前体离子分辨率和逐步采集串联质谱图的需求推动了 TOF/TOF 仪器的研发。在这里，MS1 功能是通过一种独特的短线形 TOF 分析器实现的，该分析器将由定时离子选择器（TIS）选择的特定 m/z 离子输送到碰撞池，碎片离子从碰撞池以明确的方式加速进入属于 ReTOF 系统的第二飞行管中。Applied Biosysfem 公司[54] 和 Bruker Daltonik[55,56]实现了第一批这类 TOF/TOF 仪器的商品化。尽管在细节上有所不同，这些 TOF/TOF 仪器的基本设计思想是在相对较低的加速电压下操作 TOF1，并将碎片离子加速到一个高分辨率的 ReTOF 区域作为 MS2，用于分析动能为 20～27 keV 的离子（图 9.15）。

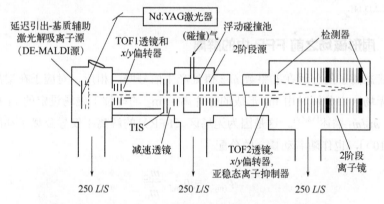

图 9.15 线形 TOF1 和 ReTOF2 组成的串联 TOF 分析器

来自 TOF1 的离子由一个定时离子选择器选择 m/z，减速，CID 裂解，加速，然后进入 ReTOF2
（经许可转载自参考文献[54]。© Elsevier Science，2002）

TOF1 中前体离子较低的速度不仅简化了 TIS 的操作，还允许离子有足够的时间解离（10～20 μs）[56]，并使所产生的碎片离子的动能扩散得很窄。在通常由 CID[57] 实施的裂解之后，离子进入位于碰撞池后面的第二加速阶段。通过将所有离子"提升"一定量的动能，可以减少它们在动能中的相对扩散。例如，5 keV 的前体离子可能产生 0.5～5 keV 的碎片离子。在所有碎片离子中再添加 15 keV，使其达到 15.5～20 keV。实际上，包括碰撞池和加速透镜组件的作用类似于第二个延迟引出离子源。

只要反射器具有足够的能量可接受度，就可以对这些碎片离子进行分析，而无需繁琐地步进式调节反射器的电压。Bruker 系统的 TOF1 中采用的 8 keV 离子，在碰撞后再用 19 kV 加速。对于标准的 MALDI-MS 操作，离子在离子源中完全加速，TIS-碰撞池-LIFT 组件关闭（接地）。Applied Biosystems 仪器在 CID 之前将质量分析的离子减速至动能为 1～2 keV，然后将其加速至动能为 20 keV 进行 ReTOF 分析。这两个概念都利用了每个阶段的延迟引出，并且都需要在碰撞池和反射器之间的管路中有一个亚稳态离子抑制器。亚稳离子抑制器偏转在 CID 池中存活的前体离子，这类似于 TIS 的操作，否则 2.FFR 处的亚稳态离子会以与图 9.13 所示相同的方式干扰图谱[53,57]。

9.6 带有扇形磁场仪器的串联质谱

用扇形磁场仪器检测亚稳态解离和碰撞诱导解离有多种方法[13]。实际上，质谱中所谓的"扩散峰"的整个现象都是用这种类型的质量分析器发现的（第 4.3.2 节）。在 20 世纪 40 年代中期，这些宽峰的信号被正确地解释为离子在传输过程中的分解[58,59]。亚稳态离子图谱仍然是研究离子的解离机理和热化学不可缺少的工具之一[1,2,13,14]。

9.6.1 扇形磁场之前 FFR 中的解离

亚稳态离子的分解在非整数 m/z 值处产生信号峰。相反，对应于在扇形磁场区前面的无场区中分解时由 m_1^+ 形成的碎片离子 m_2^+ 的峰位于磁场设定的 m^* 处，由关系 $m^* = m_2^2/m_1$ 描述[58,59]。这是因为无场区（FFR）的解离不仅导致离子动能的分配 [式（9.10）]，也伴随着动量 p 的分配

$$p_{(m_2^+)} = p_{(m_1^+)} \frac{m_{i2}}{m_{i1}} \tag{9.11}$$

由于速度守恒，即 $v_1 = v_2 \equiv v$，在扇形磁场区之前的 FFR 中形成的碎片离子 m_2^+ 的动量不同于来自离子源的碎片离子的动量。亚稳态离子解离形成的离子因此穿过磁场，就好像它具有虚拟质量 m^*

$$m^* = \frac{m_2^2}{m_1} \tag{9.12}$$

这就解释了由于亚稳态离子解离，在 B 和 EB 仪器的扫描图谱中，在部分 m/z 值处的"扩散峰"[58,59]。反过来，由 BE 仪器获得的质谱图在正常操作中不显示任何亚稳态离子峰。

观察到极宽的峰 邻硝基酚分子离子 m/z 139 的亚稳态裂解，已在单聚焦扇形磁场质谱仪上进行了研究（图 9.16）[60]。它通过丢失 NO 产生[M−NO]⁺ m/z 109，质谱图显示一个低强度的平顶峰，扩展超过三个质量单位。在宽峰旁边和顶部观察到一些小而窄的"规则峰"，这些峰对应于离子源内形成的碎片离子。亚稳态解离产生的峰值以 m/z 85.5 为中心，这可以用简单的计算 $m^* = m_2^2/m_1 = 109^2/139 = 85.5$ 来解释。

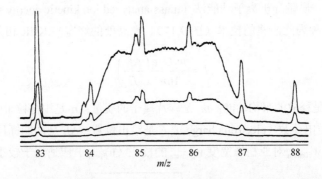

图 9.16 由于邻硝基苯酚分子离子的亚稳态 NO 丢失而产生的峰
多条轨迹对应于多通道记录仪的不同放大器设置（经许可改编自参考文献[60]。
© Verlag der Zeitschrift für Naturforschung, 1965）

9.6.2 质量分析离子动能谱

质量分析离子动能谱（mass-analyzed ion kinetic energy spectra，MIKES）[61,62] 只能在 BE 设备上测量。前体离子由磁场选择，m_1^+ 在 2.FFR 中解离的碎片离子依据其动能被静电场分析器（ESA）分析。这可能是因为前体离子的动能分布在产物离子和中性物种之间。由式（9.10）可得

$$\frac{E_2}{E_1} = \frac{m_{i2}}{m_{i1}} = \frac{m_{i2}v^2}{m_{i1}v^2} \tag{9.13}$$

因此，扫描电场（E 扫描）产生的能谱允许从峰宽确定动能释放（kinetic energy release，KER）。MIKES 提供了良好的前体离子分辨率，但由于 KER 对峰形的影响，产物离子分辨率较差。

> **MIKES 的横坐标**
> 在 MIKES 中，E_1 表示通过 ESA 传输前体离子 m_1^+ 所需的整个电场，E_1 通常表示为起始值 E_0。然后把 MIKES 的横坐标分成 $E/E_0 = m_2/m_1$ 的单位。

9.6.3 动能释放的测定

由图 9.16 可知，亚稳态离子解离产生的峰比"常规"的峰宽得多。在第 2.8 节

将逆反应的活化能（activation energy of the reverse reaction，E_{0r}）和能量分配（energy partitioning）作为动能释放（kinetic energy release，KER）的化学热力学原因。峰展宽是由来自 KER 的动能转移到离子束通过质量分析器时的动能引起的。由于碎片离子的自由旋转，这种叠加运动没有优选的方向。如果分析系统的实验设置得当，那么在所得动能谱中，KER 的 x 分量，即沿着飞行轴的分量，可以从亚稳态离子分解的峰宽计算出来。质量分析离子动能法（mass-analyzed ion kinetic energy spectrometry，MIKES）是一种为此而建的技术（图 9.17）。半高处的峰宽与 KER 相关[13,14]：

$$T = \frac{m_2 U_b e}{16n}\left(\frac{\Delta E}{E}\right)^2 \tag{9.14}$$

式中，T 是释放的平均动能；m_2 是碎片离子的质量；n 是中性粒子的质量；U_b 是加速电压；e 是电荷数（electron charge）；E 是给出位置；ΔE 是动能标尺上峰的宽度。主离子束宽度 $w_{50\text{main}}$ 对亚稳峰宽度 $w_{50\text{meta}}$ 的校正（$w_{50\text{corr}}$）应适用于较小的 T 值[63,64]：

$$w_{50\text{corr}} = \sqrt{w_{50\text{meta}}^2 - w_{50\text{main}}^2} \tag{9.15}$$

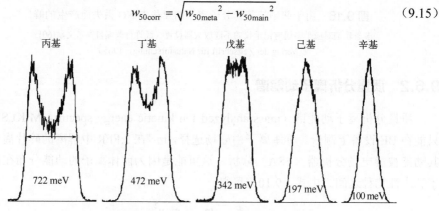

图 9.17 降低 E_{0r} 对 KER 的影响

进行 MIKES 测量的 m/z 58 离子，是由同系亚铵离子通过麦氏重排（McL）丢失烯烃（乙烯到己烯）的产物离子。KER 由半高处的峰宽确定

麦氏重排的 KER 随着 E_{0r} 的降低，观察到 KER 值以及峰形可能会发生显著变化（图 9.17）。在亚胺离子的麦氏重排中（第 6.12.1 节），当取代基从丙基变到辛基时，离去的烯烃从乙烯增大到己烯。尽管如此，形成 m/z 58 的产物离子的反应机理仍然不受影响[65]（图式 9.1）。

图式 9.1

> **基于已建立标准的校准**
>
> 在进行 KER 测量之前，建议根据公认的标准对仪器（al 参数）进行"校准"。例如，烯丙基甲醚分子离子在图谱中分解产生三个不同形状和位置的峰[65-67]。

9.6.4 "B/E = 常数"的联动扫描

在 BE 和 EB 仪器的 1.FFR 中分解的离子可以使用"B/E = 常数"的联动扫描来检测[68]。由于 B 和 p（$r_m = mv_i/qB$）的比例关系，如果满足下列关系，离子会传输通过磁场：

$$\frac{B_2}{B_1} = \frac{m_2 v}{m_1 v} = \frac{p_2}{p_1} = \frac{m_2}{m_1} \qquad (9.16)$$

式中，m_1 和 m_2 为前体离子和产物离子的质量；v 为它们的速度。为了随后通过 ESA，它们必须满足式（9.13）。这样就可以通过这两个区域。

$$\frac{B_2}{B_1} = \frac{E_2}{E_1} = \frac{m_2}{m_1} \qquad (9.17)$$

将扫描条件定义为 B/E = 常数。因此，B 和 E 必须一起扫描，即以联动的方式扫描。"B/E = 常数"的联动扫描能提供良好的碎片离子分辨率（$R \approx 1000$），但前体离子分辨率差（$R \approx 200$）。与所有联动扫描一样，存在伪峰的风险[69-72]，因为联动扫描技术并不代表 MS1 和 MS2 清晰分离开的真正串联质谱。因此，建议使用两种互补的扫描模式来避免歧义[70]。

9.6.5 其他的联动扫描功能

虽然 TOF 仅允许检测选定前体的产物离子，但扇形磁场仪器提供了其他的操作模式：①专门识别特定前体离子的产物离子，即所谓的前体离子扫描（precursor ion scans）[73,74]，或②仅检测特定中性质量丢失形成的离子，即所谓的恒定中性丢失（constant neutral loss，CNL）扫描[75]。这可以通过一些技术要求更高的联动扫描来实现（表 9.2）[76-79]。

"B^2E = 常数"的联动扫描的分析应用 "B^2E = 常数"的联动扫描[74]已被用于定量测定咖啡、红茶和含咖啡因软饮料中的咖啡因含量[80]。通过在样品中加入已知浓度的[D$_3$]咖啡因 $M^{+\cdot}$ = 197 作为内标来测定咖啡因 $M^{+\cdot}$ = 194。两个分子离子都能解离形成 m/z 109 碎片离子，该碎片离子被选为 m_2^+。然后，前体离子扫描显示二者的分子离子 m_1^+ 和 [D$_3$]m_1^+，作为 m/z 109 离子的前体离子。以峰强度比作为分析物和标记标准品相对浓度的量度（图 9.18）。现代的方法会涉及三重四极杆仪器（第 9.7 节）。

表 9.2 在扇形磁场质谱仪上检测亚稳态离子解离的一般扫描规则

选定的质量	扫描规则	是否从峰宽得到 KER	分析器和 FFR	性能
m_1	$B = B_{m1}$, 且 $E/E_0 = m_2/m_1$	是	BE 2.FFR	质量分析离子动能谱（MIKES），扫描 E
m_1	$B/E = B_{0(1)}/E_0$, 即 $B/E = $ 常数	否	BE 或 EB 1.FFR	联动扫描，前体离子分辨率差但产物离子分辨率好
m_2	$B^2/E = B_2^2/E_0$, 即 $B^2/E = $ 常数	是	BE 或 EB 1.FFR	联动扫描，产物离子分辨率差但前体离子分辨率好，需要对 B 精确控制
m_2	$B^2 \times E = B_{0(2)} \times E_0$, 即 $B^2 \times E = $ 常数	否	BE 2.FFR	联动扫描，分辨率受 B 影响，需对 B 精确控制
m_n	$(B/E) \times [1-(E/E_0)]^{1/2} = $ 常数，即 $E/E_0 = m_2/m_1 =$ $1-(m_n/m_1)$	否	BE 或 EB 1.FFR	恒定中性丢失（CNL），联动扫描

注：所有列出的扫描都使用恒定的加速电压 U。U 扫描提供额外的扫描模式。然而，在宽范围内 U 扫描会导致离子源失谐。

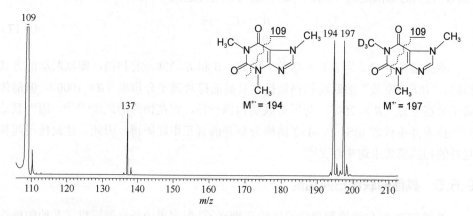

图 9.18 以 [D_3] 咖啡因为内标的含咖啡因软饮料（可乐）的 m/z 109 离子的 CID B^2E 图谱
不同品牌样品测得的结果在 73～158 mg/L 范围内（经许可改编自参考文献[80]）。© John Wiley & Sons，1983）

对过去的扫描？

前体离子扫描表明曾经对某种物质进行了测量。然而应该意识到，在前体离子扫描中，也是通过检测产物离子实现的。但这种方式中，只有选定的前体离子的碎片离子才能够进入检测器，因此得到该术语。

9.6.6 多扇区仪器

多扇区质谱仪，通常是四扇区质谱仪，是在 20 世纪 80 年代发展起来的，它将高前体离子分辨率与高碎片离子分辨率结合起来[81,82]。其主要应用领域是运用 FAB-CID-MS/MS 进行生物分子的测序。商品化设备的代表包括 JEOL HX 110 / HX

110A（EBEB）、JEOL Mstation-T（BEBE）或 Micromass AutospecT（EBEBE）。当前，类型全面的融合质谱仪已经取代了这些令人印象深刻的重 4～5 t、占地 3 m×5 m 的"庞然大物"。一些定制的四扇区仪器仍然在致力于气相离子化学的实验室中使用[83]。

FAB 和多肽测序 从磁场四扇区仪器获得的胸腺素-T1（[M+H]⁺ m/z 1427.7）的 FAB-CID-MS/MS 的质谱图[84]，显示了由于 N-端、C-端和内部裂解而产生的大量碎片离子（图 9.19）[85]。不归纳出裂解所遵循的规则，从这样的图谱中获得序列信息几乎是不可能的[86-91]。从发生裂解的多肽离子中获得的丰度最大的碎片离子通常属于六大系列，如果质子（或电荷）保留在 N-端，则为 a、b、c 系列；如果质子位于 C-端部分，则为 x、y、z 系列。在每个系列中，质量差应该只有一个氨基酸。理想情况下，可以倒数氨基酸测序。

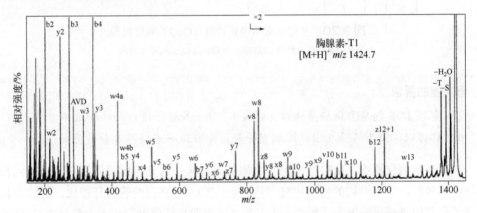

图 9.19 胸腺素-T1 [M+H]⁺ m/z 1424.7 的 FAB-CID 串联质谱图

（经许可转载自参考文献[85]。© The American Chemical Society，1993）

> **串联质谱测定混合物**
>
> MS/MS 技术的一个优点是，它们不需要完全分离所有感兴趣的化合物。MS1 选择前体离子时除去了伴随离子对 CID 图谱的贡献，只有实际被选择的前体离子经过 MS2 得到 CID 图谱（第 14.7 节）。

9.7 拥有线形四极杆分析器的串联质谱

9.7.1 三重四极杆质谱仪

三重四极杆质谱仪（QqQ）正在成为 GC-MS/MS 和 LC-MS/MS 应用的标准分析工具，尤其是在需要准确定量的情况下（第 14.3 节）。自问世以来[92-94]，它们在质量范围、分辨率和灵敏度方面不断改进[95-97]。在早期的三重四极杆质谱仪中，Q1 作为 MS1；接着是一个中间的纯射频四极杆 q2 作为"无场区"，具有解离的亚稳态离子的导向能力，或者更常见的作为 CID 的碰撞池；最后 Q3 分析从 q2 出来的碎片离子（图 9.20）。离子通过 QqQ 仪器的传输通常由分隔四极杆间隙中的 Einzel 透镜所支撑[98,99]。

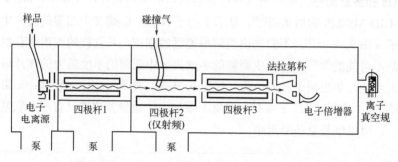

图 9.20 早期三重四极质谱仪（QqQ）的原理图

（经许可转载自参考文献[93]。© Elsevier Science，1979）

导向器的要求

串联 TOF 或扇形磁场质谱仪（第 9.3.1 节）等短管设计的碰撞池不能用于四极杆质谱仪，因为离子在出口处相当分散，会在进一步碰撞散射时丢失。

在当前的仪器中，MS1 和 MS2 之间的碰撞区不再是纯射频四极杆，而是六极杆或八极杆，因为它们的势阱更陡（第 4.4.4 节），与真正的四极杆相比，这大大提高了它们的离子导向能力。如今，大多数"三重四极杆仪器"基本上都呈现 QhQ 或 QoQ 设计。自从行波离子导向器（traveling wave ion guide，TWIG，第 4.10.2 节）问世以来，也有一些仪器是 Q-TWIG-Q 的构造，如 Waters 的 Xevo TQ-XS 或 Vion IMS-Q-TOF。

在 MS/MS 操作中，特定质量的离子从 Q1 出来后，被加速进入离子导向碰撞池，通常其中的电位补偿为 5~50 V，碰撞气（N_2、Ar）的压力为 0.1~0.3 Pa。仔细优化所有参数可以大大提高 CID 的效率和分辨率[100]。如果不打算使用 MS/MS，Q1 或 Q3 可以设置为仅射频模式，从而将其功能简化为具有离子导向能力的简单飞行管，这样仪器就像单四极杆质谱仪一样工作。

"正常"扫描中的 QqQ

乍一看，Q1 或 Q3 切换到仅射频模式对于质谱没有区别。然而对于 EI 最好将 Q3 设为仅射频，否则离子源将有效地延伸到 Q3 的入口，由于解离时间延长，使得碎片离子更加丰富。而软电离方法没有显示出这种差异。

9.7.2 三重四极杆串联质谱的扫描模式

在三重四极杆仪器中，Q1 和 Q3 分别作为 MS1 和 MS2 独立工作，使 MS/MS 变得简单明了。表 9.3 总结了产物离子、前体离子和中性丢失扫描的实验设置，并在图 9.21 中进行了描述。毫无疑问，该仪器类别提供了最容易理解的串联质谱操作模式。

表 9.3 三重四极杆仪器的扫描模式

扫描模式[①]	Q1 的运行模式	q2 的运行模式	Q3 的运行模式
产物离子，确定 m_1	不扫描，仅选择 m_1	亚稳态或 CID	扫描至 m_1 以收集其碎片离子
前体离子，确定 m_2	从 m_2 向上扫描，来覆盖潜在的前体离子	亚稳态或 CID	不扫描，仅选择 m_2
恒定中性丢失，确定 n	扫描所需的范围	亚稳态或 CID	扫描范围偏移 Δm 至低质量数

① 离子反应 $m_1^+ \rightarrow m_2^+ + n$。

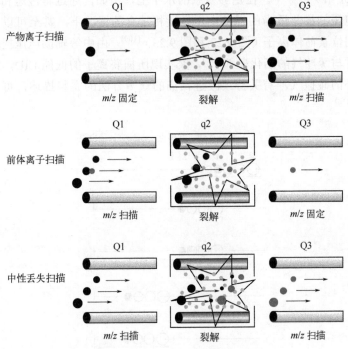

图 9.21 三重四极杆质谱仪的扫描模式

（经许可改编自参考文献[101]。© Springer-Verlag, 2004）

9.7.3 五级四极杆仪器

三重四极杆仪器可以通过添加另一个仅射频四极杆和第三个质量分析四极杆来

进行扩展，以构建 QqQqQ（五级四极杆）仪器。五级四极杆可实现 MS^3 的罕见空间串联概念。Extrel 曾经提供过一个商品化五级四极杆仪器，但仍然相当独特。尽管如此，五级四极杆设备仍可以作为研究气相离子化学，特别是离子-分子反应的通用工具[102-105]。对于后一种应用，将中性试剂引入区域与产生适当 m/z 前体离子的区域在空间上有效分离，相对于时间串联更具明显优势。

9.8 四极离子阱串联质谱仪

离子阱是时间串联仪器，即它们在同一个地方执行前体离子选择、离子活化和碎片离子图谱采集的步骤。这种有利的特性使得单个 QIT 不仅可以实现 MS^2，还可以实现 MS^3 和更高阶的 MS^n——这确实是一个非常经济的概念。根据初始前体离子的丰度，离子的裂解行为及 QIT 的性能可通过 MS^6 实验测定[106]。

在 QIT 中，MS^n 是通过对基本 RF 和辅助调制电压使用适当的扫描功能来实现的（第 4.6.7 节）[106-108]。在足够复杂的水平上，例如，通过将慢速和快速正向和逆向射频电压扫描与适当的辅助电压设置相结合的情况下，甚至可以分离三电荷离子的单同位素前体离子（图 9.22 和图 9.23）[109]。由中等辅助电压提供的共振激发可以通过与缓冲气的活化碰撞[110]，来实现所捕获离子的低能 CID，即在 QIT 中不需要额外的碰撞气。有关持续改进扫描的众多方法的完整描述，可以参阅有关文献[109,111-116]。

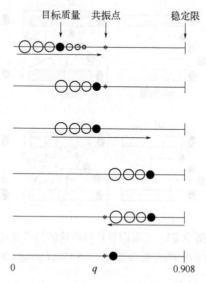

图 9.22 通过使用 QIT 的正向和逆向扫描来分离母离子的原理

小于前体离子的离子通过在 $q=0.908$ 的稳定限以上激发它们来除去，然后更改设置，以便减小射频振幅来除去较重的离子（经许可转载自参考文献[109]）。© John Wiley & Sons，1992）

9.8 四极离子阱串联质谱仪

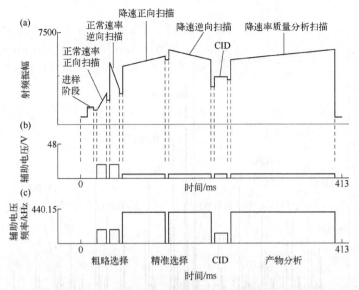

图 9.23 （a）射频振幅、（b）辅助电压振幅和（c）辅助电压频率随时间的变化顺序
首先实现粗略的前体离子选择，然后通过低速重复进行精细选择，接着进行 CID 和产物离子扫描
（经许可改编自参考文献[109]。© John Wiley & Sons，1992）

遗憾的是，QITs 用于碎片离子分析有一个主要缺点，即不能在整个 m/z 范围内同时储存离子。在 m/z 值约为前体离子的三分之一以下离子的丢失是 QITs 的普遍特性。这种现象被称为低质量截止（low-mass cutoff，LMCO）[116]。

QIT 中的串联质谱 在 Bruker Esquire 3000 四极离子阱上获得的 β-酪蛋白胰蛋白酶磷酸肽 FQpSEEQQQTEDELQDK 的[M+2H]$^{2+}$的正离子电喷雾串联质谱图（图 9.24）[101]。根据 b 离子命名法和 y 离子命名法标记肽两末端的氨基酸残基丢失。由于磷酸丝氨酸的存在，与未磷酸化的形式相比，C-端和 N-端肽离子（$b_3 \sim b_{15}$ 和 $y \sim y_{14}$）的质量增加了 80。此外，大多数离子伴随着丢失 H_3PO_4（98 u）的相应碎片离子。

QIT 中的 MS^n QIT 中的 MS^4 被用于鉴定球孢白僵菌（*beauveria bassiana*，一种昆虫的致病真菌）发酵液中环肽白僵菌环缩醇酸肽（beauverolides）[117]。所有 MS^n（ESI-CID-QIT）实验都是从单电荷[M+H]$^+$前体离子开始的（图 9.25）。

> **时间串联仪器的局限性**
>
> 与空间串联仪器相比，时间串联仪器既不支持前体离子扫描，也不支持恒定中性丢失扫描。虽然产物离子扫描只需要在裂解前分离前体离子，但前体离子扫描和恒定中性丢失扫描分别依赖于同时进行离子选择加扫描或双重扫描。同时满足两个标准需要有两台不同的分析器在工作。

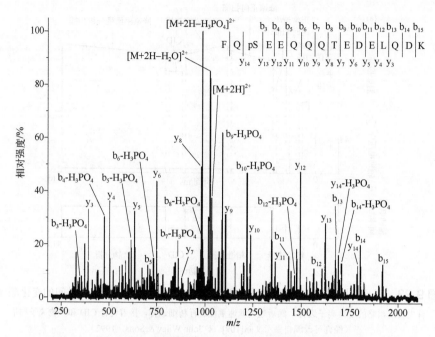

图 9.24 β-酪蛋白胰蛋白酶磷酸肽 FQpSEEQQQTEDELQDK 的 $[M+2H]^{2+}$ 的正离子电喷雾串联质谱，通过 HPLC 联用四极离子阱获得

（经许可转载自参考文献[101]。© Springer-Verlag，2004）

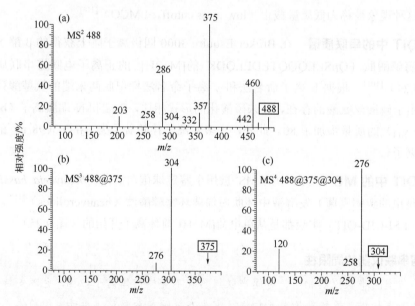

图 9.25 白僵菌环缩醇酸肽的 ESI-CID-QIT 质谱图的序列

（a）从全扫描图谱中选出 $[M+H]^+$ m/z 488 离子的 MS^2；（b）从（a）中选择出 m/z 375 离子的 MS^3；（c）从（b）中选出 m/z 304 离子的 MS^4（经许可改编自参考文献[117]。© John Wiley & Sons，2001）

9.9 线形四极离子阱的串联质谱

配有线形四极离子阱的质谱仪是高度灵活的仪器。如第 4.5 节所述，市场上有两种相互竞争的概念，一种是采用轴向抛射的 LIT 作为融合型质谱的一部分[118]，另一种是采用径向抛射的纯 LIT 设计[119,120]。

9.9.1 QqLIT 的串联质谱

QqLIT 的设计基本上是一个三重四极杆仪器，其中 Q3 被换成了线形离子阱。因此，它提供了 QqQ 仪器（第 9.7 节）的所有典型扫描模式和特性，并增加了那些由 LIT 带来的额外模式和特性，即高阶串联 MS 以及离子积累和后续扫描的组合，以提高灵敏度（图 9.26）[118,121-123]。

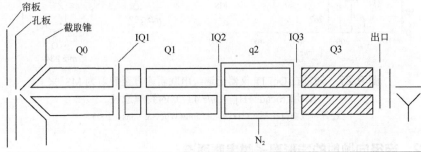

扫描类型	Q1	q2	Q3
Q1扫描	分辨(扫描)	仅射频	仅射频
Q3扫描	仅射频	仅射频	分辨(扫描)
产物离子扫描(PIS)	分辨(锁定)	裂解	分辨(扫描)
前体离子扫描(PI)	分辨(扫描)	裂解	分辨(锁定)
中性丢失扫描(NL)	分辨(扫描)	裂解	分辨(偏置扫描)
选择反应监测模式(SRM)	分辨(锁定)	裂解	分辨(锁定)
增强产物离子(EPI)	分辨(锁定)	裂解	捕集/扫描
三级质谱(MS³)	分辨(锁定)	裂解	分离/裂解捕集/扫描
延时裂解捕获产物离子(TDF)	分辨(锁定)	捕集/不裂解	裂解/捕集/扫描
增强型Q3全扫描(EMS)	仅射频	不裂解	捕集/扫描
增强分辨率型Q3全扫描(ERMS)	仅射频	不裂解	捕集/扫描
增强型多电荷分辨扫描(EMC)	仅射频	不裂解	捕集/清空/扫描

图 9.26 QqLIT 仪器（Applied Biosystems 的 Q-Trap 系列）的仪器设置与其各种扫描模式的相关性

表格的上半部分列出的扫描模式与三重四极杆仪器相同，而下半部分包含了特定仪器设计所独有的扫描模式（经许可转载自参考文献[118]。© John Wiley & Sons, 2003）

阐明裂解途径 抗类风湿药物 Trocade™, [trocade+H]⁺（m/z 437）的裂解途径，可由 QqLIT 仪器通过逐级串联质谱直至裂解为 MS⁴ 而被阐明（图 9.27）。质子化的分子首先消除羟胺（33 u）产生 m/z 404 的酰基碎片离子，继而丢失 α-碳上的咪唑烷二酮取代基形成 m/z 262 的碎片离子，会再进一步丢失 CO[118]。

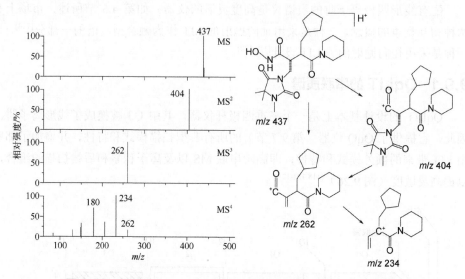

图 9.27 通过在 QqLIT 仪器上逐级串联质谱直至裂解为 MS^4 来阐明[trocade+H]$^+$（m/z 437）的裂解途径

（经许可改编自参考文献[118]。© John Wiley & Sons，2003）

9.9.2 带径向抛射的线形离子阱串联质谱

单独的 LIT 仅可按时间上的串联来提供串联质谱方法。当 LIT 的缓冲气压力较高时，可以实现更高的捕获效率、更有效的裂解和碎片离子捕获，而更高的扫描速率和分辨率则需要较低的压力。Thermo Fisher LTQ Velos^{TM} 系列推出的双 LIT 设计满足了这些需求。它将两个相同的 LIT 串联，且连接同一个射频和辅助交流电源，而用于捕获的直流偏置电压则是相互独立的。将氦气缓冲气注入高压 LIT，这样就可以降低相邻质量分析 LIT 中的氦气压力（图 9.28）[119]。两个 LIT 之间的功能分离不仅可以允许保持单位质量分辨率情况下达到 33000 u/s 的扫描速率，而且当在窄 m/z 范围内以低扫描速率运行时，分辨率可以比单 LIT 提高一倍多，甚至达到 25000。该制造商的其他融合型质谱仪也采用了这种双 LIT 设计，这些仪器使用 LIT 作为 MS1（LTQ-Orbitrap Velos$^{TM[124]}$，LTQ-FT Velos^{TM}）。

> **空间串联还是时间串联**
>
> 随着 QqLIT 和双 LIT 仪器的引入，空间串联质谱和时间串联质谱的概念也开始交融，因为这两种串联特性都是这些仪器的一部分。这再次证明了质谱仪器的高速发展。

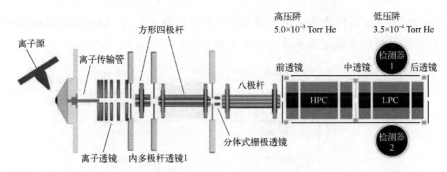

图 9.28 Thermo Fisher LTQ Velos 仪器有一个双线形离子阱结构，第一个在较高压力下运行（HPC），第二个在较低压力下运行（LPC），以获得更好的分辨力

双 LIT 设计还提高了操作速度，因为第二个 LIT 在对前一个周期的碎片离子进行质量分析时，第一个 LIT 已经可以为第二个 LIT 准备离子了（经许可转载自参考文献[119]）。© The American Chemical Society, 2009）

9.10 静电场轨道阱质谱仪的串联质谱

静电场轨道阱分析器本身不提供串联质谱操作模式。相反，在静电场轨道阱对碎片离子进行高分辨率和准确质量分析之前，前体离子的分离和解离步骤在作为 MS1 的专用 LIT 中（第 4.8.4 节）进行。LTQ-Orbitrap 仪器的 LIT 中的多次碰撞 CID（第 9.3 节）有时不足以实现相对稳定的前体离子的裂解，例如，它可能不足以从质子化多肽中产生亚胺正离子碎片。

9.10.1 高能 C 形阱解离

实现更苛刻的 CID 的一种方法是将 C 形阱作为碰撞池，只需将射频电压从 1500 V 提高到 2500 V 即可。其中约 1.3×10^{-3} mbar 的氮气足以作为碰撞气。经过几次振荡后，大多数前体离子被解离裂解，所有离子都受到栅孔和捕获板上电压的限制聚集在 C 形阱的中间，这一过程被称为高能 C 形阱解离 [higher-energy C-trap dissociation，HCD，图 9.29（a）][125]。遗憾的是，C 形阱的射频电压增加会导致同时被存储在 C 形阱中 m/z 范围的减小。

这些缺点可以通过在 C 形阱后端连接一个充有 5 mbar 氮气的仅射频八极碰撞池来避免。为了使用这种碰撞池，来自 LIT 的离子直接穿过 C 形阱，而不是经 C 形阱将它们抛射到静电场轨道阱中。这种八极碰撞池提供了很宽 m/z 范围的碎片离子捕获。然后产生的碎片离子被装回到 C 形阱中，热化并传输到静电场轨道阱中进行最终的 m/z 分析 [图 9.29（b）][125]。这种仪器的几何结构是由 LTQ-OrbitrapXL™ 提供。

用于多肽离子的 HCD　选择多肽离子[HLVDEPQNLIK+2H]$^{2+}$（m/z 653.36）作为前体离子，在 LIT 中积累和分离，直到达到 10^5 个离子。使用 HCD 设置图 9.29（a）获得质谱图（c）。使用图 9.29（b）中的专用八极碰撞池获得质谱图（d），该质

谱图在较低的 m/z 范围内显示出更强和更多的碎片离子信号。特别是可以在 m/z 110 处观察到组氨酸的亚胺正离子碎片（图9.29）[126]。

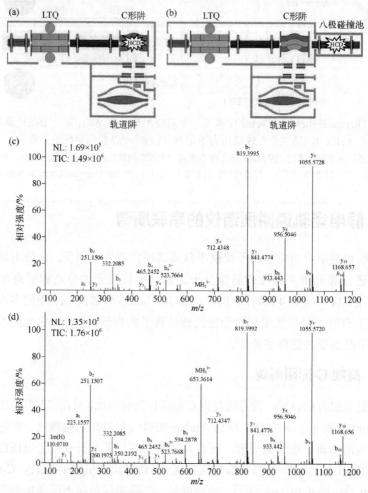

图 9.29 融合式 LIT-Orbitrap 质谱仪示意图，指出了 HCD 中使用的静电势以及和 CID 图谱比较
（a）C形阱的 HCD 操作；（b）增设一个专用八极碰撞池；（c）多肽离子[HLVDEPQNLIK+2H]$^{2+}$通过（a）的 HCD 获得的 CID 图谱；（d）通过设置（b）获得的图谱。NL：计数强度，标准化为 1 s；TIC：总离子流
（经许可转载自参考文献[125]。© Nature Publishing Group，London，2007）

9.10.2 扩展型 LIT-静电场轨道阱融合式质谱仪

将 HCD 几何形状扩展到双 LIT MS1 是有意义的，以达到一种先进的融合式质谱仪设计，可将多种模式下的 MS^n 与强大的最终 m/z 分析相结合[124]。这种仪器已经以 Thermo Fisher LTQ Orbitrap Velos 的形式出现（图9.30）。该仪器最重要的优势之一是蛋白质组学分析的速度快，例如，在 1.0 s 内，双 LIT 可以同时提供五个完整的串联质谱图，同时静电场轨道阱可以对整个 m/z 范围进行一次高分辨率的准确质量全扫描。

9.10 静电场轨道阱质谱仪的串联质谱

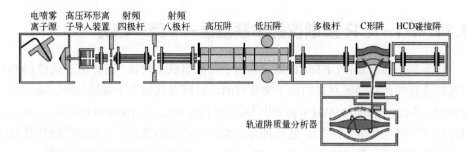

图 9.30 Thermo Scientific LTQ Orbitrap Velos 融合式 FT 质谱仪示意图

该质谱仪结合了双 LIT 和 HCD 以及静电场轨道阱分析器（由 Bremen 的 Thermo Fisher Scientific 提供）

蛋白质组学中的并行串联质谱 蛋白质组的覆盖度和多肽的鉴定与质谱仪的检出限和图谱采集速度紧密相关。质谱采集速度主要受离子积累和分析步骤持续时间的限制。使用 Q-静电场轨道阱-串联 LIT 质谱仪（orbitrap fusion tribrid，第 4.9 节）对采集过程进行广泛的并行化处理，能显著提高图谱采集速率[127,128]。该仪器的架构允许多种操作模式，可以在串联质谱实验运行的同时并行全范围扫描，来提供下一组待检测前体离子的准确质量数据（图 9.31）。该模式以约 2 Hz 提供扫描图谱和以 15~20 Hz 给出选定前体离子的串联质谱图。

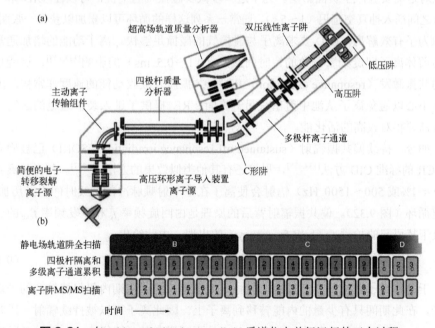

图 9.31 在 orbitrap fusion lumos tribrid 质谱仪上并行运行的三个过程

(a) 仪器示意图; (b) 并行操作的三种模式。第一种模式静电场轨道阱的高分辨率准确质量全扫描比四极杆选择前体离子和随后在串联 LIT 中进行裂解及碎片离子分析 (每步大约 0.06 s) 花费的时间长几倍 (0.5 s)。第二种模式中三条窄条图标记了静电场轨道阱的离子积累。第三种模式 MS/MS 的离子积累需要更长的时间来为串联 LIT 提供更大的前体离子数量（经 Thermo Fisher 许可转载。© Thermo Fisher Scientific, Bremen, 2015）

9.11 FT-ICR 质谱仪的串联质谱——第一部分

作为离子捕获设备，FT-ICR 质谱仪属于时间串联类仪器。前体离子选择（MS1）是通过选择性地存储感兴趣的离子来实现的，而所有其他离子都通过特定激发脉冲来排出。为此，使用了 SWIFT 技术[129]或相关扫描激发（correlated sweep excitation，CHEF）[130,131]（第 4.7.7 节）。这两种方法都产生特定的波形，从而激发除所选离子之外的所有离子。像 QITs 和 LITs 一样，FT-ICR 分析器也能进行 MS" 分析。

如 Qh-FT-ICR 或 LIT-FT-ICR 等融合型设计在现代 FT-ICR 仪器中很流行（第 4.7.11 和 4.9 节），但仍然需要在 ICR 池内进行串联质谱实验。其非常精确的前体离子选择、延长至数十秒的离子存储时间，以及允许气相反应物进行缓慢离子分子反应可能性的专属能力，使得 ICR 成为一种独特的工具[3]。

在 FT-ICR 仪器中，CID 仍然被广泛用作串联质谱的活化技术。碰撞气通过脉冲阀注入 ICR 池。为了避免碰撞气对 ICR 超高真空池（≈ 10^{-10} mbar）的不利影响，气体以短脉冲形式（5~50 ms）从低压容器（≈ 10 mbar）中注入。注入的气体虽然会导致池内压力上升（约 10^{-8} mbar），但是尚不至于降低 FT-ICR 的分辨力和质量准确度，以至对这类实验产生负面影响。为了进一步减少碰撞气的干扰，可以在 CID 和 m/z 分析之间插入抽真空延迟（1~5 s）。通常一系列这样的循环可以累加以获得一张图谱。

为了有效解离，CID 要求离子与碰撞气的碰撞足够快。离子动能的增加通常受到与前体离子回旋频率一致的短时间激发（0.1~0.5 ms）的影响[132,133]，这就是所谓的共振激发（resonance excitation，RE）。共振激发吸收动能的速度非常快，因此必须小心以避免离子从池中射出。另一方面，RE 提供了进入裂解通道的途径，这通常需要相对较高的活化能。

如今，持续偏共振辐射（sustained off-resonance irradiation，SORI）已被确立为 FT-ICR 的标准 CID 方法[134,135]，尽管还有其他类似效果的方法[136,137]。稍微偏离共振（$\Delta\nu$ ≈ 1%或 500~1500 Hz）辐射会使离子在整个射频脉冲的持续时间内经历加速-减速循环（图 9.32）。偏共振辐射背后的原理是由回旋频率 f_c 和激发频率 f_{exc} 的交替正负干扰引起的拍频 f_b（beat frequency）的出现，由此给出

$$f_b = f_{exc} - f_c \tag{9.18}$$

于是，离子轨道不会超过池的尺寸，但在延长的活化期内仍保持较高的平均平移能，在此期间只有少量的内能转移到离子上。因此离子可以被持续辐射一段时间（0.1~1 s）而不会导致射出，而这在 f_c 内是不可避免的。这样 SORI-CID 可通过低动能离子（< 10 eV）与碰撞气的多次碰撞导致离子的逐步活化，即 SORI-CID 实现离子的缓慢内部加热[138]。因此，SORI-CID 解决了那些需要相当低活化能但受益于足够反应时间的裂解途径。

9.11 FT-ICR 质谱仪的串联质谱——第一部分

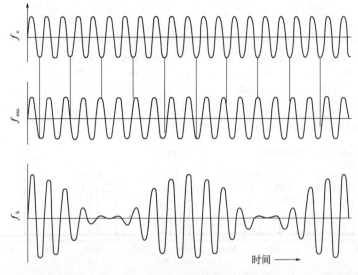

图 9.32 产生由偏共振激发引发的拍频定义的离子动能振荡 (oscillation of ion kinetic energy)
垂直连线分别用于定位正干扰点和负干扰点。f_b 的振幅越大，回旋运动离子中包含的动能就越多。一个 SORI-CID 实验由数百次拍动 (beats) 组成

选择性的前体离子活化

RE-CID 和 SORI-CID 在前体离子 m/z 上都有很高的选择性，因此可以只活化前体离子本身，甚至只是选定的同位素组成异构体离子。因此，活化所有的同位素组成异构体离子需要特殊的脉冲，这样的操作可以保留碎片离子图谱中的同位素信息。此外，高 m/z 选择性仅导致前体离子解离，而碎片离子不接受任何进一步的能量来引发第二代裂解。

SORI 的应用 应用 MALDI-SORI-FT-ICR 对未知寡糖 2-氨基苯甲酰胺衍生物的结构进行解析。首先选择[M+Na]$^+$ (m/z 1240.5)，并将其解离 [MS^2, 图 9.33 (a)]，然后对选定的碎片离子进行进一步的解离。为了说明原理，这里只展示其中的一个碎片离子 [MS^3, 图 9.33 (b)]。SORI 的频率选择在偏离相应前体离子回旋频率的 1.5%处，并提供 $V_{SORI} = 10$ V 的振幅[138]。

向 ICR 池中注入气体

由于只需要一个脉冲阀和一个储气瓶，所以在 FT-ICR 仪器上实施 CID 相当容易。尽管 SORI-CID 中的碰撞气很容易处理，但它的使用与 ICR 池的高真空要求相矛盾。因此，不使用气体的离子活化技术将更具有吸引力。

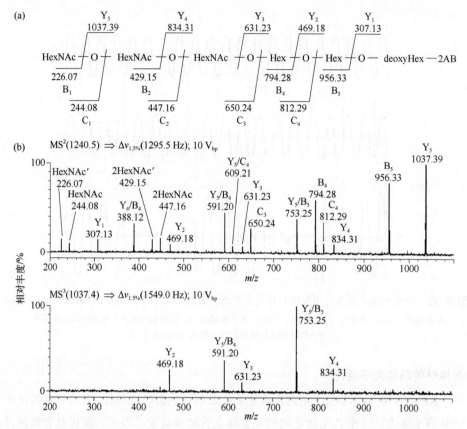

图 9.33 未知寡糖的 2-氨基苯甲酰胺衍生物的 MALDI-SORI-FT-ICR 多级质谱图：（a）[M+Na]$^+$（m/z 1240.5）的 MS^2；以及（b）源于 MS^2 的碎片离子 m/z 1037.4 的 MS^3

（经许可改编自参考文献[139]。© Elsevier Science，2002）

9.12 红外多光子解离

从多光子吸收中接收的能量也可以用于活化和解离其他稳定的气相离子[140]：

$$m_1^+ + x\,h\nu \longrightarrow m_2^+ + n \tag{9.19}$$

红外多光子解离（infrared multiphoton dissociation，IRMPD）最初是和弱结合质子化二乙醚团簇离子的解离一起被描述[140]：

$$[(Et_2O)_2 + H]^+ + x\,h\nu \longrightarrow [Et_2O + H]^+ + Et_2O \tag{9.20}$$

IRMPD 是一种可以方便地应用于捕获离子的技术，与在 ICR 池中的情况类似。IRMPD 通常采用波长为 10.6 μm（2.83×10^{13} Hz）的连续波二氧化碳激光器，功率为 25~40 W，通过 ZnSe 或 BaF$_2$ 窗进入 ICR 池[141,142]。将 FT-ICR 与 IRMPD 结合使用是有利的，因为施加到离子上的能量可以通过激光照射的持续时间而变化，通常在

9.12 红外多光子解离

5~300 ms 的范围内[143]。这使得 IRMPD 可应用于小离子[140]和中等大小[143]或高质量离子[142]。

离子通过单一正常模式吸收的光子能量，通常在其他振动模式中耗散，即分子内振动弛豫（intramolecular vibrational relaxation，IVR）。这样，离子由初始吸收模式返回到其基态并准备吸收另一个红外光子，依此类推（图 9.34）[144]。IRMPD 被认为是一种缓慢加热的方法，因此必须吸收大量的红外光子才能实现裂解。在通常的二氧化碳激光的情况下，单个光子的能量仅为 0.116 eV，即每电子伏特需要吸收 9 个光子[145,146]。

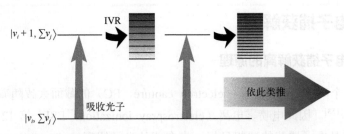

图 9.34 涉及分子内振动弛豫（IVR）的 IRMPD 机理

（经许可转载自参考文献[144]。© Wiley Periodicals，2009）

安全须知

对于 IRMPD，必须注意谨防红外激光器偏离其指定的光路。红外激光非常强大，可以瞬间点燃物体或造成灼烧伤害。

IRMPD 是气相离子研究和分析应用的宝贵工具，该技术通常不需要昂贵的 FT-ICR 仪器的全部功能。因此，一直致力于在三维离子阱（图 9.35）[145-148]和线形四极离子阱[149-152]上加装 IRMPD。

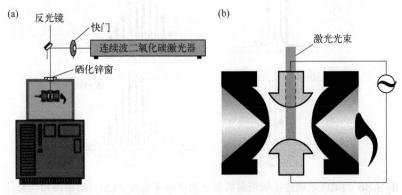

图 9.35 加装 IRMPD 的四极离子阱：(a) 相对于整个机器和 (b) 激光束通过 QIT 环形电极上的孔

（经许可转载自参考文献[145]。© Wiley Periodicals，2009）

四极离子阱操作用到的缓冲气会导致碰撞冷却，通过缓慢的碰撞活化抵消了离子内能的积累。为了避免这一问题，采用 IRMPD 的 QITs 开发了一种动态压力操作模式，其中初始离子的存储和前体离子的选择都在标准 QIT 压力（3×10^{-2} mbar）下运行，而在 IRMPD（$< 10^{-4}$ mbar）和产物离子扫描之前，缓冲气流中断几毫秒[42,146]。或者，IRMPD 在串联线形离子阱中大大减少了碰撞冷却的能量消耗，就像在 Thermo LTQ Velos 仪器中一样（图 9.30）。然后，低压池用于 IRMPD，而高压池仅用于 CID[150]。

9.13 电子捕获解离

9.13.1 电子捕获解离的原理

对于一个离子，电子捕获（electron capture，EC）的截面大致随着离子电荷的平方而增加[153]。因此电喷雾电离（electrospray ionization，ESI，第 12 章）产生的多电荷离子是电子捕获的理想目标。当在紫外光子解离（ultraviolet photon dissociation，UVPD）实验过程中，波长为 193 nm（每个光子 6.4 eV）的紫外激光错误地照射到金属表面时，要考虑在 ICR 池内产生了电子。蛋白质形成的多电荷离子捕获电子将其电荷态从 11^+ 转移到 10^+，而不影响质量[153]：

$$[M + 11H]^{11+} + e^- \longrightarrow [M + 11H]^{10+\bullet} \quad (9.21)$$

电子捕获的产物是自由基离子（图 9.36）。中和离子的一个电荷所产生的能量

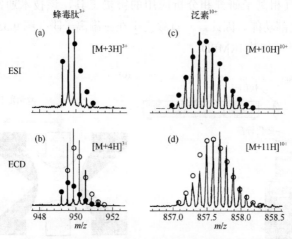

图 9.36 ECD 是通过比较蛋白质离子的电喷雾电离（ESI）质谱图和当紫外激光打开从 ICR 池内壁产生热电子时获得的质谱图

实心圆表示理论上预测的 n^+ 电荷闭壳离子的同位素丰度，而空心圆表示 $[n-1]^+$ 自由基离子的同位素丰度。实验结果清楚地显示了两者的叠加（经许可转载自参考文献[153]）。© The American Chemical Society，1998）

（5～7 eV）被转化为离子内能，会导致离子的立即裂解，这就是电子捕获解离（electron capture dissociation，ECD）。

再次强调，ECD 仅是一种适用于已捕获离子的技术。为了有效地实现 ECD，电子的能量必须小于 0.2 eV。因此这些电子由安装在 ICR 池外部经过仔细调节的加热灯丝[154]提供，这点类似于 EI。尽管 ECD 发现较晚[153,155]，但采用 ECD 技术的 ESI-FT-ICR-MS 在生物大分子测序中已有广泛的应用[154,156]。这些诸多的 ECD 应用动机，是由于可从 ECD 中获取与 CID[157]、IRMPD[141]互补的信息。

> **ECD 需要多电荷的前体离子**
> 由于一个电子电荷在 EC 时被中和，ECD 的前体离子必须至少是带两个正电荷的偶电子离子，这样才能产生带单电荷的自由基离子，以实现随后的解离。

9.13.2 多肽离子的 ECD 裂解

与缓慢加热活化方法普遍产生的 b 序列和 y 序列碎片离子相反，ECD 中的裂解模式主要包含 c 序列和 z 序列离子。这些序列离子是由肽键的裂解产生的（N—C_α 键裂解）。假设肽离子$[M+zH]^{z+}$具有赖氨酸（Lys）残基，可以写出 ECD-诱导的多肽裂解机理，如图 9.37 所示[158]。这一途径遵循了最广泛使用的 ECD 机理模型，即所谓的热氢原子模型（hot hydrogen atom model）。该模型指出，电子在离子中带电位点的作用下被捕获，形成一个高 Rydberg 态。一般来说，电荷位点存在于多肽的碱性氨基酸残基，即精氨酸（Arg）、赖氨酸（Lys）、组氨酸（His）或 N-端氨基上。初级奇电子离子通过 N—H 键裂解立即产生一个氢自由基，因此产生的氢原子带有约 6 eV 的能量。这个"热"氢原子可以沿着肽链转移到任何酰胺羰基或二硫键上[159,160]。此时，羰基碳原子的一个电子不成对。由于过剩能量，该自由基可以通过 N—C_α 键裂解而解离。因此，多肽 N-端得到 c 序列碎片离子，而 C-端得到 z 序列碎片离子。

多肽的 ECD 裂解机理仍是一个有争议的问题[160-162]。特别是关于 ECD 过程为非各态历经（nonergodic）过程（如此之快，以至于解离前没有能量的内部平衡）[153,155]还是各态历经（ergodic）过程（遵循 QET）的讨论仍在继续[162]。

> **关于 H 迁移的注释**
> 一个氢（原子）转移后形成的多肽碎片离子被在字母后用撇号标记，例如 ECD 的碎片离子是 c′和 z′离子[160]。

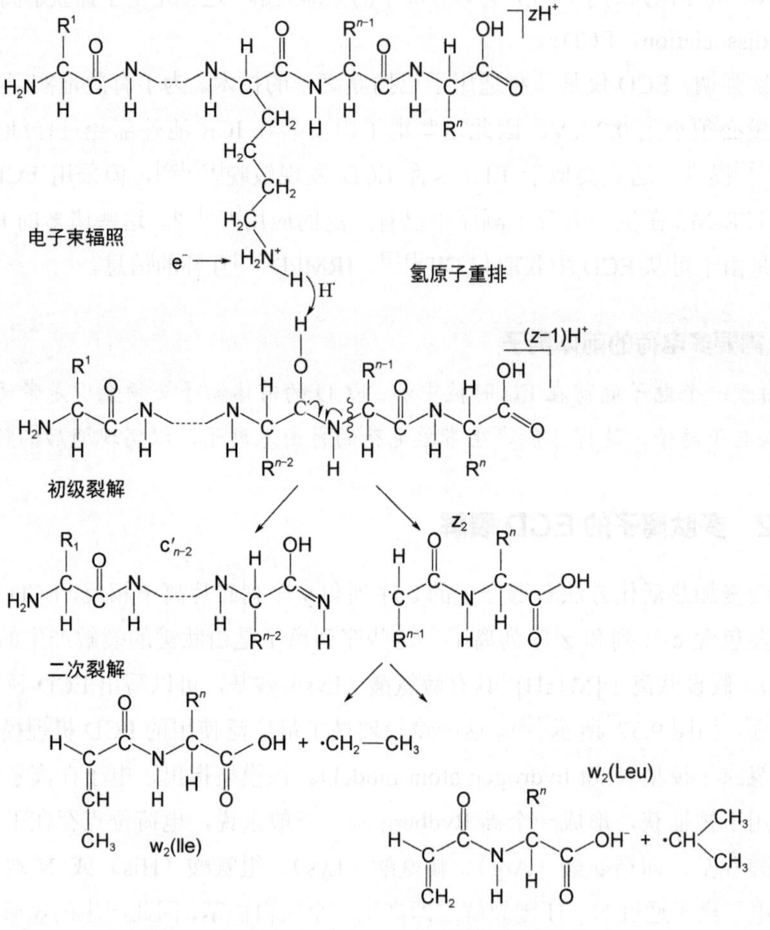

图 9.37 遵循热氢原子模型的 ECD 裂解机理

在这个例子中,质子化的赖氨酸残基捕获电子,并立即将氢原子转移到其相邻的羰基氧上。图中显示了多肽离子的初级和二次裂解途径(经许可改编自参考文献[158]。© John Wiley & Sons,2004)

9.14 FT-ICR 质谱仪的串联质谱——第二部分

从前面所述内容可以明显看出,IRMPD 和 ECD 都与 FT-ICR 仪器密切相关。现在,在详细考虑了这些离子活化方法之后,可以将注意力集中在它们在 FT-ICR 平台上的具体实现方式和一些说明性应用上。

9.14.1 FT-ICR-MS 中的 IRMPD

与 CID 条件相反,由于没有了碰撞气,ICR 池内的超高真空得到了保持,从而避免了在一个实验程序中耗时的抽真空延迟(pump delays)。超高真空环境还消除了在 QIT 或 LIT 中观察到的碰撞冷却（第 9.12 节）。IRMPD 可选装在 Bruker Apex 系列的 FT-ICR 质谱仪上。但 Solarix 系列上并没有提供，这似乎是为了操作安全考虑。而 Thermo LTQ-FT 和 LTQ-FT Ultra 等 FT-ICR 质谱仪仍然可选配 IRMPD。

IRMPD 的应用 神经节苷脂如 GM1 含有由神经酰胺组成的疏水性神经酰胺部分和带唾液酸的极性寡糖部分，其中的神经酰胺是由长链脂肪酸与鞘氨醇的氨基经脱水而形成的一类酰胺化合物。GM1 以两种异构形式存在——GM1a 和 GM1b，不同之处在于唾液酸分别位于支链还是末端位置。脱去两个质子的神经节苷脂 GM1 的 $[M-2H]^{2-}$ 的负离子 IRMPD 图谱（200 ms，14 W，100 次扫描）显示神经酰胺上发生了裂解，丢失了脂肪酸的碎片离子。GM1b 作为次要组分的存在，可通过图谱中从前体离子丢失二糖 HexNeuAc'产生的碎片离子峰 *m/z* 1091.722，以及相应二糖的碎片离子峰 *m/z* 452.141 来互补印证（图 9.38）[163]。

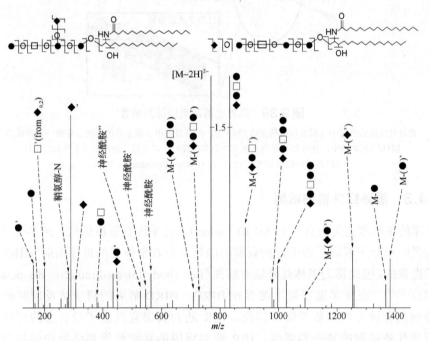

图 9.38 脱去两个质子的神经节苷脂 GM1（$[M-2H]^{2-}$）的 IRMPD 图谱（200 ms，14 W，100 次扫描），GM1 以两种异构形式出现

（经许可转载自参考文献[163]。© Elsevier Science，2005）

9.14.2 红外光解离光谱法

如果采用可调谐激光的光源，IRMPD 实验可以采用波长依赖性的方式进行，以揭示气相离子的吸收特性。与凝聚相样品的红外光谱不同，在质谱法中，通过检测特定碎片离子及其丰度，并将该数值作为激光波长的函数来观察红外吸收的发生。这种

技术被称为红外光解离光谱法（infrared photodissociation spectroscopy，IRPD）[144,164]。

遗憾的是，很难获得在很大频率范围内可调谐的高功率红外激光器。目前，最有效但要求最高的方法是采用自由电子激光器（free-electron laser，FEL）。FEL 设施有限，研究人员可以在有限的时间内在专用端口进行实验（图 9.39）。或者，光学参量振荡器/放大器（optical parametric oscillator/amplifiers，OPO/As）可以用作可调谐式红外光源[144,164]。

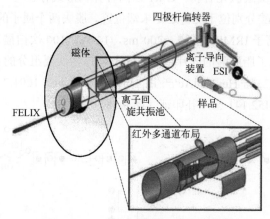

图 9.39 红外光解离光谱法的装置

在这种特殊的装置中（荷兰乌得勒支的 FELIX），来自自由电子激光器的光被引导到一个开放的圆柱形 ICR 池中，使红外光在内表面上经历多次反射，以延长其被池内离子吸收的路径

（经许可转载自参考文献[144]。© Wiley Periodicals，2009）

9.14.3 黑体红外辐射解离

即使在基本完美的真空下（< 10^{-9} mbar），几乎没有碰撞活化，离子也可以经历缓慢的单分子解离。由于这些裂解的能量是由真空外壳的黑体辐射发射的红外光子提供的，因此称为黑体红外辐射解离（blackbody infrared radiative dissociation，BIRD）[165]。在非零温度以上都存在 BIRD。BIRD 解离的特征是反应时间在几秒钟到几分钟左右的数量级。因此，ICR 池为其研究提供了最合适的环境。为了改变红外辐射的波长和强度，ICR 池和周围的真空歧管都必须均匀加热。通常，专用仪器的温度可以达到约 250℃，这允许研究涉及低至中等强度键的反应动力学[165]。

非常独特的 BIRD

常规的 FT-ICR 仪器不适合 BIRD 研究，因为受到 ICR 池附近电子电路耐热性的限制，以及超导冷冻磁体的复杂性。BIRD 需要大口径磁体（160 mm），用来容纳加热的 ICR 池外壳与其周围的水冷罩，以防止热量扩散到磁铁上。

9.14.4 串联 FT-ICR-MS 的 ECD

在 ICR 池中进行 ECD 可以与 IRMPD 很好地兼容。一种方法是使用空心阴极灯[166]而不是灯丝来为 ECD 输送电子。空心阴极灯还提供一个宽电子束,扩大了在 ICR 池内可能发生 ECD 的体积。然后,红外激光可能会穿过中心孔——这种设置对离子可以与激光束相互作用的 ICR 的半径施加了一些限制。目前使用了几种空心阴极灯的设计(图 9.40 和图 9.41)[167]。

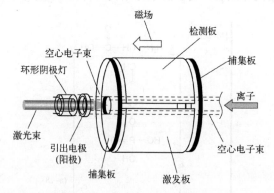

图 9.40 组合了 ECD 和 IRMPD 设置的 FT-ICR-MS

空心阴极灯安装在 ICR 池后的捕集板上,红外激光通过间接加热环形扩散阴极灯的中心孔射入池中

(经许可转载自参考文献[167]。© John Wiley & Sons, 2003)

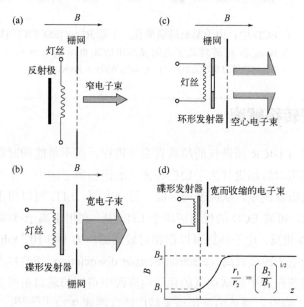

图 9.41 ECD-FT-ICR 仪器的电子注入系统:(a) 直热灯丝位于均匀磁场中,(b) 碟形间接加热阴极灯位于均匀磁场中,(c) 环形间接加热阴极灯,(d) 带电子束聚集的阴极灯位于磁场边缘

(经许可转载自参考文献[158]。© John Wiley & Sons, 2004)

ECD 用于定位翻译后多肽修饰 ECD 中的直接键裂解可用于定位隐藏于 CID 或 IRMPD 图谱中的翻译后多肽修饰。CID 和 IRMPD 在一侧与 ECD 在另一侧之间的差异源于在骨架裂解成 b 序列和 y 序列离子之前大多数翻译后修饰的丢失,而在 ECD 中主链立即被切割成 c 序列和 z 序列离子,与肽序列无关[168]。因此,中性丢失反映了修饰的质量,例如,额外的 80 u(HPO$_3$)可以确定在多肽 RLpYIFSCFR 的酪氨酸处发生了磷酸化(图 9.42)[158]。获得互补肽序列信息的机会是 CID 或 IRMPD 谱图有时与 ECD 谱图相结合以对多肽进行结构解析[141,157,169]。

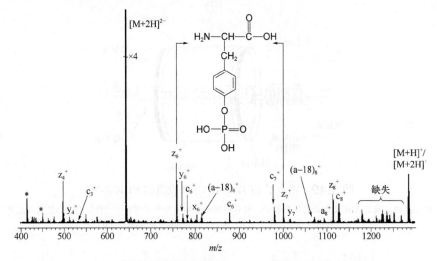

图 9.42 在 ECD 中,由于酪氨酸磷酸化,多肽 RLpYIFSCFR 的[M+2H]$^{2+}$ 在其 z_6^+ 和 z_7^+ 碎片离子之间显示出增加 80 u 的质量差
(经许可改编自参考文献[158]。© John Wiley & Sons,2004)

9.15 电子转移解离

ECD 只能在 FT-ICR 质谱仪的超高真空中进行,而不可能同时将热电子和多肽正离子存储在利用射频场进行离子操控和捕获的四极离子阱中。此外,热电子在几毫秒内从射频场吸收能量,从而变得高能。另一方面,LITs 可以用于存储带相反电荷的离子。因此,可将 ECD 的优点应用于 LITs 中,利用正离子-负离子反应实现电子转移。与 ECD 相反,电子转移可以在相对较高的压力(约 10^{-3} mbar)下发生[170]。这种技术被称为电子转移解离(electron-transfer dissociation,ETD)[168]。

通过电子捕获在含甲烷试剂气的化学电离源中得到的蒽自由基负离子以前被用作负离子[168,171]。同时,氟蒽的使用越来越广泛(图式 9.2)[172,173]。

因此,ETD 将 ECD 的功能赋予在了线形离子阱质谱仪上。在 ETD 模式下操作 LTQ 仪器所涉及的各个步骤(图 9.43)是:注入由 ESI 源产生的多质子化多肽;应用

9.15 电子转移解离

直流偏置将这些离子存储在 LIT 前部，然后将试剂负离子从 CI 源注入 LIT 的中心。然后除多肽前体离子和电子供体试剂离子外的所有离子都被移出。接下来，关闭直流势阱，并将一个次级射频电压施加到 LIT 的末端透镜板上，导致大量正负离子混合并反应。反应周期通过试剂负离子的轴向移出而结束，而产物正离子保留在 LIT 的中心部分。最后，像往常一样进行质量选择性径向移出得到 ETD 图谱[168]。引人注目的 ETD 技术也已经被应用于具有轴向移出的 LITs[151,174]和 LIT-静电场轨道阱混合系统[175-177]上。

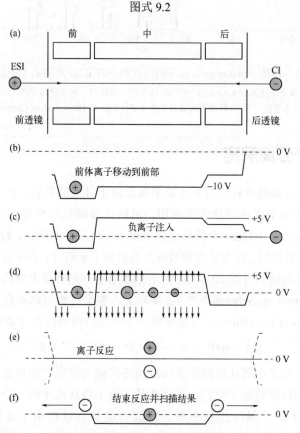

图式 9.2

图 9.43 在 LIT 中捕获多肽正离子和试剂负离子、进行反应并获得显示产物离子的 ETD 图谱的事件序列

（a）设置用于 ETD 的分段 LIT；（b）在前部捕获前体离子；（c）注入试剂负离子；（d）负离子储存在中心；（e）ETD 反应；以及（f）产物离子扫描（经许可转载自参考文献[168]。

© The National Academy of Sciences of the USA，2004）

遗憾的是，ETD 对双质子化多肽的前体离子$[M+2H]^{2+}$的适用性有限。但三质子化形成的离子由于电子捕获的放热性较高，而能揭示完整的序列（图 9.44）[170]。

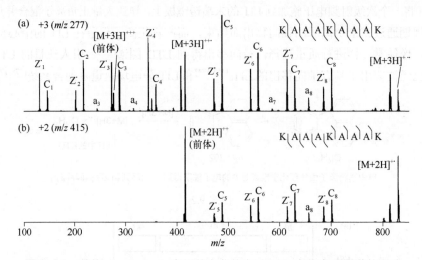

图 9.44 前体（precursor）离子的电荷状态对 ETD 产物离子图谱的影响
（a）三重质子化多肽离子$[KAAAKAAAK+3H]^{3+}$和（b）同一多肽的双质子化离子$[M+2H]^{2+}$（仅产生可能的 c 序列和 z 序列碎片离子的一半）（经许可转载自参考文献[170]）。© The American Chemical Society，2007）

9.16 电子分离解离

ECD 和 ETD 都能直接引发多电荷多肽正离子骨架的裂解，产生 c 序列和 z 序列碎片离子，这对于质谱测序非常有用。磷酸化或磺化等翻译后修饰（post-translational modifications，PTMs）会降低形成多重质子化分子的趋势，特别是当一个多肽分子上发生多次修饰时。这类分析物最好作为负离子来研究，而不适合采用 ECD[178]。如果初级电子是高能的（约 20 eV），而不是热电子，则有很大的机会促进负离子的电子分离（electron detachment）[179]。实际上，整个过程可以看作是一个负离子的电子电离（electron ionization），导致形成一个中性自由基位点（第 6.3.1 节）。

$$[M - nH]^{n-} + e^- \longrightarrow [M - nH]^{(n-1)-\cdot} + 2e^- \tag{9.22}$$

除此之外，电子电离还可以在多肽链的任何地方发生，而局部产生的自由基正离子可以被视为局部的电子空穴。该自由基正离子将从离子的一个负离子位点吸引一个多余的电子，并最终相互中和。释放的能量会导致电子态激发（electronic excitation），并进而引起骨架裂解（backbone cleavage）[179]。这种技术被称为电子分离解离（electron detachment dissociation，EDD，图式 9.3）[178-181]。

EDD 不仅适用于酸性多肽，也适用于寡核苷酸[182]和其他被分析物[160]。EDD 也被应用于 QITs[180]。尽管如此，EDD 在生物分析工作中显然不如 ECD 或 ETD 重要。

图式 9.3

EDD 的一种变体,被称为负电子转移解离(negative electron transfer dissociation,NETD)。采用荧蒽、$C_{16}H_{10}^{+\cdot}$ 或 $Xe^{+\cdot}$ 离子代替高能电子,通过电荷转移而不是电子电离诱导产生自由基正离子位点[183]。NETD 在 C_α—C 键上产生选择性的骨架裂解,类似于 EDD,但保持磷酸化位点完整,从而能够定位翻译后修饰。

9.17 串联质谱的特殊应用

当气相离子以热能而不是几个甚至几千电子伏特的能量与中性分子碰撞时,可能会发生双分子反应。质子转移是气相中离子-分子反应的突出代表之一。如下所述,其被用于测定 GBs 和 PAs。通过气相离子与气相中更复杂试剂的反应以及对反应产物的即时质谱分析,可以进行更复杂的研究[3]。

9.17.1 催化研究中的离子-分子反应

在串联质谱实验中,已经通过离子-分子反应测定了大量过渡金属卡宾配合物的催化活性[184-186]。已使用质谱仪作为反应器研究了裸金属离子或溶剂化金属离子与有机分子的反应[187-190]。与到目前为止讨论的概念和方法相比,随后的实验不是为了研究质谱法的基本原理而设计的。相反,现代质谱学精妙的方法如今可被用于揭示其他复杂化学体系的秘密。

甲烷的活化 在实验室参照系条件下,选定 m/z 76 的 $[Ni(H)(OH)]^+$,与甲烷在 0 eV 碰撞能下的反应产生了一个嵌入 CH_2 的产物 $[Ni(CH_3)(OH)]^+$ m/z 90。实验是用带有电喷雾离子源的 QhQ 质谱仪进行的。反应物离子 $[NiL]^+$ 由 NiL_2(L = F, Cl, Br, I)的纯甲醇溶液 ESI 产生,$[NiOH]^+$ 来自 NiL_2 的 H_2O 溶液。在甲烷活化研究中,含有 ^{58}Ni 的离子是在 Q1 中进行质量选择,并在反射频六极杆中与 10^{-4} mbar 的甲烷以热能形式发生反应,然后通过 Q2 检测离子产物(图 9.45)[190]。

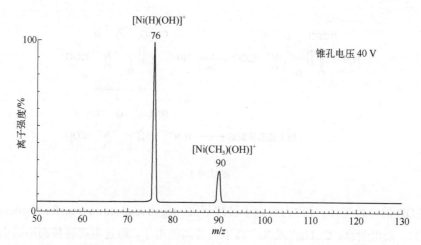

图 9.45 在实验室参照系条件下，选定 m/z 76 的 $[Ni(H)(OH)]^+$，与甲烷在 0 eV 碰撞能下的反应产生了一个嵌入 CH_2 的产物 $[Ni(CH_3)(OH)]^+$ m/z 90

锥孔电压指从镍盐溶液中产生丰度最佳的前体离子的 ESI 条件（经许可转载自参考文献[190]。© Wiley-VCH, Weinheim, 2007）

9.17.2 气相氢-氘交换

在质谱分析之前进行氘和其他同位素标记，从质谱分析的早期就已经为人所知（第 2.9 节和 3.3 节）。现代方法甚至可以标记气相离子，从而以更便捷的方式洞察反应机理的细节，而无需采用复杂的反应路线实现。此外，氢-氘气相交换可以用于其他方法无法研究的瞬态物种。所以氢-氘交换（hydrogen-deuterium exchange，HDX）不仅可以在溶液中完成（参考文献[191]中的第 6 章和第 7 章），例如在电喷雾电离分析之前，还能在气相中完成。这最好在任何类型的离子阱上实现，因为它们提供了更长的且易于变化的反应时间，也可以进行动力学研究。

多肽裂解中的 HDX　气相 HDX 已被用于探究由多电荷质子化多肽的 CID 产生完整的前体离子和碎片离子群体[192]。选择多肽单同位素离子，通过 SORI-CID 解离，然后在 ICR 池内重复脉冲注入 CD_3OD 进行 HDX。最后，采用 FT-ICR-MS 对产物进行分析。可变反应时间的 HDX 揭示不同类型离子各自显著不同的交换反应动力学，从而可以推断出有关其结构的信息。例如，b 序列离子表现出快速的 HDX，而 a 序列离子即使在更长的反应时间里也只表现出有限的交换（图 9.46）[192,193]。观察到的交换行为被用来支持 b_2 离子的噁唑酮结构。

9.17.3 气相碱度和质子亲和能的测定

GB 和 PA 的测定方法（第 2.12 节）分别利用了它们与 K_{eq} [式（9.23）] 的关系，以及 $[AH]^+$ 或 B 变化时 K_{eq} 的偏移[194,195]。基本上，GB 或 PA 的值由交叉法测 K_{eq} 而

9.17 串联质谱的特殊应用

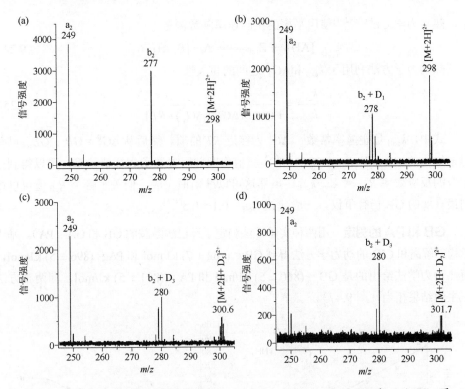

图 9.46 在 ICR 池中发生的气相 HDX（a）0 s、(b) 1 s、(c) 10 s 和（d）60 s 后双质子化 YIGSR 的产物离子质谱图的 $a_2 \sim b_2$ 部分

氘的摄入由 D_n 表示（经许可转载自参考文献[193]。© Elsevier Science, 2009）

得到，而 K_{eq} 通过一系列从低于到高于未知物 GB 的几个参考基数来测量。本书只简要介绍两种方法。动力学方法（kinetic method）利用结合了质子的杂二聚体的解离，热动力学方法（thermokinetic method）测定气相离子酸碱反应的平衡常数。一般来说，质子转移在质子化分子的形成中起着至关重要的作用，例如在正离子的化学电离质谱中（第 7 章）。

动力学方法[196-199]比较了质子结合加合物[A—H—B]$^+$的竞争解离的相对速率，所述加合物是通过将 A 和 B 的混合物引入 CI 离子源[196,197]而形成的。此处的质子-键合的加合物[A—H—B]$^+$是和其他产物如[AH]$^+$和[BH]$^+$共同产生的。使用标准的串联质谱技术，例如 MIKES，选择团簇离子[A—H—B$_{ref}$]$^+$并允许其进行亚稳态分解：

$$[AH]^+ + B_{ref} \longleftarrow [A-H-B_{ref}]^+ \longrightarrow A + [B_{ref}H]^+ \qquad (9.23)$$

然后将产物[AH]$^+$和[B$_{ref}$H]$^+$的相对强度用以表征竞争反应的相对速率常数。如果未知物的 PA 等于对照物的 PA，则两个峰的强度应相同。由于这种情况几乎不会发生，因此采用了一系列参照物，并通过插值法来确定 PA。PA$_{(A)}$的值可由作图法获得：以 PA$_{(B)}$为横轴，ln[AH]$^+$/[B$_{ref}$H]$^+$为纵轴，横截距即为 PA$_{(A)}$。

热动力学方法[200,201]使用平衡的正向速率常数测量

$$[AH]^+ + B_{ref} \rightleftharpoons A + [B_{ref}H]^+ \qquad (9.24)$$

热动力学方法利用了 k_{exp} 和 ΔG_2^0 之间的相关性

$$\frac{k_{exp}}{k_{coll}} = \frac{1}{1+\exp[(\Delta G_2^0 + \Delta G_a^0)/RT]} \qquad (9.25)$$

式中，k_{coll} 是碰撞率常数；ΔG_a^0 为接近 RT 的项。然后从 $\Delta G_2^0 = GB - GB_{ref}$ 可获得未知物的 GB。对 R_{eff} 与 $GB_{(B)}$ 的实验值作图并用参数函数插值计算，可以得到最适合的反应效率 $R_{eff} = k_{exp}/k_{coll}$。虽然这可以准确地完成，但关于哪个 R_{eff} 值可以得到最真实的 GB 仍有争议，一般建议 $R_{eff} = 0.1 \sim 0.5$[194]。

GB 和 PA 的测定　用两种实验方法测定了环己醇酰胺的 GB 和 GA（PA）。基于亚稳态解离和 CID 的动力学方法得到 GB = (862 ± 7) kJ/mol 和 PA = (896 ± 5) kJ/mol，而热动力学法给出的是 GB = (860 ± 5) kJ/mol 和 PA = (891 ± 5) kJ/mol，即两种方法产生的结果相当（图 9.47）。

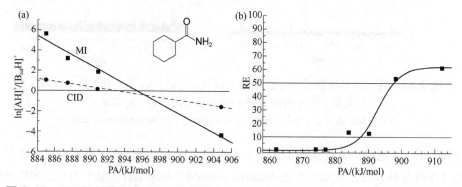

图 9.47　环己烷甲酰胺质子亲和能的测定：(a) 用动力学方法和 (b) 用热动力学方法 (a) 水平线为 $\ln[AH]^+/[B_{ref}H]^+ = 0$，以及 (b) 水平线为不同作者测定的 RE 值[194]
（经许可改编自参考文献[202]。© IM Publications，2003）

9.17.4　中和-再电离质谱法

在 CID 中，离子和碰撞气之间的电荷交换是不希望发生的副反应。然而，当与随后的再电离步骤如中和-再电离质谱法（neutralization-reionization mass spectrometry，NR-MS）结合使用时，它可能变得有用[203-211]。在 NR-MS 中，一些几千电子伏特动能的前体离子在 MS1 中被质量分选，并通过含有还原性碰撞气的第一碰撞池。这些离子中的一定比例将通过电荷交换被还原为中性物种。由于这些中性物种基本上保持了它们的初始动能和方向，它们与前体离子束一起离开了第一个碰撞池。然后剩余的离子可以通过静电偏转从离子束中去除。在沿着穿过无场区的一段短路径行进几微秒后，中性物种在第二个碰撞池中受到电离碰撞。最后，再电离的物种

经 MS2 检测得到质谱图。

为了实现中和，可以用：①Xe 等低 IE 的稀有气体（12.1 eV）[205]；②从炉中释放的金属蒸气，如 Hg（10.4 eV）、Zn（9.3 eV）、Cd（9.0 eV）[203,212]；③挥发性有机分子，如苯（9.2 eV）或三苯胺（6.8 eV）[213]。

中性物种在第二碰撞池中的再电离可以用以下方法实现：①O_2（12.1 eV）或 He（24.6 eV）[212,213]；②电离方法，如电子电离或场电离[207]。

NR-MS 有多种应用方式[208,213-215]，它是一个强有力的工具，可以用来证明短寿命和不稳定物质的存在[216-218]。

丙酮的 NR-MS 丙酮的中和-再电离质谱图与其 70 eV EI 质谱图非常相似（第 6.2.1 节），从而证明分子离子基本上保留了中性分子的结构（图 9.48）[205]。然而，由 2-己酮分子离子的麦氏重排（McLafferty rearrangement）形成的同分异构 $C_3H_6O^{+\bullet}$ 具有烯醇结构（第 6.8.1 节），因此相应的中和-再电离质谱图很容易与丙酮的质谱图区分开来。

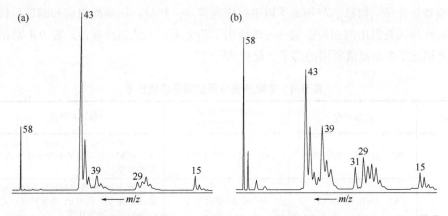

图 9.48 中和相应离子得到的（a）丙酮及其（b）烯醇式的 NR-MS（Xe-He）图谱

（经许可改编自参考文献[205]。© Elsevier Science，1985）

9.18 串联质谱小结

（1）串联质谱法中的术语

串联质谱（tandem mass spectrometry），也称为质谱/质谱（mass spectrometry/mass spectrometry），统称了一类质谱学实验研究，其中在第一级质谱（MS1）中进行质量分析的离子经过裂解或离子-分子反应，其产物由第二级质谱（MS2）收集和分析。串联质谱通常缩写为 MS/MS 或 MS^2。高阶串联质谱实验被称为 MS^3、MS^4……或通常作为 MS^n。

从 MS1 出来的离子被称为前体离子（precursor ions），那些进入 MS2 的离子被称为产物离子（product ions）；在更高阶的质谱实验中，人们可以称之为第 n 代产物离子。

（2）串联质谱的质量分析器

一台串联质谱仪既可以由大部分各自独立的质量分析器串接组成，也可以通过操作同一个分析器按顺序执行串联质谱的各个阶段来实现。串联质谱的第一种模式被描述为空间上的串联质谱（tandem MS in space），第二种模式被描述为时间上的串联质谱（tandem MS in time）。离子束仪器（BE、EB、QqQ、ReTOF、QqTOF、TOF/TOF）提供空间上的串联质谱，离子阱分析器（QIT、LIT、FT-ICR）得到时间上的串联质谱。静电场轨道阱不能在串联质谱模式下操作，它们只能作为 MS2 来分析由 Q 型或 LIT 型 MS1 所给出的碎片离子。

（3）离子活化技术

理想情况下，单一的通用离子活化方法足以产生可用于任何类别化合物结构解析的碎片离子。此外，前体离子的电荷状态、质量和其他特性不会产生影响。然而实际上并不存在这样的方法[170]。例如，对于多肽，没有单一的成功活化技术能提供足够数量含序列信息的产物离子以进行序列鉴定；相反，氨基酸组成和翻译后修饰对裂解模式表现出很强的影响——这证明了前文所有方法的合理性。表 9.4 总结和简要描述了串联质谱常用的离子活化技术[31,219]。

表 9.4　串联质谱常用的离子活化技术

方法	仪器平台	离子的电荷和可得到的物种	描述和属性
CID	BE、ReTOF、TOF/TOF	+/− 前体与碎片离子	在数千 eV 能量下与惰性气体碰撞。飞秒时间内单次碰撞中发生几个 eV 能量的转移
CID	QqQ、QqTOF、QqLIT 等	+/− 前体与碎片离子	在数十 eV 能量下与惰性气体碰撞，每次碰撞发生几个 eV 能量转移；大约一毫秒内可发生几次
CID	FT-ICR	+/− 仅选定的前体离子	几个 eV 能量下与惰性气体碰撞，每次碰撞发生几个 eV 的能量转移；一秒内可进行几次
SID	QqQ、IMS-QqTOF 等	+/− 仅选定的前体离子	数十 eV 能量下在几皮秒内与惰性表面发生单次碰撞
IRMPD	FT-ICR（QIT）	+/− 前体与碎片离子	红外激光的低能量活化；与 ECD 兼容
BIRD	FT-ICR	+/− 前体与碎片离子	缓慢的，通过接近平衡的红外黑体辐射的低能量活化；研究动力学和热力学
ECD	FT-ICR	多电荷+ 前体与碎片离子	通过热电子部分中和的能量；极快过程引发自由基离子的解离
ETD	LIT 和混合式 LIT	多电荷+ 前体与碎片离子	通过正离子-负离子反应传递的部分中和的能量；结果类似于 ECD
EDD	FT-ICR	多电荷− 前体与碎片离子	通过电子分离传递的部分中和能量；类似"负离子的 ECD"

（4）应用

串联质谱最初是作为气相离子化学的一种工具而被研发的，用于追踪裂解途径并确定气相离子的热力学特性。随后，结构解析也开始在分析质谱学中发挥作用。逐步构建了串联质谱仪器，并开发了适用于几乎任何类型的质量分析器的操作模式。

各种融合型仪器在商业上的巨大成功要归功于它们在串联质谱上的有效性。如今，串联质谱具有广泛的应用，主要是在生物分子测序和痕量分析中，以提高选择性，实现目标化合物的检测和定量（第14.2节和第14.3节）。

参考文献

[1] McLafferty FW (ed) (1983) Tandem Mass Spectrometry. John Wiley & Sons, New York

[2] Busch KL, Glish GL, McLuckey SA (1988) Mass Spectrometry/Mass Spectrometry. Wiley VCH, New York

[3] Schalley CA, Springer A (2009) Mass Spectrometry and Gas-Phase Chemistry of Non-Covalent Complexes. John Wiley & Sons, Hoboken

[4] Murray KK, Boyd RK, Eberlin MN, Langley GJ, Li L, Naito Y (2013) Definitions of Terms Relating to Mass Spectrometry (IUPAC Recommendations 2013). Pure Appl Chem 85: 1515–1609. doi: 10.1351/PAC-REC-06-04-06

[5] Johnson JV, Yost RA, Kelley PE, Bradford DC (1990) Tandem-in-Space and Tandem-in-Time Mass Spectrometry: Triple Quadrupoles and Quadrupole Ion Traps. Anal Chem 62: 2162–2172. doi: 10.1021/ac00219a003

[6] Kaufmann R, Kirsch D, Spengler B (1994) Sequencing of Peptides in a Time-of-Flight Mass Spectrometer: Evaluation of Postsource Decay Following Matrix-Assisted Laser Desorption Ionization (MALDI). Int J Mass Spectrom Ion Proc 131: 355–385. doi: 10.1016/0168-1176(93)03876-N

[7] Glish GL (1994) Multiple Stage Mass Spectrometry: The Next Generation Tandem Mass Spectrometry Experiment. Analyst 119: 533–537. doi: 10.1039/AN9941900533

[8] Glish G (1991) Letter to the Editor [Concerning Terms in Mass Spectrometry]. J Am Soc Mass Spectrom 2: 349. doi: 10.1016/1044-0305(91)80026-4

[9] Thorne GC, Ballard KD, Gaskell SJ (1990) Metastable Decomposition of Peptide [M+H]$^+$ Ions via Rearrangement Involving Loss of C-Terminal Amino Acid Residue. J Am Soc Mass Spectrom 1: 249–257. doi: 10.1016/1044-0305(90)85042-K

[10] Louris JN, Wright LG, Cooks RG, Schoen AE (1985) New Scan Modes Accessed with a Hybrid Mass Spectrometer. Anal Chem 57: 2918–2924. doi: 10.1021/ac00291a039

[11] Glish GL, Burinsky DJ (2008) Hybrid Mass Spectrometers for Tandem Mass Spectrometry. J Am Soc Mass Spectrom 19: 161–172. doi: 10.1016/j.jasms.2007.11.013

[12] Lehmann WD (1997) Pictograms for Experimental Parameters in Mass Spectrometry. J Am Soc Mass Spectrom 8: 756–759. doi: 10.1016/S1044-0305(97)00028-7

[13] Cooks RG, Beynon JH, Caprioli RM (1973) Metastable Ions. Elsevier, Amsterdam

[14] Levsen K (1978) Fundamental Aspects of Organic Mass Spectrometry. Weinheim, Verlag Chemie

[15] McLafferty FW, Bente PFI, Kornfeld R, Tsai SC, Howe I (1973) Collisional Activation Spectra of Organic Ions. J Am Chem Soc 95: 2120–2129. doi: 10.1021/ja00788a007

[16] Levsen K, Schwarz H (1976) Collisional Activation Mass Spectrometry – A New Probe for Structure Determination of Ions in the Gaseous Phase. Angew Chem 88: 589–601. doi: 10.1002/ange.19760881802

[17] Holmes JL (1985) Assigning Structures to Ions in the Gas Phase. Org Mass Spectrom 20: 169–183. doi: 10.1002/oms.1210200302

[18] Levsen K, Schwarz H (1983) Gas-Phase Chemistry of Collisionally Activated Ions. Mass Spectrom Rev 2: 77–148. doi: 10.1002/mas.1280020104

[19] Bordas-Nagy J, Jennings KR (1990) Collision-Induced Decomposition of Ions. Int J Mass Spectrom Ion Proc 100: 105–131. doi: 10.1016/0168-1176(90)85071-9

[20] McLuckey SA (1992) Principles of Collisional Activation in Analytical Mass Spectrometry. J Am Soc Mass Spectrom 3: 599–614. doi: 10.1016/1044-0305(92)85001-Z

[21] Shukla AK, Futrell JH (2000) Tandem Mass Spectrometry: Dissociation of Ions by Collisional Activation. J Mass Spectrom 35: 1069–1090. doi: 10.1002/1096-9888(200009)35: 9<1069:: AID-JMS54>3.0.CO;2-C

[22] Guevremont R, Boyd RK (1988) Are Derrick Shifts Real? An Investigation by Tandem Mass Spectrometry. Rapid Commun Mass Spectrom 2: 1–5. doi: 10.1002/rcm.1290020102

[23] Bradley CD, Derrick PJ (1991) Collision-Induced Decomposition of Peptides. An Investigation into the Effect of Collision Gas Pressure on Translational Energy Losses. Org Mass Spectrom 26: 395–401. doi: 10.1002/oms.1210260507

[24] Bradley CD, Derrick PJ (1993) Collision-Induced Decomposition of Large Organic Ions and Inorganic Cluster Ions. Effects of Pressure on Energy Losses. Org Mass Spectrom 28: 390–394. doi: 10.1002/oms.1210280421

[25] Neumann GM, Sheil MM, Derrick PJ (1984) Collision-Induced Decomposition of Multiatomic Ions. Z Naturforsch A 39: 584–592. doi: 10.1515/zna-1984-0612

[26] Alexander AJ, Thibault P, Boyd RK (1990) Target Gas Excitation in Collision-Induced Dissociation: A Reinvestigation of Energy Loss in Collisional Activation of Molecular Ions of Chlorophyll-a. J Am Chem Soc 112: 2484–2491. doi: 10.1021/ja00163a003

[27] Kim BJ, Kim MS (1990) Peak Shape Analysis for Collisionally Activated Dissociation in Mass-Analyzed Ion Kinetic Energy Spectrometry. Int J Mass Spectrom Ion Proc 98: 193–207. doi: 10.1016/0168-1176(90)80001-J

[28] Vékey K, Czira G (1993) Large Translational Energy Loss and Scattering in Collision-Induced Dissociation Processes. Org Mass Spectrom 28: 546–551.doi: 10.1002/oms.1210280513

[29] Wysocki VH, Kenttämaa H, Cooks RG (1987) Internal Energy Distributions of Isolated Ions After Activation by Various Methods. Int J Mass Spectrom Ion Proc 75: 181–208. doi: 10. 1016/0168-1176(87)83054-9

[30] Bradley CD, Curtis JM, Derrick PJ, Wright B (1992) Tandem Mass Spectrometry of Peptides Using a Magnetic Sector/Quadrupole Hybrid-the Case for Higher Collision Energy and Higher Radio-Frequency Power. Anal Chem 64: 2628–2635. doi: 10.1021/ac00045a028

[31] McLuckey SA, Goeringer DE (1997) Slow Heating Methods in Tandem Mass Spectrometry. J Mass Spectrom 32: 461–474. doi: 10.1002/(SICI)1096-9888(199705)32: 5<461:: AID-JMS515>3.0.CO;2-H

[32] Mabud MA, Dekrey MJ, Cooks RG (1985) Surface-Induced Dissociation of Molecular Ions. Int J Mass Spectrom Ion Proc 67: 285–294. doi: 10.1016/0168-1176(85)83024-X

[33] Cooks RG, Hoke SH II, Morand KL, Lammert SA (1992) Mass Spectrometers: Instrumentation. Int J Mass Spectrom Ion Proc 118-119: 1–36. doi: 10.1016/0168-1176(92)85057-7

[34] Bier ME, Amy JW, Cooks RG, Syka JEP, Ceja P, Stafford G (1987) A Tandem Quadrupole Mass Spectrometer for the Study of Surface-Induced Dissociation. Int J Mass Spectrom Ion Proc 77: 31–47. doi: 10.1016/0168-1176(87)83022-7

[35] Wysocki VH, Ding JM, Jones JL, Callahan JH, King FL (1992) Surface-Induced Dissociation in Tandem Quadrupole Mass Spectrometers: a Comparison of Three Designs. J Am Soc Mass Spectrom 3: 27–32. doi: 10.1016/1044-0305(92)85015-C

[36] Lammert SA, Cooks RG (1991) Surface-Induced Dissociation of Molecular Ions in a Quadrupole Ion Trap Mass Spectrometer. J Am Soc Mass Spectrom 2: 487–491. doi: 10.1016/1044-0305(91)80036-7

[37] Beardsley RL, Jones CM, Galhena AS, Wysocki VH (2009) Noncovalent Protein Tetramers and Pentamers with "n" Charges Yield Monomers with n/4 and n/5 Charges. Anal Chem 81: 1347–1356. doi: 10.1021/ac801883k

[38] Laskin J (2004) Energetics and Dynamics of Peptide Fragmentation from Multiple-Collision Activation and Surface-Induced Dissociation Studies. Eur J Mass Spectrom 10: 259–267. doi: 10.1255/ejms.641

[39] Wysocki VH, Joyce KE, Jones CM, Beardsley RL (2008) Surface-Induced Dissociation of Small Molecules, Peptides, and Non-Covalent Protein Complexes. J Am Soc Mass Spectrom 19: 190–208. doi: 10.1016/j.jasms.2007.11.005

[40] Zhou M, Huang C, Wysocki VH (2012) Surface-Induced Dissociation of Ion Mobility-Separated Noncovalent Complexes in a Quadrupole/Time-of-Flight Mass Spectrometer. Anal Chem 84: 6016–6023. doi: 10.1021/ac300810u

[41] Zhou M, Wysocki VH (2014) Surface Induced Dissociation: Dissecting Noncovalent Protein Complexes in the Gas Phase. Acc Chem Res 47: 1010–1018. doi: 10.1021/ar400223t

[42] Brodbelt JS (2016) Ion Activation Methods for Peptides and Proteins. Anal Chem 88: 30–51. doi: 10.1021/acs.analchem.5b04563

[43] Spengler B, Kirsch D, Kaufmann R, Jaeger E (1992) Peptide Sequencing by Matrix-Assisted Laser-Desorption Mass Spectrometry. Rapid Commun Mass Spectrom 6: 105–108. doi: 10.1002/rcm.1290060207

[44] Boesl U, Weinkauf R, Schlag E (1992) Reflectron Time-of-Flight Mass Spectrometry and Laser Excitation for the Analysis of Neutrals, Ionized Molecules and Secondary Fragments. Int J Mass Spectrom Ion Proc 112: 121–166. doi: 10.1016/0168-1176(92)80001-H

[45] Bradbury NE, Nielsen RA (1936) Absolute Values of the Electron Mobility in Hydrogen. Phys Rev 49: 388–393. doi: 10.1103/PhysRev.49.388

[46] Tang X, Ens W, Standing KG, Westmore JB (1988) Daughter Ion Mass Spectra from Cationized Molecules of Small Oligopeptides in a Reflecting Time-of-Flight Mass Spectrometer. Anal Chem 60: 1791–1799. doi: 10.1021/ac00168a029

[47] Tang X, Ens W, Mayer F, Standing KG, Westmore JB (1989) Measurement of Unimolecular Decay in Peptides of Masses Greater Than 1200 Units by a Reflecting Time-of-Flight Mass Spectrometer. Rapid Commun Mass Spectrom 3: 443–448. doi: 10.1002/rcm.1290031210

[48] Schueler B, Beavis R, Ens W, Main DE, Tang X, Standing KG (1989) Unimolecular Decay Measurements of Secondary Ions from Organic Molecules by Time-of-Flight Mass Spectrometry. Int J Mass Spectrom Ion Proc 92: 185–194. doi: 10.1016/0168-1176(89)83027-7

[49] Brunelle A, Della-Negra S, Depauw J, Joret H, LeBeyec Y (1991) Time-of-Flight Mass Spectrometry with a Compact Two-Stage Electrostatic Mirror: Metastable-Ion Studies with High Mass Resolution and Ion Emission from Thick Insulators. Rapid Commun Mass Spectrom 5: 40–43. doi: 10.1002/rcm.1290050112

[50] Cornish TJ, Cotter RJ (1993) A Curved-Field Reflectron for Improved Energy Focusing of Product Ions in Time-of-Flight Mass Spectrometry. Rapid Commun Mass Spectrom 7: 1037–1040. doi: 10.1002/rcm.1290071114

[51] Cornish TJ, Cotter RJ (1994) A Curved Field Reflection Time-of-Flight Mass Spectrometer for the Simultaneous Focusing of Metastable Product Ions. Rapid Commun Mass Spectrom 8: 781–785. doi: 10.1002/rcm.1290080924

[52] Cordero MM, Cornish TJ, Cotter RJ, Lys IA (1995) Sequencing Peptides Without Scanning the Reflectron: Post-Source Decay with a Curved-Field Reflectron Time-of-Flight Spectrometer. Rapid Commun Mass Spectrom 9: 1356–1361. doi: 10.1002/rcm.1290091407

[53] Cotter RJ, Gardner BD, Iltchenko S, English RD (2004) Tandem Time-of-Flight Mass Spectrometry with a

Curved Field Reflectron. Anal Chem 76: 1976–1981. doi: 10.1021/ac0349431

[54] Yergey AL, Coorssen JR, Backlund PS, Blank PS, Humphrey GA, Zimmerberg J, Campbell JM, Vestal ML (2002) De Novo Sequencing of Peptides Using MALDI/TOF-TOF. J Am Soc Mass Spectrom 13: 784–791. doi: 10.1016/S1044-0305(02)00393-8

[55] Schnaible V, Wefing S, Resemann A, Suckau D, Bücker A, Wolf-Kümmeth S, Hoffmann D (2002) Screening for Disulfide Bonds in Proteins by MALDI In-Source Decay and LIFT-TOF/TOF-MS. Anal Chem 74: 4980–4988. doi: 10.1021/ac025807j

[56] Suckau D, Resemann A, Schuerenberg M, Hufnagel P, Franzen J, Holle A (2003) A Novel MALDI LIFT-TOF/TOF Mass Spectrometer for Proteomics. Anal Bioanal Chem 376: 952–965. doi: 10.1007/s00216-003-2057-0

[57] Moneti G, Francese S, Mastrobuoni G, Pieraccini G, Seraglia R, Valitutti G, Traldi P (2007) Do Collisions Inside the Collision Cell Play a Relevant Role in CID-LIFT Experiments? J Mass Spectrom 42: 117–126. doi: 10.1002/jms.1151

[58] Hipple JA, Condon EU (1945) Detection of Metastable Ions with the Mass Spectrometer. Phys Rev 68: 54–55. doi: 10.1103/PhysRev.68.54

[59] Hipple JA, Fox RE, Condon EU (1946) Metastable Ions Formed by Electron Impact in Hydrocarbon Gases. Phys Rev 69: 347–356. doi: 10.1103/PhysRev.69.347

[60] Beynon JH, Saunders RA, Williams AE (1965) Formation of Metastable Ions in Mass Spectrometers with Release of Internal Energy. Z Naturforsch A 20: 180–183. doi: 10.1515/zna-1965-0203

[61] Beynon JH, Cooks RG, Amy JW, Baitinger WE, Ridley TY (1973) Design and Performance of a Mass-Analyzed Ion Kinetic Energy (MIKE) Spectrometer. Anal Chem 45: 1023A–1031A. doi: 10.1021/ac60334a763

[62] Amy JW, Baitinger WE, Cooks RG (1990) Building Mass Spectrometers and a Philosophy of Research. J Am Soc Mass Spectrom 1: 119–128. doi: 10.1016/1044-0305(90)85047-P

[63] Ottinger C (1965) Fragmentation Energies of Metastable Organic Ions. Phys Lett 17: 269–271. doi: 10.1016/0031-9163(65)90526-3

[64] Baldwin MA, Derrick PJ, Morgan RP (1976) Correction of Metastable Peak Shapes to Allow for Instrumental Broadening and the Translational Energy Spread of the Parent Ion. Org Mass Spectrom 11: 440–442. doi: 10.1002/oms.1210110418

[65] Gross JH, Veith HJ (1993) Unimolecular Fragmentations of Long-Chain Aliphatic Iminium Ions. Org Mass Spectrom 28: 867–872. doi: 10.1002/oms.1210280808

[66] Bowen RD, Wright AD, Derrick PJ (1992) Unimolecular Reactions of Ionized Methyl Allyl Ether. Org Mass Spectrom 27: 905–915. doi: 10.1002/oms.1210270812

[67] Cao JR, George M, Holmes JL (1992) Fragmentation of 1- and 3-Methoxypropene Ions. Another Part of the $[C_4H_8O]^+$. Cation Radical Potential Energy Surface. J Am Soc Mass Spectrom 3: 99–107. doi: 10.1016/1044-0305(92)87042-W

[68] Millington DS, Smith JA (1977) Fragmentation Patterns by Fast Linked Electric and Magnetic Field Scanning. Org Mass Spectrom 12: 264–265. doi: 10.1002/oms.1210120418

[69] Morgan RP, Porter CJ, Beynon JH (1977) On the Formation of Artefact Peaks in Linked Scans of the Magnet and Electric Sector Fields in a Mass Spectrometer. Org Mass Spectrom 12: 735–738. doi: 10.1002/oms.1210121206

[70] Lacey MJ, Macdonald CG (1980) The Use of Two Linked Scanning Modes in Alternation to Analyze Metastable Peaks. Org Mass Spectrom 15: 134–137. doi: 10.1002/oms.1210150306

[71] Lacey MJ, Macdonald CG (1980) Interpreting Metastable Peaks from Double Focusing Mass Spectrometers. Org Mass Spectrom 15: 484–485. doi: 10.1002/oms.1210150306

[72] Mouget Y, Bertrand MJ (1995) Graphical Method for Artefact Peak Interpretation, and Methods for Their Rejection, Using Double and Triple Sector Magnetic Mass Spectrometers. Rapid Commun Mass Spectrom 9: 387–396. doi: 10.1002/rcm.1290090506

[73] Evers EAIM, Noest AJ, Akkerman OS (1977) Deconvolution of Composite Metastable Peaks: A New Method for the Determination of Metastable Transitions Occurring in the First Field Free Region. Org Mass Spectrom 12: 419–420. doi: 10.1002/oms.1210120702

[74] Boyd RK, Porter CJ, Beynon JH (1981) A New Linked Scan for Reversed Geometry Mass Spectrometers. Org Mass Spectrom 16: 490–494. doi: 10.1002/oms.1210161104

[75] Lacey MJ, Macdonald CG (1979) Constant Neutral Spectrum in Mass Spectrometry. Anal Chem 51: 691–695. doi: 10.1021/ac50042a027

[76] Boyd RK, Beynon JH (1977) Scanning of Sector Mass Spectrometers to Observe the Fragmentations of Metastable Ions. Org Mass Spectrom 12: 163–165. doi: 10.1002/oms.1210120311

[77] Jennings KR (1984) Scanning methods for double-focusing mass spectrometers. In: Almoster Ferreira MA (ed) Ion Processes in the Gas Phase. D. Reidel Publishing, Dordrecht, pp 7–21

[78] Fraefel A, Seibl J (1984) Selective Analysis of Metastable Ions. Mass Spectrom Rev 4: 151–221. doi: 10.1002/mas.1280040202

[79] Boyd RK (1994) Linked-Scan Techniques for MS/MS Using Tandem-in-Space Instruments. Mass Spectrom Rev 13: 359–410. doi: 10.1002/mas.1280130502

[80] Walther H, Schlunegger UP, Friedli F (1983) Quantitative Determination of Compounds in Mixtures by $B^2E = const.$ Linked Scans. Org Mass Spectrom 18: 572–575. doi: 10.1002/oms.1210181215

[81] Futrell JH (2000) Development of Tandem Mass Spectrometry. One Perspective. Int J Mass Spectrom 200: 495–508. doi: 10.1016/S1387-3806(00)00353-5

[82] Fenselau C (1992) Tandem Mass Spectrometry: The Competitive Edge for Pharmacology. Annu Rev Pharmacol Toxicol 32: 555–578. doi: 10.1146/annurev.pa.32.040192.003011

[83] Srinivas R, Sülzle D, Weiske T, Schwarz H (1991) Generation and Characterization of Neutral and Cationic 3-Silacyclopropenylidene in the Gas Phase. Description of a New BEBE Tandem Mass Spectrometer. Int J Mass Spectrom Ion Proc 107: 369–376. doi: 10.1016/0168-1176(91)80071-T

[84] Bordaz-Nagy J, Despeyroux D, Jennings KR, Gaskell SJ (1992) Experimental Aspects of the Collision-Induced Decomposition of Ions in a Four-Sector Tandem Mass Spectrometer. Org Mass Spectrom 27: 406–415. doi: 10.1002/oms.1210270410

[85] Stults JT, Lai J, McCune S, Wetzel R (1993) Simplification of High-Energy Collision Spectra of Peptides by Amino-Terminal Derivatization. Anal Chem 65: 1703–1708. doi: 10.1021/ac00061a012

[86] Biemann K, Papyannopoulos IA (1994) Amino Acid Sequencing of Proteins. Acc Chem Res 27: 370–378. doi: 10.1021/ar00047a008

[87] Papyannopoulos IA (1995) The Interpretation of Collision-Induced Dissociation Tandem Mass Spectra of Peptides. Mass Spectrom Rev 14: 49–73. doi: 10.1002/mas.1280140104

[88] Lehmann WD (1996) Massenspektrometrie in der Biochemie. Spektrum Akademischer Verlag, Heidelberg

[89] Chapman JR (ed) (2000) Mass Spectrometry of Proteins and Peptides. Humana Press, Totowa

[90] Snyder AP (2000) Interpreting Protein Mass Spectra. Oxford University Press, New York

[91] Kinter M, Sherman NE (2000) Protein Sequencing and Identification Using Tandem Mass Spectrometry. John Wiley & Sons, Chichester

[92] Yost RA, Enke CG (1978) Selected Ion Fragmentation with a Tandem Quadrupole Mass Spectrometer. J Am Chem Soc 100: 2274–2275. doi: 10.1021/ja00475a072

[93] Yost RA, Enke CG, McGilvery DC, Smith D, Morrison JD (1979) High Efficiency Collision-Induced Dissociation in an Rf-Only Quadrupole. Int J Mass Spectrom Ion Phys 30: 127–136. doi: 10.1016/0020-7381(79)80090-X

[94] Yost RA, Enke CG (1979) Triple Quadrupole Mass Spectrometry for Direct Mixture Analysis and Structure Elucidation. Anal Chem 51: 1251A–1262A. doi: 10.1021/ac50048a002

[95] Hunt DF, Shabanowitz J, Giordani AB (1980) Collision Activated Decompositions in Mixture Analysis with a Triple Quadrupole Mass Spectrometer. Anal Chem 52: 386–390. doi: 10.1021/ac50053a004

[96] Dawson PH, French JB, Buckley JA, Douglas DJ, Simmons D (1982) The Use of Triple Quadrupoles for Sequential Mass Spectrometry: The Instrument Parameters. Org Mass Spectrom 17: 205–211. doi: 10.1002/oms.1210170503

[97] Dawson PH, French JB, Buckley JA, Douglas DJ, Simmons D (1982) The Use of Triple Quadrupoles for Sequential Mass Spectrometry: A Detailed Case Study. Org Mass Spectrom 17: 212–219. doi: 10.1002/oms.1210170504

[98] Inglebert RL, Hennequin JF (1980) Overall Transmission of Quadrupole Mass Spectrometers. Adv Mass Spectrom 8B: 1764–1770

[99] Cerezo A, Miller MK (1991) Einzel Lenses in Atom Probe Designs. Surf Sci 246: 450–456. doi: 10.1016/0039-6028(91)90450-7

[100] Thomson BA, Douglas DJ, Corr JJ, Hager JW, Jolliffe CL (1995) Improved Collisionally Activated Dissociation Efficiency and Mass Resolution on a Triple Quadrupole Mass Spectrometer System. Anal Chem 67: 1696–1704. doi: 10.1021/ac00106a008

[101] Zeller M, Koenig S (2004) The Impact of Chromatography and Mass Spectrometry on the Analysis of Protein Phosphorylation Sites. Mass Spectrometric Phosphorylation Analysis. Anal Bioanal Chem 378: 889–909. doi: 10.1007/s00216-003-2391-2

[102] Schwartz JC, Schey KL, Cooks RG (1990) A Penta-Quadrupole Instrument for Reaction Intermediate Scans and Other MS-MS-MS Experiments. Int J Mass Spectrom Ion Proc 101: 1–20. doi: 10.1016/0168-1176(90)80017-W

[103] Gozzo FC, Sorrilha AEPM, Eberlin MN (1996) The Generation, Stability, Dissociation and Ion/Molecule Chemistry of Sulfinyl Cations in the Gas Phase. J Chem Soc Perkin Trans 2: 587–596. doi: 10.1039/P29960000587

[104] Juliano VF, Gozzo FC, Eberlin MN, Kascheres C, do Lago CL (1996) Fast Multidimensional (3D and 4D) MS^2 and MS^3 Scans in a High-Transmission Pentaquadrupole Mass Spectrometer. Anal Chem 68: 1328–1334. doi: 10.1021/ac9508659

[105] Eberlin MN (1997) Triple-Stage Pentaquadrupole (QqQqQ) Mass Spectrometry and Ion/Molecule Reactions. Mass Spectrom Rev 16: 113–144. doi: 10.1002/(SICI)1098-2787(1997)16: 3<113:: AID-MAS1>3.0.CO;2-K

[106] March RE (1998) Quadrupole Ion Trap Mass Spectrometry: Theory, Simulation, Recent Developments and Applications. Rapid Commun Mass Spectrom 12: 1543–1554. doi: 10.1002/(SICI)1097-0231(19981030)12: 20<1543:: AID-RCM343>3.0.CO;2-T

[107] Griffiths IW (1990) Recent Advances in Ion-Trap Technology. Rapid Commun Mass Spectrom 4: 69–73. doi: 10.1002/rcm.1290040302

[108] Siethoff C, Wagner-Redeker W, Schäfer M, Linscheid M (1999) HPLC-MS with an Ion Trap Mass Spectrometer. Chimia 53: 484–491

[109] Schwartz JC, Jardine I (1992) High-Resolution Parent-Ion Selection/Isolation Using a Quad-rupole Ion-Trap Mass Spectrometer. Rapid Commun Mass Spectrom 6: 313–317. doi: 10.1002/rcm.1290060419

[110] Remes PM, Glish GL (2009) On The Time Scale of Internal Energy Relaxation of AP-MALDI and Nano-ESI Ions in a Quadrupole Ion Trap. J Am Soc Mass Spectrom 20: 1801–1812. doi: 10.1016/j.jasms.2009.05.018

[111] Louris JN, Cooks RG, Syka JEP, Kelley PE, Stafford GC Jr, Todd JFJ (1987) Instrumentation, Applications, and Energy Deposition in Quadrupole Ion-Trap Tandem Mass Spectrometry. Anal Chem 59: 1677–1685. doi: 10.1021/ac00140a021

[112] McLuckey SA, Glish GL, Kelley PE (1987) Collision-Activated Dissociation of Negative Ions in an Ion Trap Mass Spectrometer. Anal Chem 59: 1670–1674. doi: 10.1021/ac00140a019

[113] Cooks RG, Amy JW, Bier M, Schwartz JC, Schey K (1989) New mass spectrometers. Adv Mass Spectrom 11A: 33–52

[114] Murrell J, Konn DO, Underwood NJ, Despeyroux D (2003) Studies into the Selective Accumulation of Multiply Charged Protein Ions in a Quadrupole Ion Trap Mass Spectrometer. Int J Mass Spectrom 227: 223–234. doi: 10.1016/S1387-3806(03)00109-X

[115] Hashimoto Y, Hasegawa H, Yoshinari K (2003) Collision-Activated Infrared Multiphoton Dissociation in a Quadrupole Ion Trap Mass Spectrometer. Anal Chem 75: 420–425. doi: 10.1021/ac025866x

[116] March RE, Todd JFJ (2005) Quadrupole Ion Trap Mass Spectrometry. John Wiley & Sons, Hoboken

[117] Kuzma M, Jegorov A, Kacer P, Havlı́cek V (2001) Sequencing of New Beauverolides by High-Performance Liquid Chromatography and Mass Spectrometry. J Mass Spectrom 36: 1108–1115. doi: 10.1002/jms.213

[118] Hopfgartner G, Husser C, Zell M (2003) Rapid Screening and Characterization of Drug Metabolites Using a New Quadrupole-Linear Ion Trap Mass Spectrometer. J Mass Spectrom 38: 138–150. doi: 10.1002/jms.420

[119] Pekar Second T, Blethrow JD, Schwartz JC, Merrihew GE, MacCoss MJ, Swaney DL, Russell JD, Coon JJ, Zabrouskov V (2009) Dual-Pressure Linear Ion Trap Mass Spectrometer Improving the Analysis of Complex Protein Mixtures. Anal Chem 81: 7757–7765. doi: 10.1021/ac901278y

[120] Magparangalan DP, Garrett TJ, Drexler DM, Yost RA (2010) Analysis of Large Peptides by MALDI Using a Linear Quadrupole Ion Trap with Mass Range Extension. Anal Chem 82: 930–934. doi: 10.1021/ac9021488

[121] Londry FA, Hager JW (2003) Mass Selective Axial Ion Ejection from a Linear Quadrupole Ion Trap. J Am Soc Mass Spectrom 14: 1130–1147. doi: 10.1016/S1044-0305(03)00446-X

[122] Hopfgartner G, Varesio E, Tschaeppaet V, Grivet C, Bourgogne E, Leuthold LA (2004) Triple Quadrupole Linear Ion Trap Mass Spectrometer for the Analysis of Small Molecules and Macromolecules. J Mass Spectrom 39: 845–855. doi: 10.1002/jms.659

[123] Moberg M, Markides KE, Bylund D (2005) Multi-Parameter Investigation of Tandem Mass Spectrometry in a Linear Ion Trap Using Response Surface Modelling. J Mass Spectrom 40: 317–324. doi: 10.1002/jms.787

[124] Olsen JV, Schwartz JC, Griep-Raming J, Nielsen ML, Damoc E, Denisov E, Lange O, Remes P, Taylor D, Splendore M, Wouters ER, Senko M, Makarov A, Mann M, Horning S (2009) A Dual Pressure Linear Ion Trap Orbitrap Instrument with Very High Sequencing Speed. Mol Cell Proteomics 8: 2759–2769. doi: 10.1074/mcp.M900375-MCP200

[125] Olsen JV, Macek B, Lange O, Makarov A, Horning S, Mann M (2007) Higher-Energy C-Trap Dissociation for Peptide Modification Analysis. Nat Methods 4: 709–712. doi: 10.1038/nmeth1060

[126] Olsen JV, de Godoy LMF, Li G, Macek B, Mortensen P, Pesch R, Makarov A, Lange O, Horning S, Mann M (2005) Parts Per Million Mass Accuracy on an Orbitrap Mass Spectrometer via Lock Mass Injection into a C-Trap. Mol Cell Proteomics 4: 2010–2021. doi: 10.1074/mcp.T500030-MCP200

[127] Senko MW, Remes PM, Canterbury JD, Mathur R, Song Q, Eliuk SM, Mullen C, Earley L, Hardman M, Blethrow JD, Bui H, Specht A, Lange O, Denisov E, Makarov A, Horning S, Zabrouskov V (2013) Novel Parallelized Quadrupole/Linear Ion Trap/Orbitrap Tribrid Mass Spectrometer Improving Proteome Coverage

and Peptide Identification Rates. Anal Chem 85: 11710–11714. doi: 10.1021/ac403115c

[128] Lebedev AT, Damoc E, Makarov AA, Samgina TY (2014) Discrimination of Leucine and Isoleucine in Peptides Sequencing with Orbitrap Fusion Mass Spectrometer. Anal Chem 86: 7017–7022. doi: 10.1021/ac501200h

[129] Guan S, Marshall AG (1996) Stored Waveform Inverse Fourier Transform (SWIFT) Ion Excitation in Trapped-Ion Mass Spectrometry: Theory and Applications. Int J Mass Spectrom Ion Proc 157(158): 5–37. doi: 10.1016/S0168-1176(96)04461-8

[130] Heck AJR, Derrick PJ (1997) Ultrahigh Mass Accuracy in Isotope-Selective Collision-Induced Dissociation Using Correlated Sweep Excitation and Sustained Off-Resonance Irradiation: A Fourier Transform Ion Cyclotron Resonance Mass Spectrometry Case Study on the $[M+2H]^{2+}$ Ion of Bradykinin. Anal Chem 69: 3603–3607. doi: 10.1021/ac970254b

[131] Heck AJR, Derrick PJ (1998) Selective Fragmentation of Single Isotopic Ions of Proteins Up to 17 KDa Using 9.4 Tesla Fourier Transform Ion Cyclotron Resonance. Eur Mass Spectrom 4: 181–188. doi: 10.1255/ejms.207

[132] Cody RB, Freiser BS (1982) Collision-Induced Dissociation in a Fourier-Transform Mass Spectrometer. Int J Mass Spectrom Ion Phys 41: 199–204. doi: 10.1016/0020-7381(82)85035-3

[133] Cody RB, Burnier RC, Freiser BS (1982) Collision-Induced Dissociation with Fourier Transform Mass Spectrometry. Anal Chem 54: 96–101. doi: 10.1021/ac00238a029

[134] Gauthier JW, Trautman TR, Jacobson DB (1991) Sustained Off-Resonance Irradiation for Collision-Activated Dissociation Involving FT-ICR-MS. CID Technique that Emulates Infrared Multiphoton Dissociation. Anal Chim Acta 246: 211–225. doi: 10.1016/0003-2670(91)80053-V

[135] Senko MW, Speir JP, McLafferty FW (1994) Collisional Activation of Large Multiply Charged Ions Using Fourier Transform Mass Spectrometry. Anal Chem 66: 2801–2808. doi: 10.1021/ac00090a003

[136] Boering KA, Rolfe J, Brauman JI (1992) Control of Ion Kinetic Energy in Ion Cyclotron Resonance Spectrometry: Very-Low-Energy Collision-Induced Dissociation. Rapid Commun Mass Spectrom 6: 303–305. doi: 10.1002/rcm.1290060416

[137] Lee SA, Jiao CQ, Huang Y, Freiser BS (1993) Multiple Excitation Collisional Activation in Fourier-Transform Mass Spectrometry. Rapid Commun Mass Spectrom 7: 819–821. doi: 10.1002/rcm.1290070908

[138] Mihalca R, van der Burgt YEM, Heck AJR, Heeren RMA (2007) Disulfide Bond Cleavages Observed in SORI-CID of Three Nonapeptides Complexed with Divalent Transition-Metal Cations. J Mass Spectrom 42: 450–458. doi: 10.1002/jms.1175

[139] Mirgorodskaya E, O'Connor PB, Costello CE (2002) A General Method for Precalculation of Parameters for Sustained Off Resonance Irradiation/Collision-Induced Dissociation. J Am Soc Mass Spectrom 13: 318–324. doi: 10.1016/S1044-0305(02)00340-9

[140] Woodin RL, Bomse DS, Beauchamp JL (1978) Multiphoton Dissociation of Molecules with Low Power Continuous Wave Infrared Laser Radiation. J Am Chem Soc 100: 3248–3250. doi: 10.1021/ja00478a065

[141] Håkansson K, Cooper HJ, Emmet MR, Costello CE, Marshall AG, Nilsson CL (2001) Electron Capture Dissociation and Infrared Multiphoton Dissociation MS/MS of an N-Glycosylated Tryptic Peptic to Yield Complementary Sequence Information. Anal Chem 73: 4530–4536. doi: 10.1021/ac0103470

[142] Little DP, Senko MW, O'Conner PB, McLafferty FW (1994) Infrared Multiphoton Dissociation of Large Multiply-Charged Ions for Biomolecule Sequencing. Anal Chem 66: 2809–2815. doi: 10.1021/ac00090a004

[143] Watson CH, Baykut G, Eyler JR (1987) Laser Photodissociation of Gaseous Ions Formed by Laser Desorption. Anal Chem 59: 1133–1138. doi: 10.1021/ac00135a015

[144] Eyler JR (2009) Infrared Multiple Photon Dissociation Spectroscopy of Ions in Penning Traps. Mass Spectrom Rev 28: 448–467. doi: 10.1002/mas.20217

[145] Brodbelt JS, Wilson JJ (2009) Infrared Multiphoton Dissociation in Quadrupole Ion Traps. Mass Spectrom Rev 28: 390–424. doi: 10.1002/mas.20216

[146] Hashimoto Y, Hasegawa H, Waki I (2004) High Sensitivity and Broad Dynamic Range Infrared Multiphoton Dissociation for a Quadrupole Ion Trap. Rapid Commun Mass Spectrom 18: 2255–2259. doi: 10.1002/rcm.1619

[147] Newsome GA, Glish GL (2009) Improving IRMPD in a Quadrupole Ion Trap. J Am Soc Mass Spectrom 20: 1127–1131. doi: 10.1016/j.jasms.2009.02.003

[148] Newsome GA, Glish GL (2011) A New Approach to IRMPD Using Selective Ion Dissociation in a Quadrupole Ion Trap. J Am Soc Mass Spectrom 22: 207–213. doi: 10.1007/s13361-010-0039-y

[149] Madsen JA, Gardner MW, Smith SI, Ledvina AR, Coon JJ, Schwartz JC, Stafford GC, Brodbelt JS (2009) Top-Down Protein Fragmentation by Infrared Multiphoton Dissociation in a Dual Pressure Linear Ion Trap. Anal Chem 81: 8677–8686. doi: 10.1021/ac901554z

[150] Gardner MW, Smith SI, Ledvina AR, Madsen JA, Coon JJ, Schwartz JC, Stafford GC, Brodbelt JS (2009) Infrared Multiphoton Dissociation of Peptide Cations in a Dual Pressure Linear Ion Trap Mass Spectrometer. Anal Chem 81: 8109–8118. doi: 10.1021/ac901313m

[151] Campbell JL, Hager JW, Le Blanc JCY (2009) On Performing Simultaneous Electron Transfer Dissociation and Collision-Induced Dissociation on Multiply Protonated Peptides in a Linear Ion Trap. J Am Soc Mass Spectrom 20: 1672–1683. doi: 10.1016/j.jasms.2009.05.009

[152] Ledvina AR, Lee MV, McAlister GC, Westphall MS, Coon JJ (2012) Infrared Multiphoton Dissociation for Quantitative Shotgun Proteomics. Anal Chem 84: 4513–4519. doi: 10.1021/ac300367p

[153] Zubarev RA, Kelleher NL, McLafferty FW (1998) Electron Capture Dissociation of Multiply Charged Protein Cations. A Nonergodic Process. J Am Chem Soc 120: 3265–3266. doi: 10.1021/ja973478k

[154] Axelsson J, Palmblad M, Håkansson K, Håkansson P (1999) Electron Capture Dissociation of Substance P Using a Commercially Available Fourier Transform Ion Cyclotron Resonance Mass Spectrometer. Rapid Commun Mass Spectrom 13: 474–477. doi: 10.1002/(SICI)1097-0231(19990330)13: 6<474:: AID-RCM505>3.0.CO;2-1

[155] Cerda BA, Horn DM, Breuker K, Carpenter BK, McLafferty FW (1999) Electron Capture Dissociation of Multiply-Charged Oxygenated Cations. A Nonergodic Process. Eur Mass Spectrom 5: 335–338. doi: 10.1255/ejms.293

[156] Håkansson K, Emmet MR, Hendrickson CL, Marshall AG (2001) High-Sensitivity Electron Capture Dissociation Tandem FTICR Mass Spectrometry of Microelectrosprayed Peptides. Anal Chem 73: 3605–3610. doi: 10.1021/ac010141z

[157] Leymarie N, Berg EA, McComb ME, O'Conner PB, Grogan J, Oppenheim FG, Costello CE (2002) Tandem Mass Spectrometry for Structural Characterization of Proline-Rich Proteins: Application to Salivary PRP-3. Anal Chem 74: 4124–4132. doi: 10.1021/ac0255835

[158] Tsybin YO, Ramstroem M, Witt M, Baykut G, Hakansson P (2004) Peptide and Protein Characterization by High-Rate Electron Capture Dissociation Fourier Transform Ion Cyclotron Resonance Mass Spectrometry. J Mass Spectrom 39: 719–729. doi: 10.1002/jms.658

[159] Zubarev RA, Horn DM, Fridriksson EK, Kelleher NL, Kruger NA, Lewis MA, Carpenter BK, McLafferty FW (2000) Electron Capture Dissociation for Structural Characterization of Multiply Charged Protein Cations. Anal Chem 72: 563–573. doi: 10.1021/ac990811p

[160] Zubarev RA (2003) Reactions of Polypeptide Ions with Electrons in the Gas Phase. Mas Spectrom Rev 22: 57–77. doi: 10.1002/mas.10042

[161] Leymarie N, Costello CE, O'Connor PB (2003) Electron Capture Dissociation Initiates a Free Radical Reaction Cascade. J Am Chem Soc 125: 8949–8958. doi: 10.1021/ja028831n

[162] Turecek F (2003) N-$C_α$ Bond Dissociation Energies and Kinetics in Amide and Peptide Radicals. Is the Dissociation a Non-Ergodic Process? J Am Chem Soc 125: 5954–5963. doi: 10.1021/ja021323t

[163] McFarland MA, Marshall AG, Hendrickson CL, Nilsson CL, Fredman P, Mansson JE (2005) Structural Characterization of the GM1 Ganglioside by Infrared Multiphoton Dissociation, Electron Capture Dissociation, and Electron Detachment Dissociation Electrospray Ionization FT-ICR MS/MS. J Am Soc Mass Spectrom 16: 752–762. doi: 10.1016/j.jasms.2005.02.001

[164] Oh HB, Lin C, Hwang HY, Zhai H, Breuker K, Zabrouskov V, Carpenter BK, McLafferty FW (2005) Infrared Photodissociation Spectroscopy of Electrosprayed Ions in a Fourier Transform Mass Spectrometer. J Am Chem Soc 127: 4076–4083. doi: 10.1021/ja040136n

[165] Dunbar RC (2004) BIRD (Blackbody Infrared Radiative Dissociation): Evolution, Principles, and Applications. Mass Spectrom Rev 23: 127–158. doi: 10.1002/mas.10074

[166] Tsybin YO, Hakansson P, Budnik BA, Haselmann KF, Kjeldsen F, Gorshkov M, Zubarev RA (2001) Improved Low-Energy Electron Injection Systems for High Rate Electron Capture Dissociation in Fourier Transform Ion Cyclotron Resonance Mass Spectrometry. Rapid Commun Mass Spectrom 15: 1849–1854. doi: 10.1002/rcm.448

[167] Tsybin YO, Witt M, Baykut G, Kjeldsen F, Hakansson P (2003) Combined Infrared Multi-photon Dissociation and Electron Capture Dissociation with a Hollow Electron Beam in Fourier Transform Ion Cyclotron Resonance Mass Spectrometry. Rapid Commun Mass Spectrom 17: 1759–1768. doi: 10.1002/rcm.1118

[168] Syka JEP, Coon JJ, Schroeder MJ, Shabanowitz J, Hunt DF (2004) Peptide and Protein Sequence Analysis by Electron Transfer Dissociation Mass Spectrometry. Proc Natl Acad Sci U S A 101: 9528–9533. doi: 10.1073/pnas.0402700101

[169] Cooper HJ, Hakansson K, Marshall AG (2005) The Role of Electron Capture Dissociation in Biomolecular Analysis. Mass Spectrom Rev 24: 201–222. doi: 10.1002/mas.20014

[170] Swaney DL, McAlister GC, Wirtala M, Schwartz JC, Syka JEP, Coon JJ (2007) Supplemental Activation Method for High-Efficiency Electron-Transfer Dissociation of Doubly Protonated Peptide Precursors. Anal Chem 79: 477–485. doi: 10.1021/ac061457f

[171] Coon JJ, Syka JEP, Schwartz JC, Shabanowitz J, Hunt DF (2004) Anion Dependence in the Partitioning Between Proton and Electron Transfer in Ion/Ion Reactions. Int J Mass Spectrom 236: 33–42. doi: 10.1016/j.ijms.2004.05.005

[172] Good DM, Wirtala M, McAlister GC, Coon JJ (2007) Performance Characteristics of Electron Transfer Dissociation Mass Spectrometry. Mol Cell Proteomics 6: 1942–1951. doi: 10.1074/mcp.M700073-MCP200

[173] Chi A, Huttenhower C, Geer LY, Coon JJ, Syka JEP, Bai DL, Shabanowitz J, Burke DJ, Troyanskaya OG, Hunt DF (2007) Analysis of Phosphorylation Sites on Proteins from Saccharomyces Cerevisiae by Electron Transfer Dissociation (ETD) Mass Spectrometry. Proc Natl Acad Sci U S A 104: 2193–2198. doi: 10.1073/pnas.0607084104

[174] Liang X, Hager JW, McLuckey SA (2007) Transmission Mode Ion/Ion Electron-Transfer Dissociation in a Linear Ion Trap. Anal Chem 79: 3363–3370. doi: 10.1021/ac062295q

[175] McAlister GC, Berggren WT, Griep-Raming J, Horning S, Makarov A, Phanstiel D, Stafford G, Swaney DL, Syka JEP, Zabrouskov V, Coon JJ (2008) A Proteomics Grade Electron Transfer Dissociation-Enabled Hybrid Linear Ion Trap-Orbitrap Mass Spectrometer. J Proteome Res 7: 3127–3136. doi: 10.1021/pr800264t

[176] Williams DK Jr, McAlister GC, Good DM, Coon JJ, Muddiman DC (2007) Dual Electrospray Ion Source for

Electron-Transfer Dissociation on a Hybrid Linear Ion Trap-Orbitrap Mass Spectrometer. Anal Chem 79: 7916–7919. doi: 10.1021/ac071444h

[177] McAlister GC, Phanstiel D, Good DM, Berggren WT, Coon JJ (2007) Implementation of Electron-Transfer Dissociation on a Hybrid Linear Ion Trap-Orbitrap Mass Spectrometer. Anal Chem 79: 3525–3534. doi: 10.1021/ac070020k

[178] Haselmann KF, Budnik BA, Kjeldsen F, Nielsen ML, Olsen JV, Zubarev RA (2002) Electronic Excitation Gives Informative Fragmentation of Polypeptide Cations and Anions. Eur J Mass Spectrom 8: 117–121. doi: 10.1255/ejms.479

[179] Budnik BA, Haselmann KF, Zubarev RA (2001) Electron Detachment Dissociation of Peptide Di-Anions: An Electron-Hole Recombination Phenomenon. Chem Phys Lett 342: 299–302. doi: 10.1016/S0009-2614(01)00501-2

[180] Kjeldsen F, Silivra OA, Ivonin IA, Haselmann KF, Gorshkov M, Zubarev RA (2005) C_α-C Backbone Fragmentation Dominates in Electron Detachment Dissociation of Gas-Phase Polypeptide Polyanions. Chem Eur J 11: 1803–1812. doi: 10.1002/chem.200400806

[181] Anusiewicz I, Jasionowski M, Skurski P, Simons J (2005) Backbone and Side-Chain Cleavages in Electron Detachment Dissociation (EDD). J Chem Phys A 109: 11332–11337. doi: 10.1021/jp055018g

[182] Yang J, Mo J, Adamson JT, Haakansson K (2005) Characterization of Oligodeoxynucleotides by Electron Detachment Dissociation Fourier Transform Ion Cyclotron Resonance Mass Spectrometry. Anal Chem 77: 1876–1882. doi: 10.1021/ac048415g

[183] Huzarska M, Ugalde I, Kaplan DA, Hartmer R, Easterling ML, Polfer NC (2010) Negative Electron Transfer Dissociation of Deprotonated Phosphopeptide Anions: Choice of Radical Cation Reagent and Competition Between Electron and Proton Transfer. Anal Chem 82: 2873–2878. doi: 10.1021/ac9028592

[184] Adlhart C, Hinderling C, Baumann H, Chen P (2000) Mechanistic Studies of Olefin Metathesis by Ruthenium Carbene Complexes Using Electrospray Ionization Tandem Mass Spectrometry. J Am Chem Soc 122: 8204–8214. doi: 10.1021/ja9938231

[185] Hinderling C, Adlhart C, Chen P (2000) Mechanism-Based High-Throughput Screening of Catalysts. Chimia 54: 232–235

[186] Volland MAO, Adlhart C, Kiener CA, Chen P, Hofmann P (2001) Catalyst Screening by Electrospray Ionization Tandem Mass Spectrometry: Hofmann Carbenes for Olefin Metathesis. Chem Eur J 7: 4621–4632. doi: 10.1002/1521-3765(20011105)7: 21<4621:: AID-CHEM4621>3.0.CO;2-C

[187] Schwarz H (2003) Relativistic Effects in Gas-Phase Ion Chemistry: An Experimentalist's View. Angew Chem Int Ed 42: 4442–4454. doi: 10.1002/anie.200300572

[188] Schwarz H (2004) On the Spin-Forbiddeness of Gas-Phase Ion-Molecule Reactions: A Fruitful Intersection of Experimental and Computational Studies. Int J Mass Spectrom 237: 75–105. doi: 10.1016/j.ijms.2004.06.006

[189] Boehme DK, Schwarz H (2005) Gas-Phase Catalysis by Atomic and Cluster Metal Ions: The Ultimate Single-Site Catalysts. Angew Chem Int Ed 44: 2336–2354. doi: 10.1002/chin.200525226

[190] Schlangen M, Schroeder D, Schwarz H (2007) Pronounced Ligand Effects and the Role of Formal Oxidation States in the Nickel-Mediated Thermal Activation of Methane. Angew Chem Int Ed 46: 1641–1644. doi: 10.1002/anie.200603266

[191] Kaltashov IA, Eyles SJ (2005) Mass Spectrometry in Biophysics: Conformation and Dynamics of Biomolecules. John Wiley & Sons, Hoboken

[192] Somogyi A (2008) Probing Peptide Fragment Ion Structures by Combining Sustained Off-Resonance Collision-Induced Dissociation and Gas-Phase H/D Exchange (SORI-HDX) in Fourier Transform Ion-Cyclotron

Resonance (FT-ICR) Instruments. J Am Soc Mass Spectrom 19: 1771–1775. doi: 10.1016/j.jasms.2008.08.012

[193] Bythell BJ, Somogyi A, Paizs B (2009) What Is the Structure of B2 Ions Generated from Doubly Protonated Tryptic Peptides? J Am Soc Mass Spectrom 20: 618–624. doi: 10.1016/j.jasms.2008.11.021

[194] Harrison AG (1997) The Gas-Phase Basicities and Proton Affinities of Amino Acids and Peptides. Mass Spectrom Rev 16: 201–217. doi: 10.1002/(SICI)1098-2787(1997)16: 4<201:: AID-MAS3>3.0.CO;2-L

[195] McMahon TB (2000) Thermochemical Ladders: Scaling the Ramparts of Gaseous Ion Energetics. Int J Mass Spectrom 200: 187–199. doi: 10.1016/S1387-3806(00)00308-0

[196] Cooks RG, Kruger TL (1977) Intrinsic Basicity Determination Using Metastable Ions. J Am Chem Soc 99: 1279–1281. doi: 10.1021/ja00446a059

[197] Cooks RG, Wong PSH (1998) Kinetic Method of Making Thermochemical Determinations: Advances and Applications. Acc Chem Res 31: 379–386. doi: 10.1021/ar960242x

[198] Cooks RG, Patrick JS, Kotiaho T, McLuckey SA (1994) Thermochemical Determinations by the Kinetic Method. Mass Spectrom Rev 13: 287–339. doi: 10.1002/mas.1280130402

[199] Kukol A, Strehle F, Thielking G, Grützmacher HF (1993) Methyl Group Effect on the Proton Affinity of Methylated Acetophenones Studied by Two Mass Spectrometric Techniques. Org Mass Spectrom 28: 1107–1110. doi: 10.1002/oms.1210281021

[200] Bouchoux G, Salpin JY (1996) Gas-Phase Basicity and Heat of Formation of Sulfine CH_2=S=O. J Am Chem Soc 118: 6516–6517. doi: 10.1021/ja9610601

[201] Bouchoux G, Salpin JY, Leblanc D (1996) A Relationship Between the Kinetics and Thermochemistry of Proton Transfer Reactions in the Gas Phase. Int J Mass Spectrom Ion Proc 153: 37–48. doi: 10.1016/0168-1176(95)04353-5

[202] Witt M, Kreft D, Grützmacher HF (2003) Effects of Internal Hydrogen Bonds Between Amide Groups: Protonation of Alicyclic Diamides. Eur J Mass Spectrom 9: 81–95. doi: 10.1255/ejms.535

[203] Danis PO, Wesdemiotis C, McLafferty FW (1983) Neutralization-Reionization Mass Spectrometry (NRMS). J Am Chem Soc 105: 7454–7456. doi: 10.1021/ja00363a048

[204] Gellene GI, Porter RF (1983) Neutralized Ion-Beam Spectroscopy. Acc Chem Res 16: 200–207. doi: 10.1021/ar00090a003

[205] Terlouw JK, Kieskamp WM, Holmes JL, Mommers AA, Burgers PC (1985) The Neutralization and Reionization of Mass-Selected Positive Ions by Inert Gas Atoms. Int J Mass Spectrom Ion Proc 64: 245–250. doi: 10.1016/0168-1176(85)85013-8

[206] Holmes JL, Mommers AA, Terlouw JK, Hop CECA (1986) The Mass Spectrometry of Neutral Species Produced from Mass-Selected Ions by Collision and by Charge Exchange. Experiments with Tandem Collision Gas Cells. Int J Mass Spectrom Ion Proc 68: 249–264. doi: 10.1016/0168-1176(86)87051-3

[207] Blanchette MC, Holmes JL, Hop CECA, Mommers AA (1988) The Ionization of Fast Neutrals by Electron Impact in the Second Field-Free Region of a Mass Spectrometer of Reversed Geometry. Org Mass Spectrom 23: 495–498. doi: 10.1002/oms.1210230611

[208] McLafferty FW (1992) Neutralization-Reionization Mass Spectrometry. Int J Mass Spectrom Ion Proc 118(119): 221–235. doi: 10.1016/0168-1176(92)85063-6

[209] Goldberg N, Schwarz H (1994) Neutralization-Reionization Mass Spectrometry: a Powerful "Laboratory" to Generate and Probe Elusive Neutral Molecules. Acc Chem Res 27: 347–352. doi: 10.1021/ar00047a005

[210] Schalley CA, Hornung G, Schroder D, Schwarz H (1998) Mass Spectrometry As a Tool to Probe the Gas-Phase Reactivity of Neutral Molecules. Int J Mass Spectrom Ion Proc 172: 181–208. doi: 10.1016/S0168-1176(97)00115-8

[211] Schalley CA, Hornung G, Schroder D, Schwarz H (1998) Mass Spectrometric Approaches to the Reactivity of Transient Neutrals. Chem Soc Rev 27: 91–104. doi: 10.1039/A827091Z

[212] Blanchette MC, Bordas-Nagy J, Holmes JL, Hop CECA, Mommers AA, Terlouw JK (1988) Neutralization-Reionization Experiments: A Simple Metal Vapor Cell for VG Analytical ZAB-2F Mass Spectrometers.Org Mass Spectrom 23: 804–807. doi: 10.1002/oms.1210231114

[213] Zhang MY, McLafferty FW (1992) Organic Neutralization Agents for Neutralization-Reionization Mass Spectrometry. J Am Soc Mass Spectrom 3: 108–112. doi: 10.1016/1044-0305(92)87043-X

[214] Zagorevskii DV, Holmes JL (1994) Neutralization-Reionization Mass Spectrometry Applied to Organometallic and Coordination Chemistry. Mass Spectrom Rev 13: 133–154. doi: 10.1002/mas.1280130203

[215] Zagorevskii DV, Holmes JL (1999) Neutralization-Reionization Mass Spectrometry Applied to Organometallic and Coordination Chemistry (Update: 1994–1998). Mass Spectrom Rev 18: 87–118. doi: 10.1002/(SICI)1098-2787(1999)18: 2<87:: AID-MAS1>3.0.CO;2-J

[216] Weiske T, Wong T, Krätschmer W, Terlouw JK, Schwarz H (1992) Proof of the Existence of an Endohedral Helium-Fullerene (He@C_{60}) Structure via Gas-Phase Neutralization of [HeC_{60}]$^+$. Angew Chem Int Ed 31: 183–185. doi: 10.1002/anie.199201831

[217] Keck H, Kuchen W, Tommes P, Terlouw JK, Wong T (1992) The Phosphonium Ylide CH_2PH_3 Is Stable in Gas Phase. Angew Chem Int Ed 31: 86–87. doi: 10.1002/anie.199200861

[218] Schröder D, Schwarz H, Wulf M, Sievers H, Jutzi P, Reiher M (1999) Experimental Evidence for the Existence of Neutral P_6: A New Allotrope of Phosphorus. Angew Chem Int Ed 38: 313–315. doi: 10.1002/(SICI)1521-3773(19991203)38: 23<3513:: AID-ANIE3513>3.0.CO;2-I

[219] Sleno L, Volmer DA (2004) Ion Activation Methods for Tandem Mass Spectrometry. J Mass Spectrom 39: 1091–1112. doi: 10.1002/jms.703

第 10 章　　快速原子轰击

> **学习目标**
> - 高能粒子表面的剥蚀作用
> - 通过初级离子撞击中性物质形成二次离子
> - 离子从凝聚相解吸到气相
> - 液体基质的调控作用
> - FAB 和 LSIMS 的一般特性和应用
> - 空气和水分敏感样品
> - 基于粒子撞击的相关解吸电离技术

　　动能在千电子伏特甚至兆电子伏特范围内的粒子撞击表面，导致中性粒子和一小部分离子从暴露于其轰击的表面材料中喷出。撞击粒子可以是原子、分子或团簇，这些是中性物质还是离子通常无关紧要——重要的是它们的高动能。这种轰击表面的离子称为初级离子（primary ions），源自表面材料并由表面材料释放的离子称为二次离子（secondary ions）。

10.1　历史概览

　　利用离子束撞击溅射效应的二次离子质谱（secondary ion mass spectrometry，SIMS）首先应用于块状无机材料。正如 Benninghoven[1]和 Honig[2,3]的综述所概述的那样，这种技术直到 20 世纪 60 年代末才被少量使用和提及（第 15 章）。随后，人们也尝试使用 SIMS 来分析有机固体[4,5]。而在此之前，生物大分子仅能通过锎-252（^{252}Cf）等离子解吸（plasma desorption，PD）飞行时间（TOF）质谱进行分析（第 10.7 节）。另一种当时在使用的技术——分子束固体分析（molecular beam solid analysis，MBSA）技术，也应用了撞击高能中性物质的原理，但并未在实验室中广泛使用，至少不是以它最初的名称来应用的[6,7]。遗憾的是，SIMS 条件在离子撞击时会导致有机物表面产生静电荷，从而导致对离子源电位的不利干扰。采用类似于

MBSA 技术的高能中性原子束，规避了这些问题，并促进了这种有潜力的方法的进一步发展[8,9]，该技术后来被命名为快速原子轰击（fast atom bombardment，FAB）法[8-10]。

事实证明，即使绝对不适合电子电离（electron ionization，EI，第 5 章和第 6 章）或化学电离（chemical ionization，CI，第 7 章）的高极性化合物，FAB 也可以产生完整分子物种的离子。早期 FAB-MS 受制于辐射引起的样品快速辐射分解和较苛刻的解吸电离条件，而将分析物溶解于液体基质的应用意味着该技术取得了重大突破[11,12]。如今，人们称其为"基质辅助快速原子轰击"[13,14]。FAB-MS 很快成为场解吸的主要竞争对手（第 8 章）。结果表明，液体基质的性质对所得到的 FAB 图谱非常重要[15-17]。由于基质具有一定的导电性，现在初级离子能被再次成功使用[18-21]。

当初级离子代替中性粒子为二次离子从液体基质中喷射提供能量时，这项技术被称为液体二次离子质谱（liquid secondary ion mass spectrometry，LSIMS，表 10.1）。继 FAB 和 LSIMS 之后，"无机" SIMS 法已经快速发展成为一种通用的表面分析方法，还应用于分子成像（第 15.6 节）。

表 10.1 利用高能粒子撞击的解吸电离方法

方法名称	简写	原理
二次离子质谱	SIMS	具有 keV（千电子伏特）能量的离子束对固体的溅射和电离
等离子解吸	PD-MS	单个兆伏核裂变碎片对生物分子的解吸电离[22-24]
分子束固体分析	MBSA	用 keV 能量的中性分子与有机固体的撞击形成离子[6,7]
快速原子轰击	FAB	用 keV 能量的中性原子束从固体和最主要液体基质中解吸电离[8,9]
液体二次离子质谱	LSIMS	用 keV 能量的离子束对溶解在液体基质中的样品解吸电离[18,19]
大质量团簇撞击	MCI	用高达 10^8 u 的大质量团簇轰击产生二次离子[25]

任何高能粒子都可以

除了动能和动量外，初级粒子的其他特征并不重要[26]，因为 FAB 和 LSIMS 图谱之间只有微小的差异。在下文中，由于这两种方法在其他方面的差别细微，当提到 FAB 时将意味着同样适用于 LSIMS。

10.2 分子束固体分析

分子束固体分析（molecular beam solid analysis，MBSA）是第一个使用高能中性束来实现固体样品溅射（或现在所说的剥蚀）和电离的技术[6,7]。MBSA 技术使用氩和氙来产生初级粒子束。稀有气体首先在初级离子源中电离，再用几千伏的高压加速离子,接着将初级离子束与同种中性气体一起通过电荷转移池进行中和。在失去电荷的同时,初级粒子的动能没有发生明显的变化(图 10.1 和第 10.3 节)。然后,中性分子束击中在离子源靶上的分析物,分析物被剥蚀,并有一部分被电离。随后这些离子被引入扇形磁场分析器中进行质量分析。

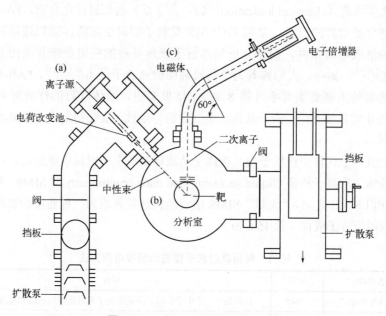

图 10.1 MBSA 仪器结构示意图

稀有气体在初级离子源(a)中被电离,这些稀有气体的离子被加速并引导通过电荷转移池。中性分子束击中分析室离子源(b)中的靶,在那里样品材料发生溅射和电离。离子被引入到扇形磁场分析器(c)中进行质量分析(经许可转载自参考文献[7])。© Wiley,1982)

MBSA 法分析无机盐 一张滤纸沉积和蒸发等浓度 LiF、NaCl、RbBr 和 CsI(各 0.01 mol/L)溶液后的正离子二次离子质谱图,如图 10.2 所示。用氩气产生初级离子束,通过 MBSA,碱金属离子与滤纸上的其他离子(如 $C^{+\cdot}$,m/z 12)一起被有效地解吸到气相中。还注意到 $^6Li/^7Li$ 和 $^{85}Rb/^{87}Rb$ 对形成的特征同位素模式与 ^{23}Na 和 ^{133}Cs 的单同位素离子形成了对比。同样,MBSA 也成功地应用于金属和矿物。

MBSA 在有机化合物中的应用 MBSA 也已成功地用于分析有机分子。样品需要具有低挥发性,并且分子量必须小于 500。二苯胺和 N-(2-硝基苯基)苯胺的 MBSA 图谱给出了各自化合物显著的分子离子峰(图 10.3),即 m/z 169 对应于 $[C_{12}H_{11}N]^{+\cdot}$,m/z 214 对应于 $[C_{12}H_{10}N_2O_2]^{+\cdot[7]}$。图 10.3(b)中 m/z 168 处的峰对应于分子离子丢失 NO_2。总体而言,裂解的程度似乎与在化学电离中观察到的程度相当。

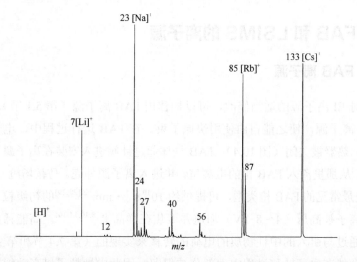

图 10.2 MBSA 在无机分析中的应用,由 LiF、NaCl、RbBr 和 CSI(各 0.01 mol/L)等浓度溶液在滤纸上蒸发后产生的正离子二次离子质谱

注意 ^{6}Li/^{7}Li 和 ^{85}Rb/^{87}Rb 对的同位素模式(经许可转载自参考文献[7]。© Wiley,1982)

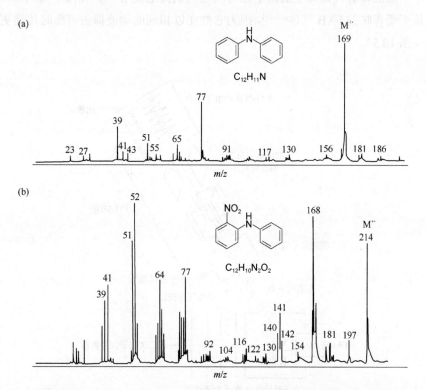

图 10.3 (a) 二苯胺和 (b) N-(2-硝基苯基)苯胺的 MBSA 质谱图

这两个质谱图都给出了化合物的显著分子离子峰,即(a)m/z 169 中的[$C_{12}H_{11}N$]$^{+\cdot}$和(b)m/z 214 中的[$C_{12}H_{10}N_2O_2$]$^{+\cdot}$(经许可可改编自参考文献[7]。© Wiley,1982)

10.3 FAB 和 LSIMS 的离子源

10.3.1 FAB 离子源

通过对 EI 离子源的适当修改,可以构建出 FAB 离子源(第 5.1 节)。主要是需要修改 EI 离子源,使之能自由使用快原子束。在 FAB 运行过程中,电子发射灯丝和离子源加热器被关闭(图 10.4)。FAB 气体通过针阀进入安装在离子源上方的 FAB 枪的下部,从那里流入 FAB 枪的电离室,并进入离子源外壳。马鞍场枪(saddle field gun)[27]是最常见的 FAB 枪类型,可提供约 10^{10} $s^{-1} \cdot mm^{-2}$ [28,29]的初级粒子流。气体被电离,离子被高压(4~8 kV)加速并聚焦在样品上[8,10,14,30]。高能稀有气体离子的中和是通过与引入的中性物质的电荷的转移来实现的(第 7.4 节和第 9.17.4 节)。而原子的动能在电荷转移过程中大部分被保留,因此中性粒子以高动能撞击暴露的表面。实际上,只要能避免样品的静电荷,中和作用不能定量就不是问题[26]。因此,用于产生高能稀有气体离子的离子枪可以毫无缺憾地使用[31]。相比于氩气和氖气,氙气是更受青睐的 FAB 气体[32,33],因为它能在以相同的动能撞击表面时传递更高的动量(图 10.5)。

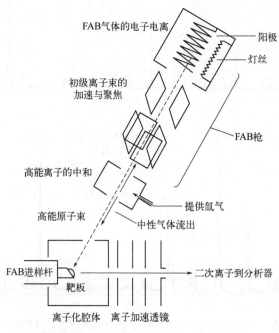

图 10.4 FAB 离子源和 FAB 枪示意图

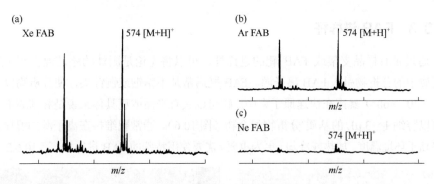

图 10.5 氙气（a）、氩气（b）和氖气（c）对甲硫氨酸脑啡肽小肽 FAB 质谱效率的比较
强度是按比例表示的（经许可转载自参考文献[32]。© Elsevier Science，1983）

> **FAB 与 MBSA 的相似性**
>
> 阅读了 FAB 枪和 FAB 离子源的设计和操作说明后，会注意到 MBSA 和早期 FAB 仪器的相似之处。Barber 团队将这项技术发展到了完全成熟的程度，并引入了液体基质作为决定性的细节，使 FAB-MS 能够分析高质量数、极性甚至离子的分析物。

> **真空系统的负荷**
>
> 排出 FAB 气体和基质蒸发给离子源壳体的高真空泵提供了额外的负荷，需要足够的抽气速度（300～500 s^{-1}）才能稳定运行。与 EI 和 CI 离子源相比，FAB 离子源在不加热的情况下工作，以减少基质蒸发和分析物的热应力。由此可见，离子源会受到基质的污染。通常，离子源的构造为 EI/CI/FAB 组合离子源。因此在 FAB 测量之后，建议在 EI 或 CI 运行之前对离子源进行隔夜加热和抽真空。

10.3.2 LSIMS 离子源

如前所述，当有机化合物混合入液体基质时，也可以使用初级离子来提供二次离子发射的能量[18-20]。在有机液体二次离子质谱（LSIMS）中，Cs$^+$ 被优先使用。Cs$^+$ 是通过表面涂有铯、铝、硅酸盐或其他铯盐的热电离产生的（thermal ionization，第 15.2 节）[18]。1000℃左右的温度是产生足够初级离子流量所必需的条件，因此必须采取预防措施来保护 LSIMS 离子源不受这些热量的影响。Cs$^+$ 通过静电透镜被提取、加速并聚焦到靶上[34-36]。Cs$^+$ 离子枪的一个优点是：束流能量可以有更广泛的变化（如可在 5～25 keV 范围内变化），以便对优化的二次离子的发射进行调整[36]。特别是在高质量数分析物的情况下，Cs$^+$ 离子枪通常比 Xe FAB 产生更好的离子发射[26]。为了进一步提高初级离子的动量，金原子负离子[37]以及分子的和大质量的团簇离子会被用作初级离子。

10.3.3　FAB 进样杆

通过带有样品支架或 FAB 靶的进样杆，可以将无论是固体的还是混合到某些液体基质中的分析物引入 FAB 离子源。FAB 靶通常是不锈钢或铜针尖，使分析物以一定角度（30°～60°）暴露在快速原子束中。靶可以具有平面或更具体来说是杯状表面，从而可以容纳 1～3 μL 的基质/分析物混合物（图 10.6）。通常靶维持在离子源的温度，即仅略高于环境温度。加热或冷却（更为重要）需要使用特殊的 FAB 进样杆（第 10.6.5 节）。

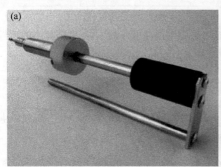 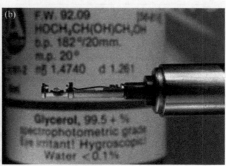

图 10.6　JEOL JMS-700 型扇形磁场分析器的 FAB 进样杆（a）及将一滴甘油放置在可更换的不锈钢 FAB 靶上的进样杆尖端（b）

10.3.4　FAB 和 LSIMS 的样品制备

虽然在进样杆尖端的基质只需要将少量样品引入离子源，但 FAB 或 LSIMS 的样品制备相当简单。

分析物先在适当的溶剂中溶解并产生约 1 mg/mL 的溶液，再与基质混合，这样制备样品的效果通常最好，从而可以直接在尖端将 1～2 μL 的分析物溶液加在 1～3 μL 的基质上。

在大部分溶剂蒸发后，进样杆被插入真空锁中，通常只需要半分钟。在向离子源壳体高真空的锁打开之前，残留的溶剂在排空阀打开期间被迅速清除。

或者，分析物的一些微小晶体可以被直接溶解在基质中。为此，可将细针或细针的尖端首先浸入分析物中，然后转移并浸入基质中。轻轻搅拌基质滴有助于分散和溶解被分析物。类似方法可以应用于高沸点的液体或黏性样品。

10.4　FAB 和 LSIMS 中离子的形成

10.4.1　无机样品中离子的形成

初级粒子撞击提供的能量会在样品的上部原子或分子层引起连锁碰撞。在 30～60 ps 内，沿穿透路径在样品中形成圆柱形的膨胀[19]。并非所有这些能量都会在更

10.4 FAB 和 LSIMS 中离子的形成

深的样品层中消散和吸收。一部分能量被指向表面,在那里促使物质溅射到真空中(图 10.7)[21]。由于采用了初级粒子流,该操作模式对应于第 15.6 节中更详细描述的动态 SIMS 模式。

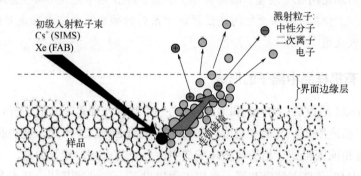

图 10.7 在质谱解吸/离子化过程中初级粒子撞击产生的瞬时连锁碰撞的简单说明
（经许可改编自参考文献[21]。© John Wiley & Sons, 1995）

如果是大块的无机盐（如碘化铯），Cs^+ 和 I^- 就会离开表面[38]。具有合适极性的离子被提取/加速电压引出,而具有相反电荷符号的离子被推回到表面。在强大的离子间作用力的作用下,离子团簇可能会发生解吸或因其所具有的内能而在液-气界面层中解离。

无机化合物的 FAB/SIMS 对碘化铯或金的轰击会产生团簇离子系列,这对于在很大范围内对仪器进行质量校准是很有用的。CsI 在正离子和负离子模式下同样有效,分别产生$[(CsI)_nCs]^+$和$[(CsI)_nI]^-$团簇离子（图 10.8）。从 $n = 0$ 开始,曾观察到了高达 m/z 90000 的$[(CsI)_nCs]^+$团簇离子[38]。较大的$[(CsI)_nCs]^+$团簇离子解离生成较小的离子：$[(CsI)_nCs]^+ \longrightarrow [(CsI)_{n-x}Cs]^+ + (CsI)_x$ [39]。Au 产生的 Au_n^- 团簇离子系列,最高可达 m/z 10000[40]。

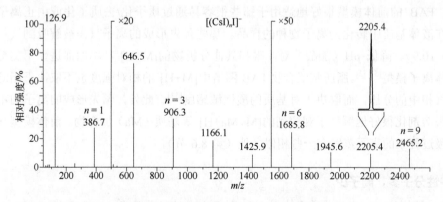

图 10.8 固体 CsI 的负离子 FAB 质谱图
单同位素$[(CsI)_nI]^-$团簇离子系列（参照 m/z 2205.4 的展开视图）非常适合于校准一个较宽的质量范围

> **单同位素的标准品**
>
> Cs、I、Au 均为单同位素，这是一个优势，因为它确保峰顶准确地表示各个团簇离子的理论同位素质量，而与其 m/z 值或实际分辨率无关（第 3.2 节和第 3.4 节）。CsI、KI 和其他提供更窄间距团簇离子系列的碱金属盐可以配成甘油的饱和溶液来替代使用[41-43]。

10.4.2 有机样品中离子的形成

根据 Todd 的说法："FAB 和 LSIMS 的一个共同特征是，它们不符合任何普遍接受的机理描述"[44]。与离子是由气态分子产生的 EI 或 CI 不同，这些解吸电离技术涉及从液相或固相到气相的状态转变与中性分子的电离。尽管如此，一些综述对 FAB 和 LSIMS 条件下解吸和离子形成过程提供了一些见解[19-21]。基本上，有两个主要概念，一个是化学电离模型（chemical ionization model）[44-48]，另一个是前体模型（precursor model）[48-52]。

FAB 的化学电离模型假设分析物离子的形成发生在液体基质上方几微米的液-气界面层中。在这个空间中，存在一种类似于化学电离中的试剂气体等离子体的等离子体状态，这种等离子体状态是由初级粒子流撞击所提供的准连续（quasi-continuous）能量来维持的。存在其中的活性物种可能经历许多双分子反应，其中最有趣的是分析物分子质子化生成 [M+H]$^+$。等离子体条件也可以解释在低极性分析物情况下观察到的 M$^{+\cdot}$ 和 M$^{-\cdot}$ 自由基离子。在这种模型中，初级粒子束用于从液体表面溅射物质，并随后在气相中通过粒子撞击使中性分子电离（参见 EI，第 5.1 节）。出于统计学原因，优先电离的基质分子可以作为试剂离子来实现气态分析物的化学电离。这一模型突出的论点是离子的形成在很大程度上取决于气体基质的存在[45,46]，并且挥发性分析物的 FAB 图谱与相应的 CI 图谱非常相似[48]。

FAB 的前体模型很好地适用于那些很容易通过质子化/去质子化或由正离子化而在液体基质中转化为离子物种的样品。那些预先形成的离子只需被解吸到气相中（图 10.9）。降低 pH（加酸）对卟啉和其他分析物的[M+H]$^+$产率的促进作用支持了前体离子模型[51,52]。脂肪胺混合物 FAB 图谱中[M+H]$^+$的相对强度也不取决于脂肪胺在气相中的分压，而取决于对基质的酸性敏感度[53]。此外，预先形成的离子的不完全去溶剂化很好地解释了观察到的[M+Ma+H]$^+$等基质（Ma）加合物。前体模型与场解吸过程中的离子蒸发有一些相似之处（第 8.6 节）。

> **中性分子多，离子少**
>
> 据估计，一次撞击导致大约 10^3 个二次中性粒子喷发，但只产生 0.02~1.5 个离子[42,44,53,54]。随后，离子以大约 1000 m/s 的速度超音速膨胀离开表面[19,42]。

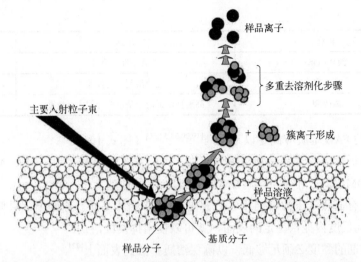

图 10.9　在 LSIMS 和 FAB 中，样品-基质团簇离子的形成和去溶过程发生在较长的时间尺度上
（经许可改编自参考文献[21]）© John Wiley & Sons, 1995）

10.5　FAB 和 LSIMS 的液体基质

10.5.1　液体基质的作用

在第一次使用甘油基质后不久，人们就认识到液体基质对 FAB 的重要性[14]。为了获得更好的质谱图，还探索了其他低挥发性的有机溶剂。基质起到的作用很多[19,20,33,55,56]：①它必须吸收初级能量；②通过溶剂化，它有助于克服分析物分子或离子之间的分子间作用力；③液体基质提供了分析物的持续更新和持久供应；④有助于形成分析物离子，例如，在撞击时产生质子提供/接受或电子提供/接受物种。

如今，有大量的基质在被使用（表 10.2）。关于 FAB 常用基质的几篇综述[16,17,55-57]和关于特殊基质的论文[15,58,59]已经发表。

表 10.2　FAB-MS 的基质

基质	用途	参考文献
3-硝基苄醇（NBA）	高度多功能、通用、中等极性、首次试验	[60-62]
2-硝基苯辛醚（NPOE）	通用、非质子性基质	[15, 60]
甘油	极性基质，适用于基质信号的内标校准	
硫代甘油	肽、还原性	[13]
"神奇子弹"（二硫苏糖醇/二硫赤藓糖醇 5∶1 共晶混合物）	肽、小蛋白、还原性	[63]
三乙醇胺（TEA）	碱性、高极性基质，适用于产生[M–H]⁻	[15]
二乙二醇、三乙二醇、四乙二醇	极性、比甘油挥发性小	[13, 15]

续表

基质	用途	参考文献
液体石蜡	非质子性、惰性	[64-66]
环丁砜	高效溶剂、易挥发	[67, 68]
浓硫酸	高酸性,适用于基质信号的内标校准	[69]

理想的 FAB 基质应满足以下标准[19,20,33,55,56]（图式 10.1）：

① 分析物应该溶解在基质中。否则，可能需要添加助溶剂，例如 N,N-二甲基甲酰胺（DMF）、二甲基亚砜（DMSO）或其他添加剂[70,71]。

② 只有低蒸气压的溶剂才更适合在 FAB 中用作基质。原则上，只要能在记录质谱的时间尺度内提供稳定的表面，就可以使用挥发性溶剂。

③ 溶剂的黏度必须足够低，以确保溶质扩散到表面上[72]。

④ 在所得到的 FAB 图谱中，来自基质本身的离子应该尽可能地不显著。

⑤ 基质本身必须是化学惰性的。然而，促进二次离子产率的特定离子形成反应是有利的。

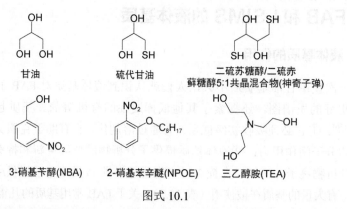

图式 10.1

> **注意**
> FAB 的一个很大的优点是基质可以完全适应分析物的要求。另一方面，使用错误的基质可能导致分析物的信号被完全抑制。

10.5.2 FAB 基质质谱图的一般特性

FAB 基质的质谱图一般由一系列的基质（Ma）团簇离子峰组成，在较低的 m/z 范围内伴随着一些更丰富的碎片离子峰。在正离子 FAB 中，$[Ma_n+H]^+$ 团簇离子占优势，而 $[Ma_n-H]^-$ 团簇离子容易在负离子 FAB 中形成（图 10.10）。主离子系列可能伴随有 $[M_n+$碱金属$]^+$ 和一些强度较小的碎片离子，如 $[Ma_n+H-H_2O]^+$。在低于 $[Ma+H]^+$

（通常也会产生基峰）处检测到的碎片离子，与在相应基质化合物的正离子 CI 图谱中观察到的几乎相同[42]。

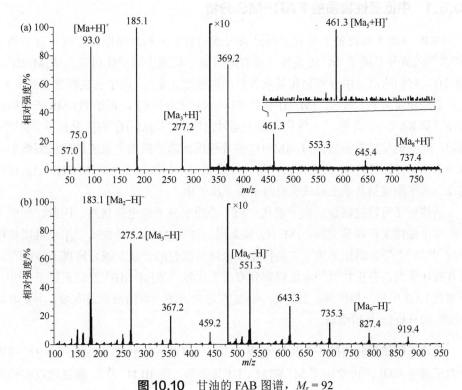

图 10.10　甘油的 FAB 图谱，$M_r = 92$
(a) 正离子（甘油的正离子 CI 图谱，见第 7.2.5 节）；(b) 负离子。(a) 中的展开视图给出了 FAB 图谱的"在每个 m/z 特征值的峰"

除了突出的团簇离子，基质的辐射分解产生大量不同的离子、自由基和由此产生的团簇离子[73,74]。尽管强度较小，但它们对 FAB 质谱图的"在每个 m/z 特征值的峰"都有贡献，即存在显著的化学噪声（第 1.6 节和第 5.2.4 节）[75,76]。在延长的测量过程中，由放射性衰变的增加而引起的基质的质谱图变化也很明显[73]。发生撞击初级粒子的高动能与减弱的粒子流相结合，似乎会减弱辐射的破坏效应[77]。

10.5.3　FAB-MS 中的副反应

FAB 过程所需的条件也促进了分析物和基质之间副反应的发生。虽然这样的过程在大多数 FAB 测量中并不重要，但也应该引起人们的注意。除了与基质碎片离子[78,79]的加成或缩合反应外，分析物的还原[80-83]和脱卤[84,85]是 FAB 中更显著的副反应。此外，还观察到电子转移导致双电荷正离子的还原[43]。

10.6 FAB-MS 的应用

10.6.1 中低极性物质的 FAB-MS 分析

FAB 等离子体提供了使分子通过失去或加成电子而分别电离形成正分子离子 $M^{+\bullet[48,86]}$ 或负分子离子 $M^{-\bullet}$ 的条件。或者通过质子化或去质子化可能生成$[M+H]^+$或$[M-H]^-$。它们的出现由分析物和基质各自的碱酸度决定。正离子化也经常被观察到,尤其是碱金属离子。通常,$[M+H]^+$伴随着$[M+Na]^+$和$[M+K]^+$,正如 FD-MS 所表明的那样(第 8.6 节)。此外,一种化合物中同时出现 $M^{+\bullet}$和$[M+H]^+$的情况并不少见[48]。例如,对于简单的芳香胺,$M^{+\bullet}/[M+H]^+$的峰强度比随着底物电离能的降低而增加,而对于 4-取代二苯甲酮,无论取代基的性质如何,都倾向于形成$[M+H]^+$ [87]。可以假设二苯甲酮羰基与基质形成氢键时引发了质子化。

活泼质子可以被碱金属离子取代,而不会影响分子的电荷状态。因此,如果一个或多个酸性氢很容易交换,$[M-H_n+$碱金属$_{n+1}]^+$和$[M-H_n+$碱金属$_{n-1}]^-$也可以被检测到[5,18,43,71,88,89]。添加正离子交换树脂或冠醚可能有助于减少碱金属离子污染[90]。只有高质量数的分析物[91,92]才能观察到双质子化以产生$[M+2H]^{2+}$或双正离子化[43],否则在 FAB 中是一种例外。上述哪一种过程对总离子产率的贡献最有效,主要取决于实际的分析物-基质组合。

四均三甲苯基卟啉的 FAB 质谱图 四均三甲苯基卟啉 $C_{56}H_{54}N_4$ 在 NBA 基质中的正离子 FAB 图谱给出了 $M^{+\bullet}$和$[M+H]^+$离子峰(图 10.11)[93]。通过比较实验和计算的 M+1 离子强度,可以识别出这两个物种的存在。这种差异是由于大约 20%比例形成了$[M+H]^+$。m/z 900 附近的扩散信号群揭示了一些与基质形成加合离子的现象,如 m/z 918 的$[M+Ma+H-H_2O]^+$。

聚乙二醇的 FAB 质谱图 平均分子量高达 2000 的聚乙二醇(PEG)在 NBA 中有很好的溶解性。由于聚醚链 $H(OCH_2CH_2)_nOH$ 是柔性聚醚链,聚乙二醇容易与 Na^+或 K^+离子松散络合而正离子化。微量的碱金属盐足以使$[M+$碱金属$]^+$的形成优先于$[M+H]^+$。在 NBA 中 PEG 600 的正离子 FAB 图谱很好地给出了低聚物的分子量分布(图 10.12)。属于同一系列的峰之间有 44 的间距。

10.6.2 离子分析物的 FAB-MS 分析

FAB 非常适合于离子分析物的分析。在正离子模式下,质谱图通常以正离子物种 C^+为主,伴随着总体组成为 $[C_n+A_{n-1}]^+$ 的团簇离子。因此,这些信号之间的距离对应于完整的盐 [CA],即产生其"分子的"重量。这种行为完全类似于 FD(第 8.6 节)。在负离子 FAB 中,负离子 A^-会形成图谱的基峰,从而形成 $[C_{n-1}+A_n]^-$ 型团簇

10.6 FAB-MS 的应用

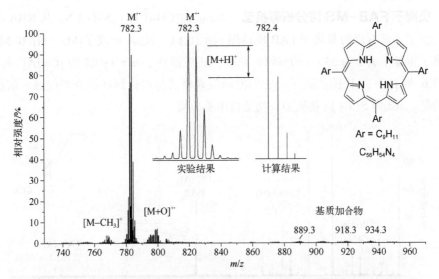

图 10.11 四均三甲苯基卟啉在 NBA 基质中的部分正离子 FAB 图谱
对实验和计算的同位素模式进行比较，发现 $M^{+\cdot}$ 和 $[M+H]^+$ 的存在
（经许可改编自参考文献[93]）。© IM Publications, 1997）

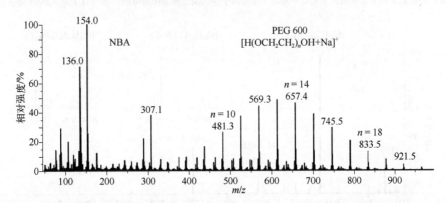

图 10.12 平均分子量为 600 的聚乙二醇（PEG 600）在 NBA 基质中的正离子 FAB 图谱

离子。因此，无论选择何种极性，正离子和负离子通常可以被相同的 FAB 质谱图识别。尽管如此，通常的做法是选择更感兴趣的离子进行极性测量。

如果盐在基质中充分溶解，与基质相比，它的信号通常表现出较高的强度。这一结果与溶液中预先形成的离子只需要解吸到气相中的模型是一致的。

正离子 FAB-MS 法分析有机盐 m/z 198 的正离子（C^+）主导了高氯酸亚胺 $[C_{14}H_{16}N]^+ClO_4^{-\,[94]}$ 溶于 NBA 的正离子 FAB 图谱（图 10.13）。高氯酸盐抗衡离子可以从团簇离子 m/z 495 的 $[2C+A]^+$ 和 m/z 792 的 $[3C+2A]^+$ 中很好地识别出来。在 m/z 495 处的信号被展开，以证明氯很容易从其同位素模式中被识别（第 3.2.4 节）。

负离子 FAB-MS 法分析有机盐　Bunte 盐[$CH_3(CH_2)_{15}SSO_3^-$]Na^+从 NBA 基质中产生了非常有用的负离子 FAB 质谱图（图 10.14）。NBA 形成了[Ma − H]$^-$和 Ma$^{-\cdot}$。盐离子贡献了 m/z 为 337.3 的基峰。此外，还观察到了 m/z 697.5 的 [C+2A]$^-$ 和 m/z 1057.6 的 [2C+3A]$^-$ 团簇离子，它们的同位素模式与理论预期符合得很好。值得注意的是，m/z 为 513.4 的基质加合物是自由基负离子。

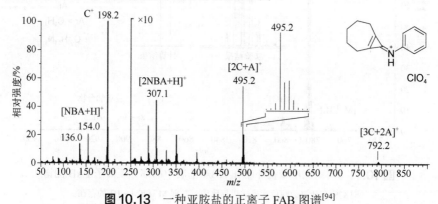

图 10.13　一种亚胺盐的正离子 FAB 图谱[94]

高氯酸盐抗衡离子可以很好地从第一和第二团簇离子中辨别出来（由海德堡大学的 H. Irngartinger 提供）

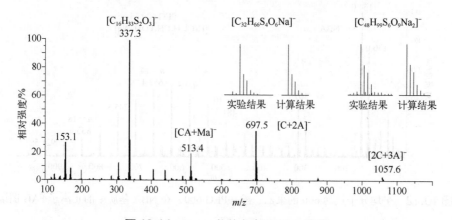

图 10.14　Bunte 盐的负离子 FAB 质谱

插图比较了[C+2A]$^-$和[2C+3A]$^-$团簇离子的实验和计算同位素模式（由海德堡大学的 M.Grunze 提供）

10.6.3　高质量数分析物的 FAB-MS 分析

FAB 主要用于上限 m/z 3000 的分析物，但有时也可检测到重得多的离子。[(CsI)$_n$Cs]$^+$ 团簇离子高达 m/z 90000 的检测证明了这个上限[38]。如果是有机分子，如猪胰蛋白酶（一种分子量为 23463 的蛋白质）的[M+H]$^+$、[M+2H]$^{2+}$ 和 [M+3H]$^{3+}$ 是迄今为止检测到的最高质量离子[92]。m/z 3000~6000 范围内的多肽和小蛋白的 FAB 图谱更常被报道[13,91,95]，m/z 7000 的树枝状聚合物的 FAB 图谱也曾被报道[96]。

10.6 FAB-MS 的应用

超分子化学 富勒烯包合物[60]、C_{60}[63]及其氧化物 $C_{60}O$、$C_{60}O_2$、和 $C_{60}O_3$[97]和富勒烯在 γ-环糊精（γ-CD）中的几种环加成产物的包合物[98]可以使用"神奇子弹"基质的负离子 FAB-MS 进行分析[63]。当一个富勒烯分子在两个 γ-CD 单元之间被封闭时，$[M-H]^-$这些主客体配合物[99]的离子是从$[C_{156}H_{159}O_{80}]^-$开始被检测到的（m/z 3311.8 处为单同位素离子峰，图 10.15）。

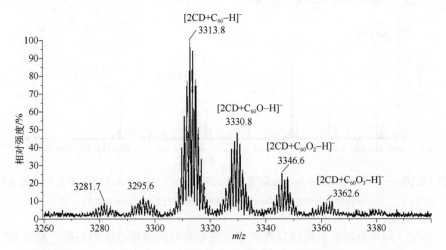

图 10.15 "神奇子弹"基质中 γ-CD 富勒烯配合物的部分负离子 FAB 图谱
（许可转载自参考文献[97]。© IM Publications, 1998）

基质的选择

基质选择由分析物分子的外表面决定，例如上述包合物 γ-CD[60]。富勒烯及其氧化物在"神奇子弹"中产生的质谱图很差，但与 NBA 和 NPOE 等极性较低的基质配合使用效果很好。

10.6.4 FAB 模式下的准确质量测定

FAB 产生足够强度且持久的信号，从而允许将扇形磁场分析器的分辨率设置为 5000~10000，以进行准确质量测定。在 m/z 600 的范围内时，可以通过使用基质峰作为质量参照物来实现内标校准，但通常优选将其他质量校准剂混合到基质-分析物溶液中。PEGs 通常被用来校准。然后，质量参照峰会在感兴趣的 m/z 范围内均匀分布（如果使用 PEGs，间隔距离为 44 u，参考图 10.12），并且它们的强度可以调整至接近分析物的强度。然而，掺入质量校准剂的必要条件是其不与分析物发生不必要的反应。尤其对于难溶解的分析物，添加的校准剂可能会造成分析物信号的完全抑制问题。

准确质量的测量 一种正离子荧光标记染料的正离子高分辨（HR）FAB 图谱显示，分析物离子的信号被与 PEG 600 混合而产生的一组质量参照峰包围（图 10.16）。分析物的元素组成可以很准确地进行归属：$[C_{37}H_{42}O_4N_4F_3]^+$的实验值 m/z 663.3182，计算值 m/z 663.3153；$[^{13}C^{12}C_{36}H_{42}O_4N_4F_3]^+$的实验值 m/z 664.3189，计算值 m/z 664.3184。

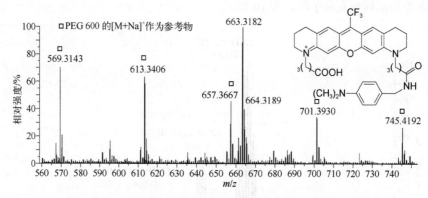

图 10.16 一种用 PEG 600 作内标质量校正的正离子荧光标记染料的正离子 FAB 质谱图
（由锡根大学的 K.H.Drexhage 和海德堡大学的 J. Wolfrum 提供）

如果（扇形磁场区）质谱仪提供重现性非常好的质量校准的扫描，则完全没有必要在分析物中掺入质量校准剂。相反，分析物和校准剂的交替扫描提供了几乎相同的准确度。实现这种伪内标校准（pseudo-internal calibration）最简单的技术就是在不中断测量的情况下改变靶[100]。最好使用双靶 FAB 进样杆（DTP），具有提供两个分离位置的分体或双面靶子[101]。然后，通过在连续扫描之间轴向旋转进样杆来实现两个位置之间的切换，得到的总离子色谱图（TIC）通常具有锯齿状外观（图 10.17）。分析物质谱图的校准是通过将内标校准的质量参照扫描转移到分析物的连续扫描上来执行的。DTP 的优势包括：①参照物和分析物信号所受到的干扰与所使用的分辨率无关；②避免了参照物和分析物的相互抑制；③不需要将分析物和校准物质峰的

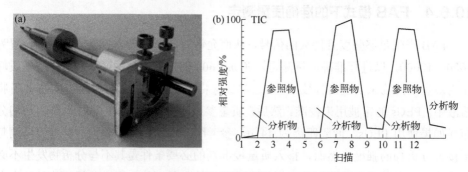

图 10.17 可 180°轴向旋转带手柄的 FAB 双靶进样杆（a）和使用此进样杆进行 HR-FAB 测量的 TIC（b）

相对强度调整到非常接近；④由于与分析物的空间分离，即便是具有反应性的校准试剂也可以使用[102]。

> **磁场需要时间来适应**
>
> 磁场的扫描受磁滞现象的影响，该现象提高了几个扫描周期后质量校准的再现性。因此，为获得双靶检测的最佳结果，建议跳过前几次扫描。

10.6.5 低温 FAB

最初，冷冻 FAB 进样杆的设计目的是延长易挥发性基质 FAB 测量的采集时间[103]。固态气体溅射过程的研究[104,105]和固态或深度冷却液态醇团簇离子形成的研究[106-108]有助于在低温下进行 FAB[109,110]。冻结的金属盐类水溶液的低温快速原子轰击（low-temperature fast atom bombardment，LT-FAB）提供了丰富的水合金属离子的来源[111-113]。有机分子也可以从其冻结的溶液中检测到[114]。应用这种 LT-FAB 能够检测普通质谱无法检测的物种，因为它们要么是对空气和/或水非常敏感[115,116]的 Wittig 反应中的磷氧杂环丁烷中间体[117]，要么不溶于标准 FAB 基质中[102,118]。

LT-FAB 比常温 FAB 消耗的样品量稍多，因为标准溶剂的效果不如常规基质。因此，分析物应溶解成 0.5～3.0 μg/μL 的溶液。将大约 3 μL 的溶液沉积在 FAB 进样杆尖端并冷冻。样品-基质混合物有两种冻结模式：①在使用样品之前，在定制的真空锁内用冷氮气冷却靶[115,117]；②在转移到真空锁中之前，只需将带一滴溶液的靶浸入液氮约 30 s（图 10.18）[102,109,110,116,119]。然后在 FAB 离子源内，冷冻溶液解冻时获得 LT-FAB 质谱，这使得在 LT-FAB-MS 中可以使用几乎任何溶剂作为基质。因此，无论是具有挥发性还是可能与基质发生不必要的化学反应都不会限制基质的选择。相反，溶剂基质可以根据分析物的要求进行调整。

图 10.18 将带有样品溶液的 FAB 靶浸入液氮中，从而为 LT-FAB 做好准备

大约 30 s 后，溶剂基质被深度冻结，尖端被冷却，以允许进样杆转移到真空锁中，并进一步进入离子源，同时要避免溶剂过早解冻

用于高活性物种的 LT-FAB　饱和烷基中很少观察到 C—H 键的选择性活化。然而,铱配合物 **1** 在溶液中用溴化锂处理后,再通过将金属 C—H 插入配位键上而简单地反应。该反应可以用 LT-FAB-MS 追踪(图 10.19)。铱配合物 **1** 分子离子 m/z 812.4 的强度递减,铱配合物 **2** 自由基正离子 m/z 856.4 的强度递增,这表明该反应正在进行。此外,卤素交换还反映在同位素模式的变化上。

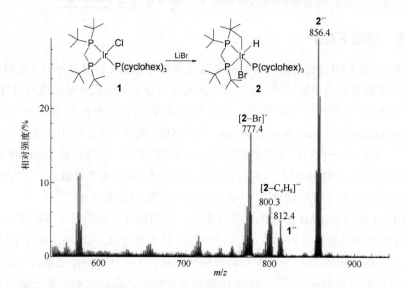

图 10.19　在甲苯中铱配合物 **1** 和 **2** 反应混合物的部分 LT-FAB 质谱图
除了质量变化,同位素模式在 Br 交换 Cl 时也会发生变化(由海德堡大学 P. Hofmann 提供)

10.6.6　FAB-MS 与多肽测序

FAB 质谱提供肽序列信息的能力很快被认识到[12,120]。最初,序列是从全扫描质谱图中观察到的碎片离子导出的[12,95]。另一种获得序列信息的方法是通过几种羧肽酶的混合物使蛋白质进行酶水解,以产生一系列截短的分子,即多肽。肽混合物的 FAB 图谱揭示了 C-末端序列[121,122]。在 MALDI 学术圈内,这种方法被称为梯形肽片段测序法[123]。

由于蛋白质离子太大而不能通过碰撞诱导解离(collision-induced dissociation,CID)来实现有效的裂解(第 9.3 节),它们在质谱检测之前被酶降解为肽,例如通过胰蛋白酶消化[124]。此消化液可直接用于获得多肽[M+H]$^+$ 或 [M+Na]$^+$ 的 MS/MS 谱。或者,肽可以在 MS 分析之前通过液相色谱(liquid chromatography,LC)、毛细管电泳(capillary electrophoresis,CE)[125]或 2D 凝胶电泳(2D gel electrophoresis)来分离。

如今,用串联质谱对肽和其他生物聚合物进行测序是许多质谱仪的主要工作领域[126-129];FAB 和 LSIMS 在这方面不再起作用(以 FAB-MS 测序为例,参考第 9.6.6 节)。

10.7 FAB 和 LSIMS 的共同特征

10.7.1 FAB-MS 的灵敏度

在 FAB 模式下，灵敏度（第 1.6 节）比其他电离方法更难以界定，因为信号的强度很大程度取决于靶上的实际样品制备。磁扇分析器在 $R = 1000$ 对基质离子产生 $10^{-11} \sim 10^{-10}$ A 离子电流。牛胰岛素的 $[M + H]^+$ 离子，m/z 为 5734.6，在 $R = 6000$ 时，明显得到更低的数据（$10^{-15} \sim 10^{-14}$ A）。因此，检测下限取决于分析物的溶解度和实现某种电离（如果不已经是离子态的话）的难易程度。

10.7.2 FAB-MS 中的离子类型

FAB 根据分析物的极性和电离能以及碱金属离子等杂质的存在与否而产生多种离子[126]。然而，在对形成的离子类型有一定了解的情况下，可以将合理的组成归属于相应的信号（表 10.3）。

表 10.3　FAB/LSIMS 形成的离子

分析物类型	正离子	负离子
非极性	$M^{+\cdot}$	$M^{-\cdot}$
中等极性	$M^{+\cdot}$ 和/或 $[M + H]^+$，$[M + 碱金属]^+$ 簇合物 $[2M]^{+\cdot}$ 和/或 $[2M + H]^+$，$[2M + 碱金属]^+$ 加合物 $[M + 基质分子 + H]^+$，$[M + 基质分子 + 碱金属]^+$	$M^{-\cdot}$ 和/或 $[M - H]^-$ 簇合物 $[2M]^{-\cdot}$ 和/或 $[2M - H]^-$ 加合物 $[M + 基质分子]^{-\cdot}$，$[M + 基质分子 - H]^-$
极性	$[M + H]^+$，$[M + 碱金属]^+$ 簇合物 $[nM + H]^+$，$[nM + 碱金属]^+$ 加合物 $[M + 基质分子 + H]^+$，$[M + 基质分子 + 碱金属]^+$ 交换产物离子 $[M - H_n + 碱金属_{n+1}]^+$ 高质量分析物 $[M + 2H]^{2+}$，$[M + 2 碱金属]^{2+}$	$[M - H]^-$ 簇合物 $[nM - H]^-$ 加合物 $[M + 基质分子 - H]^-$ 交换产物离子 $[M - H_n + 碱金属_{n-1}]^-$
离子型①	C^+，$[C_n + A_{n-1}]^+$，很少有 $[CA]^{+\cdot}$	A^-，$[C_{n-1} + A_n]^-$，很少有 $[CA]^{-\cdot}$

① 由正离子 C^+ 和负离子 A^- 组成。

10.7.3 FAB-MS 的分析物

对于 FAB/LSIMS，分析物在某些溶剂中的溶解度至少应为 0.1 mg/mL，或者最好直接溶于基质中，且在基质中的浓度为 0.1～3 μg/μL 是理想的。在溶解度极低的情况下，其他溶剂、酸或表面活性剂等添加剂可以起到助溶作用[71]。

分析物可以是中性的或离子性的。含有金属盐的溶液（例如来自缓冲液或过量的非络合金属）可能由于多个质子/金属交换和加合离子的形成而产生大量令人困惑的信号[88]。FAB 很容易达到 3000 u 的质量范围，如果既有足够的溶解度又容易电离，即便达到该质量约两倍的样品仍然可以被分析。

10.7.4 FAB-MS 的质量分析器

双聚焦扇形磁场（double-focusing magnetic sector）仪器代表了 FAB-MS 的标准，因为它们将合适的质量范围与执行高分辨率和准确质量测定的能力结合在一起。在 ESI 和 MALDI 出现之前，磁性四扇区仪器上的 FAB-MS/MS 是生物分子测序的首选方法[130-132]。线形四极杆[133]和三重四极仪器也适用于 FAB 离子源。其他类型的质量分析器用于 FAB 或 LSIMS 离子源的情况很罕见。

10.7.5 FAB 和 LSIMS 的展望

双聚焦扇形磁场仪器与 FAB 或 LSIMS 之间强大的相互关系很可能是这项原本很有价值的技术使用极度减少的主要原因。FAB 和 LSIM 技术在 20 世纪 90 年代达到成熟，并发挥了相当大的作用（图 10.20）。由于这种类型的质谱仪大多已被 oaTOF、Orbitrap 或 FT-ICR 系统所取代，因此 FAB 在逐步被淘汰。

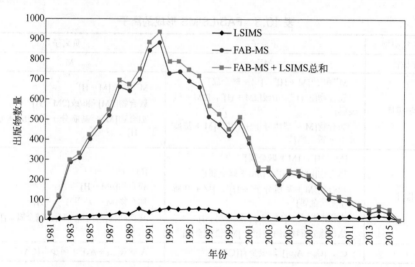

图 10.20　使用快速原子轰击质谱或液体二次离子质谱的年度
出版物数量以及这两种技术的总数

显然，FAB 占据主导地位，而 LSIMS 一直扮演着次要角色；两者在 20 世纪 90 年代都
对 MS 产生了很大的影响（数据是使用 CAS SciFinder 软件检索的）

虽然 FAB 和 LSIMS 是非常有效和通用的"软电离"方法，但是已经被基质辅助激光解吸电离（MALDI，第 11 章）、电喷雾电离（ESI，第 12 章），以及相关的 API 技术如大气压化学电离（atmospheric pressure chemical ionization，APCI）、大气压光电离（atmospheric pressure photoionization，APPI）、实时直接分析（direct analysis in real time，DART）等其他技术所代替。

10.8 离子簇碰撞理论

离子簇碰撞（massive cluster impact，MCI）质谱法提供了一种通过轰击表面产生二次离子的额外方法[25]。电解质/甘油溶液（例如 0.75 mol/L 醋酸铵在甘油中）的电流体动力电离（第 12.1 节）可产生高达 10^8 u 的大质量团簇。产生的团簇由大约 10^6 个甘油分子组成，平均带有大约 200 个电子电荷，在 10~20 kV 的高压下加速[134]。虽然这些高电荷微滴携带着兆电子伏特动能，但每个核子的平动能只有 1 eV 左右，而在 Xe FAB 的情况下，每个核子的平动能约为 50 eV。人们提出了一个冲击波模型（shock wave model）来解释 MCI 中离子的形成[135]。根据这个模型，撞击团簇和块状分析物或基质溶解的分析物的表面在撞击时都承受了千兆帕斯卡（10^9 Pa）的压力。分析物和冲击微滴的一些混合可以通过产生了分析物的正离子化物种来证明，这些正离子与产生大质量团簇的溶液中被用作电解质的正离子相同。同时，可以排除由于在表面积累一层薄薄的甘油而产生的基质效应[134]。此外，MCI 对干法制备的样品同样有效[134]。

MCI 已成功地应用于分析质量高达 17000 u 的蛋白质[136]。它们在 MCI 条件下形成多电荷离子，如$[M + 6Na]^{6+}$ [136]。特别是在 10^4 u 左右的质量范围内，MCI 要优于 FAB 和 LSIMS，因为它结合了由于撞击物种的巨大动量而产生的良好信号强度和非常低的离子裂解程度两种优点。尽管 MCI 的功能优秀，但在它被广泛接受之前，已经被 MALDI 和 ESI 所取代。

10.9 锎-252 等离子体解吸

从历史上看，锎-252 等离子体解吸（^{252}californium plasma desorption，^{252}Cf-PD）是继 SIMS 和 MBSA 之后在质谱中引入的另一种解吸电离方法。^{252}Cf-PD 可以追溯到 1973 年[19,22-24,137-139]，是第一个得到牛胰岛素离子的方法[140]。^{252}Cf-PD 可用于蛋白质表征，但这一应用现在完全属于 MALDI 或 ESI（第 11 章和第 12 章）[141]。从用途来看，PD-MS 是 MALDI 的前身，但根据离子发生原理，它更接近 SIMS 和 FAB。

在 ^{252}Cf-PD-MS 中，具有兆电子伏特平移能的粒子是由 ^{252}Cf 核素的放射性衰变产生的，核反应过程是它们动能的来源。每个裂变事件产生两个不同性质的核素，它们的质量之和就是前一个原子核的质量。质量相近的裂变碎片朝着相反的方向移动。因此，每对粒子中只有一个可以用来实现从支撑箔上的分析物薄膜中解吸离子。^{252}Cf-PD 的电离过程不同于 FAB，与干燥 SIMS 有更密切的关系。入射粒子通常从背面穿过支撑箔上的薄样品层[21,142]。裂变碎片与固体的初始相互作用沿其轨道产生每埃约 300 对电子-空穴对。这些电子-空穴对的重新组合向周围的介质释放了大量的能量。在有机层内，由此产生的突然热量通过晶格振动（声子）而消散，最终实现该层离子的解吸[24,143,144]。除了自发的离子解吸，气相中的电离过程可以发生在纳秒时间尺度上[145]。

将分析物沉积在硝酸纤维素薄膜上而不是金属箔上，可以通过洗涤样品层去除碱金属离子污染，从而获得更好的 PD 图谱[146]。进一步的改进可以通过在有机低分子量基质层上吸附分析物分子来实现[147,148]。

显然，^{252}Cf-PD 以脉冲方式产生离子——每个裂变事件就是一次离子爆发——类似于激光解吸，这一事实限定了 ^{252}Cf-PD 适用于飞行时间（TOF）分析器（第 4.2 节）。如果裂变碎片源放置在样品和裂变碎片检测器之间，则第二个裂变碎片不会浪费，因为它可以用于触发 TOF 分析器的时间测量（图 10.21）[21,143]。

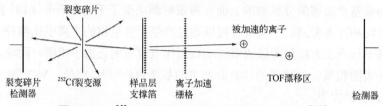

图 10.21 ^{252}Cf 等离子体解吸飞行时间仪原理图[143]

牛胰岛素的 ^{252}Cf-PD 质谱 牛胰岛素的 ^{252}Cf-PD 质谱图给出了 $[M+H]^+$ 以及双电荷 $[M+2H]^{2+}$ 和三电荷 $[M+3H]^{3+}$（图 10.22）[139]。此外，还有与 A 链和 B 链相对应的碎片离子以及一些 a 型肽碎片离子。

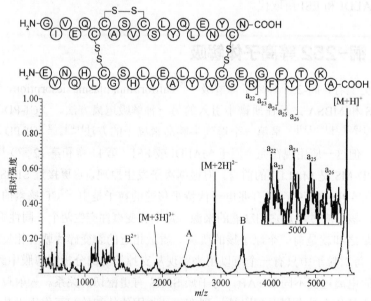

图 10.22 氧化胰岛素的 ^{252}Cf-PD 质谱图

注意极不平稳基线和峰向低质量一侧的拖尾，这是由裂解造成的

（经许可转载自参考文献[139]。© John Wiley & Sons, 1994）

10.10 粒子撞击电离小结

（1）基本原理

本章所讨论的电离技术都有一个共同的特点，那就是它们都是依靠高能初级粒子的撞击来实现中性物质的剥蚀和最终电离。这些技术包括二次离子质谱（SIMS）、锎-252 等离子体解吸 [^{252}Cf-PD]、分子束固体分析（MBSA）、快速原子轰击（FAB）和液体二次离子质谱（LSIMS）。SIMS 为其他提到的技术铺平了道路。SIMS 使用初级离子来诱导二次离子的产生，现今仍然被广泛地用于无机质谱法，最重要的是在成像方面的应用（第 15.6 节）。MBSA 是第一种使用中性粒子束的方法，后来在有机质谱法中建立了 FAB。FAB 的多功能性和软电离特性基于液体基质的使用，液体基质充当分析物的溶剂和初级中性粒子能量的调节剂。除了使用不同的初级离子外，SIMS 实际上与 FAB 完全相同。

（2）FAB 和 LSIMS 的分析物

分析物需要可溶于有机溶剂基质。FAB 和 LSIMS 同样可用于非极性、极性和离子分析物的检测。进样杆的尖端将一滴分析物-基质混合物暴露在初级粒子束中。

分析物最好能溶于标准溶剂，包括 DMF 和 DMSO。0.3～3.0 mg/mL 的溶液适合与基质混合。FAB 和 LSIMS 能够分析质量高达 2000～4000 u 的分子，这取决于它们在基质中的溶解度。低质量分析物可能会受基质峰干扰。

（3）PD-MS 的分析物

PD-MS 已被用于分析（生物）大分子。PD-MS 与 TOF 分析器紧密相连，需要专用仪器。随着 ESI 和 MALDI 的出现，PD-MS 基本上已经从实际应用中消失了。

（4）极性

FAB 和 LSIMS 既产生正离子，也产生负离子。分析物可以分子离子或加合物离子的形式被检测，如 M$^{+\cdot}$、[M+H]$^+$、[M+正离子]$^+$、M$^{-\cdot}$、[M−H]$^-$、[M+负离子]$^-$。离子极性的选择通常基于分析物的性质，即取决于其酸性或碱性、电离能或电子亲和力。

（5）软电离特性

FAB 和 LSIMS 是软解吸电离方法。通常，只有反映完整分析物分子的物种能被观察到。软电离特性允许基质加合离子产生。尽管如此，由于凝聚相和气相之间的边缘区域的碰撞，离子被赋予能量，所以偶尔可以观察到一些裂解。

（6）仪器的使用

扇形磁场分析器通常与 FAB 和 LSIMS 结合使用。这种类型的质量分析器正在从有机和生命科学的质谱实验室中消失，这一事实导致 FAB 和 LSIMS 从正在使用的电离方法库中消失。

(7) 准确质量的测定

由于稳定和持久的离子流，FAB 和 LSIMS 非常适合高分辨和准确质量测定。当使用扇形磁场分析器时，需要进行内标质量校准。通常，在分析物基质溶液中外加一种校准化合物就足够了。如果不能实现外加混合，则双靶进样杆可提供准内标校准（pseudo-internal calibration）。

(8) 传播和可用性

在 20 世纪 80 年代末和 90 年代，FAB 或 LSIMS 作为可选电离方法与扇形磁场分析器一起出售。如今，FAB 和 LSIMS 大多已被 ESI、APCI、MALDI 以及直接电离（ambient ionization）技术所取代。

参考文献

[1] Benninghoven A (2011) The Development of SIMS and International SIMS Conferences: A Personal Retrospective View. Surf Interface Anal 43: 2–11. doi: 10.1002/sia.3688

[2] Honig RE (1985) The Development of Secondary Ion Mass Spectrometry (SIMS): a Retrospective. Int J Mass Spectrom Ion Proc 66: 31–54. doi: 10.1016/0168-1176(85)83018-4

[3] Honig RE (1995) Stone-Age Mass Spectrometry: The Beginnings of "SIMS" at RCA Laboratories, Princeton. Int J Mass Spectrom Ion Proc 143: 1–10. doi: 10.1016/0168-1176(94)04130-Y

[4] Barber M, Vickerman JC, Wolstenholme J (1980) Secondary Ion Mass Spectra of Some Simple Organic Molecules. J Chem Soc Faraday Trans 1(76): 549–559. doi: 10.1039/F19807600549

[5] Benninghoven A (1983) Secondary ion mass spectrometry of organic compounds. In: Benninghoven A (ed) Ion Formation from Organic Solids. Springer, Heidelberg

[6] Devienne FM (1967) Different Uses of High Energy Molecular Beams. Entropie 18: 61–67

[7] Devienne FM, Roustan JC (1982) "Fast Atom Bombardment" – A Rediscovered Method for Mass Spectrometry. Org Mass Spectrom 17: 173–181. doi: 10.1002/oms.1210170405

[8] Barber M, Bordoli RS, Sedgwick RD, Tyler AN (1981) Fast Atom Bombardment of Solids as an Ion Source in Mass Spectrometry. Nature 293: 270–275. doi: 10.1038/293270a0

[9] Barber M, Bordoli RS, Sedgwick RD, Tyler AN (1981) Fast Atom Bombardment Mass Spectrometry of Cobalamines. Biomed Mass Spectrom 8: 492–495. doi: 10.1002/bms.1200081005

[10] Surman DJ, Vickerman JC (1981) Fast Atom Bombardment Quadrupole Mass Spectrometry. J Chem Soc Chem Commun: 324–325. doi: 10.1039/C39810000324

[11] Barber M, Bordoli RS, Sedgwick RD, Tyler AN, Bycroft BW (1981) Fast Atom Bombardment Mass Spectrometry of Bleomycin A2 and B2 and Their Metal Complexes. Biochem Biophys Res Commun 101: 632–638. doi: 10.1016/0006-291X(81)91305-X

[12] Morris HR, Panico M, Barber M, Bordoli RS, Sedgwick RD, Tyler AN (1981) Fast Atom Bombardment: A New Mass Spectrometric Method for Peptide Sequence Analysis. Biochem Biophys Res Commun 101: 623–631. doi: 10.1016/0006-291X(81)91304-8

[13] Barber M, Bordoli RS, Elliott GJ, Sedgwick RD, Tyler AN, Green BN (1982) Fast Atom Bombardment Mass Spectrometry of Bovine Insulin and Other Large Peptides. J Chem Soc Chem Commun: 936–938. doi: 10.1039/C39820000936

[14] Barber M, Bordoli RS, Elliott GJ, Sedgwick RD, Tyler AN (1982) Fast Atom Bombardment Mass Spectrometry. Anal Chem 54: 645A–657A. doi: 10.1021/ac00241a817

[15] Meili J, Seibl J (1983) Matrix Effects in Fast Atom Bombardment (FAB) Mass Spectrometry. Int J Mass Spectrom Ion Phys 46: 367–370. doi: 10.1016/0020-7381(83)80128-4

[16] Gower LJ (1985) Matrix Compounds for Fast Atom Bombardment Mass Spectrometry. Biomed Mass Spectrom 12: 191–196. doi: 10.1002/bms.1200120502

[17] De Pauw E, Agnello A, Derwa F (1991) Liquid Matrices for Liquid Secondary Ion Mass Spectrometry-Fast Atom Bombardment [LSIMS-FAB]: An Update. Mass Spectrom Rev 10: 283–301. doi: 10.1002/mas.1280100402

[18] Aberth W, Straub KM, Burlingame AL (1982) Secondary Ion Mass Spectrometry with Cesium Ion Primary Beam and Liquid Target Matrix for Analysis of Bioorganic Compounds. Anal Chem 54: 2029–2034. doi: 10.1021/ac00249a028

[19] Sundqvist BUR (1992) Desorption Methods in Mass Spectrometry. Int J Mass Spectrom Ion Proc 118(119): 265–287. doi: 10.1016/0168-1176(92)85065-8

[20] Sunner J (1993) Ionization in Liquid Secondary Ion Mass Spectrometry (LSIMS). Org Mass Spectrom 28: 805–823. doi: 10.1002/oms.1210280802

[21] Busch KL (1995) Desorption Ionization Mass Spectrometry. J Mass Spectrom 30: 233–240. doi: 10.1002/jms.1190300202

[22] Macfarlane RD, Torgerson DF (1976) Californium-252-Plasma Desorption Time-of-Flight Mass Spectrometry. Int J Mass Spectrom Ion Phys 21: 81–92. doi: 10.1016/0020-7381(76)80068-X

[23] Macfarlane RD, Torgerson DF (1976) Californium-252 Plasma Desorption Mass Spectroscopy. Science 191: 920–925. doi: 10.1126/science.1251202

[24] Macfarlane RD (1983) High energy heavy-ion induced desorption. In: Benninghoven A (ed) Ion Formation from Organic Solids. Springer, Heidelberg

[25] Mahoney JF, Perel J, Ruatta SA, Martino PA, Husain S, Lee TD (1991) Massive Cluster Impact Mass Spectrometry: A New Desorption Method for the Analysis of Large Biomolecules. Rapid Commun Mass Spectrom 5: 441–445. doi: 10.1002/rcm.1290051004

[26] Miller JM (1989) Fast Atom Bombardment Mass Spectrometry of Organometallic, Coordination, and Related Compounds. Mass Spectrom Rev 9: 319–347. doi: 10.1002/mas.1280090304

[27] Franks J, Ghander AM (1974) Saddle Field Ion Source of Spherical Configuration for Etching and Thinning Applications. Vacuum 24: 489–491.doi: 10.1016/0042-207X(74)90015-3

[28] Alexander AJ, Hogg AM (1986) Characterization of a Saddle-Field Discharge Gun for FABMS Using Different Discharge Vapors. Int J Mass Spectrom Ion Proc 69: 297–311. doi: 10.1016/0168-1176(86)87021-5

[29] Boggess B, Cook KD (1994) Determination of Flux from a Saddle Field Fast-Atom Bombardment Gun. J Am Soc Mass Spectrom 5: 100–105. doi: 10.1016/1044-0305(94)85041-0

[30] Barber M, Bordoli RS, Sedgwick RD, Tyler AN (1981) Fast Atom Bombardment of Solids (F.A.B.): A New Ion Source for Mass Spectrometry. J Chem Soc Chem Commun 7: 325–327. doi: 10.1039/C39810000325

[31] McDowell RA, Morris HR (1983) Fast Atom Bombardment Mass Spectrometry: Biological Analysis Using an Ion Gun. Int J Mass Spectrom Ion Phys 46: 443–446. doi: 10.1016/0020-7381(83)80147-8

[32] Morris HR, Panico M, Haskins NJ (1983) Comparison of Ionization Gases in FAB Mass Spectra. Int J Mass Spectrom Ion Phys 46: 363–366. doi: 10.1016/0020-7381(83)80127-2

[33] Fenselau C (1983) Fast Atom Bombardment. In: Benninghoven A (ed) Ion Formation from Organic Solids. Springer, Heidelberg

[34] Burlingame AL, Aberth W (1983) Use of a cesium primary beam for liquid SIMS analysis of bio-organic

compounds. In: Benninghoven A (ed) Ion Formation from Organic Solids. Springer, Heidelberg
[35] Aberth W, Burlingame AL (1984) Comparison of Three Geometries for a Cesium Primary Beam Liquid Secondary Ion Mass Spectrometry Source. Anal Chem 56: 2915–2918. doi: 10.1021/ac00278a066
[36] Aberth WH, Burlingame AL (1988) Effect of Primary Beam Energy on the Secondary-Ion Sputtering Efficiency of Liquid Secondary-Ionization Mass Spectrometry in the 5–30-keV Range. Anal Chem 60: 1426–1428. doi: 10.1021/ac00165a016
[37] McEwen CN, Hass JR (1985) Negative Gold Ion Gun for Liquid Secondary Ion Mass Spectrometry. Anal Chem 57: 890–892. doi: 10.1021/ac00281a025
[38] Katakuse I, Nakabushi H, Ichihara T, Sakurai T, Matsuo T, Matsuda H (1984) Generation and Detection of Cluster Ions $[(CsI)_N Cs]^+$ Ranging up to m/z = 90000. Int J Mass Spectrom Ion Proc 57: 239–243. doi: 10.1016/0168-1176(84)85180-0
[39] Katakuse I, Nakabushi H, Ichihara T, Sakurai T, Matsuo T, Matsuda H (1984) Metastable Decay of Cesium Iodide Cluster Ions. Int J Mass Spectrom Ion Proc 62: 17–23. doi: 10.1016/0168-1176(84)80066-X
[40] Sim PG, Boyd RK (1991) Calibration and Mass Measurement in Negative-Ion Fast-Atom Bombardment Mass Spectrometry. Rapid Commun Mass Spectrom 5: 538–542. doi: 10.1002/rcm.1290051111
[41] Rapp U, Kaufmann H, Höhn M, Pesch R (1983) Exact Mass Determinations Under FAB Conditions. Int J Mass Spectrom Ion Phys 46: 371–374. doi: 10.1016/0020-7381(83)80129-6
[42] Sunner J (1993) Role of Ion-Ion Recombination for Alkali Chloride Cluster Formation in Liquid Secondary Ion Mass Spectrometry. J Am Soc Mass Spectrom 4: 410–418. doi: 10.1016/1044-0305(93)85006-J
[43] Cao Y, Haseltine JN, Busch KL (1996) Double Cationization with Alkali Ions in Liquid Secondary Ion Mass Spectrometry. Spectroscopy Lett 29: 583–589. doi: 10.1080/00387019608007053
[44] Todd PJ (1988) Secondary Ion Emission from Glycerol Under Continuous and Pulsed Primary Ion Current. Org Mass Spectrom 23: 419–424. doi: 10.1002/oms.1210230521
[45] Schröder E, Münster H, Budzikiewicz H (1986) Ionization by Fast Atom Bombardment – a Chemical Ionization (Matrix) Process Ion the Gas Phase? Org Mass Spectrom 21: 707–715. doi: 10.1002/oms.1210211016
[46] Münster H, Theobald F, Budzikiewicz H (1987) The Formation of a Matrix Plasma in the Gas Phase Under Fast Atom Bombardment Conditions. Int J Mass Spectrom Ion Proc 79: 73–79. doi: 10.1016/0168-1176(87)80024-1
[47] Rosen RT, Hartmann TG, Rosen JD, Ho CT (1988) Fast-Atom-Bombardment Mass Spectra of Low-Molecular-Weight Alcohols and Other Compounds. Evidence for a Chemical-Ionization Process in the Gas Phase. Rapid Commun Mass Spectrom 2: 21–23. doi: 10.1002/rcm.1290020108
[48] Miller JM, Balasanmugam K (1989) Fast Atom Bombardment Mass Spectrometry of Some Nonpolar Compounds. Anal Chem 61: 1293–1295. doi: 10.1021/ac00186a022
[49] Benninghoven A (1983) Organic Secondary Ion Mass Spectrometry (SIMS) and Its Relation to Fast Atom Bombardment (FAB). Int J Mass Spectrom Ion Phys 46: 459–462. doi: 10.1016/0020-7381(83)80151-X
[50] van Breemen RB, Snow M, Cotter RJ (1983) Time-Resolved Laser Desorption Mass Spectrometry. I. Desorption of Preformed Ions. Int J Mass Spectrom Ion Phys 49: 35–50. doi: 10.1016/0020-7381(83)85074-8
[51] Musselman B, Watson JT, Chang CK (1986) Direct Evidence for Preformed Ions of Porphyrins in the Solvent Matrix for Fast Atom Bombardment Mass Spectrometry. Org Mass Spectrom 21: 215–219. doi: 10.1002/oms.1210210408
[52] Shiea J, Sunner J (1991) The Acid Effect in Fast Atom Bombardment. Org Mass Spectrom 26: 38–44. doi: 10.1002/oms.1210260107
[53] Todd PJ (1991) Solution Chemistry and Secondary Ion Emission from Amine-Glycerol Solutions. J Am Soc Mass Spectrom 2: 33–44. doi: 10.1016/1044-0305(91)80059-G

[54] Wong SS, Röllgen FW (1986) Sputtering of Large Molecular Ions by Low Energy Particle Impact. Nulc Instrum Methods Phys Res B B14: 436–447. doi: 10.1016/0168-583X(86)90139-4

[55] Baczynskyi L (1985) New Matrices for Fast Atom Bombardment Mass Spectrometry. Adv Mass Spectrom 10: 1611–1612

[56] De Pauw E, Agnello A, Derwa F (1986) Liquid Matrices for Liquid Secondary Ion Mass Spectrometry. Mass Spectrom Rev 5: 191–212. doi: 10.1002/mas.1280050204

[57] Gower LJ (1985) Matrix Compounds for Fast Atom Bombardment: A Further Review. Adv Mass Spectrom 10: 1537–1538

[58] Staempfli AA, Schlunegger UP (1991) A New Matrix for Fast-Atom Bombardment Analysis of Corrins. Rapid Commun Mass Spectrom 5: 30–31. doi: 10.1002/rcm.1290050108

[59] Visentini J, Nguyen PM, Bertrand MJ (1991) The Use of 4-Hydroxybenzenesulfonic Acid as a Reduction-Inhibiting Matrix in Liquid Secondary-Ion Mass Spectrometry. Rapid Commun Mass Spectrom 5: 586–590. doi: 10.1002/rcm.1290051204

[60] Meili J, Seibl J (1984) A New Versatile Matrix for Fast Atom Bombardment Analysis. Org Mass Spectrom 19: 581–582. doi: 10.1002/oms.1210191111

[61] Barber M, Bell D, Eckersley M, Morris M, Tetler L (1988) The Use of *meta*-Nitrobenzyl Alcohol as a Matrix in Fast Atom Bombardment Mass Spectrometry. Rapid Commun Mass Spectrom 2: 18–21. doi: 10.1002/rcm.1290020107

[62] Aubagnac J-L (1990) Use of *M*-Nitrobenzyl Alcohol As a Matrix in Fast-Atom-Bombardment Negative-Ion Mass Spectrometry of Polar Compounds. Rapid Commun Mass Spectrom 4: 114–116. doi: 10.1002/rcm.1290040405

[63] Andersson T, Westman G, Stenhagen G, Sundahl M, Wennerström O (1995) A Gas Phase Container for C_{60}: a γ-Cyclodextrin Dimer. Tetrahedron Lett 36: 597–600. doi: 10.1016/0040-4039(94)02282-G

[64] Dube G (1984) The Behavior of Aromatic Hydrocarbons Under Fast Atom Bombardment. Org Mass Spectrom 19: 242–243. doi: 10.1002/oms.1210190510

[65] Abdul-Sada AK, Greenway AM, Seddon KR (1989) The Extent of Aggregation of Air-Sensitive Alkyllithium Compounds as Determined by Fast-Atom-Bombardment Mass Spectrometry. J Organomet Chem 375: C17–C19. doi: 10.1016/0022-328X(89)85099-5

[66] Abdul-Sada AK, Greenway AM, Seddon KR (1996) The Application of Liquid Paraffin and 3,4-Dimethoxybenzyl Alcohol as Matrix Compounds to Fast Atom Bombardment Mass Spectrometry. Eur Mass Spectrom 2: 77–78. doi: 10.1255/ejms.82

[67] Bandini AL, Banditelli G, Minghetti G, Pelli B, Traldi P (1989) Fast Atom Bombardment Induced Decomposition Pattern of the Gold(Ⅲ) Bis(Carbene) Complex [[(*p*-MeC$_6$H$_4$NH)(EtO)C]$_2$AuI$_2$]ClO$_4$, a Retrosynthetic Process? Organometallics 8: 590–593. doi: 10.1021/om00105a003

[68] Dobson JC, Taube H (1989) Coordination Chemistry and Redox Properties of Polypyridyl Complexes of Vanadium(II). Inorg Chem 28: 1310–1315. doi: 10.1021/ic00306a021

[69] Leibman CP, Todd PJ, Mamantov G (1988) Enhanced Positive Secondary Ion Emission from Substituted Polynuclear Aromatic Hydrocarbon/Sulfuric Acid Solutions. Org Mass Spectrom 23: 634–642. doi: 10.1002/oms.1210230903

[70] Rozenski J, Herdewijn P (1995) The Effect of Addition of Carbon Powder to Samples in Liquid Secondary Ion Mass Spectrometry: Improved Ionization of Apolar Compounds. Rapid Commun Mass Spectrom 9: 1499–1501. doi: 10.1002/rcm.1290091507

[71] Huang ZH, Shyong BJ, Gage DA, Noon KR, Allison J (1994) *N*-Alkylnicotinium Halides: A Class of Cationic

Matrix Additives for Enhancing the Sensitivity in Negative Ion Fast-Atom Bombardment Mass Spectrometry of Polyanionic Analytes. J Am Soc Mass Spectrom 5: 935–948. doi: 10.1016/1044-0305(94)87019-5

[72] Shiea JT, Sunner J (1990) Effects of Matrix Viscosity on FAB Spectra. Int J Mass Spectrom Ion Proc 96: 243–265. doi: 10.1016/0168-1176(90)85126-M

[73] Field FH (1982) Fast Atom Bombardment Study of Glycerol: Mass Spectra and Radiation Chemistry. J Phys Chem 86: 5115–5123. doi: 10.1021/j100223a013

[74] Caldwell KA, Gross ML (1994) Origins and Structures of Background Ions Produced by Fast-Atom Bombardment of Glycerol. J Am Soc Mass Spectrom 5: 72–91. doi: 10.1016/1044-0305(94)85039-9

[75] Busch KL (2002) Chemical Noise in Mass Spectrometry. Part I. Spectroscopy 17: 32–3

[76] Busch KL (2003) Chemical Noise in Mass Spectrometry. Part Ⅱ – Effects of Choices in Ionization Methods on Chemical Noise. Spectroscopy 18: 56–62

[77] Reynolds JD, Cook KD (1990) Improving Fast Atom Bombardment Mass Spectra: the Influence of Some Controllable Parameters on Spectral Quality. J Am Soc Mass Spectrom 1: 149–157. doi: 10.1016/1044- 0305(90) 85051-M

[78] Barber M, Bell DJ, Morris M, Tetler LW, Woods MD, Monaghan JJ, Morden WE (1988) The Interaction of *meta*-Nitrobenzyl Alcohol with Compounds Under Fast-Atom-Bombardment Conditions. Rapid Commun Mass Spectrom 2: 181–183. doi: 10.1002/rcm.1290020905

[79] Tuinman AA, Cook KD (1992) Fast Atom Bombardment-Induced Condensation of Glycerol with Ammonium Surfactants. I. Regioselectivity of the Adduct Formation. J Am Soc Mass Spectrom 3: 318–325. doi: 10.1016/1044-0305(92)87059-8

[80] Aubagnac JL, Claramunt RM, Sanz D (1990) Reduction Phenomenon on the FAB Mass Spectra of *N*-Aminoazoles with a Glycerol Matrix. Org Mass Spectrom 25: 293–295. doi: 10.1002/oms.1210250511

[81] Murthy VS, Miller JM (1993) Suppression Effects on a Reduction Process in Fast-Atom Bombardment Mass Spectrometry. Rapid Commun Mass Spectrom 7: 874–881. doi: 10.1002/rcm.1290071004

[82] Aubagnac J-L, Gilles I, Lazaro R, Claramunt R-M, Gosselin G, Martinez J (1995) Reduction Phenomenon in Frit Fast-Atom Bombardment Mass Spectrometry. Rapid Commun Mass Spectrom 9: 509–511. doi: 10.1002/rcm.1290090607

[83] Aubagnac J-L, Gilles I, Claramunt RM, Escolastico C, Sanz D, Elguero J (1995) Reduction of Aromatic Fluorine Compounds in Fast-Atom Bombardment Mass Spectrometry. Rapid Commun Mass Spectrom 9: 156–159. doi: 10.1002/rcm.1290090210

[84] Théberge R, Bertrand MJ (1995) Beam-Induced Dehalogenation in LSIMS: Effect of Halogen Type and Matrix Chemistry. J Mass Spectrom 30: 163–171. doi: 10.1002/jms.1190300125

[85] Théberge R, Bertrand MJ (1998) An Investigation of the Relationship Between Analyte Surface Concentration and the Extent of Beam-Induced Dehalogenation in Liquid Secondary Ion Mass Spectrometry. Rapid Commun Mass Spectrom 12: 2004–2010. doi: 10.1002/(SICI)1097-0231(19981230)12: 24<2004:: AID-RCM427>3.0.CO; 2-P

[86] Vetter W, Meister W (1985) Fast Atom Bombardment Mass Spectrum of β-Carotene. Org Mass Spectrom 20: 266–267. doi: 10.1002/oms.1210200321

[87] Nakata H, Tanaka K (1994) Structural and Substituent Effects on $M^{+\cdot}$ vs. $[M + H]^+$ Formation in Fast Atom Bombardment Mass Spectra of Simple Organic Compounds. Org Mass Spectrom 29: 283–288. doi: 10.1002/oms.1210290604

[88] Moon DC, Kelly JA (1988) A Simple Desalting Procedure for Fast Atom Bombardment Mass Spectrometry. Biomed Mass Spectrom 17: 229–237. doi: 10.1002/bms.1200170312

[89] Prókai L, Hsu BH, Farag H, Bodor N (1989) Desorption Chemical Ionization, Thermospray, and Fast Atom Bombardment Mass Spectrometry of Dihydropyridine – Pyridinium Salt-Type Redox Systems. Anal Chem 61: 1723–1728. doi: 10.1021/ac00190a026

[90] Kolli VSK, York WS, Orlando R (1998) Fast Atom Bombardment Mass Spectrometry of Carbohydrates Contaminated with Inorganic Salts Using a Crown Ether. J Mass Spectrom 33: 680–682. doi: 10.1002/(SICI)1096-9888(199807)33: 7<680:: AID-JMS673>3.0.CO;2-Y

[91] Desiderio DM, Katakuse I (1984) Fast Atom Bombardment Mass Spectrometry of Insulin, Insulin A-Chain, Insulin B-Chain, and Glucagon. Biomed Mass Spectrom 11: 55–59. doi: 10.1002/bms.1200110202

[92] Barber M, Green BN (1987) The Analysis of Small Proteins in the Molecular Weight Range 10–24 kDa by Magnetic Sector Mass Spectrometry. Rapid Commun Mass Spectrom 1: 80–83. doi: 10.1002/rcm.1290010505

[93] Frauenkron M, Berkessel A, Gross JH (1997) Analysis of Ruthenium Carbonyl-Porphyrin Complexes: A Comparison of Matrix-Assisted Laser Desorption/Ionization Time-of-Flight, Fast-Atom Bombardment and Field Desorption Mass Spectrometry. Eur Mass Spectrom 3: 427–438. doi: 10.1255/ejms.177

[94] Irngartinger H, Altreuther A, Sommerfeld T, Stojanik T (2000) Pyramidalization in Derivatives of Bicyclo[5.1.0]oct-1(7)-enes and 2,2,5,5-Tetramethylbicyclo[4.1.0]hept-1(6)-enes. Eur J Org Chem 2000: 4059–4070. doi: 10.1002/1099-0690(200012)2000: 24<4059:: AID-EJOC4059>3.0.CO;2-V

[95] Barber M, Bordoli RS, Elliott GJ, Tyler AN, Bill JC, Green BN (1984) Fast Atom Bombardment (FAB) Mass Spectrometry: A Mass Spectral Investigation of Some of the Insulins. Biomed Mass Spectrom 11: 182–186. doi: 10.1002/bms.1200110409

[96] Rajca A, Wongsriratanakul J, Rajca S, Cerny R (1998) A Dendritic Macrocyclic Organic Polyradical with a Very High Spin of S ¼ 10. Angew Chem Int Ed 37: 1229–1232. doi: 10.1002/(SICI)1521-3773(19980518)37: 9<1229:: AID-ANIE1229>3.0.CO;2-%23

[97] Giesa S, Gross JH, Krätschmer W, Gleiter R (1998) Experiments Towards an Analytical Application of Host-Guest Complexes of [60] Fullerene and Its Derivatives. Eur Mass Spectrom 4: 189–196. doi: 10.1255/ejms.208

[98] Juo CG, Shiu LL, Shen CKF, Luh TJ, Her GR (1995) Analysis of C_{60} Derivatives by Fast- Atom Bombardment Mass Spectrometry As Γ-Cyclodextrin Inclusion Complexes. Rapid Commun Mass Spectrom 9: 604–608. doi: 10.1002/rcm.1290090714

[99] Vincenti M (1995) Host-Guest Chemistry in the Mass Spectrometer. J Mass Spectrom 30: 925–939. doi: 10.1002/jms.1190300702

[100] Thomson BA, Douglas DJ, Corr JJ, Hager JW, Jolliffe CL (1995) Improved Collisionally Activated Dissociation Efficiency and Mass Resolution on a Triple Quadrupole Mass Spectrometer System. Anal Chem 67: 1696–1704. doi: 10.1021/ac00106a008

[101] Münster H, Budzikiewicz H, Schröder E (1987) A Modified Target for FAB Measurements. Org Mass Spectrom 22: 384–385. doi: 10.1002/oms.1210220616

[102] Gross JH, Giesa S, Krätschmer W (1999) Negative-Ion Low-Temperature Fast-Atom Bombardment Mass Spectrometry of Monomeric and Dimeric [60]Fullerene Compounds. Rapid Commun Mass Spectrom 13: 815–820. doi: 10.1002/(SICI)1097-0231(19990515)13: 9<815:: AID-RCM572>3.0.CO;2-L

[103] Falick AM, Walls FC, Laine RA (1986) Cooled Sample Introduction Probe for Liquid Secondary Ionization Mass Spectrometry. Anal Biochem 159: 132–137. doi: 10.1016/0003-2697(86)90317-9

[104] Jonkman HT, Michl J (1981) Secondary Ion Mass Spectrometry of Small-Molecule Solids at Cryogenic Temperatures. 1. Nitrogen and Carbon Monoxide. J Am Chem Soc 103: 733–737. doi: 10.1021/ja00394a001

[105] Orth RG, Jonkman HT, Michl J (1981) Secondary Ion Mass Spectrometry of Small-Molecule Solids at

Cryogenic Temperatures. 2. Rare Gas Solids. J Am Chem Soc 103: 6026–6030. doi: 10.1021/ja00410a006

[106] Katz RN, Chaudhary T, Field FH (1986) Particle Bombardment (FAB) Mass Spectra of Methanol at Sub-Ambient Temperatures. J Am Chem Soc 108: 3897–3903. doi: 10.1021/ja00274a007

[107] Katz RN, Chaudhary T, Field FH (1987) Particle Bombardment (KeV) Mass Spectra of Ethylene Glycol, Glycerol, and Water at Sub-Ambient Temperatures. Int J Mass Spectrom Ion Proc 78: 85–97. doi: 10.1016/0168-1176(87)87043-X

[108] Johnstone RAW, Wilby AH (1989) Fast Atom Bombardment at Low Temperatures. Part 2. Polymerization in the Matrix. Int J Mass Spectrom Ion Proc 89: 249–264. doi: 10.1016/0168-1176(89)83063-0

[109] Kosevich MV, Czira G, Boryak OA, Shelkovsky VS, Vékey K (1997) Comparison of Positive and Negative Ion Clusters of Methanol and Ethanol Observed by Low Temperature Secondary Ion Mass Spectrometry. Rapid Commun Mass Spectrom 11: 1411–1416. doi: 10.1002/(SICI)1097-0231(19970830)11: 13<1411:: AID-RCM967>3.0.CO;2-8

[110] Kosevich MV, Czira G, Boryak OA, Shelkovsky VS, Vékey K (1998) Temperature Dependences of Ion Currents of Alcohol Clusters Under Low-Temperature Secondary Ion Mass Spectrometric Conditions. J Mass Spectrom 33: 843–849. doi: 10.1002/(SICI)1096-9888(199809)33: 9<843:: AID-JMS695>3.0.CO;2-7

[111] Magnera TF, David DE, Stulik D, Orth RG, Jonkman HT, Michl J (1989) Production of Hydrated Metal Ions by Fast Ion or Atom Beam Sputtering. Collision-Induced Dissociation and Successive Hydration Energies of Gaseous Cu^+ with 1-4 Water Molecules. J Am Chem Soc 111: 5036–5043. doi: 10.1021/ja00196a003

[112] Boryak OA, Stepanov IO, Kosevich MV, Shelkovsky VS, Orlov VV, Blagoy YP (1996) Origin of Clusters. I. Correlation of Low Temperature Fast Atom Bombardment Mass Spectra with the Phase Diagram of NaCl-Water Solutions. Eur Mass Spectrom 2: 329–339. doi: 10.1255/ejms.43

[113] Kosevich MV, Boryak OA, Stepanov IO, Shelkovsky VS (1997) Origin of Clusters. II. Distinction of Two Different Processes of Formation of Mixed Metal/Water Clusters Under Low-Temperature Fast Atom Bombardment. Eur Mass Spectrom 3: 11–17. doi: 10.1255/ejms.28

[114] Boryak OA, Kosevich MV, Shelkovsky VS, Blagoy YP (1996) Study of Frozen Solutions of Nucleic Acid Nitrogen Bases by Means of Low Temperature Fast-Atom-Bombardment Mass Spectrometry. Rapid Commun Mass Spectrom 10: 197–199. doi: 10.1002/(SICI)1097-0231(19960131)10: 2<197:: AID-RCM457>3.0.CO;2-G

[115] Huang M-W, Chei HL, Huang JP, Shiea J (1999) Application of Organic Solvents As Matrixes to Detect Air-Sensitive and Less Polar Compounds Using Low-Temperature Secondary Ion Mass Spectrometry. Anal Chem 71: 2901–2907. doi: 10.1021/ac980516p

[116] Hofmann P, Volland MAO, Hansen SM, Eisenträger F, Gross JH, Stengel K (2000) Isolation and Characterization of a Monomeric, Solvent Coordinated Ruthenium(II) Carbene Cation Relevant to Olefin Metathesis. J Organomet Chem 606: 88–92. doi: 10.1016/S0022-328X(00)00288-6

[117] Wang CH, Huang MW, Lee CY, Chei HL, Huang JP, Shiea J (1998) Detection of a Thermally Unstable Intermediate in the Wittig Reaction Using Low-Temperature Liquid Secondary Ion and Atmospheric Pressure Ionization Mass Spectrometry. J Am Soc Mass Spectrom 9: 1168–1174. doi: 10.1016/S1044-0305(98)00089-0

[118] Giesa S, Gross JH, Hull WE, Lebedkin S, Gromov A, Krätschmer W, Gleiter R (1999) $C_{120}OS$: The First Sulfur-Containing Dimeric [60]Fullerene Derivative. Chem Commun: 465–466. doi: 10.1039/a809831j

[119] Gross JH (1998) Use of Protic and Aprotic Solvents of High Volatility As Matrixes in Analytical Low-Temperature Fast-Atom Bombardment Mass Spectrometry. Rapid Commun Mass Spectrom 12: 1833–1838. doi: 10.1002/(SICI)1097-0231(19981215)12: 23<1833:: AID-RCM401>3.0.CO;2-O

[120] König WA, Aydin M, Schulze U, Rapp U, Höhn M, Pesch R, Kalikhevitch VN (1983) Fast-Atom-Bombard-

ment for Peptide Sequencing – A Comparison with Conventional Ionization Techniques. Int J Mass Spectrom Ion Phys 46: 403–406. doi: 10.1016/0020-7381(83)80137-5

[121] Caprioli RM (1987) Enzymes and Mass Spectrometry: A Dynamic Combination. Mass Spectrom Rev 6: 237–287. doi: 10.1002/mas.1280060202

[122] Caprioli RM (1988) Analysis of Biochemical Reactions with Molecular Specificity Using Fast Atom Bombardment Mass Spectrometry. Biochemistry 27: 513–521. doi: 10.1021/bi00402a001

[123] Chait BT, Wang R, Beavis RC, Kent SB (1993) Protein Ladder Sequencing. Science 262: 89–92. doi: 10.1126/science.8211132

[124] Naylor S, Findeis AF, Gibson BW, Williams DH (1985) An Approach Towards the Complete FAB Analysis of Enzymic Digests of Peptides and Proteins. J Am Chem Soc 108: 6359–6363. doi: 10.1021/ja00280a037

[125] Deterding LJ, Tomer KB, Wellemans JMY, Cerny RL, Gross ML (1999) Capillary Electrophoresis/Tandem Mass Spectrometry with Array Detection. Eur Mass Spectrom 5: 33–40. doi: 10.1255/ejms.247

[126] Lehmann WD (1996) Massenspektrometrie in der Biochemie. Spektrum Akademischer Verlag, Heidelberg

[127] Chapman JR (ed) (2000) Mass Spectrometry of Proteins and Peptides. Humana Press, Totowa

[128] Snyder AP (2000) Interpreting Protein Mass Spectra. Oxford University Press, New York

[129] Kinter M, Sherman NE (2000) Protein Sequencing and Identification Using Tandem Mass Spectrometry. Wiley, Chichester

[130] Stults JT, Lai J, McCune S, Wetzel R (1993) Simplification of High-Energy Collision Spectra of Peptides by Amino-Terminal Derivatization. Anal Chem 65: 1703–1708. doi: 10.1021/ac00061a012

[131] Bordaz-Nagy J, Despeyroux D, Jennings KR, Gaskell SJ (1992) Experimental Aspects of the Collision-Induced Decomposition of Ions in a Four-Sector Tandem Mass Spectrometer. Org Mass Spectrom 27: 406–415. doi: 10.1002/oms.1210270410

[132] Karlsson NG, Karlsson H, Hansson GC (1996) Sulfated Mucin Oligosaccharides from Porcine Small Intestine Analyzed by Four-Sector Tandem Mass Spectrometry. J Mass Spectrom 31: 560–572. doi: 10.1002/(SICI)1096-9888(199605)31: 5<560:: AID-JMS331>3.0.CO;2-0

[133] Caprioli RM, Beckner CF, Smith LA (1983) Performance of a Fast-Atom Bombardment Source on a Quadrupole Mass Spectrometer. Biomed Mass Spectrom 10: 94–97. doi: 10.1002/bms.1200100209

[134] Cornett DS, Lee TD, Mahoney JF (1994) Matrix-Free Desorption of Biomolecules Using Massive Cluster Impact. Rapid Commun Mass Spectrom 8: 996–1000. doi: 10.1002/rcm.1290081218

[135] Mahoney JF, Perel J, Lee TD, Martino PA, Williams P (1992) Shock Wave Model for Sputtering Biomolecules Using Massive Cluster Impact. J Am Soc Mass Spectrom 3: 311–317. doi: 10.1016/1044-0305(92)87058-7

[136] Mahoney JF, Cornett DS, Lee TD (1994) Formation of Multiply Charged Ions from Large Molecules Using Massive-Cluster Impact. Rapid Commun Mass Spectrom 8: 403–406. doi: 10.1002/rcm.1290080513

[137] Sundqvist B, Macfarlane RD (1985) Californium-252-Plasma Desorption Mass Spectrometry. Mass Spectrom Rev 4: 421–460. doi: 10.1002/mas.1280040403

[138] Macfarlane RD (1993) Californium-252-Plasma Desorption Mass Spectrometry I – A Historical Perspective. Biol Mass Spectrom 22: 677–680. doi: 10.1002/bms.1200221202

[139] Macfarlane RD, Hu ZH, Song S, Pittenauer E, Schmid ER, Allmaier G, Metzger JO, Tuszynski W (1994) ^{252}Cf-Plasma Desorption Mass Spectrometry II – A Perspective of New Directions. Biol Mass Spectrom 23: 117–130. doi: 10.1002/bms.1200230302

[140] Håkansson P, Kamensky I, Sundqvist B, Fohlman J, Peterson P, McNeal CJ, Macfarlane RD (1982) Iodine-127-Plasma Desorption Mass Spectrometry of Insulin. J Am Chem Soc 104: 2948–2949. doi: 10.1021/ja00374a053

[141] Macfarlane RD (1999) Mass Spectrometry of Biomolecules: from PDMS to MALDI. Brazilian J Phys 29:

415–421. doi: 10.1590/S0103-97331999000300003

[142] Sundqvist B, Håkansson P, Kamensky I, Kjellberg J (1983) Fast heavy ion induced desorption of molecular ions from small proteins. In: Benninghoven A (ed) Ion Formation from Organic Solids. Springer, Heidelberg

[143] Macfarlane RD (1981) ^{252}Californium Plasma Desorption Mass Spectrometry. Biomed Mass Spectrom 8: 449–453. doi: 10.1002/bms.1200080918

[144] Wien K, Becker O (1983) Secondary ion emission from metals under fission fragment bombardment. In: Benninghoven A (ed) Ion Formation from Organic Solids. Springer, Heidelberg

[145] Zubarev RA, Abeywarna UK, Demirev P, Eriksson J, Papaléo R, Håkansson P, Sundqvist BUR (1997) Delayed, Gas-Phase Ion Formation in Plasma Desorption Mass Spectrometry. Rapid Commun Mass Spectrom 11: 963–972. doi: 10.1002/(SICI)1097-0231(19970615)11: 9<963:: AID-RCM878>3.0.CO;2-%23

[146] Jonsson GP, Hedin AB, Håkansson P, Sundqvist BUR, Säve BGS, Nielsen P, Roepstorff P, Johansson KE, Kamensky I, Lindberg MSL (1986) Plasma Desorption Mass Spectrometry of Peptides and Proteins Adsorbed on Nitrocellulose. Anal Chem 58: 1084–1087. doi: 10.1021/ac00297a023

[147] Wolf B, Macfarlane RD (1991) Small Molecules as Substrates for Adsorption/Desorption in Californium-252 Plasma Desorption Mass Spectrometry. J Am Soc Mass Spectrom 2: 29–32. doi: 10.1016/1044-0305(91) 80058-F

[148] Song S, Macfarlane RD (2002) PDMS-Chemistry of Angiotensin II and Insulin in Glucose Glass Thin Films. Anal Bioanal Chem 373: 647–655. doi: 10.1007/s00216-002-1361-4

基质辅助激光解吸电离 第 11 章

学习目标
- 脉冲激光作为解吸和电离的能量来源
- 从薄固体层中形成离子
- 基质辅助是软解吸电离的关键
- 固有脉冲模式下的电离
- 在小分子、合成聚合物和生物分子分析中的应用
- 真空和大气压条件下的 MALDI 源
- MALDI 成像技术

激光解吸电离（laser desorption/ionization，LDI）是在 20 世纪 60 年代后期引入的[1-3]，远早于场解吸（FD，第 8 章）、锎-252 等离子体解吸（^{252}Cf-PD，第 10.9 节）或快速原子轰击（FAB，第 10 章）。虽然 LDI 很容易获得低质量的有机盐和吸光性有机分子的质谱图[2,3]，但要获得有用的生物分子质谱图却需要付出很大的努力[4]，特别是当分析物的分子质量超过 2000 u 时[5,6]。因此，一直到 20 世纪 80 年代后期，FAB 和 ^{252}Cf-PD 代表了所有生命科学相关质谱领域的标准，而 LDI 则显得格格不入[7]。

在准备激光解吸之前，在样品中掺入强吸光性的化合物，对质谱法可能发生的变化产生了巨大的影响。独立开发了两种样品制备方法：①将超细钴粉（粒径约为 30 nm）与分析物的甘油溶液混合[8,9]；②将分析物与有机基质共结晶[10-13]。当与 TOF（第 4.2 节）质量分析器结合使用时，这两种方法都能够得到分子质量约 100000 u 蛋白质的质谱图。尽管如此，"超细金属加液体基质（ultrafine-metal-plus-liquid-matrix）"方法的应用仍然是一个例外，因为有机基质的多功能性和基质辅助激光解吸电离（matrix-assisted laser desorption/ionization，MALDI）的灵敏度[10,11,14,15]，使其远远优于钴粉混合物的方法（图 11.1）[16-19]。在目前的状态下，MALDI 成为现代生命科学[20-25]和高分子科学[24-27]的主要分析工具。

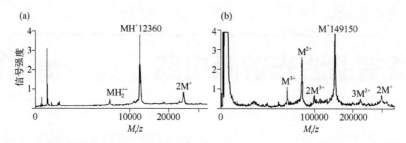

图 11.1 猪细胞色素 C（a）和一种单克隆抗体（b）的 MALDI-TOF 质谱图

（a）以 2,5-二羟基苯甲酸为基质，激光波长在 337 nm；（b）以烟酸为基质，激光波长在 266 nm。这些图谱来自 MALDI 研发早期阶段具有里程碑意义的论文之一，令人印象深刻地证明了该方法的巨大潜力

（经许可转载自参考文献[16]。© John Wiley & Sons，1991）

11.1 LDI 和 MALDI 离子源

LDI/MALDI 离子源的基本设置相对简单（图 11.2）[28]。LDI 和 MALDI 都利用固体样品层对激光的吸收。样品吸收激光照射时的能量导致其蒸发并最终电离。激光脉冲通常被聚焦在一个直径为 0.05～0.2 mm 的小光斑上[29]。由于激光辐照度（laser irradiance）是 MALDI 中的一个关键参数，因此在激光光路中使用可变光束衰减器来调整辐照度。然后，针对每次检测单独优化激光衰减。LDI/MALDI 离子源一般在室温条件下工作。

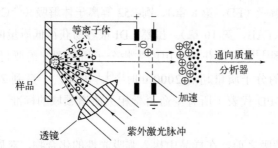

图 11.2 运用固体非共振光吸收的简单激光解吸离子源

在实际应用中，固体以薄微结晶层的形式来上样。图片显示，只要维持激光解吸等离子体的供应，就可以不断获得正离子（经许可转载自参考文献[28]。© Elsevier Science，1994）

尽管紫外（UV）和红外（IR）波长的激光器都在使用，但紫外激光器是迄今为止 LDI-MS 和 MALDI-MS 分析中最重要的光源。其中，氮分子激光器和三倍频或四倍频 Nd:YAG 激光器适合于大多数应用[30]。IR-MALDI 中，Er:YAG 激光器占主导地位[30,31]，而 TEA-CO_2 激光器（参考第 9.12 节的 IRMPD）很少使用（表 11.1）[17,32]。

11.1 LDI 和 MALDI 离子源

光子的能量 可以通过使用关系式 $E = h\nu$ 并代入 $\nu = c/\lambda$（第 2.10.6 节），来计算广泛使用的三倍频 Nd:Yag 激光器每个光子的能量。因为波长 λ 为 355 nm，h 为 4.14×10^{-15} eV·s (= 6.63×10^{-34} J·s)，可以得到 $E = 4.14 \times 10^{-15}$ eV·s × $(2.99 \times 10^8$ m·s$^{-1}/3.55 \times 10^{-7}$ m) = 3.49 eV（表 11.1）。这表明，一方面，光子能量是巨大的，但另一方面，单个光子将无法引起电离。与光电离不同，MALDI 依赖于宏观区域内同时发生大量光子的吸收。

表 11.1 用于激光解吸电离的激光器

光谱范围	波长	光子能量/eV	激光器类型
UV	193 nm	6.4	ArF 准分子激光器
	248 nm	5.0	KrF 准分子激光器
	266 nm	4.7	四倍频 Nd:YAG 激光器
	308 nm	3.8	XeCl 准分子激光器
	337 nm	3.7	氮分子激光器[①]
	355 nm	3.5	三倍频 Nd:YAG 激光器[①]
IR	1.06 μm	1.2	Nd:YAG 激光器[②]
	2.94 μm	0.4	Er:YAG 激光器[②]
	1.7～2.5 μm	0.7～0.5	光学参量振荡器（OPO）激光器
	10.6 μm	0.1	CO_2 激光器

[①] 最常用的紫外激光器。
[②] 最常用的红外激光器。

紫外激光器发射持续时间为 3～10 ns 的脉冲，而红外激光器的脉冲持续时间为 6～200 ns。需要短脉冲来实现样品层的迅速烧蚀。此外，极短的离子生成时间间隔基本上避免了分析物的热降解，例如，在 10 ns 的激光脉冲内需要 10^8 s^{-1} 的高速率常数才能完成降解。另一方面，长时间的照射只会导致大块材料被加热。在 IR-MALDI 的情况下，使用较短的激光脉冲观察到阈值通量（threshold fluence）略有降低[33]。此外，较短的离子生成时间间隔意味着可以更好地定义起始脉冲，这在使用 TOF 分析器时很重要。幸运的是，延迟引出技术（第 4.2.6 节）的引入大大降低了激光脉冲持续时间对分辨力和质量准确度的影响[33]。

> **主要使用 UV-MALDI**
>
> 大多数 MALDI 应用都是使用紫外激光器运行的。IR-MALDI 仅限于对红外辐射的更深穿透力具有优势的应用，例如，用于从十二烷基硫酸钠（SDS）凝胶或薄层色谱（TLC）板上直接解吸分析物。

11.2 离子的形成

MALDI 中的离子形成的机理是一个持续研究的课题[34-39]。主要关注的是离子产率（ion yield）和激光通量（laser fluence）之间的关系[29,40]，解吸过程的时间演变及其对离子的形成[41]和对解吸离子初始速度的影响[33,42,43]，以及预先产生的离子还是气相中产生的离子才是 MALDI 中检测到的离子物种的主要来源等问题[44-46]。

11.2.1 离子产率和激光通量

在低于约 10^6 W/cm^2 阈值激光辐照度（threshold laser irradiance）下不会形成离子。达到该阈值后，解吸电离急剧开始，离子丰度随激光辐照度（laser irradiance）呈指数上升（5~9 次方）[17,40,47]。检测基质和分析物离子的阈值激光通量不仅取决于实际基质，还取决于基质与分析物的摩尔比，例如，当基质与样品的摩尔比为 4000∶1 时，细胞色素 C 的阈值激光通量最小。显著提高或降低比值都需要几乎两倍的激光通量（图 11.3）[48]。在低分析物浓度下，阈值激光通量增加可以归因于检测效率的降低，因为必须烧蚀更大体积的材料才能产生足够数量的分析物离子。在分析物浓度较高时，单位体积的能量吸收会随着基质被分析物分子稀释而降低，从而导致更高的阈值通量。激光解吸的总粒子产量与激光通量函数关系是通过收集石英晶体微量天平上的解吸中性物质来确定的[49]。Quist 等人[49]的研究表明激光通量约为 11 mJ/cm^2 时，中性物质通过热蒸发进行解吸。然而，测定结果表明 MALDI 过程的离子与中性粒子的摩尔比小于 10^{-5} [49]。

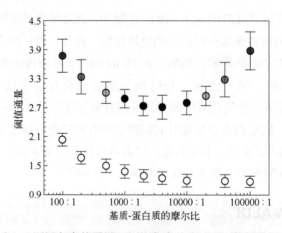

图 11.3 （不同灰度的圆圈）细胞色素 C 和（○）芥子酸正离子的阈值能量与基质-蛋白质摩尔比的函数

●表示在分辨率和信噪比方面提供最佳性能的范围

（经许可改编自参考文献[48]。© John Wiley & Sons，1994）

通量和辐照度

通量（fluence）的定义是单位面积的能量；在 MALDI 中，典型的通量在 10~100 mJ/cm² 的范围内；辐照度（irradiance）是通量除以激光脉冲持续时间（pulse duration）；在 MALDI 中，辐照度的范围是 $10^6 \sim 10^7$ W/cm²[37]。

11.2.2 激光辐照对表面的影响

在分辨率和几乎没有碎片离子方面最理想的 MALDI 图谱，可以用略高于分析物离子形成阈值的条件获得[17,47]。如果将相对均匀的激光通量照射到靶板上，可以实现对样品上层物质进行均匀分布的浅层烧蚀（shallow ablation）[29,40,50]。理想的激光光斑（laser spot）尺寸是 100~200 μm，常用 100~200 mm 焦距的透镜实现[51]。这样一个样品点可获得大量单次照射的图谱。这种激光光斑尺寸也是有利的，因为有大量微米尺寸的晶体被同时照射，从而平均了晶体表面和激光束轴相互取向的影响[50,52,53]。另一方面，一个极其尖锐的激光光斑在形成一个深坑时会导致物质从一个小区域喷发（图 11.4）。细胞色素 C（M_r = 12360 u）的 MALDI 图谱证明了使用优化的光斑尺寸可获得质量优异的图谱[54]。

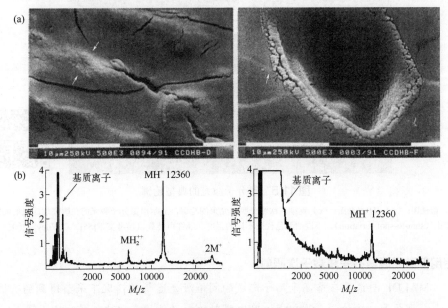

图 11.4 聚焦和散焦激光束的影响

（a）在聚焦（右列）和散焦（左列）照射下，DHB 单晶在 10 次激光照射（337 nm）后的扫描电镜照片，以及相应条件下得到的马心细胞色素 C（M_r = 12360 u）的总图谱；（a）图中黑/白条相当于 10 μm。

（b）为产生的 MALDI 图谱（经许可转载自参考文献[54]）© Elsevier Science，1991）

尽管氮分子激光器已经发明多年，但其本身存在一些缺点：①最大重复频率被限制在约 50 Hz；②平均使用寿命只能发射 10^7 次。二极管泵浦的固体激光器，如三倍频的 Nd:YAG 激光器，可以提供 > 1 kHz 的频率，使用寿命延长了一百倍。特别是在 MALDI 成像和自动化高通量蛋白质组学中，很容易达到这种发射次数。遗憾的是，三倍频 Nd:YAG 激光器的 MALDI 性能较差，例如，其在某些基质的应用受限，且受薄层制样的影响很大。它们的劣势不是由从 337~355 nm 波长的微小变化引起的，而是由于它们的光斑尺寸太小。氮气激光器提供中等聚焦的光束轮廓，每次发射的光束分布也有所不同（图 11.5），而三倍频 Nd:YAG 激光器产生尖锐且过小的辐照斑点。插入光束调制器（beam modulator）以产生带有漫反射多点模式的光束轮廓，总直径与氮分子激光类似，就解决了这一问题。正是因为如此，Bruker 的 Smartbeam™ Nd:YAG 激光器的性能甚至超过了氮分子激光器的 MALDI 性能（图 11.6）[39,55]。

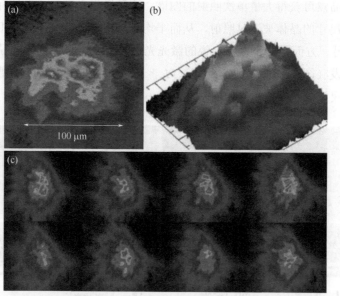

图 11.5 氮分子激光的典型轮廓

(a) 俯视图；(b) 3D 侧视图；(c) 连续八次激光照射光束的轮廓，显示出氮分子激光的轮廓在逐次照射间的变化（shot-to-shot variation）。不同的颜色代表不同的强度（经许可转载自参考文献[55]。© Wiley, 2006）

使用低激光通量并采集数千次照射

MALDI 图谱是在略高于离子形成的阈值激光通量的情况下采集得到的。因此，由于离子的统计学表现较差，单次照射的图谱往往表现出低信噪比（第 1.6.3 节）。当氮分子激光器的重复频率为 10~50 Hz 时，通常会积累 50~200 张单次照射图谱来创建最终的图谱[53]。如今，Nd:YAG 激光器的 kHz 照射速率使得每个最终 MALDI 图谱累积了数千次激光照射。

11.2 离子的形成

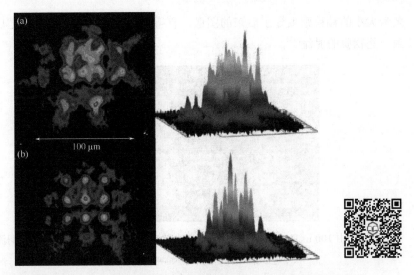

图11.6 Bruker 的 Smartbeam 激光器中采用的两种不同光束构建方式的 Nd:YAG 激光器的光束轮廓:(a)以半峰宽(FWHM)60 μm 的高斯分布来拟合构建和(b)半峰宽 45 μm 重叠的局部最大值和光束分布图案清晰可见(经许可转载自参考文献[55]。© Wiley,2006)

11.2.3 激光解吸羽流的时间演化

在激光脉冲照射下,离子和中性物质解吸到真空中,以射流状超音速膨胀的形式进行[43]:产生一个小的,但起初很热且快速膨胀的羽流[15,56]。将 MALDI 描述为一种能量突释(energy-sudden)的方法[46],很好地表达了纳秒激光脉冲形成的羽流的爆炸特性。由于膨胀是绝热的,该过程伴随着羽流的快速冷却[43]。

虽然解吸离子的初始速度很难测量,但报道值一般在 400~1200 m/s 之间。初始速度几乎与分析物离子的质量无关,但取决于基质[37,41-43,52,57,58]。另一方面,初始分析物离子的速度并非与化合物的类别无关,如多肽表现出与寡糖不同的行为[15,58]。平均离子速度与分析物分子量之间的基本独立性导致分析物离子的平均初始动能随质量呈近似线性增加。因此,高质量离子在离子加速前携带数十电子伏特的平动能[37,47,57]。离子的初始速度叠加在从离子加速获得的速度上,从而对连续引出式 TOF 分析器的分辨率造成相当大的损失,特别是在线形模式下操作时。

羽流的照片 激光解吸羽流随时间演化的激光闪光照片(laser flash light photographs)具有很强的说明性[59,60]。图 11.7 所示的羽流是由脉冲宽度为 100 ns 的 Er:YAG(2.94 μm)激光从纯甘油中产生的。这种激光脉冲持续时间是 IR-MALDI 的典型特征。甘油为液体基质时,可以提供均匀的样品并形成可重现的羽流。倍频 Nd:YAG 激光器(532 nm,持续时间 8 ns)的脉冲用作获取照片的闪光光源。暗场照明被用来显示羽流的颗粒成分。一开始,羽流似乎由不同密度的连续物质云组成,而单个微米大小的颗粒则主导了后来的图像。有趣的是，即使在激光照射之后，仍然观察到一些物质的射流[61]。

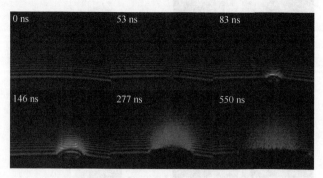

图 11.7 由 100 ns Er:YAG（2.94 μm）激光脉冲从纯甘油产生的激光解吸羽流的时间演化
（Münster 大学的 F. Hillenkamp 和 A. Leisner 提供）

> **MALDI 总是需要真空条件吗？**
>
> 基于质量分析器需要在真空中产生离子的理解，MALDI 最初是作为真空电离技术研发的。实际上，大多数 MALDI 离子源都是在高真空下操作的，并与 TOF 分析器结合使用。MALDI-TOF-MS 的组合仍然定义了 MALDI-MS 的黄金标准。因此，本章的大部分内容都隐含着关于真空 MALDI 的内容。事实证明，MALDI 过程可以承受 mbar 级压力，也可以在大气压下进行，后者被称为大气压 MALDI（AP-MALDI，第 11.9 节）。气体的存在可以为新形成的离子提供一些碰撞冷却（参照第 7.8 节大气压化学电离）。这种效应甚至可以在超大气压下增加，如在 4～5 bar 下运行 MALDI 所证明的那样[62]。虽然从使用者的角度来看，真空 MALDI 和 AP-MALDI 可能看起来工作方式相同，但在微观过程中存在差异。

11.2.4 MALDI 中的离子形成过程

MALDI 中离子形成的途径很多，没有单一的过程可以描述[15,45,46]。降低基质-分析物溶液的 pH 值对多肽离子产率的促进作用表明预先形成的 $[M+H]^+$ 的解吸。对于正离子化产物（如富氧分析物中的 $[M+碱金属]^+$），也有类似的观察结果。尽管如此，不能排除气相过程——本质上是致密解吸羽流中的某种化学电离——因为即使在样品表面上方几百微米的等离子体羽流中也可能形成离子[63,64]。另一项研究表明，随着寡糖和合成聚合物质量的增加，其初始离子速度逐渐增加，甚至可能达到多肽和蛋白质的高水平特征。通过衍生化引入带电官能团对小分子寡糖也有同样的效果。这表明，典型的 MALDI 分析物需要将其作为预先形成的离子掺入基质晶体中，才能有效地释放到气相中，而气相正离子化对于低分子量中性物质是可行的[43]。当非羧酸基质用于质子化弱碱性分析物时，基质分子的激发态可能是由于质子转移[64,65]。

11.2 离子的形成

对于吸收紫外光的分析物，也可以发生直接光电离。经常观察到的带正/负电荷的自由基离子 $M^{+\bullet}$[66,67] 和 $M^{-\bullet}$[68-70] 只能通过去除或捕获电子来产生。因此，$M^{+\bullet}$ 和 $M^{-\bullet}$ 指向在气相中发生了光电离[66]、电荷转移和电子捕获[46,66]。上述哪一种过程对离子形成的贡献最大取决于基质、分析物以及可能存在的添加剂或污染物的实际组合。

11.2.5 离子形成的"幸存者"模型

激光照射后从表面产生的等离子体包含正离子和负离子，但整体上是中性的。仅根据加速电压的极性，就可以引出正离子或负离子，这种情况类似于化学电离，其中异丁烷试剂气体等离子体同样能很好地在正离子模式（PICI）中给出质子化的物种或在负离子模式（NICI）中给出去质子化所形成的离子（第 7.5 节）。然而，MALDI 的起始条件完全不同，因为分析物在掺入基质晶体之前可以在溶液中发生多重质子化、去质子化或通过离子缔合（ion attachment）实现其他方式带电[15,46]。大分子在溶液相中多电荷化的证据直接从电喷雾电离质谱中获得（第 12 章）。

多肽离子的形成 虽然多肽和蛋白质通常从酸化的溶液中制备用于 MALDI，但通常仅根据引出电压的极性即可观察到单质子化或去质子化所形成的离子。然而，对于相同的激光通量，负离子图谱往往强度较弱，即正离子和负离子质谱图不相似（图 11.8）。有趣的是，两种极性的相对离子产率基本上与溶剂组成、pH 值以及分析物的溶液相酸碱性无关。

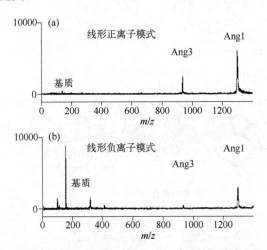

图 11.8 在其他条件相同的情况下，血管紧张素-1（Ang1）和血管紧张素-3（Ang3）小肽混合物在线形 TOF 仪器以 DHB 为基质中所获得的 MALDI 质谱图：（a）正离子和（b）负离子模式
（经许可转载自参考文献[46]。© John Wiley & Sons，2000）

为了解释上述观察结果，必须回答以下有关电离过程的问题：
① 为什么单电荷离子（几乎）是 MALDI 中观察到的唯一物种？

② 当相互中和被认为是羽流内的首选过程时，如何实现电荷分离？
③ 将离子电荷状态限制在只有一个（正电荷或负电荷）的基本过程是什么？

幸存者模型（lucky survivor model）[46]通过等离子体中正离子和负离子组分的重组，进行相互中和的角度解释了这种行为。离子的初始电荷态越高，再次中和的速率就越高。因此单电荷离子再次中和较慢，代表了整个过程的后期阶段，所以再次中和发生的可能性较小。因此单电荷离子通常是激光羽流内部"再中和冲突过程的幸存者（lucky survivors of the re-neutralization conflict）"（图11.9）。由于快速运动的电子从激光羽流中损失得最快，因此随着时间的推移，会产生过量的正电荷，这解释了MALDI中负离子丰度较低的原因。

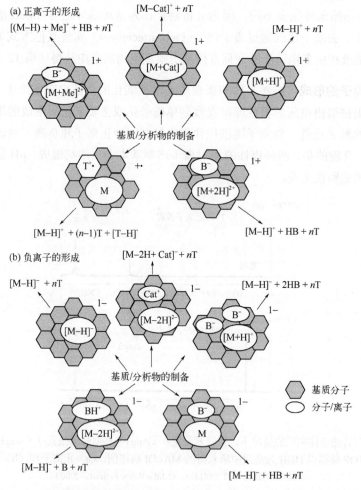

图11.9 根据幸存者模型从样品-基质制备中形成单电荷离子的两种途径

M—分析物分子；T—基质分子；Cat—小正离子；Me—金属$^{2+}$；B—碱性分子

（经许可改编自参考文献[46]。© John Wiley & Sons，2000）

11.3 MALDI 的基质

11.3.1 固体基质的作用

基质在 MALDI 中的作用类似于其在 FAB 中的作用（第 10.3 节）。与 FAB 不同的是，MALDI 基质通常是低蒸气压的结晶固体，以避免在离子源真空中挥发。虽然原则上任何液体都可以作为 FAB 基质来调节初级粒子撞击的能量，但 MALDI 中的基质必须能够有效地吸收预期波长的激光[71]。在 UV-MALDI 中，分子需要具有合适的发色团（chromophore），因为能量吸收是基于强吸收，从而产生基质的电子激发。因此，UV-MALDI 基质的结构是基于适当官能化的芳香族核心结构，进而可以获得所需的性质。

对于 IR-MALDI，限制较少，因为 3 μm 左右的波长可有效地被 O—H 和 N—H 拉伸振动吸收，而 10 μm 左右的波长会引起 C—O 拉伸和 O—H 弯曲振动[33,36]。因此，丙二酸、琥珀酸、苹果酸、尿素和甘油可以很好地用作 IR-MALDI 的基质[31,32]。基质可作为质子化或去质子化试剂，或作为电子供体或受体试剂。

> **基质的作用**
>
> 很明显，基质的第一个功能基本上是稀释分析物分子并将其相互隔离，这发生在溶剂蒸发和伴随形成固体溶液的过程中。然后，在激光照射下，充当能量吸收的介质[46]。

11.3.2 UV-MALDI 中的基质

烟酸（nicotinic acid，NA）是第一个被成功用于多肽和蛋白质 UV-MALDI 基质的有机化合物[12-14]。从那时起，一直在寻找更好的基质，其中一些现在已被广泛使用（表 11.2 和图 11.10）。目前 UV-MALDI 最重要的基质有 HCCA、DHB、SA、DHAP、3-HPA、DCTB 和地蒽酚（dithranol）。尽管如此，甚至[60]富勒烯[72]和卟啉[73]也已被使用。离子液体（ILs）已被用作液体 MALDI 基质，以在同一斑点上获得持久的信号[74,75]。

表 11.2 UV-MALDI 的基质

化合物	缩写	应用	参考文献
烟酸	NA	多肽、蛋白质	[12-14]
吡啶甲酸	PA	寡核苷酸，DNA	[76]
3-羟基-2-吡啶甲酸	HPA 3-HPA	寡核苷酸，DNA	[77]
3-氨基-2-羧酸吡啶	3-APA	寡核苷酸，DNA	[78]

续表

化合物	缩写	应用	参考文献
6-氮杂-2-硫代胸腺嘧啶	ATT	寡核苷酸，DNA	[79-81]
2,5-二羟基苯甲酸	DHB	蛋白质，寡糖	[17,54]
基于 DHB 的混合物	DHB/XY 和超级 DHB	蛋白质，寡糖	[82-86]
3-氨基喹啉	3-AQ	寡糖	[87-89]
α-氰基-4-羟基肉桂酸	α-CHC, α-CHCA, HCCA, CHCA	多肽，较小的蛋白质，三酰基甘油酯，许多其他化合物	[90-93]
4-氯-α-氰基肉桂酸	ClCCA	多肽	[94,95]
3,5-二甲氧基-4-羟基肉桂酸	SA	蛋白质	[96]
2-(4-羟基苯偶氮)苯甲酸	HABA	多肽，蛋白质，糖蛋白，聚苯乙烯	[71,97]
2-巯基苯并噻唑	MBT	多肽，蛋白质，合成聚合物	[98]
5-氯-2-巯基苯并噻唑	CMBT	糖肽，磷酸化多肽和蛋白质	[98]
2,6-二羟基苯乙酮	DHAP	糖肽，磷酸肽，蛋白质	[99,100]
2,4,6-三羟基苯乙酮	THAP	固载寡核苷酸	[101]
地蒽酚（1,8,9-蒽三酚）	无	合成聚合物	[102,103]
9-硝基蒽	9-NA	富勒烯及其衍生物	[70,104,105]
苯并[a]芘	无	富勒烯及其衍生物	[69]
2-[(2E)-3-(4-叔丁基苯基)-2-甲基-2-亚丙烯基]丙二腈	DCTB	低聚物，聚合物，树枝状高分子，小分子化合物	[106,107]

基质的缩写

对于大多数 UV-MALDI 基质，通常使用首字母缩写而不是化合物名称。然而，它们并不总是使用同一种缩写，例如，α-CHC、HCCA、CHCA 和 α-CHCA 都指的是 α-氰基-4-羟基肉桂酸。其他的可能很容易混淆，例如烟酸（nicotinic acid, NA）和 9-硝基蒽（9-nitroanthracene, 9-NA）；而像地蒽酚或苯并芘这样的化合物没有首字母缩写，其他的一些缩写则看起来很神秘（如 DCTB）。

基质是成功的关键

选择正确的基质是 MALDI 成功的关键。对于新分析问题的第一步，建议尝试上述表 11.2 中的基质。通常，极性分析物溶于强极性基质效果更好，非极性分析物最好采用非极性基质配制。基质酸度数据可能有助于判断其质子化的效果[94,108,109]。虽然许多类化合物可以使用不同的基质进行分析，但在有些情况下，只有一种特定的分析物-基质组合才能得到有用的 MALDI 图谱。

11.3 MALDI 的基质

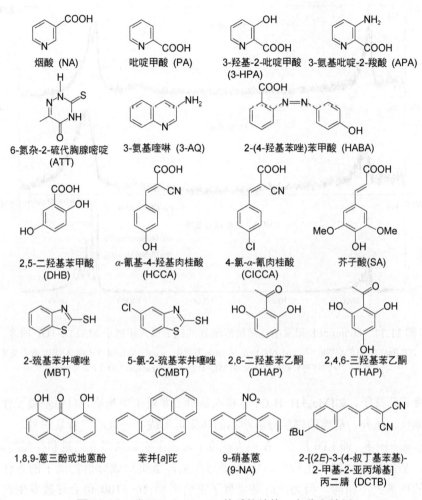

图 11.10 常见 UV-MALDI 基质的结构、名称和缩写

正确选择基质的必要性 选择一种合适的基质和样品制备条件的优化对 MALDI 图谱的分析值有很大影响。即使在使用标准基质如 CHCA 或 DHB 时，也可以实现显著的改进，例如，通过适当混合两种基质来分析核糖核酸酶 B（ribonuclease B，图 11.11）[85]。

11.3.3 MALDI 基质图谱的特征

MALDI 基质（Ma）图谱的特征是很强的分子离子峰和/或由质子化与正离子化所产生的离子峰。信号伴随着一系列基质的团簇离子和一些丰度更高的碎片离子[36]。在正离子 MALDI 中，$[Ma_n+H]^+$ 团簇离子占主导地位，而在负离子 MALDI 中，$[Ma_n-H]^-$ 团簇离子优先形成。主要的离子系列可能伴随有 $[Ma_n+$碱金属$]^+$ 和一些

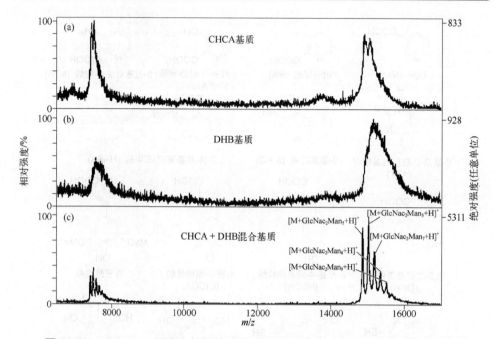

图 11.11 80 mmol/L 尿素中核糖核酸酶 B 的线形模式正离子 MALDI-TOF 图谱
(a) 300 fmol 在 CHCA 基质中；(b) 600 fmol 在 DHB 基质中；(c) 300 fmol 在 CHCA/DHB 混合基质中
（经许可转载自参考文献[85]。© Elsevier Science，2003）

低丰度碎片离子，如$[Ma_n+H-H_2O]^+$。特别是对于非质子型基质，自由基离子往往占主导地位。此外，基质的辐照分解产物的簇集可形成"连续的"背景信号。一般来说，纯基质图谱，即 LDI 图谱，在很大程度上取决于实际的激光通量和存在的杂质。因此，基质化合物的"正确"LDI 图谱与在从该基质形成分析物离子的条件下所获得的图谱大不相同，因为此时基质离子密度增加 10～100 倍会导致发生许多二次过程。质谱图这种显著的变化与试剂气体从 EI 到 CI 时的转变有一些相似之处（第 7.2.2 节）。

11.4 样品制备

正如常见的报道那样，LDI 和 MALDI 中的标准样品制备方法涉及在样品支架（sample holder）或 MALDI 靶板（MALDI target）表面上沉积并随后蒸发 0.5～2 μL 稀释样品（样品-基质）溶液。溶液的组成和靶板表面特性都会强烈影响 MALDI-MS 实验的结果。

11.4.1 MALDI 靶板

MALDI 的样品引入发生了显著的变化。在最初的实验中，单个样品通过 MALDI

11.4 样品制备

进样探头导入,其设计类似于 FAB 进样探头(第 10.3 节)。后来研发出了多样品-靶板。早期商品化产品在一个靶板上提供了大约 20 个孔,这些样品点可以在 x 和 y 方向上旋转、平移或自由移动,以使其表面的任何孔进入激光的聚焦中。在组合化学需求的推动下,研发出了 96 孔-靶板,以便从完全标准孔板中转移样品。目前 384 孔-靶板甚至 1536 孔-靶板的标准也已建立(图 11.12)。为了充分利用这些靶板,建议将机器人样品制备与 MALDI 图谱的自动化检测结合起来。

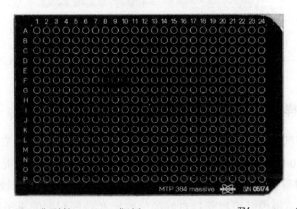

图 11.12 典型的 MALDI 靶板:Bruker Scout 384™ MALDI 靶板
提供 16×24 点阵列,384 个位置用于样品制备
这里显示的版本是一个标准的镀镍大块铝板,其尺寸为 84 mm×128 mm,刻痕直径为 3 mm

MALDI 制备的样品斑点尺寸以及产生有用样品层所需的样品量可以通过使用 AnchorChip™ 靶板(Bruker Daltonik)而大幅减少。这些靶板在疏水表面上具有小的亲水性斑点。结果,基质-分析物溶液的液滴蒸发被"锚定"到这样一个点,即直到完全收缩在这个亲水区域内,才开始结晶[图 11.13(c)][110]。所得到的样品点覆盖的表面比自由铺展的液滴小得多。除了提高检出限外,该技术还简化了自动斑点查找,因为它们在靶板上精确定义了位置。

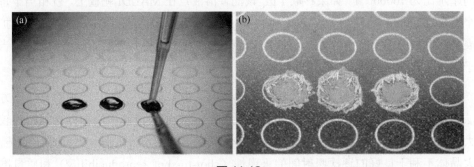

图 11.13

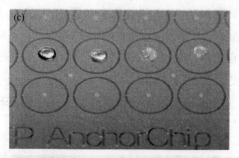

图 11.13　MALDI 的样品制备

(a) 移取 1 μL 的样品-基质溶液点在标准的 MALDI 靶板上；(b) DHB 结晶后相同斑点在边缘显示出大晶体，在中心显示出均匀分布的小晶体；(c) AnchorChip^{TM} 靶板疏水表面上存在的亲水性斑点（圆圈中的亮区）对 DHB 基质结晶的聚集效应

11.4.2　标准样品的制备

分析物在溶剂中的溶解度至少应为 0.1 mg/mL。使用基质时，应配制基质饱和溶液或浓度约为 10 mg/mL 的溶液。然后将分析物溶液与基质溶液混合。将基质与分析物的摩尔比调整到 1000∶1～100000∶1 的范围内，通常能得到较好的 MALDI 图谱[16,17,54]。在此范围内，可以保持良好的信噪比和较低程度的离子裂解。样品浓度过高时，"基质效应"减弱，图谱开始类似于 LDI 图谱。样品浓度过低需要额外的激光辐照度才能产生足够的分析物离子[48]。当然如果制备得当，即使基质与分析物的摩尔比为 10^8∶1 也能得到有用的结果。此外，还需要分析物和基质的充分混溶性（miscibility）[102]。

样品的消耗　假定一个典型的 MALDI 基质的 M_r 约为 200 g/mol，在适当的溶剂中溶解至 10 mg/mL，可得到浓度为 0.05 mol/L 的基质溶液，相当于 $5×10^{-8}$ mol/μL。平均分子量 2000 g/mol 的样品多肽，溶解至 0.01 mg/mL 时，得到 $5×10^{-12}$ mol/μL（5 pmol/μL）的样品溶液。将基质与样品溶液 1∶1（体积比）混合，基质与多肽样品的摩尔比为 10000∶1。如果移取 1 μL 该混合溶液点在 MALDI 靶板上，就相当于每个点含 2.5 pmol 的样品多肽（图 11.13）。实际上，多肽的 MALDI-TOF-MS 可以扩展到这个量的千分之一，也就是说几个 fmol 的多肽就能得到有用的质谱图，这相当于基质与分析物的摩尔比为 10000000∶1。

结晶过程是 LDI 和 MALDI 样品制备中的关键参数[54,111,112]。常规的共结晶方法通常被称为液滴干燥制样（dried droplet preparation）。液滴干燥制样得到相对较大的晶体，特别是当涉及缓慢蒸发（例如，从水溶液中蒸发）时。然而遗憾的是，大晶体不利于良好的逐次照射间的重现性（shot-to-shot reproducibility）和质量准确度。

因此，形成均匀分布的微晶薄层是最理想的[111,113]。最初的所谓薄层技术涉及从丙酮溶液制备 HCCA 薄层，在第二步中将分析物置于其上，而不重新溶解基质[114,115]。薄层的形成也可以通过以下方式辅助：①使用丙酮等挥发性溶剂，②通过温和加热靶板或用吹风机轻轻吹风来实现最终的强制蒸发，最后③使用抛光的靶板。因此，薄层技术对 MALDI 样品制备有显著的影响[114,116]。

最后，（纳升）电喷雾沉积可用于将分析物沉积到不同种类的预先沉积的基质层上。将分析物溶液沉积在先前制备的基质层顶部的 MALDI 样品制备方法被称为夹心法（sandwich methods）。基质的基底层可以通过标准的液滴干燥技术或薄层技术来制备。例如，对于多肽的（纳升）电喷雾沉积，将 10^{-5} mol/L 溶液从（纳升）电喷雾毛细管喷洒到固体基质层上。与传统电喷雾相比，纳升电喷雾（nanoelectrospray）的优点是可以形成非常小的液滴，这些液滴以干燥颗粒的形式到达靶板，因此不会润湿并重新溶解基质表面[45]。

11.4.3 正离子化

将金属离子，特别是 Na^+、K^+、Cs^+、Ag^+ 等单电荷离子，添加到基质-分析物溶液中，可以实现中性分析物的正离子化（cationization）[117]。当分析物对某种金属离子具有高亲和力时，这是有利的，例如，在寡糖的情况下对碱离子具有高亲和力[6]。添加某一种正离子也会导致特定种类的离子浓度提高，例如在添加钾盐后，将促使$[M+K]^+$超过所有其他碱金属离子加合物（图 11.14）。

银离子（来自三氟乙酸银或三氟甲磺酸银）、Cu^+ 和其他处于+1 价氧化态的过渡金属离子[118,119]经常用于获得无官能化或至少非极性烃类化合物[120]、聚乙烯[121,122]或聚苯乙烯（见第 11.6.1 节）[118,119,123-125]的$[M+金属]^+$。

> **普遍存在的 Na^+ 和 K^+**
>
> 钠和钾普遍存在，并且考虑到分析物具有一定的碱金属离子亲和力，相应的加合物也几乎普遍存在[126]。因此，最好记住这些典型的质量差值。在图谱中搜索这些常见的峰间距，例如+ 22 u 和 + 16 u 对应于$[M + Na]^+$和$[M + K]^+$离子伴随$[M + H]^+$出现的情况，揭示了真实的分子质量。其他正离子如Li^+或Ag^+，很容易通过其同位素模式来鉴别。

如果提供了准确质量的数据，可疑峰对之间的 $\Delta(m/z)$ 值，可用于明确鉴别$[M+Na]^+$、$[M+K]^+$和其他常见的正离子化产物离子，就像通过使用同位素之间相应的特征差值 $\Delta(m/z)$ 来验证某些元素的存在一样（表 3.2）[127]。需要区分的最常见离子对见表 11.3。

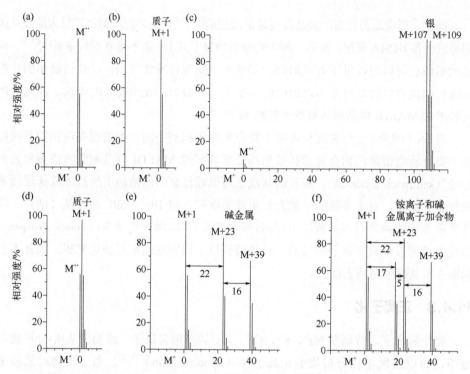

图 11.14 在（a）形成分子离子，（b）质子化，（c）银正离子化，（d）分子离子和质子化，（e）质子化和碱金属正离子化和（f）质子化，铵离子（NH_4^+）和碱金属离子加合物的情况下，代表完整分子质量信号的典型外观

各自贡献的相对丰度有很大的差异。横坐标给出了相应的 $M+X$ 标称质量值；添加了人工模拟的同位素分布以获得更逼真的外观

表 11.3 鉴别常见正离子化产物的特征质量差值

离子对	Δm/u	离子对	Δm/u
$M^{+\bullet}$ vs. $^{13}C-M^{+\bullet}$	1.0033	$[M+H]^+$ vs. $[M+K]^+$	37.9559
$M^{+\bullet}$ vs. $[M+H]^+$	1.0078	$[M+Na]^+$ vs. $[M+K]^+$	15.9739
$[M+H]^+$ vs. $[M+NH_4]^+$	17.0265	$[M+H]^+$ vs. $[M+O+H]^+$	15.9949
$[M+H]^+$ vs. $[M+Na]^+$	21.9819		

11.4.4 正离子交换和正离子去除的必要性

如果一个分析物分子含有几个酸性的氢，这些氢可以被碱金属离子交换，而不会产生带电荷的物种，例如[M − H + K]或[M − 2H + 2Na]。因此，单个分析物物种将形成许多离子物种，从而显著降低所涉及的每个物种的丰度，例如[M − 2H + Na]⁻、[M − 2H + K]⁻、[M − 3H + Na + K]⁻等。幸运的是，在 MALDI 中，只需要考虑单电荷离子。

挑战多重正离子交换　寡核苷酸是这类化合物的重要代表。强极性和多负离子的特性使它们很难分析。此外,每个增加的核苷通过磷酸残基导入另一个活泼氢。例如,理论上,一个寡核苷酸(11 mer)理论上可以表现为从 $[M-H]^-$、$[M-2H+Na]^-$ 到 $[M-10H+9Na]^-$ 的任何离子,并且,如果存在这些离子,则可以与 K^+ 和 NH_4^+ 重复这种交换反应。此外,必须考虑 $[M-6H+3Na+2K]^-$ 这样的混合交换产物。因此,氢-金属交换可能最终导致有用信号的完全抑制,形成许多无法分辨的峰,这些峰强度非常低,可能看起来只是图谱基线上的一个轻微而宽阔的凸起[128]。寡核苷酸的质谱分析也可通过电喷雾电离(ESI)进行,其测序也将在下文中讨论(第 12.6.4 节)。

靶上清洗(on-target washing)是降低 MALDI 样品制备中碱金属离子含量的一种简单且非常有效的方法[129,130]。将 2~5 μL 的 0.1%~1% 甲酸或三氟乙酸(不含碱金属离子的去离子水配制)加在结晶层上,几秒钟后用微升移液器将其吸除或通过加压空气流将其吹走。在羧酸基质制样的情况下,酸化避免了晶体的溶解。

在制样前可以加入阳离子交换树脂,将碱金属离子代替为铵离子(图 11.15)[30]。为了充分发挥效果,重要的是将阳离子交换树脂微球平稳保持在靶板上,以便捕获金属表面的碱金属离子污染。因为当激光击中阳离子交换树脂微球时,不会获得有用的信号。此外,即使在激光射击照射情况下,微球偶尔也会从表面脱落,因此存在离子源污染的风险。

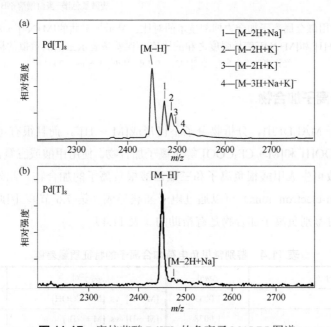

图 11.15　寡核苷酸 Pd[T]$_8$ 的负离子 MALDI 图谱
(a) 5 pmol,(b) 与 (a) 相同,在样品制备中加入 5~10 个阳离子交换树脂微球
(经许可改编自参考文献[30])。© John Wiley & Sons,1992)

另一种方法是使用微升移液器吸头的尖端作为微型色谱柱，填充尺寸排阻色谱（size exclusion chromatography，SEC）固定相填料或标准反相 C_{18} 填料[131,132]。这类除盐微量色谱柱以 ZipTips™ 已经实现了商品化[128]。色谱柱材料存在吸附样品的风险，这对于复杂混合物的微量成分尤其关键，同时这些耗材的成本因素也应考虑。

最后，在样品制备之前加入表面活性剂混合物（surfactant blend，Invitrosol-MALDI 蛋白增溶剂 B，IMB）有利于去除碱金属离子（图 11.16）[133]。

同样，进行 MALDI-MS 上样分析前，应去除来自 2D 凝胶电泳的十二烷基硫酸钠污染物[134]。

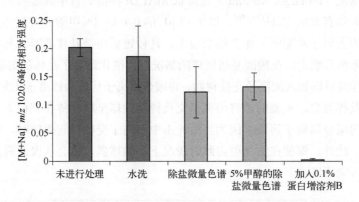

图 11.16 常用碱金属离子加合物抑制技术的对比。显示了多肽的[M+Na]$^+$ m/z 1020.6 的强度与[M+H]$^+$和[M+Na]$^+$信号强度之和的比值。误差条表示三次测量值的标准偏差

（经许可改编自参考文献[133]。© John Wiley & Sons，2004）

11.4.5 负离子加合物

在负离子 MALDI 中，分析物分子不仅形成[M − H]$^-$，而且很有可能形成[M + Cl]$^-$、[M + COOH]$^-$和[M + CF$_3$COO]$^-$等负离子加合物。使用甲酸或三氟乙酸（HTFA）酸化基质溶液可生成甲酸根负离子和三氟乙酸根负离子的加合物。此外，开壳电子态离子（open-electron ions）可以通过电子捕获形成（第 7.6 节）。因此，手头有准确质量差值对鉴别负离子加合物是有帮助的（表 11.4）。

表 11.4 鉴别常见负电荷加合离子的特征质量差值

离子对	Δm/u	离子对	Δm/u
M$^{-\cdot}$ vs. ^{13}C-M$^{-\cdot}$	1.0033	[M − H]$^-$ vs. [M + COOH]$^-$	46.0055
[M − H]$^-$ vs. M$^{-\cdot}$	1.0078	[M − H]$^-$ vs. [M + ^{79}Br]$^-$	79.9261
[M − H]$^-$ vs. [M + OH]$^-$	18.0106	[M − H]$^-$ vs. [M + CF$_3$COO]$^-$	113.9928
[M − H]$^-$ vs. [M + ^{35}Cl]$^-$	35.9767		

11.4.6 无溶剂样品制备

如果分析物绝对不溶于或仅溶于标准 MALDI 样品制备技术所不能接受的溶剂，则可以选择将其与固体基质一起研磨，最好是使用振动球磨机（vibrating ball mill）。然后将得到的细粉撒到靶板上。为避免污染，在靶板装入离子源之前，应将未附着的物质轻轻吹离靶板表面（图 11.17）[122,135,136]。

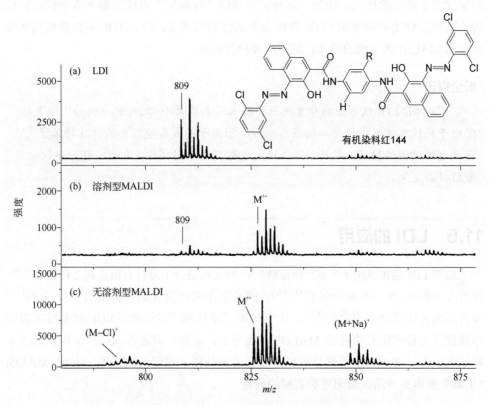

图 11.17 有机染料颜料红 144 的 LDI（a）、溶剂型 MALDI（b）和无溶剂型 MALDI（c）样品制备的图谱比较

（经许可改编自参考文献[136]。© John Wiley & Sons，2001）

一种不溶性颜料的 MALDI 分析 对有机染料颜料红 144 分别进行了 LDI、溶剂型 MALDI 和无溶剂型 MALDI 质谱分析[136]。其单同位素分子离子$[C_{40}H_{23}Cl_5O_4N_6]^{+\bullet}$的 m/z 预计为 826.0。由于颜料对光的强烈吸收，LDI 中的能量吸收导致定量裂解只产生$[M-OH]^+$。在这里，溶剂型 MALDI 由于所需溶剂不佳，导致样品制备较差，而无溶剂样品制备得到了较好的图谱，主要给出了颜料的 $M^{+\bullet}$ 和 $[M+Na]^+$（图 11.17）。

11.4.7 其他上样方法

如果分析物吸附在金属箔、TLC 板[137]上,或者至少在半导体材料上,吸附在表面的分析物就可以通过激光解吸技术进行检测。即使是铝箔本身也可以进行 LDI 分析,这需要例如通过用(导电)双面胶带或某种通用黏合剂将铝箔固定在样品靶板上。必须注意不要在表面产生突出的锋利边缘,因为当加速电压接通时,这可能会导致离子源中的放电。此外,这种异常厚的"样品层"可能会影响质量校准。后两个限制仅对使用同轴 MALDI-TOF 分析时才显得重要,而 oaTOF 分析器和其他带有外部 MALDI 离子源的设备在这方面要稳健得多。

> **安全提示**
> 商用 MALDI 仪器上的非常规进样技术需要非常小心。可能出现的问题包括:①由于靶板厚度不能接受而堵塞真空锁,②离子源或真空锁内的样品掉落损失,③放电对仪器的损坏。因此,当仪器制造商提供专用样品支架时,强烈建议使用专用样品支架。

11.5 LDI 的应用

虽然 LDI 也可以用于多肽[5]和寡糖[4,6],但它更适合于分析有机盐和无机盐[138-140]、具有大共轭 π-电子体系的分子[141-143]、圆珠笔墨水中所含的有机染料[144]、卟啉[145]或有紫外光吸收合成聚合物[5,56]。由于排除了基质离子的干扰,LDI 在低质量范围内提供了一种有用且快速的 MALDI 替代方案。此外,只需将固体样品研磨后置于样品支架上,即可对不溶性分析物进行无溶剂制样。然而,LDI 是一种比 MALDI "更难"的电离方法,必须考虑裂解的问题。

一种多环芳烃的 LDI 分析 多环芳烃(polycyclic aromatic hydrocarbons,PAHs)具有强紫外吸收,很容易被 LDI 检测。1,2,3,4,5,6-六氢菲并[1,10,9,8-*opqra*]苝的正离子 LDI-TOF 质谱图仅出现 m/z 356 处的分子离子(图 11.18;EI 图谱参见第 2.1 节)[143]。

LDI 分析富勒烯烟灰 通过 Huffman Krätschmer 合成[146]获得的富勒烯烟灰(Fullerene soot)可以用正离子以及负离子 LDI-MS 进行表征。这样的 LDI 图谱可以显示远超 m/z 3000 的富勒烯分子离子信号;其中,$C_{60}^{+\cdot}$ 和 $C_{70}^{+\cdot}$ 信号明显突出(图 11.19)。此外,这些样品在很宽的质量范围内提供了实验所得的纯碳同位素模式(第 3.2.1 节)。图 11.19 是在 FT-ICR 质谱仪上获得的,因此在约 m/z 840 处的分辨率为 175000，也就是说，分辨率几乎比用于发现 C_{60} 和更大富勒烯分子的早期 TOF 仪器高出 1000 倍[147]。插图显示了 C_{60}、C_{70} 和 C_{120} 的 $M^{+\cdot}$ 的放大视图，以及相应计算所得的同位素模式。请注意，准确质量比标称值少一个电子的质量，而 ^{12}C 和 ^{13}C 之间 1.0033 u 的质量差值可以分别从第一个和第二个同位素峰的质量增量中识别出来。

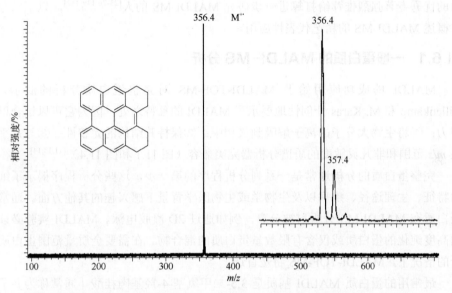

图 11.18 1,2,3,4,5,6-六氢菲并[1,10,9,8-*opqra*]苝的正离子 LDI-TOF 质谱图

插图显示了分子离子信号的放大视图（经许可转载自参考文献[143]。© Elsevier Science，2002）

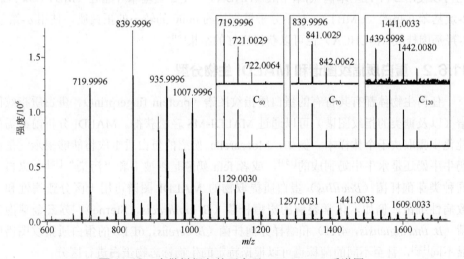

图 11.19 富勒烯烟灰的正离子 LDI-FT-ICR 质谱图

插图显示了 $C_{60}^{+\cdot}$、$C_{70}^{+\cdot}$ 和 $C_{120}^{+\cdot}$ 的实验所得（上半部分）和计算所得（下半部分）同位素模式的放大视图。样品由海德堡马克斯·普朗克核物理研究所 W. Krätschmer 提供

（经许可转载自参考文献[148]。© Wiley-VCH，Weinheim，2009）

11.6 MALDI 的应用

MALDI 的应用正在以每年有数千份出版物发表的速度快速增长。因此，一本书的章节不可能涵盖这些发展的所有方面。然而，有几本关于 MALDI 不同应用方面的优秀专著强烈推荐给打算进一步研究 MALDI-MS 的人[23-26,149-152]。以下部分仅将概述 MALDI-MS 的精选代表性应用。

11.6.1 一般蛋白质的 MALDI-MS 分析

MALDI 的成功应用始于 MALDI-TOF-MS 对完整蛋白质分析的演示。F. Hillenkamp 和 M. Karas 开创性地展示了 MALDI 的独特之处，因为它可以结合以下能力：①将生物大分子的离子解吸到气相中；②保持其结构的完整性；③与几乎无限 m/z 范围和非凡灵敏度的质谱分析器完美兼容（图 11.1 和图 11.4）[11,13,14]。

完整蛋白质的分析通常是一系列分析程序的第一步，这些分析程序揭示了细胞的特征、生理途径、疾病以及生物学或生物医学背景下感兴趣的其他方面。通常，蛋白质在 MALDI-MS 分析前被分离，例如通过 2D 凝胶电泳。MALDI 实验必须采用高度纯化的蛋白质或仅含有限数量蛋白质的混合物。在需要全质量范围蛋白质分析的情况下，MALDI-TOF-MS 将是首选。

最常用的蛋白质 MALDI 基质是 3,5-二甲氧基-4-羟基肉桂酸 [通常称为芥子酸 (SA)[96]] 和 2,5-二羟基苯甲酸（DHB）[17,54]。或者，对于多肽、蛋白质和糖蛋白，也可以使用 2-(4-羟基苯偶氮)苯甲酸（HABA）[71]、2-巯基苯并噻唑（MBT）和 5-氯-2-巯基苯并噻唑（CMBT）。对于分子量高达约 6000 的较小的蛋白质，使用 α-氰基-4-羟基肉桂酸（α-CHCA）也可以获得良好的结果[90]。

11.6.2 蛋白质指纹图谱和 MALDI 生物分型

任何生物体都有其特有的蛋白质指纹图谱（protein fingerprint）。蛋白质指纹图谱（以及糖类的指纹图谱）可以通过 MALDI-MS 轻松获得。MALDI 分析前必需的纯化步骤取决于个体样本。例如，Mozzarella 奶酪的蛋白质组成将能够揭示它是由奶牛牛奶还是水牛牛奶制成的[153]，或者 feta 奶酪是否被牛乳"污染"[154]。来自不同种类芽孢杆菌（*Bacillus*）蛋白质提取物的 MALDI 图谱可用于区分致病性和非致病性细菌，例如，化学裂解的炭疽杆菌（*B. anthracis*，Sterne）、苏云金芽孢杆菌（*B. thuringiensis*，4A1）和蜡样芽孢杆菌（*B. cereus*，6E1）的蛋白质指纹图谱明显不同[155]，甚至不同的菌株也可以根据特定的生物标志物蛋白进行区分。

这种基于 MALDI 的用于鉴定生物物种的质谱应用被称为 MALDI 生物分型（MALDI biotyping）。已有提供针对临床实验室使用而优化的仪器，例如 Bruker 的 MALDI Biotyper，这是一种紧凑型线形模式（linear-mode）MALDI 仪器。MALDI

生物分型现已在细菌鉴定方面得到广泛认可,因为其提供了比免疫分析更快、更经济的手段[156-158]。

鱼肉中的微生物 在鱼类和海产品的食品分析中,区分不同种类的致病性微生物和食品腐败微生物并对其进行快速鉴定尤为重要。MALDI-TOF-MS 蛋白质指纹图谱被用来表征导致海产品腐败的主要 26 种物种及其致病菌,如鲍曼不动杆菌 (*Acinetobacter baumanii*) 和假单胞菌 (*Pseudomonas*,图 11.20)[159]。为此,从完整的细菌细胞中提取低质量蛋白,并在线形 TOF 上使用 α-CHCA 基质进行 MALDI 分析。然后,通过比较每种微生物的蛋白质指纹 MALDI 图谱中在 m/z 2000～10000 范围内的 10～35 个特征峰,汇编成了一个特定的 MS 指纹库。

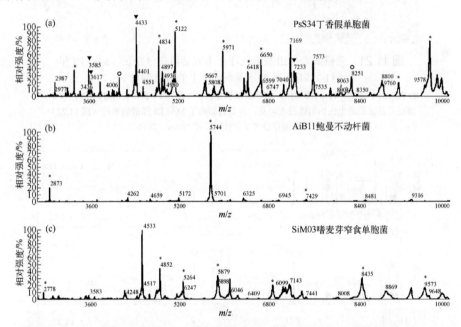

图 11.20 丁香假单胞菌(a)、鲍曼不动杆菌(b)和嗜麦芽窄食单胞菌(c)的蛋白质指纹 MALDI-TOF 图谱有明显不同的外观特征,用*表示种特异峰,用○表示属特异峰,其他特异性峰用▼表示

(经许可改编自参考文献[159]。© The American Chemical Society, 2010)

完整寄生虫的 MALDI-TOF 图谱 选择合适的基质和样品制备技术在 MALDI 生物分型中也很重要,通过比较用于鉴定克氏锥虫 [*Trypanosoma cruzi*,一种引起恰加斯病(美洲锥虫病)的原生动物鞭毛虫] 的基质证明了这一点。在这项研究中,使用液滴干燥法或薄层制备法与 DHB、SA 和 CHCA 基质联合使用后得到了正离子 MALDI 图谱[157]。SA 和 CHCA 制样的显微图像已经显示出了均匀性的差异(图 11.21)。SA 通过薄层技术的优越性直接反映在 MALDI 图谱的质量上(图 11.22)。DHB 既不形成结晶层,也不能够产生有用的图谱。

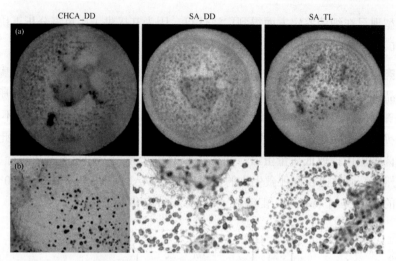

图 11.21 完整的寄生虫细胞包埋在不同基质中分别在（a）×10 和（b）×100 两个分辨率水平上的显微图像

DD 为液滴干燥法，TL 为薄层法。将基质溶解在乙腈：水 = 7：3 和 0.1%的三氟乙酸中。薄层样品沉积的出色均匀性目视可见，并显著影响了 MALDI 图谱的质量（图 11.22）

（经许可改编自参考文献[157]。© Wiley，2016）

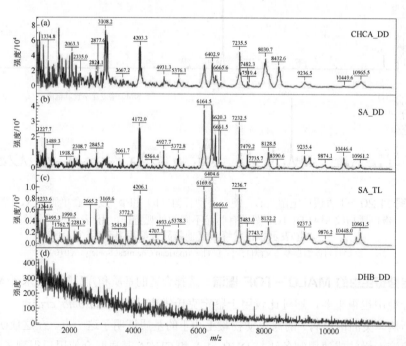

图 11.22 应用（a）CHCA_DD、（b）SA_DD、（c）SA_TL 和（d）DHB_DD（DD 为液滴干燥法，TL 为薄层法）对克氏锥虫进行 MALDI 生物分型

SA_TL 在信号数量和强度方面取得了最好的结果，而 DHB 则未有信号峰

（经许可改编自参考文献[157]。© Wiley，2016）

11.6.3 多肽测序与蛋白质组学

分析活体、一种组织或某些细胞表达的所有蛋白质的总量是一项艰巨的任务，因为这要处理数千种相对丰度在>1000：1 范围内的蛋白质。这个研究领域被称为蛋白质组学（proteomics），旨在对单个生物体的整个蛋白质组进行定量分析，需要复杂的分析方法，包括不同的分离技术以及 MS 和 MS/MS[160-169]。当然，蛋白质组学对电离方法没有限制，而 MALDI（与 ESI 一起，见第 12 章）完成了蛋白质组学中 99.9%的质谱分析。

使用纯 MALDI 策略对蛋白质进行完整分析的标准化工作流程包括几个步骤（图 11.23）。其从检测完整蛋白质的质量开始，最好通过 MALDI-TOF-MS，因为这

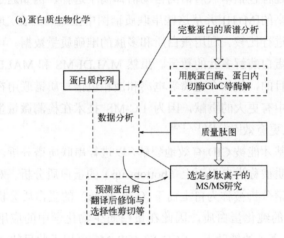

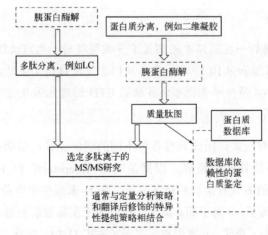

图 11.23 （a）需要高度纯化蛋白的蛋白质生物化学和（b）涉及活细胞的整个蛋白质组的蛋白质组学的分析策略

（经许可改编自 Hjernø 和 Jensen 的参考文献[15]的第 3 章。© Wiley-VCH, Weinheim, 2007）

种组合提供了经济且可靠的途径，可以包含蛋白质可能出现的整个 m/z 范围。接下来，进行蛋白水解消化将大分子切割成较小的肽段单元，一般在 800~2500 u 的范围内。通常，胰蛋白酶用于产生这些肽段，即胰蛋白酶解产物（tryptic digest），然后进行 MALDI-TOF-MS 检测分析。得到的 MALDI 图谱呈现出所谓的质量肽图（peptide mass map），这样的质量肽图通常足以鉴定蛋白质[170]。

下一步是将质量肽图中尽可能多的多肽进行串联质谱分析，以揭示它们各自的氨基酸序列。解释氨基酸序列需要对多肽离子的裂解行为有充分的了解[164,168,171]。只要可以获得有关多肽离子裂解途径的一些基本信息，就可以开发计算机算法，从而获得大量但不一定完整的序列信息。因此，MALDI-TOF/TOF 多肽自动测序得到了广泛的应用。该过程包括串联质谱的自动前体离子选择，例如通过选择所研究的图谱中几个丰度较高的[M+H]$^+$并从这些串联质谱图中生成峰列表。最后将实验结果与大型多肽数据库进行比较。利用蛋白质和多肽的准确质量数据，可以进一步缩小潜在蛋白质及其胰蛋白酶解多肽的数量。虽然 MALDI-MS 和 MALDI-MS/MS 几乎可以单独达到这一目的，但如今电喷雾电离和液相色谱与质谱联用在蛋白质组学的仪器和方法学组合中有更大的贡献，因为 LC-MS 技术在检测微量蛋白质方面比从 2D 凝胶开始的方法更有效[22-25,152,172,173]。

只有蛋白质亚基才能被 CID 有效地裂解，以进行串联质谱分析。从这样"杂乱"的多肽中鉴定蛋白质被称为自下而上（bottom-up）的蛋白质分析。对完整蛋白质离子进行相应串联质谱分析被称为自上而下（top-down）的蛋白质分析。由于自上而下的方法需要大量纯化蛋白质，因此在蛋白质生物化学中的应用更为广泛。在 IRMPD 加热蛋白质离子的辅助下，ECD-FT-ICR-MS 可用于此目的（第 9.14.4 节）。

多肽的裂解

在串联质谱的一些篇幅中也涵盖了多肽裂解的示例与机理方面的内容（参见第 9.6.6 节、9.8 节和 9.10.1 节）。在第 9.13.2 节中讨论了多肽在 ECD 中的裂解机理，并在第 9.14.4 节中举例说明；多肽的 ETD 图谱见第 9.15 节。在第 12 章中将进一步举例说明。

多肽离子相对较大，因此具有各种不同的裂解途径。最明显和最有分析价值的裂解途径涉及多肽骨架的裂解。根据最初由 Roepstorff 和 Fohlman[174]提出并经 Biemann[175]修改的多肽骨架裂解命名方法，在 N-末端携带电荷（由于质子化）的碎片离子表示为 a 离子、b 离子和 c 离子，这取决于实际裂解的键。如果形成 C-端碎片离子，则分别称为 x 离子、y 离子和 z 离子（图式 11.1）。此外，由 n 个氨基酸组成的多肽，使用从 1 到 $n-1$ 的数字代号来指示哪个键被裂解。在每个离子系列中，质谱峰由 $\Delta(m/z)$ 的数值分隔，$\Delta(m/z)$ 直接反映它们之间的氨基酸残基（附录中的表 A.11）。

11.6 MALDI 的应用

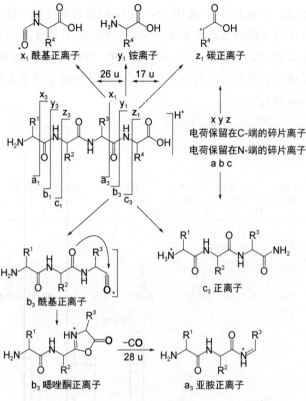

图式 11.1 (一个羰基氧被设置为粗体，以方便追踪)

酰氨键裂解形成的基本碎片离子系列是由 N-端的 b 离子和 C-端的 y 离子组成的。a 离子信号的质量比 b 离子低 28 u (丢失 CO)，因为相邻 N—C_α 键的裂解，c 离子比 b 离子重 17 u (NH_3)。C-端系列的 y 离子 (丢失 CO，加上 H_2) 比 x 离子轻 26 u，y 离子又比 z 离子重 17 u (NH_3)。

多肽离子的 CID 图式 11.1 描述了主要多肽碎片离子最有可能的结构。例如，b_3 离子标称的酰基正离子形式并不稳定，而是通过在其 C-端形成一个 5 元噁唑酮环[176-179]来稳定它。注意，这个离子含有直到第三个 (R^3) 的氨基酸残基，包括 R^3 的羰基，电荷由环上的氮原子携带。通过消除噁唑酮环上的羰基 (CO) 形成相应的 a_3 离子。

[QAMNKFTF–NH$_2$+H]$^+$ 的裂解 对纯化的八肽 QAMNKFTF-NH$_2$ 进行了正离子 MALDI-TOF/TOF 分析。所示图谱 (图 11.24) 是从 m/z 985.53 处的前体离子 [M+H]$^+$ 获得的。在 m/z 968.33 处的碎片离子对应于[M+H]$^+$ 丢失了氨。所有属于 b 离子系列的七个离子均在 m/z 821.25、720.23、573.19、445.12、331.08、200.04 和 129.02 处被检测到。此外，b-NH$_3$ 离子，称为 b*离子，伴随前四个 b 离子出现在

m/z 804.24、703.22、556.17 和 428.10 处，因为 N-端谷氨酰胺（Q）有丢失 NH_3 的倾向。因此，存在与预期的 $b_7 \sim b_1$ 和 $b_7^* \sim b_4^*$ 一致的碎片离子，尽管 m/z 129 处的离子也可以由赖氨酸（K）形成。位于 m/z 857.29、786.25、655.25 和 541.23 处的四个其他碎片离子属于 y 系列，代表 $y_7 \sim y_4$ 离子，而较小的 y 离子未被发现（仅将它们假设的位置表示为 $y_1^a \sim y_3^a$）。

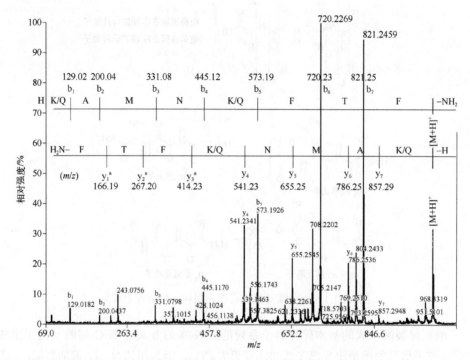

图 11.24 纯化的八肽 H-QAMNKFTF-NH_2 的 MALDI-TOF/TOF 质谱图，显示了实验中的 b_j 和 y_j 多肽碎片离子系列；在这种情况下，y^a 离子只是假设的

（经许可改编自参考文献[180]。© John Wiley & Sons，2010）

需要强调的是，由于以下几个原因，从同一化合物获得的串联质谱的实际外观可能会有很大的变化：

① 图谱在一定程度上取决于用来产生[M+H]⁺前体离子的电离方法。来自 MALDI 的离子正在进入活化阶段时，其内能已经比 ESI 的离子高了一些。

② 所选前体离子的电荷状态至关重要。随着电荷数量的增加，库仑斥力也有助于将初始的碎片离子分开，因此，所使用的活化方法需要提供的能量更少。

③ 特定的活化技术，例如低能多次碰撞 CID 与高能单碰撞 CID 与 IRMPD，会影响分解离子的内能和寿命，从而影响裂解途径的选择和/或碎片离子的相对丰度。

④ 仪器因素，如离子寿命或内能分布，也会影响图谱的外观。在串联质谱中，四极离子阱分析器倾向于抑制低于前体离子三分之一 m/z 的碎片离子，而 TOF 和扇

形磁场分析器则不会。

结合被研究离子的固有性质，在测序实验中引入的这些特定差值会导致某些碎片离子出现在最终图谱中，而其他碎片离子可能会被遗漏，这通常被称为给定仪器配置的序列覆盖度（sequence coverage）。

> **多肽并不完全相同**
>
> 尽管有很多共同点，但多肽显示出明显的差异性。生物化学家总是强调仅由二十个氨基酸组装而成的多肽和蛋白质的巨大可变性以及由此产生的过多功能特征。因此，人们应该意识到这样一个事实——每个（多肽）分子都有决定它们裂解成离子的内在性质。

11.6.4 糖类的 MALDI-MS 分析

从简单的单糖和双糖到寡糖和多糖，糖类在生物体和营养中扮演着重要的角色。MALDI-MS（通常使用 DHB 或一些含有 DHB 的基质[17,82-84,86]）是表征它们的有力工具[181]。应用包括表征"小熊软糖（gummy bears）"中的麦芽聚糖（maltose chains）[82]、洋葱中的果聚糖（fructans）[182]、母乳中的高分子量寡糖[83,84]和其他糖类[117,183]。对来自真菌孢子糖类的 MALDI-MS[184]分析可以表征相应的真菌。

> **糖类易于形成碱金属加合离子**
>
> 糖类对碱金属离子有很高的亲和力，因此在 MALDI 图谱中，通常会观察到[M+Na]$^+$和/或[M+K]$^+$，而不是非常低丰度的[M+H]$^+$。图谱中占主导地位的离子物种通常取决于碱金属离子杂质的相对含量。由于 NH$_4^+$ 和 K$^+$ 具有相同的离子半径，因此也可能产生[M+NH$_4$]$^+$加合物。未观察到过自由基离子。

小熊软糖的图谱 "小熊软糖"糖果中的麦芽聚糖由多达 30 个麦芽糖单元组成，麦芽聚糖可以很容易地被提取到水中，并通过 MALDI-MS 进行分析[82]。要做到这一点，只需要将小熊软糖在水中短暂浸泡即可，并将 1 μL 的该提取物混合到约 60 μL 的 10 mg/mL DHB 溶液中，其中水：乙腈=1∶1（体积比），并加入了 0.1%的三氟乙酸（图 11.25）。接下来，将这种 1 μL 的麦芽糖-基质溶液点到一个靶板上，并使其结晶（图 11.13）。然后，正离子线形模式 MALDI-TOF 图谱显示出由麦芽聚糖[M+Na]$^+$所产生的信号。建议采用线形模式，因为即使在 MALDI 中，>2000 u 的寡糖也容易裂解，无法在反射模式（reflector mode）下检测到它们。寡糖离子的分子式为[C$_6$H$_{12}$O$_6$+(C$_6$H$_{10}$O$_5$)$_n$+Na]$^+$，因此以 Δ(m/z) = 162 的间隔出现在图谱中，即由 C$_6$H$_{10}$O$_5$ 的单体单元分开（图 11.26）。覆盖 m/z 400～5000 范围的 MALDI-TOF 图谱显示出从 m/z 527 处 3 mer 的峰到 m/z 4905 处 30 mer 的峰。

图 11.25 MALDI-MS 测定小熊软糖（bear）中寡糖的过程

所得图谱如图 11.26 所示

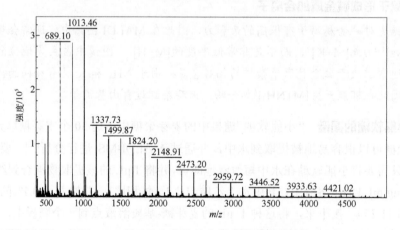

图 11.26 从图 11.25 所示的小熊软糖中提取的麦芽聚糖在 m/z 400～5000 范围内的正离子线形模式 MALDI-TOF 图谱

寡糖的[M+Na]$^+$离子峰以 $\Delta(m/z) = 162$ 的间隔出现在图谱中

线型和复杂支链寡糖的结构可以通过串联质谱进行测序，类似于多肽测序[181,185]。如果糖类的离子是由 MALDI 产生，则可通过两种方式为其裂解提供足够的能量：①较高的激光辐照度可以实现源内裂解（in-source decay，ISD）或亚稳态解离

11.6 MALDI 的应用

(metastable dissociation)[124]，后者在 MALDI-TOF 中被称为源后裂解（post-source decay，PSD）；②另外可以采用选定前体离子的碰撞诱导解离（collision-induced dissociation，CID）。其他化合物类别，如多肽、寡核苷酸或合成聚合物也可以进行类似的处理。糖类化合物裂解的一般反应式如图式 11.2 所示（经许可转载自参考文献[18]。© Elsevier Science，2003）。

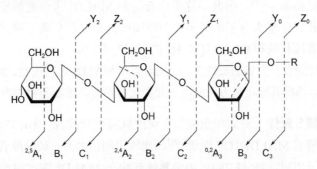

图式 11.2　糖类化合物的裂解和碎片离子命名

多糖的裂解　鸡卵清蛋白（chicken ovalbumin）中高-甘露糖-N-连接聚糖 $(Man)_6(GlcNAc)_2$ 的 $[M+Na]^+$ m/z 1418.9 的 PSD-MALDI-TOF 图谱，显示出明显的支链聚糖骨架的裂解（图 11.27）[181]。图谱是使用 DHB 作为基质得到的。

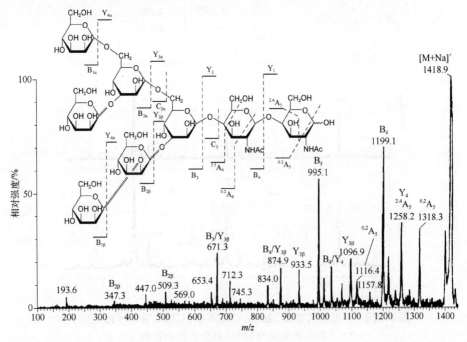

图 11.27　来自鸡卵清蛋白的 N-连接聚糖 $(Man)_6(GlcNAc)_2$ 的 PSD-MALDI-TOF 图谱

（经许可转载自参考文献[181]。© Elsevier Science，2003）

11.6.5 寡核苷酸的 MALDI-MS 分析

寡核苷酸和 DNA 代表了极性很高的生物聚合物，而在有机基质中的分离可以克服它们强烈的分子间相互作用，这一点尤为重要。寡核苷酸的 MALDI 分析由于单个分子中存在大量的酸性氢而进一步复杂化。特别是，磷酸基团容易与无处不在的碱金属离子交换质子[30]。因此，这类化合物的 MALDI 需要遵循经过验证的实验方案，以获得代表完整大分子的离子的干净图谱。如果在负离子模式下检测，磷酸基团的酸性使寡核苷酸和 DNA 以[M-H]⁻的形式存在[30]。

由于寡核苷酸含有大量的酸性氢，因此需要在 MALDI 之前脱盐，例如通过用阳离子交换树脂[30]。当将其他电离方法应用于此类化合物时，需要类似的步骤[81,101,186,187]。

脱氧核苷酸 5 聚体　对固相负载的 5-聚脱氧寡核苷酸 po-CNE 5′-GACTT-3′的负离子和正离子模式 MALDI-TOF 图谱[101]的比较表明：由于三磷酸酯骨架的裂解，两者都有碎片离子出现（图 11.28）。由于寡核苷酸在 MALDI 图谱中通常不会表现出

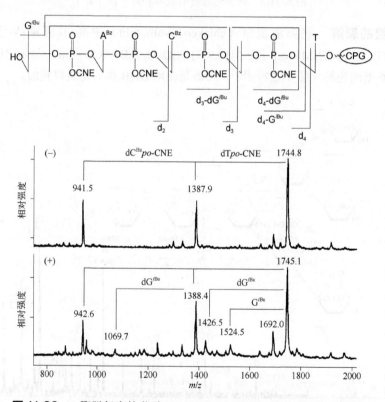

图 11.28　5-聚脱氧寡核苷酸 po-CNE 5′-GACTT-3′寡核苷酸正离子和负离子模式 MALDI-TOF 图谱的比较

两者都显示出由源内裂解（ISD）产生的碎片离子

（经许可改编自参考文献[101]。© John Wiley & Sons，2000）

如此明显的源内裂解（ISD），因此有人认为与固相负载的连接对产生这种相差一个核苷酸残基的质量阶梯峰起到了作用。

11.6.6 合成聚合物的 MALDI-MS 分析

MALDI 是合成聚合物的首选分析方法。MALDI 足够温和，可以提供完整的分子离子或通过正离子作用形成密切相关的离子，并且可以获得基本上无限的质量范围[26,27,151]。由于 MALDI 中的离子几乎都是单电荷的[46]，所研究的聚合物的图谱可能呈现出与其分子量分布非常好的近似值。极性聚合物如聚甲基丙烯酸甲酯（PMMA）[102,188]、聚乙二醇（PEG）[188,189]等[98,190,191]容易形成[M+H]$^+$或[M+碱金属]$^+$，而非极性聚合物如聚苯乙烯（PS）[118,119,124,125]或非官能化聚合物如聚乙烯（PE）[121,122]只能被处于+1 价氧化态的过渡金属离子实现正离子化[118,119]。均匀分布的寡聚物离子系列的形成也可用于建立图谱的内标质量校准（internal mass calibration）[190]。

MALDI 可以确定的最重要的参数是数均分子量（numberaverage molecular weight，M_n）、重均分子量（weight-average molecular weight，M_W）和以多分散性（polydispersity，PD）表示的分子量分布[125,192]：

$$M_n = \frac{\sum M_i I_i}{\sum I_i} \quad (11.1)$$

$$M_W = \frac{\sum M_i^2 I_i}{\sum M_i I_i} \quad (11.2)$$

$$PD = \frac{M_W}{M_n} \quad (11.3)$$

式中，M_i 和 I_i 表示被检测物种的寡聚成分的分子量和它们的信号强度（假设离子数目和信号强度之间呈线性关系）。式（11.1）与用于根据同位素质量及其丰度计算分子量的公式相同，其丰度如同位素模式所示 [第 3.1.5 节中的式（3.2）]。

银离子加合物的形成 当在样品制备中掺入银或铜（Ⅰ）盐时，PS 2200 到 PS 12500 范围内的聚苯乙烯与 Ag$^+$ 和 Cu$^+$ 形成 [M+金属]$^+$。在 PS 12500 的情况下，发现两种金属离子都能同样好地实现正离子化，即不会导致平均分子量或离子丰度的差异（图 11.29）[125]。

如何确定端基 如果在 MALDI-MS 分析之前还不知道单体的质量，则可以从一系列信号中相邻峰的 $\Delta(m/z)$ 获得。对多个测量值进行平均可以提高数值的准确性。接下来，从分布的低质量一侧峰的 m/z 值中减去 $\Delta(m/z)$ 的整数倍，直到剩余部分大致达到单体的质量。这样就得到了两个端基质量之和，可能包括带电荷的加合离子。然而，这个值并不是明确的，因为大的端基质量可能被误解为单体质量加上较小的端基的质量。聚乙二醇 600 就是一个简单的例子：m/z 305.16、349.19、393.21、437.24 等代表了[M+Na]$^+$的峰，得到的平均 $\Delta(m/z)$ = 44.03。从 m/z 305.16 减去钠的 22.99 u 和 44.03 u 的倍数（6），得到端基的 17.99 u，即在这种情况下指向 H 和 OH 的 18 u。

此外，MALDI 还可以测定聚合物的端基[193,194]及分析无规共聚物和嵌段共聚物[195,196]。然而，由于实验中质量-依赖性解吸和检测的特性，在判断 MALDI 图谱时必须小心。在多分散系数较高（PD>1.1）的情况下，MALDI 图谱中高质量离子会被低估[112,192]。目前处理这类样品的做法是在 MALDI 分析之前，通过凝胶渗透色谱（GPC）[191]或尺寸排阻色谱（SEC）对其进行分级[192,197]。

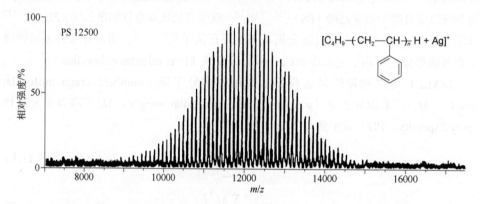

图 11.29 掺 Ag$^+$ 的聚苯乙烯 12500 的线形正离子 MALDI-TOF 图谱
因此，需要减去 Ag$^+$离子质量（未被分辨的 ^{107}Ag 和 ^{109}Ag 对的平均值为 108 u），才能得出单个物种的正确分子质量。银的同位素模式不会影响图谱，因为此处无法实现同位素峰的分辨
（经许可改编自参考文献[125]。© John Wiley & Sons，2001）

聚合物的混合物 通过 MALDI-MS 比较了提取和合成的寡聚（对苯二甲酸乙二醇酯）[194]。使用符号 G 表示乙二醇单元，GG 表示二甘醇单元，T 表示对苯二甲酸单元，检测到的寡物是①环状寡聚物[GT]$_n$，②直链 H—[GT]$_n$—G，以及③一些其他分布，如线型 H—[GH]$_n$—OH、H—[GGT]$_1$—[GT]$_{n-1}$—G 和环状 H—[GGT]$_1$—[GT]$_{n-1}$。类型①主要包含在工业用纱线和瓷砖中，而类型②和③是模型寡聚物的组成（图 11.30）。

嵌段共聚物的 MALDI-MS 研究 用 MALDI-MS 分析了环氧乙烷(EO)-环氧丙烷(PO)嵌段共聚物。不同 EO/PO 比引起的离子系列在图谱中叠加，很可能会产生干扰。可使用 JEOL SpiralTOF 仪器，这种仪器的设计具有非常高的分辨力（第 4.2.11 节）[198]，例如，可以分离 m/z 1027.2～1033.2 范围内（EO$_4$-PO$_{14}$）的单同位素[M+Na]$^+$和(EO$_0$-PO$_{17}$)的 ^{13}C$_2$ 同位素离子的叠加同位素模式。由于 R = 80000，仪器仍然能够分离 m/z 为 1029.7 处的双重峰，峰的间隔 $\Delta(m/z)$ = 0.03（图 11.31）。

11.6 MALDI 的应用

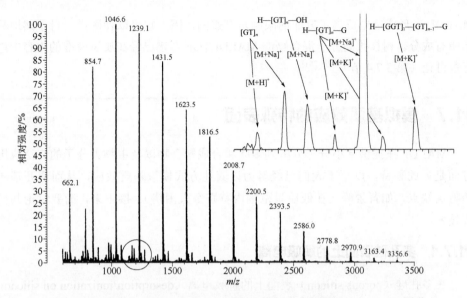

图 11.30 寡聚（对苯二甲酸乙二醇酯）模型化合物的 MALDI-TOF 图谱

插图显示了低强度峰 m/z 940～1120（被圈出）部分的放大视图

（经许可改编自参考文献[194]）。© John Wiley & Sons, 1995）

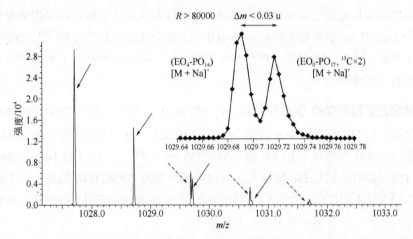

图 11.31 在 JEOL SpiralTOF 仪器上获得的 m/z 为 1027.2～1033.2 的 EO-PO 嵌段共聚物的部分 MALDI 质谱图

实线箭头表示 $EO_0\text{-}PO_{17}$ 的同位素模式，虚线箭头表示 $EO_4\text{-}PO_{14}$ 的同位素模式。插图显示了 m/z 1029.7 处的二重峰的放大视图；线上的菱形对应于数据点（第 4.10 节）（经许可改编自参考文献[198]）。

© The Mass Spectrometry Society of Japan, 2014）

树枝状高分子的 MALDI 分析 就树枝状高分子在 MALDI-MS 中的行为而言，其表现出与聚合物的一些相似之处。树枝状高分子的分子量随着分子每一代分支的生长而迅速增加。由于树枝状高分子的合成往往会产生"不完美"的副产品，因此

MALDI 在形成单电荷离子方面的限制是有益的，因为它可以使图谱一目了然地显示所有成分。树枝状高分子混合物的 MALDI-TOF 图谱已经在质量校准的内容中进行过讨论（第 3.7.4 节）[199-201]。

11.7 模拟基质效应的特殊表面

MALDI 在提供从小分子分析到多肽和合成聚合物以及生物大分子的广泛应用方面是如此独特，以至于人们已经努力以其他方式模拟基质效应，从而避开基质的特定缺点，如背景峰（在低质量范围内特别令人困扰）。接下来，简要讨论其替代技术。

11.7.1 多孔硅表面上的解吸电离

在多孔硅（porous silicon）表面上的解吸电离（desorption/ionization on silicon，DIOS）过程中，分析物被硅片上一层微米厚的多孔表面层吸收，即多孔硅被用作有机基质的替代品[202,203]。通过使用恒电流蚀刻程序（galvanostatic etching procedure），可以从扁平晶体硅中生成具有不同特性的有高紫外线吸收率的多孔硅表面[204]。新制备表面的稳定化是通过硅氢化来实现的。多孔硅表面在清洗后可以多次重复使用。在一个 3 cm×3 cm 的硅片上可以实现 100~1000 个样品位置的阵列[204]。DIOS 技术提供了多肽皮摩尔的检出限，样品制备相对简单，最重要的是对于小分子分析，图谱中没有基质峰[205,206]。

胰蛋白酶解产物的 DIOS 分析 对 100 fmol 牛血清白蛋白（BSA）的胰蛋白酶解产物进行的 DIOS-TOF/TOF 实验证明了这项技术。使用导电胶带，将 DIOS 芯片直接黏附到配备三倍频 Nd:YAG 激光器（355 nm）的一台 Applied Biosystems 4700 串联 TOF 仪器的 MALDI 靶板上。所得酶解产物的 DIOS-TOF 图谱和一个选定的多肽[YLYEIAR+H]$^+$（m/z 927.5）的 DIOS-TOF/TOF 图谱如图 11.32 所示。串联质谱提供了对 y 离子和 b 离子系列的完整检测[206]。

11.7.2 纳米结构辅助的激光解吸电离

同样来自 Suizdak 课题组的方法是用单晶硅纳米线（single-crystal silicon nanowires，SiNWs）修饰硅表面，这也恰好为基于表面的质谱分析提供了一个很好的平台。这些硅纳米线直接在硅片表面合成。SiNW 的形成可以很好地控制，以确定纳米线在表面上的物理尺寸、组成、密度和位置[207,208]。

SiNW 的合成始于直径为 10 nm、20 nm 或 40 nm 的金纳米颗粒，这些颗粒分布在硅衬底上。纳米团簇是催化 SiNW 生长所必需的。该方法采用一系列复杂的生长、

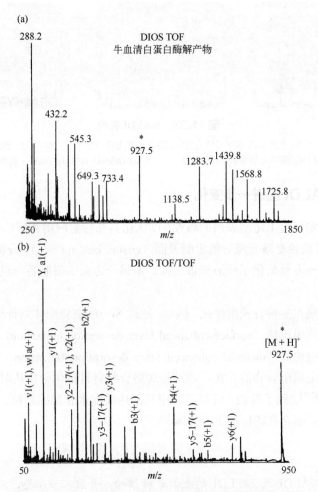

图 11.32 DIOS 应用于 BSA 的胰蛋白酶解产物的分析
(a) BSA 的胰蛋白酶解得到多肽的 DIOS 图谱；(b) [YLYEIAR+H]⁺多肽离子 m/z 927.5 的 DIOS 串联质谱图，以证明 DIOS 的灵敏度和序列覆盖率度（经许可改编自参考文献[206]。
© The American Chemical Society，2003）

蚀刻、氧化和最后硅烷化操作，以生成全氟苯基衍生化的 SiNW 表面。与 DIOS 靶板一样，SiNW-涂层板也被黏附到改装过的样品板上。然后，检测图谱的过程类似于 LDI 或 DIOS，即用特殊表面代替有机基质。

纳米结构辅助的激光解吸电离（nano-assisted laser desorption/ionization，NALDI）[209,210]，这一术语是指使用纳米结构表面模拟 MALDI 的技术。NALDI™ 样品板已由一家主要的 MALDI-TOF 仪器制造商实现了商品化（图 11.33）。与 DIOS 一样，NALDI 对于高通量分析中的小分子分析特别有用[209,210]。与 DIOS 相比，NALDI 仍在使用。

图 11.33 NALDI 靶板

图中显示了 NALDI 靶板（a）和纳米结构涂层的放大扫描电镜图像 [（b）和（c）]，该涂层为被沉积分析物的解吸电离提供了活性表面（由 Bruker Daltonik GmbH，Bremen 提供）

11.7.3 MALDI 的进一步变化

可以在一定程度上定制表面的属性，以优化其在特定应用领域的性能。基本上，基质-分析物对被经受激光照射的定制表面（customized surface）-分析物对所取代。虽然这种方法一方面简化了样品制备过程，但另一方面需要制备一组用于不同需求的精致细表面。

硅胶可以通过多种方式衍生化，例如，通过 Si—O 键将配体共价结合到其表面。表面增强激光解吸电离（surface-enhanced laser desorption/ionization，SELDI）和材料增强激光解吸电离（material-enhanced laser desorption/ionization，MELDI）都利用硅胶表面上金属配合物的存在，通过形成络合物将目标化合物从溶液中选择性吸附到靶板表面[211]。除了硅胶，纤维素或甲基丙烯酸缩水甘油酯颗粒，甚至金刚石粉末也被用作金属配合官能化基团的载体[212,213]。

> **精致的表面**
>
> DIOS、NALDI 或 MELDI 的表面是活性的，并且相当敏感。在使用前需要适当地储存、处理和加工，例如清洗。由于样品架仅属于一种类型的定制表面，因此这种靶板仅在执行大量非常相似的分析工作时才有用。与简单的不锈钢板相比，必须考虑在降低耐用性的情况下增加的成本。

11.8 MALDI 质谱成像

11.8.1 MALDI 成像的方法论

MALDI-MS 可用于生成样品的离子图像，从而具有将特定分子映射到原始样品的二维坐标的能力[214]。这种表面分析方法在二次离子质谱（SIMS，第 15.6 节）中早已为人所知，Caprioli 课题组于 1997 年将其作为 MALDI 成像引入 MALDI-MS 领域[214]。从那时起，MALDI 成像经历了巨大的发展[215-218]（见文献[15]的第 4 章，和

11.8 MALDI 质谱成像

文献[219]的第 12 章)。该技术对蛋白质和多肽的高灵敏度从低至飞摩尔到甚至埃摩尔水平,为研究复杂的生化过程提供了途径。实际上,MALDI 成像最常用于描绘组织样本中目标分析物的局部浓度,但它也可以用于分析纸张或贵重艺术品上的涂料或墨水。

> **IMS、IMS 还是 MSI?**
>
> 成像质谱(imaging mass spectrometry,IMS)这一术语与离子迁移谱(ion mobility spectrometry,IMS,第 4.10 节)的缩写相同,因此必须了解使用 IMS 的上下文。较新的术语——质谱成像(mass spectral imaging,MSI)解决了这种歧义。

制样过程对 MALDI 成像的结果至关重要。步骤包括在将样品放入质谱仪之前,用均匀分布的薄基质层涂覆组织切片或切片的转印(图 11.34)[220]。最好是通过传输非常细的液滴的气动或静电雾化器将基质溶液喷洒到样品上,以确保涂层均匀[221]。或者,可以使用皮升体积点样器(picoliter volume spotter)将基质斑点以固定模式沉积到样品切片上[215]。基质结晶或层厚度的变化会导致图像错误,因为信号的强度与其说取决于实际像素上的基质层的质量,不如说是由下面分析物的浓度来确定。微晶层和激光光斑焦点直径也决定了成像过程的空间分辨率,其可以将结构解析到约 10 μm[216,221,222]。

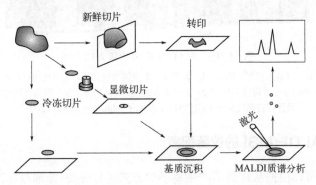

图 11.34 组织 MALDI 成像样品的制备策略

(经许可转载自参考文献[220]。© John Wiley & Sons,2001)

MALDI 成像创建了一个质谱图阵列,即图像的每个"像素",通常是 256×256 点阵列,由其自身的 MALDI 图谱表示。然后通过提取特定 m/z 或最终 m/z 范围的离子丰度来获得图像以进行显示。换句话说,重构的离子色谱图(第 1.5 节)是二维绘制的,而不仅仅是沿时间轴绘制的。通常,颜色编码用于简化图案的识别,例如,某种颜色可表示某一化合物或 m/z 范围,其亮度可以揭示该化合物的丰度。从这种方法可以明显看出,一次只能在一个图像中显示几个成分或化合物组分。这就是为什么 MALDI 成像结果通常由一组图像来表示，每一幅图像都是为了突出其自身的主题而合成的（图 11.35）。此外，还需要将 MALDI 质谱图像与基质涂覆之前通过光学显微镜获得的样品的光学图像相关联。

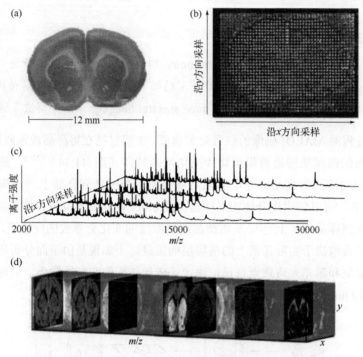

图 11.35 MALDI 成像的概念性介绍

（a）刚切下的组织切片（这里指小鼠脑）；（b）涂覆基质后被固定的切片，这里使用机器人皮升体积点样器；（c）沿样品 x 轴的部分质谱图系列；（d）完整数据集的三维体积图，每个图像具有选定的 m/z 范围

（经许可转载自参考文献[215]。© Nature Publishing Group, 2007）

11.8.2 MALDI-MSI 的仪器配置

MSI 仪器可以根据从样品中产生离子的方式进行分类，即通过脉冲激光辐照（如 MALDI）或通过高能粒子轰击（如 SIMS）[215]。SIMS 使用可以精确聚焦的连续粒子束，因此，SIMS 可以提供 100 nm 量级空间分辨率的图像，但代价是在高能粒子的撞击下会发生裂解。MALDI 成像的横向分辨率通常受到激光聚焦的限制，更受到基质涂层均匀性的限制。MALDI-MSI 的横向分辨率约为 20 μm，某些情况下可达 5 μm。与 SIMS 相比，MALDI-TOF 的优势在于可以达到基本上不受限制的 m/z 范围[215]。之后，用大气压 MALDI 源获得了 1.4 μm MALDI 源的横向分辨率记录[223]。

几年前，获取 MALDI 图像需要 4～12 h，而像 Bruker RapifleX MALDI 组织分析器这样的优化成像系统可以在大约 1 h 内收集相同数量的图谱数据。为了实现这一点,该仪器有一个专用的激光光学系统,允许快速扫描样品表面,其采用一个 10 kHz 频率运行的三倍频 Nd:YAG 激光器。与旧的方法不同,激光设置为提供 5 μm 的光斑,然后通过设置要收集的表面的阵列大小来确定预期图像的横向分辨率,以产生 MALDI 图像一个像素的数据(图 11.36)[224]。

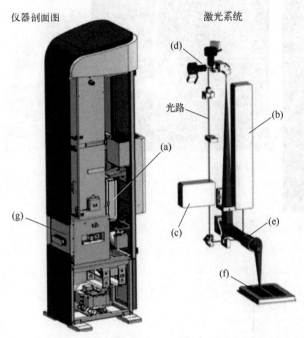

图 11.36 RapifleX MALDI 组织分型仪及其采用两个旋转反射镜的激光系统示意图

激光系统作为一个包含主要光学元件的封闭盒(a)被安装在飞行管上。激光束从激光束源(b)通过衰减器(c)路由到旋转反射镜(d)上,可以快速精确地定位激光光斑。然后,激光器聚焦(e)到仪器离子源(g)内部的靶板(f)上(经许可改编自参考文献[224]。©Wiley, 2015)

即使在数据存储容量为 TB 的今天,MALDI-MSI 在数据处理方面也是一个挑战,因为 256×256 点的阵列产生 65536 个图谱。假设每个 MALDI 图谱有 2 MB 的数据,这样的图像需要大约 128 GB 的硬盘存储空间。这可以作为一个优势,追溯性地查询数据以查找任何感兴趣的 m/z。

还应该注意的是,收集如此大量的图谱伴随着频繁的离子源清洗(达到每天清洗的频率)和需要偶尔更换固态激光器。

11.8.3 MALDI-MSI 的应用

MALDI-MSI 具有广泛的应用,重点应用于完整的组织分析。与 MALDI 生物分型类似,MALDI-MSI 组织分型领域已经发展起来。虽然图谱信息可能完全相同,但成像方法额外提供了感兴趣化合物的横向分布的详细信息。组织的 MALDI 图像如图 11.35 所示，图 11.37 提供了另一个例子。MALDI-MSI 的大多数应用是在生命科学和药物研发领域，因为它允许跨器官和组织区域跟踪药物和代谢物[225-227]。

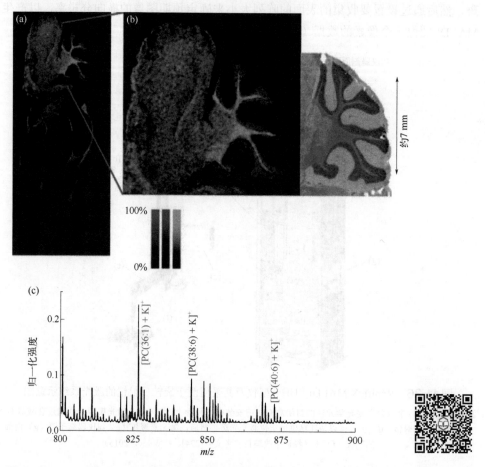

图 11.37 （a）小脑（cerebellum）组织中磷脂酰胆碱（phosphatidylcholines，PC）的正离子图像。化合物[PC(40:6) + K]⁺、[PC(38:6) + K]⁺和[PC(36:1) + K]⁺的 m/z 值分别为 972、844 和 826，分别用红色、蓝色和深绿色表示，用 20 μm×20 μm 的网格进行采集。这张图片包含 181723 个像素点。（b）被放大的区域，显示了这些离子在小脑内的互补分布。染色切片的相应显微图像显示在右侧。（c）组织图谱的总体平均值
（经许可转载自参考文献[224]。© Wiley, 2015）

MALDI 的指纹成像已经发展成为法医学中的一种重要工具[228,229]。除了指纹的光学图像外，MALDI 成像方法还可以选择性地检查化合物类别的指纹。虽然脂质图像基本上反映了传统指纹，但 MALDI 提高了检测水平[228-230]。此外，MALDI-MSI 能够分析来自血迹的蛋白质[231]、镇静安眠药或非法毒品的痕迹[232]，以及在特定情况下分析其他目标化合物[25]。

11.8 MALDI 质谱成像

MALDI 指纹图像　从玻璃、金属、木材、塑料和皮革等不同表面获取的未经修饰的指纹被复原并进行 MALDI 成像。不使用传统的二氧化钛粉末，而是使用 CHCA 基质进行对比度增强的粉尘显影[228]。然后收集 MALDI 图像，并绘制所选化合物的重构离子流图，例如 m/z 118 为内源性氨基酸（缬氨酸）标记物，m/z 283 为内源性脂肪酸（油酸），m/z 304 为外源性化合物十二烷基二甲基苄基铵（dodecyldimethylbenzylammonium, DDBA）离子（图 11.38）。应当注意，为了便于和粉尘显影后的光学图像（dusted optical images）进行比较，MALDI 图像是从左到右翻转的。

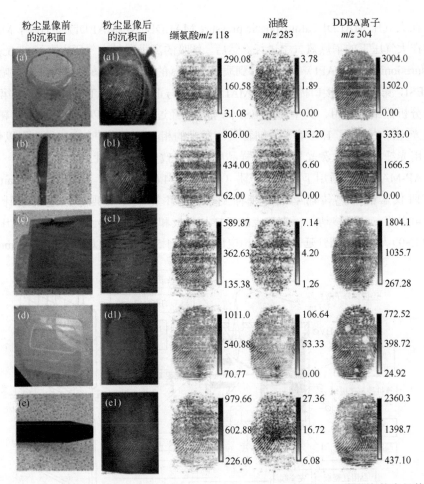

图 11.38　对来自（a）玻璃、（b）金属、（c）木材、（d）塑料和（e）皮革上的未经修饰的指纹进行复原和 MALDI-MSI 分析，三种选定化合物的 MALDI 图像显示在每个指纹的右侧
（经许可转载自参考文献[228]。© The American Chemical Society，2011）

> **不仅仅是漂亮的照片**
>
> 显然，MALDI成像提供的图片往往具有美学吸引力，甚至可能具有艺术气质，这样的材料也经常在会议和公司汇报的演示中展示。前面的部分指出过，这些图片与丰富的分析信息有关，因为每个像素都有完整的质谱图支持。要在一张图片中描述所有这些信息是不可能的。通常，它们以颜色编码的方式显示几个选定化合物的空间分布，人们将不得不生成大量的图像来解释这样的数据集的每一个可能的方面。

11.9 大气压 MALDI

在大气压MALDI（atmospheric pressure MALDI，AP-MALDI）条件下，MALDI过程在大气压下的干燥氮气中进行。然后，解吸的离子通过大气压电离（atmospheric pressure ionization，API）接口转移到质量分析器的真空中，该接口由任何电喷雾电离（ESI，第12章）接口提供。AP-MALDI首先与正交加速度TOF（oaTOF，第4.2.8节）分析器结合使用，其中原始ESI离子接口经过了改装，以适应MALDI靶板加上激光光源，替代了ESI喷雾毛细管[233]。激光的相干性在真空MALDI中得以保留，但使用光纤将激光从激光器引导到样品层中会导致失去相干性。

AP-MALDI已适用于四极离子阱（QIT，第4.6节）[234]，通过将Finnigan LCQ离子阱仪器的加热传输毛细管延伸到MALDI靶板，实现了改进的设计。因此，可以将 xy 可移动目标支架上的多样品靶板和观测光学元件合并在大气压一侧（图11.39）[235]。毛细管延长器的入口电压保持在1.5~3 kV，以吸引来自约2 mm外

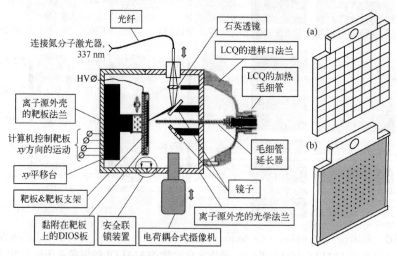

图11.39 具有延长传输毛细管的AP-MALDI离子源

（a）靶板支架可以装配一个64孔的MALDI靶板或（b）一个10×10孔的DIOS芯片

（经许可改编自参考文献[205]）。© John Wiley & Sons，2002）

11.9 大气压 MALDI

的靶板表面的离子。基于这一发展，AP-MALDI 还可以安装在 QIT、LIT、Q-TOF 和静电场轨道阱分析器上。

与真空 MALDI 相比，AP-MALDI 对激光通量的变化有更大的耐受性，并且由于膨胀羽流的碰撞冷却表现出更少的裂解。由于这种冷却过程，基质和分析物离子之间的簇集更加明显。可以通过采用更高的激光通量或调整大气压接口的参数来实现解簇集[236]。

AP-MALDI 为任何具有大气压接口的仪器提供了一个附加装置，即带有 ESI、APCI 或 APPI 源的质谱仪也可以适配 AP-MALDI 源。真空 MALDI 的检出限（LOD）为 AP-MALDI 的 1/10~1/5，真空 MALDI 的激光阈值通量比 AP-MALDI 低约 60%（图 11.40）[237]。因此，AP-MALDI 可以在不牺牲太多性能的情况下增加质谱仪的多功能性。

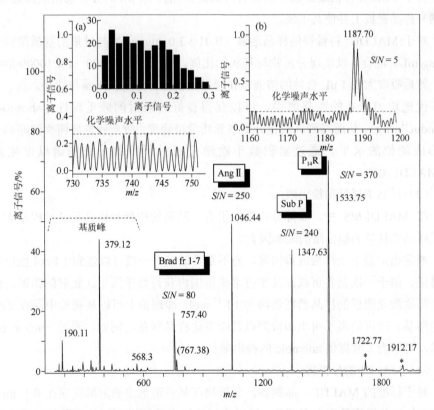

图 11.40 在对含有 300 fmol 缓激肽 fr 1-7（m/z 757）、100 fmol 血管紧张素 Ⅱ（m/z 1046）、100 fmol P$_{14}$R（m/z 1534）、50 fmol 神经肽 P 物质（m/z 1348）的样品斑点进行 1 min 扫描所获得的 CHCA 中四种合成肽的 AP-MALDI 图谱

P$_{14}$R 的单基质和双基质加合物（m/z 1723,1912）用星号表示。注意在 m/z 767 处 P$_{14}$R 的双电荷离子。插图显示了缓激肽和血管紧张素 Ⅱ 附近化学噪声的典型模式。插图（a）也显示了化学噪声信号的直方图。插图（b）显示了一个强度略高于检出限的多肽污染物（经许可转载自参考文献[237]。© Elsevier，2016）

11.10　MALDI 小结

（1）基本原则

激光解吸电离（LDI）和基质辅助激光解吸电离（MALDI）分别依赖于样品或样品-基质混合物的薄结晶层对激光能量的吸收。激光可以是红外（IR）或紫外（UV）波长；紫外激光器是迄今为止最常见的。在几纳秒内从局部照射的大量光子中摄取能量导致了等离子体的形成。根据实际的分析物-基质组合，电离通过不同的途径发生，如多光子电离、电荷转移、质子化或去质子化、正离子或负离子的加合或电子捕获。MALDI 通常产生单电荷离子。

（2）样品制备与检测

对于 LDI，分析物最好以稀溶液的形式提供，将约 1 μL 的分析物溶液涂敷在（不锈钢）样品靶板上并使其干燥。

对于 MALDI，将稀释的样品溶液（0.01～1.0 mg/mL）与过量的基质溶液（约 10 mg/mL）混合，以实现分析物与基质的比例，优选在 1∶1000～1∶10000 的范围内。然后吸取大约 1 μL 合并的溶液点在样品靶板上，并使其干燥与结晶。

优选均匀分布的微晶薄层，可以获得良好的照射间隔重现性（shot-to-shot reproducibility），从而得到高质量分辨率和质量准确度。激光通量被调整到略高于离子形成阈值的水平。通过累积数千次激光照射所得的单张图谱以产生最终的 MALDI 图谱。

（3）样品消耗量和检出限

在 MALDI-MS 中，实际分析物的组合、基质的选择和样品制备过程基本上代表了样品消耗量和检出限的限制因素。

通常指定最小上样量或检出限，而不是灵敏度，一般可以达到 1 fmol 蛋白质的上样量。由于一次制备可以在几平方毫米范围内获得数千张单次照射的图谱，因此估计每次激光照射的样品消耗量约为 10^{-17} mol，即理论上可以从靶板中回收 99% 以上的样品。改进的离子引出和检测以及微型化样品制备，例如，通过 anchor target 技术，可以为多肽提供 attomole 的检出限。

（4）MALDI 的分析物

对于标准的 MALDI 样品制备，分析物在某些溶剂中的溶解度应在 0.1 mg/mL 左右。如果分析物是完全不溶的，可以选择使用无溶剂样品制备（第 11.4.3 节）。分析物可以是中等极性到高极性、中性或离子型的。非极性化合物最难分析。含有金属盐的溶液，例如来自缓冲液或含过量未被络合金属的溶液，由于多重质子/金属离子交换和加合离子的形成，可能会产生大量令人困惑的信号，甚至可以发生分析物的完全抑制。

MALDI 的质量范围在理论上几乎是无限的；在实践中，质量极限在很大程度上取决于要分析的化合物类别。

（5）LDI 和 MALDI 中的离子类型

LDI 和 MALDI 产生各种离子，这取决于分析物的极性、电离能、基质的特性（如果有的话）以及杂质（如碱金属离子）的存在与否[20,36,37]。形成自由基离子的趋势略低于 FAB/LSIMS 的情况（表 11.5）。

表 11.5　LDI 和 MALDI 形成的离子

分析物	正离子	负离子
非极性	$M^{+\cdot}$, $[M+Ag]^+$, $[M+Cs]^+$ ①	$M^{-\cdot}$
中等极性	$M^{+\cdot}$和/或$[M+H]^+$, $[M+$碱金属$]^+$, {簇合物$[2M]^{+\cdot}$和/或$[2M+H]^+$, $[2M+$碱金属$]^+$, 基质加合物$[M+Ma+H]^+$, $[M+Ma+$碱金属$]^+$}③	$M^{-\cdot}$和/或$[M-H]^-$, {簇合物$[2M]^{-\cdot}$和/或$[2M-H]^-$, 基质加合物$[M+Ma]^{-\cdot}$, $[M+Ma-H]^-$}
极性	$[M+H]^+$, $[M+$碱金属$]^+$, 离子交换产物$[M-H_n+$碱金属$_{n+1}]^+$, 高质量分析物$[M+2H]^{2+}$, $[M+2$碱金属$]^{2+}$, {簇合物$[nM+H]^+$, $[nM+$碱金属$]^+$, 基质加合物$[M+Ma+H]^+$, $[M+Ma+$碱金属$]^+$}	$[M-H]^-$, 离子交换产物$[M-H_n+$碱金属$_{n-1}]^-$, {簇合物$[nM-H]^-$, 基质加合物$[M+Ma-H]^-$}
离子型②	C^+, $[C_n+A_{n-1}]^+$, $\{[CA]^{+\cdot}\}$	A^-, $[C_{n-1}+A_n]^-$, $\{[CA]^{-\cdot}\}$

① 银离子和铯离子可作为非极性分析物。
② 由正离子 C^+ 和负离子 A^- 组成。
③ 大括号中离子表示很少被观察到的物种。

（6）MALDI-MS 的质量分析器

激光解吸本质上是一种脉冲电离过程，因此可与飞行时间（time-of-flight，TOF）分析器（第 4.2 节）完美结合[17,56]。自从第一次 MALDI 实验以来，MALDI 和 TOF 就已经形成了一个整体，MALDI 的大多数应用都是 MALDI-TOF 检测的。反之亦然，正是 MALDI 的成功，推动了 TOF 质量分析器的巨大发展。最近，MALDI 还被用于正交加速 TOF 分析器[238]。

傅里叶变换离子回旋共振仪（FT-ICR，第 4.7 节）可以与外部离子源结合使用[239]，因此，MALDI-FT-ICR 已经成了一个成熟的组合[240,241]。现代 MALDI-FT-ICR 仪器在将离子传输到 ICR 池之前，先对等离子体羽流进行碰撞冷却[242,243]。

AP-MALDI 可以连接到任何具有大气压电离接口的仪器上。

参考文献

[1] Fenner NC, Daly NR (1966) Laser Used for Mass Analysis. Rev Sci Instrum 37: 1068–1070. doi: 10.1063/1.1720410

[2] Vastola FJ, Pirone AJ (1968) Ionization of Organic Solids by Laser Irradiation. Adv Mass Spectrom 4: 107–111

[3] Vastola FJ, Mumma RO, Pirone AJ (1970) Analysis of Organic Salts by Laser Ionization. Org Mass Spectrom 3:

101–104. doi: 10.1002/oms.1210030112

[4] Posthumus MA, Kistemaker PG, Meuzelaar HLC, Ten Noever de Brauw MC (1978) Laser Desorption-Mass Spectrometry of Polar Nonvolatile Bio-Organic Molecules. Anal Chem 50: 985–991. doi: 10.1021/ac50029a040

[5] Wilkins CL, Weil DA, Yang CLC, Ijames CF (1985) High Mass Analysis by Laser Desorption Fourier Transform Mass Spectrometry. Anal Chem 57: 520–524. doi: 10.1021/ac50001a046

[6] Coates ML, Wilkins CL (1985) Laser Desorption Fourier Transform Mass Spectra of Malto-Oligosaccharides. Biomed Mass Spectrom 12: 424–428. doi: 10.1002/bms.1200120812

[7] Macfarlane RD (1999) Mass Spectrometry of Biomolecules: From PDMS to MALDI. Brazilian J Phys 29: 415–421. doi: 10.1590/S0103-97331999000300003

[8] Tanaka K, Waki H, Ido Y, Akita S, Yoshida Y, Yhoshida T (1988) Protein and Polymer Analyses Up to *m/z* 100,000 by Laser Ionization Time-of-Flight Mass Spectrometry. Rapid Commun Mass Spectrom 2: 151–153. doi: 10.1002/rcm.1290020802

[9] Tanaka K (2003) The Origin of Macromolecule Ionization by Laser Irradiation (Nobel Lecture). Angew Chem Int Ed 42: 3861–3870. doi: 10.1002/anie.200300585

[10] Karas M, Bachmann D, Hillenkamp F (1985) Influence of the Wavelength in High-Irradiance Ultraviolet Laser Desorption Mass Spectrometry of Organic Molecules. Anal Chem 57: 2935–2939. doi: 10.1021/ac00291a042

[11] Karas M, Bachmann D, Bahr U, Hillenkamp F (1987) Matrix-Assisted Ultraviolet Laser Desorption of Non-Volatile Compounds. Int J Mass Spectrom Ion Proc 78: 53–68. doi: 10.1016/0168-1176(87)87041-6

[12] Karas M, Hillenkamp F (1988) Laser Desorption Ionization of Proteins with Molecular Masses Exceeding 10,000 Daltons. Anal Chem 60: 2299–2301. doi: 10.1021/ac00171a028

[13] Karas M, Bahr U, Ingendoh A, Hillenkamp F (1989) Laser-Desorption Mass Spectrometry of 100,000–250,000-Dalton Proteins. Angew Chem Int Ed 28: 760–761. doi: 10.1002/anie.198907601

[14] Karas M, Ingendoh A, Bahr U, Hillenkamp F (1989) Ultraviolet-Laser Desorption/Ionization Mass Spectrometry of Femtomolar Amounts of Large Proteins. Biomed Environ Mass Spectrom 18: 841–843. doi: 10.1002/bms.1200180931

[15] Hillenkamp F, Peter-Katalinic J (eds) (2007) MALDI-MS. A Practical Guide to Instrumentation, Methods and Applications. Wiley-VCH, Weinheim

[16] Karas M, Bahr U, Gießmann U (1991) Matrix-Assisted Laser Desorption Ionization Mass Spectrometry. Mass Spectrom Rev 10: 335–357. doi: 10.1002/mas.1280100503

[17] Hillenkamp F, Karas M, Beavis RC, Chait BT (1991) Matrix-Assisted Laser Desorption/ Ionization Mass Spectrometry of Biopolymers. Anal Chem 63: 1193A–1203A. doi: 10.1021/ac00024a716

[18] Beavis RC (1992) Matrix-Assisted Ultraviolet Laser Desorption: Evolution and Principles. Org Mass Spectrom 27: 653–659. doi: 10.1002/oms.1210270602

[19] Hillenkamp F, Karas M (2000) Matrix-Assisted Laser Desorption/Ionisation, an Experience. Int J Mass Spectrom 200: 71–77. doi: 10.1016/S1387-3806(00)00300-6

[20] Lehmann WD (1996) Massenspektrometrie in der Biochemie. Spektrum Akademischer Verlag, Heidelberg

[21] Cotter RJ (1997) Time-of-Flight Mass Spectrometry: Instrumentation and Applications in Biological Research. American Chemical Society, Washington, DC

[22] Siuzdak G (2006) The Expanding Role of Mass Spectrometry in Biotechnology. MCC Press, San Diego

[23] Cole RB (ed) (2010) Electrospray and MALDI Mass Spectrometry: Fundamentals, Instrumentation, Practicalities, and Biological Applications. Wiley, Hoboken

[24] Hillenkamp F, Peter-Katalinic J (eds) (2013) MALDI MS: A Practical Guide to Instrumentation, Methods and Applications. Wiley-VCH, Weinheim

[25] Cramer R (ed) (2016) Advances in MALDI and Laser-Induced Soft Ionization Mass Spectrometry. Springer, Cham. doi: 10.1007/978-3-319-04819-2

[26] Montaudo G, Lattimer RP (eds) (2001) Mass Spectrometry of Polymers. CRC Press, Boca Raton

[27] Murgasova R, Hercules DM (2003) MALDI of Synthetic Polymers – An Update. Int J Mass Spectrom 226: 151–162. doi: 10.1016/S1387-3806(02)00971-5

[28] Mamyrin BA (1994) Laser Assisted Reflectron Time-of-Flight Mass Spectrometry. Int J Mass Spectrom Ion Proc 131: 1–19. doi: 10.1016/0168-1176(93)03891-O

[29] Dreisewerd K, Schürenberg M, Karas M, Hillenkamp F (1995) Influence of the Laser Intensity and Spot Size on the Desorption of Molecules and Ions in Matrix-Assisted Laser Desorption/Ionization with a Uniform Beam Profile. Int J Mass Spectrom Ion Proc 141: 127–148. doi: 10.1016/0168-1176(94)04108-J

[30] Nordhoff E, Ingendoh A, Cramer R, Overberg A, Stahl B, Karas M, Hillenkamp F, Crain PF (1992) Matrix-Assisted Laser Desorption/Ionization Mass Spectrometry of Nucleic Acids with Wavelengths in the Ultraviolet and Infrared. Rapid Commun Mass Spectrom 6: 771–776. doi: 10.1002/rcm.1290061212

[31] Overberg A, Karas M, Bahr U, Kaufmann R, Hillenkamp F (1990) Matrix-Assisted Infrared-Laser (2.94 μm) Desorption/Ionization Mass Spectrometry of Large Biomolecules. Rapid Commun Mass Spectrom 4: 293–296. doi: 10.1002/rcm.1290040808

[32] Overberg A, Karas M, Hillenkamp F (1991) Matrix-Assisted Laser Desorption of Large Biomolecules with a TEA-CO_2-Laser. Rapid Commun Mass Spectrom 5: 128–131. doi: 10.1002/rcm.1290050308

[33] Berkenkamp S, Menzel C, Hillenkamp F, Dreisewerd K (2002) Measurements of Mean Initial Velocities of Analyte and Matrix Ions in Infrared Matrix-Assisted Laser Desorption Ionization Mass Spectrometry. J Am Soc Mass Spectrom 13: 209–220. doi: 10.1016/S1044-0305(01)00355-5

[34] Zenobi R, Knochenmuss R (1999) Ion Formation in MALDI Mass Spectrometry. Mass Spectrom Rev 17: 337–366. doi: 10.1002/(SICI)1098-2787(1998)17: 5<337:: AID-MAS2>3.0.CO;2-S

[35] Menzel C, Dreisewerd K, Berkenkamp S, Hillenkamp F (2001) Mechanisms of Energy Deposition in Infrared Matrix-Assisted Laser Desorption/Ionization Mass Spectrometry. Int J Mass Spectrom 207: 73–96. doi: 10.1016/S1387-3806(01)00363-3

[36] Dreisewerd K, Berkenkamp S, Leisner A, Rohlfing A, Menzel C (2003) Fundamentals of Matrix-Assisted Laser Desorption/Ionization Mass Spectrometry with Pulsed Infrared Lasers. Int J Mass Spectrom 226: 189–209. doi: 10.1016/S1387-3806(02)00977-6

[37] Dreisewerd K (2003) The Desorption Process in MALDI. Chem Rev 103: 395–425. doi: 10.1021/cr010375i

[38] Karas M, Krüger R (2003) Ion Formation in MALDI: The Cluster Ionization Mechanism. Chem Rev 103: 427–439. doi: 10.1021/cr010376a

[39] Dreisewerd K (2014) Recent Methodological Advances in MALDI Mass Spectrometry. Anal Bioanal Chem 406: 2261–2278. doi: 10.1007/s00216-014-7646-6

[40] Westmacott G, Ens W, Hillenkamp F, Dreisewerd K, Schürenberg M (2002) The Influence of Laser Fluence on Ion Yield in Matrix-Assisted Laser Desorption Ionization Mass Spectrometry. Int J Mass Spectrom 221: 67–81. doi: 10.1016/S1387-3806(02)00898-9

[41] Menzel C, Dreisewerd K, Berkenkamp S, Hillenkamp F (2002) The Role of the Laser Pulse Duration in Infrared Matrix-Assisted Laser Desorption/Ionization Mass Spectrometry. J Am Soc Mass Spectrom 13: 975–984. doi: 10.1016/S1044-0305(02)00397-5

[42] Juhasz P, Vestal ML, Martin SA (1997) On the Initial Velocity of Ions Generated by Matrix-Assisted Laser Desorption Ionization and Its Effect on the Calibration of Delayed Extraction Time-of-Flight Mass Spectra. J Am Soc Mass Spectrom 8: 209–217. doi: 10.1016/S1044-0305(96)00256-5

[43] Karas M, Bahr U, Fournier I, Glückmann M, Pfenninger A (2003) The Initial Ion Velocity as a Marker for Different Desorption-Ionization Mechanisms in MALDI. Int J Mass Spectrom 226: 239–248. doi: 10.1016/S1387-3806(02)01062-X

[44] Horneffer V, Dreisewerd K, Ludemann H-C, Hillenkamp F, Lage M, Strupat K (1999) Is the Incorporation of Analytes into Matrix Crystals a Prerequisite for Matrix-Assisted Laser Desorption/Ionization Mass Spectrometry? A Study of Five Positional Isomers of Dihydroxybenzoic Acid. Int J Mass Spectrom 185(186/187): 859–870. doi: 10.1016/S1387-3806(98)14218-5

[45] Glückmann M, Pfenninger A, Krüger R, Thierolf M, Karas M, Horneffer V, Hillenkamp F, Strupat K (2001) Mechanisms in MALDI Analysis: Surface Interaction or Incorporation of Analytes? Int J Mass Spectrom 210(211): 121–132. doi: 10.1016/S1387-3806(01)00450-X

[46] Karas M, Gluckmann M, Schäfer J (2000) Ionization in Matrix-Assisted Laser Desorption/ Ionization: Singly Charged Molecular Ions Are the Lucky Survivors. J Mass Spectrom 35: 1–12. doi: 10.1002/(SICI)1096-9888(200001)35: 1<1:: AID-JMS904>3.0.CO;2-0

[47] Ens W, Mao Y, Mayer F, Standing KG (1991) Properties of Matrix-Assisted Laser Desorption. Measurements with a Time-to-Digital Converter. Rapid Commun Mass Spectrom 5: 117–123. doi: 10.1002/rcm.1290050306

[48] Medina N, Huth-Fehre T, Westman A, Sundqvist BUR (1994) Matrix-Assisted Laser Desorption: Dependence of the Threshold Fluence on Analyte Concentration. Org Mass Spectrom 29: 207–209. doi: 10.1002/oms.1210290410

[49] Quist AP, Huth-Fehre T, Sundqvist BUR (1994) Total Yield Measurements in Matrix-Assisted Laser Desorption Using a Quartz Crystal Microbalance. Rapid Commun Mass Spectrom 8: 149–154. doi: 10.1002/rcm.1290080204

[50] Beavis RC, Chait BT (1989) Factors Affecting the Ultraviolet Laser Desorption of Proteins. Rapid Commun Mass Spectrom 3: 233–237. doi: 10.1002/rcm.1290030708

[51] Ingendoh A, Karas M, Hillenkamp F, Giessmann U (1994) Factors Affecting the Resolution in Matrix-Assisted Laser Desorption-Ionization Mass Spectrometry. Int J Mass Spectrom Ion Proc 131: 345–354. doi: 10.1016/0168-1176(93)03873-K

[52] Aksouh F, Chaurand P, Deprun C, Della-Negra S, Hoyes J, Le Beyec Y, Pinho RR (1995) Influence of the Laser Beam Direction on the Molecular Ion Ejection Angle in Matrix-Assisted Laser Desorption/Ionization. Rapid Commun Mass Spectrom 9: 515–518. doi: 10.1002/rcm.1290090609

[53] Liao P-C, Allison J (1995) Dissecting Matrix-Assisted Laser Desorption/Ionization Mass Spectra. J Mass Spectrom 30: 763–766. doi: 10.1002/jms.1190300517

[54] Strupat K, Karas M, Hillenkamp F (1991) 2,5-Dihydroxybenzoic Acid: A New Matrix for Laser Desorption-Ionization Mass Spectrometry. Int J Mass Spectrom Ion Proc 111: 89–102. doi: 10.1016/0168-1176(91)85050-V

[55] Holle A, Haase A, Kayser M, Hoehndorf J (2006) Optimizing UV Laser Focus Profiles for Improved MALDI Performance. J Mass Spectrom 41: 705–716. doi: 10.1002/jms.1041

[56] Cotter RJ (1987) Laser Mass Spectrometry: An Overview of Techniques, Instruments and Applications. Anal Chim Acta 195: 45–59. doi: 10.1016/S0003-2670(00)85648-2

[57] Pan Y, Cotter RJ (1992) Measurement of Initial Translational Energies of Peptide Ions in Laser Desorption/ Ionization Mass Spectrometry. Org Mass Spectrom 27: 3–8. doi: 10.1002/oms.1210270103

[58] Glückmann M, Karas M (1999) The Initial Ion Velocity and Its Dependence on Matrix, Analyte and Preparation Method in Ultraviolet Matrix-Assisted Laser Desorption/Ionization. J Mass Spectrom 34: 467–477. doi: 10.1002/(SICI)1096-9888(199905)34: 5<467:: AID-JMS809>3.0.CO;2-8

[59] Puretzky AA, Geohegan DB, Hurst GB, Buchanan MV, Luk'yanchuk BS (1999) Imaging of Vapor Plumes Produced by Matrix Assisted Laser Desorption: A Plume Sharpening Effect. Phys Rev Lett 83: 444–447. doi: 10.1103/PhysRevLett.83.444

[60] Leisner A, Rohlfing A, Berkenkamp S, Röhling U, Dreisewerd K, Hillenkamp F (2003) IR-MALDI with the Matrix Glycerol: Examination of the Plume Expansion Dynamics for Lasers of Different Pulse Duration. 36. DGMS Jahrestagung: Poster

[61] Leisner A, Rohlfing A, Roehling U, Dreisewerd K, Hillenkamp F (2005) Time-Resolved Imaging of the Plume Dynamics in Infrared Matrix-Assisted Laser Desorption/Ionization with a Glycerol Matrix. J Phys Chem B 109: 11661–11666. doi: 10.1021/jp0509941

[62] Chen LC, Rahman MM, Hiraoka K (2014) Super-Atmospheric Pressure Ion Sources: Application and Coupling to API Mass Spectrometer. Mass Spectrom 3: S0024. doi: 10.5702/massspectrometry.S0024

[63] Wang BH, Dreisewerd K, Bahr U, Karas M, Hillenkamp F (1993) Gas-Phase Cationization and Protonation of Neutrals Generated by Matrix-Assisted Laser Desorption. J Am Soc Mass Spectrom 4: 393–398. doi: 10.1016/1044-0305(93)85004-H

[64] Liao P-C, Allison J (1995) Ionization Processes in Matrix-Assisted Laser Desorption/Ionization Mass Spectrometry: Matrix-Dependent Formation of $[M+H]^+$ Vs. $[M+Na]^+$ Ions of Small Peptides and Some Mechanistic Comments. J Mass Spectrom 30: 408–423. doi: 10.1002/jms.1190300304

[65] Gimon ME, Preston LM, Solouki T, White MA, Russel DH (1992) Are Proton Transfer Reactions of Excited States Involved in UV Laser Desorption Ionization? Org Mass Spectrom 27: 827–830. doi: 10.1002/oms.1210270711

[66] Juhasz P, Costello CE (1993) Generation of Large Radical Ions from Oligometallocenes by Matrix-Assisted Laser Desorption Ionization. Rapid Commun Mass Spectrom 7: 343–351. doi: 10.1002/rcm.1290070508

[67] Lidgard RO, McConnell BD, Black DSC, Kumar N, Duncan MW (1996) Fragmentation Observed in Continuous Extraction Linear MALDI: A Cautionary Note. J Mass Spectrom 31: 1443–1445. doi: 10.1002/(SICI)1096-9888(199612)31: 12<1443:: AID-JMS448>3.0.CO;2-J

[68] Irngartinger H, Weber A (1996) Twofold Cycloaddition of [60]Fullerene to a Bifunctional Nitrile Oxide. Tertrahedron Lett 37: 4137–4140. doi: 10.1016/0040-4039(96)00779-4

[69] Gromov A, Ballenweg S, Giesa S, Lebedkin S, Hull WE, Krätschmer W (1997) Preparation and Characterization of C_{119}. Chem Phys Lett 267: 460–466. doi: 10.1016/S0009-2614(97)00129-2

[70] Giesa S, Gross JH, Hull WE, Lebedkin S, Gromov A, Krätschmer W, Gleiter R (1999) $C_{120}OS$: The First Sulfur-Containing Dimeric [60]Fullerene Derivative. Chem Commun: 465–466. doi: 10.1039/a809831j

[71] Juhasz P, Costello CE, Biemann K (1993) Matrix-Assisted Laser Desorption Ionization Mass Spectrometry with 2-(4-Hydroxyphenylazo)benzoic acid Matrix. J Am Soc Mass Spectrom 4: 399–409. doi: 10.1016/1044-0305(93)85005-I

[72] Hopwood FG, Michalak L, Alderdice DS, Fisher KJ, Willett GD (1994) C_{60}-Assisted Laser Desorption/Ionization Mass Spectrometry in the Analysis of Phosphotungstic Acid. Rapid Commun Mass Spectrom 8: 881–885. doi: 10.1002/rcm.1290081105

[73] Jones RM, Lamb JH, Lim CK (1995) 5,10,15,20-*Meso*-Tetra(hydroxyphenyl)-chlorin as a Matrix for the Analysis of Low Molecular Weight Compounds by Matrix-Assisted Laser Desorption/Ionization Time-of-Flight Mass Spectrometry. Rapid Commun Mass Spectrom 9: 968–969. doi: 10.1002/rcm.1290091020

[74] Armstrong DW, Zhang LK, He L, Gross ML (2001) Ionic Liquids As Matrixes for Matrix-Assisted Laser Desorption/Ionization Mass Spectrometry. Anal Chem 73: 3679–3686. doi: 10.1021/ac010259f

[75] Li YL, Gross ML (2004) Ionic-Liquid Matrices for Quantitative Analysis by MALDI-TOF Mass Spectrometry. J Am Soc Mass Spectrom 15: 1833–1837. doi: 10.1016/j.jasms.2004.08.011

[76] Tang K, Taranenko NI, Allman SL, Chen CH, Chang LY, Jacobson KB (1994) Picolinic Acid as a Matrix for Laser Mass Spectrometry of Nucleic Acids and Proteins. Rapid Commun Mass Spectrom 8: 673–677. doi:

10.1002/rcm.1290080902

[77] Wu KJ, Steding A, Becker CH (1993) Matrix-Assisted Laser Desorption Time-of-Flight Mass Spectrometry of Oligonucleotides Using 3-Hydroxypicolinic Acid as an Ultraviolet-Sensitive Matrix. Rapid Commun Mass Spectrom 7: 142–146. doi: 10.1002/rcm.1290070206

[78] Taranenko NI, Tang K, Allman SL, Ch'ang LY, Chen CH (1994) 3-Aminopicolinic Acid As a Matrix for Laser Desorption Mass Spectrometry of Biopolymers. Rapid Commun Mass Spectrom 8: 1001–1006. doi: 10.1002/rcm.1290081219

[79] Terrier P, Tortajada J, Zin G, Buchmann W (2007) Noncovalent Complexes Between DNA and Basic Polypeptides or Polyamines by MALDI-TOF. J Am Soc Mass Spectrom 18: 1977–1989. doi: 10.1016/j.jasms.2007.07.028

[80] Lecchi P, Le HM, Pannell LK (1995) 6-Aza-2-thiothymine: a Matrix for MALDI Spectra of Oligonucleotides. Nucl Acids Res 23: 1276–1277. doi: 10.1093/nar/23.7.1276

[81] Taranenko NI, Potter NT, Allman SL, Golovlev VV, Chen CH (1999) Gender Identification by Matrix-Assisted Laser Desorption/Ionization Time-of-Flight Mass Spectrometry. Anal Chem 71: 3974–3976. doi: 10.1021/ac990150w

[82] Mohr MD, Börnsen KO, Widmer HM (1995) Matrix-Assisted Laser Desorption/Ionization Mass Spectrometry: Improved Matrix for Oligosaccharides. Rapid Commun Mass Spectrom 9: 809–814. doi: 10.1002/rcm.1290090919

[83] Finke B, Stahl B, Pfenninger A, Karas M, Daniel H, Sawatzki G (1999) Analysis of High-Molecular-Weight Oligosaccharides from Human Milk by Liquid Chromatography and MALDI-MS. Anal Chem 71: 3755–3762. doi: 10.1021/ac990094z

[84] Pfenninger A, Karas M, Finke B, Stahl B, Sawatzki G (1999) Matrix Optimization for Matrix-Assisted Laser Desorption/Ionization Mass Spectrometry of Oligosaccharides from Human Milk. J Mass Spectrom 34: 98–104. doi: 10.1002/(SICI)1096-9888(199902)34: 2<98:: AID-JMS767>3.0.CO;2-N

[85] Laugesen S, Roepstorff P (2003) Combination of Two Matrices Results in Improved Performance of MALDI MS for Peptide Mass Mapping and Protein Analysis. J Am Soc Mass Spectrom 14: 992–1002. doi: 10.1016/S1044-0305(03)00262-9

[86] Karas M, Ehring H, Nordhoff E, Stahl B, Strupat K, Hillenkamp F, Grehl M, Krebs B (1993) Matrix-Assisted Laser Desorption/Ionization Mass Spectrometry with Additives to 2,5-Dihydroxybenzoic Acid. Org Mass Spectrom 28: 1476–1481. doi: 10.1002/oms.1210281219

[87] Rohmer M, Meyer B, Mank M, Stahl B, Bahr U, Karas M (2010) 3-Aminoquinoline Acting As Matrix and Derivatizing Agent for MALDI MS Analysis of Oligosaccharides. Anal Chem 82: 3719–3726. doi: 10.1021/ac1001096

[88] Stahl B, Thurl S, Zeng J, Karas M, Hillenkamp F, Steup M, Sawatzki G (1994) Oligosaccharides from Human Milk As Revealed by Matrix-Assisted Laser Desorption/Ionization Mass Spectrometry. Anal Biochem 223: 218–226. doi: 10.1006/abio.1994.1577

[89] Metzger JO, Woisch R, Tuszynski W, Angermann R (1994) New Type of Matrix for Matrix-Assisted Laser Desorption Mass Spectrometry of Polysaccharides and Proteins. Fresenius J Anal Chem 349: 473–474. doi: 10.1007/BF00322937

[90] Beavis RC, Chaudhary T, Chait BT (1992) α-Cyano-4-hydroxycinnamic acid As a Matrix for Matrix-Assisted Laser Desorption Mass Spectrometry. Org Mass Spectrom 27: 156–158. doi: 10.1002/oms.1210270217

[91] Ayorinde FO, Elhilo E, Hlongwane C (1999) Matrix-Assisted Laser Desorption/Ionization Time-of-Flight Mass Spectrometry of Canola, Castor and Olive Oils. Rapid Commun Mass Spectrom 13: 737–739. doi: 10.1002/(SICI)1097-0231(19990430)13: 8<737:: AID-RCM552>3.0.CO;2-L

[92] George M, Wellemans JMY, Cerny RL, Gross ML, Li K, Cavalieri EL (1994) Matrix Design for Matrix-Assisted Laser Desorption Ionization: Sensitive Determination of PAH-DNA Adducts. J Am Soc Mass Spectrom 5: 1021–1025. doi: 10.1016/1044-0305(94)80021-9

[93] Lidgard RO, Duncan MW (1995) Utility of Matrix-Assisted Laser Desorption/Ionization Time-of-Flight Mass Spectrometry for the Analysis of Low Molecular Weight Compounds. Rapid Commun Mass Spectrom 9: 128–132. doi: 10.1002/rcm.1290090205

[94] Soltwisch J, Jaskolla TW, Hillenkamp F, Karas M, Dreisewerd K (2012) Ion Yields in UV-MALDI Mass Spectrometry As a Function of Excitation Laser Wavelength and Optical and Physico-Chemical Properties of Classical and Halogen-Substituted MALDI Matrixes. Anal Chem 84: 6567–6576. doi: 10.1021/ac3008434

[95] Wiegelmann M, Soltwisch J, Jaskolla TW, Dreisewerd K (2013) Matching the Laser Wavelength to the Absorption Properties of Matrices Increases the Ion Yield in UV-MALDI Mass Spectrometry. Anal Bioanal Chem 405: 6925–6932. doi: 10.1007/s00216-012-6478-5

[96] Beavis RC, Chait BT (1989) Cinnamic Acid Derivatives as Matrices for Ultraviolet Laser Desorption Mass Spectrometry of Proteins. Rapid Commun Mass Spectrom 3: 432–435. doi: 10.1002/rcm.1290031207

[97] Montaudo G, Montaudo MS, Puglisi C, Samperi F (1994) 2-(4-Hydroxyphenylazo)benzoic acid: A Solid Matrix for Matrix-Assisted Laser Desorption/Ionization of Polystyrene. Rapid Commun Mass Spectrom 8: 1011–1015. doi: 10.1002/rcm.1290081221

[98] Xu N, Huang ZH, Watson JT, Gage DA (1997) Mercaptobenzothiazoles: A New Class of Matrixes for Laser Desorption Ionization Mass Spectrometry. J Am Soc Mass Spectrom 8: 116–124. doi: 10.1016/S1044-0305(96)00233-4

[99] Pitt JJ, Gorman JJ (1996) Matrix-Assisted Laser Desorption/Ionization Time-of-Flight Mass Spectrometry of Sialylated Glycopeptides and Proteins Using 2,6-Dihydroxyacetophenone as a Matrix. Rapid Commun Mass Spectrom 10: 1786–1788. doi: 10.1002/(SICI)1097-0231(199611)10: 14<1786:: AID-RCM751>3.0.CO;2-I

[100] Gorman JJ, Ferguson BL, Nguyen TB (1996) Use of 2,6-Dihydroxyacetophenone for Analysis of Fragile Peptides, Disulfide Bonding and Small Proteins by Matrix-Assisted Laser Desorption/Ionization. Rapid Commun Mass Spectrom 10: 529–536. doi: 10.1002/(SICI)1097-0231(19960331)10: 5<529:: AID-RCM522>3.0.CO;2-9

[101] Meyer A, Spinelli N, Imbach JL, Vasseur J-J (2000) Analysis of Solid-Supported Oligonucleotides by Matrix-Assisted Laser Desorption/Ionization Time-of-Flight Mass Spectrometry. Rapid Commun Mass Spectrom 14: 234–242. doi: 10.1002/(SICI)1097-0231(20000229)14: 4<234:: AID-RCM874>3.0.CO;2-1

[102] Kassis CM, DeSimone JM, Linton RW, Lange GW, Friedman RM (1997) An Investigation into the Importance of Polymer-Matrix Miscibility Using Surfactant Modified Matrix-Assisted Laser Desorption/Ionization Mass Spectrometry. Rapid Commun Mass Spectrom 11: 1462–1466. doi: 10.1002/(SICI)1097-0231(19970830)11: 13<1462:: AID-RCM44>3.0.CO;2-2

[103] Carr RH, Jackson AT (1998) Preliminary Matrix-Assisted Laser Desorption Ionization Time-of-Flight and Field Desorption Mass Spectrometric Analyses of Polymeric Methylene Diphenylene Diisocyanate, Its Amine Precursor and a Model Polyether Prepolymer. Rapid Commun Mass Spectrom 12: 2047–2050. doi: 10.1002/(SICI)1097-0231(19981230)12: 24<2047:: AID-RCM428>3.0.CO;2-9

[104] Lebedkin S, Ballenweg S, Gross JH, Taylor R, Krätschmer W (1995) Synthesis of $C_{120}O$: A New Dimeric [60]Fullerene Derivative. Tetrahedron Lett 36: 4971–4974. doi: 10.1016/0040-4039(95)00784-A

[105] Ballenweg S, Gleiter R, Krätschmer W (1996) Chemistry at Cyclopentene Addends on [60] Fullerene. Matrix-Assisted Laser Desorption-Ionization Time-of-Flight Mass Spectrometry (MALDI-TOF MS) As a Quick and Facile Method for the Characterization of Fullerene Derivatives. Synth Met 77: 209–212. doi: 10.1016/0379-

6779(96)80089-0

[106] Ulmer L, Mattay J, Torres-Garcia HG, Luftmann H (2000) The Use of 2-[(2E)-3-(4-tert-Butylphenyl)-2-methylprop-2-enylidene]malononitrile as a Matrix for Matrix-Assisted Laser Desorption/Ionization Mass Spectrometry. Eur J Mass Spectrom 6: 49–52. doi: 10.1255/ejms.329

[107] Brown T, Clipston NL, Simjee N, Luftmann H, Hungebühler H, Drewello T (2001) Matrix-Assisted Laser Desorption/Ionization of Amphiphilic Fullerene Derivatives. Int J Mass Spectrom 210(211): 249–263. doi: 10.1016/S1387-3806(01)00429-8

[108] Mirza SP, Raju NP, Vairamani M (2004) Estimation of the Proton Affinity Values of Fifteen Matrix-Assisted Laser Desorption/Ionization Matrices Under Electrospray Ionization Conditions Using the Kinetic Method. J Am Soc Mass Spectrom 15: 431–435. doi: 10.1016/j.jasms.2003.12.001

[109] Burton RD, Watson CH, Eyler JR, Lang GL, Powell DH, Avery MY (1997) Proton Affinities of Eight Matrixes Used for Matrix-Assisted Laser Desorption/Ionization. Rapid Commun Mass Spectrom 11: 443–446. doi: 10.1002/(SICI)1097-0231(199703)11: 5<443:: AID-RCM897>3.0.CO;2-3

[110] Nordhoff E, Schürenberg M, Thiele G, Lübbert C, Kloeppel K-D, Theiss D, Lehrach H, Gobom J (2003) Sample Preparation Protocols for MALDI-MS of Peptides and Oligonucleotides Using Prestructured Sample Supports. Int J Mass Spectrom 226: 163–180. doi: 10.1016/S1387-3806(02)00978-8

[111] Westman A, Huth-Fehre T, Demirev PA, Sundqvist BUR (1995) Sample Morphology Effects in Matrix-Assisted Laser Desorption/Ionization Mass Spectrometry of Proteins. J Mass Spectrom 30: 206–211. doi: 10.1002/jms.1190300131

[112] Arakawa R, Watanabe S, Fukuo T (1999) Effects of Sample Preparation on Matrix-Assisted Laser Desorption/Ionization Time-of-Flight Mass Spectra for Sodium Polystyrene Sulfonate. Rapid Commun Mass Spectrom 13: 1059–1062. doi: 10.1002/(SICI)1097-0231(19990615)13: 11<1059:: AID-RCM608>3.0.CO;2-1

[113] Chan PK, Chan T-WD (2000) Effect of Sample Preparation Methods on the Analysis of Dispersed Polysaccharides by Matrix-Assisted Laser Desorption/Ionization Time-of-Flight Mass Spectrometry. Rapid Commun Mass Spectrom 14: 1841–1847. doi: 10.1002/1097-0231(20001015)14: 19<1841:: AID-RCM104>3.0.CO;2-Q

[114] Vorm O, Mann M (1994) Improved Mass Accuracy in Matrix-Assisted Laser Desorption/ Ionization Time-of-Flight Mass Spectrometry of Peptides. J Am Soc Mass Spectrom 5: 955–958. doi: 10.1016/1044-0305(94)80013-8

[115] Ayorinde FO, Keith QL Jr, Wan LW (1999) Matrix-Assisted Laser Desorption/Ionization Time-of-Flight Mass Spectrometry of Cod Liver Oil and the Effect of Analyte/Matrix Concentration on Signal Intensities. Rapid Commun Mass Spectrom 13: 1762–1769. doi: 10.1002/(SICI)1097-0231(19990915)13: 17<1762:: AID-RCM711>3.0.CO;2-8

[116] Vorm O, Roepstorff P, Mann M (1994) Improved Resolution and Very High Sensitivity in MALDI-TOF of Matrix Surfaces Made by Fast Evaporation. Anal Chem 66: 3281–3287. doi: 10.1021/ac00091a044

[117] Bashir S, Derrick PJ, Critchley P, Gates PJ, Staunton J (2003) Matrix-Assisted Laser Desorption/Ionization Time-of-Flight Mass Spectrometry of Dextran and Dextrin Derivatives. Eur J Mass Spectrom 9: 61–70. doi: 10.1255/ejms.510

[118] Rashidezadeh H, Baochuan G (1998) Investigation of Metal Attachment to Polystyrenes in Matrix-Assisted Laser Desorption Ionization. J Am Soc Mass Spectrom 9: 724–730. doi: 10.1016/S1044-0305(98)00038-5

[119] Rashidezadeh H, Hung K, Baochuan G (1998) Probing Polystyrene Cationization in Matrix-Assisted Laser/Desorption Ionization. Eur Mass Spectrom 4: 429–433. doi: 10.1255/ejms.267

[120] Kühn G, Weidner S, Decker R, Holländer A (1997) Derivatization of Double Bonds Investigated by Matrix-Assisted Laser Desorption/Ionization Mass Spectrometry. Rapid Commun Mass Spectrom 11: 914–918. doi:

10.1002/(SICI)1097-0231(199705)11: 8<914:: AID-RCM920>3.0.CO;2-2

[121] Kühn G, Weidner S, Just U, Hohner S (1996) Characterization of Technical Waxes. Comparison of Chromatographic Techniques and Matrix-Assisted Laser-Desorption/Ionization Mass Spectrometry. J Chromatogr A 732: 111–117. doi: 10.1016/0021-9673(95)01255-9

[122] Pruns JK, Vietzke J-P, Strassner M, Rapp C, Hintze U, König WA (2002) Characterization of Low Molecular Weight Hydrocarbon Oligomers by Laser Desorption/Ionization Time-of-Flight Mass Spectrometry Using a Solvent-Free Sample Preparation Method. Rapid Commun Mass Spectrom 16: 208–211. doi: 10.1002/rcm.568

[123] Mowat IA, Donovan RJ (1995) Metal-Ion Attachment to Non-Polar Polymers During Laser Desorption/Ionization at 337 Nm. Rapid Commun Mass Spectrom 9: 82–90. doi: 10.1002/rcm.1290090118

[124] Goldschmitt RJ, Wetzel SJ, Blair WR, Guttman CM (2000) Post-Source Decay in the Analysis of Polystyrene by Matrix-Assisted Laser Desorption/Ionization Time-of-Flight Mass Spectrometry. J Am Soc Mass Spectrom 11: 1095–1106. doi: 10.1016/S1044-0305(00)00177-X

[125] Kéki S, Deák G, Zsuga M (2001) Copper(I) Chloride: A Simple Salt for Enhancement of Polystyrene Cationization in Matrix-Assisted Laser Desorption/Ionization Mass Spectrometry. Rapid Commun Mass Spectrom 15: 675–678. doi: 10.1002/rcm.284

[126] Zhang J, Zenobi R (2004) Matrix-Dependent Cationization in MALDI Mass Spectrometry. J Mass Spectrom 39: 808–816. doi: 10.1002/jms.657

[127] Thurman EM, Ferrer I (2010) The Isotopic Mass Defect: a Tool for Limiting Molecular Formulas by Accurate Mass. Anal Bioanal Chem 397: 2807–2816. doi: 10.1007/s00216-010-3562-6

[128] Salplachta J, Rehulka P, Chmelik J (2004) Identification of Proteins by Combination of Size-Exclusion Chromatography with Matrix-Assisted Laser Desorption/Ionization Time-of-Flight Mass Spectrometry and Comparison of Some Desalting Procedures for Both Intact Proteins and Their Tryptic Digests. J Mass Spectrom 39: 1395–1401. doi: 10.1002/jms.700

[129] Jensen ON, Wilm M, Shevchenko A, Mann M (1999) Sample Preparation Methods for Mass Spectrometric Peptide Mapping Directly from 2-DE Gels. Methods Mol Biol 112: 513–530

[130] Rehulka P, Salplachta J, Chmelik J (2003) Improvement of Quality of Peptide Mass Spectra in Matrix-Assisted Laser Desorption/Ionization Time-of-Flight Mass Spectrometry and Post-Source Decay Analysis of Salty Protein Digests by Using on-Target Washing. J Mass Spectrom 38: 1267–1269. doi: 10.1002/jms.548

[131] Zhang L, Orlando R (1999) Solid-Phase Extraction/MALDI-MS: Extended Ion-Pairing Surfaces for the On-Target Cleanup of Protein Samples. Anal Chem 71: 4753–4757. doi: 10.1021/ac990328e

[132] Gobom J, Nordhoff E, Mirgorodskaya E, Ekman R, Roepstorff P (1999) Sample Purification and Preparation Technique Based on Nano-Scale Reversed-Phase Columns for the Sensitive Analysis of Complex Peptide Mixtures by Matrix-Assisted Laser Desorption/Ionization Mass Spectrometry. J Mass Spectrom 34: 105–116. doi: 10.1002/(SICI)1096-9888(199902)34: 2<105:: AID-JMS768>3.0.CO;2-4

[133] Leite JF, Hajivandi MR, Diller T, Pope RM (2004) Removal of Sodium and Potassium Adducts Using a Matrix Additive During Matrix-Associated Laser Desorption/Ionization Time-of-Flight Mass Spectrometric Analysis of Peptides. Rapid Commun Mass Spectrom 18: 2953–2959. doi: 10.1002/rcm.1711

[134] Puchades M, Westman A, Blennow K, Davidsson P (1999) Removal of Sodium Dodecyl Sulfate from Protein Samples Prior to Matrix-Assisted Laser Desorption/Ionization Mass Spectrometry. Rapid Commun Mass Spectrom 13: 344–349. doi: 10.1002/(SICI)1097-0231(19990315)13: 5<344:: AID-RCM489>3.0.CO;2-V

[135] Trimpin S, Grimsdale AC, Räder HJ, Müllen K (2002) Characterization of an Insoluble Poly (9,9-diphenyl-2,7-fluorene) by Solvent-Free Sample Preparation for MALDI-TOF Mass Spectrometry. Anal Chem 74: 3777–3782. doi: 10.1021/ac0111863

[136] Trimpin S, Rouhanipour A, Az R, Räder HJ, Müllen K (2001) New Aspects in Matrix-Assisted Laser Desorption/Ionization Time-of-Flight Mass Spectrometry: a Universal Solvent-Free Sample Preparation. Rapid Commun Mass Spectrom 15: 1364–1373. doi: 10.1002/rcm.372

[137] Guittard J, Hronowski XL, Costello CE (1999) Direct Matrix-Assisted Laser Desorption/Ionization Mass Spectrometric Analysis of Glycosphingolipids on Thin Layer Chromatographic Plates and Transfer Membranes. Rapid Commun Mass Spectrom 13: 1838–1849. doi: 10.1002/(SICI)1097-0231(19990930)13: 18<1838:: AID-RCM726>3.0.CO;2-9

[138] McCrery DA, Ledford EB Jr, Gross ML (1982) Laser Desorption Fourier Transform Mass Spectrometry. Anal Chem 54: 1435–1437. doi: 10.1021/ac00245a040

[139] Claereboudt J, Claeys M, Geise H, Gijbels R, Vertes A (1993) Laser Microprobe Mass Spectrometry of Quaternary Phosphonium Salts: Direct Versus Matrix-Assisted Laser Desorption. J Am Soc Mass Spectrom 4: 798–812. doi: 10.1016/1044-0305(93)80038-Z

[140] Gromer S, Gross JH (2002) Methylseleninate Is a Substrate Rather Than an Inhibitor of Mammalian Thioredoxin Reductase: Implications for the Antitumor Effects of Selenium. J Biol Chem 277: 9701–9706. doi: 10.1074/jbc.M109234200

[141] Wood TD, Van Cleef GW, Mearini MA, Coe JV, Marshall AG (1993) Formation of Giant Fullerene Gas-Phase Ions (C_{2n}^+, n = 60–500): Laser Desorption/Electron Ionization Fourier-Transform Ion Cyclotron Resonance Mass Spectrometric Evidence. Rapid Commun Mass Spectrom 7: 304–311. doi: 10.1002/rcm.1290070408

[142] Beck RD, Weis P, Hirsch A, Lamparth I (1994) Laser Desorption Mass Spectrometry of Fullerene Derivatives: Laser-Induced Fragmentation and Coalescence Reactions. J Phys Chem 98: 9683–9687. doi: 10.1021/j100090a001

[143] Wolkenstein K, Gross JH, Oeser T, Schöler HF (2002) Spectroscopic Characterization and Crystal Structure of the 1,2,3,4,5,6-Hexahydrophenanthro[1,10,9,8-*opqra*]Perylene. Tetrahedron Lett 43: 1653–1655. doi: 10.1016/S0040-4039(02)00085-0

[144] Grim DM, Siegel J, Allison J (2002) Does Ink Age Inside of a Pen Cartridge? J Forensic Sci 47: 1294–1297. doi: 10.1520/JFS15563J

[145] Jones RM, Lamb JH, Lim CK (1995) Urinary Porphyrin Profiles by Laser Desorption/ Ionization Time-of-Flight Mass Spectrometry Without the Use of Classical Matrixes. Rapid Commun Mass Spectrom 9: 921–923. doi: 10.1002/rcm.1290091011

[146] Krätschmer W, Lamb LD, Fostiropoulos K, Huffman DR (1990) Solid C_{60}: A New Form of Carbon. Nature 347: 354–358. doi: 10.1038/347354a0

[147] Kroto H (1997) Symmetry, Space, Stars and C_{60}. Rev Mod Phys 69: 703–722. doi: 10.1103/RevModPhys.69.703

[148] Gross JH (2009) Mass Spectrometry. In: Andrews DL (ed) Encyclopedia of Applied Spectroscopy. Wiley-VCH, Weinheim

[149] Chapman JR (ed) (2000) Mass Spectrometry of Proteins and Peptides. Humana Press, Totowa

[150] Snyder AP (2000) Interpreting Protein Mass Spectra. Oxford University Press, New York

[151] Pasch H, Schrepp W (2003) MALDI-TOF Mass Spectrometry of Synthetic Polymers. Springer, Heidelberg

[152] Barner-Kowollik C, Gruendling T, Falkenhagen J, Weidner S (eds) (2012) Mass Spectrometry in Polymer Chemistry. Wiley-VCH, Weinheim

[153] Angeletti R, Gioacchini AM, Seraglia R, Piro R, Traldi P (1998) The Potential of Matrix-Assisted Laser Desorption/Ionization Mass Spectrometry in the Quality Control of Water Buffalo Mozzarella Cheese. J Mass Spectrom 33: 525–531. doi: 10.1002/(SICI)1096-9888(199806)33: 6<525:: AID-JMS655>3.0.CO;2-S

[154] Fanton C, Delogu G, Maccioni E, Podda G, Seraglia R, Traldi P (1998) Matrix-Assisted Laser Desorption/Ionization Mass Spectrometry in the Dairy Industry 2. The Protein Fingerprint of Ewe Cheese and Its Application to Detection of Adulteration by Bovine Milk. Rapid Commun Mass Spectrom 12: 1569–1573. doi: 10.1002/(SICI)1097-0231(19981030)12: 20<1569:: AID-RCM341>3.0.CO;2-F

[155] Krishnamurthy T, Ross PL, Rajamani U (1996) Detection of Pathogenic and Non-Pathogenic Bacteria by Matrix-Assisted Laser Desorption/Ionization Time-of-Flight Mass Spectrometry. Rapid Commun Mass Spectrom 10: 883–888. doi: 10.1002/(SICI)1097-0231(19960610)10: 8<883:: AID-RCM594>3.0.CO;2-V

[156] Egert M, Spaeth K, Weik K, Kunzelmann H, Horn C, Kohl M, Blessing F (2015) Bacteria on Smartphone Touchscreens in a German University Setting and Evaluation of Two Popular Cleaning Methods Using Commercially Available Cleaning Products. Folia Microbiol 60: 159–164. doi: 10.1007/s12223-014-0350-2

[157] Avila CC, Almeida FG, Palmisano G (2016) Direct Identification of Trypanosomatids by Matrix-Assisted Laser Desorption Ionization–Time-of-Flight Mass Spectrometry (DIT MALDI-TOF MS). J Mass Spectrom 51: 549–557. doi: 10.1002/jms.3763

[158] Mestas J, Quias T, Dien Bard J (2016) Direct Identification of Aerobic Bacteria by Matrix-Assisted Laser Desorption Ionization Time-of-Flight Mass Spectrometry Is Accurate and Robust. J Clin Lab Anal 30: 543–551. doi: 10.1002/jcla.21900

[159] Bohme K, Fernandez-No IC, Barros-Velazquez J, Gallardo JM, Calo-Mata P, Canas B (2010) Species Differentiation of Seafood Spoilage and Pathogenic Gram-Negative Bacteria by MALDI-TOF Mass Fingerprinting. J Proteome Res 9: 3169–3183. doi: 10.1021/pr100047q

[160] Gevaert K, Vandekerckhove J (2000) Protein Identification Methods in Proteomics. Electrophoresis 21: 1145–1154. doi: 10.1002/(SICI)1522-2683(20000401)21: 6<1145:: AID-ELPS1145>3.0.CO;2-Z

[161] Peng J, Gygi SP (2001) Proteomics: The Move to Mixtures. J Mass Spectrom 36: 1083–1096. doi: 10.1002/jms.229

[162] Aebersold R, Mann M (2003) Mass Spectrometry-Based Proteomics. Nature 422: 198–207. doi: 10.1038/nature01511

[163] Reinders J, Lewandrowski U, Moebius J, Wagner Y, Sickmann A (2004) Challenges in Mass Spectrometry-Based Proteomics. Proteomics 4: 3686–3703. doi: 10.1002/pmic.200400869

[164] Paizs B, Suhai S (2005) Fragmentation Pathways of Protonated Peptides. Mass Spectrom Rev 24: 508–548. doi: 10.1002/mas.20024

[165] Khidekel N, Ficarro SB, Clark PM, Bryan MC, Swaney DL, Rexach JE, Sun YE, Coon JJ, Peters EC, Hsieh-Wilson LC (2007) Probing the Dynamics of O-GlcNAc Glycosylation in the Brain Using Quantitative Proteomics. Nature Chem Biol 3: 339–348. doi: 10.1038/nchembio881

[166] Vestal M, Hayden K (2007) High Performance MALDI-TOF Mass Spectrometry for Proteomics. Int J Mass Spectrom 268: 83–92. doi: 10.1016/j.ijms.2007.06.21

[167] Nesvizhskii AI, Vitek O, Aebersold R (2007) Analysis and Validation of Proteomic Data Generated by Tandem Mass Spectrometry. Nature Methods 4: 787–797. doi: 10.1038/nmeth1088

[168] Paizs B, Van SM (2008) Editorial: Focus Issue on Peptide Fragmentation. J Am Soc Mass Spectrom 19: 1717–1718. doi: 10.1016/j.jasms.2008.10.009

[169] Seidler J, Zinn N, Boehm ME, Lehmann WD (2010) De Novo Sequencing of Peptides by MS/MS. Proteomics 10: 634–649. doi: 10.1002/pmic.200900459

[170] Henzel WJ, Watanabe C, Stults JT (2003) Protein Identification: The Origins of Peptide Mass Fingerprinting. J Am Soc Mass Spectrom 14: 931–942. doi: 10.1016/S1044-0305(03)00214-9

[171] Bleiholder C, Osburn S, Williams TD, Suhai S, Van SM, Harrison AG, Paizs B (2008) Sequence-Scrambling

Fragmentation Pathways of Protonated Peptides. J Am Chem Soc 130: 17774–17789. doi: 10.1021/ja805074d

[172] Kinter M, Sherman NE (2000) Protein Sequencing and Identification Using Tandem Mass Spectrometry. Wiley, Chichester

[173] Kaltashov IA, Eyles SJ (2005) Mass Spectrometry in Biophysics: Conformation and Dynamics of Biomolecules. John Wiley & Sons Inc., Hoboken

[174] Roepstorff P (1984) Proposal for a Common Nomenclature for Sequence Ions in Mass Spectra of Peptides. Biomed Mass Spectrom 11: 601. doi: 10.1002/bms.1200111109

[175] Biemann K (1988) Contributions of Mass Spectrometry to Peptide and Protein Structure. Biomed Environ Mass Spectrom 16: 99–111. doi: 10.1002/bms.1200160119

[176] Yalcin T, Khouw C, Csizmadia IG, Peterson MR, Harrison AG (1995) Why Are b Ions Stable Species in Peptide Spectra? J Am Soc Mass Spectrom 6: 1165–1174. doi: 10.1016/1044-0305(95)00569-2

[177] Yalcin T, Csizmadia IG, Peterson MR, Harrison AG (1996) The Structure and Fragmentation of B_n (n >= 3) Ions in Peptide Spectra. J Am Soc Mass Spectrom 7: 233–242. doi: 10.1016/1044-0305(95)00677-X

[178] Harrison AG (2008) Peptide Sequence Scrambling Through Cyclization of B5 Ions. J Am Soc Mass Spectrom 19: 1776–1780. doi: 10.1016/j.jasms.2008.06.025

[179] Harrison AG (2009) To b or Not to B: the Ongoing Saga of Peptide b Ions. Mass Spectrom Rev 28: 640–654. doi: 10.1002/mas.20228

[180] Amadei GA, Cho CF, Lewis JD, Luyt LG (2010) A Fast, Reproducible and Low-Cost Method for Sequence Deconvolution of "on-Bead" Peptides via "on-Target" Maldi-TOF/TOF Mass Spectrometry. J Mass Spectrom 45: 241–251. doi: 10.1002/jms.1708

[181] Harvey DJ (2003) Matrix-Assisted Laser Desorption/Ionization Mass Spectrometry of Carbohydrates and Glycoconjugates. Int J Mass Spectrom 226: 1–35. doi: 10.1016/S1387-3806(02)00968-5

[182] Stahl B, Linos A, Karas M, Hillenkamp F, Steup M (1997) Analysis of Fructans from Higher Plants by Matrix-Assisted Laser Desorption/Ionization Mass Spectrometry. Anal Biochem 246: 195–204. doi: 10.1006/abio.1997.2011

[183] Garrozzo D, Impallomeni G, Spina E, Sturiale L, Zanetti F (1995) Matrix-Assisted Laser Desorption/Ionization Mass Spectrometry of Polysaccharides. Rapid Commun Mass Spectrom 9: 937–941. doi: 10.1002/rcm.1290091014

[184] Welham KJ, Domin MA, Johnson K, Jones L, Ashton DS (2000) Characterization of Fungal Spores by Laser Desorption/Ionization Time-of-Flight Mass Spectrometry. Rapid Commun Mass Spectrom 14: 307–310. doi: 10.1002/(SICI)1097-0231(20000315)14: 5<307:: AID-RCM823>3.0.CO;2-3

[185] Harvey DJ, Naven TJP, Küster B, Bateman R, Green MR, Critchley G (1995) Comparison of Fragmentation Modes for the Structural Determination of Complex Oligosaccharides Ionized by Matrix-Assisted Laser Desorption/Ionization Mass Spectrometry. Rapid Commun Mass Spectrom 9: 1556–1561. doi: 10.1002/rcm.1290091517

[186] Lin H, Hunter JM, Becker CL (1999) Laser Desorption of DNA Oligomers Larger than One Kilobase from Cooled 4-Nitrophenol. Rapid Commun Mass Spectrom 13: 2335–2340. doi: 10.1002/(SICI)1097-0231 (19991215)13: 23<2335:: AID-RCM794>3.0.CO;2-1

[187] Bartolini WP, Johnston MV (2000) Characterizing DNA Photo-Oxidation Reactions by High-Resolution Mass Measurements with Matrix-Assisted Laser Desorption/Ionization Time-of-Flight Mass Spectrometry. J Mass Spectrom 35: 408–416. doi: 10.1002/(SICI)1096-9888(200003)35: 3<408:: AID-JMS951>3.0.CO;2-0

[188] Jackson AT, Yates HT, Scrivens JH, Critchley G, Brown J, Green MR, Bateman RH (1996) The Application of Matrix-Assisted Laser Desorption/Ionization Combined with Collision-Induced Dissociation to the Analysis of

Synthetic Polymers. Rapid Commun Mass Spectrom 10: 1668–1674. doi: 10.1002/(SICI)1097-0231(199609)10: 12<1459:: AID-RCM630>3.0.CO;2-Q

[189] Tang X, Dreifuss PA, Vertes A (1995) New Matrixes and Accelerating Voltage Effects in Matrix-Assisted Laser Desorption/Ionization of Synthetic Polymers. Rapid Commun Mass Spectrom 9: 1141–1147. doi: 10.1002/rcm.1290091212

[190] Montaudo G, Montaudo MS, Puglisi C, Samperi F (1994) Self-Calibrating Property of Matrix-Assisted Laser Desorption/Ionization Time-of-Flight Spectra of Polymeric Materials. Rapid Commun Mass Spectrom 8: 981–984. doi: 10.1002/rcm.1290081215

[191] Williams JB, Chapman TM, Hercules DM (2003) Matrix-Assisted Laser Desorption/Ionization Mass Spectrometry of Discrete Mass Poly(butylene glutarate) Oligomers. Anal Chem 75: 3092–3100. doi: 10.1021/ac030061q

[192] Nielen MFW, Malucha S (1997) Characterization of Polydisperse Synthetic Polymers by Size-Exclusion Chromatography/Matrix-Assisted Laser Desorption/Ionization Time-of-Flight Mass Spectrometry. Rapid Commun Mass Spectrom 11: 1194–1204. doi: 10.1002/(SICI)1097-0231(199707)11: 11<1194:: AID-RCM935>3.0.CO;2-L

[193] de Koster CG, Duursma MC, van Rooij GJ, Heeren RMA, Boon JJ (1995) Endgroup Analysis of Polyethylene Glycol Polymers by Matrix-Assisted Laser Desorption/Ionization Fourier-Transform Ion Cyclotron Resonance Mass Spectrometry. Rapid Commun Mass Spectrom 9: 957–962. doi: 10.1002/rcm.1290091018

[194] Weidner S, Kühn G, Just U (1995) Characterization of Oligomers in Poly(Ethylene Tere-phthalate) by Matrix-Assisted Laser Desorption/Ionization Mass Spectrometry. Rapid Commun Mass Spectrom 9: 697–702. doi: 10.1002/rcm.1290090813

[195] Montaudo MS (1999) Sequence Constraints in a Glycine-Lactic Acid Copolymer Determined by Matrix-Assisted Laser Desorption/Ionization Mass Spectrometry. Rapid Commun Mass Spectrom 13: 639–644. doi: 10.1002/(SICI)1097-0231(19990430)13: 8<639:: AID-RCM513>3.0.CO;2-J

[196] Montaudo MS (2002) Mass Spectra of Copolymers. Mass Spectrom Rev 21: 108–144. doi: 10.1002/mas.10021

[197] Murgasova R, Hercules DM (2003) Quantitative Characterization of a Polystyrene/Poly (α-methylstyrene) Blend by MALDI Mass Spectrometry and Size-Exclusion Chromatography. Anal Chem 75: 3744–3750. doi: 10.1021/ac020593r

[198] Satoh T, Kubo A, Hazama H, Awazu K, Toyoda M (2014) Separation of Isobaric Compounds Using a Spiral Orbit Type Time-of-Flight Mass Spectrometer, MALDI-SpiralTOF. Mass Spectrom 3: S0027-1-S0027/5. doi: 10.5702/massspectrometry.S0027

[199] Grayson SM, Myers BK, Bengtsson J, Malkoch M (2014) Advantages of Monodisperse and Chemically Robust "SpheriCal" Polyester Dendrimers as a "Universal" MS Calibrant. J Am Soc Mass Spectrom 25: 303–309. doi: 10.1007/s13361-013-0777-8

[200] Casey BK, Grayson SM (2015) Letter: The Potential of Amine-Containing Dendrimer Mass Standards for Internal Calibration of Peptides. Eur J Mass Spectrom 21: 747–752. doi: 10.1255/ejms.1394

[201] Gross JH (2016) Improved Procedure for Dendrimer-Based Mass Calibration in Matrix-Assisted Laser Desorption/Ionization-Time-of-Flight-Mass Spectrometry. Anal Bioanal Chem 408: 5945–5951. doi: 10.1007/s00216-016-9714-6

[202] Wei J, Buriak JM, Siuzdak G (1999) Desorption-Ionization Mass Spectrometry on Porous Silicon. Nature 399: 243–246. doi: 10.1038/20400

[203] Go EP, Shen Z, Harris K, Siuzdak G (2003) Quantitative Analysis with Desorption/Ionization on Silicon Mass Spectrometry Using Electrospray Deposition. Anal Chem 75: 5475–5479. doi: 10.1021/ac034376h

[204] Shen Z, Thomas JJ, Averbuj C, Broo KM, Engelhard M, Crowell JE, Finn MG, Siuzdak G (2001) Porous Silicon as a Versatile Platform for Laser Desorption/Ionization Mass Spectrometry. Anal Chem 73: 612–619. doi: 10.1021/ac000746f

[205] Laiko VV, Taranenko NI, Berkout VD, Musselman BD, Doroshenko VM (2002) Atmospheric Pressure Laser Desorption/Ionization on Porous Silicon. Rapid Commun Mass Spectrom 16: 1737–1742. doi: 10.1002/rcm.781

[206] Go EP, Prenni JE, Wei J, Jones A, Hall SC, Witkowska HE, Shen Z, Siuzdak G (2003) Desorption/Ionization on Silicon Time-of-Flight/Time-of-Flight Mass Spectrometry. Anal Chem 75: 2504–2506. doi: 10.1021/ac026253n

[207] Kang MJ, Pyun JC, Lee JC, Choi YJ, Park JH, Park JG, Lee JG, Choi HJ (2005) Nanowire-Assisted Laser Desorption and Ionization Mass Spectrometry for Quantitative Analysis of Small Molecules. Rapid Commun Mass Spectrom 19: 3166–3170. doi: 10.1002/rcm.2187

[208] Go EP, Apon JV, Luo G, Saghatelian A, Daniels RH, Sahi V, Dubrow R, Cravatt BF, Vertes A, Siuzdak G (2005) Desorption/Ionization on Silicon Nanowires. Anal Chem 77: 1641–1646. doi: 10.1021/ac048460o

[209] Vidova V, Novak P, Strohalm M, Pol J, Havlicek V, Volny M (2010) Laser Desorption-Ionization of Lipid Transfers: Tissue Mass Spectrometry Imaging Without MALDI Matrix. Anal Chem 82: 4994–4997. doi: 10.1021/ac100661h

[210] Shenar N, Cantel S, Martinez J, Enjalbal C (2009) Comparison of Inert Supports in Laser Desorption/Ionization Mass Spectrometry of Peptides: Pencil Lead, Porous Silica Gel, DIOS-Chip and NALDI Target. Rapid Commun Mass Spectrom 23: 2371–2379. doi: 10.1002/rcm.4158

[211] Hashir MA, Stecher G, Bakry R, Kasemsook S, Blassnig B, Feuerstein I, Abel G, Popp M, Bobleter O, Bonn GK (2007) Identification of Carbohydrates by Matrix-Free Material-Enhanced Laser Desorption/Ionisation Mass Spectrometry. Rapid Commun Mass Spectrom 21: 2759–2769. doi: 10.1002/rcm.3147

[212] Rainer M, Muhammad NNH, Huck CW, Feuerstein I, Bakry R, Huber LA, Gjerde DT, Zou X, Qian H, Du X, Fang WG, Ke Y, Bonn GK (2006) Ultra-Fast Mass Fingerprinting by High-Affinity Capture of Peptides and Proteins on Derivatized Poly(Glycidyl Methacrylate/ Divinylbenzene) for the Analysis of Serum and Cell Lysates. Rapid Commun Mass Spectrom 20: 2954–2960. doi: 10.1002/rcm.2673

[213] Feuerstein I, Najam-ul-Haq M, Rainer M, Trojer L, Bakry R, Aprilita NH, Stecher G, Huck CW, Bonn GK, Klocker H, Bartsch G, Guttman A (2006) Material-Enhanced Laser Desorption/Ionization (MELDI)-A New Protein Profiling Tool Utilizing Specific Carrier Materials for Time-of-Flight Mass Spectrometric Analysis. J Am Soc Mass Spectrom 17: 1203–1208. doi: 10.1016/j.jasms.2006.04.032

[214] Caprioli RM, Farmer TB, Gile J (1997) Molecular Imaging of Biological Samples: Localization of Peptides and Proteins Using MALDI-TOF MS. Anal Chem 69: 4751–4760. doi: 10.1021/ac970888i

[215] Cornett DS, Reyzer ML, Chaurand P, Caprioli RM (2007) MALDI Imaging Mass Spectrometry: Molecular Snapshots of Biochemical Systems. Nat Methods 4: 828–833. doi: 10.1038/nmeth1094

[216] Chaurand P, Schriver KE, Caprioli RM (2007) Instrument Design and Characterization for High Resolution MALDI-MS Imaging of Tissue Sections. J Mass Spectrom 42: 476–489. doi: 10.1002/jms.1180

[217] Franck J, Arafah K, Elayed M, Bonnel D, Vergara D, Jacquet A, Vinatier D, Wisztorski M, Day R, Fournier I, Salzet M (2009) MALDI Imaging Mass Spectrometry: State of the Art Technology in Clinical Proteomics. Mol Cell Proteom 8: 2023–2033. doi: 10.1074/mcp.R800016-MCP200

[218] Francese S, Dani FR, Traldi P, Mastrobuoni G, Pieraccini G, Moneti G (2009) MALDI Mass Spectrometry Imaging, from Its Origins Up to Today: The State of the Art. Comb Chem High Throughput Screening 12: 156–174. doi: 10.2174/138620709787315454

[219] Ramanathan R (ed) (2009) Mass Spectrometry in Drug Metabolism and Pharmacokinetics. John Wiley & Sons,

Inc., Hoboken

[220] Todd PJ, Schaaff TG, Chaurand P, Caprioli RM (2001) Organic Ion Imaging of Biological Tissue with Secondary Ion Mass Spectrometry and Matrix-Assisted Laser Desorption/Ionization. J Mass Spectrom 36: 355–369. doi: 10.1002/jms.153

[221] Sugiura Y, Shimma S, Setou M (2006) Two-Step Matrix Application Technique to Improve Ionization Efficiency for Matrix-Assisted Laser Desorption/Ionization in Imaging Mass Spectrometry. Anal Chem 78: 8227–8235. doi: 10.1021/ac060974v

[222] Guenther S, Koestler M, Schulz O, Spengler B (2010) Laser Spot Size and Laser Power Dependence of Ion Formation in High Resolution MALDI Imaging. Int J Mass Spectrom 294: 7–15. doi: 10.1016/j.ijms.2010.03.014

[223] Kompauer M, Heiles S, Spengler B (2017) Atmospheric Pressure MALDI Mass Spectrometry Imaging of Tissues and Cells at 1.4-μm Lateral Resolution. Nat Methods 14: 90–96. doi: 10.1038/nmeth.4071

[224] Ogrinc Potocnik N, Porta T, Becker M, Heeren RMA, Ellis SR (2015) Use of Advantageous, Volatile Matrices Enabled by Next-Generation High-Speed Matrix-Assisted Laser Desorption/Ionization Time-of-Flight Imaging Employing a Scanning Laser Beam. Rapid Commun Mass Spectrom 29: 2195–2203. doi: 10.1002/rcm.7379

[225] Spengler B (2015) Mass Spectrometry Imaging of Biomolecular Information. Anal Chem 87: 64–82. doi: 10.1021/ac504543v

[226] Grey AC (2016) MALDI Imaging of the Eye: Mapping Lipid, Protein and Metabolite Distributions in Aging and Ocular Disease. Int J Mass Spectrom 401: 31–38. doi: 10.1016/j.ijms.2016.02.017

[227] Heyman HM, Dubery IA (2016) The Potential of Mass Spectrometry Imaging in Plant Metabolomics: A Review. Phytochemistry Reviews 15: 297–316. doi: 10.1007/s11101-015-9416-2

[228] Ferguson L, Bradshaw R, Wolstenholme R, Clench M, Francese S (2011) Two-Step Matrix Application for the Enhancement and Imaging of Latent Fingermarks. Anal Chem 83: 5585–5591. doi: 10.1021/ac200619f

[229] Bradshaw R, Denison N, Francese S (2016) Development of Operational Protocols for the Analysis of Primary and Secondary Fingermark Lifts by MALDI-MS Imaging. Anal Methods 8: 6795–6804. doi: 10.1039/c6ay01406b

[230] Emerson B, Gidden J, Lay JO Jr, Durham B (2011) Laser Desorption/Ionization Time-of-Flight Mass Spectrometry of Triacylglycerols and Other Components in Fingermark Samples. J Forensic Sci 56: 381–389. doi: 10.1111/j.1556-4029.2010.01655.x

[231] Deininger L, Patel E, Clench MR, Sears V, Sammon C, Francese S (2016) Proteomics Goes Forensic: Detection and Mapping of Blood Signatures in Fingermarks. Proteomics 16: 1707–1717. doi: 10.1002/pmic.201500544

[232] Groeneveld G, de Puit M, Bleay S, Bradshaw R, Francese S (2015) Detection and Mapping of Illicit Drugs and Their Metabolites in Fingermarks by MALDI MS and Compatibility with Forensic Techniques. Scientific Reports 5: 11716. doi: 10.1038/srep11716

[233] Laiko VV, Baldwin MA, Burlingame AL (2000) Atmospheric Pressure Matrix-Assisted Laser Desorption/Ionization Mass Spectrometry. Anal Chem 72: 652–657. doi: 10.1021/ac990998k

[234] Laiko VV, Moyer SC, Cotter RJ (2000) Atmospheric Pressure MALDI/Ion Trap Mass Spectrometry. Anal Chem 72: 5239–5243. doi: 10.1021/ac000530d

[235] Moyer SC, Marzilli LA, Woods AS, Laiko VV, Doroshenko VM, Cotter RJ (2003) Atmospheric Pressure Matrix-Assisted Laser Desorption/Ionization (AP MALDI) on a Quadrupole Ion Trap Mass Spectrometer. Int J Mass Spectrom 226: 133–150. doi: 10.1016/S1387-3806(02)00972-7

[236] Doroshenko VM, Laiko VV, Taranenko NI, Berkout VD, Lee HS (2002) Recent Developments in Atmospheric Pressure MALDI Mass Spectrometry. Int J Mass Spectrom 221: 39–58. doi: 10.1016/S1387-3806(02)00893-X

[237] Moskovets E, Misharin A, Laiko V, Doroshenko V (2016) A Comparative Study on the Analytical Utility of Atmospheric and Low-Pressure MALDI Sources for the Mass Spectrometric Characterization of Peptides. Methods 104: 21–32. doi: 10.1016/j.ymeth.2016.02.009

[238] Krutchinsky AN, Loboda AV, Spicer VL, Dworschak R, Ens W, Standing KG (1998) Orthogonal Injection of Matrix-Assisted Laser Desorption/Ionization Ions into a Time-of-Flight Spectrometer Through a Collisional Damping Interface. Rapid Commun Mass Spectrom 12: 508–518. doi: 10.1002/(SICI)1097-0231(19980515)12:9<508::AID-RCM197>3.0.CO;2-L

[239] McIver RT Jr, Li Y, Hunter RL (1994) Matrix-Assisted Laser Desorption/Ionization with an External Ion Source Fourier-Transform Mass Spectrometer. Rapid Commun Mass Spectrom 8: 237–241. doi: 10.1002/rcm.1290080303

[240] Li Y, McIver RT Jr, Hunter RL (1994) High-Accuracy Molecular Mass Determination for Peptides and Proteins by Fourier Transform Mass Spectrometry. Anal Chem 66: 2077–2083. doi: 10.1021/ac00085a024

[241] Li Y, Tang K, Little DP, Koester H, McIver RT Jr (1996) High-Resolution MALDI Fourier Transform Mass Spectrometry of Oligonucleotides. Anal Chem 68: 2090–2096. doi: 10.1021/ac9601268

[242] Baykut G, Jertz R, Witt M (2000) Matrix-Assisted Laser Desorption/Ionization Fourier Transform Ion Cyclotron Resonance Mass Spectrometry with Pulsed In-Source Collision Gas and In-Source Ion Accumulation. Rapid Commun Mass Spectrom 14: 1238–1247. doi: 10.1002/1097-0231(20000730)14: 14<1238::AID-RCM17>3.0.CO;2-H

[243] O'Connor PB, Costello CE (2001) A High Pressure Matrix-Assisted Laser Desorption/Ionization Fourier Transform Mass Spectrometry Ion Source for Thermal Stabilization of Labile Biomolecules. Rapid Commun Mass Spectrom 15: 1862–1868. doi: 10.1002/rcm.447

电喷雾电离 第**12**章

> **学习目标**
> - 电喷雾——一种在大气压下形成离子的方法
> - 大气压电离与高真空分析器的接口
> - 静电场作用下电解质溶液的喷雾
> - 从电解质溶液中释放离子的过程
> - 多电荷离子的形成和电荷脱卷积
> - 电喷雾电离分析小分子
> - 电喷雾电离的高质量和高极性分析能力

电喷雾电离（electrospray ionization，ESI）是大气压电离（API）方法中最出色的技术，其中一些已经在大气压化学电离（APCI，第 7.8 节和 7.9 节）的章节中讨论过。ESI 是液相色谱-质谱联用（LC-MS，第 14 章）的首选方法[1-4]。实际上，ESI 和 MALDI（第 11 章）为拓展质谱在生物学和生物医学领域的应用提供了手段，是目前常用的电离方法[1,2,4-11]之一。

ESI "是一种软电离技术，实现了离子从溶液转移到气相。该技术对分析非挥发性、易电离的大分子，如蛋白质和核酸聚合物等非常有用"[10-15]。与快速原子轰击法（FAB，第 10 章）相比，在 ESI 中，溶液由极低浓度的离子化分析物和挥发性溶剂组成，分析物浓度通常为 $10^{-6} \sim 10^{-4}$ mol/L。此外，离子在大气压下从凝聚相转移到更加分散的气相离子中，并逐级进入质量分析器的高真空状态[6,16-18]。这使得电离显著"变软"，能够用于大分子分析，就如诺贝尔奖得主 Fenn 所说，"ESI 给分子大象插上了翅膀"[19]。ESI 能分析高质量化合物[15,20,21]的另一个原因在于高质量化合物会形成特征的多电荷离子[15,18,22]。带上多电荷使得 m/z 值按电荷数呈倍数降低，从而将离子转移到大多数质量分析器可达到的 m/z 范围内（图 12.1 和第 3.8 节）。ESI 同样适用于极性小分子、离子型金属复合物[23-25]和其他可溶性无机分析物[26]。

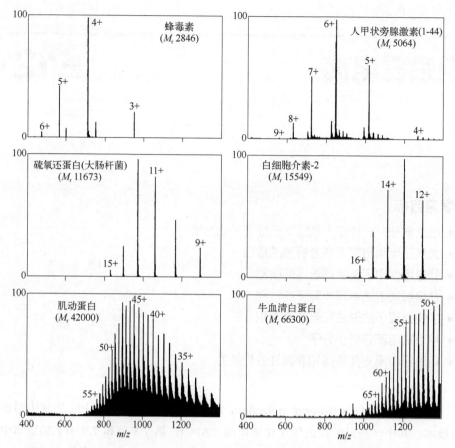

图 12.1 ESI 条件下多肽和蛋白质的质量与离子电荷数的关系

(经许可改编自参考文献[18]。© The American Chemical Society, 1990)

> **超出通常的 *m/z* 值**
>
> 大多数高质量分析物在 ESI 检测中容易形成多电荷离子,因此在 ESI-MS 中,通常达到 *m/z* 3000 的离子检测范围就足够了。当然,这并不排除 ESI 能够产生更高 *m/z* 的离子[27,28],例如已经观察到了 *m/z* 85000 的离子[29]。

12.1 电喷雾电离的产生历程

目前最先进的 ESI 技术并不是由简单的发展产生的。它有许多前身,其中一些在当时是成功的,而另一些则是相当短暂的方法,一旦出现更灵敏或更稳健的技术就被取代[30]。尽管如此,所有这些技术的发展都旨在将液相分析物与质谱法直接联用起来,并分析高极性甚至是离子型分析物。

12.1　电喷雾电离的产生历程

在 ESI 的发展历史中，经历过几次重大技术突破，以下部分将重点介绍 ESI 接口的构建、电喷雾的过程，以及离子从液相释放到孤立的气相离子状态的途径。

12.1.1　大气压电离及相关方法

第一种技术，大气压电离（API），早在 1973 年由 Horning 团队提出[31]。仅一年后，该小组就推出了一种大幅改进的变体——大气压化学电离（APCI）[32]。2000年，大气压光电离（APPI）被研发出来，以扩大在低极性分析物的应用范围[33]。由于 API、APCI 和 APPI 基本上依赖化学电离过程，这些已经在第 7.8 节和 7.9 节中讨论过。APCI 和 APPI 这两种技术都被经常使用。如今，大气压电离已经成为在大气压下产生离子的所有技术的统称。

12.1.2　热喷雾

在热喷雾（thermospray，TSP）[34-36]中，分析物溶液和挥发性缓冲液（通常为 0.1 mol/L 乙酸铵）以 1～2 mL/min 的液体流速从加热毛细管蒸发到腔体（>600℃），热喷雾由此得名。随着溶剂的蒸发，分析物开始与缓冲盐中的离子形成加合物。当大多数中性分子被真空泵去除时，离子通过静电势从它们的运动主轴正交方向被引出。而后离子通过直径约 25 μm 的锥孔被传输到四极杆质量分析器中（图 12.2）。使用四极杆是因为其可耐受较差的真空条件。

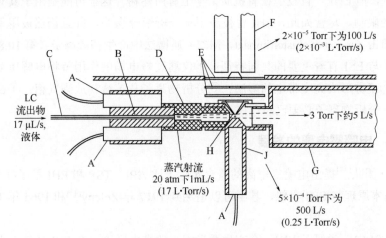

图 12.2　热喷雾接口

A—加热套筒；B—焊在不锈钢毛细管上的铜块；C—毛细管；D—铜管；E—离子透镜；
F—四极杆质量分析器；G—旋叶泵管路；H—离子出口小孔；J—源加热器
（经许可转载自参考文献[35]。© The American Chemical Society，1983）

由于纯粹的 TSP 模式仅适用于存在缓冲盐的高极性溶剂，因此开发了改进的操作模式，以将 TSP 离子源的使用扩展到弱极性系统。一种方法是在蒸气相中放电[37]，而另一种方法是在膨胀的气态云中使用电子发射灯丝。这两种改良基本上都是在 TSP 接口上模拟 APCI。随着这种多功能性的增加，TSP 意味着在 LC-MS 上的突破[38]。尽管如此，随着 ESI 的出现，TSP 很快从实验室消失了。

> **仅部分达到了 API**
>
> 严格来说，热喷雾实际上不是一种真正的 API 方法，因为分析物溶液是喷雾到几百帕的低真空中，而不是在大气压下喷雾。

12.1.3 电流体动力学电离

挥发性足够低的电解质溶液可以转移到真空中而不会突然蒸发，然后在强静电场的作用下从细毛细管中喷出，这就是所谓的电流体动力学电离（electrohydrodynamic ionization，EHI）[39,40]。EHI 是由毛细管末端的场与液体弯月面的相互作用产生的[41,42]。微米大小的带电雾滴以超音速膨胀到真空中。溶剂蒸发时液滴收缩，导致其表面的电荷密度超过瑞利极限（Rayleigh limit）的稳定性[43]，即静电斥力克服了表面张力，然后电力将液滴击碎。液滴收缩并随后崩解成更小的亚单元，如此反复不断发生，最终导致孤立的气相离子的形成。

尽管 EHI 离子源只需将毛细管简单地代替场解吸（FD）源的场发射器（第 8.3 节）[44,45]，但 EHI 一直没能在有机质谱学上有所建树。这很可能是由于其对低挥发性溶剂的限制。尽管如此，EHI 曾被应用于分析聚合物[46]，并且仍然被用于在大质量团簇撞击（massive cluster impact，MCI）质谱法中产生初级离子（第 10.8 节）。

EHI 与 ESI 有着重要的共同特征：①仅通过静电场的作用就将电解质溶液进行喷雾；②喷雾形成高度带电的雾滴；③分析物离子从溶液释放到气相；④在溶液喷雾之前，分析物离子必须已经存在。

12.1.4 电喷雾电离的发展

Dole 团队[47]提出电喷雾电离的概念实际上比 API、TSP 和 EHI 早了好几年[48]。ESI 的基本原理与 EHI 类似，甚至可以追溯到 1917 年 Zeleny[41]和 1964 年 Taylor[42]的工作。

在 ESI 中，类似于 EHI，会产生微米大小的带电雾滴。在 ESI 条件下也会观察到液滴的反复不断收缩和崩解。与 EHI 不同，电喷雾过程是在大气压下进行的。然后，带静电的气溶胶通过接有差分泵的接口连续进入质量分析器。Dole 实验的局限性在于，他的团队使用的电喷雾得到的高分子量聚苯乙烯的离子无法用他的质谱仪检测到[47-49]。Fenn 团队花了数年的时间，直到 20 世纪 80 年代末，才充分地认识到分子量为 100～2000 u 的分析物可以用四极杆质谱连接一个适当构造的 ESI 接口进行分析[16,19,50]。为了避免气溶胶液滴在从大气压到真空的绝热膨胀条件下冻结，充足的能量供应变得至关重要。热量可通过加热的逆向帘气流或作为接口一部分的加热毛细管来传递。直到今天，所有电喷雾源都是使用这两种加热气溶胶的方式。ESI几乎可以使用任何常见溶剂，这是其取得巨大成功的另一个关键[19]。

与大气压相通

任何大气压电离法，即 ESI、APCI 和 APPI，都需要将离子从大气压下不间断地传输到质量分析器高真空的环境中。因此，API 接口必须实现离子的有效传输，同时必须去除伴随的气流以保持质量分析器的真空环境。这是通过差分泵来实现的。

12.2 电喷雾电离接口

12.2.1 基本设计的考虑因素

第一个电喷雾质谱接口是由 Fenn 团队在 20 世纪 80 年代中期设计的[16,50-52]。在该接口中，稀释的样品溶液由蠕动泵通过注射器针头——喷雾毛细管——以 5~20 μL/min 的流速提供。喷雾毛细管相对于周围的圆柱形电极保持在 3~4 kV 的电位（图 12.3）。然后，电喷雾气溶胶膨胀进入热氮气逆帘气流中，作为溶剂蒸发的热源。一小部分喷雾的样品进入一个短毛细管（内径 0.2 mm，长 60 mm）的孔中，该毛细管将大气压喷雾区连接到第一级泵系统阶段（约 10^2 Pa），气体以自由射流膨胀的方式进入。从去溶剂化气溶胶中膨胀出来的大部分气体在从毛细管中排出时被旋叶泵抽走，一小部分通过截取锥的孔口（顶端有小孔的锥形电极）进入后面的高真空（10^{-3}~10^{-4} Pa）中。在这个阶段，离子的去溶剂化完成，随后被聚焦到质量分析器中。施加到毛细管、截取锥和后面的透镜上的合适电势有效促进了离子通过接口，而中性气体不受影响并通过真空系统排出。

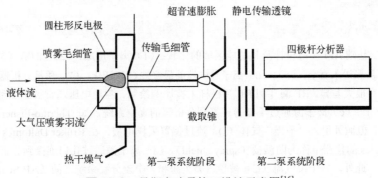

图 12.3 早期电喷雾接口设计示意图[16]

现代 ESI 接口是在这个方案的基础上经过许多变化设计的[53,54]。可以使用加热的传输毛细管或热氮气反吹气，也称为帘气（curtain gas），来促进溶剂蒸发[55]。这些差异会影响系统的稳定性和特定 ESI 接口形成团簇离子的程度[56,57]。无论细节如何，它们都来自最初由 Kantrowitz 和 Grey 提出的喷嘴-截取锥（nozzle-skimmer）系统[58]，该系统将极冷的分子射流送入高真空环境[47,50,59]中。

气体在进入第一泵系统阶段时的绝热膨胀，由于过度冷却而减少了离子的随机运动。此外，热运动的一部分被喷嘴-截取锥装置转换成定向流。总之，这导致较重的含分析物离子的溶剂团簇通过接口向飞行路径的中心靠近，而较轻的溶剂分子从射流中逸出[48]。因此，从统计上看，截取锥的孔口不只会通过各种颗粒，而被绝热膨胀的羽流中的离子组分也会选择性地通过。

图 12.4 提供了 API 接口概念的比较——所有这些目前仍在使用[60]。本章后文将进一步介绍具体的方法。

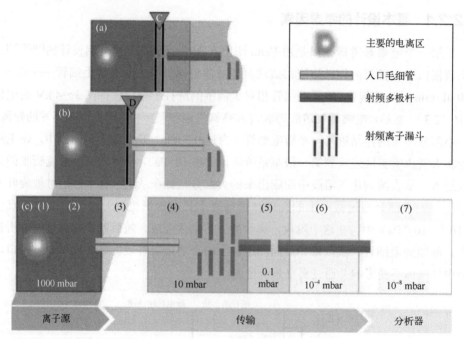

图 12.4 基础 API 接口设计及其功能区域的比较：(1) 离子形成，(2) 加热，(3) 入口湍流，(4) 膨胀进入真空，(5)、(6) 离子导向器并最终被 CID 活化，(7) 质量分析器。图示的压力可能有很大差异。RF 漏斗和 RF 多极杆未按比例绘制，各种电压通常被施加到这些离子光学器件上。(c) 离子源通过毛细管连接到分析器的真空系统，如 Thermo-Fisher。(b) 与前者相似，但额外引入"干燥"气体（D）流过偏置采样电极，在 Bruker Daltonics 或 Agilent Technologies 的仪器中称为防溅板（spray shield）。(a) 离子源通过孔口连接到分析器的真空系统；此外，一个帘气流（C）被导入离子源和一个差分泵系统之间（AB SCIEX）

（经许可转载自参考文献[60]。© Springer，2014）

> **离子必须已经存在**
>
> ESI 要求样品溶液中存在分析物离子,因为 ESI 不会主动产生离子。实际上,与其说 ESI 是一种真正的电离方法,不如说它是一种离子传输方法。因此,ESI 与目前使用的所有其他电离技术(EI、CI、APCI、APPI、FAB、FD、MALDI、DART)形成了鲜明的对比。此外,电喷雾电离(ESI)也可称为电喷雾(ES)或 ESI 离子源,这些名称能更准确地描述 ESI 接口。

12.2.2 ESI 对不同流速的适应

"电喷雾"的实际过程是将液体分散成气溶胶,在 1~20 μL/min 的流量下效果最好。这使得其作为 LC-MS 接口在溶剂性质如挥发性和极性方面有了一定限制。因此,许多喷雾器设计的改进扩大了 ESI 的应用范围(图 12.5)。

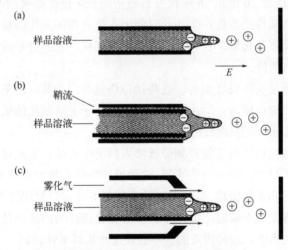

图 12.5 用于 ESI 的不同喷雾器

(a)纯电喷雾,(b)带鞘流的电喷雾,(c)气动辅助的电喷雾

[经许可改编自参考文献[6](109 页)。© John Wiley & Sons,1997]

气动辅助(pneumatically assisted)ESI 接口的设计不同于简单的电喷雾接口,它为喷雾过程提供气动辅助。这是通过在电喷雾羽流周围提供惰性气体(如氮气)的同心流来实现的[61-63]。1~5 L/min 的雾化器的气流有助于提高液体流速,并降低溶剂表面张力的影响[64]。气动辅助 ESI 可以匹配 10~200 μL/min 的流速。实际上,所有现代 ESI 接口都配有一个雾化气或鞘气管路,用于包裹喷雾毛细管。因此,大多数常规 ESI 测试实际上是使用气动辅助 ESI 进行的。在气动辅助 ESI 中,高电压的目的几乎被简化为仅仅使液滴带电。对于极低液体流速下的高极性溶液,纳升电喷雾提供了更好的技术(下一节)。

对于毛细管区带电泳（CZE）质谱联用，开发了另一种改进的 ESI 喷雾器。它使用鞘流或补充流在 CZE 末端建立电接触，从而定义 CZE 和电喷雾场梯度。补充流也用于将低 CZE 流调节到与电喷雾兼容的水平。

这样，电喷雾液体的组成可以不受 CZE 缓冲液控制，从而可以使用以前无法使用的缓冲液进行操作，例如水性和高离子强度缓冲液。此外，接口操作也不受 CZE 流速的影响[65]。

> **离子喷雾?**
>
> 气动辅助电喷雾也被称为离子喷雾（ISP）。然而，不建议使用 ISP 来代替气动辅助 ESI，因为 ISP 仅代表 ESI 设置的一种改进，是公司特有的术语[66]。

12.2.3 改进的电喷雾配置

自从 Fenn 团队在 20 世纪 80 年代发布最初的 ESI 设计以来，ESI 接口在以下几方面进行了各种实质性的改进：①在长时间无人值守期间工作的稳定性；②离子从喷雾器到质量分析器的传输率；③离子有效去溶剂化，且不会导致裂解的软电离；④差分泵系统的有效性。

尽管如此，无论实际设计如何，这些接口仍然有一些共同的基本特征：①大气压下电解质溶液的静电喷雾；②用于溶剂蒸发和离子去溶剂化的供热；③进入第一泵体系的超音速膨胀；④三级或四级差分泵系统。

虽然早期的接口从喷雾毛细管到分析器入口沿中心轴直观地对齐，但之后的设计采用了与真空入口成一定角度的喷雾。这种设计的优点是大大减少了可能的污染，特别是防止毛细管和截取锥堵塞，这在以前是限制 ESI 接口易用性严重的问题之一。当分析物含有非挥发性杂质时，如用于改善液相色谱行为的缓冲盐或存在于血液或尿液样品中的有机物质，这种物质的沉积会快速地损坏 ESI 接口。

这些改进的设计实现了非挥发性物质沉积位点和离子进入质谱仪位置的空间分离。这种设计包括：①离轴（off-axis）喷雾；②引导去溶剂化微液滴通过曲折路径（inflected paths）；以及③以正交角度喷雾（图 12.6）[66]。正交喷雾的一大优点是在接口入口处可以选择性地收集小的和带高电荷的液滴，这些液滴是分析物离子的最佳来源。较大的和带电荷较少的液滴在 90°时不能被引出场充分吸引，因此不能进到孔口。

第一个商品化的 90°偏转 ESI 接口，是 Waters 的 z-spray™ 接口（图 12.7）。所有现代电喷雾接口都采用非常相似的配置。例如，Bruker 和 Agilent 的 API 接口的入口区域包括一个接地的喷雾毛细管、一个带高压反相电极和围绕离子传输毛细管孔口的逆向热氮气流，离子传输毛细管孔口与喷雾器成直角排列（图 12.8）。现代接口的设计也考虑到了易于清洁的问题。

12.2 电喷雾电离接口

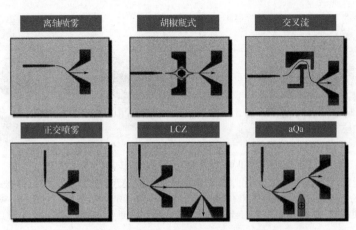

图 12.6 商业 API 离子源中使用的一些策略，以增加溶剂相容性和系统稳健性
其中一些设计是（曾经是）商业品牌：Pepperpot、Crossflow 以及 LCZ（"z-spray"，Micromass）、aQa（Thermo Finnigan）（经许可转载自参考文献[66]）。© John Wiley & Sons，1999）

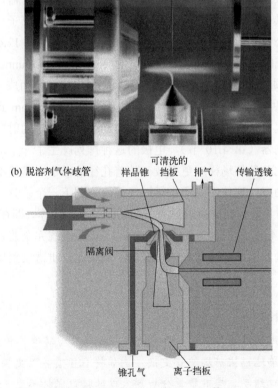

图 12.7 Micromass 的 z-spray 接口
（a）带电组分被向下引出到入口孔的实际喷雾照片。当大液滴和中性粒子直线向反相电极行进时，小的高电荷液滴被锥形电极的入口吸引。（b）接口内部示意图（由英国曼彻斯特 Waters 公司提供）

图 12.8 Bruker 的 Apollo Ⅱ API 接口的大气压侧

(a) 防溅板位置；(b) 拆卸防溅板，露出了传输毛细管顶部的空气动力学形状的帽；以及 (c) 玻璃传输毛细管的金属涂层部分。高温去溶剂气体通过围绕传输毛细管的六个同心排列的端口供应。在操作中，喷雾器将靠近防溅板对齐，以便将气溶胶从顶部以相对于传输毛细管接近直角的方向引导到底部。该接口的内部构造参见图 12.12

12.2.4 先进的大气压接口设计

在仪器（第 4 章）和串联质谱法（第 9 章）中，已经提到了一些现代大气压接口作为质量分析器的前端。这种接口的实际结构在很大程度上取决于所连接质量分析器对高真空的要求，例如线形四极杆和四极离子阱质量分析器，简单的两级差分泵就足够了，而其他接口则要求完全没有残留气体。此外，离子传输系统的某些部分必须使用一些公司的特有技术，如仅射频离子导向装置（图 12.4 和图 12.9）。

近年来，传统的截取锥电极逐渐被所谓的离子漏斗（ion funnels）取代[67-69]。离子漏斗是一种射频装置（≤1 MHz），由几十个环形电极堆叠而成，通常沿离子漏斗轴间隔约 3 mm，中心孔的直径越来越小，例如从开口处的 20 mm 到出口处的 1 mm。在相邻电极之间提供幅度值相等但相位相反（200~400 V）的射频电压。类似于堆叠的环形离子导向器（第 4.10 节），电极的这种排列产生了一个场，将离子推到低电场梯度上，且比单独的场梯度更有效。随着孔径的减小，离子不仅被传输，更重要的是还被径向约束。这使得离子束通过窄孔聚焦到下一个差分泵系统或质量分析器[70,71]上。离子漏斗最好在碰撞阻尼离子运动的条件下操作，即在 1~10 mbar 的真空下操作（第 4.4.4 节），因此与 ESI 接口的第一级泵系统完全兼容。离子漏斗提高了 ESI 接口的传输，因此，与截取锥电极离子源相比，质谱仪整体灵敏度至少提高了十倍。

多用途 API 接口

已经没有专用的 ESI 接口了。所有接口都构造成与其他各种大气压电离源接口兼容，仅需简单地插拔前端便可更换。例如将 ESI 喷雾器更换为 APCI 装置。从大气压下的孔口到高真空下质量分析器入口的接口保持不变。这实现了快速方法切换，避免了因真空中断造成的停机时间，并确保了恒定水平的质量分辨率和质量准确性。

12.2 电喷雾电离接口

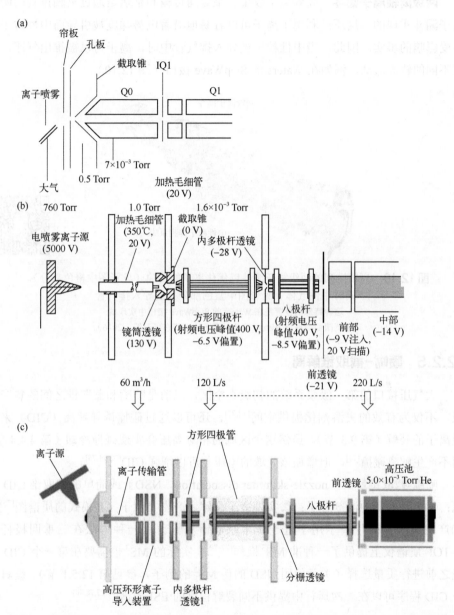

图 12.9 电喷雾接口：(a) 具有 45°喷雾的线形四极杆和三重四极杆仪器的设置，加热逆流去溶剂化气体（"帘气"），孔口-截取锥装置的第一级泵系统，以及仅射频四极杆作为离子导向器的第二级泵系统；(b) 加热毛细管入口处的同轴喷雾，用作反相电极、喷嘴-截取锥装置和 LIT 前的仅射频多极杆离子导向器；(c) 与 (b) 类似，但截取锥已被离子聚焦透镜系统替代，以改善传输。该图分别使用了图 4.46、图 4.50 和图 9.28 的前部且给出了相应离子源的参考文献

两级离轴离子漏斗 高效离子收集、泵级间传输和聚焦是通过离轴排列的两级离子漏斗实现的。这还是利用了离子可以容易地沿着电势梯度被引导而中性粒子却不受影响的事实。因此，当中性粒子被导入排气管中时，离子可以被推出气流，沿着不同的轨迹运动，例如在 Waters 的 StepWave 接口（图 12.10）。

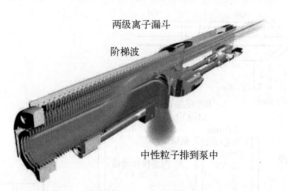

图 12.10 离轴排列的两级离子漏斗以优化离子的传输（见彩图中橙色部分），同时中性气体（见彩图中蓝色部分）被导入排气管
这种特殊的设置是在 Waters 的 StepWave 接口中实现的
（经英国曼彻斯特 Waters 的公司质谱技术部许可改编，2016）

12.2.5 喷嘴-截取锥解离

大气压接口的第一级泵系统的初级真空区，以前是喷嘴和截取锥之间的狭窄区域，不仅为有效的去溶剂化提供空间[72,73]，还可以通过碰撞诱导解离（CID）来实现离子的裂解（第 9.3 节）。虽然这个区域的相对高压会实现碰撞冷却（第 4.4.4 节）而不产生解离碰撞[74]，但增加该区域的电压差可以增强 CID[72,74,75]。

喷嘴-截取锥解离（nozzle-skimmer dissociation，NSD）或简单的截取锥 CID 可以：①去除残留的溶剂分子；②实现离子裂解，产生类似于 CI 模式的质谱图[76]；③产生第一代碎片离子用于进一步串联质谱实验。后一种方法在三重四极杆或 Q-TOF 质谱仪上提供了一种准 MS^3 操作[77-79]。实际的 MS^3 也需要在第一个 CID 阶段之前进行质量选择（关于使用 NSD 的伪 MS^3 的例子，参见第 12.5.1 节）。编辑一个 CID 程序可以在一次运行中提供不同裂解程度的 ESI 质谱[75,77,78,80]。

想避免的 CID 对于受二氧化碳保护的去质子化的氮杂环化合物，即使在喷嘴和截取锥之间有适当的电势差，也会导致弱键合取代基如 CO_2 的消除。特别是 $SnMe_3$ 取代的负离子，如 2-(三甲基锡)吡咯-N-氨基甲酸盐，在$[A-CO_2]^-/A^-$比率中表现出高达 30 倍的强烈变化，以至于在稍微升高的电压情况下都难以检测到 A^-（图 12.11）[81]。

12.2 电喷雾电离接口

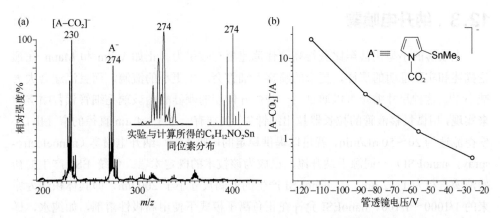

图 12.11 （a）低喷嘴-截取锥电压降时四氢呋喃中 2-(三甲基锡)吡咯-氨基甲酸酯的部分负离子的 ESI 质谱图，以及（b）$[A-CO_2]^-/A^-$ 比值随电压的变化

对 NSD 来说，它不需要有一个真正的喷嘴-截取锥装置。相反，在任何 ESI 接口设计的适当压力区域，20～100 V 的电势差足以引起这种 CID。例如，Bruker Apollo II 的接口有一个双离子漏斗，第一个离子漏斗位于超音速膨胀羽流的相对真空（3～4 mbar）中；第二个离子漏斗，位于用于交替引导或积累离子的仅射频六极杆之前。此处制造商所称的 NSD 或源内 CID 是通过变化 DC 电位来实现的，以便在进入第二个离子漏斗的入口处具有最大的电势差，第二个离子漏斗中的压强约 0.1 mbar，适用于低能 CID（图 12.12）。

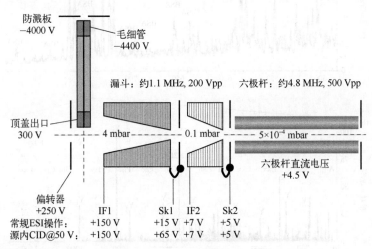

图 12.12 在双离子漏斗装置中带差分泵系统的 ESI 接口（Bruker Apollo II™）
在正常 ESI 操作中，主 DC 梯度位于第一个离子漏斗中，而在离子进入第二个离子漏斗时电势仅下降约 8 V。提升第一漏斗的出口电势使得离子以高得多的速度进入第二离子漏斗，这对于 NSD 来说足够了
（由不来梅 Bruker Daltonik GmbH 提供）

12.3 纳升电喷雾

电喷雾的小型化甚至比获得高液体流速更有吸引力。正如 Wilm 和 Mann 在理论描述和实验证明的那样，更窄的喷雾毛细管会产生更小的液滴，而且流速会大大减小[82]。这种尺寸缩减可以通过用一些微升体积的硼硅酸盐玻璃毛细管代替喷雾针来实现，用微量移液管的拉长器拉出细针尖。尖端有一个 1~4 μm 直径的窄孔出口，使得流速为 20~50 nL/min，就足以提供稳定的电喷雾[83]。纳升电喷雾（nanoelectrospray, nanoESI）一词源于纳升流，已成为该技术的既定术语。传统 ESI 产生的初始液滴直径为 1~2 μm，而 nanoESI 产生的液滴尺寸小于 200 nm，即其体积约为原来的 1/1000~1/100。nanoESI 允许在正负离子模式下使用高极性溶剂，如纯水，样品消耗量极低[84]，并且与传统 ESI 相比，可以承受更高的缓冲盐负荷[55,85]。

仅消耗 800 fmol 的 BSA　在 nanoESI 的前期开创性工作中，尝试对牛血清白蛋白（BSA，$M_r \approx 66400$ u）的胰蛋白酶解肽段进行了测序（第 11.6.3 节），证明了样品消耗量很小。在全扫描质谱图（图 12.13）中显示的每种 BSA 衍生肽段的离子都通过三重四极杆仪器的 CID-MS/MS 进行碎片离子分析。该分析中使用胰蛋白酶进行酶解，仅消耗了 800 fmol 的 BSA[84]，这种 nanoESI 的应用现在仍极具吸引力[86]。

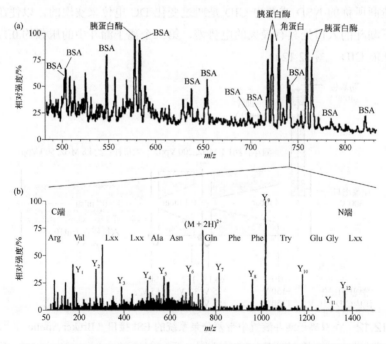

图 12.13　用 nanoESI-CID-MS/MS 对 BSA 的胰蛋白酶解产物进行肽序列测定；使用了 800 fmol 的 BSA：（a）全扫描质谱图，（b）选择 m/z 740.5 的双电荷肽段离子进行裂解

（经许可改编自参考文献[84]。© Nature Publishing Group，1996）

12.3.1 nanoESI 的实际考虑

为了进行测量,通过显微操作器将 nanoESI 毛细管调整到距离反相电极入口约 1 mm 的位置。因此,在定位过程中需要精确的光学控制,以防止操作过程中尖端撞坏或放电。因此,商用 nanoESI 源配有内置显微镜或照相机(图 12.14)。0.7~1.2 kV 的喷雾电压通常通过外表面上有导电涂层的毛细管施加,通常使用溅射金膜,偶尔使用内部有金属细丝的宽口毛细管。当高压开启时,液体样品流仅由毛细作用力驱动,当液滴离开尖端时,仅由毛细力驱动液流填充出口孔。有时,液体流还受到毛细管上弱背压的轻微支持。与此同时,已开发出多种专用的纳升电喷雾发射极——对这些毛细管常用的称呼,以为包括 nanoLC-MS 联用在内的各种操作条件下提供最佳的性能[87]。

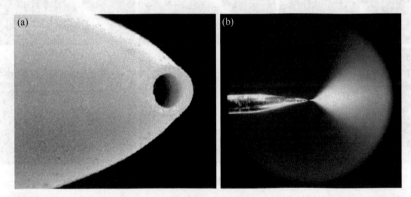

图 12.14 纳升电喷雾:(a)具有 2 μm 孔径的玻璃 nanoESI 毛细管开口端的 SEM 显微照片,(b)观测光学系统提供的 nanoESI 毛细管喷雾的显微视图
(由马萨诸塞州 Woburn 的 New Objective 公司提供)

nanoESI 的优点

除了样品消耗量低之外,nanoESI 没有记忆效应,因为每个样品都是通过一次性微量移液器在新的毛细管中提供的。此外,nanoESI 毛细管的狭窄出口防止了空气敏感样品的快速降解。

12.3.2 nanoESI 的喷雾模式

电喷雾的发生以及喷雾羽流的时空特征在很大程度上取决于实验参数。溶剂的表面张力和极性、样品浓度以及喷雾毛细管尖端的电场强度都会造成强烈的影响。喷雾毛细管尖端的电场强度很容易调整,如图 12.15 所示,需要精准控制以避免不利的喷雾条件。在低电场强度下,会出现一些喷雾,但主要是由多个不连续的射流(滴落式,dripping mode,D)引起的,而不伴随形成有用的气溶胶[88]。增加喷雾电压会引发带电薄雾的形成，且伴随着纺锤状射流（spindle-like jet，S）带走大部分的液流。喷雾电压的进一步增加形成了一个完全由带电微滴组成的宽锥形射流（wide cone-jet，C）。当电压超过一定限值时，静电驱动的液体耗散超过窄毛细管孔口的溶剂流量，锥形-射流开始脉冲（pulsing，P）。最后在高电压下，毛细管孔口周围的任何粗糙边缘都可能引发其自身的锥形喷雾。多射流模式（multi-jet mode，M）中样品流过宽范围的扩散可导致样品损失。进一步增加喷雾电压会导致放电，不仅对毛细管尖端有害，最终还会导致仪器电子设备的故障。

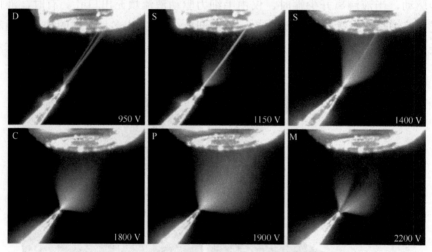

图 12.15 受不同喷雾电压影响的纳升电喷雾羽流的照片
从左上角开始观察到的模式有滴落式（D）、纺锤（S）、锥形-射流（C）、锥形射流脉冲（P）和多射流（M）。只有纯锥形-射流模式才能为分析工作提供稳定的电喷雾（经许可转载自参考文献[88]。© Elsevier，2004）

> **同样适用于 ESI**
>
> 这些观察发现对于标准流速下的（气动辅助的）ESI 同样重要[89]。此时相应的电压只是提高了 ≥2 倍，这主要是由于喷雾毛细管和反相电极之间的间距增加，以适应更大羽流。因此，通过调整液体流速、雾化器气压力和喷雾电压来优化电喷雾在时间上的稳定性对于任何 ESI 分析工作都是必要的。

12.3.3 基于芯片的 nanoESI

nanoESI 的样品通量受到相对耗时的手动毛细管加样程序的限制。蚀刻硅晶片上的芯片 nanoESI 喷雾器允许通过移液机器人自动装载喷雾器的阵列（图 12.16）。该芯片提供 10×10 阵列的内径为 10 μm 的 nanoESI 喷嘴。从芯片背面的移液管可直接提供高达 10 μL 的体积。带有导电涂层的移液管尖端被用于连接喷雾器到高压设备。移液机器人和自动芯片操作被整合在一个共同的壳体中，取代了常规的（nano）ESI 装置。

12.4 ESI 中的离子形成

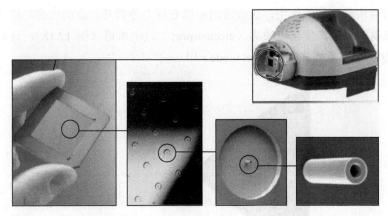

图 12.16 基于芯片的 Advion nanoESI 系统

图片从移液单元逐步放大到硅片上的喷雾毛细管（由纽约州 Ithaca 市 Advion BioSciences 公司的 G. Schultz 提供）

12.4 ESI 中的离子形成

到目前为止，对电喷雾的讨论是相当技术性的，重点强调了接口设计，偶尔也提及了应用。接下来，将考虑 ESI 过程的物理化学方面。本节给出了一些基本问题的答案，例如为什么电喷雾会发生，液滴是如何形成单气相离子，以及控制这些初始气相离子电荷状态（分布）的规则是什么[89-91]。ESI 中的离子形成过程可被视为由以下四个步骤组成：①喷雾形成带有静电的微米级液滴的气溶胶；②快速溶剂蒸发显著减小了液滴的尺寸；③微液滴不断反复崩解成更小的单元；④完全去溶剂化的离子释放到气相中。

12.4.1 电喷雾羽流的形成

为了理解连续喷雾的形成，应考虑从导电毛细管流出时电解质溶液的表面，该毛细管相对于附近的反相电极保持高电位。实际上，喷雾毛细管的内径约为 75 μm，电位保持在 3~4 kV，距采样孔（sampling orifice）约为 1 cm。因此，在毛细管的开口端，流出的液体暴露在大约 10^6 V/m 的电场中。电场导致电解质溶液中的电荷分离，并最终使溶液的弯月面变为锥形。锥形的形成现象由 Zeleny[41]发现，并由 Taylor[42]首次从理论上描述，因此被称为泰勒锥（Taylor cone）。

泰勒锥的形成过程始于球面在场强增加的影响下形成椭圆形。反过来，椭圆的曲率越大，场强越高。一旦达到临界电场强度，泰勒锥就形成了。当表面张力被静电力克服时，泰勒锥开始从其顶点向反相电极喷射液体的细射流[82]。喷雾射流携大量过剩的带特定电荷的离子，因为该类离子从电荷密度最高的点，即圆锥体的顶点形成[92]。然而，这种射流不能长时间保持稳定，而是会分裂成小液滴（图 12.17）[93]。

由于其自身所带电荷的作用，这些液滴被库仑斥力分裂开。总的来说，这个过程产生了细喷雾，因此产生了电喷雾（electrospray）这个术语（图 12.18）。这种工作模式被称为锥形-射流模式（cone-jet mode）[6]。

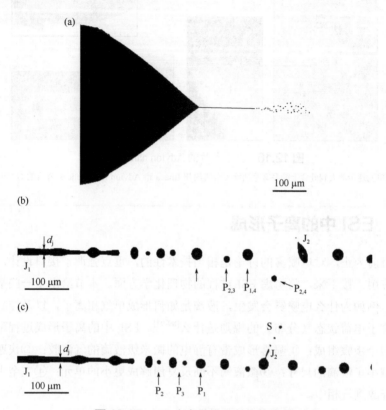

图 12.17 ESI 中泰勒锥和射流的崩解

（a）最佳分析操作时，电喷雾期间稳定锥形-射流模式下弯月面形状的显微照片。射流的形状和形成保持稳定，并在射流分解时连续形成大量小液滴。快照（b）、（c）显示了从射流到液滴转变的细节和其通过喷射出一系列小得多的子代液滴而缩小的过程细节（经许可改编自参考文献[93]）。© The American Chemical Society，2007）

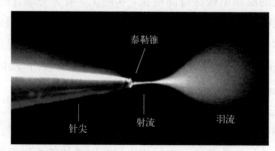

图 12.18 nanoESI 毛细管的电喷雾

泰勒锥喷出的射流清晰可见，并与快速膨胀成微滴羽流的区域分开
（由马萨诸塞州 Woburn 的 New Objective 公司提供）

12.4 ESI 中的离子形成

ESI 过程总体上代表了一个电解流动池,其中从喷雾毛细管到反相电极的连通是通过带电气溶胶的电荷传导产生的(图 12.19)[94-96]。在正离子模式下,采样孔处的中和作用是由来自高压电源的电子实现的,而电子又来源于在喷雾毛细管内壁上负离子的氧化。在负离子模式下,正离子的还原将代替氧化发生[64]。

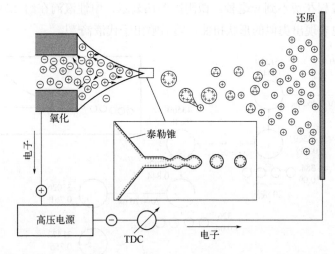

图 12.19 泰勒锥的形成、射流喷射和射流崩解成细喷雾的示意图
指出了 ESI 的电化学过程(经作者许可改编自参考文献[54])

ESI 模式下的 $M^{+\cdot}$?　在 ESI 中,极少数情况下会形成分子离子 $M^{+\cdot}$,这要求电喷雾中的电解过程通过电解氧化而形成分子离子[96]。如果电离能低的非极性分子缺乏其他电离途径(如质子化或正离子化),则电解形成分子离子的可能性更大。电解形成 $M^{+\cdot}$ 通常需要完全干燥的非质子型溶剂、低液体流速以增加反应的时间,以及最好是金属喷雾毛细管,而不是熔融石英毛细管。ESI 还可能导致金属离子氧化态的变化,如 $Ag^+ \to Ag^0$,$Cu^{2+} \to Cu^+$。

12.4.2 带电液滴的崩解

当一个微米尺寸的液滴携带过量特定电荷的离子时——大约 10^4 个电荷可以被认为是一个实际的值——随着溶剂蒸发,其表面的电荷密度不断增加。一旦静电斥力超过表面张力的保守力,液滴就会发生崩解形成更小的亚单元,这种情况发生的点被称为瑞利极限(Rayleigh limit)[43]。起初,人们认为液滴会被库仑裂变[Coulomb fission,或库仑爆炸(Coulomb explosion)]降解。然后这个过程反复发生,产生越来越小的微粒。虽然连锁式尺寸缩减模型是有效的,但研究表明,微滴不会爆炸,而是从被拉长的一端喷出一系列小得多的微滴(图 12.17、图 12.19 和图 12.20)[54,90,93,97]。从细长端喷出可以用飞扬的微滴变形来解释,即它们没有完美的球形。因此,它们表面的电荷密度不均匀，且在曲率较大的区域更加不均匀。较小的子代微滴仅携带 1%～2%的质量，但携带前体微滴 10%～18%的电荷[90]。这个过程类似于来自泰勒锥射流的初始喷发。这种所谓的液滴射流裂变（droplet jet fission）概念不仅基于理论考虑，而且已被液滴阴影的闪光显微照片所证明[97,98]。从最初喷雾的液滴到孤立离子的整个过程花费不到一毫秒。微阴影图还显示，中性液滴在约 $2.5×10^6$ V/m 的电场电离下也表现出类似的形状扭曲，随后喷出子代液滴[99]。

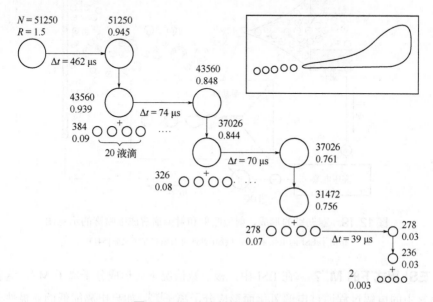

图 12.20 液滴射流的裂变过程

指出了液滴上的平均电荷数、液滴的半径（μm）、事件的时间尺度。插图显示的是根据 Gomez 和 Tang 公布的实际闪光显微照片绘制的液滴射流裂变图[97]（经作者允许转载自参考文献[54]）

12.4.3 带电液滴形成气相离子

液滴射流裂变的过程从宏观尺度开始，最终产生大团簇或多重溶剂化离子的状态。然而该模型没有解决从这些多分子状态产生单气相离子的最后步骤。

电荷残留模型（charged-residue model，CRM）是关于离子形成的较早期模型，它假设离子的完全去溶剂化是通过液滴中所有溶剂分子的连续脱除而发生的，在液滴连锁裂变的最后，液滴小到仅包含一个分析物分子[22,47,100]。最终液滴中的电荷，例如质子，被转移到（大）分子上，尤其是当这一过程暴露了一些碱性位点时。根据 CRM，即使是大的蛋白质，也至少应该能够形成单电荷离子，虽然多电荷物种形成的概率应该更高。但实际上，所有电荷态甚至低至+1 价的都曾被观察到过[27]。

而后的理论，离子蒸发模型（ion evaporation model，IEM）[101,102]，将去溶剂化

离子的形成描述为高电荷态微滴表面的直接蒸发[103]（FD-MS 的离子蒸发，请参见第 8.6 节）。离子溶剂化能在 3～6 eV 的范围内，但在 300 K 时，热能只能贡献 0.03 eV 左右。因此，电场力必须提供所需的能量。据计算，离子蒸发需要 10^9 V/m 的电场，相当于最终的液滴直径为 10 nm[102]。IEM 理论与观察结果一致，即电荷数与（大）分子可以覆盖微滴表面的比例相关。在液滴收缩时，分子的大小和液滴电荷的数量保持不变。随着表面电荷间距的减小，电荷密度的增加会使分析物分子接触到的电荷数增加[104,105]。因此，平面分子比紧凑分子表现出更高的平均电荷态，例如，在相同的 ESI 条件下，（球状）蛋白质的解折叠伴随着更高的电荷态[106,107]。

液滴蒸发速率对蛋白质电荷态分布的影响进一步验证了 IEM 理论。快速蒸发（更干燥的气体，更高的温度）有利于更高的平均电荷状态，而较慢的蒸发导致电荷更少。这与离子从收缩的液滴上蒸发的可用时间的减少相一致。这导致液滴上的电荷相对富集，从而导致在离去离子上的电荷相对富集[104]。

pH 对电荷状态的影响　蛋白质的平均电荷状态取决于它是否变性及其溶剂；与中性条件相比，较低的 pH 会导致更多的质子缔合到蛋白质上[107,108]。变性程度又相应受到电喷雾溶液 pH 的影响。这些蛋白质的构象变化，例如质子化时结构的解折叠，使得额外的碱性位点暴露，从而导致平均电荷态的增加（图 12.21）[107]。肽和蛋白质分子的最大电荷数与存在的碱性氨基酸（精氨酸、赖氨酸、组氨酸）残基的数量直接相关。

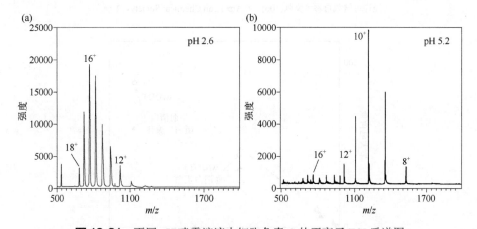

图 12.21　不同 pH 喷雾溶液中细胞色素 C 的正离子 ESI 质谱图
（a）pH 2.6；（b）pH 5.2（经许可改编自参考文献[107]。© The American Chemical Society，1990）

还原对电荷状态的影响　1,4-二硫苏糖醇还原导致的二硫键裂解使得蛋白质发生解折叠。这使更多的碱性位点暴露而进行质子化，因此在相应的正离子 ESI 质谱图中显示更高的平均电荷状态（图 12.22 和图 12.23）[106]。

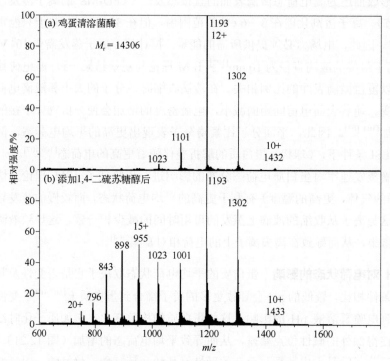

图 12.22　蛋白质的正离子 ESI 图谱

（a）鸡蛋清溶菌酶的图谱，（b）该蛋白添加 1,4-二硫苏糖醇后的图谱
（经许可转载自参考文献[106]。© American Chemical Society，1990）

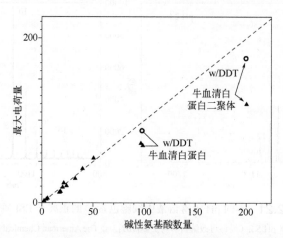

图 12.23　在 ESI 条件下，一组肽和蛋白质的碱性氨基酸残基数量与观察到的最大电荷数量之间的相关性

w/DDT 标签表明溶液用 1,4-二硫苏糖醇还原（经许可转载自参考文献[106]。
© The American Chemical Society，1990）

与 IEM 相反，从液滴中蒸发离子所需的局部电场强度无法获知，因为液滴会在之前越过瑞利极限[27,109]。

其他的一些工作揭示了气相质子转移反应的重要性[110-113]。这意味着多电荷多肽离子并不要求在溶液中预先形成，而是由气相离子-离子反应产生。质子交换是由所遇到的物种的质子亲和能（PA，第 2.12 节和第 9.17 节）的差异驱动的，例如，质子化的低 PA 溶剂分子将生成质子化多肽离子，仅剩余一些碱性位点未质子化。在平衡条件下，这个过程会持续到肽离子被质子"饱和"，这种状态也标志着其最大的电荷数。

尽管离子在 ESI 中的形成途径可能是有争议的[90,91,105]，但可以简化地做如下总结：CRM 可以假定为对大分子是有效的[22]，而对于较小离子的形成，IEM 描述得更好[90,91]。

与离子释放的"真实"机理无关，电荷态的数目和大分子暴露于其周围溶剂的表面之间的密切关系可通过 ESI-MS 来观察[106-108,114,115]。

12.5　多电荷离子和电荷脱卷积

12.5.1　多电荷离子的处理

上述关于 ESI 中离子形成的讨论表明，除了化合物类别，实际实验条件对 ESI 图谱的外观有显著影响。影响最大的因素有：①喷雾溶液的 pH；②样品溶液的流速；③雾化气的流速（或压力）；④去溶剂气的流速与温度，或去溶剂毛细管的加热温度。

在 ESI 中，分子的电荷数基本上取决于其分子量[22,116]和潜在带电荷位点数量，例如质子化位点[12,22,106,107]、去质子化位点[117,118]或正离子化位点[119]。一方面，这有力地折叠了 m/z 范围，使得标准的质量分析器可以检测非常大的分子，如超过 m/z 3000 的分子（图 12.24）。另一方面，它产生了令人困惑的大量峰，且需要工具来处理，以便对未知样品进行可靠的质量分析。

低质量聚合物在 ESI 中仅形成单电荷离子，而高质量聚合物会形成双电荷、三电荷和多电荷离子[16]。基本上，这些分子的电荷数量与其平均分子量同步地增加。例如，平均分子量为 400 的聚乙二醇（PEG 400）在正离子 ESI 中只显示单电荷离子。PEG 1000 大约同样形成+1 价和+2 价电荷状态，随着 PEG 的分子量达到 1500，+3 价电荷状态开始占主导地位[16,105]。

此外，电荷分布取决于样品浓度，例如，PEG 1450 在 0.005 mg/mL 甲醇：水 = 1：1 的溶液中产生三电荷和少量的双电荷离子，在 0.05 mg/mL 中产生等量的三电荷和双电荷离子以及少量的单电荷离子，但在 0.5 mg/mL 中主要是双电荷离子，伴有少量的单电荷和三电荷离子[105]。这表明液滴中相对固定数量的电荷分布在所包含的少许或多个分析物分子中，因此支持了离子蒸发机理（IEM）。

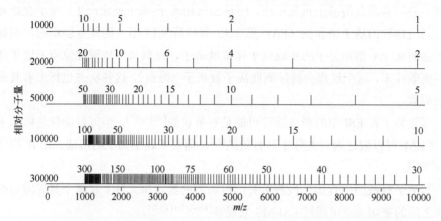

图 12.24 不同分子量分子在不同电荷状态的 m/z 计算值，代表性的峰用它们相应的电荷状态来标记

（经许可改编自参考文献[116]。© John Wiley & Sons，1992）

PEG 的多种正离子化 PEGs 和相关的富氧化合物易于形成 $[M+碱_n]^{n+}$[16,119,120] 或 $[M+nNH_4]^{n+}$。通过正离子 nanoESI-MS 对 Triton X-405 进行了分析，它是一种用于丙烯酸涂料以稳定悬浮液的商品化去垢剂。在这个例子中由于乙酸铵的存在，分子量呈现出三种分布，以 $[M+NH_4]^+$、$[M+2NH_4]^{2+}$ 和 $[M+3NH_4]^{3+}$ 离子系列的形式存在[图 12.25（a）]。应用喷嘴-截取锥解离（NSD）在 60 V 偏置电压下进行聚合物端基分析，只有 $[M+3NH_4]^{3+}$（由于内部库仑斥力最高而最不稳定）发生了显著解离，产生一些低质量碎片离子[图 12.25（b）]。在 m/z 233 和 277 处出现的 $[C_8H_{17}—C_6H_4—(OC_2H_4)_n]^+$ 归属为辛基苯基端基。在 20 V 碰撞偏置电压下，对 m/z 233 碎片离子进行 CID-MS/MS 的伪 MS^3 实验证明了它们的存在 [图 12.25（c）][79]。

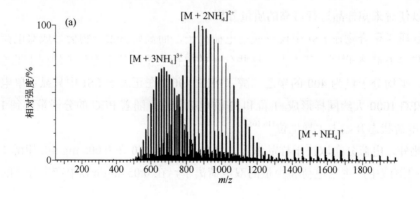

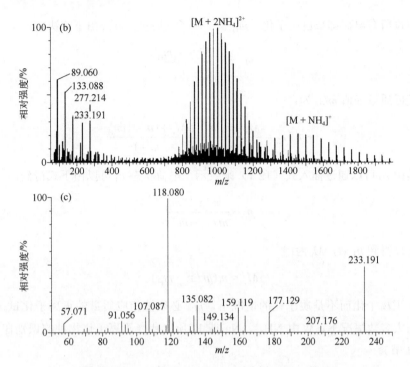

图 12.25 正离子 nanoESI-MS 分析 Triton X-405
(a) 分子量分布呈现为[M+NH₄]⁺、[M+2NH₄]²⁺、[M+3NH₄]³⁺离子系列；(b) 只有三电荷离子在 NSD 中发生显著解离，产生低质量碎片离子；(c) m/z 233 碎片离子的 CID 图谱用于封端分析
（经许可转载自参考文献[79]。© Elsevier，2009）

> **令人困扰的叠加**
>
> 在（合成）聚合物的 ESI 质谱图中，多电荷导致同时出现叠加离子，每个离子代表聚合物的分子量分布。因此，MALDI（第 11 章）通常是聚合物分析的首选，因为它仅给出单电荷离子，使得质谱图更容易解析。

12.5.2 数学计算电荷脱卷积

如果对应于单个峰的电荷状态尚未归属，那么如何能够从 ESI 图谱中分析出正确的分子量呢？如图 12.21 和图 12.22，以及本章开头的图 12.1 所示的图谱，对这些离子系列的系统处理揭示了纯化合物的 ESI 质谱中相邻的信号簇（包括同位素模式）属于恰好相差一个的电荷状态，即这种分布没有间断或跳跃。这使得计算对应于单个峰的电荷数变得容易，并因此推导出未知分子量 M_r[63,116,121]。

对于属于一对在 m/z_1（较高值）和 m/z_2（较低值）相邻峰的电荷状态（n_2, n_1），有：

$$n_2 = n_1 + 1 \tag{12.1}$$

假设所有电荷都来自质子化，m_H 表示质子的质量，m/z_1 由下式决定：

$$m/z_1 = \frac{M_r + n_1 m_H}{n_1} \qquad (12.2)$$

较低质量峰值 m/z_2 为：

$$m/z_2 = \frac{M_r + n_2 m_H}{n_2} = \frac{M_r + (n_1+1)m_H}{n_1+1} \qquad (12.3)$$

其中 n_2 可以通过插入式（12.1）来表示。电荷状态 n_1 可以由下式得到：

$$n_1 = \frac{m/z_2 - m_H}{m/z_1 - m/z_2} \qquad (12.4)$$

计算得到 n_1 后，M_r 为：

$$M_r = n_1(m/z_1 - m_H) \qquad (12.5)$$

在正离子化而不是质子化的情况下，m_H 必须被相应质量的正离子化试剂所取代，在大多数情况下，仅由 NH_4^+、Na^+ 或 K^+ 所取代（正离子化物种的识别在第 8.6 和 11.4 节）。

手动电荷脱卷积 为了便于计算，可以使用标称质量（第 3.1.5 节），并假设电荷来自质子化。假设第一个峰在 m/z 1001，第二个峰在 m/z 501。现在 n_1 可以通过式（12.4）获得：n_1 = (501−1)/(1001−501) = 500/500 = 1。因此，M_r 由式（12.5）计算得：M_r = 1×(1001−1) = 1000 [双质子化产生的离子在 m/z 501 被检测到，因为(1000+2)/2 = 501]。

取平均值以提高质量准确度

由于每对信号为假定的单电荷离子提供了一个独立的质量值，通过多次测定该值并计算平均值，可以大大提高 ESI 的质量准确度。

12.5.3 计算机辅助电荷脱卷积

上述过程可能很耗时，但至少对纯化合物有效。当处理混合物时，人工对所有峰进行合适的归属变得困难。质子化和正离子加合峰的同时存在，会产生额外的问题。因此开发了许多改进的算法来应对这些需求[122-125]。现代的 ESI 设备通常配备了专门的电荷脱卷积（charge deconvolution）软件，或者提供这种软件作为选择。可以通过设定一些程序[126-128]上的限制来大大提高效率，例如预计电荷数范围、推测离子或加合物的类型以及测量所采用的分辨率。分辨力对于协助算法区分邻近的其他电荷态的峰与同位素贡献峰具有重要作用。

转铁蛋白的 ESI-MS　转铁蛋白是一种分子质量接近 80 kDa 的人源蛋白质，存在几种糖链连接异构体，即其结构中包含不同的触角形态的寡糖受体。它们分别由一个双触角（Bi）、两个双触角（BiBi）、一个双触角加一个三触角（BiTri）和一个双触角加一个岩藻糖基化双触角（BiBiF）表示。即使在健康的个体中，转铁蛋白也可能缺乏 N-糖链，而由于储存或处理不当，也可能会产生转铁蛋白片段，用 X 和 Y 表示。使用中等分辨率 TOF 质谱仪（QSTAR，AB Sciex）测量得到来自健康个体的转铁蛋白的正离子 ESI 质谱图。图谱在乙腈：水 = 60：40（体积比）、0.1%甲酸溶液中获得。在这些条件下，多质子化导致了广泛的电荷状态分布，主要覆盖 m/z 1700～3000 范围（图 12.26）[129]。然而，如果不进行电荷脱卷积，几乎不可能检测出对图谱有贡献的所有成分。在使用 ProMass 脱卷积软件（Thermo Fisher Scientific）将原始数据转换为仅反映单电荷离子的图谱后，单个成分很容易识别。检测到的贡献蛋白有 X（69022 u）、Y（73430 u）、Bi（77363 u）、BiBi（79553 u）、BiBiF（79769 u）和 BiTri（80205 u）。

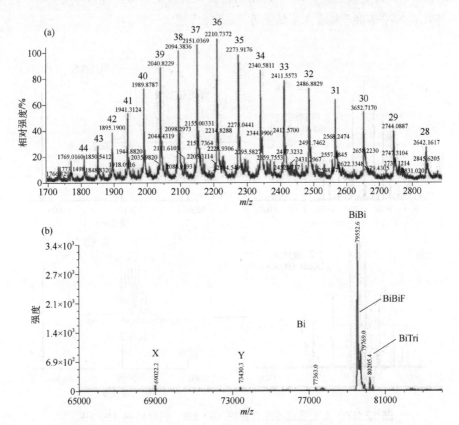

图 12.26　转铁蛋白在乙腈：水 = 60：40（体积比）、0.1%甲酸溶液中的正离子 ESI 质谱图（a）测量所得的质谱以及归属的电荷数；（b）电荷脱卷积后得到的单电荷离子的假定图谱。标签分别表示一个双触角（Bi）、两个双触角（BiBi）、一个双触角加一个三触角（BiTri）和一个双触角加一个岩藻糖基化双触角（BiBiF）。转铁蛋白片段用 X 和 Y 表示（经许可改编自参考文献[129]）。© Springer，2016）

不同分辨率水平的 ESI-MS　用正离子 ESI-FT-ICR-MS 分析了浓度为 10 μmol/L 的牛泛素、马细胞色素 C 和马肌红蛋白的蛋白质混合物。虽然第一次分析仅使用了 16 k 数据（LR，低分辨），但第二次分析是从 512 k（HR，高分辨）瞬变中获得的，分辨率分别为 $R = 2000$ 和 $R = 60000$（第 4.7.5 节）。通过 Zscore 算法的电荷脱卷积提供了"零电荷质谱图"，清楚地分离了蛋白质（图 12.27）[123]。这里使用处理低分辨图谱的程序，得到了未能分辨的同位素分布轮廓，而高分辨图谱所得零电荷质谱图中显示了完整的同位素信息。

电荷脱卷积的图谱

计算机辅助电荷脱卷积的输出结果通常可以定制为显示假定的质谱图，如单电荷离子所示（图 12.26），或者提供显示相应中性分子分子量的"零电荷"图谱（图 12.27）。需要注意的是，中性 M_r 的输出代表横坐标必须标为"质量/u"的唯一情况，而质谱图严格要求 x 轴上为"m/z"!

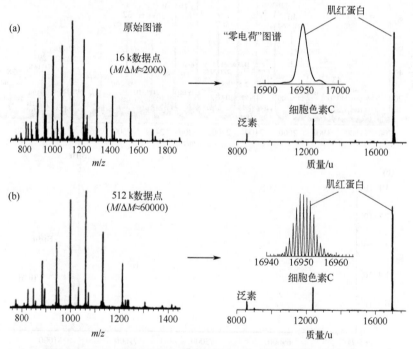

图 12.27　人工蛋白质混合物的（a）LR、低分辨和（b）HR、高分辨、正离子 ESI 图谱的电荷脱卷积
肌红蛋白的"零电荷"峰也被放大显示，以揭示同位素模式轮廓
（经许可改编自参考文献[123]。© Elsevier Science，1998）

12.5.4 硬件辅助电荷脱卷积

为了实现对多电荷离子引起的复杂质谱图的电荷脱卷积，最有效的技术是实现对不同电荷状态的信号之间的完全分离并辨析其同位素模式。分子质量超过几千 u 时就需要使用高分辨率的质量分析器，因为有机离子的同位素分布会有几个质量单位宽（图 12.28）。完全同位素分离所需的最小分辨率始终等于离子的质量数（第 3.4 节、3.7 节和 3.8 节），与离子的电荷状态无关。较低的分辨率仅涵盖了同位素分布。在分辨率不足的情况下，产生的峰值甚至可能比包络更宽[116]。

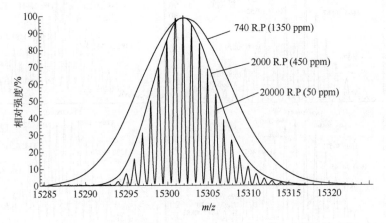

图 12.28 不同分辨率设置下，M_r = 15300 u 的一个假定的单电荷蛋白离子的理论峰形，1 ppm = 10^{-6}
（经许可转载自参考文献[116]。© John Wiley & Sons，1992）

首先使用了扇形磁场仪器（第 4.3 节）来证明高分辨率对生物分子 ESI 图谱的有益效果[120,130,131]。如今，FT-ICR 仪器（第 4.7 节）[132,133]和正交加速飞行时间（oaTOF，第 4.2.8 节和 4.9 节）或静电场轨道阱（第 4.8 节）分析器提供了更有效的分辨这种信号的方法。

> **最小分辨力规则**
>
> 实现同位素峰完全分离的质量分辨力仅取决于分析物的分子量 M_r，而与离子的电荷数 z 无关。例如，硫氧还蛋白（图 12.1）$[M+H]^+$ 的同位素峰出现在 m/z 11674 处，间隔 $\Delta(m/z) = 1$。用 $R = m/\Delta m$（第 3.4 节）计算得到最小值 R_{min} = 11674/1 = 11674。对于这种蛋白质（z = 8）的 $[M+8H]^{8+}$，信号以 m/z 1459 为中心，间隔 $\Delta(m/z)$ = 0.125。因此，计算 $R_{min} = m/\Delta m$ = 1459/0.125 = 11674。简而言之，M_r 直接反映了 R_{min}。

完整蛋白质的 ESI-静电场轨道阱质谱图　当在分辨率设置为 $R = 100000$ 的条件下采集 100 个瞬变，完整蛋白质的正离子 ESI-静电场轨道阱质谱图显示了完全分辨的同位素模式，并进行了电荷脱卷积。图 12.29 显示了马心肌红蛋白的 $[M+10H]^{10+}$、$m = 16940.965$ u（中性单同位素分子质量）和碳酸酐酶的 $[M+21H]^{21+}$、$m = 29006.683$ u 的结果，两者都与计算的同位素模式和质量非常吻合[134]。与前一个例子的比较也表明了质谱仪器的巨大进步，如今可以常规地分辨这些信号。（其他例子由第 9.13 节蛋白质的 ESI-ECD-FT-ICR 质谱图给出，或第 12.5.3 节中的图 12.27。）

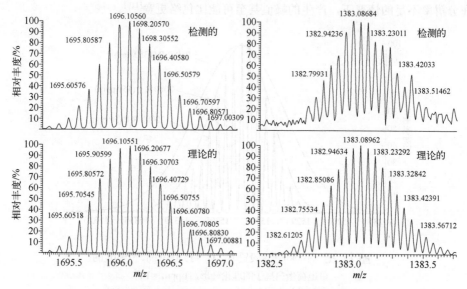

图 12.29　蛋白质的 ESI-静电场轨道阱质谱图
通过电荷脱卷积获得的完全分辨的同位素模式（a）马心肌红蛋白的 $[M+10H]^{10+}$、$m = 16940.965$ u
（中性单同位素分子质量）和（b）碳酸酐酶的 $[M+21H]^{21+}$、$m = 29006.683$ u
（经许可转载自参考文献[134]。© The American Chemical Society，2006）

12.5.5　ESI 中可控的电荷缩减

混合物中所有成分都形成一系列多电荷离子，这种 ESI 图谱的复杂性是显而易见的。有别于高分辨率和通过电荷脱卷积简化数据的另一种方法是通过电荷状态本身的可控缩减。电荷缩减电喷雾（charge reduction electrospray）将导致每种成分的峰数目的显著缩减，代价是需要在高得多的 m/z 下进行检测[135,136]。特别是 oaTOF 分析器以合理的成本为这种实验方法提供了足够的质量范围。

电荷缩减可以通过在 ESI 的去溶剂化步骤中中和离子分子反应来实现。这种中和所需的还原性离子可以通过用 ^{210}Po 的 α-粒子源[135,137]照射气体来产生，或者更方便地通过电晕放电[138,139]产生。除了无辐射之外，电晕放电还具有可调的优点，可以实现不同程度的中和（图 12.30）[138,139]。

12.6 ESI-MS 的应用　　　　　　　　　　　　　　　　　　　　　　　　　　　　　　　　661

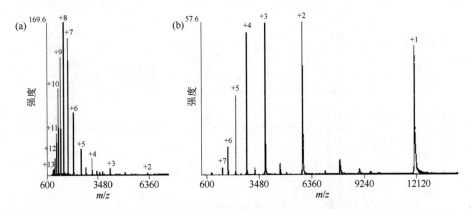

图 12.30　细胞色素 C 的正离子 ESI 质谱图：（a）标准 ESI 条件下从酸性溶液中；
　　　　　（b）相同条件但增加了缩减电荷的电晕放电介质的设置
　　　　　　（经许可改编自参考文献[138]。© The American Chemical Society，2000）

　　具有相反电荷离子的离子-离子化学为电荷缩减和电荷态测定提供了另一种途径[110]。该研究通过将 ESI 接口截取锥之前的区域用作流动反应器或在四极离子阱中实现。在第一种情况下，底物离子和带相反电荷的反应物离子都是通过连接到同一接口上的两个独立的 ESI 喷雾产生的[140]。四极离子阱的方法利用了在阱内生成质子转移的反应物离子，同时由 ESI 接口引入底物离子[141]。最后，一种非仪器化的方法是对分析物进行衍生，以降低其在碱性官能团上结合质子的能力[136]。

12.6　ESI-MS 的应用

　　ESI-MS 不仅是各类多肽和蛋白质表征，包括完整测序的多功能工具，还应用于大量其他领域，其中一些将在下面重点介绍[4,9-11,25,142-145]。

12.6.1　小分子的 ESI-MS

　　m/z 100～1500 范围内的极性分析物通常涉及药学的分析物，包括代谢研究。形成的离子类型多种多样，这取决于离子极性、溶液的 pH 值、盐的存在和喷雾溶液的浓度。多电荷离子很少被观察到。

　　药物研发　图 12.31 所示化合物是一种有效药物的功能性成分（BM 50.0341），它通过有效抑制 gp120 糖蛋白的解折叠来抑制 HIV-1 感染。该药物在氯化铵存在下乙醇中的正离子 nanoESI 谱给出[M+H]⁺、[M+NH₄]⁺和[M+Na]⁺形成的信号。此外，对于相对高浓度的样品，可以观察到典型的[2M+H]⁺、[2M+NH₄]⁺和[2M+Na]⁺类型的团簇离子。在负离子模式中[146-149]，[M−H]⁻离子伴随着[M+Cl]⁻和[M+EtO]⁻加合离子出现；相应的团簇离子也可以观察到。

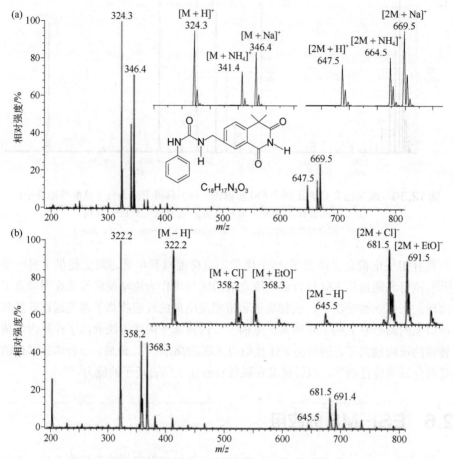

图 12.31 一种抗 HIV 药物的乙醇溶液在氯化铵存在时的
（a）正离子和（b）负离子 nanoESI 图谱
（由海德堡德国癌症研究中心的 H. C. Kliem 和 M. Wiessler 提供）

12.6.2 金属配合物的 ESI

一般来说，如果离子型金属配合物和相关化合物在适用于该方法的溶剂中可溶解至少 10^{-6} mol/L 的话，则可以很好地应用 ESI 分析它们[23-25]。采用常规 ESI 还是 nanoESI 基本上取决于各化合物降解的趋势。对有强表面黏附性的不稳定复合物或化合物最好用 nanoESI 分析，以避免样品传输线的长期污染。通过 ESI 在异聚金属氧负离子[150]、聚磷酸盐[151]、过渡金属复合物（图 12.32）[26,152,153]和硫化镉簇[154]等的应用，给出了该领域的说明性实例。此外，电喷雾所得金属配合物的气相反应可以用串联质谱技术直接研究（第 9.17.1 节）[155-157]。

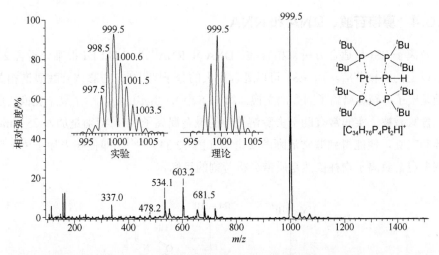

图 12.32 二氯甲烷溶液中正离子型双核铂氢负离子化物配合物的正离子 ESI 图谱
此图比较了实验与理论的同位素模式（由海德堡大学 P. Hofmann 博士提供）

12.6.3 表面活性剂的 ESI

表面活性剂是一类价格低廉的产品，因此它们通常由粗略分馏的矿物油或植物油合成，这两种都代表（有时是复杂的）混合物（图 12.33）。正离子和负离子型表面活性剂很容易被 ESI 检测到，但 ESI 也能很好地用于检测非离子表面活性剂，由于其分别易于形成[M+碱金属]$^+$或[M−H]$^-$[158-162]。

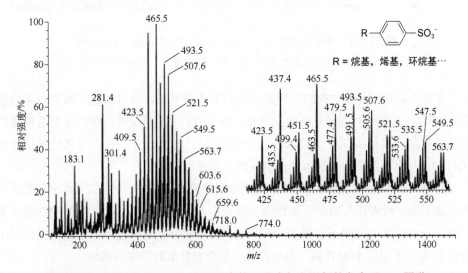

图 12.33 溶解在 1∶1000 正丙醇中的工业冷却润滑剂的负离子 ESI 图谱
主要的离子属于烷基苯磺酸盐。此图放大了 m/z 420～555 范围，最强的峰属于含饱和烷基链的离子（由 Eberbach 的 OMTEC GmbH 提供）

12.6.4 寡核苷酸、DNA 和 RNA

负离子 ESI 最适合分析寡核苷酸、DNA 和 RNA[145]。MALDI 很难分析含 20 个碱基以上的寡核苷酸，而 ESI 可以处理更大的分子[163-166]。与寡核苷酸质谱相关的问题是质子与碱金属离子的多次交换（第 11.5 节）。事实证明，除了离子交换树脂小球，含氮碱被证实非常有助于去除溶液中的碱金属离子[167]。特别是加入 25 mmol/L 咪唑和哌啶，便能得到非常清晰的质谱图（图 12.34）[168]。即使在去除正离子后，这些多电荷负离子物种依然是质谱分析苛刻的目标。

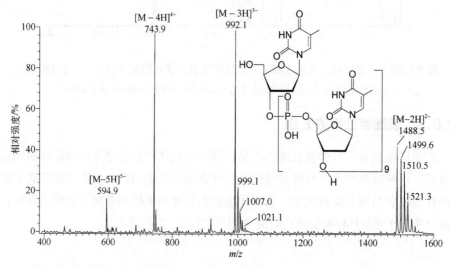

图 12.34 咪唑和哌啶存在下寡核苷酸 dT_{10} 的负离子 ESI 图谱
此处 H^+/Na^+ 交换没有被完全抑制（由海德堡大学的 T. Krüger 提供）

常规上，寡核苷酸结构的书写是从 5-羟基末端开始，沿着磷酸二酯链向 3-羟基末端，即从 5′ 端到 3′ 端或从磷酸到核糖（图 12.35）。基于呋喃核糖的核苷酸构建的寡核苷酸称为核糖核苷酸（RNA），基于脱氧核糖的寡核苷酸称为脱氧核糖核苷酸（DNA）。与戊糖部分相连的碱基是富氮的杂环化合物。

通过 ESI-MS/MS 技术对寡核苷酸进行测序也是可行的[163,165,169,170]。5′ 端的带电碎片离子用字母表开头的字母和数字下标表示（a 型至 d 型离子），而 3′ 端的碎片离子标记为 w 型至 z 型离子（图 12.35）[171]。核糖部分上的碱基可以不加限定地表示为碱基 B_n，下标从 5′ 端开始，也可以使用整个核苷酸的单字母编码。

寡核苷酸序列 硫代脱氧寡核苷酸 5′-GCCCAAGCTGGCATCCGTCA-3′的$[M-4H]^{4-}$在 ESI-FT-ICR IRMPD 质谱图上显示了许多对应于 1-电荷到 4-电荷状态的碎片离子

峰（图 12.36）。电荷脱卷积后，质谱大大简化。基于 FT-ICR-MS 的分辨率，电荷态的归属是绝对可靠的。在所得的零电荷质谱图中，可以检索到 a_n-B 和 w_n 碎片离子，并由此导出序列[169]。

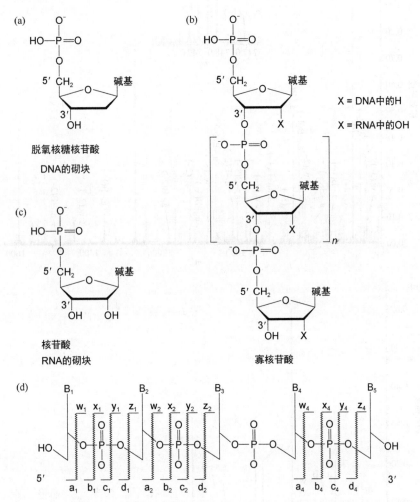

图 12.35 DNA 和 RNA 的核苷酸结构 [（a）、（c）]、寡核苷酸的一般结构（b），使用包含呋喃糖和碱基的寡核苷酸骨架的符号化书写规范，表示寡核苷酸的基本裂解方式（d）

12.6.5 寡糖的 ESI-MS

寡糖[55,74,172,173]及与其密切相关的化合物如糖蛋白[73,174]、神经节苷脂[175]、脂多糖等，需要极性的溶剂和非常软的离子化，特别是当分子有链支化时。大量应用表明，在这些情况下，ESI 可以测定分子量和阐明结构（图 12.37；对于一般的裂解方式请参见第 11.5 节）[5]。

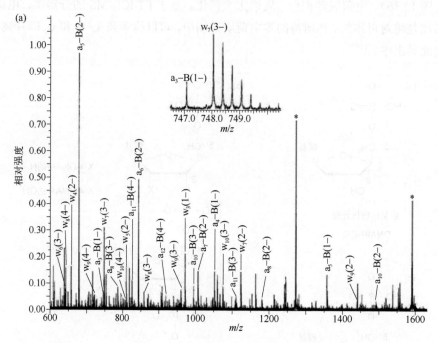

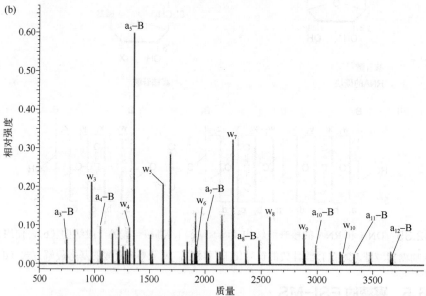

图 12.36 硫代脱氧寡核苷酸 5′-GCCCAAGCTGGCATCCGTCA-3′ 负离子的 ESI-FT-ICR IRMPD 图谱

（a）获得的质谱图，（b）电荷脱卷积后质谱图。只有 a_n-B 和 w_n 碎片离子被标记。在（a）中，残留的前体离子的峰用星号标记。插图表明紧密间隔的碎片离子可以被 FT-ICR-MS 分辨（经许可改编自参考文献[169]。© Elsevier，2003）

12.6 ESI-MS 的应用

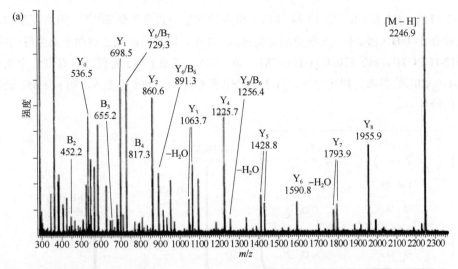

图 12.37 （a）在融合型 Q-TOF 设备上获得的改性九糖的[M−H]⁻（m/z 2246.9）的 nanoESI-CID-MS/MS 图谱，（b）根据碎片推测的可能结构

（经许可转载自参考文献[175]。© Elservier Science，2001）

12.6.6　观察超分子化学发挥的效用

ESI 离子具有卓越的柔软性，这使得离子从溶液释放到气相的过程中保留非共价键。这可以通过溶剂加合物、团簇离子的形成观察到，尤其是其将超分子体系递送到气相中的能力[144,176-180]。

准轮烷的形成　仲铵离子的烷基能勉强通过苯并-21-冠-7（**C7**）的空腔，而苯基需要更宽的二苯并-24-冠-8（**C8**）的空腔才能形成准轮烷。此外，苯基足以作为"塞子"将 **C7** 困在轴上。更大的 **C8** 甚至能与仲二苄基铵离子一起形成准轮烷。这可以通过适当取代的铵离子混合物的正离子 ESI-MS 直接观察到，如由 **1-H**·PF_6、

2-H·PF₆、C7 和 C8（图 12.38 插图）组成的四组分自分类体系[178]。因为蒽基和苯基存在于 1-H·PF₆ 中，无法克服障碍插入 C7 中，因此只能观察到两个高强度的峰，即 [2-H@C7]⁺、m/z 550 和 [1-H@C8]⁺、m/z 746。在 m/z 642 处仅可以看到一个指示 [2-H@C8]⁺ 的弱峰。相比之下，[1-H@C8]⁺ 和 C7 不结合成复合体，如 m/z 654 处缺失的峰所示。

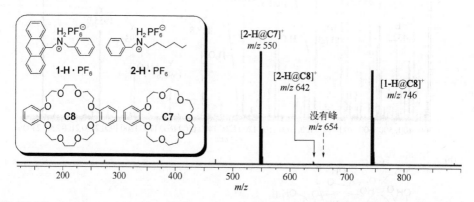

图 12.38　1-H·PF₆、2-H·PF₆、C7 和 C8 在二氯甲烷中等物质的量混合物的电喷雾电离傅里叶变换离子回旋共振（ESI-FT-ICR）质谱图及其化学结构（插图）
（经许可转载自参考文献[178]。© The American Chemical Society, 2008）

12.6.7　高质量蛋白质和蛋白质复合物

ESI 非凡的高质量检测能力允许分析分子质量远超 10^6 u（> 1 MDa）的蛋白质和蛋白质复合物[14,15,21,176,177]。但即使产生的离子有非常高的电荷状态，这种类型的研究也需要拓展 m/z 范围的特殊质量分析器。

1 Mu 的离子　目前，世界上近一半的人口感染了革兰氏阴性螺旋形细菌幽门螺杆菌。幽门螺杆菌拥有一个非常大的多蛋白复合尿素酶，这对于其在胃酸性环境中的生存至关重要。nanoESI 已确定 12 mer（聚体）脲酶复合物的分子质量为(1063900 ± 600) u（图 12.39）[15]。以较高浓度喷雾脲酶可形成更大的蛋白质复合物，最高可达 48 mers，分子质量 > 4 Mu，在约 m/z 27000 处被检测到，对应 >180+ 的电荷态。

蛋白质在 ESI-MS 期间是否保留其溶液结构的问题已经由 Breuker 和 McLafferty 解决[177]。根据他们的讨论，在纳秒时间尺度上离子去溶剂化的最后步骤中，蛋白质离子失去了在其周围形成单层的最后一百个左右的水分子。水分子的损失伴随着蛋白质离子的强烈冷却，由于失去了外部离子的相互作用，蛋白质离子最终在几皮秒内坍缩。然后，在几毫秒内，蛋白质较慢地失去疏水键和静电相互作用，随后在几秒钟内稳定下来，最终形成与溶液中的天然结构不同的气相构象。由于离子在正常 ESI 操作中寿命有限，因此只能进行到冷的外部坍缩结构的步骤（图 12.40）。

12.6 ESI-MS 的应用

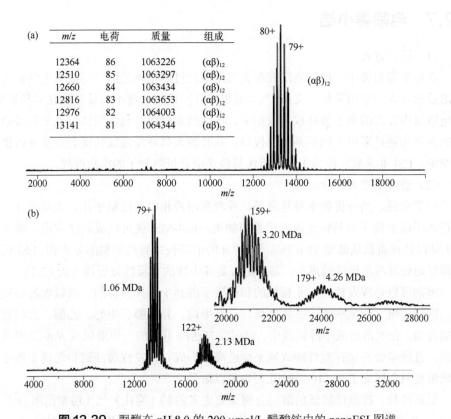

图 12.39 脲酶在 pH 8.0 的 200 μmol/L 醋酸铵中的 nanoESI 图谱
(a) 使用 20 μmol/L 脲酶主要给出(αβ)₁₂ 亚基,而(b)浓度为 40 μmol/L 的脲酶单体也可得到 24 mers、36 mers,甚至 48 mers(经许可改编自参考文献[15])。© Wiley Periodicals,2004)

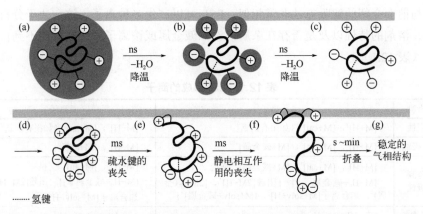

图 12.40 从天然的溶液相到气相的转变中,蛋白质的逐步去溶剂化 [(a) → (c)],变性为一个外部坍缩的结构(d)并重新折叠为一个稳定的气相结构 [(d) → (g)]
(经许可转载自参考文献[177]。© The National Academy of Sciences of the USA,2008)

12.7 电喷雾小结

（1）运行方式

在电喷雾电离中，电解质溶液在大气压下通过静电场消散，形成带电气溶胶。气溶胶的形成通常由雾化气支持（气动辅助 ESI）。通过液滴不断反复地收缩和崩解，带电液滴中存在的离子被释放到气相中。在这些步骤中，包含气体、离子和残余微滴的混合物通过采用不同泵系统的接口，从开放大气环境连续传输到质量分析器的真空中。ESI 非常软，因为不涉及将能量传递给分析物分子的电离过程。

（2）适合电喷雾的分析物

一般来说，当分析物本身是离子，或者在溶液相中通过质子化、去质子化、加合正离子或负离子容易转变成离子型的物质，ESI-MS 就可以成功地应用。因此，ESI 可以处理质量从低至 10 u 到高至 10^6 u 的中等极性到离子型的分析物。ESI 可以同样好地处理两种极性的离子，却不适合处理中性的非极性分析物（表 12.1）。

溶剂可以是挥发性的、非极性的和非质子的到中等挥发性的、高极性的和质子的，例如乙醚、四氢呋喃、二氯甲烷、三氯甲烷、异丙醇、甲醇、乙腈、水和它们的混合物。在水溶液或甲醇溶液中，可耐受高达约 10%的二甲亚砜或 N,N-二甲基甲酰胺，且经常会添加挥发性酸或碱来促进离子形成。挥发性缓冲液和促进正离子化的低浓度碱金属离子（$< 10^{-3}$ mol/L）也可以耐受。

根据经验，挥发性较低的溶剂分别需要更多的鞘（雾化）气（通常范围为 1～3 L/min）和较高温度的去溶剂气或加热的毛细管（通常温度范围为 150～250℃）。去溶剂化不足和去溶剂化过强都会终止离子的形成。

（3）ESI 中的离子类型

与前面介绍的解吸方法非常相似，ESI 可以产生多种离子，这取决于分析物的极性、溶剂的特性以及是否存在杂质，例如碱金属或铵离子。通常观察不到自由基离子（表 12.1）。

表 12.1　ESI 形成的离子

分析物	正离子	负离子
低极性	$[M+H]^+$，$[M+cat]^+$（如果有的话[①]）	$[M-H]^-$，$[M+an]^-$（如果有的话[①]）
中等极性	$[M+H]^+$，$[M+cat]^+$，$[M+碱金属]^{+}$[①]	$[M-H]^-$，$[M+an]^{-}$[①]
中等到高极性	$[M+H]^+$，$[M+cat]^+$，$[M+碱金属]^+$[①] 交换 $[M-H_n+碱金属_{n+1}]^+$ {团簇$[2M+H]^+$，$[2M+碱金属]^+$，加合离子$[M+solv+H]^+$，$[M+solv+碱金属]^+$}[③]	$[M-H]^-$，$[M+an]^{-}$[①] 交换 $[M-H_n+碱金属_{n-1}]^-$ {团簇$[2M-H]^-$ 加合离子$[M+solv-H]^-$}[③]
离子型[②]	C^+，$[C_n+A_{n-1}]^+$	A^-，$[C_{n-1}+A_n]^-$

[①] 一些正离子 cat^+ 或负离子 an^- 偶然出现。

[②] 包括分析物正离子 C^+ 和分析物负离子 A^-。

[③] 括号表示丰度较低的离子物种。

（4）样品消耗量

样品消耗量主要由分析物溶液的浓度和液体流速决定。例如，在 1 min 的测量过程中，当 10^{-6} mol/L 溶液以 4 μL/min 的流速输送时，常规的 ESI 消耗 4 pmol 的样品。对于纳升电喷雾来说，同样的溶液在 40 nL/min 流速时，样品消耗量将减少到 40 fmol。现代仪器的样品消耗量显著降低，因为其接口将更大比例的离子传输到质量分析器中。因此，当在相同流速下操作时，在非常短的采集时间内所需样品溶液的体积很小。

（5）ESI 的质量分析器

ESI 和所有其他 API 源可与所有类型的质量分析器结合使用，即基本上可以根据分析要求选择任何质量分析器。由于 ESI 中的碎片离子通常不存在或丰度非常低，所以优选能够串联质谱和/或准确质量测定的分析器，可以获得其他的质谱信息。

（6）APCI 和 APPI 与 ESI 的比较

ESI 对 LC-MS 的重要性可以从其在极性和质量方面对分析物的广泛接受度推断出来。ESI、APCI 和 APPI 涵盖的分子量与分析物极性范围的图示，给出了这些方法首选的应用领域（图 12.41）。此外，APCI 和 APPI 在覆盖范围上非常相似，因为在本图中两者都涉及极性-质量平面的左下段部分。APCI 和 APPI 在第 7.8 节和 7.9 节中化学电离的背景下进行了讨论。

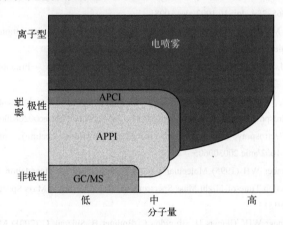

图 12.41 ESI 以在极性和质量方面具有广泛的分析物可接受度为特征，可以处理中等极性至离子型分析物，而 APCI 和 APPI 则适用于本图的左下角部分

（经 U. Karst 许可改编自 *Anal Bioanal Chem* 378(4), 2004 的封面插图，© Springer, Heidelberg, 2004）

参考文献

[1] Rossi DT, Sinz MW (eds) (2002) Mass Spectrometry in Drug Discovery. Marcel Dekker, New York

[2] Schalley CA (ed) (2003) Modern Mass Spectrometry. Springer, New York

[3] Ardrey RE (2003) Liquid Chromatography-Mass Spectrometry – An Introduction. Wiley, Chichester

[4] Siuzdak G (2006) The Expanding Role of Mass Spectrometry in Biotechnology. MCC Press, San Diego
[5] Lehmann WD (1996) Massenspektrometrie in der Biochemie. Spektrum Akademischer Verlag, Heidelberg
[6] Dole RB (ed) (1997) Electrospray Ionization Mass Spectrometry – Fundamentals, Instrumentation and Applications. Wiley, Chichester. doi: 10.17226/5702
[7] Roboz J (1999) Mass Spectrometry in Cancer Research. CRC Press, Boca Raton. doi: 10.1089/apc.1999.13.57
[8] Chapman JR (ed) (2000) Mass Spectrometry of Proteins and Peptides. Humana Press, Totowa
[9] Pramanik BN, Ganguly AK, Gross ML (eds) (2002) Applied Electrospray Mass Spectrometry. Marcel Dekker, New York
[10] Cole RB (ed) (2010) Electrospray and MALDI Mass Spectrometry: Fundamentals, Instrumentation, Practicalities, and Biological Applications. Wiley, Hoboken
[11] Lehmann WD (2010) Protein Phosphorylation Analysis by Electrospray Mass Spectrometry: A Guide to Concepts and Practice. Royal Society of Chemistry, Cambridge. doi: 10.1007/s00265-010-1026-9
[12] Amad MH, Cech NB, Jackson GS, Enke CG (2000) Importance of Gas-Phase Proton Affinities in Determining the Electrospray Ionization Response for Analytes and Solvents. J Mass Spectrom 35: 784–789. doi: 10.1002/1096-9888(200007)35: 7<784:: AID-JMS17>3.0.CO;2-Q
[13] Schalley CA (2000) Supramolecular Chemistry Goes Gas Phase: The Mass Spectrometric Examination of Noncovalent Interactions in Host-Guest Chemistry and Molecular Recognition. Int J Mass Spectrom 194: 11–39. doi: 10.1016/S1387-3806(99)00243-2
[14] Cristoni S, Bernardi LR (2003) Development of New Methodologies for the Mass Spectrometry Study of Bioorganic Macromolecules. Mass Spectrom Rev 22: 369–406. doi: 10.1002/mas.10062
[15] Heck AJR, van den Heuvel RHH (2004) Investigation of Intact Protein Complexes by Mass Spectrometry. Mass Spectrom Rev 23: 368–389. doi: 10.1002/mas.10081
[16] Fenn JB, Mann M, Meng CK, Wong SF, Whithouse CM (1989) Electrospray Ionization for Mass Spectrometry of Large Biomolecules. Science 246: 64–71. doi: 10.1126/science.2675315
[17] Fenn JB, Mann M, Meng CK, Wong SF (1990) Electrospray Ionization – Principles and Practice. Mass Spectrom Rev 9: 37–70. doi: 10.1002/mas.1280090103
[18] Smith RD, Loo JA, Edmonds CG, Barinaga CJ, Udseth HR (1990) New Developments in Biochemical Mass Spectrometry: Electrospray Ionization. Anal Chem 62: 882–899. doi: 10.1021/ac00208a002
[19] Fenn JB (2003) Electrospray: Wings for Molecular Elephants (Nobel Lecture). Angew Chem, Int Ed 42: 3871–3894. doi: 10.1002/anie.200300605
[20] Fuerstenau SD, Benner WH (1995) Molecular Weight Determination of Megadalton DNA Electrospray Ions Using Charge Detection Time-of-Flight Mass Spectrometry. Rapid Commun Mass Spectrom 9: 1528–1538. doi: 10.1002/rcm.1290091513
[21] Fuerstenau SD, Benner WH, Thomas JJ, Brugidou C, Bothner B, Suizdak G (2001) Mass Spectrometry of an Intact Virus. Angew Chem Int Ed 40: 541–544. doi: 10.1002/1521-3773(20010202)40: 3<541:: AID-ANIE541>3.0.CO;2-K
[22] Felitsyn N, Peschke M, Kebarle P (2002) Origin and Number of Charges Observed on Multiply-Protonated Native Proteins Produced by ESI. Int J Mass Spectrom 219: 39–62. doi: 10.1016/S1387-3806(02)00588-2
[23] Colton R, D'Agostino A, Traeger JC (1995) Electrospray Mass Spectrometry Applied to Inorganic and Organometallic Chemistry. Mass Spectrom Rev 14: 79–106. doi: 10.1002/mas.1280140203
[24] Traeger JC (2000) Electrospray Mass Spectrometry of Organometallic Compounds. Int J Mass Spectrom 200: 387–401. doi: 10.1016/S1387-3806(00)00346-8
[25] Henderson W, McIndoe SJ (2005) Mass Spectrometry of Inorganic and Organometallic Compounds. Wiley,

Chichester. doi: 10.1002/cfg.467

[26] Poon GK, Bisset GMF, Mistry P (1993) Electrospray Ionization Mass Spectrometry for Analysis of Low-Molecular-Weight Anticancer Drugs and Their Analogs. J Am Soc Mass Spectrom 4: 588–595. doi: 10.1016/1044-0305(93)85020-X

[27] Winger BE, Light-Wahl KJ, Ogorzalek Loo RR, Udseth HR, Smith RD (1993) Observation and Implications of High Mass-to-Charge Ratio Ions from Electrospray Ionization Mass Spectrometry. J Am Soc Mass Spectrom 4: 536–545. doi: 10.1016/1044-0305(93)85015-P

[28] Wang Y, Schubert M, Ingendoh A, Franzen J (2000) Analysis of Non-Covalent Protein Complexes Up to 290 kDa Using Electrospray Ionization and Ion Trap Mass Spectrometry. Rapid Commun Mass Spectrom 14: 12–17. doi: 10.1002/(SICI)1097-0231(20000115)14: 1<12:: AID-RCM825>3.0.CO;2-7

[29] Sobott F, Hernández H, McCammon MG, Tito MA, Robinson CV (2002) A Tandem Mass Spectrometer for Improved Transmission and Analysis of Large Macromolecular Assemblies. Anal Chem 74: 1402–1407. doi: 10.1021/ac0110552

[30] Covey TR, Thomson BA, Schneider BB (2009) Atmospheric Pressure Ion Sources. Mass Spectrom Rev 28: 870–897. doi: 10.1002/mas.20246

[31] Horning EC, Horning MG, Carroll DI, Dzidic I, Stillwell RN (1973) New Picogram Detection System Based on a Mass Spectrometer with an External Ionization Source at Atmospheric Pressure. Anal Chem 45: 936–943. doi: 10.1021/ac60328a035

[32] Horning EC, Carroll DI, Dzidic I, Haegele KD, Horning MG, Stillwell RN (1974) Atmospheric Pressure Ionization (API) Mass Spectrometry. Solvent-Mediated Ionization of Samples Introduced in Solution and in a Liquid Chromatograph Effluent Stream. J Chromatogr Sci 12: 725–729. doi: 10.1093/chromsci/12.11.725

[33] Robb DB, Covey TR, Bruins AP (2000) Atmospheric Pressure Photoionization: an Ionization Method for Liquid Chromatography-Mass Spectrometry. Anal Chem 72: 3653–3659. doi: 10.1021/ac0001636

[34] Blakley CR, Carmody JJ, Vestal ML (1980) A New Soft Ionization Technique for Mass Spectrometry of Complex Molecules. J Am Chem Soc 102: 5931–5933. doi: 10.1021/ja00538a050

[35] Blakley CR, Vestal ML (1983) Thermospray Interface for Liquid Chromatography/Mass Spectrometry. Anal Chem 55: 750–754. doi: 10.1021/ac00255a036

[36] Vestal ML (1983) Studies of Ionization Mechanisms Involved in Thermospray LC-MS. Int J Mass Spectrom Ion Phys 46: 193–196. doi: 10.1016/0020-7381(83)80086-2

[37] Wilkes JG, Freeman JP, Heinze TM, Lay JO Jr, Vestal ML (1995) AC Corona-Discharge Aerosol-Neutralization Device Adapted to Liquid Chromatography/Particle Beam/Mass Spectrometry. Rapid Commun Mass Spectrom 9: 138–142. doi: 10.1002/rcm.1290090207

[38] Vestal ML (1984) High-Performance Liquid Chromatography-Mass Spectrometry. Science 226: 275–281. doi: 10.1126/science.6385251

[39] Evans CA Jr, Hendricks CD (1972) Electrohydrodynamic Ion Source for the Mass Spectrometry of Liquids. Rev Sci Inst 43: 1527–1530. doi: 10.1063/1.1685481

[40] Simons DS, Colby BN, Evans CA Jr (1974) Electrohydrodynamic Ionization Mass Spectrometry. Ionization of Liquid Glycerol and Nonvolatile Organic Solutes. Int J Mass Spectrom Ion Phys 15: 291–302. doi: 10.1016/0020-7381(74)85006-0

[41] Zeleny J (1917) Instability of Electrified Liquid Surfaces. Phys Rev 10: 1–7. doi: 10.1103/PhysRev.10.1

[42] Taylor GI (1964) Disintegration of Water Drops in an Electric Field. Proc Royal Soc London A 280: 383–397. doi: 10.1098/rspa.1964.0151

[43] Rayleigh L (1882) On the Equilibrium of Liquid Conducting Masses Charged with Electricity. Dublin Phil Mag

J Sci (London/Edinburgh) 14: 184–186. doi: 10.1080/14786448208628425

[44] Dülcks T, Röllgen FW (1995) Ionization Conditions and Ion Formation in Electrohydrodynamic Mass Spectrometry. Int J Mass Spectrom Ion Proc 148: 123–144. doi: 10.1016/0168-1176(95)04250-O

[45] Dülcks T, Röllgen FW (1995) Ion Source for Electrohydrodynamic Mass Spectrometry. J Mass Spectrom 30: 324–332. doi: 10.1002/jms.1190300215

[46] Cook KD (1986) Electrohydrodynamic Mass Spectrometry. Mass Spectrom Rev 5: 467–519. doi: 10.1002/mas.1280050404

[47] Dole M, Mack LL, Hines RL, Mobley RC, Ferguson LD, Alice MB (1968) Molecular Beams of Macroions. J Chem Phys 49: 2240–2249. doi: 10.1063/1.1670391

[48] Dole M, Hines RL, Mack LL, Mobley RC, Ferguson LD, Alice MB (1968) Gas Phase Macroions. Macromolecules 1: 96–97. doi: 10.1021/ma60001a017

[49] Gieniec J, Mack LL, Nakamae K, Gupta C, Kumar V, Dole M (1984) Electrospray Mass Spectroscopy of Macromolecules: Application of an Ion-Drift Spectrometer. Biomed Mass Spectrom 11: 259–268. doi: 10.1002/bms.1200110602

[50] Yamashita M, Fenn JB (1984) Electrospray Ion Source. Another Variation on the Free-Jet Theme. J Phys Chem 88: 4451–4459. doi: 10.1021/j150664a002

[51] Yamashita M, Fenn JB (1984) Negative Ion Production with the Electrospray Ion Source. J Phys Chem 88: 4671–4675. doi: 10.1021/j150664a046

[52] Whitehouse CM, Robert RN, Yamashita M, Fenn JB (1985) Electrospray Interface for Liquid Chromatographs and Mass Spectrometers. Anal Chem 57: 675–679. doi: 10.1021/ac00280a023

[53] Bruins AP (1991) Mass Spectrometry with Ion Sources Operating at Atmospheric Pressure. Mass Spectrom Rev 10: 53–77. doi: 10.1002/mas.1280100104

[54] Kebarle P, Tang L (1993) From Ions in Solution to Ions in the Gas Phase – The Mechanism of Electrospray Mass Spectrometry. Anal Chem 65: 972A–986A. doi: 10.1021/ac00070a001

[55] Karas M, Bahr U, Dülcks T (2001) Nano-Electrospray Ionization Mass Spectrometry: Addressing Analytical Problems Beyond Routine. Fresenius J Anal Chem 366: 669–676. doi: 10.1007/s002160051561

[56] Anacleto JF, Pleasance S, Boyd RK (1992) Calibration of Ion Spray Mass Spectra Using Cluster Ions. Org Mass Spectrom 27: 660–666. doi: 10.1002/oms.1210270603

[57] Hop CECA (1996) Generation of High Molecular Weight Cluster Ions by Electrospray Ionization; Implications for Mass Calibration. J Mass Spectrom 31: 1314–1316. doi: 10.1002/(SICI)1096-9888(199611)31: 11<1314::AID-JMS429>3.0.CO;2-N

[58] Kantrowitz A, Grey J (1951) High Intensity Source for the Molecular Beam. I. Theoretical. Rev Sci Inst 22: 328–332. doi: 10.1063/1.1745921

[59] Fenn JB (2000) Mass Spectrometric Implications of High-Pressure Ion Sources. Int J Mass Spectrom 200: 459–478. doi: 10.1016/S1387-3806(00)00328-6

[60] Klee S, Derpmann V, Wissdorf W, Klopotowski S, Kersten H, Brockmann KJ, Benter T, Albrecht S, Bruins AP, Dousty F, Kauppila TJ, Kostiainen R, O'Brien R, Robb DB, Syage JA (2014) Are Clusters Important in Understanding the Mechanisms in Atmospheric Pressure Ionization? Part 1: Reagent Ion Generation and Chemical Control of Ion Populations. J Am Soc Mass Spectrom 25: 1310–1321. doi: 10.1007/s13361-014-0891-2

[61] Bruins AP, Covey TR, Henion JD (1987) Ion Spray Interface for Combined Liquid Chromatography/Atmospheric Pressure Ionization Mass Spectrometry. Anal Chem 59: 2642–2646. doi: 10.1021/ac00149a003

[62] Covey TR, Bruins AP, Henion JD (1988) Comparison of Thermospray and Ion Spray Mass Spectrometry in an

Atmospheric Pressure Ion Source. Org Mass Spectrom 23: 178–186. doi: 10.1002/oms.1210230305

[63] Covey TR, Bonner RF, Shushan BI, Henion JD (1988) The Determination of Protein, Oligonucleotide, and Peptide Molecular Weights by Ion-Spray Mass Spectrometry. Rapid Commun Mass Spectrom 2: 249–256. doi: 10.1002/rcm.1290021111

[64] Ikonomou MG, Blades AT, Kebarle P (1991) Electrospray – Ion Spray: A Comparison of Mechanisms and Performance. Anal Chem 63: 1989–1998. doi: 10.1021/ac00018a017

[65] Smith RD, Barinaga CJ, Udseth HR (1988) Improved Electrospray Ionization Interface for Capillary Zone Electrophoresis-Mass Spectrometry. Anal Chem 60: 1948–1952. doi: 10.1021/ac00169a022

[66] Abian J (1999) The Coupling of Gas and Liquid Chromatography with Mass Spectrometry. J Mass Spectrom 34: 157–168.doi: 10.1002/(SICI)1096-9888(199903)34: 3<157:: AID-JMS804>3.0.CO;2-4

[67] Shaffer SA, Tang K, Anderson GA, Prior DC, Udseth HR, Smith RD (1997) A Novel Ion Funnel for Focusing Ions at Elevated Pressure Using Electrospray Ionization Mass Spectrometry. Rapid Commun Mass Spectrom 11: 1813–1817. doi: 10.1002/(SICI)1097-0231(19971030)11: 16<1813:: AID-RCM87>3.0.CO;2-D

[68] Shaffer SA, Prior DC, Anderson GA, Udseth HR, Smith RD (1998) An Ion Funnel Interface for Improved Ion Focusing and Sensitivity Using Electrospray Ionization Mass Spectrometry. Anal Chem 70: 4111–4119. doi: 10.1021/ac9802170

[69] Kim T, Tolmachev AV, Harkewicz R, Prior DC, Anderson G, Udseth HR, Smith RD, Bailey TH, Rakov S, Futrell JH (2000) Design and Implementation of a New Electrodynamic Ion Funnel. Anal Chem 72: 2247–2255. doi: 10.1021/ac991412x

[70] Ibrahim Y, Belov ME, Tolmachev AV, Prior DC, Smith RD (2007) Ion Funnel Trap Interface for Orthogonal Time-of-Flight Mass Spectrometry. Anal Chem 79: 7845–7852. doi: 10.1021/ac071091m

[71] Ibrahim YM, Belov ME, Liyu AV, Smith RD (2008) Automated Gain Control Ion Funnel Trap for Orthogonal Time-of-Flight Mass Spectrometry. Anal Chem 80: 5367–5376. doi: 10.1021/ac8003488

[72] Smith RD, Loo JA, Barinaga CJ, Edmonds CG, Udseth HR (1990) Collisional Activation and Collision-Activated Dissociation of Large Multiply Charged Polypeptides and Proteins Produced by Electrospray Ionization. J Am Soc Mass Spectrom 1: 53–65. doi: 10.1016/1044-0305(90)80006-9

[73] Harvey DJ (2000) Collision-Induced Fragmentation of Underivatized N-Linked Carbohydrates Ionized by Electrospray. J Mass Spectrom 35: 1178–1190. doi: 10.1002/1096-9888(200010)35: 10<1178:: AID-JMS46>3.0.CO;2-F

[74] Schmidt A, Bahr U, Karas M (2001) Influence of Pressure in the First Pumping Stage on Analyte Desolvation and Fragmentation in Nano-ESI MS. Anal Chem 71: 6040–6046. doi: 10.1021/ac010451h

[75] Jedrzejewski PT, Lehmann WD (1997) Detection of Modified Peptides in Enzymatic Digests by Capillary Liquid Chromatography/Electrospray Mass Spectrometry and a Programmable Skimmer CID Acquisition Routine. Anal Chem 69: 294–301. doi: 10.1021/ac9606618

[76] Weinmann W, Stoertzel M, Vogt S, Svoboda M, Schreiber A (2001) Tuning Compounds for Electrospray Ionization/in-Source Collision-Induced Dissociation and Mass Spectra Library Searching. J Mass Spectrom 36: 1013–1023. doi: 10.1002/jms.201

[77] Huddleston MJ, Bean MF, Carr SA (1993) Collisional Fragmentation of Glycopeptides by Electrospray Ionization LC/MS and LC/MS/MS: Methods for Selective Detection of Glycopeptides in Protein Digests. Anal Chem 65: 877–884. doi: 10.1021/ac00055a009

[78] Chen H, Tabei K, Siegel MM (2001) Biopolymer Sequencing Using a Triple Quadrupole Mass Spectrometer in the ESI Nozzle-Skimmer/Precursor Ion MS/MS Mode. J Am Soc Mass Spectrom 12: 846–852. doi: 10.1016/S1044-0305(01)00258-6

[79] Hoogland FG, Boon JJ (2009) Development of MALDI-MS and Nano-ESI-MS Methodology for the Full Identification of Poly(ethylene glycol) Additives in Artists' Acrylic Paints. Int J Mass Spectrom 284: 66–71. doi: 10.1016/j.ijms.2009.03.002

[80] Miao X-S, Metcalfe CD (2003) Determination of Carbamazepine and Its Metabolites in Aqueous Samples Using Liquid Chromatography-Electrospray Tandem Mass Spectrometry. Anal Chem 75: 3731–3738. doi: 10.1021/ac030082k

[81] Gross JH, Eckert A, Siebert W (2002) Negative-Ion Electrospray Mass Spectra of Carbon Dioxide-Protected N-Heterocyclic Anions. J Mass Spectrom 37: 541-543.doi: 10.1002/jms.302

[82] Wilm MS, Mann M (1994) Electrospray and Taylor-Cone Theory, Dole's Beam of Macromolecules at Last? Int J Mass Spectrom Ion Proc 136: 167–180. doi: 10.1016/0168-1176(94)04024-9

[83] Wilm M, Mann M (1996) Analytical Properties of the Nanoelectrospray Ion Source. Anal Chem 68: 1–8. doi: 10.1021/ac9509519

[84] Wilm M, Shevshenko A, Houthaeve T, Breit S, Schweigerer L, Fotsis T, Mann M (1996) Femtomole Sequencing of Proteins from Polyacrylamide Gels by Nano-Electrospray Mass Spectrometry. Nature 379: 466–469. doi: 10.1038/379466a0

[85] Juraschek R, Dülcks T, Karas M (1999) Nanoelectrospray – More Than Just a Minimized-Flow Electrospray Ionization Source. J Am Soc Mass Spectrom 10: 300–308. doi: 10.1016/S1044-0305(98)00157-3

[86] Guo M, Huang BX, Kim HY (2009) Conformational Changes in Akt1 Activation Probed by Amide Hydrogen/Deuterium Exchange and Nano-Electrospray Ionization Mass Spectrometry. Rapid Commun Mass Spectrom 23: 1885–1891. doi: 10.1002/rcm.4085

[87] Gibson GTT, Mugo SM, Oleschuk RD (2009) Nanoelectrospray Emitters: Trends and Perspective. Mass Spectrom Rev 28: 918–936. doi: 10.1002/mas.20248

[88] Valaskovic GA, Murphy JP, Lee MS (2004) Automated Orthogonal Control System for Electrospray Ionization. J Am Soc Mass Spectrom 15: 1201–1215. doi: 10.1016/j.jasms.2004.04.033

[89] Kebarle P, Verkerk UH (2009) Electrospray: From Ions in Solution to Ions in the Gas Phase, What We Know Now. Mass Spectrom Rev 28: 898–917. doi: 10.1002/mas.20247

[90] Cole RB (2000) Some Tenets Pertaining to Electrospray Ionization Mass Spectrometry. J Mass Spectrom 35: 763–772. doi: 10.1002/1096-9888(200007)35: 7<763:: AID-JMS16>3.0.CO;2-%23

[91] Kebarle P (2000) A Brief Overview of the Present Status of the Mechanisms Involved in Electrospray Mass Spectrometry. J Mass Spectrom 35: 804–817. doi: 10.1002/1096-9888(200007)35: 7<804:: AID-JMS22>3.0.CO;2-Q

[92] Marginean I, Nemes P, Parvin L, Vertes A (2006) How Much Charge Is There on a Pulsating Taylor Cone? Appl Phys Lett 89: 064104-1-064104/3. doi: 10.1063/1.2266889

[93] Nemes P, Marginean I, Vertes A (2007) Spraying Mode Effect on Droplet Formation and Ion Chemistry in Electrosprays. Anal Chem 79: 3105–3116. doi: 10.1021/ac062382i

[94] de la Mora JF, Van Berkel GJ, Enke CG, Cole RB, Martinez-Sanchez M, Fenn JB (2000) Electrochemical Processes in Electrospray Ionization Mass Spectrometry. J Mass Spectrom 35: 939–952. doi: 10.1002/1096-9888(200008)35: 8<939:: AID-JMS36>3.0.CO;2-V

[95] Van Berkel GJ (2000) Electrolytic Deposition of Metals on to the High-Voltage Contact in an Electrospray Emitter: Implications for Gas-Phase Ion Formation. J Mass Spectrom 35: 773–783. doi: 10.1002/1096-9888(200007)35: 7<773:: AID-JMS4>3.0.CO;2-6

[96] Schäfer M, Drayue M, Springer A, Zacharias P, Meerholz K (2007) Radical Cations in Electrospray Mass Spectrometry: Formation of Open-Shell Species, Examination of the Fragmentation Behavior in ESI-MS[n] and

Reaction Mechanism Studies by Detection of Transient Radical Cations. Eur J Org Chem 2007: 5162–5174. doi: 10.1002/ejoc.200700199

[97] Gomez A, Tang K (1994) Charge and Fission of Droplets in Electrostatic Sprays. Phys Fluids 6: 404–414. doi: 10.1063/1.868037

[98] Duft D, Achtzehn T, Müller R, Huber BA, Leisner T (2003) Coulomb Fission. Rayleigh Jets from Levitated Microdroplets. Nature 421: 128. doi: 10.1038/421128a

[99] Grimm RL, Beauchamp JL (2005) Dynamics of Field-Induced Droplet Ionization: Time-Resolved Studies of Distortion, Jetting, and Progeny Formation from Charged and Neutral Methanol Droplets Exposed to Strong Electric Fields. J Phys Chem B 109: 8244–8250. doi: 10.1021/jp0450540

[100] Mack LL, Kralik P, Rheude A, Dole M (1970) Molecular Beams of Macroions, II. J Chem Phys 52: 4977–4986. doi: 10.1063/1.1672733

[101] Iribarne JV, Thomson BA (1976) On the Evaporation of Small Ions from Charged Droplets. J Chem Phys 64: 2287–2294. doi: 10.1063/1.432536

[102] Thomson BA, Iribarne JV (1979) Field-Induced Ion Evaporation from Liquid Surfaces at Atmospheric Pressure. J Chem Phys 71: 4451–4463. doi: 10.1063/1.438198

[103] Labowsky M, Fenn JB, de la Mora JF (2000) A Continuum Model for Ion Evaporation from a Drop: Effect of Curvature and Charge on Ion Solvation Energy. Anal Chim Acta 406: 105–118. doi: 10.1016/S0003-2670(99)00595-4

[104] Fenn JB (1993) Ion Formation from Charged Droplets: Roles of Geometry, Energy, and Time. J Am Soc Mass Spectrom 4: 524–535. doi: 10.1016/1044-0305(93)85014-O

[105] Fenn JB, Rosell J, Meng CK (1997) In Electrospray Ionization, How Much Pull Does an Ion Need to Escape Its Droplet Prison? J Am Soc Mass Spectrom 8: 1147–1157. doi: 10.1016/S1044-0305(97)00161-X

[106] Loo JA, Edmonds CG, Udseth HR, Smith RD (1990) Effect of Reducing Disulfide Containing Proteins on Electrospray Ionization Mass Spectra. Anal Chem 62: 693–698. doi: 10.1021/ac00206a009

[107] Chowdhury SK, Katta V, Chait BT (1990) Probing Conformational Changes in Proteins by Mass Spectrometry. J Am Chem Soc 112: 9012–9013. doi: 10.1021/ja00180a074

[108] Nemes P, Goyal S, Vertes A (2008) Conformational and Noncovalent Complexation Changes in Proteins During Electrospray Ionization. Anal Chem 80: 387–395. doi: 10.1021/ac0714359

[109] Schmelzeisen-Redeker G, Bütfering L, Röllgen FW (1989) Desolvation of Ions and Molecules in Thermospray Mass Spectrometry. Int J Mass Spectrom Ion Proc 90: 139–150. doi: 10.1016/0168-1176(89)85004-9

[110] Williams ER (1996) Proton Transfer Reactivity of Large Multiply Charged Ions. J Mass Spectrom 31: 831–842. doi: 10.1002/(SICI)1096-9888(199608)31: 8<831:: AID-JMS392>3.0.CO;2-7

[111] Iavarone AT, Jurchen JC, Williams ER (2001) Supercharged Protein and Peptide Ions Formed by Electrospray Ionization. Anal Chem 73: 1455–1460. doi: 10.1021/ac001251t

[112] Iavarone AT, Williams ER (2002) Supercharging in Electrospray Ionization: Effects on Signal and Charge. Int J Mass Spectrom 219: 63–72. doi: 10.1016/S1387-3806(02)00587-0

[113] Iavarone AT, Williams ER (2003) Mechanism of Charging and Supercharging Molecules in Electrospray Ionization. J Am Chem Soc 125: 2319–2327. doi: 10.1021/ja021202t

[114] Youhnovski N, Matecko I, Samalikova M, Grandori R (2005) Characterization of Cytochrome c Unfolding by Nano-Electrospray Ionization Time-of-Flight and Fourier Transform Ion Cyclotron Resonance Mass Spectrometry. Eur J Mass Spectrom 11: 519–524. doi: 10.1255/ejms.730

[115] Dobo A, Kaltashov IA (2001) Detection of Multiple Protein Conformational Ensembles in Solution Via Deconvolution of Charge-State Distributions in ESI-MS. Anal Chem 73: 4763–4773. doi: 10.1021/ac010713f

[116] Chapman JR, Gallagher RT, Barton EC, Curtis JM, Derrick PJ (1992) Advantages of High-Resolution and High-Mass Range Magnetic-Sector Mass Spectrometry for Electrospray Ionization. Org Mass Spectrom 27: 195–203. doi: 10.1002/oms.1210270308

[117] Cole RB, Harrata AK (1993) Solvent Effect on Analyte Charge State, Signal Intensity, and Stability in Negative Ion Electrospray Mass Spectrometry – Implications for the Mechanism of Negative Ion Formation. J Am Soc Mass Spectrom 4: 546–556. doi: 10.1016/1044-0305(93)85016-Q

[118] Straub RF, Voyksner RD (1993) Negative Ion Formation in Electrospray Mass Spectrometry. J Am Soc Mass Spectrom 4: 578–587. doi: 10.1016/1044-0305(93)85019-T

[119] Saf R, Mirtl C, Hummel K (1994) Electrospray Mass Spectrometry Using Potassium Iodide in Aprotic Organic Solvents for the Ion Formation by Cation Attachment. Tetrahedron Lett 35: 6653–6656. doi: 10.1016/S0040-4039(00)73459-9

[120] Cody RB, Tamura J, Musselman BD (1992) Electrospray Ionization/Magnetic Sector Mass Spectrometry: Calibration, Resolution, and Accurate Mass Measurements. Anal Chem 64: 1561–1570. doi: 10.1021/ac00038a012

[121] Mann M, Meng CK, Fenn JB (1989) Interpreting Mass Spectra of Multiply Charged Ions. Anal Chem 61: 1702–1708. doi: 10.1021/ac00190a023

[122] Labowsky M, Whitehouse CM, Fenn JB (1993) Three-Dimensional Deconvolution of Multiply Charged Spectra. Rapid Commun Mass Spectrom 7: 71–84. doi: 10.1002/rcm.1290070117

[123] Zhang Z, Marshall AG (1998) A Universal Algorithm for Fast and Automated Charge State Deconvolution of Electrospray Mass-to-Charge Ratio Spectra. J Am Soc Mass Spectrom 9: 225–233. doi: 10.1016/S1044-0305(97)00284-5

[124] Maleknia SD, Downard KM (2005) Charge Ratio Analysis Method to Interpret High Resolution Electrospray Fourier Transform-Ion Cyclotron Resonance Mass Spectra. Int J Mass Spectrom 246: 1–9. doi: 10.1016/j.ijms.2005.08.002

[125] Maleknia SD, Downard KM (2005) Charge Ratio Analysis Method: Approach for the Deconvolution of Electrospray Mass Spectra. Anal Chem 77: 111–119. doi: 10.1021/ac048961+

[126] Lu W, Callahan JH, Fry FS, Andrzejewski D, Musser SM, Harrington PD (2011) A Discriminant Based Charge Deconvolution Analysis Pipeline for Protein Profiling of Whole Cell Extracts Using Liquid Chromatography-Electrospray Ionization-Quadrupole Time-of-Flight Mass Spectrometry. Talanta 84: 1180–1187. doi: 10.1016/j.talanta.2011.03.024

[127] Maleknia SD, Green DC (2010) ECRAM Computer Algorithm for Implementation of the Charge Ratio Analysis Method to Deconvolute Electrospray Ionization Mass Spectra. Int J Mass Spectrom 290: 1–8. doi: 10.1016/j.ijms.2009.10.005

[128] Winkler R (2010) ESIprot: a Universal Tool for Charge State Determination and Molecular Weight Calculation of Proteins from Electrospray Ionization Mass Spectrometry Data. Rapid Commun Mass Spectrom 24: 285–294. doi: 10.1002/rcm.4384

[129] Wada Y (2016) Mass Spectrometry of Transferrin and Apolipoprotein C-Ⅲ for Diagnosis and Screening of Congenital Disorder of Glycosylation. Glycoconjug J 33: 297–307. doi: 10.1007/s10719-015-9636-0

[130] Dobberstein P, Schroeder E (1993) Accurate Mass Determination of a High Molecular Weight Protein Using Electrospray Ionization with a Magnetic Sector Instrument. Rapid Commun Mass Spectrom 7: 861–864. doi: 10.1002/rcm.1290070916

[131] Haas MJ (1999) Fully Automated Exact Mass Measurements by High-Resolution Electrospray Ionization on a Sector Instrument. Rapid Commun Mass Spectrom 13: 381–383. doi: 10.1002/(SICI)1097-0231(19990315)13:

5<381:: AID-RCM495>3.0.CO;2-A

[132] Hofstadler SA, Griffey RH, Pasa-Tolic R, Smith RD (1998) The Use of a Stable Internal Mass Standard for Accurate Mass Measurements of Oligonucleotide Fragment Ions Using Electrospray Ionization Fourier Transform Ion Cyclotron Resonance Mass Spectrometry with Infrared Multiphoton Dissociation. Rapid Commun Mass Spectrom 12: 1400–1404. doi: 10.1002/(SICI)1097-0231(19981015)12: 19<1400:: AID-RCM337>3.0.CO;2-T

[133] Stenson AC, Landing WM, Marshall AG, Cooper WT (2002) Ionization and Fragmentation of Humic Substances in Electrospray Ionization Fourier Transform-Ion Cyclotron Resonance Mass Spectrometry. Anal Chem 74: 4397–4409. doi: 10.1021/ac020019f

[134] Makarov A, Denisov E, Kholomeev A, Balschun W, Lange O, Strupat K, Horning S (2006) Performance Evaluation of a Hybrid Linear Ion Trap/Orbitrap Mass Spectrometer. Anal Chem 78: 2113–2120. doi: 10.1021/ac0518811

[135] Scalf M, Westphall MS, Krause J, Kaufmann SL, Smith LM (1999) Controlling Charge States of Large Ions. Science 283: 194–197. doi: 10.1126/science.283.5399.194

[136] Krusemark CJ, Frey BL, Belshaw PJ, Smith LM (2009) Modifying the Charge State Distribution of Proteins in Electrospray Ionization Mass Spectrometry by Chemical Derivatization. J Am Soc Mass Spectrom 20: 1617–1625. doi: 10.1016/j.jasms.2009.04.017

[137] Scalf M, Westphall MS, Smith LM (2000) Charge Reduction Electrospray Mass Spectrometry. Anal Chem 72: 52–60. doi: 10.1021/ac990878c

[138] Ebeling DD, Westphall MS, Scalf M, Smith LM (2000) Corona Discharge in Charge Reduction Electrospray Mass Spectrometry. Anal Chem 72: 5158–5161. doi: 10.1021/ac000559h

[139] Ebeling DD, Scalf M, Westphall MS, Smith LM (2001) A Cylindrical Capacitor Ionization Source: Droplet Generation and Controlled Charge Reduction for Mass Spectrometry. Rapid Commun Mass Spectrom 15: 401–405. doi: 10.1002/rcm.245

[140] McLuckey SA, Stephenson JL Jr (1998) Ion/Ion Chemistry of High-Mass Multiply Charged Ions. Mass Spectrom Rev 17: 369–407. doi: 10.1002/(SICI)1098-2787(1998)17: 6<369:: AID-MAS1>3.0.CO;2-J

[141] Herron WJ, Goeringer DE, McLuckey SA (1996) Product Ion Charge State Determination Via Ion/Ion Proton Transfer Reactions. Anal Chem 68: 257–262. doi: 10.1021/ac950895b

[142] Schalley CA (ed) (2007) Analytical Methods in Supramolecular Chemistry. Wiley-VCH, New York. doi: 10.5301/EJO.2008.2975

[143] Ramanathan R (ed) (2009) Mass Spectrometry in Drug Metabolism and Pharmacokinetics. Wiley, Hoboken. doi: 10.1109/TNS.2009.2019110

[144] Schalley CA, Springer A (2009) Mass Spectrometry and Gas-Phase Chemistry of Non-Covalent Complexes. Wiley, Hoboken. doi: 10.3762/bjoc.5.76

[145] Banoub JH, Limbach PA (eds) (2009) Mass Spectrometry of Nucleosides and Nucleic Acids. CRC Press, Boca Raton. doi: 10.1109/TNS.2009.2019110

[146] Williams TTJ, Perreault H (2000) Selective Detection of Nitrated Polycyclic Aromatic Hydrocarbons by Electrospray Ionization Mass Spectrometry and Constant Neutral Loss Scanning. Rapid Commun Mass Spectrom 14: 1474–1481. doi: 10.1002/1097-0231(20000830)14: 16<1474:: AID-RCM46>3.0.CO;2-Z

[147] Zhu J, Cole RB (2000) Formation and Decompositions of Chloride Adduct Ions, $[M+Cl]^-$, in Negative Ion Electrospray Ionization Mass Spectrometry. J Am Soc Mass Spectrom 11: 932–941. doi: 10.1016/S1044-0305(00)00164-1

[148] Yang C, Cole RB (2002) Stabilization of Anionic Adducts in Negative Ion Electrospray Mass Spectrometry.

Anal Chem 74: 985–991. doi: 10.1021/ac0108818

[149] Schalley CA, Ghosh P, Engeser M (2004) Mass Spectrometric Evidence for Catenanes and Rotaxanes from Negative-ESI FT-ICR Tandem-MS Experiments. Int J Mass Spectrom 232: 249–258. doi: 10.1016/j.ijms. 2004.02.003

[150] Truebenbach CS, Houalla M, Hercules DM (2000) Characterization of Isopoly Metal Oxyanions Using Electrospray Time-of-Flight Mass Spectrometry. J Mass Spectrom 35: 1121–1127. doi: 10.1002/1096-9888 (200009)35: 9<1121:: AID-JMS40>3.0.CO;2-7

[151] Choi BK, Hercules DM, Houalla M (2000) Characterization of Polyphosphates by Electrospray Mass Spectrometry. Anal Chem 72: 5087–5091. doi: 10.1021/ac000044q

[152] Favaro S, Pandolfo L, Traldi P (1997) The Behavior of $[Pt(H^3\text{-Allyl})XP(C_6H_5)_3]$ Complexes in Electrospray Ionization Conditions Compared with Those Achieved by Other Ionization Methods. Rapid Commun Mass Spectrom 11: 1859–1866. doi: 10.1002/(SICI)1097-0231(199711)11: 17<1859:: AID-RCM973>3.0.CO;2-P

[153] Feichtinger D, Plattner DA (1997) Direct Proof for Mn^V-Oxo-Salen Complexes. Angew Chem Int Ed 36: 1718–1719. doi: 10.1002/anie.199717181

[154] Løver T, Bowmaker GA, Henderson W, Cooney RP (1996) Electrospray Mass Spectrometry of Some Cadmium Thiophenolate Complexes and of a Thiophenolate Capped CdS Cluster. Chem Commun: 683–685. doi: 10.1039/CC9960000683

[155] Hinderling C, Feichtinger D, Plattner DA, Chen P (1997) A Combined Gas-Phase, Solution-Phase, and Computational Study of C-H Activation by Cationic Iridium(III) Complexes. J Am Chem Soc 119: 10793–10804. doi: 10.1021/ja970995u

[156] Reid GE, O'Hair RAJ, Styles ML, McFadyen WD, Simpson RJ (1998) Gas Phase Ion-Molecule Reactions in a Modified Ion Trap: H/D Exchange of Non-Covalent Complexes and Coordinatively Unsaturated Platinum Complexes. Rapid Commun Mass Spectrom 12: 1701–1708. doi: 10.1002/(SICI)1097-0231(19981130)12: 22<1701:: AID-RCM392>3.0.CO;2-S

[157] Volland MAO, Adlhart C, Kiener CA, Chen P, Hofmann P (2001) Catalyst Screening by Electrospray Ionization Tandem Mass Spectrometry: Hofmann Carbenes for Olefin Metathesis. Chem Eur J 7: 4621–4632. doi: 10.1002/1521-3765(20011105)7: 21<4621:: AID-CHEM4621>3.0.CO;2-C

[158] Jewett BN, Ramaley L, Kwak JCT (1999) Atmospheric Pressure Ionization Mass Spectrometry Techniques for the Analysis of Alkyl Ethoxysulfate Mixtures. J Am Soc Mass Spectrom 10: 529–536. doi: 10.1016/S1044-0305(99)00017-3

[159] Benomar SH, Clench MR, Allen DW (2001) The Analysis of Alkylphenol Ethoxysulphonate Surfactants by High-Performance Liquid Chromatography, Liquid Chromatography-Electrospray Ionisation-Mass Spectrometry and Matrix-Assisted Laser Desorption Ionisation-Mass Spectrometry. Anal Chim Acta 445: 255–267. doi: 10.1016/S0003-2670(01)01280-6

[160] Eichhorn P, Knepper TP (2001) Electrospray Ionization Mass Spectrometric Studies on the Amphoteric Surfactant Cocamidopropylbetaine. J Mass Spectrom 36: 677–684. doi: 10.1002/jms.170

[161] Levine LH, Garland JL, Johnson JV (2002) HPLC/ESI-Quadrupole Ion Trap Mass Spectrometry for Characterization and Direct Quantification of Amphoteric and Nonionic Surfactants in Aqueous Samples. Anal Chem 74: 2064–2071. doi: 10.1021/ac011154f

[162] Barco M, Planas C, Palacios O, Ventura F, Rivera J, Caixach J (2003) Simultaneous Quantitative Analysis of Anionic, Cationic, and Nonionic Surfactants in Water by Electrospray Ionization Mass Spectrometry with Flow Injection Analysis. Anal Chem 75: 5179–5136. doi: 10.1021/ac020708r

[163] Little DP, Chorush RA, Speir JP, Senko MW, Kelleher NL, McLafferty FW (1994) Rapid Sequencing of

Oligonucleotides by High-Resolution Mass Spectrometry. J Am Chem Soc 116: 4893–4897. doi: 10.1021/ja00090a039

[164] Limbach PA, Crain PF, McCloskey JA (1995) Molecular Mass Measurement of Intact Ribonucleic Acids via Electrospray Ionization Quadrupole Mass Spectrometry. J Am Soc Mass Spectrom 6: 27–39. doi: 10.1016/1044-0305(94)00086-F

[165] Little DP, Thannhauser TW, McLafferty FW (1995) Verification of 50- to 100-Mer DNA and RNA Sequences with High-Resolution Mass Spectrometry. Proc Natl Acad Sci U S A 92: 2318–2322. doi: 10.1073/pnas.92.6.2318

[166] Hanson L, Fucini P, Ilag LL, Nierhaus KH, Robinson CV (2003) Dissociation of Intact *Escherichia Coli* Ribosomes in a Mass Spectrometer. Evidence for Conformational Change in Ribosome Elongation Factor G Complex. J Biol Chem 278: 1259–1267. doi: 10.1074/jbc.M208966200

[167] De Bellis G, Salani G, Battaglia C, Pietta P, Rosti E, Mauri P (2000) Electrospray Ionization Mass Spectrometry of Synthetic Oligonucleotides Using 2-Propanol and Spermidine. Rapid Commun Mass Spectrom 14: 243–249. doi: 10.1002/(SICI)1097-0231(20000229)14: 4<243:: AID-RCM870>3.0.CO;2-F

[168] Greig M, Griffey RH (1995) Utility of Organic Bases for Improved Electrospray Mass Spectrometry of Oligonucleotides. Rapid Commun Mass Spectrom 9: 97–102. doi: 10.1002/rcm.1290090121

[169] Sannes-Lowery KA, Hofstadler SA (2003) Sequence Confirmation of Modified Oligonucleotides Using IRMPD in the External Ion Reservoir of an Electrospray Ionization Fourier Transform Ion Cyclotron Mass Spectrometer. J Am Soc Mass Spectrom 14: 825–833. doi: 10.1016/S1044-0305(03)00335-0

[170] Andersen TE, Kirpekar F, Haselmann KF (2006) RNA Fragmentation in MALDI Mass Spectrometry Studied by H/D-Exchange: Mechanisms of General Applicability to Nucleic Acids. J Am Soc Mass Spectrom 17: 1353–1368. doi: 10.1016/j.jasms.2006.05.018

[171] McLuckey SA, Van Berkel GJ, Glish GL (1992) Tandem Mass Spectrometry of Small, Multiply Charged Oligonucleotides. J Am Soc Mass Spectrom 3: 60–70. doi: 10.1016/1044-0305(92)85019-G

[172] Pfenninger A, Karas M, Finke B, Stahl B (2002) Structural Analysis of Underivatized Neutral Human Milk Oligosaccharides in the Negative Ion Mode by Nano-Electrospray MS^n (Part 1: Methodology). J Am Soc Mass Spectrom 13: 1331–1340. doi: 10.1016/S1044-0305(02)00645-1

[173] Pfenninger A, Karas M, Finke B, Stahl B (2002) Structural Analysis of Underivatized Neutral Human Milk Oligosaccharides in the Negative Ion Mode by Nano-Electrospray MS^n (Part 2: Application to Isomeric Mixtures). J Am Soc Mass Spectrom 13: 1341–1348. doi: 10.1016/S1044-0305(02)00646-3

[174] Weiskopf AS, Vouros P, Harvey DJ (1998) Electrospray Ionization-Ion Trap Mass Spectrometry for Structural Analysis of Complex *N*-Linked Glycoprotein Oligosaccharides. Anal Chem 70: 4441–4447. doi: 10.1021/ac980289r

[175] Metelmann W, Peter-Katalinic J, Müthing J (2001) Gangliosides from Human Granulocytes: A Nano-ESI QTOF Mass Spectrometry Fucosylation Study of Low Abundance Species in Complex Mixtures. J Am Soc Mass Spectrom 12: 964–973. doi: 10.1016/S1044-0305(01)00276-8

[176] van Duijn E, Bakkes PJ, Heeren RMA, van den Heuvel RHH, van Heerikhuizen H, van der Vies SM, Heck AJR (2005) Monitoring Macromolecular Complexes Involved in the Chaperonin-Assisted Protein Folding Cycle by Mass Spectrometry. Nat Methods 2: 371–376. doi: 10.1038/nmeth753

[177] Breuker K, McLafferty FW (2008) Stepwise Evolution of Protein Native Structure with Electrospray into the Gas Phase, 10^{-12} to 10^2 s. Proc Natl Acad Sci U S A 105: 18145–18152. doi: 10.1073/pnas.0807005105

[178] Jiang W, Winkler HDF, Schalley CA (2008) Integrative Self-Sorting: Construction of a Cascade-Stoppered Hetero[3]Rotaxane. J Am Chem Soc 130: 13852–13853. doi: 10.1021/ja806009d

[179] Jiang W, Schaefer A, Mohr PC, Schalley CA (2010) Monitoring Self-Sorting by Electrospray Ionization Mass Spectrometry: Formation Intermediates and Error-Correction During the Self-Assembly of Multiply Threaded Pseudorotaxanes. J Am Chem Soc 132: 2309–2320. doi: 10.1021/ja9101369

[180] Jiang W, Schalley CA (2010) Tandem Mass Spectrometry for the Analysis of Self-Sorted Pseudorotaxanes: The Effects of Coulomb Interactions. J Mass Spectrom 45: 788–798. doi: 10.1002/jms.1769

直接解吸电离

第 **13** 章

学习目标
- 常压下离子的形成
- 直接解吸电离质谱技术的接口
- 用于快速质控和安保应用的筛查技术
- 医学操作中样品的实时检测

13.1 直接解吸电离的概念

迄今为止阐述的所有用于质谱分析产生离子的方法都要求被电离的分析物直接处在高真空下（EI，CI，FI，FD），或分析物溶于溶液中，并从中将离子引入气相中或在气相中产生离子（FAB，LDI，MALDI）。大气压电离技术也是采用从样品的稀（固体）溶液中产生离子的过程（ESI，APCI，APPI，AP-MALDI）。各种各样的方法及接口技术在近十年来以惊人的速度发展，克服了许多限制，本章将对这些方法及接口技术进行讨论。

解吸电喷雾电离（desorption electrospray ionization，DESI）[1]于2004年底推出。DESI 的新颖之处在于无需进行样品制备或预处理即可进行瞬时质谱分析。此外，待分析物在大气压下进行处理，即在大气压接口前，样品处于自由可及的开放空间中[2]。2005 年出现了实时直接分析（direct analysis in real time，DART）技术[3]。

DESI 和 DART 在高通量应用中的显著潜力很快促进了一些"衍生技术"的研发，旨在扩大应用领域或使基础方法适应特定的分析需求。因此，DESI 和 DART 是众多直接解吸电离（ambient desorption/ionization，ADI）技术的先驱，其中已有30多种技术问世[3]。当然，这些技术的共性是可以在常压下直接呈放样品，而无需样品的预处理。因此，直接质谱法（ambient mass spectrometry）这一术语已被广泛用于此类方法[4-7]。直接质谱和直接解吸电离（ADI）这两个术语目前都在使用。在所有这些方法中，都是通过将样品表面暴露在一些电离性气体或气溶胶中，将分析物分子从样品上"擦去"[8]。

直接质谱的优点在于：能够在开放环境中分析未经处理的样品或整个物体，同时保持样品的完整性[9]。相比之下，经典的大气压电离（API）技术要求从一个物品或其等分试样中溶解或提取样品。在直接质谱分析中，样品被简单地放置在质谱仪的入口处从样品（不一定是整个样品）上释放出的分子被电离并被传输到质量分析器中[7]。这意味着现在采样是质谱分析过程的一部分[8]（图13.1）。

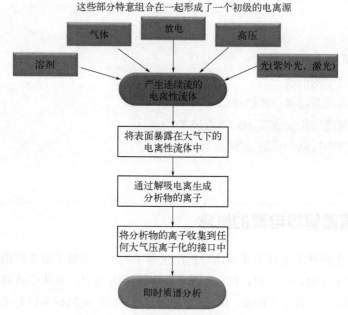

图 13.1 直接解吸电离质谱法的概念

方法众多

在本章中，我们不止着眼于单一的电离方法，而是着眼于一组具有直接解吸电离特性的技术。通过简单地将物体暴露在某种离子源中，对物体（本质上是其表面）进行即时质谱分析的目标可以通过多种方式实现。这样做的方法是基于ESI、APCI、APPI，结合激光解吸以及各种放电，以产生例如DART中使用的电离性等离子体。

如今，ADI方法包括DESI技术的变体，如声波喷雾解吸电离（desorption sonic spray ionization，DeSSI）[10]，后来更名为简易声波喷雾电离（easy sonic spray ionization，EASI）[11]或电喷雾萃取电离（extractive electrospray ionization，EESI）[12,13]；以及类似于APCI和APPI的DESI技术，即表面解吸大气压化学电离（desorption atmospheric pressure chemical ionization，DAPCI）[14,15]和解吸大气压光电离（desorption atmospheric pressure photoionization，DAPPI）[16]。

从样品上提取的分析物离子通过标准 API 接口从空气中被传输到质量分析器中。DESI、DART 和诸多相关方法能检测存在于样品表面的物质，如植物上的蜡、生物碱、香料或植物杀虫剂，以及行李或钞票上的爆炸物、药物或滥用药物。这些应用以及更多的分析应用很容易实现，甚至不会对活体生物造成伤害[17]。如此简单的样品前处理是直接质谱成功的关键。在直接质谱中，样品易于观察，甚至可以对样品进行某种加工，无论是机械或化学处理，同时可连续采集质谱图。甚至还设计了用于商品化 DESI 和 DART 离子源的便携式离子阱质谱仪[18]。

ADI 方法的优缺点

尽管 DESI、DART 以及许多其他 ADI 方法的功能在许多方面都是优越的和"革命性"的，但人们应该意识到其内在的局限性。化合物的检测很大程度上取决于基质，例如，其到底存在于皮肤、水果、树皮、石头等表面上还是内部。这也导致其定量潜力有限。然而，也没有其他单一的电离方法，特别是当仅在一组条件下使用时，ADI 方法可以给出复杂样品中所有成分的离子。尽管如此，DESI、DART 和相关方法可以前所未有地轻松提供丰富的化学信息。

13.2 解吸电喷雾电离

解吸电喷雾电离（DESI）[1,19]适用于固体、液体样品、冷冻的溶液和松散的表面结合物质，如吸附气体。DESI 可以检测低分子量的有机化合物，以及相对较大的生物分子[1,19-21]。提供给 DESI 的检材可以是在类似于 LDI 的样品靶上适当制备的单一化合物，也可以是复杂的生物检材，如组织、血液、全叶或水果[22]。

13.2.1 DESI 的实验装置

DESI 源自电喷雾电离（ESI，第 12 章）[23,24]，因为其采用了带电气溶胶，该气溶胶是通过气动辅助电喷雾含有低浓度电解质的溶剂而产生的[1,19]。在标准 ESI 实验中，喷雾毛细管相对于反电极设置为高电压，该反电极基本上由接口的大气压入口表示。样品离子已经包含在提供给喷雾器的溶液中。在 DESI 中，喷雾毛细管从 API 接口的入口移开，只有溶剂或混合溶剂在强大的气动辅助下以一定的冲击角 α（通常接近 45°）喷射到表面上。喷雾毛细管和物体之间的距离调整到几毫米，API 接口的入口以相似的角度和距离对齐。因此，喷雾器、物体和入口形成紧凑的 V 形排列。在高速气流的驱动下，高度带电的气溶胶液滴获得足够的动能后，即使在样品表面积聚静电荷的情况下，也会被迫抵达样品的表面。由此产生的相互作用可能导致表面覆盖一层薄液膜,从而溶解并撷取分析物离子。DESI 使分析物的表面变得"潮湿",这样,溶剂就可以从物体中提取分析物。孤立气相离子的最终释放遵循与 ESI 相同的途径。像 ESI 一样,DESI 能够分析从非常低到高质量范围的化合物,同时保留了完整的分子[4]。

在局部静电荷和反射气流的协同作用下,将分析物离子以角度 β 从表面传输出去(图 13.2)。然后,附近的采样孔可以吸入一部分的雾气(mist),其方式与样品已经混合到溶剂系统中时通常的方式相同。为了弥合采样区域和接口入口之间的间隙,在采样孔前安装了传输管或延长管。这种管(比如外径 3 mm 的不锈钢)简化了操作,特别是样品的可及性,还改善了离子的去溶剂化,这可能是由于与标准 ESI 条件相比,该法具有不同的液滴尺寸[1,2]。DESI 的实践表明,带有加热传输毛细管的接口优于采用逆流去溶剂气的接口,并提出了相应的改进建议[25]。

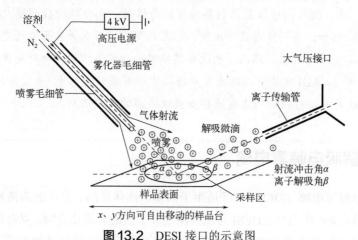

图 13.2 DESI 接口的示意图

气体和带电微滴的射流通过标准气动 ESI 喷雾器产生,并以角度 α 射向样品表面。由于反射气流和角度 β 处的静电排斥作用,产生了含有表面中物质离子的带电微滴,并被带走。"二次 ESI 喷雾"的一部分可能被质谱仪的大气压接口吸收。尽管以牺牲最佳灵敏度为代价,但通常使用延长的离子传输管来桥接从表面到接口采样孔的间隙[1,2]

在早期,DESI 离子源就已经进行了商品化,同时已达到成熟水平。它们的特点是 ESI 喷雾器相对样品台的角度和距离都可调节,且可以在数据系统控制下操作样品台(图 13.3)。

> **自行定制 DESI 离子源?**
>
> 原则上,通过将喷雾器安装在一个可调节的框架上,并在喷雾器和接口入口之间放置一个在 x、y 方向可移动的样品台,任何配备有 ESI 离子源的质谱仪都可以进行改装,以用于 DESI 操作[26]。为安全起见,应在高压电源线中焊接一个 GΩ 电阻。然而,对于成功的分析应用,只有灵敏的现代仪器才适用。

图 13.3 一个商品化的 DESI 离子源

此处为连接到 Thermo Fisher LTQ 质谱仪的 Prosolia Omni 喷雾 2D 离子源,所示表面为 96 孔 Omni 载玻片 HC,具有标准微量滴定板尺寸,注意延长的去溶剂毛细管和可调喷雾器
(由美国印第安纳波利斯的 Prosolia 有限公司提供)

13.2.2 DESI 实验操作的参数

显然,DESI 为 ESI 实验引入了新的参数,特别是喷雾气体的速度(由供气压力来表示)、喷雾器到表面和采样孔到表面的距离,以及冲击和解吸的角度都对离子产生和随后吸收到质谱仪中的影响有所贡献。因此,这些参数需要针对任何 DESI 应用进行仔细优化,因为它们体现出相当大的变化(表 13.1)[2,22]。研究还发现,具有逆流干燥气的 API 接口与采用加热去溶剂毛细管设计的 API 接口的最佳设置不同[27]。带电粒子从样品表面到进入接口离子传输管的传输,在诸多影响因素中,主要因素是质量分析器真空的拖曳作用。

表 13.1 DESI 的典型参数

参数	有用设置的范围
溶剂的流速(solvent flow rate)	3～5 μL/min
雾化气的压力(nebulizer gas pressure)	8～12 bar
喷雾电压(spray voltage)	2～6 kV
喷雾器到表面的距离(sprayer-to-surface distance)	1～5 mm
喷雾器与表面的角度(sprayer-to-surface angle)	30°～70°
表面到去溶剂毛细管的距离(surface-to-desolvation capillary distance)	1～5 mm
表面与去溶剂毛细管的角度(surface-to-desolvation capillary angle)	10°～30°
去溶剂毛细管的温度(temperature of desolvation capillary)	200～300℃

与 DESI 相关的其他参数有电导率、化学组成和样品表面的纹理。必须避免滴落在表面液滴的中和,以保持带电粒子从表面的持续释放。导电样品支架需要隔离或在等于或略低于喷雾电压的电位下浮动。对于绝缘体而言,其表面的静电性能也很重要,因为信号的稳定性取决于其极性。例如,像 PTFE(聚四氟乙烯)这样的

高负电性聚合物在负离子模式下产生更好的信号稳定性，而 PMMA（聚甲基丙烯酸甲酯）在正离子模式下表现更好。表面的化学成分会影响分析物的结晶，因此，如在 MALDI 制样中所观察到的，会导致"甜点（sweet spots）"的出现。所以，需要避免分析物分子对表面的高亲和力，因为这不利于分析物的释放。最后，表面纹理起到了作用。使用 HF 蚀刻载玻片作为 DESI 基底，而不是未经处理的载玻片，可以显著提高信号的稳定性，并消除了"甜点"效应。一般来说，像纸或纺织品这样的粗糙表面会有很高的灵敏度[2]。

DESI 条件的优化　研究了蜂毒素$[M+3H]^{3+}$的信号强度对喷雾冲击角、喷雾高压、雾化气的入口压力和溶剂的流速等基本实验 DESI 参数的依赖性。将甲醇：水 = 1：1 喷洒到沉积在 PMMA 表面上的 10 ng 蜂毒肽样品上，固定喷雾器到表面的距离为 1 mm。当一个参数变化时，其他参数保持在平均值左右。研究结果揭示了每个参数的最佳条件，这些条件对于 DESI 来说是相当典型的，就流速和喷雾高压而言，对于 ESI 也是如此（图 13.4）[2]。

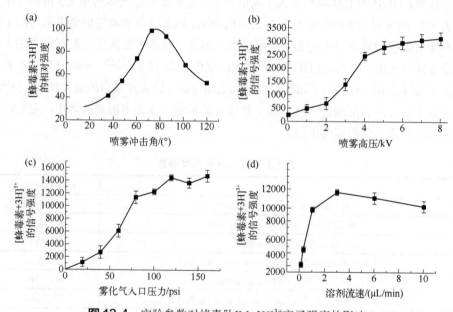

图 13.4　实验参数对蜂毒肽$[M+3H]^{3+}$离子强度的影响
（a）喷雾冲击角度；（b）喷雾高压；（c）雾化气的压力（14.5 psi ≈ 1 bar）；（d）溶剂流速
（经许可转载自参考文献[2]。© John Wiley & Sons，2005）

DESI 参数能以化合物类型特征的方式进行分组。例如，当喷雾从接近垂直的方向指向样品，距离约为 1 mm 时，蛋白质会产生更强的信号，而咖啡因等小分子在 45°左右，离喷针几毫米距离时的效果最好（图 13.5）[2]。

13.2 解吸电喷雾电离

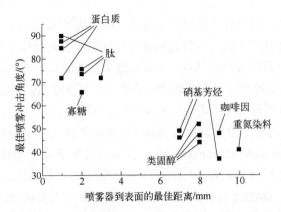

图 13.5 喷雾冲击角度和喷雾针到表面距离的化合物类型特征最佳值
分析物的左上组最好通过 ESI 进行分析，而右下组则需要 APCI（参见第 7.8 节）分析
（经许可转载自参考文献[2]。© John Wiley & Sons，2005）

13.2.3 DESI 中离子形成的机理

在 DESI 中，电解质溶液通常在（强）气动辅助下被施加几千伏的电压来产生电解质溶液的电喷雾羽流[2]。由带电微滴、离子簇和气相溶剂离子组成的液体喷雾（mist）被引导到样品表面。因此，通过样品的物理状态可将 DESI 与 ESI 区分开来。在这方面，DESI 表现出了与解吸电离的一些现象学（phenomenological）的关系，因为诸如等离子体解吸（plasma desorption，PD）、激光解吸电离（LDI）、基质辅助激光解吸电离（MALDI）、快速原子轰击（FAB）及其无机变体二次离子质谱（SIMS，第 15.6 节）等方法都涉及抛射物对凝聚相样品的冲击。根据不同的方法，这些抛射物是光子、高能原子或离子。与这些解吸方法不同，DESI 是在常压大气中进行的，因此 DESI 中的抛射物只具有较低的动能。

DESI 已经提出了下面三种离子形成的过程[21]。根据条件和所用的溶剂-分析物对，其中的一种将占主导地位：

① 液滴撷取　液滴撷取（droplet pickup）过程包括电喷雾液滴对表面的冲击，并伴随分析物从表面被溶解到液滴中。液滴再次从表面释放，随后通过类似于传统 ESI 的溶剂蒸发、库仑分裂而产生离子。液滴撷取机理解释了：在样品为蛋白质的情况下，DESI 质谱图与标准 ESI 质谱图的相似性。有趣的是，即使当靶板和喷雾器保持在相等的电压时，也可以观察到肽离子。这归因于子代液滴将主要从初级液滴扩散的边缘出现的效应。在这种情况下，带电液滴主要是通过液滴边缘和延伸的去溶剂毛细管之间的电压驱动的电喷雾来形成。

② 凝聚相电荷转移　当电喷雾释放的气态离子与分析物表面相互作用时，会导致凝聚相电荷转移（condensed phase charge transfer）。被分析物离子从表面的解吸被认为是通过一种化学溅射（chemical sputtering）发生的（化学溅射是离子轰击诱

发化学反应的过程,最终导致挥发性腐蚀产物的形成[28])。这样,可以通过将电子、质子或其他小离子从撞击的微滴转移到含有分析物的表面而形成离子。表面电荷逐步的累积和撞击过程所传导的动量,足以实现分析物的离子从表面的直接释放。如果反应是放热的,该过程在非常低的冲击能量下即可进行,而在吸热反应的情况下,需要稍高的能量(通过气压的调节)来实现离子的释放。

③ 气相电荷转移 中性物种从表面挥发或解吸到气相中后形成的离子会导致气相电荷转移(gas phase charge transfer),然后通过质子/电子转移或其他离子-分子反应在大气压下进行电离。实际上,离子-分子反应的假设,最终纯粹是在样品上方的气相中,促成了 DAPCI 离子源的研发(第 13.3 节),首先证明这种离子形成的机理[14]。溶剂 pH 的调节可用于对分析物的蒸气压产生积极影响,例如,通过添加碱来增加挥发性植物生物碱的蒸气压。

13.2.4 DESI 的分析特性

DESI 可用于植物检材中天然产物[1,2,22]与动物组织中脂质[27,29]的鉴定,以及药物制剂的高通量分析[20]和药物代谢物的鉴定,甚至血液和其他生物液体中的定量分析[2,25],以及生物组织中生物标记物的直接监测和体内分析[17,27,29]。DESI 适用于蛋白质、碳水化合物和寡核苷酸[2]以及有机小分子的分析。DESI 潜在的应用还包括法医学和公共安全,如检测各种常见表面(如纸张、塑料、布料或行李)上的爆炸物、有毒化合物和化学战剂[21,30],也可以分析塑性炸药,即配方炸药混合物[17,21,30]。甚至已经证明了可以通过长达三米的不锈钢管道将载有离子的气体从样品传输到 API 离子源,这被称为非邻近采样(non-proximate sampling)[31]。

小肽的检出限在 1 pg 绝对量级或 < 0.1 pg/mm^2,蛋白质在 < 1 ng 绝对量级或 < 0.1 ng/mm^2 量级;药物和爆炸物等小分子在 10~100 pg 绝对浓度或 1~10 pg/mm^2 范围内是可检测的[2,17]。这些数字表示大约 10 mm^2 的印记,相当于直径 3 mm 的圆形斑点。在样品和仪器的灵敏度允许的情况下,可以实现更小印记的分析。DESI 论文的数量正在稳步增长。下面汇编了几个具有代表性的 DESI 应用实例。

① 药物 非处方药乙酰水杨酸(阿司匹林)的负离子 DESI 质谱图是用一个联有自制 DESI 离子源的三重四极杆仪器所测得的(图 13.6)。样品在纸上经甲醇喷雾。虽然该样品甚至可以轻松获得[M−H]$^-$ m/z 179 的串联质谱图,但其他样品超出了仪器灵敏度的极限[26]。

② 有毒植物 植物生物碱可以从种子、叶子、花或根的 DESI 质谱图中鉴定出来。对可致命的茄科植物(*Atropa belladonna*,颠茄)的种子进行 DESI 分析,以鉴定它们的主要生物碱阿托品和东莨菪碱(图 13.7)[22]。阿托品是(*R*)-莨菪碱和(*S*)-莨菪碱的外消旋混合物的总称。其是一种莨菪烷类生物碱,也可从茄科其他植物如曼陀罗、曼德拉草等中提取。图 13.7 中的插图显示了 m/z 290 和 304 离子的串联质

谱图,从而确证了它们分别对应于质子化的莨菪碱和东莨菪碱。通过与标准生物碱的串联质谱图比较,确证了 m/z 304 处的离子为东莨菪碱的[M+H]$^+$。

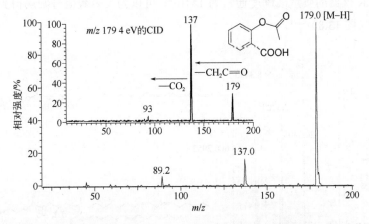

图 13.6 用甲醇喷雾的负离子 DESI 分析纸中乙酰水杨酸的 DESI 质谱图
自制 DESI 离子源的测试,插图显示了去质子化分子的串联质谱图

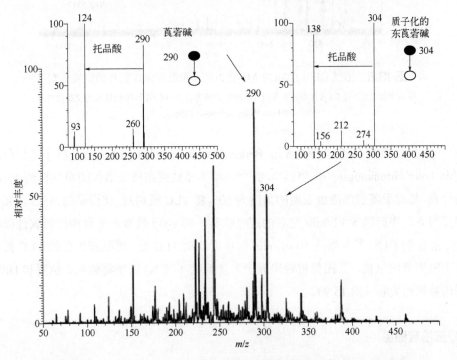

图 13.7 以甲醇:水 = 1:1 为喷雾溶剂的颠茄种子的 DESI 质谱图
插图显示了质子化的生物碱莨菪碱(hyoscamine) m/z 290,以及质子化的东莨菪碱(scopolamine) m/z 304 离子的串联质谱图。这两种质子化的生物碱都具有托品酸(tropic acid) 166 u 的特征丢失(经许可转载自参考文献[22]。© The Royal Society of Chemistry, 2005)

③ 动物组织　对小鼠肝脏切片进行了 DESI-FT-ICR-MS 分析。组织样品的图谱显示出磷脂和溶血磷脂的强信号，分别以[M+H]⁺、[M+Na]⁺或[M+K]⁺的形式被检测到。FT-ICR 仪器的质量准确度通常为 1×10^{-6}，可以为大多数信号归属得到独一无二的分子式（图 13.8）[27]。

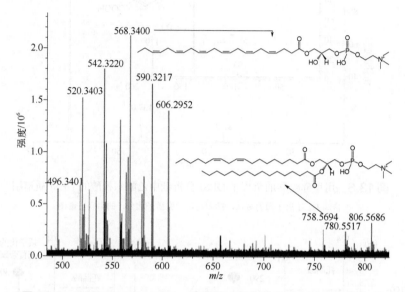

图 13.8　通过 DESI-FT-ICR-MS 获得的小鼠肝脏组织切片的脂质分布
使用甲醇：水 = 1∶1（体积比）加 1%乙酸作为喷雾溶剂（经许可转载自参考文献[27]）。
© John Wiley & Sons，2008）

④ TLC 板的 DESI 分析　van Berkel 团队首先采用 DESI 方法分析了薄层色谱（thin layer chromatography，TLC）板[32]。喷雾器放置在离质谱仪的帘气板约 4 mm 的位置，相对于薄层色谱板表面的角度为 50°。将 TLC 板切割，使样品的条带与 DESI 羽流对齐。甲醇以 5 μL/min 左右的速度喷雾，用 *x-y-z* 机器人平台和控制软件以相对于静止的 DESI 发射器约 50 μL/min 的速度移动 TLC 板。用照相机监控 TLC 板相对于喷雾器的位置，其图像被输出到个人计算机（PC），以便将染色、位置和 DESI 图谱数据相关联（图 13.9）。

仔细检查图谱

虽然 DESI 分析（或任何其他 ADI 技术）的结果几乎是即时获得的，但 DESI 的图谱往往需要比标准 ESI 图谱更彻底的检查，才能得出正确的分析结论。

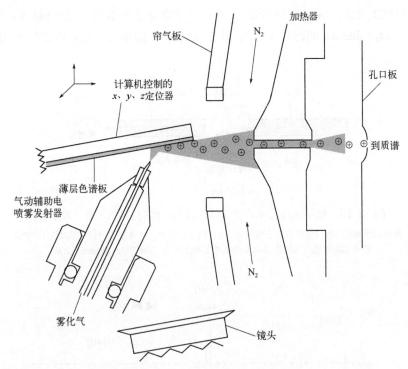

图 13.9 完全由计算机控制的 TLC-DESI 装置连接到采用帘气设计的 ESI 接口

（经许可转载自参考文献[32]）。© The American Chemical Society，2005）

13.3 表面解吸大气压化学电离

第一篇关于解吸大气压化学电离（desorption atmospheric pressure chemical ionization，DAPCI）的报道发表在一篇关于负离子 DESI 分析硝基芳香族炸药的论文中[14]。这些分子都具有高电子亲和能，因此它们很容易发生电子捕获和去质子化。从 DAPCI 操作模式对其检测的积极作用中推断，如果分析物在 DESI 分析过程中挥发，化学电离的机理应该是有效的。因此，DESI 和 DAPCI 之间的主要区别在于用（热）溶剂蒸气 [(hot) solvent vapor] 代替了带电溶剂喷雾（charged solvent mist），并在 DAPCI 中应用电晕放电作为电荷的初始来源[21]。像在 APCI 中一样，电晕放电是通过向锥形尖端不锈钢针施加高直流电压（3～6 kV）产生的。反应物的离子在溶剂蒸气通过放电时产生。然后，离子化的气体流到待分析的表面上。显然，DAPCI 排除了液滴撷取机理（第 13.2.3 节），而电荷转移到表面和分析物的气相电离则是离子形成的两种可能机理[31]。

研究表明，如果环境空气中的水氛足以产生 H_3O^+ 试剂离子，就可以避免添加溶剂[15,33]。DAPCI 的装置（仅使用环境空气）如图 13.10 所示。由 DESI、环境空气中 DAPCI 及使用溶剂的 DAPCI 分别获得了含有辛可卡因（M_r =343 u）和氢化可的松（M_r = 362 u）的保痔宁软膏（Proctosedyl）的图谱，三者的比较如图 13.11 所示。

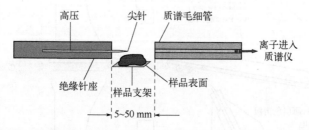

图 13.10 使用潮湿的环境空气作为试剂气体的 DAPCI 离子源示意图

尖锐的放电针电极同轴居中位于内径为 3 mm 的毛细管中，环境空气的相对湿度低于 20%时输送加湿的氮气（经许可改编自参考文献[33]。© John Wiley & Sons，2007）

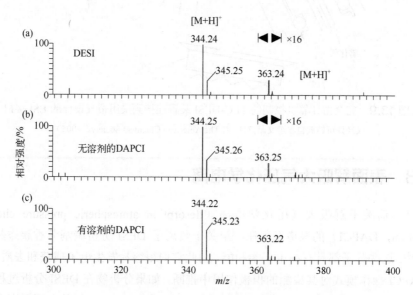

图 13.11 Proctosedyl 软膏的 DESI、无溶剂 DAPCI 和 DAPCI 的比较

（a）正离子的 DESI 图谱，放大 16 倍后显示出的低丰度的质子化氢化可的松的 m/z 363 离子；（b）在无溶剂的情况下获得的软膏的正离子 DAPCI 图谱，放大程度与（a）相同；（c）使用溶剂时获得的正离子 DAPCI 图谱（经许可转载自参考文献[15]。© John Wiley & Sons，2006）

DAPCI 的应用包括通过化学指纹图谱对绿茶、乌龙茶和茉莉花茶等不同茶叶进行对比分析[33,34]，以及直接快速分析乳制品中的三聚氰胺和三聚氰酸，三聚氰胺的检出限为 1~20 pg/mm^2[35]。此外，DAPCI 已成功用于检测过氧化爆炸物[30]或食品中的非法添加成分，如番茄酱中的苏丹红染料[35]。与 DESI 类似，DAPCI 分析也可以通过远程采样进行[31]。

13.4 解吸大气压光电离

DESI 最适合分析易于质子化或去质子化的极性分析物,尽管在一定程度上也可以分析低极性分析物。这就是研发 DAPCI 的理论依据。为了进一步提高对低极性化合物直接质谱分析的效率,研发了解吸大气压光电离(desorption atmospheric pressure photoionization,DAPPI)。DAPPI 代表了 APPI 用于表面直接质谱分析的改装版,类似于将 APCI 转换为 DAPCI。

在 DAPPI 中,溶剂蒸气和雾化气的加热射流将固体分析物从表面解吸。事实证明,使用微芯片雾化器有利于气体的处理和高度响应的温控。微芯片雾化器是一种小型玻璃装置,用于混合气体和溶剂流(掺杂剂),并在流体介质沿铂丝通过时加热流体介质(图 13.12)[16]。氘放电灯被指向样品,以便用 10 eV 的紫外光子照射表面上方的蒸气相,使分析物发生电离。与 DESI 和 DAPCI 一样,DAPPI 使用标准 API 接口来收集离子[16,36]。

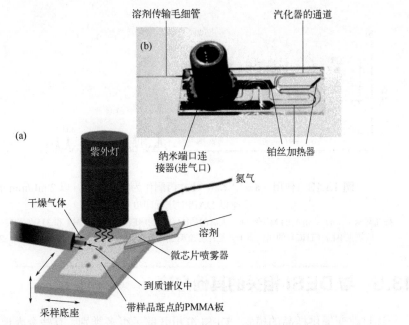

图 13.12 (a) DAPPI 装置的示意图和(b)微芯片喷雾器的照片

将小溶剂流与氮气混合,并通过铂丝的电阻加热使溶剂在微芯片雾化器中汽化。氘紫外灯照射与热试剂气体接触的样品表面(经许可改编自参考文献[16])。© The American Chemical Society, 2007)

DAPPI 中离子产生的机理被认为是热过程和化学过程的结合。分析物从表面热解吸后,它们可以在气相中光电离。然而,没有紫外发色团的分析物只能通过与掺杂剂离子的离子-分子反应发生电离。例如,由甲苯形成的掺杂剂分子离子 $D^{+\bullet}$ 可以促进电荷交换，而质子化的掺杂剂分子[D+H]$^+$会产生[M+H]$^+$。酸性分析物可发生去质子化，而电负性分子易发生负离子加成或电子捕获[36]（第 7 章已经论述了关于这些过程的一些规则）。影响 DAPPI 解吸和电离的一些因素，例如微流体射流撞击几何形状、经受 DAPPI 影响的表面热特性及喷雾溶剂等化学方面，已经针对正离子和负离子模式进行了考察[36]。

DAPPI 能够分析来自不同表面的各种极性化合物的干燥样品斑点，可用于直接分析片剂和其他制剂中的药物和非法药物（图 13.13）以及许多其他应用[16,36-38]。

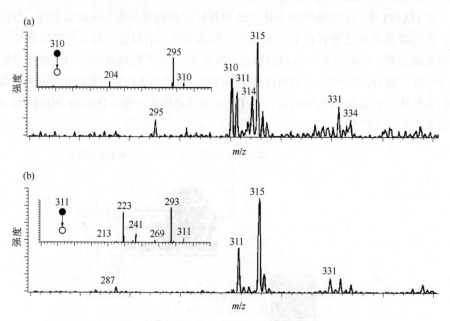

图 13.13 使用（a）甲苯和（b）丙酮作为喷雾溶剂，以 2 mL/min 的流速以 DAPPI 分析印度大麻板

插图显示了（a）大麻酚的 M$^{+\cdot}$ 和（b）大麻酚的[M+H]$^+$的串联质谱；m/z 314 和 315 处的离子分别属于四氢大麻酚（THC）的相应离子（经许可改编自参考文献[38]）。© John Wiley & Sons，2008）

13.5 与 DESI 相关的其他方法

通过改变提供样品的模式，DESI 分析开辟了很多类别，有些令人惊叹，有些有点奇怪，但总的来说都是有趣的分析应用。在某些情况下，有些术语甚至在它们第一次出版时也没有被创造和最终确定下来。

13.5.1 声波喷雾解吸电离

在 ESI 中，电解质溶液主要通过电场的作用而发生喷雾，电场引起电荷分离（charge separation），随后将大量液体分解成静电化的雾滴（electrostatically charged mist）。与液体流同轴的声速雾化气流也会产生统计上的电荷非平衡态（a statistical imbalance of charges），即这种电荷分离足以形成带电的液滴。这被称为声波喷雾电离（sonic spray ionization，SSI）[39-41]。SSI 的优点是其不在高电压下工作，所以看起来非常适合在大气压条件下操作[10]。因此，为了适用于直接质谱法对 SSI 进行了调整，最初称之为声波喷雾解吸电离（desorption sonic spray ionization，DeSSI）[10]。

> **命名**
>
> 在引入后不久，DeSSI 被重新命名为简易常压声波喷雾电离（easy ambient sonic-spray ionization，EASI）[42]，显然，包含形容词"easy"和产生一个相当高调的首字母缩略词（EASI）。

DeSSI（或 EASI）要求异常高的背压，约 30 bar，以实现雾化器气流速达到声速，从而产生约 31 min^{-1} 的流速以消散 20 μL/min 甲醇/水溶液的体流。API 接口的帘气压力也设置为相当高的 5 bar。

该方法在生物柴油燃料[43]和香水[42]的指纹分析、织物柔顺剂和表面活性剂[44]的分析、与膜进样系统联用（MIMS-DeSSI）[11]，以及在 TLC 板上分离组分的分析方面[45]均给出了良好的结果。然而，该方法显示出较低的系统间兼容性，在一些实验室里需要高电压来获得信号。

13.5.2　电喷雾萃取电离

当由载气流传输的样品蒸气或精细分散的样品液滴与膨胀的电喷雾羽流混合时，也可以有效地产生分析物离子。这种技术，简单而有效，已被引入为电喷雾萃取电离（extractive electrospray ionization，EESI）[46]。其使用两个独立的喷雾器，一个传统的 ESI 喷雾器提供带静电的喷雾，另一个喷雾器提供样品蒸气或雾气（图 13.14）。虽然这种方法被建议用于具有加热传输毛细管设计的 API 接口，但是样品载气流也可以被传递到采用加热帘气设计接口的去溶剂气中（图 13.15）[13,47]。

除了单独的样品喷雾器之外，超声波喷雾器还可以传输含有样品的气溶胶，温和的氮气流将该气溶胶传输并混合到电喷雾中。由于两种来源的液滴在包围喷雾的小外壳内"融合"，这种方法被称为熔滴电喷雾电离（fused-droplet electrospray ionization，FD-ESI）[48,49]。

EESI 在顶空分析应用中具有优势，其已被用于对正品香水进行分类，并在香水涂在纸条上后从香水的化学指纹中检测假冒产品，通常用于客户对香水的测试[51]。如图 13.15[50]所示，可通过顶空分析快速确定水果的成熟度，或者通过检测细菌生长产生的典型降解产物或代谢物来识别变质食品，无论是蔬菜还是肉类样品（即使是在冷冻状态下[12,47]）。也可以检测牛奶中的三聚氰胺[52]（2008 年奥运会后认可了这种分析）。最后，由于萃取的位置可能距离质谱仪有几米远，皮肤上有毒化学物质、爆炸物或药物的痕迹，可以通过 EESI 检测到，而不会对人造成任何危害[13,53]。

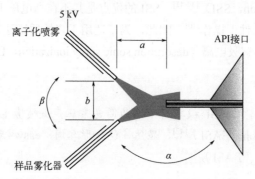

图 13.14 在加热的传输毛细管前面有两个混合喷雾的电喷雾萃取电离接口
距离 a 和 b 以及角度 α 和 β 需要调整以获得最佳的信号强度
（经许可改编自参考文献[46]。© The Royal Society of Chemistry，2006）

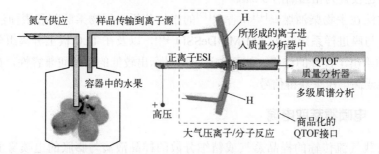

图 13.15 样品载气被传输到 API 接口的帘气中的 EESI 离子源示意图
此处，该实验被设计成从顶空即气味来确定水果的成熟度（经许可改编自参考文献[50]。
© American Chemical Society，2007）

13.5.3 电喷雾辅助激光解吸电离

电喷雾辅助激光解吸电离技术（electrospray-assisted laser desorption/ionization，ELDI）结合了两种成熟的电离技术，有利于改善常压条件下的样品分析。ELDI 的研发源于这样一个事实：在(MA)LDI 中，从样品层释放的中性粒子远远多于离子（第 11 章）[54]。因此，激光解吸的中性粒子后电离（post-ionization）是很有希望的，并且确实已经研发了这样的方法（参见参考文献[55]中的文献）。ELDI 的独特之处是在靠近 ESI 羽流的环境中激光照射样品，其中的中性粒子随后通过离子-分子反应电离[55]。

ELDI 的 ESI 标准条件包括甲醇：水（0.1%乙酸）= 1：1 混合物，从接地的喷针头以 3～5 μL/min 的速度喷雾，以便紧贴掠过同样接地的样品支承架上方。作为反电极的 API 接口的入口保持在 4～5 kV 的负电压。调整紫外氮气激光（UV nitrogen laser）的角度，在喷雾时以大约 45°角从侧面照射样品（图 13.16）。

13.5 与 DESI 相关的其他方法

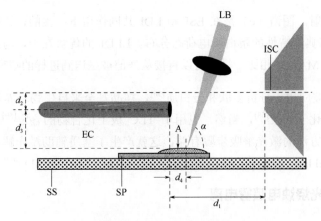

图 13.16　ELDI 的装置

A—分析物；SP—不锈钢样品支承板；SS—移动样品台；EC—电喷雾毛细管；LB—紫外激光束；ISC—API 接口的离子采样毛细管。从 d_1 到 d_4 的距离都在毫米数量级（经许可转载自参考文献[55]。© John Wiley & Sons，2005）

激光在 ELDI 中的作用　对不锈钢靶上的纯牛细胞色素 C（bovine cytochrome C）样品，演示了 ESI 和 LDI 在 ELDI 中的联合应用（图 13.17）。图谱（a）是在纯 LDI 条件下获得的，基本上是一张空白图谱。图谱（b）是在 ESI 打开情况下测量的，

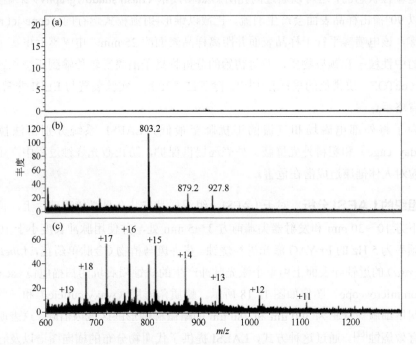

图 13.17　ELDI 对纯牛细胞色素 C 样品分析时，联合应用 ESI 和 LDI 的效应

图谱（a）仅在激光解吸条件下获得；（b）仅在 ESI 下获得；（c）在 ESI 和 LDI 下都激活的条件下获得（经许可转载自参考文献[55]。© John Wiley & Sons，2005）

但没有激光照射。图谱（c）是在 ESI 和 LDI 共同作用下产生的，该图清楚地显示出如 ESI 图谱典型特性的蛋白质电荷态分布。ELDI 的优势在于，与需要额外样品制备的 ESI 或 MALDI 相比，样品可以直接从外部被呈送到进样的喷嘴中[55]。

ELDI 还被应用于分析多肽和蛋白质[56]，样品甚至来自生物培养基[57]，可检测不同表面上的化学物质[58]，当然，也用于 TLC 板上化合物的鉴定[59]。目前已发现添加基质对该方法的激光解吸步骤有益，这就产生了基质辅助激光解吸电喷雾电离（matrix-assisted laser desorption electrospray ionization，MALDESI）[60]。

13.5.4 激光烧蚀电喷雾电离

如前所述，ELDI 和 MALDESI 需要对样品进行预处理，这使得其不利于富含水的体内（in vivo）生物样品的分析，而该类样品往往更适合在大气压条件下进行分析。通过用红外激光（2.94 μm 波长的 Er:YAG 激光）代替紫外激光，能量可以直接耦合到组织等富含水的样品的羟基振动模式中。这种实验方法被称为激光烧蚀电喷雾电离（laser ablation electrospray ionization，LAESI）[61-63]。与 AP-IR-MALDI 相比，在 LAESI 中，红外激光只能从样品中烧蚀出中性物种，值得注意的是，其中相当一部分是颗粒状态的，这可以通过闪光阴影照相技术（flash shadowgraphy）来确定[61]。激光以 90°撞击样品表面会产生羽流，拦截以锥形-射流模式运行的（cone-jet mode）电喷雾，该电喷雾平行于样品表面并距离样品表面约 25 mm。电喷雾后电离了该羽流中的中性粒子和颗粒物质，并将初始的分析物离子沿喷雾轴传输到正交加速飞行时间（oaTOF）质谱仪的采样孔中[61]。除了红外激光，实验装置与 ELDI 非常相似，因此省略示意图。

为了将外部电磁场和气流的干扰降至最低，LAESI 系统分别由法拉第笼（Faraday cage）和塑料外壳屏蔽。外壳还提供保护，防止激光烧蚀过程中产生的细微颗粒对人体健康造成潜在危害。

组织的 LAESI 分析　对于 LAESI，组织样品安装在显微镜载玻片上，位于喷雾轴下方 10～30 mm 和发射器尖端前方 3～5 mm 处，并使用脉冲长度小于 100 ns、重复频率为 5 Hz 的 Er:YAG 激光进行烧蚀。花卉斑马植物（金脉单药花，*Aphelandra squarrosa*）的近轴叶表面上由单个激光脉冲产生的烧蚀陨石坑的扫描电镜（scanning electron microscope）图像如图 13.18 所示。蜡质角质层（waxy cuticle）和一些上表皮及网格细胞被从轴为 300 μm 和 280 μm 的略微椭圆形的区域内消除，这表明了组织的有效烧蚀[62]。通过这种方式，LAESI 提供了代谢物分布的横向图谱以及它们在植物叶片上随深度的变化。但是，目前 LAESI 无法与 SIMS 或 MALDI 等真空成像方法相竞争[61]。

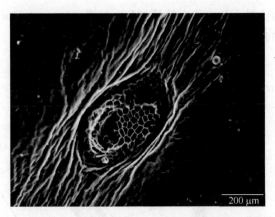

图 13.18 斑马植物（金脉单药花）正面叶表面由单个激光脉冲产生的烧蚀坑的扫描电子显微镜图像

比例尺度为 200 μm。多个激光脉冲穿透得更深。角质层上的皱纹是由 SEM 成像过程中真空环境中水分快速流失导致下层细胞塌陷造成的（经许可改编自参考文献[62]）。

© The American Chemical Society，2008）

13.6 快速蒸发电离质谱法

在 MALDI-MS 部分（第 11.5 节和 11.7 节）已经讨论了 MALDI-MS 在生物分型和组织分型领域具有令人印象深刻的能力。然而，MALDI 的生物和组织分型仅限于体外（in vitro）样品。那么这样有价值的质谱信息是否也可以通过使用某些直接质谱技术来实时获得呢？实际上，快速蒸发电离质谱（rapid evaporative ionization mass spectrometry，REIMS）能够即时鉴别细菌、真菌和其他微生物[64]，此外，REIMS 为原位（in situ）和体内（in vivo）的组织分析开辟了道路[65]。

13.6.1 REIMS 的装置

REIMS 是为在采用电外科解剖组织的外科干预（surgical interventions）期间进行组织的实时质谱分析而研发的。电外科采用高频电流进行组织烧蚀、切割和凝固[65]。电流被直接施加到组织上，通过热损伤来切断。切割伴随着手术中烟雾的产生，其中包含了带正电荷和带负电荷的液滴。这些带电液滴为类似 ESI 的离子形成提供了基础（第 12.4 节）。通过改造切割电极，加入一根内径为 0.125 英寸的不锈钢管，并用 2 米长的 PTFE 管与 API 接口相连，将带电的气溶胶传输至质谱仪。气溶胶从电外科刀片（electrosurgical blade）到质谱接口的传输由文丘里气体射流泵（Venturi gas jet pump）驱动。该泵从手术部位抽吸气溶胶，然后，PTFE 管线的排气端位于质谱进样口（inlet orifice）附近。排气管线相对于离子传输毛细管处于正交方向，使大气压接口的污染最小化。将电流施加到双极镊子（bipolar forceps）的类似装置上同样可以分析细菌和组织样品（图 13.19）[65,66]。

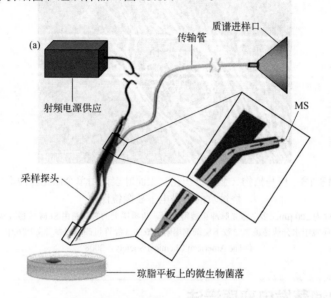

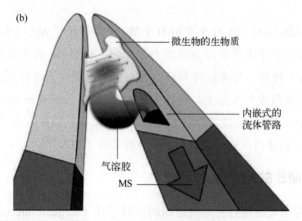

图 13.19 （a）运用 REIMS 来分析细菌的装置与（b）分析方案

微生物的生物质被夹持在具有冲洗功能的双极镊子（irrigated bipolar forceps）的两个电极之间，施加电流，样品被热蒸发，并且产生的气溶胶被吸入内嵌式的流体管线的开口中（经许可转载自参考文献[67]。© The American Chemical Society，2014）

13.6.2 REIMS 的图谱

根据所选的极性，生物组织或微生物样品的 REIMS 产生质子化或去质子化分子，主要是脂质及其热降解产物，例如脂肪酸（图 13.20）。当 REIMS 应用于氨基酸、药物或肽的水溶液分析时，其也产生质子化或去质子化的分析物分子，并伴随产生碱金属和/或铵离子的加合物。与 ESI 类似，在 REIMS 谱中没有观察到自由基离子[65,66]。

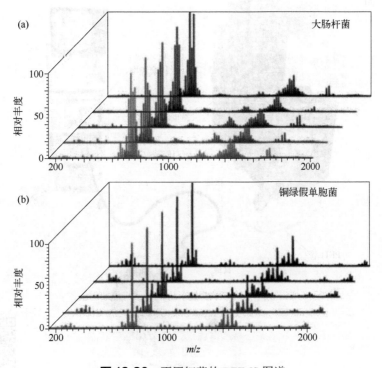

图 13.20 不同细菌的 REIMS 图谱

（a）大肠杆菌（*Escherichia coli*）；（b）铜绿假单胞菌（*Pseudomonas aeruginosa*）；每种细菌生长在五种不同的固体生长培养基上（经许可改编自参考文献[67]。© The American Chemical Society，2014）

13.6.3　手术室中的 REIMS

如上所述，REIMS 旨在能在线监测手术中切割的组织。快速明确地识别器官健康组织中的癌变部位对外科医生来说至关重要。传统的组织病理学分析需要对组织切片进行耗时的显微镜检查。REIMS 足够灵敏，甚至可以与内窥镜电外科（endoscopic electrosurgery）工具结合，并且能够实时获得质谱图（图 13.21）[66]。

在临床应用中，REIMS 还可以用于临床重要细菌和真菌的高通量鉴定[64]，以及分析大块组织和生长培养基上的细菌菌落[68]。此外，REIMS 还可用于检测食品造假，例如将肉制品中的牛、马或鹿肉区分开来[69]。

无论样品的来源如何，它们的区分通常依赖于使用统计工具，如主成分分析（principal component analysis，PCA），因为，例如健康组织和感染组织质谱图之间的差异通常不能立即从图谱中看到。

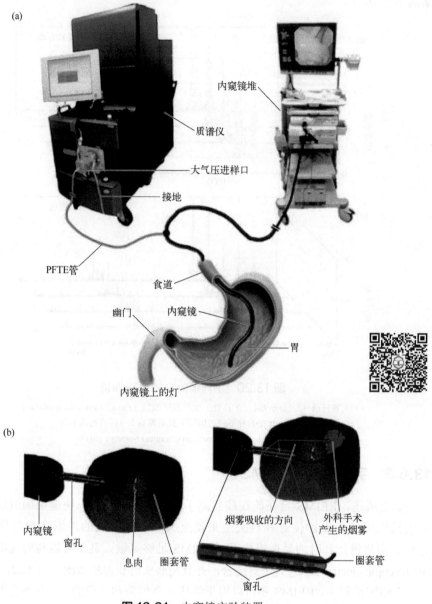

图 13.21 内窥镜实验装置

（a）息肉切除圈套（polypectomy snare）配有一个额外的 T 形片，以便在电极尖端和质谱仪之间建立直接连接，用于电外科气溶胶的传输；（b）使用商品化的圈套器切除胃肠道息肉（GI polyps）。息肉是用圈套器环捕获的，圈套器环紧紧地固定在息肉底部。电外科解剖及产生的气溶胶通过圈套器塑料鞘上形成的窗孔吸入

（经许可转载自参考文献[66]。© Wiley，2015）

13.7 大气压固体分析探针

识别胃癌 胃黏膜、胃黏膜下层和腺癌组织用改装的 Waters Xevo G2-S Q-TOF 质谱仪进行 REIMS 分析。在 m/z 600~900 区域，发现癌组织和健康黏膜组织主要以磷脂为特征；而在 m/z 850~1000 区域，黏膜下层主要显示出甘油三酯和磷脂酰肌醇。在这种情况下，即使对所选峰的丰度进行目视比较，也能发现在 m/z 600~1000 范围内，癌组织和健康组织之间存在显著差异（图 13.22）。尽管如此，通过转换统计评估图中的质谱图数据（克鲁斯卡尔-瓦利斯方差分析检验，Kruskal-Wallis ANOVA test），可以显著地简化识别过程。

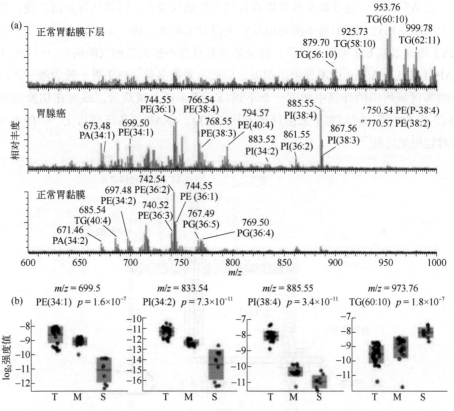

图 13.22 （a）离体（ex vivo）记录胃黏膜、胃黏膜下层和胃腺癌组织的质谱图及（b）使用 Kruskal-Wallis ANOVA 比较所选峰的丰度，显示癌组织和健康组织在 m/z 600~1000 范围内存在显著性差异，$p < 0.005$
T—瘤；M—黏膜；S—黏膜下层（经许可转载自参考文献[66]。© Wiley，2015）

13.7 大气压固体分析探针

大气压固体分析探针（atmospheric pressure solids analysis probe，ASAP）[70,71] 解决了有机质谱中的一个更经典的领域的检测问题：有机小分子的分析。随着经典的 EI 和 CI 仪器（主要是配有直接进样杆的磁扇仪器）被 APCI（第 7.8 节）、ESI（第 12 章）或 MALDI（第 11 章）仪器不断替换，许多质谱实验室已经逐步淘汰了以前由 EI-MS 或 CI-MS 运行的样品处理工具。基于对 APCI 离子源的改装，ASAP 提供了 EI（第 5 章）或 CI（第 7 章）的替代方案。因此，ASAP 至少可以在一定程度上填补质谱工具箱中的这个空白[70]。

13.7.1 大气压固体分析探针的装置

在 ASAP 中，通过简单地将熔点管插入热氮气流中，固体从管表面蒸发，然后在大气压下通过 APCI 离子源的电晕放电而发生电离。热气流（350～500℃）可由 APCI 喷雾器或 ESI 喷雾器提供，前提是后者具有加热去溶剂气的供应。与 DESI 或 DAPCI 相比，ASAP 中不使用溶剂流。因此，对商品化 APCI 离子源的唯一改动是在喷雾区域周围的外壳中加工一个小端口，用于插入玻璃管，或者在切换回标准 APCI 或 ESI 操作时用塞子来密封孔（图 13.23）。ASAP 设备已商品化[72]，但也可以相对轻松地定制[70,73]。

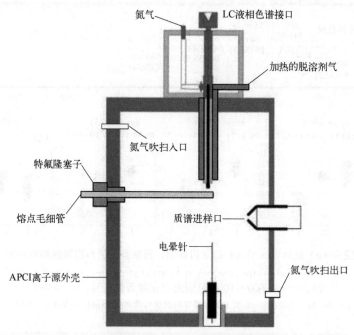

图 13.23 一台基于 Waters Q-TOF 仪器的标准 APCI 离子源的大气压固体分析探针（ASAP）的截面图

（经许可转载自参考文献[70]。© The American Chemical Society，2005）

不完全是直接质谱学方法

ASAP 并不严格符合直接质谱法的标准，特别是，如果根据其在开放大气中，对暴露于某些电离性流体的物体进行表面分析的能力来定义直接质谱法。ASAP 要求将样品涂覆在探针上，并且在封闭的外壳内进行。除了缩写的联系之外，ASAP 被称为探针（probe）-APCI 可能会更好。尽管如此，ASAP 也具有 ADI-MS 的一些特点。

13.7.2 大气压固体分析探针的实际应用

与 APCI 一样，ASAP 处理的分析物可以从低极性到高极性，分子质量可以在 100～1500 u 范围内。ASAP 的代表性应用包括食品包装中增塑剂的筛选[74]，低分子量合成聚合物的分析[72]，药物筛选中合成代谢类固醇酯的高通量鉴定[75]，或核苷分析[73]。ASAP 还可以与离子迁移质谱联用，用于检测和鉴定 2-萘胺中的杂质[76]。

人们应该意识到，将样品施加到玻璃毛细管的外部，特别是当以粉末形式提供时，必然会承受离子源污染的风险，例如在插入毛细管的过程中。此外，浸渍涂覆太多的样品可能导致在后续运行中的交叉污染。因此，需要小心避免这些问题。

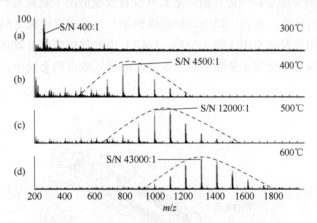

图 13.24 脱溶气温度对聚苯乙烯 ASAP 的影响

（经许可转载自参考文献[72]。© The Royal Society of Chemistry，2012）

ASAP 用于低聚物分析 通过蘸取 PS 粉末，将平均分子质量为 M_n = 1700 u（PS 1700）的聚苯乙烯，涂覆到玻璃毛细管的外部。m/z 50～2000 范围内的正离子图谱是使用安装在 Xevo QTOF 仪器上的 Waters ASAP 离子源记录的。大多数离子源参数被设定为 APCI 操作中的典型情况（电晕针设为 3.0 kV，以 2.5 μA 电晕放电，氮气流速为 600 L/min）。氮气的温度从 300℃ 逐步升高到 600℃。ASAP 图谱显示了氮气温度、PS 信号覆盖的 m/z 范围和所达到的信噪比之间的明显相关性（图 13.24）[72]。形成一些 PS 离子最低需要 400℃，这些离子以分子离子的形式出现。

显然，低极性 PS 通过电荷转移被离子化，形成 $M^{+\cdot}$。虽然覆盖的范围能够扩大到更高的 m/z，但即使在 600℃，该样品的质谱图也不完全符合样品凝胶渗透色谱（gel permeation chromatography，GPC）分析所给出的 M_n。

13.8 实时直接分析

实时直接分析（direct analysis in real time，DART）[3]，类似于前一节中的 ASAP，采用无溶剂加热气流。与前述技术相反，DART 气体最初携带着在等离子体放电中形成的激发态稀有气体原子。当这些电子激发态的原子与大气相互作用时，立即形成了试剂离子。因此，DART 与大气压化学电离（APCI）[5]相关，也与 DAPCI 或 DAPPI 有一些相似之处。

和 DESI 一样，DART 离子源也是商品化的。作为一种功能强大且通用性强的直接质谱技术，DART 已经有了大量的应用[5,6,8,9,77-87]。

13.8.1 DART 离子源

在 DART 离子源中，气流（通常是氦气以及少数情况下是氮气）被引导通过一个被分成三段的管路。在第一段中，针电极和第一开孔圆盘电极之间的电晕放电产生离子、电子和激发态原子（图 13.25）。DART 中的气体放电可以在视觉上进行明显地区分，因为氮气会发出清晰的蓝色眩光，而氦气放电则会发出淡粉红色的光芒（图 13.26）。

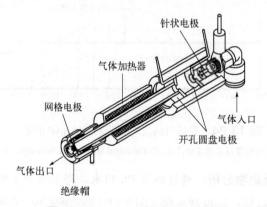

图 13.25 DART 离子源的剖面图
发射的气体实现样品的电离，与样品的聚集状态无关（经许可转载自参考文献[3]。© The American Chemical Society，2005）

低温的等离子体通过另一个腔室，在此处第二个开孔电极可以从气流中去除正离子，随后被加热并通过最终网格电极去除带相反电荷的物种。电离性中性气体要么可以被直接对准 API 接口的采样孔，或者类似 DESI，以适合其反射到质谱入口的角度撞击样品表面[3]。

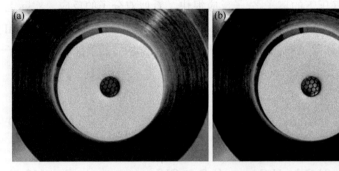

图 13.26 当朝离子源里观察时，所看到的 DART 放电
（a）氮气中的蓝色眩光放电；（b）氦气中的淡粉红色放电。六边形图案是由出口网格电极引起的

DART 的典型工作条件是使用 1～5 kV 的正放电针电位，而反电极（第一个开孔盘电极）接地。对于正离子 DART，第二个开孔电极和出口网格电极的电位设置为正电位，负离子模式被设置为大约 100 V 的负电压。绝缘帽可以保护样品和操作人员免受任何高压的影响。气体流量调节到 1～3 L/min，气体温度可以在 50～500℃的范围内变化。DART 离子源可在一定角度和距离范围内调节。通常，插入样品需要预留 5～25 mm 的间隙。

> **放电的类型**
>
> DART 放电属于电晕-辉光（corona-to-glow，C-G）放电类型，在 50～60℃的温度下以 2 mA 量级的放电电流运行[88]。最近，人们在为能提供更有效的亚稳态原子的来源而努力。一种在氦气中维持并在流动余辉（flowing afterglow，FA）模式下使用的直流大气压辉光放电（atmospheric pressure glow discharge，APGD）似乎很有前景[88-90]。

13.8.2 DART 中正离子的形成

氦气中的放电产生含有电子激发态的氦原子（亚稳态原子）、离子和电子的气体流：

$$\text{放电} + \text{He} \longrightarrow \text{He}^* \tag{13.1}$$

然后等离子体气体被加热，并通过带电的网格电极来完全去除离子和电子。当气体流出到开放的大气中时，可能会通过直接接触方式，实现气体、液体和固体的电离。大多数亚稳态氦原子 He^*，会诱发氮气的彭宁电离（第 2.1.3 节）[3,89]：

$$\text{He}^* + \text{N}_2 \longrightarrow \text{He} + \text{N}_2^{+\cdot} + e^- \tag{13.2}$$

除了由放电引发产生的亚稳态氦原子 He*（携带 19.8 eV 的能量）外，在 DART 中试剂离子形成的途径基本上遵循与在 APCI 中相同的途径（第 7.8 节）。由于高碰撞率（$>10^9$ s^{-1}），在大气压下的离子-分子反应很快。看似双分子的反应，实际上往往是三分子的，因为需要一个像在式（13.3）中 N_2 这样的中性碰撞伙伴（neutral collision partner），来立即移除过剩能量[91-94]。因此，接下来的步骤产生了水的分子离子：

$$N_2^{+\bullet} + N_2 + N_{2(第三个分子)} \longrightarrow N_4^{+\bullet} + N_{2(第三个分子)} \tag{13.3}$$

$$N_4^{+\bullet} + H_2O \longrightarrow 2N_2 + H_2O^{+\bullet} \tag{13.4}$$

然后，$H_2O^{+\bullet}$ 迅速形成团簇离子：

$$H_2O^{+\bullet} + H_2O \longrightarrow H_3O^+ + OH^{\bullet} \tag{13.5}$$

$$H_3O^+ + nH_2O \longrightarrow [(H_2O)_n + H]^+ \tag{13.6}$$

最后，$[(H_2O)_n+H]^+$ 作为试剂离子通过质子化形成分析物的离子[93]：

$$M + [(H_2O)_n + H]^+ \longrightarrow [M + H]^+ + nH_2O \tag{13.7}$$

在中极性化合物的 DART 中也观察到铵离子加合物。例如[M+NH$_4$]$^+$的形成常见于富氧分子，特别是在没有碱性官能团的情况下，例如聚乙二醇、酮、二酰基或三酰基甘油以及聚硅氧烷：

$$M + [NH_4]^+ \longrightarrow [M + NH_4]^+ \tag{13.8}$$

铵离子可以来自样品，也可以由大气中的痕量氨形成，或者可以仅仅通过将装有氨水的小瓶放置在反应区附近来供应。

除了能产生偶电子离子，DART 还可以通过电荷转移产生奇电子离子，即 DART 可以产生分子离子[95,96]。分析物的分子离子 M$^{+\bullet}$ 可以通过 He* 的彭宁电离产生，更重要的是可以通过电荷转移产生。在开放大气中，试剂离子还有 $N_4^{+\bullet}$、$O_2^{+\bullet}$ 和 NO$^+$：

$$N_4^{+\bullet} + M \longrightarrow 2N_2 + M^{+\bullet} \tag{13.9}$$

$$O_2^{+\bullet} + M \longrightarrow O_2 + M^{+\bullet} \tag{13.10}$$

$$NO^+ + M \longrightarrow NO + M^{+\bullet} \tag{13.11}$$

M$^{+\bullet}$ 与[M+H]$^+$形成的比率主要由分析物的性质决定，如电离能（IE）和质子亲和能（PA）[97]。低 IE 有利于 M$^{+\bullet}$ 形成，而高 PA 会促进[M+H]$^+$的形成。根据分析物的不同，两种离子物种可能同时出现，导致 M$^{+\bullet}$和[M+H]$^+$信号的叠加。畸变的同位素分布模式给质谱解析带来了困难。

氩气可以代替氦气作为 DART 气体，以便提供更有选择性的或更软的电离[98,99]。但是，氩的亚稳态能量较低，为 11.55 eV（$^3P_2$）和 11.72 eV（$^3P_0$），不能电离水（IE = 12.65 eV），导致氩气-DART 的灵敏度低很多。这可以通过进入反应区的溶剂补偿流（solvent make-up flow）来改善，如 IE_{MeOH} = 10.85 eV。电离的机理随后从基于 $H_2O^{+\cdot}$ 的途径转变为基于溶剂离子的过程［式（13.4）、式（13.5）、式（13.6）和式（13.7）中的 H_2O 用 MeOH 代替］[98,99]。

无论离子形成的实际过程如何，在大气压条件下的高碰撞率会立即产生热化作用。与 ADI-MS 中的普遍情况一样，裂解在 DART-MS 分析中实际上并不重要。

13.8.3　DART 中负离子的形成

在负离子模式下，式（13.2）中的反应产生的热电子，假定主要在空气产生 $O_2^{-\cdot}$ 作为试剂离子。当然，分析物的直接电子捕获以及解离电子捕获、去质子化或负离子缔合也会发生[92]。这些 $O_2^{-\cdot}$ 通过与分析物 M 结合形成加合物：

$$O_2^{-\cdot} + M \longrightarrow [M + O_2]^{-\cdot} \qquad (13.12)$$

或者，由电子捕获直接形成的负分子离子可以缔合到氧分子上，从而产生相同的产物：

$$M^{-\cdot} + O_2 \longrightarrow [M + O_2]^{-\cdot} \qquad (13.13)$$

$[M + O_2]^{-\cdot}$ 要么可以被这样检测到，或者也可以解离产生自由基负离子：

$$[M + O_2]^{-\cdot} \longrightarrow M^{-\cdot} + O_2 \qquad (13.14)$$

失去一个过氧羟基自由基可能产生 $[M - H]^-$，即质子攫取（proton abstraction），前提是 $[M - H]^-$ 的气相酸度超过了 $HOO^{\cdot}$：

$$[M + O_2]^{-\cdot} \longrightarrow [M - H]^- + HOO^{\cdot} \qquad (13.15)$$

除了 $O_2^{-\cdot}$ 外，大气中的成分还会生成 NO_2^-、$CO_3^{-\cdot}$ [100]，而且根据痕量的溶剂残留也会有 CN^-、Cl^-、OH^- 等其他离子。当分析物和/或溶剂是卤代物（Hal^-）时，可以观察到卤素加合离子 $[M + Hal]^-$：

$$M + Hal^- \longrightarrow [M + Hal]^- \qquad (13.16)$$

最后，可能与一些丰度较低的负离子（如 CO_3^-、NO_2^- 或 OH^-）形成加合离子。

13.8.4　与 DART 相关的 ADI 方法

有许多离子源同样依赖于彭宁电离。其中一些领先 DART 很多年，而其他的研发可能受到了 DART 的启发。这些技术中的大部分从未商品化，因此，有时是某个研究团队独有的。DART 是该领域迄今为止最成熟的技术。

彭宁电离仅代表 DART 的一个方面，因为其是 DART 离子化的主要源头。不是分析物直接发生彭宁电离，在大多数情况下，来自大气成分的试剂离子是产生分析物离子的原因。因此，DART 可以被归类为属于 APCI 相关电离技术的一个家族[4]。DART 和其他技术有一个共同点，那就是它们都使用一股含有电离性物种的加热气流，这些电离性物种是在某种大气压等离子体中产生的[101]。

为了完整起见，这些相关的技术被汇编在表 13.2 中。这里提到的众多技术之间的多重关系已经在"花图"中得到了可视化的展示（图 13.27）[5]。

表 13.2　与 DART 密切相关的直接质谱方法

中文名称	英文名称	缩写	参考文献
液面彭宁电离	liquid surface penning ionization	LPI	[102,103]
大气压采样辉光放电电离	atmospheric sampling glow discharge ionization	ASGDI	[104]
大气压彭宁电离	atmospheric pressure penning ionization	APPeI	[105-107]
等离子体辅助解吸电离	plasma-assisted desorption/ionization	PADI	[108]
介质阻挡放电电离	dielectric barrier discharge ionization	DBDI	[109,110]
双圆柱形阻挡放电电离	double cylindrical barrier discharge ionization	DC-DBDI	[111]
大气压辉光放电电离	atmospheric pressure glow discharge ionization	APGD	[112]
氦气大气压辉光放电电离	helium atmospheric pressure glow discharge ionization	HAPGDI	[112]
流动余辉大气压辉光放电	flowing afterglow atmospheric pressure glow discharge	FA-APGD	[90]
低温等离子体探针	low-temperature plasma probe	LTP	[101]
大气压固体分析探针	atmospheric pressure solids analysis probe	ASAP	[70,71,113]
表面活化化学电离	surface-activated chemical ionization	SACI	[114,115]
表面解吸大气压化学电离	desorption atmospheric pressure chemical ionization	DAPCI	[14,21,31,101]
解吸大气压光电离	desorption atmospheric pressure photoionization	DAPPI	[16]
大气压热解吸电离	atmospheric pressure thermal desorption ionization	APTDI	[116]

图 13.27　DART 与其他直接质谱学方法的关系，这些方法基本上依赖于类似 APCI 的离子形成机理

"花图"说明了那些将化学电离过程（APCI，最内层）用于形成分析物离子的方法（最外层）。试剂离子的生成（中间层）由等离子体、电晕放电、离子蒸发或光电离引发

（经许可转载自参考文献[5]。© Elsevier，2008）

13.8.5 DART 的多种配置构造

与空气中通常含有的气体相比，氦气对所有类型的真空泵来说都是一个真正的挑战。最初进行 DART 研发的 JEOL AccuTOF 仪器碰巧在离子源光学系统中具有一些"之"字形离子路径，在将离子引入正交 TOF 分析器的同时，其也阻挡了中性粒子进入。因此，使用氦气很容易被这台仪器接受[3]。然而，当 DART 离子源运行时，流入非 JEOL AccuTOF 质谱仪 API 接口的氦气会导致不良的（如果并非不可接受）真空条件。为了解决这个问题，Vapur 接口被安装在 DART 离子源和 API 接口的入口之间，作为一个额外的泵系统。一个小隔膜泵足以去除大部分氦气。此外，吸入式陶瓷管改善了从电离区到质谱仪的离子传输（图 13.28）。

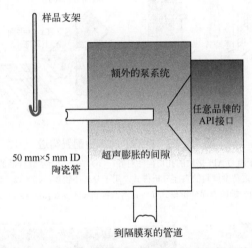

图 13.28 用于使 DART 离子源适应不同仪器制造商 API 接口的 Vapur 接口示意图
额外的泵系统防止了仪器真空受损，并通过充当射流分离器（jet separator）来改善样品离子的传输（经许可转载自参考文献[8]。© Springer，2013）

最初，DART 离子源与 API 接口的采样孔是同轴布局的，待分析的物体沿切线方向放入，以将表面呈现给氦气流。通过引入透射分析模式（transmission mode）DART，对单一成分和简单混合物的分析有了显著的改进[117]。对于透射分析模式，样品沉积在细金属丝筛网上，然后被浸没在气流中；该筛网为携带离子的气体提供了更大的接触面和良好的透射。对物体的 DART 分析，如 DESI 中所用的，成角度的倾斜布局更为有效[118]。因此，可以通过各种方式布局 DART 离子源的构造，以最佳方式满足各种样品的要求（图 13.29）[8]。对于合成化学中的常规分析，开放式离子源是一种与一次性样品卡一起使用的特殊设备，其提供了透射分析模式 DART-MS 最便捷的方式，而 45°倾斜最适合表面分析模式（surface mode）的 DART（图 13.30）。

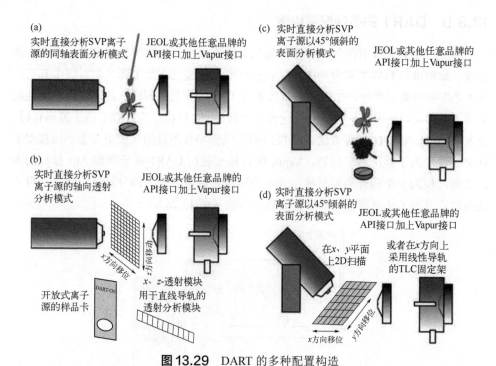

图 13.29 DART 的多种配置构造

（a）第一种设计中离子源与 API 接口的孔口同轴对齐；（b）在筛网上放置样品的同轴透射分析模式；（c）离子源以一定角度倾斜的表面分析模式，用于分析小物体；（d）以一定角度倾斜进行序列样品自动分析的表面分析模式（经许可改编自参考文献[8]。© Springer，2013）

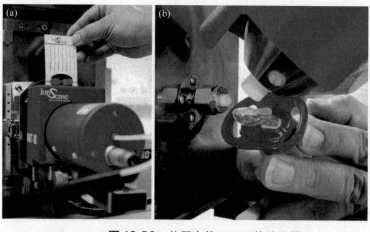

图 13.30 使用中的 DART 构造配置

（a）带有一次性样品卡［对应于图 13.29 中的装置（b）］的透射分析模式 DART 的开放式离子源；（b）以 45°对齐用于分析放置在间隙中的物体［对应于图 13.29 中的装置（c）］。这两张照片都展示了通过 Vapur 接口连接到 Bruker 仪器的 DART 离子源

13.8.6 DART 在分析方面的应用

从一开始，DART 就被应用于各种各样的案例[5,6,8,9,77-87]。这包括直接质谱法在与典型安全相关和法庭科学上的应用，如从布、钞票等中检测爆炸物、化学战剂或药物和滥用药物[3,92,119]，或检查纸上的圆珠笔油墨，如支票欺诈案件中的签名[120]。在生命科学中，DART 用于全细胞脂肪酸甲酯（FAMEs）的快速分析[121]，以及血浆和尿液中化合物的临床研究[122,123]。DART 足够灵敏，可以分析自组装在金表面上的硫醇和二硫醚单分子膜层[124]。下面描述了一些具有代表性的应用，以说明 DART-MS 的多种用途。

（1）大蒜中的挥发性物质

正离子和负离子 DART-MS 用于鉴定切割不同葱属植物（大蒜、洋葱、韭葱、韭菜等）所形成的活性含硫化合物[125,126]。蒜瓣被放入 JEOL AccuTOF 设备的 DART 离子源和 API 接口之间的开放空隙中 [图 13.31，以及图 13.29 中的模式（a）]。例如，从切好的大蒜中，正离子模式 DART 显示出大蒜素、烯丙基/甲基和二甲基硫代亚磺酸酯、二烯丙基三硫烷的 S-氧化物、烯丙醇和丙烯等化合物。负离子 DART 检测到 2-丙烯亚砜酸、2-丙烯亚磺酸、二氧化硫和丙酮酸。不同的葱属植物表现出不同的挥发性成分。

图 13.31 JEOL AccuTOF 仪器上的第一代商品化的 DART 离子源

此处其被用来分析一个蒜瓣中的挥发性物质[125,126]。样品被简单地夹住放入亚稳态原子源（右下角）和 API 接口的孔口（左上角）之间的开放间隙中（照片由美国 JEOL 提供）

（2）负离子模式 DART 用于爆炸物分析

在 2001 年美国世贸中心恐怖袭击阴影的持续影响下，直接质谱法起初专注于爆炸物的检测。负离子模式 DART 对显示出极低但非零蒸气压的爆炸物的分析非常灵敏[92]。在暴露于建筑工地爆破产生的烟柱中 8 h 后，在一名男子的领带上检测到硝酸甘油 [图 13.32（a）]，并在一个受污染的池塘水样中检测到约 3 ppm 的各种爆炸物；将一个装有 0.1%三氟乙酸（H-TFA）水溶液的敞口小瓶放在采样区附近，使它们在 DART 图谱中以[M+TFA]⁻的加合峰出现 [图 13.32（b）] [3]。

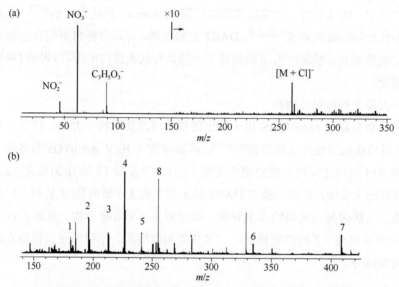

1—二硝基甲苯；2—氨基二硝基苯；3—三硝基苯；4—三硝基甲苯；5—三硝基苯甲硝胺；
6—黑索金+三氟乙酸；7—奥克托今+三氟乙酸；8—棕榈酸

图 13.32 爆炸物的 DART 图谱

图谱（a）显示男子在暴露于建筑工地爆破产生的烟柱中 8 h 后，在他领带上检测到的硝酸甘油。
在（b）中，受污染的池塘水的样品显示各种爆炸物的[M+TFA]⁻峰，含量约为 3 ppm
（经许可转载自参考文献[3]。© The American Chemical Society，2005）

（3）对果蝇的分析

DART 能够对活性果蝇（黑腹果蝇，*Sophophora melanogaster*）表皮的烃类化合物进行分析。从雌蝇体表测得的烃类化合物分布包括 C_{18}～C_{29} 范围内的烯烃和二烯烃，它们以[M+H]⁺被检测到。人们发现，这种特征会因果蝇是否为处女雌蝇、交配后 45 min 或 90 min 而有所不同（图 13.33）。雌雄之间也存在区别。DART 的优点是：果蝇可以暴露在电离性气流中，对果蝇和研究人员都没有被电击的风险[127]。

（4）家用器具和食品中的硅氧烷

正离子 DART 非常适合聚二甲基硅氧烷（PDMS）[128,129]的分析，俗称硅橡胶。硅橡胶是日用品的常用材料，例如柔性硅胶烘焙模具、表带、面团刮刀、安抚奶嘴

13.8 实时直接分析

和羊皮纸的不粘涂层[130]。DART 不仅可以分析家用器具本身（第 3.6.5 节）[129]，还可以评估它们在烘焙过程中向食物中释放低分子量寡聚硅氧烷的趋势[129,131,132]。

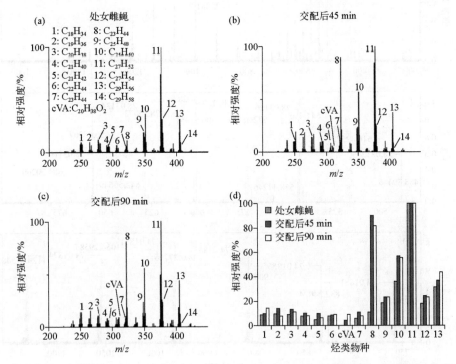

图 13.33 在交配（a）之前、（b）45 min 后、（c）90 min 后，观察同一只雌蝇的化学特征变化，（d）直方图显示了烃类化合物浓度的变化，特别是二十三碳烯（tricosene，峰 8）和二十五碳烯（pentacosene，峰 10）的增加

（许可转载自参考文献[127]。© The National Academy of Sciences of the USA，2008）

为了分析家用物品，DART 离子源相对于 Vapur 接口的陶瓷管轴线呈 45°角放置。整个物体被手动定位在氦气出口和毛细管入口的中间，并直接暴露在电离性气体中[图 13.30（b）]。对于所有硅橡胶制品，气体温度被统一设定为 300℃。图 13.34 显示了使用硅橡胶烘焙模具后烘焙食品的典型质谱图。m/z 200～1650 范围显示了来自黄油的三酰基甘油（triacylglycerols，TAGs）脂肪和来自 PDMS（右）的相对峰强度。由于相差$(CH_2)_2$单元，低质量 TAGs 的$[M+NH_4]^+$离子系列平均表现出特征值$\Delta(m/z) = 28.0313$。高质量离子系列平均的$\Delta(m/z) = 74.0185$，是由含$[(CH_3)_2SiO]$重复单元不同的 PDMS 所引起的。同位素模式还揭示了其中含多个硅原子[131]。显然，大量的 PDMS 释放到了食物中[131,132]。

此外，聚硅氧烷在 m/z 200～3000 范围内的峰分布，使得可以在正离子模式的 DART-MS 中使用硅油和硅脂进行质量校准[128]。

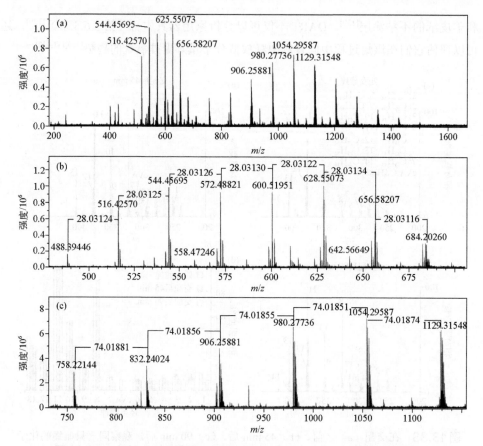

图 13.34 在 Kaiser 硅橡胶烘焙模具中烘烤的面团的正离子 DART 图谱

（a）m/z 200～1650 范围内的整个图谱，显示了 TAGs（左）和 PDMS（右）峰的相对强度；（b）低质量 TAGs 的[M+NH$_4$]$^+$离子系列显示出平均特征值$\Delta(m/z)=28.0313$；（c）由于[(CH$_3$)$_2$SiO]重复单元，高质量离子系列平均的$\Delta(m/z)=74.0185$。同位素模式还揭示了其中含有多个硅原子

（经许可转载自参考文献[131]。© SAGE，2015）

13.9 直接质谱法小结

（1）直接质谱法的特性

直接解吸电离（ambient desorption/ionization，ADI）或直接质谱法（ambient mass spectrometry）的新颖特性是：无需样品制备或样品预处理即可进行瞬时质谱分析。此外，待分析的样品在大气压下处理，即在大气压接口前面自由可及的开放空间中。

直接质谱允许在开放环境中分析未处理的样品或整个物体，同时保持样品的完整性。直接质谱的好处在于：样品只需要在常压条件下暴露于某种电离性流体的介质（ionizing fluid medium）中。

13.9 直接质谱法小结

（2）直接质谱法的家族

直接质谱法并非一种单一的方法。相反，直接质谱法（ambient MS）这个术语涵盖了一组技术，它们都具有直接解吸电离（ambient desorption/ionization）的特性。ADI-MS 采用了基于 ESI、APCI、APPI 的离子生成技术，结合激光解吸和各种放电，产生如 DART 中使用的电离性等离子体（ionizing plasmas）。

（3）直接质谱技术的方法

表 13.3 总结了一些常见的直接质谱法。它们按首字母缩略词的字母顺序列出，并附有关键参考文献。然而，值得注意的是，只有真正易于操作且有效以及坚固的接口才能经久耐用。正如本书（英文版）上一版所预测的那样，DESI 和 DART 是众多技术中能长期坚持下来的两种技术。

表 13.3　常见的直接质谱法

缩写	中文全称	英文全称	基本原理和关键参考文献
ASAP	大气压固体分析探针	atmospheric pressure solids analysis probe	热气流中的固体蒸发和电晕放电电离[70]
DAPCI	表面解吸大气压化学电离	desorption atmospheric pressure chemical ionization	暴露于大气压化学电离的样品表面[21]
DAPPI	解吸大气压光电离	desorption atmospheric pressure photoionization	暴露于大气压光电离的样品表面[16]
DART	实时直接分析	direct analysis in real time	暴露于电离性惰性气流的样品表面[3]
DESI	解吸电喷雾电离	desorption electrospray ionization	暴露于电喷雾羽流的样品表面[1,2]
DeSSI	声波喷雾解吸电离	desorption sonic spray ionization	暴露于声波喷雾电离羽流的样品表面；类似于 EASI[10]
ELDI	电喷雾辅助激光解吸电离	electrospray-assisted laser desorption ionization	通过电喷雾羽流进行后电离的激光解吸电离[55]
EASI	简易声波喷雾电离	easy ambient sonic-spray ionization	暴露于声波喷雾电离羽流的样品表面；类似于 DeSSI[42]
EESI	电喷雾萃取电离	extractive electrospray ionization	与电喷雾羽流混合的样品蒸气或雾气[13,46]
LAESI	激光烧蚀电喷雾电离	laser ablation electrospray ionization	在红外激光烧蚀后通过电喷雾羽流进行后电离[62]
MALDESI	基质辅助激光解吸电喷雾电离	matrix-assisted laser desorption electrospray ionization	通过 ESI 喷雾吸收 AP-MALDI 羽流并传输到 API 接口[60]

（4）直接质谱法的应用

直接质谱法的应用范围很广。DESI 和 DART 的主要方法分别刊载在数百份出版物中，并且还有许多其他方法以多种方式得到了使用，有时用于解决非常具体的问题。ADI-MS 的研发正处于高速发展阶段。

（5）一句告诫

直接质谱技术的方法易于使用，实际上，使用体验也很愉快。虽然可应用的范围绝对令人印象深刻，但应该意识到，这些方法中的任何一种都只能揭示表面上（on the surface）存在的东西。即使在表面上，化合物也可能被抑制，因为其他化合物在实际设定的操作条件下，通过所采用的 ADI 方法能更有效地离子化。ADI-MS 无法揭示表面下（below the surface）的情况。当然，类似的限制适用于任何其他质谱方法。

参考文献

[1] Takats Z, Wiseman JM, Gologan B, Cooks RG (2004) Mass Spectrometry Sampling Under Ambient Conditions with Desorption Electrospray Ionization. Science 306: 471–473. doi: 10.1126/science.1104404

[2] Takats Z, Wiseman JM, Cooks RG (2005) Ambient Mass Spectrometry Using Desorption Electrospray Ionization (DESI): Instrumentation, Mechanisms and Applications in Forensics, Chemistry, and Biology. J Mass Spectrom 40: 1261–1275. doi: 10.1002/jms.922

[3] Cody RB, Laramee JA, Durst HD (2005) Versatile New Ion Source for the Analysis of Materials in Open Air Under Ambient Conditions. Anal Chem 77: 2297–2302. doi: 10.1021/ac050989d

[4] Weston DJ (2010) Ambient Ionization Mass Spectrometry: Current Understanding of Mechanistic Theory; Analytical Performance and Application Areas. Analyst 135: 661–668. doi: 10.1039/b925579f

[5] Venter A, Nefliu M, Cooks RG (2008) Ambient Desorption Ionization Mass Spectrometry. Trends Anal Chem 27: 284–290. doi: 10.1016/j.trac.2008.01.010

[6] Green FM, Salter TL, Stokes P, Gilmore IS, O'Connor G (2010) Ambient Mass Spectrometry: Advances and Applications in Forensics. Surf Interface Anal 42: 347–357. doi: 10.1002/sia.3131

[7] Weston DJ, Ray AD, Bristow AWT (2011) Commentary: Challenging Convention Using Ambient Ionization and Direct Analysis Mass Spectrometric Techniques. Rapid Commun Mass Spectrom 25: 821–825. doi: 10.1002/rcm.4925

[8] Gross JH (2014) Direct Analysis in Real Time - A Critical Review of DART-MS. Anal Bioanal Chem 406: 63–80. doi: 10.1007/s00216-013-7316-0

[9] Hajslova J, Cajka T, Vaclavik L (2011) Challenging Applications Offered by Direct Analysis in Real Time (DART) in Food-Quality and Safety Analysis. Trends Anal Chem 30: 204–218. doi: 10.1016/j.trac.2010.11.001

[10] Haddad R, Sparrapan R, Eberlin MN (2006) Desorption Sonic Spray Ionization for (High) Voltage-Free Ambient Mass Spectrometry. Rapid Commun Mass Spectrom 20: 2901–2905. doi: 10.1002/rcm.2680

[11] Haddad R, Sparrapan R, Kotiaho T, Eberlin MN (2008) Easy ambient sonic-spray ionization-membrane interface Easy Ambient Sonic-Spray Ionization-Membrane Interface Mass Spectrometry for Direct Analysis of Solution Constituents. Anal Chem 80: 898–903. doi: 10.1021/ac701960q

[12] Chen H, Zenobi R (2007) Direct Analysis of Living Objects by Extractive Electrospray Mass Ionization Spectrometry. Chimia 61: 843. doi: 10.2533/chimia.2007.843

[13] Chen H, Yang S, Wortmann A, Zenobi R (2007) Neutral Desorption Sampling of Living Objects for Rapid Analysis by Extractive Electrospray Ionization Mass Spectrometry. Angew Chem Int Ed 46: 7591–7594. doi: 10.1002/anie.200702200

[14] Takats Z, Cotte-Rodriguez I, Talaty N, Chen H, Cooks RG (2005) Direct, Trace Level Detection of Explosives

on Ambient Surfaces by Desorption Electrospray Ionization Mass Spectrometry. Chem Commun: 1950–1952. doi: 10.1039/B418697D

[15] Williams JP, Patel VJ, Holland R, Scrivens JH (2006) The Use of Recently Described Ionisation Techniques for the Rapid Analysis of Some Common Drugs and Samples of Biological Origin. Rapid Commun Mass Spectrom 20: 1447–1456. doi: 10.1002/rcm.2470

[16] Haapala M, Pol J, Saarela V, Arvola V, Kotiaho T, Ketola RA, Franssila S, Kauppila TJ, Kostiainen R (2007) Desorption Atmospheric Pressure Photoionization. Anal Chem 79: 7867–7872. doi: 10.1021/ac071152g

[17] Cooks RG, Ouyang Z, Takats Z, Wiseman JM (2006) Ambient Mass Spectrometry. Science 311: 1566–1570. doi: 10.1126/science.1119426

[18] Wells JM, Roth MJ, Keil AD, Grossenbacher JW, Justes DR, Patterson GE, Barket DJ (2008) Implementation of DART and DESI Ionization on a Fieldable Mass Spectrometer. J Am Soc Mass Spectrom 19: 1419–1424. doi: 10.1016/j.jasms.2008.06.028

[19] Takats Z, Wiseman JM, Gologan B, Cooks RG (2004) Electrosonic Spray Ionization. A Gentle Technique for Generating Folded Proteins and Protein Complexes in the Gas Phase and for Studying Ion-Molecule Reactions at Atmospheric Pressure. Anal Chem 76: 4050–4058. doi: 10.1021/ac049848m

[20] Chen H, Talaty NN, Takats Z, Cooks RG (2005) Desorption Electrospray Ionization Mass Spectrometry for High-Throughput Analysis of Pharmaceutical Samples in the Ambient Environment. Anal Chem 77: 6915–6927. doi: 10.1021/ac050989d

[21] Cotte-Rodriguez I, Takats Z, Talaty N, Chen H, Cooks RG (2005) Desorption Electrospray Ionization of Explosives on Surfaces: Sensitivity and Selectivity Enhancement by Reactive Desorption Electrospray Ionization. Anal Chem 77: 6755–6764. doi: 10.1021/ac050995+

[22] Talaty N, Takats Z, Cooks RG (2005) Rapid in Situ Detection of Alkaloids in Plant Tissue Under Ambient Conditions Using Desorption Electrospray Ionization. Analyst 130: 1624–1633. doi: 10.1039/B511161G

[23] Dole RB (ed) (1997) Electrospray Ionization Mass Spectrometry – Fundamentals, Instrumentation and Applications. Wiley, Chichester

[24] Pramanik BN, Ganguly AK, Gross ML (eds) (2002) Applied Electrospray Mass Spectrometry. Marcel Dekker, New York

[25] Denes J, Katona M, Hosszu A, Czuczy N, Takats Z (2009) Analysis of Biological Fluids by Direct Combination of Solid Phase Extraction and Desorption Electrospray Ionization Mass Spectrometry. Anal Chem 81: 1669–1675. doi: 10.1021/ac8024812

[26] Drayß M (2005) Oberflächenanalytik mittels Desorptions Elektrospray Ionisation an einem Tripelquadrupolmassenspektrometer. Heidelberg University, Dissertation

[27] Takats Z, Kobliha V, Sevcik K, Novak P, Kruppa G, Lemr K, Havlicek V (2008) Characterization of DESI-FTICR Mass Spectrometry – From ECD to Accurate Mass Tissue Analysis. J Mass Spectrom 43: 196–203. doi: 10.1002/jms.1285

[28] Hopf C, Schlueter M, Schwarz-Selinger T, von Toussaint U, Jacob W (2008) Chemical Sputtering of Carbon Films by Simultaneous Irradiation with Argon Ions and Molecular Oxygen. New J Phys 10: 093022. doi: 10.1088/1367-2630/10/9/093022

[29] Wiseman JM, Puolitaival SM, Takats Z, Cooks RG, Caprioli RM (2005) Mass Spectrometric Profiling of Intact Biological Tissue by Using Desorption Electrospray Ionization. Angew Chem Int Ed 44: 7094–7097. doi: 10.1002/anie.200502362

[30] Cotte-Rodriguez I, Hernandez-Soto H, Chen H, Cooks RG (2008) In Situ Trace Detection of Peroxide Explosives by Desorption Electrospray Ionization and Desorption Atmospheric Pressure Chemical Ionization.

Anal Chem 80: 1512–1519. doi: 10.1021/ac7020085

[31] Cotte-Rodriguez I, Mulligan CC, Cooks RG (2007) Non-Proximate Detection of Small and Large Molecules by Desorption Electrospray Ionization and Desorption Atmospheric Pressure Chemical Ionization Mass Spectrometry: Instrumentation and Applications in Forensics, Chemistry, and Biology. Anal Chem 79: 7069–7077. doi: 10.1021/ac0707939

[32] van Berkel GJ, Ford MJ, Deibel MA (2005) Thin-Layer Chromatography and Mass Spectrometry Coupled Using Desorption Electrospray Ionization. Anal Chem 77: 1207–1215. doi: 10.1021/ac048217p

[33] Chen H, Zheng J, Zhang X, Luo M, Wang Z, Qiao X (2007) Surface Desorption Atmospheric Pressure Chemical Ionization Mass Spectrometry for Direct Ambient Sample Analysis Without Toxic Chemical Contamination. J Mass Spectrom 42: 1045–1056. doi: 10.1002/jms.1235

[34] Chen H, Liang H, Ding J, Lai J, Huan Y, Qiao X (2007) Rapid Differentiation of Tea Products by Surface Desorption Atmospheric Pressure Chemical Ionization Mass Spectrometry. J Agric Food Chem 55: 10093–10100. doi: 10.1021/jf0720234

[35] Yang S, Ding J, Zheng J, Hu B, Li J, Chen H, Zhou Z, Qiao X (2009) Detection of Melamine in Milk Products by Surface Desorption Atmospheric Pressure Chemical Ionization Mass Spectrometry. Anal Chem 81: 2426–2436. doi: 10.1021/ac900063u

[36] Luosujarvi L, Arvola V, Haapala M, Pol J, Saarela V, Franssila S, Kotiaho T, Kostiainen R, Kauppila TJ (2008) Desorption and Ionization Mechanisms in Desorption Atmospheric Pressure Photoionization. Anal Chem 80: 7460–7466. doi: 10.1021/ac801186x

[37] Luosujarvi L, Laakkonen UM, Kostiainen R, Kotiaho T, Kauppila TJ (2009) Analysis of Street Market Confiscated Drugs by Desorption Atmospheric Pressure Photoionization and Desorption Electrospray Ionization Coupled with Mass Spectrometry. Rapid Commun Mass Spectrom 23: 1401–1404. doi: 10.1002/rcm.4005

[38] Kauppila TJ, Arvola V, Haapala M, Pol J, Aalberg L, Saarela V, Franssila S, Kotiaho T, Kostiainen R (2008) Direct Analysis of Illicit Drugs by Desorption Atmospheric Pressure Photoionization. Rapid Commun Mass Spectrom 22: 979–985. doi: 10.1002/rcm.3461

[39] Hirabayashi Y, Takada Y, Hirabayashi A, Sakairi M, Koizumi H (1996) Direct Coupling of Semi-Micro Liquid Chromatography and Sonic Spray Ionization Mass Spectrometry for Pesticide Analysis. Rapid Commun Mass Spectrom 10: 1891–1893. doi: 10.1002/(SICI)1097-0231(199612)10: 15<1891:: AID-RCM722>3.0.CO;2-R

[40] Hiraoka K (1996) Sonic Spray Ionization Mass Spectrometry. J Mass Spectrom Soc Jpn 44: 279–284. doi: 10.5702/massspec.44.577

[41] Hirabayashi A, Fernandez de la Mora J (1998) Charged Droplet Formation in Sonic Spray. Int J Mass Spectrom Ion Proc 175: 277–282. doi: 10.1016/S0168-1176(98)00129-3

[42] Haddad R, Catharino RR, Marques LA, Eberlin MN (2008) Perfume Fingerprinting by Easy Ambient Sonic-Spray Ionization Mass Spectrometry: Nearly Instantaneous Typification and Counterfeit Detection. Rapid Commun Mass Spectrom 22: 3662–3666. doi: 10.1002/rcm.3788

[43] Abdelnur PV, Eberlin LS, de Sa GF, de Souza V, Eberlin MN (2008) Single-Shot Biodiesel Analysis: Nearly Instantaneous Typification and Quality Control Solely by Ambient Mass Spectrometry. Anal Chem 80: 7882–7886. doi: 10.1021/ac8014005

[44] Saraiva SA, Abdelnur PV, Catharino RR, Nunes G, Eberlin MN (2009) Fabric Softeners: Nearly Instantaneous Characterization and Quality Control of Cationic Surfactants by Easy Ambient Sonic-Spray Ionization Mass Spectrometry. Rapid Commun Mass Spectrom 23: 357–362. doi: 10.1002/rcm.3878

[45] Haddad R, Milagre HMS, Catharino RR, Eberlin MN (2008) Easy Ambient Sonic-Spray Ionization Mass Spectrometry Combined with Thin-Layer Chromatography. Anal Chem 80: 2744–2750. doi: 10.1021/ac702216q

[46] Chen H, Venter A, Cooks RG (2006) Extractive Electrospray Ionization for Direct Analysis of Undiluted Urine, Milk and Other Complex Mixtures Without Sample Preparation. Chem Commun: 2042–2044. doi: 10.1039/B602614A

[47] Chen H, Wortmann A, Zenobi R (2007) Neutral Desorption Sampling Coupled to Extractive Electrospray Ionization Mass Spectrometry for Rapid Differentiation of Biosamples by Metabolomic Fingerprinting. J Mass Spectrom 42: 1123–1135. doi: 10.1002/jms.1282

[48] Chang DY, Lee CC, Shiea J (2002) Detecting Large Biomolecules from High-Salt Solutions by Fused-Droplet Electrospray Ionization Mass Spectrometry. Anal Chem 74: 2465–2469. doi: 10.1021/ac010788j

[49] Shieh IF, Lee CY, Shiea J (2005) Eliminating the Interferences from TRIS Buffer and SDS in Protein Analysis by Fused-Droplet Electrospray Ionization Mass Spectrometry. J Proteome Res 4: 606–612. doi: 10.1021/pr049765m

[50] Chen H, Sun Y, Wortmann A, Gu H, Zenobi R (2007) Differentiation of Maturity and Quality of Fruit Using Noninvasive Extractive Electrospray Ionization Quadrupole Time-of-Flight Mass Spectrometry. Anal Chem 79: 1447–1455. doi: 10.1021/ac061843x

[51] Chingin K, Gamez G, Chen H, Zhu L, Zenobi R (2008) Rapid Classification of Perfumes by Extractive Electrospray Ionization Mass Spectrometry (EESI-MS). Rapid Commun Mass Spectrom 22: 2009–2014. doi: 10.1002/rcm.3584

[52] Zhu L, Gamez G, Chen H, Chingin K, Zenobi R (2009) Rapid Detection of Melamine in Untreated Milk and Wheat Gluten by Ultrasound-Assisted Extractive Electrospray Ionization Mass Spectrometry (EESI-MS). Chem Commun: 559–561. doi: 10.1039/B818541G

[53] Chen H, Hu B, Hu Y, Huan Y, Zhou Z, Qiao X (2009) Neutral Desorption Using a Sealed Enclosure to Sample Explosives on Human Skin for Rapid Detection by EESI-MS. J Am Soc Mass Spectrom 20: 719–722. doi: 10.1016/j.jasms.2008.12.011

[54] Quist AP, Huth-Fehre T, Sundqvist BUR (1994) Total Yield Measurements in Matrix-Assisted Laser Desorption Using a Quartz Crystal Microbalance. Rapid Commun Mass Spectrom 8: 149–154. doi: 10.1002/rcm.1290080204

[55] Shiea J, Huang MZ, Hsu HJ, Lee CY, Yuan CH, Beech I, Sunner J (2005) Electrospray-Assisted Laser Desorption/Ionization Mass Spectrometry for Direct Ambient Analysis of Solids. Rapid Commun Mass Spectrom 19: 3701–3704. doi: 10.1002/rcm.2243

[56] Peng IX, Shiea J, Loo RRO, Loo JA (2007) Electrospray-Assisted Laser Desorption/Ionization and Tandem Mass Spectrometry of Peptides and Proteins. Rapid Commun Mass Spectrom 21: 2541–2546. doi: 10.1002/rcm.3154

[57] Huang MZ, Hsu HJ, Lee JY, Jeng J, Shiea J (2006) Direct Protein Detection from Biological Media Through Electrospray-Assisted Laser Desorption Ionization/Mass Spectrometry. J Proteome Res 5: 1107–1116. doi: 10.1021/pr050442f

[58] Huang MZ, Hsu HJ, Wu CI, Lin SY, Ma YL, Cheng TL, Shiea J (2007) Characterization of the Chemical Components on the Surface of Different Solids with Electrospray-Assisted Laser Desorption Ionization Mass Spectrometry. Rapid Commun Mass Spectrom 21: 1767–1775. doi: 10.1002/rcm.3011

[59] Lin SY, Huang MZ, Chang HC, Shiea J (2007) Using Electrospray-Assisted Laser Desorption/Ionization Mass Spectrometry to Characterize Organic Compounds Separated on Thin-Layer Chromatography Plates. Anal Chem 79: 8789–8795. doi: 10.1021/ac070590k

[60] Sampson JS, Hawkridge AM, Muddiman DC (2006) Generation and Detection of Multiply-Charged Peptides and Proteins by Matrix-Assisted Laser Desorption Electrospray Ionization (MALDESI) Fourier Transform Ion

Cyclotron Resonance Mass Spectrometry. J Am Soc Mass Spectrom 17: 1712–1716. doi: 10.1016/j.jasms.2006.08.003

[61] Nemes P, Vertes A (2007) Laser Ablation Electrospray Ionization for Atmospheric Pressure, In Vivo, and Imaging Mass Spectrometry. Anal Chem 79: 8098–8106. doi: 10.1021/ac071181r

[62] Nemes P, Barton AA, Li Y, Vertes A (2008) Ambient Molecular Imaging and Depth Profiling of Live Tissue by Infrared Laser Ablation Electrospray Ionization Mass Spectrometry. Anal Chem 80: 4575–4582. doi: 10.1021/ac8004082

[63] Sripadi P, Nazarian J, Hathout Y, Hoffman EP, Vertes A (2009) In Vitro Analysis of Metabolites from the Untreated Tissue of Torpedo Californica Electric Organ by Mid-Infrared Laser Ablation Electrospray Ionization Mass Spectrometry. Metabolomics 5: 263–276. doi: 10.1007/s11306-008-0147-x

[64] Bolt F, Cameron SJS, Karancsi T, Simon D, Schaffer R, Rickards T, Hardiman K, Burke A, Bodai Z, Perdones-Montero A, Rebec M, Balog J, Takats Z (2016) Automated High-Throughput Identification and Characterization of Clinically Important Bacteria and Fungi Using Rapid Evaporative Ionization Mass Spectrometry. Anal Chem 88: 9419–9426. doi: 10.1021/acs.analchem.6b01016

[65] Balog J, Szaniszlo T, Schaefer KC, Denes J, Lopata A, Godorhazy L, Szalay D, Balogh L, Sasi-Szabo L, Toth M, Takats Z (2010) Identification of Biological Tissues by Rapid Evaporative Ionization Mass Spectrometry. Anal Chem 82: 7343–7350. doi: 10.1021/ac101283x

[66] Balog J, Kumar S, Alexander J, Golf O, Huang J, Wiggins T, Abbassi-Ghadi N, Enyedi A, Kacska S, Kinross J, Hanna GB, Nicholson JK, Takats Z (2015) In Vivo Endoscopic Tissue Identification by Rapid Evaporative Ionization Mass Spectrometry (REIMS). Angew Chem Int Ed 54: 11059–11062. doi: 10.1002/anie.201502770

[67] Strittmatter N, Rebec M, Jones EA, Golf O, Abdolrasouli A, Balog J, Behrends V, Veselkov KA, Takats Z (2014) Characterization and Identification of Clinically Relevant Microorganisms Using Rapid Evaporative Ionization Mass Spectrometry. Anal Chem 86: 6555–6562. doi: 10.1021/ac501075f

[68] Golf O, Strittmatter N, Karancsi T, Pringle SD, Speller AVM, Mroz A, Kinross JM, Abbassi-Ghadi N, Jones EA, Takats Z (2015) Rapid Evaporative Ionization Mass Spectrometry Imaging Platform for Direct Mapping from Bulk Tissue and Bacterial Growth Media. Anal Chem 87: 2527–2534. doi: 10.1021/ac5046752

[69] Balog J, Perenyi D, Guallar-Hoyas C, Egri A, Pringle SD, Stead S, Chevallier OP, Elliott CT, Takats Z (2016) Identification of the Species of Origin for Meat Products by Rapid Evaporative Ionization Mass Spectrometry. J Agric Food Chem 64: 4793–4800. doi: 10.1021/acs.jafc.6b01041

[70] McEwen CN, McKay RG, Larsen BS (2005) Analysis of Solids, Liquids, and Biological Tissues Using Solids Probe Introduction at Atmospheric Pressure on Commercial LC/MS Instruments. Anal Chem 77: 7826–7831. doi: 10.1021/ac051470k

[71] McEwen C, Gutteridge S (2007) Analysis of the Inhibition of the Ergosterol Pathway in Fungi Using the Atmospheric Solids Analysis Probe (ASAP) Method. J Am Soc Mass Spectrom 18: 1274–1278. doi: 10.1016/j.jasms.2007.03.032

[72] Smith MJP, Cameron NR, Mosely JA (2012) Evaluating Atmospheric Pressure Solids Analysis Probe (ASAP) Mass Spectrometry for the Analysis of Low Molecular Weight Synthetic Polymers. Analyst 137: 4524–4530. doi: 10.1039/C2AN35556F

[73] Rozenski J (2011) Analysis of Nucleosides Using the Atmospheric-Pressure Solids Analysis Probe for Ionization. Int J Mass Spectrom 304: 204–208. doi: 10.1016/j.ijms.2011.01.029

[74] Driffield M, Bradley E, Castle L, Lloyd A, Parmar M, Speck D, Roberts D, Stead S (2015) Use of Atmospheric Pressure Solids Analysis Probe Time-of-Flight Mass Spectrometry to Screen for Plasticisers in Gaskets Used in Contact with Foods. Rapid Commun Mass Spectrom 29: 1603–1610. doi: 10.1002/rcm.7255

[75] Doue M, Dervilly-Pinel G, Gicquiau A, Pouponneau K, Monteau F, Le Bizec B (2014) High Throughput Identification and Quantification of Anabolic Steroid Esters by Atmospheric Solids Analysis Probe Mass Spectrometry for Efficient Screening of Drug Preparations. Anal Chem 86: 5649–5655. doi: 10.1021/ac501072g

[76] Pan H, Lundin G (2011) Rapid Detection and Identification of Impurities in Ten 2-Naphthalenamines Using an Atmospheric Pressure Solids Analysis Probe in Conjunction with Ion Mobility Mass Spectrometry. Eur J Mass Spectrom 17: 217–225. doi: 10.1255/ejms.1125

[77] Kusai A (2007) Fundamental and Application of the Direct Analysis in Real Time Mass Spectrometry. Bunseki 124–127

[78] Saitoh K (2007) Directly Analysis for Fragrance Ingredients Using DART-TOFMS. Aroma Res 8: 366–369

[79] Sparkman OD, Jones PR, Curtis M (2009) Accurate mass measurements with a reflectron time-of-flight mass spectrometer and the direct analysis in real time (DART) interface for the identification of unknown compounds below masses of 500 DA. In: Li L (ed) Chemical Analysis. Wiley, Hoboken

[80] Konuma K (2009) Elementary Guide to Ionization Methods for Mass Spectrometry: Introduction of the Direct Analysis in Real Time Mass Spectrometry. Bunseki 464–467

[81] Chernetsova ES, Bochkov PO, Ovcharov MV, Zhokhov SS, Abramovich RA (2010) DART Mass Spectrometry: A Fast Screening of Solid Pharmaceuticals for the Presence of an Active Ingredient, As an Alternative for IR Spectroscopy. Drug Test Anal 2: 292–294. doi: 10.1002/dta.136

[82] Kikura-Hanajiri R (2010) Simple and Rapid Screening for Target Compounds Using Direct Analysis in Real Time (DART)-MS. Food Food Ingredients Jpn 215: 137–143

[83] Chernetsova ES, Morlock GE (2011) Mass Spectrometric Method of Direct Sample Analysis in Real Time (DART) and Application of the Method to Pharmaceutical and Biological Analysis. Zavodskaya Laboratoriya, Diagnostika Materialov 77: 10–19

[84] Chernetsova ES, Morlock GE, Revelsky IA (2011) DART Mass Spectrometry and Its Applications in Chemical Analysis. Russ Chem Rev 80: 235–255. doi: 10.1070/RC2011v080n03ABEH004194

[85] Chernetsova ES, Morlock GE (2011) Determination of Drugs and Drug-Like Compounds in Different Samples with Direct Analysis in Real Time Mass Spectrometry. Mass Spectrom Rev 30: 875–883. doi: 10.1002/mas.20304

[86] Liao J, Liu N, Liu C (2011) Direct Analysis in Real Time Mass Spectrometry and Its Applications to Drug Analysis. Yaowu Fenxi Zazhi 31: 2008–2012

[87] Osuga J, Konuma K (2011) Applications of Direct Analysis in Real Time (DART) Mass Spectrometry. Yuki Gosei Kagaku Kyokaishi 69: 171–175. doi: 10.5059/yukigoseikyokaishi.69.171

[88] Shelley JT, Wiley JS, Chan GCY, Schilling GD, Ray SJ, Hieftje GM (2009) Characterization of Direct-Current Atmospheric-Pressure Discharges Useful for Ambient Desorption/Ionization Mass Spectrometry. J Am Soc Mass Spectrom 20: 837–844. doi: 10.1016/j.jasms.2008.12.020

[89] Andrade FJ, Shelley JT, Wetzel WC, Webb MR, Gamez G, Ray SJ, Hieftje GM (2008) Atmospheric Pressure Chemical Ionization Source. 1. Ionization of Compounds in the Gas Phase. Anal Chem 80: 2646–2653. doi: 10.1021/ac800156y

[90] Andrade FJ, Shelley JT, Wetzel WC, Webb MR, Gamez G, Ray SJ, Hieftje GM (2008) Atmospheric Pressure Chemical Ionization Source. 2. Desorption-Ionization for the Direct Analysis of Solid Compounds. Anal Chem 80: 2654–2663. doi: 10.1021/ac800210s

[91] Warscheid B, Hoffmann T (2001) Structural Elucidation of Monoterpene Oxidation Products by Ion Trap Fragmentation Using on-Line Atmospheric Pressure Chemical Ionization Mass Spectrometry in the Negative Ion Mode. Rapid Commun Mass Spectrom 15: 2259–2272. doi: 10.1002/rcm.504

[92] Song L, Dykstra AB, Yao H, Bartmess JE (2009) Ionization Mechanism of Negative Ion-Direct Analysis in Real Time: A Comparative Study with Negative Ion-Atmospheric Pressure Photoionization. J Am Soc Mass Spectrom 20: 42–50. doi: 10.1016/j.jasms.2008.09.016

[93] Derpmann V, Albrecht S, Benter T (2012) The Role of Ion-Bound Cluster Formation in Negative Ion Mass Spectrometry. Rapid Commun Mass Spectrom 26: 1923–1933. doi: 10.1002/rcm.6303

[94] Klee S, Derpmann V, Wissdorf W, Klopotowski S, Kersten H, Brockmann KJ, Benter T, Albrecht S, Bruins AP, Dousty F, Kauppila TJ, Kostiainen R, O'Brien R, Robb DB, Syage JA (2014) Are Clusters Important in Understanding the Mechanisms in Atmospheric Pressure Ionization? Part 1: Reagent Ion Generation and Chemical Control of Ion Populations. J Am Soc Mass Spectrom 25: 1310–1321. doi: 10.1007/s13361-014-0891-2

[95] Cody RB (2009) Observation of Molecular Ions and Analysis of Nonpolar Compounds with the Direct Analysis in Real Time Ion Source. Anal Chem 81: 1101–1107. doi: 10.1021/ac8022108

[96] Jorabchi K, Hanold K, Syage J (2013) Ambient Analysis by Thermal Desorption Atmospheric Pressure Photoionization. Anal Bioanal Chem 405: 7011–7018. doi: 10.1007/s00216-012-6536-z

[97] Rummel JL, McKenna AM, Marshall AG, Eyler JR, Powell DH (2010) The Coupling of Direct Analysis in Real Time Ionization to Fourier Transform Ion Cyclotron Resonance Mass Spectrometry for Ultrahigh-Resolution Mass Analysis. Rapid Commun Mass Spectrom 24: 784–790. doi: 10.1002/rcm.4450

[98] Dane AJ, Cody RB (2010) Selective Ionization of Melamine in Powdered Milk by Using Argon Direct Analysis in Real Time (DART) Mass Spectrometry. Analyst 135: 696–699. doi: 10.1039/b923561b

[99] Yang H, Wan D, Song F, Liu Z, Liu S (2013) Argon Direct Analysis in Real Time Mass Spectrometry in Conjunction with Makeup Solvents: A Method for Analysis of Labile Compounds. Anal Chem 85: 1305–1309. doi: 10.1021/ac3026543

[100] Cody RB, Dane AJ (2013) Soft Ionization of Saturated Hydrocarbons, Alcohols and Nonpolar Compounds by Negative-Ion Direct Analysis in Real-Time Mass Spectrometry. J Am Soc Mass Spectrom 24: 329–334. doi: 10.1007/s13361-012-0569-6

[101] Harper JD, Charipar NA, Mulligan CC, Zhang X, Cooks RG, Ouyang Z (2008) Low-Temperature Plasma Probe for Ambient Desorption Ionization. Anal Chem 80: 9097–9104. doi: 10.1021/ac801641a

[102] Tsuchiya M, Taira T (1978) A New Ionization Method for Organic Compounds. Liquid Ionization at Atmospheric Pressure Utilizing Penning Effect and Chemical Ionization. Shitsuryo Bunseki 26: 333–342

[103] Tsuchiya M, Taira T, Toyoura Y (1980) A New Ionization Detector for Minute Amounts of Organic Compounds in Solution. Bunseki Kagaku 29: 632–637

[104] McLuckey SA, Glish GL, Asano KG, Grant BC (1988) Atmospheric Sampling Glow Discharge Ionization Source for the Determination of Trace Organic Compounds in Ambient Air. Anal Chem 60: 2220–2227. doi: 10.1021/ac00171a012

[105] Fujimaki S, Furuya H, Kambara S, Hiraoka K (2004) Development of an Atmospheric Pressure Penning Ionization Source for Gas Analysis. J Mass Spectrom Soc Jpn 52: 149–153. doi: 10.5702/massspec.52.149

[106] Hiraoka K, Fujimaki S, Kambara S, Furuya H, Okazaki S (2004) Atmospheric-Pressure Penning Ionization Mass Spectrometry. Rapid Commun Mass Spectrom 18: 2323–2330. doi: 10.1002/rcm.1624

[107] Furuya H, Kambara S, Nishidate K, Fujimaki S, Hashimoto Y, Suzuki S, Iwama T, Hiraoka K (2010) Quantitative Aspects of Atmospheric-Pressure Penning Ionization. J Mass Spectrom Soc Jpn 58: 211–213. doi: 10.5702/massspec.58.211

[108] Ratcliffe LV, Rutten FJM, Barrett DA, Whitmore T, Seymour D, Greenwood C, Aranda-Gonzalvo Y, Robinson S, McCoustra M (2007) Surface Analysis Under Ambient Conditions Using Plasma-Assisted Desorption/

Ionization Mass Spectrometry. Anal Chem 79: 6094–6101. doi: 10.1021/ac070109q

[109] Na N, Zhao M, Zhang S, Yang C, Zhang X (2007) Development of a Dielectric Barrier Discharge Ion Source for Ambient Mass Spectrometry. J Am Soc Mass Spectrom 18: 1859–1862. doi: 10.1016/j.jasms.2007.07.027

[110] Na N, Zhang C, Zhao M, Zhang S, Yang C, Fang X, Zhang X (2007) Direct Detection of Explosives on Solid Surfaces by Mass Spectrometry with an Ambient Ion Source Based on Dielectric Barrier Discharge. J Mass Spectrom 42: 1079–1085. doi: 10.1002/jms.1243

[111] Hiraoka K, Ninomiya S, Chen LC, Iwama T, Mandal MK, Suzuki H, Ariyada O, Furuya H, Takekawa K (2011) Development of Double Cylindrical Dielectric Barrier Discharge Ion Source. Analyst 136: 1210–1215. doi: 10.1039/c0an00621a

[112] Wetzel WC, Andrade FJ, Broekaert JAC, Hieftje GM (2006) Development of a Direct Current He Atmospheric-Pressure Glow Discharge as an Ionization Source for Elemental Mass Spectrometry Via Hydride Generation. J Anal At Spectrom 21: 750–756. doi: 10.1039/b607781a

[113] McEwen CN, Larsen BS (2009) Ionization Mechanisms Related to Negative Ion APPI, APCI, and DART. J Am Soc Mass Spectrom 20: 1518–1521. doi: 10.1016/j.jasms.2009.04.010

[114] Cristoni S, Bernardi LR, Biunno I, Tubaro M, Guidugli F (2003) Surface-Activated No-Discharge Atmospheric Pressure Chemical Ionization. Rapid Commun Mass Spectrom 17: 1973–1981. doi: 10.1002/rcm.1141

[115] Cristoni S, Bernardi LR, Guidugli F, Tubaro M, Traldi P (2005) The Role of Different Phenomena in Surface-Activated Chemical Ionization (SACI) Performance. J Mass Spectrom 40: 1550–1557. doi: 10.1002/jms.913

[116] Chen H, Ouyang Z, Cooks RG (2006) Thermal Production and Reactions of Organic Ions at Atmospheric Pressure. Angew Chem Int Ed 45: 3656–3660. doi: 10.1002/anie.200600660

[117] Perez JJ, Harris GA, Chipuk JE, Brodbelt JS, Green MD, Hampton CY, Fernandez FM (2010) Transmission-Mode Direct Analysis in Real Time and Desorption Electrospray Ionization Mass Spectrometry of Insecticide-Treated Bednets for Malaria Control. Analyst 135: 712–719. doi: 10.1039/b924533b

[118] Chernetsova ES, Revelsky AI, Morlock GE (2011) Some New Features of Direct Analysis in Real Time Mass Spectrometry Utilizing the Desorption at an Angle Option. Rapid Commun Mass Spectrom 25: 2275–2282. doi: 10.1002/rcm.5112

[119] Fernandez FM, Cody RB, Green MD, Hampton CY, McGready R, Sengaloundeth S, White NJ, Newton PN (2006) Characterization of Solid Counterfeit Drug Samples by Desorption Electrospray Ionization and Direct-Analysis-in-Real-Time Coupled to Time-of-Flight Mass Spectrometry. ChemMedChem 1: 702–705. doi: 10.1002/cmdc.200600041

[120] Jones RW, Cody RB, McClelland JF (2006) Differentiating Writing Inks Using Direct Analysis in Real Time Mass Spectrometry. J Forensic Sci 51: 915–918. doi: 10.1111/j.1556-4029.2006.00162.x

[121] Yu S, Crawford E, Tice J, Musselman B, Wu JT (2009) Bioanalysis Without Sample Cleanup or Chromatography: The Evaluation and Initial Implementation of Direct Analysis in Real Time Ionization Mass Spectrometry for the Quantification of Drugs in Biological Matrixes. Anal Chem 81: 193–202. doi: 10.1021/ac801734t

[122] Zhao Y, Lam M, Wu D, Mak R (2008) Quantification of Small Molecules in Plasma with Direct Analysis in Real Time Tandem Mass Spectrometry, Without Sample Preparation and Liquid Chromatographic Separation. Rapid Commun Mass Spectrom 22: 3217–3224. doi: 10.1002/rcm.3726

[123] Jagerdeo E, Abdel-Rehim M (2009) Screening of Cocaine and Its Metabolites in Human Urine Samples by Direct Analysis in Real-Time Source Coupled to Time-of-Flight Mass Spectrometry After Online Preconcentration Utilizing Microextraction by Packed Sorbent. J Am Soc Mass Spectrom 20: 891–899. doi: 10.1016/j.jasms.2009.01.010

[124] Kpegba K, Spadaro T, Cody RB, Nesnas N, Olson JA (2007) Analysis of Self-Assembled Monolayers on Gold Surfaces Using Direct Analysis in Real Time Mass Spectrometry. Anal Chem 79: 5479–5483. doi: 10.1021/ac062276g

[125] Block E, Dane AJ, Cody RB (2011) Crushing Garlic and Slicing Onions: Detection of Sulfenic Acids and Other Reactive Organosulfur Intermediates from Garlic and Other Alliums Using Direct Analysis in Real-Time Mass Spectrometry (DART-MS). Phosphorus Sulfur Silicon Rel Elem 186: 1085–1093. doi: 10.1080/10426507.2010.507728

[126] Block E, Dane AJ, Thomas S, Cody RB (2010) Applications of Direct Analysis in Real Time Mass Spectrometry (DART-MS) in Allium Chemistry. 2-Propenesulfenic and 2-Propenesulfinic Acids, Diallyl trisulfane S-oxide, and Other Reactive Sulfur Compounds from Crushed Garlic and Other Alliums. J Agric Food Chem 58: 4617–4625. doi: 10.1021/jf1000104

[127] Yew JY, Cody RB, Kravitz EA (2008) Cuticular Hydrocarbon Analysis of an Awake Behaving Fly Using Direct Analysis in Real-Time Time-of-Flight Mass Spectrometry. Proc Natl Acad Sci U S A 105: 7135–7140. doi: 10.1073/pnas.0802692105

[128] Gross JH (2013) Polydimethylsiloxane-Based Wide Range Mass Calibration for Direct Analysis in Real Time Mass Spectrometry. Anal Bioanal Chem 405: 8663–8668. doi: 10.1007/s00216-013-7287-1

[129] Gross JH (2015) Analysis of Silicones Released from Household Items and Baby Articles by Direct Analysis in Real Time-Mass Spectrometry. J Am Soc Mass Spectrom 26: 511–521. doi: 10.1007/s13361-014-1042-5

[130] Gross JH (2015) Direct Analysis in Real Time Mass Spectrometry and Its Application for the Analysis of Polydimethylsiloxanes. Spectrosc Eur 27: 6–11

[131] Gross JH (2015) Polydimethylsiloxane Extraction from Silicone Rubber into Baked Goods Detected by Direct Analysis in Real Time Mass Spectrometry. Eur J Mass Spectrom 21: 313–319. doi: 10.1255/ejms.1333

[132] Jakob A, Crawford EA, Gross JH (2016) Detection of Polydimethylsiloxanes Transferred from Silicone-Coated Parchment Paper to Baked Goods Using Direct Analysis in Real Time Mass Spectrometry. J Mass Spectrom 51: 298–304. doi: 10.1002/jms.3757

联用技术 第**14**章

> **学习目标**
> - 色谱分离的概念
> - 一维和二维气相色谱法
> - 不同压力范围的液相色谱技术
> - 分离方法与质谱联用的概念和技术
> - 质谱定量分析的基础
> - 提高选择性的串联质谱模式
> - 离子淌度质谱的应用
> - 串联质谱技术作为色谱联用技术的补充
> - 超高分辨作为色谱联用技术的补充

复杂混合物的分析通常需要分离技术和质谱分析的协同[1-3]。气相色谱-质谱联用技术（gas chromatography-mass spectrometry，GC-MS）是朝这一方向迈出的第一步[4]。很快 GC-MS 就发展成了混合物分析的常用方法[5-7]。液相色谱-质谱联用技术（liquid chromatography-mass spectrometry，LC-MS）[8]应用于极性非挥发性化合物的分析尝试，最终促进了 API 方法（第 12 章）的发展[9,10]。其他液相分离技术和质谱相结合的方法还有毛细管电泳-质谱联用（capillary zone electrophoresis-mass spectrometry，CZE-MS）[11-15]和超临界流体色谱-质谱联用（supercritical fluid chromatography-mass spectrometry，SFC-MS）[16,17]。无论哪种类型的分离技术，都会为分析增加一个额外的维度。这种分离技术和质谱的联合导致了联用技术（hyphenated methods）这一名词的产生。

质谱本身也提供两个额外的"自由度（degrees of freedom）"。可以利用高分辨率甚至超高分辨率，或者串联质谱来分析复杂样品（第 9 章）。例如利用某一组分的特征碎片，能够将它与混合物中的其他组分分离[2,3]。在实践应用中，分离技术和质谱联用方法通常采用先进的质谱技术以达到理想的选择性，这也同时确保了所分析结果的准确性和可靠性（准确度与精密度，参见第 3.5 节）。

本章主要介绍质谱分析样品类型的拓展，以及质谱分析专属性的提升等内容。还简单介绍了最常见的色谱技术的基本概念和方法、色谱图的处理、定量过程以及色谱-质谱联用的接口装置。

14.1 色谱分析法

色谱分析法（chromatography）这个词是由古希腊语中"色"（χρωμα，chroma）和"书写"（γραφειν，graphein）这两个词复合而成。色谱法的第一次描述是在一个世纪之前，俄国植物学家 Mikhail S. Tswett 用这一技术来分离植物色素[18]。

各种类型的色谱法都是为了实现混合物中的成分分离。这一过程依赖于化合物在固定相和气相/液相之间吸附和解吸附的平衡[19-22]。

在气相色谱（gas chromatography，GC）中，以气体为流动相，液体为固定相且通常表现为附着在固体表面的一层薄膜。这也解释了气-液色谱（gas-liquid chromatography，GLC）这一早期名词的由来。随后该名词被更简明的气相色谱所取代。与 GC 相比，液相色谱（liquid chromatography，LC）中的流动相是液体，同时固体颗粒表面作为固定相，即待分离组分以稀溶液的形式提供。

14.1.1 色谱柱

色谱分离通常是在具有固定体积的柱管或毛细管中进行的，流动相从柱管中流过，而固定相保持装填在柱管内。这个柱子可以是直径为几毫米到几厘米的直管，例如液相色谱中的色谱柱，也可以是支撑在线圈上的直径不足一毫米的毛细管，例如（毛细管）气相色谱法中的毛细管柱。无论它确切的形式如何，这样的装置就是色谱柱（chromatographic column）。这一概念是从最基本的 LC 分离装置中得来的：将硅胶或氧化铝填充在竖直的玻璃管中，样品通过重力作用自柱顶端向下流动至底端并实现分离。这一技术在有机化学制备中非常普遍。

14.1.2 吸附和解吸附平衡

化合物分子随流动相沿着色谱柱运动，流速受其在固定相中吸附和解吸附平衡的控制。

对于某化合物 C_i，定义分配系数（distribution coefficient 或 partition coefficient）K_i 为该化合物在固定相中的浓度 $[C_i]_{\text{stat}}$ 与其在流动相中浓度 $[C_i]_{\text{mob}}$ 的比值：

$$K_i = \frac{[C_i]_{\text{stat}}}{[C_i]_{\text{mob}}} \tag{14.1}$$

有些化合物在固定相中吸附能力强，比吸附弱的化合物在固定相中停留的时间长。相应的，吸附能力较弱的化合物在色谱柱中流速更快，较吸附能力强的化合物更早流出色谱柱。

保留因子（retention factor，k_i）用来描述组分的迁移速率。它被定义为在固定相中的量 n_stat 与在流动相中的量 n_mob 的比值：

$$k_i = \frac{n_\text{stat}}{n_\text{mob}} \tag{14.2}$$

14.1.3 死时间和死体积

即使假设流动相与固定相之间没有相互作用，即 $k_i \approx 0$，这时流动相流经色谱柱也会需要一个最短时间。这一最短时间称为该色谱柱的死时间（dead time，t_0），在 t_0 之前系统中没有组分流出。

死时间既可以通过用色谱柱长度除以流动相的线速度来确定，也可以用色谱柱体积除以流动相的体积流速。需要注意的是，这一关系指的是柱体积中的自由区域，即色谱柱管的体积减去柱内固定相体积。因此这个将色谱柱充满流动相的体积称为死体积（dead volume）。

一个色谱系统中的实际死体积略大于柱的死体积，因为从进样器到色谱柱，以及从色谱柱到检测器的管路和连接头都对总体积有贡献。

14.1.4 保留时间

一个组分与固定相发生强或弱的相互作用取决于该化合物的分配系数 K_i。强相互作用意味着分子在流动相中停留的时间更长，因此该组分在柱中流速较慢。也就是说，组分在这个柱子上有更强的保留值。组分所流过整根色谱柱的时间称为保留时间（retention time，t_R），其计算公式为：

$$t_R = t_0 + t_0 \times k_i = t_0 \times (1 + k_i) \tag{14.3}$$

由该公式可得 k_i 的相应的计算：

$$k_i = \frac{t_R - t_0}{t_0} \tag{14.4}$$

在给定色谱条件下，保留时间是组分的特征。只要色谱条件保持不变，保留时间就是固定不变的。改用更长的色谱柱可以增加保留时间。增加流动相的流速会降低保留时间。组分与固定相相互作用越强，保留时间越长。最后，保留时间总是长于死时间。

因此色谱分离取决于混合物中各组分洗脱时的保留时间不同。

14.1.5 洗脱和洗出液

流出色谱柱的过程称为洗脱（elution）。由流动相（气体或液体）以及流动相中的被分离组分（蒸汽或溶液）组成的流体混合物称为洗出液（eluate）。在制备色谱中，通过分段收集洗出液可以得到纯化的组分。在本章主要讨论分析色谱，其洗出液在质谱等检测中被消耗掉或者被弃去。

14.1.6 分离和色谱分辨率

组分在色谱柱中迁移的过程中，会沿色谱柱方向发生扩展。该纵向扩展的程度，本质上是在柱中产生变宽，由以下因素决定：

① 涡流扩散（eddy diffusion，A），分子在多孔材料中所流经的路径不同，导致分子在水平方向上的有效路径长度存在差异。

② 纵向扩散（longitudinal diffusion，B），由组分在流动相中向前和向后的扩散导致。

③ 传质阻力（resistance to mass transfer，C），在两相间迁移过程中，任何与吸附、解吸附和传递等相关的影响的集合。

理论塔板高度（height equivalent of a theoretical plate，HEPT）或简称为塔板高度（plate height，H），可以通过以上几个因素和流动相流速 u 用范第姆特方程（van Deemter equation）来表示[23]：

$$H = A + \frac{B}{u} + Cu \qquad (14.5)$$

范第姆特曲线（van Deemter plots）实现了在给定色谱系统中流动相最佳流速的可视化，并且能够帮助判断在给定的状态下哪一因素是限制因素（图 14.1）。色谱分辨率（chromatographic resolution）越高时，H 值就越低，相应色谱柱的理论塔板数越高。

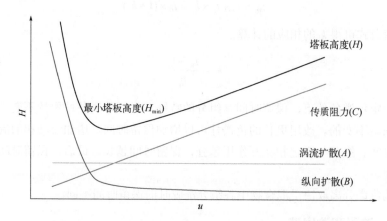

图 14.1 塔板高度 H 与流动相流速 u 的范第姆特曲线
给定柱长时，H 的最小值对应最大理论塔板数，标志着最优分离

在实践中，色谱分辨率的高低可以通过峰容量（peak capacity）获得。峰容量是在色谱峰没有叠加的情况下（即恰好完全分离），色谱图中能够容纳色谱峰的数量。峰容量粗略地反映了能被系统分开的组分的数量。它的数值范围从快速 HPLC 分析时的几十，到优化条件下柱 GC 分析的上千。

14.1.7 检测器

在色谱分析过程中组分依时间顺序分离，但是它并不能够检测某一化合物是否被洗脱。即使观察到了组分的洗脱，也无法对这一组分进行鉴定。对于有色物质，能够通过洗脱液的颜色变化来判断是否洗脱，而当洗脱无色组分时，需要利用适当的检测器（dector）来做出判断。

简单的色谱检测器只能检测组分何时被洗脱，并通过相对信号强度来检测洗脱物质的量。

GC 中最突出的检测器有火焰离子化检测器（flame ionization detector，FID）、热导检测器（thermal conductivity detector，TCD）、氮磷检测器（nitrogen phosphorus detector，NPD）和电子捕获检测器（electron capture detector，ECD）。FID 和 TCD 不提供或者可以说几乎没有选择性，NPDs 只识别含氮和/或磷的化合物，ECDs 对具有高电子亲和力的化合物具有选择性。

对于 LC，洗脱液紫外吸收的改变通常是组分洗脱的标志。普通的紫外检测器依赖于单波长的测定，如常见的 254 nm；而更复杂的二极管阵列检测器（diode array detector，DAD）能够提供洗脱组分的紫外-可见光谱图。

质谱仪可以作为具有高度特异性化合物的色谱检测器，因为它能提供每一个洗脱物质的完整质谱图。有时候，像线形单四极杆这样比较简单的质谱仪也被称为质量选择型检测器（mass-selective detector，MSD）。但此处我们当然不会认同这种不恰当的习惯称呼。

> **绝不仅是一个进样系统**
>
> 从质谱的角度看，任何色谱系统都仅仅是包含不同类型的进样口。然而从色谱学家的角度来看，质谱仪仅仅是服务于分离技术的检测器。在此，我们会讨论这些能够分离分析物的进样口的特点，以及对所连接质谱仪操作的影响。

14.1.8 色谱图

色谱分离的结果用色谱图（chromatogram）来表示，表现为峰相对强度与保留时间的关系（图 14.2）。在理想状态下，所有的组分是相互分离的并且基线平稳。在实际色谱操作中，还需要处理由于分辨率低而产生的峰叠加、极性化合物的峰拖尾、基线漂移，例如柱流失（固定相被洗脱）所引起的向上漂移，以及最后洗脱分离组分的峰展宽（比照范第姆特曲线）。

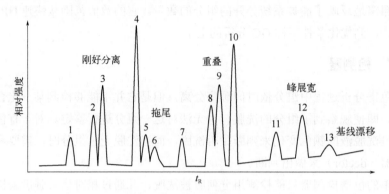

图 14.2 典型色谱图的外观

图谱展示了 13 个峰和一些常见的缺陷，如峰 6 的拖尾，峰 8、峰 9 的不完全分离，峰展宽，以及图末尾处基线的向上漂移

14.1.9 气相色谱法的实际考虑因素

在气相色谱（GC）中，样品会被汽化并与大量的惰性载气流动相混合。通常情况下，样品以挥发性溶剂的稀溶液形式被注入。该样品溶液注入操作一般通过微型进样针针尖刺破聚硅氧烷隔膜，插入进样口来实现。进样口由加热的玻璃管构成，其作用是快速蒸发样品并将其与载气混合。氦气具有分离快、惰性好、使用安全的特点，因此是常用的载气。但氦气的价格高，这使得氮气（分离速度慢）和氢气（快速分离但有潜在爆炸性）更具吸引力。

如今分析型 GC 几乎全部使用毛细管柱（capillary columes）。GC 的毛细管柱是用外表面涂有聚酰亚胺的熔融石英复合材料。这使得极易碎的石英变为了可灵活弯曲、能够缠在支撑线圈上的材料（图 14.3）。毛细管内壁涂上了一层薄薄的固定相，其主要组成为烷基和芳基聚硅氧烷。典型的 GC 毛细管柱长 20～60 m，内径 0.10～0.50 mm，内壁有 0.2～1.5 μm 的固定相薄膜。

当进样口载气压力大约 1 bar 时，受毛细管的高流动阻力影响，毛细管柱的载气流速大约为 1 mL/min。

原则上 GC 分离要在柱温恒定的情况下运行，然而等温 GC 分离更为耗时，且在 GC 运行末段，保留时间的延长会增加扩散，导致色谱分辨率下降。因此通常会使用程序升温，柱温由较低的温度逐渐升高。气相色谱仪都配有一个对流柱温箱以实现色谱柱在温度控制条件下运行。进样口和检测器通常安置在外壳内的顶部（图 14.4）。与家用对流烤箱不同，柱温箱会更注意温度的均一，以及确保在整个分离过程中保持温度精确、可重复。此外，GC 柱温箱的温度上限至少应达到 350℃。

图 14.3 缠绕在直径约 20 cm 线圈上的气相色谱熔融石英毛细管柱

彩图中金黄色是由石英毛细管外壁的聚酰亚胺涂层所致。尽管熔融石英本身很脆，但这种复合材料确保了毛细管柱能轻松地卷绕和弯曲，即使比图中更小的卷绕半径也可以实现

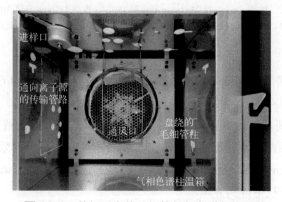

图 14.4 前门开启的毛细管气相色谱仪柱温箱

盘绕成圈的 GC 柱悬挂在加热的空气中。这台气相色谱仪的进样口在左上方，通向传输管路的毛细管柱出口端在左侧衬里的中间

通常，升温速度被分成一个初始的快速段和一个慢速段，慢速段的温度范围可以实现目标组分的最佳分离效率（图 14.5）。进样口和检测器的传输管路的温度需要保持比柱温程序的最高温度更高，否则被分离的组分就可能凝结并在色谱柱出口重新混合。此外需要注意系统中任何位置的温度都不能超过色谱柱的最高使用温度。

14.1.10　二维气相色谱法

尽管气相色谱法表现出高分离效率，但在一些情况下仍无法使复杂混合物体系的所有组分得到分离，例如一些烃类燃料和润滑剂，及其燃烧产物或热裂解产物。而食品和香水中相关的天然风味物质和香气组分，烈酒和葡萄酒及烘焙咖啡的呈香组分，则展示出另一些极其复杂的化合物类型。

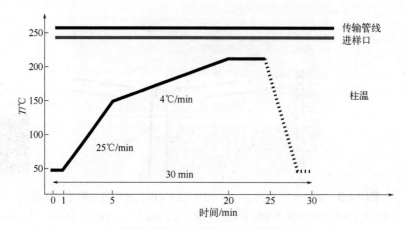

图 14.5 典型的 GC 升温程序

这一程序从 50℃开始,维持 1 min,以 25℃/min 升温至 150℃,再以 4℃/min 升至 210℃,维持 5 min 后降至初始温度,为下次运行做准备。温度程序总共需要 30 min。传输管线和进样口都维持在比柱温程序最高温度高 50℃,以避免样品的冷凝

二维气相色谱法(comprehensive gas chromatography),即 GC×GC,是将两个色谱柱串联,其中第一根色谱柱的长度是第二根的 20~30 倍。收集第一根色谱柱的流出液至中间富集器或阱内[24,25],几秒钟后以脉冲方式进样到第二根色谱柱(图 14.6)。当使用两个不同极性的色谱柱时将会产生正交分离的效果,这就是二维色谱法(two-dimensional chromatography)[24-28]。这样第一维色谱柱中共洗脱的组分可以在二维色谱柱中得到分离。

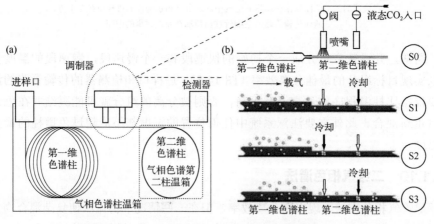

图 14.6 GC×GC 仪器(a)及其操作示意图(b)

通过如双喷口低温调制器等收集第一个色谱柱的洗脱液。在柱接口处相邻的两段上,调制器交替切换捕获模式和蒸发模式(经许可转载自参考文献[24]。© Elsevier,2006)

GC×GC 色谱法需要非常快速的数据采集。此外，分析的数据量要求软件能够展示这些丰富的信息。高速的第二维色谱柱分析得到的各个色谱图与第一维色谱柱上的保留时间相关（图 14.7）。为了结果更形象，经常会将数据进行进一步的处理，例如以 2D 等高线图或 3D 图来呈现。有上千个峰时数据分析难度较大，通常只聚焦于所感兴趣的部分，或者利用主成分分析（principal component analysis，PCA）等统计学工具以发掘样品之间的共同特征或差异。

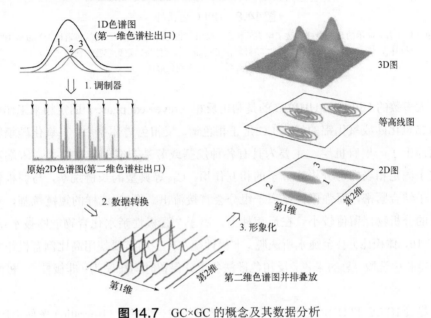

图 14.7 GC×GC 的概念及其数据分析

第二维高速色谱柱上分离得到的大量色谱图和第一维色谱柱上的保留时间相对应。这些数据通常会做进一步处理以使其更形象，如绘制等高线图或 3D 图（经许可转载自参考文献[24]。© Elsevier，2006）

14.1.11 高效液相色谱法

液相色谱法（LC）是从 Tswett 使用仅仅手工填充的色谱柱开始的。使用细小、粒径均一的填料作为固定相，可使色谱分辨率或固定分辨率时的分离速率得到显著的提升[19-22]。这时液体的流速可以通过外加 100~200 bar 的压力来维持。这就演变出了高压液相色谱法（high-pressure liquid chromatography，HPLC），也称为高效液相色谱法（high-performance liquid chromatography，HPLC）。当填料粒径降低到几微米时，HPLC 技术得到了进一步的提升，此时色谱柱需要约 1000 bar 的压力，以达到实际需要的 0.5~1.0 mL/min 流速。这一技术由 Waters 首先提出，并命名为超高效液相色谱（ultra-performance liquid chromatography，UPLC，图 14.8）。现在很多仪器商都提供该技术，并称之为超高压液相色谱（ultrahigh-pressure liquid chromatography，UHPLC）[29,30]。

图 14.8 UPLC 色谱柱

此处色谱柱（右）显示的是色谱柱安装了堵头的状态，与铅笔相比其尺寸更小。这款色谱柱为 Waters BEH C_{18} 反相柱，长 50 mm，内径 2.1 mm，填料粒径 1.7 μm。色谱柱被锁定到应答识别器（左）上，以通过数据系统自动识别色谱柱

大多数的 HPLC 和 UHPLC 的是利用反相（reversed phase）固定相来工作的。采用二氧化硅或氧化铝的经典 LC 是正相色谱。反相色谱体系中，二氧化硅填料的表面涂上了一层有机层，主要为具有各种烷基或芳基末端的硅氧烷类。末端基团决定了固定相表面与分析物分子的相互作用。C_{18} 等典型的长链烷基，与弱极性有机分子结合紧密，而强极性或离子组分会直接流出。像 C_8 这样的短链烷基，对极性低的分析物保留值较小。在反相柱上，离子、强极性亲水化合物能够被水-乙腈（90∶10，体积比）甚至纯水所洗脱。非极性疏水分子则需要使用高比例有机相才能从固定相中洗脱。总的来说，反相色谱法各组分保留时间排序为：非极性 ＞ 极性 ＞ 离子。

尽管 HPLC 和 UHPLC 可以在恒定的溶剂组成，即等度（isocratic）条件下运行，但目前更常见的是通过逐渐增加有机溶剂比例实现低极性组分的洗脱。典型的梯度（gradient）改变了两种溶剂的相对比例（图 14.9）。类似 GC 中的程序升温，LC 的梯度洗脱能够：①缩短分析时间；②维持色谱分辨率水平直到运行结束。

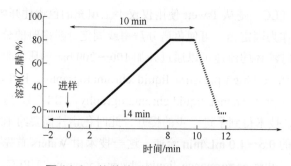

图 14.9 简单的反相 UHPLC 梯度程序

用乙腈∶水 = 20∶80（体积比）的流动相平衡色谱柱 2 min 后进样。流动相比例维持 2 min 后，梯度升至乙腈∶水 = 80∶20（体积比）。数据采集可以在梯度末段的 t_R = 8 min 或终点的 t_R = 10 min 停止

14.1 色谱分析法

HPLC 和 UHPLC 色谱柱需要在柱温箱的恒定温度下运行以保证良好的重现性（图 14.10）。维持在 30～50℃是实际操作中容易实现的。实践中流动相都采用恒流模式，因此柱压力会随着流动相黏度变化而改变。

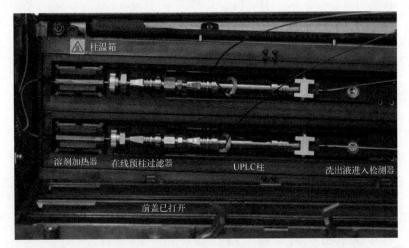

图 14.10 内部安装两根 UPLC 柱的 Waters Acquity 柱温箱

样品溶液首先经过加热器，以确保达到与色谱柱相同的温度，然后经过预过滤器以防止堵塞色谱柱，最后进入 UPLC 柱。当发生泄漏时，柱温箱内的色谱柱室略有倾斜，以便溶剂泄漏时将其导入排液管

从 HPLC 到 UHPLC 传统的 HPLC 到 UHPLC 方法的转换，可以通过药物制剂分离的案例来展示。制剂样品中有一个主要成分（6）和十一个杂质（1～5，7～12，图 14.11）。样品分别用 HPLC 和 UHPLC 进行梯度洗脱分析[29]。传统 HPLC 方法使用 150 mm×4.6 mm 的 C_{18} 柱，填料粒径为 5 μm，流速为 1.0 mL/min，需要 27 min 完成分析。而 UHPLC 方法，使用 BEH C_{18} 柱规格为 50 mm×2.1 mm，粒径为 1.7 μm，流速为 0.6 mL/min，梯度时间缩短到了 3 min。UHPLC 方法进行进一步优化后，流速为 1000 μL/min，运行时间仅 1.6 min 且不会降低分辨率。此外，进样量也从 HPLC 的 20 μL 降低到了 UHPLC 的 1.4 μL。

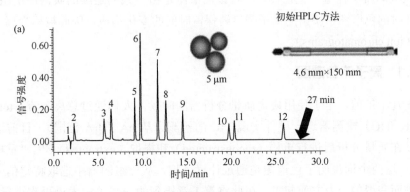

图 14.11

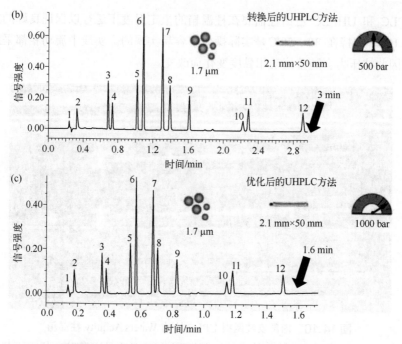

图 14.11 从传统 HPLC 到 UHPLC 的方法转换

(a) 初始 HPLC 方法采用 150 mm×4.6 mm 的 C_{18} 柱，分析时间 27 min；(b) 转换后的 UHPLC 方法，使用的 50 mm×2.1 mm 的 BEH C_{18} 柱，分析时间 3 min；(c) 进一步优化后的 UHPLC 方法，色谱柱未进一步调整，分析时间仅 1.6 min（经许可改编自参考文献[29]。© Springer，2010）

14.2 色谱-质谱联用的概念

气相色谱检测器，如最常用的 FID 检测器，所提供的色谱图表示了色谱柱中洗脱组分的量。质谱则能够为图谱增加一个维度的信息，即各流出组分的质谱信息（图 14.12）。因此用质谱作为色谱检测器时（另参照第 5.4 节和第 5.5 节），也能够像其他检测器一样输出色谱图，同时该色谱图是由一系列连续的质谱图所组成的。由于此时的色谱图由质谱的离子强度随保留时间的变化构成，因此被称为离子流色谱图（ion chromatograms）。

14.2.1 离子流色谱图

在几十年前，早于使用质谱质量分析器的时候，人们通过总离子流（total ion current，TIC）检测器这一硬件实现 TIC 的检测（从 nA 到 μA 范围）。目前这些信息可以在质量分析后进行重构（reconstructed）和提取（extracted）[31]。"重构"和"提取"这两个词说明了色谱图是通过计算过程，从一组图谱中选取特定信号、建立轨迹而获得的。为方便起见，在此将第 1 章提到的一些关键术语再次进行定义：

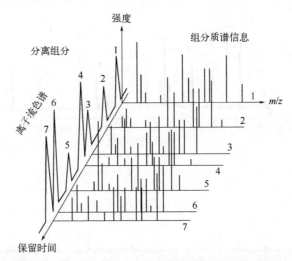

图 14.12 色谱-质谱的三个维度：保留时间、强度和 m/z

从色谱柱洗脱出来的 1～7 化合物都有自己的质谱；质谱在保留时间内任意一点的峰强度之和用于构建离子流色谱图

TIC 反映了总离子强度与分析时间的关系。这里的 TIC 是通过数据缩减（data reduction）获得的[32]，即将每一张质谱图峰强度的总和作为分析中连续获得的数据，得到的图谱称为总离子色谱图（total ion chromatogram，TIC）。所以它是以每一张质谱图所有离子强度的总和，对时间或扫描数作图（图 14.13）。总离子流色谱（total ion current chromatogram，TICC）的概念是通过绘制在一系列质谱中检测到的总离子流，对保留时间作图得到的色谱图，展示混合物色谱分离的组分随保留时间的变化（实际上已用 TIC 表示该概念）。类似名词的合并还包括了重构总离子流（reconstructed total ion current，RTIC）、重构总离子流色谱图（reconstructed total ion current chromatogram，RTICC）和提取离子色谱图（extracted ion chromatogram，EIC，表 14.1）等[33]。

重构离子色谱图（reconstructed ion chromatogram，RIC）是特定 m/z 或特定 m/z 范围的强度对时间或扫描数作图得到的图谱。如今人们用提取离子色谱图（EIC）这一名词来描述从系列检测的质谱图中选择一个或多个 m/z，绘制信号强度-保留时间色谱图。RICs 或 EICs 对于从复杂的 GC-MS 或 LC-MS 数据中鉴别已知 m/z 的目标化合物是非常有效的。换句话说，RIC 实现了目标化合物保留时间的检索。RICs 也可以用来阐明分析（不纯的）样品时，特定 m/z 与质谱图之间的关系。因此，RICs（EICs）通常会提供样品中杂质的有用信息，例如，残留溶剂、增塑剂、润滑剂或合成副产物（附录 A.9）。

最后，基峰色谱图（base peak chromatogram，BPC）是通过系列质谱图中基峰离子信号对保留时间作图得到的色谱图。采用软电离方法时 BPCs 非常有用，因为这时分子离子的质量数和色谱峰之间息息相关。

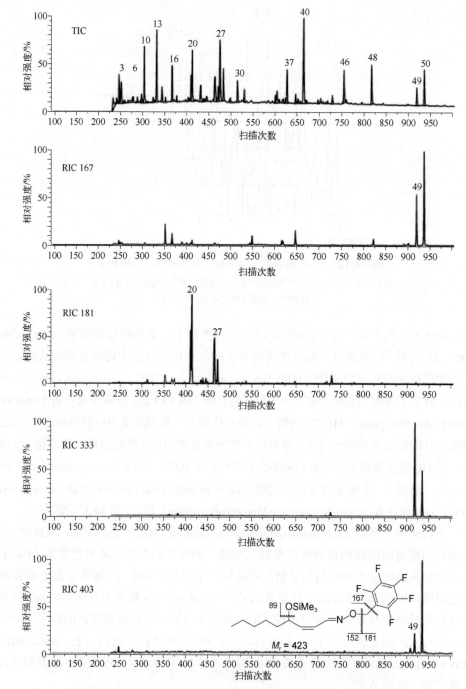

图 14.13 加入 4-HNE 的血浆样品经 GC-EC-MS 分析得到的 TIC 和 RICs 图谱（m/z 167,181,333,403）[38]

色谱峰通常用连续的数字标记，以便评价它们与质谱图的相关性

（4-HNE 衍生物的 EC 色谱图见图 14.14）

14.2 色谱-质谱联用的概念

表 14.1 离子色谱图的类型

缩写	全称	解释
TIC	总离子色谱图	每张质谱图中峰强度的加合对运行时间、保留时间或扫描次数作图；实际使用中可互相替代。TIC 为最简单的形式，也是最为推荐的表述
TICC	总离子流色谱图	
RTIC	重构总离子流	
RTICC	重构总离子流色谱图	
RIC	重构离子色谱图	所选 m/z 的信号强度对应保留时间作图；使用中可相互替代
EIC	提取离子色谱图	
BPC	基峰色谱图	每张质谱图的基峰强度对保留时间或扫描数作图

以时间或扫描次数绘图

TIC 或 RIC 的横坐标可以是时间，即以秒（s）或分（min）为单位，也可以是扫描次数。在进行数据处理的时候扫描次数是非常有用的，而时间更适合和其他色谱-质谱联用数据进行比较。

14.2.2 洗脱期质谱的重复采集

一种广泛应用的色谱-质谱操作模式是在色谱运行时质量分析器在设定 m/z 范围内重复扫描[34-36]。正如前文所述，这就产生了洗脱物色谱和质谱图之间的关联。对 TIC 和 RICs 的正确处理是有效实现色谱峰与目标化合物相对应的关键。

血浆中 4-羟基-2-壬烯醛的检测 4-羟基-2-壬烯醛（4-HNE）是脂质过氧化（LPO）的主要醛类产物，LPO 的产物是氧化压力的指标。为了将 LPO 产物作为生物标志物，开发了一种仅需 50 μL 血浆样品，适用于临床研究中 4-HNE 检测的 GC-MS 方法[37]。为了增加 GC 分离，便于质谱检测，醛基被衍生为五氟苄基-羟基亚胺，羟基则被三甲基硅化[38]。电子捕获（又称电子俘获）模式（EC，第 7.6 节）下获得的 TIC 图谱显示了 50 个色谱峰（图 14.13），其中与目标化合物相关的峰可以很容易地从相应的 RICs 中识别。RICs 所选择的 m/z 值是由纯 4-HNE 衍生物的 EC 质谱图确定的（图 14.14）。其中 m/z 403 的 $[M-HF]^{\cdot}$、m/z 333 的 $[M-HOSiMe_3]^{\cdot}$、m/z 167 的 $[C_6F_5]^{\cdot}$ 均指向 4-HNE，而 m/z 181 的 $[CH_2C_6F_5]$ 则不相关。

若试验是在重复扫描模式下进行的，则 TIC 的每一点都与全质谱图相对应。这要求获得质谱图所用的时间需要比组分洗脱出色谱柱所用的时间短。对毛细管 GC-MS，需要 1 s 左右完成扫描。在该 1 次扫描的速度下，一个 20 min 的分析就会产生 1200 张质谱图。此外，完成一次扫描的时间内流出组分的浓度也可能发生显著变化。这会影响质谱峰的相对强度，即在洗脱流出开始时如正在向高质量数扫描，则高质量数离子的强度偏高；在洗脱结束时，相应扫描则导致高质量数离子强度偏低（图14.14）。扫描的平均（averaging）或积累（accumulation）有助于弥补这种误差，为色谱峰提供帮助。额外的背景扣除可以大大提高最终质谱图的信噪比（第1.6节）[35]。通过这一过程，最终质谱图的数量都会低于实际扫描数量。

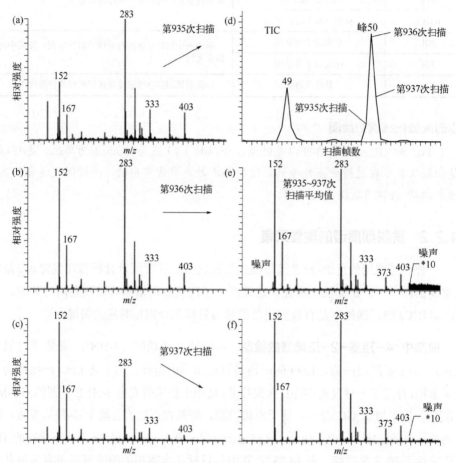

图14.14 血浆样品加入4-HNE测得的TIC图谱（d）及其第50个色谱峰的质谱图 [（a）~（c），（e）~（f）]

（a）~（c）第935、936、937张扫描的质谱图，显示了相对强度的变化；（e）第935~937次扫描的平均质谱图，拉平了信号强度，但保留了噪声；（f）第935~937次扫描的平均质谱图（以第938次扫描为背景进行了扣除），背景扣除后进一步降低了噪声（TIC和RICs的解释见第14.2.1节和图14.13）

背景扣除

适合解析或数据库搜索（第5.9节）的高质量质谱图只能在累积/平均后进行背景扣除来获得。但对于低浓度的成分，背景扣除的作用有限，不能高估。

14.2.3 选择离子监测和靶向分析

质谱仪在重复扫描模式下的操作对混合物中组分的鉴别非常有用。但如果重点考虑定量（quantitation）（下文），选择离子监测（selected ion monitoring，SIM）是首选［有时也用多离子检测（multiple ion detection，MID）或其他名词］。在 SIM 模式下，质谱仪仅记录感兴趣的几个质量数的离子，也就是从一个 m/z 跳到下一个来记录[39-44]。从 SIM 获取的信息与 RIC 相同，但是在 SIM 模式中不记录质谱图。这样对无用的 m/z 范围或噪声的扫描时间降到几乎为零，而对感兴趣离子的检测时间则以 10～100 倍增加（图 14.15）[45]。其检出限也有类似的提升。

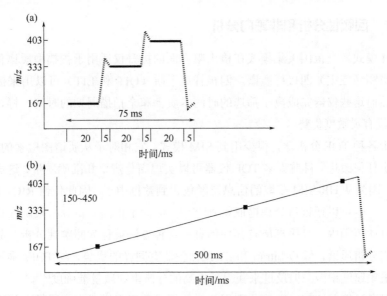

图 14.15 与扫描模式相比 SIM 的优势：(a) 假设 SIM 模式，用 m/z 167、333 和 403 来分析血浆样品中 4-HNE，(b) 在 m/z 150～450 内每 500 ms 扫描一次

相比之下，500 ms 扫描时这三个信号分别仅有大约 1.5 ms 的检测，而时间周期较短的 75 ms SIM 中，稳定时间 5 ms 时，每个信号可以获得 20 ms 的检测（时间轴未按比例显示）

靶向方法

在一次分析中，选择一组 m/z 值单独进行检测的前提是在分析之前对目标分析物能够很好地定义。所以说靶向方法去除了所选范围之外的所有数据，以降低目标化合物的检出限。这也解释了为什么未知化合物会无法被测定。

因为检测的 m/z 值是选择出来的最能代表目标化合物的值，所以 SIM 表现出高选择性。高分辨 SIM（high-resolution SIM，HR-SIM）的选择性可以进一步提高，这是因为 HR-SIM 几乎能够消除等质量数离子的干扰（isobaric interferences）[46-49]。

为了确保在窄峰上精确且无位置漂移，HR-SIM 需要一个或多个锁定质量（lock masses）。只有极少量文献明确提到这点[49,50]。锁定质量的作用是作为准确质量测定中的质量内标参考值（例如，参见第 14.3 节）。

> **一次能检测多少离子？**
>
> 通常每一个 SIM 周期的 20～100 ms 内有 3～10 个 m/z 值被检测。质量分析器从一个数值转换到下一个数值时，需要一些稳定时间，例如，纯电场扫描需 1～2 ms，磁场扫描需 20～50 ms。由于三重四极杆检测器中离子轴向运动速度相对较慢，一个离子切换到下一个离子之前，清空四极杆的时间也需要考虑进去。

14.2.4 回顾性分析和非靶向分析

SIM 模式较全范围采集模式在检出限方面的提升仅适用于扫描型质谱仪像扇形磁场质谱和（三重）四极杆质谱。四极杆离子阱（QIT 和 LIT）可以用来提供 SIM 结果。然而这些仪器完成离子筛选的时间本质上和全扫描周期的时间一样，所以这时 SIM 没有灵敏度优势。

对于各种 TOF 分析器，很少用到 SIM 模式，它相对于从质谱图检索的 RICs 也不能提供任何改进。目前许多 TOF 仪器可以实现高分辨率和准确质量，这提供了一个优势，因为从 HR-SIM 获取的信息已经包含到数据中了。因此任何 RIC，即使 m/z 范围很窄，也可以通过后处理提取得到[51-56]。因此不再需要将分析限制在有限的一组 HR-SIM 范围内，且丢弃所有其他信息。这种方法被称为回顾性分析。其他相对快速的高分辨质谱，像 Orbitrap 和 FT-ICR 仪器有同样的优势，与 TOFs 唯一的不同是图谱采集速度稍慢，但反过来获得了更高的分辨率和质量准确度[54]。

可以通过简单比较一下这些不同仪器的组成和运行模式，来了解在信噪比和一个扫描周期中能够分析的组分数量方面哪种仪器更具优势（图 14.16）。图 14.16 中直线的确切位置视实际质谱仪的情况会有所差异。另外，如果咨询仪器生产商，直线相对位置将根据制造商的观点而改变。

有时，组分可能只有在分析之后才能表现出相关性。例如，在兴奋剂控制、法医以及环境分析领域，回顾性分析为图谱采集时没有考虑的分析物的研究提供了机会，即检索非靶向化合物。

> **非靶向分析**
>
> 在运行时收集尽可能多的数据而不降低灵敏度和选择性的能力使非靶向分析（non-targeted analysis）成为可能。即使标准流程是为了分析一些特定组分而设计的，得到的数据也为复查、发掘最初认为不相关的另一些组分提供了机会。

14.2 色谱-质谱联用的概念

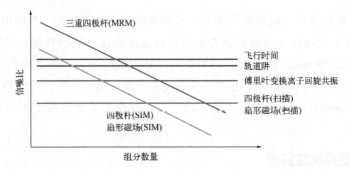

图 14.16 对扫描型质谱仪以 SIM 和 MRM 模式运行,以及非扫描型质谱仪,在信噪比与每个扫描周期分析组分数量之间的定性的对比

废水中的药物残留 药物及其代谢产物被排泄并最终进入废水。LC-HR-TOF-MS 分析废水样品得到的 TIC 大多都显示出严重叠加的色谱峰(图 14.17)[52]。尽管

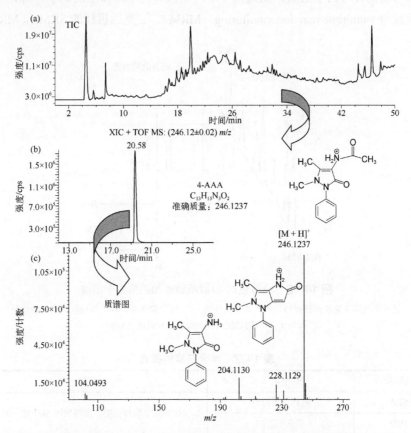

图 14.17 LC-HR-TOF-MS 法检测废水中安乃近的代谢物

(a) TIC 显示出 LC 分析严重的峰叠加;(b) 在 [M+H]$^+$ 的预期 m/z(246.12 ± 0.02),对色谱图进行提取,揭示了目标化合物(简写为 4-AAA)在 20.58 min 被洗脱;(c) 背景扣除之后获得的 4-AAA 的准确质量 TOF 图谱(经许可改编自参考文献[52])。© The American Chemical Society,2007)

通过 TIC 不能确定它是抗风湿药物还是退热药安乃近的代谢物，但应用[M+H]$^+$ m/z （246.12 ± 0.02）这样一个窄质量数范围可以鉴定该化合物的存在。通过识别，其保留时间为 20.58 min，相应的质谱图能够扣除本底后获得。图谱提供了[M+H]$^+$即 [C$_{13}$H$_{16}$N$_3$O$_2$]$^+$在 m/z 246.1237 处的信号以及两个碎片离子信号，碎片的分子式是通过准确质量数确认的。这表明了非靶向分析可以在后处理过程中刻意选择目标分析物。

14.2.5 选择反应监测

串联质谱在色谱-质谱联用上增加了第四个维度，因为它能够选择性地获得图谱，以揭示目标化合物产生的一个特定离子的碎片（图 14.18）。类似 SIM，选择反应监测（selected reaction monitoring，SRM，表 14.2）的方法在用于分析之前，需要寻找有用的碎片离子通道。如果在一个周期内有两个及以上的离子碎片，则称为多反应监测（multiple reaction monitoring，MRM）。三重四极杆的 SRM 和 MRM 模

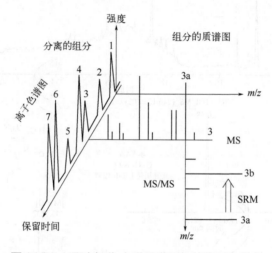

图 14.18 通过色谱-串联质谱添加的第四个维度

选择化合物 3 来说明选择碎片离子监测的效果。以 3a 为前体离子时，如果仅检测一种特征产物离子 3b，则该模式称为选择反应监测（SRM）

表 14.2 非全扫描的模式

缩写	全称	解释
SIM	选择离子监测	在实践中都有使用，推荐使用 SIM 这一名词
MID	多离子监测	
HR-SIM	高分辨选择离子监测	可以避免等质量数离子的干扰
SRM	选择反应监测	串联模式下的 SIM
MRM	多反应监测	每个周期检测多个反应

式最常见，因为它具备直接串联质谱、m/z 快速切换、高线性动态范围（$10^4 \sim 10^5$）的特点。（MRM 和 SRM 的例子在第 14.6 节和第 14.8 节中分别给出。另一个四维分析过程在第 14.4.6 节讨论。）

LC-APCI 分析多溴二苯醚 羟基化和甲氧基化的多溴二苯基醚已经从多种简单生物，如藻类、海绵和细菌中分离出来[37]。这些化合物可以通过液相色谱和负离子 APCI 联用实现分离分析。酚类化合物可以通过去质子化，形成[M-H]⁻。为了获得更高的专属性，化合物不通过全扫描来检测，而是通过扫描其 Br⁻ 碎片离子对应的前体离子来检测（图 14.19）。由于多溴二苯醚类显然是这些提取物中唯一的溴代化合物，二苯醚类母离子[M-H]⁻及其产生的 Br⁻ 碎片离子都能够高度专属地识别多溴二苯醚类。二甲醚类似物则表现出不同的特征，可能是因为负分子离子解离，所以产生[M-Br+O]⁻和[M-CH₃]⁻的特征。溴的存在导致清晰可见的同位素特征。

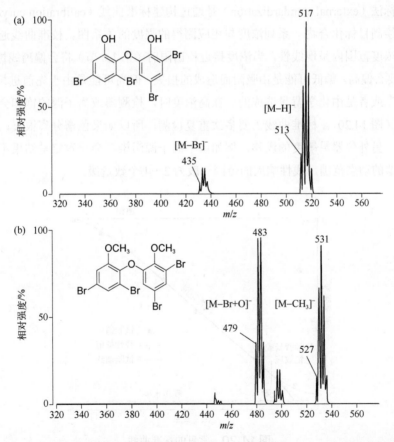

图 14.19 负离子 Br⁻ 前体离子扫描 APCI 质谱图：（a）羟基化和（b）甲氧基化的四溴二苯醚四个溴原子通过相应的同位素特征鉴定。标记指向相应的单一同位素离子的峰
（经许可改编自参考文献[57]。© Springer，2012）

14.3 定量分析

每种离子化方法的离子化效率都是化合物依赖的（第2.3节）。一个特定的化合物相对于其他化合物是更容易离子化还是被抑制，在很大程度上取决于将离子传输到质量分析器之前所采用的离子化操作。需要根据仪器对于样品浓度的响应来进行详细的校准，从而获得准确的定量[5,7,58]。虽然相对信号强度非常适合定性分析，即化合物表征，但在定量分析中最好使用绝对强度。下文给出了通过质谱进行定量分析的基本注意事项[59-62]。对于质谱定量分析所涉及各方面感兴趣的读者，强烈推荐参考 Boyd、Basic 和 Bethem 的书[58]。

14.3.1 外标法定量

外标法（external standardization）是通过构建标准曲线（calibration curve）获得的，即绘制目标化合物一系列浓度与相应测得的强度的关系图。校准曲线通常在一个宽的浓度范围内呈现线性，当浓度接近检出限时（第1.6节）将会偏离线性，要么偏低，要么偏高。偏低可能是由吸附而造成的损失，偏高可能是由于先前进样的"记忆效应"或者是由化学背景造成的。在高浓度时，检测器或离子源的饱和会产生一个上限（图14.20）。标准曲线需要多次重复检测，所以如果色谱分离很慢，将会非常耗时。另外仪器灵敏度的漂移，例如由于离子源污染，会导致定量结果不准确。根据仪器的动态范围，线性响应的范围一般为2~4个数量级。

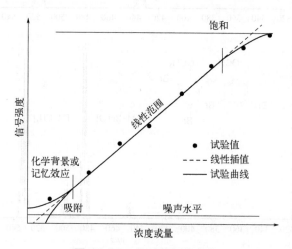

图 14.20 常见的标准曲线

线性范围的上限由饱和响应决定，下限由记忆效应、化学背景或吸附决定，此外噪声水平对检出限也有影响

14.3 定量分析

> **检出限与定量限**
>
> 在标准曲线的实际操作中，应按浓度递增的顺序进行 4~5 个对照的测定。对照浓度最好从远高于检出限到接近饱和，且各对照在一个序列中完成，以获得标准曲线的数据。外推计算所覆盖范围之外的浓度必须严格避免。同时一个化合物的定量限（limit of quantitation，LOQ）浓度都会比检出限（limit of detection，LOD）高。

14.3.2 内标法定量

内标法（internal standardization）规避了仪器响应的时间-波动影响，但是无法弥补分析物和标准品具有不同的离子化效率的问题。内标法是将离子化效率和保留时间相近的化合物，以已知浓度的水平添加到样品中，例如具有相近保留时间的分析物异构体或同系物。

重要的是需要在进行任何纯化步骤之前加入内标物，从而避免改变分析物的浓度与对照浓度的变化不一致。为获得可靠的结果，分析物和标准品的相对浓度一般相差不超过十倍。

14.3.3 同位素稀释法定量

实际上仅同位素组成异构体化合物之间显示完全相同的离子化效率。由于同位素化合物的质量与未标记的目标化合物不同，因此可以将已知浓度的同位素化合物添加到样品中，作为一种特殊的内标物，这被称作"同位素稀释法"（isotope dilution）[63]。然后由 RICs、SIM 或 MRM 得到目标化合物和同位素标记的对照品的峰强度比值，该比值即为目标化合物与同位素标记内标物的浓度比。由于在分析前添加的对照品的绝对浓度是已知的，因此可以计算出目标化合物的浓度。

药物代谢　采用 LC-ESI-MS，内标法定量分析肝脏中的候选药物（M）及其代谢物（M'）时，可用各化合物的三氘代物为内标物（图 14.21）[64]。在该条件下，各分析物及其同位素内标物从 LC 色谱柱上的共洗脱不影响分析，同时 TIC 图谱不具备特异性也不影响。如果出于灵敏度的需要，也可以用 RICs 确定 m/z 值然后用 SIM 模式分析。

SIM 的时间窗口　在 SIM 模式下可以被监测的 m/z 的数量是有限的。在 HR-SIM 模式必须加入几个锁定质量时，监测 m/z 的数量的限制会更加严格。因此通常会分别在几个时间窗口对不同的几个 SIM 通道进行监测，从而实现在色谱分离过程中实现一系列 SIM 通道的监测。对城市生活垃圾焚烧飞灰中 ppb（1 ppb = 10^{-9}）至 ppm 浓度水平的卤代二苯并二噁英进行定量分析时，就需要这样的方法（图 14.22）[48]。已经实现了外标法分析 $BrCl_3$-取代物和内标法分析 Cl_4-取代物的组合方法。

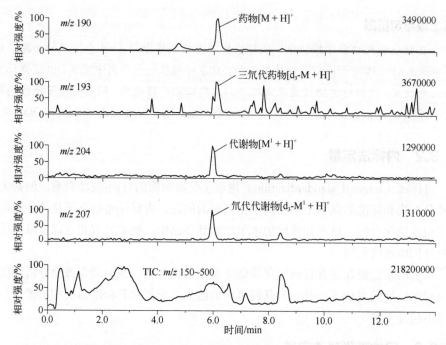

图 14.21 LC-ESI-MS 法定量分析药物的 RICs 和 TIC 图谱

m/z 190 为药物的[M+H]$^+$，m/z 204 为代谢物的[M'+H]$^+$。用三氘代对照品，同位素稀释法定量。每个质量通道图谱右上角的数字给出了它们的绝对强度值（经许可转载自参考文献[64]。© Elsevier Science，2001）

获取同位素标记的对照品

由于同位素稀释法的广泛需求，^{2}H-(D)和^{13}C 标记的对照品已实现商品化[65]，并在多个领域都有应用场景。通常将甲基交换为三氘代甲基，这样就可以很好地避免与目标物的同位素峰叠加。同样需要注意的是，不要选择化合物中的酸性氢交换成氘。内标物的其他要求对同位素标记的对照品同样适用。

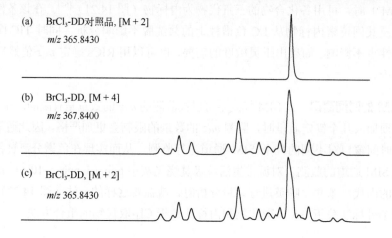

14.4 气相色谱-质谱联用

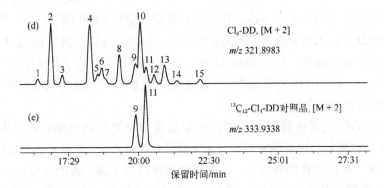

图 14.22 HR-SIM 定量分析 BrCl$_3$-二苯并二噁英和 Cl$_4$-二苯并二噁英

为 Cl$_4$-取代物的定量添加了 $^{13}C_{12}$ 标记内标（经许可改编自参考文献[48]。© The American Chemical Society，1991）

14.3.4 同位素组成异构体化合物的保留时间

同位素组成异构体化合物在色谱中的保留时可能有所差异。例如氘代化合物在色谱柱上的保留时间通常比未标记的同位素组成异构体化合物稍短一些。通常这种保留差异小于相应色谱峰的峰宽，但仍有可能足够显著，以至于需要在不同的时间窗口记录（图 14.23）。

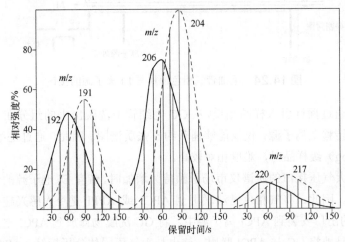

图 14.23 三组峰对比显示[D$_7$]葡萄糖的保留时间比葡萄糖的保留时间短

采用 SE30 GC 柱测定（经许可转载自参考文献[40]。© The American Chemical Society，1966）

14.4 气相色谱-质谱联用

14.4.1 GC-MS 接口

毛细管气相色谱仪的出现对 GC-MS 的进一步发展产生了重大影响[66-70]。毛细管柱的载气流速大约为 1 mL/min，因此可以直接连接到 EI 和 CI 离子源[71,72]。尽管由于连续的载气流入会导致离子源内压力增高，但仍可维持在满足 EI 条件的水平。足够的真空泵抽气速率（大约 200 s^{-1}）可以将离子源外壳中的压力保持在 10^{-5} mbar以下。氦气是 GC-EI-MS 的首选载气。如果要使用 CI，可以使用氢气和甲烷代替，因为它们可以同时用作试剂气。

为了将 GC 色谱柱接到离子源，用加热的玻璃管线将毛细管柱导入离子源（图 14.24）。玻璃管通过石墨密封圈与大气隔绝以保持真空，这是 GC 毛细管柱离开柱箱的位置。在玻璃管的引导下，毛细管柱的出口位于离子源的入口。大部分 EI 和 CI 离子源都会有经过设计的专用入口而不是直接导入（第 5.2 节）。因此，现代的 GC-MS 接口基本由一条加热的玻璃管线桥接 GC 柱箱和离子源之间的距离（大约 30 cm）。该接口的温度需要高于 GC 分离的最高温度或在色谱柱的最高使用温度（200～350℃）下运行。较低的传输管线温度会导致组分在色谱柱末端的凝结。

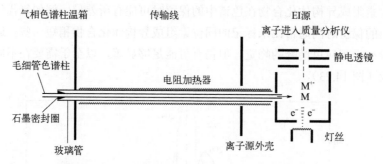

图 14.24 毛细管气相色谱柱与 EI 离子源的接口

与直接通过探针引入样品相反，从 GC 毛细管中洗脱出来的组分在一个很短的时间内定量转移至离子源，仅仅能够捕获约 5 张质谱图。因此，通过毛细管 GC-MS 鉴定皮克（pg）级样品时，难度相对较高。

当带有大气压接口的质谱仪市场份额持续增加时，带有 EI 电子源的仪器所占比例正在减少。因此，将气相色谱法联用至 APCI 或 APPI 是令人感兴趣的设计。将 GC 色谱柱的出口安装到 APCI 离子源中，将 GC 洗脱物释放到 APCI 电离区。这样的方式很容易地将 GC 与 APCI 联用，这也与大气压固体分析探针（ASAP）的模式相同（第 13.7 节）[73-75]。近年来，GC-APCI 及其相关技术得到了广泛的应用[76]。

14.4.2 挥发性和衍生化

气相色谱法要求分析物具有一定程度的挥发性和热稳定性。虽然柱温箱温度较低，但进样口和质谱离子源的接口始终处于高温。为了让分析物满足这些需求，衍生化（derivatization）是一个很好的方法[77,78]。最常见的衍生化包括甲硅烷基化、乙酰化、甲基化和氟代烷基化。例如，当衍生化将 XH 基团转变为 XSiR$_3$、XC(=O)Me、

XMe 或 XCOCF₃ 基团时，分子的极性大大降低。这样就会使衍生化后的物质挥发性得到提高，虽然其分子量会增加。衍生化也可以抑制热降解，例如衍生化可以保护醇免于受热时脱水。此外，氟代烷基和氟代芳基对提高 EC-MS 的检出限非常有效[38,79,80]。John Halket 有一系列完整的综述，涵盖了各种不同的衍生物以及其在质谱中的应用[81-88]。

衍生化还可以通过引入官能团，实现离子以特定方式裂解[89]。例如衍生引入的基团发生 α-裂解。以这样的方式，通过脂肪酸 3-甲基吡啶衍生物可以鉴定脂肪酸的双键位置。因为衍生化带来的电荷大大降低了双键的重排，可以通过裂解碎片判断双键位置。第 6.5.2 节中还介绍了另一种确定双键位置的方法——采用二甲基二硫醚加合物的方法。

14.4.3 柱流失

GC 色谱柱的温度升高虽然有助于洗脱低挥发性组分，但还会使毛细管内壁的固定液缓慢释放而损失。即使化学键合的液相在高温下也会由于缓慢的热降解而显示出这种柱流失。柱流失的一个特征是它会随着 GC 柱温箱温度的升高而持续加剧，而在系统冷却时，柱流失则会减弱。当然，在质谱中观察到的柱流失的峰取决于所使用的 GC 毛细管的固定液。当使用常用的甲基-苯基-硅氧烷作为固定液时，会在 m/z 73、147、207、281、355、429 等处观察到大量离子。这一系列的峰以 $\Delta(m/z) = 74$（OSiMe₂）的质量数间距排列，并表现出硅同位素的特征。幸运的是，柱流失很容易被识别并且可以通过背景扣除而消除。隔垫流失和硅脂也会产生类似的背景离子[7,90]（图式 14.1）。

图式 14.1

扣除柱流失 采用 GC-EI-MS 法，以 30 m HP-5 毛细管柱分析未知混合物时，TIC 图谱在保留时间 32.6 min 显示一个小色谱峰（图 14.25），同时柱材料的连续洗脱导致色谱图基线较高。提取 GC 出峰时的质谱图，即 2045 号扫描图，可以看到该图谱主要显示色谱柱流失的背景离子。对第 2068~2082 次扫描图进行平均，这一情况更加严重，图谱仅能看到柱流失的信号。覆盖该色谱峰的所有扫描平均，并扣除背景〔(2035～2052)～(2013～2020)〕后,虽然仍有一些背景峰值,但可以提供合理的质谱图。

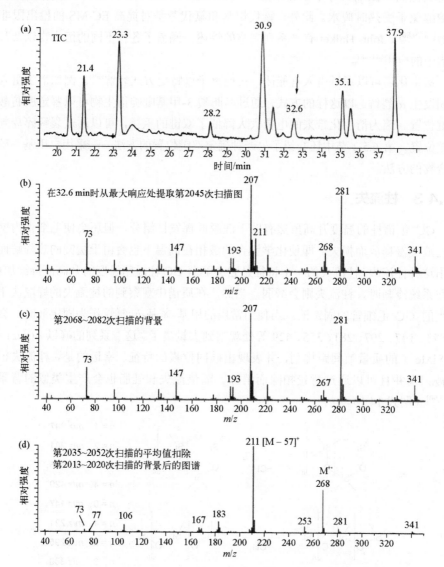

图14.25 从未知混合物的 GC-MS 图中用背景扣除来消除柱流失的峰

(a) TIC(部分);(b) 32.6 min 在色谱峰最大响应处获得的单次扫描质谱图;(c) GC 峰之间的扫描反映了柱流失(参考图式 14.1);(d) 扫描平均并扣除背景后的质谱图

14.4.4 快速 GC-MS

对于重要高通量的样品,快速 GC-MS(fast GC-MS)可以为混合物分析提供一个节省时间的模式[91-93]。这种 GC 分离速度的加快是用短的细径色谱柱(2～5 m×

50 μm）替换标准尺寸的毛细管柱（20～60 m×0.25～0.53 mm），并采用足够的压力（8～10 bar）和快速加热（50～200℃/min）。这可以将传统 30 min 的分析时间压缩到 3 min 甚至更短。然而，在快速 GC 中，洗脱峰的谱峰半高宽太窄，无法在四极杆或扇形磁场区等质量分析器上进行扫描。在快速 GC-MS 中，通常使用 oaTOF（第 4.2.8 节），因为它每秒可以获取约 100 张质谱图。此外，oaTOF 的高占空比抵消了重复扫描和 SIM 分析之间的灵敏度差异。采用较低扫描速度时，一些先进的 oaTOF 甚至能实现精密质量的准确测定。

14.4.5 多路复用增加通量

即使在快速 GC 操作中，毛细管柱的容量也没有得到充分利用，因为随着分离的进行，组分在柱上的区域之间出现间隙是不可避免的。Hadamard 变换 GC 可以用于改善 GC 分离的占空比（第 4.2.10 节）。该方法在前一次进样的所有组分离开色谱柱之前就进行了下一次进样。与常规的色谱图相比，该色谱图由几个在时间上叠加的色谱图组成。Hadamard 变换进行数学反卷积的关键是根据 n 位伪随机序列，由多路复用（multiplexing）进样器快速而精确地注入样品（图 14.26）[94,95]。这些伪随机进样进一步分为不同浓度的子集，这些子集以后可用于时间间隔重复进样的控制。这样，计算机控制的进样序列与检测器输出结果的 Hadamard 变换相结合，可以在提供所有组分的浓度的同时提高样品通量。使用多路复用进样器，每小时最多可进行 3000 次进样，实现色谱仪 50%占空比。

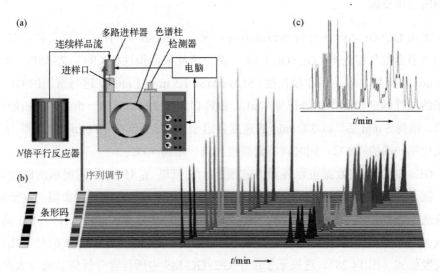

图 14.26 高通量多路复用气相色谱

（a）用于分析 N 倍平行反应器产物分析的实验装置，根据 n 位双伪随机序列，多路复用进样器通过短压力脉冲（1～5 ms）将样品加载至色谱柱；（b）按照 n 位序列的条形码重复进样，获得的短时间间隔色谱图；（c）卷积色谱图，是（b）中所示色谱图的总和（经许转载自参考文献[95]。© Wiley-VCH, 2007）

> **多路复用意味着同时运行**
>
> 多路复用是指使用一个分离设备同时处理多个样品。为了提高设备的占空比，多路复用需要对检测器输出的数据进行复杂的数学去卷积。相应的多路复用色谱系统用一个简单的交替模式，将一个检测器用于多个并行色谱图（第 14.4.2 节）。多路复用系统使用高速检测并且基于这样的假设：检测器连接到进样间隔之间的其他分析时，不会丢失重要信息。

14.4.6 复杂的 GC-MS 联用

GC×GC 类似于串联质谱，增加了分析的维度（第 14.1.9 节）。GC-MS/MS 和 GC×GC-MS 两者互补，因为它们都提供了四维的分析，分别侧重于增强质谱分析和分离。GC×GC-MS 所需的极高图谱采集频率导致无法实现 GC×GC-MS/MS。同样因为 GC×GC-MS 所需要非常快的质量分析器，所以 GC×GC-MS 通常采用 TOF。其他经过优化具备高质谱采集速度的仪器也可用于 GC×GC-MS，例如 LECO Pegasus 4D 系列。

轮胎回收的热裂解产物 废轮胎的热裂解是一种很有前途的回收技术，可产生热裂解液、炭黑和钢铁[96-98]。这些热裂解液是有机化合物的复杂混合物，是类似于原油的宝贵资源。

采用 GC×GC-MS 法分析热裂解液时，采用 Pegasus 4D TOF 质谱仪和带有液氮低温调节器的气相色谱。GC×GC 的第一维色谱柱采用极性柱（Rxi-17SilMS，30 m×0.25 mm），而第二维使用非极性柱（SLB-5MS，1.5 m×0.1 mm），这与常用的 GC×GC 柱子的极性顺序相反[98]。进样量 1 μL，进样口温度 280℃。第一维 GC 的初始柱温 35℃，维持 5 min 后，以 3℃/min 的速度升温至 300℃并维持 10 min。第二维 GC 的柱温比第一维的高 5℃，同时调节器温度比第一维高 40℃。

GC×GC-MS 的数据可以各种方式展示。它可以 ^2t_R 对 ^1t_R 作图展示洗脱物峰面积，揭示化合物类型（图 14.27），当然，其中需要针对每种化合物类型的离子特异性来适当选择。此外通过选择 m/z 55、67、79、81、83、91、105、119、133 离子，并放大到第一维保留时间 1600 s 以下时，数据可以展现 $r + d = 1\sim4$ 的烃类化合物的洗脱模式（图 14.28）。这展示了单个 GC×GC-MS 中所包含分析信息的巨大深度。它还表明需要以选择性方式检查数据，例如通过化合物类别、$r + d$ 水平，或者其他方面。

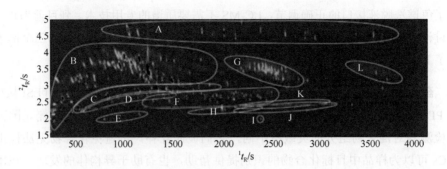

图14.27 来自轮胎的热裂解液中所有化合物的洗脱模式

A—烷烃；B—环烃；C—单环芳烃；D—噻吩；E—环烷酮；F—苯乙烯、吲哚烷和茚；G—未识别的化合物；H—酚类；I—苯并噻唑；J—苯丙噻吩；K—多环芳烃；L—未识别的化合物(经许可转载自参考文献[98])。© Elsevier，2015)

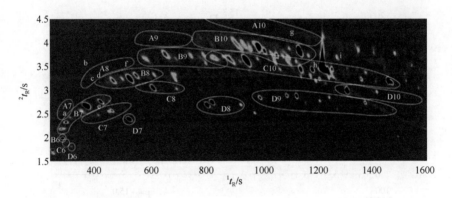

图14.28 烃类化合物洗脱的放大图，$r + d = 1 \sim 4$

这些字母表示 $r + d$ 的数值（A—1，B—2，C—3，D—4），数字表示碳原子数。该图基于 m/z 55、67、79、81、83、91、105、119、133 的离子。对照品的位置由小写字母表示（a—甲基环己烷；b—辛烷；c—1-辛烯；d—3-辛烯；e—1-甲基环己烯；f—乙基环己烷；g—丁基环己烷；h—柠檬烯；i—反式十氢萘）(经许可转载自参考文献[98]。© Elsevier，2015)

14.5 液相色谱–质谱联用技术

液相色谱（第 14.1.10 节）和质谱的联用不仅推动了各种各样的接口的发展，也促进了新的电离方法的发展（第 7.8 节和第 12 章）[8-10,99-102]。ESI、APCI 或 APPI 都适用于 LC-MS，其选择依据样品的分子质量、极性等性质（第 12.7 节）。

如今，LC-MS 中 LC 是指高效液相色谱（HPLC）或超高效液相色谱（UPLC）。对于非常低的样品量，纳升 LC（nanoLC），例如毛细管 LC，可直接连至纳升 ESI（nanoESI）接口。

在分析实践中 LC-MS 扮演着重要的角色，这可以通过它的大量应用来证实[8,58,103,104]。

除了色谱洗脱液接口的正确调节，LC-MS 不需要质谱的专用技术。到目前为止，本章讨论的所有扫描和离子监测技术都同样适用于 LC-MS 分析。下面的三个例子展示了 LC-MS 和 LC-MS/MS 的代表性应用。

药物制剂中的杂质　如果 LC 洗脱液分流至电二极管阵列（PDA）和 ESI 接口，或 PDA 串联在 ESI 的接口之前，就可以实现 PDA 和 ESI-TOF 同时检测。因为两种检测器对混合物组分的灵敏度不同，它们彼此互补，可避免化合物无法检出。RICs 可以为样品中目标化合物的识别提供帮助，也有助于异构体的发现。在本实例中利用 RICs 识别未知杂质。准确质量测定为鉴定未知物提供了帮助，例如 $[M+H]^+$ 被确定为 $[C_{20}H_{21}N_{10}]^+$。5 ppm 的误差对于当时的 oaTOF 仪器来说已经是完美的（图 14.29）[64]。

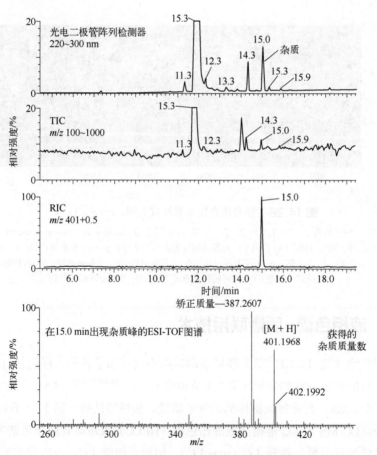

图 14.29　从上至下依次为：光电二极管阵列检测器得到的液相色谱图，LC-ESI-MS 得到的 TIC 和 RIC（m/z 401）图谱，和基于单点内部质量校准得到的未知杂质的精密质量质谱图

（经许可改编自参考文献[64]。© Elsevier Science，2001）

污水中的非法毒品 开发了同时测定污水中 16 种非法毒品及其代谢物的 LC-ESI-MS/MS 方法[105]。该方法基于各化合物的串联质谱图，建立 MRM 方法，以各化合物特征的质量数通道进行检测（图 14.30）。米兰（意大利）和卢加诺（瑞士）的污水处理厂检出了可卡因、安非他明、吗啡和 11-nor-9-羧基-Δ^9-四氢大麻酚。通过加入氘代内标物实现了它们的定量测定。可卡因的定量范围是 $0.2\sim1$ ng/L，11-nor-9-羧基-Δ^9-四氢大麻酚的定量范围是 $60\sim90$ ng/L。表明非法毒品是普遍存在的污染物，与呈现环境风险的药物一起排放到环境中。除此之外，污水中非法毒品的浓度反映了当地人群的非法药物滥用情况。

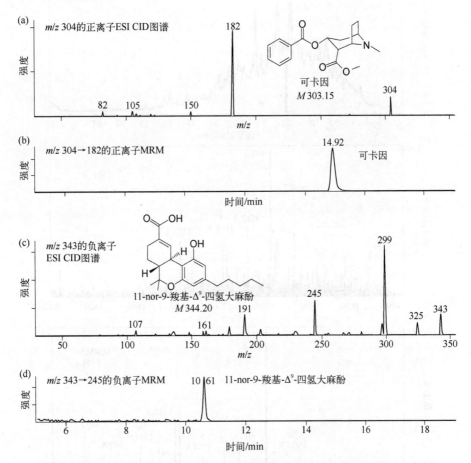

图 14.30 采用 LC-MS/MS、MRM 分析污水中的非法毒品分析的两个实例

(a) 可卡因[M+H]⁺的正离子 ESI CID 图谱及 (b) 相应的 MRM 图谱；(c) 11-nor-9-羧基-Δ^9-四氢大麻酚 [M+H]⁻的负离子 ESI CID 图谱及 (d) 相应的 MRM 图谱（经许可改编自参考文献[105]。© The American Chemical Society, 2006）

生物样品中多肽的鉴定 结直肠癌细胞裂解后，蛋白质部分经 2D 凝胶电泳分析。胃肠道特异性 A33 抗原的分子质量预计在 $40\sim45$ kDa 范围内。将相应条带的 2D

凝胶切下，并且对其中的蛋白质进行胰蛋白酶酶解。以毛细管柱（150 mm×0.2 mm，C_8 反相柱）HPLC-ESI-MS 分析胰酶酶解产物，得到复杂且未分离的 TIC 图谱（图 14.31）。保留时间 25.20 min 的质谱图显示多个质子化肽段的信号，需要通过质谱测序进行鉴定。其中 m/z 1198.4 的 $[M+2H]^{2+}$，通过 SEQUEST 数据库鉴定为 A33 抗原的肽段 YNILNQEQPLAQPASGQPVSLK。

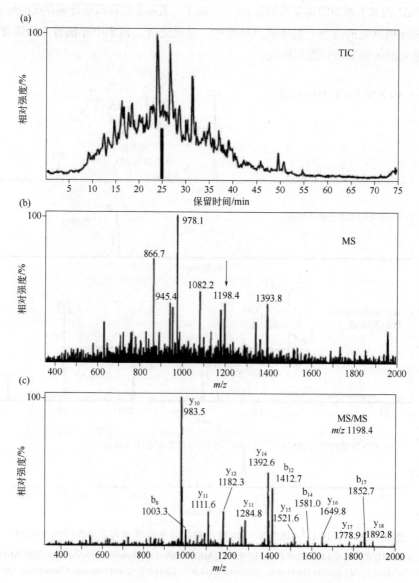

图 14.31 毛细管柱 HPLC-ESI-MS/MS 分析胰蛋白酶酶解样品

（a）未分离的 TIC 图；（b）保留时间 25.20 min 处的质谱图和（c）m/z 1198.4 的 $[M+2H]^{2+}$ 的 CID 图谱，鉴定为 A33 抗原的肽段（经许可改编自参考文献[106]。© Wiley-VCH, Weinheim, 2000）

14.6 离子淌度质谱法

离子淌度（又称离子迁移谱，ion mobility spectrometry，IMS）展示了一种根据碰撞横截面积在电场中分离气态离子的有效方法。从工作原理角度来看，IMS 可以被视为气相的电泳。因为 IMS 是通常与质谱联用的分离方法，因此 IMS-MS 完全可以和 GC-MS 以及 LC-MS 一样使用。但 IMS 与 GC 和 LC 又有差异，因为 IMS 的仪器使用强烈依赖于质量分析器的特征。因此在仪器部分已讨论 IMS-MS 系统（第 4.10 节）[107,108]。

在过去的十年中，IMS-MS 仪器已经从定制化变为商业化的仪器。该发展始于 Waters Synapt 系列，现在已经是 Synapt G2-Si。Agilent（离子淌度 Q-TOF）和 Bruker（timsTOF）都推出了这一类型的仪器。Waters 也提供了第二种型号——Vion IMS-Q-TOF。虽然 Synapt G2-Si 在 IMS 之前提供了四极杆以选择离子，但后面出现的三种仪器都采用 IMS-Q-TOF 的结构。Bruker 的 timsTOF 与 Waters Vion IMS-Q-TOF 和 Agilent Ion Mobility Q-TOF 的不同之处在于，它采用的是新的捕集离子淌度（trapped ion mobility spectrometry，TIMS）的技术[109]。这种技术不但为 IMS 采用了紧凑而有效的设计，而且避免了对额外气体供应的需要。在离子漏斗上，利用残余气流反吹来实现离子淌度分离。TIMS 还可以用于 FT-ICR 质量分析器[110]。

> **TIMS 还是 TIMS？**
>
> 然而，首字母缩略词 TIMS 不是明确的。TIMS 曾专指热电离质谱（thermal ionization mass spectrometry）（第 15.2 节），现在还可以指捕集离子淌度质谱（trapped ion mobility spectrometry）。

IMS-MS 纯粹的仪器教学方法补充在第 4.10 节，这一部分呈现了三个选定的应用。IMS-MS 可以用于：①区分复合化合物种类；②区分异构体；③分离同一分子物种的不同电荷状态；④对于同一离子，区分不同的气态构象[107,111]；⑤当惰性漂移气中加入手性改性剂时，分离手性化合物[112,113]。

通过 TIMS-MS 进行异构体识别 采用捕集离子淌度质谱（TIMS-MS），分离羟基四溴联苯醚（OH-BDE）的五种同分异构体。异构体的[M–H]⁻由负离子 ESI 方式得到[114]。当选择两个或三个混合物进样时，TIMS 可实现基线分离，分辨率达到 400（图 14.32）。异构体的碰撞截面（CCS）在 194.5～197.2 Å² 之间。

通过 IMS-MS 对生物分子分类 带单电荷的生物学上很重要的分子类别（96 个寡核苷酸、192 个糖类、610 个肽和 53 个脂质）由 MALDI 离子化并进行 IMS 分析。

将得到的数据作图，即令它们的碰撞横截面积对 m/z 作图，可以计算每个类型化合物的平均截面面积与 m/z 的差异。图 14.33 显示了模型混合物（每一类别大约十几个化合物，分子量最高 1500）的 MALDI-IMS-MS 构象图[111]。虚线对应于每个类型分子的构象回归曲线。离子有一些裂解导致了图中左上角星号附近的信号。

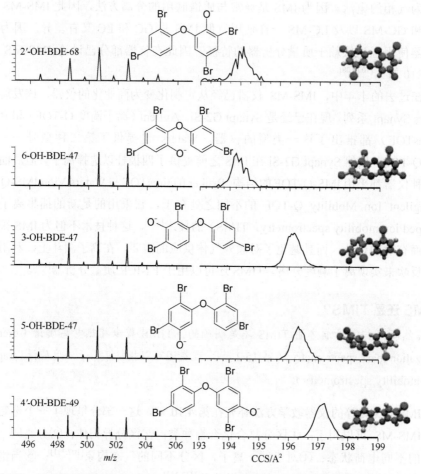

图 14.32　五种羟基四溴联苯醚（OH-BDE）同分异构体的[M−H]⁻质谱图的对比（左），捕集离子淌度质谱图（中），IMS 数据和计算的空间结构之间的相关性（右）

（经许可转载自参考文献[114]。© Springer，2016）

IMS-MS 分离手性化合物　如果手性改性剂与惰性氮气漂移气体混合，则氨基酸和其他手性小分子可以通过 IMS-MS 分离（图 14.34）[112]。为了分离 L-色氨酸和 D-色氨酸，以 10 ppm（10 μg/g）的 (S)-(+)-2-丁醇作为手性改性剂。氨基酸旋光异构体采用手性 IMS 分析时，对映体间的漂移时间差异足够大，可以显示两个峰。

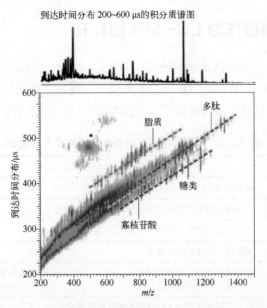

图 14.33 基于生物分子模型混合物的 MALDI-IMS-MS 空间构象图

虚线表示每个类型分子的空间构象出现的位置,星号附近的信号来自离子 IM 后产生的碎片离子信号(经许可转载自参考文献[111]。© Springer,2009)

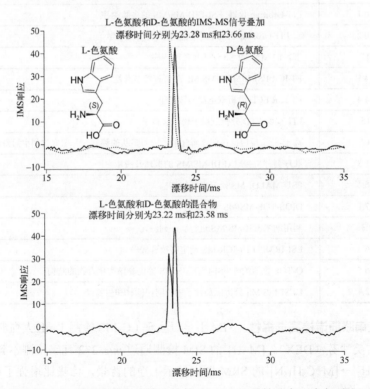

图 14.34 以 (S)-(+)-2-丁醇为载气手性改性剂,IMS-MS 手性分离 L-色氨酸和 D-色氨酸

14.7 串联质谱作为 LC-MS 的补充

第 9 章中讨论过串联质谱法的原理,并且这本书中已经显示了串联质谱的许多不同用途(表 14.3)。本章将会介绍更多实例,以展示串联质谱如何利用增加的第四个分析维度,实现更高的选择性[115]、更简洁的前处理或更快速的分析。

表 14.3 整本书中提及的串联质谱方法和质谱图

章节	串联质谱方法
2.9.3	MIKES 测定 H/D 同位素效应影响的胺分子离子
9.3.2	扇形磁场质谱仪测定甲苯分子离子的 CID 图谱
9.4	非共价蛋白质复合物的 SID 和 CID 图谱
9.5.1	多肽的 MALDI-PSD 图谱
9.6.5	使用扇形磁场区的串联质谱;示例:采用 B^2E = 常数的联动扫描,以[D_3]咖啡因为内标物,测定咖啡因含量
9.6.6	扇形磁场质谱 CID-FAB-MS/MS 的多肽测序
9.8	四极离子阱串联质谱,示例:用 LC-MS^4 ESI-MS 多肽测序,鉴定环肽
9.9.1	QqLIT 仪器 MS^4 解析药物结构
9.10.1	LIT-Orbitrap 仪器 ESI-CID-MS/MS 的多肽测序
9.10.2	双 LIT-Orbitrap 并行化串联质谱的蛋白质组学
9.11	寡糖的 MALDI-Sori-FT-ICR 法测序
9.14.1	FT-ICR ESI-IRMPD-MS/MS 分析神经节苷脂
9.14.4	FT-ICR ECD 分析双电荷多肽离子
9.15	LIT 仪器 ETD 分析三质子化多肽离子
9.17	离子-分子反应:在催化研究中,阐明多肽的裂解,并研究气相中短寿命物种
11.6.3	肽序列分析;MALDI-MS/MS 的机理及应用
11.6.4	PSD-MALDI-MS 研究糖类的结构
11.7.1	DIOS-TOF-MS/MS 多肽测序
12.3	利用纳米 ESI-MS/MS 进行肽序列测定
12.6.4	ESI-IRMPD-FT-ICR-MS 测定寡核苷酸序列
12.6.5	Q-TOF 仪器纳升 ESI-CID-MS/MS 鉴定非糖类化合物的结构
13.2.4	DESI-MS/MS 分析颠茄种子中的阿司匹林和生物碱

通过串联质谱提高选择性 SIM 不足以实现 LC-MS 检测 1 mL 人血浆中添加的 100 pg 右美沙芬(DEX)。[M+H]$^+$ 的 SIM 检测通道 m/z 272 几乎检测不到信号,而利用[M+H]$^+$→[M−C$_8$H$_{15}$N]$^+$ 的 SRM 图谱显示干净的背景,信噪比增强了超过 50 倍(图 14.35)[64]。

14.7 串联质谱作为 LC-MS 的补充

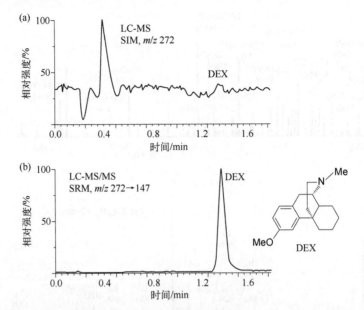

图 14.35 SIM 与 SRM 测定右美沙芬的结果比较：(a) LC-SIM 和 (b) LC-SRM
（经许可转载自参考文献[64]。© Elsevier Science，2001）

合适的仪器

三重四极杆仪器被认为是定量的"黄金标准"，特别是对于 SRM，对于 MRM 更是如此。高线性动态范围、SRM 和 MRM 实验设置的简便性以及监测多个反应时通道之间的切换速度也很重要。最近的 QqTOF、QqLIT 和 QqOrbitrap 提供了基本类似的功能。

串联质谱的每个质量分析环节都提供了额外的选择性或结构信息。所以说串联质谱在某种程度上说类似于色谱分离，但前提是不需要分离异构体。色谱按保留时间分离组分，串联质谱按 m/z 分离。下一个实例展示了 MS/MS 是如何做到这一点的。但如果在 MS/MS 之前没有 LC，就不可能像第 14.4 节第三个示例中那样分析。

串联质谱替代 LC　Akt 是一种关键的丝氨酸/苏氨酸激酶，负责调控细胞存活、分化、增殖和代谢等过程。哺乳动物中 Akt 有三种亚型（Akt1、Akt2 和 Akt3）。胃蛋白酶（胃蛋白肽酶）酶解 Akt3，获得的多肽纳升 ESI 质谱图显示了大量的多电荷离子（图 14.36）[116]。对这些多肽用串联质谱表征。例如，m/z 为 797 的 $[M+3H]^{3+}$ 对应质量 2388 u 的多肽。低丰度多肽很难单独用纳升 ESI-MS/MS 鉴定，这时可使用纳升 LC/ESI-MS/MS。将这些方法结合，在非活性 Akt 和活性 Akt 中共鉴定出 24 个多肽的峰，覆盖了 Akt 70% 的氨基酸序列。

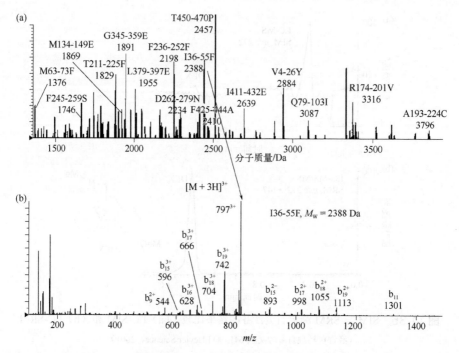

图 14.36 纳升 ESI-MS/MS 分析 Akt

（a）胃蛋白酶完全酶解纳升 ESI 的电荷去卷积质谱图；（b）m/z 797 的[M+3H]$^{3+}$的碎片离子质谱图，该酶解肽段（I36-55F）对应分子质量 2388 u（经许可转载自参考文献[116]。© John Wiley & Sons，2009.）

14.8 超高分辨质谱

高分辨率，尤其是超高分辨率（第 3.7 节），与 ESI、APCI、MALDI 和 FD 等软电离方法结合，提供了一种分离混合物中各分子物种的方法。只要有足够高的分辨率，各等质量数离子就会在它们共同的标称质量值范围内被分别显示出来（第 3.3 节和 3.4 节）。

FT-ICR-MS 目前已成为超高分质谱的标准方法。在此以该方法为例，详细说明超高分辨质谱在复杂化学混合物分析中的应用潜力。利用超高分质谱可分离原油[117,118]、燃料[119,120]、爆炸残留物[121]、褐煤[96]或苏格兰威士忌香气[122]等各类样品中数千个组分。此外溶解性有机质（DOM）和类似复杂系统的分析，是另一个突出的应用领域，需要具有终极性能，需配备 15 T 强磁场的 FT-ICR 仪器[123,124]。

南美原油 南美原油样品的正离子 ESI，可选择性地传递碱性化合物的[M+H]$^+$，这只占整个化学组成的一小部分。而正离子 ESI-FT-ICR 则显示 11100 多个质谱峰，其中>75%可能属于一类独特的元素组成（$C_cH_hO_oN_nS_s$）。这样的质量分离是可能的，因为 m/z 225～1000 质量范围内的平均分辨率约为 350000（图 14.37）。这证明了目前在一步中解析和鉴定的不同化学成分的数量上限[118]。

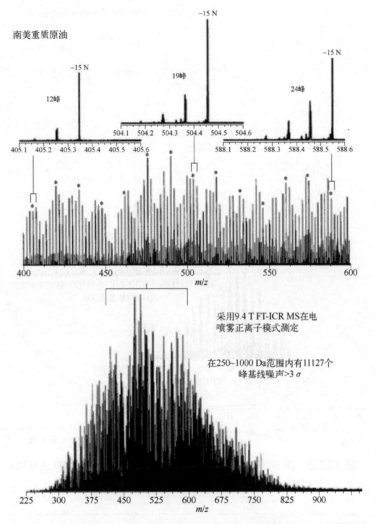

图 14.37 原油的正离子 ESI-FT-ICR 谱

在三个质量数坐标中,图谱的质量范围从宽谱带范围逐步调整为更精细的 3 个标称质量数范围
(经许可改编自参考文献[118]。© The American Chemical Society,2002)

海洋溶解性有机质（DOM）的分子分析　溶解性有机质（dissolved organic matter，DOM）是地球上生物质的重要组成部分，并呈现出了一个以极性化合物为主的高度复杂系统，因此需要一个多步骤的方法来探究 DOM 的分子结构[124]。首先，反相色谱提供了大类的分子信息，但不能分离单个组分（图 14.38）。其次，标称质量分布可以使用软电离方法和低分辨质谱来确定。再者，超高分辨 FT-ICR-MS 可以分离标称上的等质量数分子，通常每个标称质量都有十多个，并提供分子式。根据化合物组成仍然不足以阐明结构，因此可用核磁共振（NMR）来解析结构，当然这些结构特征又与分子式相关。

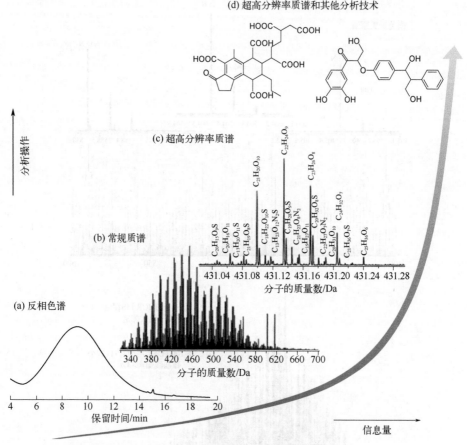

图 14.38 DOM 分析技术操作与逐步增加的分析信息深度的对比

(经许可改编自参考文献[124]。© Springer Nature,2009)

14.9 联用技术小结

(1) 分离技术

对于各种分子质量范围或各极性范围的分析物,都有多种适宜的分析技术。其前提是分析物可以蒸发或溶解而不分解。这些分离技术大都是色谱方法。色谱系统对混合物组分的分离能力可以用塔板(HETP)高度或理论塔板数来表示。van Deemter 方程描述了影响 HETP 的因素。在实际应用中,色谱系统峰容量更直观地描述了它分离混合物各个组分的能力。

(2) 分析维度

质谱提供了二维分析,即强度与 m/z 的关系,这与色谱类似,即强度与保留时间的关系。结合这两种技术可以进行三维的分析,即强度、m/z、保留时间三个维度。

串联质谱和二维气相色谱（GC×GC）增加了分析的另一个维度。因此 LC-MS/MS、GC-MS/MS 或 GC-MS/MS 均可实现四个维度的分析。

（3）色谱-质谱联用的替代方法

离子淌度（IMS）是一种分离气相离子的技术，它至少在一定程度上可以替代质谱仪之前的色谱分离。此外可以用串联质谱，选择混合物中组分的前体离子并分析。串联质谱方法与软电离方法相结合，是混合物分析特别有效的方法。与分离技术相比，串联质谱不能区分同分异构体前体离子。最后，超高分辨质谱可用于复杂混合物中相关化合物的分析。

（4）选择的方法

探寻提供最大分析信息深度的分析方法，可能是一项单调乏味的任务。因为要预测哪种仪器和方法能够提供最佳结果并非易事。通常情况下，在特定实验室中需要使用手头的各种技术，而同时可能存在其他可采用的技术。此外，不同分析方法可以互换使用，已有方法方面的经验也能够为其他新方法和应用提供帮助。

参考文献

[1] Williams JD, Burinsky DJ (2001) Mass Spectrometric Analysis of Complex Mixtures Then and Now: the Impact of Linking Liquid Chromatography and Mass Spectrometry. Int J Mass Spectrom 212: 111–133. doi: 10.1016/S1387-3806(01)00460-2

[2] McLafferty FW (2001) Tandem Mass Spectrometric Analysis of Complex Biological Mixtures. Int J Mass Spectrom 212: 81–87. doi: 10.1016/S1387-3806(01)00474-2

[3] Kondrat RW (2001) Mixture Analysis by Mass Spectrometry: Now's the Time. Int J Mass Spectrom 212: 89–95. doi: 10.1016/S1387-3806(01)00516-4

[4] Gohlke RS, McLafferty FW (1993) Early Gas Chromatography/Mass Spectrometry. J Am Soc Mass Spectrom 4: 367–371. doi: 10.1016/1044-0305(93)85001-E

[5] Budde WL (2001) Analytical Mass Spectrometry. ACS/Oxford University Press, Washington, DC/Oxford

[6] Sparkman OD, Penton ZE, Kitson FG (2011) Gas Chromatography and Mass Spectrometry: A Practical Guide. Academic Press, Oxford

[7] Hübschmann HJ (2015) Handbook of GC-MS – Fundamentals and Applications. Wiley- VCH, Weinheim

[8] Ardrey RE (2003) Liquid Chromatography-Mass Spectrometry – An Introduction. Wiley, Chichester

[9] Vestal ML (1984) High-Performance Liquid Chromatography-Mass Spectrometry. Science 226: 275–281. doi: 10.1126/science.6385251

[10] Abian J (1999) The Coupling of Gas and Liquid Chromatography with Mass Spectrometry. J Mass Spectrom 34: 157–168. doi: 10.1002/(SICI)1096-9888(199903)34: 3<157:: AID-JMS804>3.0.CO;2-4

[11] Smith RD, Barinaga CJ, Udseth HR (1988) Improved Electrospray Ionization Interface for Capillary Zone Electrophoresis-Mass Spectrometry. Anal Chem 60: 1948–1952. doi: 10.1021/ac00169a022

[12] Siethoff C, Nigge W, Linscheid M (1998) Characterization of a Capillary Zone Electrophoresis/Electrospray-Mass Spectrometry Interface. Anal Chem 70: 1357–1361. doi: 10.1021/ac970950b

[13] Schrader W, Linscheid M (1997) Styrene Oxide DNA Adducts: In Vitro Reaction and Sensitive Detection of

Modified Oligonucleotides Using Capillary Zone Electrophoresis Interfaced to Electrospray Mass Spectrometry. Arch Toxicol 71: 588–595. doi: 10.1007/s002040050431

[14] Hsieh F, Baronas E, Muir C, Martin SA (1999) A Novel Nanospray Capillary Zone Electrophoresis/Mass Spectrometry Interface. Rapid Commun Mass Spectrom 13: 67–72. doi: 10.1002/(SICI)1097-0231(19990115)13:1<67:: AID-RCM453>3.0.CO;2-F

[15] Tanaka Y, Kishimoto Y, Otsuga K, Terabe S (1998) Strategy for Selecting Separation Solutions in Capillary Electrophoresis-Mass Spectrometry. J Chromatogr A 817: 49–57. doi: 10.1016/S0021-9673(98)00373-2

[16] Smith RD, Felix WD, Fjeldsted JC, Lee ML (1982) Capillary Column Supercritical Fluid Chromatography Mass Spectrometry. Anal Chem 54: 1883–1885. doi: 10.1021/ac00248a055

[17] Combs MT, Ashraf-Khorassani M, Taylor LT (1998) Packed Column Supercritical Fluid Chromatography-Mass Spectroscopy: A Review. J Chromatogr A 785: 85–100. doi: 10.1016/S0021-9673(97)00755-3

[18] Sakodynskii KI (1972) Life and Scientific Works of Michael Tswett. J Chromatogr A 73: 303–360. doi: 10.1016/S0021-9673(01)91213-0

[19] Ahuja S (2003) Chromatography and Separation Science. Academic Press, San Diego

[20] Fanali S, Haddad PR, Poole CF, Schoenmakers P, Lloyd D (eds) (2013) Liquid Chromatography: Fundamentals and Instrumentation. Elsevier, Amsterdam

[21] Fanali S, Haddad PR, Poole CF, Schoenmakers P, Lloyd D (eds) (2013) Liquid Chromatography: Applications. Elsevier, Amsterdam

[22] Lundanes E, Reubsaet L, Greibrokk T (2013) Chromatography: Basic Principles, Sample Preparations and Related Methods. Wiley-VCH, Weinheim

[23] van Deemter JJ, Zuiderweg FJ, Klinkenberg A (1956) Longitudinal Diffusion and Resistance to Mass Transfer as Causes of Nonideality in Chromatography. Chem Engin Sci 5: 271–289. doi: 10.1016/0009-2509(56)80003-1

[24] Adahchour M, Beens J, Vreuls RJJ, Brinkman UAT (2006) Recent Developments in Comprehensive Two-Dimensional Gas Chromatography (GC x GC). Introduction and Instrumental Set-Up. Trends Anal Chem 25: 438–454. doi: 10.1016/j.trac.2006.03.002

[25] Adahchour M, Beens J, Vreuls RJJ, Brinkman UAT (2006) Recent Developments in Comprehensive Two-Dimensional Gas Chromatography (GC x GC). II. Modulation and Detection. Trends Anal Chem 25: 540–553. doi: 10.1016/j.trac.2006.04.004

[26] Adahchour M, Beens J, Vreuls RJJ, Brinkman UAT (2006) Recent Developments in Comprehensive Two-Dimensional Gas Chromatography (GC × GC). III. Applications for Petrochemicals and Organohalogens. Trends Anal Chem 25: 726–741. doi: 10.1016/j.trac.2006.03.005

[27] Adahchour M, Beens J, Vreuls RJJ, Brinkman UAT (2006) Recent Developments in Comprehensive Two-Dimensional Gas Chromatography (GC × GC). Trends Anal Chem 25: 821–840. doi: 10.1016/j.trac.2006.03.003

[28] Adahchour M, Beens J, Brinkman UAT (2008) Recent Developments in the Application of Comprehensive Two-Dimensional Gas Chromatography. J Chromatogr A 1186: 67–108. doi: 10.1016/j.chroma.2008.01.002

[29] Guillarme D, Ruta J, Rudaz S, Veuthey JL (2010) New Trends in Fast and High-Resolution Liquid Chromatography: A Critical Comparison of Existing Approaches. Anal Bioanal Chem 397: 1069–1082. doi: 10.1007/s00216-009-3305-8

[30] Fekete S, Schappler J, Veuthey JL, Guillarme D (2014) Current and Future Trends in UHPLC. Trends Anal Chem 63: 2–13. doi: 10.1016/j.trac.2014.08.007

[31] Price P (1991) Standard Definitions of Terms Relating to Mass Spectrometry. A Report from the Committee on Measurements and Standards of the Amercian Society for Mass Spectrometry. J Am Soc Mass Spectrom 2:

336–348. doi: 10.1016/1044-0305(91)80025-3

[32] Todd JFJ (1995) Recommendations for Nomenclature and Symbolism for Mass Spectroscopy Including an Appendix of Terms Used in Vacuum Technology. Int J Mass Spectrom Ion Proc 142: 211–240. doi: 10.1016/0168-1176(95)93811-F

[33] Murray KK, Boyd RK, Eberlin MN, Langley GJ, Li L, Naito Y (2013) Definitions of Terms Relating to Mass Spectrometry (IUPAC Recommendations 2013). Pure Appl Chem 85: 1515–1609. doi: 10.1351/PAC-REC-06-04-06

[34] Hites RA, Biemann K (1967) A Computer-Compatible Digital Data Acquisition System for Fast-Scanning, Single-Focusing Mass Spectrometers. Anal Chem 39: 965–970. doi: 10.1021/ac60252a043

[35] Hites RA, Biemann K (1968) Mass Spectrometer-Computer System Particularly Suited for Gas Chromatography of Complex Mixtures. Anal Chem 40: 1217–1221. doi: 10.1021/ac60264a013

[36] Hites RA, Biemann K (1970) Computer Evaluation of Continuously Scanned Mass Spectra of Gas Chromatographic Effluents. Anal Chem 42: 855–860. doi: 10.1021/ac60290a009

[37] Bertholf RL (2000) Gas chromatography and mass spectrometry in clinical chemistry. In: Meyers RA (ed) Encyclopedia of Analytical Chemistry. Wiley, Chichester

[38] Spies-Martin D, Sommerburg O, Langhans C-D, Leichsenring M (2002) Measurement of 4-Hydroxynonenal in Small Volume Blood Plasma Samples: Modification of a Gas Chromatographic-Mass Spectrometric Method for Clinical Settings. J Chromatogr B 774: 231–239. doi: 10.1016/S1570-0232(02)00242-8

[39] Henneberg D (1961) Combination of Gas Chromatography and Mass Spectrometry for the Analysis of Organic Mixtures. Z Anal Chem 183: 12–23. doi: 10.1007/BF00478266

[40] Sweeley CC, Elliot WH, Fries I, Ryhage R (1966) Mass Spectrometric Determination of Unresolved Components in Gas Chromatographic Effluents. Anal Chem 38: 1549–1553. doi: 10.1021/ac60243a023

[41] Crosby NT, Foreman JK, Palframan JF, Sawyer R (1972) Estimation of Steam-Volatile N-Nitrosamines in Foods at the 136 mg/kg Level. Nature 238: 342–343. doi: 10.1038/238342a0

[42] Brooks CJW, Middleditch BS (1972) Uses of Chloromethyldimethylsilyl Ethers As Derivatives for Combined Gas Chromatography-Mass Spectrometry of Steroids. Anal Lett 5: 611–618. doi: 10.1080/00032717208064338

[43] Young ND, Holland JF, Gerber JN, Sweeley CC (1975) Selected Ion Monitoring for Multicomponent Analyses by Computer Control of Accelerating Voltage and Magnetic Field. Anal Chem 47: 2373–2376. doi: 10.1021/ac60364a032

[44] Tanchotikul U, Hsieh TCY (1991) An Improved Method for Quantification of 2-Acetyl-1-pyrroline, a "Popcorn"-Like Aroma, in Aromatic Rice by High-Resolution Gas Chromatography/Mass Spectrometry/Selected Ion Monitoring. J Agric Food Chem 39: 944–947. doi: 10.1021/jf00005a029

[45] Middleditch BS, Desiderio DM (1973) Comparison of Selective Ion Monitoring and Repetitive Scanning During Gas Chromatography-Mass Spectrometry. Anal Chem 45: 806–808. doi: 10.1021/ac60326a014

[46] Millington DS, Buoy ME, Brooks G, Harper ME, Griffiths K (1975) Thin-Layer Chromatography and High Resolution Selected Ion Monitoring for the Analysis of C_{19} Steroids in Human Hyperplastic Prostate Tissue. Biomed Mass Spectrom 2: 219–224. doi: 10.1002/bms.1200020411

[47] Thorne GC, Gaskell SJ, Payne PA (1984) Approaches to the Improvement of Quantitative Precision in Selected Ion Monitoring: High Resolution Applications. Biomed Mass Spectrom 11: 415–420. doi: 10.1002/bms.1200110810

[48] Tong HY, Monson SJ, Gross ML, Huang LQ (1991) Monobromopolychlorodibenzo-p-dioxins and Dibenzofurans in Municipal Waste Incinerator Fly Ash. Anal Chem 63: 2697–2705. doi: 10.1021/ac00023a007

[49] Shibata A, Yoshio H, Hayashi T, Otsuki N (1992) Determination of Phenylpyruvic Acid in Human Urine and

Plasma by Gas Chromatography/Negative Ion Chemical Ionization Mass Spectrometry. Shitsuryo Bunseki 40: 165–171. doi: 10.5702/massspec.40.165

[50] Tondeur Y, Albro PW, Hass JR, Harvan DJ, Schroeder JL (1984) Matrix Effect in Determination of 2,3,7,8-Tetrachlorodibenzodioxin by Mass Spectrometry. Anal Chem 56: 1344–1347. doi: 10.1021/ac00272a032

[51] Cajka T, Hajslova J (2004) Gas Chromatography-High-Resolution Time-of-Flight Mass Spectrometry in Pesticide Residue Analysis: Advantages and Limitations. J Chromatogr A 1058: 251–261. doi: 10.1016/S0021-9673(04)01303-2

[52] Hernandez F, Portoles T, Pitarch E, Lopez FJ (2007) Target and Nontarget Screening of Organic Micropollutants in Water by Solid-Phase Microextraction Combined with Gas Chromatography/High-Resolution Time-of-Flight Mass Spectrometry. Anal Chem 79: 9494–9504. doi: 10.1021/ac0715672

[53] Portoles T, Pitarch E, Lopez FJ, Sancho JV, Hernandez F (2007) Methodical Approach for the Use of GC-TOF MS for Screening and Confirmation of Organic Pollutants in Environmental Water. J Mass Spectrom 42: 1175–1185. doi: 10.1002/jms.1248

[54] Peters RJB, Stolker AAM, Mol JGJ, Lommen A, Lyris E, Angelis Y, Vonaparti A, Stamou M, Georgakopoulos C, Nielen MWF (2010) Screening in Veterinary Drug Analysis and Sports Doping Control Based on Full-Scan, Accurate-Mass Spectrometry. Trends Anal Chem 29: 1250–1268. doi: 10.1016/j.trac.2010.07.012

[55] Hernandez F, Portoles T, Pitarch E, Lopez FJ (2011) Gas Chromatography Coupled to High-Resolution Time-of-Flight Mass Spectrometry to Analyze Trace-Level Organic Compounds in the Environment, Food Safety and Toxicology. Trends Anal Chem 30: 388–400. doi: 10.1016/j.trac.2010.11.007

[56] Kang W, Zhang F, Su Y, Guo Y (2013) Application of Gas Chromatography-Quadrupole-Time-of-Flight-Mass Spectrometry for Post-Target Analysis of Volatile Compounds in *Fructus Amomi*. Eur J Mass Spectrom 19: 103–110. doi: 10.1255/ejms.1218

[57] Kato Y, Okada S, Atobe K, Endo T, Haraguchi K (2012) Selective Determination of Mono-and Dihydroxylated Analogs of Polybrominated Diphenyl Ethers in Marine Sponges by Liquid-Chromatography Tandem Mass Spectrometry. Anal Bioanal Chem 404: 197–206. doi: 10.1007/s00216-012-6132-2

[58] Boyd RK, Basic C, Bethem RA (2008) Trace Quantitative Analysis by Mass Spectrometry. John Wiley & Sons, Chichester

[59] Busch KL (2008) Mass Spectrometry Forum: Quantitative Mass Spectrometry Part Ⅳ: Deviations from Linearity. Spectroscopy 23: 18–24

[60] Busch KL (2008) Mass Spectrometry Forum: Quantitative Mass Spectrometry. Part Ⅲ: An Overview of Regression Analysis. Spectroscopy 23: 16–20

[61] Busch KL (2007) Quantitative Mass Spectrometry: Part II. Spectroscopy 22: 14–19

[62] Busch KL (2007) Quantitative Mass Spectrometry: Part I. Spectroscopy 22: 13–19

[63] Heumann KG (1986) Isotope Dilution Mass Spectrometry of Inorganic and Organic Substances. Fresenius Z Anal Chem 325: 661–666. doi: 10.1007/BF00470971

[64] Hoke SHII, Morand KL, Greis KD, Baker TR, Harbol KL, Dobson RLM (2001) Transformations in Pharmaceutical Research and Development, Driven by Innovations in Multidimensional Mass Spectrometry-Based Technologies. Int J Mass Spectrom 212: 135–196. doi: 10.1016/S1387-3806(01)00499-7

[65] Calder AG, Garden KE, Anderson SE, Lobley GE (1999) Quantitation of Blood and Plasma Amino Acids Using Isotope Dilution Electron Impact Gas Chromatography/Mass Spectrometry with U-^{13}C Amino Acids as Internal Standards. Rapid Commun Mass Spectrom 13: 2080–2083. doi: 10.1002/(SICI)1097-0231(19991115)13: 21< 2080:: AID-RCM755>3.0.CO;2-O

[66] Lindeman LP, Annis JL (1960) A Conventional Mass Spectrometer as a Detector for Gas Chromatography. Anal

Chem 32: 1742–1749. doi: 10.1021/ac50153a011

[67] Gohlke RS (1962) Time-of-Flight Mass Spectrometry: Application to Capillary-Column Gas Chromatography. Anal Chem 34: 1332–1333. doi: 10.1021/ac60190a002

[68] McFadden WH, Teranishi R, Black DR, Day JC (1963) Use of Capillary Gas Chromatography with a Time-of-Flight Mass Spectrometer. J Food Sci 28: 316–319. doi: 10.1111/j.1365-2621.1963.tb00204.x

[69] Dandeneau RD, Zerenner EH (1979) An Investigation of Glasses for Capillary Chromatography. J High Res Chromatogr 2: 351–356. doi: 10.1002/jhrc.1240020617

[70] Dandeneau RD, Zerenner EH (1990) The Invention of the Fused-Silica Column: An Industrial Perspective. LC-GC 8: 908–912

[71] Gudzinowicz BJ, Gudzinowicz MJ, Martin HF (1977) The GC-MS Interface. In: Fundamentals of Integrated GC-MS Part Ⅲ. Marcel Dekker, New York

[72] McFadden WH (1979) Interfacing Chromatography and Mass Spectrometry. J Chromatogr Sci 17: 2–16. doi: 10.1093/chromsci/17.1.2

[73] McEwen CN, McKay RG (2005) A Combination Atmospheric Pressure LC/MS: GC/MS Ion Source: Advantages of Dual AP-LC/MS: GC/MS Instrumentation. J Am Soc Mass Spectrom 16: 1730–1738. doi: 10.1016/j.jasms.2005.07.005

[74] Schiewek R, Lorenz M, Giese R, Brockmann K, Benter T, Gaeb S, Schmitz OJ (2008) Development of a Multipurpose Ion Source for LC-MS and GC-API-MS. Anal Bioanal Chem 392: 87–96. doi: 10.1007/s00216-008-2255-x

[75] Bristow T, Harrison M, Sims M (2010) The Application of Gas Chromatography/Atmospheric Pressure Chemical Ionisation Time-of-Flight Mass Spectrometry to Impurity Identification in Pharmaceutical Development. Rapid Commun Mass Spectrom 24: 1673–1681. doi: 10.1002/rcm.4557

[76] Li DX, Gan L, Bronja A, Schmitz OJ (2015) Gas Chromatography Coupled to Atmospheric Pressure Ionization Mass Spectrometry (GC-API-MS): Review. Anal Chim Acta 891: 43–61. doi: 10.1016/j.aca.2015.08.002

[77] Blau K, King GS, Halket JM (eds) (1993) Handbook of Derivatives for Chromatography. Wiley, Chichester

[78] Zaikin V, Halket JM (2009) A Handbook of Derivatives for Mass Spectrometry. IM Publications, Chichester

[79] Aubert C, Rontani JF (2000) Perfluoroalkyl Ketones: Novel Derivatization Products for the Sensitive Determination of Fatty Acids by Gas Chromatography/Mass Spectrometry in Electron Impact and Negative Chemical Ionization Modes. Rapid Commun Mass Spectrom 14: 960–966

[80] Shin HS, Jung DG (2009) Sensitive Analysis of Malondialdehyde in Human Urine by Derivatization with Pentafluorophenylhydrazine Then Headspace GC-MS. Chromatographia 70: 899–903. doi: 10.1365/s10337-009-1235-4

[81] Halket JM, Zaikin VG (2003) Derivatization in Mass Spectrometry: 1. Silylation. Eur J Mass Spectrom 9: 1–21. doi: 10.1255/ejms.527

[82] Zaikin VG, Halket JM (2003) Derivatization in Mass Spectrometry: 2. Acylation. Eur J Mass Spectrom 9: 421–434. doi: 10.1255/ejms.576

[83] Halket JM, Zaikin VG (2004) Derivatization in Mass Spectrometry: 3. Alkylation (Arylation). Eur J Mass Spectrom 10: 1–19. doi: 10.1255/ejms.619

[84] Zaikin VG, Halket JM (2004) Derivatization in Mass Spectrometry: 4. Formation of Cyclic Derivatives. Eur J Mass Spectrom 10: 555–568. doi: 10.1255/ejms.653

[85] Halket JM, Zaikin VG (2005) Derivatization in Mass Spectrometry: 5. Specific Derivatization of Monofunctional Compounds. Eur J Mass Spectrom 11: 127–160. doi: 10.1255/ejms.712

[86] Zaikin VG, Halket JM (2005) Derivatization in Mass Spectrometry: 6. Formation of Mixed Derivatives of

Polyfunctional Compounds. Eur J Mass Spectrom 11: 611–636. doi: 10.1255/ejms.773

[87] Halket JM, Zaikin VG (2006) Derivatization in Mass Spectrometry: 7. On-Line Derivatization/Degradation. Eur J Mass Spectrom 12: 1–13. doi: 10.1255/ejms.785

[88] Zaikin VG, Halket JM (2006) Derivatization in Mass Spectrometry: 8. Soft Ionization Mass Spectrometry of Small Molecules. Eur J Mass Spectrom 12: 79–115. doi: 10.1255/ejms.798

[89] Anderegg RJ (1988) Derivatization in Mass Spectrometry: Strategies for Controlling Fragmentation. Mass Spectrom Rev 7: 395–424. doi: 10.1002/mas.1280070403

[90] Spiteller G (1982) Contaminants in Mass Spectrometry. Mass Spectrom Rev 1: 29–62. doi: 10.1002/mas.1280010105

[91] Leclerq PA, Camers CA (1998) High-Speed GC-MS. Mass Spectrometry Reviews 17: 37–49. doi: 10.1002/(SICI)1098-2787(1998)17: 1<37:: AID-MAS2>3.0.CO;2-A

[92] Prazen BJ, Bruckner CA, Synovec RE, Kowalski BR (1999) Enhanced Chemical Analysis Using Parallel Column Gas Chromatography with Single-Detector Time-of-Flight Mass Spectrometry and Chemometric Analysis. Anal Chem 71: 1093–1099. doi: 10.1021/ac980814m

[93] Hirsch R, Ternes TA, Bobeldijk I, Weck RA (2001) Determination of Environmentally Relevant Compounds Using Fast GC/TOF-MS. Chimia 55: 19–22

[94] Trapp O, Weber SK, Bauch S, Hofstadt W (2007) High-Throughput Screening of Catalysts by Combining Reaction and Analysis. Angew Chem Int Ed 46: 7307–7310. doi: 10.1002/anie.200701326

[95] Trapp O (2007) Boosting the Throughput of Separation Techniques by "Multiplexing". Angew Chem Int Ed 46(5609–5613): S5609–S5601. doi: 10.1002/anie.200605128

[96] Rathsack P, Wolf B, Kroll MM, Otto M (2015) Comparative Study of Graphite-Supported LDI- and ESI-FT-ICR-MS of a Pyrolysis Liquid from a German Brown Coal. Anal Chem 87: 7618–7627. doi: 10.1021/acs.analchem.5b00693

[97] Rathsack P, Rieger A, Haseneder R, Gerlach D, Repke JU, Otto M (2014) Analysis of Pyrolysis Liquids from Scrap Tires Using Comprehensive Gas Chromatography-Mass Spectrometry and Unsupervised Learning. J Anal Appl Pyrolysis 109: 234–243. doi: 10.1016/j.jaap.2014.06.007

[98] Rathsack P, Riedewald F, Sousa-Gallagher M (2015) Analysis of Pyrolysis Liquid Obtained from Whole Tyre Pyrolysis with Molten Zinc as the Heat Transfer Media Using Comprehensive Gas Chromatography Mass Spectrometry. J Anal Appl Pyrolysis 116: 49–57. doi: 10.1016/j.jaap.2015.10.007

[99] Horning EC, Carroll DI, Dzidic I, Haegele KD, Horning MG, Stillwell RN (1974) Atmospheric Pressure Ionization (API) Mass Spectrometry. Solvent-Mediated Ionization of Samples Introduced in Solution and in a Liquid Chromatograph Effluent Stream. J Chromatogr Sci 12: 725–729. doi: 10.1093/chromsci/12.11.725

[100] Blakley CR, Vestal ML (1983) Thermospray Interface for Liquid Chromatography/Mass Spectrometry. Anal Chem 55: 750–754. doi: 10.1021/ac00255a036

[101] van der Greef J, Niessen WMA, Tjaden UR (1989) Liquid Chromatography-Mass Spectrometry. The Need for a Multidimensional Approach. J Chromatogr 474: 5–19. doi: 10.1016/S0021-9673(01)93898-1

[102] Niessen WMA, Voyksner RD (eds) (1998) Current Practice of Liquid Chromatography-Mass Spectrometry. Elsevier, Amsterdam

[103] Siuzdak G (2006) The Expanding Role of Mass Spectrometry in Biotechnology. MCC Press, San Diego

[104] Ramanathan R (ed) (2009) Mass Spectrometry in Drug Metabolism and Pharmacokinetics. Wiley, Hoboken

[105] Castiglioni S, Zuccato E, Crisci E, Chiabrando C, Fanelli R, Bagnati R (2006) Identification and Measurement of Illicit Drugs and Their Metabolites in Urban Wastewater by Liquid Chromatography-Tandem Mass Spectrometry. Anal Chem 78: 8421–8429. doi: 10.1021/ac061095b

[106] Simpson RJ, Connolly LM, Eddes JS, Pereira JJ, Moritz RL, Reid GE (2000) Proteomic Analysis of the Human Colon Carcinoma Cell Line (LIM 1215): Development of a Membrane Protein Database. Electrophoresis 21: 1707–1732. doi: 10.1002/(SICI)1522-2683(20000501)21: 9<1707:: AID-ELPS1707>3.0.CO;2-Q

[107] Bohrer BC, Merenbloom SI, Koeniger SL, Hilderbrand AE, Clemmer DE (2008) Biomolecule Analysis by Ion Mobility Spectrometry. Annu Rev Anal Chem 1: 293–327. doi: 10.1146/annurev.anchem.1.031207.113001

[108] Kanu AB, Dwivedi P, Tam M, Matz L, Hill HH Jr (2008) Ion Mobility-Mass Spectrometry. J Mass Spectrom 43: 1–22. doi: 10.1002/jms.1383

[109] Fernandez-Lima F, Kaplan DA, Suetering J, Park MA (2016) Gas-Phase Separation Using a Trapped Ion Mobility Spectrometer. Int J Ion Mobil Spectrom 14: 93–98. doi: 10.1007/s12127-011-0067-8

[110] Ridgeway ME, Wolff JJ, Silveira JA, Lin C, Costello CE, Park MA (2016) Gated Trapped Ion Mobility Spectrometry Coupled to Fourier Transform Ion Cyclotron Resonance Mass Spectrometry. Int J Ion Mobil Spectrom 19: 77–85. doi: 10.1007/s12127-016-0197-0

[111] Fenn LS, Kliman M, Mahsut A, Zhao SR, McLean JA (2009) Characterizing Ion Mobility-Mass Spectrometry Conformation Space for the Analysis of Complex Biological Samples. Anal Bioanal Chem 394: 235–244. doi: 10.1007/s00216-009-2666-3

[112] Dwivedi P, Wu C, Matz LM, Clowers BH, Seims WF, Hill HH Jr (2006) Gas-Phase Chiral Separations by Ion Mobility Spectrometry. Anal Chem 78: 8200–8206. doi: 10.1021/ac0608772

[113] Enders JR, McLean JA (2009) Chiral and Structural Analysis of Biomolecules Using Mass Spectrometry and Ion Mobility-Mass Spectrometry. Chirality 21: e253–e264. doi: 10.1002/chir.20806

[114] Adams KJ, Montero D, Aga D, Fernandez-Lima F (2016) Isomer Separation of Polybrominated Diphenyl Ether Metabolites Using NanoESI-TIMS-MS. Int J Ion Mobil Spectrom 19: 69–76. doi: 10.1007/s12127-016-0198-z

[115] Moritz T, Olsen JE (1995) Comparison Between High-Resolution Selected Ion Monitoring, Selected Reaction Monitoring, and Four-Sector Tandem Mass Spectrometry in Quantitative Analysis of Gibberellins in Milligram Amounts of Plant Tissue. Anal Chem 67: 1711–1716. doi: 10.1021/ac00106a010

[116] Guo M, Huang BX, Kim HY (2009) Conformational Changes in Akt1 Activation Probed by Amide Hydrogen/Deuterium Exchange and Nano-Electrospray Ionization Mass Spectrometry. Rapid Commun Mass Spectrom 23: 1885–1891. doi: 10.1002/rcm.4085

[117] Hughey CA, Hendrickson CL, Rodgers RP, Marshall AG (2001) Kendrick Mass Defect Spectrum: A Compact Visual Analysis for Ultrahigh-Resolution Broadband Mass Spectra. Anal Chem 73: 4676–4681. doi: 10.1021/ac010560w

[118] Hughey CA, Rodgers RP, Marshall AG (2002) Resolution of 11,000 Compositionally Distinct Components in a Single Electrospray Ionization FT-ICR Mass Spectrum of Crude Oil. Anal Chem 74: 4145–4149. doi: 10.1021/ac020146b

[119] Hsu CS, Liang Z, Campana JE (1994) Hydrocarbon Characterization by Ultrahigh Resolution Fourier Transform Ion Cyclotron Resonance Mass Spectrometry. Anal Chem 66: 850–855. doi: 10.1021/ac00078a015

[120] Hughey CA, Hendrickson CL, Rodgers RP, Marshall AG (2001) Elemental Composition Analysis of Processed and Unprocessed Diesel Fuel by Electrospray Ionization Fourier Transform Ion Cyclotron Resonance Mass Spectrometry. Energy Fuels 15: 1186–1193. doi: 10.1021/ef010028b

[121] Wu Z, Hendrickson CL, Rodgers RP, Marshall AG (2002) Composition of Explosives by Electrospray Ionization Fourier Transform Ion Cyclotron Resonance Mass Spectrometry. Analytical Chemistry 74: 1879–1883. doi: 10.1021/ac011071z

[122] Kew W, Goodall I, Clarke D, Uhrin D (2017) Chemical Diversity and Complexity of Scotch Whisky As Revealed by High-Resolution Mass Spectrometry. J Am Soc Mass Spectrom 28: 200–213. doi: 10.1007/

s13361-016-1513-y

[123] Hertkorn N, Ruecker C, Meringer M, Gugisch R, Frommberger M, Perdue EM, Witt M, Schmitt-Kopplin P (2007) High-Precision Frequency Measurements: Indispensable Tools at the Core of the Molecular-Level Analysis of Complex Systems. Anal Bioanal Chem 389: 1311–1327. doi: 10.1007/s00216-007-1577-4

[124] Dittmar T, Paeng J (2009) A Heat-Induced Molecular Signature in Marine Dissolved Organic Matter. Nat Geosci 2: 175–179. doi: 10.1038/ngeo440

无机质谱法 第15章

学习目标
- 无机样品的电离
- 无机质谱的元素分析——专用仪器
- 准确的同位素组成
- 元素横向分布与质谱成像
- 元素质谱法用于评估生物系统
- 有机材料和生物组织中的元素形态

质谱法是人们为了分析气态离子物质而努力的结果。同位素的发现及其质量和相对丰度的测定，即同位素比值（isotope ratios），是 Thomson、Aston、Dempster 等人取得的开创性工作成果[1,2]。很快，这些检测结果便成为物理学新发现的推动力。例如，质量亏损（mass defect）的测定直接证明了爱因斯坦狭义相对论所提出的质量-能量等效性（mass-energy equivalence）。直到 20 世纪 40 年代末，质谱法才被开发为有机化合物分析的工具，但在一二十年内，这一分支便蓬勃发展起来。1968 年，《有机质谱》（*Organic Mass Spectrometry*）杂志创刊，并很快迈进生物医学质谱（*Biomedical Mass Spectrometry*，也是一本期刊在 1974～1985 年的名称）。多数质谱学家现在从事蛋白质组学或代谢组学，或环境、临床和司法鉴定等领域的痕量分析。与此同时，无机质谱法（inorganic mass spectrometry）[3-8]或元素质谱法（element mass spectrometry）也经历了与有机和生物医学质谱法（可以被认为是其"兄弟姐妹"）同样革命性的发展[9,10]。

15.1 无机质谱的概念和技术

通过准确质量测量来确定分子式，有赖于同位素质量至少准确到 1×10^{-8} 的水平[11]。环境中放射性核素的检测、汽车尾气中过渡金属（如 Pt）的测定[12]以及低硫燃料的质量控制都需要用到元素痕量分析。合金的性能、用于各种电子设备的高纯度半导体都受到微量元素的影响[13]。考古学、古生物学和地质学中均使用同位素分析确定年代[4,14,15]。近年来，元素质谱和生物医学质谱联合，可鉴定蛋白质或DNA中的金属元素及其结合位点，以及金属元素的组织分布[16-20]，这一研究领域可以追溯到Houk在1980年的开创性工作[21]。此外，金属离子在生理过程中的突出作用催生了一个新的研究领域：金属组学（metallomics）[22-24]。基于元素质谱已有方法的成像技术正迅速拓展到复杂生物系统的研究中[25-28]。因此本书应该包含一个关于无机质谱法的章节。

无机质谱通常用于解决以下分析任务：
- 金属、合金、岩石样品、半导体和其他无机材料的元素组成的测定；
- 样品中低浓度甚至痕量元素的鉴定和定量；
- 样品中痕量同位素的鉴定和定量；
- 样品中一个或多个元素的横向分布的成像；
- 稳定同位素或放射性同位素的准确质量的测定；
- 样品中一个元素的准确同位素组成的测定。

测定（稳定）同位素的准确比值，被称为同位素比值质谱法（isotope ratio mass spectrometry，IR-MS；IR-MS中的δ符号及IR-MS的示例，参见第3.1.6节）[3,6-8]。虽然无机质谱中通常依据所采用的电离技术来表述方法，但是IR-MS则是基于质量分析技术的名称。因此IR-MS可以采用不同的电离技术，且反之亦然。例如TIMS可以用于IR-MS（表15.1）。

表15.1 无机质谱中的技术和概念

首字母缩略词	技术	首字母缩略词	技术
IR-MS	同位素比值质谱法	ICP-MS	电感耦合等离子体质谱法
TIMS	热电离质谱法	LA-ICP-MS	激光消融-电感耦合等离子体质谱法
SSMS	火花源质谱法	SIMS	二次离子质谱法
GDMS	辉光放电质谱法	AMS	加速器质谱法

同位素比值的准确测定和微量元素的定量通常都需要将所有分子实体完全破坏。与有机质谱法和生物有机质谱法的通常要求不同，无机质谱法中的电离方法采用可以破坏任何分子结构的条件，例如特别采用高温等离子体，实现电离和质量分析之前的原子化（atomization）[29]。此外，需要抑制离子-中性物反应或破坏其产物，以确保同位素模式不受等质量数离子（isobar；在无机质谱领域也称：同量异位素——译者注）的干扰[30,31]。

单一类型的质谱仪和单一的离子产生方法，无法完全满足各种类型、不同组成的样品的所有分析要求。例如加速器质谱仪具有非常高的丰度灵敏度和较低的背景信号，但其样品通量很低，且需要的样品量大。而ICP质谱仪具有更高的样品通量，但更容易受到同量异位素的干扰。因此这些不同类型仪器的分析能力相互补充（图 15.1）[32,33]。

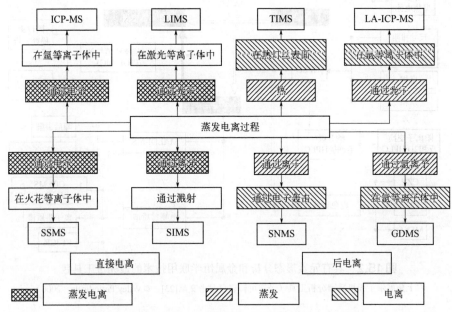

图 15.1 根据蒸发和电离过程对元素质谱技术进行分类

（经许可转载自参考文献[32]。© Elsevier Science，2000）

金属蛋白的鉴定 金属蛋白的功能在很大程度上取决于它们与金属（如 Cu、Zn、Fe、Mo）或类金属（如 Se、As）的相互作用。活体细胞不仅依赖其基因组和蛋白质组，还依赖金属组，即各种元素在不同生物分子中的分布。据估计，约 30% 的蛋白质组由金属蛋白组成[24]。形态分析的复杂性要求分离技术和不同的质谱方法相结合。金属组学工具包便是最好的证明，它反映了目前对如何探索金属组学的理解（图 15.2）[23]。

酵母蛋白中硒的形态分析 酵母蛋白中所结合的硒的形态分析表明了当前元素质谱与生物医学质谱的高度关联。分析时首先对尺寸排阻色谱分离的水溶性蛋白质组分采用胰蛋白酶酶解。酶解产物采用反相高效液相色谱-电感耦合等离子体质谱法（HPLC-inductively coupled plasma mass spectrometry，ICP-MS）分析，鉴定硒肽的组分；同时采用 MALDI-TOF-MS 分析酶解产物，以选定离子供后续串联质谱分析。最后，根据 ESI-CID 串联质谱法得到的图谱，确定硒肽的序列。这种 ICP-MS、MALDI-MS 和 ESI-MS 联合的方法首次发现了热休克蛋白 HSP12（M_r = 11693 u）序列中唯一的甲硫氨酸残基被替换为硒代蛋氨酸（图 15.3）[34]。

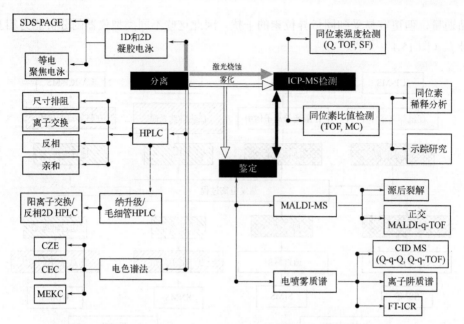

图15.2 具有元素形态分析和金属组学联用技术的最先进工具包

右上角展示了无机质谱分析工具（经许可转载自参考文献[23]。© Wiley Periodicals，2006）

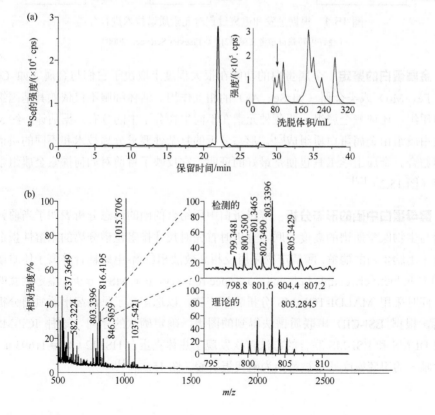

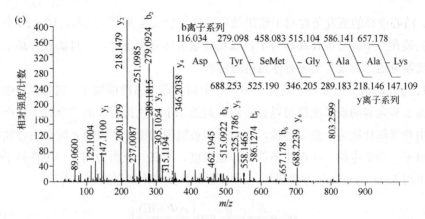

图 15.3 HSP12 蛋白的硒肽鉴定

（a）反相高效液相色谱-电感耦合等离子体质谱得到的含硒蛋白质组分（从插图的尺寸排阻色谱中的标记区域获得）的 ^{77}Se 和 ^{82}Se 离子的重构离子色谱图；（b）与图（a）中 Se 相关峰所对应组分的 MALDI-TOF 质谱图；（c）硒肽[M+H]$^+$（m/z 803.25）的 ESI-CID 质谱图（经许可转载自参考文献[34]）。

© American Chemical Society, 2003）

15.2 热电离质谱法

原子离子和分子离子可以通过热电离（thermal ionization，TI）形成，也称为表面电离（surface ionization，SI）。热电离质谱法（thermal ionization mass spectrometry，TI-MS），是将金属盐、金属氧化物或金属放在铼或钨灯丝的表面，在真空中加热至 400~2300℃。实际操作中，TI 采用 1~3 根紧密靠近的带状灯丝组合体（图 15.4）。将第一根灯丝装载样品并加热以蒸发分析物，蒸发出的中性原子或分子在第二根灯丝上电离。当电子转移到金属灯丝上时产生正离子，而电子从灯丝转移至分析物则产生负离子。组件的第三根灯丝通常用来测定标样，这样该标样可在几乎相同的离子源条件下与样品交替分析。双灯丝和三灯丝组件的优点在于可以分别控制蒸发和电离的温度。蒸发倾向于在较低的温度下进行，以便获得持久的信号和较小的同位素分馏作用，但电离在较高的温度时才能获得良好的电离效率。仔细控制灯丝温度[35]可确保纳克到微克的样品产生数小时的信号，因为蒸发速率可以达到在皮克/秒的数

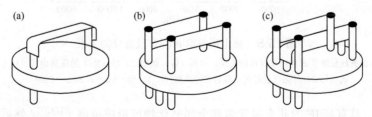

图 15.4 用于金属盐和氧化物的热电离的灯丝：（a）单灯丝、（b）双灯丝、（c）三灯丝组件

（经许可转载自参考文献[3]。© John Wiley & Sons Ltd., 1997）

量级。精心选择的蒸发条件对于结果的可靠性也至关重要[33]。通常，10~20 个灯丝组件安装在一个旋转式样品转台上，以免频繁破坏真空条件。一旦加载并抽至高真空，仪器可运行数天直至所有样品检测完毕。

TI 方式的离子化依赖于高温下中性原子离散电子态的模糊化。这时，被吸附的中性原子和金属的费米能级可以合并到公共能带中，使得弱表面结合粒子的电荷态完全由费米统计决定。换句话说，当电子在被吸附的原子和表面之间自由移动时，有时原子是带正电的。在理想条件下，电离度，即离开表面的离子与中性粒子的比例，可用 Saha-Langmuir 方程描述。正电离效率 α^+ 的计算方法如下所示：

$$\alpha^+ = \frac{N^+}{N^0} = \frac{g^+}{g^0} \exp\left[\frac{e(\Phi - \mathrm{IE})}{kT}\right] \tag{15.1}$$

$$= \frac{g^+}{g^0} \exp\left[1.16 \times 10^4 \times \frac{\Phi - \mathrm{IE}}{T}\right] \tag{15.2}$$

式中，g^+/g^0 是离子与中性粒子的电子态之比；IE 是原子或分子发生电离所需的电离能；Φ 是灯丝材料的功函数；T 是电离灯丝的温度。因此，当低 IE 的金属暴露在具有较大 Φ 的灯丝材料的高温下时，可获得最佳的电离效率。这是通过使用铼（Φ_{Re} = 4.98 eV，mp = 3180℃）或钨（Φ_{W} = 4.58 eV，mp = 3410℃；图 15.5）制成的灯丝而实现的。

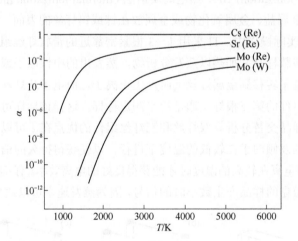

图 15.5 热电离效率 α^+ 与灯丝温度的关系

Mo 的曲线反映了 α^+ 与灯丝材料的关系。与钨（W）丝相比，铼（Re）的优势由式（15.1）、式（15.2）可见（经许可转载自参考文献[7]。© John Wiley & Sons, 2008）

相反，具有高 IE 的非金属元素和金属氧化物可形成负离子[36,37]。然后从修正的 Saha-Langmuir 方程可计算电离效率 α^-：

$$\alpha^- = \frac{g^-}{g^0} \exp\left[1.16 \times 10^4 \frac{EA - \Phi}{T}\right] \quad (15.3)$$

式中，EA 是吸附原子的电子亲和能。

由于来自 TI 的离子在空间和能量上的扩散较低，该方法可以与单聚焦扇形磁场质量分析器或四极杆结合使用[38]。尽管如此，TI 离子源通常需要专用仪器，配备多采集器（multicollector，MC）系统，以确保检测的同位素比值具有最高的准确性（文献[3]中的第 3.3.2 节和第 7.2 节）。

TI 最受欢迎的应用是同位素比值质谱（IR-MS）和金属及无机金属化合物中痕量元素分析。然而，这并不限制 TI-MS 对食品等中的有机物进行元素分析。通过（复杂的）处理例如冷冻干燥、用浓 HNO_3 或 HNO_3/H_2O_2 氧化、灰化或电解沉积，将此类样品转化为合适的状态[39,40]。但有机盐的 TI 仍然是一个例外[41]。TI-MS 一般不适用于混合物分析和多元素测定，它们通常使用电感耦合等离子体质谱（ICP-MS）。由于 TI-MS 具有高精密度，因此是其他同位素比值质谱技术（如 MC-ICP-MS）的重要校正和参考方法。尽管 TI-MS 也需要基质分离，但它仍然能够提供高样品通量（第 15.4 节）。由于该方法的准确度和精密度都很好，TI-MS 还可用于标准物质的认证[42]。

> **TI-MS 还是 TIMS?**
>
> 在元素质谱领域中，通常使用不带连字符的首字母缩写词 TIMS，而不使用 TI-MS。用于元素质谱的其他技术也是如此，例如，二次离子质谱法（secondary ion mass spectrometry）被缩写为 SIMS 而不是 SI-MS。

15.3 火花源质谱法

Dempster 在 1935 年开发的火花源（spark source，SS）提供了第一个真正的产生多元素和微量同位素的方法[43]。在火花源质谱法（spark source mass spectrometry，SS-MS）中，固体样品在真空下通过高压射频火花发生蒸发。真空条件下两个针形电极（长度约 10 mm，直径约 1～2 mm）之间维持放电。

SS-MS 最适合导电性好的样品，因为电极可以直接由固体样品制备。在插入离子源之前，必须仔细清洁电极，例如通过蚀刻避免表面污染（参考文献[6]中第 5.2 节、参考文献[7]中第 2.2 节）。如果样品本身不导电，则使用高纯石墨，或者必要时使用银粉或金粉作为电极的骨架。通常在加入细磨的含分析物的材料之前将内标元素或同位素富集物加入该粉末中。通常将 50 mg 的粉末材料（例如岩石样品）与石墨粉混合，然后压成电极针[44]。

Rb 到 U 元素的检出限一般在 0.001～0.1 ppm（相当于 0.001～0.1 μg/g）之间变化。某些元素，如 Nb、Zr、Y、Sn、Sb 和 Th，甚至可以在 ppb（ng/g）级别进行检测[45]。

痕量≠小样本量

虽然 SS-MS 可以在超痕量水平上检测到元素，但是这需要电极持续几个小时的操作，因此所需的样品量相对较大。这提醒人们，检测 ppm（μg/g）水平的样本并不能完全等同于检测极小样本量的样品。

显然，SS-MS 不适合于小样品量的元素分析，但 SS-MS 具有高的动态范围，这使其非常适用于多元素分析，例如合金、矿石及类似样品中痕量元素的分析。SS-MS 还具有广泛的元素覆盖范围、广泛的浓度范围，且可以直接分析固体无需溶解。

火花是由阴极发射电子引起的（与 FI 过程相反），这是由于微观粗糙表面边缘的局部高场强（10^8～10^9 V/m）。电子被加速朝向阳极发射，入射电子的能量导致阳极材料（样品）蒸发，随后在气相中被电子电离。

火花源的正确操作并不简单。它需要万伏的高压电源，及通常 1 MHz 射频，以重复频率为 1～10^4 s^{-1} 的可变时长（20～200 μs）的短脉冲产生，以实现两个电极的均匀消融（图 15.6）[44]。为了保持稳定的离子电流，需要仔细调整电极位置，在检测过程中也需要动态重调电极（尖端到尖端 0.1～0.5 mm）[46]。分析非导电材料时，可采用滑动火花源质谱法（gliding spark source mass spectrometry，GSS-MS）等特殊技术[47]。最后，由于放电产生的离子具有较宽的动能分布（keV 范围），这使得 SS-MS 必须使用双聚焦质量分析器。为了部分补偿这种高能量扩散，加速电压通常为 20～25 kV。

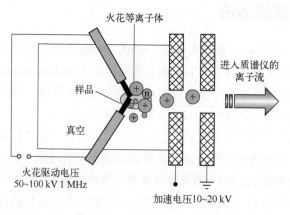

图 15.6 射频火花离子源

（经许可转载自参考文献[7]。© John Wiley & Sons，2008）

15.4 辉光放电质谱法

与目前所有其他 MS 技术不同的是,SS-MS 仍然普遍使用感光板检测和一系列曝光的密度检测。在实践中,通过在 0.001~(300~2000) nCi 的范围内逐条曝光可获得 15 个连续图谱,每个样品需要的检测时间为 0.5~3 h。将密度检测数据转换成离子丰度并非易事,而目前已经为 SS-MS 分析的这一关键步骤开发了完备的程序[43-45]。最近,多离子计数(multi-ion counting,MIC)系统因其灵敏度、精密度和样品通量的提高而得到应用[45,46]。在 Mattauch-Herzog 型 SS-MS 仪器上使用 MIC,以同位素稀释法对多种同位素同时测定展示了优势。此外,SS-MS 非常适合于半导体中碳、氮、氧的测定,这是由于它将没有溅射气体的高真空源和高频放电结合,适用于半导体,甚至高电阻率样品[48]。

砷化镓中的碳 SS-MS 法已用于高压液体封装柴氏法(high-pressure liquid encapsulated Czochralski,HP-LEC)晶体生长制备的砷化镓(GaAs)中碳的定量分析。这些碳可能来自石墨电极、环境气体,或作为痕量元素存在于镓和砷的起始物料中。SS 局部质谱图在 m/z 12 碳信号峰附近显示出由 $^{69}Ga^{6+}$、$^{71}Ga^{6+}$ 和 $^{75}As^{6+}$ 所产生的强信号(图 15.7)[49]。

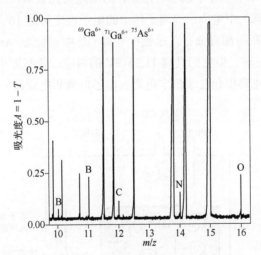

图 15.7 通过感光板检测由 HP-LEC 法制备的 GaAs 样品经 $Q = 3 \times 10^{-7}$ Ci 辐照后的部分 SS 质谱图

(经许可转载自参考文献[49]。© Springer Verlag,1999)

15.4 辉光放电质谱法

Goldstein 于 1886 年首次报道了在利用射线管中的辉光放电(glow discharge,GD)形成气体正离子[7]。自从 1984 年第一台商品化辉光放电质谱(GD-MS)仪器问世以来,GD-MS 已成为分析金属和半导体中痕量元素的一种行业标准[50,51]。

Harrison 和 Marcus 已经完成了对 GD-MS 的开创性工作和大部分开发工作[52-56]。实际上 GD-MS 似乎是 SS-MS 的继任者，是目前固体痕量杂质测定和深度解析强大的固态分析方法之一。它可以直接测定固体中的痕量元素，浓度低至 1 ppb (ng/g) [32]。因此 GD-MS 是电子工业中高纯金属的质量控制和表征的基本技术[57,58]。

直流（DC）辉光放电是一种以空间电荷为主的自持式低压气体放电，代表了一种低能等离子体，使得 GD 离子源成为一种紧凑的小体积低功率源。它的建造和维护费用低廉，且等离子体气体的消耗量适中（mL/min）。此外，与火花源不同，GD 源本身是稳定的[59]。在 GD 离子源[48,51,59-63]中，通常通过在电离体积两端施加 500～2000 V 的直流电压，在低压氩气气氛（10^1～10^3 Pa）中维持 1～5 mA 的放电电流。由固体样品作为阴极，该固体样品可以是盘状（Grimm 型 GD 源[59]）或者棒状，且正极作为外壳和离子源出射板（参考文献[6]中的第 5.3 节，文献[3]中的第 7.5 节）。

低温 Ar 等离子体是初级离子、激发态原子和电子的来源。在阴极暗区（存在较大电位降的区域）中，正氩离子加速朝向样品阴极，样品材料通过离子轰击从阴极表面溅射出来（参加第 10 章的 FAB、LSIMS）。入射离子的动能在 100～500 eV 范围内[51]。溅射的原子和分子以 5～15 eV 的动能离开表面，然后在准中性辉光放电等离子体（即余辉）中电离。等离子体中的电子密度可达 10^{14} cm^{-3} [64]，其能量分布广泛，从热能到高能都有分布。尽管在等离子体中亚稳态 Ar*原子的丰度降低至 Ar 离子的 1/1000 左右，但它们具有 11.55 eV 的内能，能够促进样品有效电离。所以说，中性粒子的电离中包含了彭宁电离、电子电离和电荷转移（图 15.8）。

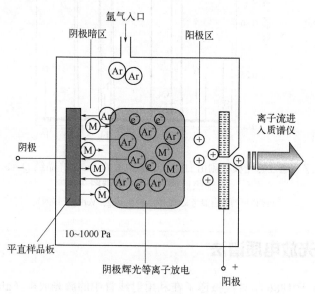

图 15.8　盘状阴极 GD 离子源

（经许可转载自参考文献[7]。© John Wiley & Sons，2008）

15.4 辉光放电质谱法

> **闪闪发光**
>
> 余辉（或称阴极辉光）区之所以会发出明亮的光芒，是因为激发态原子会发射其特有的可见光辐射。这一现象不仅是这种方法名字的由来，也是霓虹灯的原理。对于更多的 GDs 应用，强烈推荐 A. Bogaerts 的综述[65]。

由于 GD 的结构设置，它的优势在于原子化和电离过程在空间和时间上是分开的。这导致了灵敏度波动小以及基质依赖性低。因此该方法能够在不需要针对样本基质定制标样的情况下对元素进行定量[48,51]。

不利的一面是，存在如$[XAr]^{+\cdot}$和$[XH]^+$的同量异位素干扰，需要 $R > 5000$ 才能避免与原子离子 $Y^{+\cdot}$ 叠加[51]。因此，双聚焦扇形磁场仪器是 GD-MS 中最成功的质谱分析器[48]。与 LAICP-MS 或 SIMS（第 15.4 节和 15.5 节）相比，GD-MS 的另一个缺点是缺乏空间分辨率。

超耐热合金的质量控制　在航空发动机和涡轮机的制造中，超耐热合金（superalloy）因其优异的性能而得到广泛应用，而这在很大程度上取决于合金中微量元素的含量。因此，严格控制合金成分对于安全操作此类设备至关重要。避免同量异位素干扰的有效方法是选择不存在干扰的同位素。Tl、Pb 和 Bi 满足这一条件，但 Sn 中只有 $^{118}Sn^{+\cdot}$ 没有叠加，而 $^{120}Sn^{+\cdot}$ 有来自 $^{40}Ar_3^{+\cdot}$、$^{92}Mo^{14}N_2^{+\cdot}$ 和 $^{120}Te^{+\cdot}$ 的严重干扰。在没有合适的同位素存在的情况下，为了在四极杆 GD 仪器上准确测定超耐热合金中元素的含量，广泛使用了采用样品基质外加对照品和多变量线性回归两种方法（图 15.9）[66]。

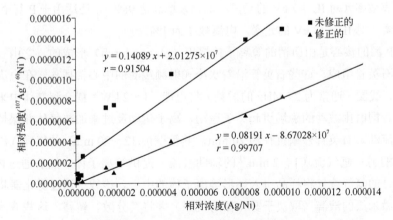

图 15.9　多变量线性回归校正前后超耐热合金 ^{107}Ag 校准曲线的比较

当无法通过高分辨率进行分离时，校正对相关性的影响显而易见。

（经许可改编自参考文献[66]。© IM Publications，2008）

在直流 GD 中，静电荷累积会导致不导电的样品迅速被放电击穿。射频（RF）放电避免了这一问题[54-56,61,67]。通过在两个电极之一（称为射频电极，RF-electrode）处施加射频电压，样品表面积累的正电荷将被射频循环第二部分中积累的负电荷中和，从而避免产生净电荷。通常采用 2 kV、射频为 13 MHz 的电压。

GD 中的原子碰撞足够强，能够破坏多数牢固键合的粒子[59]。尽管如此，GC-GD-TOF-MS 已经证实能够传递有机分子的结构和元素信息[68-70]。

> **需要局部放大**
>
> 无机质谱的分析问题是通常只需要检测某些选定的同位素或较窄的 *m/z* 范围。例如，为了同时检测几种同位素，对多接收器系统进行了调整，以便准确测定同位素比值，或将低丰度的同位素与供内标参照的同位素标准品一起定量。因此，数据更多地以表格形式或以浓度与变量图的形式呈现，变量例如入侵深度、样品年龄或表面位置等。只有在多元素检测时才采用覆盖较宽范围的质谱图。

15.5 电感耦合等离子体质谱法

在电感耦合等离子体质谱法（inductively coupled plasma mass spectrometry，ICP-MS）中，原子化和电离是依靠大气压下的射频氩气等离子体实现的。自 1980 年问世以来[21]，ICP-MS 已成为元素质谱最常用的方法之一（参考文献[57,58]，[3]中的第 7.3 节，[6]中的第 4 章，[7]中的第 5 节）。ICP-MS 之所以被广泛接受，是因为它相对稳健且有通用的样品分析模式。ICP 不仅对低电离电位（IE）的元素有很高的电离效率（对 IE = 7 eV 的元素，电离效率高达 98%），还适用于 P 甚至 Cl 等非金属元素（对 IE = 13 eV 的元素，电离效率为 1%）。

ICP 源的核心是由所谓的等离子体焰炬（plasma torch）形成的。它由三根同轴对齐的石英管组成，这些石英管沿着水冷式射频线圈的中心轴插入。在电火花放电点火后，线圈（通常为 27 MHz 的射频）将电能（1～2 kW）耦合到气体中来产生等离子体。同时由波动的磁场引起离子运动，离子运动反过来加热气体并保持等离子体持续流动。石英管外壁直径约 20 mm，其管壁由 12～20 min^{-1} 的氩气气流冷却。中间管的另一氩气流（1～2 min^{-1} 的辅助气流）提供等离子体。然后通过内管 1～1.5 min^{-1} 的氩气载气将样品引入环形等离子体的中心。该载气通过雾化器将液体样品形成微米级的液滴（取决于雾化器的类型）并将其分散、转移。这些液滴在 ICP 内蒸发、雾化和电离。典型的样品消耗量为 0.02～1 mL/min（图 15.10）。

在 ICP 靠近线圈的样品引入区，温度接近 10000 K。在样品引入区的中心，蒸发和雾化在约 8000 K 下发生。当等离子体流离线圈时，中性粒子的激发在 7500 K

发生,并在线圈之后 6000 K 左右的区域发生电离(图 15.10)。随后等离子体尾部的重聚会导致分子干扰,这种干扰可以通过在离子束中放置碰撞池来减少分子干扰,例如文献中所示[30,31,72,73]。

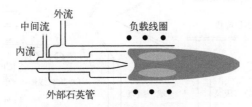

图 15.10 电感耦合等离子体焰炬

三根同轴石英管的内流输送样品,中间氩气流提供等离子体,外层气流向外壁提供冷却。线圈内的温度达到约 10000 K,而在等离子体尖端处温度降至约 6000 K,离子从该尖端处被取样锥收集
(经许可改编自参考文献[71])。© The Royal Society of Chemistry,2015)

等离子体的外观取决于液体和气体的流动、雾化器的设计,当然还有分析物的类型和浓度。在某些情况下,ICP 可能非常漂亮(图 15.11)[74]。通过高速摄影仔细观察 ICP,可发现激光烧蚀(laser ablation,LA)的颗粒残留或由于液体流量过高而进入 ICP 的液滴残留[74]。

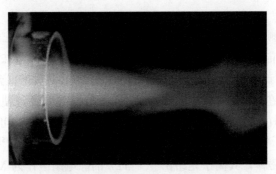

图 15.11 漂亮的 ICP 等离子体

这张照片显示了钇的分析中获得的等离子体(经许可转载自参考文献[74])。© The Royal Society of Chemistry,2003)

类似于 ESI(第 12 章),离子转移到质量分析器是经由差分泵接口实现的,一小部分等离子体通过取样锥体中心的孔进入第一级泵。取样锥体的水冷却保护其表面,使其不会因暴露在热等离子体中而迅速损坏。接下来,离子通过施加电势被引导通过截取锥的入口,而大多数中性粒子则在这个区域被超声速膨胀抽走(图 15.12)。与早期有机质谱的大气压离子源类似,由于四极杆分析器接受中等真空条件,ICP-MS 首次应用时与四极杆分析器连接[21]。

目前,ICP 源还与扇形磁场质谱仪[13,75]、飞行时间(TOF)质谱仪[76-81],甚至傅里叶变换离子回旋共振(FT-ICR)质谱一起使用[82]。

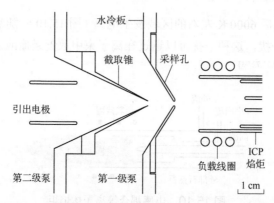

图 15.12 电感耦合等离子体质谱（ICP-MS）离子引出接口

离子从右边进入，一小部分通过水冷取样孔进入第一级真空（滚轮泵），然后自由射流膨胀的中心通过第二分离截取锥传输，在第二分离截取锥之后，离子在电势的趋势下通过第二真空（涡轮泵）进入质量分析器

（经许可转载自参考文献[3]。© John Wiley & Sons，1997）

对高分辨率 ICP 仪器的兴趣是由等离子体气体和基质之间的多原子离子干扰所驱动，这确实是 ICP-QMS 的限制因素。同量异位素干扰并不像看上去那么麻烦，因为大多数元素都有两种以上的同位素可供选择。但无论如何，目前的扇形磁场质谱仪或 TOF 质谱仪都不能解决任何同量异位素干扰，因为它们需要 12000 以上的质量分辨率[83]。

多接收器检测系统是元素质谱仪器的一个重要特征，因为它对所有感兴趣的离子可同时提供最准确的同位素比值[84,85]。传统的方法采用多个法拉第环，将它们沿着复杂的轨道进行调整以实现收集一组离子。较新的 ICP 质谱仪允许小型 Mattauch-Herzog 型分析器在 120 mm 焦平面上同时检测离子。这是通过使用覆盖在焦平面上含有 4800 个通道的大型直接电荷半导体探测器来实现的。因此可以在不扫描的情况下监测从 ^{6}Li 到 ^{238}U 的 210 种核素，即在恒定磁场下进行监测[85]。这种特殊的 ICP 质谱仪依赖于永磁体，其离子光路由一个 127°的静电扇区作为 Mattauch-Herzog 分析器前面的预滤器，以防止来自 ICP 的光子和中性物种进入重要的质量分析器。

> **与众不同的缩略语**
>
> 在无机质谱法中，质量分析器的类型有时会成为缩写的一部分，如：四极杆的 ICP-QMS，扇形磁场的 ICP-SFMS，双聚焦分析器的 ICP-DFMS。因此，连接到 ICP 源上的飞行时间分析器将被称为 ICP-TOFMS。同样，这与有机和生物医学质谱的习惯略有不同，在传统的有机和生物医学质谱中，只有 TOF 和 FT-ICR 倾向于包括在首字母缩写中，并且通常通过连字符与 MS 隔开。

液体进样仍然是电感耦合等离子体质谱（ICP-MS）的标准操作。因此，液相色谱或毛细管电泳与 ICP 仪器的联用优势十分明显。这样不仅可以测定样品中的元素，还能对分子物种进行归属。这解释了 ICP-MS 在蛋白质中识别非碳、氢、氧、氮元素的重要性，即在金属组学中的应用（参见本章的前两个示例）。

黄铜的 ICP-TOFMS　黄铜的 ICP 质谱有三类信号：①$^{14}N^+$、$^{16}O^+$、$^{1}H_2^{16}O^{+\cdot}$、$^{40}Ar^{2+}$、$^{36}Ar^+$、$^{38}Ar^+$、$^{40}Ar^+$ 和 $^{40}Ar_2^+$ 给出的背景峰为 ICP 的背景图谱；②多同位素元素 Cu 和 Zn 代表了黄铜的主要成分，因此产生了强峰；③低浓度的 Si、Mn、Fe、Ni、Sn、Sb、Pb 和 Bi（图 15.13）。在这种特殊情况下，黄铜没有通过雾化合金溶液进样，而是通过炬内激光烧蚀送入 ICP[81]。

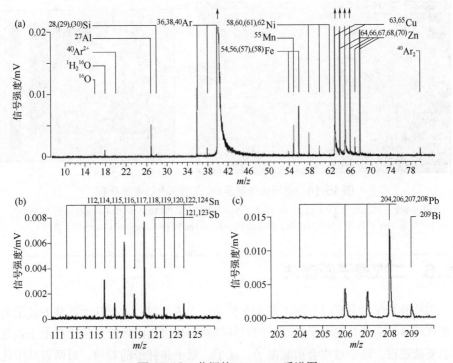

图 15.13　黄铜的 ICP-TOF 质谱图

由 N、O、H$_2$O、Ar^{2+}、Ar$^+$、Ar$_2^+$ 产生的峰作为 ICP 的空白图谱

（a）在 m/z 80 以内，检测到 Si、Mn、Fe 和 Ni 的含量很低，而 Cu 和 Zn 在黄铜中正如预期占主导地位；（b）和（c）分别显示了来自 Sn 和 Sb 以及 Pb 和 Bi 的叠加信号　（经许可改编自参考文献[81]。© Springer-Verlag, 2008）

样品制备的必要性

一般认为 ICP-MS 具有高通量，并声称不需要复杂的样品制备。然而在实际分析时，每个样品都需要单独处理，每个样品分析前的消解通常需要约 2 h。此外，就像 TIMS 的情况一样，为了精确和准确地测定同位素比值，需要进行基质的分离。具体地说，如果 MC-ICP-MS 要用作 TIMS 的补充技术，那么只能以牺牲精度为代价实现高通量。

为了进一步扩充 ICP-MS 的取样方法库，可以使用气流（通常是氩）来吸收激光产生的气溶胶。这种技术被称为激光烧蚀（laser ablation，LA）ICP-MS。Hieftje 小组在 1996 年[86]首次基于以前引入的 ICP-TOF 仪器而实现了这种技术[76-78]。LA-ICP-TOF-MS 可用于从大块材料的固体表面取样，或者用于元素分布的成像。LA-ICP 质谱成像可以监测元素在固体结构上的横向分布（lateral distribution）[87]，识别 2D 凝胶上的金属和类金属[88,89]，或者揭示生物组织和类似样品中的元素浓度（图 15.14）[17,18,20,89,90]。

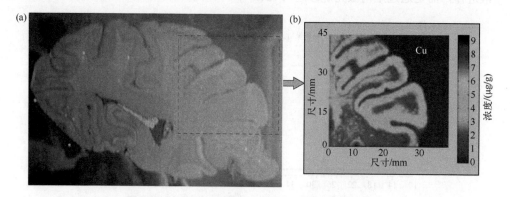

图 15.14 质谱成像揭示 Cu 在组织中的定量分布

组织中铜的平均浓度为 3～7 μg/g。用 LA-ICP-MS 获得的人脑薄层组织切片（a）和标记区域中铜的分布（b）的照片（经许可改编自参考文献[18]）。© The Royal Society of Chemistry，2007）

15.6 二次离子质谱法

当具有 keV 能量的（初级）离子束撞击一个表面时，入射粒子转移的能量会引起连续碰撞从而使几层原子运动，同时伴随着固体表面区域能量传递和电子相互作用的复杂过程。这个过程会引起电子、光子、原子和分子的发射，后两者是中性的或离子化的，因此受到轰击的表面会经历不可逆的变化[91]。发射的离子被称为二次离子，因此这种方法被称为二次离子质谱法（secondary ion mass spectrometry，SIMS）。其溅射和离子形成过程与 FAB 和 LSIMS（第 10 章）几乎相同[92]。实际上，SIMS 为 FAB 和 LSIMS 分析有机样品的发展铺平了道路。而 SIMS 不仅是 FAB 的前身，它本身也是一种杰出的方法，可以很好地分析岩石、合金、半导体等各种无机样品[93,94]。

Arnot 首先观察到了仪器结构材料产生的两种极性的二次离子，它们是离子源过程的副产物[95,96]。Herzog 和 Viehböck 将其开发为分析仪器[97]。受这些实验的启发，早期的 SIMS 仪器于 20 世纪 60 年代搭建并用于分析美国国家航空航天局（NASA）阿波罗计划获取的月球岩石。SIMS 在以下方面取得了许多突破：①固体的整体分析；②薄层的纵向剖面分析；③高横向分辨率的成像；④单层分析。这些也是 Benninghoven 小组研究的优点[91,93,98,99]。

15.6.1 原子的 SIMS

SIMS 可以在痕量水平测定元素周期表中的所有元素，常应用于固体材料，特别是半导体和芯片。空间显微分析是通过将初级离子束准直到直径约 1 μm，并控制离子束击中样品表面的位置来实现的。通过这种方式，SIMS 提供了这些元素在样品中的横向和深度分布。目前正在改造 SIMS 以实现超过 100 nm 的横向分辨率。随着微电子学发展的驱动，其目标是实现接近 10 nm 结构的分辨率。另外深度分布的分辨率需要接近原子尺度[100]。

SIMS 表面分析分为两种操作模式，即所谓的静态 SIMS（static SIMS）和动态 SIMS（dynamic SIMS）。

静态 SIMS 采用极低的溅射率，通常使用脉冲初级离子束，以提高对顶面单一层特性的敏感度，甚至可能揭示分子信息（见下文）[101]。在静态 SIMS 中，初级离子保持在 10^{12} 离子/(s·cm²)以下。

动态 SIMS 使用恒定、高溅射速率 [10^{17} 离子/(s·cm²)] 的初级离子束，从而对痕量杂质（ppm 到 ppb）具有非常高的灵敏度。与其他无机质谱分析方法一样，它可提供元素和同位素信息。扇形磁场分析器或四极杆质量分析器经常用于动态 SIMS。溅射时的连续分析产生的信息是深度的函数，称为深度剖面分布（depth profile）。

> **每次撞击互不干扰**
>
> 单个溅射事件，即穿透、连续碰撞引起的晶格扰动和最终粒子弹射，所需时间不到 10^{-12} s。有趣的是，当初级离子束密度小于 10^{-6} A/cm² [相当于 $6×10^{12}$ 离子/(s·cm²)] 时，由于一次碰撞的最大截面只有 10 nm² 量级，因此由不同的初级离子之间的干扰是不存在的。换句话说，每次撞击都独立于先前、随后或附近同步的撞击[91,92]。这意味着特定的表面在动态 SIMS 中每分钟受到 10～100 次撞击，而在静态 SIMS 中只有 0.01～0.1 次撞击。因此单原子层可以在静态 SIMS 中实现 1 h 量级的观察时间，即静态 SIMS 有助于对表面更持久的保护。

15.6.2 原子 SIMS 的仪器

SIMS 的初级离子通常由提供 Cs⁺离子的热电离源或双等离子体源（duoplasmatron source）产生。根据其工作模式的不同，双等离子体管的工作状态介于电子电离和辉光放电之间。它可以用来产生正离子（Ar⁺、O⁺）和负离子（O_2^-）的准直离子束[102,103]。

氧正离子轰击增加了表层的氧浓度并形成了 M—O 键。在轰击和离子解吸过程中会破坏这些键并形成负电荷。因为氧的高电子亲和能，负电荷很容易被氧消耗，因此多数的金属原子仍然带正电荷。所以对强正电性的元素分析时，采用氧轰击正二次离子可以获得最佳灵敏度。与氧相反，射入样品表面的铯离子会降低元素的功函数，提供更多的二次电子，因此对负离子的形成更为有效。所以半金属和非金属元素以及Ⅷ族过渡金属更倾向于通过 Cs^+ 轰击的负离子模式进行分析。

另一类公认的初级离子源是提供 Ga^+ 或 In^+ 离子的液态金属离子枪（liquid metal ion guns, LMIG）。它们提供非常精细的光束来实现高的横向分辨率。Ga^+ LMIG 目前提供了所有离子枪中最小的探针尺寸（小于 10 nm）和最高的电流密度（1～10 A/cm^2）。LMIG 通常由一个涂有 Ga 的场发射极尖端组成，高电场从该尖端引出 Ga^+ 离子。为了确保离子束的最佳聚焦，Ga^+ 离子被加速到 20～60 kV（图 15.15）[104]。

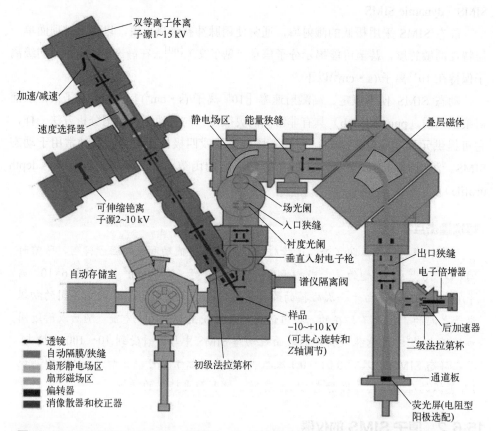

图 15.15 CAMECA IMS7f-Auto 示意图，显示了高分辨率离子微探针 SIMS 仪器的主要组件
为了灵活起见，样品可以用 Cs^+ 离子（热电离源 TI）或来自双等离子体源的离子进行轰击，双等离子体源可以提供稀有气体或氧离子。EB 构造的双聚焦扇形磁场仪器提供高分辨率，可通过 SEM、法拉第杯或 MCP 进行离子检测（经许可转载自 CAMECA 技术资料。© CAMECA Germany，2016）

15.6 二次离子质谱法

溅射作为初次离子轰击的结果，产生了从多种离子物种——从不同电荷状态的单原子离子到多原子簇甚至简单分子离子范围内的各种离子物种。溅射通常伴随着同位素和化学分离，即二次离子效率与待分析的材料相关联。因此 SIMS 的图谱以原子离子的不同电荷状态，以及氧化物、氢氧化物、卤代物等简单反应产物（如）之间的大量干扰为特征。与之前的任何其他元素质谱技术一样，高分辨率仪器提供了处理叠加同量异位素的最有效和最可靠的方法。

SIMS 产生的离子 硅表面的二次正离子质谱信号可归属于 Si^{2+}、Si^+、Si_2^+、Si_3^+、Si_4^+等，而负二次离子产生 Si^-、Si_2^-、Si_3^- 和 Si_4^- 的信号。对于金属（M）氧化物等双组分晶格，SIMS 会产生$[M_nO_{n-1}]^{+}$（通常为 $x = 1$）型的正离子和大多为$[M_{n-1}O_n]$型的负离子。其中 M 和 O 的比例无疑取决于金属的主要氧化状态。由此可见，复杂的系统会导致额外的离子簇。盐的 SIMS 主要产生的正离子或负离子及相应离子簇系列与前文 FD、FAB 或 ESI（分别在第 8、10 和 12 章）中提到的离子簇系列一致[91,98,99]。

15.6.3 分子的 SIMS

静态 SIMS，即初级离子低通量时，可以保留分子信息，但这是以低二次离子产率为代价的。因此静态 SIMS 条件不宜与扫描型质量分析器结合，这也导致了在"前 FAB 时代"时用 SIMS 对氨基酸等有机分子进行实验的结果并不令人满意[101]。在这里 TOF 分析器再次发挥了它的优势，因为它能够分析一个短初级离子脉冲产生的所有离子。由于几乎没有离子丢失（仅由于不完美的传输），所以当使用 TOF 而不是四极杆分析器时，灵敏度提高了 1000 倍以上[105]。

第一台 TOF-SIMS 仪器[106]使用了脉冲碱性初级离子源。通过热离子发射，碱金属铝硅酸盐产生初级离子，加速至 25 keV 并以 5～50 ns 的脉冲聚焦到金或银表面的单分子样品层上（这种类型的 Cs^+一次离子源仍用于 LSIMS）。用这种方法得到了氨基酸、核苷[106,107]，甚至多肽[108]的有效图谱。很快 TOF-SIMS 成为 PD-MS 的主要竞争对手[109-111]，FAB 和 LSIMS 的发展产生了 TOF-LSIMS 等富有成效的方法[112]。

现代 TOF-SIMS 通常应用于合成聚合物分析领域，但很少用于分子量分布的测定，该测定主要是 MALDI 的领域。分析低分子量添加剂或表面改性剂时，TOF-SIMS 通常不会像 MALDI 那样产生基质干扰[113-117]。从本质上说，只有 SIMS 才能真正分析自然的表面。

SIMS 分析聚合物的添加剂 加入聚合物中的添加剂可以稳定或改善聚合物的性能，包括抗氧化剂、紫外线稳定剂、抗静电剂、阻燃剂等。然而它们向表面迁移可能会导致起霜，从而对表面性能产生负面影响，而这些表面性能与特定应用的需求紧密关联。TOF-SIMS 能够以高灵敏度提供最外层的分子信息，因此它非常适合于表征表面组成。这里展示了共聚物 PETi [一种聚对苯二甲酸乙二酯（60%）、间苯二甲酸酯（40%）] 表面的抗氧剂 Irgafos 168（0.3%，质量分数）的分析结果（图 15.16）[117]。

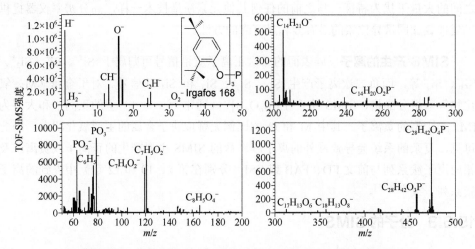

图 15.16 PETi 上 Irgafos 168 的负离子 TOF-SIMS 分析结果

该化合物发生显著裂解，因此无[M-H]⁻峰（m/z 645）。注意，随着 m/z 的升高，离子丰度大大降低，这也是质谱图被分段表示的原因（经许可转载自参考文献[117]。© John Wiley & Sons，2002）

15.6.4 多原子初级离子束

重初级离子束（如金[118]或铋团簇[119-121]或富勒烯分子离子[27,122-124]）的引入大大推动了 SIMS 的发展。特别是它们与 TOF-SIMS 的结合，使整个 SIMS 领域焕发了新的活力。正如已经从 FAB、LSIMS 以及 SIMS[125]中了解到的那样，质量更高的氙可提高二次离子产率，并且与氩或氖相比，它对较大的分子更为有效。在重初级离子源出现之前，因为初级离子对较大分子物种的解吸效率低，TOF-SIMS 的检测上限在 300 u 左右。使用多原子初级离子束时，二次离子的发射大大增强，而表面的损伤没有变得严重[126]。在 1 μm 量级的横向分辨率下，多原子初级离子束可以有效地覆盖 m/z 1500 的范围。

实验和分子动力学理论表明，大分子的有效电离需要多次连续碰撞的协同作用。原子初级粒子将能量集中沉积在固体上一个非常小但纵深的区域。另一方面，多原子初级离子在与表面碰撞时裂解，这种方式在更大范围内产生了许多较弱的碰撞[123]。这一系列弱碰撞的协同作用可以实现分子的解吸[105]。分子动力学模拟表明，初级离子裂解产生的声波能够将二次离子推离表面。尤其是富勒烯离子源（C_{60}^{++}初级离子[105]）会导致最上层样品中的能量沉积。

枯草芽孢杆菌的表面活性素　即使在簇离子源出现的情况下，TOF-SIMS 成像仍有利于疏水分子。表面活性素（surfactins）是一个七个氨基酸组成的环酯肽家族，其 C-末端的羧基与脂肪酸的 β-羟基相连，使谷氨酸残基的 N-末端功能酰化。所连接的脂肪链有 12～16 个碳原子。这些化合物是由革兰氏阳性菌枯草芽孢杆菌分泌，在树突状的形成中起着重要作用。这些表面活性素的 TOF-SIMS 成像图谱显示，它们主要位于中心母菌落，在围绕着的"环"中，沿着树突的边缘分布（图 15.17）。链长较短的表面活性素出现在树突内部，而脂肪酰基链长较长的表面活性素出现在群落边缘的环上[126]。

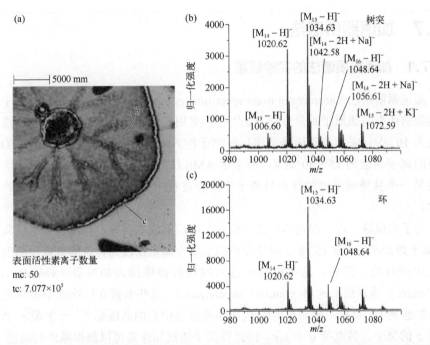

图 15.17　（a）枯草芽孢杆菌群落表面的表面活性素离子 TOF-SIMS 成像，每个像素中离子的最大值（mc）和总计数值（tc）显示在图像下方，视场 23 mm×23 mm，256×256 像素，像素大小 90 μm，Bi_3^+ 初级离子通量 1×10^9 ions/cm²；（b）从树突周围的感兴趣区域获得的质谱图；（c）从环周围的感兴趣区域获得的部分质谱，M_n 是指具有 n 个碳原子长的烷基链的化合物
（经许可改编自参考文献[126]。© Springer-Verlag，2009）

数据处理和存储

　　质谱成像创建了一种充满海量数据的"化学图谱"。一幅 256×256 像素的标准图像需要 65536 个质谱图，且每个图谱约有 105 个数据点。因此，为了处理这些千兆字节的数据，需要有效的软件工具来进行数据评估、表示并最终将其压缩以便长期存储。

SIMS 的未来似乎光明且充满希望。它从 21 世纪初一项看似正在消失的技术开始[27]，现在已经昂首挺立，取得了令人印象深刻的结果，如骨骼、组织甚至单个细胞的成像[25,27,121,123,127,128]。组织低温冷冻等样品制备的新技术，保证了在低真空条件的实验时间跨度内保存这些样品的新能力。

MALDI 和 SIMS 成像被视为研究复杂生物系统的互补技术[26]。虽然 MALDI 可以提供多肽、蛋白质、低聚糖和其他高质量组分的信息，但 TOF-SIMS 是分析脂质、天然表面和极其精细结构的首选工具[26,28,104,124,126]。成像界现在也在使用通用型仪器，如 SIMS/ESI/MALDI Q-TOF[129]。

15.7 加速器质谱法

15.7.1 加速器质谱法的实验装置

加速器质谱法（accelerator mass spectrometry，AMS）的方法论明显不同于本书中提到的所有其他原子质量分析方法[4,130]。采用四极杆分析器分析时，离子注入动能约为 10 eV；采用扇形磁场质谱仪时离子注入动能为 5~10 keV；对于 TOFs，相应的离子动能为 15~30 keV，而采用 AMS 法的离子则达到几个 MeV。这项技术的另一个独特而关键的特点是离子在实验过程中经历了动能和电荷状态的剧烈变化。

为了实现这一点，加速器质谱仪由几个阶段组成。首先，样品的负二级离子由 Cs^+ 离子轰击产生（图 15.18）。质量分析的主要步骤是在较为传统的双聚焦扇形磁场单元中进行的。然后，选择的离子进入线性范德格拉夫加速器（van de Graaff accelerator）或串联加速器（tandem accelerator）。这些装置在核物理中很常见。在串联加速器中，负离子被高正电压 V_a 吸引到容器中心的高压端子。一个带 z_1 个基本电荷 e 的离子，其电荷 $q = z_1 e$，因此该离子通过加速器可以获得额外的动能 $E_a = z_1 e V_a$。然后该离子通过（电荷）剥离器（stripper）。目前使用的电荷剥离装置有两种：①薄膜剥离器，光束通过薄碳箔射出；②气体剥离器，基本上是气体碰撞池。两者都起到剥离负离子中所有电子的作用，从而将其转化为带多个正电荷的离子，即 $q = -z_2 e$。这种极端程度的电荷反转是高碰撞能量的主要目的——一个非常受欢迎的作用是检测器中高效率的离子计数。然后正离子被推离高压端，朝向对侧加速器相的出口。由于它们各自的电荷状态，在这个加速的第二阶段，多电荷正离子依电荷数不同聚集的动能各异。通过加速器后，接收到的总动能为 $E_a = V_a(z_1 e + z_2 e)$。然后根据它们的动量、电荷和能量将它们分离并各自计数。第二个单元也代表了一种大型扇形磁场仪器，但是它可以具有附加部件，如用于离子速度分析的 TOF 分析器（图 15.19）[4]。

15.7 加速器质谱法

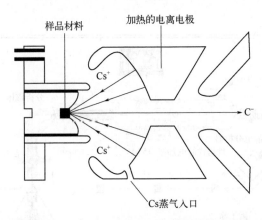

图 15.18 用于 AMS 的高强度铯溅射离子源

Cs^+ 是由 Cs 蒸气在加热的大型钽阳极上热离子化而产生的，该阳极像穹顶一样放置在样品上方。二次（分析物）离子通过轴向小孔离去。使样品处于负高压状态会加速 Cs^+ 离开阳极以轰击样品，并迫使分析物负离子离开离子源（经许可转载自参考文献[130]）。© Wiley Periodicals，2008）

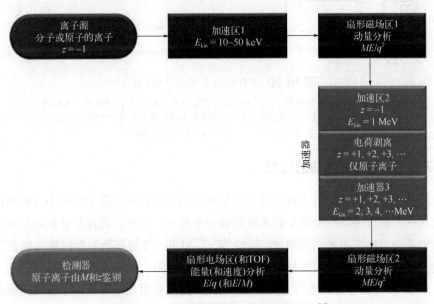

图 15.19 AMS 的流程和常规实验设置[4]

该仪器由中等离子动能区域、离子加速器和高能区域组成，以极高的灵敏度和特异性检测原子的多电荷离子

15.7.2 加速器质谱法的设备

由于加速器的存在，传统的 AMS 设备需要上百平方米的面积来安装仪器（图 15.20）。近年来，对 AMS 检测日益增长的需求推进了具有专用用途的小型 AMS 仪器的设计；苏黎世的 Suter 在很大程度上推动了这种"小型化"[131-133]。进一步的了解建议阅读 Hellborg 和 Skog 的综述[130]。

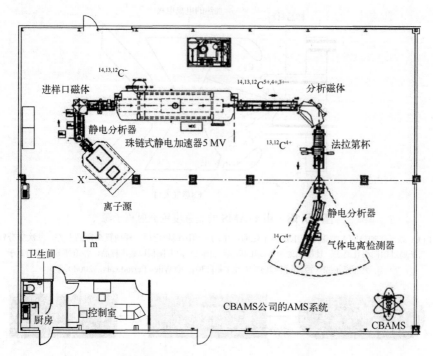

图 15.20 CBAMS 公司的 AMS 设备
该仪器是同类仪器中的典型。注意 1 m 的比例尺。CBAMS 成立于 1997 年，是世界上第一家使用加速器质谱仪提供完整商业化分析服务的私营公司（经许可转载自参考文献[14]。© John Wiley & Sons，1999）

15.7.3 加速器质谱法的应用

这些 MeV 能量的巨大优点是它们能够帮助避免在原子离子识别中的模糊性，因为这些干扰分子最终在电荷剥离阶段被完全破坏。此外，选择待分析同位素适宜的高电荷态可以明确地识别物种。例如 ^{14}C、^{26}Al 和 ^{129}I 的图谱没有同量异位素 ^{14}N、^{26}Mg 和 ^{129}Xe 的叠加，因为后者的负离子是不稳定的。

AMS 是一种非常灵敏的同位素分析技术，特别是用于在极端动态范围内检测同位素比值。对于碳等元素，可以测定出低至 $1/10^{15}$ 的同位素比值，这比任何其他质谱技术都要低 99%[3]。此外，约 1 mg 的样品就足以用于 AMS 分析，这相当于只有大约 10^6 个待测同位素原子。因此 AMS 非常适合于低丰度同位素的同位素比值检测，特别是碳 14 等半衰期太长，无法从少量样品中确定放射性衰变的同位素。实际上碳 14 测年法推动了 AMS[134,135] 的发展，并且仍然以各种方式得到应用[14,130,136]。AMS 目前还用于 ^{10}B、^{26}Al、^{36}Cl、^{41}Ca、^{129}I 等同位素及其他稳定同位素的测定。AMS 的多功能性使其在生命科学、地球科学、考古学和地外研究中有了广泛的应用[15,19,130,137-139]。

AMS 胜过放射性计数 为了更好地展示 AMS 的性能，将放射性计数法测定碳 14 与 AMS 进行了比较。一个 1 g 的环境碳样品，含有 $6×10^{10}$ 个 ^{14}C 原子（^{12}C 原子是它的 $1.2×10^{12}$ 倍）。由于 ^{14}C 的半衰期为 5730 年，每分钟只有 13 个原子衰变。在放射性碳测年法中，为了达到常规的 0.5% 的统计学精度，1 g 碳的测定需要超过 48 h 的放射性计数。而 AMS 不必等待衰变，因为它能够分析整个样品，所以效率更高。仅需 1 mg 的碳样品，为放射性衰变计数所需材料的千分之一，1~2 h 内在电离源中完全溅射，将大约 $6×10^5$ 个原子（占总 ^{14}C 含量的 1%）送到 AMS 检测器系统。这里不能使用常规的质谱仪，因为与 ^{14}C 离子叠加的原子和分子的同量异位素的数量比它高几个数量级。这些同量异位素包括 $^{14}N^+$ 和小碎片离子，如 $^{13}CH^+$、$^{12}CH_2^+$、$^{12}CD^+$ 和 $^7Li_2^+$ 等。丰度灵敏度也发挥了作用，这是由于与 ^{12}C 和 ^{13}C 之间的延伸峰与 ^{14}C 有很小的重叠，限制了 ^{14}C 的检测。因此，常规的质谱最多只能在大约 10^{-7} 的 $^{14}C/^{12}C$ 同位素比值范围内进行。AMS 可实现降至约 10^{-15} 的 $^{14}C/^{12}C$ 同位素比值范围检测。

15.8 无机质谱法小结

（1）无机质谱的概念

无机质谱或元素质谱是质谱领域的统称，旨在分析样品的元素组成，检测痕量元素或痕量同位素，并测定同位素比值。

（2）仪器

无机质谱的仪器种类繁多，范围从稳定同位素比值分析的专用仪器到高度通用的二次离子质谱仪，后者可用于提供样品的整体组成，以及一些分子信息，甚至可以提供元素横向分布方面的图像。扇形磁场质量分析器（单聚焦和双聚焦）发挥着重要作用，而四极杆和飞行时间仪器只占各类仪器的小部分。加速器质谱仪是最具特点的仪器，它们自成一类。

（3）离子化

大多数情况下，离子化条件很苛刻，会同时分解所有的分子实体。因此，原子离子被用于元素分析。虽然有些技术只受到属于不同元素的同位素的同量异位素干扰，但另一些技术也可能因某些分子干扰而变得复杂。特别是基于等离子体的方法，如 GD-MS 和 ICP-MS，容易形成双原子离子，主要是等离子体气体，这些双原子离子可能会叠加到分析物的原子离子上。

（4）应用

在过去，该方法主要侧重于对金属、半导体、矿物和气体的分析。因此，元素质谱在地质研究、材料科学、冶金学、电子器件制造、海洋学和气候研究等领域发挥着重要作用。痕量元素分析可以揭示样品的地理来源，同位素比值也可以做到这一点。此外，同位素比值可以用来确定样品的年龄，无论是艺术品还是史前遗迹，如埋在沉积物下的木头或恐龙骨骼。

在 21 世纪，生物来源样品的重要性不断增加，特别是当元素质谱和生物医学质谱的结合来分析物种的形成，即归属特定分子中的元素，通常是归属某种蛋白质中的金属或类金属元素。

（5）结论与展望

质谱不仅仅是有机的、无机的、物理化学的、生物医学的或环境的。与之相反，质谱包含了众多的方向和应用。LA-ICP-MS、具有多原子初级离子束的 TOF-SIMS 及 AMS 在生物医学和地质领域的成功，都极好地例证了某些特定方法学如何弥补极端情况之间的差距。对从细胞和组织到土壤、海水和大气复杂系统的日益探索，需要联合使用能够跨越学科边界的所有技术。

虽然质谱学家的工作必然与个人专长的某个领域相关，但也应该意识到——这至少建立在质谱学的良好教育背景上。因为质谱法本身就是一个科学领域，它是多种方法的集合。

参考文献

[1] de Laeter JR, Kurz MD (2006) Alfred Nier and the Sector Field Mass Spectrometer. J Mass Spectrom 41: 847–854. doi:10.1002/jms.1057

[2] Budzikiewicz H, Grigsby RD (2006) Mass Spectrometry and Isotopes: A Century of Research and Discussion. Mass Spectrom Rev 25: 146–157. doi:10.1002/mas.20061

[3] Platzner IT, Habfast K, Walder AJ, Goetz APlatzner IT (eds) (1997) Modern Isotope Ratio Mass Spectrometry. Wiley, Chichester

[4] Tuniz C, Bird JR, Fink D, Herzog GF (1998) Accelerator Mass Spectrometry – Ultrasensitive Analysis for Global Science. CRC Press, Boca Raton

[5] Taylor HE (2000) Inductively Coupled Plasma Mass Spectroscopy. Academic Press, London

[6] de Laeter JR (2001) Applications of Inorganic Mass Spectrometry. John Wiley & Sons, New York

[7] Becker JS (2008) Inorganic Mass Spectrometry: Principles and Applications. John Wiley & Sons, Chichester

[8] Prohaska T, Irrgeher J, Zitek A, Jakubowski N (eds) (2015) Sector Field Mass Spectrometry for Elemental and Isotopic Analysis. Royal Society of Chemistry, Cambridge

[9] Douthitt CB (2008) Commercial Development of HR-ICPMS, MC-ICPMS and HR-GDMS.J Anal At Spectrom 23: 685–689. doi:10.1039/B800341F

[10] Hieftje GM (2008) Emergence and Impact of Alternative Sources and Mass Analyzers in Plasma Source Mass Spectrometry. J Anal At Spectrom 23: 661–672. doi:10.1039/B717319A

[11] de Laeter JR, De Bièvre P, Peiser HS (1992) Isotope Mass Spectrometry in Metrology. Mass Spectrom Rev 11: 193–245. doi:10.1002/mas.1280110303

[12] Ma R, Staton I, McLeod CW, Gomez MB, Gomez MM, Palacios MA (2001) Assessment of Airborne Platinum Contamination via ICP-Mass Spectrometric Analysis of Tree Bark. J Anal At Spectrom 16: 1070–1075. doi:10.1039/B102940C

[13] Stuewer D, Jakubowski N (1998) Elemental Analysis by Inductively Coupled Plasma Mass Spectrometry with Sector Field Instruments: A Progress Report. J Mass Spectrom 33: 579–590. doi:10.1002/(SICI)1096-9888 (199807)33: 7<579:: AID-JMS688>3.0.CO;2-W

[14] Barker J, Garner RC (1999) Biomedical Applications of Accelerator Mass Spectrometry-Isotope Measurements at the Level of the Atom. Rapid Commun Mass Spectrom 13: 285–293. doi:10.1002/(SICI)1097-0231(19990228) 13: 4<285:: AID-RCM469>3.0.CO;2-R

[15] Kutschera W (2005) Progress in Isotope Analysis at Ultra-Trace Level by AMS. Int J Mass Spectrom 242: 145–160. doi:10.1016/j.ijms.2004.10.029

[16] Becker JS, Zoriy M, Becker JS, Pickhardt C, Przybylski M (2004) Determination of Phosphorus and Metals in Human Brain Proteins After Isolation by Gel Electrophoresis by Laser Ablation Inductively Coupled Plasma Source Mass Spectrometry. J Anal At Spectrom 19: 149–152. doi:10.1039/B311274H

[17] Guenther D, Hattendorf B (2005) Solid Sample Analysis Using Laser Ablation Inductively Coupled Plasma Mass Spectrometry. Trends Anal Chem 24: 255–265. doi:10.1016/j.trac.2004.11.017

[18] Becker JS, Zoriy M, Becker JS, Dobrowolska J, Matusch A (2007) Laser Ablation Inductively Coupled Plasma Mass Spectrometry (LA-ICP-MS) in Elemental Imaging of Biological Tissues and in Proteomics. J Anal At Spectrom 22: 736–744. doi:10.1039/B701558E

[19] Cheah ELC, Koh HL (2008) Biomedical Applications of Accelerator Mass Spectrometry. Curr Anal Chem 4: 102–110. doi:10.2174/157341108784587786

[20] Becker JS, Matusch A, Wu B (2014) ioimaging Mass Spectrometry of Trace Elements – Recent Advance and Applications of LA-ICP-MS: A Review. Anal Chim Acta 835: 1–18. doi:10.1016/j.aca.2014.04.048

[21] Houk RS, Fassel VA, Flesch GD, Svec HJ, Gray AL, Taylor CE (1980) Inductively Coupled Argon Plasma as an Ion Source for Mass Spectrometric Determination of Trace Elements. Anal Chem 52: 2283–2289. doi:10.1021/ac50064a012

[22] Szpunar J (2004) Metallomics: A New Frontier in Analytical Chemistry. Anal Bioanal Chem 378: 54–56. doi:10.1007/s00216-003-2333-z

[23] Lobinski R, Schaumlöffel D, Szpunar J (2006) Mass Spectrometry in Bioinorganic Analytical Chemistry. Mass Spectrom Rev 25: 255–289. doi:10.1002/mas.20069

[24] Swart C, Jakubowski N (2016) Update on the Status of Metrology for Metalloproteins. J Anal At Spectrom 31: 1756–1765. doi:10.1039/c6ja00181e

[25] Walker AV (2008) Why Is SIMS Underused in Chemical and Biological Analysis? Challenges and Opportunities. Anal Chem 80: 8865–8870. doi:10.1021/ac8013687

[26] Cassiday L (2008) SIMS and MALDI: Better Together. Anal Chem 80: 8860. doi:10.1021/ac8021828

[27] Griffiths J (2008) Secondary Ion Mass Spectrometry. Anal Chem 80: 7194–7197. doi:10.1021/ac801528u

[28] McDonnell LA, Heeren RMA (2007) Imaging Mass Spectrometry. Mass Spectrom Rev 26: 606–643. doi:10.1002/mas.20124

[29] Adams F, Vertes A (1990) Inorganic Mass Spectrometry of Solid Samples. Fresenius J Anal Chem 337: 638–647. doi:10.1007/BF00323098

[30] Tanner SD, Baranov VI, Bandura DR (2002) Reaction Cells and Collision Cells for ICP-MS: a Tutorial Review. Spectrochim Acta, Part B 57B: 1361–1452. doi:10.1016/S0584-8547(02)00069-1

[31] Koppenaal DW, Eiden GC, Barinaga CJ (2004) Collision and Reaction Cells in Atomic Mass Spectrometry: Development, Status, and Applications. J Anal At Spectrom 19: 561–570. doi:10.1039/B403510K

[32] Becker JS, Dietze HJ (2000) Inorganic Mass Spectrometric Methods for Trace, Ultratrace, Isotope, and Surface Analysis. Int J Mass Spectrom 197: 1–35. doi:10.1016/S1387-3806(99)00246-8

[33] Richter S, Goldberg SA (2003) Improved Techniques for High Accuracy Isotope Ratio Measurements of Nuclear Materials Using Thermal Ionization Mass Spectrometry. Int J Mass Spectrom 229: 181–197. doi:10.1016/S1387-3806(03)00338-5

[34] Encinar JR, Ouerdane L, Buchmann W, Tortajada J, Lobinski R, Szpunar J (2003) Identification of Water-Soluble Selenium-Containing Proteins in Selenized Yeast by Size-Exclusion-Reversed-Phase HPLC-ICP-MS Followed by MALDI-TOF and Electrospray Q-TOF Mass Spectrometry. Anal Chem 75: 3765–3774. doi:10.1021/ac034103m

[35] Halas S, Durakiewicz T (1998) Filament Temperature Stabilizer for a Thermal Ionization Mass Spectrometer. Int J Mass Spectrom 181: 167–171.doi:10.1016/S1387-3806(98)14186-6

[36] Kawano H, Page FM (1983) Experimental Methods and Techniques for Negative-Ion Production by Surface Ionization. Part I. Fundamental Aspects of Surface Ionization. Int J Mass Spectrom Ion Phys 50: 1–33. doi:10.1016/0020-7381(83)80001-1

[37] Kawano H, Hidaka Y, Page FM (1983) Experimental Methods and Techniques for Negative-Ion Production by Surface Ionization. Part II. Instrumentation and Operation. Int J Mass Spectrom Ion Phys 50: 35–75. doi:10.1016/0020-7381(83)80002-3

[38] Heumann KG, Schindlmeier W, Zeininger H, Schmidt M (1985) Application of an Economical and Small Thermal Ionization Mass Spectrometer for Accurate Anion Trace Analyses. Fresenius Z Anal Chem 320: 457–462. doi:10.1007/BF00479812

[39] Heumann KG, Kastenmayer P, Zeininger H (1981) Lead and Thallium Trace Determination in the ppm and ppb Range in Biological Material by Mass Spectrometric Isotope Dilution Analysis. Fresenius Z Anal Chem 306: 173–177. doi:10.1007/BF00482091

[40] Waidmann E, Emons H, Duerbeck HW (1994) Trace Determination of Tl, Cu, Pb, Cd, and Zn in Specimens of the Limnic Environment Using Isotope Dilution Mass Spectrometry with Thermal Ionization. Fresenius J Anal Chem 350: 293–297. doi:10.1007/BF00322485

[41] Schade U, Stoll R, R€ollgen FW (1983) Thermal Surface Ionization Mass Spectrometry of Organic Salts. Int J Mass Spectrom Ion Phys 46: 337–340. doi:10.1016/0020-7381(83)801211

[42] Moens L (1997) Applications of Mass Spectrometry in the Trace Element Analysis of Biological Materials. Fresenius J Anal Chem 359: 309–316. doi:10.1007/s002160050579

[43] Koppenaal DW (1990) Atomic Mass Spectrometry. Anal Chem 62: 303R–324R. doi:10.1021/ac00211a015

[44] Verlinden J, Gijbels R, Adams F (1986) Application of Spark-Source Mass Spectrometry in the Analysis of Semiconductor Materials. A Review. J Anal At Spectrom 1: 411–419. doi:10.1039/JA9860100411

[45] Jochum KP (1997) Elemental analysis by spark source mass spectrometry. In: Gill R (ed) Modern Analytical Geochemistry. Addison Wesley/Longman, Harlow

[46] Jochum KP, Stoll B, Pfänder JA, Seufert M, Flanz M, Maissenbacher P, Hofmann M, Hofmann AW (2001) Progress in Multi-Ion Counting Spark-Source Mass Spectrometry (MIC-SSMS) for the Analysis of Geological Samples. Fresenius J Anal Chem 370: 647–653. doi:10.1007/s002160100786

[47] Saprykin AI, Becker JS, Dietze HJ (1999) Investigation of the Analytical Performance of Gliding Spark Source Mass Spectrometry (GSSMS) for the Trace Analysis of Nonconducting Materials. Fresenius J Anal Chem 364: 763–767. doi:10.1007/s002160051429

[48] Hoffmann V, Kasik M, Robinson PK, Venzago C (2005) Glow Discharge Mass Spectrometry. Anal Bioanal Chem 381: 173–188. doi:10.1007/s00216-004-2933-2

[49] Wiedemann B, Alt HC, Meyer JD, Michelmann RW, Bethge K (1999) Spark Source Mass Spectrometric Calibration of the Local Vibrational Mode Absorption of Carbon in Gallium Arsenide on Arsenic Sublattice Sites.

Fresenius J Anal Chem 364: 768–771. doi:10.1007/s002160051430

[50] Gijbels R, Bogaerts A (1997) Recent Trends in Solid Mass Spectrometry. GDMS and Other Methods. Fresenius J Anal Chem 359: 326–330. doi:10.1007/s002160050581

[51] Stuewer D (1990) Glow Discharge Mass Spectrometry – A Versatile Tool for Elemental Analysis. Fresenius J Anal Chem 337: 737–742. doi:10.1007/BF00322247

[52] Marcus RK, King FL Jr, Harrison WW (1986) Hollow Cathode Plume as an Atomization/ Ionization Source for Solids Mass Spectrometry. Anal Chem 58: 972–974. doi:10.1021/ac00295a067

[53] Harrison WW, Hess KR, Marcus RK, King FL (1986) Glow Discharge Mass Spectrometry. Anal Chem 58: 341A–342A, 344A, 346A, 348A, 350A, 352A. doi:10.1021/ac00293a002

[54] Duckworth DC, Marcus RK (1989) Radio Frequency Powered Glow Discharge Atomization/ Ionization Source for Solids Mass Spectrometry. Anal Chem 61: 1879–1886. doi:10.1021/ac00192a020

[55] Marcus RK (1994) Radiofrequency Powered Glow Discharges for Emission and Mass Spectrometry: Operating Characteristics, Figures of Merit and Future Prospects. J Anal At Spectrom 9: 1029–1037. doi:10.1039/JA9940901029

[56] Marcus RK (1996) Radiofrequency Powered Glow Discharges: Opportunities and Challenges. Plenary Lecture. J Anal At Spectrom 11: 821–828. doi:10.1039/JA9961100821

[57] Jakubowski N, Prohaska T, Rottmann L, Vanhaecke F (2011) Inductively Coupled Plasma-and Glow Discharge Plasma-Sector Field Mass Spectrometry, Part I. Tutorial: Fundamentals and Instrumentation. J Anal At Spectrom 26: 693–726. doi:10.1039/c0ja00161a

[58] Jakubowski N, Prohaska T, Vanhaecke F, Roos PH, Lindemann T (2011) Inductively Coupled Plasma- and Glow Discharge Plasma-Sector Field Mass Spectrometry, Part II. Applications. J Anal At Spectrom 26: 727–757. doi:10.1039/c0ja00007h

[59] Harrison WW, Klingler JA, Ratliff PH, Mei Y, Barshick CM (1990) Glow Discharge Techniques in Analytical Chemistry. Anal Chem 62: 943A–949A. doi:10.1021/ac00217a001

[60] King FL, Harrison WW (1990) Glow Discharge Mass Spectrometry: an Introduction to the Technique and Its Utility. Mass Spectrom Rev 9: 285–317. doi:10.1002/mas.1280090303

[61] Bogaerts A, Gijbels R (1999) New Developments and Applications in GDMS. Fresenius J Anal Chem 364: 367–375. doi:10.1007/s002160051352

[62] Nelis T, Pallosi J (2006) Glow Discharge as a Tool for Surface and Interface Analysis. Appl Spectrosc Rev 41: 227–258. doi:10.1080/05704920600620345

[63] Jakubowski N, Dorka R, Steers E, Tempez A (2007) Trends in Glow Discharge Spectroscopy. J Anal At Spectrom 22: 722–735. doi:10.1039/B705238N

[64] Penning FM (1927) Über Ionisation durch metastabile Atome. Naturwissenschaften 15: 818. doi:10.1007/BF01505431

[65] Bogaerts A (1999) The Glow Discharge: an Exciting Plasma! J Anal At Spectrom 14: 1375–1384. doi:10.1039/A900772E

[66] Xing Y, Xiaojia L, Haizhou W (2008) Determination of Trace Elements and Correction of Mass Spectral Interferences in Superalloy Analyzed by Glow Discharge Mass Spectrometry. Eur J Mass Spectrom 14: 211–218. doi:10.1255/ejms.930

[67] Winchester MR, Payling R (2004) Radio-Frequency Glow Discharge Spectrometry: A Critical Review. Spectrochim Acta, Part B 59B: 607–666. doi:10.1016/j.sab.2004.02.013

[68] Majidi V, Moser M, Lewis C, Hang W, King FL (2000) Explicit Chemical Speciation by Microsecond Pulsed Glow Discharge Time-of-Flight Mass Spectrometry: Concurrent Acquisition of Structural, Molecular and

Elemental Information. J Anal At Spectrom 15: 19–25. doi:10.1039/A905477D

[69] Lewis CL, Moser MA, Dale DE Jr, Hang W, Hassell C, King FL, Majidi V (2003) Time- Gated Pulsed Glow Discharge: Real-Time Chemical Speciation at the Elemental, Structural, and Molecular Level for Gas Chromatography Time-of-Flight Mass Spectrometry. Anal Chem 75: 1983–1996. doi:10.1021/ac026242u

[70] Fliegel D, Fuhrer K, Gonin M, Guenther D (2006) Evaluation of a Pulsed Glow Discharge Time-of-Flight Mass Spectrometer as a Detector for Gas Chromatography and the Influence of the Glow Discharge Source Parameters on the Information Volume in Chemical Speciation Analysis. Anal Bioanal Chem 386: 169–179. doi:10.1007/s00216-006-0515-1

[71] Nagulin KY, Akhmetshin DS, Gilmutdinov AK, Ibragimov RA (2015) Three-Dimensional Modeling and Schlieren Visualization of Pure Ar Plasma Flow in Inductively Coupled Plasma Torches. J Anal At Spectrom 30: 360–367. doi:10.1039/c4ja00254g

[72] Bandura DR, Baranov VI, Tanner SD (2001) Reaction Chemistry and Collisional Processes in Multipole Devices for Resolving Isobaric Interferences in ICP-MS. Fresenius J Anal Chem 370: 454–470. doi:10.1007/s002160100869

[73] Wilbur S (2008) A Pragmatic Approach to Managing Interferences in ICP-MS. Spectroscopy 23: 18–23

[74] Aeschliman DB, Bajic SJ, Baldwin DP, Houk RS (2003) High-Speed Digital Photographic Study of an Inductively Coupled Plasma During Laser Ablation: Comparison of Dried Solution Aerosols from a Microconcentric Nebulizer and Solid Particles from Laser Ablation. J Anal At Spectrom 18: 1008–1014. doi:10.1039/b302546m

[75] Becker JS, Dietze HJ (1999) Application of Double-Focusing Sector Field ICP Mass Spectrometry with Shielded Torch Using Different Nebulizers for Ultratrace and Precise Isotope Analysis of Long-Lived Radionuclides. J Anal At Spectrom 14: 1493–1500. doi:10.1039/ A901762C

[76] Myers DP, Hieftje GM (1993) Preliminary Design Considerations and Characteristics of an Inductively Coupled Plasma-Time-of-Flight Mass Spectrometer. Microchem J 48: 259–277. doi:10.1006/mchj.1993.1102

[77] Myers DP, Li G, Yang P, Hieftje GM (1994) An Inductively Coupled Plasma-Time-of-Flight Mass Spectrometer for Elemental Analysis. Part I: Optimization and Characteristics. J Am Soc Mass Spectrom 5: 1008–1016. doi:10.1016/1044-0305(94)80019-7

[78] Myers DP, Mahoney PP, Li G, Hieftje GM (1995) Isotope Ratios and Abundance Sensitivity Obtained with an Inductively Coupled Plasma-Time-of-Flight Mass Spectrometer. J Am Soc Mass Spectrom 6: 920–927. doi:10.1016/1044-0305(95)00484-U

[79] Hieftje GM, Myers DP, Li G, Mahoney PP, Burgoyne TW, Ray SJ, Guzowski JP (1997) Toward the Next Generation of Atomic Mass Spectrometers. J Anal At Spectrom 12: 287–292. doi:10.1039/A605067K

[80] Westphal CS, McLean JA, Acon BW, Allen LA, Montaser A (2002) Axial Inductively Coupled Plasma Time-of-Flight Mass Spectrometry Using Direct Liquid Sample Introduction. J Anal At Spectrom 17: 669–675. doi:10.1039/B200771C

[81] Tanner M, Guenther D (2008) Measurement and Readout of Mass Spectra with 30 µs Time Resolution, Applied to In-Torch LA-ICP-MS. Anal Bioanal Chem 391: 1211–1220. doi:10.1007/s00216-008-1869-3

[82] Milgram KE, White FM, Goodner KL, Watson CH, Koppenaal DW, Barinaga CJ, Smith BH, Winefordner JD, Marshall AG, Houk RS, Eyler JR (1997) High-Resolution Inductively Coupled Plasma Fourier Transform Ion Cyclotron Resonance Mass Spectrometry. Anal Chem 69: 3714–3721. doi:10.1021/ac970126n

[83] Becker JS, Dietze HJ (1998) Ultratrace and Precise Isotope Analysis by Double-Focusing Sector Field Inductively Coupled Plasma Mass Spectrometry. J Anal At Spectrom 13: 1057–1063. doi:10.1039/A801528G

[84] Yang L (2009) Accurate and Precise Determination of Isotopic Ratios by MC-ICP-MS: A Review. Mass

Spectrom Rev 28: 990–1011. doi:10.1002/mas.20251

[85] Ardelt D, Polatajko A, Primm O, Reijnen M (2013) Isotope Ratio Measurements with a Fully Simultaneous Mattauch-Herzog ICP-MS. Anal Bioanal Chem 405: 2987–2994. doi:10.1007/s00216-012-6543-0

[86] Mahoney PP, Li G, Hieftje GM (1996) Laser Ablation-Inductively Coupled Plasma Mass Spectrometry with a Time-of-Flight Mass Analyzer. J Anal At Spectrom 11: 401–405. doi:10.1039/JA9961100401

[87] Pisonero J, Kroslakova I, Guenther D, Latkoczy C (2006) Laser Ablation Inductively Coupled Plasma Mass Spectrometry for Direct Analysis of the Spatial Distribution of Trace Elements in Metallurgical-Grade Silicon. Anal Bioanal Chem 386: 12–20. doi:10.1007/s00216-006-0658-0

[88] Neilsen JL, Abildtrup A, Christensen J, Watson P, Cox A, McLeod CW (1998) Laser Ablation Inductively Coupled Plasma-Mass Spectrometry in Combination with Gel Electrophoresis: A New Strategy for Speciation of Metal Binding Serum Proteins. Spectrochim Acta, Part B 53B: 339–345. doi:10.1016/S0584-8547(98)00077-9

[89] Chery CC, Moens L, Cornelis R, Vanhaecke F (2006) Capabilities and Limitations of Gel Electrophoresis for Elemental Speciation: A Laboratory's Experience. Pure Appl Chem 78: 91–103. doi:10.1351/pac200678010091

[90] Konz I, Fernandez B, Fernandez ML, Pereiro R, Gonzalez-Iglesias H, Coca-Prados M, Sanz-Medel A (2014) Quantitative Bioimaging of Trace Elements in the Human Lens by LA-ICP-MS. Anal Bioanal Chem 406: 2343–2348. doi:10.1007/s00216-014-7617-y

[91] Benninghoven A (1975) Developments in Secondary Ion Mass Spectroscopy and Applications to Surface Studies. Surf Sci 53: 596–625. doi:10.1016/0039-6028(75)90158-2

[92] Pachuta SJ, Cooks RG (1987) Mechanisms in Molecular SIMS. Chem Rev 87: 647–669. doi:10.1021/cr00079a009

[93] Benninghoven A, Werner HW, Rudenauer FG (eds) (1987) Secondary Ion Mass Spectrometry: Basic Concepts, Instrumental Aspects, Applications and Trends. Wiley Interscience, New York

[94] Briggs D, Brown A, Vickerman JC (1989) Handbook of Static Secondary Ion Mass Spectrometry. Wiley, Chichester

[95] Arnot FL, Beckett C (1938) Formation of Negative Ions at Surfaces. Nature 141: 1011–1012. doi:10.1038/1411011c0

[96] Arnot FL, Milligan JC (1936) A New Process of Negative-Ion Formation. Proc R Soc A 156: 538–560. doi:10.1098/rspa.1936.0166

[97] Herzog RFK, Viehböck FP (1949) Ion Source for Mass-Spectrography. Phys Rev 76: 855–856. doi:10.1103/PhysRev.76.855

[98] Benninghoven A (1969) Mechanism of Ion Formation and Ion Emission During Sputtering. Z Phys 220: 159–180. doi:10.1007/BF01394745

[99] Benninghoven A (1970) Analysis of Monomolecular Surface Layers of Solids by Secondary Ion Emission. Z Phys 230: 403–417. doi:10.1007/BF01394486

[100] Adams F (2008) Analytical Atomic Spectrometry and Imaging: Looking Backward from 2020 to 1975. Spectrochim Acta, Part B 63B: 738–745. doi:10.1016/j.sab.2008.05.001

[101] Benninghoven A, Sichtermann WK (1978) Detection, Identification and Structural Investigation of Biologically Important Compounds by Secondary Ion Mass Spectrometry. Anal Chem 50: 1180–1184. doi:10.1021/ac50030a043

[102] Coath CD, Long JVP (1995) A High-Brightness Duoplasmatron Ion Source for Microprobe Secondary-Ion Mass Spectrometry. Rev Sci Instrum 66: 1018–1023. doi:10.1063/1.1146038

[103] Konarski P, Kalczuk M, Koscinski J (1992) Bakeable Duoplasmatron Ion Gun for SIMS Microanalysis. Rev Sci Instrum 63: 2397–2399. doi:10.1063/1.1142941

[104] Pacholski ML, Winograd N (1999) Imaging with Mass Spectrometry. Chem Rev 99: 2977–3005. doi:10.1021/cr980137w

[105] Weibel D, Wong S, Lockyer N, Blenkinsopp P, Hill R, Vickerman JC (2003) A C_{60} Primary Ion Beam System for Time of Flight Secondary Ion Mass Spectrometry: Its Development and Secondary Ion Yield Characteristics. Anal Chem 75: 1754–1764. doi:10.1021/ac026338o

[106] Chait BT, Standing KG (1981) A Time-of-Flight Mass Spectrometer for Measurement of Secondary Ion Mass Spectra. Int J Mass Spectrom Ion Phys 40: 185–193. doi:10.1016/0020-7381(81)80041-1

[107] Standing KG, Chait BT, Ens W, McIntosh G, Beavis R (1982) Time-of-Flight Measurements of Secondary Organic Ions Produced by 1 keV to 16 keV Primary Ions. Nucl Instrum Methods Phys Res 198: 33–38. doi:10.1016/0167-5087(82)90048-5

[108] Jabs HU, Assmann G, Greifendorf D, Benninghoven A (1986) High Performance Liquid Chromatography and Time-of-Flight Secondary Ion Mass Spectrometry: A New Dimension in Structural Analysis of Apolipoproteins. J Lipid Res 27: 613–621

[109] Ens W, Standing KG, Chait BT, Field FH (1981) Comparison of Mass Spectra Obtained with Low-Energy Ion and High-Energy ^{252}Californium Fission Fragment Bombardment. Anal Chem 53: 1241–1244. doi:10.1021/ac00231a026

[110] Lafortune F, Beavis R, Tang X, Standing KG, Chait BT (1987) Narrowing the Gap Between KeV and Fission Fragment Secondary Ion Yields with Nitrocellulose. Rapid Commun Mass Spectrom 1: 114–116. doi:10.1002/rcm.1290010707

[111] Ens W, Main DE, Standing KG, Chait BT (1988) Comparison of Relative Quasi-Molecular Ion Yields for 8-keV Ion and ^{252}Cf Fission Fragment Bombardment. Anal Chem 60: 1494–1498. doi:10.1021/ac00166a004

[112] Olthoff JK, Honovich JP, Cotter RJ (1987) Liquid Secondary Ion Time-of-Flight Mass Spectrometry. Anal Chem 59: 999–1002. doi:10.1021/ac00134a016

[113] Linton RW, Mawn MP, Belu AM, DeSimone JM, Hunt MO Jr, Menceloglu YZ, Cramer HG, Benninghoven A (1993) Time-of-Flight Secondary Ion Mass Spectrometric Analysis of Polymer Surfaces and Additives. Surf Interface Anal 20: 991–999. doi:10.1002/sia.740201210

[114] Galuska AA (1997) ToF-SIMS Determination of Molecular Weights from Polymeric Surfaces and Microscopic Phases. Surf Interface Anal 25: 790–798. doi:10.1002/(SICI)1096-9918(199709)25: 10<790:: AID-SIA301>3.0.CO;2-F

[115] Bullett NA, Short RD, O'Leary T, Beck AJ, Douglas CWI, Cambray-Deakin M, Fletcher IW, Roberts A, Blomfield C (2001) Direct Imaging of Plasma-Polymerized Chemical Micropatterns. Surf Interface Anal 31: 1074–1076. doi:10.1002/sia.1146

[116] Liu S, Weng LT, Chan CM, Li L, Ho NK, Jiang M (2001) Quantitative Surface Characterization of Poly (styrene)/Poly(4-vinyl phenol) Random and Block Copolymers by ToF-SIMS and XPS. Surf Interface Anal 31: 745–753. doi:10.1002/sia.1105

[117] Médard N, Poleunis C, Vanden Eynde X, Bertrand P (2002) Characterization of Additives at Polymer Surfaces by TOF-SIMS. Surf Interface Anal 34: 565–569. doi:10.1002/sia.1361

[118] Davies N, Weibel DE, Blenkinsopp P, Lockyer N, Hill R, Vickerman JC (2003) Development and Experimental Application of a Gold Liquid Metal Ion Source. Appl Surf Sci 203-204: 223–227. doi:10.1016/S0169-4332(02)00631-1

[119] Nagy G, Walker AV (2007) Enhanced Secondary Ion Emission with a Bismuth Cluster Ion Source. Int J Mass Spectrom 262: 144–153. doi:10.1016/j.ijms.2006.11.003

[120] Touboul D, Kollmer F, Niehuis E, Brunelle A, Laprevote O (2005) Improvement of Biological Time-of-

Flight-Secondary Ion Mass Spectrometry Imaging with a Bismuth Cluster Ion Source. J Am Soc Mass Spectrom 16: 1608–1618. doi:10.1016/j.jasms.2005.06.005

[121] Malmberg P, Nygren H (2008) Methods for the Analysis of the Composition of Bone Tissue, with a Focus on Imaging Mass Spectrometry (TOF-SIMS). Proteomics 8: 3755–3762. doi:10.1002/pmic.200800198

[122] Wong SCC, Hill R, Blenkinsopp P, Lockyer NP, Weibel DE, Vickerman JC (2003) Development of a C_{60}^+ Ion Gun for Static SIMS and Chemical Imaging. Appl Surf Sci 203-204: 219–222. doi:10.1016/S0169-4332(02)00629-3

[123] Fletcher JS, Lockyer NP, Vickerman JC (2006) C_{60}, Buckminsterfullerene: Its Impact on Biological ToF-SIMS Analysis. Surf Interface Anal 38: 1393–1400. doi:10.1002/sia.2461

[124] Mas S, Perez R, Martinez-Pinna R, Egido J, Vivanco F (2008) Cluster TOF-SIMS Imaging: A New Light for in Situ Metabolomics? Proteomics 8: 3735–3745. doi:10.1002/pmic.200800115

[125] Briggs D, Hearn MJ (1985) Analysis of Polymer Surfaces by SIMS. Part 5. The Effects of Primary Ion Mass and Energy on Secondary Ion Relative Intensities. Int J Mass Spectrom Ion Proc 67: 47–56. doi:10.1016/0168-1176(85)83036-6

[126] Brunelle A, Laprevote O (2009) Lipid Imaging with Cluster Time-of-Flight Secondary Ion Mass Spectrometry. Anal Bioanal Chem 393: 31–35. doi:10.1007/s00216-008-2367-3

[127] Herrmann AM, Ritz K, Nunan N, Clode PL, Pett-Ridge J, Kilburn MR, Murphy DV, O'Donnell AG, Stockdale EA (2007) Nano-Scale Secondary Ion Mass Spectrometry – A New Analytical Tool in Biogeochemistry and Soil Ecology: A Review Article. Soil Biol Biochem 39: 1835–1850. doi:10.1016/j.soilbio.2007.03.011

[128] Fletcher JS, Rabbani S, Henderson A, Blenkinsopp P, Thompson SP, Lockyer NP, Vickerman JC (2008) A New Dynamic in Mass Spectral Imaging of Single Biological Cells. Anal Chem 80: 9058–9064. doi:10.1021/ac8015278

[129] Carado A, Passarelli MK, Kozole J, Wingate JE, Winograd N, Loboda AV (2008) C_{60} Secondary Ion Mass Spectrometry with a Hybrid-Quadrupole Orthogonal Time-of-Flight Mass Spectrometer. Anal Chem 80: 7921–7929. doi:10.1021/ac801712s

[130] Hellborg R, Skog G (2008) Accelerator Mass Spectrometry. Mass Spectrom Rev 27: 398–427. doi:10.1002/mas.20172

[131] Suter M (2004) 25 Years of AMS – A Review of Recent Developments. Nucl Instr Methods Phys Res B 223-224: 139–148. doi:10.1016/j.nimb.2004.04.030

[132] Stocker M, Doebeli M, Grajcar M, Suter M, Synal HA, Wacker L (2005) A Universal and Competitive Compact AMS Facility. Nucl Instr Methods Phys Res B 240: 483–489. doi:10.1016/j.nimb.2005.06.224

[133] Wacker L, Fifield LK, Olivier S, Suter M, Synal HA (2006) Compact Accelerator Mass Spectrometry: A Powerful Tool to Measure Actinides in the Environment. Spec Publ R Soc Chem 305: 44–46

[134] Nelson DE, Korteling RG, Stott WR (1977) Carbon-14: Direct Detection at Natural Concentrations. Science 198: 507–508. doi:10.1126/science.198.4316.507

[135] Bennett CL, Beukens RP, Clover MR, Grove HE, Liebert RB, Litherland AE, Purser KH, Sondheim WE (1977) Radiocarbon Dating Using Electrostatic Accelerators: Negative Ions Provide the Key. Science 198: 508–510. doi:10.1126/science.198.4316.508

[136] Lappin G, Garner RC (2004) Current Perspectives of ^{14}C-Isotope Measurement in Biomedical Accelerator Mass Spectrometry. Anal Bioanal Chem 378: 356–364. doi:10.1007/s00216-003-2348-5

[137] Brown K, Dingley KH, Turteltaub KW (2005) Accelerator Mass Spectrometry for Biomedical Research. Methods Enzymol 402: 423–443. doi:10.1016/S0076-6879(05)02014-8

[138] Ikeda T (2005) Instruments for Radiation Measurement in Life Sciences. VI. Use of accelerator mass

spectrometry in studies on drug metabolism and pharmacokinetics. Radioisotopes 54: 15–21. doi:10.3769/radioisotopes.54.15

[139] Brown K, Tompkins EM, White INH (2006) Applications of Accelerator Mass Spectrometry for Pharmacological and Toxicological Research. Mass Spectrom Rev 25: 127–145. doi:10.1002/mas.20059

附录

A.1 单位、物理量和物理常数

国际单位制（SI）提供了构建统一性和一致性物理量单位的优势，这是科学交流的先决条件。

表 A.1 国际单位制的基本单位

物理量	SI 单位	符号
长度/距离	米①	m
质量	千克②	kg
时间	秒	s
电流	安培	A
热力学温度	开尔文③	K
物质的量	摩尔	mol
发光强度	坎德拉	cd

① 1 m = 3.2808 ft = 39.3701 in；1 in = 2.54 cm；1 ft = 0.3048 m。
② 1 kg = 2.2046 lb；1 lb = 0.4536 kg。
③ $T(℃) = T(K) - 273.15$；$T(℉) = 1.8T(℃) + 32$。

表 A.2 派生的具有特殊名称的国际单位制单位

物理量	名称	符号	以基本单位的表示	以其他 SI 单位的表示
频率	赫兹	Hz	s^{-1}	
力	牛顿	N	$m·kg·s^{-2}$	$J·m^{-1}$
压力	帕斯卡①	Pa	$kg·m^{-1}·s^{-2}$	$N·m^{-2}$
体积	升	L	$10^{-3}\ m^3$	
能量	焦耳②	J	$m^2·kg·s^{-2}$	$N·m$
功率	瓦特	W	$m^2·kg·s^{-3}$	$J·s^{-1}$
电荷	库仑	C	$A·s$	
电势	伏特	V	$m^2·kg·A^{-1}·s^{-3}$	$W·A^{-1}$
磁通密度	特斯拉	T	$kg·A^{-1}·s^{-2}$	

① 1 bar = 1000 mbar = 10^5 Pa；1 Torr = 133 Pa；1 psi = 6895 Pa = 68.95 mbar。
② 1 cal = 4.1868 J；1 eV = $1.60219×10^{-19}$ J = 96.485 kJ/mol。

表 A.3 物理常数和常用量（来自 NIST）

物理常数/数量	符号	数量
电子的电荷	e	$1.60217648 \times 10^{-19}$ C
电子的质量	m_e	$9.1093822 \times 10^{-31}$ kg
质子的质量	m_p	$1.67262164 \times 10^{-27}$ kg
中子的质量	m_n	$1.67492721 \times 10^{-27}$ kg
统一原子质量	u	$1.66053878 \times 10^{-27}$ kg
真空中的光速	c	2.99792458×10^8 m/s
普朗克常数	h	$6.62607004 \times 10^{-34}$ J·s 或 $4.13566766 \times 10^{-15}$ eV·s
阿伏伽德罗常数	N_A	$6.02214179 \times 10^{23}$ mol^{-1}
玻尔兹曼常数	k_B	$1.38065042 \times 10^{-23}$ J/K
通用气体常数	R	8.314459 J/(mol·K)

表 A.4 SI 数量词头

a	f	p	n	μ	m	c	d	k	M	G	T
阿	飞	皮	纳	微	毫	厘	分	千	兆	吉(咖)	太(拉)
10^{-18}	10^{-15}	10^{-12}	1^{-9}	10^{-6}	10^{-3}	10^{-2}	10^{-1}	10^3	10^6	10^9	10^{12}

A.2 元素的同位素组成

表 A.5 包括从氢到铋（bismuth）的稳定元素，省略了放射性元素锝（technetium）和钷（promethium）。某些元素（如碳或铅）的同位素组成受自然变化影响无法获得更准确的值，这一事实也反映在其原子量（相对原子质量）的准确性上。然而，同位素的准确质量不受丰度变化的影响。列出的同位素质量数在其他出版物中可能相差约 10^{-6} u。

表 A.5 非放射性元素的同位素质量、同位素组成比例和原子量（© IUPAC 2001）

原子符号	名称	原子序数	质量数	同位素质量/u	同位素组成比例	原子量
H	氢	1	1	1.007825	100	1.00795
			2	2.014101	0.0115	
He	氦	2	3	3.016029	0.000137	4.002602
			4	4.002603	100	
Li	锂	3	6	6.015122	8.21	6.941
			7	7.016004	100	
Be	铍	4	9	9.012182	100	9.012182
B	硼	5	10	10.012937	24.8	10.812
			11	11.009306	100	
C	碳	6	12	12.000000	100	12.0108
			13	13.003355	1.08	

A.2 元素的同位素组成

续表

原子符号	名称	原子序数	质量数	同位素质量/u	同位素组成比例	原子量
N	氮	7	14	14.003074	100	14.00675
			15	15.000109	0.369	
O	氧	8	16	15.994915	100	15.9994
			17	16.999132	0.038	
			18	17.999161	0.205	
F	氟	9	19	18.998403	100	18.998403
Ne	氖	10	20	19.992402	100	20.1798
			21	20.993847	0.30	
			22	21.991386	10.22	
Na	钠	11	23	22.989769	100	22.989769
Mg	镁	12	24	23.985042	100	24.3051
			25	24.985837	12.66	
			26	25.982593	13.94	
Al	铝	13	27	26.981538	100	26.981538
Si	硅	14	28	27.976927	100	28.0855
			29	28.976495	5.0778	
			30	29.973770	3.3473	
P	磷	15	31	30.973762	100	30.973762
S	硫	16	32	31.972071	100	32.067
			33	32.971459	0.80	
			34	33.967867	4.52	
			36	35.967081	0.02	
Cl	氯	17	35	34.968853	100	35.4528
			37	36.965903	31.96	
Ar	氩	18	36	35.967546	0.3379	39.948
			38	37.962776	0.0635	
			40	39.962383	100	
K	钾	19	39	38.963706	100	39.0983
			40	39.963999	0.0125	
			41	40.961826	7.2167	
Ca	钙	20	40	39.962591	100	40.078
			42	41.958618	0.667	
			43	42.958769	0.139	
			44	43.955481	2.152	
			46	45.953693	0.004	
			48	47.952534	0.193	
Sc	钪	21	45	44.955910	100	44.955910
Ti	钛	22	46	45.952629	11.19	47.867
			47	46.951764	10.09	
			48	47.947947	100	
			49	48.947871	7.34	
			50	49.944792	7.03	

续表

原子符号	名称	原子序数	质量数	同位素质量/u	同位素组成比例	原子量
V	钒	23	50	49.947163	0.250	50.9415
			51	50.943964	100	
Cr	铬	24	50	49.946050	5.187	51.9962
			52	51.940512	100	
			53	52.940654	11.339	
			54	53.938885	2.823	
Mn	锰	25	55	54.938050	100	54.938050
Fe	铁	26	54	53.939615	6.37	55.845
			56	55.934942	100	
			57	56.935399	2.309	
			58	57.933280	0.307	
Co	钴	27	59	58.933200	100	58.933200
Ni	镍	28	58	57.935348	100	58.6934
			60	59.930791	38.5198	
			61	60.931060	1.6744	
			62	61.928349	5.3388	
			64	63.927970	1.3596	
Cu	铜	29	63	62.929601	100	63.546
			65	64.927794	44.57	
Zn	锌	30	64	63.929147	100	65.39
			66	65.926037	57.37	
			67	66.927131	8.43	
			68	67.924848	38.56	
			70	69.925325	1.27	
Ga	镓	31	69	68.925581	100	69.723
			71	70.924705	66.367	
Ge	锗	32	70	69.924250	56.44	72.61
			72	71.922076	75.91	
			73	72.923459	21.31	
			74	73.921178	100	
			76	75.921403	20.98	
As	砷	33	75	74.921596	100	74.921596
Se	硒	34	74	73.922477	1.79	78.96
			76	75.919214	18.89	
			77	76.919915	15.38	
			78	77.917310	47.91	
			80	79.916522	100	
			82	81.916700	17.60	
Br	溴	35	79	78.918338	100	79.904
			81	80.916291	97.28	

A.2 元素的同位素组成

续表

原子符号	名称	原子序数	质量数	同位素质量/u	同位素组成比例	原子量
Kr	氪	36	78	77.920387	0.61	83.80
			80	79.916378	4.00	
			82	81.913485	20.32	
			83	82.914136	20.16	
			84	83.911507	100	
			86	85.910610	30.35	
Rb	铷	37	85	84.911789	100	85.4678
			87	86.909183	38.56	
Sr	锶	38	84	83.913425	0.68	87.62
			86	85.909262	11.94	
			87	86.908879	8.48	
			88	87.905614	100	
Y	钇	39	89	88.905848	100	88.905848
Zr	锆	40	90	89.904704	100	91.224
			91	90.905645	21.81	
			92	91.905040	33.33	
			94	93.906316	33.78	
			96	95.908276	5.44	
Nb	铌	41	93	92.906378	100	92.906378
Mo	钼	42	92	91.906810	61.50	95.94
			94	93.905088	38.33	
			95	94.905841	65.98	
			96	95.904679	69.13	
			97	96.906021	39.58	
			98	97.905408	100	
			100	99.907478	39.91	
Ru	钌	44	96	95.907599	17.56	101.07
			98	97.905288	5.93	
			99	98.905939	40.44	
			100	99.904229	39.94	
			101	100.905582	54.07	
			102	101.904350	100	
			104	103.905430	59.02	
Rh	铑	45	103	102.905504	100	102.905504
Pd	钯	46	102	101.905608	3.73	106.42
			104	103.904036	40.76	
			105	104.905084	81.71	
			106	105.903484	100	
			108	107.903894	96.82	
			110	109.905151	42.88	

续表

原子符号	名称	原子序数	质量数	同位素质量/u	同位素组成比例	原子量
Ag	银	47	107	106.905094	100	107.8682
			109	108.904756	92.90	
Cd	镉	48	106	105.906459	4.35	112.412
			108	107.904184	3.10	
			110	109.903006	43.47	
			111	110.904182	44.55	
			112	111.902757	83.99	
			113	112.904401	42.53	
			114	113.903358	100	
			116	115.904755	26.07	
In	铟	49	113	112.904061	4.48	114.818
			115	114.903879	100	
Sn	锡	50	112	111.904822	2.98	118.711
			114	113.902782	2.03	
			115	114.903346	1.04	
			116	115.901744	44.63	
			117	116.902954	23.57	
			118	117.901606	74.34	
			119	118.903309	26.37	
			120	119.902197	100	
			122	121.903440	14.21	
			124	123.905275	17.77	
Sb	锑	51	121	120.903818	100	121.760
			123	122.904216	74.79	
Te	碲	52	120	119.904021	0.26	127.60
			122	121.903047	7.48	
			123	122.904273	2.61	
			124	123.902819	13.91	
			125	124.904425	20.75	
			126	125.903306	55.28	
			128	127.904461	93.13	
			130	129.906223	100	
I	碘	53	127	126.904468	100	126.904468
Xe	氙	54	124	123.905896	0.33	131.29
			126	125.904270	0.33	
			128	127.903530	7.14	
			129	128.904779	98.33	
			130	129.903508	15.17	
			131	130.905082	78.77	
			132	131.904154	100	
			134	133.905395	38.82	
			136	135.907221	32.99	

A.2 元素的同位素组成

续表

原子符号	名称	原子序数	质量数	同位素质量/u	同位素组成比例	原子量
Cs	铯	55	133	132.905447	100	132.905447
Ba	钡	56	130	129.906311	0.148	137.328
			132	131.905056	0.141	
			134	133.904503	3.371	
			135	134.905683	9.194	
			136	135.904570	10.954	
			137	136.905821	15.666	
			138	137.905241	100	
La	镧	57	138	137.907107	0.090	138.9055
			139	138.906348	100	
Ce	铈	58	136	135.907145	0.209	140.116
			138	137.905991	0.284	
			140	139.905434	100	
			142	141.909240	12.565	
Pr	镨	59	141	140.907648	100	140.907648
Nd	钕	60	142	141.907719	100	144.24
			143	142.909810	44.9	
			144	143.910083	87.5	
			145	144.912569	30.5	
			146	145.913112	63.2	
			148	147.916889	21.0	
			150	149.920887	20.6	
Sm	钐	62	144	143.911995	11.48	150.36
			147	146.914893	56.04	
			148	147.914818	42.02	
			149	148.917180	51.66	
			150	149.917271	27.59	
			152	151.919728	100	
			154	153.922205	85.05	
Eu	铕	63	151	150.919846	91.61	151.964
			153	152.921226	100	
Gd	钆	64	152	151.919788	0.81	157.25
			154	153.920862	8.78	
			155	154.922619	59.58	
			156	155.922120	82.41	
			157	156.923957	63.00	
			158	157.924101	100	
			160	159.927051	88.00	
Tb	铽	65	159	158.925343	100	158.925343

续表

原子符号	名称	原子序数	质量数	同位素质量/u	同位素组成比例	原子量
Dy	镝	66	156	155.924279	0.21	162.50
			158	157.924405	0.35	
			160	159.925194	8.30	
			161	160.926930	67.10	
			162	161.926795	90.53	
			163	162.928728	88.36	
			164	163.929171	100	
Ho	钬	67	165	164.930319	100	164.930319
Er	铒	68	162	161.928775	0.42	167.26
			164	163.929197	4.79	
			166	165.930290	100	
			167	166.932045	68.22	
			168	167.932368	79.69	
			170	169.935460	44.42	
Tm	铥	69	169	168.934211	100	168.934211
Yb	镱	70	168	167.933894	0.41	173.04
			170	169.934759	9.55	
			171	170.936322	44.86	
			172	171.936378	68.58	
			173	172.938207	50.68	
			174	173.938858	100	
			176	175.942568	40.09	
Lu	镥	71	175	174.940768	100	174.967
			176	175.942682	2.66	
Hf	铪	72	174	173.940040	0.46	178.49
			176	175.941402	14.99	
			177	176.943220	53.02	
			178	177.943698	77.77	
			179	178.944815	38.83	
			180	179.946549	100	
Ta	钽	73	180	179.947466	0.012	180.9479
			181	180.947996	100	
W	钨	74	180	179.946707	0.40	183.84
			182	181.948206	86.49	
			183	182.950224	46.70	
			184	183.950933	100	
			186	185.954362	93.79	

A.2 元素的同位素组成

续表

原子符号	名称	原子序数	质量数	同位素质量/u	同位素组成比例	原子量
Re	铼	75	185	184.952956	59.74	186.207
			187	186.955751	100	
Os	锇	76	184	183.952491	0.05	190.23
			186	185.953838	3.90	
			187	186.955748	4.81	
			188	187.955836	32.47	
			189	188.958145	39.60	
			190	189.958445	64.39	
			192	191.961479	100	
Ir	铱	77	191	190.960591	59.49	192.217
			193	192.962924	100	
Pt	铂	78	190	189.959931	0.041	195.078
			192	191.961035	2.311	
			194	193.962664	97.443	
			195	194.964774	100	
			196	195.964935	74.610	
			198	197.967876	21.172	
Au	金	79	197	196.966552	100	196.966552
Hg	汞	80	196	195.965815	0.50	200.59
			198	197.966752	33.39	
			199	198.968262	56.50	
			200	199.968309	77.36	
			201	200.970285	44.14	
			202	201.970626	100	
			204	203.973476	23.00	
Tl	铊	81	203	202.972329	41.892	204.3833
			205	204.974412	100	
Pb	铅	82	204	203.973029	2.7	207.2
			206	205.974449	46.0	
			207	206.975881	42.2	
			208	207.976636	100	
Bi	铋	83	209	208.980383	100	208.980383
Th	钍*	90	232	232.038050	100	232.038050
U	铀*	92	234	234.040946	0.0055	238.0289
			235	235.043923	0.73	
			238	238.050783	100	

A.3 碳的同位素模式

如果不存在其他对 M + 1 有贡献的元素，则从质谱图中读出 P_{M+1}/P_M 比值，即可从 $n_C \approx (P_{M+1}/P_M) \times 91$ 得到碳原子的近似数量 n_C。例如，如果 M + 1 的强度是 M 的 24%，计算可得存在(24/100)×91 ≈ 22 个碳。

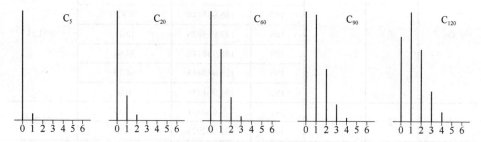

图 A.1　计算出的碳同位素模式

注意同位素模式的宽度稳定扩展为 X + 2、X + 3、X + 4……变得清晰可见。在大约 C_{90} 处，X + 1 峰达到与 X 峰相同的强度。在较高的碳数下，X + 1 峰成为同位素模式中的基峰

表 A.6　计算出的碳同位素分布

碳原子数目	X + 1	X + 2	X + 3	X + 4	X + 5
1	1.1	0.00			
2	2.2	0.01			
3	3.3	0.04			
4	4.3	0.06			
5	5.4	0.10			
6	6.5	0.16			
7	7.6	0.23			
8	8.7	0.33			
9	9.7	0.42			
10	10.8	0.5			
12	13.0	0.8			
15	16.1	1.1			
20	21.6	2.2	0.1		
25	27.0	3.5	0.2		
30	32.3	5.0	0.5		
40	43.2	9.0	1.3	0.1	
50	54.1	14.5	2.5	0.2	0.1
60	65.0	20.6	4.2	0.6	0.2
90	97.2	46.8	14.9	3.5	0.6
120[①]	100.0	64.4	27.3	8.6	2.2

① 在这种情况下，X 峰的强度为 77.0%。

A.4 氯和溴的同位素模式

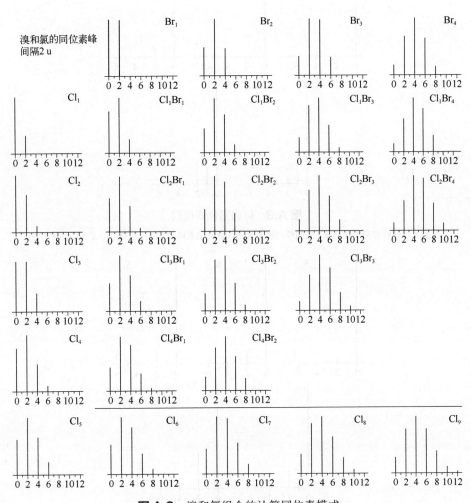

图 A.2 溴和氯组合的计算同位素模式

0 位置显示的峰对应于在 $m/z\ X$ 处的单同位素离子，而同位素峰位于 $m/z = X+2$，$X+4$，$X+6$，…。X 的数值由单同位素组合的质量数给出，例如，Cl_2 为 70 u

A.5 硅和硫的同位素模式

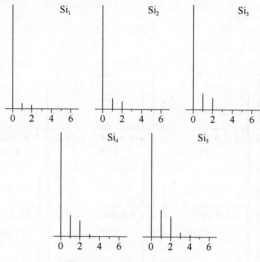

图 A.3 硅的同位素模式

0 位置显示的峰对应于在 $m/z\ X$ 处的单同位素离子，而同位素峰位于 $m/z = X+1$，$X+2$，$X+3$，…

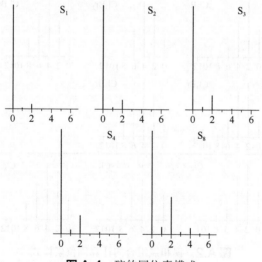

图 A.4 硫的同位素模式

0 位置显示的峰对应于在 $m/z\ X$ 处的单同位素离子，而同位素峰位于 $m/z = X+1$，$X+2$，$X+3$，…

A.6 读取同位素模式

该流程图可用作如何读取和解析同位素模式的指南。无论它采取何种电离方法，该程序都是非常重要的。

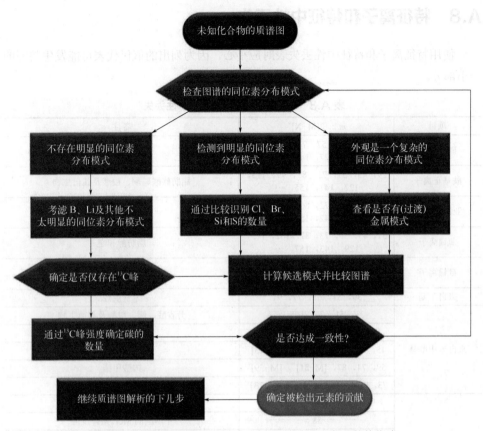

图 A.5 基于同位素分布模式分析识别不同元素贡献的指南

A.7 同位素组成异构体和准确质量

如果同位素组成异构体离子被分开并且有足够的质量准确性，那么可以同位素峰之间的距离得到一种新型的分析信息：同位素质量之间的差异是某些元素的特征。

表 A.7 识别元素存在的特征质量差异

一对同位素或修饰	$\Delta m/u$	一对同位素或修饰	$\Delta m/u$
^{1}H vs. ^{2}H	1.0063	^{63}Cu vs. ^{65}Cu	1.9982
^{6}Li vs. ^{7}Li	1.0009	^{79}Br vs. ^{81}Br	1.9980
^{10}B vs. ^{11}B	0.9964	^{107}Ag vs. ^{109}Ag	1.9997
^{12}C vs. ^{13}C	1.0033	^{191}Ir vs. ^{193}Ir	2.0023
^{32}S vs. ^{34}S	1.9958	得到或者失去 H	1.0078
^{35}Cl vs. ^{37}Cl	1.9970	得到或者失去 H_2	2.0156
^{58}Ni vs. ^{60}Ni	1.9955		

A.8 特征离子和特征中性丢失

使用特征离子和特征中性丢失表时应小心，因为列出的值仅代表可能发生裂解的一小部分。

表 A.8 特征离子系列和特征中性丢失

项目	m/z 和 $[M-X]^+$	备注
碳正离子	15, 29, 43, 57, 71, 85, 99, 113, 127, 141, …	任何烷基
酰基正离子	29, 43, 57, 71, 85, 99, 113, 127, 141, 155, …	脂肪族醛、酮、羧酸及其衍生物
亚胺正离子	30, 44, 58, 72, 86, 100, 114, 128, 142, 156, …	脂肪族胺
氧鎓离子	31, 45, 59, 73, 87, 101, 115, 129, 143, 157, …	脂肪醇和醚
硫鎓离子	47, 61, 75, 89, 103, 117, 131, 145, 159, …	脂肪族硫醇和硫醚
来自苄基	39, 51, 65, 77, 91	苯基烷烃
来自苯甲酰基	51, 77, 105	芳香醛、酮、羧酸及其衍生物
	$[M-16]^{+\cdot}$, $[M-30]^+$, $[M-46]^{+\cdot}$	硝基芳烃
	45, 60, 73, $[M-17]^+$, $[M-45]^+$	羧酸
	59, 74, 87, $[M-31]^+$, $[M-59]^+$	羧酸甲酯
	73, 88, 101, $[M-45]^+$, $[M-73]^+$	羧酸乙酯
通过 McL 重排反应	44	醛类的 McL 重排反应
	58	甲基酮的 McL 重排反应
	60	羧酸的 McL 重排反应
	59	羧酸酰胺的 McL 重排反应
	74	甲基羧酸酯的 McL 重排反应
	88	羧酸乙酯的 McL 重排反应
卤素	$[M-19]^+$, $[M-20]^{+\cdot}$	含氟有机化合物
	35, $[M-35]^+$, $[M-36]^{+\cdot}$	含氯有机化合物（Cl 模式）
	79, $[M-79]^+$, $[M-80]^{+\cdot}$	含溴有机化合物（Br 模式）
	127, $[M-127]^+$, $[M-128]^{+\cdot}$	含碘有机化合物
常见丢失	$[M-1]^+$	丢失 H·（强→α-裂解）
	$[M-2]^{+\cdot}$	丢失 H_2
	$[M-3]^+$	丢失 H·和 H_2
	$[M-15]^+$	丢失甲基
	$[M-16]^{+\cdot}$	硝基芳烃丢失 O
	$[M-17]^{+\cdot}$ $[M-17]^+$	胺丢失氨，叔醇丢失 OH·
	$[M-18]^{+\cdot}$	醇失水
	$[M-19]^+$	丢失 F·
	$[M-20]^{+\cdot}$	丢失 HF
	$[M-27]^{+\cdot}$	杂环丢失 HCN 或芳香胺丢失 HNC

续表

项目	m/z 和 $[M-X]^+$	备注
常见丢失	$[M-28]^{+\bullet}$	丢失 CO、C_2H_4 或 N_2
	$[M-29]^+$	丢失 $CHO^\bullet$
	$[M-30]^{+\bullet}$	芳香族甲醚等丢失 H_2CO；检查是否硝基芳烃
	$[M-31]^+$	丢失 $MeO^\bullet$
	$[M-32]^{+\bullet}$	丢失 $MeOH$、O_2、S
	$[M-34]^{+\bullet}$	丢失 H_2S
	$[M-35/37]^+$	丢失 $Cl^\bullet$
	$[M-36/38]^{+\bullet}$	丢失 HCl
	$[M-42]^{+\bullet}$	丢失 CH_2CO 或 C_3H_6
	$[M-43]^+$	丢失 $CH_3CHO^\bullet$
	$[M-44]^{+\bullet}$	丢失 CO_2
	$[M-45]^+$	丢失 $COOH^\bullet$ 或 $EtO^\bullet$
	$[M-46]^{+\bullet}$	丢失 $HCOOH$、$EtOH$ 或 NO_2
	$[M-48]^{+\bullet}$	亚砜类化合物丢失 SO
	$[M-56]^{+\bullet}$	丢失 CH_3CHCO 或 C_4H_8
	$[M-58]^+$	丢失 $EtCHO^\bullet$
	$[M-59]^+$	丢失 $COOMe^\bullet$
	$[M-64]^{+\bullet}$	砜类化合物丢失 SO_2
	$[M-77]^+$	丢失苯基
	$[M-78]^+$	丢失吡啶基
	$[M-79/81]^+$	丢失 $Br^\bullet$
	$[M-80/82]^{+\bullet}$	丢失 HBr
	$[M-91]^+$	丢失苄基或其他 $C_7H_7^\bullet$
	$[M-127]^+$	丢失 $I^\bullet$，少数情况下丢失 $C_{10}H_7^\bullet$
	$[M-128]^{+\bullet}$	丢失 HI

A.9 常见的杂质

表 A.9 按 m/z 识别常见的杂质

m/z	来源
18，28，32，40，44	残留空气和水分
149，167，279	邻苯二甲酸酯（增塑剂）
149，177，222	邻苯二甲酸二乙酯（增塑剂）
73，147，207，281，355，429	硅脂或气相色谱柱流失（Si_x 同位素模式）
27，29，41，43，55，57，69，71，83，85，97，99，109，111，113，125，127，…，500	来自油脂或石蜡悬浮液的烃类化合物
32，64，96，128，160，192，224，256	硫（S_x 同位素模式）
51，69，119，131，169，181，219，231，243，281，317，331，…	全氟煤油的背景

A.10 分子离子峰的识别

- 分子离子必须是质谱图中 m/z 最高的离子（除了相应的同位素峰）。
- 其必须是奇电子离子——$M^{+\cdot}$。
- 下一个较低 m/z 处的峰必须可以用合理的丢失来解释，即失去通常的自由基或分子。M-5～M-14 和 M-21～M-25 处的信号指向假定 $M^{+\cdot}$ 的不同起源（表 6.11）。
- 碎片离子可能由于假定分子离子中不存在的元素而未显示同位素模式。
- 任何碎片离子都不能比分子离子含有更多数量的任何特定元素的原子。

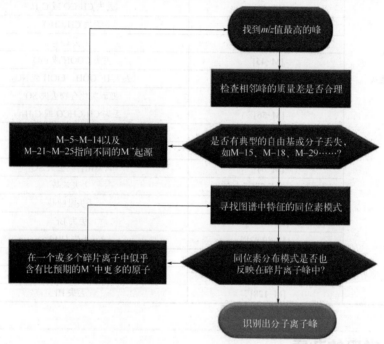

图 A.6　显示了识别分子离子峰的决策与评判准则的流程图

A.11 解析质谱图的规则

- 识别分子离子是重要的第一步，因为它可以得出分子组成（第 6.7 节）。如果 EI 谱图无法识别分子离子，则应另外采用软电离方法。
- 假定的分子离子和主要碎片离子之间的质量差异必须与实际的化学成分相对应（第 6.7 节，表 6.11）。
- 计算和实验的同位素模式必须与假设的分子式一致（第 3.2 节）。
- 推导出的分子式必须符合氮规则（第 6.2.7 节）。m/z 值为奇数的分子离子需含 1、3、5……个氮原子，而 m/z 值为偶数的含 0、2、4……个氮原子。

- 均裂导致碎片离子和分子离子之间的奇数质量数差异（第 6.2.7 节），重排碎片离子会导致偶数质量数差异。如果中性损失中包含奇数个氮，则此规则切换。
- 一般来说，裂解遵循偶电子规则（even-electron rule，第 6.1.3 节）。来自重排裂解的奇电子碎片离子的行为就好像它们是各自较小分子的分子离子一样。
- 竞争的均裂反应遵循史蒂文森规则（Stevenson's rule，第 6.2.2 节）。形成的产物对（pairs of products）的热力学稳定性对于选择首选的裂解路线具有决定性作用。
- 计算 $r + d$ 以检验所提出的可能分子式并得出一些结构特征（第 6.4.4 节）。
- 写下裂解途径，从而仔细追溯用于结构归属的主要碎片离子和特征离子的来源。从纯粹的分析角度来看，这是非常有用的。然而，人们应该记住，除非有实验证实，否则任何提出的裂解途径仍然是一个有待论证的假设。
- 采用其他技术，例如准确质量测定（第 3.5 节）、串联质谱法或其他光谱方法来交叉确认和完善归属。

A.12　分析质谱图的系统方法

- 收集背景信息，如样品来源、假定化合物可能的类别、溶解度、热稳定性或其他光谱信息。
- 为所有重要的峰写 m/z 标签，并计算主要峰之间的质量差。是否识别到指向常见中性损失的特征离子系列或质量差异？
- 确认所使用的电离方法并检查质谱的总体外观。分子离子峰是强（如芳香族、杂环、多环化合物）还是弱（如脂肪族和多功能团化合物）？是否存在典型的杂质（溶剂、油脂、增塑剂）或背景信号（GC-MS 中的残留空气、色谱柱流失）？
- 某些峰的准确质量数据是否可用？
- 按照上述规则继续。
- 获取相关官能团存在/不存在的信息。
- 使用常见的中性损失和 m/z 与结构关系表的集合时要注意，因为它们一般不全面。更糟糕的是，人们往往会陷入第一个假设中。
- 将已知的结构特征放在一起，并尝试给未知样品归属结构。有时，只能推测出分析物的部分结构，或者无法区分异构体。
- 交叉确认可能的分子结构与质谱数据。在质谱解析的单个步骤之间也建议如此确认。
- 是否有来自文献或质谱数据库的参考图谱（至少是类似化合物）（第 5.9 节）？
- 永远不要死板地遵循这个计划！有时，后退或来回一步可能会加速该过程或有助于避免陷阱（图 A.7）。

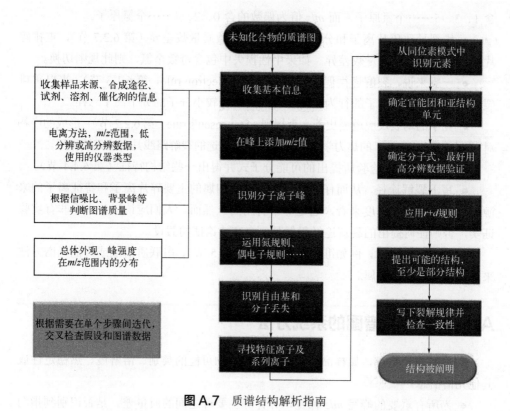

图 A.7　质谱结构解析指南

A.13　选择电离方法的指南

图 A.8 可能有助于选择正确的电离方法,用于样品的质谱分析。通常有几种合理的选择,建议充分利用当地机构的可用方法。质谱结果还取决于用户提供的信息。也可与自己所在单位的质谱工作者讨论所做出的选择。

A.14　如何识别正离子化

FAB、FD、ESI 和 MALDI 等软电离方法经常引起 Na^+、K^+、Cs^+ 和 Ag^+ 的正离子化。特别是 Na^+、K^+ 加合物几乎无处不在。

其他技术如 APCI 和 DART 通常产生 NH_4^+ 加合物,或与分子离子和/或质子化分子竞争(图 A.9)。在图谱中搜索这些特征 $\Delta(m/z)$ 值可揭示真实的分子质量。通过准确质量差异来识别加合离子特别有用(表 A.10)。

A.14 如何识别正离子化

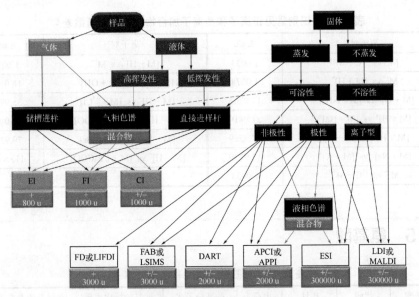

图 A.8 方法选择指南

带有浅灰色方框的电离方法需要在电离之前蒸发样品,而带有白色方框的方法在电离的同时完成从凝聚相的转移。质量范围仅供参考,绝不定义严格的限制

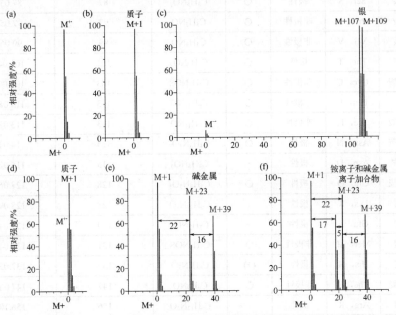

图 A.9 在(a)形成分子离子、(b)质子化、(c)银正离子化、(d)分子离子和质子化、(e)质子化和碱金属正离子化和(f)质子化,铵离子(NH_4^+)和碱金属离子加合物的情况下,代表完整分子质量信号的典型外观

各自贡献的相对丰度有很大的差异。横坐标给出了相应的 $M+X$ 标称质量值;添加了人工模拟的同位素分布以获得更逼真的外观

表 A.10 识别常见正离子和负离子加合物的特征质量数差异

离子对	$\Delta m/u$	离子对	$\Delta m/u$
$M^{+\cdot}$ vs. $^{13}C-M^{+\cdot}$	1.0033	$[M-H]^-$ vs. $M^{-\cdot}$	1.0078
$M^{+\cdot}$ vs. $[M+H]^+$	1.0078	$[M-H]^-$ vs. $[M+OH]^-$	18.0106
$[M+H]^+$ vs. $[M+NH_4]^+$	17.0265	$[M-H]^-$ vs. $[M+^{35}Cl]^-$	35.9767
$[M+H]^+$ vs. $[M+Na]^+$	21.9819	$[M-H]^-$ vs. $[M+HCOO]^-$	46.0055
$[M+H]^+$ vs. $[M+K]^+$	37.9559	$[M-H]^-$ vs. $[M+^{79}Br]^-$	79.9261
$[M+Na]^+$ vs. $[M+K]^+$	15.9739	$[M-H]^-$ vs. $[M+CF_3COO]^-$	113.9928
$M^{-\cdot}$ vs. $^{13}C-M^{-\cdot}$	1.0033		

A.15 氨基酸

表 A.11 氨基酸(按残基质量顺序)

氨基酸	代码	极性	电荷[①]	残基分子式	残基的标称质量/u	残基的准确质量/u
甘氨酸	Gly, G	非极性	○	C_2H_3NO	57	57.0520
丙氨酸	Ala, A	非极性	○	C_3H_5NO	71	71.0371
丝氨酸	Ser, S	极性	○	$C_3H_5NO_2$	87	87.0320
脯氨酸	Pro, P	非极性	○	C_5H_7NO	97	97.0528
缬氨酸	Val, V	非极性	○	C_5H_9NO	99	99.0684
苏氨酸	Thr, T	极性	○	$C_4H_7NO_2$	101	101.0477
半胱氨酸	Cyc, C	非极性	○	C_2H_5NOS	103	103.0092
亮氨酸	Leu, L	非极性	○	$C_6H_{11}NO$	113	113.0841
异亮氨酸	Ile, I	非极性	○	$C_6H_{11}NO$	113	113.0841
天冬酰胺	Asn, N	极性	○	$C_4H_6N_2O_2$	114	114.0429
天冬氨酸	Asp, D	极性	−	$C_4H_5NO_3$	115	115.0269
谷氨酰胺	Gln, Q	极性	○	$C_5H_8N_2O_2$	128	128.0586
赖氨酸	Lys, K	极性	+	$C_6H_{12}N_2O$	128	128.0950
谷氨酸	Glu, E	极性	−	$C_5H_7NO_3$	129	129.0426
蛋氨酸	Met, M	非极性	○	C_5H_9NOS	131	131.0405
组氨酸	His, H	极性	(+)	$C_6H_7N_3O$	137	137.0589
苯丙氨酸	Phe, F	非极性	○	C_9H_9NO	147	147.0684
精氨酸	Arg, R	极性	+	$C_6H_{12}N_4O$	156	156.1011
酪氨酸	Tyr, Y	极性	○	$C_9H_9NO_2$	163	163.0633
色氨酸	Trp, W	非极性	○	$C_{11}H_{10}N_2O$	186	186.0793

[①] 中性氨基酸由○标记,碱性氨基酸(+)倾向于从质子化中带正电荷,酸性氨基酸(−)倾向于通过酸性基团的解离而带负电荷。

A.16 质谱学领域所获得的诺贝尔奖

表 A.12 在质谱学领域享有盛誉的诺贝尔奖获得者

诺贝尔奖获得者	类别和年份	获奖理由
Joseph John Thomson	物理学，1906 年	表彰他对气体导电的理论和实验研究的巨大贡献
Francis William Aston	化学，1922 年	因为他通过他的质谱仪发现了大量非放射性元素中的同位素，并阐明了整数规则
Wolfgang Paul 和 Hans G. Dehmelt	物理学，1989 年	开发离子阱技术
John B. Fenn 和 Koichi Tanaka	化学，2002 年	开发用于生物大分子质谱分析的软解吸电离方法

A.17 一百个常用缩略语

缩略语	英文释义	中文释义
ADC	analog-to-digital converter	模数转换器
AE	appearance energy	出现能
AMS	accelerator mass spectrometry	加速器质谱
APCI	atmospheric pressure chemical ionization	大气压化学电离
API	atmospheric pressure ionization	大气压电离
AP-MALDI	atmospheric pressure matrix-assisted laser desorption/ionization	大气压基质辅助激光解吸电离
APPI	atmospheric pressure photoionization	大气压光电离
ASAP	atmospheric solids analysis probe	大气压固体分析探头
B	magnetic sector (as part of an instrument configuration)	扇形磁场区（作为仪器配置的一部分）
CE	capillary electrophoresis	毛细管电泳
CE	charge exchange (equivalent to CT)	电荷交换（相当于 CT）
CI	chemical ionization	化学电离
CID	collision-induced dissociation	碰撞诱导解离
CT	charge transfer (formerly CE)	电荷转移（以前称为 CE）
DART	direct analysis in real time	实时直接分析
DCI	desorption (or direct) chemical ionization	解吸（或直接）化学电离
DEI	desorption (or direct) electron ionization	解吸（或直接）电子电离
DE	delayed extraction	延迟引出
DESI	desorption electrospray/ionization	解吸电喷雾/电离
DIP	direct insertion probe	直接进样杆
E	electrostatic sector (as part of an instrument configuration, cf. ESA)	扇形静电区（作为仪器配置的一部分，参见 ESA）

续表

缩略语	英文释义	中文释义
EA	electron affinity	电子亲和力
EC	electron capture	电子捕获
ECD	electron capture dissociation	电子捕获解离
EDD	electron detachment dissociation	电子分离解离
EI	electron ionization	电子电离
ESA	electrostatic analyzer (cf. E)	静电场分析器（参见 E）
ESI	electrospray ionization	电喷雾电离
ETD	electron transfer dissociation	电子转移解离
FAB	fast-atom bombardment	快速原子轰击
FD	field desorption	场解吸
FI	field ionization	场电离
FT-ICR	Fourier-transform ion cyclotron resonance	傅里叶变换离子回旋共振
GB	gas phase basicity	气相碱度
GC	gas chromatography	气相色谱法
GC-MS	gas chromatography-mass spectrometry	气相色谱-质谱联用
GD	glow discharge	辉光放电
HDX	hydrogen-deuterium exchange	氢-氘交换
HR	high resolution	高分辨
HV	high vacuum	高真空
HV	high voltage	高电压
ICP	inductively coupled plasma	电感耦合等离子体
ICR	ion cyclotron resonance	离子回旋共振
IE	ionization energy	电离能
IMS	ion mobility spectrometry	离子淌度质谱
IR-MS	isotope-ratio mass spectrometry	同位素比质谱
IR-MALDI	infrared matrix-assisted laser desorption/ionization	基质辅助红外激光解吸电离
IRMPD	infrared multiphoton dissociation	红外多光子解离
KER	kinetic energy release	动能释放
LA	laser ablation	激光烧蚀
LC	liquid chromatography	液相色谱
LC-MS	liquid chromatography-mass spectrometry (includes HPLC and UHPLC)	液相色谱-质谱（包括 HPLC 和 UHPLC）
LDI	laser desorption/ionization	激光解吸电离
LIFDI	liquid injection field desorption/ionization	液体注射场解吸电离
LIT	linear quadrupole ion trap	线形四极离子阱
LOD	limit of detection	检出限
LR	low resolution	低分辨

A.17 一百个常用缩略语

续表

缩略语	英文释义	中文释义
LSIMS	liquid secondary ion-mass spectrometry	液体二次离子质谱法
MALDI	matrix-assisted laser desorption/ionization	基质辅助激光解吸电离
MCP	microchannel plate	微通道板
MID	multiple ion detection	多离子检测
MIKES	mass-analyzed ion kinetic energy spectroscopy	质量分析离子动能谱
MS	mass spectrometry (not to be used for 'mass spectrometer' or 'mass spectrum')	质谱法（不适用于"质谱仪"或"质谱图"）
MS/MS	mass spectrometry/mass spectrometry or tandem mass spectrometry	质谱/质谱或串联质谱
MRM	multiple reaction monitoring	多反应监测
MUPI	multiphoton ionization	多光子电离
nanoESI	nano electrospray ionization	纳升电喷雾离子化
NCI	negative-ion chemical ionization.	负离子化学电离
NICI	negative-ion chemical ionization.	负离子化学电离
PA	proton affinity	质子亲和能
PCI	positive-ion chemical ionization	正离子化学电离
PICI	positive-ion chemical ionization	正离子化学电离
PIE	pulsed ion extraction	脉冲离子引出
PTR-MS	proton transfer reaction-mass spectrometry	质子转移反应-质谱法
Py	pyrolysis	热裂解
Q	linear quadrupole (as part of an instrument configuration)	线形四极杆（作为仪器配置的一部分）
q	RF-only linear quadrupole (as part of an instrument configuration)	仅射频线形四极杆（作为仪器配置的一部分）
QET	quasi equilibrium theory	准平衡理论
QIT	quadrupole ion trap	四极离子阱
RE	recombination energy	复合能
REMPI	resonance-enhanced multiphoton ionization	共振增强多光子电离
RF	radio frequency	射频
RIC	reconstructed ion chromatogram	重构离子色谱图
SEC	size exclusion chromatography	尺寸排阻色谱
SEM	secondary electron multiplier	二次电子倍增器
SIM	selected ion monitoring	选择离子监测
SIMS	secondary-ion mass spectrometry	二次离子质谱法
SRM	selected reaction monitoring	选择反应监测
SSMS	spark source mass spectrometry	火花源质谱法
TI	thermal ionization	热电离
TIC	total ion chromatogram	总离子流色谱图
TIMS	thermal ionization mass spectrometry	热电离质谱法

缩略语	英文释义	中文释义
TMP	turbomolecular pump	涡轮分子泵
TOF	time-of-flight (analyzer)	飞行时间（分析器）
TWIG	traveling wave ion guide	行波离子导向器
UHR	ultrahigh resolution	超高分辨
UHV	ultrahigh vacuum	超高真空
UV-MALDI	ultraviolet matrix-assisted laser desorption/ionization	基质辅助紫外激光解吸电离
ZEKE	zero kinetic energy electron	零动能电子

索引

（按汉语拼音排序）

A

| 阿斯顿 | 3 |
| 铵加合物 | 411 |

B

靶上清洗/除盐	585
半峰宽	99
棒状图	12
保留时间	731
爆炸物分析	715
背景峰	604
背景扣除	744
苯醌的小分子消除	337
苄基裂解	306
苄基与苯甲酰基的区别	330
标称质量	79, 102
标准曲线	750
表面分析模式	713
表面活性剂	663
表面解吸大气压化学电离	693
表面诱导解离	479
表面增强激光解吸电离	606
玻恩-奥本海默近似	32
卟啉的FAB质谱图	546
不稳定离子	46

C

材料增强激光解吸电离	606
掺杂剂	417
产生热电子	404
产物离子扫描	493
常见的中性丢失	320
场电离	432
场发射极	434
场解吸	432
场诱导解离	440
场诱导脱溶剂化	445
场诱导质子转移	439
超分子	666
超高分辨质谱	768
超高效液相色谱	737
超临界流体色谱-质谱联用	729
超细金属加液体基质	567
成聚合物的MALDI-MS	601
持续偏共振辐射	502
重复性	105
重构离子色谱图	13
重排裂解	44
抽真空延迟	508
出现能	36
出现势	37
初级离子	534

储罐/参考物进样器 ·················· 261
传质阻力 ·························· 732
串联 α-裂解 ······················ 303
串联加速器 ························ 800
串联质谱法 ························ 469
串联质谱法术语 ···················· 472
垂直跃迁 ·························· 32
磁控运动 ·························· 204

D

大气压电离 ························ 408
大气压固体分析探针 ················ 706
大气压光电离 ······················ 415
大气压化学电离 ···················· 408
大气压接口 ························ 640
带有离子淌度的融合型仪器 ·········· 227
单分子反应 ························ 64
单同位素元素 ······················ 76
单一同位素质量 ···················· 80
蛋白质 ···························· 668
蛋白质电荷的影响因素 ·············· 651
蛋白质指纹图谱 ···················· 590
蛋白质组学 ························ 593
氮分子激光器 ······················ 568
氮规则 ···························· 297
氮磷检测器 ························ 733
灯丝的寿命 ························ 258
等度洗脱 ·························· 738
等离子体 ·························· 386
等离子体焰炬 ······················ 790
等质量数离子 ······················ 102
等质量数离子/同量异位素 ············ 780
等质量数同位素组成异构体离子 ······ 116
低分辨 ···························· 100
低能量电子电离 ···················· 271

低温 FAB ·························· 551
低温泵 ···························· 235
缔合电离 ·························· 29
电感耦合等离子体质谱法 ············ 790
电荷剥离器 ························ 800
电荷残留模型 ······················ 650
电荷局域化 ························ 30
电荷离域 ·························· 32
电荷缩减电喷雾 ···················· 660
电荷脱卷积 ························ 653
电荷转移 ·························· 383
电荷转移化学电离 ·················· 396
电荷状态 ·························· 140
电离截面 ·························· 34
电离能 ···························· 27
电离势 ···························· 30
电离效率 ·························· 34
电流体动力学电离 ·················· 634
电喷雾 ···························· 648
电喷雾萃取电离 ···················· 697
电喷雾电离 ························ 631
电喷雾电离接口 ···················· 635
电喷雾辅助激光解吸电离 ············ 698
电喷雾羽流 ························ 647
电晕放电 ·························· 411
电晕-辉光放电 ····················· 709
电子捕获 ························ 28, 402
电子捕获负离子化 ·················· 402
电子捕获检测器 ···················· 733
电子捕获解离 ······················ 506
电子电离 ·························· 27
电子分离解离 ······················ 514
电子质量 ·························· 81
电子转移解离 ······················ 512
叠环离子导向器 ···················· 224

索引

叠加离子 ·················· 655
叠加同位素模式 ············ 602
定量限 ···················· 751
定位双键的方法 ············ 314
定制表面 ·················· 606
丢失 HCN ·················· 364
动力学位移 ················ 61
动量分析器 ················ 157
动能释放 ·················· 50
动能释放的测定 ············ 487
动态 SIMS ·················· 795
多采集器 ·················· 785
多重反射 TOF ·············· 153
多电荷离子 ················ 653
多反应监测 ················ 748
多分散性 ·················· 601
多光子电离 ················ 58
多孔硅表面上的解吸/电离 ···· 604
多离子计数 ················ 787
多路复用增加通量 ·········· 757
多扇区仪器 ················ 490
多射流模式 ················ 646
多肽测序 ·················· 593
多肽离子的 CID ············ 595
多糖的裂解 ················ 599
多同位素元素 ············ 77, 93
多项式方法 ················ 90
多原子初级离子束 ·········· 798
多原子离子干扰 ············ 792
惰性碰撞伙伴 ·············· 65

E

二次电子倍增器 ············ 230
二次离子 ·················· 534
二次离子质谱 ·············· 534

二级动力学同位素效应 ······ 55
二极管阵列检测器 ·········· 733
二维气相色谱法 ············ 736
二维色谱法 ················ 736
二项式方法 ················ 86

F

发色团 ···················· 577
发射极的活化 ·············· 436
法拉第杯 ·················· 228
翻译后多肽修饰 ············ 512
反射式飞行时间分析器 ······ 143
反相超高效液相色谱 ········ 738
反相高效液相色谱-电感耦合等离子
  体质谱法 ················ 781
反应级数 ·················· 65
范德格拉夫加速器 ·········· 800
范第姆特曲线 ·············· 732
飞行时间仪器 ·············· 137
非靶向分析 ················ 746
非各态历经 ················ 507
非活化键的裂解 ············ 314
非线性共振 ················ 189
分辨力 ···················· 99
分解图 ···················· 62
分离技术 ·················· 770
分析维度 ·················· 770
分支途径 ·················· 48
分子的 SIMS ················ 797
分子的热能 ················ 36
分子离子 ·············· 27, 283
分子离子峰的识别 ·········· 319
分子量分布 ················ 601
分子内振动弛豫 ············ 505
分子束固体分析 ············ 534

粉尘显影后的光学图像·················611
弗兰克-康登因子··················33
弗兰克-康登原理··················32
氟化自组装单分子层················479
负离子场解吸···················451
负离子化学电离···············385, 400
负离子攫取····················383
负氢攫取·····················390
傅里叶变换离子回旋共振质谱仪··········194

G

高分辨·······················100
高分辨质谱····················107
高活性物种的 LT-FAB···············552
高能 C 形阱解离··················499
高压液体封装柴氏法················787
高压液相色谱法··················737
隔膜泵······················261
各态历经·····················507
共振增强多光子电离·················58
共振逐出·····················187
寡核苷酸·····················664
寡核苷酸的 MALDI-MS··············600
寡糖·······················665
光电子能谱····················58
光束调制器····················572
光学参量振荡器（OPO）激光器··········569
硅氧烷分析····················716
果蝇分析·····················716
过渡金属羰基配合物的 CO 丢失··········341
过剩能量·····················41

H

毫质量单位····················102

荷基异位离子···················304
黑体红外辐射解离·················510
横向分布·····················794
红外多光子解离··················504
红外光解离光谱法·················509
后加速和转换打拿极················233
滑动火花源质谱法·················786
化学电离·················382, 386
环加双键数····················311
挥发性物质分析··················715
挥发性有机化合物··················63
辉光放电质谱法···················30
辉光放电质谱法··················787
回顾性分析····················746
回旋频率·····················204
混溶性······················582
火花源质谱法···················785
火焰离子化检测器·················733
霍恩贝克-莫尔纳尔历程···············29

J

基峰色谱图·····················14
基于芯片的 nanoESI················646
基质辅助激光解吸电离···············567
基质辅助激光解吸电喷雾电离············700
激光辐照度····················568
激光光斑·····················571
激光解吸电离···················567
激光解吸羽流···················573
激光闪光照片···················573
激光烧蚀·····················794
激光烧蚀电喷雾电离················700
计算电荷脱卷积··················655
记忆效应·····················750
加速器质谱法···················800

夹心法 ································· 583
甲醛的丢失 ··························· 363
检出限 ································· 15
简易常压声波喷雾电离 ············ 697
σ 键的断裂 ·························· 283
键解离 ································ 37
键解离能 ····························· 37
焦平面检测器 ······················· 233
截取锥 ································ 635
解离 EC ······························ 404
解吸大气压光电离 ················· 695
解吸电喷雾电离 ···················· 685
解吸化学电离 ······················· 406
金属配合物 ·························· 662
金属组学 ····························· 780
仅射频八极杆 ······················· 172
仅射频六极杆 ······················· 172
仅射频四极杆 ······················· 172
经验分子式 ·························· 80
晶须 ··································· 436
精密度 ································ 105
精确离子质量 ······················· 81
精确质量 ····························· 102
径向抛射 ····························· 498
竞争性的 α-裂解 ··················· 55
静电场轨道阱的离子注入 ······· 216
静电场轨道阱分析器 ·············· 212
静态 SIMS ··························· 795
聚合物的端基 ······················· 602
锎-252 等离子解吸 ················ 534

K

可溶性有机物 ······················· 126
空间串联 ····························· 470
库仑爆炸 ····························· 649

跨环裂解 ····························· 361
快速 GC-MS ························ 756
快速原子轰击 ······················· 534
快速蒸发电离质谱法 ·············· 701
扩展型 LIT-静电场轨道阱融合式
　质谱仪 ····························· 500

L

赖斯-拉姆斯珀格-马库斯-卡塞尔理论······ 41
离散打拿极电子倍增器 ············ 230
离子传输 ····························· 637
离子簇碰撞理论 ···················· 555
离子的解吸 ·························· 444
离子缔合 ····························· 575
离子对的形成 ······················· 400
离子-分子反应 ······················ 64
离子-分子复合物 ··················· 66
离子活化过程的时间尺度 ········ 478
离子漏斗 ····························· 640
离子-偶极相互作用 ··············· 66
离子色谱图 ·························· 12
离子淌度质谱法 ···················· 763
离子淌度-质谱系统 ··············· 222
离子源调谐 ·························· 259
离子蒸发 ····························· 445
离子蒸发模型 ······················· 650
离子-中性复合物 ············ 66, 349
粒子撞击电离 ······················· 557
连续流动 LIFDI ···················· 455
帘气 ··································· 636
联动扫描 ····························· 489
两级离轴离子漏斗 ················· 642
α-裂解 ······························· 288
邻位消除 ····························· 355
灵敏度 ································ 15

零动能光电子能谱 · 58
流动余辉 · 709
硫醚的复杂裂解 · 354
轮廓图 · 12
螺旋式飞行时间分析器 · · · · · · · · · · · · · · · · · 152

M

麦氏重排 · 321
脉冲持续时间 · 571
脉冲离子引出 · 145
毛细管的定位 · 454
毛细管电泳-质谱联用 · · · · · · · · · · · · · · · · · · 729
毛细管柱 · 734
名义质量 · 79
模拟基质效应的特殊表面 · · · · · · · · · · · · · · 604
模数转换器 · 228

N

纳米结构辅助激光解吸电离 · · · · · · · · · · · · 604
纳升电喷雾 · 644
内标法定量 · 751
内标法质量校准 · 112
内窥镜 · 704
内能 · 33
能量的随机化 · 40
能量分配 · 51
能量滤器 · 159
能量突释 · 573
逆 Diels-Alder 反应 · 331
逆反应的活化能 · 49
凝胶渗透色谱 · 602
凝聚相电荷转移 · 689

O

偶电子规则 · 285

偶电子离子 · 27, 283

P

喷雾毛细管 · 635
喷嘴-截取锥解离 · 642
彭宁电离 · 29
碰撞诱导解离 · 474
皮升体积点样器 · 607

Q

奇电子离子 · 27, 283
气动辅助 · 637
气相电荷转移 · 690
气相碱度 · 63
气相碱度的测定 · 516
气相氢-氘交换 · 516
气相色谱-质谱联用 · 729
前体离子扫描 · 493
浅层烧蚀 · 571
嵌段共聚物 · 602
亲电加成 · 383
亲核加成 · 400
曲线场反射器 · 484
去溶剂化 · 669
去质子化 · 400
全氟煤油 · 261
全氟三丁胺 · 261
全景式脉冲离子引出 · · · · · · · · · · · · · · · · · · · 145

R

热导检测器 · 733
热电离 · 539
热电离/表面电离 · 783
热降解与离子裂解 · 342

索引　　　843

热裂解质谱法 ·················· 270
热喷雾 ························ 633
溶剂试剂离子 ················· 417
熔滴电喷雾电离 ··············· 697
融合型仪器 ···················· 218
软电离 ······················· 631
瑞利极限 ····················· 649

S

三维四极场离子阱 ············· 183
三重四极杆质谱仪 ············· 491
色谱分离度 ···················· 732
色谱-质谱联用 ················· 740
扇形磁场仪器 ················· 155
射频电极 ····················· 790
深度剖面分布 ················· 795
生成热 ························· 37
声波喷雾电离 ················· 697
声波喷雾解吸电离 ············· 697
时间尺度 ······················· 45
时间串联 ····················· 470
时间-数字转换器 ·············· 229
时间延迟聚焦 ················· 145
实时直接分析 ············ 30, 708
试剂气 ······················· 386
手动电荷脱卷积 ··············· 656
数均分子量 ···················· 601
数字波形四极离子阱 ·········· 192
数字对象唯一标识符 ············· 5
数字化速率 ··················· 229
双聚焦扇形场仪器 ············· 158
双氢转移的 McL 重排 ········· 328
双同位素元素 ·················· 76
死时间 ······················· 731
死体积 ······················· 731

四极滤质器 ··················· 168
速率常数 ······················ 43
锁定质量 ····················· 746

T

太空任务 ····················· 152
泰勒锥 ······················· 647
碳正离子 ····················· 293
汤姆逊 ························· 2
糖类的 MALDI-MS ············ 597
梯度洗脱 ····················· 738
提取离子色谱图 ················ 14
天然有机物质 ················· 126
"甜点" ······················· 688
同位素 ························ 76
同位素比质谱法 ················ 82
同位素标记 ···················· 98
同位素的精确质量 ·············· 80
同位素分布 ···················· 84
同位素丰度 ···················· 77
同位素富集 ···················· 97
同位素模式 ···················· 78
同位素模式的构建 ·············· 90
同位素同系物 ·················· 86
同位素位置异构体 ·············· 86
同位素稀释法 ················· 751
同位素效应 ···················· 52
同位素质量 ···················· 80
同位素组成 ···················· 77
同位素组成异构体 ·············· 86
统一原子质量 ·················· 80
透射分析模式 ················· 713
团簇离子 ················ 392, 446
脱溶剂化 ····················· 669
脱水 ························· 343

脱羧 ·· 343
脱羰 ·· 343

W

外标法定量 ·································· 750
外标法质量校准 ······························ 108
烷基苯的 McL 重排 ·························· 327
微通道板 ···································· 232
稳定离子 ····································· 46
鎓反应 ······································ 350
鎓离子的 McL 重排 ·························· 346
鎓离子的烯烃丢失 ··························· 345
涡流扩散 ···································· 732
涡轮分子泵 ·································· 235
无规共聚物 ·································· 602
无机质谱法 ·································· 779
无溶剂样品制备 ····························· 587
无限分辨率 ·································· 116
五级四极杆仪器 ····························· 494
雾化气 ······································ 637

X

吸附和解吸平衡 ····························· 730
烯丙基裂解 ·································· 312
洗脱期质谱的重复采集 ······················ 743
洗脱液 ······································ 731
酰基正离子 ·································· 293
线形飞行时间分析器 ························ 140
线形仅射频多极离子阱 ······················ 175
线形四极杆仪器 ····························· 165
线形四极离子阱 ····························· 175
相对分子质量 ································· 81
相对原子质量 ································· 80
信噪比 ······································· 15
行波离子导向器 ····························· 226

幸存者模型 ·································· 576
序列覆盖度 ·································· 597
选择反应监测 ································ 748
选择离子监测 ································ 745
选择性离子流动管 ··························· 394

Y

亚铵离子 ···································· 349
亚胺正离子 ·································· 349
亚稳离子 ····································· 46
亚稳态的 HNC 丢失 ························· 366
亚稳态离子的解离 ··························· 473
延迟引出 ···································· 145
衍生化 ······································ 754
氧鎓离子 ···································· 349
样品的导入 ·································· 260
液滴干燥制样 ································ 582
液滴射流裂变 ································ 650
液滴撷取 ···································· 689
液态金属离子枪 ····························· 796
液体基质 ···································· 543
液体注射场解吸电离 ························ 453
液相色谱-质谱联用 ·························· 729
一级动力学同位素效应 ······················· 52
乙烯丢失 ···································· 322
异戊二烯排放地图 ··························· 395
吲哚的裂解 ·································· 364
油扩散泵 ···································· 235
有机离子的裂解规律 ························ 282
有机液体二次离子质谱 ····················· 535
与 DART 相关的直接质谱方法 ············· 712
阈值激光辐照度 ····························· 570
阈值通量 ···································· 569
元素的原子序数 ······························ 75
元素质谱法 ·································· 779

索引　　　　　　　　　　　　　　　　　　　　　　　　　　845

原子的 SIMS ················· 795
原子化 ······················· 780
原子质量单位 ················· 80
源后裂解 ····················· 484
源内裂解 ····················· 484

Z

再现性 ······················· 105
增塑剂 ······················· 330
占空比 ······················· 149
折叠"8"字形飞行轨迹的 TOF 分析器 ··· 149
正交加速 TOF 分析器 ··········· 146
正离子化 ····················· 583
正离子化学电离 ··············· 383
正离子加合物 ················· 586
正离子交换 ··················· 585
正离子-自由基对 ·············· 438
直接暴露进样杆 ··············· 268
直接解吸电离 ················· 683
直接进样杆 ··················· 262
直接裂解 ····················· 44
直流大气压辉光放电 ··········· 709
质荷比 ······················· 8
质量差 ······················· 124
质量分辨率 ··················· 98
质量分析离子动能谱 ··········· 487
质量分析阈值电离 ············· 59
质量校准 ····················· 108
质量亏损 ····················· 103
质量缺损 ····················· 103
质量数 ······················· 76
质量选择不稳定模式 ··········· 187
质量选择稳定性模式 ··········· 187
质量选择性径向逐出 ··········· 180
质量选择性轴向逐出 ··········· 177

质谱检测器 ··················· 228
质谱数据列表 ················· 12
质谱图 ······················· 10
质谱学术语 ··················· 16
质谱仪 ······················· 8
质谱仪接地 ··················· 136
质子化 ······················· 388
质子攫取 ····················· 413
质子桥联复合物 ··············· 350
质子亲和能 ··················· 63
质子亲和能的测定 ············· 516
质子转移 ····················· 383
质子转移反应质谱法 ··········· 63
中和-再电离质谱法 ············ 518
中性丢失扫描 ················· 493
中子数 ······················· 76
重均分子量 ··················· 601
轴向捕集 ····················· 204
逐次照射间的重现性 ··········· 582
主成分分析 ··················· 737
柱流失 ······················· 755
准轮烷 ······················· 666
准内标校准 ··················· 558
准平衡理论 ··················· 41
准确度 ······················· 105
准确质量 ····················· 101
紫外光子解离 ················· 506
自电离 ······················· 433
自上而下的蛋白质分析 ········· 594
自身化学电离 ················· 385
自身质子化 ··················· 385
自下而上的蛋白质分析 ········· 594
自由度 ······················· 35
自由基的电离 ················· 28
自由基负离子 ················· 413

自由基正离子 27,283
总离子流色谱图 13
纵向扩散 732

其他

ADC 228
ADI 683
AMS 800
amu 80
AnchorChip™ 靶板 581
APCI 408
APGD 709
API 408
AP-MALDI 612
APPI 415
ArF 准分子激光器 569
ASAP 706
BIRD 510
BPC 14
Brunnée 地图 133
Cationization 583
CEM 231
C-G 709
^{252}Cf-PPD 534
CH_5^+ 388
CID/CAD 474
CO 的消除 334
CRM 650
CTCI 396
Curtain gas 636
CZE-MS 729
DAD 733
DAPCI 693
DAPPI 695
DART 30,708

DART 放电 709
DART 负离子形成 711
DART 构造 714
DART 离子源 708
DART 配置 713
DART 应用 715
DART 正离子形成 710
DBE 311
DCI 406
DE 145
DEP 268
DESI 685
DESI 参数 687
DESI 接口 686
DESI 条件优化 688
DeSSI 697
DIOS 604
DIP 262
DMDS 加合物 314
DOIs 5
DOM 126
EASI 697
EC 28
ECD 506,733
ECNI 402
EDD 514
EESI 697
EHI 634
EI 27
EI 离子源布局 255
EI 与 GC-MS 270
EI 与 LC-MS 270
EI 质谱数据库 273
EIC 14
EI 谱解析 369

ELDI	698
EPA 质谱数据库	273
Er:YAG 激光器	568
ESI	631
ESI-MS 的应用	661
ETD	512
FA	709
FAB	534
FAB 进样杆	540
FAB-MS 分析有机盐	547
FD	432
FD-ESI	697
FI	432
FI 发射极	434
FID	733
FPD	234
FWHM	99
GB	63
GC 柱温箱	734
GC×GC	736
GC-MS	729
GC-MS 接口	754
GD-MS	30, 787
HCD	499
$[(H_2O)_n+H]^+$ 离子	411
HPLC	737
HR	100
ICP-MS	790
ICR 检测池	207
IE	27
IEM	650
IMS-MS 分离手性化合物	764
INC	349
IP	30
IRMPD	504
IR-MS	82
IRPD	510
ISD	484
IVR	505
Kendrick 质量标度	125
Kendrick 质量图	125
KMDs	125
KrF 准分子激光器	569
LA	794
LAESI	700
LC-MS	729
LDI	567
LIFDI	453
LIT	175
LOQ	751
LR	100
LSIMS	535
MALDESI	700
MALDI	567
MALDI 生物分型	590
MALDI 指纹图像	611
MALDI 质谱成像	606
MALDI 靶板	580
MALDI 的基质	577
Mathieu 方程	166
MATI	59
MBSA	534
MCI	555
McL 重排	321
MCP	232
MELDI	606
MIKES	487
mmu	102
MRM	748
MUPI	58

nanoESI ·· 644
nanoESI 的喷雾模式 ·································· 645
Nd:YAG 激光器 ·· 568
NICI ·· 385, 400
NIH 质谱数据库 ·· 273
NIST 质谱数据库 ······································ 273
NOM ·· 126
NPD ·· 733
NR-MS ·· 518
Nyquist 准则 ·· 202
oaTOF ·· 146
Orbitrap fusion tribrid ······························ 501
PA ·· 63
PAN ·· 145
PBC ·· 350
PDB 标准 ·· 83
PES ·· 58
PFK ·· 261
PFTBA/FC43 ·· 261
PICI ·· 383
PIE ··· 145
PSD ·· 484
PTR-MS ·· 63
QET ·· 41
QqLIT 的串联质谱仪 ································ 497
QqQ ·· 491
REIMS ·· 701
REIMS 分析临床应用 ································ 705
REMPI ··· 58
ReTOF ·· 143
RIC ·· 13

RRKM ··· 41
SELDI ·· 606
self-CI ·· 385
SEM ·· 230
SFC-MS ·· 729
SID ··· 479
SIFT ·· 394
SIM ··· 745
SIMS ··· 534
SORI ··· 502
SpiralTOF ·· 152
SRM ·· 748
SSI ·· 697
Stevenson 规则 ·· 289
TCD ·· 733
TDC ·· 229
TEA-CO$_2$ 激光器 ··································· 568
TI ·· 783
TIC ·· 13
TLC 板 DESI 分析 ···································· 692
TLF ··· 145
TOF ·· 137
TSP ··· 633
u ·· 80
UPLC ·· 737
UVPD ··· 506
Van Krevelen 图 ······································ 126
VOCs ·· 63
Wiley Registry 质谱数据库 ························ 275
XeCl 准分子激光器 ·································· 569
ZEKE ·· 59